执业资格考试丛书　注册建筑师考试辅导教材

建筑结构快速通

袁树基　袁　静　编著

中国建筑工业出版社

图书在版编目(CIP)数据

建筑结构快速通/袁树基等编著．—北京：中国建筑工业出版社，2018.1

(执业资格考试丛书)

注册建筑师考试辅导教材

ISBN 978-7-112-21703-8

Ⅰ.①建… Ⅱ.①袁… Ⅲ.①建筑结构-资格考试-自学参考资料 Ⅳ.①TU3

中国版本图书馆 CIP 数据核字(2017)第 316346 号

针对建筑师考试的难点课程之一——建筑结构这部分内容，本书作者根据历年考题及考试大纲的要求，从结构概念入手，用通俗的语言将一些较难理解的概念说得比较明白，并特意配了一些插图，通过对话等内容增加了本书的趣味性，使考生在充分理解这些概念的基础上能更加容易地掌握和解答相应考题。本书内容全面，引用了最新规范的内容，讲解方式多样有趣，并配视频讲解内容及试题。本版次还特别配套制作了网络视频讲座，考生可通过扫描书中的二维码观看相应内容。

* * *

责任编辑：王　梅　咸大庆　杨　允

责任校对：刘梦然

执业资格考试丛书　注册建筑师考试辅导教材

建筑结构快速通

袁树基　袁　静　编著

*

中国建筑工业出版社出版、发行（北京海淀三里河路 9 号）

各地新华书店、建筑书店经销

北京红光制版公司制版

廊坊市海涛印刷有限公司印刷

*

开本：787×1092 毫米　1/16　印张：34　字数：818 千字

2018 年 2 月第一版　2019 年 12 月第三次印刷

定价：**119.00** 元

ISBN 978-7-112-21703-8

(34421)

2020版前言

《建筑结构快速通》自2011年问世以来，受到了广泛关注。普遍反映这本书写法新颖、通俗易懂、比较全面地体现了考试大纲的要求。

教学大纲强调以定性理解为主。为了贯彻大纲的精神，本书作了如下几个方面的尝试：

1. 对力学部分比较难的"结构机动分析"一节，绕过十分抽象的自由度计算，用比较直观易懂的几何组成分析来判别结构是几何可变体、还是静定结构或超静定结构；如果是超静定结构，那么超静定次数是多少。

2. 对力学部分的另一个难点——超静定结构，则着重从结构变形的连续性来定性分析这类结构的受力，用图形来说明结构变形和内力的对应关系。

3. 采用拟人法，尽量使枯燥乏味的结构科目学习变得有趣些，易懂些。

4. 在书中安排了对话部分，通过这种方式来模拟课堂上师生之间的互动。

书中规范的直接引文都用方框框住，粗字体为强制性条文，括号中的楷体字为作者加注，省略号表示与所描述的概念无关或超出大纲要求的规范内容。

为了便于读者在做题时与书本的内容对照，所有插图、公式、例题、对话都带有小节编号，题解中的规范引文都标明在书中摘录的位置。

为了使概念的学习和应试训练相结合，书中的例题和习题采用与考试相同的"四选一"形式，其知识点全部来自历届考题，其中大部分为原题。

本书的2018版按新规程《高层民用建筑钢结构技术规程》JGJ 99—2015、《建筑抗震规范》GB 50011—2010（2016年版）和《混凝土结构设计规范》GB 50010—2010（2015年版），对相应章节作了修改；2019年版按2018—07—01实施的《钢结构设计标准》对第5章进行了修改；2020版除了按《建筑结构可靠性设计统一标准》50068—2018对第3章作了修改之外，还增加了2019年考题的讲解。

配合书中的文字描述，增加了网络视频讲解的内容。网络视频对每一道题都采用拓展式的讲解方法，即除了讲如何应试作答之外，还多讲一些与题目知识点相关的概念，力求做到读者在收看之后能举一反三。书中涂暗的章节编号或习题编号都有相应的视频讲解。章节的视频二维码位于相应章节编号的旁边；习题的视频二维码位于每章习题一节的相应习题的旁边。

对一些有争议的力学题，给出了用清华大学结构力学求解器分析的结果供读者参考。

本书的编著工作，第1～5章和第7章由袁树基完成，第6章和第8章由袁静完成。

这些年来，《建筑结构快速通》得到许多热心读者的关爱；中国建筑工业出版社王梅编审、咸大庆总编和责任编辑杨允一直都十分关注本书的修改和完善，提出过许多很好的建议、并做了大量的校对工作。在此，一并表示由衷的谢意！

由于我们水平有限，书中和视频中会有不少的不足之处乃至错误，恳请读者批评指正。祝大家考试取得好成绩！

袁树基、袁静

2019年11月5日

作者电子邮箱 yuanlaoshi_2010@163.com

注册建筑师结构科目考试大纲

一级注册建筑师：

3.1 对结构力学有基本了解，对常见荷载、常见建筑结构形式的受力特点有清晰概念，能定性识别杆系结构在不同荷载下的内力图、变形形式及简单计算。

3.2 了解混凝土结构、钢结构、砌体结构、木结构等结构的力学性能、使用范围、主要构造及结构概念设计。

3.3 了解多层、高层及大跨度建筑结构选型的基本知识、结构概念设计；了解抗震设计的基本知识，以及各类结构形式在不同抗震烈度下的使用范围；了解天然地基和人工地基的类型及选择的基本原则；了解一般建筑物、构筑物的构件设计与计算。

二级注册建筑师：

3.1.1 对建筑力学的概念有基本了解，对荷载的取值及计算、结构的模型及受力特点有清晰的概念。对一般杆系结构在不同荷载下的内力及变形有一个基本概念。

3.1.2 对砌体结构、钢筋混凝土结构的基本性能、使用范围及主要的构造能进行较为深入的了解及分析；对钢结构及木结构的基本概念有一般了解。

3.1.3 了解多层砖混结构，底框、底部两层框架及中小跨度单层厂房建筑结构选型基本知识；了解建筑抗震基本知识及各类建筑的抗震构造，各类结构在不同烈度下的使用范围；了解地质条件的基本概念，各类天然地基及人工地基的类型及选择原则。

目　　录

视 频 索 引

第1章 建筑力学

124	习题 1-43，即 2010-26 题	3：23	113
125	习题 1-44，即 2010-18 题	4：30	114
126	习题 1-45，即 2010-14 题	3：42	114
127	习题 1-49，即 2010-29 题	3：04	116
128	习题 1-50，即 2011-37 题	6：13	117
129	习题 1-54，即 2012-8 题	5：52	118
130	习题 1-62，2012-32 题	5：37	122
131	习题 1-63，即 2011-14 和 2010-13 题	10：47	122
132	习题 1-64，即 2011-28 题	5：48	122
133	习题 1-65，即 2011-25 题	3：37	123
134	习题 1-69，即 2012-35 题	8：19	124
135	习题 1-70，即 2012-5 题	8：13	124
136	习题 1-71，即 2012-34 题	6：42	124
137	习题 1-72，2011-29 题	10：19	125
138	习题 1-73，即 2012-22 题	8：05	125
139	习题 1-74，即 2010-37 题	10：32	125
140	习题 1-75，即 2010-52 题	10：08	126
141	习题 1-76，即 2010-48 题	5：52	126
142	习题 1-77，即 2012-37 题	1：52	126
143	习题 1-78，即 2010-40 题	7：35	127
144	习题 1-79，2012-42 题	4：49	127
145	习题 1-80，即 2012-23 题	16：25	127
146	习题 1-82，即 2012-9 题	8：42	128
147	习题 1-83，84，85，即 2010-39，2006-48，2012-33 题	22：57	129
148	习题 1-87，即 2010-43 题	6：24	130
149	习题 1-89，即 2012-21 题	6：49	132
150	习题 1-90，即 2012-7 题	5：38	132
151	习题 1-94，95，即 2010-17，2011-47 题	12：23	133

第2章　抗震设计的基本知识

二维码号	内容	时长（分：秒）	页次
201	对话 2.7.1-2，2012-78 和 2007-104 题-上	10：33	161
202	习题 2-56，即 2011-94，2007-107 题；例 2.9.5-1 题	19：33	193
203	习题 2-57，2-58，即 2012-87，2012-90 题	16：45	193
204	习题 2-62，即 2010-116 题	16：53	194

第3章　建筑结构设计方法及荷载

二维码号	内容	时长（分：秒）	页次
301	3.2.2 小节之 1，即 2012-78 题和 2007-104 题-下	7：52	201
302	习题 3-15，即 2010-3 题	10：57	219

第4章　混凝土结构

二维码号	内容	时长（分：秒）	页次
401	4.7.1 小节之 1，2010-83 题	6：42	256
402	4.10.6 小节之 5，2011-98 题	15：59	282
403	4.10.8 小节之 2，2012-81 题-框剪结构的加强层	8：56	287
404	4.10.10 小节，2011-103 题-什么是复杂高层结构，混合结构	11：43	288
405	4.10.10 小节，2012-99 题-多塔楼，多塔楼的转换层布置	4：12	288
406	4.10.12 小节，2011-86，2011-92 题-抗震设计的 6 强 6 弱	18：09	291
407	习题 4-38，4-39，即 2010-136，2010-138 题	21：58	297
408	习题 4-78，即 2010-82 题	15：46	305
409	习题 4-79，即 2011-62 题	4：49	305
410	习题 4-84，即 2011-68 题	10：07	306
411	习题 4-91，即 2011-61 题	4：06	307

412	习题 4-97，即 2011-66 题	4：17	308
413	习题 4-101，即 2010-99 题	4：34	309
414	习题 4-108，即 2010-111 题	7：29	311
415	习题 4-109，即 2010-109，2011-100 题	7：44	312
416	习题 4-159，即 2014-101，2012-62，2011-65，2010-74，2009-74，2008-82 题	8：28	321

第 5 章　钢结构

二维码号	内容	时长（分：秒）	页次
501	5.2.1 小节，2012-48 题	4：55	324
502	5.2.2 小节之 4，2010-58 题	9：03	328
503	5.2.2 小节之 5，2011-74 题	10：10	329
504	5.4.2 小节，2010-71 题，2017 考题回忆	20：37	365
505	5.5.1 小节，2010-98，2012-118，2011-63 题	11：23	366
506	5.5.2 小节，2011-75，2012-68 题	6：04	367

第 6 章　砌体结构

二维码号	内容	时长（分：秒）	页次
601	6.2.3 小节之 2，2012-50 题	12：51	379
602	6.3.4 小节，2011-60 题	9：45	386
603	例 6.7-1，即 2010-63、2011-58 和 2012-58 题	18：56	398
604	6.7.7 小节之 1，2011-80，2010-91 题	3：33	403
605	例 6.8.4-1，即 2010-86 题	2：59	410

第 7 章　地基与基础

二维码号	内容	时长（分：秒）	页次
701	7.1.2 小节，2010-122 题	5：43	426
702	7.1.3 至 7.1.6 小节，2010-121，2011-104 题	10：36	426
703	7-4-3 小节之 2，2011-109 题	3：42	443

第 1 章　建　筑　力　学

1.1 结构机动分析

1.1.1 概述

1.1.1～1.1.2 小节视频合在一起讲解

说明：本小节的图（a）、（b）、（c）、（d）、（e）和（f）均属图 1.1.1-1。

建筑结构必须是**几何不变**的，否则结构就会倒塌。图（a）和图（b）所示的结构都是几何可变结构，在其左上角施加一个轻微的干扰，它们就会一垮到底。若在图（a）的对角线上加一根斜杆，或者把图（b）的中间竖杆绕其上端的铰旋转成斜杆、并用铰将其下端与左竖杆连接起来，它们就都变成为如图（c）和图（d）所示的、可用来承受荷载的**几何不变**结构了。

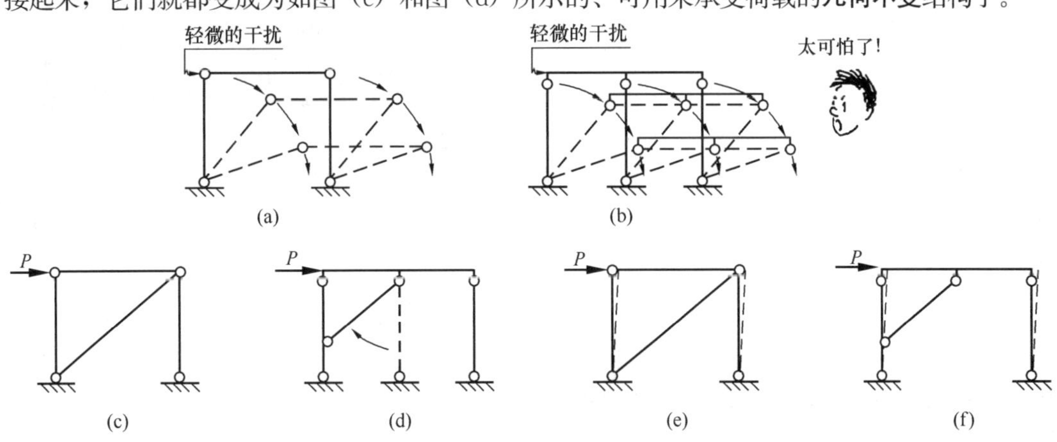

图 1.1.1-1　几何可变结构与几何不变结构

（a），（b）几何可变结构的机构运动；（c），（d）几何不变结构；（e），（f）几何不变结构的正常变形

注意到图（a）和图（b）的结构在倒塌过程中各杆件的材料还未来得及发生变形、说倒就倒、一塌到底、十分可怕，因此几何可变结构在建筑工程中是绝对不能采用的。这里“几何可变”是指杆件材料在没有发生任何变形（像**刚体**一样）的情况下，结构几何形状也会改变、发生了类似于**机械构**件那样的**机构**运动。反之，“几何不变”是指杆件材料没有发生任何变形时，结构几何形状不会改变（图 c 和图 d）。实际上几何不变的结构在荷载作用下是会产生微小位移的，如图（e）和图（f）虚线所示，但这种位移是杆件材料变形引起的、正常的，和“几何可变”不是同一概念。我们最关心的是结构会不会出现图（a）和图（b）那样危险的机构运动。如果是机械，动起来是好事，不会动的机械就不能工作了；但是对于建筑结构，在杆件还没有发生任何变形的情况下就动起来，就肯定会倒塌。因此对绝大多数建筑结构来说，在判别体系的几何可变性时，是把杆件当成**刚体**、把结构当成**机构**、看看这个**机**构会不会**动**起来进行分析的，这样的方法叫作**结构机动分析**。

另有些结构，例如大跨度结构中的索网等柔性结构体系，它们几何形状的稳定性是依靠索的预拉力来保证的。设想一下：图 1.1.1-2 所示索网结构的索如果没有绷紧（即没有预拉力），那它就像鱼网一样，谈不上有什么稳定的几何形状了。柔性结构体系将在第 8 章第 2.2.2 小节中介绍。现在回到本节的主题“结构机动分析”。

结构机动分析一般分两步进行（对照图 1.1.1-1）：

① **首先求解结构的计算自由度 W**（计算自由度是什么意思我们先不去管它）。

若 $W>0$，则结构是几何可变体。例如图（a）结构的 $W=1$（具体的计算过程我们不讨论），那么它肯定是几何可变的。

若 $W\leqslant 0$，则结构满足几何不变的必要条件，但不够充分。例如图（b）、图（c）和图（d）所示结构的计算自由度都是 $W=0$（具体的计算过程我们也不讨论），但图（b）是几何可变体，而图（c）和图（d）却都是几何不变体。所以还需对它们进行下一步的分析。

② **对结构进行几何组成分析**，看看杆件和约束的布置是否合理、能否满足几何不变的充分条件，若不满足则结构仍是几何可变的（图 b）；若满足则结构就是几何不变体了（图 c 和图 d）。对于几何不变体，若 $W=0$，则称为无多余约束的几何不变体；若 $W<0$，则称为有多余约束的几何不变体。

图 1.1.1-2　索网结构

上述第①步的概念比较抽象，计算比较复杂，公式也不好记。当结构不是很复杂时（考题属于此类），可以免去难懂的第①步而直接进入比较直观的第②步。大纲强调**定性分析，故我们仅讨论第②步：结构的几何组成分析。**

1.1.2　刚片

前面说过，结构机动分析时需把杆件视为刚体，对于我们考试仅涉及的平面问题，刚体就是刚片。这里，我们定义在一个结构中能成为“无多余约束的几何不变体”的局部为**“刚片”**。刚片可以画成任意无多余约束几何不变体的形状，这会给结构几何组成分析工作带来许多方便，见下例。

【例 1.1.2-1】求证图 1.1.1-1（f）所示结构为无多余约束的几何不变体系

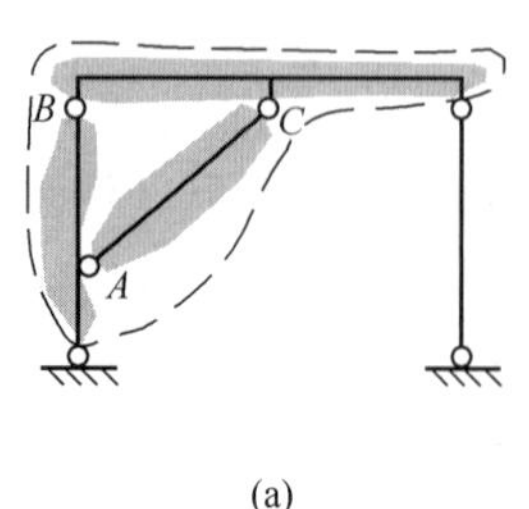

(a)

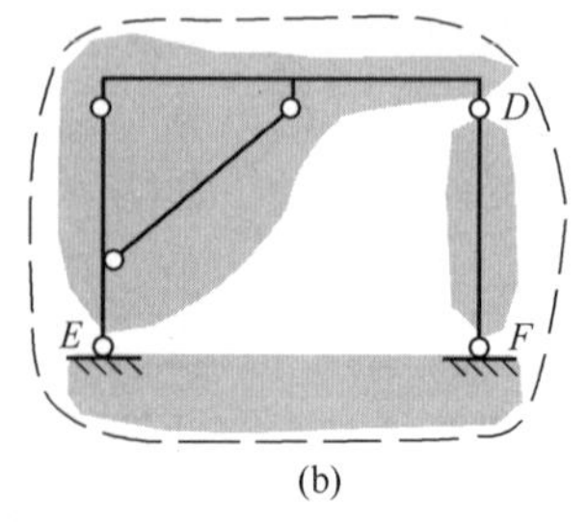

(b)

【例 1.1.2-1】题解附图

题解：①对照图（a）：将上横梁、左竖杆和斜杆分别视为一块刚片，它们通过三个不在同一条直线上的铰 A、B 和 C 两两相连，符合稍后我们要讲到的“三刚片规则”，组成无多余约束的几何不变体（虚线围起部分）；②对照图（b）：将步骤①得到的这个无多余约束的几何不变体用一块大刚片代替，它与右竖杆刚片以及基础刚片通过三个不在同一条直线上的铰 D、E 和 F 两两相连，也符合“三刚片规则”组成无多余约束的几何不变体（虚线围起部分），证毕。

1.1.3 自由度和约束

尽管我们没有打算讲解自由度和约束数的计算，但仍需要了解它们的概念，因为这是结构几何组成分析的基础。

1. 自由度

自由度是体系运动时可以独立变化的几何参数的个数。在上一小节，我们说过刚片在结构几何组成分析中是很有用的，那我们就先讨论一下它的自由度。图 1.1.3-1（a）表示一个无约束的刚片在作自由运动，原始位置用实线表示，运动后的位置用虚线表示。可以看出这刚片沿 x 轴方向自由地平移了 Δx，这是它的第一个自由度；刚片又沿 y 轴方向自由地平移了 Δy，这是它的第二个自由度；刚片还绕 A' 转动了 $\Delta\phi$，这是它的第三个自由度。这两个平移自由度 Δy、Δx 和一个转动自由度 $\Delta\phi$，都是相互独立的（独立的问题稍后再讲），故一个刚片有三个自由度。

2. 约束（考题有时称联系）

（1）链杆约束（对照图 1.1.3-1）

两端铰接的直杆称之为链杆。如果在图（a）所示刚片的 A 点加一根水平链杆，刚片就只能沿 y 向平移和绕 A 点转动，失去了沿 x 向平移的自由度，见图（b）；要是在 A 点再加一根竖向链杆，刚片又将失去沿 y 向平移的自由度，只能绕 A 点转动了，见图（c）；然后，若在 B 点再加一根竖向链杆，刚片便将失去最后一个转动自由度，此时的刚片就不能动了，变成我们所希望得到的几何不变体，见图（d）。可见每增加一根链杆，刚片就会失去一个自由度；反之，每减少一根链杆，刚片就会增加一个自由度。因此**一根链杆相当于一个约束**。再仔细观察图（d），并把可以随意画的刚片画得细长一些，你就会发现它正是我们非常熟悉的一根斜放的简支梁，见图（e）。将上述过程自图（d）反推回去，不难看出简支梁刚片只要少一个约束，它就是可以运动的，亦即简支梁的每一个约束对维持结构的几何不变形来说，都不是多余的。由此可得出**简支梁（或简支刚片梁）是无多余**

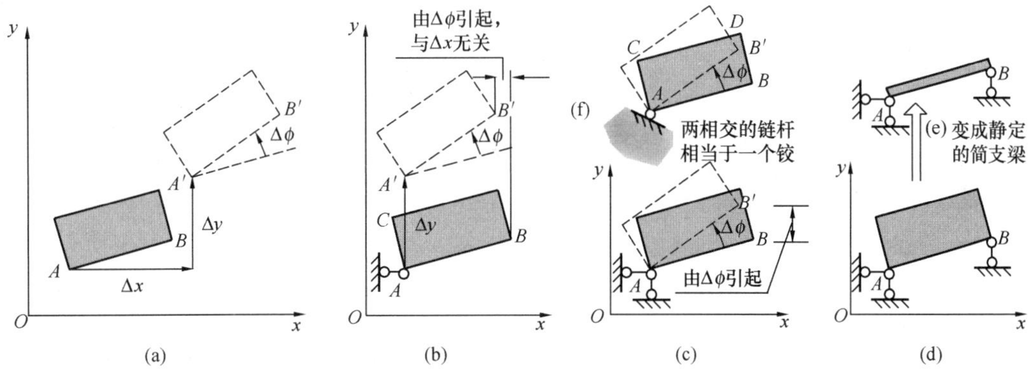

图 1.1.3-1 自由度及约束

（a）无约束的刚片运动；（b）失去 x 向自由度；（c）失去 y 向自由度；（d）失去转动自由度

约束的几何不变体的结论。

也许有人要问：图（b）A 点处水平链杆加上去后，B 点不是照样可以逆 x 向移到 B′处吗？没错，但这是一个点由于刚片转动了 $\Delta\phi$ 而引起的位移，与 $\Delta\phi$ 是相关的，不是独立的，它没有包含刚片 x 向平移的成分。同理，图（c）A 点处竖向链杆加上去后，B 点顺 y 向移到 B′点也是由于刚片转动了 $\Delta\phi$ 引起的，与 $\Delta\phi$ 是相关的，不是独立的，也不含刚片 y 向平移的成分。

(2) 铰约束和不动铰支座（对照图 1.1.3-1）

比较图（c）图（f），不难发现它们在 A 点的两种约束效果是一样的，即两根相交链杆约束（图 c）或一个铰约束（图 f），都使得刚片只能转动而不能沿 x 和 y 方向平移、失去两个自由度，所以这个铰和两根相交链杆是可以互相代替的。**图（f）的这个铰又是和基础连在一起的，故称之为“不动铰支座”或“铰支座”。图（c）的两根相交链杆也可以直接称之为“不动铰支座”或“铰支座”。**图（f）的这个铰的约束是对“$ABCD$”和“基础”两块刚片之间相对运动的约束，而刚片又可以看成为杆件，因此**连接两根杆件（或刚片）的一个铰（称“单铰”）有两个约束，去掉一个单铰就等于去掉两个约束。**在几何组成分析中用去掉单铰来解除约束的做法比较多见。连接三根或三根以上杆件（或刚片）的“铰”称“复铰”，那么“去掉一个复铰等于去掉多少个约束呢”？这个问题我们不讨论，因为这种做法在几何组成分析中极少采用。所以，**本章提及的“去掉铰约束”，只要没有强调是“去掉复铰的约束”就都是指“去掉单铰约束”。**

(3) 刚性约束和固定端支座（对照图 1.1.3-2）

前面已得出过**简支梁是无多余约束的几何不变体**的结论。我们把简支梁的横杆画成一块简支梁刚片，见图（a）。利用刚片几何形状可以任意画的性质，可以将简支梁刚片画成一块悬臂杆刚片，见图（b）。由于后者是由前者通过对刚片形状的不同画法得到的，并没有实质上的改变，故与简支梁一样，**悬臂柱也是无多余约束的几何不变体。**“不能动”的约束就是**“刚性约束”**，图（b）中三根比较靠近的链杆就可以视为悬臂柱端部的一个刚性约束。值得注意的是这三根链杆（包括延长线）不得交于一点，且不得相互平行，其中的道理在稍后的“两刚片规则”中会有详细讲解。

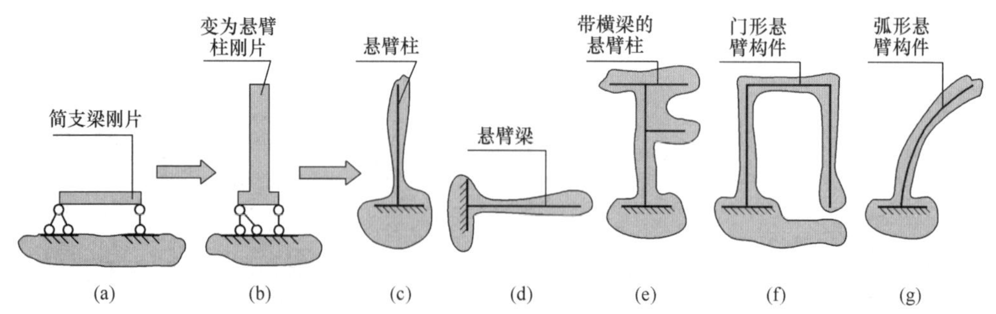

图 1.1.3-2　有固定端约束的静定结构：悬臂柱刚片及各种悬臂构件

上面说的“不能动”是指被刚性约束连接的两块刚片之间不能作**相对的运动。如果其中的一块刚片是不会动的基础**（例如图 a 和图 b），则另一块也不会产生相对于地球的运动，**此时的刚性约束称“固定端支座”**，显然，它有三根链杆，亦即有三个约束，**去掉一**

个刚性约束（或固定端支座）就等于去掉三个约束。图 1.1.3-2（c）～（g）是几何组成分析时常遇到的有固定端的悬臂构件，从机动分析的角度看，它们和悬臂柱刚片无实质性的区别，都是无多余约束的几何不变体，而且都可以把它们看成是基础部分的延伸。它们的固定端表达方式比三链杆者更为简单，因而也更为常用。图 1.1.3-2 所示的无多余约束的几何不变体，都包含了不会动的基础刚片，亦称之为**“静定结构”**。相应地，如果结构为有多余约束的几何不变体（包含基础刚片），则称之为**“超静定结构”**，多余约束数就是超静定次数。“静定”和“超静定”问题将在 1.2 节讲述。

(4) 刚结点（对照图 1.1.3-3）

如果被刚性约束连接的两块刚片都是杆件，则这样的刚性约束称**“单刚结点”**，见图(a)。显然，**去掉一个单刚结点就等于去掉三个约束。**单刚结点也可用图（b）的简易方法标注、甚至不标，因为连续杆件的每一处都可视为刚结点。连接三根或三根以上杆件（或刚片）的“刚结点”称“复刚结点”，那么“去掉一个复刚结点等于去掉多少个约束呢”？这个问题我们不讨论，因为这种做法在几何组成分析中很少采用。所以，**本章提及的“去掉刚结点约束”，只要没有强调是“去掉复刚结点的约束”就都是指“去掉单刚结点约束”。**

利用“去掉一个单刚结点就等于去掉三个约束”的做法，很容易分析框架结构的几何组成。例如将框架在横梁处切开（图 c），就等于去掉一个刚结点，使结构减少三个约束，同时结构就变成静定的了。这说明原体系为三次超静定结构。同样，也可以用解除一个固定端支座约束的方法来分析这个结构的几何组成（图 d），结果是相同的。

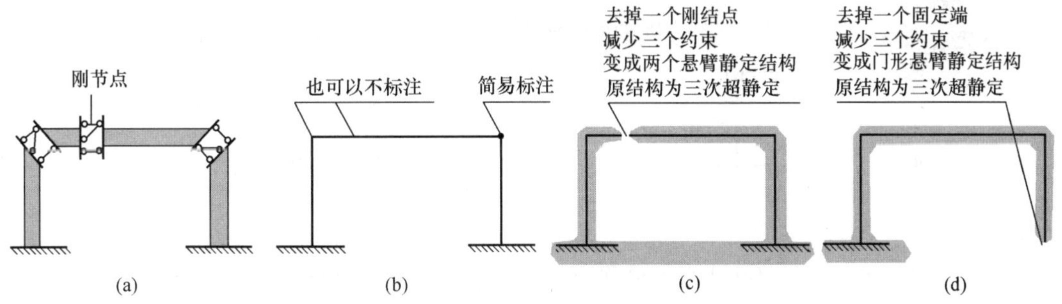

图 1.1.3-3　刚结点

小波：袁老师，我觉得图(d)很好理解，因为它是在去掉三个约束后变成为一个静定结构的，原结构当然是三次超静定了。但图(c)在去掉三个约束后变成为两个而不是一个静定结构的，这怎么能说明原结构是三次超静定的呢？

小静：可能这两个静定结构应该合起来考虑吧。

袁老师：小静说得很对。图(c)在去掉三个约束后变成的两个静定结构是通过基础刚片连成为一个(**而不是两个**)没有多余约束的几何不变体的。以后遇到类似的情况，一个结构在去掉多余约束后变成为两个、三个、四个、甚至七个静定结构，都应该把它们看成通过基础刚片连成为一个(**而不是多个**)没有多余约束的几何不变体。故去掉的多余约束数就是超静定次数。

对话 1.1.3-1　图(c)在去掉三个约束后变成为两个而不是一个静定结构，这怎么能说明原结构是三次超静定的呢？

【例 1.1.3-1】图示结构的超静定次数为（2014-4）：

（A）1 次　　（B）2 次　　（C）3 次　　（D）4 次

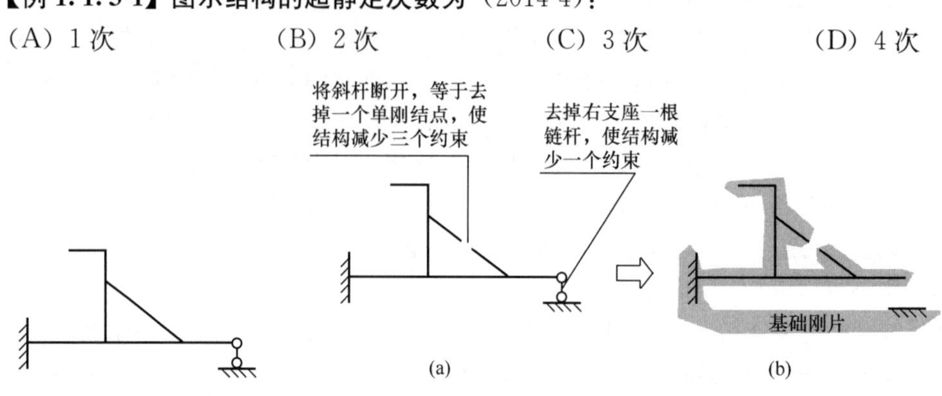

【例 1.1.3-1】题目附图　　【例 1.1.3-1】题解附图

题解：①将斜杆断开，等于去掉一个单刚结点，使结构减少 3 个约束；再去掉右支座一根链杆，结构又减少 1 个约束（图 a）。②结构在去掉 3＋1＝4 个约束之后可看成为是基础刚片向右伸出的、形状比较复杂的静定悬臂构件。这个静定结构是在去掉 4 个约束后得到的，故原结构的超静定次数为 4。

答案：D

小　波：袁老师，图(a)的刚片是我画的，你看漂亮吗？

小　静：袁老师，小波的刚片形状太随意了，图(b)的刚片是我画的，你看我画得比小波的好吧？

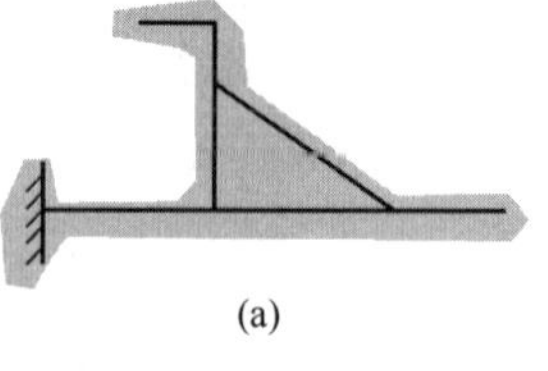

(a)

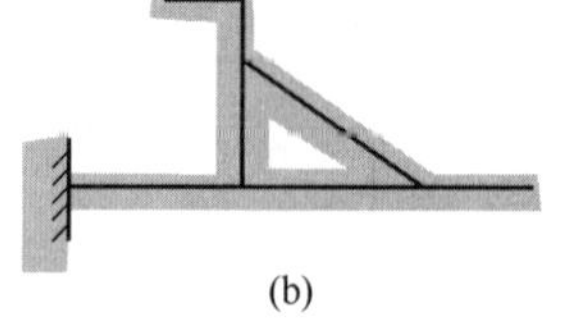

(b)

（a）小波画的刚片　　（b）小静画的刚片

袁老师：你们画得都很漂亮，但都画错了。小波画的刚片内含闭合多边形刚结点杆件，小静画的刚片内含有闭合的空白区，虽然它们都是几何不变体，但在斜杆断开之前它们都有三个多余约束，是有多余约束的几何不变体。采用刚片的目的是为了简化分析工作，**刚片只能代替没有多余约束的几何不变体，**这是一个约定，是结构机动分析时大家都必须遵守的一个约定，否则就会乱套。例如：在**【例 1.1.3-1】**的分析中，若按你们的画法来画刚片，就会少判 3 个约束，就会将题目的 4 次超静定结构误判成 1 次超静定结构。

对话 1.1.3-2　错误的刚片画法

【例 1.1.3-2】图示结构的超静定次数为（　　）（2011-43）

（A）5 次　　（B）6 次　　（C）7 次　　（D）8 次

题解：去掉一根链杆 AB、断开 CD 杆（即去掉一个单刚结点）、再去掉一个单铰 E，亦即原结构在减少了 1＋3＋2＝6 个约束之后（图 a），结构变成三个静定的悬臂构件，它们通过基础刚片连成为一个没有多余约束的几何不变体（图 b），说明原结构的超静定次数为 6 次。（视频讲解提及去掉单铰约束时要注意的问题）

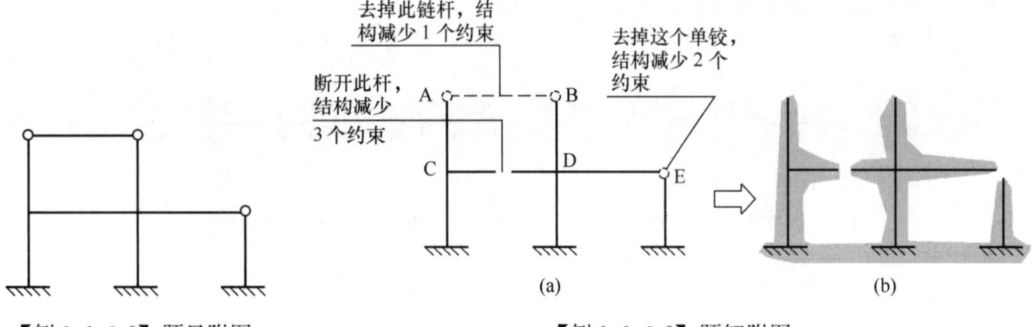

【例 1.1.3-2】题目附图　　　　【例 1.1.3-2】题解附图

答案：B

请翻到 1.6 节，做习题 1-1，1-2

1.1.4　几何组成分析

一个结构往往包含着几个简单的无多余约束的几何不变体，若能先把它们找出来，将每一个无多余约束的几何不变体都用刚片来代替，将使分析工作大为简化。那么，如何才能找出这些无多余约束的几何不变体来呢？另外我们又如何判别一个结构整体的几何组成性质呢？下面几条规则就是我们进行结构几何组成分析的依据。

1. 三刚片规则（对照图 1.1.4-1）

实践经验证明：**三刚片用不在一条直线上的三铰两两相连，构成无多余约束的几何不变体系**，见图（a）。由于刚片和直杆可以互换，得**推论：三链杆组成的三角形是无多余约束的几何不变体，可以用刚片代替**，见图（b）。为什么要强调不在一条直线上呢？我们分析一下图（c）所示的结构，分别用三块刚片来代替基础和两根直杆。由于 A、B、C 三铰在一条直线上，在荷载 P 作用下，杆 AB 和杆 BC 可分别绕 A 和 C 点作微小的转动，使得 B 点沿竖向发生了瞬间的运动、产生一个微量的位移，结构在这一瞬间是几何可变的。但过了这一瞬间，由于微量位移的存在，A、B、C 三铰不在一条直线上了，于是结构又恢复它的几何不变性。结构的这种特殊几何可变现象，称瞬变性，相应的结构称**瞬变结构**；与之相比，前面图 1.1.1-1（a），（b）所示的结构称**常变结构**。从理论上讲，B 点竖向位移是无限小的，为了与竖向荷载 P 取得平衡，杆 AB 和杆 BC 的拉力就需要为无限大（图 d）。**因此，瞬变体系或者是接近于瞬变的体系，是不允许使用在工程结构上的。**

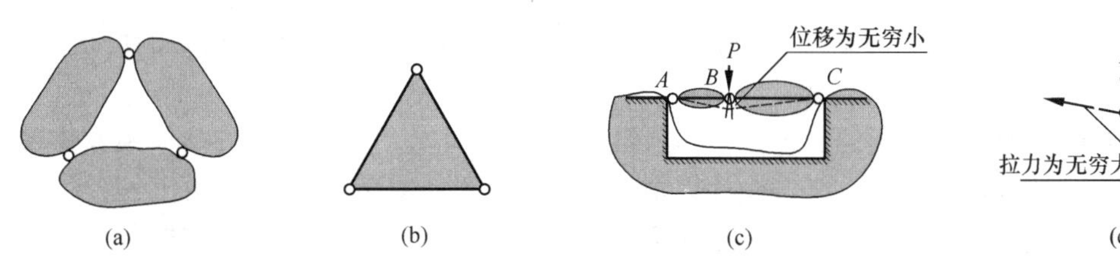

图 1.1.4-1　三刚片规则

（a）、（b）无多余约束的几何不变体；（c）瞬变结构；（d）瞬变结构内力无限大

【例 1.1.4-1】下图所示结构的超静定次数为(　　)（2019 年回忆题）

（A）1 次　　（B）2 次　　（C）3 次　　（D）4 次

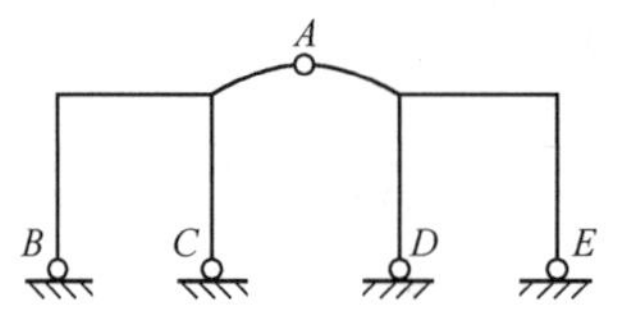

【例 1.1.4-1】题目附图

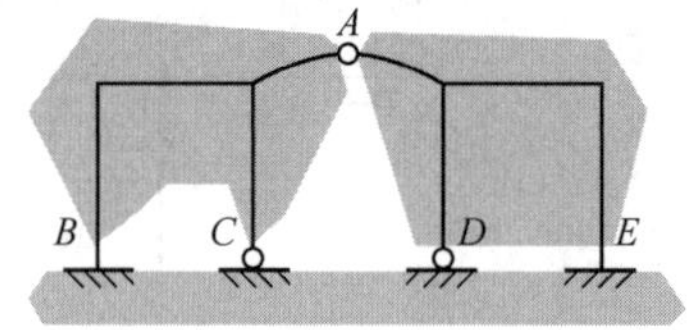

【例 1.1.4-1】题解附图

题解：

去掉两个单铰 B 和铰 E，原结构的左、右刚片和基础刚片就成为 3 块用不在一条直线上的铰（铰 C、D、A）两两相连的结构，符合三刚片规则，变成为一个静定结构（见题解附图）。但这是在去掉 2 个单铰、即去掉 4 个约束后得到的结果，说明原结构的超静定次数为 4。

答案： D

【例 1.1.4-2】图示平面体系的几何组成为(　　)（2014-1）

（A）几何可变体

（B）几何不变体，无多余约束

（C）几何不变体，有 1 个多余约束

（D）几何不变体，有 2 个多余约束

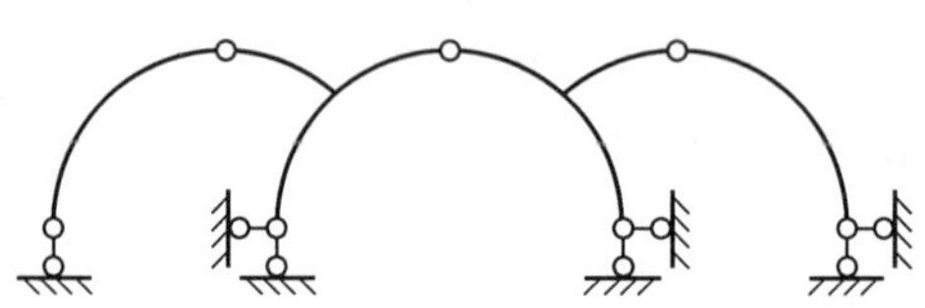

【例 1.1.4-2】题目附图

题解： 拱肋刚片 A、B 和基础刚片 C 用不在同一直线上的三个铰 1、2 和 3 两两相连（图 a），组成无多余约束的几何不变体，可用大刚片 ABC 表示，见图（b）；大刚片 ABC 与左拱肋刚片、左支座链杆刚片通过不在同一直线上的三个铰 4、5 和 6 两两相连，组成一个无多余约束的几何不变体，见图（b）细虚线围起部分；显然这个无多余约束的几何不变体外面的右拱肋是一个多余的约束。于是原结构是有一个多余约束的几何不变体。

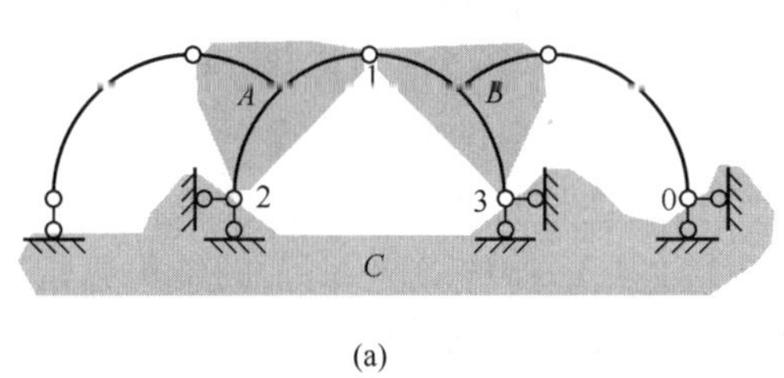

(a)

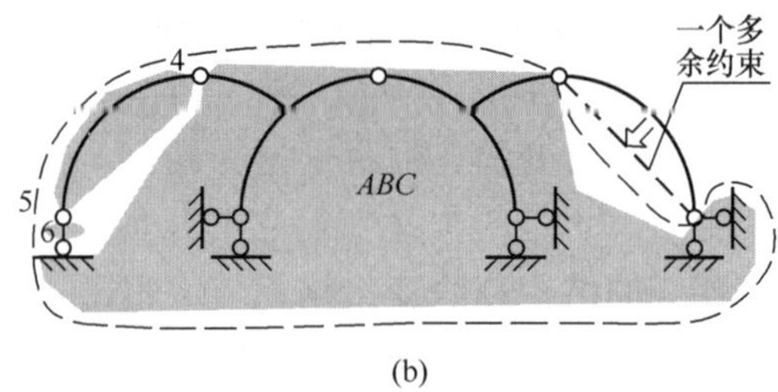

(b)

【例 1.1.4-2】题解附图

答案： C

说明： 右拱肋是一根弯曲的链杆，在几何组成分析中它可以看成为一根虚线所示的直链杆。

2. 两刚片规则

（1）两刚片用一铰及不通过该铰的一根链杆相连，构成无多余约束的几何不变体系。 这条规则很易理解，它实际上与三刚片规则是同一个意思。既然杆件可以用刚片代替，那么刚片也可以被杆件代替，两者是可以互换的。只需将图 1.1.4-1(a)中的一块刚片还原回一根杆，就可以得到与本条规则相对应的图 1.1.4-2(a)；另外，如果这个铰位于这根链杆的延长线上，其体系就会成为与图 1.1.4-1(b)相似的**瞬变结构**，见图 1.1.4-2(b)。

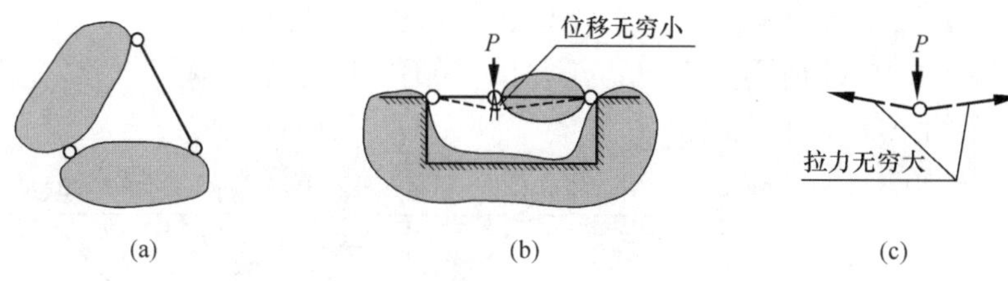

图 1.1.4-2　两刚片规则之一

(a) 无多余约束的几何不变体；(b) 瞬变结构；(c) 瞬变结构内力无限大

(2) 两个刚片用三根链杆相连，且三链杆不交于同一点，构成无多余约束的几何不变体系，见图 1.1.4-3 (a)、(b)。如前所述，一个铰约束和两根相交链杆约束是可以互换的，若将图 1.1.4-3 (a) 的 AB 和 AC 杆看成为一个铰，这个图形就和图 1.1.4-2 (a) 完全相同，当然也属于无多余约束的几何不变体。图 1.1.4-3 (a) 的 AB 和 AC 杆是实实在在相交于 A 点的，所以铰 A 称“实铰”。图 1.1.4-3 (b) 的 AB 和 AC 杆是延长线相交于 A' 点，所以 A' 铰称为“虚铰”。此处“虚铰”和“实铰”的作用相同，所以图 1.1.4-3 (b) 也属于无多余约束的几何不变体。用两刚片规则也很容易证明简支梁为静定结构，见图 1.1.4-4。这条规则为什么要强调三链杆不交于同一点呢？不妨先看看图 1.1.4-5 所示不满足这个条件的几种情况。图 1.1.4-5 (a) 的三根链杆的延长线交于一点（虚铰），刚片可绕这一点作瞬间相对转动（这个虚铰称**瞬铰**），为瞬变体系；图 1.1.4-5 (b) 的三根不等长链杆相互平行，可认为其延长线在无穷远处相交，刚片可绕无穷远的交点（瞬铰）作瞬间相对转动，故也为瞬变体系；图 1.1.4-5 (c) 的三根链杆不但相互平行、而且长度相等，当两刚体发生相对移动时，三链杆始终是相互平行的，可不断作机构运动（与前面图 1.1.1-1a，b 所示的情况相同），属于常变体系；图 1.1.4-5 (d) 的刚片可绕三杆交点处的铰不断地转，显然也是常变体系。

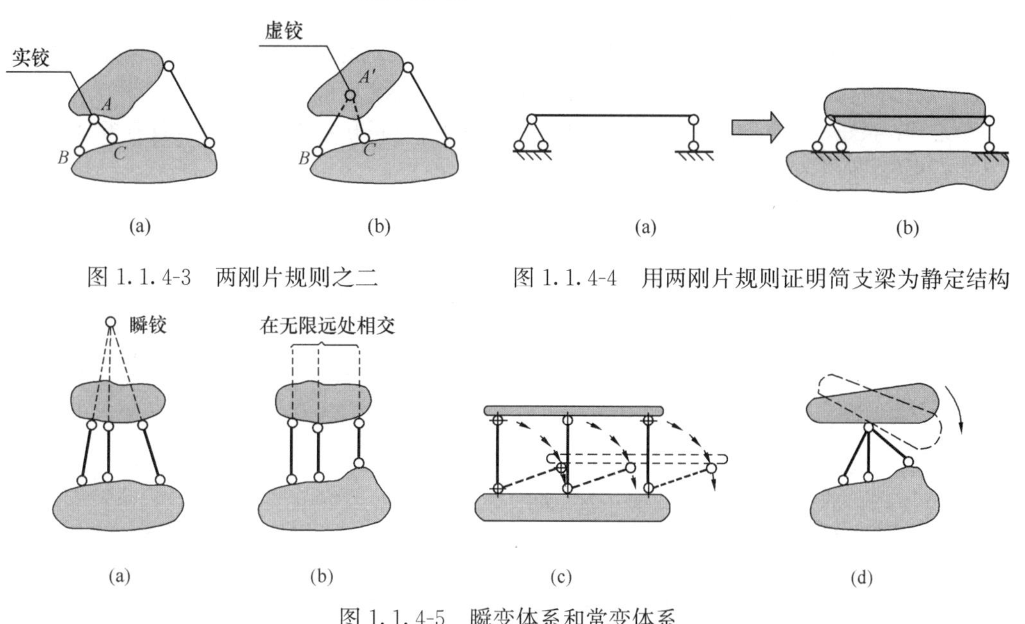

图 1.1.4-3　两刚片规则之二

图 1.1.4-4　用两刚片规则证明简支梁为静定结构

图 1.1.4-5　瞬变体系和常变体系

(a) 瞬变体系；(b) 瞬变体系；(c) 常变体系；(d) 常变体系

【例 1.1.4-3】图示结构是(　　)（2016 年一位考生问我的题）

（A）无多余约束的几何不变体　　　　（B）几何瞬变体

（C）有多余约束的几何不变体　　　　（D）几何常变体

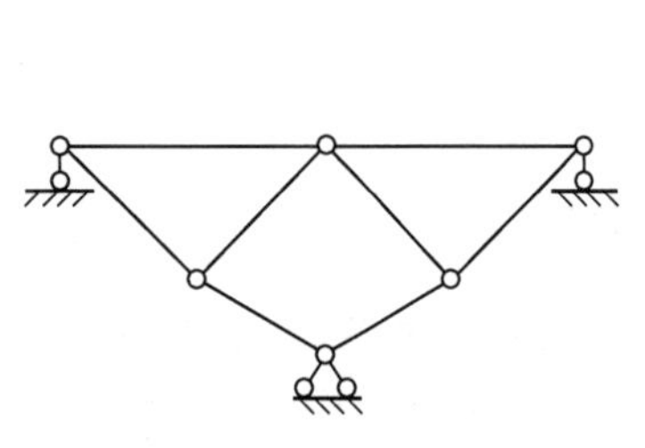

【例 1.1.4-3】题目附图

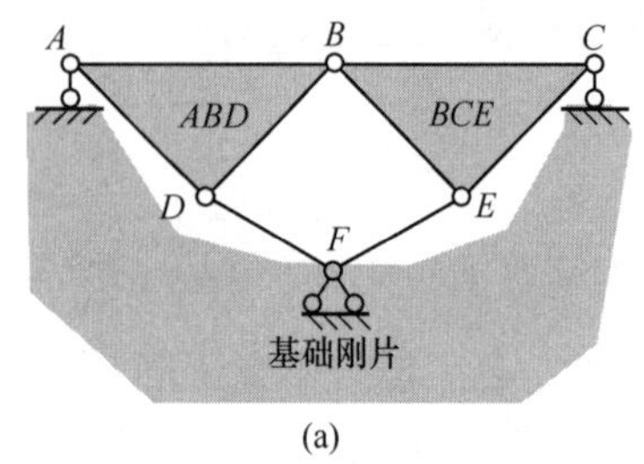

(a)

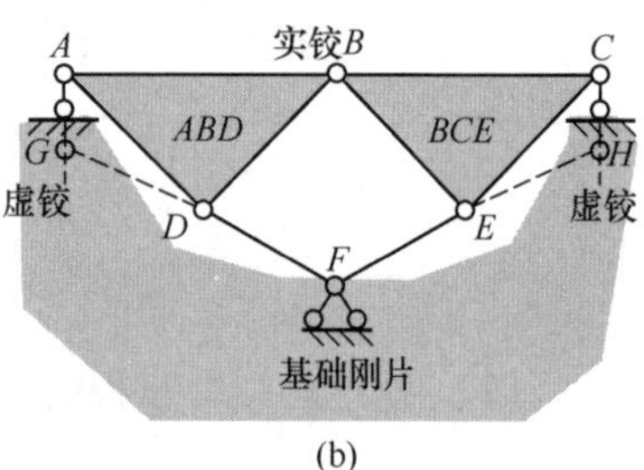

(b)

【例 1.1.4-3】题解附图

题解：①将 ΔABD 和 ΔBCE 分别看成刚片 ABD 和刚片 BCE；中间下面铰支座的两根相交的链杆可看成为基础刚片的一部分，见图（a）。②左边支座链杆的延长线与链杆 FD 的延长线相交于 G 点，形成虚铰 G，它代替了左边这两根链杆，起到连接刚片 ABD 和基础刚片的作用；同理，右边支座链杆的延长线与链杆 FE 的延长线交点处的虚铰 H 也代替了右边这两根链杆，起到连接三角形刚片 BCE 和基础刚片的作用，见图（b）。③于是，刚片 ABD、刚片 BCE 和基础刚片通过不在同一条直线上的三个铰（虚铰 G，虚铰 H 和实铰 B）两两相连，符合三刚片规则，故整个结构是无多余约束的几何不变体，见图（b）。

答案：A

袁老师：小波，我问你，当上例结构(图 a)中下方的铰支座往下移到图(b)所示的位置时，结构的几何组成有没有发生变化呢？

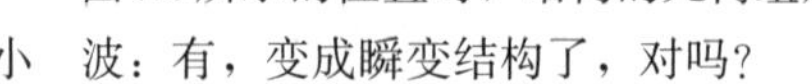

小　波：有，变成瞬变结构了，对吗？

袁老师：没错。你能说说是什么原因吗？

小　波：这是因为此时，左右两虚铰的位置与左右支座上端的实铰重合，连接三刚片的三个铰(左右两虚铰和中间的一个实铰)变成在同一条直线上了。对吗？

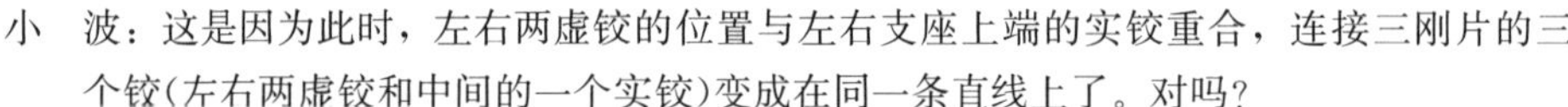

袁老师：很好。小静你说说：如果中下方的铰支座继续往下移，结构会变回到没有多余约束的几何不变体吗？

小　静：会的，因为这一来，连接三刚片的三个铰又变成不在同一条直线上了。

袁老师：回答得非常好！

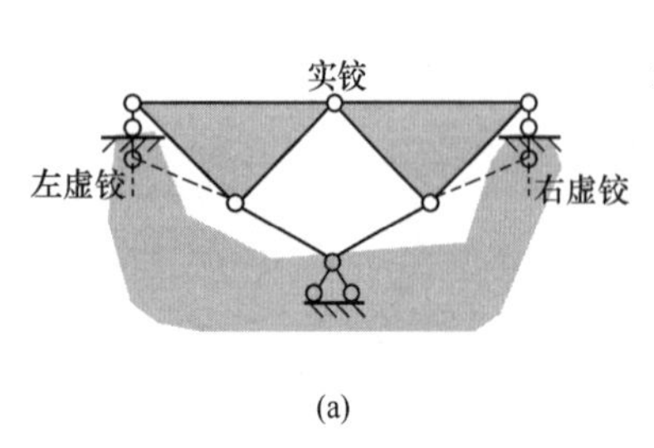

(a)

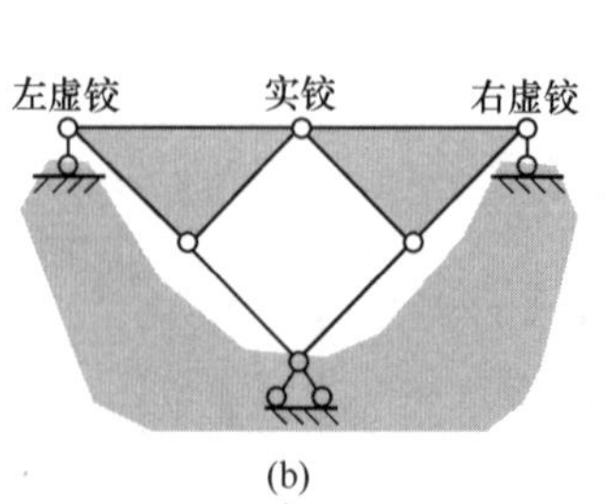

(b)

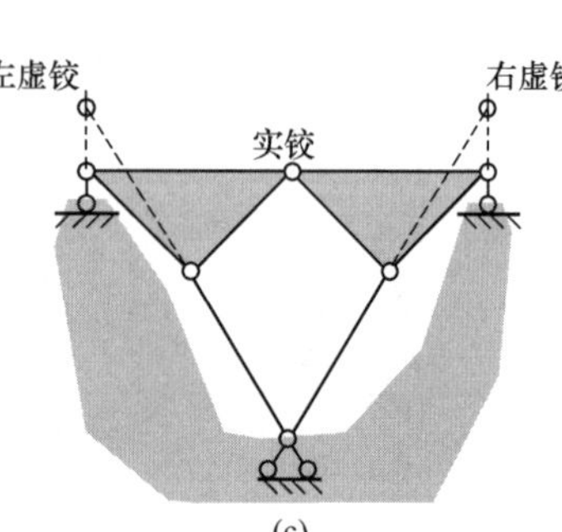

(c)

对话 1.1.4-1 【例 1.1.4-3】的讨论

请翻到 1.6 节，做习题 1-3，1-4

3. 二元体规则（对照图 1.1.4-6）

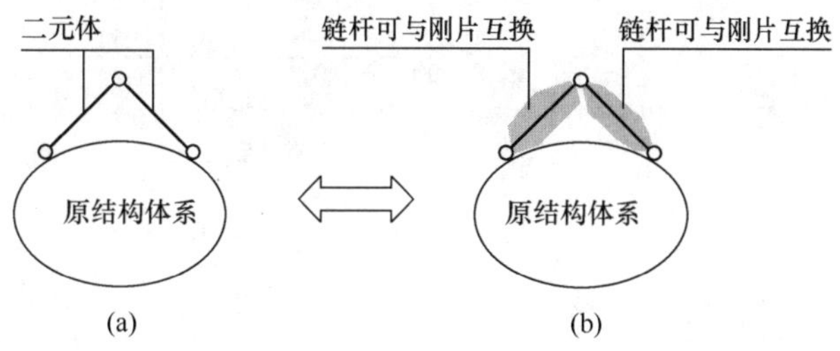

图 1.1.4-6　二元体

在一个体系的外围用两根不共线的链杆连接一个新结点的装置称为二元体，如图（a）所示，**在一个体系的外围上增加或减少二元体不影响原体系的机动性质。**值得一提的是在具体应用这条规则时，可以把二元体中的链杆与刚片互换，见图（b）。

在应用这条规则时需注意二元体是位于结构外围的，见**【例 1.1.4-4】**和**【例 1.1.4-5】**。

【例 1.1.4-4】图示结构属于何种体系？（2011-9）

（A）有多余约束的几何不变体

（B）几何常变体

（C）几何瞬变体

（D）无多余约束的几何不变体

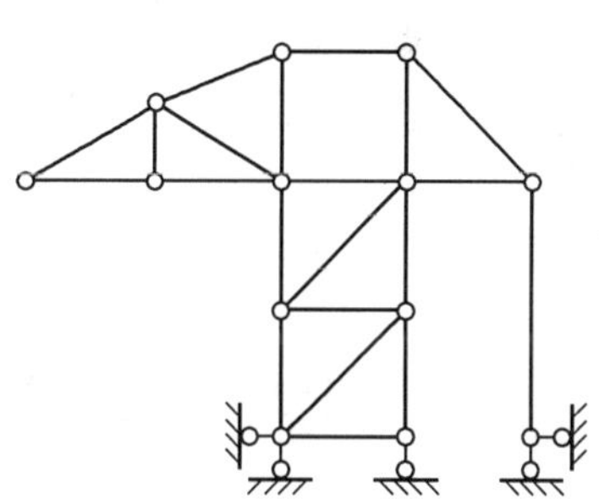

【例 1.1.4-4】题目附图

解法 1：用逐次减少二元体的方法分析：

按照图（a）的数字顺序逐次去掉 10 个二元体后，结构变成一根静定简支梁，见图（b）。由于简支梁是无多余约束的几何不变体，说明原结构也是无多余约束的几何不变体。

答案：D

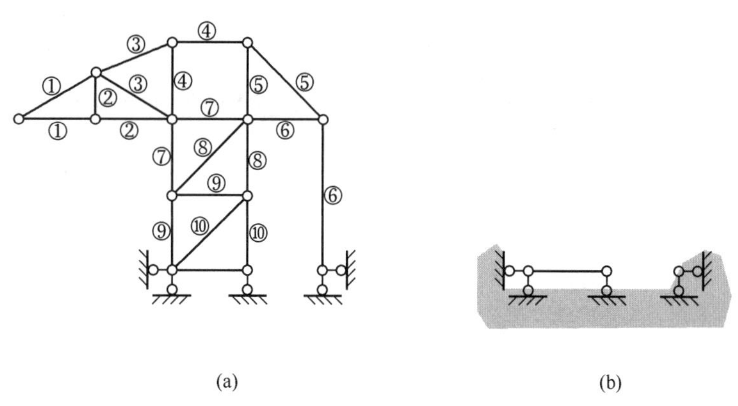

【例 1.1.4-4】题解附图 1（解法 1）

说明：去掉最外围的二元体①之后，二元体②就变成最外围的了，……类推。

解法 2：用逐次增加二元体的方法分析：

从图（a）的静定简支梁出发，按照图（b）的数字顺序逐次增加 10 个二元体后可得到原结构，见图（b）。由于简支梁是无多余约束的几何不变体，说明原结构也是无多余约束的几何不变体。

答案：D

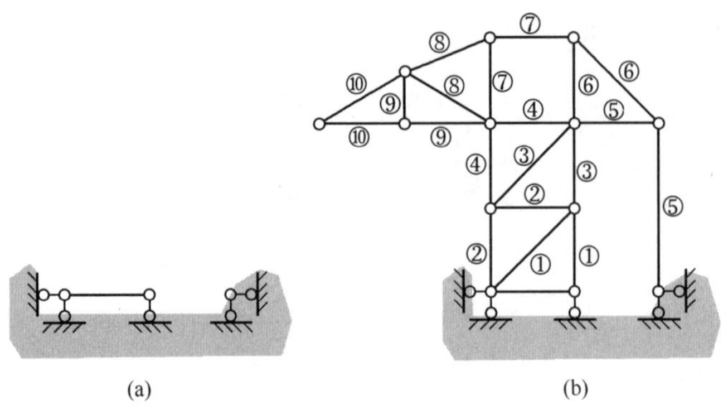

【例 1. 1. 4-4】题解附图 2（解法 2）

注意：各个二元体在加入的过程中，都是位于当前结构外围的。

下面给出用清华大学结构力学求解器分析的结果供参考，见【例 1. 1. 4-4】题解附图 3。

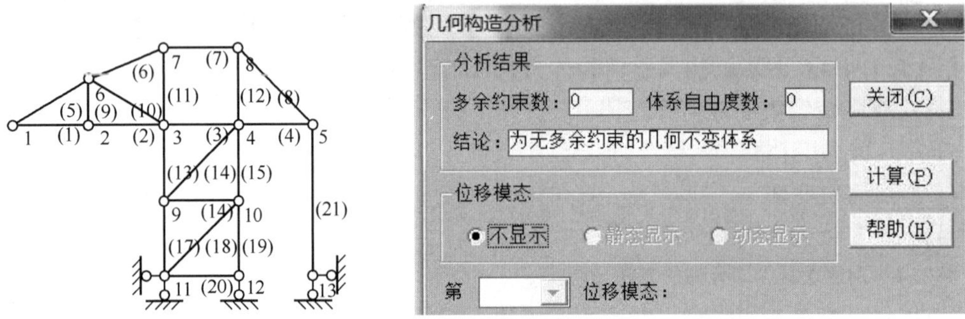

【例 1. 1. 4-4】题解附图 3（用清华大学结构力学求解器分析的结果）

【例 1. 1. 4-5】判断下列四根连续梁，哪一根是静定的？

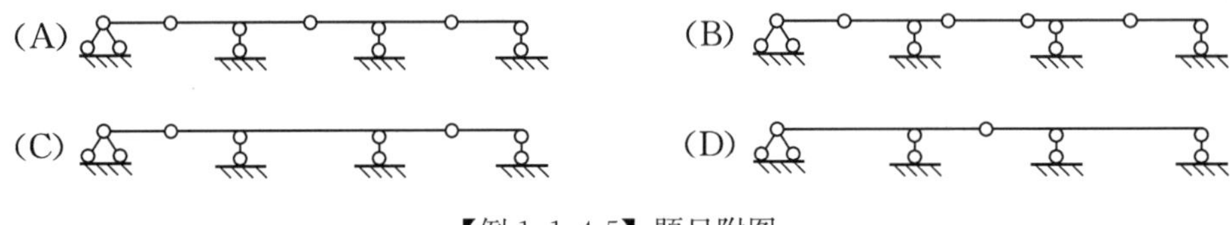

【例 1. 1. 4-5】题目附图

题解：

A 分析：逐次去掉三个二元体，如图 A-1、2、3 所示，余下结构见图 A-4，它有一个自由度，亦即原体系只有一个自由度，为几何常变体。

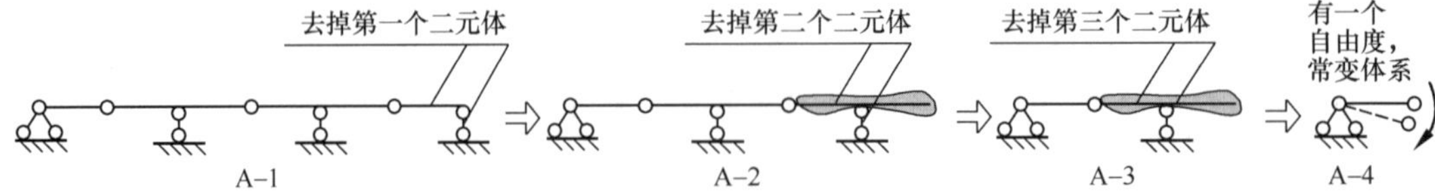

【例 1. 1. 4-5】题解附图 A

说明：第二个和第三个二元体的其中一根链杆是有外伸部分的，只要把它看成为一块向外伸出的刚片即可，请结合图 A-5 和图 A-6 来理解。

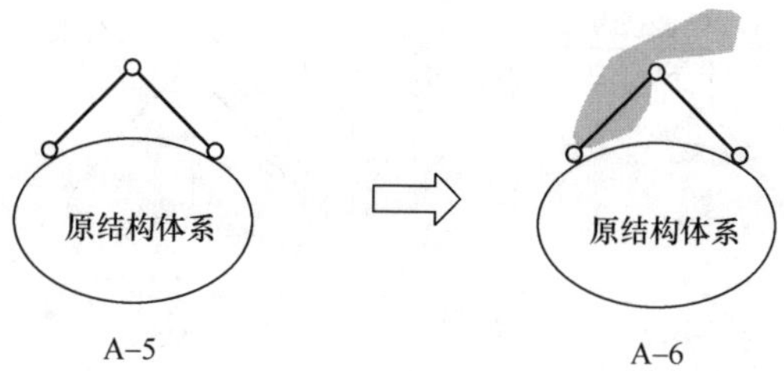

B 分析：逐次去掉两个二元体，如图 B-1、2 所示，余下结构（图 B-3）左边用虚线围起来的部分与图 A-3 相同，有一个自由度；右边部分与图 A-4 相似，也有一个自由度。原体系的自由度数等于这两者之和，即有两个自由度，为几何常变体。

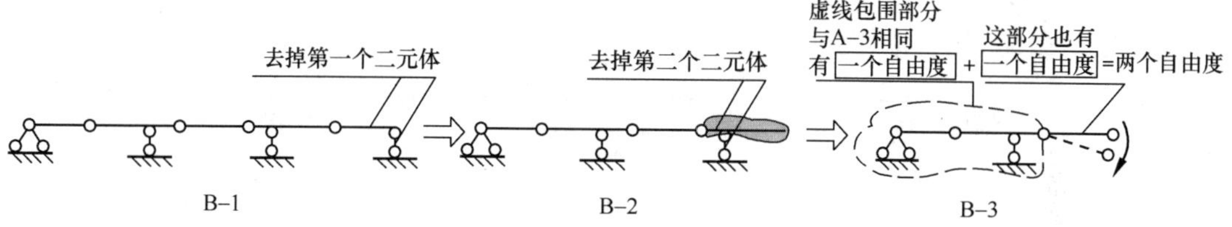

【例 1.1.4-5】题解附图 B

C 分析：去掉一个二元体（图 C-1），将余下结构（图 C-2）的伸臂梁的水平杆用一块刚片表示，基础和左边铰支座用另一块刚片表示，所得结构符合两刚片规则，为无多余约束的几何不变体，故 C 为静定结构。

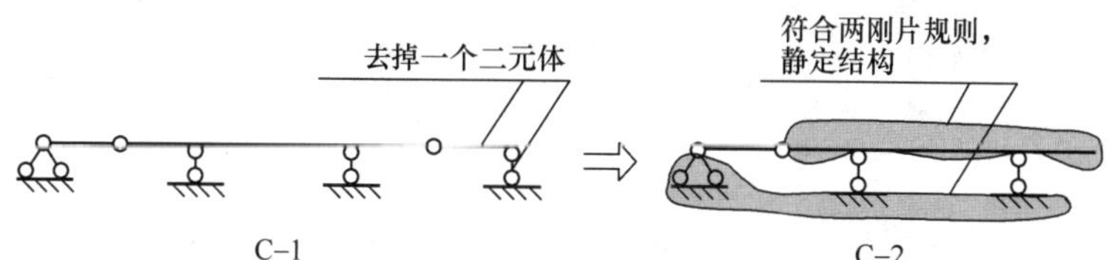

【例 1.1.4-5】题解附图 C

答案：C

作为练习我们继续对选项 D 进行分析：

D 分析：去掉梁中间铰右边一根支座链杆，得到一个二元体，同时减少一个约束（图 D-1），然后掉这个二元体（图 D-2）。余下结构（图 D-3）是一个无多余约束的几何不变体——静定伸臂简支梁。但这是在减少一个约束的情况下得到的结果，说明原结构为一次超静定结构。

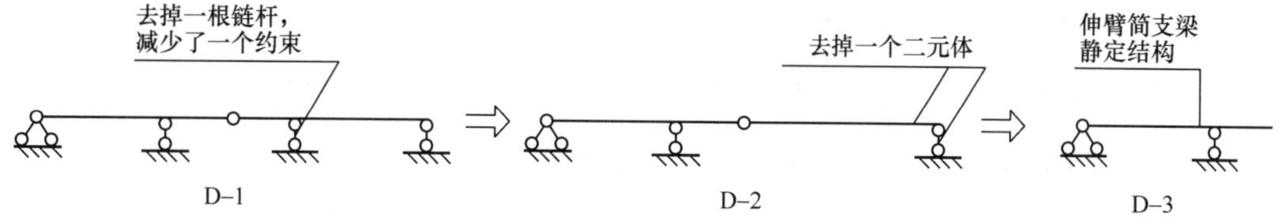

【例 1.1.4-5】题解附图 D（一）

说明：在去掉梁中间铰右边一根支座链杆之前，梁中间铰右侧水平链杆和右支座竖向链杆不能视为二元体。参见示意图 D-4 和图 D-5。

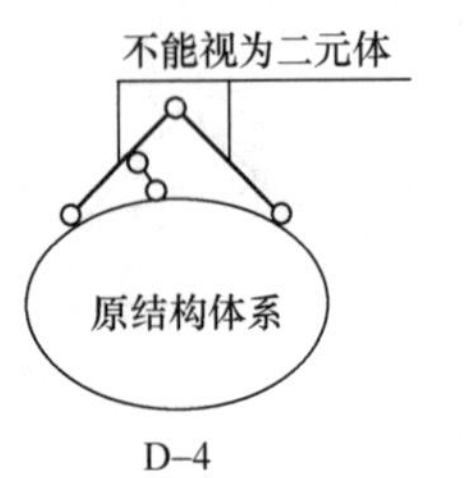

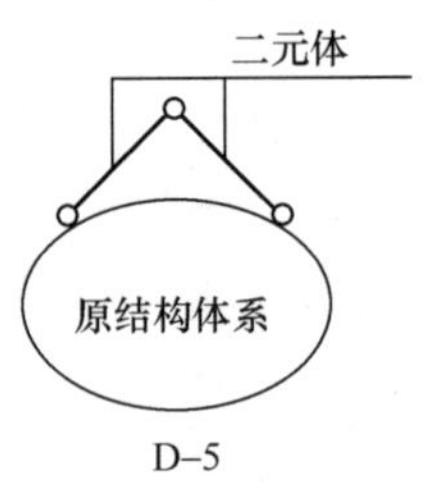

请翻到 1.6 节，做习题 1-5

有些结构的局部看似可以通过去掉某个约束以便形成二元体来分析，但实际上却不行。例如：图 1.1.4-7 所示连续梁中点划线围起来的部分，就不能采用去掉支座链杆 *I* 的方法形成二元体，然后将其去掉。

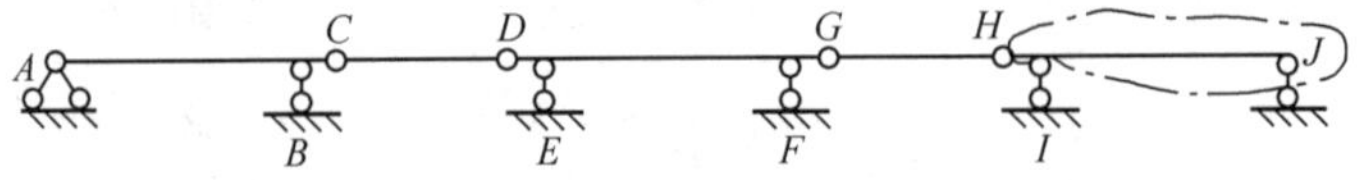

图 1.1.4-7

小　波：袁老师，图 1.1.4-7 点画线围起来的部分和【例 1.1.4-5】题解附图 D-1 的右边部分是十分相似的。为什么后者可以去掉一根竖向支座链杆以便形成二元体，然后将其去掉来分析，而前者却不能这样做呢？

小　静：是啊！这个问题我也很不理解。

袁老师：这是因为后者去掉的是一根可以作**为多余约束的**竖向支座链杆，和随后得到的二元体，所剩结构没有出现几何可变的现象；而若把前者点画线围起来的部分的支座链杆去掉(图 a)，再把因此而得到所谓二元体去掉(图 b)，剩下的结构就会出现机构运动(图 c)，说明被去掉的那根支座链杆**不是个多余的约束**。(c)所示的这种机构运动并不能代表整个结构的几何特性。事实上图 1.1.4-7 的结构是静定构，也就是说它的任何一根杆件都不是多余的约束，都是不能去掉的约束，详见下例的分析：

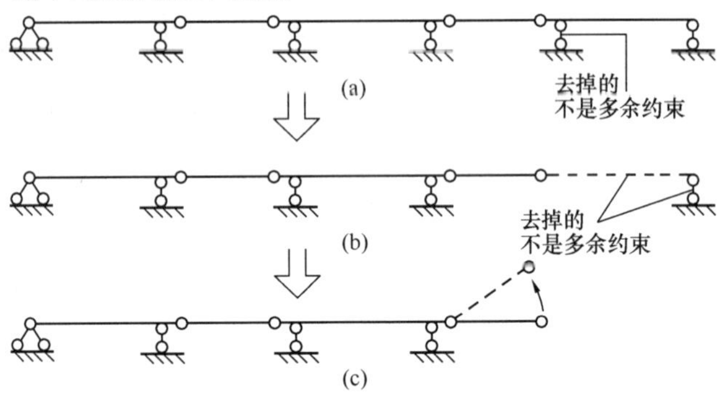

对话 1.1.4-2　为什么图 1.1.4-7 点划线围的部分不能用去掉约束的方法形成二元体？

【例 1.1.4-6】图 1.1.4-7 所示结构属于下列何种结构体系？

(A) 无多余约束的几何不变体系　　(B) 有多余约束的几何不变体系

(C) 常变体系　　(D) 瞬变体系

题解：既然图中右端点画线围起来的部分不能用去掉支座 *I* 的链杆以便形成二元体的方法来分析，我们可改用其他方法来求解，例如用两刚片规则。

第一步（图 a）：将左边的 *AC* 杆和基础分别视作刚片，它们用三根链杆相连，且三链杆不交于同一点，符合两个刚片规则，构成无多余约束的几何不变体。把这个几何不变体用虚线围起来，看作一个大刚片。

第二步（图 b）：将杆 DG 视为刚片，它与第一步得到的大刚片一起，被三根不交于同一点的链杆相连，符合两个刚片规则，构成一个更大的无多余约束的几何不变体（虚线所示）。

第三步（图 c）：将杆 HJ 视为刚片，它与第二步得到的更大刚片一起，也被三根不交同一点的链杆相连，符合两个刚片规则，使得整个结构为**无多余约束的几何不变体**。又因它包含了基础刚片，故为**静定结构**。

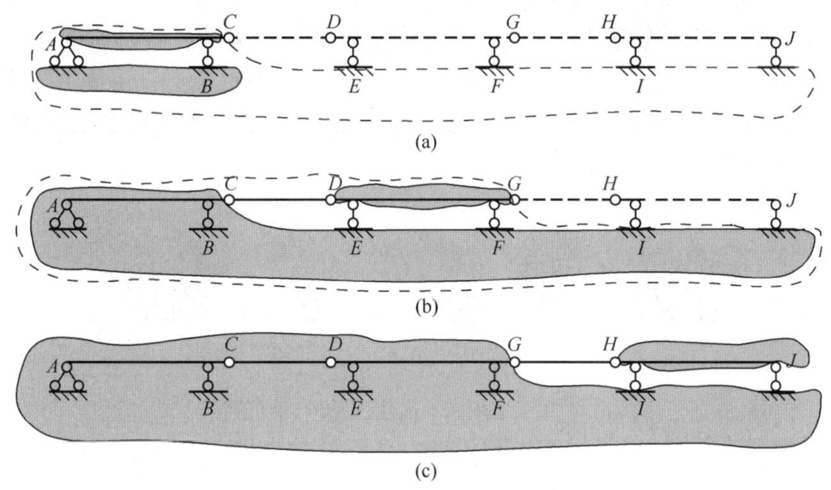

【例 1.1.4-6】题解附图

答案： A

4. 三角形规则（对照图 1.1.4-8）

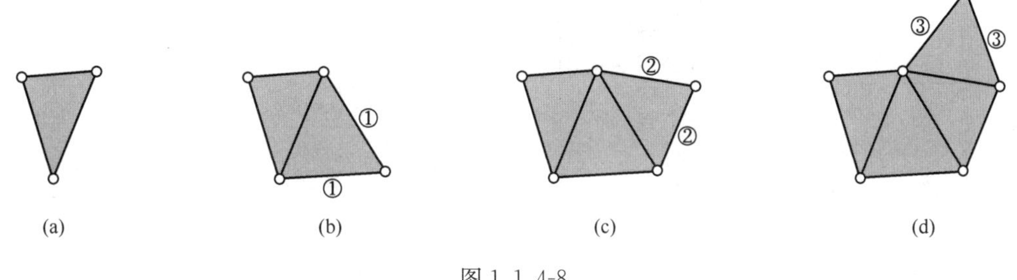

图 1.1.4-8

我们从图（a）的一块三角形刚片出发，按由小到大的数字顺序，逐次增加二元体①、②和③，可先后得到图（b）、（c）和（d）所示的刚片（无多余约束的几何不变体）。观察这些刚片的组成，我们不难得出如下结论：**如果结构的一部分为若干个三角形的组合，相邻两个三角形由两个外围的“完全铰”连接，则这部分就是一个没有多余约束的几何不变体，可视为刚片。**

“完全铰”和“非完全铰”的区别见图 1.1.4-9。

需注意三角形规则对以下图 1.1.4-10（a），（c）所示的两种三角形组合不适用。图（a）有内节点，当去掉外围任意一根链杆后（即去掉一个约束后）剩下的部分就变成符合三角形规则的无多余约束的几何不变体了，见图（b），这反过来说明图（a）是有一个多

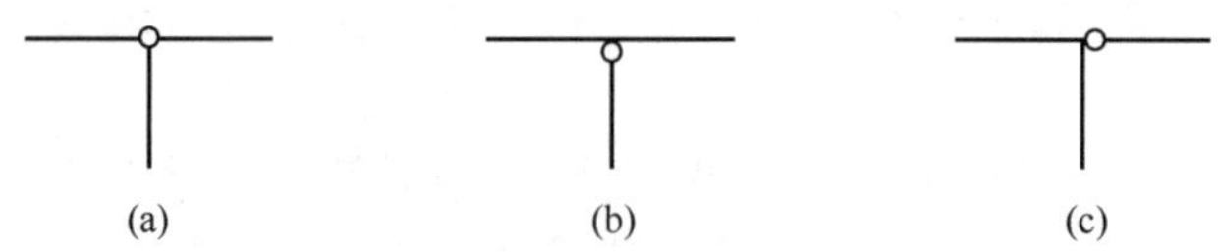

图 1.1.4-9 “完全铰”和“非完全铰”的区别

（a）完全铰；（b）、（c）非完全铰

余约束的几何不变体；而图（c）则是明显的几何常变体。对照图（a）和图（b），不难看出，在图（a）里，多余约束只有一个，而可以作为多余约束的杆件却有 5 根，当它们的其中一根被去掉之后，其余的四根又成为维持结构几何不变性的必不可少的、不可以去掉的杆件了。这说明**一个结构的多余约束数少于或等于该结构内可能成为多余约束的杆件数。**

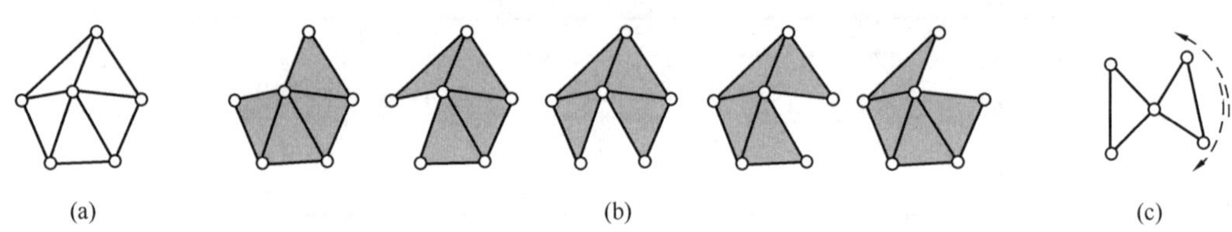

图 1.1.4-10 适用和不适用三角形规则的情况

（a）不适用，是有一个多余约束的几何不变体；（b）适用，是无多余约束的几何不变体；（c）不适用，是几何常变体

【例 1.1.4-7】附图所示结构的几何组成哪项正确？（2017 年某考题回忆）

（A）几何可变体系　　　　（B）有 2 多余约束的几何不变体系

（C）有 3 多余约束的几何不变体系　　　　（D）无多余约束的几何不变体系

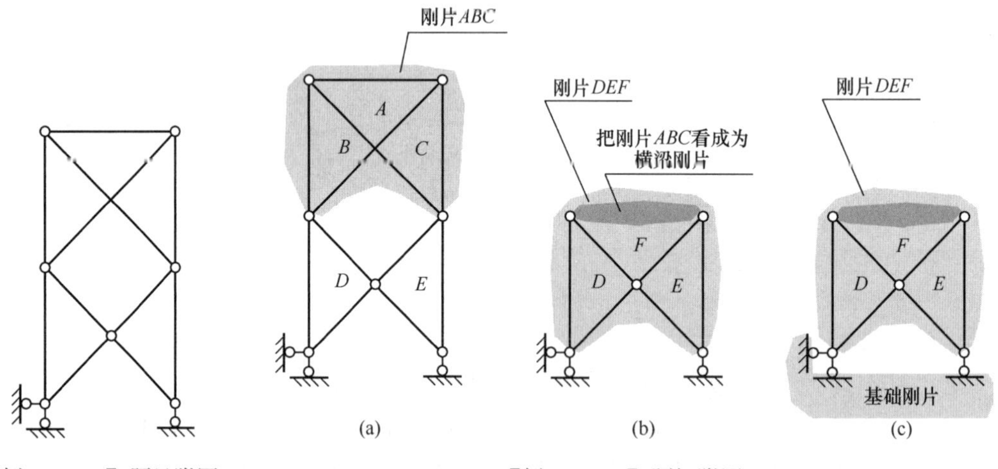

【例 1.1.4-7】题目附图　　　　【例 1.1.4-7】题解附图 1

题解：①上部三个三角形 A、B、C 的组合符合“三角形规则”，是无多余约束的几何不变体，可用刚片 ABC 代替，见图（a）；②把刚片 ABC 看成为横梁刚片，形成新的三角形 F，见图（b）；③同理，下部三个三角形 D、E、F 的组合也符合“三角形规则”，是无多余约束的几何不变体，可用刚片 DEF 代替，见图（b）；④刚片 DEF 与基础刚片之间用左右支座的三根不相交于同一点的链杆相连，符合“两刚片规则”，组成为无多余约束的几何不变体（图 c），由于刚片 DEF 包含了刚片 ABC，进而推得整

个结构是无多余约束的几何不变体。

答案：D

说明：网上有些答案为“几何可变体”，下面给出用清华大学结构力学求解器分析的结果供参考，见【例 1. 1. 4-7】题解附图 2。

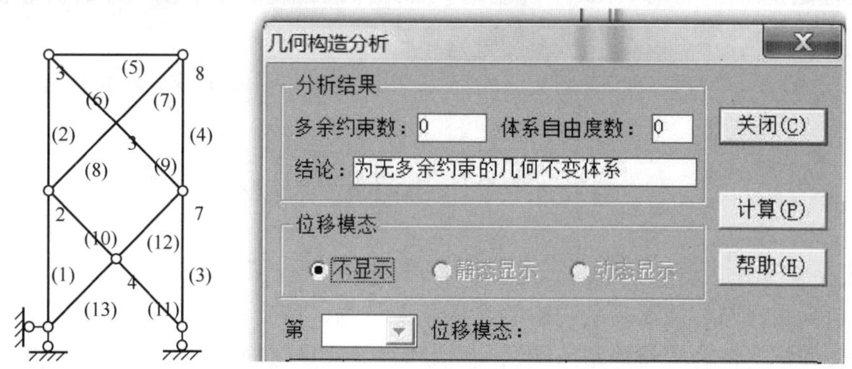

【例 1. 1. 4-7】题解附图 2（用清华大学结构力学求解器分析的结果）

【例 1. 1. 4-8】图所示结构的几何组成哪项正确？（2017 年某考题回忆）

(A) 几何可变体系　　(B) 几何瞬变体系

(C) 有多余约束的几何不变体系　　(D) 无多余约束的几何不变体系

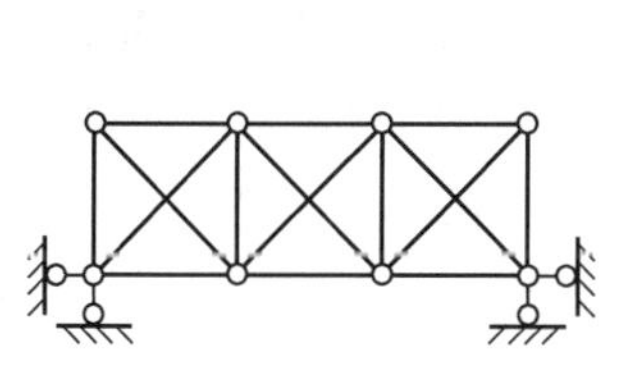

【例 1. 1. 4-8】题目附图

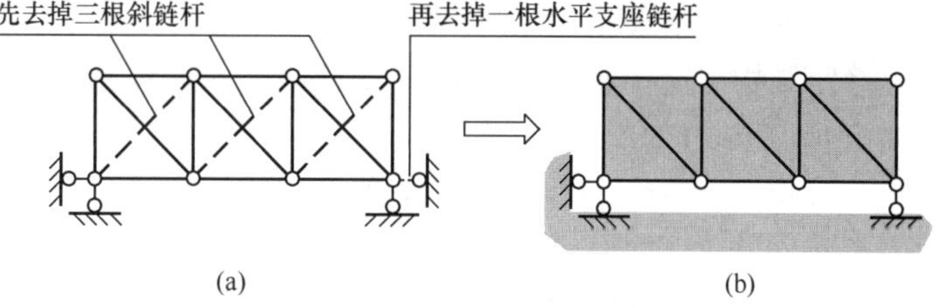

【例 1. 1. 4-8】题解附图

题解：去掉附图（a）上部结构的三根斜链杆后，按三角形规则，上部结构可视为一块刚片；再去掉右支座的一根水平支座链杆，上部结构刚片和基础刚片通过三根不相交于同一点的链杆连接成一个无多余约束的几何不变体见图（b）。但这是在去掉 3＋1＝4 个约束后得到的结果，说明原结构是有 4 个多余约束的几何不变体；又由于它包含了基础刚片，故也是 4 次超静定结构。

答案：C

说明：在桁架结构中，交叉链杆的交点除非特别强调为刚结点，见图 1. 1. 4-11，否则都被视为相互之间没有连接。

图 1. 1. 4-11

5. 小结

通过上面的例题，大家对结构几何组成分析的概念有了些了解。总的来说，几何组成分析可按下述几方面的思路进行：

① 找出结构内部的无多余约束的几何不变体，用刚片代替；对有多余约束的几何不变体，先去掉多余约束，然后再用刚片代替，见【例 1. 1. 4-8】。

② 要习惯用虚铰代替形成该虚铰的两根链杆的作用，见【例 1. 1. 4-3】。

③ 要习惯于将曲链杆看成直杆。如开始时感到费解，可借助刚片进行转换，如【例

1.1.4-2】。

④ 在用去掉多余约束的方法分析时，需注意不能因为去掉某个约束而出现几何可变现象，否则去掉的约束就不是多余的，见对话 1.1.4-1。

⑤ 灵活应用三刚片规则、二刚片规则、二元体规则和三角形规则进行分析。如何才能做到“灵活应用”呢？其中最重要的就是多做练习。

请翻到 1.6 节，做习题 1-6，1-7 至 1-9，1-10 至 1-18

1.2 静定结构与超静定结构的区别

“静定结构”与“超静定结构”这两个术语在上一节已提到过。从几何组成分析的角度出发，**包含基础刚片的无多余约束的几何不变体为“静定结构”；包含基础刚片的有多余约束的几何不变体为“超静定结构”，多余约束数就是超静定次数。**建筑结构不是飞机，都与基础相连，我们讨论的问题都包含基础刚片，故除特别声明之外，无多余约束的几何不变体就是“静定结构”，而有多余约束的几何不变体就是“超静定结构”，多余约束数就是超静定次数。这两种结构的区别主要体现在：①受力分析所需的条件不同；②非荷载、非地震因素（温度变化、支座沉降、制作误差等）是否会产生内力两个方面。（**说明：规范明确指出地震作用不能算荷载，这个问题将在第 2 章详细讲解**）。

104

1.2.1 受力分析所需的条件不同

静定结构（Statically Determinate Structures），意为“只需静力平衡条件就能确定其内力的结构”；超静定结构（亦称“静不定结构”Statically Indeterminate Structures），意为“仅用静力平衡条件不能确定其内力的结构”。后者内力的求解，除静力平衡条件外，还需补充变形协调条件。

1. 静定结构只需静力平衡条件就能确定其内力（对照图 1.2.1-1）

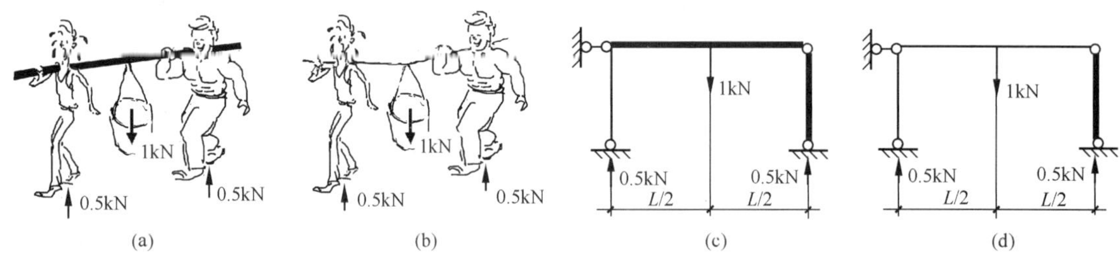

图 1.2.1-1 静定结构受力分析只需静力平衡条件，不用考虑变形条件

图（a）、（b）表示胖、瘦两人分别用粗、细扁担挑一桶水的情况。只要水桶（1kN 重）是位于扁担的中央，则不论扁担粗、细，也不论人的胖、瘦，每个挑水者都要分担半桶水的重量（0.5kN）。于是，胖子觉得很轻松；但瘦子感到相当吃力，满头大汗。图（c）、（d）分别为与图（a）、（b）相应的计算简图，将图中的柱子想象得短一些，它的几何组成就和简支梁一样，属于静定结构。只需根据静力平衡条件，就可以求出这两种不同情况的竖杆反力均为 0.5kN。其计算结果与横梁的粗、细及竖杆的粗、细无关，亦即与横梁的弯曲变形及竖杆的竖向变形无关。

2. 超静定结构需静力平衡条件加上变形协调条件才能确定其内力（对照图 1.2.1-2）

图（a）、（b）表示两胖、一瘦的三个人分别用粗、细扁担挑两桶水的情况。图（c）、（d）分别为与图（a）、（b）相应的计算简图，它们比图 1.2.1-1 的静定结构多了一根链杆约束，故为一次超静定结构。

先看图（a）的情况，当扁担很粗、弯曲变形足够小时，水桶重量主要传给力气大的胖子，瘦子会觉得很轻松，他笑了。此时，如果瘦子还想偷懒，弯腿下蹲，扁担就会脱离他的肩膀，两桶水的重量便完全落到两个胖子的肩上。再看图（b）的情况，扁担很细、弯曲得很厉害，两桶水的重量便会就近分配给挑水者，瘦子受到的压力会比胖子还来得大，累得满头大汗。此时，瘦子想偷懒也没有招。这是因为当瘦子弯腿下蹲时，承受着水桶重的细扁担也会跟着往下移动，牢牢地压在瘦子的肩膀上。由此可见，挑水者受力的大小除了与水桶的位置、重量（静力平衡条件）有关外，还与扁担粗、细及挑水者的胖、瘦（变形条件）有关。

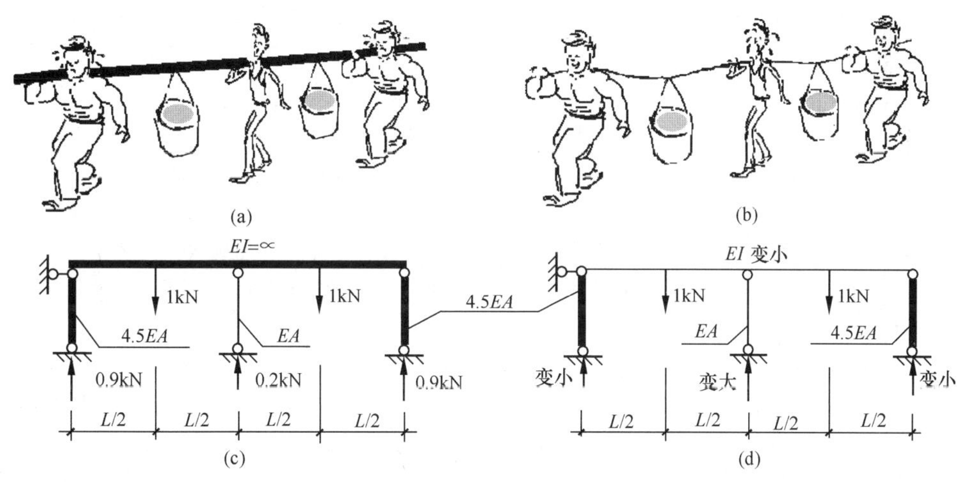

图 1.2.1-2　超静定结构受力分析除静力平衡条件外，还需变形协调条件

图 1.2.1-2（d）的定量分析可用“力法”求解，但已超出考试大纲的范围，本书不作介绍。然而，这类情况的定性分析是应该了解的。

现在详细讨论计算简图 1.2.1-2（c）。为简单起见，假设横梁的抗弯刚度为无限大（即 $EI=\infty$）；同时假设竖杆在发生相同竖向变形（缩短量）时，粗竖杆所需的轴向压力是细竖杆的 4.5 倍（即在杆长相等的情况下，若细竖杆的弹性模量与截面积的乘积为 EA，则粗竖杆的相应值应为 $4.5EA$）。由于横梁的抗弯刚度为无限大，故不会发生弯曲变形；又由于结构和竖向荷载的对称性，横梁在发生向下位移时是不会倾斜的。于是，粗、细竖杆的竖向变形完全相同。根据后一个假设，**若细竖杆的竖向反力为 *x*，则粗竖杆（单根）的竖向反力应为 4.5*x***。这就是根据**变形协调条件**得出的结果。所谓“变形”，是指：“横梁的抗弯刚度为无限大，故不会发生弯曲变形”和“在发生相同竖向变形（缩短量）时，粗竖杆所需的轴向压力是细竖杆的 4.5 倍”；所谓“协调”，是指“粗、细竖杆的竖向变形（缩短量）完全相同”、步调一致。再根据**静力平衡条件**，各竖杆竖向反力之和应等于两水桶的重力，即 $4.5x+x+4.5x=1\text{kN}+1\text{kN}$，解得细竖杆的竖向反力 $x=$

0.2kN，粗竖杆的竖向反力 $4.5x=0.9$kN，如图（c）所示。类似上述在**特定条件下（如刚度无限大）的定量分析**在考题中比较常见，应该掌握。在解这类题目时，切记要首先分析构件的变形条件。

【例 1.2.1-1】图示结构支座 1 处的弯矩为下列何值?（特定条件下的定量分析）

（A）$Pa/4$　　（B）$Pa/2$　　（C）Pa　　（D）$2Pa$

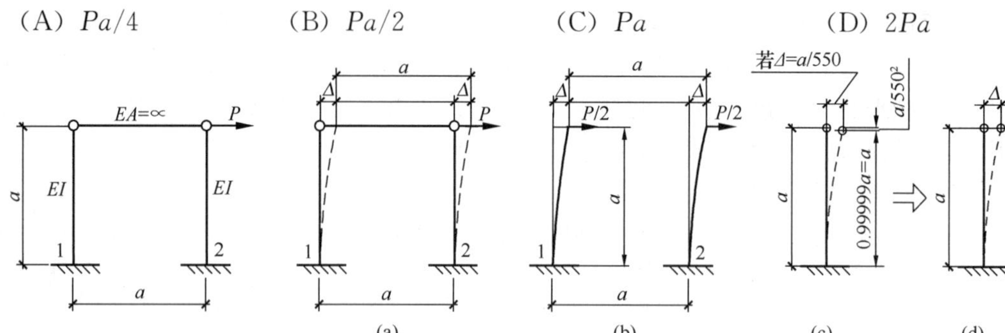

【例 1.2.1-1】题目附图　　【例 1.2.1-1】题解附图

题解：（粗体字的内容在后面的章节还会有详细讲解，此处先借用它的结论）

几何组成分析：将结构的水平链杆（即横梁）去掉，减少一个约束，余下部分为两根静定的悬臂柱，故原结构为一次超静定结构。**它由横梁与悬臂柱铰接而成，称作"排架结构"，**广泛应用于单层厂房。

***EA*=∞表示横梁的抗拉、抗压刚度为无限大，在轴向力作用下不会伸长或缩短**（式中的 E 为弹性模量，A 为截面面积）。故在水平荷载 P 的作用下，横梁两端点的水平位移相等，亦即左柱和右柱的柱顶水平位移相等（图 a）。

***EI* 为杆的抗弯刚度（其中 *I* 为截面对形心主轴的惯性矩）。图中左、右柱的柱高相等，抗弯刚度相等，相当于左、右柱顶侧移刚度相等。**于是施加在这两柱上端的水平力应该是相等的，它们之和应该等于 P，亦即各自为 $P/2$（图 b）。水平力 $P/2$ 乘柱高 a 的乘积 $Pa/2$ 就是柱支座 1 和 2 的弯矩。

答案：B

说明：建筑结构的变形都是比较小的，设柱顶水平位移为柱高的 1/550，则柱顶相应竖直向下的位移只有柱高的 $1/550^2$（即不到柱高的三十万分之一），是一个高阶微量（图 c），这类高阶微量在结构分析时都略去不计。在画图时，对于要考虑的位移，都将其比例放大，否则它就看不出来、或看不清楚，例如图（c）的水平位移的比例约放大了 70 倍；而对于忽略不计的位移则不表达，当它不存在，即图（c）的变形画成图（d）的形式就可以了。

【例 1.2.1-2】图示结构支座 1 处的弯矩为下列何值?（特定条件下的定量分析）

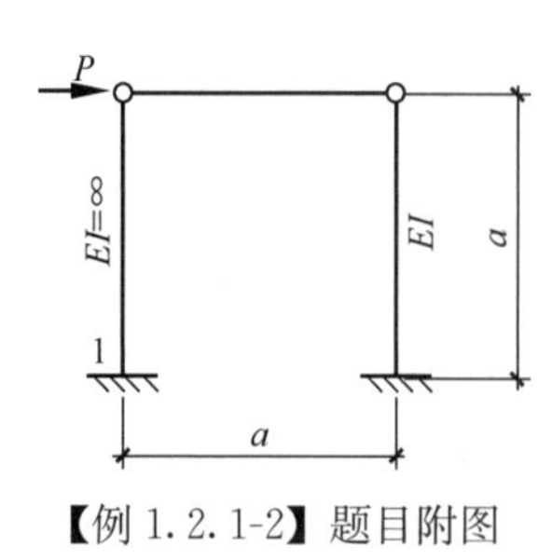

【例 1.2.1-2】题目附图

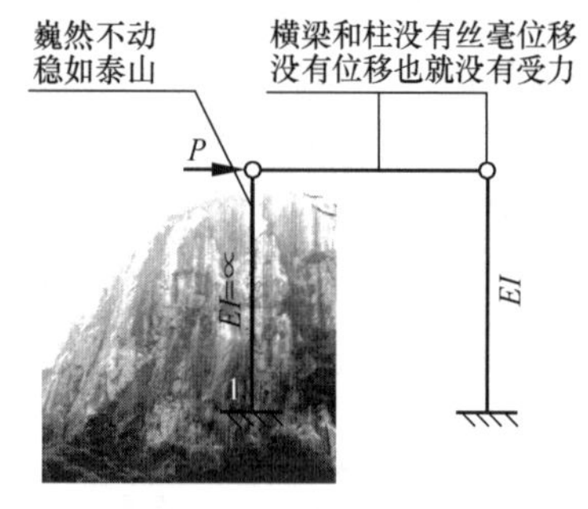

【例 1.2.1-2】题解附图

(A) 0　　　　(B) $Pa/2$　　　　(C) Pa　　　　(D) 无法确定

题解：左边柱抗弯刚度 EI 为无穷大，荷载 P 再大它也不会弯曲变形，像座山一样，巍然不动。因此，横梁和右边柱没有丝毫位移和变形，没有变形也就没有受力，荷载 P 全部由左边柱承担，即作用在左边柱上端的水平力为 P，P 乘柱高 a 的乘积 Pa 就等于左边柱支座 1 的弯矩。

答案：C。

【例 1.2.1-3】若前例的横梁截面抗拉（或抗压）刚度 EA 由“无限大”变为“比较小”支座 1 处的弯矩 M_1 和支座 2 处的弯矩 M_2 会发生什么变化？（定性分析）

(A) $M_1=M_2=Pa/2$　　　　(B) $M_1>M_2$

(C) $M_1<M_2$　　　　(D) $M_1=M_2>Pa/2$

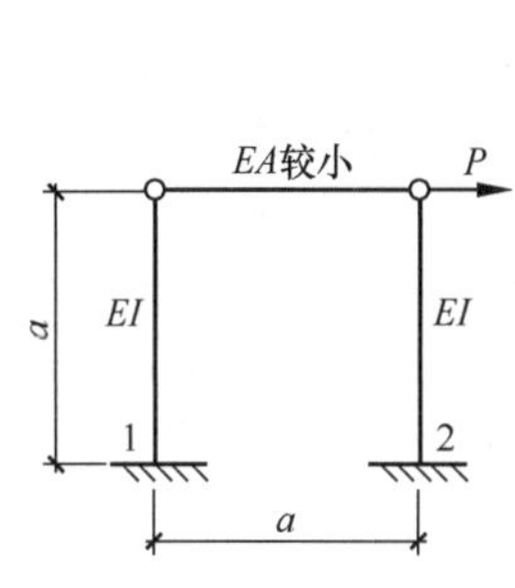
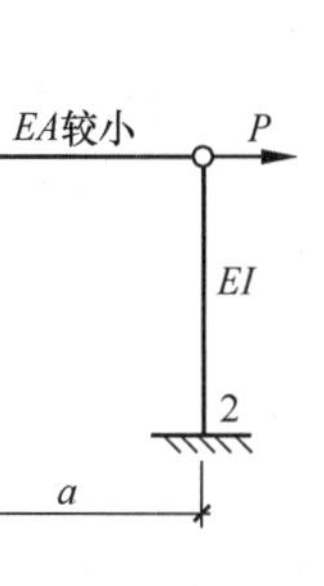

【例 1.2.1-3】题目附图

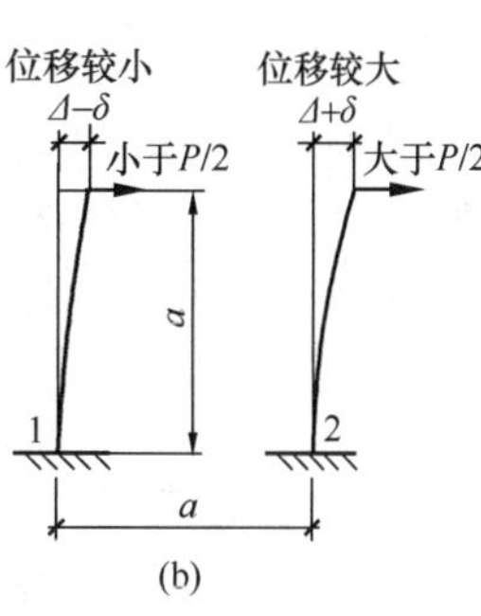

【例 1.2.1-3】题解附图

提示：横梁 EA 比较小，受拉时会伸长。

题解：横梁右端在水平力的作用下向右移动时，必然会带动左柱上端向右移动，等于作用一个向右的力于左柱上端，而横梁自身也就受到左柱上端的反作用力，方向向左，是个拉力。

由于横梁 EA 比较小，把它想象成一根弹簧，在拉力作用下会伸长，设伸长量为 2δ，则右柱顶的水平位移比左柱的相应值大了 $(\Delta+\delta)-(\Delta-\delta)=2\delta$（图 a）。右柱顶的水平位移大，说明它分担的力就大（图 b），柱下端支座 2 处的弯矩 M_2 就大；反之，左柱顶的水平位移小，说明它分担的力就小（图 b），柱下端支座 1 处的弯矩 M_1 就小。

答案：C

非荷载、非地震因素指温度变化、制造误差、支座位移、材料收缩和膨胀等。**它们在结构中是否会引起内力，取决于这些因素引起的变形有没有受到约束、阻碍，如果有，就会产生对抗力（即作用力和反作用力），就会在结构中引起内力；如果没有，就不会在结构中引起内力。**对于静定结构，这种约束、阻碍不存在，故可以肯定地说：**非荷载、非地震因素在静定结构中不会引起内力。**对于超静定结构，这种约束、阻碍有时候存在，有时候不存在，故比较准确的说法是：**非荷载、非地震因素在超静定结构中可能**会引起内力。下面将通过例题对温度变化、制造误差、支座位移三种非荷载因素展开讲解，其他因素从略。

1.2.2　温度变化、支座沉降、制作误差等因素在静定结构中不会产生内力

1. 温度变化在静定结构中不会引起内力

【例 1.2.2-1】附图所示悬臂柱周边的温度上升了 25℃，它是否会因此产生内力？

题解：不会产生内力。悬臂柱是静定结构，它周边温度上升了 25℃，柱子会伸长，但它在伸长的过程中没有受到任何约束和阻碍。它是自由地伸长，故温度变化不会使它产生内力。

2. 制造误差在静定结构中不会引起内力

【例 1.2.2-2】附图所示结构的横梁和左边柱由于制造误差都变短了，它是否会因此产生内力？

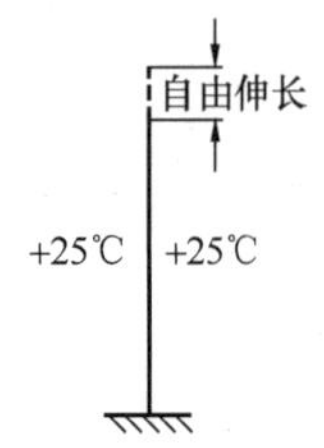

【例 1.2.2-1】附图
温度变化不引起内力

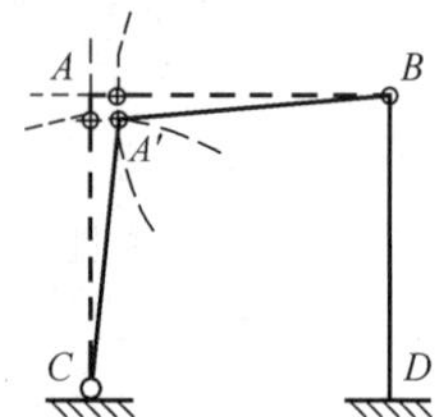

【例 1.2.2-2】附图
制造误差不引起内力

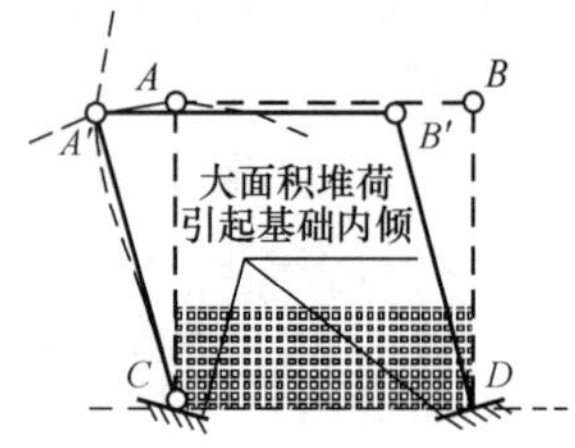

【例 1.2.2-3】附图
支座位移不引起内力

提示：①题目附图所示结构的一个二元体（$A'C$ 杆和 $A'B$ 杆），剩得一根静定悬臂柱 BD，说明原结构为静定结构；②注意看横梁和左柱组装时，会不会受到支座 C 和右柱的约束和阻碍。

题解：不会因此产生内力。结构的组装过程可以这样设想：横梁绕 B 铰自由旋转画弧，左柱绕 C 铰自由旋转画弧，两弧交于 A' 点，然后在该点用铰将它们连接起来。整个组装过程，它们都是很自由的。在上述组装过程中，也不需要右柱发生任何位移，亦即没有受到右柱的约束和阻碍。故结构不会因此产生内力。

3. 支座位移在静定结构中不会引起内力

【例 1.2.2-3】附图所示结构由于大面积堆荷引起基础内倾，它是否会因此产生内力？

提示：注意看基础内倾时，上部结构各杆是否可以自由位移，会不会相互阻碍。

题解：不会因此产生内力。基础内倾时，右柱因与基础刚接而随着基础的倾斜，由原位置 BD 倾斜转到新位置 $B'D$；但左柱与基础之间是铰接，所以它不但不会随基础内倾，而且可以反方向绕 C 铰转动。可以这样设想：左柱绕 C 点自由旋转画弧，横梁绕 B' 点自由旋转画弧，两弧交于 A' 点，然后在该点用铰将它们连接起来。$A'B'CD$ 就是基础内倾后结构的几何形状，不难看出，每根杆都是直的，没有变形。说明基础内倾时，上部结构各杆可以自由变位，相互之间没有阻碍，不存在对抗力，故结构不会因此引起内力。顺便指出：基础内倾后，结构新的几何形状仍然是静定的、稳定的。

小　波：【例 1.2.2-3】的结构不是在做机构运动吗？它岂不是成了几何可变体？太危险了。

袁老师：小波的想象力真丰富！小静，你来回答这个问题好吗？

小　静：好的。静定结构是没有多余约束的，基础位移的过程，相当于暂时去掉需要位移那部分支座的约束，让支座运动，并带动上部结构杆件自由运动。杆件在运动过程中，材料没有发生任何变形，这当然是一种机构运动。但当支座沉降稳定、位移结束后，结构就会在新的位置上保持几何形状不变，仍然是几何不变体，小波的担心是多余的。

袁老师：小静说得很对。

对话 1.2.2-1　静定结构发生基础位移时，会做机构运动吗？如果会，岂不是成了几何可变体？

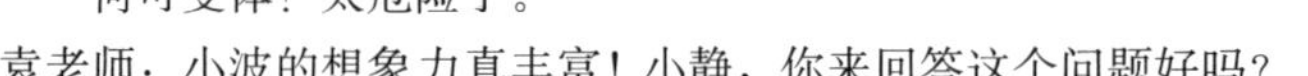

1.2.3　温度变化、制造误差和支座位移等因素在超静定结构中可能会引起内力

1. 温度变化在超静定结构中可能会引起内力

【例 1.2.3-1】附图所示一根两端固定的柱。柱周边的温度等幅上升了 25℃，它是否会因此产生内力？

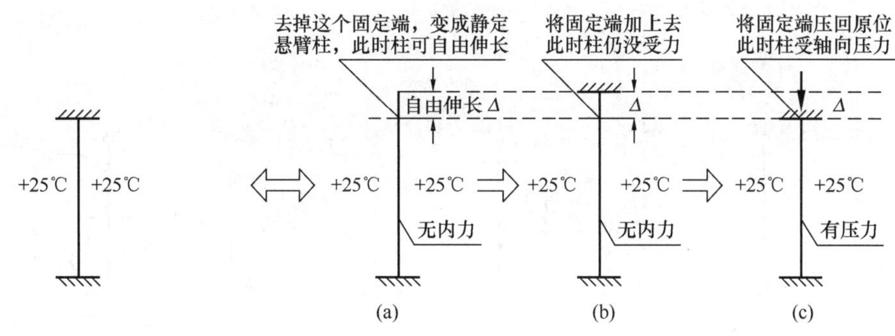

【例 1.2.3-1】题目附图　　【例 1.2.3-1】题解附图

题解：

几何组成分析：若去掉该柱的一个固定端，使之失去三个约束，它就变成一根静定的悬臂柱（图 a），故原结构为三次超静定结构。

不妨这样想象：先去掉这根柱上部的固定端，使它就变成一根静定悬臂柱，它可以自由地伸长，无内力（图 a）；然后在伸长了的柱上端位置将固定端加回去，此时柱仍没受力（图 b）；最后用力 N 将固定端压回原位，使柱子恢复原有状态。**于是柱子受到的轴向压力就是 N，它就是阻碍柱子伸长的对抗力**（图 c）。显然，温度上升的幅度越大，自由伸长量就越大，将上端压回原位所需要的力 N 也就越大。

【例 1.2.3-2】若上例柱子周边温度等幅下降了 25℃，它是否会因此产生内力？

题解：柱子周边的温度等幅下降了 25℃，柱子会有缩短的倾向，但这种倾向会受到固定端中竖向位移约束的阻碍，产生了对抗力。情况是：柱子想缩短，有一个将固定端往里拉的作用力；而固定端偏不让柱子缩短，有一个将柱子拉住的反作用力作用于柱端，使柱子产生轴向拉力。

【例 1.2.3-3】附图所示柱子周边的温度等幅上升了 25℃，它是否会因此产生内力？

提示：①将图（a）柱顶的水平链杆去掉，减少一个约束，它就成了一根静定悬臂柱，所以原结构是一次超静定结构。②上端的水平链杆约束表示柱子在该处不能水平移动，但可以转动和竖向移动。当柱子竖向伸长时，请注意不要认为水平链杆约束也伸长了、有拉力、会妨碍柱子的伸长（图 b）。这种链杆约束的另一种表示方式见图（c）、（d），如觉得图（a）、（b）不好理解，请按图（c）、（d）考虑。

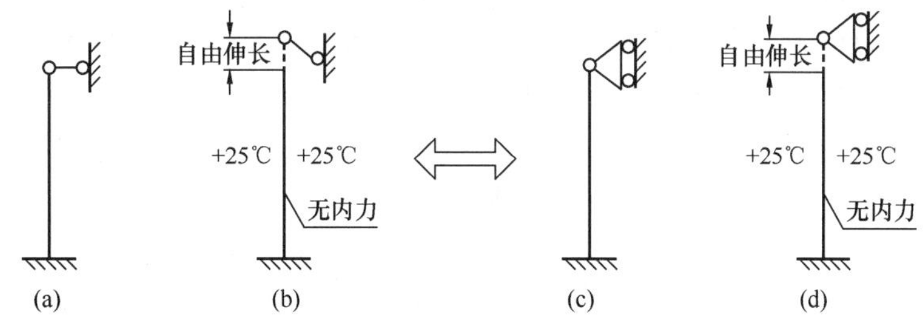

【例 1.2.3-3】附图：温度变化在超静定结构中没有引起内力的情况

题解：该柱在周边的温度等幅上升时可以自由地伸长，故不会因此产生内力

2. 制造误差在超静定结构中可能会引起内力

【例 1.2.3-4】①附图（b）所示结构的横梁因制造误差，短了 2Δ，结构是否会因此引起内力？②图（c）所示结构的左边柱因制造误差，做短了，结构是否会因此引起内力？

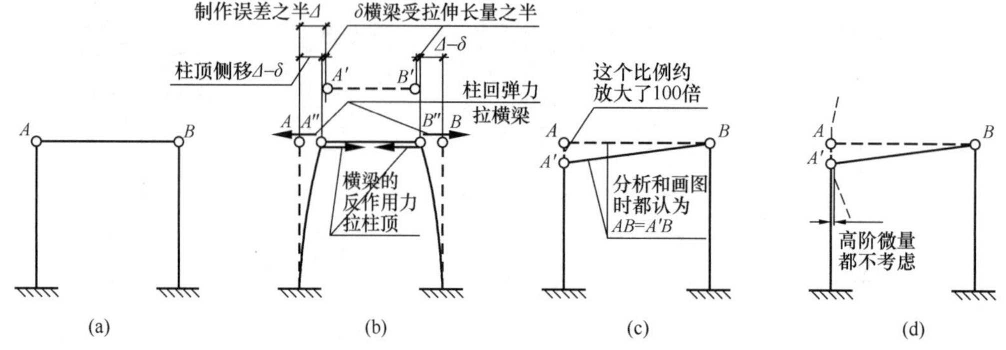

【例 1.2.3-4】制造误差在超静定排架中引起内力和不引起内力的情况

(a) 原结构图；(b) 引起内力 (c) 不引起内力；(d) 不考虑高阶微量

题解：本例结构的几何组成与【例 1.2.1-1】相同，是一次超静定结构。

①横梁制作短了，为了与柱子连接，需用外力强制柱子向里弯曲，使柱顶向内侧移，以便柱顶和梁端能碰到一起、能够连接，待梁、柱连接好后再卸除外力（图 b)。在外力卸除后，柱子有一种回弹到原位的倾向，但横梁却要拉住柱子，阻碍柱子回弹，产生了一个将柱子往里拉的作用力，使**柱子受弯、受剪**，并使柱顶有一个向内的侧移；另一方面，柱子的反作用力（回弹力）又将横梁往外拉，使**横梁受拉**，并使横梁产生一个伸长量。**顺便指出：一般来说，"横梁拉、压引起的伸长或缩短量 δ" 比 "柱子受弯引起的柱顶侧移量 Δ" 要小得多（图 b)。这就是横梁抗拉、抗压刚度 $EA=\infty$ 的假设常会在考题中出现的原因。**

②构件的制造误差过大就是废品，必须返工，图（c）中的左柱制造误差比例约放大了一百倍，以便使人能看清楚这个误差。图中 $A'B$ 和 AB 长度之差是个高阶微量，分析和画图时都不考虑（图 d)，即认为横梁没有伸长，$A'B=AB$（请参见【例 1.2.1-1】说明）。由于横梁不用伸长就可以自由地与柱子连接，在安装过程中，它们之间不存在对抗力。故左柱制造误差没有使结构产生内力。

【例 1.2.3-5】设上例①中横梁的制造误差不变。情况 1，横梁抗拉刚度 EA 较小；情况 2，横梁抗拉刚度 EA 较大。请问横梁与柱子之间的对抗力哪一种情况较大？

题解：横梁抗拉刚度 EA 越大，阻碍柱子回弹的力就越大，相应地，柱子的反作用力（回弹力）也就越大。故情况 2 横梁与柱子之间的对抗力较大。

3. 支座位移在超静定结构中可能会引起内力

【例 1.2.3-6】①附图（b）所示排架结构因大面积堆荷引起基础内倾，结构是否会因此引起内力？②附图（c）所示排架结构发生了不均匀沉降，左柱基础下沉，右柱基础没下沉，结构是否会因此引起内力？

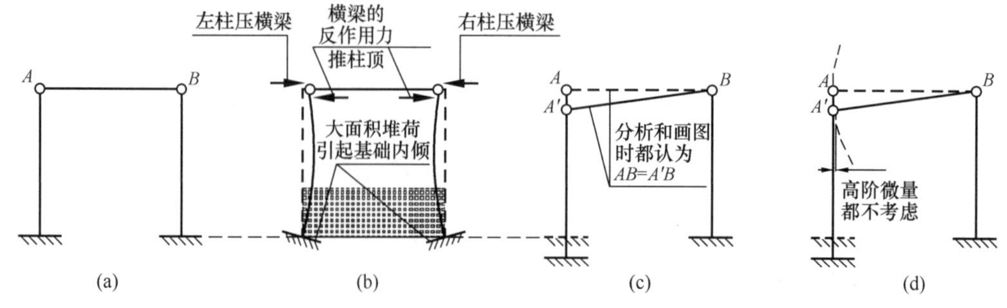

【例 1.2.3-6】基础位移在超静定排架中引起内力和不引起内力的情况

(a) 原结构图；(b) 引起内力；(c) 不引起内力；(d) 不考虑高阶微量

题解：

①由于柱与基础是刚性连接，基础内倾必然会带动柱子内倾。柱子内倾时会遇到横梁的对抗，对后者产生往里压的作用力，**使横梁受到轴向压力**；反过来，横梁顶住内倾的柱子，对后者产生往外推的反作用力，**使柱子受剪、受弯**。

②图（c）的沉降差的比例也大约放大了100倍，以便使人能看清楚。图中 $A'B$ 和 AB 长度之差是个高阶微量，分析和画图时都不考虑（图d），即认为横梁没有伸长，$A'B=AB$。（请参见【例1.2.1-1】说明）

由于横梁不用伸长左柱就可以自由地下沉，它们之间不存在对抗力。故不均匀沉降**没有使结构产生内力**。

袁老师：小波，你说说非荷载、非地震因素在超静定结构中是否会引起内力的关键是什么？

小　波：好的。超静定结构是有多余约束的几何不变体。非荷载、非地震因素在超静定结构是否会引起内力，**要看这些因素引起的变形，有没有受超静定结构多余约束的阻碍**，如果有，就会产生对抗，就会引起内力；如果没有，可以自由变形，就不会产生对抗，就不会引起内力。

袁老师：小静，你认为小波说得很对吗？

小　静：他说得很好。袁老师，既然非荷载、非地震因素在静定结构中肯定不会引起内力，那么在工程中应该尽量采用静定结构了，对吗？

袁老师：正好相反！工程结构应尽量采用超静定结构。下一小节我们将讨论这个问题。

对话1.2.3-1　非荷载、非地震因素在超静定结构中是否会引起内力的关键是什么；工程结构应尽量采用什么结构？

1.2.4　工程结构应尽量采用超静定结构

超静定结构由于非荷载、非地震因素可能会引起内力的缺点，可以采取工程措施来解决；但静定结构只要一根杆件破坏，即成为几何可变体系，这是它的最大不足之处。下面的两起工程事故很能说明这个问题。

【事故案例1.2.4-1】 图1.2.4-1为广州海印斜拉桥，1995年5月25日清晨，一根钢索上段因锈蚀严重突然断裂，近百米长的钢索坠落在桥面上，当时离大桥建成只有6年半的时间。海印斜拉桥是高次超静定结构，全桥的拉索共164根，其中的一根断裂，不至于引起桥梁整体结构的垮塌。事故后的当天，交通并没有中断，只是实行交通管制。

图1.2.4-1　广州海印斜拉桥

图1.2.4-2　宜宾金沙江大桥

【事故案例 1.2.4-2】2001 年 11 月 7 日宜宾金沙江双肋拱大桥 4 对 8 根吊索因应力腐蚀突然发生断裂，致使 4 根横梁及相连的桥面板和人行道坠落江中（图 1.2.4-2）。该桥的钢索构造与上例的海印桥相似，不过它的事故后果比前者严重得多。从图中可以看出虽然双肋拱本身是超静定结构，但它的桥面预制板是简支在吊索悬挂的横梁上的，没有多余约束，只要一根吊索出问题就会引起桥面结构失效。

上两起事故提醒我们在**结构设计时应尽量使结构的重要部位有多道防线**。这一点对结构抗震设计尤为重要。防止倒塌是抗震设计的最低目标，也是最重要和必须要得到保证的要求。因为只要房屋不倒塌，破坏无论多么严重也不会造成大量的人员伤亡。**而建筑的倒塌往往都是结构构件破坏后致使结构体系变为几何可变体的结果，因此，结构的超静定次数（亦称“赘余度”或“冗余度”）越多，就越不易倒塌，抗震安全度就越高。**《建筑抗震计规范》[3]在关于“多道防线”的 3.5.3 条文说明中指出，抗震结构体应具有最大可能数量的“赘余度”。

另外，对于超静定结构内部没有多余约束的几何不变体，例如框架结构房屋中的悬挑阳台，在设计和施工质量检查时要多加注意。

请翻到 1.6 节，做习题 1-19 至 1-21

1.3 静定结构的定性分析及计算

1.3.1 单跨梁内力的求解—由“取分离体”过渡到“不用取分离体”

梁的内力，顾名思义就是梁内部的力，看不见，只好去想象。譬如，你若想知道下面【例 1.3.1-1】所示简支伸臂梁 1-1 截面处的内力，就可以设想梁在该处被截断，变成左、右两个分离体（图 c、d），左边分离体截面上暴露出来的内力（图 c），就是右边分离体对它的作用力，代替了右边分离体的作用；反之亦然。对平面静定结构来说，无论是支座约束反力的计算，还是构件内力的求解，用下列三个方程为一组的平面一般力系平衡方程式就可以解决问题：

$\sum X=0$（所有的力在 X 轴方向的投影之和等于零）； (1.3.1-1a)

$\sum Y=0$（所有的力在 Y 轴方向的投影之和等于零）； (1.3.1-1b)

$\sum M_O=0$（所有的力对任意点 O 求矩，其力矩之和等于零）。 (1.3.1-1c)

这是静力平衡方程最基本的形式，还有别的表达形式，此处从略，够用即可。这组公式里第三式（1.3.1-1c）的用法最有讲究，用得好，只需解独立方程；用得不好，就得解联立方程，工作量大增，见下例。

【例 1.3.1-1】求附图所示结构截面 1-1 处的剪力 V_1 和弯矩 M_1。（图示尺寸单位以 mm 计）。

题解：求解时应将 mm 换成 m，以免数字过大。

① 先将梁按**整体**考虑，求支座反力（对照图 b）

图（b）左边的铰支座与图（a）所示的铰支座是完全相同的，都称为固定铰支座，它们都有 X 和 Y 两方向的平移约束。图（a）的表达形式比较容易看出这两方向的约束，但图（b）的表达形式亦很常

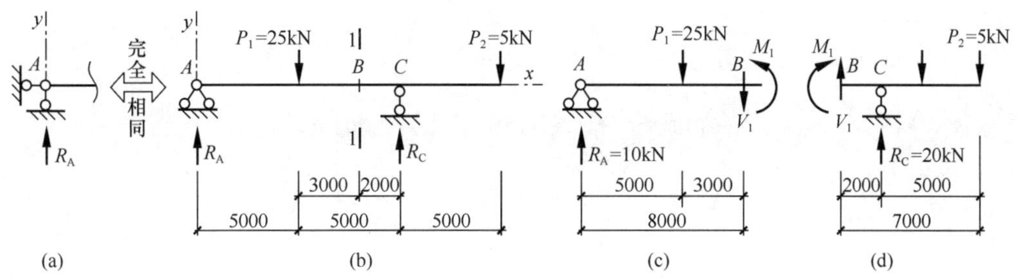

【例 1.3.1-1、2】附图

见，故都应掌握。

由于荷载没有水平投影，根据（1.3.1-1a）式$\sum X=0$，图（b）左支座的水平反力就等于零（亦即图 a 水平链杆的轴力为零）。一般在荷载没有水平投影的情况下，都不提、也不画这个支座水平反力。

剩余的两个竖向反力 R_A和 R_C是否需要把它们都求出来呢？不必。因为本题是求截面 1-1 处的弯矩 M_1和剪力 V_1。若按左边分离体进行分析，则只需将 R_A求出来；若按右边分离体进行分析，则只需知道 R_C的大小。就以前者为例吧（即只需求 R_A）。由于刚才提到了“分离体”，有一些干扰，现回到小标题强调的“梁按**整体**考虑”。

式（1.3.1-1c）$\sum M_O=0$ 中的 O 点是泛指平面上的任一点，可以按简化计算工作量的思路来确定对哪一点求矩比较合适。现在需求的是两个未知竖向反力中的 R_A，对 C 点求矩，令$\sum M_C=0$ 是最合适不过的了。因为 R_C通过 C 点，对该点的力臂为零、进而力矩也为零，R_C就不会出现在力平衡方程中，使得$\sum M_C=0$ 只含一个未知数 R_A，简化了计算。

令$\sum M_C=0$　　$R_A\times10-25\times5+5\times5=0$（一个未知数，一个方程、非常简单）

解得　　$R_A=10\text{kN}$

② **对左边分离体进行分析，求截面 1-1 处的剪力 V_1和弯矩 M_1**（对照图 c）

图中的弯矩 M_1和剪力 V_1是按材料力学规定的正方向标注。**材料力学规定：弯矩使水平杆件下部受拉为正，反之为负；剪力使杆件顺时针转为正，反之为负；轴向力拉为正、压为负。**由于弯矩 M_1和剪力 V_1是待求的未知量，可先按正方向标注，若算出来为负值，说明方向标反，实际方向应反转 180°。有时未知力的方向很直观，很容易判断，也可以按初步判断的方向来标注，若算出来的内力还是负的，再把它的方向反过来就行，不会影响最终结果。

小　波：切开面上两边的弯矩和剪力的方向怎么会是相反的呢？是不是画错了？

袁老师：没有错，截面两侧的力之间是作用力与反作用力的关系。

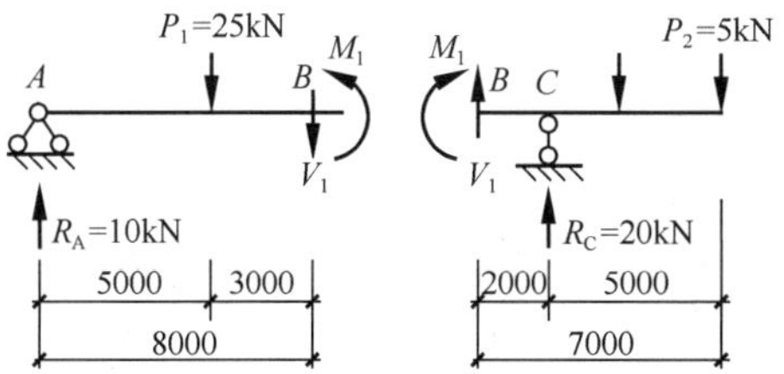

对话 1.3.1-1　切开截面两侧的内力方向为什么是相反的

与整体结构一样，分离体上所有的力：外力（包括支座反力）和暴露出来的内力，必须满足静力平衡条件，否则分离体就会飞，而且越飞越快。也正是有了与这些平衡条件相应的方程，才能把暴露出来的内力求解出来。

由$\sum Y=0$　　　　　　　$10-25-V_1=0$

即　　　　　　　$V_1=10-25$　　　　　　(a)

解得　　$V_1=-15\text{kN}$（负号说明实际方向↑与图中标注者↓相反）

对 B 点求矩，令

由$\sum M_B=0$　　　$10\times8-25\times3-M_1=0$

即　　　　　　　$M_1=10\times8-25\times3$　　　　　　(b)

解得　　　　　　　$M_1=5\text{kN}\cdot\text{m}$

【例 1.3.1-2】仍求上例结构截面 1-1 处的弯矩 M_1 和剪力 V_1。但要求按右边分离体进行分析，以作比较。

题解：从头开始

①梁按整体考虑，求支座反力

此时与内力求解有关的未知竖向反力是 R_C。对 A 点求矩求 R_C 是最合适不过的了。

令$\sum M_A=0$　　$25\times5-R_C\times10+5\times15=0$（一个未知数，一个方程、非常简单）

解得　　　　　　　$R_C=20\text{kN}$

② 按右边**分离体**进行分析，求截面 1-1 处的剪力 V_1 和弯矩 M_1（对照图 d）

由$\sum Y=0$　　　　　　　$V_1+20-5=0$

即　　　　　　　$V_1=-20+5$　　　　　　(c)

解得　　　　　　$V_1=-15\text{kN}$（结果与上例同）

对 B 点求矩

由$\sum M_B=0$　　　　　　$M_1-20\times2+5\times7=0$

即　　　　　　　$M_1=20\times2-35$　　　　　　(d)

解得　　　　　　$M_1=5\text{kN}\cdot\text{m}$（结果与上例同）

上两题计算过程的（a）和（c）式说明，**①梁任一截面上的剪力，等于该截面一侧所有的外力（包括支座反力）沿梁轴垂直方向投影的代数和；计算过程的（b）和（d）式说明，②梁（或杆件）任一截面上的弯矩，等于该截面一侧所有的外力（包括支座反力）对该截面形心力矩的代数和；**以此类推，还可以得到**③梁任一截面上的轴力，等于该截面一侧所有的外力（包括支座反力）沿梁轴方向投影的代数和的结论。有了这样的结论，求解梁内力时，就没有必要再取分离体了。将上述结论中的“梁”字改为“杆件”，则这三条结论同样适用于斜梁、斜柱和立柱。**

请翻到 1.6 节，做习题 1-22

1.3.2　弯矩图和剪力图

上面介绍了梁任一截面内力的求法，不用取分离体，比较方便。但在结构设计时，往往还需要知道内力沿杆轴的分布，将这种分布用图形来表示，这就是梁的内力图，主要指弯矩图、剪力图，这两图是本小节的重点。梁的轴力一般比较小，但不等于没有，有时候还会比较大。故对梁的轴力图也应有所了解，将结合例题简单介绍。

最不用动脑筋、工作量最大的内力图画法，就是将梁沿轴线分成数量很多、间距很密的截面，求出每个截面的内力，并将它们用统一的比例做出标注点，然后将这些点连成线即可。这样的做法显然不可取，太笨了。比较聪明的办法是找内力的转折点，弄清楚转折点之间内力图的规律，把转折点的内力求出后，再用符合规律的直线或曲线将其连起来就行。另外，利用叠加原理，将复杂的弯矩图视为若干个简单弯矩图的叠加，是经常用到的一种方法。图 1.3.2-1、2、3 所示三种情况的内力图是最基本的。

1. 简支梁跨中受到一个竖向集中荷载 P 作用的情况（对照图 1.3.2-1）

图（a）表示一根简支梁跨中受到一个竖向集中荷载 P 作用的情况。如果能把梁上任意截面的内力表达式写出，内力图的规律就会展现在你的眼前。设任意截面到支座 A 的距离为 x，由于支座反力作用点 A（$x=0$）、C（$x=L$）和荷载作用点 B（$x=L/2$）都是明显的内力转折点，故需要分 AB 和 BC 两段来建立弯矩和剪力随 x 变化的方程。

（1）求支座反力

由于 P 作用在梁正中央位置，比较简单，不用写力平衡方程，也可以看出两个竖向支左反力 R_A 和 R_C 应该相等，二一分作五，它们都等于 $P/2$。

（2）作弯矩图

设任意截面的弯矩为 M_x，它等于该截面左侧所有外力对该截面力矩的代数和：

对 AB 段 $M_x=R_A\times x=(P/2)\times x$（使梁下部受拉，为正）　　（1.3.2-1）

$x=0$ 处　　$M_x=(P/2)\times 0=0$

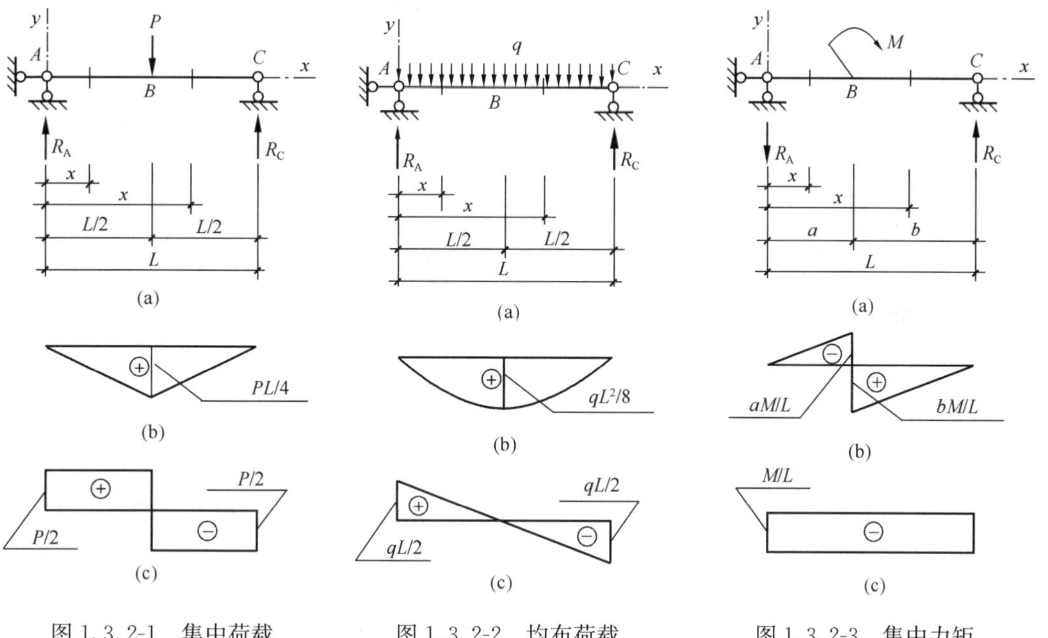

图 1.3.2-1　集中荷载

（a）荷载图；（b）M 图；（c）V 图

图 1.3.2-2　均布荷载

（a）荷载图；（b）M 图；（c）V 图

图 1.3.2-3　集中力矩

（a）荷载图；（b）M 图；（c）V 图

$x=L/2$ 处 $M_x=(P/2)\times L/2=PL/4$（这个数用得很多，应记住）　　（1.3.2-1a）

对 BC 段 $M_x=R_A\times x-P\times(x-L/2)=(P/2)\times x-P\times(x-L/2)$

$=PL/2-P\times x/2$（使梁下部受拉，为正）　　（1.3.2-2）

$x=L/2$ 处　$M_x=PL/2-P(L/2)/2=PL/4$（与上同，当作校核）

$x=L$ 处　$M_x=PL/2-PL/2=0$

式（1.3.2-1）和式（1.3.2-2）称**弯矩方程**，可以看出，不论是在 AB 段还是在 BC

段，弯矩 M_x 都是自变量 x 的一次函数，说明弯矩呈**直线变化**。上面已算出 **A、B、C** 处的截面弯矩分别为 0、$PL/4$ 和 0，把它们标在图上，并用直线连起来，就得到弯矩图（M 图，见图 b）。整个梁段的弯矩都是使梁下部受拉，对梁来说这是正弯矩；**弯矩图应画在受拉纤维一边**，故图中的弯矩图形都在梁轴的下方。顺便说一下，弯矩图的正、负号可不标注。因为除了梁之外，其他的杆件，例如柱子，是没有上、下之分的，很难按此规矩定正、负，**将"弯矩图画在受拉纤维一边"才是最重要的。**

(3) 作剪力图

设任意截面的剪力为 V_x，它等于该截面左侧所有外力沿梁轴垂直方向投影的代数和：

对 AB 段 $V_x=R_A=P/2$ （使梁顺时针转，为正） (1.3.2-3)

对 BC 段 $V_x=R_A-P=P/2-P=-P/2$ （使梁逆时针转，为负） (1.3.2-4)

式（1.3.2-3）和式（1.3.2-4）称**剪力方程**，可以看出，不论是在 AB 段还是在 BC 段，剪力 V_x 都是常数，说明在这两段，剪力图是水平的直线，见图（c）。**剪力图需标注正、负号，正者画在梁轴的上方。**

2. 简支梁受竖向均布荷载 q 作用的情况（对照图 1.3.2-2）

图（a）表示一根简支梁受竖向均布荷载 q 作用的情况。由于是均布荷载，跨中无内力转折点，不需分段。

(1) 求支座反力

由于荷载是均匀分布，与上一种情况相似，不用写力平衡方程，也可以看出反力 R_A 和 R_C 应该相等，它们都等于 $q\times L/2$。

(2) 作弯矩图

设任意截面的弯矩为 M_x，它等于该截面左侧所有外力对截面形心力矩的代数和：

对全梁段 $\mathbf{M_x}=R_A\times x-q\times x\times(x/2)=(q\times L/2)\times x-q\times x^2/2$

$=\boldsymbol{q\times x\times(L-x)/2}$（使梁下部受拉，为正） (1.3.2-5)

$x=0$ 处 $M_x=q\times 0\times(L-0)/2=0$

$x=L$ 处 $M_x=q\times L\times(L-L)/2=0$

梁跨中虽无内力转折点，但中点（$x=L/2$ 处）是梁的对称点，很有代表性，应该把该处的弯矩求出来。令 $x=L/2$ 代入式（1.3.2-5）得

$x=L/2$ 处 $\mathbf{M_x}=q\times(L/2)\times(L-L/2)/2$

$=qL^2/8$（这个数用得更多，更应记住） (1.3.2-6)

从弯矩方程（1.3.2-5）可看出弯矩 M_x 是自变量 x 的二次抛物线函数，说明在整个梁段，弯矩都呈**抛物线变化**。将 $x=0$、$x=L/2$ 和 $x=L$ 三处的弯矩标到图上，然后用抛物线将它们连起来就得到图（b）所示的弯矩图。

(3) 作剪力图

设任意截面的剪力为 V_x，按它等于该截面左侧所有外力沿梁轴垂直方向投影的代数和来求解：

对全梁段 $\mathbf{V_x}=R_A-q\times x=q\times L/2-q\times x=\boldsymbol{q\times(L/2-x)}$ (1.3.2-7)

$x=0$ 处 $V_x=q\times(L/2-x)=q\times L/2$（使梁顺时针转，为正）

$x=L$ 处　$V_x=q\times(L/2-L)=-q\times L/2$（使梁逆时针转，为负）

$x=L/2$ 处　$V_x=q\times(L/2-L/2)=0$（这个结果应记住）　(1.3.2-7a)

从剪力方程（1.3.2-7）可以看出，在整个梁段剪力 V_x 都是自变量 x 的一次函数，说明它呈**直线变化**。两点确定一直线，将 $x=0$ 和 $x=L$ 两处的剪力值用直线连起来，就得到图（c）所示的剪力图。

3. 简支梁跨中受到一个集中力矩作用的情况（对照图 1.3.2-3）

图（a）表示一根简支梁跨中受到一个集中力矩作用的情况。由于集中力矩 M 的作用点 B 是明显的内力转折点，需要分 AB 和 BC 两段求解。

(1) 求支座反力

它们的实际方向很直观，很容易判断，就按初步判断的方向来标注。求其中之一个就够用（选择求 R_C）。对 A 点求矩，方程可以少一个未知数 R_A，比较简单，故令

$\sum M_A=0$　　$R_C\times L-M=0$

解得　　$R_C=M/L$

(2) 作弯矩图

设任意截面的弯矩为 M_x，它等于截面右侧所有外力对截面形心力矩的代数和：

对 AB 段　　$\mathbf{M_x}=R_C\times(L-x)-M=(M/L)\times(L-x)-M$

$$=-x\times M/L \text{（使梁上部受拉，为负）} \quad (1.3.2\text{-}8)$$

$x=0$ 处　$M_x=-0\times M/L=0$

截面 B 处有集中荷载力矩作用，该处的弯矩图会有一个突变，截面（左）和截面（右）的弯矩不相等，截面（左）属 AB 段，截面（右）属 BC 段，应分别求解。

$x=a$（左）　　$M_x=-a\times M/L$

对 BC 段　　$\mathbf{M_x}=R_C\times(L-x)=(M/L)\times(L-x)$

$$=(L-x)\times M/L \text{（使梁下部受拉，为正）} \quad (1.3.2\text{-}9)$$

$x=a$（右）　$M_x=(L-a)\times M/L=b\times M/L$

$x=L$ 处　$M_x=(L-L)\times M/L=0$

从弯矩方程式（1.3.2-8）和式（1.3.2-9）可看出弯矩 M_x 是自变量 x 的一次函数，说明两个梁段的弯矩都呈**直线变化**。将 $x=0$、$x=a$（左）、$x=a$（右）和 $x=L$ 四处的弯矩标到图上，然后用直线将它们连起来就得到图（b）所示的弯矩图。

(3) 作剪力图

设任意截面的剪力为 V_x，按它等于该截面右侧所有外力沿梁轴垂直方向投影的代数和来求解，AB 段和 BC 段的剪力表达式都是：

$$V_x=-R_C=-M/L \text{（使梁逆时针转，为负）} \quad (1.3.2\text{-}10)$$

从剪力方程（1.3.2-10）可以看出，在整个梁段剪力 V_x 都是常数，它的图形是一条**水平的直线**，剪力图如图（c）所示。

(4) 集中力矩作用在梁端的情况（对照图 1.3.2-4）

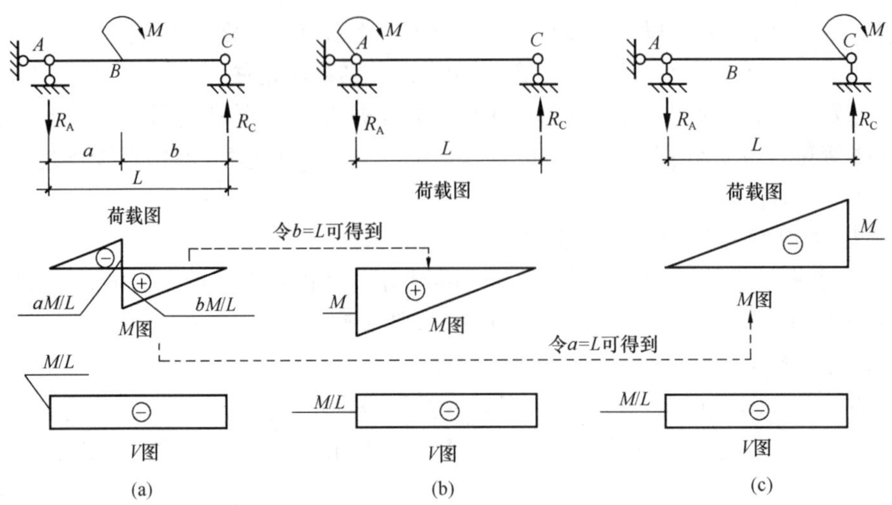

图 1.3.2-4 梁上集中力矩作用在不同位置的情况

（a）M 在跨中；（b）M 在梁左端；（c）M 在梁右端

4. 弯矩图和剪力图的一般规律

对照图 1.3.2-1、2、3 和 4，我们可以发现如下的一些规律：

（1）无分布荷载（即 $q=0$）的梁段：弯矩图是一条直线；剪力图是一条水平直线（图 1.3.2-1、3 和 4）。

（2）有均布荷载（即 $q=$常量）的梁段：如 q 指向下，弯矩图为向下凸的二次抛物线，剪力图是一条向右下方倾斜的直线（图 1.3.2-2）；如 q 指向上，则内力图的方向与前者相反。

（3）在集中力作用处：弯矩图有折点，其尖顶的指向与集中力方向相同；剪力图有突变，突变数值等于集中力的大小（如在图 1.3.2-1c 中，$P/2+P/2=P$），沿梁长由左向右，突变方向与集中力指向相同。

（4）在集中力矩作用处：弯矩图有突变，突变数值等于集中力矩的大小（如在图 1.3.2-3 中，$aM/L+bM/L=(a+b)M/L=LM/L=M$），弯矩图转折点尖顶的指向与集中力矩箭头指向相同，集中力矩两侧弯矩图线相互平行；剪力图无变化，全梁段均为一条水平直线。

（5）铰支座（或自由端）处如无集中力矩作用，则该处的梁端截面弯矩为零；如有集中力矩作用，则该处的梁端截面弯矩数值等于集中力矩的大小（图 1.3.2-4）。

说明：①图 1.3.2-1、2 所示的荷载都与梁轴垂直，这是较常见的情况。如果荷载不垂直于梁轴，情况就稍复杂些，考题也会遇到，但比较少，将结合例题讲解；②上述**弯矩图和剪力图的一般规律也同样适用于斜梁、斜柱和立柱。**

5. 利用叠加原理作内力图

这是一种很常用的方法。先举个简单的例子。

【例 1.3.2-1】试用叠加原理求附图所示结构的弯矩图。(图示尺寸单位为 mm)

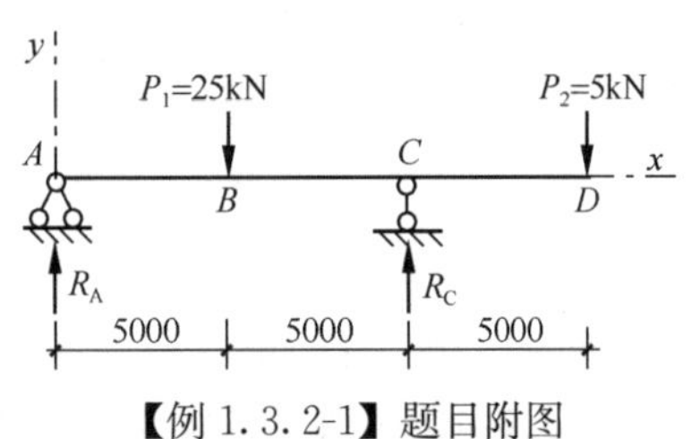

【例 1.3.2-1】题目附图

题解：（对照题解附图）

将原结构荷载图（e）看成是荷载图（a）和荷载图（c）

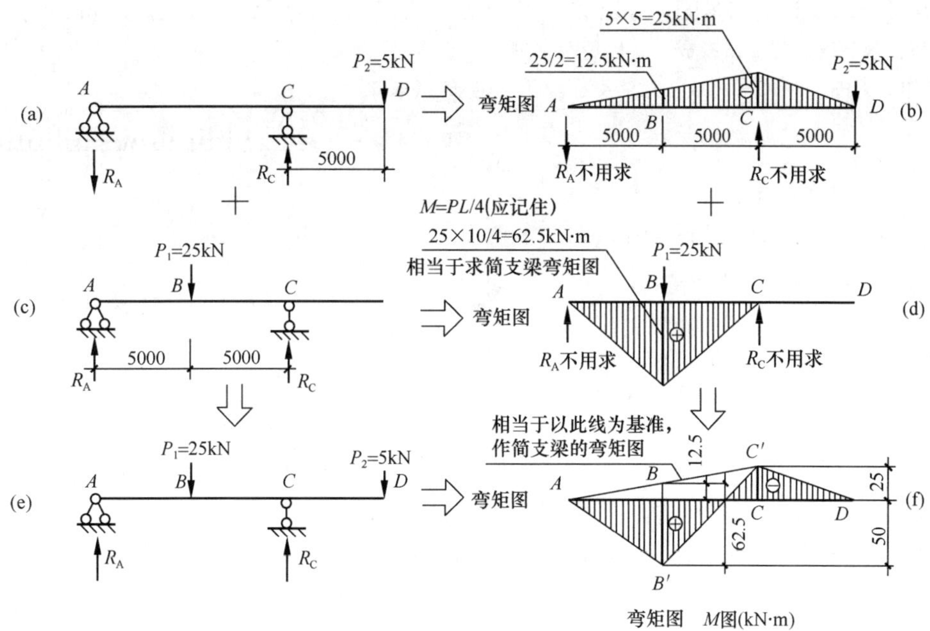

【例 1.3.2-1】题解附图

的叠加。

① 求荷载图（a）的弯矩图：

A 为无集中力矩作用的铰支座，故 $M_A=0$；$M_C=P_2\times5=5\times5=25$kN·m（使梁上面受拉，负）；D 为无集中力矩作用的自由端，故 $M_D=0$；梁无分布荷载，各段弯矩按直线分布，用直线将上述三处的弯矩连起来，便得到图（b）所示的弯矩图。B 点的弯矩在稍后的叠加计算中有用，可按比例求得：$M_B=25/2=12.5$kN·m（使梁上面受拉，负）。

② 求图（c）的弯矩图：

它相当于求简支梁的弯矩图，此时的 C 点应视为与 A 点一样的简支梁铰支座，它们都无集中力矩作用，故 $M_C=M_A=0$

根据式（1.3.2-1a）$M_B=P_1L/4=25\times10/4=62.5$kN·m（使梁下面受拉，正）

梁无分布荷载，各段弯矩按直线分布，用直线将上述三处的弯矩连起来，便得到图（d）所示的弯矩图。

③ 叠加：

原结构的弯矩图是弯矩图（b）和（d）的叠加：

$M_A=0+0=0$

$M_B=62.5-12.5=50$kN·m（使梁下面受拉，正）

$M_C=25+0=25$kN·m（使梁上面受拉，负）

$M_D=0+0=0$

将上述四处的弯矩连起来，便得到图（f）所示的弯矩图。在上面求弯矩图的计算中，并没有用到支座反力，但你需要记住“简支梁跨中受到一个竖向集中力 P 作用的弯矩 $M=PL/4$”。这些小技巧能帮助你提高解题的速度，不妨记一下。（说明：弯矩可用 kN·m 表示，也可以用 kN-m 表示）

再举个复杂一点的例子：

【例 1.3.2-2】试求附图所示结构的剪力图和弯矩图。（图示尺寸单位以 mm 计）

题解：求解时应将 mm 换成 m，以免数字过大。

① 作剪力图，对照图（a），先求支座反力，对 B 点取矩求 R_C

令$\sum M_B=0$　　$5+3\times14\times(14/2)-R_C\times10=0$

解得　　$R_C=29.9\text{kN}\uparrow$

$\sum Y=0$　　$R_B+R_C-3\times14=R_B+29.9-3\times14=0$

解得　　$R_B=12.1\text{kN}\uparrow$

【例 1.3.2-2】题目附图

由左端向右：

AB 段：无竖向荷载故剪力均为零。

BC 段：V_B（右）$=R_B=12.1\text{kN}$　　（使梁顺时针转，为正）

V_C（左）$=R_B-3\times10=12.1-3\times10=-17.9$（kN）　　（使梁逆时针转，为负）

由右端向左：

CD 段：V_C（右）$=4\times3=12\text{kN}$　　（使梁顺时针转，为正）

将各截面的剪力用直线连起来，得剪力图（b），若按比例画，在均布荷载相同的梁段，这些直线肯定是平行的，否则就是计算出错。上面的计算只用了一个支座反力 R_B，另一个支座反力 R_C 可作校核之用，支座 C 处剪力图突变数值为 $17.9+12=29.9\text{kN}$，正好等于集中反力 R_C 的大小，符合剪力图的变化规律。

② 利用叠加原理作弯矩图，将原结构荷载图（a）看成是荷载图（c）和荷载图（e）的叠加。

求图（c）的弯矩图：

AB 段（由左端向右）：$M_A=M_B=M=5\text{kN}\cdot\text{m}$　　（使梁下部受拉，为正）

CD 段（由右端向左）：$M_D=0$

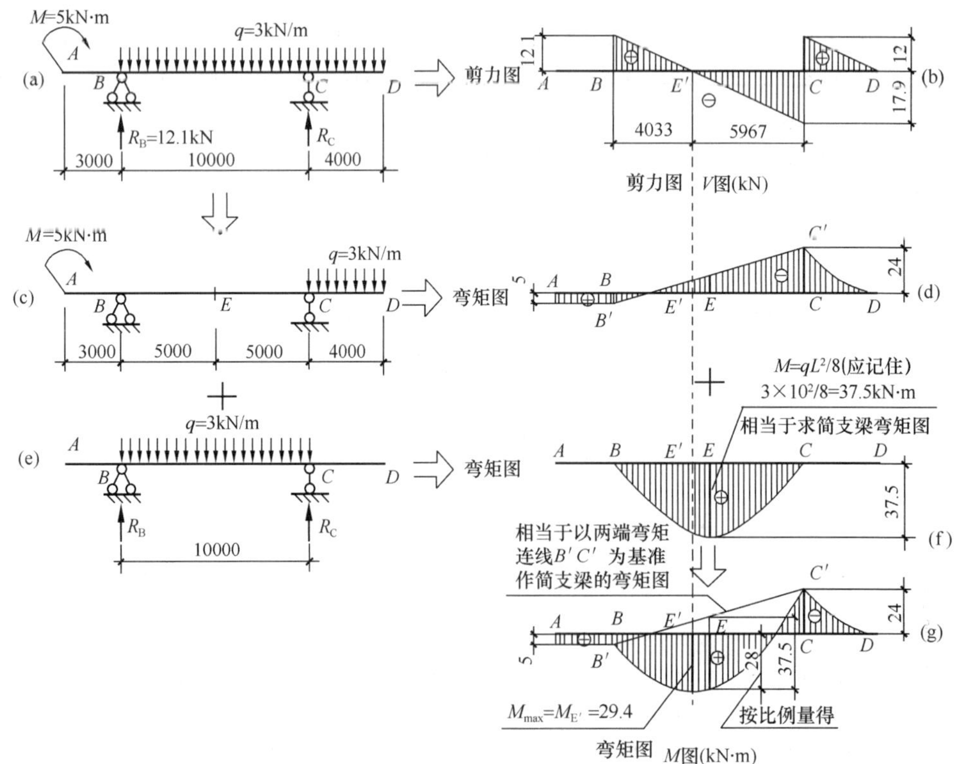

【例 1.3.2-2】题解附图

$$M_C = -3 \times 4 \times (4/2)$$
$$= -24\text{kN} \cdot \text{m} \quad \text{（使梁上部受拉，为负）}$$

AB、BC 段用直线，CD 段用下凸的抛物线将这些点的弯矩值连起来，便得到图（d）所示的弯矩图。

求图（e）的弯矩图：

相当于求简支梁的弯矩，在跨中心处增加一个控制点 E。

$$M_E = 3 \times 10^2 / 8$$
$$= 37.5\text{kN} \cdot \text{m} \quad \text{（使梁下部受拉，为正）}$$

如前述，此时的 B、C 点相当于简支梁的铰支座，故 $M_B = M_C = 0$。将这三处的弯矩值用下凸的抛物线连起来，便得到图（f）所示的弯矩图。

③ 叠加：原结构的弯矩图为弯矩图（d）和（f）的叠加，见图（g）。BC 段的中点弯矩 M_E 可直接在图形上量出，也可以按图中的比例关系算出：$M_E = 28\text{kN} \cdot \text{m}$。

说明：本例 BC 段的中点弯矩 $M_E = 28\text{kN} \cdot \text{m}$ 并不是该段的最大正弯矩。由于弯矩图向左下方倾斜，跨中最大弯矩应该在中点偏左一点的位置 E' 上。**弯矩图为光滑抛物线时，如有极值点（切线为水平线的点），则弯矩极值 M_{max} 的位置就是剪力为零的位置。**（因为弯矩的导数是剪力，故剪力等于零处弯矩为极值。这方面的问题，材料力学有详细论述，不是本书的要点，只要记住粗体字的结论就够用）。就本例而言，弯矩最大值出现在剪力为零的 E' 点（请对照题解附图），其截面的弯矩为

$$M_{max} = M_{E'} = 5 + 12.1 \times 4.033 - 3 \times 4.033^2 / 2 = 29.4\text{kN} \cdot \text{m}$$

比跨中点弯矩 M_E 大（29.4－28）/28＝5%。这个差别不算大。但如果梁两端的正、负弯矩的绝对值比较大时（高烈度地震会出现的情况），这种差别会变得比较大，不容忽视。

小　波：袁老师，抛物线不好画啊！你看我画的这个图对吗？

袁老师：你还真能发现问题，抛物线是不好画，一般用没有原则错误的曲线代替即可。小静，你看小波的图画得对吗？

小　静：CD 段画得不对。它是悬臂段，在图示荷载作用下全段都是上部受拉，都为负弯矩，这段的弯矩图应该全部在梁的上方，应该像我画的那样，对吗？

袁老师：小静说得很对。

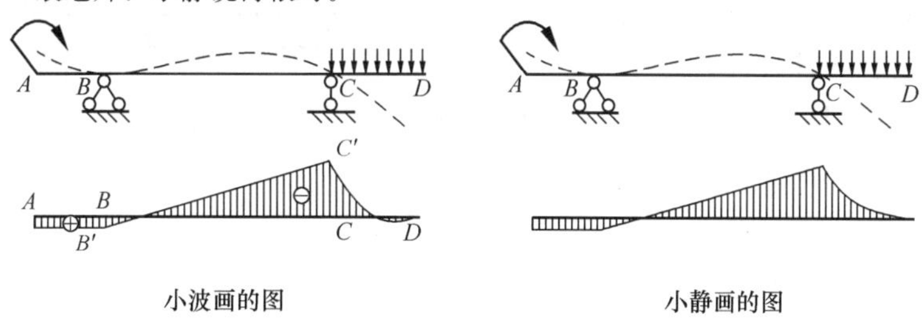

对话 1.3.2-1　弯矩图对与错的定性判别

6. 对称性和反对称性的应用

利用结构和荷载的对称性、反对称性，会使内力的求解过程大为简化，见下例：

【例 1.3.2-3】图示简支梁在两种受力状态下，在跨中Ⅰ、Ⅱ点剪力关系为下列何项？（2014-31），（2011-8）

(A) $V_Ⅰ = V_Ⅱ / 2$　　(B) $V_Ⅰ = V_Ⅱ$

(C) $V_Ⅰ = 2V_Ⅱ$　　(D) $V_Ⅰ = 4V_Ⅱ$

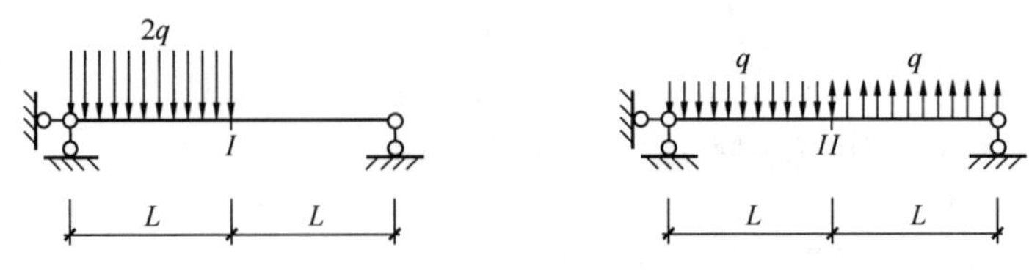

【例 1.3.2-3】题目附图

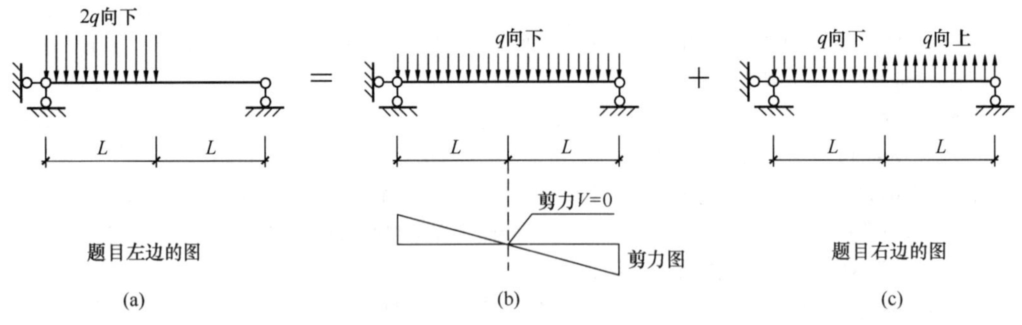

【例 1.3.2-3】题解附图

题解：题目左边计算简图（图 a）的荷载可以看成为图（b）对称荷载和图（c）反对称荷载的叠加：由于图（b）简支梁在满跨均布荷载作用下其跨度中间点处的剪力为"零"（见式 1.3.2-7a），而任何数加"零"其值不变，所以不论图（a）与图（c）在全梁段的剪力分布如何，但它们在跨度中间点处的剪力必然相等，而图（a）和图（c）分别就是题目左边和右边的计算简图，于是答案为 B。（视频讲解了如何利用对称和反对称性作本例题的弯矩图和剪力图）

答案：B

7. 跨中有铰的静定梁的求解

跨中有铰的静定梁的求解有两种方法：①用将梁分解为基本部分和附属部分的方法求内力；②把结构看成为一个整体，直接按整体力平衡条件求解。前者比较直观易懂，但工作量较大；后者比较简捷。

(1) 用将梁分解为基本部分和附属部分的方法求多跨梁的内力

【例 1.3.2-4】图示梁支座 B 处左侧面的剪力为(　　)。(2011-30)

(A) －20kN　　(B) －30kN

(C) －40kN　　(D) －50kN

题解：可将结构分解为附属部分和基本部分，见

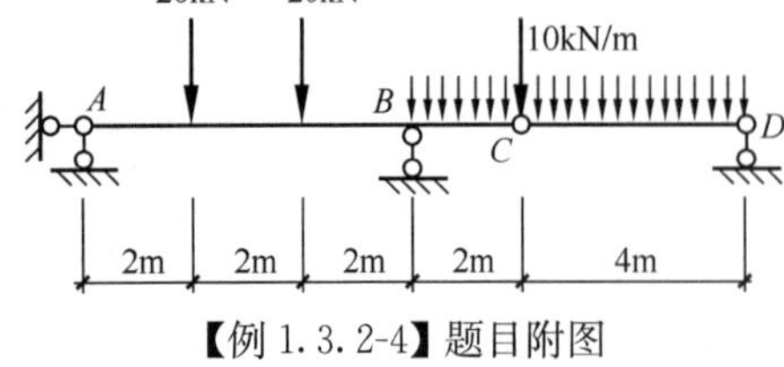

【例 1.3.2-4】题目附图

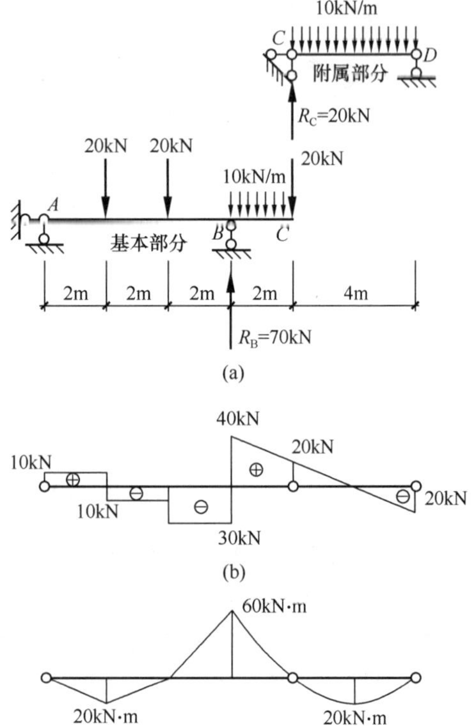

【例 1.3.2-4】题解附图

图（a）。附属部分为简支梁，反力 $R_C=10\times4/2=20$kN。将 R_C 的反作用力 20kN 作用到基本部分的 C 端、与基本部分其他荷载一起对 A 点求矩：

$R_B\times6=20\times2+20\times4+10\times2\times(6+2/2)+20\times8$

解得：$R_B=70$kN↑。

V_B 右$=20+10\times2=40$kN（使构件顺时针转）

V_B 左$=20+10\times2-70=-30$kN（使构件逆时针转）

答案：B

整梁的剪力图和弯矩图分别如图（b）和图（c）所示，求解过程从略。

（2）按整体力平衡条件求解。

上例右跨的跨中有一个铰，铰是不能传递弯矩的，这会不会影响到梁的整体力平衡计算呢？我们说不会。下面按整体力平衡重做【例 1.3.2-4】，然后继续谈为什么“不会”：

题解：

由$\sum M_C=0$（考虑 C 截面的右侧）

$$R_D\times4-10\times4^2/2=0$$

解得：$R_D=20$kN↑。

由$\sum M_A=0$（按两段梁为一个整体考虑）

$$R_B\times6+20\times12-10\times6\times9-20\times(4+2)=0$$

解得：$R_B=70$kN↑。

由整体结构竖向的力平衡条件，可求得 R_A：

$$R_A=20+20+10\times6-70-20=10\text{kN}\uparrow$$

题解附图

支座 B 处左侧面竖向力的合力就是剪力 V_B 左：

$$V_B\text{左}=10-20-20=-30\text{kN（使构件逆时针转）}$$

答案：B

结果和第一种解法完全相同。

可见，上两种方法的计算结果是完全相同的。在第二种方法里，令$\sum M_A=0$ 的求解，是把两段梁作为一个整体来考虑的。虽然铰 C 不能传递弯矩，但它可以传递剪力和轴力。就本题而然，梁段都没有轴力，铰 C 起到传递剪力的作用，进而保持了梁的整体性。

【例 1.3.2-5】下图所示结构截面 A 处的弯矩值为：（2019 年回忆题）

（A）8kN·m （B）16kN·m （C）32kN·m （D）48kN·m

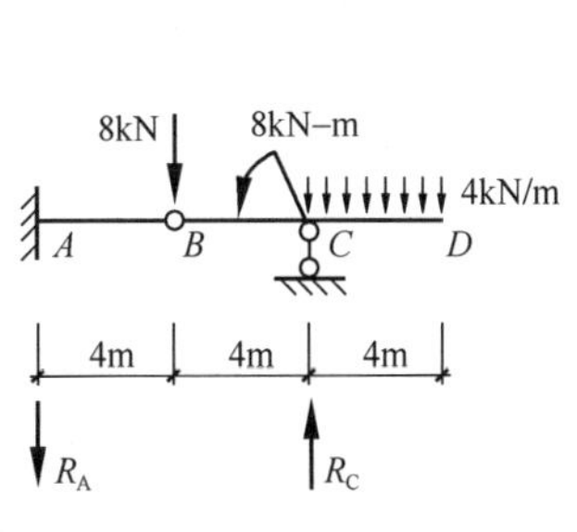

【例 1.3.2-5】题目附图

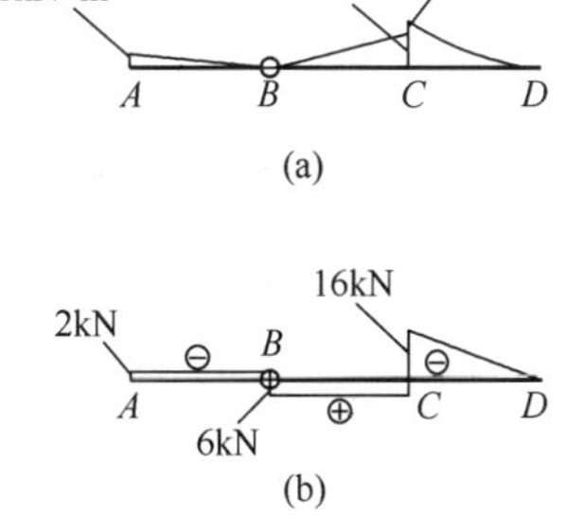

【例 1.3.2-6】题解附图

题解：按方法（2）整体力平衡条件求解

由$\sum M_B=0$，截面 A 右侧所有力（包括力矩）的合力矩就是截面 A 的弯矩。**结构的整体性不会因为铰 B 的存在而受到影响，虽然铰 B 不能传递弯矩，但它可以传递剪力和轴力。就本题而然，梁段都没有**

轴力，铰 *B* 起到传递剪力的作用，进而保持了梁的整体性。

$$R_C \times 4+8-4\times 4\times 6=0$$

解得：$R_C=22\ \text{kN}\uparrow$

$M_A=8\times 4-22\times 8-8+4\times 4\times 10=8\text{kN}\cdot\text{m}$（使杆件上部受拉）

答案：A

弯矩图和剪力图如图（a）和图（b）所示，求解过程从略。

【例 1.3.2-6】下图内力不为零的全部杆件区段是：（2019 年回忆题）

（A）*AE*　　（B）*AD*　　（C）*BD*　　（D）*CE*

题解：按方法（1）分析：

将整体结构分解为两个附属部分（图 b，图 c）和一个基本部分（图 e）。梁段 *DE* 为没有荷载的简支梁，不会有任何内力；梁段 *BD* 为简支伸臂梁，其弯矩和剪力图分别见图（c）和图（a）（求解过程从略）；梁段 *AB* 为悬臂梁，其右端有一个梁段 *BD* 左支座反力的反作用力（↑），其弯矩和剪力图分别见图（e）和图（a）（求解过程从略）。

【例 1.3.2-5】题目附图

答案：B

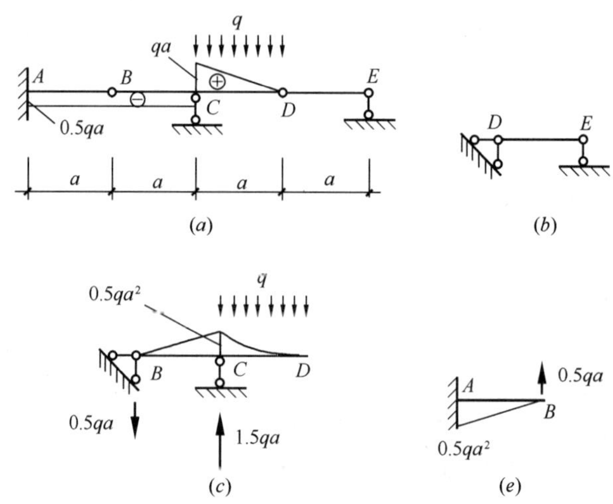

【例 1.3.2-6】题解附图

（a）整体结构图，剪力图；（b）梁段 *DE*；（c）梁段 *BD* 及其弯矩图；（e）梁段 *AB* 及其弯矩图

【例 1.3.2-7】下图支座 A 的反力是：（2019 年回忆题）

（A）0　　（B）*P*/2

（C）*P*　　（D）-*P*/2

题解：

由$\Sigma M_B=0$（考虑 *B* 截面的左侧）

$$R_A\times a=0$$

解得：$R_A=0$

答案：A

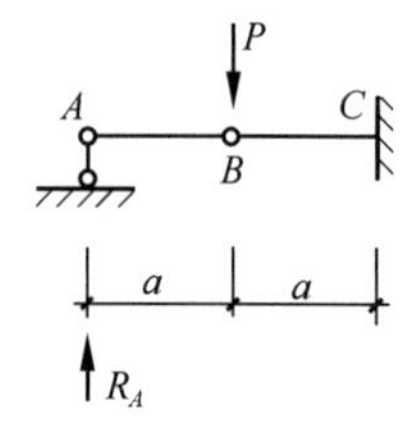

【例 1.3.2-7】题目附图

请翻到 1.6 节，做习题 1-23 至 1-30

1.3.3 桁架

在结构力学中的桁架，是指由只受轴力的链杆组成的结构，杆件之间均采用完全铰连接。只受轴力的链杆亦称“二力杆”，这里的“二力”是指“拉力”和“压力”。在建筑结构里，屋架就是最典型的桁架形式。图 1.3.3-1（c）是一个芬克式钢屋架施工图的局部。图 1.3.3-1（a）是用来计算它的杆件轴向力时的计算简图，图中将上弦节间檩条荷载集中到结点处，并假设所有结点均为完全铰。这个计算简图就是本节要讲的、结构力学意义上的桁架。对照上述两个图形，你会发现计算简图中上弦的铰与施工图明显不符，上弦实际上是连续的，在结点处不存在铰。不过大量试验证明，在计算轴向力时，这种简化带来的误差是可以接受的。但在上弦设计时，需将集中到结点处的荷载及上弦的连续性还原（图 1.3.3-1b），计算上弦节间及支座的弯矩，按压弯构件进行设计。其他结点实际上也不是完全铰，由于它们对转动的约束亦会在杆件端部引起次弯矩（即比较小的弯矩），对钢屋

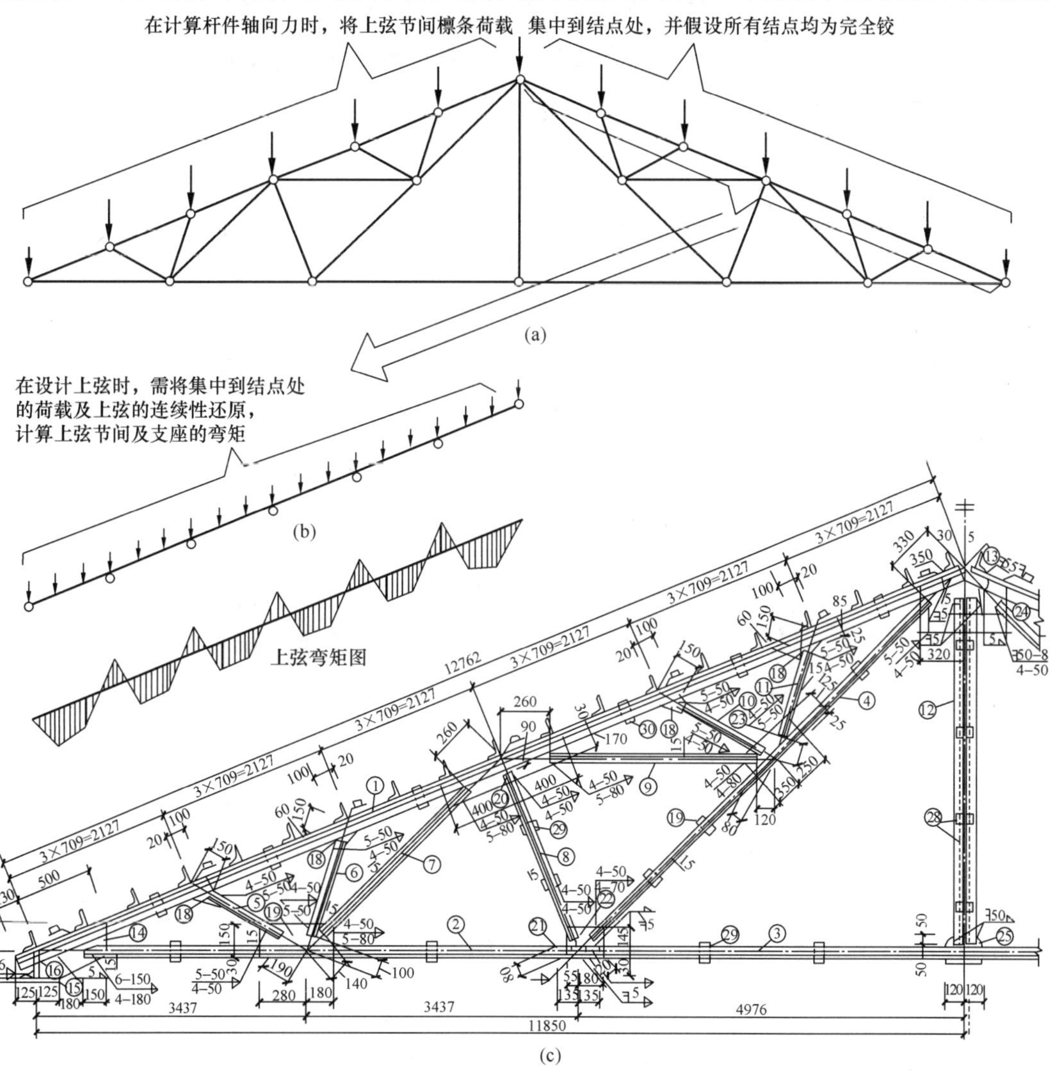

图 1.3.3-1 钢屋架施工图，计算杆件轴力及设计上弦的计算简图

（a）计算轴向力用的计算简图；（b）上弦设计；（c）屋架施工图

架来说，由于钢材的延性较好，设计时不需考虑这种次弯矩。但对于钢筋混凝土屋架，需要在节点部位采取构造措施来对付次弯矩。下面说的“桁架”都是结构力学意义上的桁架。

桁架的受力分析有结点法和截面法。一般来说，结点法适用于求解所有杆件轴力的情况；截面法适用于求解某些杆件轴力的情况。有时候将这两种方法联合应用效果更好。

1. 结点法

结点法是取桁架结点为分离体，利用平面汇交力系的两个平衡条件计算各杆的未知力。在同一平面内，作用线汇交于一点的力系，称平面汇交力系。结点法以结点为分离体，而结点连接的杆件又都只有轴向力，故这个分离体上的力系就是平面汇交力系。平面汇交力系的平衡条件只有两个，它们是：

$$\sum X=0 \text{（所有的力在 } X \text{ 轴方向的投影之和等于零）} \quad (1.3.3\text{-}1a)$$

$$\sum Y=0 \text{（所有的力在 } Y \text{ 轴方向的投影之和等于零）} \quad (1.3.3\text{-}1b)$$

【例 1.3.3-1】求图示三种情况的各杆轴力。

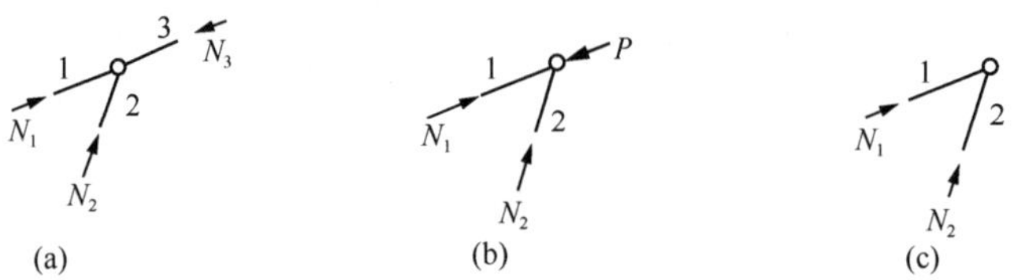

【例 1.3.3-1】 题目附图

(a) 情况 1；(b) 情况 2；(c) 情况 3

题解：将坐标轴旋转一个角度，以减少投影计算工作量，如题解附图所示。

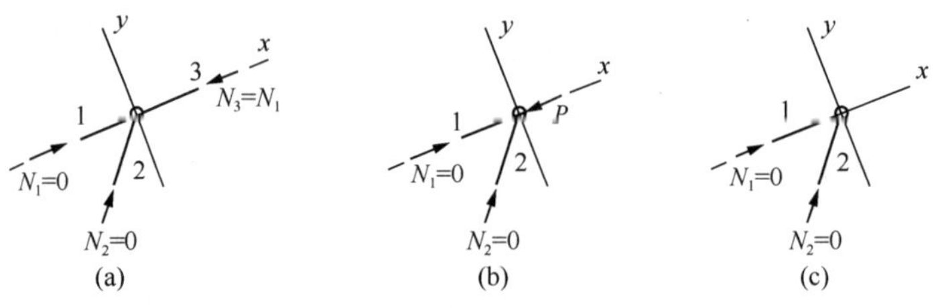

【例 1.3.3-1】题解附图

(a) 情况 1；(b) 情况 2；(c) 情况 3

情况 1：由$\sum Y=0$ 得　　$N_2=0$

由$\sum X=0$ 得　　$N_1=N_3$

情况 2：由$\sum Y=0$ 得　　$N_2=0$

由$\sum X=0$ 得　　$N_1=P$

情况 3：由$\sum Y=0$ 得　　$N_2=0$

由$\sum X=0$ 得　　$N_1=0$

上例三种情况都出现了杆件轴力为零的“零杆”，观察它们的规律，总结出一些判别“零杆”判别的规则，对简化结构的计算大有好处。

零杆判别规则：

① 三杆相交，结点上无荷载，如果其中两杆在同一直线上，则这两杆的轴力相同；而第三杆的轴力为零，如【例 1.3.3-1】题解附图（a）所示。

② 两杆相交，结点上有荷载 P 作用，且 P 与其中的一根杆在同一直线上，则这根杆的轴力等于 P；而另一杆的轴力为零，如【例 1.3.3-1】题解附图（b）所示。

③ 两杆相交，结点上无荷载作用，则两杆轴力均为零，如【例 1.3.3-1】题解附图 c 所示。

由于一个结点的平衡条件只有两个，两个方程可解两个未知数，故结点法一般从两个未知杆力的结点开始，依次进行。

【例 1.3.3-2】图示桁架结构中，零杆数量为（　　）。（2014-16）

（A）2 根　　（B）2 根　　（C）4 根　　（D）5 根

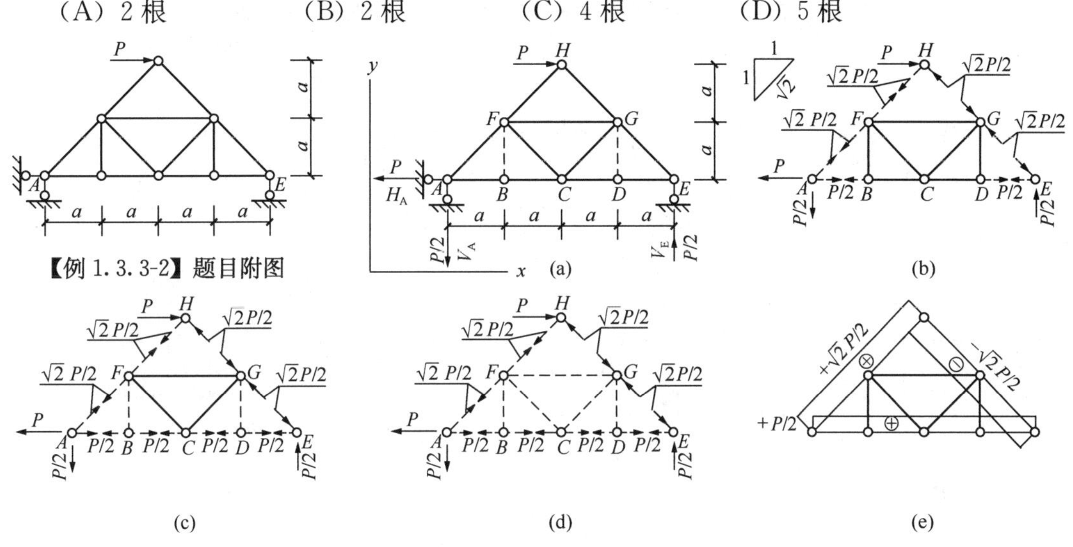

【例 1.3.3-2】题解附图

题解：

求支座反力，对照图（a）：

由$\sum X=0$

得 $H_A=P\leftarrow$

由$\sum M_A=0$　　$P\times 2a-V_E\times 4a=0$

得 $V_E=P/2\uparrow$

由$\sum Y=0$

得 $V_A=P/2\downarrow$

用结点法分别对结点 A、E 和 H 进行分析，对照图（b）：

结点 A

由$\sum Y=0$　　$N_{AF}/\sqrt{2}=P/2$

得 $N_{AF}=\sqrt{2}P/2$（拉）

由$\sum X=0$　　$N_{AB}+(\sqrt{2}P/2)/\sqrt{2}=P$

得 $N_{AB}=P/2$（拉）

用类似方法，可求得与结点 E 和 H 相连的杆件轴力如图（b）所示。

说明：N_{AF}和 N_{AB}算出的结果为“正”，说明轴力实际方向与标注方向相同，两杆的实际轴力都是拉力。若算出的结果为“负”，则说明轴力实际方向与标注方向相反。例如，若 N_{AB}按压力标注，算出的结果将是 $N_{AB}=-P/2$，说明轴力方向标注反了，它应该是拉力，而在轴力图中，“拉力为正”，故此时轴力图（e）中的 AB 杆轴力需加注的仍是“拉力为正”的正号，而不是“算出来的负号”。

用结点法分别对结点 B 和 D 进行分析，对照图（c）：

由零杆判别规则②，易知杆 FB 和杆 GD 为零杆，$N_{BC}=N_{AB}=P/2$（拉），$N_{CD}=N_{DE}=P/2$（拉）。

用结点法分别对结点 F 和 G 进行分析，对照图（d）：

结点 F 两侧的两根上弦杆的压力在同一条直线（上弦杆轴线）上，大小相等，方向相反，已自相平衡，可以当它们不存在，FB 杆已判为零杆，亦可当其不存在。于是根据零杆判别规则③，杆 FC 和杆 FG 为零杆；同理，对结点 G 用相同的思路进行分析，可知 GC 杆也为零杆。于是，零杆共有图（d）虚线所示的 5 根。图（e）为该结构的轴向力图。

答案： D

【例 1.3.3-3】图示桁架上部结构的零杆数为(　　)。（2017 考题回忆）

（A）5 根　　（B）11 根　　（C）13 根　　（D）17 根

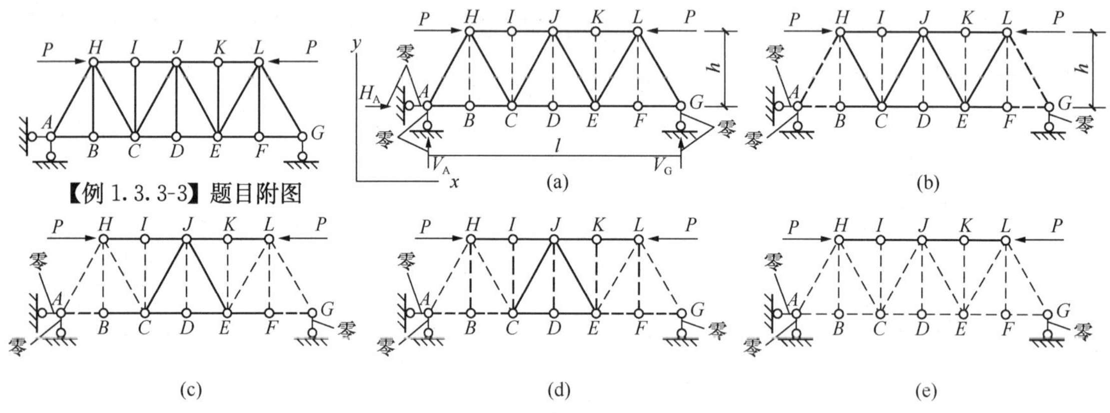

【例 1.3.3-3】题目附图

(a)　(b)　(c)　(d)　(e)

【例 1.3.3-3】题解附图

题解：（1）求支座反力：$\sum X=0$，$H_A+P-P=0$，得 $H_A=0$；由$\sum M_A=0$，$V_G\times l+P\times h-P\times h=0$，解得$V_G=0$；同理由$\sum M_G=0$，可得 $V_A=0$，见图（a）。根据零杆判别规则①，5 根竖腹杆均为零杆，见图（a）。（2）根据零杆判别规则③，结点 A 的 AH 杆和 AB 杆为零杆，结点 G 的 GL 杆和 GF 杆为零杆，见图（b）。（3）根据零杆判别规则①，结点 H 的 HC 杆，结点 L 的 LE 杆为零杆，见图（c）。（4）根据零杆判别规则①，结点 B 的 BC 杆为零杆，结点 F 的 FE 杆为零杆，见图（d）。（5）根据零杆判别规则③，结点 C 的 CD 杆为零杆，结点 E 的 ED 杆为零杆，见图（e）。于是上部结构的零杆数为 17 根。

答案： D

说明：（1）如果把支座链杆也考虑在内，则零杆的数为 20 根，但一般考题问的零杆数是针对上部结构而言；（2）前一级判别出来的零杆，在后一级分析时可当其不存在，也可以当其为轴力等于零的杆件；（3）本题上部结构符合三刚片规则，是无多余约束的几何不变体，整个结构是一块简支刚片，是**静定结构，外荷载作用在同一条直线（上弦杆轴线），大小相等，方向相反，已自相平衡，只有在外荷载作用线上的上弦杆才会有内力（均为压力 P）。但若为超静定结构，例如在右支座增加一根水平链杆，则上弦在压力 P 作用下的压缩变形会通过其他杆件传到支座，受到支座的约束，产生对抗、产生支座反力和上部结构杆件的内力。**

【例 1.3.3-4】下图所示结构的零杆数为（　　）。（2019 年回忆题）

（A）1 根

（B）2 根

（C）3 根

（D）4 根

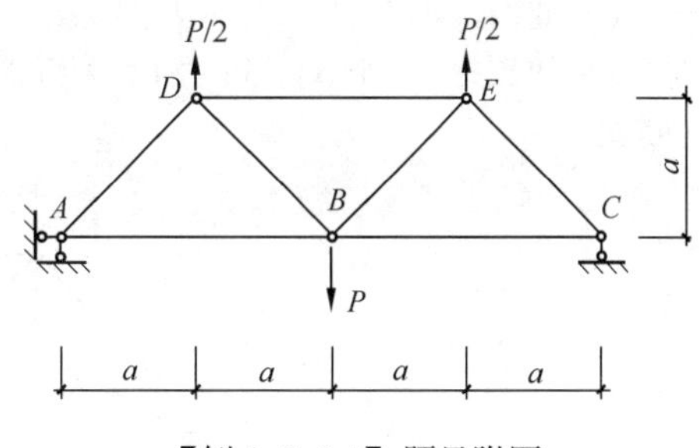

【例 1.3.3-4】题目附图

题解：

由于外荷载没有水平分向的投影，故支座 A 的水平反力只能为零，于是这个结构可以看成为左右对称的。左右对称的结构在左右对称的荷载作用下，内力也必然是对称的。因外荷载在竖向已自身平衡，故左、右支座的竖向反力也为零。换句话说：该结构的左右支座都没有力的作用。根据零杆判别规则③："两杆相交，结点上没有荷载作用，则两杆轴力均为零"，易知杆 AD、AB、CB 和 CE 均为零杆。

下面用结点法分析结点 B、D 和 E：（请注意上面分析过的内力对称性）

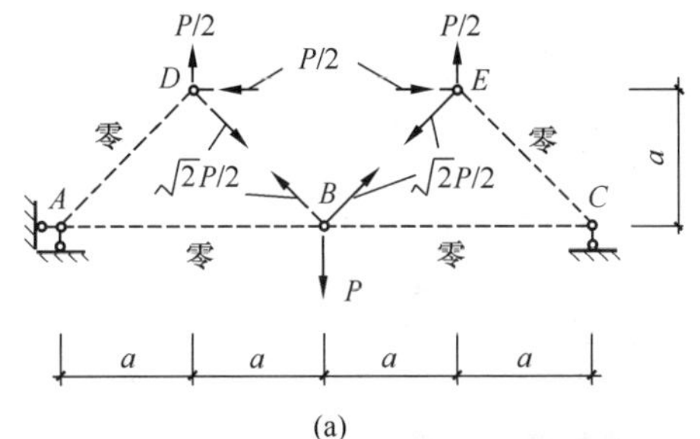

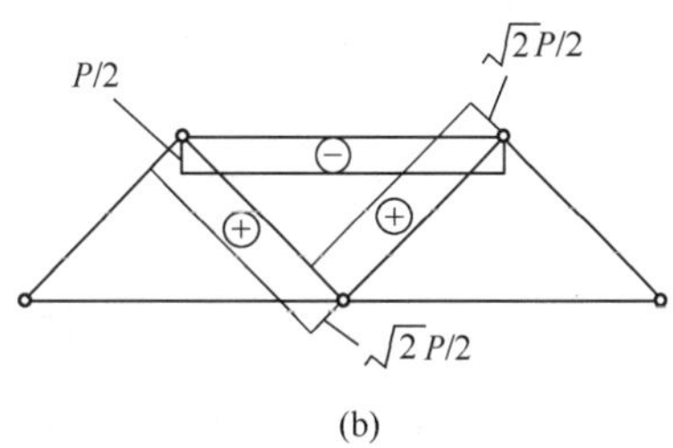

【例 1.3.3-4】题解附图

（a）结点法分析；（b）轴力图

结点 B：由竖向力平衡条件得 BD 杆和 BF 杆均有轴向拉力（其大小为$\sqrt{2}P/2$）。

结点 D 和 E：上一步求出的斜杆拉力满足竖向力平衡条件；由水平方向的力平衡条件，可知 DE 杆必然有轴向压力（其大小为 $P/2$）。

答案： D（本题没有要求作定量分析，题解提供内力图是为了使读者印象根深刻些）

2. 截面法

截面法是用一截面，在拟求内力的杆件处把桁架截为两部分，取其中一部分为分离体，建立力平衡方程进行求解。作用于分离体上的力为平面一般力系，平衡方程只有三个（公式 1.3.1-1a、b、c），因此，每次截取的含未知内力的杆件数，一般不多于三根。

【例 1.3.3-4】附图所示结构杆 1 的轴向力 N_1 应为下列何项？（2010-34）

（A）拉力 $P/2$　　（B）压力 $P/2$　　（C）拉力 P　　（D）压力 P

题解： 题目结构只有竖向荷载，左边铰支座的水平反力必为"零"，故可以认为结构是对称的。又由于竖向荷载也对称，故两支座竖向反力必相等，都为 P，见图（a）。

题目只要求一根杆的内力，宜用截面法。

做法①：取截面 m-m，以右边结构为分离体，对 A 点求矩，见图（b）。$N_1\times a=P\times 2a-P\times a$，解得 $N_1=P$（压）。

做法②：取截面 m-m，以左边结构为分离体，仍对 A 点求矩，见图（c）。$N_1\times a=P\times 2a-p\times a$，解得 $N_1=P$

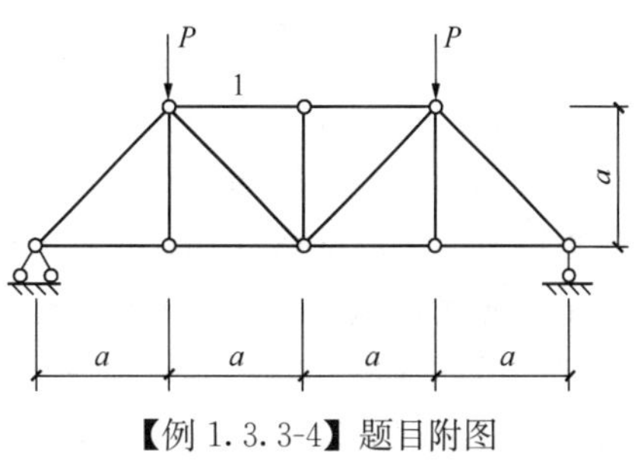

【例 1.3.3-4】题目附图

(压)。通过此例，可以看出：截面法求矩的点，可以是分离体内部的点，也可以是分离体外部的点。对A点求矩未知数只有一个N_1，可使计算大为简化。

答案：C

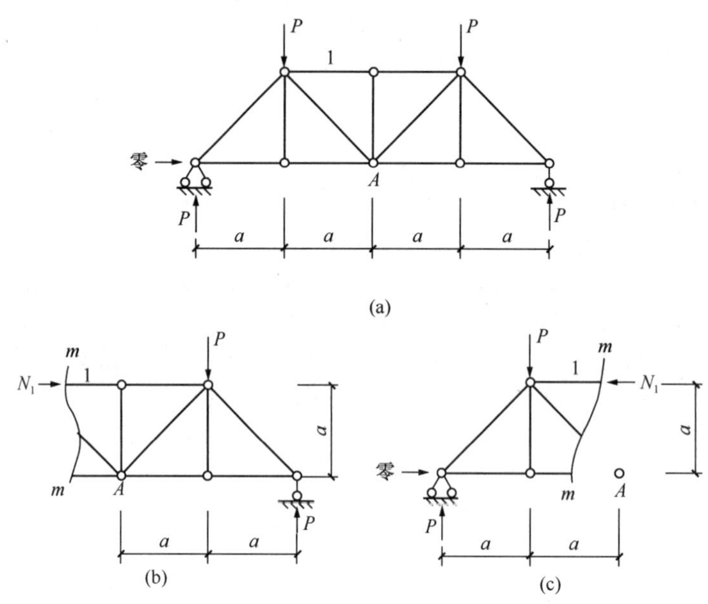

【例 1.3.3-4】题解附图

请翻到 1.6 节，做习题 1-31～1-38

1.3.4 静定刚架（含曲梁）

由梁和柱组成，结点全部或部分用刚结点联结的平面静定结构称为静定平面刚架，如图 1.3.4-1 所示。刚结点的特征是：当刚架受力变形时，汇交于结点处的各杆端之间的夹角始终保持不变，能承受和传递弯矩。

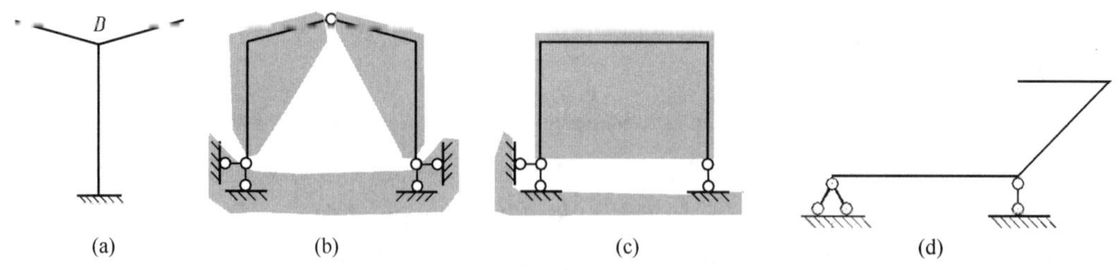

图 1.3.4-1 静定刚架

（a）悬臂刚架；（b）三铰刚架；（c）简支刚架；（d）曲梁

刚架的内力计算方法与梁基本相同。即**杆件任一截面上的弯矩，等于该截面一侧所有的外力对截面形心力矩的代数和；杆件任一截面上的剪力，等于该截面一侧所有的外力沿杆轴垂直方向投影的代数和；杆件任一截面上的轴力，等于该截面一侧所有的外力沿杆轴方向投影的代数和**。刚架的弯矩图仍画在受拉侧，可不必标注正负；横梁的剪力图和轴力图通常把正值画在上方，负值画在下方，立柱的剪力图和轴力图则可以画在柱的任意侧，剪力图和轴力图必须标出正、负记号。由于刚结点连接的杆件数目有时会超过两根，故一个结点可能会有好几个杆端截面，例如图 1.3.4-1（a）的悬臂刚架结点 B 就有三个杆端截面，你不能笼统地说截面 B，必须要讲清楚是哪一根杆的 B 端截面。为了表达简便和准确起见，**刚架杆端内力一般用双脚标表示，第一脚标表示内力位置，第二脚标表示杆件的远端。**内力脚标表示法举例。

1. 悬臂刚架

【例 1.3.4-1】已求得图示悬臂刚架的内力图如下，试用双脚标表示各个杆件的内力。

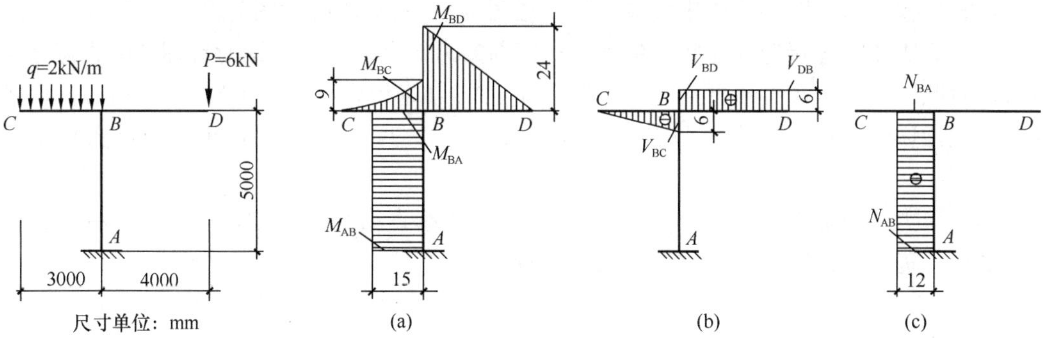

【例 1.3.4-1】附图

（a）弯矩图（kN·m）；（b）剪力图（kN）；（c）轴力图（kN）

题解：

对 AB 杆：

$M_{AB}=M_{BA}=15\text{kN}\cdot\text{m}$；$V_{AB}=V_{BA}=0$；$N_{AB}=N_{BA}=-12\text{kN}$

对 CB 杆：

$M_{CB}=0$，$M_{BC}=9\text{kN}\cdot\text{m}$；$V_{CB}=0$，$V_{BC}=-6\text{kN}$；$N_{BC}=N_{CB}=0$

对 BD 杆：

$M_{BD}=24\text{kN}\cdot\text{m}$，$M_{DB}=0$；$V_{BD}=V_{DB}=+6\text{kN}$；$N_{BD}=N_{DB}=0$

【例 1.3.4-2】试求上例各杆件 *B* 端的内力，看看其结果是否与上例的题给条件相同。

题解：

$M_{BA}=6\times4-2\times3^2/2=15\text{kN}\cdot\text{m}$；（左侧受拉）

$M_{BC}=2\times3^2/2=9\text{kN}\cdot\text{m}$；（上面受拉）

$M_{BD}=6\times4=24\text{kN}\cdot\text{m}$；（上面受拉）

$V_{BA}=0$（对于竖直的悬臂柱，荷载无水平投影，故剪力为零）

$V_{BC}=2\times3=6\text{kN}$（−）（使杆件逆时针转，为负）

$V_{BD}=6\text{kN}$（+）（使杆件顺时针转，为正）

$N_{BA}=2\times3+6=12\text{kN}$（−）（压力，为负）

$N_{BC}=0$（荷载水平方向无投影，故轴力为零）

$N_{BD}=0$（荷载水平方向无投影，故轴力为零）

与上例的题给条件相同。

结构取出任何一个部分为分离体，分离体上的力都必须满足力平衡的条件。这是一种校对的手段。见下例。

【例 1.3.4-3】取上例的 *B* 结点为分离体，校对其计算结果是否正确。

题解：将上例求得的各杆件杆端力的反作用力作用于结点 B，如题解附图所示。由于所有的力都没有 x 方向的投影，故 $\sum X=0$ 的条件自然满足；

$\sum Y=N_{BA}-V_{BC}-V_{BD}=12-6-6=0$，满足；

$\sum M_B=M_{BD}-M_{BC}-M_{BA}=24-9-15=0$，也满足。

说明刚结点 B 完全满足平面一般力系的三个平衡条件。

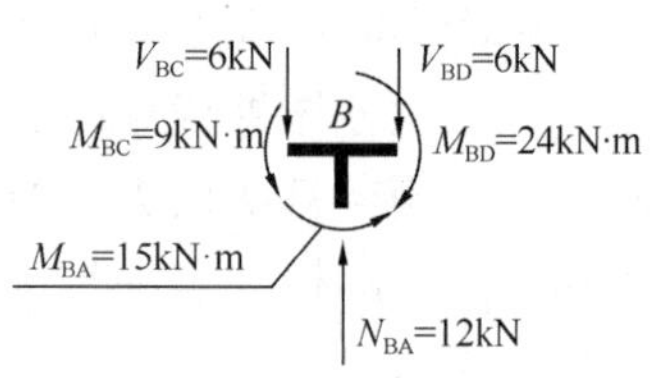

【例 1.3.4-3】题解附图

不过上例用画图、列式的方法来校对，太麻烦了些，可以用直接检查内力图的办法来代替。仍以【例 1.3.4-1】题解附图为例。

先看弯矩图：**杆端弯矩图折点尖顶顺针指向的力矩之和、应与逆时针指向的力矩之和相等。**对照图（a），弯矩图折点尖顶顺时针指向的力矩和为 15＋9＝24（kN·m），弯矩图折点尖顶逆时针指向的力矩只有一个为 24kN·m，两者相等，说明 B 结点力矩平衡无误。

再看剪力图和轴力图（对照图 b、c）：**对于杆件垂直相交的 T 字形结点，同在一根直线上的两杆剪力差，等于第三根杆的轴力。**在图（b）中，BC 杆和 BD 杆在 B 点的剪力差为 6＋6＝12（kN），而图（c）的 BA 杆轴力正好也是 12kN，说明 B 结点 y 方向力平衡无误。对于本例，这个“T 字形结点”是“刚结点”，但上面粗体字所述的判别规则也同样适用于“非完全铰”结点。事实上，我们在前面就用到过这个结论。还记得 1.3.2 小节之 4、关于弯矩图和剪力图的一般规律的第（3）条吗？其中写道：“在集中力作用处…剪力图有突变，突变数值等于集中力的大小。”BA 杆的轴力，就相当于作用在两水平杆连接处 B 点的一个集中力，它的大小为 12kN，正好等于两水平杆剪力图在 B 点处的突变值 6＋6＝12kN。

2. 三铰刚架

【例 1.3.4-4】试求图示横梁水平放置的三铰门式刚架的内力，并作内力图。

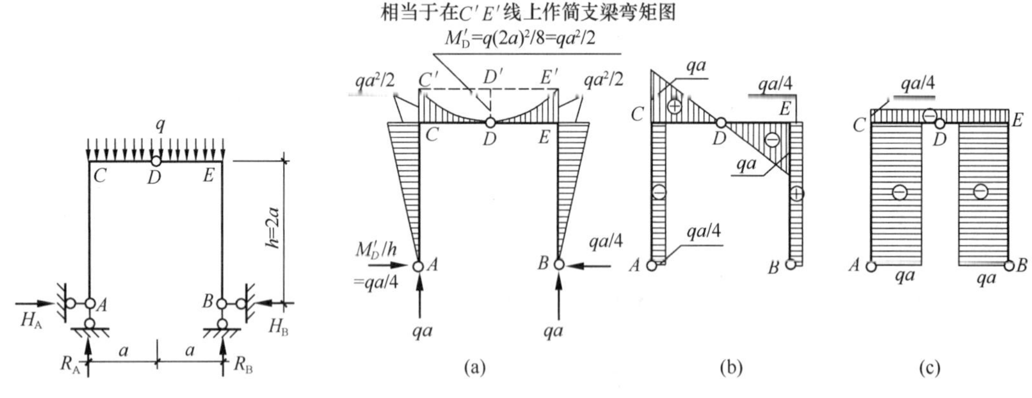

【例 1.3.4-4】题目附图

【例 1.3.4-4】题解附图

（a）弯矩图；（b）剪力图；（c）轴力图

题解：

① 求支座反力

竖向支座反力求解：因结构和荷载均对称，R_A 和 R_B 必相等。由竖向的力平衡条件得

$$2a\times q=R_A+R_B=2R_A$$

解得　　　　　　　　　　　$R_A=q\times a$

水平支座反力 H_A 求解：取中间铰 D 左边为分离体，

令 $\sum M_D=0$　　$R_A\times a-H_A\times h-q\times a^2/2=q\times a\times a-H_A\times h-q\times a^2/2=0$

解得　　$H_A=(q\times a^2/2)/h=\underline{(q\times(2a)^2/8)}/h=(q\times(2a)^2/8)/(2a)$

$=q\times a/4$

说明：上式中带下划线的部分相当于将横梁看成简支梁的跨中弯矩 M'_D（对照图 a)。**换句话说：对称三铰框架在对称均布竖向荷载作用下，水平反力等于将横梁看成简支梁的跨中弯矩除以框架高度（对于横梁有坡度的情况，框架高度指中间铰的高度)。**（可以证明，对其他竖向荷载，上述结论仍然适用)。

② 求内力

弯矩　$M_{AC}=0$（结点为完全铰，无集中力矩作用，故杆端弯矩必为零)

$M_{CA}=M_{CD}=H_A\times 2a=(q\times a/4)\times 2a$

$=q\times a^2/2$　　　（外侧受拉)

剪力　$V_{AC}=V_{CA}=H_A=q\times a/4$（－）　　（使杆件逆时针转，为负)

$V_{CD}=R_A=q\times a$（＋）　　（使杆件顺时针转，为正)

$V_{DC}=R_A-q\times a=q\times a-q\times a=0$

$V_{BE}=V_{EB}=H_B=q\times a/4$（＋）　　（使杆件顺时针转，为正)

$V_{ED}=R_B=q\times a$（－）　　（使杆件逆时针转，为负)

$V_{DE}=R_B-q\times a=q\times a-q\times a=0$

上面剪力的计算及正负的判断，说明在它对称的位置上，大小相等，正负相反，故剪力图呈反对称状（图 b)。

轴力　$N_{AC}-N_{CA}=R_A=q\times a$（－）　　（受压为负)

$N_{CD}=N_{DC}=H_A=q\times a/4$（－）　　（受压为负)

③ 作内力图

AC 杆和 *BE* 杆：

由于无沿杆轴方向及垂直于杆轴方向的分布荷载投影，故轴力图和剪力图都是与杆轴平行的直线；由于无垂直于杆轴方向的分布荷载投影，故弯矩图为直线。

CD 杆和 *DE* 杆：

由于无沿杆轴方向分布荷载投影，故轴力图与杆轴平行的直线；由于有向下垂直于杆轴方向的均布荷载，故剪力图为向右下方倾斜的直线，弯矩图为下凸的抛物线。

将 CE 视为一根整杆，它的弯矩图可以看成是两端弯矩连线形成的负弯矩图 $C'E'CE$，和简支梁 $C'E'$ 的正弯矩图 $C'DE'$ 的叠加（图 a)。可以看出，简支梁 $C'E'$ 的正弯矩的最大值的位置，与剪力图零点的位置都在 D 点（图 a、b)。此处叠加出来的弯矩为零，与铰的条件相吻合。

对称性规则：上例说明在结构和荷载都对称的情况下，弯矩图和轴力图都是对称的，剪力本身是对称的、但剪力图是反对称的。因为非水平杆的正、负轴力和剪力可以画在杆件的任意侧，故轴力图对称是指在对称的位置上，大小相等、正负相同；剪力图反对称是指在对称的位置上，大小相等，正负相反。

【例 1.3.4-5】将上例三铰门式刚架的高度减小一半，其他条件不变，用与上例相同的步骤，求得其内力图如附图所示。

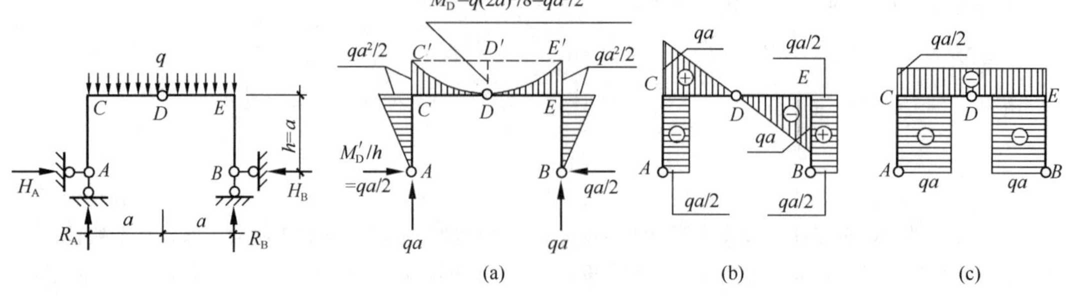

(a) (b) (c)

【例 1.3.4-5】附图

(a) 弯矩图；(b) 剪力图；(c) 轴力图

上两例的差别仅在于刚架的高度不同，【例 1.3.4-5】框架的高度是【例 1.3.4-4】者的一半，而水平反力正好比后者大一倍，**这说明在对称均布竖向荷载作用下，若其他条件相同，三铰刚架的水平反力与刚架高度（对于横梁有坡度的情况，框架高度指中间铰的高度）成反比。**水平反力大者，柱的剪力和梁的轴力也都大。但这两例的柱子轴力、柱上端弯矩（也是横梁的端弯矩）、横梁剪力都相同，这种现象，可以用图 1.3.4-2（b）的等效计算简图来解释。由于结构和荷载均对称，铰结点 D 不可能有水平位移；但由于横梁水平放置，铰结点 D 可以自由地发生竖向位移，也不会约束与之相连杆件的转动。在结点 D 处加一水平链杆，代替右半边结构，完全可以起到等效的作用。**由于水平链杆没有竖向约束作用，*CD* 段在竖向均布荷载作用下，受力与悬臂梁相似。**

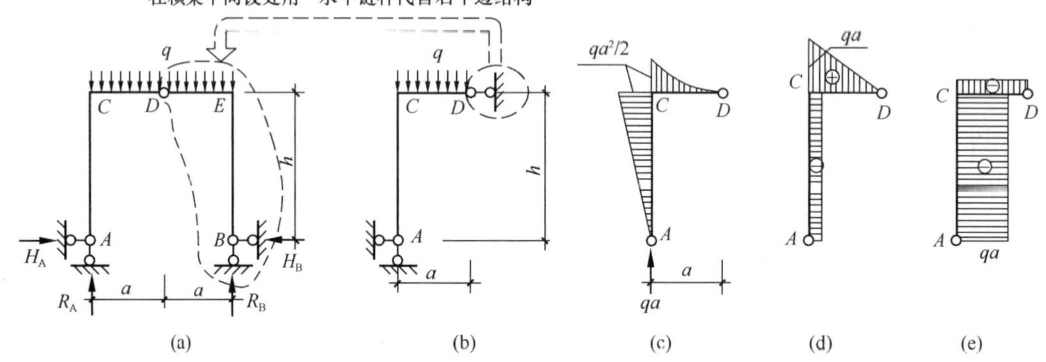

(a) (b) (c) (d) (e)

图 1.3.4-2　横梁水平放置的三铰门式刚架的等效刚架

(a) 原刚架；(b) 等效刚架；(c) 弯矩图；(d) 剪力图；(e) 轴力图

$$M_{CD}=q\times a^2/2$$

$$V_{CD}=q\times a$$

AC 段上端弯矩 M_{CA} 由结点弯矩平衡条件可得：

$$M_{CA}=M_{CD}=q\times a^2/2$$

轴力为　$N_{AC}=N_{CA}=q\times a$

上面四道计算式都没有出现柱高 h 这个参数，即这几种内力与柱高无关。这就是上两例的柱子轴力、柱上端弯矩（也是横梁的端弯矩）、横梁剪力都相等的原因。

从上两例可以看出，在竖向荷载作用下三铰刚架的特点是：

① 支座有水平推力，其大小与框架高度（若横梁有坡度、则与梁铰的高度）**成反比；**

② 横梁有轴向压力，当横梁水平放置时，其轴向压力等于支座的水平推力。这是一个不容忽视的量，上两例横梁的轴向压力分别为柱子轴力的 1/4 和 1/2，是相当可观的，在 1.3.2 小节的第一段曾提到过：“…梁的轴力一般比较小，但不等于没有，有时候还会比较大。故对梁的轴力图也应有所了解，将结合例题简单介绍”。三铰刚架横梁就属于轴向压力比较大的情况。

③ 当横梁水平放置时，梁、柱都是外侧受拉，弯矩图都在外侧，梁没有正弯矩，梁端的负弯矩和柱上端的弯矩都等于将横梁视为简支梁时的弯矩（亦即等于为梁跨一半的悬臂梁支座弯矩）。当横梁有坡度时，靠近梁中心铰的一小部分会有不大的正弯矩（图 1.3.4-3）。这是由于横梁有坡度，中心铰不能自由地向下位移的缘故。

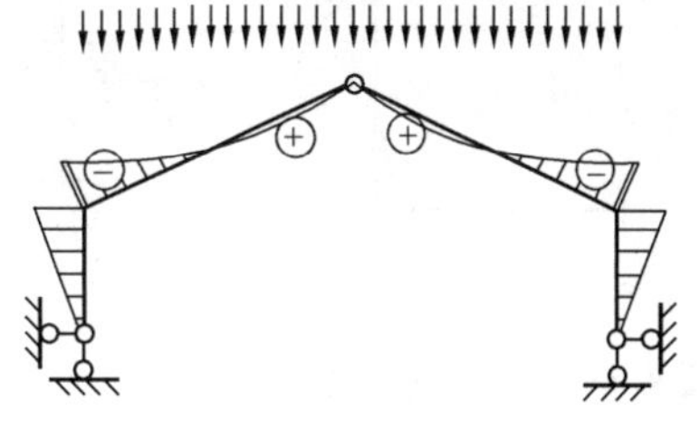

图 1.3.4-3

请翻到 1.6 节，做习题 1-39～1-46

3. 简支刚架

【例 1.3.4-6】一门形刚架如附图所示，它的横梁最大弯矩为下列何值？

(A) $PL/2$　　(B) $PL/4$　　(C) $PH/2$　　(D) $PH/4$

提示：题目没有说明这是一个简支框架，需要做题者自己判断。简支框架的特点是三根支座链杆与简支梁者完全一样。

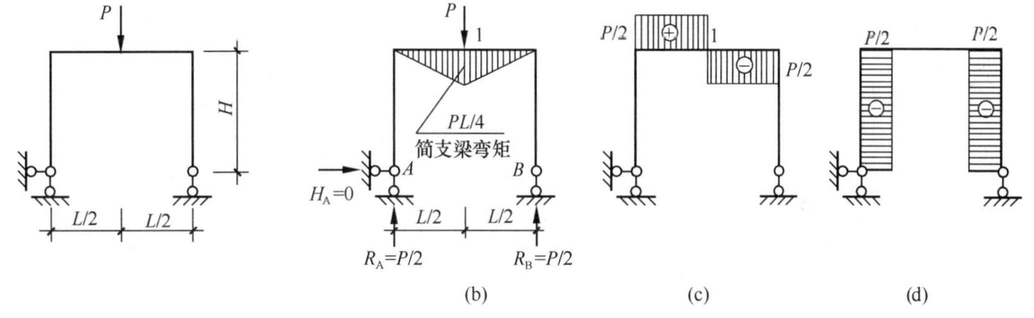

【例 1.3.4-6】题目附图

【例 1.3.4-6】题解附图

(b) 弯矩图；(c) 剪力图；(d) 轴力图

题解：在 1.3.2 小节“弯矩图和剪力图的一般规律”中曾经指出宜记住处：**跨度为 L 的简支梁，在跨度中间有一竖向集中荷载 P 作用时，跨中最大弯矩为 $PL/4$。**如果你记住这一点，结合**“在竖向荷载作用下，简支框架水平横梁部分的弯矩图与简支梁者相同”的规律，**不用计算就可以判选择 B 正确。

答案：B

利用对称性规则，并按照内力图的规律，可分别绘得弯矩图、剪力图和轴力图如图 (b)、(c)、(d) 所示。

上题的横梁都是水平的，假如横梁有坡度，情况又会有什么不一样呢？请看下例。

【例 1.3.4-7】试求图示简支刚架的内力，并作内力图。

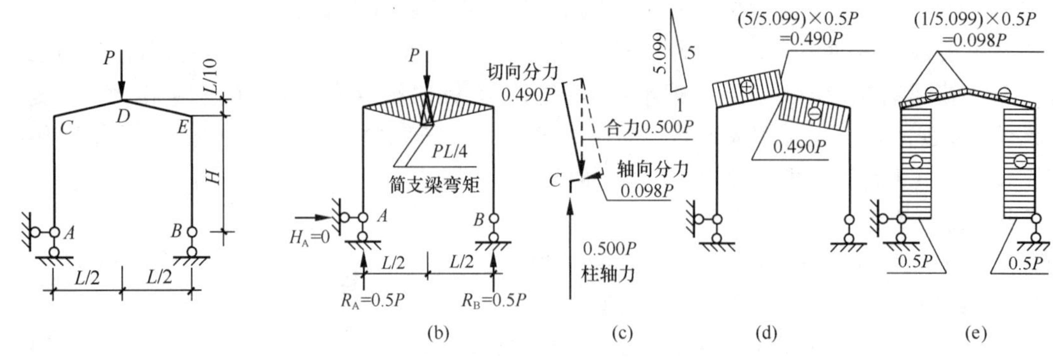

【例 1.3.4-7】题目附图

【例 1.3.4-7】题解附图

（b）弯矩图；（c）结点 C 力平衡；（d）剪力图；（e）轴力图

题解：结构仍然属简支框架，在竖向荷载作用下水平反力必为零，即 $H_A=0$，故横梁跨中弯矩的求解过程与上例完全相同，不涉及横梁坡度问题，仍可按简支梁求解，即

横梁两端　　$M_{CD}=M_{ED}=0$

横梁跨中　　$M_{DC}=M_{DE}=P\times L/4$　　（使杆件下面受拉）

柱子的内力也一点没变，与上例完全相同。

但横梁的轴力和剪力都由于坡度而发生了变化。请对照图（c）看结点 C 的力平衡关系。先不看两个分力，柱轴力是和虚线所示的合力相平衡的，**合力在截面的切向分力就是剪力**，它（$0.49P$）显然比合力（$0.5P$）小一点；**合力在杆件的轴向分力就是轴力**，它虽然比较小，只有 $0.098P$（因为坡度小的缘故），但不至于像上例那样一点也没有。

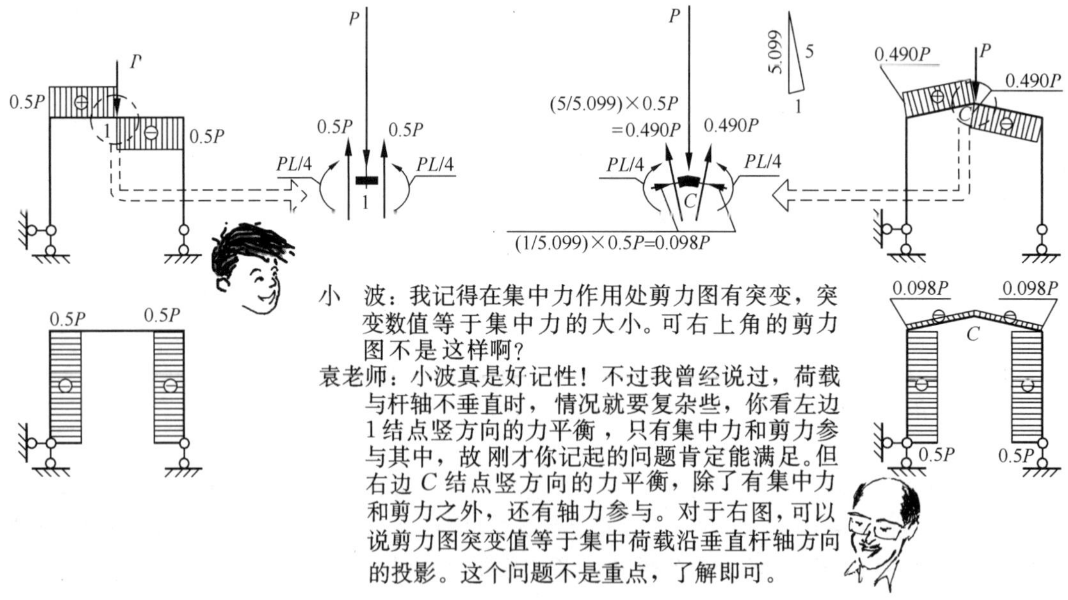

对话 1.3.4-1　横梁有坡度时，剪力图的突变幅度为什么不等于集中力的大小？

4. 斜梁和曲梁

斜梁存在荷载和力的投影问题；曲梁有时会遇到带斜杆的情况，斜杆与水平杆相交的刚结点的力平衡问题比较复杂。

【例 1.3.4-8】下图所示结构截面 C 处的轴向力为(　　)。(2019 年回忆题)

(A) 40kN　　(B) 20kN　　(C) 10kN　　(D) $40\sqrt{3}/2$kN

题解:

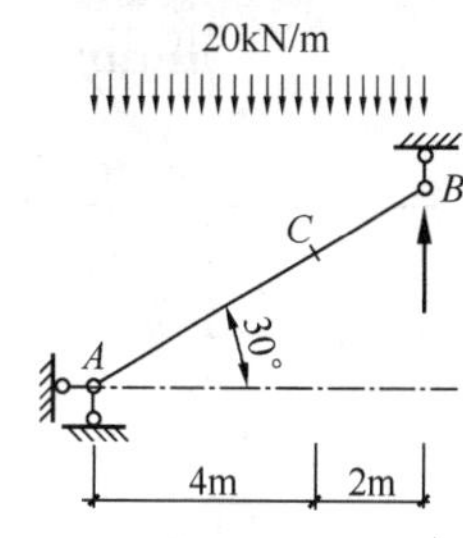

【例 1.3.4-8】题目附图

由$\Sigma M_A=0$(对照图 a)

$$R_B\times6-20\times6\times6/2=0$$

解得 $R_B=60$kN↑

截面 C 右侧的所有力的合力就是截面 C 的内力 V_C 和 M_C:

即:$V_C=60-20\times2=20$kN↑(见图 b 虚线箭头)$M_C=60\times2-20\times2\times2/2=80$kN·m(逆时针,见图 b 虚线箭头,题目没要求)V_C 在杆轴方向的投影 $N_C=V_C\times\sin30°=20\times0.5=10$kN(拉力,为正,见图 b 实线箭头)就是 C 截面的轴向力。

答案: C

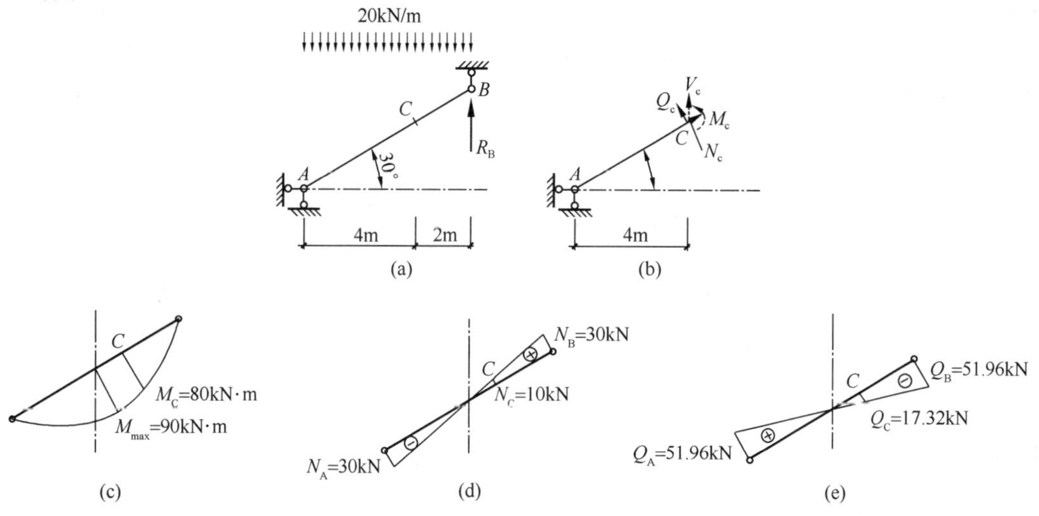

【例 1.3.4-8】题解附图

(c) 弯矩图;(d) 轴力图;(e) 剪力图

作为练习,我们继续:

V_C 在与杆轴垂直方向的投影 $Q_C=V_C\times\cos30°=20\times0.866=17.32$kN(使杆件逆时针转,为负,见图 b 实线箭头)就是 C 截面的剪力。

该斜梁的弯矩图、轴力图和剪力图分别见图(c)、图(d)和图(e),过程从略。

(说明:一般梁的剪力用 V 表示。这是因为一般梁多为水平方向,进而剪力也多为竖向(Vertical),故用其英文第一个字母表示比较多见。比较早期的教材,常用 Q 表示剪力。本题截面 C 的竖向力 V_C 不是剪力,为了区别起见,分别用 V_C 和 Q_C 来表示截面 C 的竖向力和剪力。)

【例 1.3.4-9】如附图所示结构,截面 A 处弯矩值为:(2012-115)

(A) 8kN·m

(B) $8\sqrt{2}$kN·m

(C) 4kN·m

(D) $4\sqrt{2}$kN·m

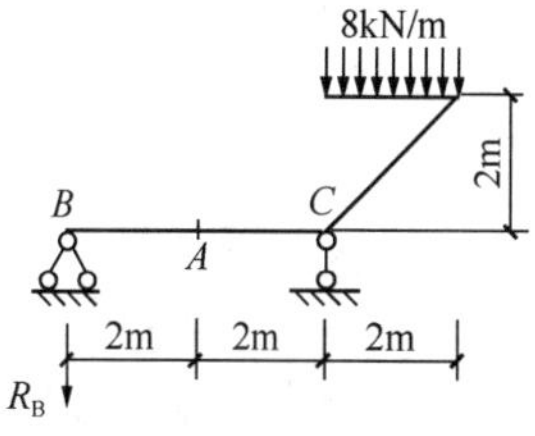

【例 1.3.4-9】题目附图

题解：对 C 点求矩：$R_B \times 4 = 8 \times 2 \times 2/2$，解得 $R_B = 4$，

故 $M_A = R_B \times 2 = 4 \times 2 = 8\text{kN} \cdot \text{m}$

答案：A

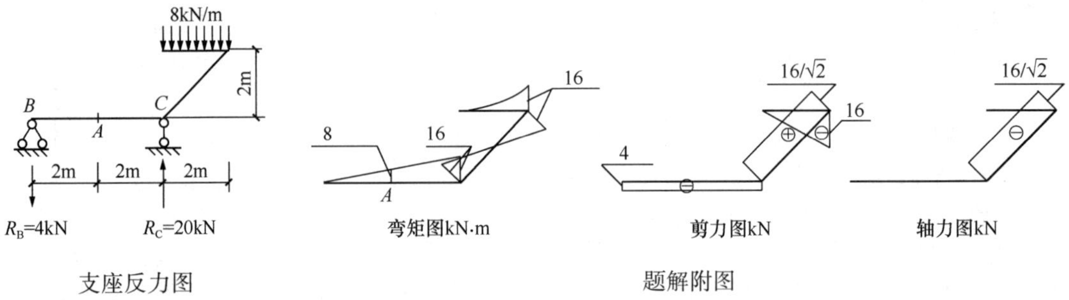

支座反力图　　　　　　　　题解附图

说明：①题解附图给出了该结构的支座反力图、弯矩图、剪力图和轴力图（作图过程从略）。②由竖向力平衡条件可解得 C 点的竖向集中反力 $R_C = 4 + 8 \times 2 = 20\uparrow$，它大于 C 点两侧的剪力突变处的差值 $4 + 16/\sqrt{2}$，这是因为 C 点右侧为斜杆，斜杆的轴力和剪力都参与了该结点的竖向力平衡，而且力的平衡不是简单的代数和，而是要考虑到力竖直方向上的投影。请参见对话 1.3.4-1“横梁有坡度时，剪力图的突变幅度为什么不等于集中力的大小？”

5. 其他

2019 年某回忆题考点：下图所示结构轴力图的形状？（拓展介绍弯矩图和剪力图）

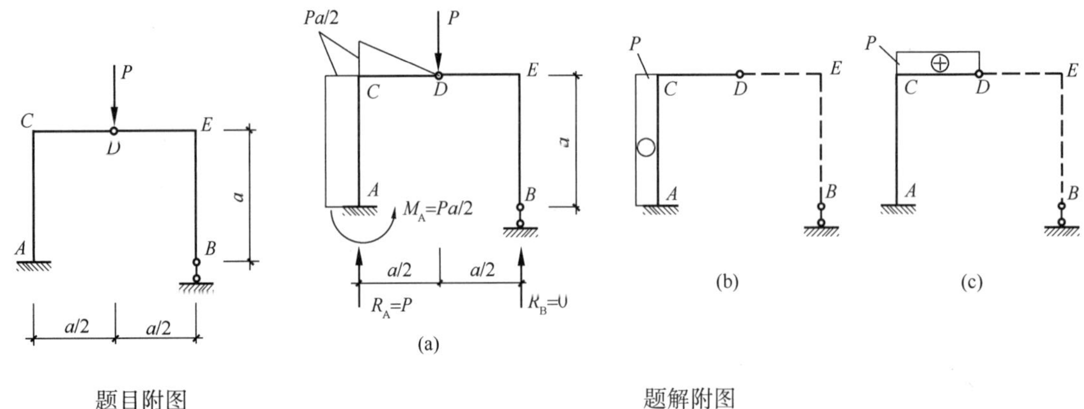

题目附图　　　　　　　　题解附图

（a）支座反力及弯矩图；（b）轴力图；（c）剪力图

题解：支座 A 为竖向链杆支座，没有水平反力，由铰 C 右侧所有力对铰 C 的力矩应为零，即 $\Sigma M_D = 0$，有 $R_B \times a/2 = 0$，得 $R_B = 0$。这说明杆 BE 和杆 ED 没有任何外力和内力，可以认为它们不存在（图 b 和图 c 虚线所示）。于是结构就只剩下由 AC 杆和 CD 杆组成的悬臂结构（图 b 和图 c 实线所示）。对此悬臂结构进行分析，可得到图（a）、图（b）和图（c）所示的弯矩图、轴力图和剪力图（过程从略）。

请翻到 1.6 节，做习题 1-47，1-48，1-49

1.3.5　三铰拱

三铰拱是一种静定的拱式结构。**它的特点是在支座处有较大的水平推力，并借助这种推力的反作用力来减小杆件（拱肋）的弯矩，使之以受压为主。**水平推力可由拉杆承担，如图 1.3.5-1 所示的屋架，称有拉杆三铰拱；水平推力也可以由基础承担，如秦始皇兵马

俑一号展厅的主体结构（图 1.3.5-2），称无拉杆三铰拱。

屋盖结构的拱形屋架，通常都设钢拉杆，拱的水平推力全部由拉杆承受，从而大大减轻了下部柱子的负担。钢拉杆不存在稳定的问题，可以将截面做得很小，使钢材高强度的特点能得到充分发挥。但并不是所有的三铰拱都可以加拉杆，例如图 1.3.5-2 所示秦始皇兵马俑一号展厅的三铰拱，如果加拉杆就会破坏珍贵的文物，故它只能采用无拉杆的形式。无拉杆三铰拱的水平推力全部由基础承担，基础要做得比较大。由于三铰拱为静定结构，不会因基础位移而产生内力，故对基础变形的限制相对宽松一些。

三铰拱的水平推力大小与什么因素有关？什么形状的拱肋可借助水平推力的反作用力将弯矩减到最小，亦即什么样的拱轴线最为合理？这两个问题是本节的重点。

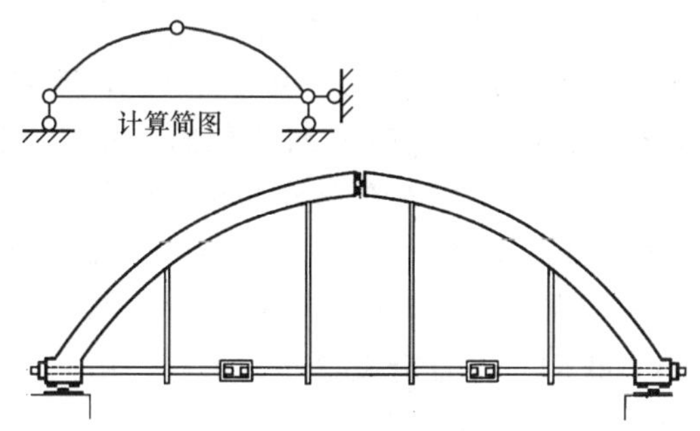

图 1.3.5-1　有拉杆三铰拱屋架

图 1.3.5-2　无拉杆三铰拱

1. 影响三铰拱的水平推力大小的因素

三铰拱一般为对称结构，如【例 1.3.5-1】附图所示，图中 f 称拱高（亦称矢高）。我们重点讨论它受满跨竖向均布荷载作用的情况。

【例 1.3.5-1】试求图示三铰拱的支座反力。

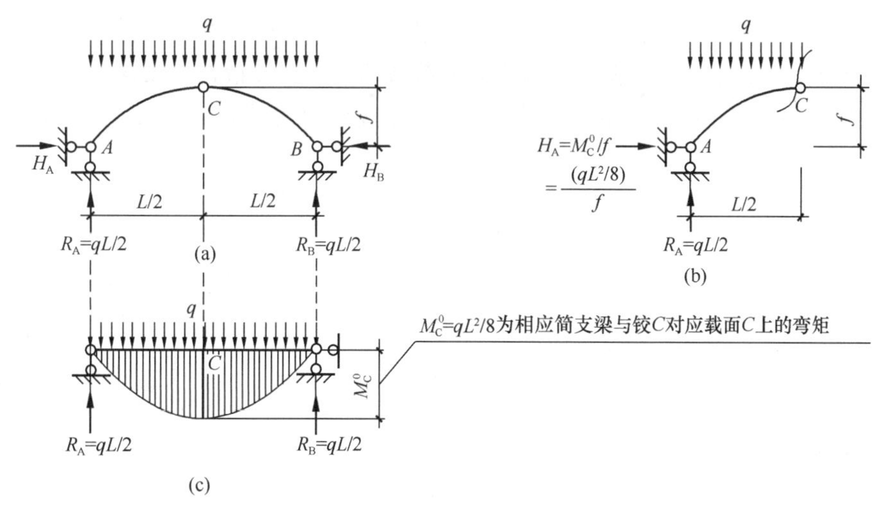

【例 1.3.5-1】附图三铰拱的在竖向均布荷载作用下的支座反力

(a) 按整体平衡求竖向反力；(b) 取铰 C 左侧为分离体求水平反力；(c) 相应简支梁弯矩

题解：利用结构和荷载的对称性（图 a）易知竖向反力

$$R_A=R_B=q\times L/2 \qquad \text{（等于相应简支梁的竖向反力）}$$

说明："相应简支梁"指跨度及荷载与该三铰拱的相应值相同者，见图（c）。

再以铰 C 左侧为分离体，对 C 点取矩求水平反力（图 b）

由 $\sum M_C=0$ $\qquad H_A\times f+q\times (L/2)^2/2-R_A\times L/2=0$

即 $\qquad H_A\times f+q\times (L/2)^2/2-(q\times L/2)\times L/2=0$

解得 $\qquad H_A=\underline{(q\times L^2/8)}/f \qquad$ (a)

由 $\sum X=0$ $\qquad H_A-H_B=0$

解得 $\qquad H_B=H_A=\underline{(q\times L^2/8)}/f \qquad$ (b)

上例式（a）和式（b）下划线部分为相应简支梁的跨中弯矩，这说明受满跨**均布的竖向荷载作用、结构对称的三铰拱，水平推力等于相应简支梁与铰 C 对应截面 C 的弯矩除以拱高。**这与在【例 1.3.4-4】得出过的结论："对称三铰刚架在对称均布竖向荷载作用下，水平反力等于将横梁看成简支梁的跨中弯矩除以刚架高度（对于横梁有坡度的情况，刚架高度指中间铰的高度）"如出一辙。可以证明，在其他竖向荷载作用下这个结论同样适用（证明从略）。在（a）式和（b）式推导时，我们并没有定义拱肋的形状，由此可知**水平推力大小与拱轴的形状无关，与拱高成反比、拱越低推力就越大。**

2. 合理的拱轴曲线

既然水平推力大小与拱轴的形状无关，那么水平推力也符合上述规律的三铰刚架能不能算三铰拱呢？回答是否定的，不能！因为三铰刚架的形状会使它的杆件产生较大的弯矩，不符合前述关于拱的特点："…，并借助这种推力的反作用力来减小拱肋的弯矩，使之以受压为主"。接下来要解决的问题就是，如何减小拱肋的弯矩？这就涉及合理拱轴的问题。

拱在某种主要荷载作用下，能够使拱肋处于无弯矩状态的拱轴线称为该种荷载作用下的合理拱轴线。可以证明：**在满跨均布竖向荷载作用下，三铰拱合理拱轴线是一条二次抛物线，**三铰刚架的梁柱或三铰拱的拱肋的轴线越接近合理拱轴线，受力就越合理。见下例。

【例 1.3.5-2】图示结构中，哪种结构 ac 杆的跨中正弯矩最大？

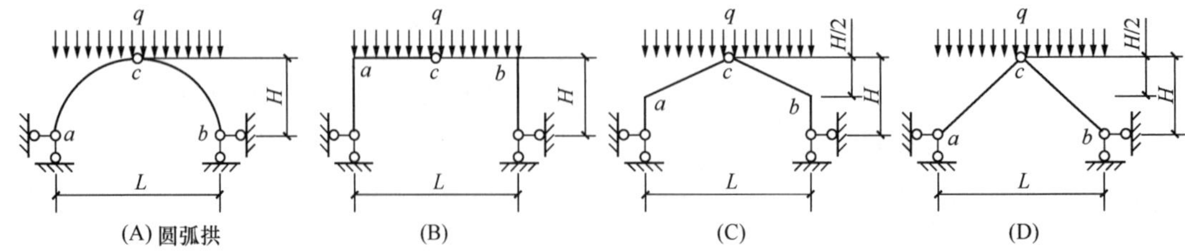

【例 1.3.5-2】题目附图

题解：

B 项的弯矩图见题解附图（b），【例 1.3.4-4】、【例 1.3.4-5】和图 1.3.4-2 对此有过详细分析，梁、柱全部为外侧受拉，横梁没有正弯矩；

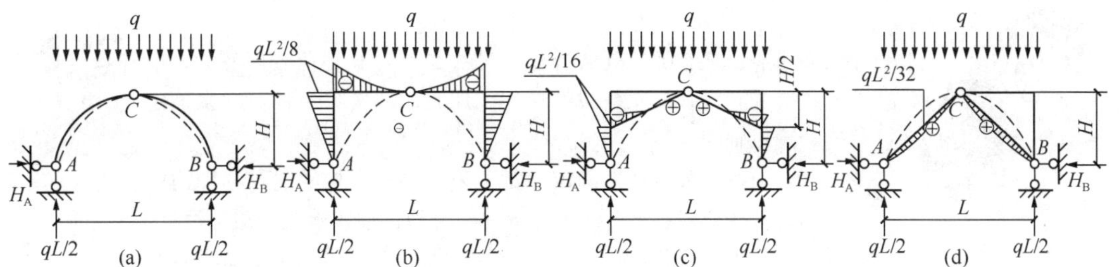

这四个结构的支座水平推力都相等，均为相应简支梁跨中心弯矩M°除以中心铰高度H，即$H_A=H_B=M^{\circ}/H=\frac{qL^2}{8H}$

图中虚线为三铰拱的压力线

【例 1.3.5-2】题解附图

D 项的弯矩图见题解附图（d)，它实际上就是跨度为 $L/2$ 的简支梁的弯矩图，全部为内侧受拉，跨度中心截面正弯矩为 $q\ (L/2)^2/8=qL^2/32$。

C 项的弯矩图见题解附图（c)，它的支座水平反力与 B 项相同、但柱高只有 B 项的 1/2，故梁柱相交处的相应负弯矩是 B 项的 1/2（即 $qL^2/16$)。在 1.3.4 小节之 2（配合图 1.3.4-3）曾指出：当三铰刚架的横梁有坡度时，靠近梁中心铰的一小部分会有不大的正弯矩。C 项是介于 B 项和 D 项之间的一种情况，横梁有正、负弯矩，但它的正弯矩不可能比 D 项者大。

A 项的拱肋全部位于三铰拱压力线的外侧，故拱肋全部外侧受拉，没有正弯矩。综上，D 项结构 ac 杆的跨中正弯矩最大。

答案：D

说明：在满跨均布竖向荷载作用下，三铰拱压力线，亦即合理拱轴线是一条二次抛物线。说得更具体点，就是将均布竖向荷载作用下简支梁的弯矩图旋转 180°后得到的曲线。杆件若位于压力线的外侧，则外侧受拉；杆件若位于压力线的内侧，则内侧受拉。杆件截面离压力线远，弯矩就大；反之，弯矩则小。这就是为什么图（b）的负弯矩特别大的原因。图（d）的正弯矩虽较其他情况大，但其量值只有图（b）负弯矩的 1/4 或图（c）负弯矩的 1/2，不算太大，故图（d）**又称直杆三铰拱**。

另外，**拱在均匀水压作用下的合理拱轴为圆弧**，因此拱坝常为圆弧拱，见图 1.3.5-3；**拱在填土及类似荷载作用下的合理拱轴为一条悬链线**，故石拱桥常为悬链线拱（一条两端固定自然下垂的链子的形状就是悬链线，将它反转 180°作为拱轴线的拱，称之为悬链线拱），见图 1.3.5-4。这两个图形的拱都是超静定无铰拱而不是三铰拱。**但如果在某一荷载作用下，三铰拱处于无弯矩状态，则在同一荷载作用下，与三铰拱轴线形式相同的无铰拱的内力也接近无弯矩状态**[1]。

图 1.3.5-3　美国胡佛水坝（圆弧拱）

图 1.3.5-4　四川省丰都九溪沟桥（悬链线拱）

小波和小静：袁老师，既然合理拱轴线是针对某种荷载而言的，但拱会受到多种不同荷载的作用，那我们应按哪一种荷载来确定合理拱轴呢？

袁老师：应按永久荷载来确定。对于采用拱式结构的建筑物和构筑物，永久荷载总是占绝大部分的。合理拱轴按永久荷载来设计，在其他可变荷载作用下，不会改变拱肋以受压为主的特点。图 1.3.5-4 为四川省丰都九溪沟桥，跨径为 116m，建成时是世界上跨径最大的石拱桥，保持记录 18 年之久。主拱圈为变截面悬链线，拱顶厚 1.6m，拱脚厚 2.25m，拱矢跨比为 1/8，于 1972 年建成。很明显，桥面上的可变荷载车辆与永久荷载桥身自重相比是微不足道的。

对话 1.3.5-1　合理拱轴应按哪一种荷载来确定？

请翻到 1.6 节，做习题 1-50，1-51 至 1-53，1-54

1.4　超静定结构的定性分析及特定条件下的定量判别

在 1.2.1 小节中曾经说过超静定结构内力的求解，除静力平衡条件外，还需补充变形协调条件。对于后一种条件，搞清楚下述两方面的问题，对超静定结构的定性分析尤为重要：其一是结构变形的形状，涉及变形的连续性以及变形与内力图的关系；其二是变形的大小，它与力的分配有关，涉及杆件材料的应力一应变关系、截面的几何特性和一些简单的计算。

对于材料应力-应变关系，考题涉及的都是线性关系，比较简单。只要知道弹性模量 E 是什么意思即可，故不专门讲解。对于截面的几何特性，截面面积 A 都是大家熟识的，无需介绍；截面惯性矩将是讲解的重点。

1.4.1　结构变形的连续性

主要介绍用得最多的弯曲变形曲线。先从两个比较简单的静定结构谈起。

图 1.4.1-1 为一根跨中受一集中力作用的简支梁，图（a）为弯矩图，图（b）是正确的弯曲变形曲线，图（c）是错误的弯曲变形曲线。为什么说图（b）是正确的呢？这是因为它是一条光滑的曲线，反映出变形的连续性；为什么说图（c）是错误的呢？这是因为它在集中力处出现了尖角，不是一条光滑的曲线，尖角反映出材料变形是不连续的，该处截面的材料部分开裂了。**这里需要注意的是：集中力处弯矩图应有尖角，而变形曲线不应有尖角。**

图 1.4.1-2 为一受均布竖向荷载作用的三铰刚架，图（a）为弯矩图（见【例 1.3.4-4】），图（b）是正确的弯曲变形曲线，图（c）是错误的弯曲变形曲线。图（b）之所以正确，是因为交于刚结点的两根杆，在发生弯曲变形后，杆端的切线夹角保持不变，反映出变形的连续性；图（c）之所以错误，是因为交于刚结点的两根杆，在发生弯曲变形后，杆端的切线夹角变小、截面的材料部分开裂了，变形是不连续的。

图 1.4.1-1 和图 1.4.1-2 的弯曲变形图绘制，“忽略”了弯曲变形引起的杆件在杆轴

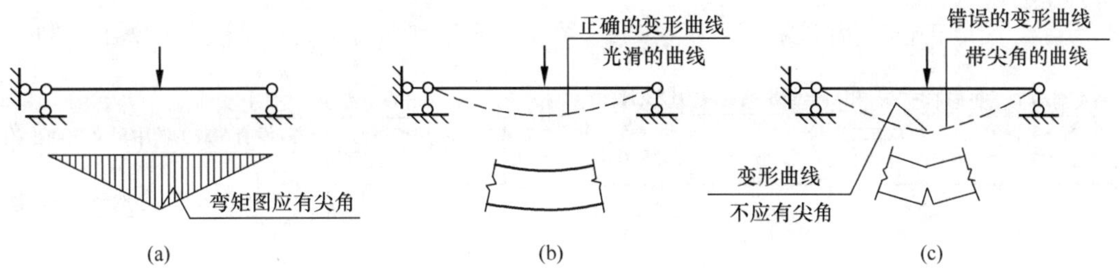

图 1.4.1-1　简支梁正确与错误的弯曲变形曲线

（a）弯矩图；（b）变形连续；（c）变形不连续

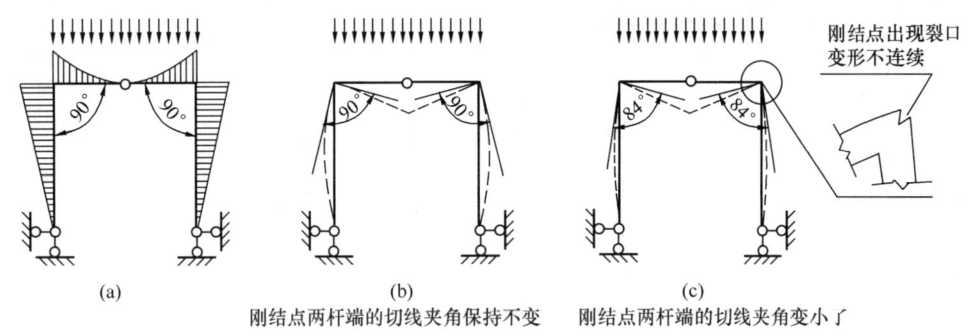

图 1.4.1-2　三铰刚架正确与错误的弯曲变形曲线

（a）弯矩图；（b）变形连续；（c）变形不连续

方向上投影的缩短（见【例 1.2.1-1】关于忽略高阶微量的说明），也“忽略”了对实腹杆件影响甚微的剪切变形。图 1.4.1-2 的弯曲变形图绘制，还“忽略”了杆件的轴向变形，对单层和多层框架来说，轴向变形的影响不大，可以忽略。考题中有关弯曲变形的题目都隐含着上述的三个“忽略”。本书有关弯曲变形的描述，除有特别说明者外，也都隐含着上述的三个“忽略”。

下面是一道简单的一次超静定结构弯曲变形判别的例子。

【例 1.4.1-1】图示梁在荷载 q 作用下的变形图，哪个正确？

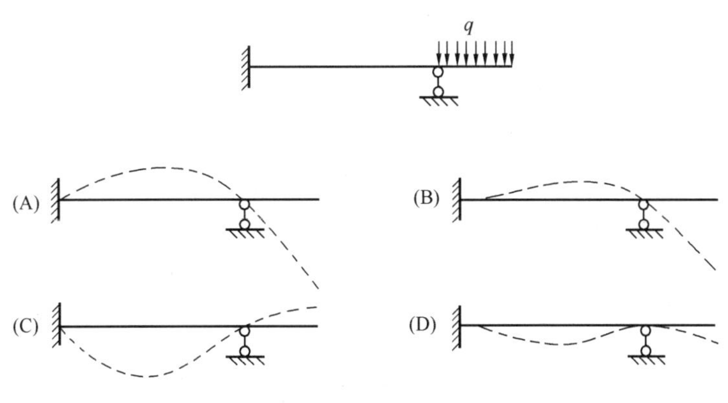

【例 1.4.1-1】题目附图

题解：

A 错，变形不连续，固定端变成为了铰支座（图 a）；B 对，变形连续，变形与荷载相吻合（图 b）。

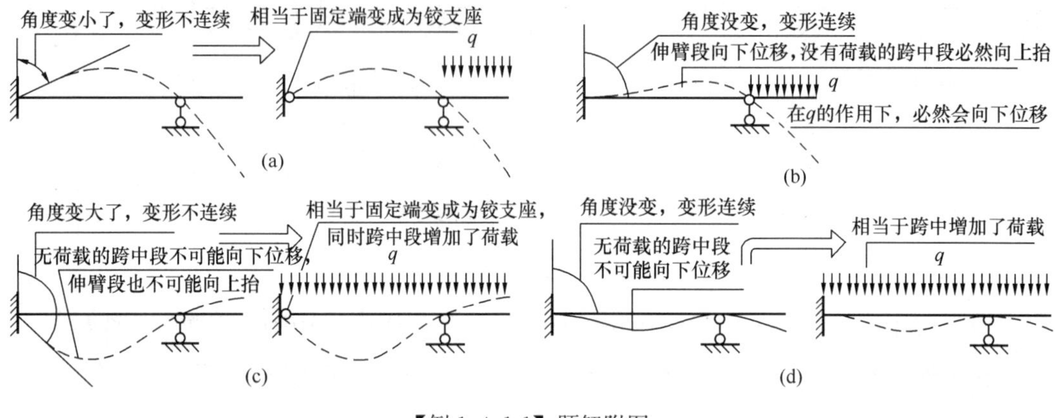

【例 1.4.1-1】题解附图

答案：B。

作为练习、我们继续：

C 错，变形不连续，固定端变成了铰支座；变形与荷载不相符，相当于跨中增加了荷载（图 c）；D 错，变形连续，但变形与荷载不相符，相当于跨中增加了荷载（图 d）。

请翻到 1.6 节，做习题 1-55，1-56

1.4.2 变形与内力图的关系·力法浅说

弯矩图应画在杆件受拉纤维一边，若能判断出结构变形的形状，就可以知道弯矩图的大概形状，进而可以知道剪力图和轴力图的大概形状。

【例 1.4.2-1】根据上例的正确变形图，画出相应弯矩图的大概形状。

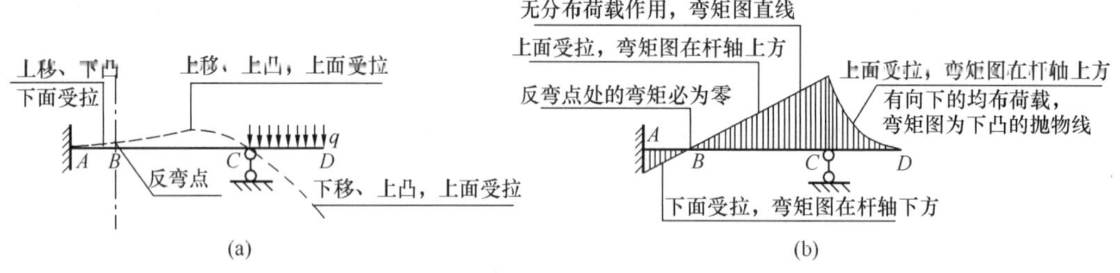

【例 1.4.2-1】附图

（a）变形曲线的进一步分析；（b）弯矩图

题解：

CD 段：该段的位移是向下的。由于它是伸臂段，向下的位移必然导致它的位移曲线上凸，使它全段上面受拉（图 a），弯矩图应在杆轴上方。又由于该段有向下的均布荷载作用，弯矩图应为下凸的二次抛物线（图 b）。

AC 段：该段的位移是向上的。如果 *A* 端是个铰支座，则整段都为上凸的曲线，但偏偏 *A* 端是个固定端，上凸的曲线必须在靠近 *A* 端的某点转变为下凸，才能使曲线在 *A* 点左右两侧曲线的切线重合，从而满足变形连续的条件。这个转变点称反弯点，如图（a）中的 *B* 点。与上移、下凸的 *AB* 段变形曲线

相对应的弯矩图应在杆轴下方；与上移、上凸的 BC 段变形曲线相对应的弯矩图应在杆轴上方。由于 AC 段无分布荷载作用，全段的弯矩图为一条直线（图 b）。值得一提的是：**反弯点是两种相反方向弯曲变形的过渡点，它必然是中性的、无弯曲变形的，故反弯点处的弯矩必为零。**

上例将附图所示超静定梁弯矩图的大致形状画了出来，根据这个弯矩图亦可以大概判断出支座约束有什么样的反力。将多余约束去掉，代之以它的反力，结构就变成静定结构，可以按静定结构继续求解了。

【例 1.4.2-2】根据上例画出的弯矩图，判断该超静定梁的支座约束有什么样的反力，哪些约束是多余约束，若要进一步作它的剪力图，去掉哪个多余约束比较方便？

题解：支座 C 只有一根竖向链杆，弯矩图尖角向上，肯定会有一个向上作用的竖向反力（图 c）。固定端 A 有三个约束，一般来说就有三个相应的反力：M_A、R_A 和 H_A，见图（c）。根据弯矩图的一般规律，很容易判断出 M_A 和 R_A 的存在和它们的实际方向。但 H_A 是否存在？一时还判断不出来，怎么办？比较简单的做法是去掉支座 C 的约束，代之以支座竖向反力，将超静定伸臂梁（图 a）变成静定的悬臂梁（图 b）。由图（b）水平方向的力平衡条件，易知支座 A 的水平反力 H_A 为零。按照前面讲过的内力图作法，剪力图如图（d）所示，轴力图全为零。支座 C 的竖向约束去掉后，结构仍维持几何不变，故去掉的是多余约束。

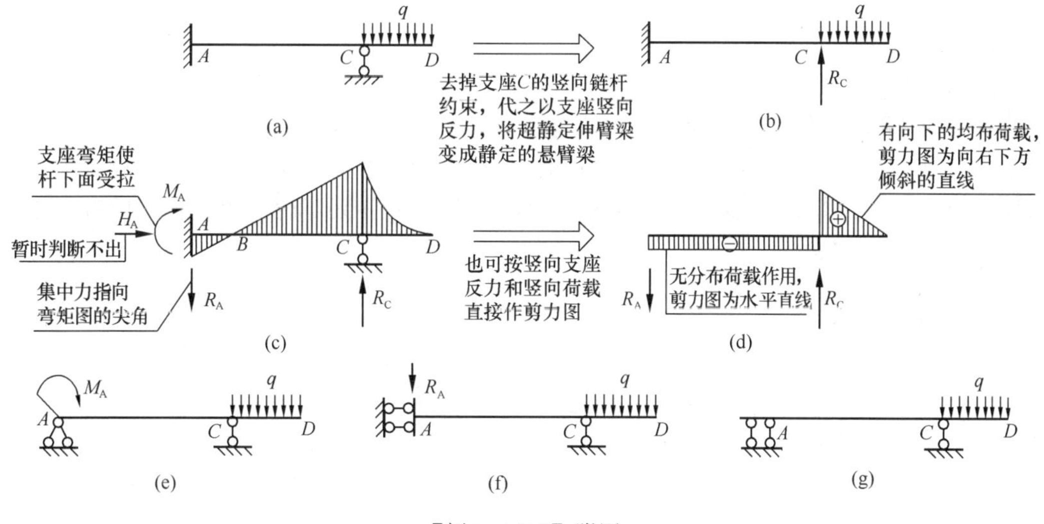

【例 1.4.2-2】附图

(a) 一次超静定伸臂梁；(b) 静定悬臂梁；(c) 弯矩图及支座反力；(d) 剪力图；(e) 静定伸臂梁；(f) 有定向支座的静定伸臂梁；(g) 错误的做法-几何可变体

本题也可以用图（e）所示去掉固定端转动约束，代之以支座弯矩的方法；或者用图（f）所示去掉固定端竖向约束，代之以支座竖向反力的方法将结构变成静定结构。图（b）、(e)、(f) 各自去掉的都是**多余约束**，但须注意：原结构为一次超静定，当其中的一个多余约束被去掉后，其余约束就成为维持结构几何不变的必不可少的约束。图（f）的支座称**"定向支座"**，它的两根链杆可以承受弯矩、限制杆端的转动，同时还限制梁的侧向位移，使杆端只能沿竖向移动，从而体现了竖向约束已被去掉。

但并不是所有的约束都是多余的，例如图（g）所示的做法就是错误的。尽管它去掉的是固定端不受力的水平约束，也使固定支座变成定向支座，但它的两根连杆以及支座 C 的链杆三者之间相互平行，如它们不等长，则结构变成瞬变体系；如它们长度相等，则结构变成常变体系（见图 1.1.3-4b、c）。

小波和小静：袁老师，我们都被搞糊涂了！约束去掉后，本来不该发生的位移还故意让它发生，这岂不是和原结构唱对台戏吗？

袁老师：你们真是很能发现问题，不糊涂反而就不正常了，我正准备讲这个问题呢！去掉约束是要代之以相应反力的，要求这个反力加上去之后，能使去掉约束结构的变形与原结构的变形保持一致，这就是“变形协调条件”。就本题而言，若去掉的是转动约束，则相应的角变位应为零；若去掉的是竖向约束，则相应的竖向位移应为零；但反力是多少呢？还不知道。不过没关系，我们把反力当未知数，放到求位移的公式里，令被去掉约束处的位移（或转角）为零，并将求出来的反力作用回被解除约束的结构（称力法基本结构）上，这不就和原结构的变形状况完全一致了吗。由于未知数为力，所以这种方法称之为“力法”。力法基本结构相当于将多余约束的被动反力变成主动作用力的静定结构，用力平衡条件就可继续求解。力法的具体计算不是大纲要求的内容，有个大概了解即可。

对话 1.4.2-1　去掉多余约束是怎么回事—力法浅说

请翻到 1.6 节，做习题 1-57，1-58

1.4.3　截面的几何特性

图 1.4.3-1 表示同一把尺子在不同方向弯曲受力的情况。显然扁放的尺子向上绕 y 轴弯曲（图 a）要比立放的尺子向上绕 x 轴弯曲（图 b）容易得多、也容易破坏。这是因为尺子截面对形心主轴 y 的惯性矩 I_y 比对形心主轴 x 的惯性矩 I_x 要小得多的缘故。上句话里提到的“形心”、和“截面对形心主轴的惯性矩”都是下面要讨论的内容，后者需重点掌握。

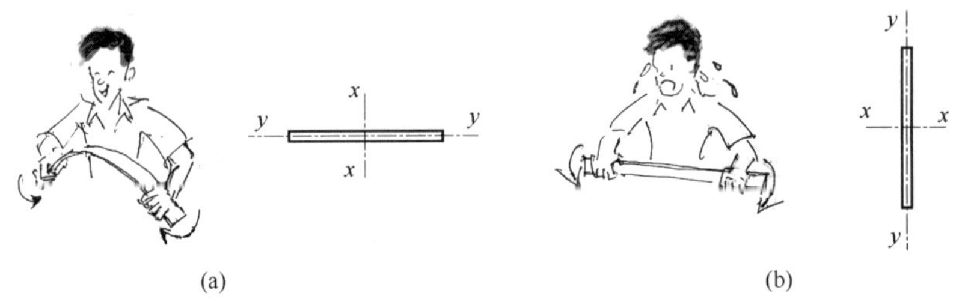

图 1.4.3-1　同一把尺子在不同方向弯曲受力的情况

（a）太容易弯了！（b）怎么这么难弯？

1. 截面的形心

形心就是截面几何图形的中心。由于截面是没有质量的，故这一提法似乎很抽象。不妨假想有一块与所考虑截面的几何图形相同的均质薄板，那么这块薄板的重心就是该截面的形心。对于有对称轴的截面，假想均质薄板的重心必然在对称轴上，进而可知截面的形心也必然位于对称轴上。绝大多数工程结构构件的截面都有一条对称轴（单轴对称截面）或两条对称轴（双轴对称截面）。对于后者，两条对称轴的交点就是形心，不用计算，如图 1.4.3-2 所示各个图形的 o 点；而对于前者，只需在对称轴上寻找形心的位置。可见，利用对称性可使形心的求解大为简化，**我们的讨论也仅限于有对称轴的情况。**

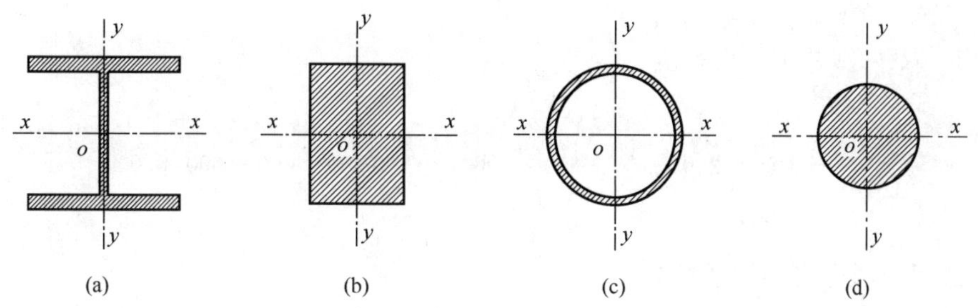

图 1.4.3-2　双轴对称截面的形心就是两对称轴的交点（图中的 o 点）

【例 1.4.3-1】求附图所示单轴对称截面的形心坐标 X_C、Y_C。（图示单位为 mm）

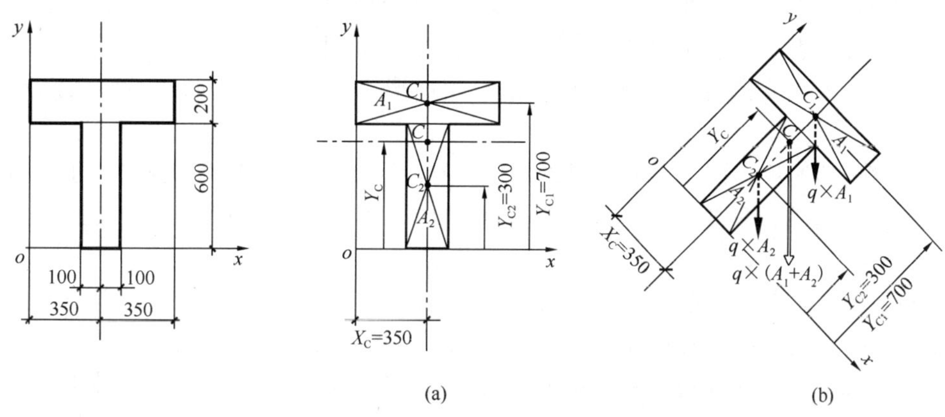

【例 1.4.3-1】题目附图　　　　【例 1.4.3-1】题解附图

题解：

① 求 X_C

由于题给的截面是单轴对称截面，形心也必然位于对称轴上，故

$$X_C = 350\text{mm}（见图 a）$$

② 求 Y_C

假想这个图形为一块均质薄板，单位面积的重量为 q，并将它看成由两块矩形薄板组成。矩形是最简单的图形，其面积和形心都很容易求出。设第 1 块薄板的面积、形心以及形心到 ox 轴的距离分别为 A_1、C_1 和 Y_{C1}；第 2 块薄板的相应项分别为 A_2、C_2 和 Y_{C2}（见图 a）。易知第 1、2 块薄板的重力分别为 $q\times A_1$ 和 $q\times A_2$，它们的合力是 $q\times(A_1+A_2)$（见图 b）。合力作用点便是薄板的重心（也就是截面的形心），只需把它的位置找出来问题便全解决了。怎么找呢？方法有许多，下面介绍的方法比较简单。

令合力对某一坐标轴（这里取 ox 轴）的力矩应该等于各分块薄板重力对同一坐标轴的力矩之和来求解，即

$$q\times(A_1+A_2)\times Y_C = q\times A_1\times Y_{C1} + q\times A_2\times Y_{C2} \tag{a}$$

两边消去 q 后得

$$(A_1+A_2)\times Y_C = A_1\times Y_{C1} + A_2\times Y_{C2} \tag{b}$$

（a）式中的“对 ox 轴的力矩”在消去单位面积重量 q 后就变成为（b）式中的对 ox 轴的**“静矩”。图形对某坐标轴的静矩等于面积乘以形心到该坐标轴的距离。**于是形心的求解便可以直接利用整块薄板面积对 ox 轴的静矩（b 式的左边）等于分块薄板面积对 ox 轴的静矩之和（b 式的右边）来解决，即

(b) 式。"静矩"的概念在剪应力的求解中还会用到。

将 (b) 式移项便可求出 Y_C：

$$Y_C=(A_1\times Y_{C1}+A_2\times Y_{C2})/(A_1+A_2) \quad \text{(c)}$$

$$=(700\times200\times700+600\times200\times300)/(700\times200+600\times200)$$

$$=515\text{mm}$$

2. 截面对形心主轴的惯性矩

(1) 形心主轴

先看看形心主轴是什么样子的？请看上面的图 1.4.3-1 和图 1.4.3-2，这里面的每一个图形都有用点画线表示的一对轴，即 x 轴和 y 轴，（也可写成 x-x 轴和 y-y 轴，这种无箭矢的轴线表示方式在型钢表中很常见，考题也常会遇到），【例 1.4.3-1】题解附图也有用点画线表示的一对没命名的轴，它们都是形心主轴，有如下一些特点：①每一对轴由两条垂直相交的轴线组成，交点位于截面形心；②它们中起码有一条轴线为对称轴。

因为我们的讨论仅限于有对称轴的截面，在这种前提下可以说：**交点位于轴对称截面形心上的一对轴，只要其中的一根轴为对称轴，那么这对轴就必然是该截面的形心主轴。**

形心主轴过截面"形心"非常好理解，但为什么又来个"主轴"呢？难道还有其他次要的轴吗？一点也没错。以截面形心（此处我们仅讨论"形心"）为交点的某一对相互垂直的轴，通过旋转可以得到无限多对轴，如图 1.4.3-3 (a) 所示。每一对轴中的两条轴 x_i 和 y_i 都分别有与之相对应的惯性矩 I_{xi} 和 I_{yi}，这两惯性矩之和（$I_{xi}+I_{yi}$）在轴线旋转过程中不会改变，但它们各自会变大或变小。当这对轴与形心主轴重合、成为形心主轴时，如图 1.4.3-3 (b) 所示，其中一条轴（x 轴，亦称强轴）的惯性矩 I_x 必为最大值，而另一条轴（y 轴，亦称弱轴）的惯性矩 I_y 必为最小值。这两个"最"在工程上很有意义，所以这对轴是最"主要"的，也因此被称之为"主轴"。以图 1.4.3-4 的肋形楼盖为例，由于截面惯性矩越大，抗弯性能就越好（惯性矩问题稍后再讨论），我们就有意识地将矩形截面梁立起来放，使它们受力时绕"强轴"弯曲。

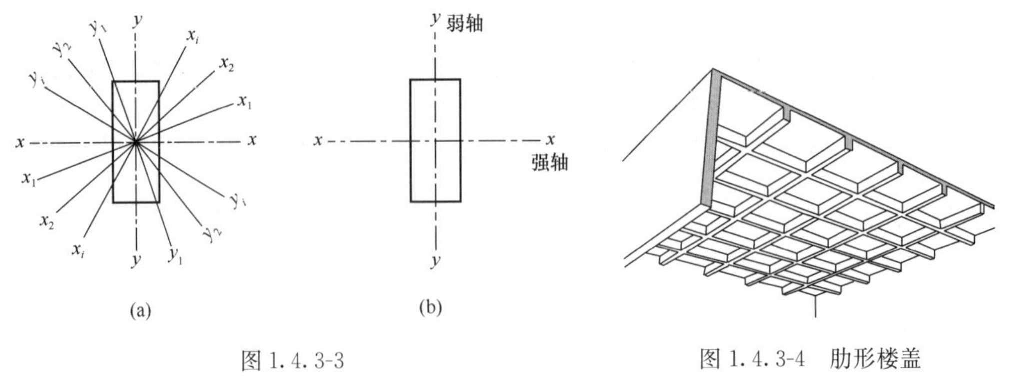

图 1.4.3-3

图 1.4.3-4 肋形楼盖

有一些截面，例如图 1.4.3-5 所示的圆环截面和圆形截面，是以形心为极点的极对称图形。对它们来说，以形心为交点的每一对轴都是对称轴，故有无数对形心主轴。而且由于极对称的关系，与每一对形心主轴中的两根轴相对应的惯性矩都相等、无“最大”和“最小”可言，因此这两根轴也就没有“强”、“弱”之分了。

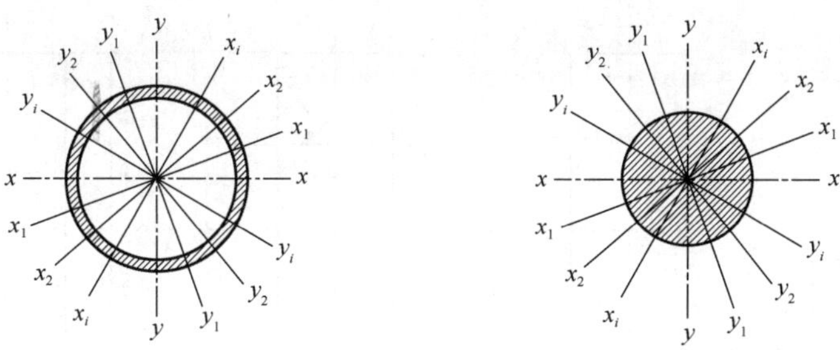

图 1.4.3-5　图中的每一对轴均为形心主轴

（2）轴对称截面对形心主轴的惯性矩

①惯性矩的一般定义

截面惯性矩是对某一条坐标轴 x 来说的。面积为 A 的截面（图 1.4.3-6）上任意微面积 $\mathrm{d}A$ 与其到 x 轴的距离 y 平方的乘积 $y^2\mathrm{d}A$ 称为该微面积 $\mathrm{d}A$ 对 x 轴的惯性矩，当微面积 $\mathrm{d}A$ 趋于无穷小时，将整个截面的 $y^2\mathrm{d}A$ 加起来，其和（即积分）就是该截面对 x 轴的惯性矩 I_x，可写成

$$I_\mathrm{x}=\int_A y^2\mathrm{d}A \qquad (1.4.3\text{-}1\mathrm{a})$$

上式表达了惯性矩的一般定义，同时还说明：**在面积相同的情况下，面积分布离求矩的轴线越远、惯性矩就越大。**同理，截面对 y 轴的惯性矩 I_y 为

$$I_\mathrm{y}=\int_A x^2\mathrm{d}A \qquad (1.4.3\text{-}1\mathrm{b})$$

图 1.4.3-6 中的 x 轴和 y 轴是任意的，图形也是任意的，就是说某个图形对任一条坐标轴都有一个惯性矩。但工程上用得最多的是“轴对称截面对形心主轴的惯性矩”我们的讨论也仅限于此。矩形截面是最简单的，就从它开始。

②矩形截面对形心主轴的惯性矩（对照图 1.4.3-7）

矩形截面对形心主轴 x 的惯性矩 I_x 也能用式（1.4.3-1）表达，但还可以更简单些。由于它的边界都与形心主轴平行或垂直，故微面积可用宽度为 b、高度为 $\mathrm{d}y$ 的无限窄长条来表示，即 $\mathrm{d}A=b\mathrm{d}y$（图 b），于是截面对形心主轴 x 的惯性矩就变成为

$$I_\mathrm{x}=\int_A y^2\mathrm{d}A=\int_A y^2 b\mathrm{d}y=b\int_{-h/2}^{h/2}y^2\mathrm{d}y=bh^3/12 \qquad (1.4.3\text{-}2\mathrm{a})$$

同理可得到截面对形心主轴 y 的惯性矩为

$$I_\mathrm{y}=\int_A x^2\mathrm{d}A=\int_A x^2 h\mathrm{d}x=h\int_{-b/2}^{b/2}x^2\mathrm{d}x=hb^3/12 \qquad (1.4.3\text{-}2\mathrm{b})$$

这一组公式很重要，其结果（$I_\mathrm{x}=bh^3/12$ 或 $I_\mathrm{y}=hb^3/12$）需要牢记，记住其中之一个就行，因为只需将观察角度旋转 90°，便可轻易得到另一个。这一组公式里的积分表达只是

为了说明惯性矩的定义，不会用作实际计算的，不需记。

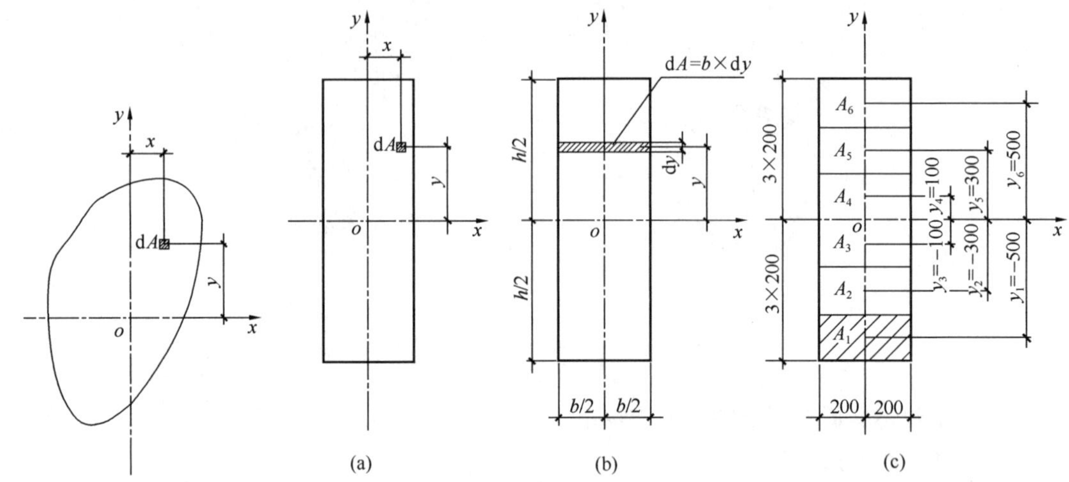

图 1.4.3-6　任意截面对任意轴的 I

图 1.4.3-7　矩形截面对形心主轴的 I

(a) 一般情况；(b) 微条代替微块；(c)［例 1.4.3-2］附图

袁老师：小波，截面对弱轴的惯性矩小、对强轴的惯性矩大，你能说出其中的道理来吗？

小　波：公式算出来的啊！至于公式的结果是怎样推导出来的，我得好好复习一下微积分才能弄清楚。

小　静：我知道为什么。截面对弱轴的惯性矩之所以小，是因为截面大部分面积分布离弱轴近；而截面对强轴的惯性矩之所以大，是因为截面大部分面积分布离强轴远。我说得对吗？

袁老师：你说得很好！

对话 1.4.3-1　截面对弱轴的惯性矩小、对强轴的惯性矩大的原因

请翻到 1.6 节，做习题 1-59

工程上许多构件的截面可以看成若干个矩形的组合，例如工字形截面和 T 形截面。如何对这类组合截面进行分块，避开繁杂的积分公式去计算它们的惯性矩呢？这就要用到下面介绍的“惯性矩移轴定理”。

③ 惯性矩移轴定理

图形对任意轴的惯性矩，等于图形对于与该轴平行的形心轴的惯性矩加上图形面积与两平行轴间距平方的乘积，这就是惯性矩移轴定理。这里“移轴”的意思是指这个惯性矩不是对图形本身的形心轴而是对另一条与之平行的轴。

【例 1.4.3-2】用惯性矩移轴定理求图 1.4.3-7（c）所示各分块图形对 x 轴的惯性矩，然后把它们加起来，看看其和等于什么。

题解：先以第 1 块图形（图中斜影线所示部分）对 x 轴的惯性矩 I_{1x} 计算为例

$$I_{1x} = b_1 h_1^3/12 + A_1 y_1^2 = 400 \times 200^3/12 + 400 \times 200 \times (-500)^2$$
$$= 202.67 \times 10^8 \text{mm}^4$$

其他分块图形对 x 轴的惯性矩 I_{ix} 列表计算如下

图 1.4.3-7（c）分块图形对 x 轴的惯性矩 I_{ix} 计算表　　　　表 1.4.3-1

编号	①	②	③	④	⑤	⑥	⑦=③+⑥
分块号	b_i	h_i	$b_ih_i^3/12$	A_i	y_i	$A_iy_i^2$	$b_ih_i^3/12+A_iy_i^2$
1	400	200	2.67×10^8	80000	−500	200×10^8	202.67×10^8
2	400	200	2.67×10^8	80000	−300	72×10^8	74.67×10^8
3	400	200	2.67×10^8	80000	−100	8×10^8	8.67×10^8
4	400	200	2.67×10^8	80000	100	8×10^8	8.67×10^8
5	400	200	2.67×10^8	80000	300	72×10^8	74.67×10^8
6	400	200	2.67×10^8	80000	500	200×10^8	202.67×10^8
合计：			16×10^8		合计：	560×10^8	合计：576×10^8

注：①为分块图形的宽度（mm）；②为分块图形的高度（mm）；③为分块图形对自身形心主轴 x_i（与 x 轴平行）的惯性矩（mm^4）；④为分块图形的面积（mm^2）；⑤为分块图形自身形心主轴 x_i 到全截面形心主轴 x 的距离（mm），由于惯性矩用到的是距离平方，y_i 的负号也可以不写；⑥为分块图形面积 A_i 与 y_i 平方的乘积（mm^4）；⑦分块图形对 x 轴的惯性矩 I_{ix}，等于③、⑥项之和（mm^4）。

上表右下角的数值与将整个截面按（1.4.3-2a）式计算出的结果

$$I_x=400\times1200^3/12=576\times10^8\text{mm}^4$$

完全相同。这说明"一个图形对某轴的惯性矩，等于它的分块图形对该轴惯性矩之和。"

④轴对称组合截面对形心主轴的惯性矩

有了上例最后得出的结论"一个图形对某轴的惯性矩等于它的分块图形对该轴惯性矩之和"，我们就可以求比较复杂图形对形心主轴的惯性矩。

【例 1.4.3-3】求附图所示工字形截面对形心主轴的惯性矩 I_x 和 I_y。(图示单位为 mm)

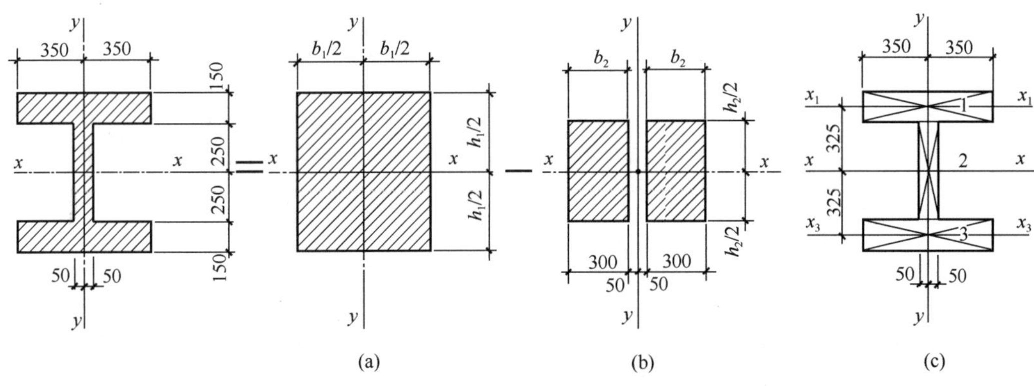

【例 1.4.3-3】题目附图　　　　【例 1.4.3-3】题解附图

题解：

① 求 I_x

方法 1：用惯性矩分块图形求和的方法计算，图形分块见图（c）。由于分块 1 和 3 为 x 轴的对称图形，故 $I_{1x}=I_{3x}$，于是：

$$\begin{aligned}I_x &= I_{1x}+I_{2x}+I_{3x} = 2I_{1x}+I_{2x}\\ &=2\times(700\times150^3/12+700\times150\times325^2)+100\times500^3/12\\ &=236.17\times10^8(\text{mm}^4)\end{aligned}$$

方法 2：组合截面惯性矩也可以用若干简单图形惯性矩相减的方法求解。原图形截面对 x 轴的惯性矩 I_x 等于图（a）对 x 轴的惯性矩 I_{ax} 减去图（b）对 x 轴的惯性矩 I_{bx}：

$$\begin{aligned}I_x &= I_{ax}-I_{bx} = b_1h_1{}^3/12-2\times b_2h_2{}^3/12\\ &=700\times800^3/12-2\times300\times500^3/12\\ &=236.17\times10^8\text{mm}^4\end{aligned}$$

方法 2 比较简单，适用于双轴对称截面；方法 1 略为繁一些，但适用性较广。

② 求 I_y

用惯性矩分块图形求和的方法计算

分块 1 和 3 因对称关系有 $I_{1y}=I_{3y}$，于是

$$\begin{aligned}I_y &= I_{1y}+I_{2y}+I_{3y} = 2I_{1y}+I_{2y}\\ &=2\times150\times700^3/12+500\times100^3/12\\ &=86.17\times10^8\text{mm}^4\end{aligned}$$

请翻到 1.6 节，做习题 1-60

1.4.4 求解杆件变形的图形相乘法

本节主要讲解静定结构的弯曲变形计算，它是超静定结构定性分析的基础。在此之前，先提一下单杆的轴向变形，它与框架定性分析有一点关系。剪切变形对实腹杆系结构分析影响甚小，将在高层剪力墙结构中再作介绍。

1. 单杆的轴向变形（对照图 1.4.4-1）

实验表明在弹性范围内，拉杆的伸长量（图 a）或压杆的缩短量（图 b），与杆内轴力 N 和杆长 L 成正比，与横截面面积 A 和弹性模量 E 成反比，即

$$\Delta L = (N\cdot L)/(E\cdot A) \tag{1.4.4-1}$$

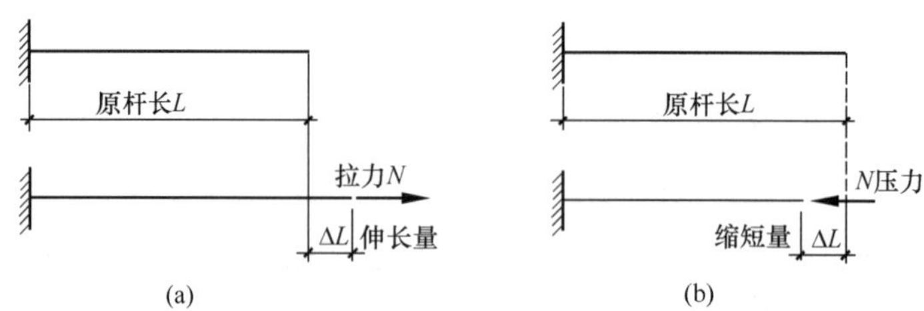

图 1.4.4-1 单杆的轴向变形

（a）轴向拉伸；（b）轴向压缩

式中的 $E\cdot A$ 通常写成 EA，**称截面的抗拉（或抗压）刚度。**在 1.2.1 小节曾对图 1.2.1-2（c）所示的超静定结构进行过定量分析，其中提及：“假设竖杆在发生相同竖向变形（缩短量）时，粗竖杆所需的轴向压力是细竖杆的 4.5 倍（即在杆长相等的情况下，若细竖杆

的弹性模量与截面积的乘积为 EA，则粗竖杆的相应值应为 4.5EA)”，这里面就用到了上式。

2. 静定梁、柱弯曲变形的计算-图形相乘法

由等截面直杆组成的梁和框架变形，可用图形相乘法计算。这种方法是从虚功原理出发，略去影响很小的轴向变形和剪切变形而得到的。下面先讲一个简单算例，然后再介绍它的公式。至于公式的推导过程，本书从略。

小　波：袁老师，本章的标题是“超静定结构的定性分析及特定条件下的定量判别”，怎么又讲起静定结构来呢？

袁老师：小静，你来回答这个问题，好吗？

小　静：好的。超静定结构分析中的“力法基本结构”就是将多余约束的被动反力变成主动作用力的静定结构。要求这个反力加上去之后，能使去掉约束结构的变形与原结构的变形保持一致。这就涉及静定结构变形计算的问题。

袁老师：小静说得很好。

对话 1.4.4-1　为什么要讲静定结构的变形计算

【例 1.4.4-1】求图示悬臂柱在均布水平荷载 q 作用下，柱顶 B 的水平位移 Δ_B。

题解：

① 先将结构在实际荷载 q 作用下的弯矩图 M_P 作出来，然后需要确定 M_P 图形心的竖向位置及图形的面积 A。

$$M_A = q \times H^2/2$$

柱左侧受拉，弯矩图画在杆轴的左侧，形状是右凸（即凸出方向同荷载作用方向）的二次抛物线，弯矩图形心竖向位置到柱顶的距离为柱高的 3/4（推导从略），见图（b）。弯矩图面积为

$$A = (q \times H^2/2) \times H/3 \quad \text{（推导从略）} \tag{a}$$

② 在柱顶 B，沿着需求位移 Δ_B 的方向作用一个“**虚设**”的单位荷载 1，并作相应的弯矩图 M_1，见图（c）。在 M_1 图处算出与 M_P 图形心对应位置处的标距 y_c，按照图（c）所示的比例关系，易知

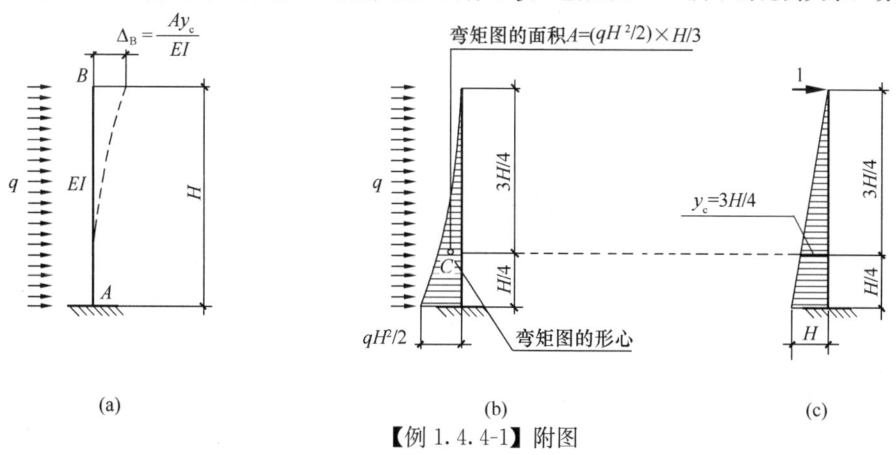

【例 1.4.4-1】附图

（a）题目附图；（b）实际荷载作用下的弯矩图 M_P；（c）单位虚设荷载作用下的弯矩图 M_1

说明：习惯上，不论是集中荷载 P、还是均布荷载 q，它们引起的弯矩图都用 M_P 来表示

$$y_c = 3H/4$$

至于为什么要来个**“虚设”**的单位荷载，这就涉及这种方法是从**“虚功原理”**出发推导出来的。

③ 柱顶 B 的水平位移

$$\Delta_B = A \times y_c/(EI)\text{(推导从略)} \quad (1.4.4\text{-}2)$$

$$= \{[(q \times H^2/2) \times H/3] \times (3H/4)\}/(EI)$$

$$= qH^4/(8EI) \rightarrow$$

式中的 E 为材料的弹性模量；I 为截面对某一条形心主轴的惯性矩，截面绕该轴弯曲。

上例结果表明悬臂柱在均布水平荷载 q 作用下，柱顶 B 的水平位移与 q 成正比，与 EI 成反比，***EI* 称“截面抗弯刚度”。**对柱顶水平位移影响最大的是柱高，位移与柱高的 4 次方成正比。例如，在其他条件相同的情况下，10m 高柱的柱顶水平位移是 5m 高柱相应值的 $10^4/5^4=16$ 倍，即柱高增加 1 倍，柱顶水平位移增加 15 倍。

式（1.4.4-2）是单根等截面直杆图乘法求位移的公式。这种方法，将位移的求解变成两个弯矩图之间对应项的乘积，故称之为“图形相乘法”，由苏联工程师维力沙金于 1925 年提出，他当时还只是莫斯科铁路运输学院的一个学生。如果结构由多根杆件组成，就需要用上述方法对每根杆件进行“图形相乘”，然后求和，即

$$\Delta = \Sigma A \times y_c/(EI) \quad (1.4.4\text{-}3)$$

上例图（b）所示弯矩图形的形心位置及面积 A 的计算式（a)，比较常用，现将它们和其他常用情况的相应值罗列在一起，如图 1.4.4-2 所示，以便记忆和应用。

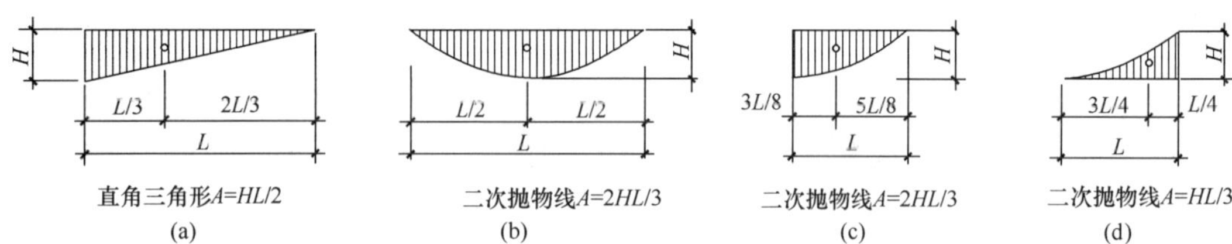

图 1.4.4-2　几种常见图形的面积和形心位置

应用图乘法时应注意以下几点：

① 杆段应是等截面直杆段，两个图形中至少应有一个是直线，标距 y_c 应取自直线图形。

② 正负号规则：面积 A 与标距 y_c 在杆的同一边时，乘积 $A \times y_c$ 取正号；A 与 y_c 在杆的不同边时取负号。

③ 如果两个图形都是直线图形，则标距 y_c 可取自其中任一个图形。

④ 如果一个图形是曲线，另一个图形是由几段直线组成的折线，则应分段考虑。

请翻到 1.6 节，做习题 1-61

3. 悬臂柱的侧移刚度

【例 1.4.4-2】求图示悬臂柱在柱顶水平集中荷载 *P* 作用下，柱顶 *B* 的水平位移 Δ_B。

题解：

① 求在实际荷载 P 作用下的弯矩图 M_P 以及它的形心位置和面积，如图（b）所示，$A=PH^2/2$

（过程比较简单，文字描述从略）。

② 在柱顶 B，沿着需求位移 Δ_B 的方向作用一个“虚设”的单位荷载 1，并作相应的弯矩图 M_1，见图（c）。在 M_1 图上求与 M_P 图形心对应位置处的标距 y_c，按比例关系易知 $y_c=2H/3$。

③ 柱顶 B 的水平位移

$$\begin{aligned}\Delta_B &= A\times y_c/(EI) = (PH^2/2)\times(2H/3)/(EI)\\ &= PH^3/(3EI)\rightarrow\end{aligned}\tag{1.4.4-4}$$

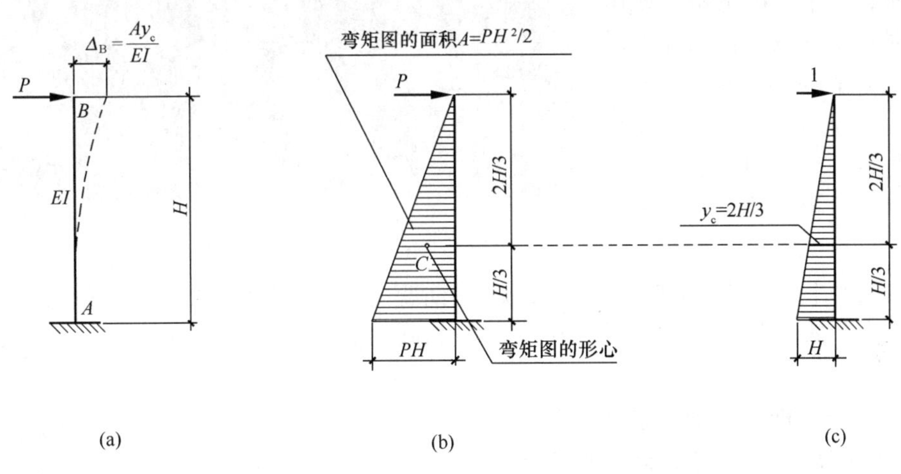

【例 1.4.4-2】附图

（a）题目附图；（b）实际荷载作用下的弯矩图 M_P；（c）单位虚设荷载作用下的弯矩图 M_1

利用上题的结果，可以求出悬臂柱的**侧移刚度**。（对照图 1.4.4-3）

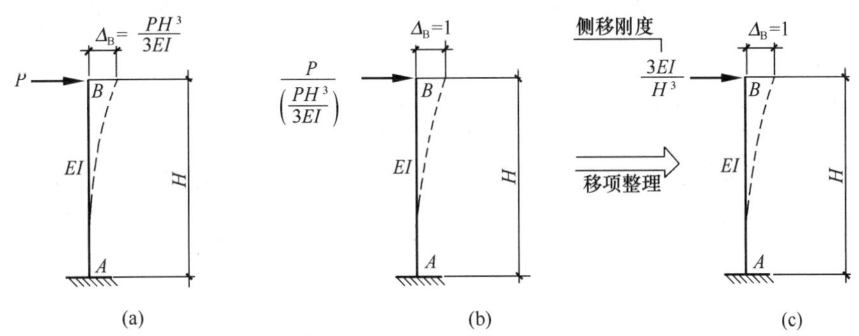

图 1.4.4-3　悬臂柱的侧移刚度

所谓柱子的侧移刚度是指柱顶需要多大的水平推力，才能使柱顶的水平位移等于 1，说得简单点，就是柱顶发生单位水平位移所需的柱顶推力。上例表明在柱顶水平集中荷载 P 作用下，柱顶的水平位移为 $\Delta_B=PH^3/(3EI)$（图 a）。反过来，要使柱顶发生 $\Delta_B=1$ 的单位位移所需的柱顶推力为 $P/[PH^3/(3EI)]=3EI/H^3$（图 b 和图 c），亦即**悬臂柱的侧移刚度为：$K=3EI/H^3$。**

侧移刚度在超静定排架和框架定性分析中常要用到，它涉及力的**分配问题，刚度大者分的力多，反之则少。**上例结果表明悬臂柱在柱顶水平集中荷载 P 作用下，柱顶的水平位移与荷载 P 成正比，与抗弯刚度 EI 成反比。对柱顶水平位移影响最大的是柱高，位移与柱高的 3 次方成正比。在其他条件相同的情况下，10m 高柱的柱顶水平位移是 5m 高柱

相应值的 $10^3/5^3=8$ 倍，即柱高增加 1 倍，柱顶水平位移增加 7 倍。

考题的排架柱也有不等高的情况，若各柱截面抗弯刚度相等，短柱侧移刚度就大，分担的力也就多。在房屋建筑中，由于错层或由于窗间墙对柱子的嵌固作用而形成的“短柱”（图 1.4.4-4）特别容易破坏。其主要原因之一是由于短柱高度小，侧移刚度较同一层的其他长柱大得多，分担的地震力也就大得多。

图 1.4.4-4 地震时的短柱破坏

上面讲的水平位移是由弯曲变形引起的，弯曲变形自然会引起转角位移，探讨影响杆端转角位移大小的因素，对超静定结构的定性分析同样重要。图乘法也可以解决这方面的问题。

4. 简支梁端的转角位移及转角刚度

【例 1.4.4-3】求图示简支梁在均布竖向荷载 q 作用下，左端的转角位移 θ。

题解：

对照图（b），实际荷载 q 作用下的弯矩图 M_P 是二次抛物线，由图 1.4.4-2 查得 M_P 图的形心居中，面积为

$$A=2\times(qL^2/8)\times L/3$$

对照图（c），由于需求的是梁左端的转角，故虚拟力系为作用在梁左端的一个单位力矩 1，其弯矩图 M_1 与 M_P 图形心对应处的标距为 $y_c=1/2$。于是

$$\begin{aligned}\theta&=A\times y_c/(EI)\\&=\{[2\times(qL^2/8)\times L/3]\times(1/2)\}/(EI)\\&=qL^3/(24EI)\end{aligned}$$

上题结果表明简支梁在均布竖向荷载 q 作用下，梁端的转角位移与荷载 q 成正比，与 EI 成反比。对转角位移影响最大的是梁的跨度 L，位移与它的 3 次方成正比。

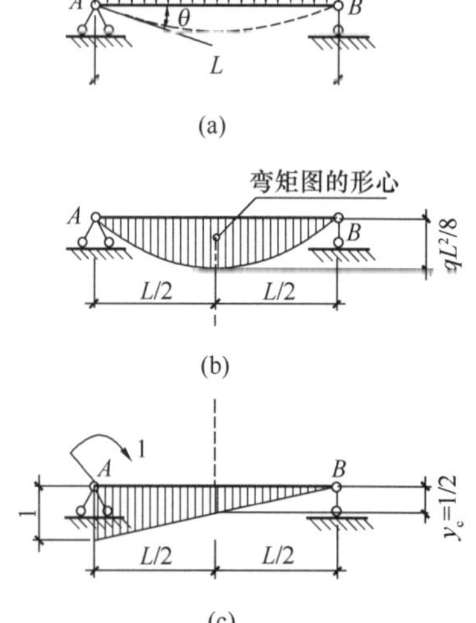

【例 1.4.4-3】附图

（a）题目附图；（b）实际荷载作用下的弯矩图 M_P；（c）单位虚设荷载作用下的弯矩图 M_1

【例 1.4.4-4】求图示简支梁在梁左端力矩 M 作用下，左端的转角位移 θ。

题解：

简支梁在梁左端力矩 M 作用下的弯矩图 M_P 如图（b）所示。由图 1.4.4-2 查得 M_P 图的形心到左端的距离为 $L/3$，面积为 $A=ML/2$。虚拟力系同上例，其弯矩图 M_1 与 M_P 图形心对应处的标距为 $y_c=2/3$。

于是

$\theta = A \times y_c/(EI)$

$= [(ML/2) \times (2/3)]/(EI)$

$= ML/(3EI)$

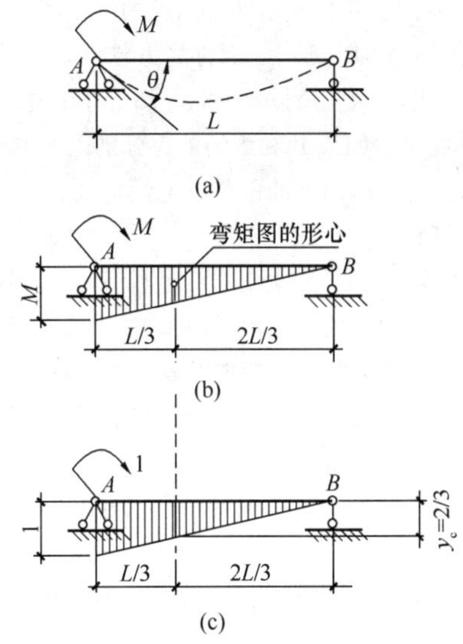

【例 1.4.4-4】附图

（a）题目附图；（b）实际荷载作用下的弯矩图 M_P；（c）单位虚设荷载作用下的弯矩图 M_1

与柱的侧移刚度类似，杆端的转角刚度在超静定结构分析中的作用十分重要。利用上例的结果，可以求出简支梁杆端的**转角刚度**（对照图 1.4.4-5）。

所谓杆端的转角刚度是指杆端需要多大的力矩，才能使杆端的转角位移等于 1。图（a）是上例的计算结果，它表明简支梁在梁端力矩 M 作用下，该杆端发生的转角为 $ML/(3EI)$。反过来，要使杆端发生 $\theta = 1$ 的单位转角所需的杆端力矩为 $M/[ML/(3EI)] = 3EI/L$，见图（b）和图（c），亦即**简支梁杆端的转角刚度为：$K = 3EI/L$**。这个结论在框架定性分析中十分有用。

请看下例。

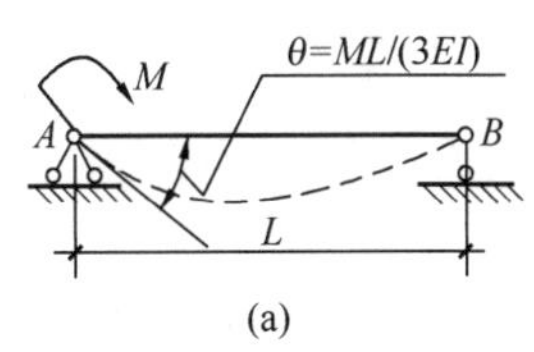

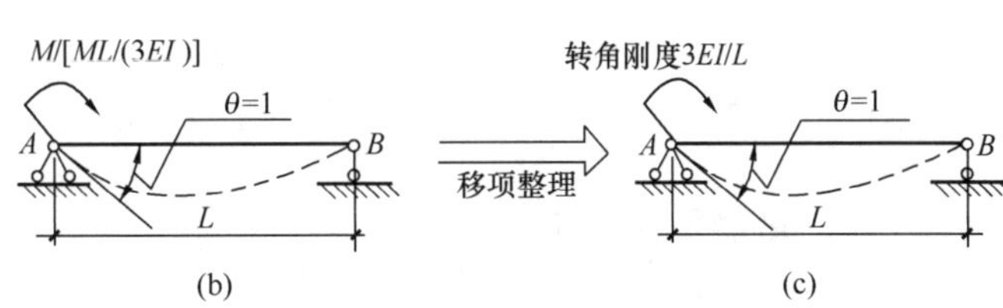

图 1.4.4-5　简支梁杆端的转角刚度

5. 变位互等定理

【例 1.4.4-5】图示结构，在弹性状态下，当 1 点作用 $P_1 = 1$ 时，2 点产生位移 δ_{21}；而当 2 点作用 $P_2 = 1$ 时，1 点产生位移 δ_{12}，其关系为(　　)。（2014-27）

（A）$\delta_{12} = \delta_{21}$　　（B）$\delta_{12} = 0.5\delta_{21}$　　（C）$\delta_{12} = 2\delta_{21}$　　（D）$\delta_{12} = 0.25\delta_{21}$

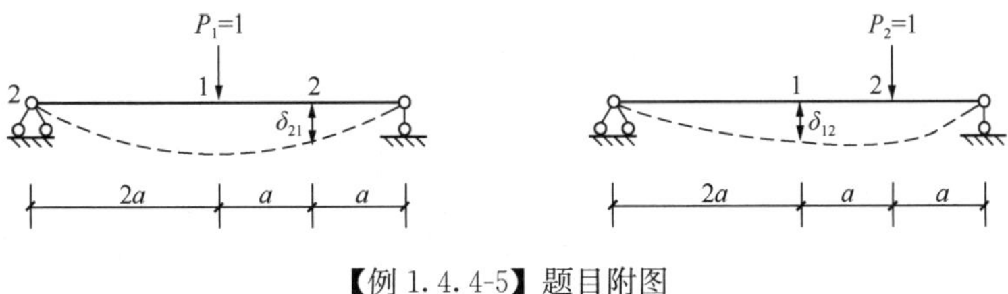

【例 1.4.4-5】题目附图

【例 1.4.4-5】题解附图（一）

题解：题目左右两个图形的弯矩图比较简单，分别如图（a）和图（b）所示。作用在每个图形上的一个集中力都等于1，都称之为单位力，而且每个图形待求的位移均与另一个图形的集中力作用点和作用方向相一致。所以δ_{12}和δ_{21}都等于其中一个弯矩图形的面积乘另一个弯矩图形相应的标矩，再除以EI。此时，如果E和I的单为分别以kN/m^{2}和m^{4}计，则δ_{12}和δ_{21}的单位都是m/kN，当集中荷载用kN作单位时，求出来的位移单位就是m。

答案：A

说明：①尽管这两个弯矩图都为两折线图，但由于折角不在同一位置，故在图形相乘时起码需分三段进行；为了便于找形心的位置，可将中间段的梯形再分为两个三角形，见图（b）。②本题的命题和结论，在结构力学上称**变位互等定理**，具体描述如下：**在弹性状态下，由于第二个单位力的作用在第一个单位力作用点沿该力方向所引起的变位，等于第二个单位力作用点沿该力方向由于第一个单位力所引起的变位。**δ_{12}和δ_{21}称单位力引起的变位，脚标的前一个数字表示位移的位置，后一个数字表示引起该位移的力的位置。这里说的单位力也可以是力矩，单位力引起的变位也可以是转角。例如图（c）和图（d）也有$\delta_{12}=\delta_{21}$的关系；此时，如果E和I的单为分别以kN/m^{2}和m^{4}计，则δ_{12}和δ_{21}的单位都是1/kN。当集中荷载P_1用kN作单位时，求出来的δ_{21}转角是弧度（无量纲）；。当外力矩M_2用kN·m作单位时，求出来的位移δ_{12}的单位就是m。

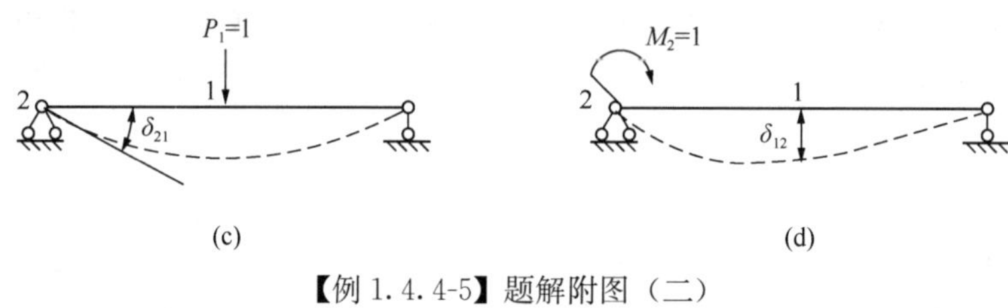

【例 1.4.4-5】题解附图（二）

1.4.5 超静定梁、柱的内力

有了上一小节静定梁、柱弯曲变形的计算的基础，超静定梁、柱的内力求解就很好解决了，见下例。

【例 1.4.5-1】求图示一次超静定柱在均布水平荷载 q 作用下的内力图。

题解：

① 先去掉支座B的水平约束，使结构变成静定的悬臂柱，在均布水平荷载q作用下它的弯矩图和柱顶水平位移已在【例 1.4.4-1】中求得，为方便起见，将它们标注到本例图（b）上，柱顶水平位移为$qH^4/(8EI)\rightarrow$（向右）。

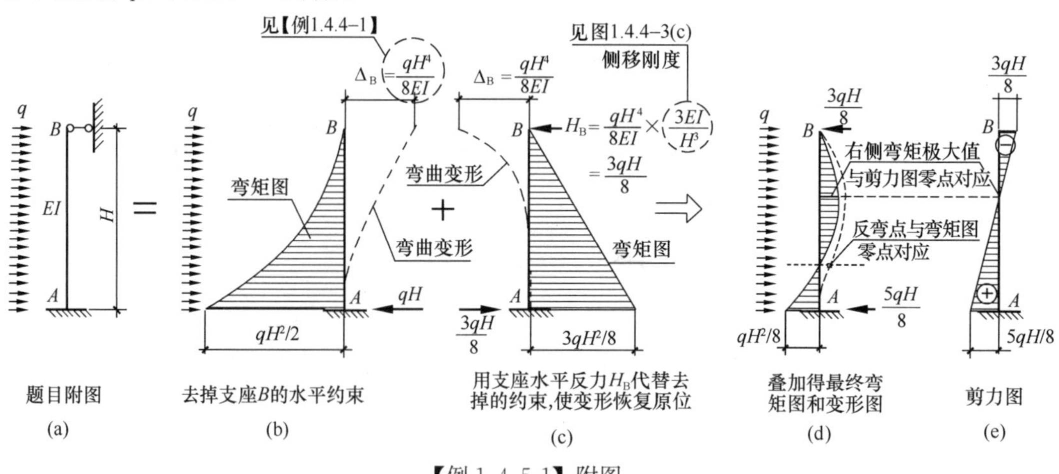

【例 1.4.5-1】附图

② 用支座水平反力 H_B 代替去掉的水平约束。这个水平反力暂时是未知的，它应使柱顶恢复原位，亦即能使柱顶产生一个向左的水平位移 $qH^4/(8EI)$ ←。由图 1.4.4-3（c）得知悬臂柱的侧移刚度为 $3EI/H^3$，即令柱顶产生 $\Delta_B=1$ 水平位移所需的柱顶推力为 $3EI/H^3$。现在要令柱顶产生向左的水平位移 $qH^4/(8EI)$，故需加在柱顶的水平反力为 $H_B=[qH^4/(8EI)]\times(3EI/H^3)=3qH/8$←。图（c）给出了在这个力作用下的弯矩图。

③ 图（b）和图（c）叠加便可得到原超静定结构的变形图、弯矩图（图 d，图中的虚线表示变形）和剪力图（图 e）。**请读者对照变形、弯矩、剪力三个图，回顾一下弯矩图极大值与剪力图零点以及变形图反弯点与弯矩图零点之间的对应关系。**

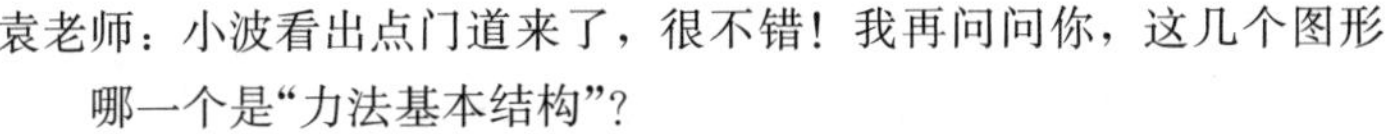

小　波：袁老师，你刚才好像是在讲力法，对吗？

袁老师：小波看出点门道来了，很不错！我再问问你，这几个图形哪一个是“力法基本结构”？

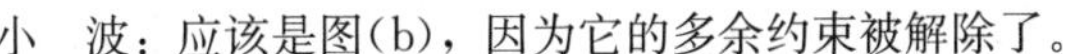

小　波：应该是图(b)，因为它的多余约束被解除了。

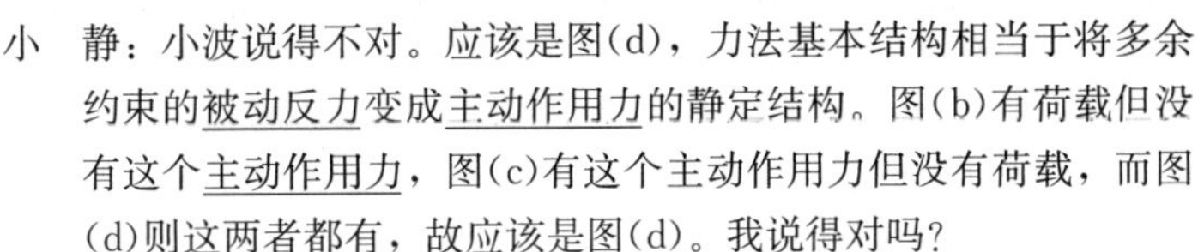

小　静：小波说得不对。应该是图(d)，力法基本结构相当于将多余约束的被动反力变成主动作用力的静定结构。图(b)有荷载但没有这个主动作用力，图(c)有这个主动作用力但没有荷载，而图(d)则这两者都有，故应该是图(d)。我说得对吗？

袁老师：你说得对。

对话 1.4.5-1　在不知不觉中讲了力法

将上例的结构顺时针旋转 90°，就变成一根在均布竖向荷载 q 作用下，一端固定、另一端铰接的超静定梁。显然它的内力图也只需将上例的内力图顺时针旋转 90°便是。解题方法是多样的。下例用的是解除转动约束的方法。

【例 1.4.5-2】用解除转动约束的方法，求图示一次超静定梁在均布竖向荷载 q 作用下的内力图。

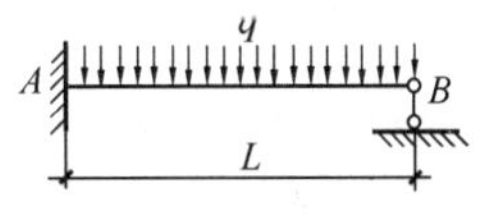

(a) 题目附图

题解：

① 去掉支座 A 的转动约束后，结构就变成了简支梁，在均布竖向荷载 q 作用下，梁端 A 的转角位移和弯矩图已在【例 1.4.4-3】中求得。为方便起见，将它们分别标注到本题图（b）和图（e）上，梁端 A 的转角位移为 $\theta=qL^3/(24EI)$（顺时针）。

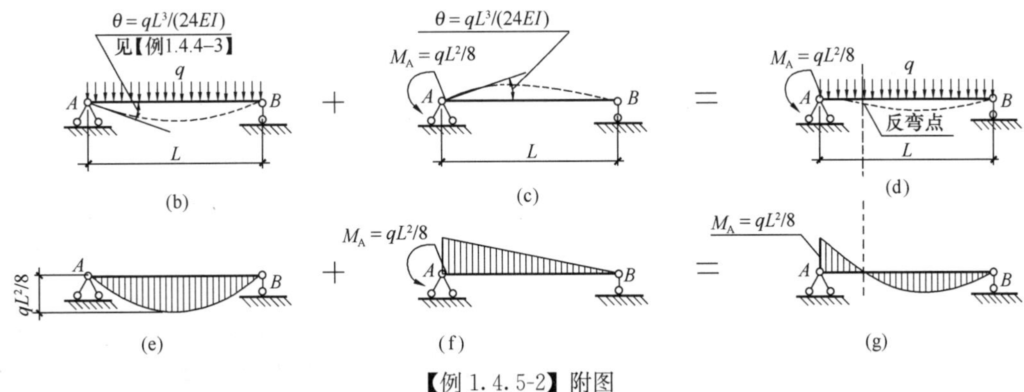

【例 1.4.5-2】附图

（b）去掉支座 A 的转动约束；（c）用支座约束力矩代替去掉的转动约束；（d）力法基本结构图；（e）去掉转动约束后的弯矩图；（f）支座约束力矩作用下的弯矩图；（g）原结构弯矩图

② 用支座约束力矩 M_A 代替去掉的转动约束。这个约束力矩暂时是未知的，它应使梁的固定端 A 恢复原位，亦即能使梁端 A 产生一个逆时针的转角位移 $qL^3/(24EI)$。由图 1.4.4-5（c）得知简支梁杆端的转角刚度为 $3EI/L$，即令梁端发生 $\theta=1$ 的单位转角所需的杆端力矩为 $3EI/L$，现在要令梁端 A 产生一个逆时针的转角位移 $qL^3/(24EI)$，故需加在梁端 A 上的逆时针约束力矩为

$M_A=[qL^3/(24EI)]\times(3EI/L)=qL^2/8$，见图（c）。相应的弯矩图见图（f）。

③ 图（b）和图（c）叠加便是力法的基本结构图（图 d，图中的虚线表示变形）；图（e）和图（f）叠加可得到原超静定结构的弯矩图，剪力图从略。可看出本例的结果与上例是一致的。

利用简支梁杆端的转角刚度，很容易得出一次超静定梁的转角刚度，见下例。

【例 1.4.5-3】求图示一端固定、另一端简支的超静定梁的固定端转角刚度。

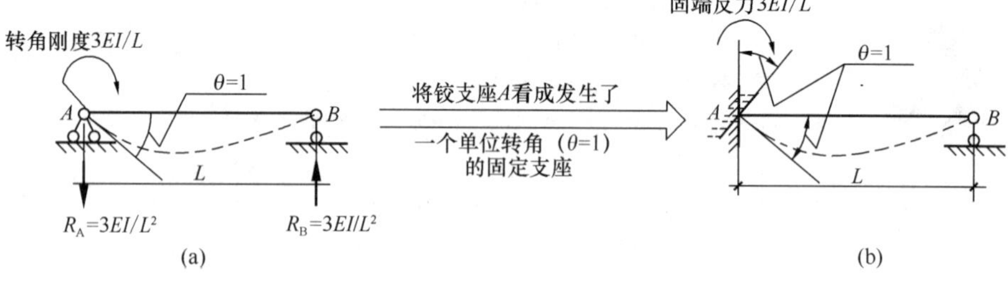

【例 1.4.5-3】附图

（a）简支梁杆端发生 $\theta=1$ 单位转角所需的杆端力矩为 $3EI/L$；（b）一端固定、另一端简支的超静定梁，固端发生 $\theta=1$ 单位转角所需的杆端力矩也是 $3EI/L$

题解：可直接利用图 1.4.4-5（c）简支梁杆端的转角刚度来求解，将该图变为本例的图（a），然后将图（a）的铰支座 A 看成发生了一个单位转角（$\theta=1$）的固定支座，于是图（a）的简支梁便等效为一端固定、另一端简支的超静定梁，如图（b）所示。这两个图是对等的，于是后者的固端发生 $\theta=1$ 的单位转角时，所需的杆端力矩也是 $3EI/L$。

本小节和上一小节所讲的例题，在超静定梁、排架和框架定性分析中是很有用的，将它们的结果，以及其他一些常用情况的算式汇集在一起，如表 1.4.5-1 所示，以便应用和记忆。**表中有粗下划线，并用虚线圆圈起来的数值比较重要，做题遇到时，宜有意识地记一下。比较表 1.4.5-1 两种不同支座约束的杆件，可以看出：在位移相同的情况下，两端固定杆件的约束反力比较大，亦即侧移刚度和杆端转角刚度都比较大，特别是侧移刚度（$12EI/L^3$），为另一种支座条件相应值（$3EI/L^3$）的 4 倍。**

超静定杆件反力及内力表 **表 1.4.5-1**

情况	项目	A：一端固定、另一端简支	B：两端固定
①	荷　载	q；$qL^2/8$；A；B；L；$5qL/8$；$3qL/8$	q；$qL^2/12$；A；B；$qL^2/12$；L；$qL/2$；$qL/2$
	弯矩图	$qL^2/8$；$qL^2/8$简支梁跨中弯矩；$8qL^2/128$；$9qL^2/128$；L/2；L/2	$qL^2/12$；$qL^2/8$简支梁跨中弯矩；$qL^2/12$；$qL^2/24$；L/2；L/2

续表

情况	项目	A：一端固定、另一端简支	B：两端固定
①	剪力图	⊕ ⊖ $5qL/8$ $3qL/8$	⊕ ⊖ $qL/2$ $qL/2$
②	荷　载	$3PL/16$　A　P　B $11P/16$　$L/2$　$L/2$　$5P/16$	$PL/8$　A　P　B　$PL/8$ $P/2$　$L/2$　$L/2$　$P/2$
	弯矩图	$3PL/16$　$PL/4$简支梁跨中弯矩 $5PL/32$ $L/2$　$L/2$	$PL/8$　$PL/4$简支梁跨中弯矩　$PL/8$ $PL/8$ $L/2$　$L/2$
③	支座位移状态	$\frac{3EI}{L^2}\Delta=\frac{3i}{L}\Delta$ A　B　Δ　L $\frac{3EI}{L^3}\Delta=\frac{3i}{L^2}\Delta$　$\left(\frac{3EI}{L^3}\right)\Delta=\frac{3i}{L^2}\Delta$ 侧移刚度	$\frac{6EI}{L^2}\Delta=\frac{6i}{L}\Delta$　反弯点　$\frac{6EI}{L^2}\Delta=\frac{6i}{L}\Delta$ A　B　Δ　L $\frac{12EI}{L^3}\Delta=\frac{12i}{L^2}\Delta$　$\left(\frac{12EI}{L^3}\right)\Delta=\frac{12i}{L^2}\Delta$ 侧移刚度
	弯矩图	$\frac{3i}{L}\Delta$	$\frac{6i}{L}\Delta$ $\frac{6i}{L}\Delta$
④	支座位移状态	$\left(\frac{3EI}{L}\right)\theta=3i\theta$ 转角刚度 A　θ　θ　B　L $\frac{3EI}{L^2}\theta=\frac{3i}{L}\theta$　$\frac{3EI}{L^2}\theta=\frac{3i}{L}\theta$	$\left(\frac{4EI}{L}\right)\theta=4i\theta$　M 转角刚度　反弯点　$\frac{2EI}{L}\theta=2i\theta$ A　θ　θ　B　$M/2$　L $\frac{6EI}{L^2}\theta=\frac{6i}{L}\theta$　$\frac{6EI}{L^2}\theta=\frac{6i}{L}\theta$
	弯矩图	$\frac{3EI}{L}\theta\left(=3i\theta\right)$	$\frac{4EI}{L}\theta\left(=4i\theta\right)$　$M/2$ M　$\frac{2EI}{L}\theta\left(=2i\theta\right)$

续表

情况	项目	A：一端固定、另一端简支	B：两端固定
⑤	荷载		3PL/16　P　P　3PL/16 L/4　L/2　L/4 L
	弯矩图		PL/4简支梁跨中弯矩 3PL/16 PL/16 L/4　L/2　L/4 L

注：1. $i=\dfrac{EI}{L}$ 为杆件的线刚度；

2. 有粗下划线，并用虚线圆圈起来的数值比较重要，做题遇到时，宜有意识地记一下。

表 1.4.5-1 中的一端固定、另一端简支杆件的情况 A-①、③、④，已分别在本小节的例题中作过讲解，其他情况的推导从略。

请翻到 1.6 节，做习题 1-62 至 1-65，1-66 至 1-68

1.4.6 连续梁可变荷载的不利布置

连续梁某跨的跨中或支座的内力并不是各跨满载时为最大值，这就存在一个可变荷载的不利布置的问题，所谓“不利布置”就是使连续梁某截面产生某种最大内力的可变荷载布置。

【例 1.4.6-1】附图所示连续梁在哪一种荷载作用下，*AB* 跨的跨中正弯矩最大？（2017 年考题有类似的考点）

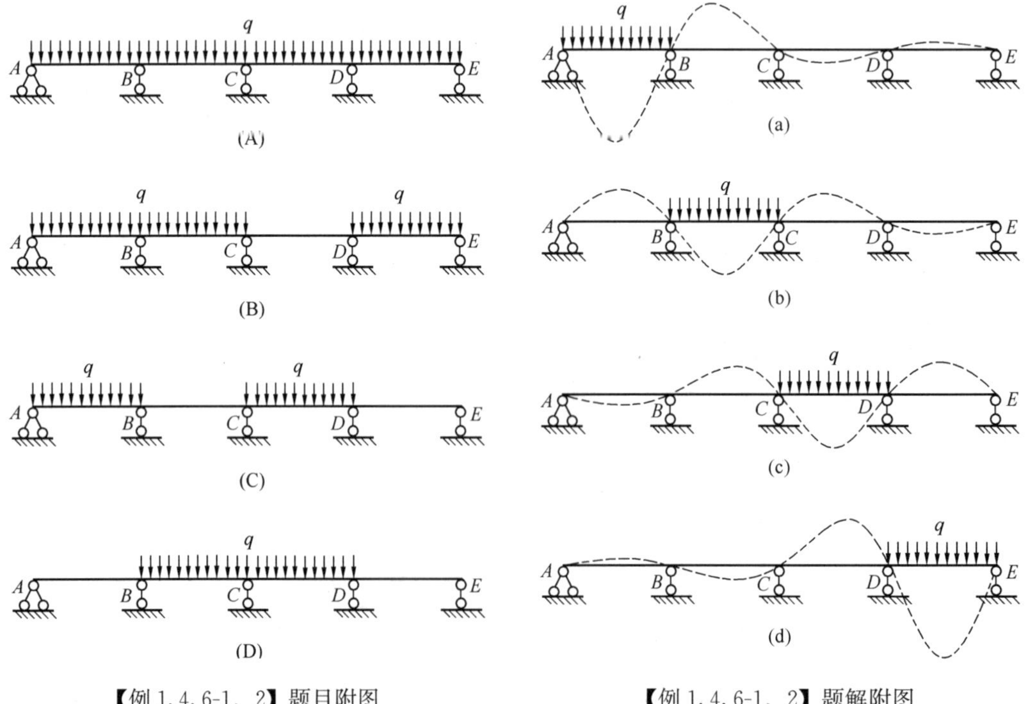

【例 1.4.6-1、2】题目附图　　【例 1.4.6-1、2】题解附图

题解：

先根据变形连续性的要求，画出在单跨荷载作用时的弯曲变形曲线，如图中的虚线所示。画变形曲线时，需注意：荷载所在跨的变形最大，离该跨越远者，变形就越小。

内力与变形总是联系在一起的，变形大者、内力就大，反之则小。本跨有荷载，肯定对本跨变形的贡献最大，见图（a），所以 *AB* 跨应有荷载，*AB* 跨的位移向下。

邻跨 *BC* 的荷载，会使 *AB* 跨产生向上的位移，从而减小 *AB* 跨的变形，所以 *BC* 跨不应布置荷载。

隔一跨 *CD* 的荷载，会使 *AB* 跨产生向下的位移，从而加大 *AB* 跨的变形，所以 *CD* 跨应布置荷载。

再隔一跨 *DE* 的荷载，会使 *AB* 跨产生向上的位移，从而减小 *AB* 跨的变形，所以 *DE* 跨不应布置荷载。

答案： C

【例 1.4.6-2】附图所示连续梁在哪一种荷载作用下，支座 *B* 截面的负弯矩最大？（2017 年考题有类似的考点）

题解：

对照附图，为了使 *B* 截面产生最大的负弯矩，应使该处的梁段产生最大的上凸弯曲变形。显然在支座 *B* 两侧的 *AB* 和 *BC* 跨布置荷载是首选，因为只有把两侧压下去，支座 B 才能向上凸出来。剩下的问题是其他跨应不应布置荷载了。

CD 跨的荷载虽然能使 *B* 的左侧向下变形，但同时又使 *B* 的右侧向上变形而且幅度较大，从而会减弱支座 B 向上凸出的程度（图 c）。故 *CD* 跨不应布置荷载。

DE 跨的荷载虽然会使 *B* 的左侧向上变形，但同时又使 *B* 的右侧向下变形而且幅度较大，从而会增强支座 *B* 向上凸出的程度（图 d）。故 *DE* 跨应布置荷载。

答案： B。

根据上两例的分析结果，得出连续梁截面最大内力的可变荷载不利布置规律如下：

① 求某跨的跨中最大正弯矩时，除将可变荷载布置在该跨外，两边应每隔一跨布置可变荷载。

② 求某支座截面最大负弯矩时，除该支座两侧应布置可变荷载外，同时两侧每隔一跨还应布置可变荷载。

③ 求某支座截面（左侧或右侧）最大剪力时，可变荷载布置与求该截面最大负弯矩时的布置相同。可以这样理解：支座截面有最大负弯矩，说明支座处的梁段上凸程度最大，进而支座反力，即支座两侧剪力之和最大。

请翻到 1.6 节，做习题 1-69 至 1-71

1.4.7 排架结构在水平荷载作用下，柱的剪力分配问题

由横梁与悬臂柱铰接而成的结构称作“排架结构”，广泛应用于单层厂房。这类结构比较简单，只要把握住在水平荷载作用下柱剪力分配的规律，一切问题都会迎刃而解。

【例 1.4.7-1】图示结构中哪根杆剪力最大？（2011-20）

（A）杆 1　　（B）杆 2

（C）杆 3　　（D）杆 4

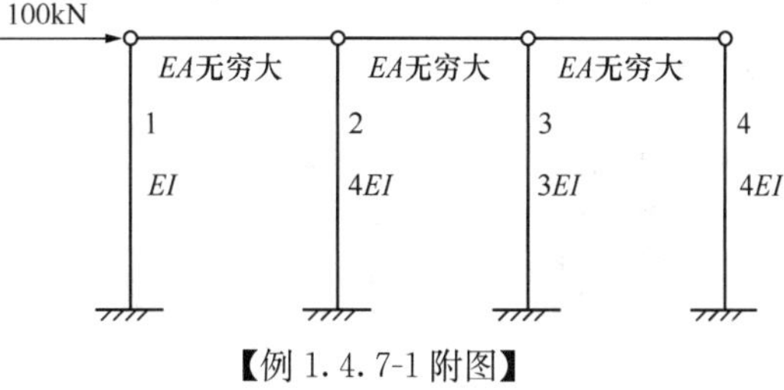

【例 1.4.7-1 附图】

题解： 由于横梁截面抗压（抗拉）刚度 *EA* 为无穷大，横梁无轴向变形，故各柱柱顶侧移相等；又由于各柱长度相等，故截面抗弯刚度最大（4*EI*）的杆 4 的侧移刚度最大，柱顶分担的侧向力最大。柱顶分担的侧向力就是柱顶剪

力，对本题无柱间荷载的情况，柱顶剪力也是全柱段的剪力。

答案：D

作为练习我们继续：本题各柱的高度相等，故侧移刚度与截面的抗弯刚度成正比（见表 1.4.5-1 的③—A 项）。此时，各柱柱顶分担的侧向力与侧移刚度与截面抗弯刚度成正比。设杆 1、杆 2、杆 3 和杆 4 的剪力分别为 V_1、V_2、V_3 和 V_4，

则有：$V_1 = 100 \times EI/(1+2+3+4)EI = 10\text{kN}$，

$V_2 = 100 \times 2EI/(1+2+3+4)EI = 20\text{kN}$，

$V_3 = 100 \times 3EI/(1+2+3+4)EI = 30\text{kN}$，

$V_4 = 100 \times 4EI/(1+2+3+4)EI = 40\text{kN}$。

说明：去掉三根横梁，即去掉三个链杆的约束后，结构就变成四根静定的悬臂柱，故原结构为三次超静定结构。

上例的柱顶侧向力，就是柱顶的剪力，而且还是全柱段的剪力（因为柱间无水平荷载），所以这类问题又称“柱的剪力分配”问题。它的规律是，在横梁截面的抗拉（或抗压）刚度为无穷大的条件下，谁的侧移刚度大，分担的力就大，两者成正比，体现了**“能者多劳”**的规律。由于上例各柱是等高的，侧移刚度仅与截面的抗弯刚度成正比，故柱子分担的力亦与截面的抗弯刚度成正比。若柱不是等高的，则柱高对侧移刚度影响甚大，见下例。

【例 1.4.7-2】求图示排架结构的弯矩图。

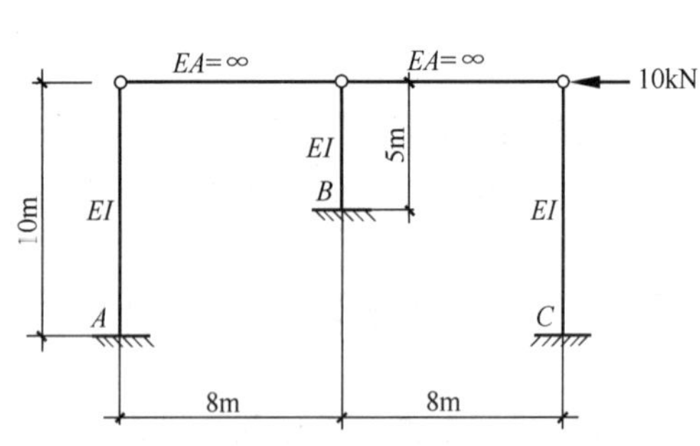

【例 1.4.7-2】题目附图

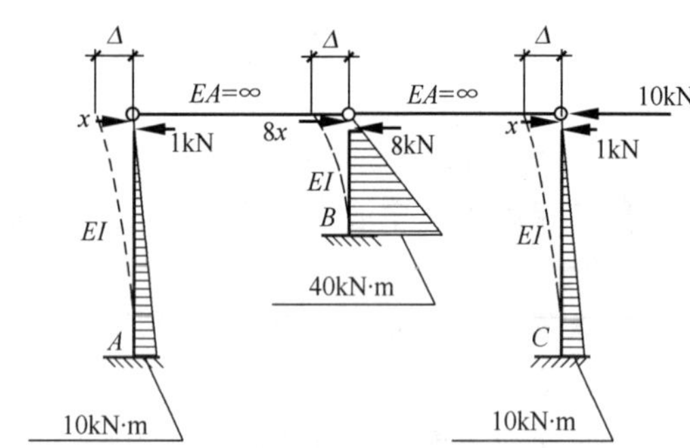

【例 1.4.7-2】题解附图

题解：柱的侧移刚度为 $K=3EI/L^3$（见表 1.4.5-1 的③-A 项），对中柱，有 $K_B=3EI/5^3$，对边柱，有 $K_A=K_C=3EI/10^3$，中柱与边柱的侧移刚度比为（$3EI/5^3$）/（$3EI/10^3$）$=8$，因此当发生相同的侧向位移时，若单根边柱柱顶需要的侧向力为 x，则中柱柱顶需要的侧向力为 $8x$。从柱顶截取横梁为分离体（见本题题解附图），由水平方向的力平衡条件，有 $x+8x+x=10\text{kN}$，解得 $x=1\text{kN}$。即边柱柱顶侧向力为 1kN，中柱柱顶的侧向力为 8kN，**大部分的力让较短的中柱分走了。**边柱柱脚弯矩为 $1\times10=10\text{kN}\cdot\text{m}$，中柱柱脚弯矩为 $8\times5=40\text{kN}\cdot\text{m}$。这就是在房屋建筑中，由于错层或由于窗间墙对柱子的嵌固作用而形成的“短柱”（图 1.4.4-4）特别容易破坏的主要原因之一。

小波和小静：袁老师，上两例排架的受力分析，都只涉及各柱子侧移刚度的相对比值，而没有涉及柱子侧移刚度的绝对值。难道说明排架的受力分析与侧移刚度的绝对值无关吗？

袁老师：是的，排架的受力分析涉及力的分配问题，而这只与各柱子

侧移刚度的相对比值有关。但若要求位移的大小，侧移刚度绝对值就要排上用场了。这个结论可推广到其他类型的超静定结构，只不过是刚度的比值不一定是各杆“侧移刚度”之比，也可能是各杆“线刚度”（见表 1.4.5-1 下面的注①）之比。

对话 1.4.7-1　为什么排架的受力分析没有涉及柱子侧移刚度的绝对值

请翻到 1.6 节，做习题 1-72，1-73

排架结构的横梁对结构的侧移刚度没有贡献，可以通过加斜撑的方法来增加结构的侧移刚度，请看下例的视频讲解。

【例 1.4.7-3】附图所示结构中，哪一种的柱顶水平位移最小？（2010-35）

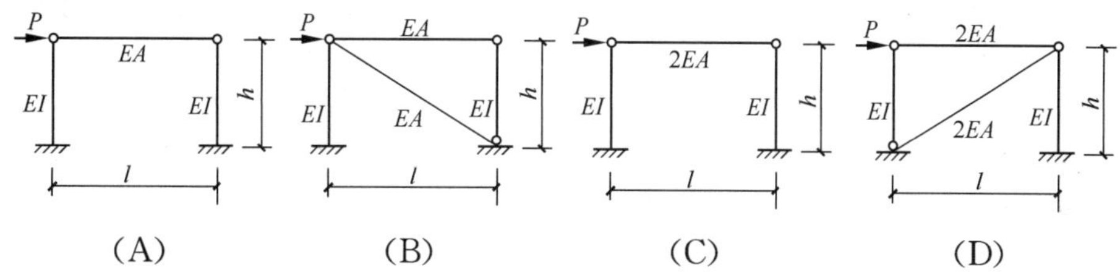

答案：D

1.4.8　框架结构在水平荷载作用下的定性分析

为了与排架结构相区别，本小节讨论的框架结构是指梁柱结点为刚结点的结构。框架结构的受力状况总是和框架的变形形状密切相关，我们先谈变形。

1. 框架结构在水平荷载作用下的变形形状

框架的变形大小与杆件的线刚度和侧移刚度有关；变形形状与各杆之间的上述刚度比值有关。但就一般情况而言，即使没有这些条件，框架在某种力作用下的变形形状还是可以大致判断出来的。框架结构的变形主要由杆件的弯曲变形引起，根据变形连续性的要求，**相交于某一刚结点的杆件在发生弯曲变形后，其交点处切线之间的夹角保持不变**。这一点在框架变形形状分析中尤为重要，见下例。

【例 1.4.8-1】图示框架结构的柱子左、右对称，请定性地分析它的变形并画出它变形图的大致形状。

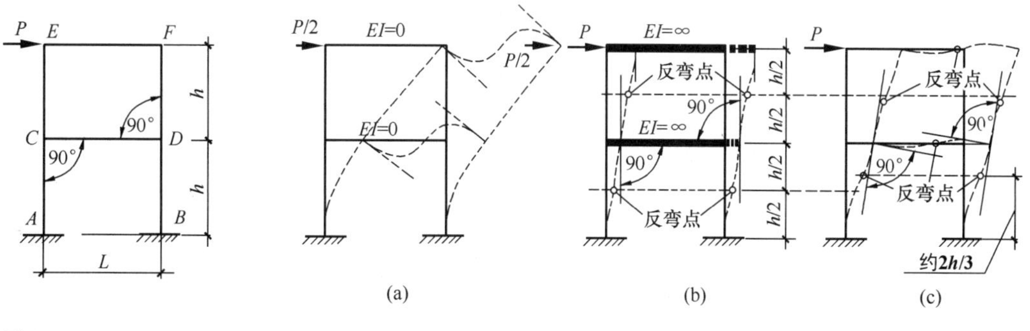

【例 1.4.8-1】题目附图　　【例 1.4.8-1】题解附图

题解：框架在向右的水平集中力 P 作用下，肯定会发生向右的水平方向位移。不妨从两种极端的情况入手分析，因为一般的情况总是介于这两者之间。

第一种极端情况（图 a）是假定横梁截面的抗弯刚度 $EI=0$，亦即横梁的线刚度 $i=EI/L=0$。对照表 1.4.5-1 的 B-④项，这一假设意味着横梁对柱子的弯曲变形没有任何的约束力，在它完成了将 P 的一半传递到右柱顶的任务之后，就可以看成被从中间切断，如图（a）所示。此时柱子完全是向一个方向弯曲，被切断的横梁发生了很大的顺时针转角位移，柱顶向右的侧移量很大。

第二种极端情况（图 b）是假定横梁截面的抗弯刚度 $EI=\infty$，亦即横梁的线刚度 $i=\infty$，这一假设意味着横梁没有弯曲变形，自然也不会断开，这就相当于要用力（这个力就是横梁的剪力）将断开的横梁逆时针旋转，扳回到原先被切断的位置上再重新连起来。与此同时带动柱子向左移动，从而使柱顶向右的侧移量大为减小。**这说明横梁是对框架的侧移刚度做贡献的，它与框架柱一起抵抗水平力的作用。**这也说明横梁对柱子转角位移起到了约束的作用。由于横梁没有弯曲变形，必然全梁段保持水平状态，根据变形连续性的要求，在梁柱结点处，弯曲了的柱轴线的切线必然与水平的梁段垂直，才能保持梁柱夹角不变。由反对称的关系可知，**柱高的中点处必然会有反弯点。**

一般的情况（图 c）介于上两者之间。横梁截面的抗弯刚度不可能为零，亦即横梁的线刚度不可能为零，也自然不会断开，相当于要用力（横梁的剪力）将断开的横梁逆时针旋转，扳回到原先被切断的位置上再重新连起来。但由于横梁有弯曲变形，梁端还会有一点转角位移，故横梁对柱子转角位移的约束作用没有上一种情况那么大，进而使柱顶向右的侧移量会比上一种情况大一些。反弯点总是欺软怕硬的，以左柱为例，一层的柱脚 A 是固定端、“很硬”；在一层的柱顶，即在结点 C 处，一根梁 CD 要约束两根柱 AC 和 CE，简称“一对二”，“很软”，故反弯点向上移，在大约离柱脚 2/3 柱高的位置上。本结构的二层是顶层，在结点 E 处，是一根梁 EF 约束一根柱 CE，简称“一对一”，“比较硬”，反弯点略向下移。对于比较规则的多层建筑的中间楼层，反弯点大概在层高中间附近。本结构左右对称，在水平力作用下，横梁的变形必为反对称，故横梁的反弯点在梁的中间。

2. 框架结构在水平荷载作用下的内力

有了框架变形的形状，弯矩图便很容易得到，见下例。开始前，请回顾【例 1.3.4-1】关于刚架杆端内力的双脚标表示方法。

【例 1.4.8-2】根据上例题解附图（c）所示的框架变形图，画出它的弯矩图。

题解：为方便起见，把上例题解附图（c）作为本例附图（a）。根据弯矩图画在杆件的受拉侧和无垂直于杆轴的分布荷载投影的杆段的弯矩图为直线的规律，并注意到弯矩图的零点与反弯点的对应关系，画得弯矩图如图（b）所示。需要注意梁柱结点的力矩平衡，例如在结点 D 处，梁端弯矩 M_{DC} 应等于上柱底端弯矩 M_{DF} 与下柱上端弯矩 M_{DB} 之和（见图 c），画图时应有意识地将梁端弯矩 M_{DC} 画得大一些。

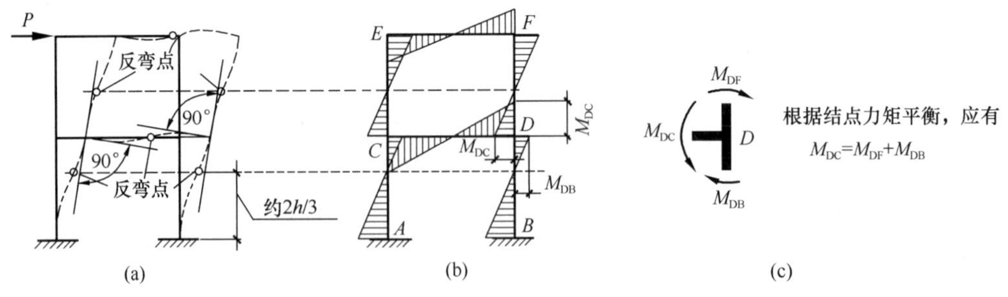

【例 1.4.8-2】附图

（a）变形图；（b）弯矩图；（c）结点力矩平衡

有了大致的弯矩图，剪力图和轴力图的大概形状也可根据杆件分离体的力平衡条件得到。对于一些特殊情况，还可以得到定量的结果，见下例。

【例 1.4.8-3】根据前例题解附图（b）所示的框架变形图，画出它的弯矩图、剪力图

和轴力图。

题解：为方便起见，把前例题解附图（b）作为本例附图（a）。对于本题的特定情况，可作定量分析。

第二层分析：

在二层柱反弯点处截取分离体，如图（b）所示。因反弯点处弯矩为零，切口处的未知力只有剪力和轴力。又由于结构左右对称，左柱剪力和右柱剪力必然相等，都为 $V_2=P/2$，（下标 2 表示第二层）。于是左、右柱上端的弯矩 $M_{EC}=M_{FD}=(P/2)\times(h/2)=Ph/4$，由结点力矩平衡条件，知 EF 的梁端弯矩 M_{EF} 和 M_{FE} 应分别等于上端的弯矩 M_{EC} 和 M_{FD}。柱下端的弯矩，可根据反弯点在柱中间和弯矩图为直线，得知它们必和柱上端的弯矩相等。

由于左、右柱间均无横向荷载，故左、右柱全段剪力都等于 $V_2=P/2$(使柱顺时针转，为正)。

由竖向的力平衡条件得知左、右柱轴力必大小相等、方向相反，用 N_2 来表示。对 E 点取矩，令 $\sum M_E=0$ 有 $2\times(P/2)\times(h/2)-N_2\times L=0$，解得 $N_2=Ph/(2L)$，左柱受拉、右柱受压。

由结点 F 水平向的力平衡条件得知，右柱的剪力就是梁 EF 的轴力，即 $N_{EF}=P/2$(压力)；而由该结点竖向的力平衡条件得知，右柱的轴力就是梁 EF 的剪力，即 $V_{EF}=Ph/(2L)$(使梁逆时针转，为负)。

第一层分析：

在一层柱反弯点处截取分离体，如图（c）所示。用与上层相同的分析方法可知：①左、右柱剪力均为 $P/2(+)$；②左、右柱上、下端的弯矩均为 $Ph/4$；③ 左、右柱轴力必大小相等，方向相反(用 N_1 表示)。

由结点力矩平衡条件(见图 d)，知梁 CD 的端部弯矩应等于上、下柱端弯矩之和，即为 $Ph/4+Ph/4=Ph/2$。

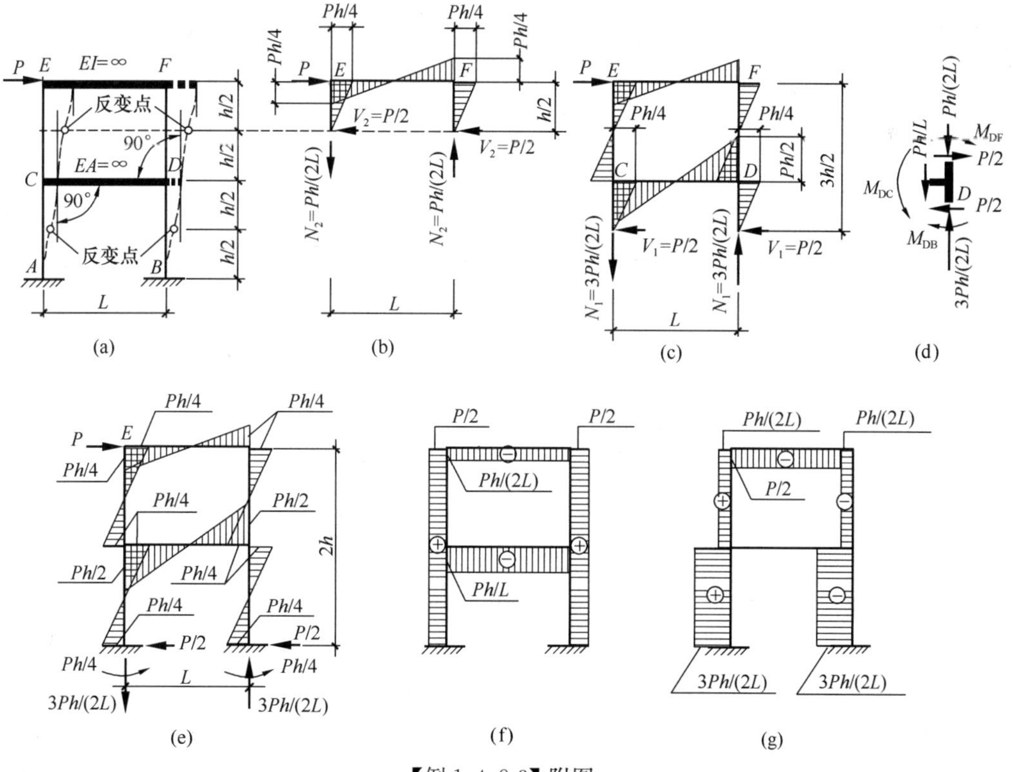

【例 1.4.8-3】附图

(a)变形图；(b)二层分离体；(c)一层分离体；(d)D 结点力平衡；

(e)弯矩图及整体力平衡；(f)剪力图；(g)轴力图

令$\sum M_E=0$有$2\times(P/2)\times(3h/2)-N_1\times L=0$，解得$N_1=3Ph/(2L)$，左柱受拉、右柱受压。

由结点D水平向的力平衡条件得知，上、下柱的剪力已相互平衡，故梁CD的轴力为零；而由该结点竖向的力平衡条件得知，梁CD的剪力为上、下柱轴力之差，即$V_{DC}=Ph/L$（使梁逆时针转，为负），见图（d）。

根据上述分析，画得弯矩图、剪力图和轴力图如图（e）、图（f）和图（g）所示。

整体力平衡校核（对照图 e）。

$\sum X=P-P/2-P/2=0$

$\sum Y=3Ph/(2L)-3Ph/(2L)=0$

$\sum M_E=(P/2)\times 2h+(P/2)\times 2h-Ph/4-Ph/4-[3Ph/(2L)]\times L=0$

满足。

请翻到 1.6 节，做习题 1-74 至 1-76

1.4.9 框架结构在竖向荷载作用下的定性分析

【例 1.4.9-1】定性地分析图示框架的变形，并画出它大致的弯矩图。

题解：与分析框架在水平集中力作用下的情况相似，也不妨从两种极端的情况入手分析，实际情况介于这两者之间。

第一种极端情况，是假定柱截面的抗弯刚度$EI=\infty$，亦即柱的线刚度$i=\infty/H=\infty$，不会发生弯曲变形，此时横梁相当于两端固定受力，由表 1.4.5-1 的①-B 项，查得相应的弯矩图如图（b）所示。

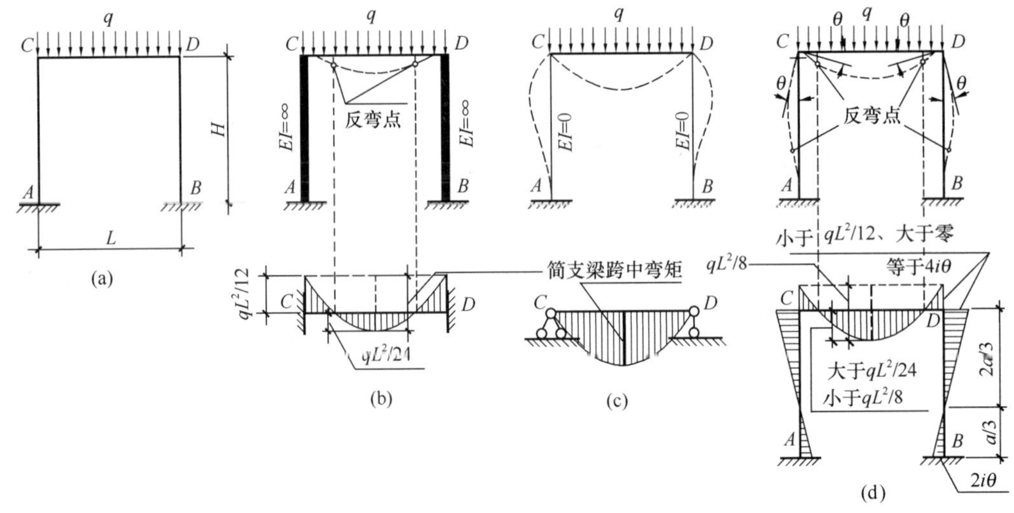

【例 1.4.9-1】附图

（a）题目附图；（b）假设柱$EI=\infty$，横梁相当于两端固定受力；（c）假设柱$EI=0$，横梁相当于两端简支受力；（d）实际情况介于图（a）和图（b）之间（2019 年某题考点）

第二种极端情况，是假定柱截面的抗弯刚度$EI=0$，亦即柱的线刚度$i=0/H=0$，对横梁端部的转角位移没有任何的约束力。此时横梁相当于简支受力，相应的弯矩图如图（c）所示。

一般的情况（图 d）介于上两者之间。柱的线刚度既不可能为无限大、也不可能为零，横梁端部会发生一定的转角位移θ，并带动柱上端也发生相同的转角位移θ。根据表 1.4.5-1 的第④-B 项，柱上端的弯矩为$4i\theta$（i柱的线刚度），外侧受拉，柱下端的弯矩为$2i\theta$，内侧受拉。又由梁柱结点的力矩平衡条件，知梁端弯矩也为$4i\theta$（上侧受拉）。虽然弯矩$4i\theta$的大小不知道，但它的范围是可知的，它介于上两种情况之间，亦即小于$qL^2/12$、大于零。横梁的跨中弯矩可看成是两端负弯矩连线图与简支梁正弯矩图的叠加，故它也必然介于上两种情况之间，亦即大于 $qL^2/24$、小于 $qL^2/8$。

上例的结果表明：柱的线刚度越大，框架横梁端部的负弯矩就越大，跨中正弯矩就越小；柱线刚度越小，框架横梁端部的负弯矩就越小，跨中正弯矩就越大。那么，柱线刚度怎么样才谓之大？又怎么样才谓之小呢？回答是：柱线刚度的"大"和"小"是与梁线刚度比较而言的，即柱梁线刚度的比值。见下例。

【例 1.4.9-2】附图所示刚架中，哪一个的横梁跨中正弯矩最大？哪一个的横梁端部负弯矩最大？（1.6 节 1-79 题对 2010-40 题的视频讲解包含了本题的内容）

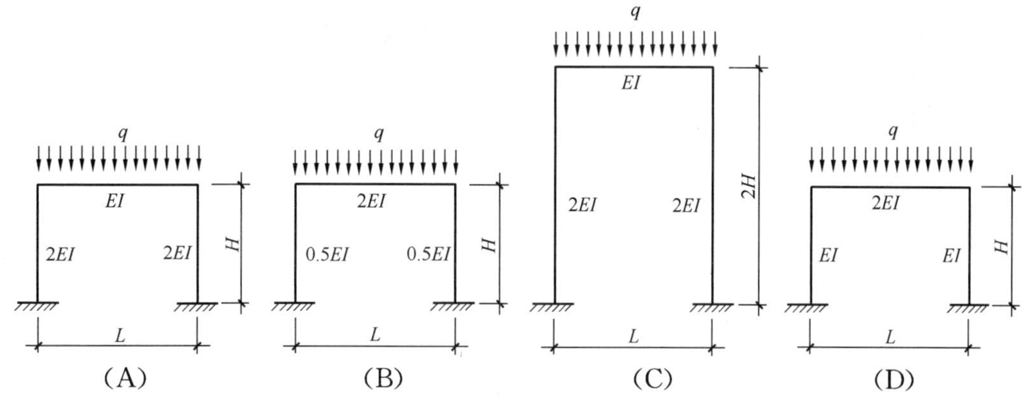

【例 1.4.9-2】附图

题解：

图(A)的柱梁线刚度比为$(2EI/H)/(EI/L)=2L/H$；

图(B)的柱梁线刚度比为$(0.5EI/H)/(2EI/L)=0.25L/H$；

图(C)的柱梁线刚度比为$[2EI/(2H)]/(EI/L)=L/H$；

图(D)的柱梁线刚度比为$(EI/H)/(2EI/L)=0.5L/H$；

图（B）的柱梁线刚度比最小，故横梁跨中正弯矩最大；图（A）的柱梁线刚度比最大，故横梁端部负弯矩最大。

框架的内力除与柱梁线刚度比有关外，还与支座条件有关。请看下例。

【例 1.4.9-3】图（a）和图（b）所示结构除支座外，其余条件均相同，设图（a）、图（b）跨中弯矩截面 1 的弯矩分为 M_{1a}和 M_{1b}，则：

（A）$M_{1a}=M_{1b}$　　（B）$M_{1a}>M_{1b}$

（C）$M_{1a}<M_{1b}$　　（D）**不能确定** M_{1a}**及** M_{1b}**的相对大小**

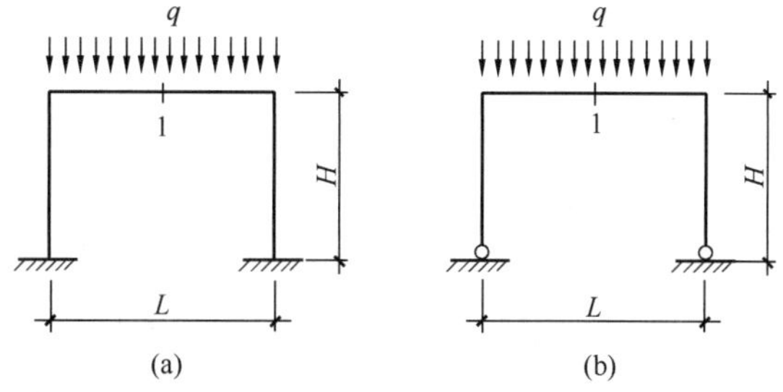

【例 1.4.9-3】附图

题解：图（a）的柱下端为固定支座，柱对梁端转角位移的约束力比较大（发生单位转角时受到的约束力为 $4i$，见表 1.4.5-1 的④-B 项），进而梁端负弯矩比较大、跨中正弯矩较小；图（b）的柱下端为铰支座，柱对梁端转角位移的约束力比较小（发生单位转角时受到的约束力为 $3i$，见表 1.4.5-1 的④-A 项），进而梁端负弯矩比较小、跨中正弯矩较大。

答案：C

从上三例可以看出：超静定结构杆件的内力与杆件之间的线刚度比值有关。但对于只有一根杆件的结构，不存在杆件之间的线刚度比值的问题，这种结构的内力求解则与本身的截面的抗弯刚度大小无关。见下例：

【例 1.4.9-4】下图等截面梁的跨中弯矩为 M，当截面抗弯刚度由原来的 EI 增至为 $2EI$ 时，则该梁的跨中弯矩为何值？（2019 年回忆题）

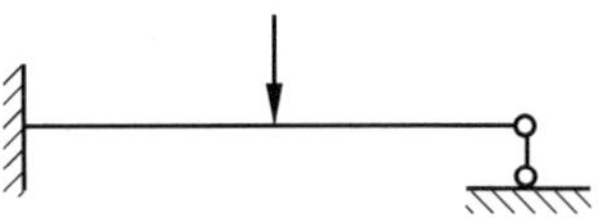

【例 1.4.9-4】题目附图

（A）M　　（B）$2M$

（C）$0.5M$　　（D）3M

题解：对于只有一根杆件的结构，不存在杆件之间的线刚度比值的问题，这种结构的内力求解则与本身的截面的抗弯刚度大小无关，故该梁的跨中弯矩不变，仍为 M。

答案：A

（**说明**：内力不变不等于位移不变。当截面抗弯刚度由原来的 EI 增至为 $2EI$ 时，该梁所有部位的位移（挠度，转角）都会减小至原来的 1/2。）

请翻到 1.6 节，做习题 1-77 至 1-79

1.4.10 组合结构

在一些由直杆组成的结构中，一部分杆件是链杆，只受轴力作用；另一部分杆件是梁式杆，除受轴力作用之外，还受弯矩作用。这种由链杆和梁式杆组成的结构，称为组合结构。组合结构在不同的场合有不同的含义，例如高强混凝土钢管柱也是一种组合结构，本节讲的组合结构是结构力学意义的组合结构。

【例 1.4.10-1】请作图（A）的内力图、并比较图（A）和图（B）中 AD 杆的内力。

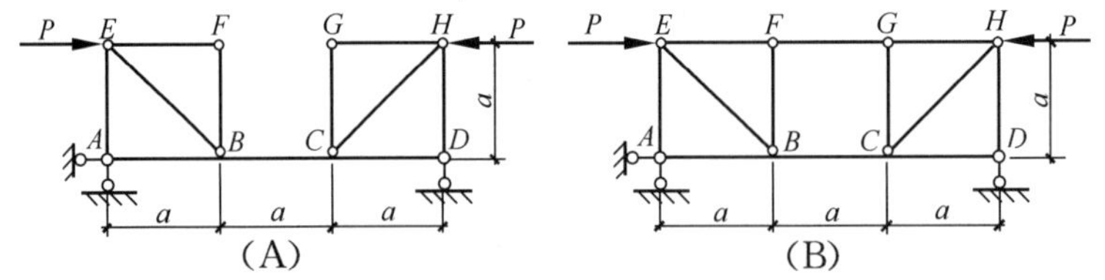

【例 1.4.10-1】题目附图

题解：

图（A）分析：

它是一个静定结构，几何组成分析见题解附图（a）。在开始内力分析时，先将零杆 EF、FB、GC 和 GH 去掉，以简化结构。本题容易使人感到费解的是：荷载自身力平衡，故无支座反力，但由结点法易知杆 AE 和 DH 的轴力为 P（+），见题解附图（b），那么结点 A 和 D 的竖向力平衡条件岂不是不满足结点法的要求吗？问题出在哪里？问题就出在杆 AD 不是二力杆，而是梁单元。梁单元不但能承受轴力，还可以承受弯矩和剪力。结点 A 和 D 的竖向力平衡，是二力杆 AE 和 DH 向上的拉力 P 与梁单元 AD 左、右端剪力 P 的反作用力（向下）来平衡。这种结点的力平衡不能采用桁架结点法，因为桁架都

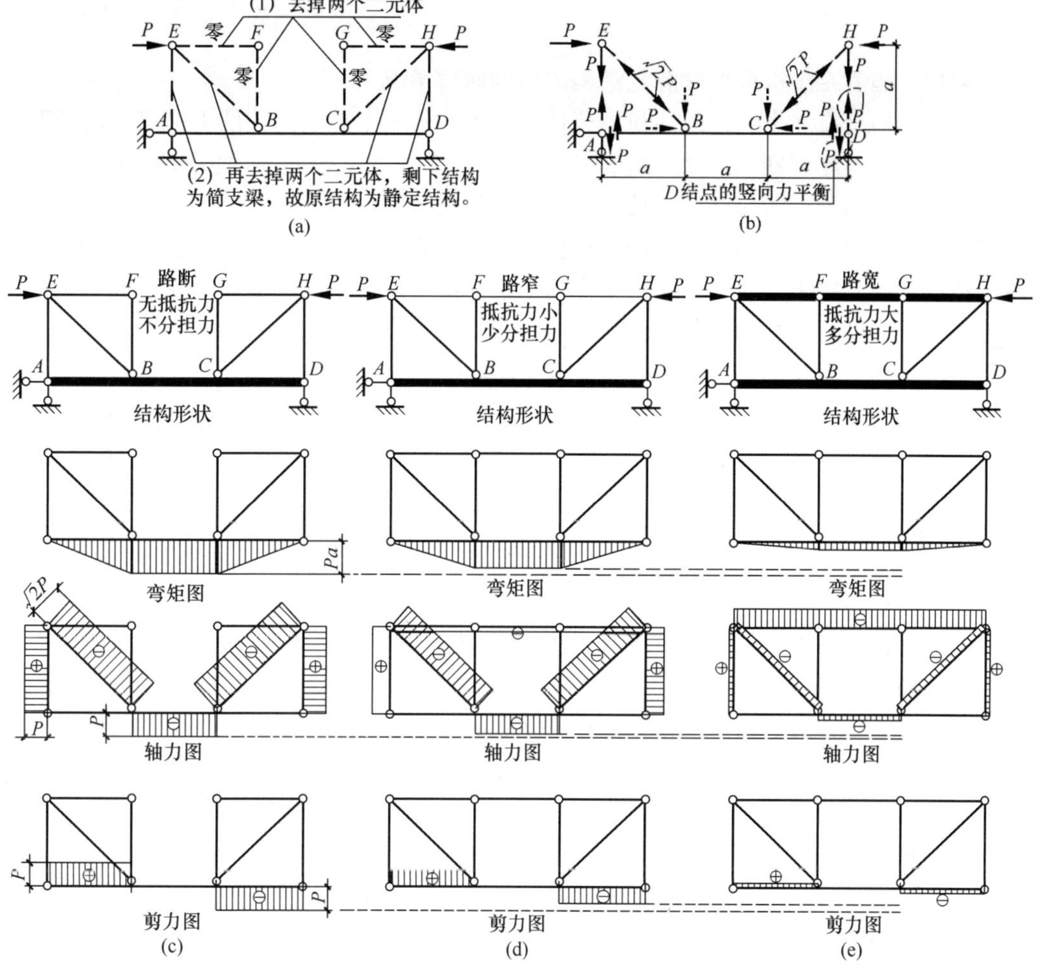

【例 1.4.10-1】题解附图

(a) 图（A）的几何组成分析；(b) 图（A）的受力分析；(c) 图（A）静定组合结构的内力图与杆件的粗细无关；(d) 图（B）超静定组合结构的内力图上弦很细的情况；(e) 图（B）超静定组合结构的内力图上弦很粗的情况

由二力杆组成、而结点 A 和 D 有梁单元。

杆 BE 和 CH 的轴力可用结点法求解，结果见图（b），然后把它作为荷载，分解成竖向和水平向的力（图中粗虚线箭头所示），便很容易求出 AD 杆的弯矩、轴力和剪力，相应的内力图见图（c）。（过程比较简单，此处从略）

图（B）分析：

图（B）比图（A）多了一根链杆，既然图（A）为静定结构，图（B）自然就是一次超静定结构了。图（B）加的那根杆，把上弦力流的通路打通了，从而减轻了斜杆 CH 和 BE 的负担。超静定结构的受力分析与各杆的刚度比有关。图（d）为上弦很细的情况，由于上弦刚度小，分担的力就小，因此，斜杆 CH 和 BE 的轴力只是略减小；相应地梁单元 AD 的各种内力也只是略减小。图（e）为上弦很粗的情况，上弦由于刚度大，分担的力就大，因此，斜杆 CH 和 BE 轴力大幅度下降；相应地梁单元 AD 的各种内力也大幅度下降。由于降多、降小都是降，故上弦连通后，不论粗细，总能分走一部分力，减轻了梁单元 AD 的负担，使之内力变小。通俗点说就是：**路宽多分流，路窄少分流、但也总**

比路断强。

请翻到 1.6 节，做习题 1-80

1.4.11 超静定结构可以按静定结构求解的特殊情况

超静定结构是有多余约束的几何不变体，如果它的某个多余约束的力可以直接判别出其大小；或虽然不能判别出其大小，但它对某根杆件的某个截面的内力求解不需要用到时，可按静定结构分析的思路，直接用力平衡条件求解。

图 1.4.11-1（a）为一受竖向荷载作用的一次超静定梁，这类梁在竖向荷载作用下，可以用力法证明其水平方向的支座约束反力为零。故去掉一个水平方向的支座约束不会影响计算结果，其受力计算却可按非常简单的静定简支梁（图 1.4.11-1b）进行。

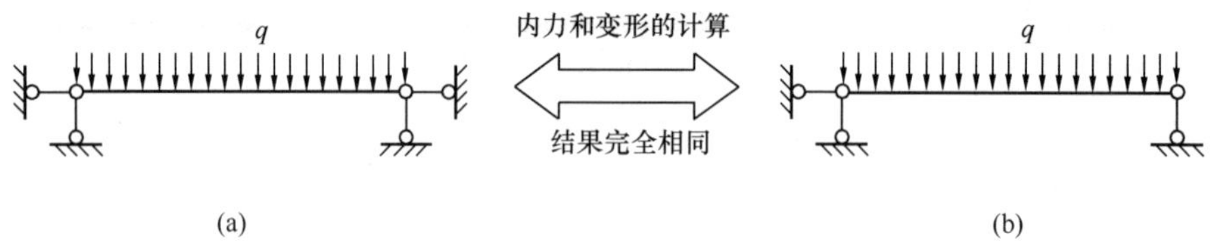

图 1.4.11-1 可以按简支梁求解的超静定梁

【例 1.4.11-1】如图所示外伸梁，*C* 处截面剪力、弯矩分别为（　　）。（2014-115）

A. －2kN，－8kN・m　　B. －4kN，－8kN・m

C. 4kN，16kN・m　　D. 2kN，－16kN・m

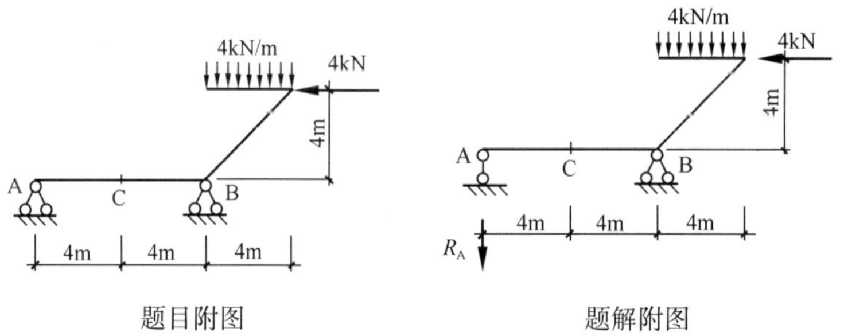

题目附图　　题解附图

题解：这是个一次超静定结构，但由于两个支座水平反力对 C 点的力臂为零，所以它们在对 C 截面的弯矩求解时用不到；又由于这两个支座水平反力在 C 截面的剪力的作用方向上没有投影，所以它们在对 C 截面的剪力求解时也用不到。于是我们可以把支座 A 看成为竖向链杆支座，见题解附图。

令$\sum M_B=0$，$R_A\times8+4\times4-4\times4\times2=0$，解得 $R_A=2\text{kN}\downarrow$

于是 $V_C=R_A=2\text{kN}$　（－）使杆件逆时针转

$M_C=2\times4=8\text{kN}\cdot\text{m}$　（－）使杆件上面受拉

答案：A

请翻到 1.6 节，做习题 1-81

1.4.12 温度变化、制造误差和地基变形在超静定结构产生内力时的内力图

在 1.2.2 小节曾提及：非荷载因素在超静定结构是否会引起内力，**要看这些因素引起的变形，有没有受超静定结构多余约束的阻碍**，如果有，就会产生对抗，就会引起内力；如果没有，可以自由变形，就不会产生对抗，也就不会引起内力。由于当时还没进入到内

力图及超静定结构的章节，所讲的例题都没有内力图。现在再给这几道题补充些条件，把它们的内力图作出来。

【例 1.2.3-1 补充】原题：附图所示一根两端固定的柱。柱周边的温度等幅上升了25℃，它是否会因此产生内力？**补充：设柱为钢筋混凝土柱，截面 $A=0.5\times0.5\text{m}^2$，柱高 $H=3\text{m}$，弹性模量 $E=3\times10^7\text{kN/m}^2$，线膨胀系数为 $\alpha=1.3\times10^{-5}$ (1/C°)，求温度升高引起的轴力，并作轴力图。**

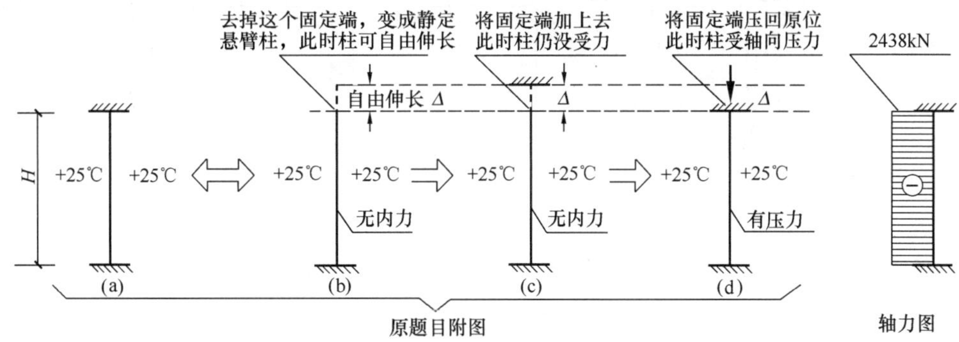

【例 1.2.3-1 补充】附图

题解：去掉柱子上部的固定端，柱子的自由伸长量 Δ 为

$$\Delta = 1.3\times10^{-5}\times25\times H \tag{a}$$

这个伸长量也是上部固定端还原后需压回去的量，根据 1.4.4 小节的公式（1.4.4-1），设所需的压力为 N，则

$$\Delta = (N\cdot H)/(E\cdot A) \tag{b}$$

式(b) 代入式(a) 有 $(N\times H)/(E\times A) = 1.3\times10^{-5}\times25\times H$

移项整理后得 $N = 1.3\times10^{-5}\times25\times E\times A$ （与柱高无关）

$=1.3\times10^{-5}\times25\times3\times10^7\times0.5\times0.5$

$=2438\text{kN}$ （压力）

【例 1.2.3-4 补充】原题：①附图（b）所示结构的横梁因制造误差，短了 2Δ，结构是否会因此引起内力？**补充：设横梁截面抗拉（或抗压）刚度为无限大，即 $EA=\infty$，求内力，并作内力图。**

题解：由于横梁截面抗拉（或抗压）刚度为无限大，不会有拉伸变形，故原题目附图（b）中的 $\delta=0$，柱顶侧移等于 Δ。由表 1.4.5-1 的第③-A 项得知：横梁拉柱顶的力为 $3EI\Delta/H^3$（这个力就是横梁的轴向拉力）。于是柱脚弯矩均为 $H\times(3EI\Delta/H^3)=3EI\Delta/H^2$，外侧受拉；左、右柱剪力均为 $3EI\Delta/H^3$，剪力使左柱顺时针转(＋)，使右柱逆时针转(－)。

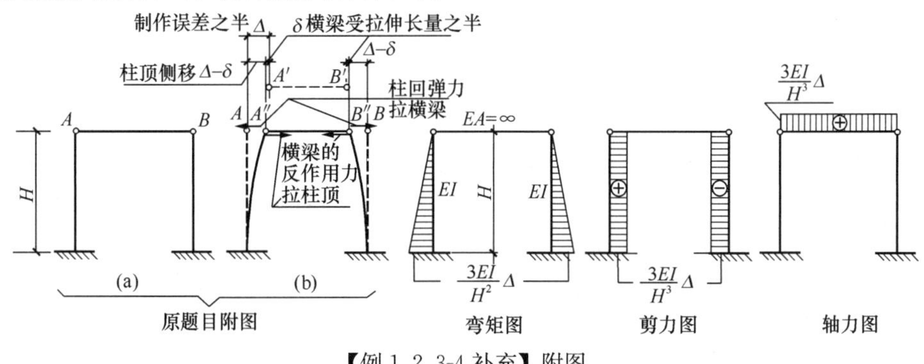

【例 1.2.3-4 补充】附图

【例 1.2.3-6 补充】 原题：①附图（b）所示结构排架结构因大面积堆荷引起基础内倾，结构是否会因此引起内力？**补充：设横梁截面抗压刚度为无限大，即 $EA=\infty$，基础内倾转角为 θ，求内力，并作内力图。**

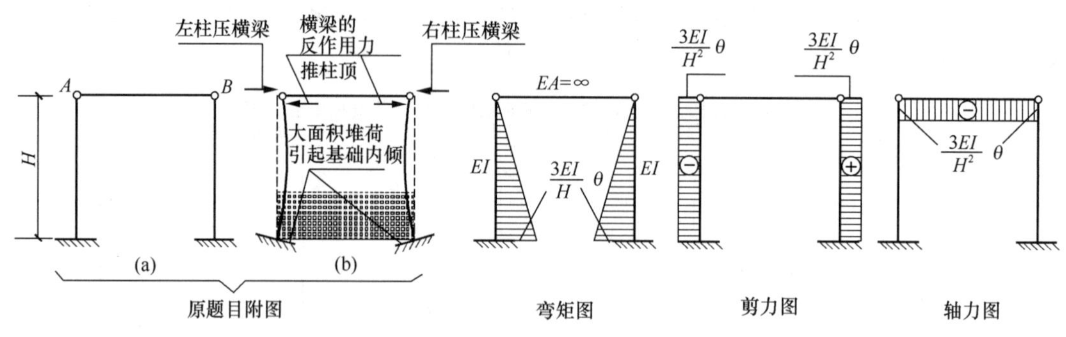

【例 1.2.3-6 补充】附图

解：由于横梁截面抗压刚度为无限大，不会有压缩变形，故柱上端相当于有一个侧向不动铰支座。由表 1.4.5-1 的第④-A 项得知：横梁顶柱上端的力为 $3EI\theta/H^2$（这个力就是横梁的轴向压力）。于是柱脚弯矩均为 $H\times(3EI\theta/H^2)=3EI\theta/H$，内侧受拉；左、右柱剪力均为 $3EI\Delta/H^2$，剪力使左柱逆时针转（一），使右柱顺时针转（＋）。

请翻到 1.6 节，做习题 1-82 至 1-90

1.5 应 力 分 析

1.5.1 弯曲时的正应力

1. 矩形梁纯弯曲时的正应力

矩形梁纯弯曲比较简单，先从它谈起。所谓纯弯曲是指梁截面只有弯矩没有剪力的情况。图 1.5.1-1（a）表示一段矩形梁的侧面，上面分别画有一组与梁纵轴平行的等间距纵向直线和另一组与梁纵轴垂直的横向直线，以便观察此梁受到纯弯作用时的变形规律。

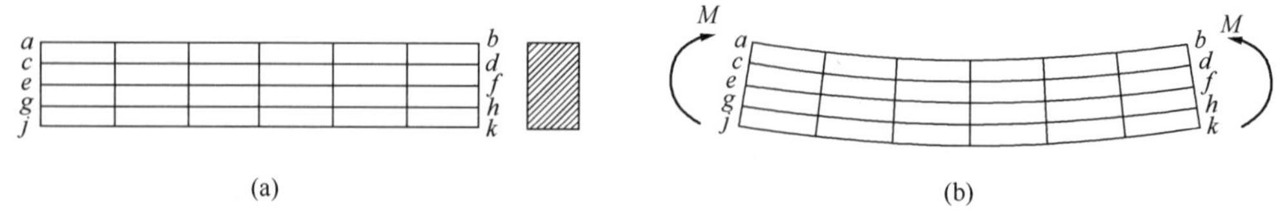

图 1.5.1-1　矩形梁纯弯曲

实验表明：①各横向线相对地旋转了一个角度，但仍为直线，且与弯曲了的纵向线保持垂直；② 各纵向线变成弧线，位于上部者缩短、下部者伸长，而位于高度中心处者（ef）则长度没有变化。

设想梁内部的变形情况与侧面相同、“里表一致”，就可以得到**梁在纯弯曲时的“平截面假设”：各个横截面变形后仍保持为平面，且仍垂直于变形后梁的轴线，只是绕横截面上的某个轴（中性轴）旋转了一个角度**（见图 1.5.1-2a）。

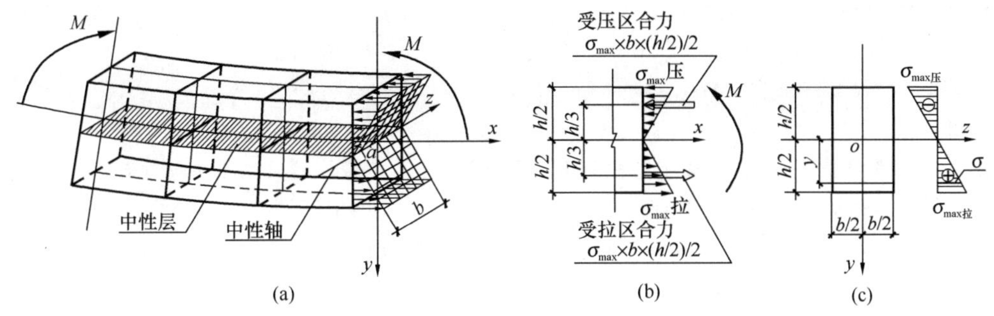

图 1.5.1-2

(a) 平截面假设及应力分布轴测图；(b) 应力分布侧面；(c) 截面平面

说明：图 1.5.1-2 采用的坐标与 1.4.3 小节的不同，两者都是材料力学常用的坐标，故本书保留这两种不同的表达方式。特别需要指出的是：坐标只是一种参照体系，它的选择对同一问题的解答没有任何影响。

再仔细观察图 1.5.1-1 (b)，就会发现纵向线缩短或伸长的量值和它们到中心线 ef 的距离成正比，例如线 ab 到线中心线 ef 距离是线 cd 者的 2 倍，则前者的缩短量就是后者的 2 倍。由于各纵向线的原始长度是相同的，所以它们的纵向线应变 ε (ε=纵向线缩短或伸长的量/各纵向线的原始长度) 亦与各线到中心线 ef 的距离成正比。此时，如果纵向线应变 ε 与纵向应力 σ 之间的关系能服从**单向应力状态下的虎克定律 $\sigma=E\varepsilon$**，我们就可以认为纵向线的纵向应力 σ 在中心线 ef 处为"零"、其他部位与各线到中心线 ef 的距离成正比。由于用到了虎克定律、应力与应变成正比，故我们讨论的内容**仅限于弹性阶段**的受力问题。

大量试验证明上述假设是符合实际情况的。由于"里表一致"，图 1.5.1-1 的中心线 ef 就变成为图 1.5.1-2 (a) 的中性层。这一层的纵向应力为"零"、是下部受拉区和上部受压区的过渡层，故称之为"中性层"。中性层与横截面的交线称"中性轴"(图 1.5.1-2a 的 z 轴)，显然它也是截面的形心主轴。纵向应力的作用线与截面垂直正交，故又称"正应力"。截面上任一点的正应力都与该点到中性轴的距离 y 成正比。由于截面上、下边沿处的 y 值最大且绝对值相等，故它们的应力也必为最大、绝对值相等，见图 1.5.1-2 (b)、(c) 中的 $\sigma_{max压}$ 和 $\sigma_{max拉}$。下面我们绕过材料力学公式推导过程中的微积分，用简单的加、减、乘、除来计算 σ_{max}。

对照图 1.5.1-2(a)、(b)，可知截面压应力和拉应力的合力均为 $\sigma_{max}\times b\times(h/2)/2$，其作用点到中性轴的距离也都是 $h/3$。它们形成的力矩就是截面的弯矩，即

$$2\times[\sigma_{max}\times b\times(h/2)/2]\times(h/3)=M$$

解得
$$\sigma_{max}=M/(bh^2/6) \tag{1.5.1-1}$$

令
$$\boldsymbol{W_z=bh^2/6} \tag{1.5.1-2}$$

W_z称作截面对 z 轴的抗弯截面模量，故 (1.5.1-1) 式又可写成

$$\sigma_{max}=\boldsymbol{M/W_z} \tag{1.5.1-3}$$

上两式比较重要，需记忆。

【例 1.5.1-1】设图 1.5.1-2 矩形梁截面的宽度 b=100mm、高度 h=200mm、弯矩 M

$=150$kN·m，求截面最大拉、压应力的绝对值 σ_{max}。

题解：需注意单位统一：1kN·m$=1\times10^6$N·mm

$$W_z=bh^2/6=100\times200^2/6=0.667\times10^6\text{mm}^3$$

$$\sigma_{max}=M/W_z=150\times10^6/(0.667\times10^6)=225\text{N/mm}^2$$

说明：

① 材料力学中正应力的符号规定是**拉为正、压为负。**正、负号一般只标注在应力图形内部（见图1.5.1-2c）、而不标注在应力的数字前面。这是因为各种"允许应力"都是不带正、负号的，若在应力前面加了正、负号，反而会引起强度复核的混乱。譬如，假设本例梁所用材料的抗压允许应力为$[\sigma]=170\text{N/mm}^2$，压应力 $\sigma_{max}=225>[\sigma]=170$，抗压强度不满足。但若写成压应力 $\sigma_{max}=-225>[\sigma]=170$，从数学的角度看它就是个错误，除非再加上绝对值的符号。

② 材料力学不仅仅是建筑结构专业的基础课，也是其他许多专业的基础，材料力学中的"允许应力"法早已不为建筑结构所采用。这个问题将在本书关于结构设计方法的章节中讲述。

③ 建筑上部结构各种设计规范的应力和强度单位均为 N/mm^2。为统一起见，本书计算部分的单位是：力为牛顿 N，长度为 mm。数字太长时，应采用指数方式表示，例如本例的 150kN·m 应写成 150×10^6N·mm。

【例 1.5.1-2】将图 1.5.1-2 矩形梁绕纵轴 x 转 90°，使梁绕弱轴 y 弯曲，其他条件不变。求截面最大拉、压应力的绝对值 σ_{max}。

题解：此时用到的抗弯截面模量应该是对 y 轴的 W_y

$$W_y=hb^2/6=200\times100^2/6=0.333\times10^6\text{mm}^3$$

$$\sigma_{max}=M/W_y=150\times10^6/(0.333\times10^6)=450\text{N/mm}^2$$

为了使式（1.5.1-1）～式（1.5.1-3）更具普遍性，下面将它们的样子变一变，由式（1.5.1-2）

$$W_z=bh^2/6=(bh^3/12)/(h/2)$$

可得到

$$\boldsymbol{W_z=I_z/y_{max}} \tag{1.5.1-4}$$

注意观察图 1.5.1-2（c）的应力分布：自下而上、由拉变压都是按直线变化。利用相似三角形的关系，很容易求出离形心主轴的距离为 y 处的正应力

$$\sigma=\sigma_{max}\times y/y_{max} \tag{a}$$

先后将式（1.5.1-3）和式（1.5.1-4）代入到式（a）

$$\sigma=(M/W_z)\times y/y_{max}=[M/(I_z/y_{max})]\times y/y_{max}$$

可得到

$$\boldsymbol{\sigma=M\times y/I_z} \tag{1.5.1-5}$$

2. 其他截面梁在横力弯曲时的正应力

式（1.5.1-3）、式（1.5.1-4）和式（1.5.1-5）是按矩形截面梁受"纯弯"作用推导出的，但它们同样适用于其他截面梁在非纯弯时的正应力计算。当梁的跨度与截面高度之比大于5时，这样做所引起的误差很小，是可以接受的。非纯弯是指梁截面上既有弯矩又有剪力的情况，一般称"横力弯曲"。由于上面这三道公式没涉及剪力，故在以下求解正应力的题目里也没有提及剪力，但不等于没有剪力。

【例 1.5.1-3】求图示 T 形截面梁在 1、2、3 点处的正应力 σ_1、σ_2和 σ_3。梁截面形心位置及惯性矩 I_z已求得，形心见图上的 O 点，$I_z=144\times10^8\text{mm}^4$，$M=40$kN·m。

题解：

$$W_{1z}=I_z/y_1=144\times10^8/515=28\times10^6\ \text{mm}^3$$

$$\sigma_1=M/W_{1z}=40\times10^6/(28\times10^6)=1.43\text{N/mm}^2$$

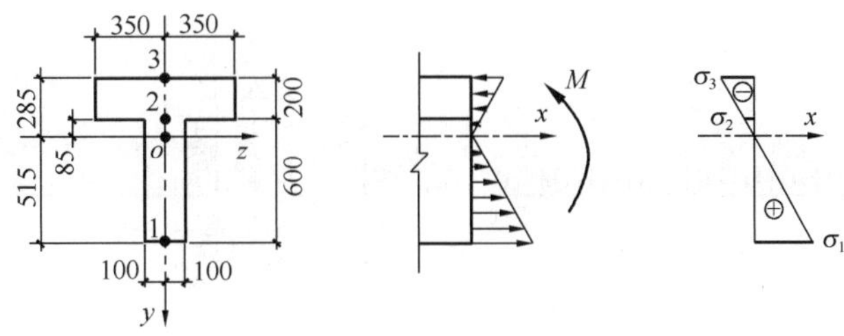

【例 1.5.1-3】附图

$$\sigma_2 = M \times y_2 / I_z = 40 \times 10^6 \times 85/(144 \times 10^8) = 0.236\text{N/mm}^2$$

$$W_{3z} = I_z / y_3 = 144 \times 10^8 / 285 = 50.5 \times 10^6 \text{ mm}^3$$

$$\sigma_3 = M/W_{3z} = 40 \times 10^6 / (50.5 \times 10^6) = 0.791\text{N/mm}^2$$

上例说明，单轴对称截面绕非对称轴弯曲时，有一个最大的抗弯截面模量 W_{max}（例中的 W_{3z}），用来求最小的边沿应力；还有另一个最小的抗弯截面模量 W_{min}（例中的 W_{1z}），用来求最大的边沿应力。这就是在型钢表中，同一个截面为什么会出现两个抗弯截面模量 W_{max} 和 W_{min} 的原因。还需要注意的是：在型钢表中一般都把“抗弯截面模量”称之为“截面抵抗矩”。

请翻到 1.6 节，做习题 1-91

1.5.2 横力弯曲时的剪应力（对照图 1.5.2-1）

以矩形截面简支梁受均布竖向荷载作用的情况为例（图 a）：支座截面剪力最大、弯矩为零，为纯剪状态；跨中心截面弯矩最大、剪力为零，为纯弯状态；除这两个截面之外的其余部位都同时存在弯矩和剪力。

分别假设梁的上部、中部和下部沿纵向断开成上、下两块，如图（c）、图（d）和图（e）所示。梁在受弯时上、下两块就会发生“错位”。为了消除“错位”，上、下块之间便产生了阻止“错位”的剪应力 τ。由于图（c）的上块和图（e）的下块比较薄，用较小的剪应力 τ 就可消除“错位”；当图（c）的上块和图（e）的下块很薄，厚度接近于零时，则用接近于零的剪应力 τ 就可消除“错位”；而图（d）的上、下块一样厚，势均力敌，需要最大的剪应力 τ_{max} 才能消除错位。于是，我们可以得到梁纵向剪应力沿高度方向的分布规律是：在中性轴处剪应力最大；离中性轴越远剪应力就越小；在上、下边缘处，剪应力为零（如大样图①所示）。

上面提到用来阻止“错位”的剪应力是纵向的，但根据“剪应力互等”原理，有纵向剪应力处、则必有与之相等的横向剪应力同时存在（见图 h 所示的微元体）。这个原理的证明从略，但可以这样理解：若图（h）各个面上的剪应力 τ 不相等，微元体的力平衡条件就不可能满足，就会发生刚体转动和平移。于是根据“剪应力互等”原理，梁**横截面**上剪应力沿高度方向的分布规律也是：在中性轴处剪应力最大；离中性轴越远剪应力就越小；在上、下边缘处，剪应力为零（见大样图①）。

另外，**从梁的整体看**“错位”是两端最大，向中间部位逐渐减小至零；相应地，在截面同一高度处的剪应力也是两端最大，向中间部位逐渐减小至零。这与剪力图（图 b）的变化规律是完全一致的。

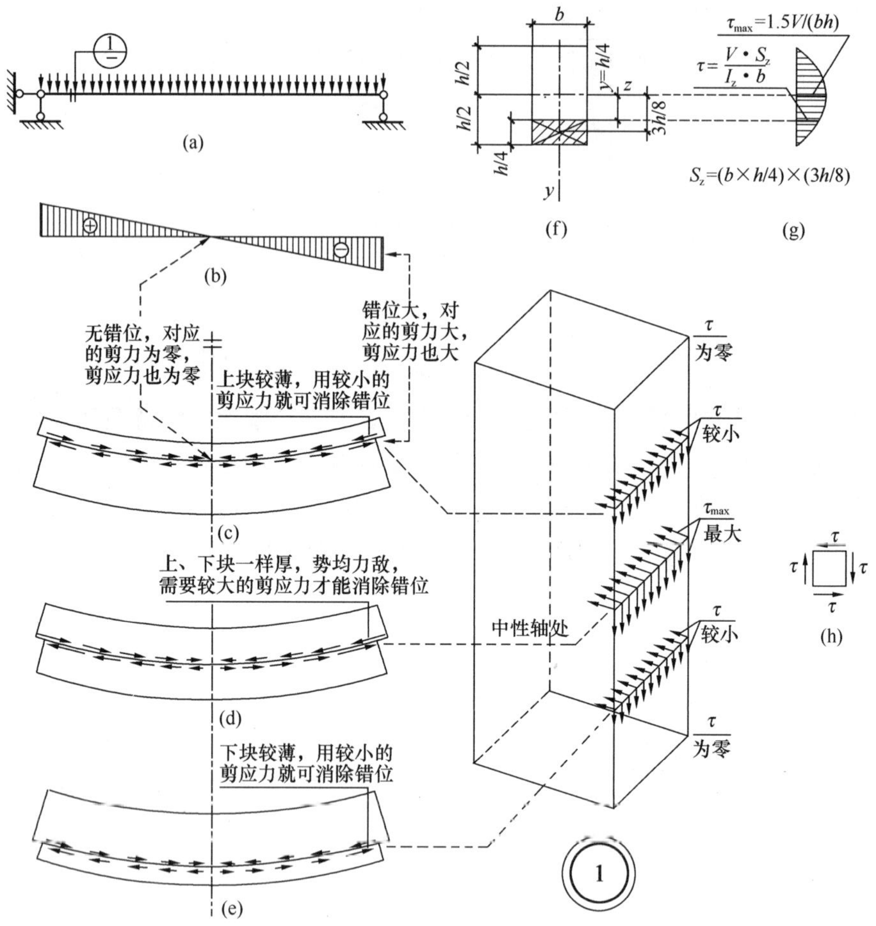

图 1.5.2-1　横力弯曲时，梁截面剪应力产生的定性分析及其分布

(a) 简支梁受均布竖向荷载作用；(b) 剪力图 V；(c) 梁上部纵向剪应力的产生；
(d) 梁中部纵向剪应力的产生；(e) 梁下部纵向剪应力的产生；
(f) 梁截面；(g) 剪应力分布

矩形截面任意点处的剪应力公式为（推导从略）：

$$\tau = \frac{VS_z}{I_z b} \tag{1.5.2-1}$$

式中：τ——横截面上任意点处剪应力；

V——横截面上的剪力；

I_z——整个横截面对中性轴 z 的惯性矩；

b——所求剪应力点处的截面宽度；

S_z——所求剪应力点处横线以外部分面积对中性轴的静矩（请回顾【例 1.4.3-1】对静矩的解释）。

【例 1.5.2-1】设图 1.5.2-1 截面 1 的剪力为 V，求中性轴处的剪应力 τ_{max}、距中性轴 $y=h/4$ 处的剪应力 $\tau_{h/4}$ 及截面上、下边缘处剪应力 $\tau_{h/2}$。

题解：

① 求 τ_{max}

$S_z=(b\times h/2)\times(h/4)=bh^2/8$；$I_z=bh^3/12$；代入式（1.5.2-1）得

$$\tau_{max}=V\times(bh^2/8)/[(bh^3/12)\times b]=1.5V/(bh)$$
$$=\mathbf{1.5}\ \textbf{倍平均剪应力}$$

② 求 $\tau_{h/4}$

$S_z=(b\times h/4)\times(3h/8)=3bh^2/32$；$I_z=bh^3/12$；代入式（1.5.2-1）得

$$\tau_{h/4}=V\times(3bh^2/32)/[(bh^3/12)\times b]=1.125V/(bh)$$
$$=1.125\ \text{倍平均剪应力}$$

③ 求 $\tau_{h/2}$

$y=h/2$ 时，$S_z=0$，故 $\tau_{h/2}=0$

上例说明矩形截面最大剪应力发生在中性轴处，其值是平均剪应力的1.5倍。上例用公式（1.5.2-1）算出的结果表明：截面上、下边缘处剪应力为零，高度4分点上的剪应力 $\tau_{h/4}$ 是2分点上剪应力 τ_{max} 的 1.125/1.5=3/4 倍。这是二次抛物线的特点，**说明矩形截面的剪应力分布曲线是二次抛物线**，见图1.5.2-1（g）。

截面剪应力的方向与截面剪力相同，剪应力的 τ 符号规定亦与剪力 V 相同。但出于与【例1.5.1-1】中说明①相同的理由，不宜在剪应力数字前加正、负号；而且在应力图上一般也不标注正、负号。

请翻到1.6节，做习题1-92

公式（1.5.2-1）同样适用于工字形截面的腹板剪应力计算。比较图1.5.1-2（c）和图1.5.2-1（g），可发现矩形截面正应力最大的上、下边，恰好是剪应力为零之处；而在剪应力最大的中性轴，正应力为零。故矩形截面的正应力验算和剪应力验算是分别进行的。但对于工字形截面，有些部位可能会同时出现正应力和剪应力都比较大的情况，见下例。

【例1.5.2-2】求图示工字形截面梁的最大正应力、最大剪应力和集中荷载处翼缘与腹板相交部位的正应力和剪应力。已知 $P=300$kN，$q=6$kN/m。

题解：

1. 求最大正应力

① 用图形相减的方法求截面对形心主轴惯性矩 I_z 的求解（对照图b，并请回顾【例1.4.3-5】）

$$I_z=360\times900^3/12-2\times175\times868^3/12=28\times10^8\text{mm}^4$$

② 分别求 P 和 q 引起的内力，然后叠加得最终内力，过程分别如图（c）、图（d）和图（e）所示。

③ 最大正应力发生在跨中心截面 E-E，弯矩为 $M_{max}=M_E=961$kN·m

$$\sigma_{max}=M_{max}\times y_{max}/I_z=961\times10^6\times450/(28\times10^8)=154.6\text{N/mm}^2$$

正应力在截面上的分布如图（f）所示。

2. 求最大剪应力

结构和荷载均对称，计算左半边即可。

最大剪应力发生在支座截面 A-A 的中性轴处，剪力为 $V_{max}=V_A=327$kN。

$$S_z=360\times16\times(450-16/2)+434\times10\times434/2=3.49\times10^6\text{mm}^3$$
$$b=10\text{mm}$$

于是 $\tau_{max}=327\times10^3\times3.49\times10^6/(28\times10^8\times10)=40.8\text{N/mm}^2$

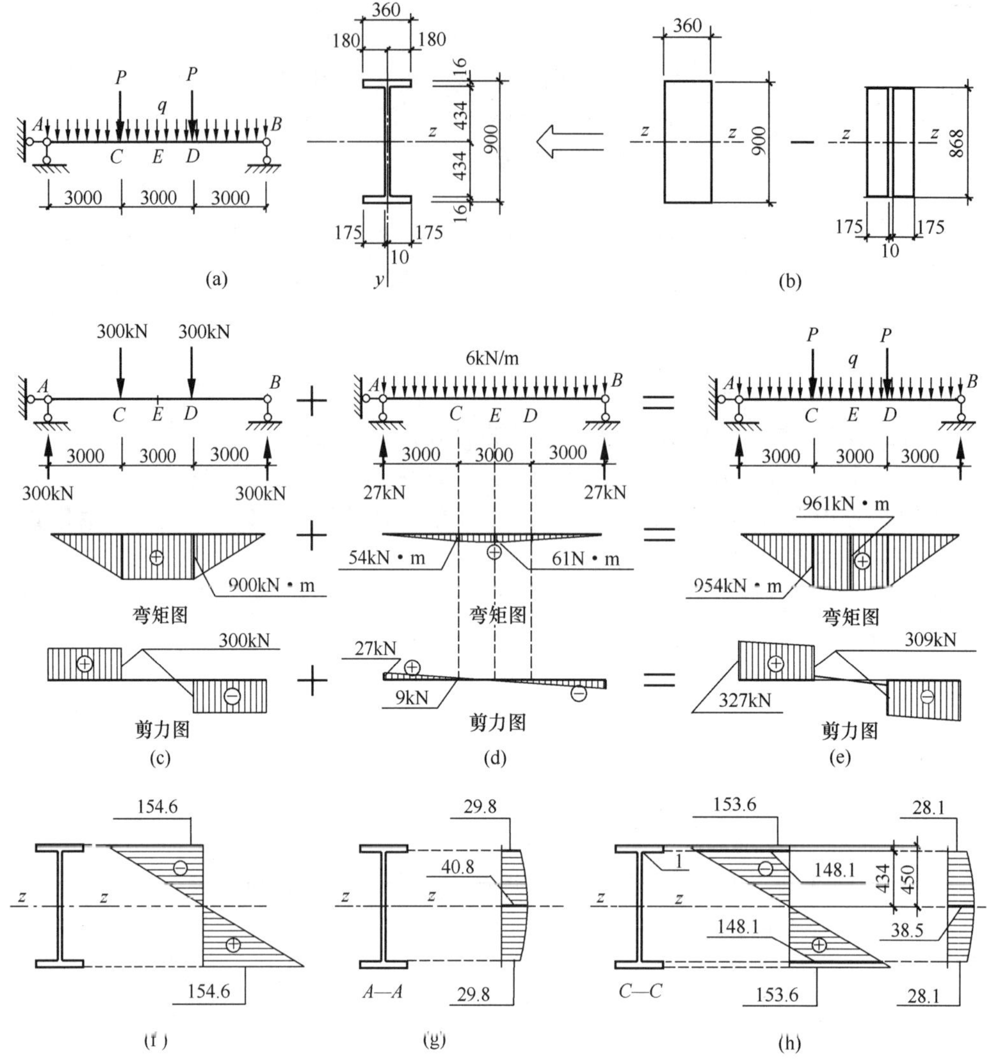

【例 1.5.2-2】附图

(a) 题目附图；(b) 用图形相减的方法求惯性矩；(c) 集中荷载内力图；(d) 均布荷载内力图；(e) 最终内力图；(f) 最大正应力发生在 *E-E* 截面 单位：N/mm²；(g) 最大剪应力发生在 *A-A* 截面 单位：N/mm²；(h) *C-C* 截面翼缘与腹板相交处的正应力和剪应力都比较大 单位：N/mm²

说明：用同样的方法可求得翼缘与腹板相交处的剪应力为 29.8N/mm²，如图（g）所示。很明显，**工字形截面腹板剪应力的分布，要比矩形截面均匀得多**（注意和图 1.5.2-1g 矩形截面的剪应力分布作比较）。

仅考虑腹板抗剪时的平均剪应力为

$$\tau_{\text{average}} = 327 \times 10^3/(868 \times 10) = 37.7\text{N/mm}^2$$

与 $\tau_{\max}$ 相比，两者相差为：(40.8－37.7)/40.8＝7.6%。**这个结果表明：工字形截面剪力的绝大部分由腹板承担**（尽管本例的腹板面积 868×10 还小于翼缘的面积 2×360×16）。

3. 集中荷载处翼缘和腹板相交部位的正应力和剪应力

$M_C = 954\text{kN} \cdot \text{m}$；$V_C = 309\text{kN}$

$$\sigma_1 = M_C \times y_1 / I_z = 954 \times 10^6 \times 434/(28 \times 10^8) = 148.1\text{N/mm}^2$$

$$S_1 = 360 \times 16 \times (450 - 16/2) = 2.55 \times 10^6 \text{mm}^3$$

于是 $\tau_1 = 309 \times 10^3 \times 2.55 \times 10^6/(28 \times 10^8 \times 10) = 28.1\text{N/mm}^2$

上述结果表明，作用在梁上的集中荷载比较大时，集中荷载作用点处就有较大的弯矩和剪力；若梁为薄板组成的工字形截面，在翼缘内侧与腹板相交的部位就会同时出现较大的正应力和剪应力。这也是钢结构需要验算的内容之一。

请翻到 1.6 节，做习题 1-93

1.5.3 拉弯或压弯构件的正应力

仅考虑强度问题时，轴向拉伸和压缩的正应力都等于轴向力除以截面净面积；若同时有弯矩作用，则将弯矩引起的正应力叠加上去即可。受压杆件设计还存在稳定问题，对钢结构设计这个问题尤为突出，将在钢结构一章中讲述。

【例 1.5.3-1】求附图所示拉弯杆件截面的正应力分布（图中尺寸单位为 mm）。

题解：

由轴力偏心在杆件的两端产生的力矩均为 0.15×200＝30kN·m，都使杆件下面受拉。轴力图和弯矩图如图（b）、图（d）所示，杆件全段各截面的内力均相等，可随意抽一截面计算。轴力引起的正应力分布如图（c）所示，其大小为

$$N/A = 200 \times 10^3/(300 \times 600) = 1.11\text{N/mm}^2(\text{拉})$$

抗弯截面模量 $W = 300 \times 600^2/6 = 18 \times 10^6 \text{mm}^3$，弯矩引起的正应力分布如图（e）所示，上下边缘处的应力为

$$M/W = 30 \times 10^6/(18 \times 10^6) = 1.67\text{N/mm}^2$$

叠加得最终正应力分布如图（f）所示，其大小为

下边缘处 $\sigma_{max} - 1.67 + 1.11 - 2.78\text{N/mm}^2$(拉)

上边缘处 $\sigma_{min} = 1.67 - 1.11 = 0.56\text{N/mm}^2$(压)

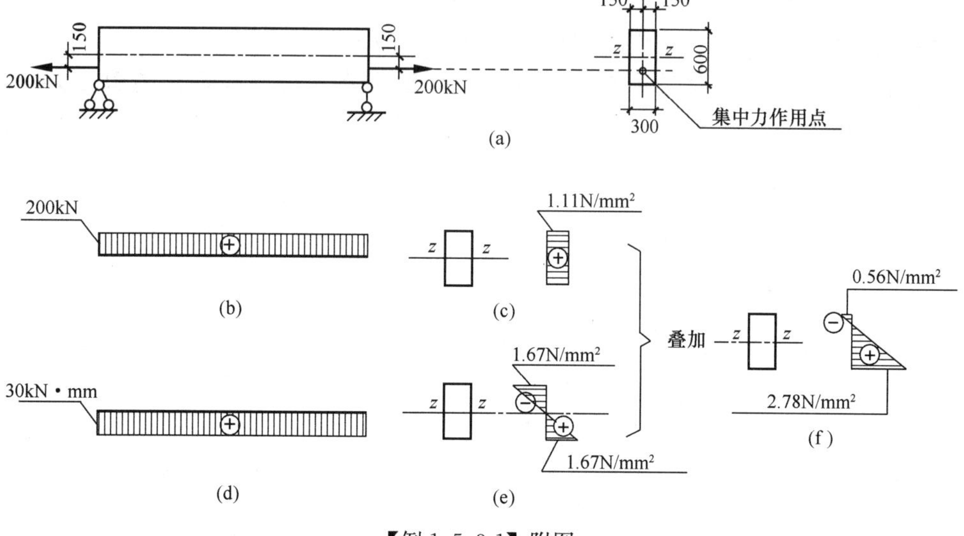

【例 1.5.3-1】附图

（a）题目附图；（b）轴力图；（c）轴力引起的正应力；（d）弯矩图；（e）弯矩引起的正应力；（f）最终正应力

1.5.4 扭转应力简介

1. 圆截面直杆的扭转

图 1.5.4-1（a）圆截面直杆受力前的情况，其表面上绘有代表横截面的圆周线和与杆轴平行的纵向线，以便观测受力后的变形。图 1.5.4-1（b）是杆件受到扭矩 M_T 作用后的变形情况，观测表明：①所有横截面在变形后仍为平面；②横截面之间的间距不变；③横截面的半径仍为直线（图中的 OA）。观测结果①、②表明杆件的纵向无变形，故**杆件无纵向应力**；观测结果③表明**横截面上任意点处的剪应变与该点到圆心的距离成正比、并与半径垂直，进而可得到如图 1.5.4-1（c）所示的剪应力分布规律**。定量分析从略。

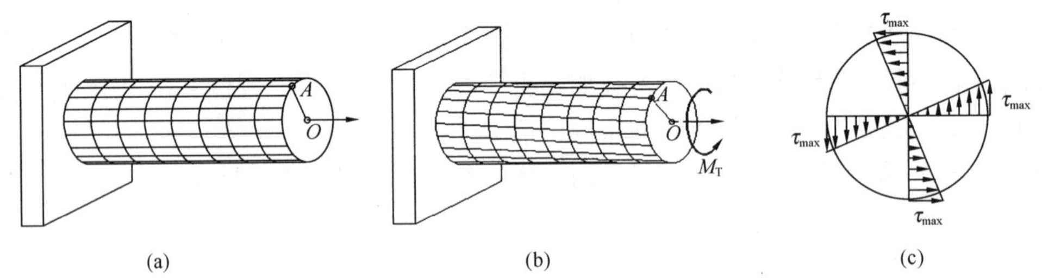

图 1.5.4-1 圆截面直杆的扭转

（a）受力前；（b）受扭矩作用的变形；（c）截面剪应力分布

2. 非圆截面直杆的扭转

非圆截面直杆在扭转后横截面不再为平面。以矩形截面直杆为例，事先在杆的表面上绘出横截面的周线，在杆扭转后，可看到这些周线变成为曲线（图 1.5.4-2a）。从而可以推知：杆变形后的横截面将发生翘曲、不再是平面。这一点与圆截面直杆截然不同，因此两者的应力分布也有很大的差别。非圆截面直杆在扭转时横截面虽然发生翘曲，但当其相邻两横截面的翘曲程度完全相同时，横截面上仍然是只有剪应力而没有正应力；但若相邻两横截面的翘曲程度不同，横截面之间将相互拉扯、产生纵向的对抗力、也就是正应力。前一种情况称为纯扭转或自由扭转，后一种则称为约束扭转。

不论是自由扭转、还是约束扭转，**矩形截面直杆在扭转时横截面的剪应力都呈图 1.5.4-2（b）所示的分布状态：周边上各点处的剪应力方向必与周边相切，这是因为在杆表面上没有剪应力，由剪应力互等定理可知，在横截面周边上各点处不可能有垂直于周边**

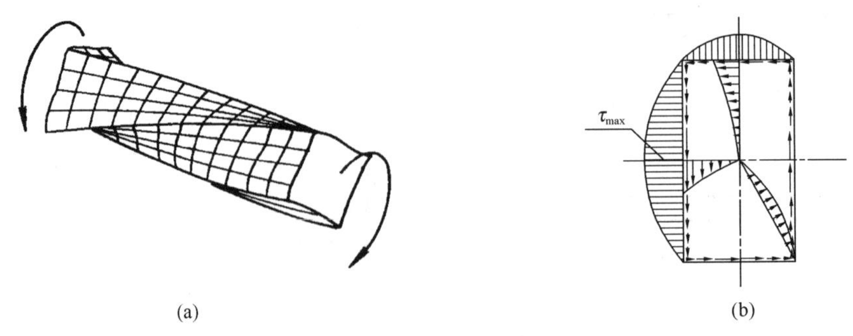

图 1.5.4-2 矩形截面直杆的扭转

（a）矩形截面等直杆扭转后横截面周线变成为曲线；（b）截面剪应力分布

的剪应力分量，由此还可推知，在矩形截面的角点处剪应力必等于零。剪应力最大值发生在长边的中点处。定量分析从略。

虽然这一节没有对扭转应力的定量分析作介绍，但我们对直杆扭转时的剪应力分布有了个初步的印象。例如，不论是圆截面还是矩形截面都是边缘处大、形心处小。于是，我们就不难理解：为什么钢筋混凝土梁的抗扭纵筋和箍筋都要摆在外侧。

请翻到 1.6 节，做习题 1-94，1-95

1.6 习　　题

1-1　确定附图所示两层框架结构的超静定次数(　　)（2011-39，2004-30）

(A) 2 次　　(B) 4 次　　(C) 6 次　　(D) 8 次

1-1　题目附图

1-1　题解附图

答案：C。说明：①机动分析与荷载无关；②2011-39 题没标荷载。

1-2　附图所示结构的超静定次数为(　　)（2011-10）

(A) 6 次　　(B) 8 次　　(C) 10 次　　(D) 12 次

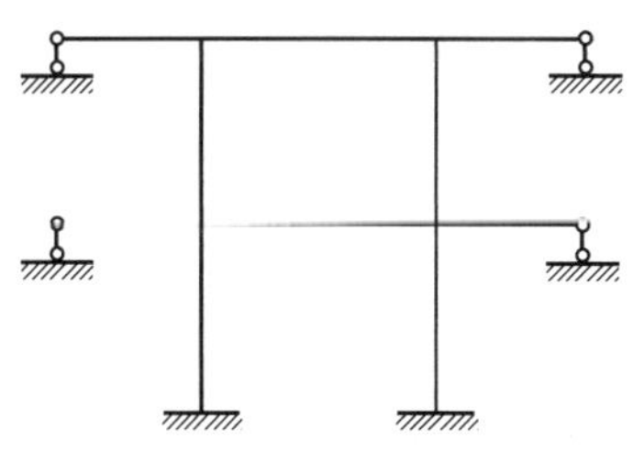

1-2　题目附图

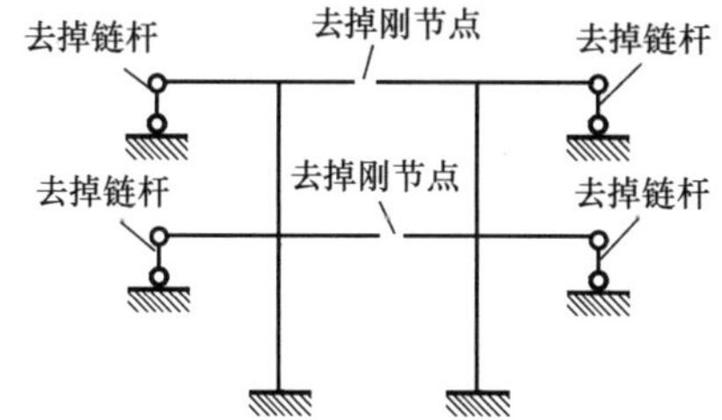

1-2　题解附图

题解：去掉 4 根支座链杆，即去掉 4 约束；将中跨上下横梁切断，即再去掉两个刚节点（2×3 个约束）。此时结构变成两个形状比较复杂的静定悬臂结构，它们通过基础连成为一个无多余约束的几何不变体。但这是在去掉 4+2×3=10 个约束后得到的结果，说明原结构的超静定次数为 10 次。

答案：C。

1-3　对附图所示结构的“几何组成分析”，哪项正确？

(A) 为无多余约束的几何不变体　　(B) 为几何瞬变体

（C）为有多余约束的几何不变体　　　　（D）为几何常变体

题解：

① 先将倒L形杆 BEF 和 DIH 各自用刚片代替，然后再把这两刚片转换成两直杆 BF 和 DH，见图（a）；②将两边的支座和基础视为一块刚片，中部的T形杆 $CGFH$ 当作一块刚片，如图（b）所示。此时的结构就成为两个刚片用 BF、AC、DH 三根链杆相连、但三根链杆的延长线交于一点 o'（瞬铰）的瞬变体系。

答案：B。

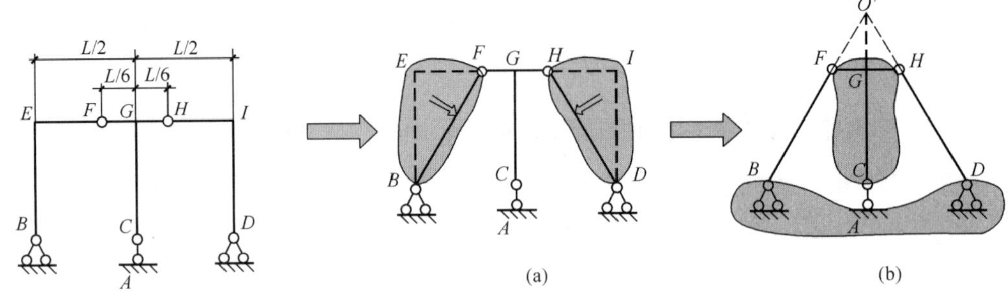

1-3　题目附图　　　　1-3　题解附图

1-4　对图示结构的“几何组成分析”，哪项正确？

（A）为无多余约束的几何不变体

（B）为几何瞬变体

（C）为有多余约束的几何不变体

（D）为几何常变体

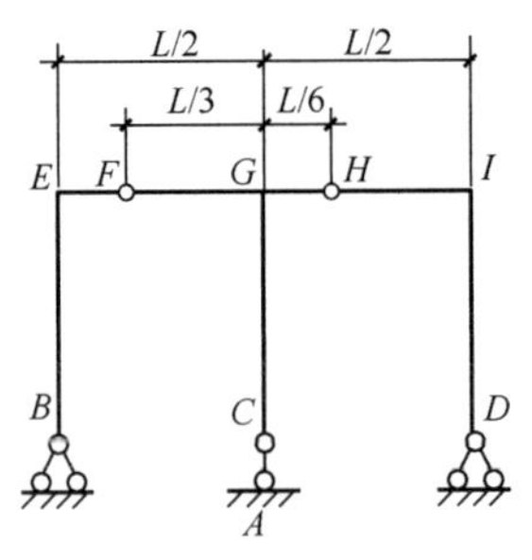

1-4　题目附图

题解：分析过程完全同上题，但结果不一样，因为转换成直杆后的 BF、DH 杆与 AC 杆的延长线不交于一点。符合两刚片规则，属于无多余约束的几何不变体系。

答案：A。

1-5　图示结构的超静定次数为（　　）（2011-40）

（A）1次　　　（B）2次　　　（C）3次　　　（D）4次

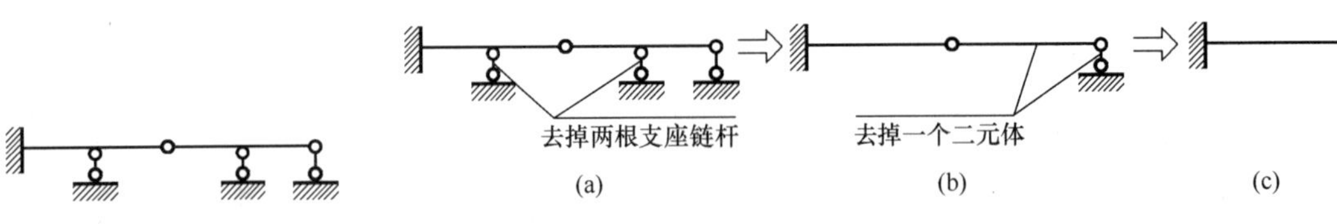

1-5　题目附图　　　　1-5　题解附图

题解：去掉跨中两根链杆支座，即去掉2个约束（图a），再去掉一个二元体（图b），结构就成为一根静定的悬臂梁（图c）。这反过来说明图（b）是静定结构，但图（b）是在原结构去掉2个约束后得到的，说明原结构的超静定次数为2次。

答案：B。

1-6　图示结构的超静定次数为（　　）（2011-40）

（A）6次　　　（B）7次　　　（C）8次　　　（D）9次

题解：去掉上部结构虚线所示的6根链杆，上部结构就成为符合三角形规则的一块大刚片，再去掉跨中的竖向链杆支座，整个结构就变成一个静定的简支刚片。但这是在去掉 7 根链杆（即 7 个约束）后得到的结果，说明原结构的超静定次数为 7 次。

答案：B。

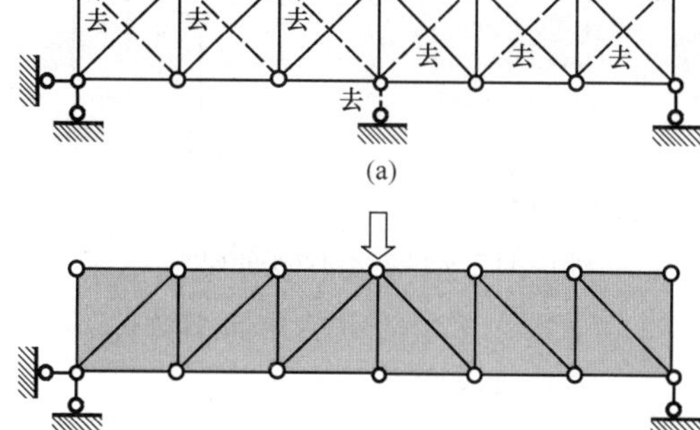

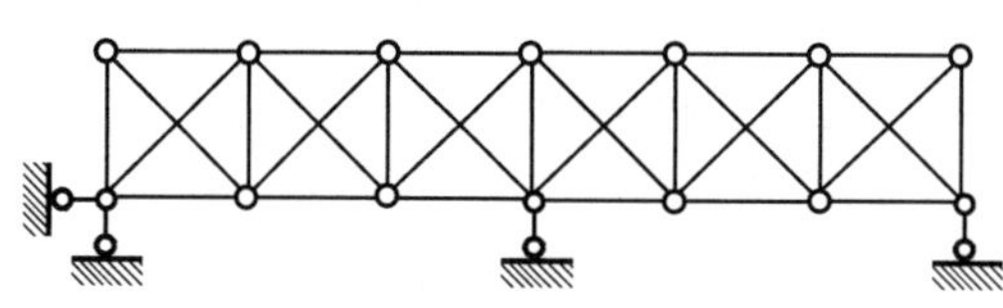

1-6　题目附图

1-6　题解附图

1-7　图示结构的超静定次数为（　　）（2010-7）（视频用两种方法求解）

（A）2 次　　　　（B）3 次

（C）4 次　　　　（D）5 次

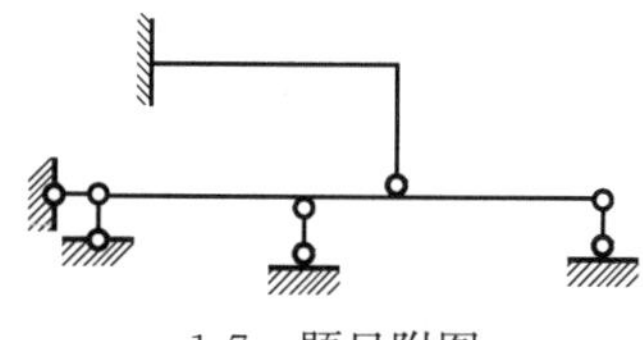

1-7　题目附图

答案：B。

附清华大学结构力学求解器分析的结果，见下图：

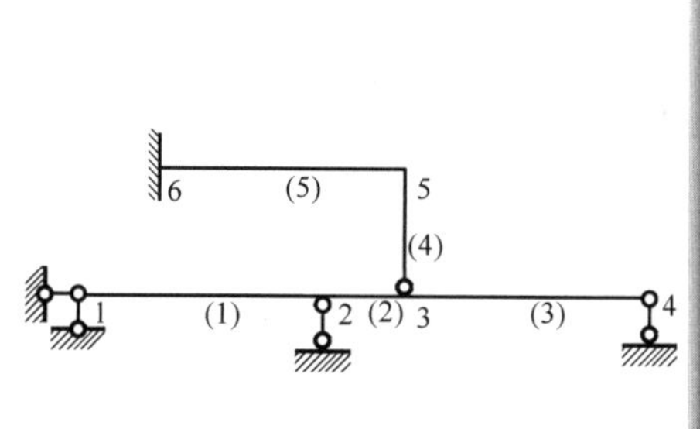

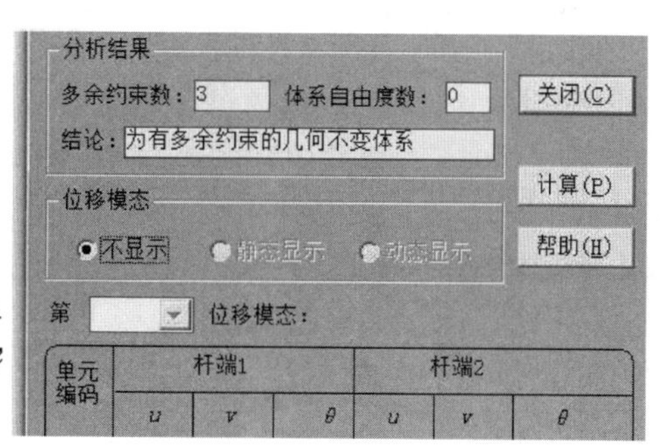

1-7　题解附图

说明：包含基础刚片的有三个多余约束的几何不变体就是三次超静定结构。

1-8　图示结构属于何种体系？（2011-15）（视频着重讲解虚铰的应用）

（A）无多余约束的几何不变体系

（B）有多余约束的几何不变体系

（C）几何常变体系

（D）几何瞬变体系

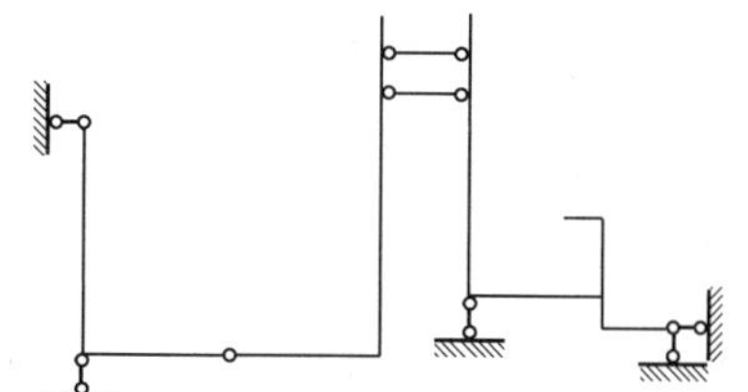

答案：A。

1-9　附图所示结构的超静定次数为（　　）（2011-42）（视频用三种方法求解）

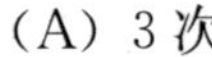
(A) 3 次　　　　(B) 4 次　　　　(C) 5 次　　　　(D) 6 次

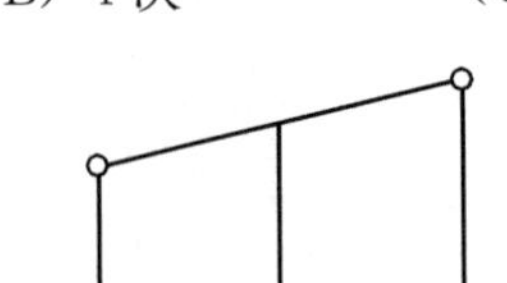

答案：B。

1-10　判断图示结构属于何种结构体系？(2010-6，2011-11)

(A) 无多余约束的几何不变体系　　　　(B) 有多余约束的几何不变体系

(C) 常变体系　　　　(D) 瞬变体系

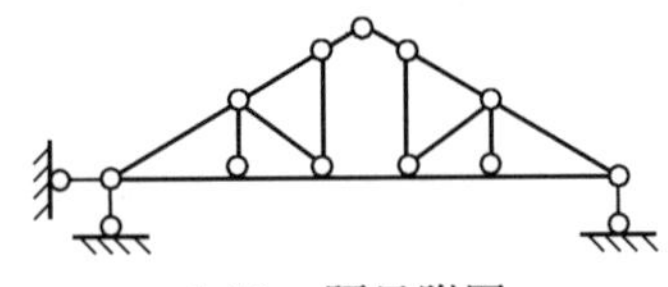

1-10　题目附图

题解：逐次去掉三个二元体，如图 (a)、(b) 所示；余下结构见图 (c)，将它横梁上面两个大三角形的中间竖杆去掉，使其变成两个二元体，同时减少两个约束；再将刚得到的两个二元体删除，余下结构就变成一根静定的简支梁（图 d）。但这是在减少了两个约束的情况下得到的结果，说明原结构为有两个多余约束的几何不变体、二次超静定结构。

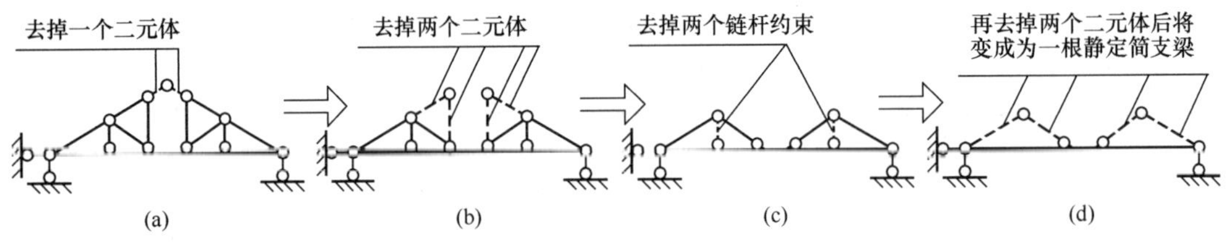

1-10　题解附图

答案：B。

1-11　图示结构的超静定次数为(　　)(2014-2)

(A) 1 次　　　　(B) 2 次　　　　(C) 3 次　　　　(D) 4 次

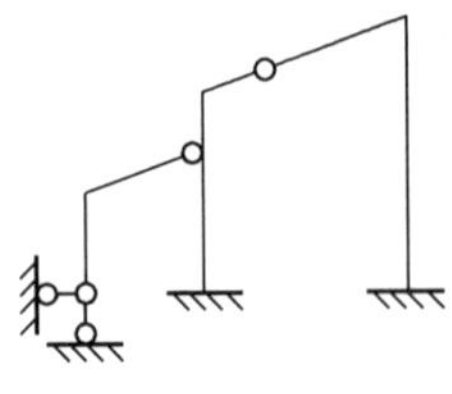

1-11　题目附图

1-11　题解附图

题解：去掉左跨的一根曲链杆和右跨斜横梁上的一根链杆后，亦即去掉两个约束后，得到两根静定的悬臂柱，它们和基础连成一个没有多余约束的几何不变体，说明原结构是 2 次超静定结构。

答案：B。

1-12　对图所示结构的“几何组成分析”，哪项正确？

(A) 几何可变体系　　　　(B) 无多余联系的几何不变体系

(C) 瞬变体系　　　　　　　　　　　　(D) 有多余联系的几何不变体系

题解：结构的 *ABC* 和 *ADE* 部分都符合三角形规则，是没有多余约束的几何不变体，可视为两块刚片（图 a)；它们与 *CD* 杆刚片的组成亦符合三刚片规则，为没有多余约束的几何不变体，可视为更大的一块基本刚片（图 b)。这块基本刚片和四根支座链杆中的三根一起，构成一个静定的简支刚片，如图（b）虚线围起来的部分所示，虚线外围的那根链杆就是一个多余的约束。故原结构是有一个多余约束的几何不变体系、一次超静定结构。

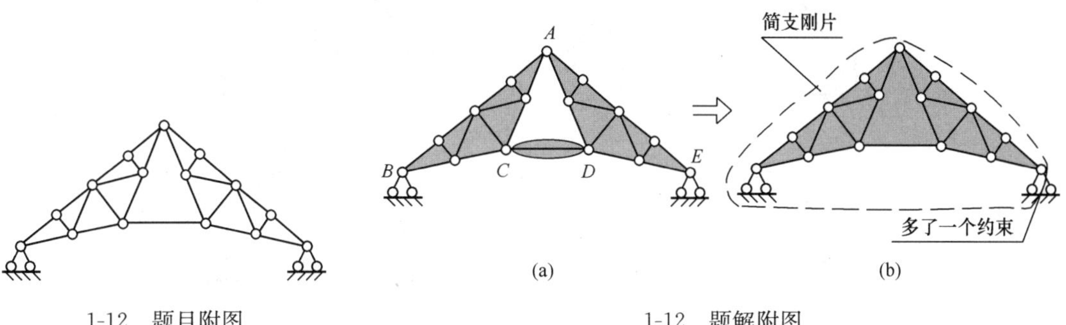

1-12　题目附图　　　　　　　　　　　　1-12　题解附图

答案：D。

1-13　附图所示结构的超静定次数为(　　)（2010-8，2011-4，2012-3）

(A) 零次　　　(B) 1 次　　　(C) 2 次　　　(D) 3 次

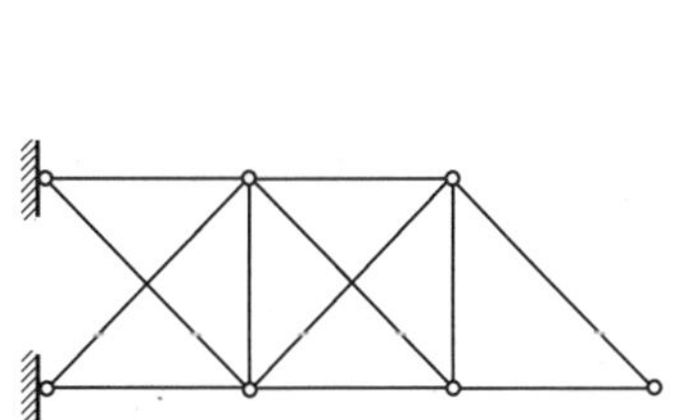

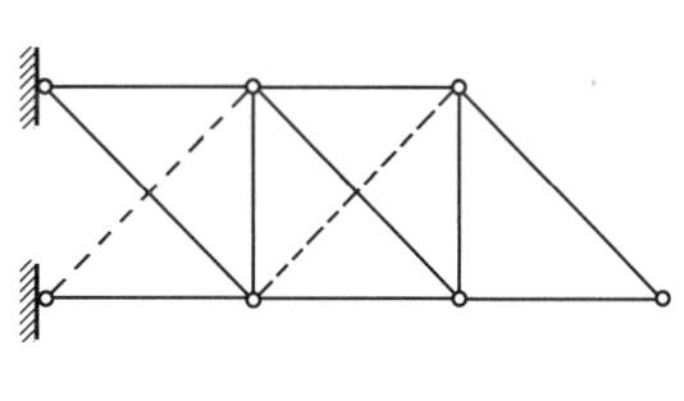

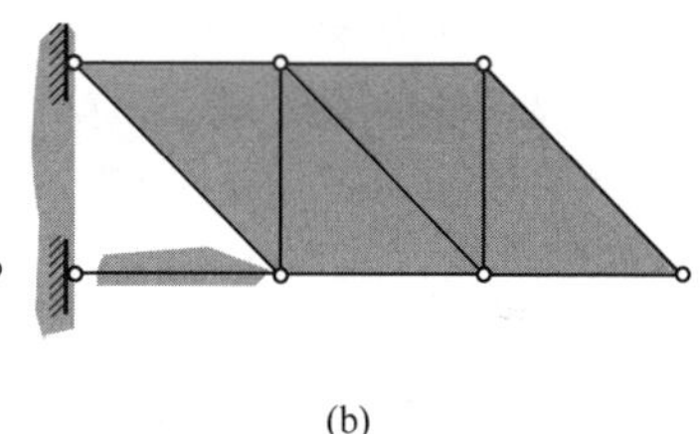

1-13　题目附图　　　　　　　　　　　　1-13　题解附图

题解：去掉图（a）虚线所示的两根链杆之后可得到图（b）所示的结构，在它右边的 4 个三角形组合中，相邻两个三角形均由两个外围的“完全铰”连接，符合三角形规则，是没有多余约束的几何不变体，可看成为一块大刚片，再将基础和左下方的链杆也分别看成为刚片，图（b）便成了符合三刚片规则的静定结构。但图（b）是在去掉两根链杆、亦即去掉两个约束后得到的，故原结构的超静定次数为两次。

答案：C。

1-14　图示几何不变体系，其多余约束数为(　　)（2014-3）

(A) 1 个　　　(B) 2 个　　　(C) 3 个　　　(D) 4 个

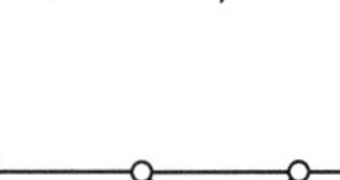

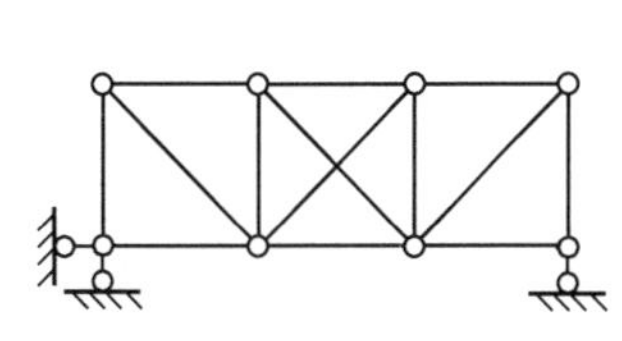

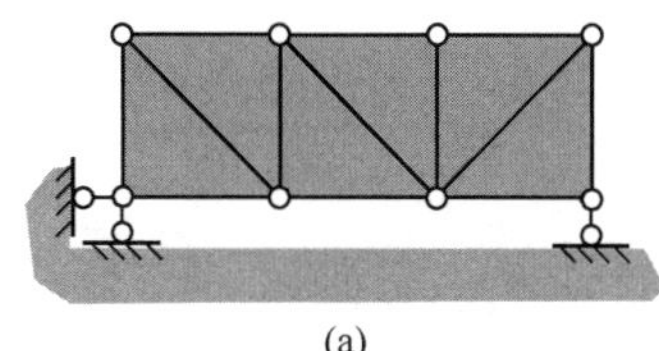

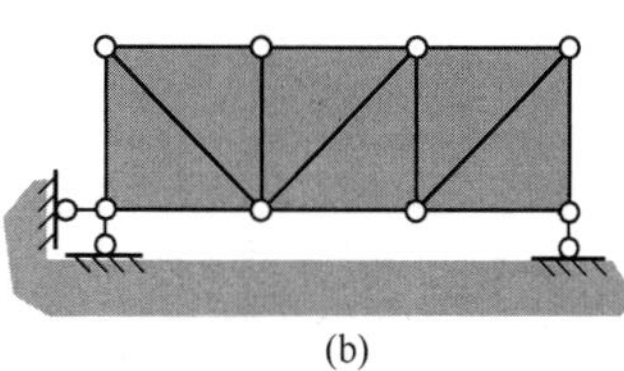

1-14　题目附图　　　　　　　　　　　　1-14　题解附图

题解：上部结构在去掉中间节间两根交叉链杆的其中一根后就变成如图（a）或图（b）所示的、符合三角形规则的一块刚片，得到一个静定简支刚片结构。这是在去掉一根链件、亦即去掉一个约束后得到的，故原结构的多余约束数为一个。

答案：A。

1-15　附图所示的四个结构哪一个不是静定结构？（2010-14）

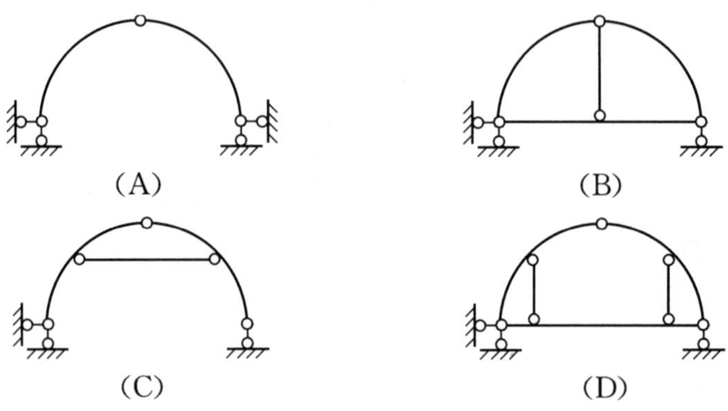

1-15　题目附图

题解：

A：对照图（a），这是一个符合三刚片规则的静定三铰拱，排除。

B：对照图（b）、（c）、（d），去掉链杆 *CD*（图 b），然后将 *AC* 和 *BC* 曲杆看成为直杆（图 c），则结构就成为一个静定的三角形简支刚片，但这是在去掉一根链杆、亦即去掉一个约束后得到的结果，说明 B 是一次超静定结构。考试时就到此为止，作为练习我们继续。

C：对照图（e）、（f），*DE*、*AC*、*BC* 三杆符合三刚片规则（图 e），构成无多余约束的几何不变体，可视为一块较大的刚片（图 f），结构就成为一个静定简支刚片结构。

D：*AF*、*DF*、*AC* 三杆和 *GB*、*GE*、*BC* 三杆分别符合三刚片规则（图 g），构成两个无多余约束的几何不变体，可视为两块较大的刚片，它们和 *FG* 刚片一起亦符合三刚片规则（图 h），于是整个结构就成为一个静定简支刚片结构。

答案：B。

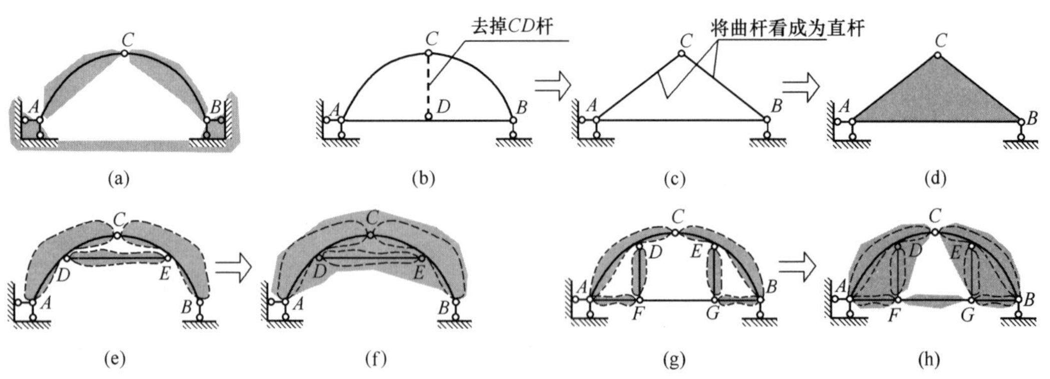

1-15　题解附图

1-16　附图所示结构属于何种体系？（2011-7）

（A）无多余约束的几何不变体系　　（B）有多余约束的几何不变体系

（C）常变体系　　（D）瞬变体系

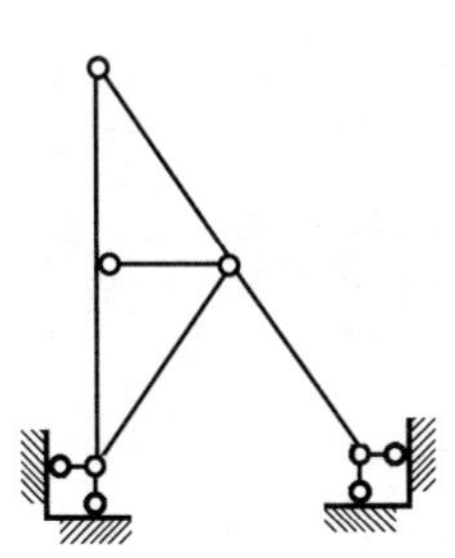

1-16　题目附图

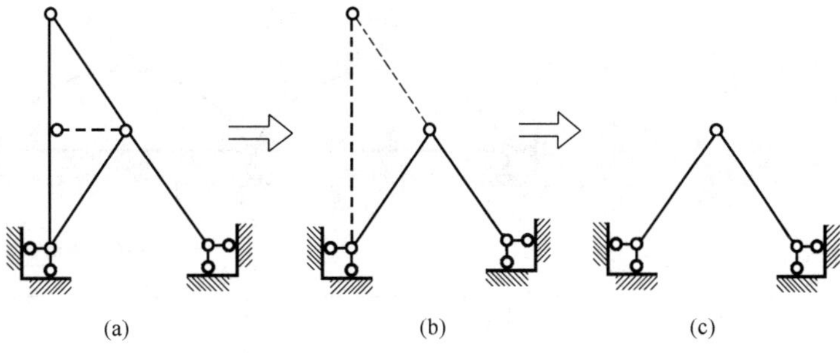

1-16　题解附图

题解：去掉图（a）虚线所示的一根水平链杆，再去掉图（b）虚线所示的一个二元体，结构就变成一个直杆三铰拱（图 c），直杆三铰拱是静定结构（因为只需将两斜直杆作为一个二元体去掉就只剩下基础刚片了），但这是在去掉一根水平链杆约束的情况下得到的结果，因此，原结构是一次超静定结构、是有多余约束的几何不变体系。

答案：B。

1-17　图示平面体系的几何组成为（　　）（2012-2）

（A）几何可变体系　　（B）几何不变体系，无多余约束

（C）几何不变体系，有 1 个多余约束　　（D）几何不变体系，有 2 个多余约束

题解：先后去掉两个二元体，见图（a）和图（b），得图（c）所示结构。很明显，图（c）闭合虚线的外面有一根可以大幅度转动的链杆，说明图（c）起码有一个自由度，考试时就有答案 A 了。作为练习，我们还想深究一下这个结构还有没有其他的自由度？这就得再看看闭合虚线内部的几何组成了：将左柱看成基础的延伸，并把两个铰支座看成为基础的一部分，于是基础刚片、上横梁刚片、右柱刚片一起组成符合三刚片规则的无多余约束的几何不变体，说明闭合虚线内部没有其他的自由度。也就是说图（c）、进而原结构是有一个自由度的几何可变体系。

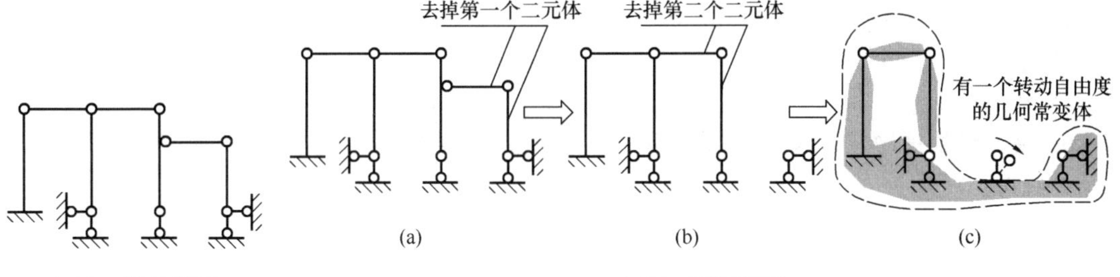

1-17　题目附图　　1-17　题解附图

答案：A。

1-18　附图所示几何不变体系的多余约束数为（　　）（2012-1）

（A）无　　（B）1 个　　（C）2 个　　（D）3 个

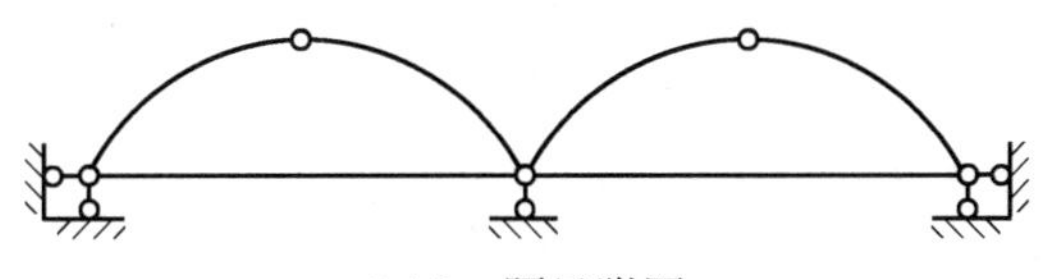

1-18　题目附图

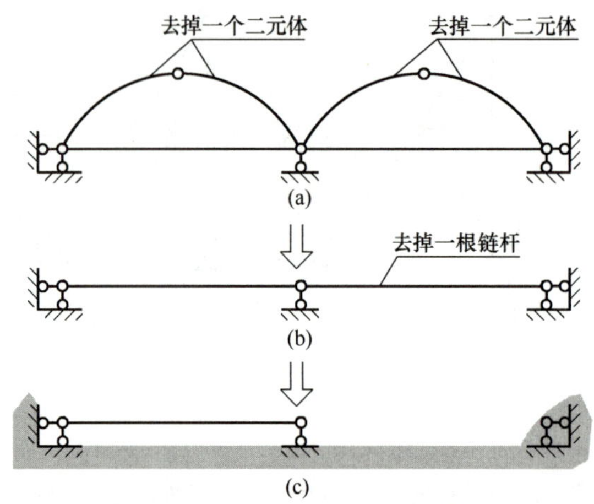

1-18　题解附图

题解：先后去掉图（a）的两个二元体，然后去掉图（b）的一根链杆（即去掉一个约束），便可得到图（c）所示的静定简支梁。这说明图（b）、进而说明原结构为一次超静定结构，亦即为有一个多余约束的几何不变体。

答案：B。

1-19　图示结构中哪根杆剪力最大？（2011-20）

（A）杆 1　　（B）杆 2

（C）杆 3　　（D）杆 4

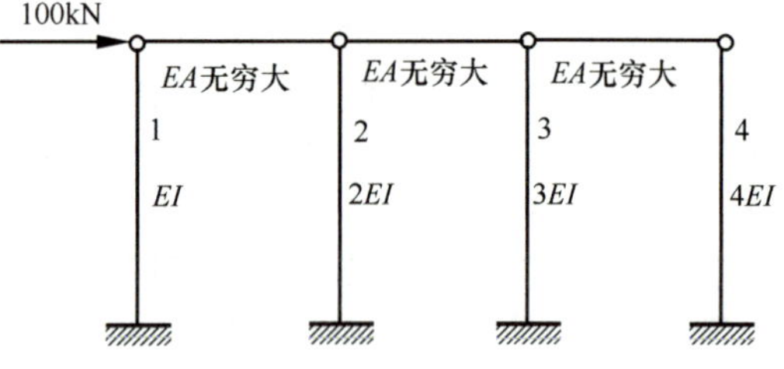

1-19　题目附图

题解：由于横梁截面抗压（抗拉）刚度 EA 为无穷大，横梁无轴向变形，故各柱柱顶侧移相等；又由于各柱长度相等，故截面抗弯刚度最大（$4EI$）的杆 4 的侧移刚度最大，分担的力最大、进而剪力最大。

答案：D。

1-20　图示结构被均匀加热 t℃，左右两支座产生的内力为(　　)。

（A）水平力、竖向力均不为零

（B）水平力为零，竖向力不为零

（C）水平力不为零、竖向力为零

（D）水平力、竖向力均为零

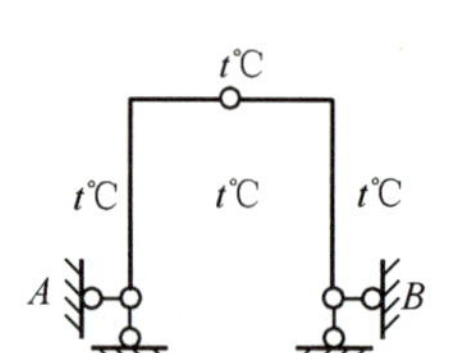

1-20　题目附图

题解：将左、右铰支座和基础看成一块刚片，同时将上部的两根倒 L 形杆看成两块刚片，结构就成为三刚片用不在一条直线上的三铰两两相连的体系，符合三刚片规则，是无多余约束的几何不变体、静定结构。温度变化在静定结构中不引起内力。

答案：D。

1-21　以下对静定结构内力的论述，哪项正确？

（A）温度的变化会引起杆件内力的变化

（B）支座的不均匀沉陷会引起杆件内力的变化

（C）杆件长度的制作误差不会引起杆件内力的变化

（D）如仅有一根杆件破坏，该结构尚能继续承担荷载题解：A、B错、C对，请参见 1.2.2 小节；D错，请参见 1.2.4 小节和【事故案例 1.2.4-1】。

答案：C。

1-22　附图所示结构，要使 P 位置处的梁弯矩为零，则 P_1应为下列何值？

(A) $P/4$　　(B) $P/2$　　(C) $3P/4$　　(D) P

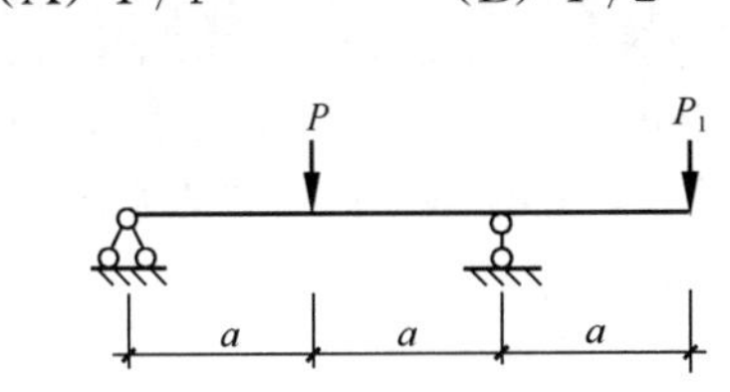

1-22　题目附图

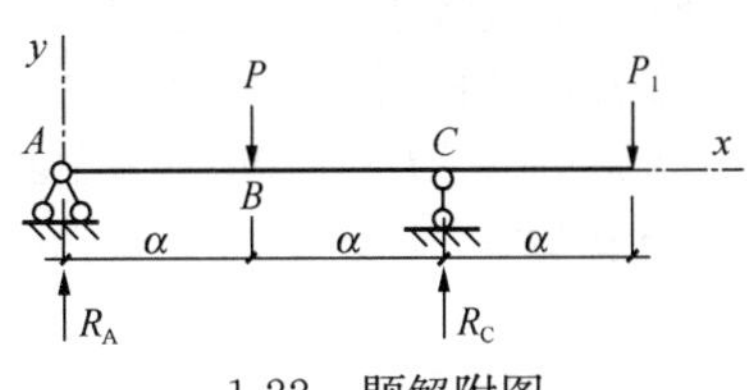

1-22　题解附图

题解：梁截面 B 的弯矩被指定为零，即 $M_B=0$ 为已知条件。截面 B 左侧的所有的外力只有一个支座未知反力 R_A，利用它对截面 B 的力矩就是截面 B 的弯矩 M_B，对照附图很容易列出：

$$R_A \times a = M_B = 0$$

解得　$$R_A = 0$$

本题最终要求的是 P_1，对 C 点求矩，令$\sum M_C=0$ 是最合适不过的了。因为支座反力 R_C通过 C 点，对该点的力臂为零、进而力矩也为零，R_C不会出现在力平衡方程中，使得方程只含一个未知数 P_1，简化了计算。

令$\sum M_C=0$　　$$R_A \times 2a - P \times a + P_1 \times a = 0$$

将 $R_A=0$ 代入得　　$$0 \times 2a - P \times a + P_1 \times a = 0$$

解得　　$$P_1 = P$$

答案：D。

1-23　图示梁截面 a 处的弯矩是(　　)(2012-24)

(A) Pl　　(B) $Pl/2$　　(C) $2Pl$　　(D) $Pl/4$

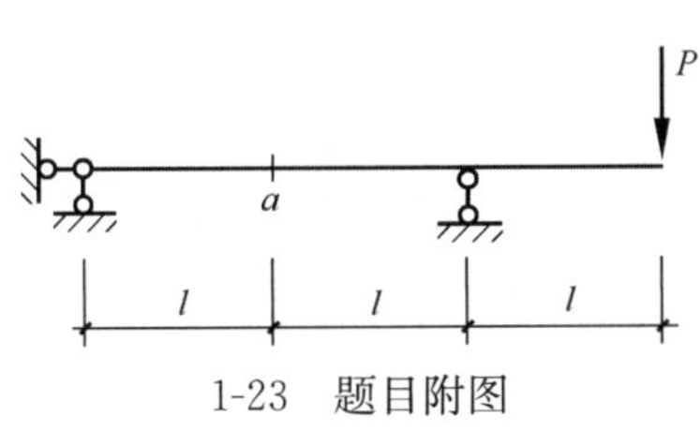

1-23　题目附图

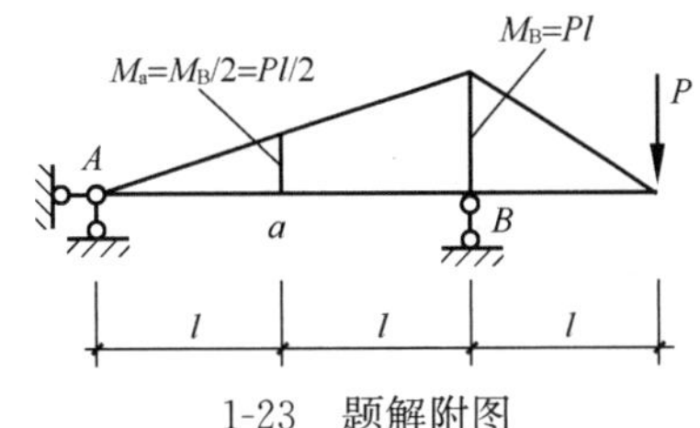

1-23　题解附图

题解：先求支座 B 处的弯矩：$M_B=Pl$。再根据 1.3.2 小节之 4 描述的弯矩图规律，利用简单的几何关系，可得到：$M_a=M_B/2=Pl/2$。

答案：B。

1-24　附图所示梁 a 点处的弯矩是(　　)(2010-20)

(A) $ql^2/16$　　(B) $ql^2/12$　　(C) $ql^2/8$　　(D) $ql^2/4$

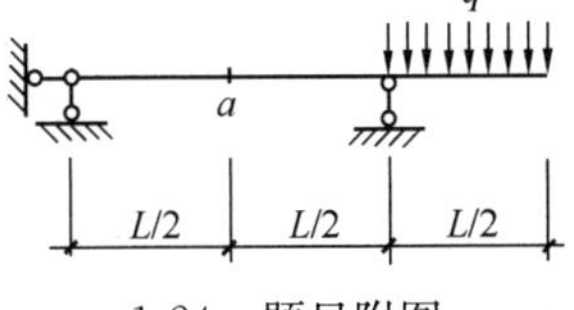

1-24　题目附图

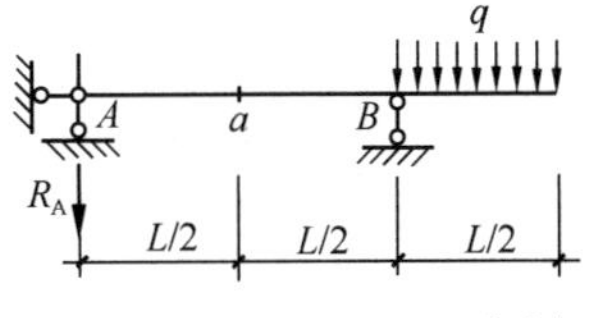

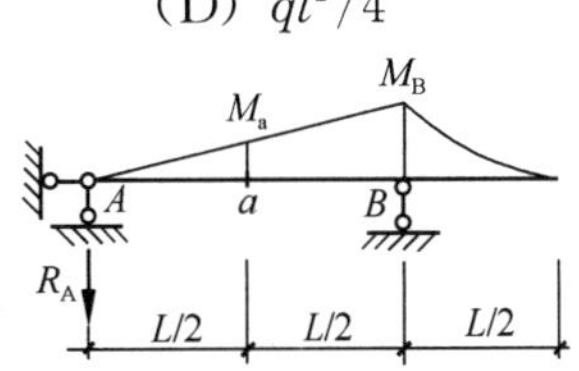

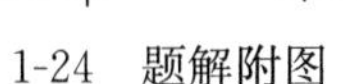

1-24　题解附图

题解：

方法①：对 B 点取矩，$R_A \times L = q \times (L/2) \times (L/4)$，得 $R_A = qL/8$，进而 $M_a = qL/8 \times (L/2) = qL^2/16$。至于支座 A 的水平反力，根据水平方向的力平衡条件，它应该等于零；但即便它不为零，由于其力线通过 a 点，对 a 点的力臂为零，不会对 a 点产生弯矩，所以不用考虑这个力。

方法②：伸臂段 B 端的弯矩 $M_B = q \times (L/2)^2/2 = qL^2/8$（伸臂段的支座弯矩与悬臂梁固端弯矩相同，在横向均布荷载作用下，都等于均布荷载乘跨度的平方除以 2，这个结论用得比较多，最好能记住），铰支座 A 弯矩为零；AB 段无横向分布荷载，弯矩图为直线，由题解附图 AB 段的两个直角三角形的相似关系，必然有 $M_a = M_B/2 = (qL^2/8)/2 = qL^2/16$。

答案：A。

1-25　附图所示梁的最大剪力是(　　)(2010-21)

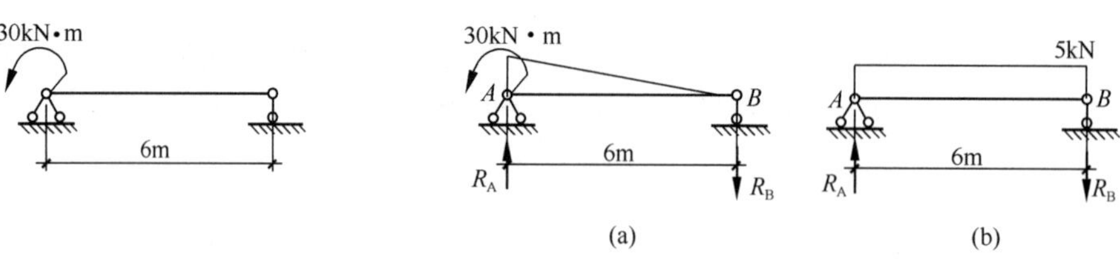

1-25　题目附图

1-25　题解附图

(a) 弯矩图；(b) 剪力图

(A) 20kN　　(B) 15kN　　(C) 10kN　　(D) 5kN

题解：对 A 求矩，$R_B \times 6 = 30$，解得 $R_B = 5$kN。梁段无横向荷载，故每个截面的剪力都相等，都等于 5kN，剪力使杆件顺时针转为正，剪力图为与梁轴平行的直线，见图 (b)。弯矩图见图 (a)。更详细的解释见第 1.3.2 小节之 3。

答案：D。

1-26　附图所示结构的弯矩图正确的是(　　)(2010-23)

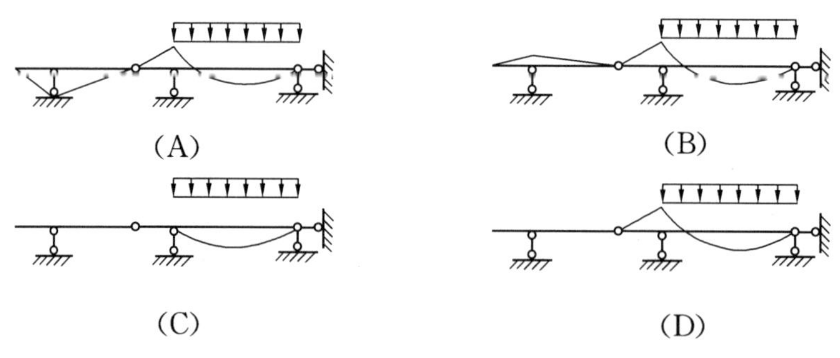

1-26　题目附图

题解：可将结构分解为附属部分和基本部分，它们都是静定简支伸臂梁，见题解附图。

题解：A、B 错，附属部分全段无荷载，不可能有弯矩图。

由于附属部分全段无荷载，竖向反力 R_B=零，从而基本部分的伸臂段也没有荷载，进而没有内力，因此基本部分的受力相当于 CD 段为简支梁受均布荷载作用的情况，见图 (a)，C 对。

D 错，它相当于在 B 点有一个竖向集中荷载的情况，见图 (b)。

答案：C。

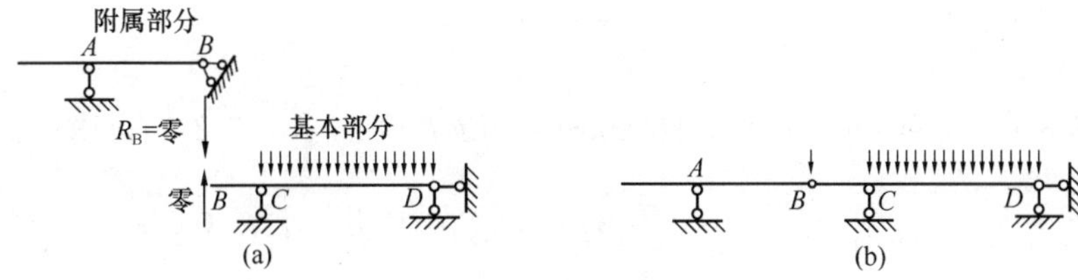

1-26　题解附图

1-27　图示结构在外力 P 作用下，若使 AB 杆与 BC 杆最大弯矩绝对值相等，则 a 与 b 的关系应为(　　)（2012-10）

（A）$a=b/4$　　（B）$a=b/2$　　（C）$a=b$　　（D）$a=2b$

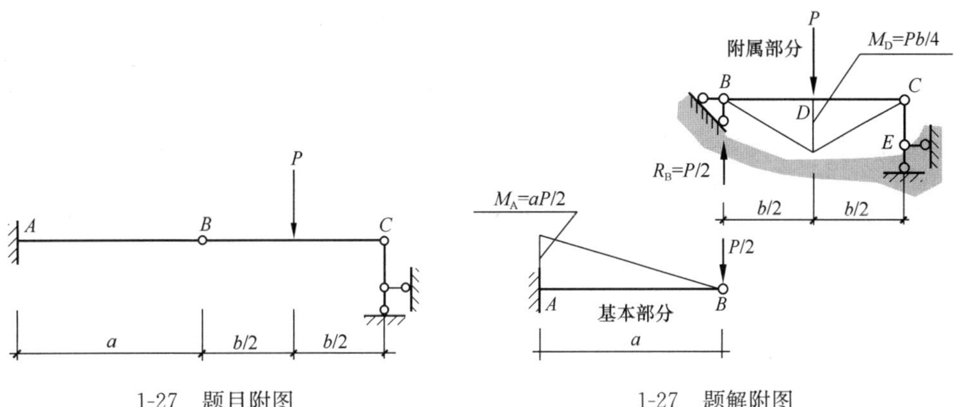

1-27　题目附图　　　　1-27　题解附图

题解：将结构分解为附属部分 BCE 和基本部分 AB，如题解附图所示。把支座 E 的两根相交链杆看成为基础的一部分，BC 就变成简支梁，易知其最大弯矩 $M_D=Pb/4$、反力 $R_B=P/2$。将 R_B 的反作用力 $P/2$ 作用到基本部分的 B 端，可求得其最大弯矩 $M_A=aP/2$。令 $M_D=M_A$，即令 $P_b/4=aP/2$，可解得 $a=b/2$。

答案：B。

1-28　图示结构在外力作用下，支座 C 反力为(　　)（2014-8）

（A）$R_c=0$　　（B）$R_c=P/2$

（C）$R_c=P$　　（D）$R_c=2P$

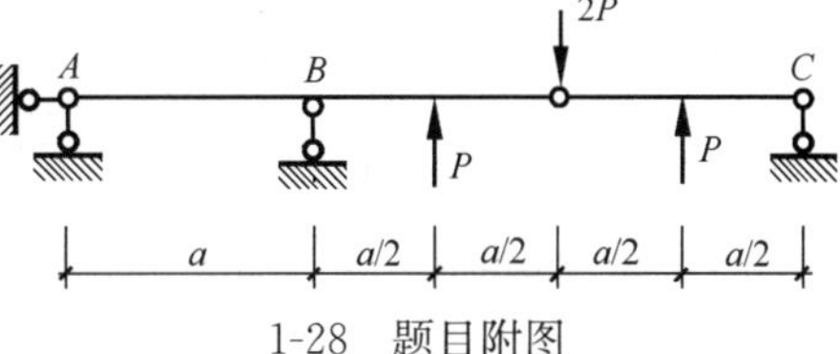

1-28　题目附图

题解：可将结构分解为附属部分和基本部分，见

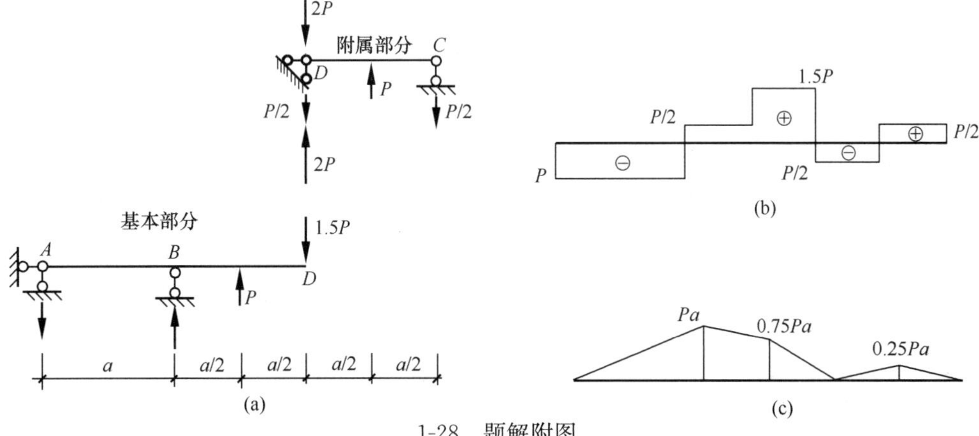

1-28　题解附图

图 (a)。附属部分为简支梁，由于荷载居中，易知反力 $R_C = P/2\downarrow$。

答案：B。

图 (b) 和图 (c) 分别为相应的剪力图和弯矩图，请读者对照 1.3.2 节之 4 弯矩图和剪力图的一般规律来理解。

1-29 图示结构在外力 q 作用下所产生的剪力图形状是(　　) (2012-6)

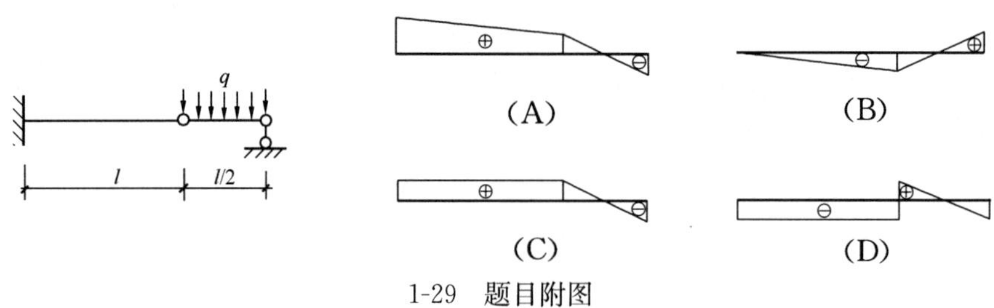

1-29 题目附图

题解：请参见 1.3.2 小节之 4 “弯矩图和剪力图的一般规律”。无分布荷载的梁段剪力图应为一条水平直线，故 A、B 错。有均布荷载 q 的梁段，如 q 指向下，剪力图是一条向右下方倾斜的直线，所以 B 错上加错。跨中铰处无横向的集中力作用，该处的剪力图不应该有突变，故 D 错。C 完全符合上述剪力图的规律。

答案：C。

1-30 图示结构，下列叙述何者正确？

Ⅰ　C、E 点处弯矩数值相同　　Ⅱ　C、E 点处弯矩数值不同

Ⅲ　E 点处剪力最大　　Ⅳ　E 点处剪力为零

(A) Ⅰ、Ⅲ　(B) Ⅰ、Ⅳ　(C) Ⅱ、Ⅲ　(D) Ⅱ、Ⅳ

题解：对照题解附图所示的内力图，可知 B 正确。内力计算比较简单，此处从略。但请记住这两个内力图的特点：简支梁在两个对称集中力之间出现等弯矩、零剪力的梁段，亦称“纯弯段”。

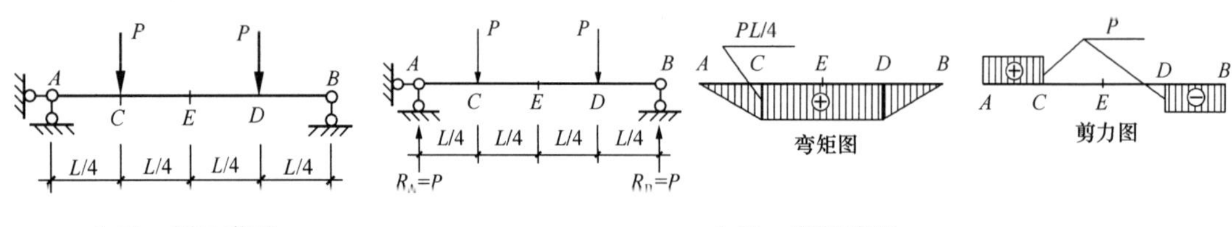

1-30 题目附图　　1-30 题解附图

答案：B。

1-31 图示结构在 P 作用下，杆 a 的轴力为以下何值？(拉力为正、压力为负) (2012-28)

(A) P　(B) $-P$　(C) $\sqrt{2}P$　(D) $-\sqrt{2}P$

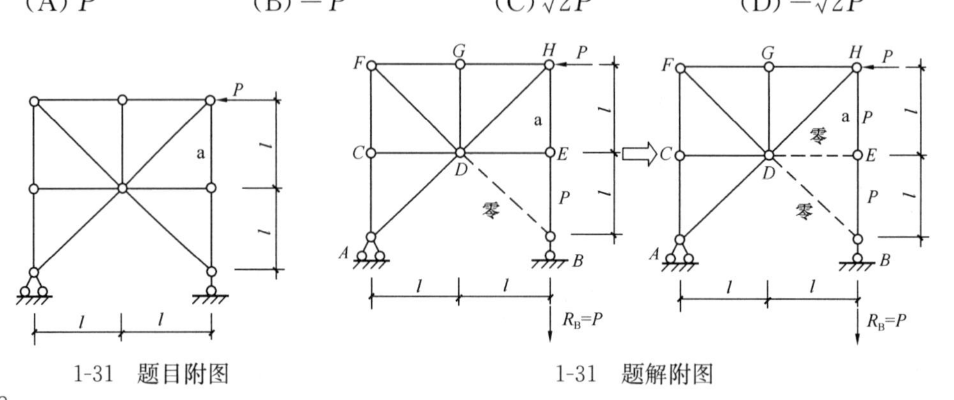

1-31 题目附图　　1-31 题解附图

题解：对 A 点求矩：$R_B \times 2l = P \times 2l$，解得 $R_A = P$。利用零杆判别规则②，可知 B 节点的 BE 杆的轴力 $N_{BE} = R_B = P$(拉)；再利用零杆判别规则①，可知 E 节点的 EH 杆的轴力 $N_a = N_{BE} = P$(拉)。

答案：A。

1-32　判断图中的零杆数量。

(A) 2 根　　(B) 3 根

(C) 4 根　　(D) 5 根

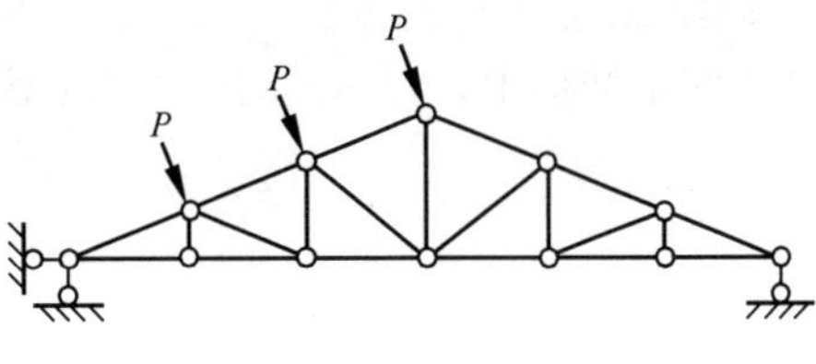

1-32　题目附图

题解：根据零杆判别规则①："三杆相交，结点上无荷载，如果其中两杆在同一直线上，则这两杆的轴力相同；而第三杆的轴力为零"，逐步判别零杆，过程如附图所示，零杆用虚线表示，共 5 根。

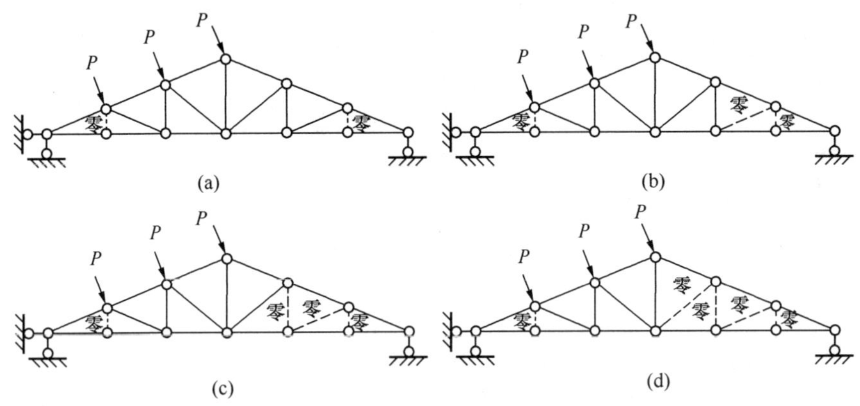

1-32　题解附图

(a) 第一步判出两根零杆；(b) 第二步再判出一根零杆，三根杆被判为零杆；

(c) 第三步再判出一根零杆，四根杆被判为零杆；(d) 第四步再判出一根零杆，五根杆被判为零杆

答案：D。

1-33　附图所示结构杆 b 的轴向力 N_b 应为下列何项？(2010-36)

(A) $N_b = 0$　　(B) $N_b = P/2$　　(C) $N_b = P$　　(D) $N_b = \sqrt{2}P$

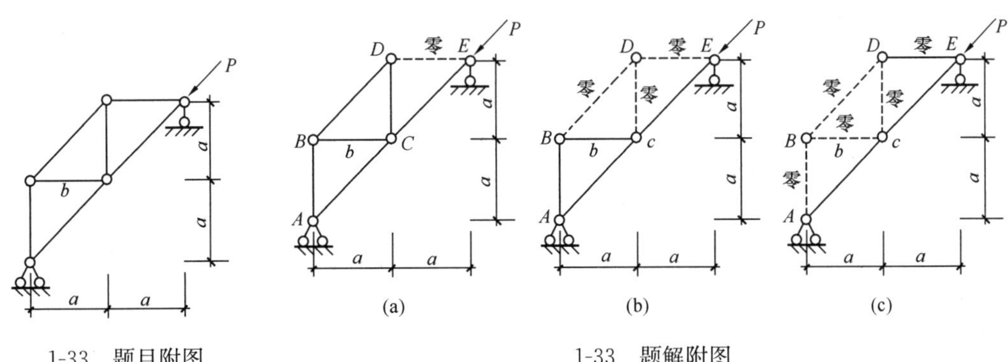

1-33　题目附图　　1-33　题解附图

题解：

方法 1：第 1 步，由零杆判别规则②，知 DE 杆为零杆，见图 (a)；第 2 步，由零杆判别规则③，知 DB、DC 杆为零杆，见图 (b)，进而 BA、BC 杆也为零杆，见图 (c)。

方法 2：本题上部结构符合三刚片规则，是无多余约束的几何不变体，整个结构是一块简支刚片，

是静定结构，左下方支座链杆的合力必然会与集中荷载 P 作用在同一条直线（下弦斜杆轴线），大小相等，方向相反，自相平衡，只有下弦斜杆才会有轴力（均为压力 P），请参见【例 1.3.3-3】的题解说明。

答案：A。

1-34　图示结构中，杆 AC 的内力 N_{AC} 为下列何项数值？

(A) $N_{AC}=0$　　(B) $N_{AC}=P$　　(C) $N_{AC}=\sqrt{2}P/2$　　(D) $N_{AC}=\sqrt{2}P$

1-34　题目附图

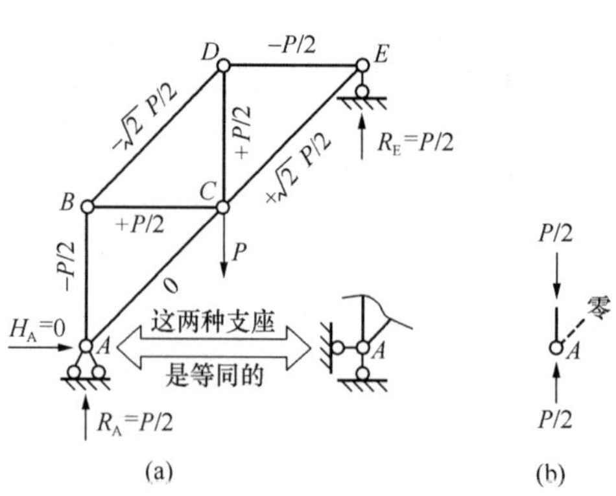

1-34　题解附图

(a) 反力及内力；(b) A 结点力平衡

题解：提示：在题解附图（a）中，支座 A 的两种表达形式是等同的。

这是个只有竖向荷载的简支桁架，它左下角支座的水平链杆反力为零（图 a），从几何组成的角度考虑，这根水平链杆是保证结构几何不变的必不可少的杆件，但在受力分析时可当它不存在。根据零杆判别规则②："两杆相交，结点上有荷载 P 作用，且 P 与其中的一根杆在同一直线上，则这根杆的轴力等于 P；而另一杆的轴力为零"。对照图（b），可知 $N_{AC}=0$。如果记不住零杆判别规则，上述结论也很容易由图（b）结点水平方向的力平衡条件得到。图（a）还给出其余杆件的内力供参考，计算过程从略。

答案：A。

1-35　图示简支铰接钢桁架，其计算跨度 $l_0=20\text{m}$，桁架高度 $h=2.5\text{m}$，该桁架节点 7～13 均作用集中力 $P=100\text{kN}$，则桁架下弦杆 1-2 的轴力 N_{1-2} 为多少？(2011-17)

(A) 350kN　　(B) 400kN　　(C) 450kN　　(D) 500kN

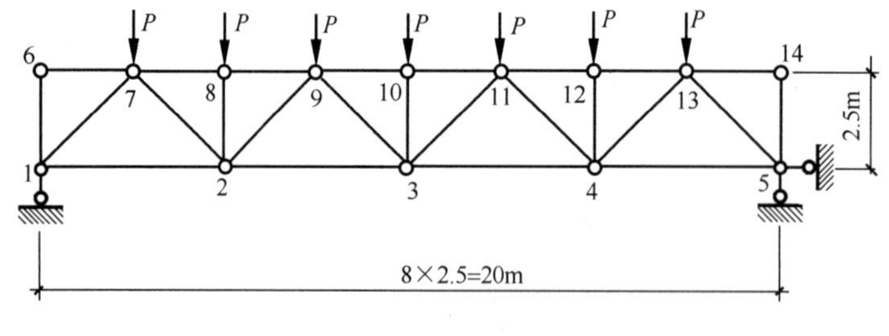

1-35　题目附图

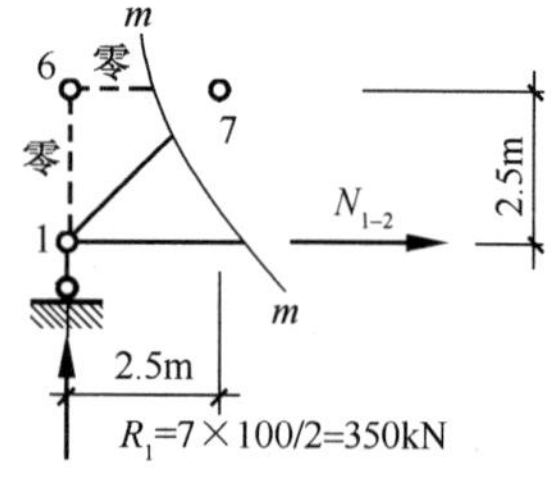

1-35　题解附图

题解：由结构和荷载的对称性，易知支座 1 的竖向反力 $R_1=7\times100/2=350\text{kN}$。根据零杆判别规则③，知题解附图虚线所示的杆为零杆。用截面法，取 m-m 截面左侧结构为分离体、对点 7 求矩：

$N_{1-2}\times2.5=350\times2.5$，可得到 $N_{1-2}=350\text{kN}$（拉）。

答案：A。

说明：本题桁架两端的支座虽然不同，但结构只有竖向荷载，根据水平方向的力平衡条件，右支座的水平反力必为“零”，故可以认为这个结构是对称的。

1-36　图示桁架 a 杆的内力为：（2011-21）

（A）60kN　　（B）40kN　　（C）20kN　　（D）0kN

题解：由水平方向的力平衡条件，知左支座的水平反力为“零”。对右支座求矩，可得到左支座的竖向反力为 20×(6+8+10)/12=40kN↑。取 m-m 截面左边结构为分离体、对上弦顶点 C 求矩只有一个未知数，可使求解过程大为简化：

$$N_a \times 3 + 20 \times 2 + 20 \times 4 - 40 \times 6 = 0，解得\ N_a = 40\text{kN}\ （拉）$$

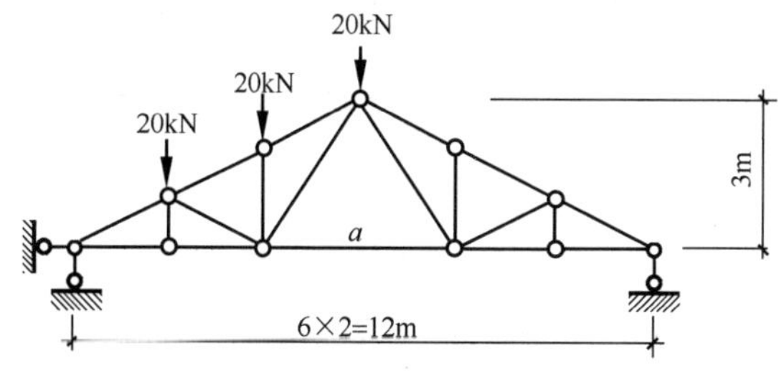

1-36　题目附图

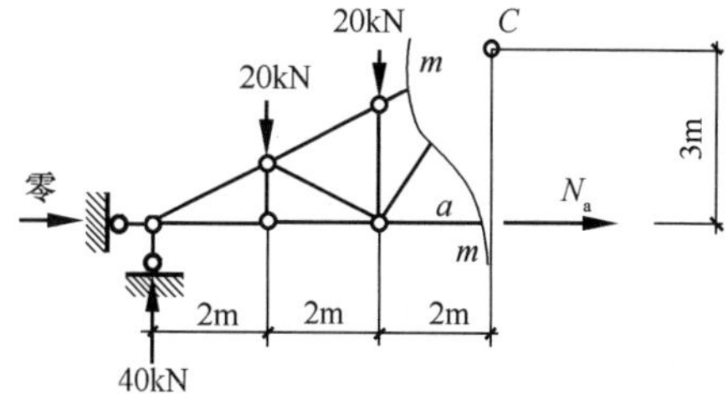

1-36　题解附图

答案：B。

1-37　屋架在外力 P 作用下时，下列关于各杆件的受力状态的描述，哪一项正确？（2010-46）

Ⅰ．上弦杆受压、下弦杆受拉

Ⅱ．上弦杆受拉、下弦杆受压

Ⅲ．各杆件均为轴力杆

Ⅳ．斜腹杆均为零杆

（A）Ⅰ、Ⅲ　　（B）Ⅱ、Ⅲ

（C）Ⅰ、Ⅳ　　（D）Ⅱ、Ⅳ

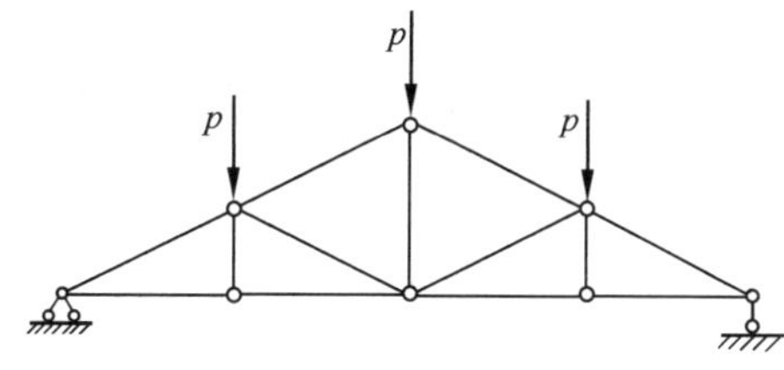

1-37　题目附图

答案：A。

1-38　图示桁架杆件的内力规律，以下论述哪一条是错误的？（2010-50）（视频拓展讲解各种杆件的轴力沿跨度方向的分布规律，包含了 2014-38 题的考点）

（A）上弦杆受压且其轴力随桁架高度 h 增大而减小

（B）下弦杆受拉且其轴力随桁架高度 h 增大而减小

（C）斜腹杆受拉且其轴力随桁架高度 h 增大而减小

（D）竖腹杆受压且其轴力随桁架高度 h 增大而减小

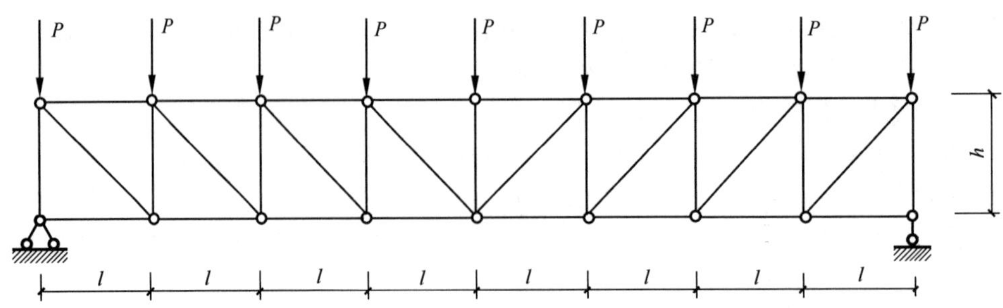

1-39　关于图示刚架 A 截面的内力，以下说法正确的是(　　)

(2012-29)

(A) $M_A=0$，$V_A=0$

(B) $M_A\neq0$，$V_A\neq0$

(C) $M_A=0$，$V_A\neq0$

(D) $M_A\neq0$，$V_A=0$

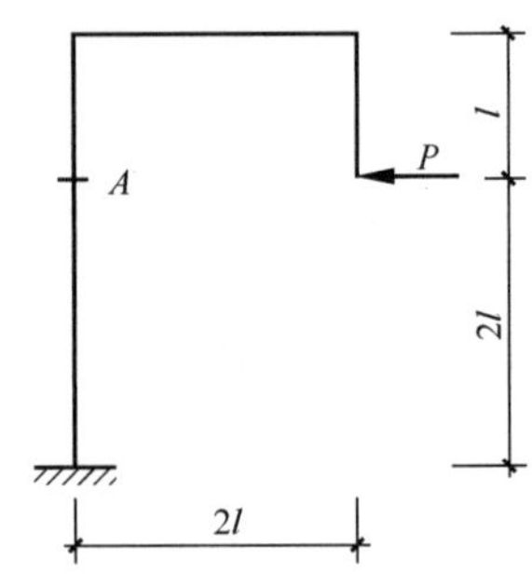

1-39　题目附图

题解：集中力 P 的作用线通过弯矩图的零点，这是因为集中力对该点的力臂为零的缘故，故 $M_A=0$。题解附图给出了本题的弯矩图、剪力图和轴力图（作图过程从略）。

答案：C。

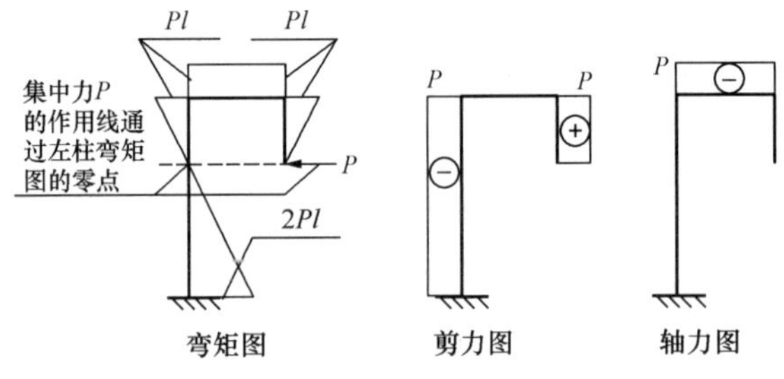

1-39　题解附图

1-40　附图所示结构在荷载 P 作用下，正确的弯矩图是下列哪一个？

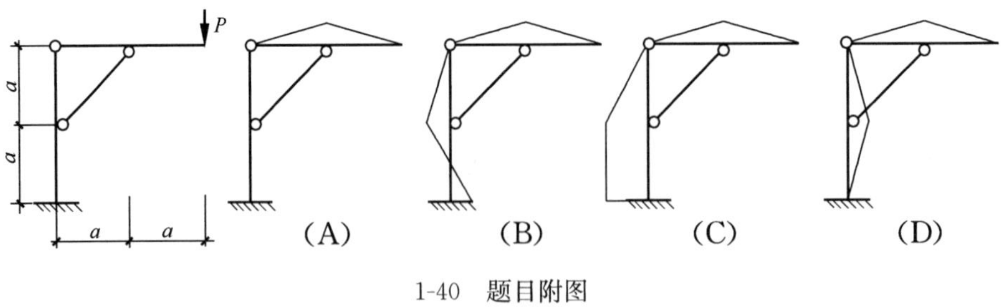

1-40　题目附图

题解：将结构看成一个整体，柱子的下端会有使左侧受拉的弯矩 $P\times2a$。

答案：C。

下面进一步讲解本题：

将结构看成一个整体，D 点的弯矩为 $P\times a$（上面受拉）；AB 段上、下端的弯矩为 $2P\times a$（左侧受拉）；铰 C 的杆端和自由端 E 的弯矩都为零。没有分布荷载作用，弯矩图为直线，用直线将上述控制点的弯矩连起来，便得到图（a）所示的弯矩图。

取如图（b）所示的分离体，令$\sum M_C=0$，可求得斜杆轴力，再将此轴力代替斜杆，并变成水平向和竖向的分力，分别作用到梁、柱分离体上，如图（c）所示。据此，可作得剪力图和轴力图（见图d和图e）。

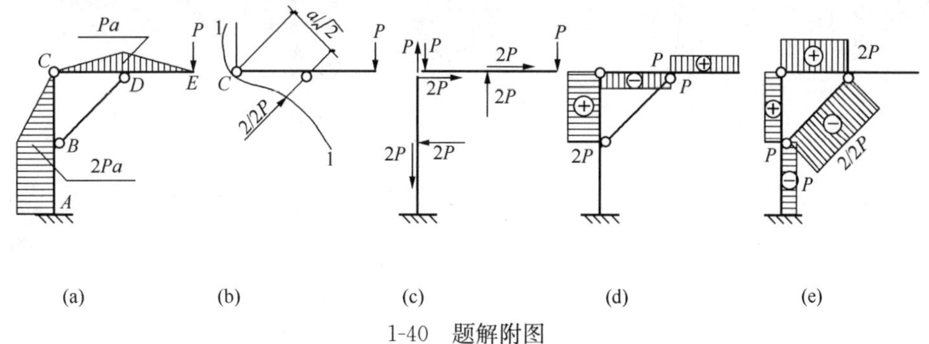

1-40 题解附图

（a）弯矩图；（b）求斜杆轴力；（c）梁、柱分离体；（d）剪力图；（e）轴力图

1-41 附图所示结构的弯矩图正确的是(　　)（2010-30）

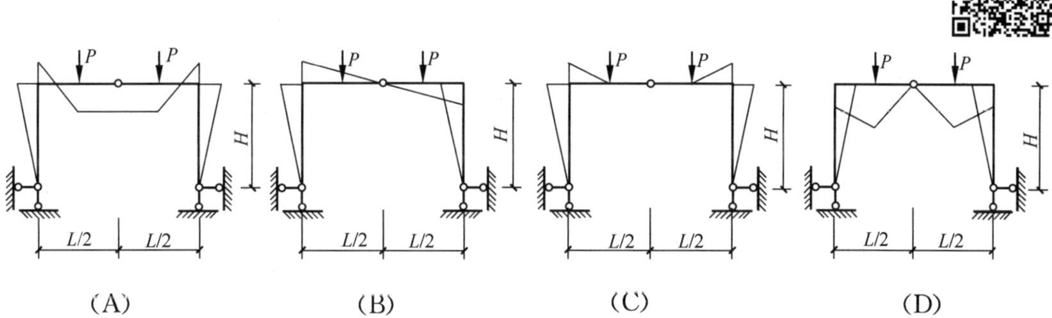

答案：C。

1-42 图示结构，若均布荷载用其合力代替（如虚线所示），则支座反力所产生的变化为(　　)（2011-32）

(A) 水平、竖向反力都发生变化

(B) 水平、竖向反力都不发生变化

(C) 水平反力发生变化

(D) 竖向反力发生变化

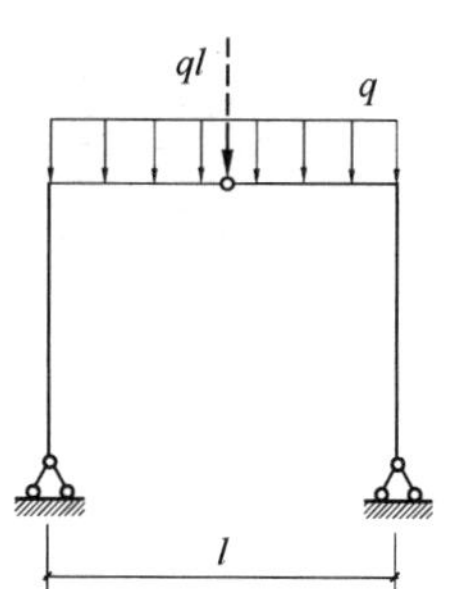

答案：C。

1-43 附图所示结构的弯矩图正确的是(　　)（2010-26）

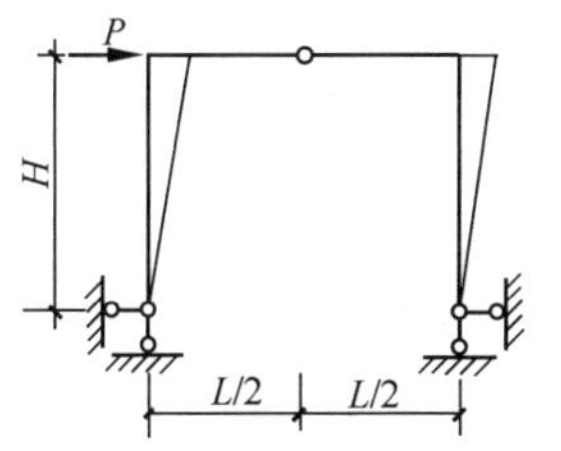

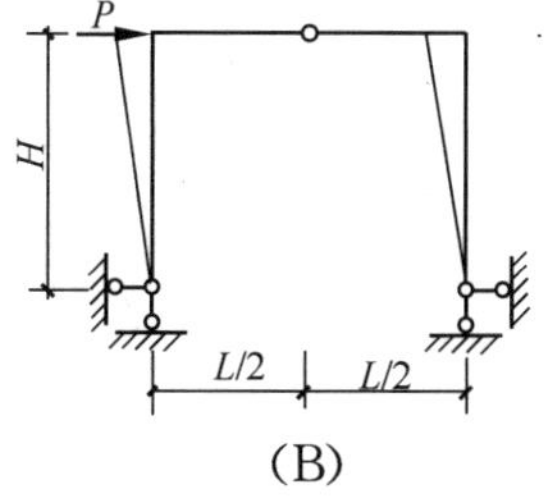

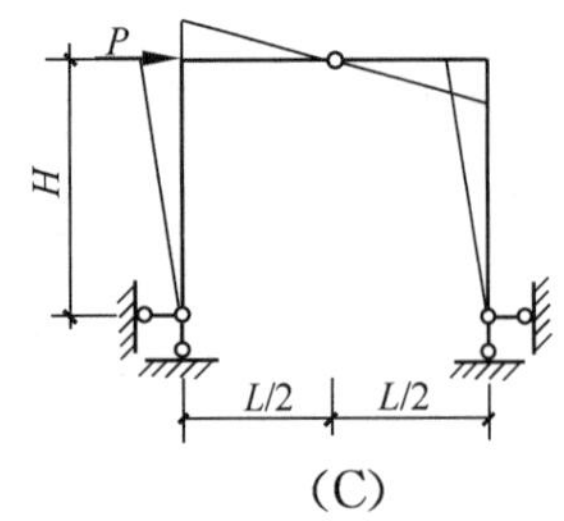

(C)

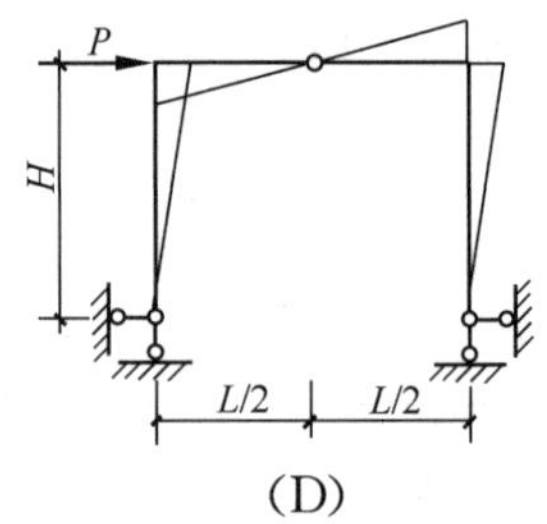

(D)

答案：D。

1-44　附图所示结构在外力 q 作用下，下列弯矩图何项正确？(2010-18)

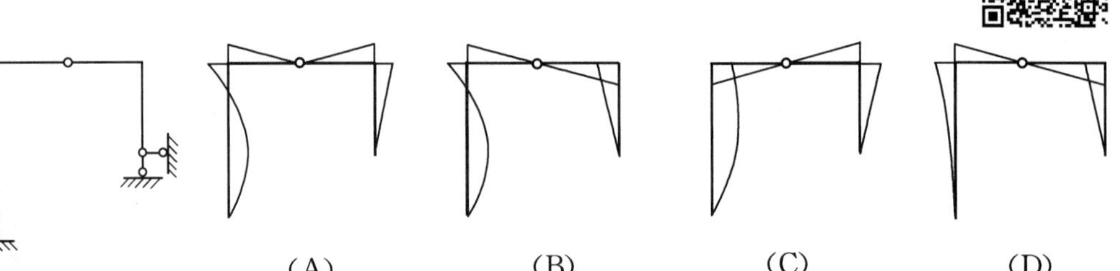

答案：C。

1-45　附图所示刚架在外力作用下，下列何组 M、Q 图正确？(2010-14)

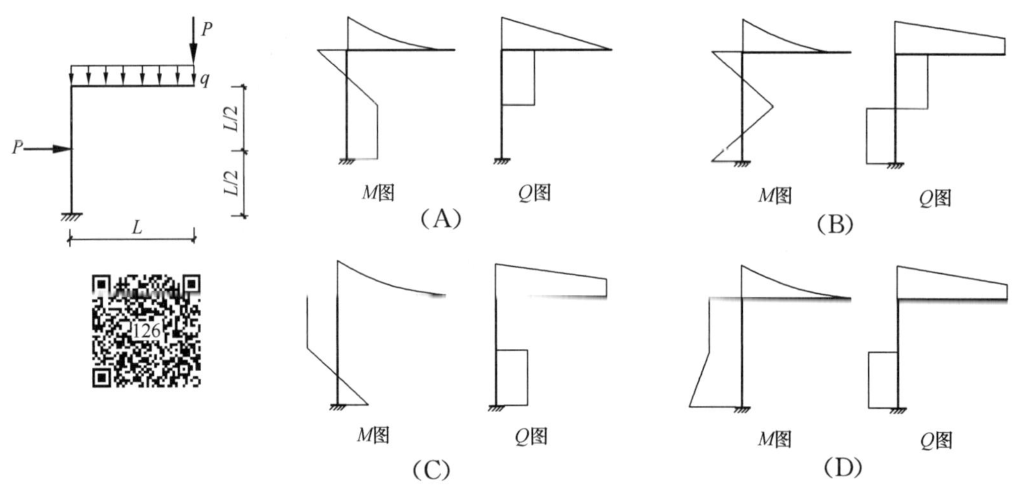

答案：D。

1-46　关于下列结构Ⅰ和Ⅱ中，1、2 点的弯矩正确的是(　　)

(A) $M_1=M_2$

(B) $M_1>M_2$

(C) $M_1<M_2$

(D) 无法判断

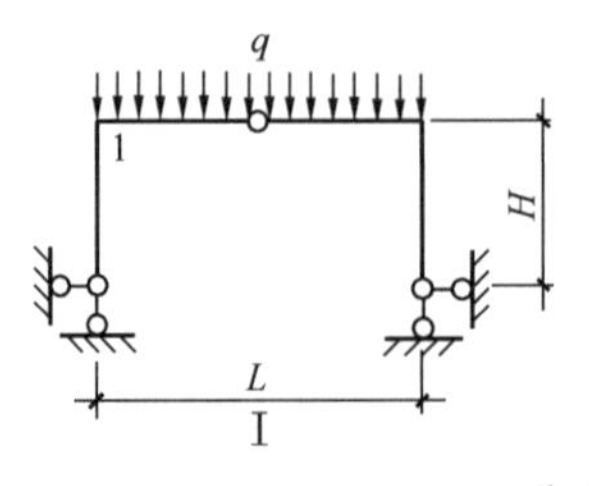

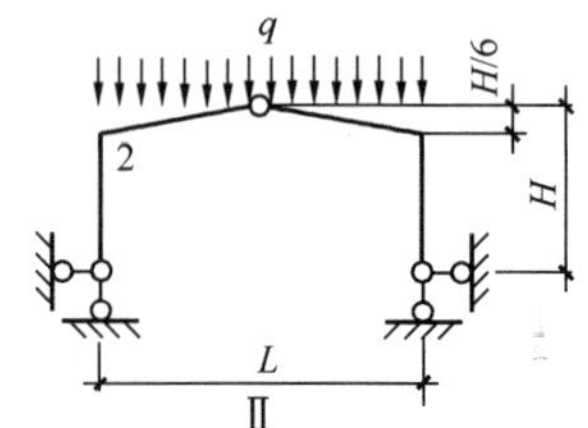

1-46　题目附图

题解：本题两个框架横梁的放置方式虽然不同，但它们的竖向荷载、跨度和中心铰的高度完全一样，支座水平反力大小 H_A 与横梁坡度无关，因此可以断定它们的 H_A 相同。1 点到 H_A 的力臂为 H，$M_1 = H_A \times H$；2 点到 H_A 的力臂为 $(H - H/6)$，$M_2 = H_A \times (H - H/6)$。故 $M_1 > M_2$。

答案：B。

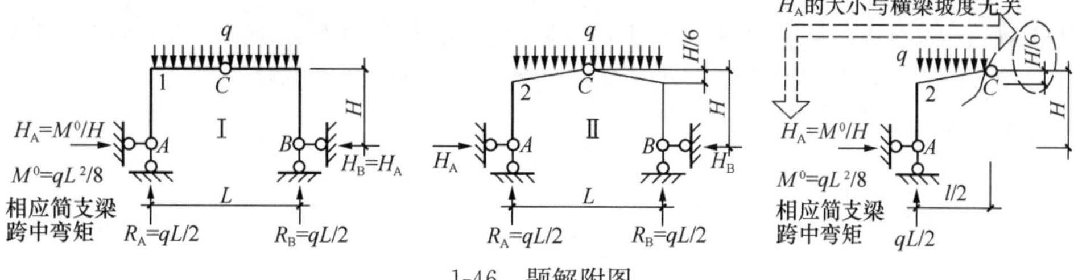

1-46　题解附图

1-47　图示结构中 C 点的弯矩为何值？

(A) qa^2　　(B) $qa^2/2$

(C) $\sqrt{2}qa^2$　　(D) $\sqrt{2}qa^2/2$

题解：

由 $\sum M_B = 0$　　$R_A \times 3a - q \times a \times 1.5a = 0$

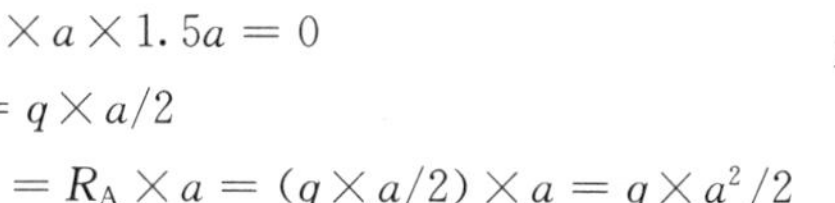

解得　　$R_A = q \times a/2$

于是　　$M_C = R_A \times a = (q \times a/2) \times a = q \times a^2/2$

1-47　题目附图

答案：B。

说明：本题的结构为一根简支曲梁。图（a）、图（b）和图（c）分别为它的弯矩图、剪力图和轴力图；图（d）、图（e）和图（f）分别为与它相应简支梁的弯矩图、剪力图和轴力图（作图过程从略），可以看出：① 简支曲梁和简支梁在水平投影相对应部位的弯矩是完全相等的；② CD 段的弯矩图可按该段两端弯矩连线形成的弯矩图与将该段看成为简支梁的弯矩图叠加而成，见图（a）和图（d）。

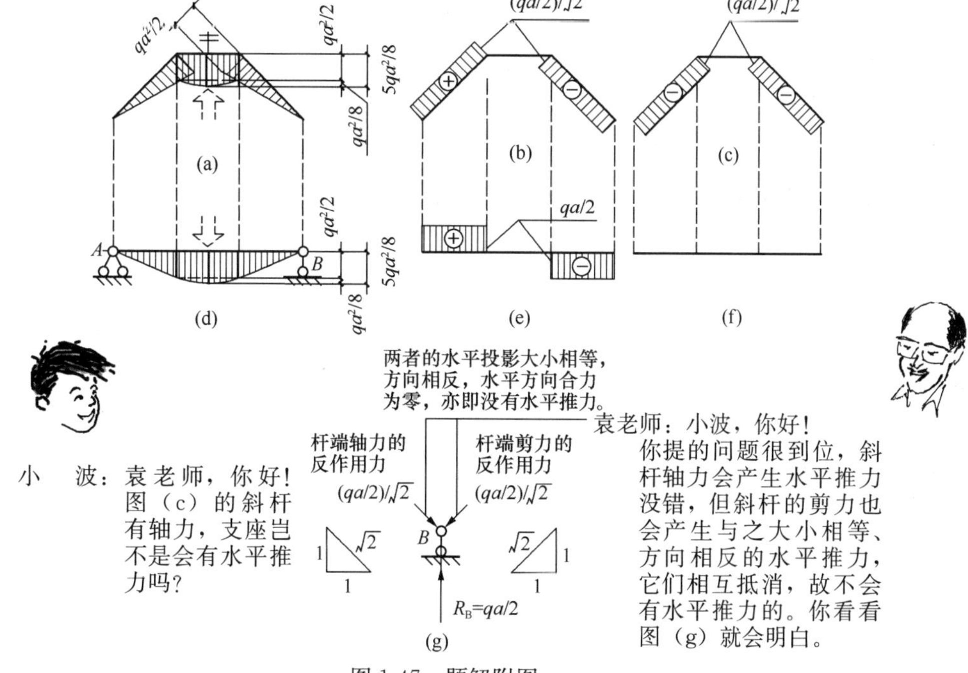

图 1-47　题解附图

(a) 简支曲梁弯矩图，全段与简支梁相应部位的弯矩值相同；(b) 简支曲梁剪力图；(c) 简支曲梁轴力图；(d) 相应简支梁弯矩图；(e) 相应简支梁剪力图；(f) 相应简支曲梁无轴力；(g) B 结点的力平衡

1-48　图示结构，杆件 ED 的弯矩 M_{ED}（以肋左侧受拉为正，右侧受拉为负），最接近下列何值？（2012-18）

(A) $ql^2/2$　　(B) $-ql^2/2$　　(C) $ql^2/4$　　(D) $-ql^2/4$

题解：$M_{ED}=ql\times l/2=ql^2/2$，(−，使肋的右侧受拉，按题目的规定为负)。弯矩的脚标含义详见 1.3.4 小节和【例 1.3.4-1】。题解附图给出了弯矩、轴力和剪力图，过程从略。

答案：B。

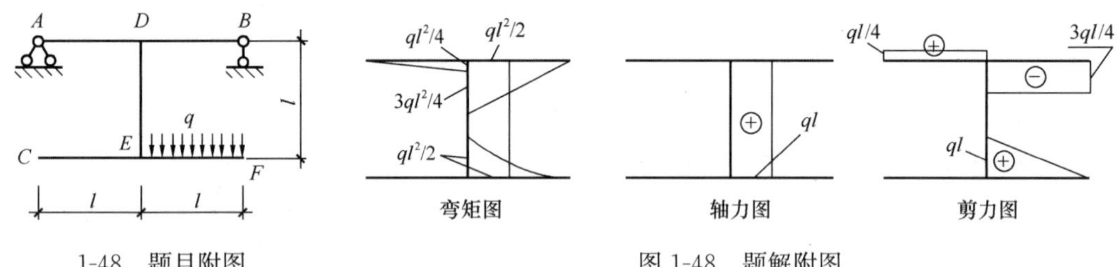

1-48　题目附图　　　　图 1-48　题解附图

说明：弯矩以肋左侧受拉为正，右侧受拉为负仅是本题的规定。一般来说，对于竖向杆件弯矩图不论正负，标在受拉侧即可。

1-49　附图所示结构的弯矩图正确的是(　　)（2010-29）

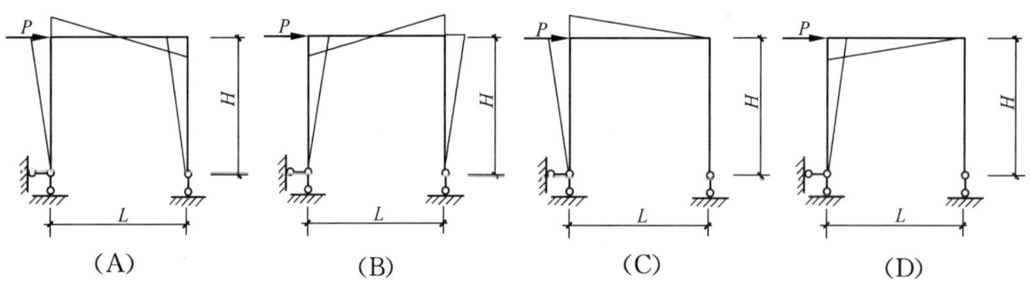

答案：D。

拓展：2019 某回忆题考点：

下图所示结构的弯矩图的形状？

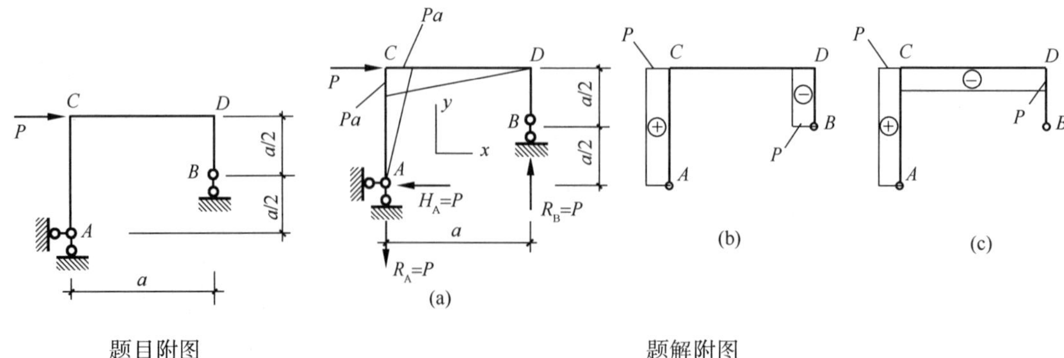

题目附图　　　　题解附图

(a) 支座反力及弯矩图；(b) 轴力图；(c) 剪力图

题解：本回忆题的解题思路与习题 1～49 完全相同。由于右支座水平反力为零，故左柱和横梁的内力不受右柱长短的影响。下面对此结构的支座反力和内力进行定量分析：

由$\Sigma M_A=0$

$$R_B \times a - P \times (a/2 + a/2) = 0$$

解得：$R_B = P\uparrow$

由$\Sigma y=0$

$$R_A - P = 0$$

解得：$R_A = P\downarrow$

由$\Sigma x=0$

$$R_A - P = 0$$

解得：$R_A = P\leftarrow$

所有支座反力求出后，内力图就很容易作出。弯矩图、轴力图和剪力图分别见图（a）、图（b）和图（c）。过程从略。

1-50 图示带拉杆的三铰拱，杆 AB 中的轴力为（ ）（2011-37）

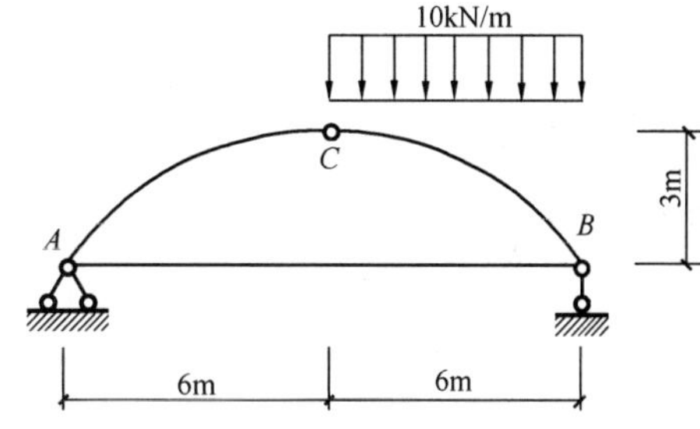

（A）10kN

（B）15kN

（C）20kN

（D）30kN

答案：D。

1-51 三铰拱分别在沿水平方向均布的竖向荷载和垂直于拱轴的均布压力作用下，其合理拱轴线是（ ）（2014-77）

（A）均为抛物线　　（B）均为圆弧线

（C）分别为抛物线和圆弧线　　（D）分别为圆弧线和抛物线

题解：请参见 1.3.5 小节，并注意“拱在均匀水压作用下”与本题的条件“在垂直于拱轴的均布压力作用下”是等同的。

答案：C。

1-52 图示三铰拱、两铰拱、无铰拱截面特性相同，荷载相同，则（ ）

（A）各拱支座推力相同　　（B）各拱支座推力差别较大

（C）各拱支座推力接近　　（D）各拱支座推力不具可比性

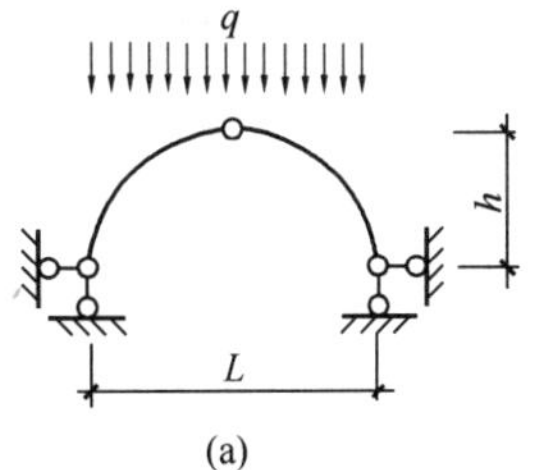

(a)

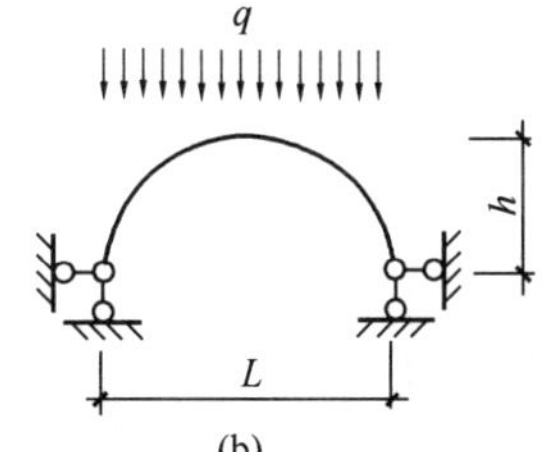

(b)

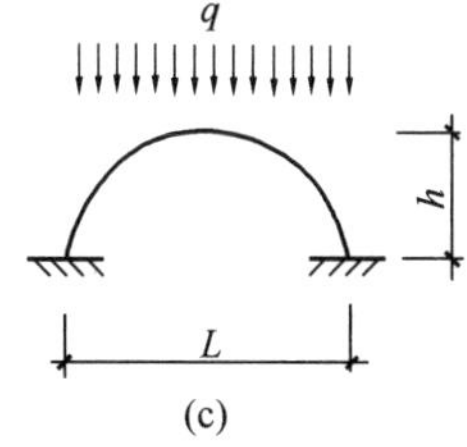

(c)

题解：图（a）为静定的三铰拱。图（b）为一次超静定的两铰拱（去掉一个支座的水平约束就变成静定简支曲梁，故为一次超静定结构）。图（c）为三次超静定的无铰拱（去掉一个固定端约束就变成静定悬臂曲梁，故为三次超静定结构）。在一般荷载作用下，对于拱轴相同、拱截面特性相同的三铰拱、两铰拱和无铰拱来说，它们的推力通常是比较接近的[1]。可以这样理解：拱各部位的弯矩一般都比较小，若将两铰拱和无铰拱看成为三铰拱，就等于在增加铰的部位，人为地把较小的弯矩变为零，这对整体结果不会有太大的影响。

答案：C。

1-53　附图所示三铰拱的水平推力是(　　)(2010-31)

(A) $P/4$　　(B) P

(C) $2P$　　(D) $3P$

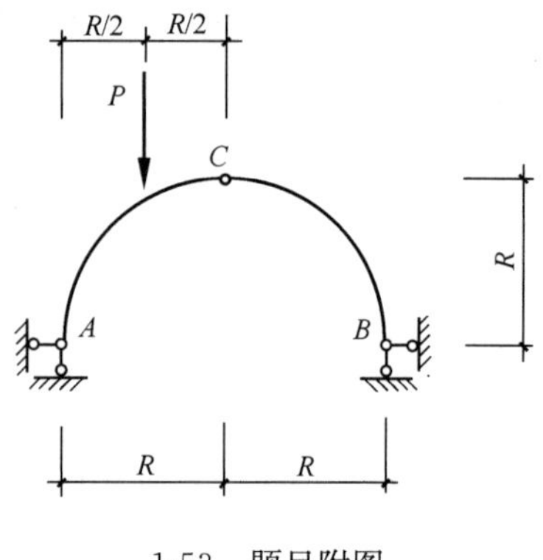

1-53　题目附图

题解：

考虑拱的整体平衡（图 a），对 A 点取矩

由 $M_A=0$，$P\times R/2-V_B=0$，可解得 $V_B=P/4$，取铰 C 的右边为分离体，对 C 点取矩

由 $M_C=0$，$R\times P/4-R\times H_B=0$，可解得 $H_B=P/4$

由水平方向的力平衡条件知 $H_A=H_B=P/4$

答案：A。

说明：一个结构的整体力平衡是把结构的外荷载和支座反力作为一个平衡力系来考虑的，拱顶有个铰不会影响到整体力平衡的分析。如果觉得不好理解，可以把图（a）的无拉杆三铰拱看成如图（b）所示的拉杆三铰拱，当拉杆的抗拉刚度 EA 为无限大时，两者是等效的，图（b）AB 杆的拉力就等于图（a）的支座水平反力。

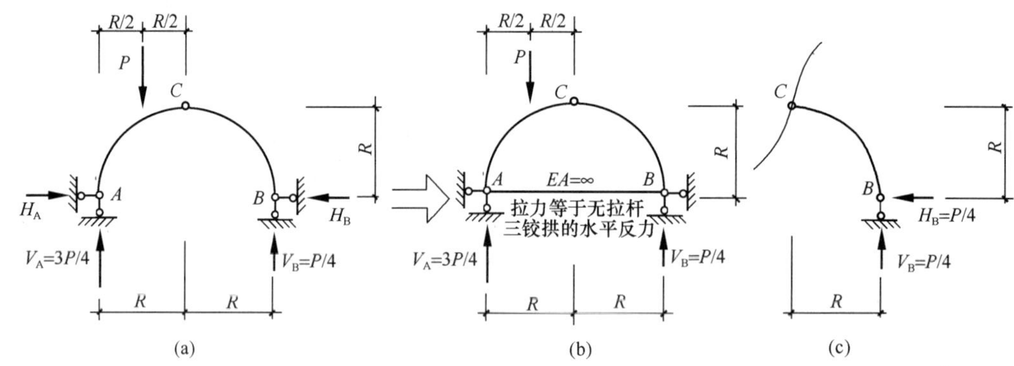

1-53　题解附图

1-54　图示两结构材质相同仅刚度不同，在外力 P 作用下，下列何项是错误的？(2012-8)

(A) 内力 a≠内力 b

(B) 变形 a≠变形 b

(C) 位移 a≠位移 b

(D) 应力 a≠应力 b

答案：A。

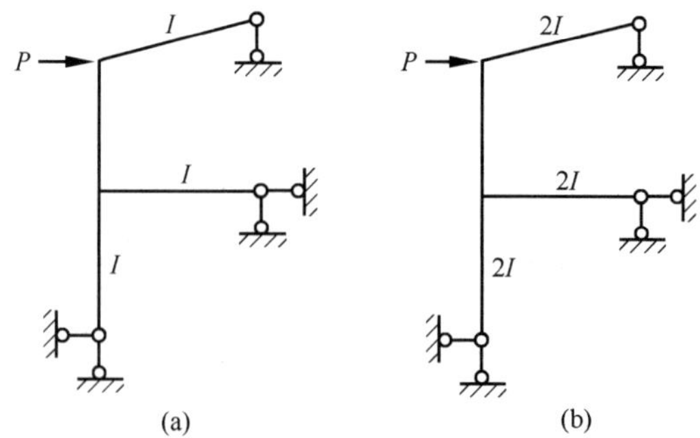

1-54　题目附图

1-55　图示梁在 P 力作用下，分析对梁产生的内力和变形，下列哪项不正确？($a>b$)

(A) $R_A<R_B$　　(B) $M_A<M_B$

(C) 跨中最大 M 在 P 力作用点处　　(D) 跨中最大挠度在 P 力作用点处

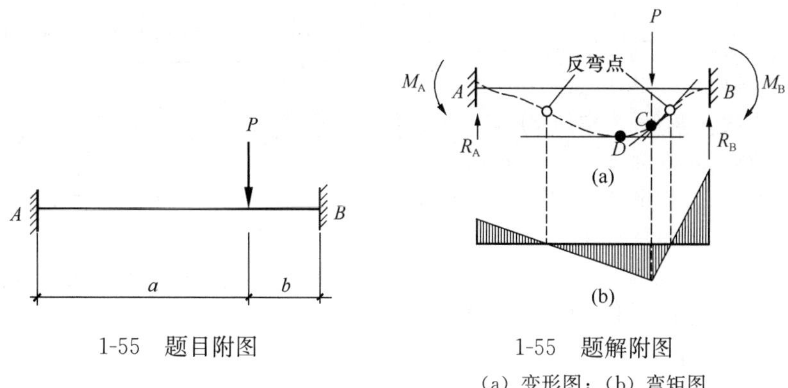

1-55　题目附图　　　　1-55　题解附图

（a）变形图；（b）弯矩图

题解：P 力靠近 B 端，该端的支座反力和力矩自然会比较大，选项 A、B 可以排除；集中力处弯矩图有尖角，尖角处的弯矩必然是跨中最大 M，选项 C 也可以排除；剩下不正确的就只有选项 D。

答案：D。

上面用的是排除法。下面进一步讨论选项 D 为什么错。

设 P 在梁上的作用点为 C。在 P 作用下，梁发生向下的位移，变形曲线在 C 点右侧的切线是向左下方倾斜的。梁有抗弯刚度，由于左支座 A 离得比较远，鞭长莫及，无法使梁变形曲线的切线在刚过 C 点后就发生反向的倾斜，故梁变形曲线在 C 点的切线仍然是向左下方倾斜的。自 C 点向左，随着离 C 点的距离渐远，梁变形曲线的切线向左下方倾斜的程度就越小，终于在 C 点与跨度中心点之间的某点 D，梁变形曲线的切线变成了水平线，该点的挠度便为最大值。可以这样说："最大挠度发生在集中力作用点与跨度中心点之间。作为一个特例，当集中力作用在跨度中心点时，跨中最大挠度自然就会在集中力作用点处。"

1-56　图示结构在 P 作用下变形图正确的是：(2012-20)

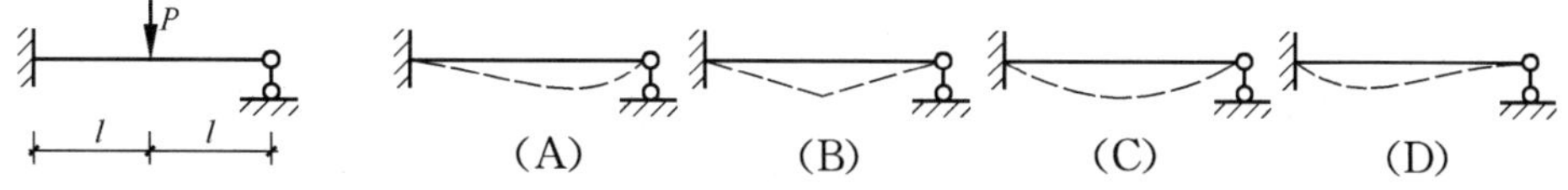

题解：B、C、D 在左边固定支座处出现尖角，变形不连续，错。D 的右支左为铰，不可能使杆件产生上突的反向弯曲变形，错上加错。A 的变形连续；最大挠度没有发生在集中力作用点处、而是偏向铰支座，这是因为"最大挠度"有"欺软怕硬"的特点。1.4.1 小节对结构变形的连续性问题有详细讲解。上一题也是梁最大挠度没有发生在集中力作用点处的例子，其中的题解分析会有助于对（A）的理解。

答案：A。

1-57　图示两跨连续梁，全长承受均布荷载 q，其正确的弯矩图是哪一个？(2011-6)

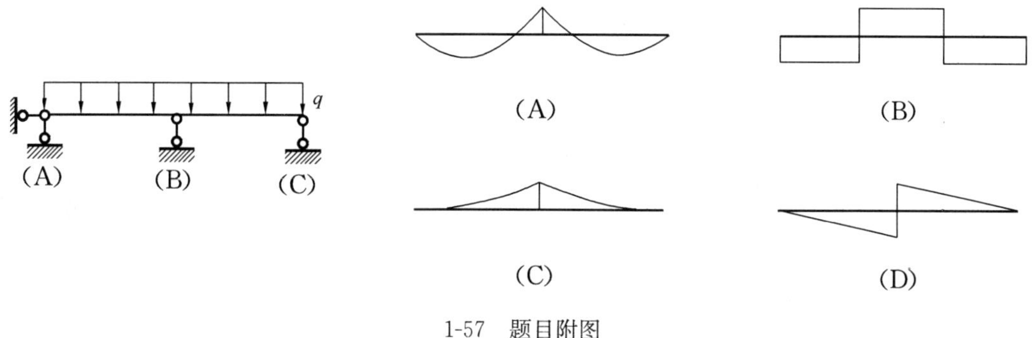

1-57　题目附图

题解：由变形的连续性，可画出梁变形曲线的大致形状如题解附图虚线所示。中间支座附近，梁的上侧受拉，弯矩图画在梁轴上方；中间支座有向上的集中力作用，弯矩图有向上的尖角。在离中间支座较远的部位，梁的下侧受拉，弯矩图画在梁轴下方。在横向均布荷载作用下，弯矩图是一条二次抛物线，其突出方向与荷载作用方向相同。更详细的解释见 1.3.2 小节之 4。

答案：A。

1-57 题解附图

1-58 图示梁在所示荷载作用下，其剪力图为下列何项（梁自重不计）？（2010-15）

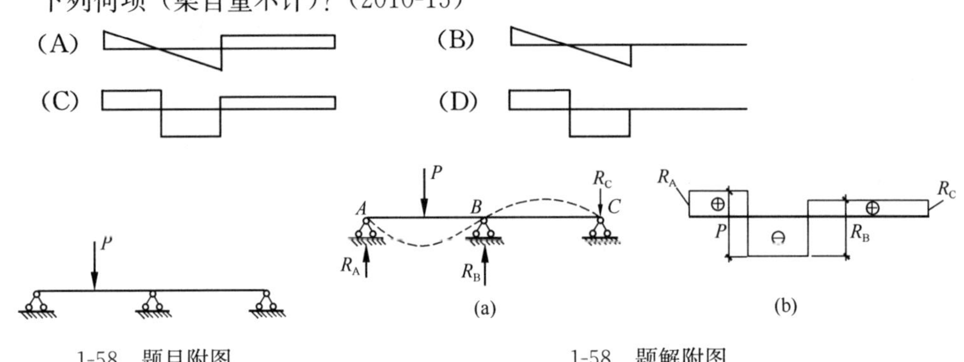

1-58 题目附图　　　　1-58 题解附图

题解：

这是一根两跨的连续梁。左跨 AB 梁在向下的集中力 P 作用下，自身会发生向下的位移，并同时带动右跨 BC 梁向上位移。故右支座 C 必然有一个向下的支座反力 R_C、才能阻止 BC 梁的 C 端往上撬，见图（a）。因此，BC 梁全段的剪力都等于这个支座反力 R_C。R_C 使梁段顺时针转，剪力为正，画在梁轴上方，见图（b）。(B)、(D) 的右跨梁无剪力，错。

左跨梁 AB 无横向均布荷载作用，剪力图应与梁轴平行、而不可能是一条倾斜的直线；跨中有集中力 P 作用，P 作用点处剪力图有突变。据此，（A）错；（B）错上加错。有关剪力图更详细的解释见 1.3.2 小节。

答案：C。

1-59 图示等边角钢有两对形心轴 x_1、y_1 和 x_2、y_2，下列描述中哪一个是正确的？

（A）x_1、y_1 为形心主轴，其中 y_1 为强轴

（B）x_1、y_1 为形心主轴，其中 y_1 为弱轴

（C）x_2、y_2 为形心主轴，其中 y_2 为强轴

（D）x_2、y_2 为形心主轴，其中 x_2 为强轴

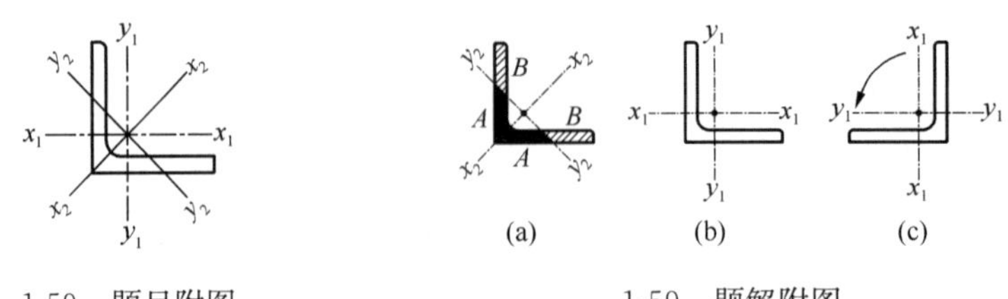

1-59 题目附图　　　　1-59 题解附图

题解：x_2 是截面的对称轴、同时通过形心，故 x_2、y_2 必为形心主轴。将截面分成 4 块（A、B 各 2

块）如图（a）所示。块 A 的面积分布对 x_2 轴和 y_2 轴来说是相同的，但块 B 的面积分布离 x_2 轴远、离 y_2 轴近，将 A、B 合起来可得出全截面面积分布离 x_2 轴远、离 y_2 轴近的结论，故截面对 x_2 轴的惯性矩 I_{x2} 大、对 y_2 轴的惯性矩 I_{y2} 小，x_2 为强轴。

答案：D。

下面顺便说说关于角钢的一些问题：

x_1、y_1 看似形心主轴，在角钢组合截面计算时也常用到。但它们只是一对比较有用的形心轴，而不是形心主轴。将图（b）逆时针转 90°便可得到图（c），对照这两个图形，不难得出截面对 x_1 轴的惯性矩 I_{x1} 等于截面对 y_1 轴的惯性矩 I_{y1} 的判断

$$I_{x1} = I_{y1} \tag{a}$$

另外，可以认为 x_2、y_2 这对轴是由 x_1、y_1 轴旋转得到的。如前所述，在轴线旋转过程中，与每一对轴中的两条轴线相对应的惯性矩之和不会改变，即

$$(I_{x1} + I_{y1}) = (I_{x2} + I_{y2}) \tag{b}$$

将式（a）式代入式（b），移项整理后得

$$I_{x1} = I_{y1} = (I_{x2} + I_{y2})/2 \tag{c}$$

又因为 $I_{x2} > I_{y2}$，故必有

$$I_{x2} > I_{x1}$$

和

$$I_{y2} < I_{y1}$$

这说明截面对 x_1 轴（或 y_1 轴）的惯性矩都不是最大值或最小值，故它们不是形心主轴。另外由于 $I_{x1} = I_{y1}$，故这两轴也无强弱之分。

上述分析比较抽象。不妨挑一个具体的角钢作比较，以角钢∠100×100×12 为例，从型钢表上可查得：$I_{x1} = I_{y1} = 208.87 \times 10^4 \text{mm}^4$，$I_{x2} = 330.95 \times 10^4 \text{mm}^4$，$I_{y2} = 86.84 \times 10^4 \text{mm}^4$。将以上数值代入式（c），能完全满足式（c）的要求。

1-60　附图所示截面的形心位置已求得（见附图，单位 mm），试问对形心主轴的惯性矩 I_x 和 I_y 分别最接近（　　）。

（A）$96.96 \times 10^8 \text{mm}^4$ 和 $60.50 \times 10^8 \text{mm}^4$

（B）$106.96 \times 10^8 \text{mm}^4$ 和 $70.50 \times 10^8 \text{mm}^4$

（C）$110.96 \times 10^8 \text{mm}^4$ 和 $80.50 \times 10^8 \text{mm}^4$

（D）$120.96 \times 10^8 \text{mm}^4$ 和 $90.50 \times 10^8 \text{mm}^4$

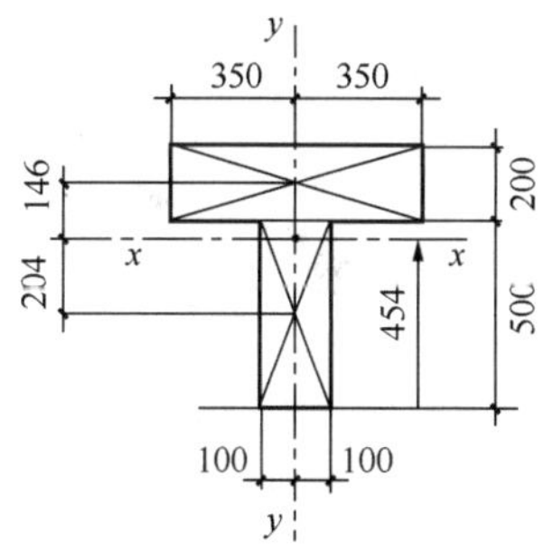

1-60　题目附图

题解：

$$I_x = 700 \times 200^3/12 + 700 \times 200 \times 146^2 + 200 \times 500^3/12 + 200 \times 500 \times 204^2 = 96.96 \times 10^8 \text{mm}^4$$

$$I_y = 200 \times 700^3/12 + 500 \times 200^3/12 = 60.50 \times 10^8 \text{mm}^4$$

答案：A。

1-61　试求图示刚架结点 C 的水平位移 Δ。

（A）$3qa^4/(16EI)$

（B）$qa^4/(8EI)$

（C）$3qa^3/(8EI)$

（D）$3qa^4/(8EI)$

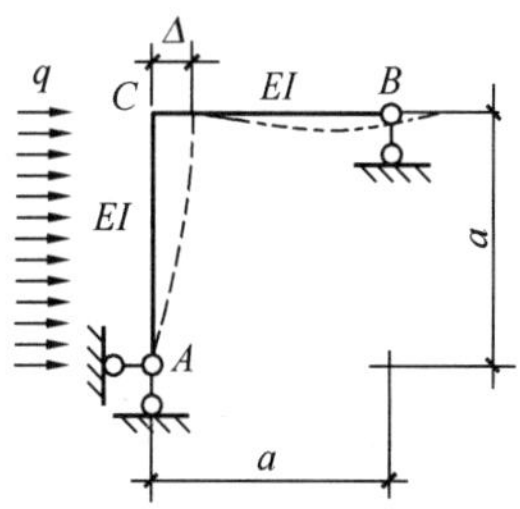

1-61　题目附图

题解：

先分别作出实际荷载作用下的弯矩图 M_P、和单位虚设荷载作用下的弯矩图 M_1，如图（a）、图（b）所示。由图 1.4.4-2 查得 M_P 各杆弯矩图形心位置如图（a）所示；面积分别为 $A_1 = 2 \times a \times (qa^2/2)/3 = qa^3/3$，$A_2 = a \times (qa^2/2)/2 = qa^3/4$。$M_1$ 图与 M_P 图 A_1 和 A_2 形心相对应的标距分别为 $y_{c1} = 5a/8$ 和 $y_{c2} = 2a/3$。根

据公式（1.4.4-3）

$$\Delta=\Sigma A\times y_c/(EI)=[(qa^3/3)\times(5a/8)+(qa^3/4)\times(2a/3)]/(EI)$$
$$=3qa^4/(8EI)\rightarrow$$

答案：D。

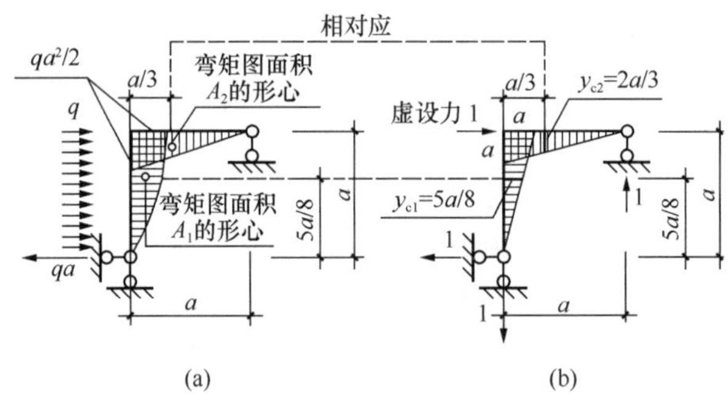

1-61 题解附图

（a）实际荷载作用下的弯矩图 M_P；（b）单位虚设荷载作用下的弯矩图 M_1

1-62 图示不同支座条件下的单跨梁，在跨中集中力 P 作用下，a 点弯矩 M_a 最大的是（　　）。（2012-32）

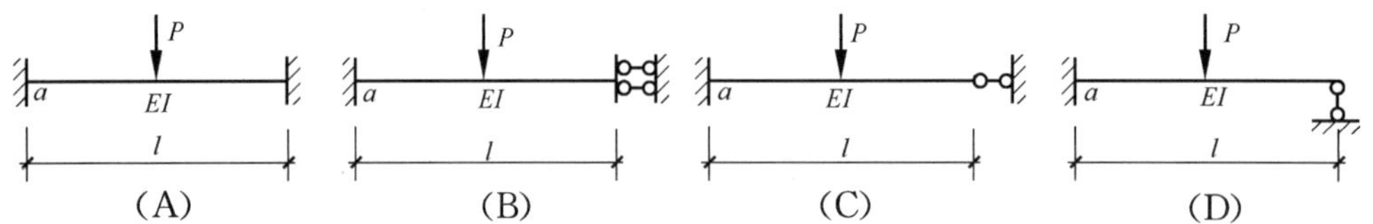

答案：C。

1-63 附图所示梁的弯矩图和剪力图，判断为下列何种外力产生的？（2011-14，2010-13）

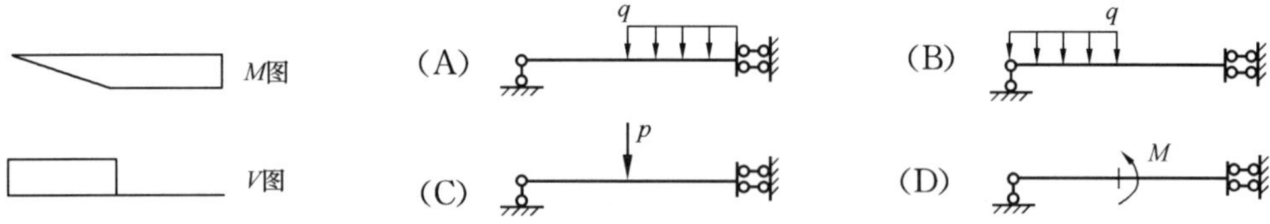

答案：C。

1-64 图示结构中 A、C 点的弯矩 M_A、M_C（设下面受拉为正）分别为（　　）（2011-28）

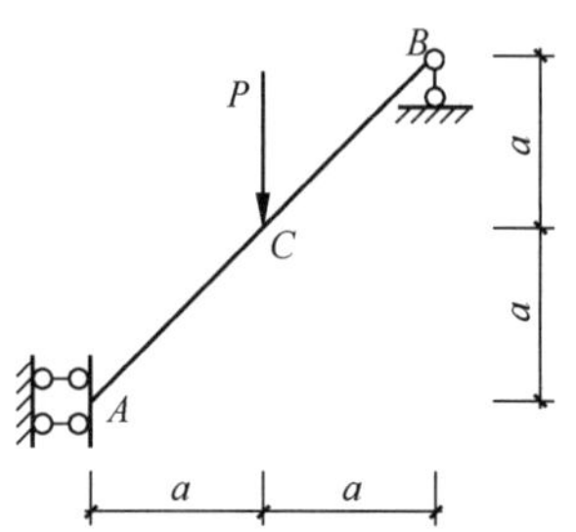

（A）$M_A=0$，$M_C=Pa/2$

（B）$M_A=2Pa$，$M_C=2Pa$

（C）$M_A=Pa$，$M_C=Pa$

（D）$M_A=-Pa$，$M_C=Pa$

答案：C。

1-65　图示结构 B 支座的水平反力 H_B 为(　　)。(2011-25)

(A) P

(B) $-P/2$

(C) $P/2$

(D) $-P$

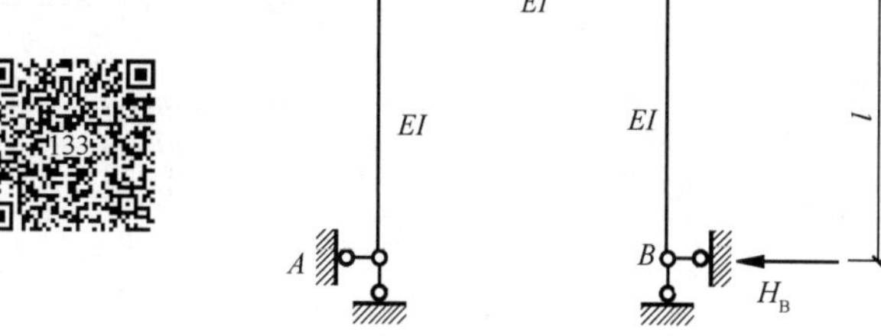

答案：C。

1-66　附图所示等截面梁正确的弯矩图为(　　)。(2011-12)

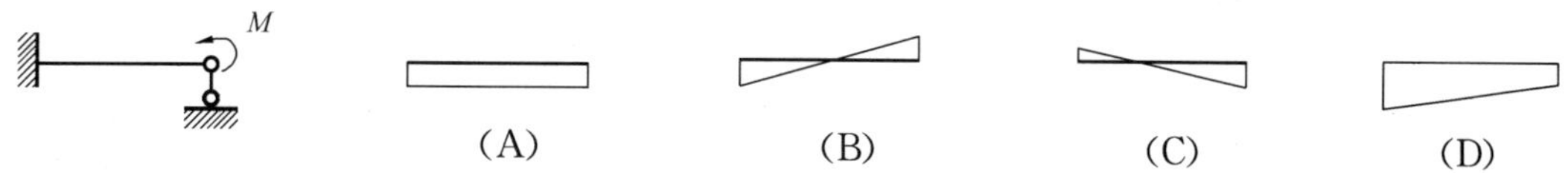

题解：本题结构的受力情况与表 1.4.5-1④B 项、两端固定的单跨梁在一端发生转角位移时的受力是完全等效的。该表格有常用的、包括本题结构受力的弯矩图。至于为什么“固定端”在发生转角位移时的受力与“固定铰支端”受集中力矩作用的情况等效，请参见【例 1.4.5-3】。

答案：C。

1-67　关于图示结构Ⅰ、Ⅱ的 ab 跨跨中弯矩 M_{I}、M_{II} 说法正确的是(　　)。

(A) $M_{\text{I}} > M_{\text{II}}$　　　(B) $M_{\text{I}} = M_{\text{II}}$

(C) $M_{\text{I}} < M_{\text{II}}$　　　(D) 无法判断

题解：

与上题相似，这两个结构的悬臂段 bc 都可用静定结构的方法进行分析，易知左端的弯矩 $M=PL$，剪力等于 P，用它们代替悬臂段的作用，见题解附图。根据表 1.4.5-1 的第④-B 项，这个力矩将使 ab 杆的 a 端产生一个 $M/2$ 的正弯矩，然后按几何比例关系，可求得 ab 跨中弯矩为 $M/4$（负）。虽然超静定结构的内力分配与杆件之间的线刚度比有关，但由于悬臂段被它左端的内力取代后，两个结构都只含一个杆段，不存在杆件之间的线刚度比的问题，故它们的内力图是相同的。

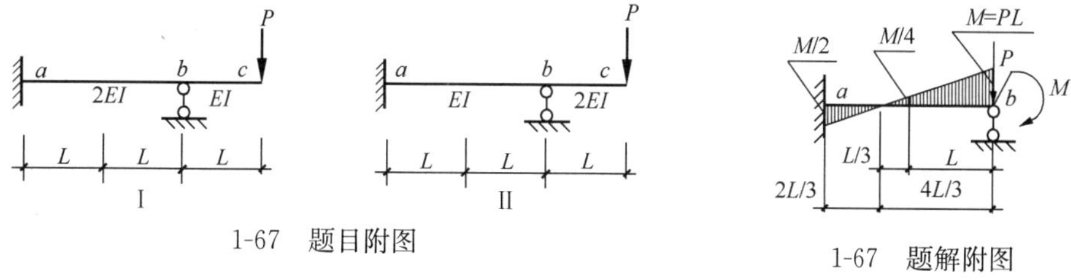

1-67　题目附图　　　1-67　题解附图

答案：B。

这两个结构在受力后有什么不一样呢？回答是：变形的大小不一样。结构Ⅰ和结构Ⅱ的线刚度分别为 $i_1 = 2EI/(2L)$ 和 $i_2 = EI/(2L)$，故 $i_1 = 2i_2$。设结构Ⅰ和结构Ⅱ的 b 端转角分别为 θ_1 和 θ_2，对照题解附图、并利用表 1.4.5-1 的第④-B 项的公式，可得到 $M = 4i_1\theta_1$ 和 $M = 4i_2\theta_2$，于是 $4i_1\theta_1 = 4i_2\theta_2$，代入 $i_1 = 2i_2$ 后可解得 $\theta_1 = 0.5\theta_2$。这结果表明 ab 跨的线刚度大、b 端的角位移就小，角位移与线刚度成反比。

1-68　图示梁的正确弯矩图应是哪个图？

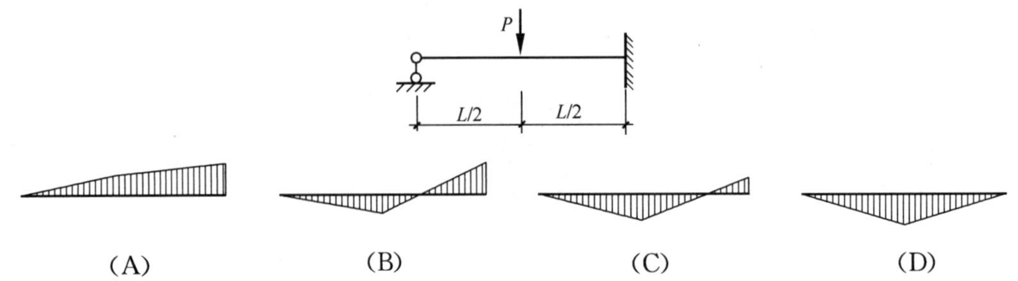

题解：选项（A）、（D）的错误很明显，无需多谈。本题属于表 1.4.5-1 第②-A 项的情况，可查得固端弯矩为 $3PL^2/16 = 6PL^2/32$，比跨中弯矩 $5PL^2/32$ 大。

答案：B。

我们没有必要通过记住这上述数字来做题。表 1.4.5-1 的项目比较多，要记住表中的每一个数，一是太难、二是没有必要。但一些规律性的东西，不光有用，而且也很易记。例如表中任一种情况的跨中弯矩都不会大于固端弯矩。记住这一点，我们就可以判选项 C 错，因为它的跨中弯矩明显大于固端弯矩。选项（A）、（D）的错误又很明显，剩下正确的就只有选项（B）了。

1-69　附图均为五跨、等跨、等截面连续梁，哪一个图中支座 a 产生的弯矩最大？（2012-35）

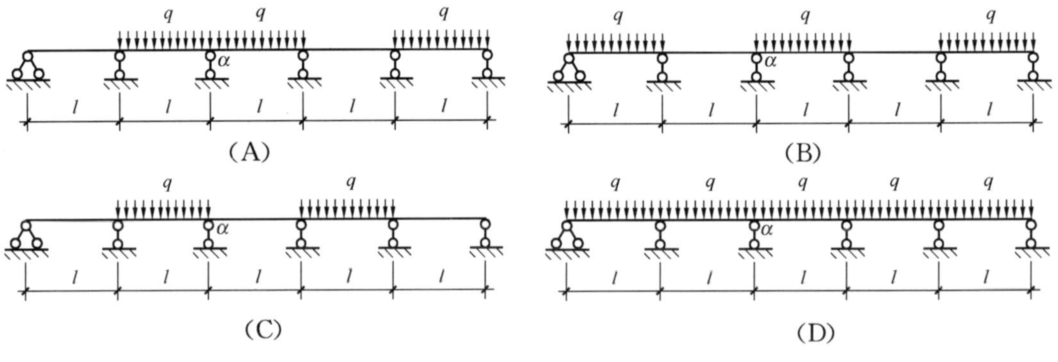

答案：A。

1-70　三等跨连续梁在下列三种荷载作用下，正确的是（　　）。（2012-5）

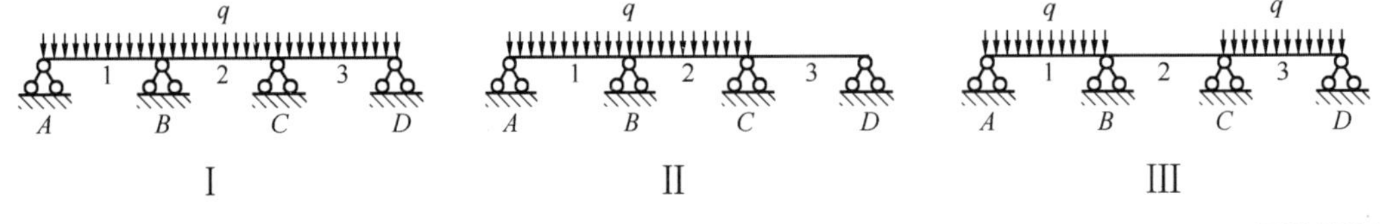

（A）Ⅲ中的 M_1 最大　　（B）Ⅱ中的 M_1 最小

（C）Ⅰ中的 R_A 最大　　（D）Ⅱ中的 R_A 最小

答案：A。

说明：选项 D 也正确，本题答案似欠唯一性。

1-71　图示等跨等截面连续梁，在均布荷载 q 作用下，支座反力最大的是（　　）。（2012-34）

（A）R_1　　（B）R_2

（C）R_3　　（D）R_4

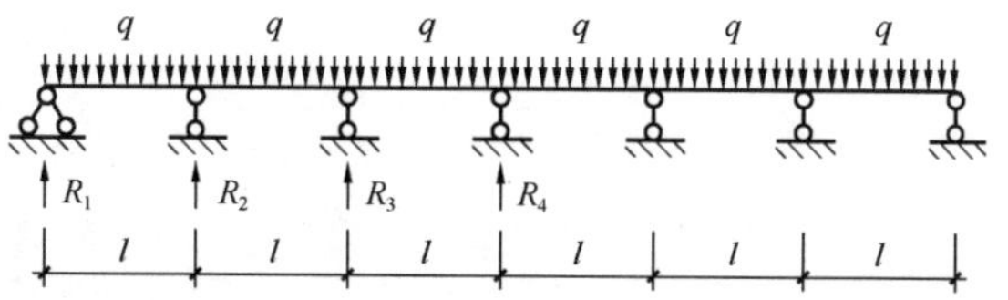

答案：B。

1-72　图示排架中 A、B、C 点的弯矩 M_A、M_B、M_C之间的关系为(　　)。(2011-29)

(A) $M_A > M_B > M_C$

(B) $M_A < M_B < M_C$

(C) $M_A = M_B = M_C$

(D) $M_A < M_C < M_B$

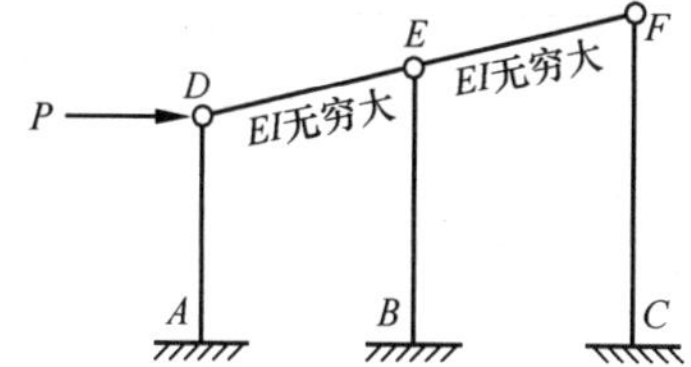

答案：A。

1-73　图示结构在 q 荷载作用下弯矩图正确的是(　　)。(2012-22)

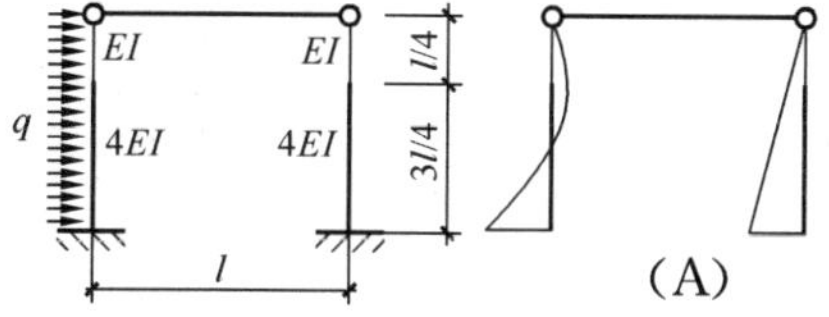

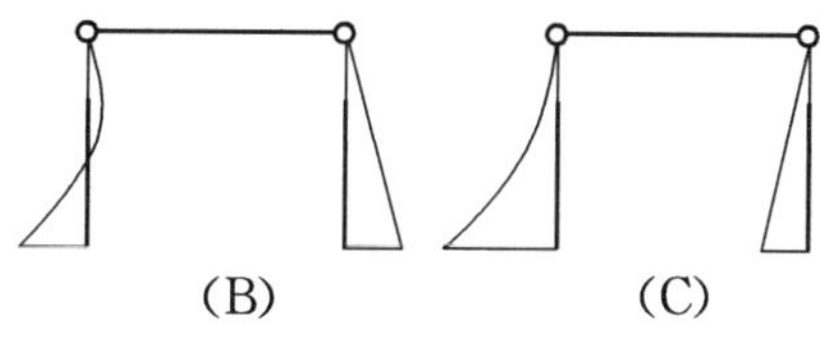

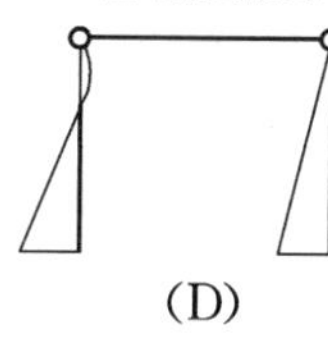

答案：D。

1-74　附图所示结构的弯矩图正确的是(　　)。(2010-37)

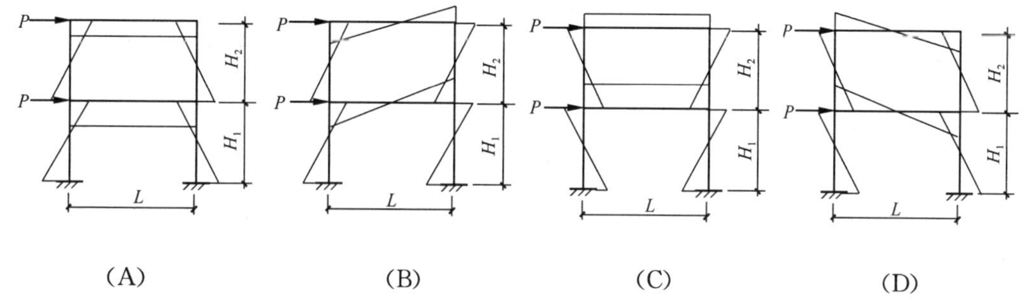

说明：视频从两种极端的情况入手（即分别假设横梁 EI 为零和无穷大），利用变形的连续性来进行定性分析，详细讲解了这个结构的内力图。

答案：B。

1-75　附图所示双层框架杆件刚度相同，则正确的弯矩图是(　　)。(2010-52)

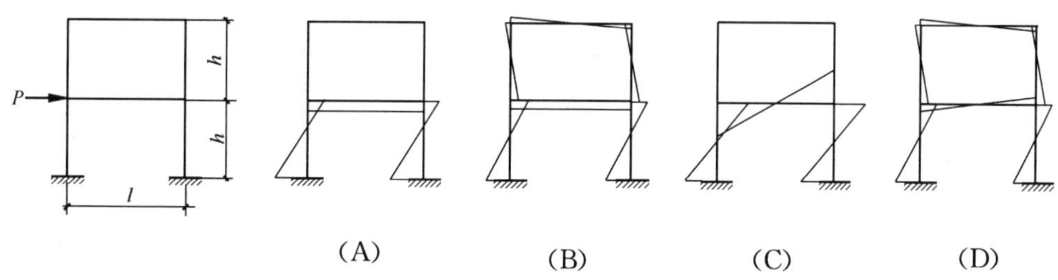

答案：见题解附图。

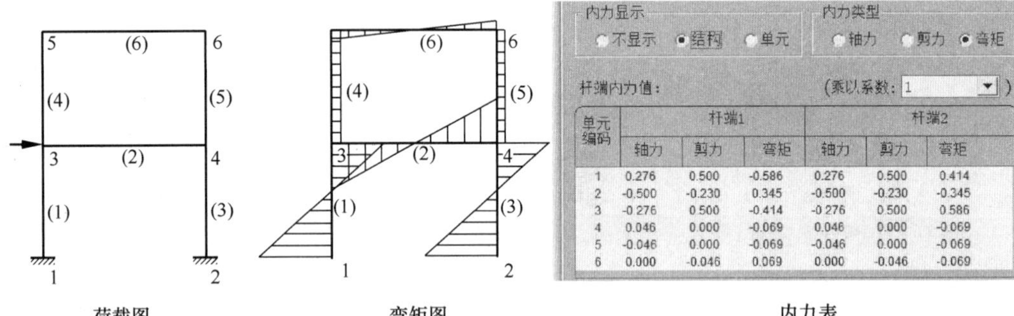

单元编码	杆端1			杆端2		
	轴力	剪力	弯矩	轴力	剪力	弯矩
1	0.276	0.500	-0.586	0.276	0.500	0.414
2	-0.500	-0.230	0.345	-0.500	-0.230	-0.345
3	-0.276	0.500	-0.414	-0.276	0.500	0.586
4	0.046	0.000	-0.069	0.046	0.000	-0.069
5	-0.046	0.000	-0.069	-0.046	0.000	-0.069
6	0.000	-0.046	0.069	0.000	-0.046	-0.069

内力表

1-75　题解附图 清华大学力学求解器的分析结果

1-76　附图所示刚架，位移Δ相同的是(　　)。(2010-48)

(A) Ⅰ与Ⅲ

(B) Ⅰ与Ⅳ

(C) Ⅱ与Ⅳ

(D) Ⅲ与Ⅳ

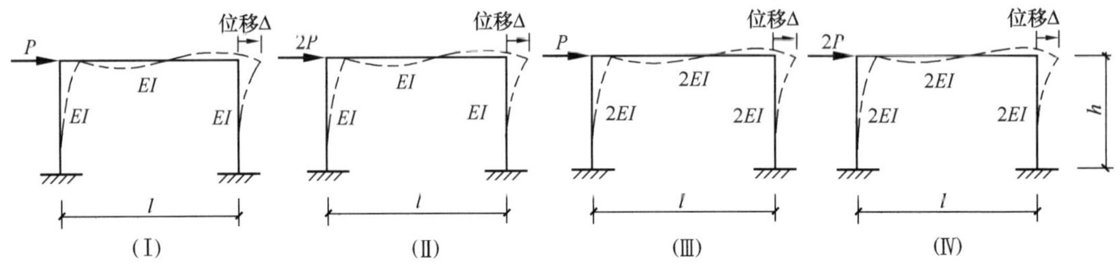

答案：B。

1-77　图示刚架，当横梁刚度 EI_2 与柱刚度 EI_1 之比趋于无穷大时，横梁跨中 a 点弯矩 M_a 趋向于以下哪个数值？(2012-37)

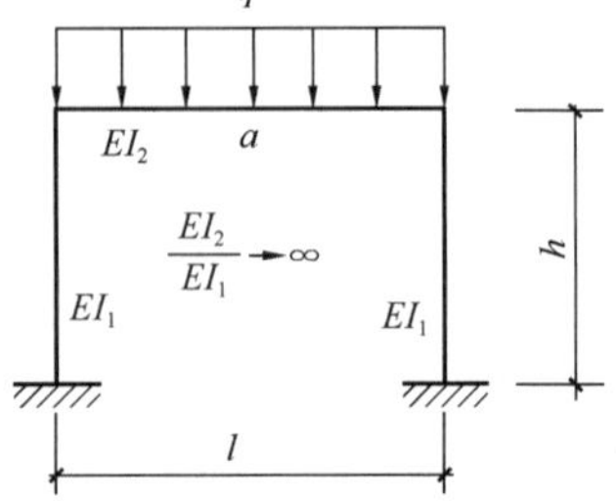

(A) $M_a=ql^2/4$

(B) $M_a=ql^2/8$

(C) $M_a=ql^2/12$

(D) $M_a=ql^2/24$

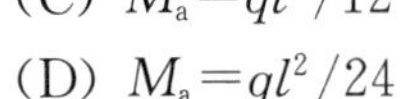

答案：B。

1-78　图示两结构因梁的高宽不同而造成抗弯刚度的不同，梁跨中弯矩最大的位置是

(　　)。(2010-40)

(A) A点　　　　(B) B点

(C) C点　　　　(D) D点

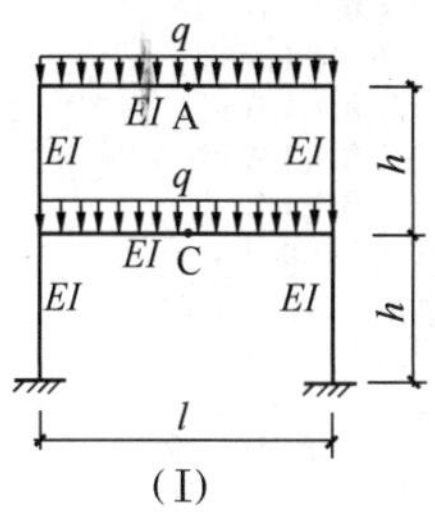

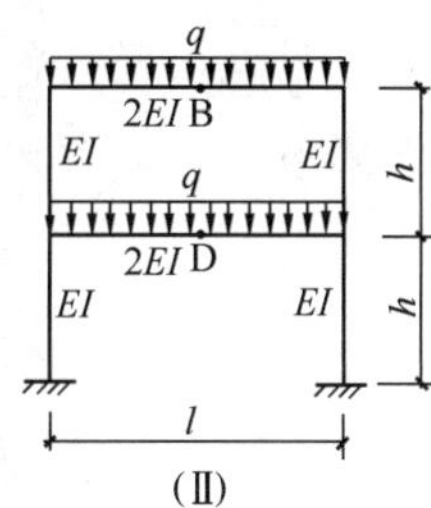

答案：B。

1-79　图示为单跨双层框架，因柱抗弯刚度不同，梁跨中弯矩最小的位置是(　　)。(2012-42)

(A) Ⅰ中的I_a点

(B) Ⅰ中的I_b点

(C) Ⅱ中的II_a点

(D) Ⅱ中的II_b点

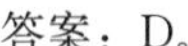
答案：D。

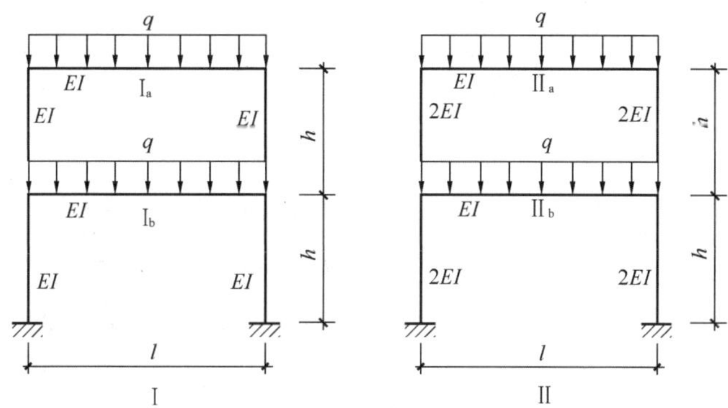

1-80　图示结构 a 杆的轴力（以拉力为正）是(　　)。(2012-23)

(A) P　　　　(B) $-P/2$

(C) 0　　　　(D) $P/2$

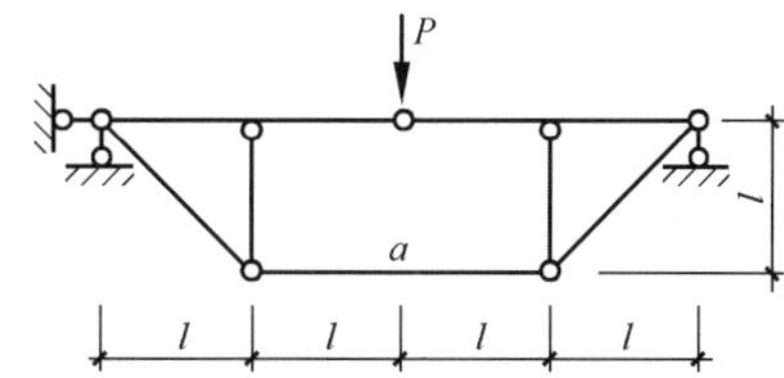

答案：A。

说明：请参见清华大学力学求解器的分析结果（题解附图），当 $P=1$ 时，a 杆的轴力等于 1，即等于 P。注意：①上弦杆不是二力杆，有弯矩和剪力，支座结点的力平衡要考虑上弦杆的剪力；②竖腹杆有轴力，零杆判别规则对其不适用。详见视频讲解。

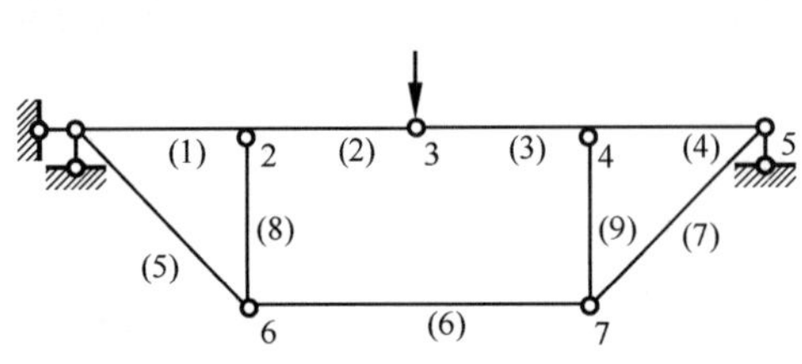

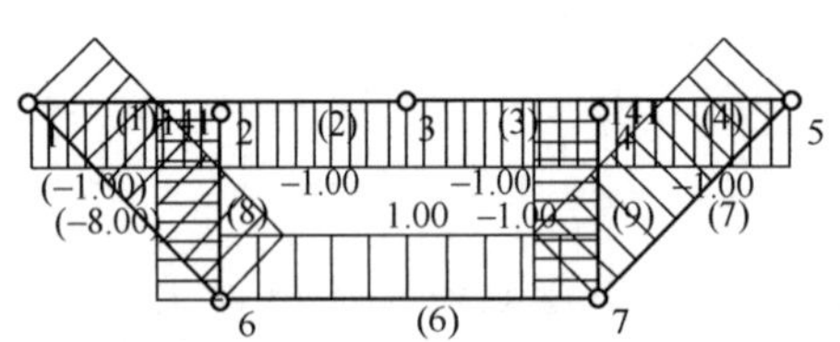

单元,1,2,1,1,0,1,1,1
单元,2,3,1,1,1,1,1,1
单元,3,4,1,1,0,1,1,1
单元,4,5,1,1,1,1,1,1
单元,1,6,1,1,0,1,1,0
单元,6,7,1,1,0,1,1,0
单元,7,5,1,1,0,1,1,0
单元,2,6,1,1,0,1,1,0
单元,4,7,1,1,0,1,1,0
结点支承,1,2,-90,0,0
结点支承,5,1,0,0
结点荷载,3,1,1,-90

单元编码	杆端1			杆端2		
	轴力	剪力	弯矩	轴力	剪力	弯矩
1	-1.000	-0.500	0.000	-1.000	-0.500	-0.500
2	-1.000	0.500	-0.500	-1.000	0.500	0.000
3	-1.000	-0.500	0.000	-1.000	-0.500	-0.500
4	-1.000	0.500	-0.500	-1.000	0.500	0.000
5	1.414	0.000	0.000	1.414	0.000	0.000
6	1.000	0.000	0.000	1.000	0.000	0.000

1-80　题解附图　清华大学力学求解器的分析结果

1-81　图示结构中，为减少 BC 跨的跨中正弯矩 M_1，应(　　)。

(A) 增加 EI_1　　(B) 增加 EI_2　　(C) 增加 x　　(D) 减少 x

题解：可将结构分解为附属部分和基本部分，见题解附图。附属部分为水平放置的一次超静定梁，在竖向荷载作用下可按静定简支梁计算，易知其反力为 $q(L-x)/2$，与 EI_1、EI_2 的大小无关。基本部分为静定简支伸臂梁，支座 B 处的截面弯矩为 $M_B=qx^2/2+[q(L-x)/2]x=qLx/2$，亦与 EI_1、EI_2 的大小无关。增加 x，M_B 就会变大，M_1 就会变小，M_1＝相应简支梁弯矩－$M_B/2=qL^2/8-qLx/4$。

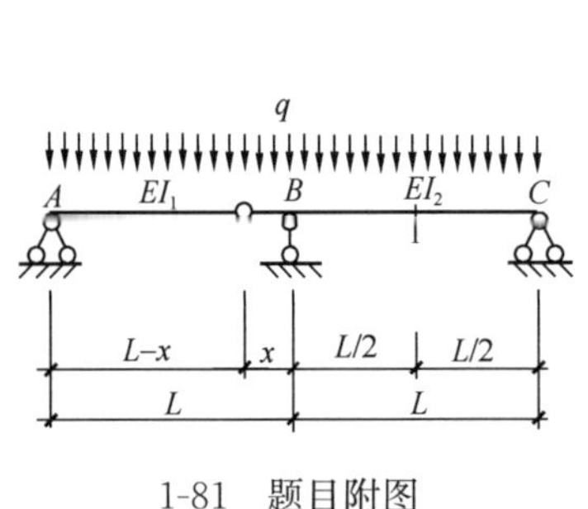

1-81　题目附图

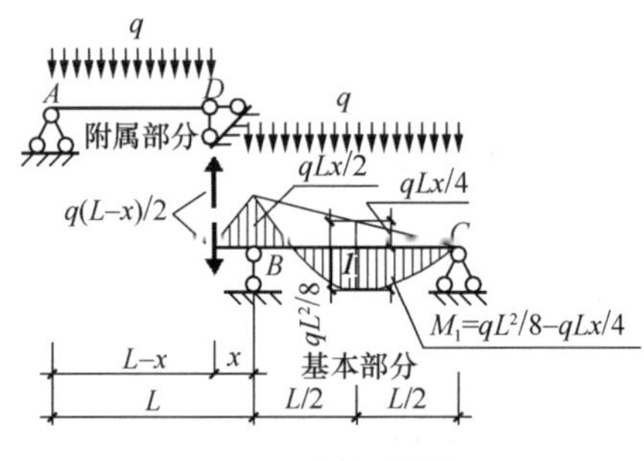

1-81　题解附图

答案：C。

1-82　图示刚架，当 BC 杆均匀加热温度上升此时，其弯矩图正确的是(　　)。(2012-9)

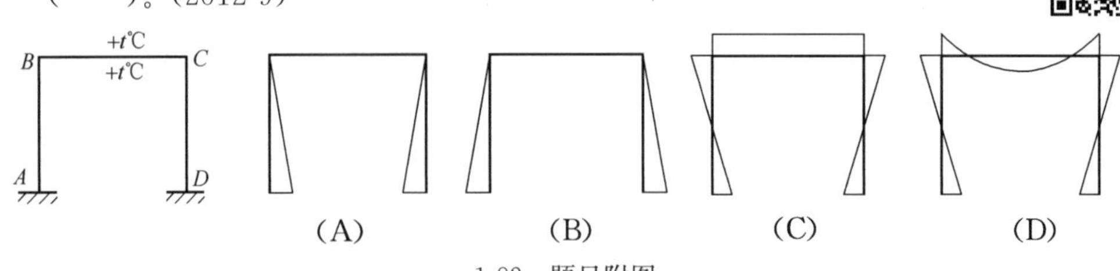

1-82　题目附图

答案：C。说明：2014-14 题的考点相同。

以下 1-83、84、85 题在视频中一起讲解

1-83　附图所示框架结构中，柱的刚度均为 E_cI_c，梁的刚度为 E_bI_b，当地面以上结构温度均匀升高 t℃时，下列表述正确的是(　　)。(2010-39)

(A) 温度应力由结构中间向两端逐渐增大

(B) 温度应力由结构中间向两端逐渐减小

(C) 梁、柱的温度应力分别相等

(D) 结构不产生温度应力

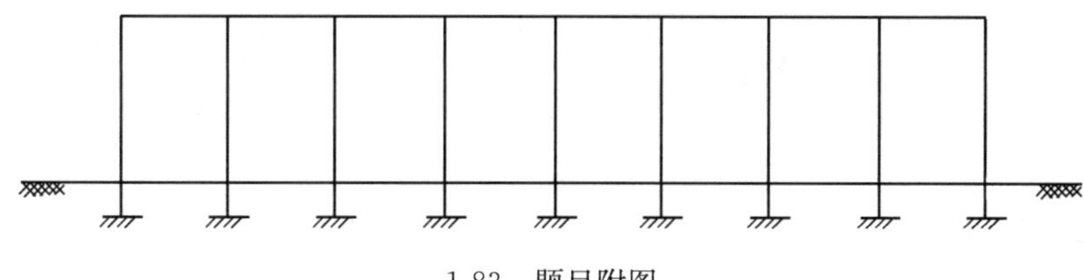

1-83　题目附图

答案：对于梁、柱的弯矩和剪力，A；对于梁的轴力以及除边跨之外的柱子轴力，B。

1-84　图示结构中，各杆截面相同，各杆温度均升高 t，则(　　)。(2006-48)

(A) $M_A=M_B=M_C$；$N_{DE}=N_{EF}$；$N_{AD}>N_{BE}>N_{CF}$

(B) $M_A>M_B>M_C$；$N_{DE}<N_{EF}$；$N_{AD}=N_{BE}=N_{CF}=0$

(C) $M_A<M_B<M_C$；$N_{DE}<N_{EF}$；$N_{AD}=N_{BE}=N_{CF}=0$

(D) $M_A>M_B=M_C$；$N_{DE}<N_{EF}$；$N_{AD}<N_{BE}<N_{CF}$

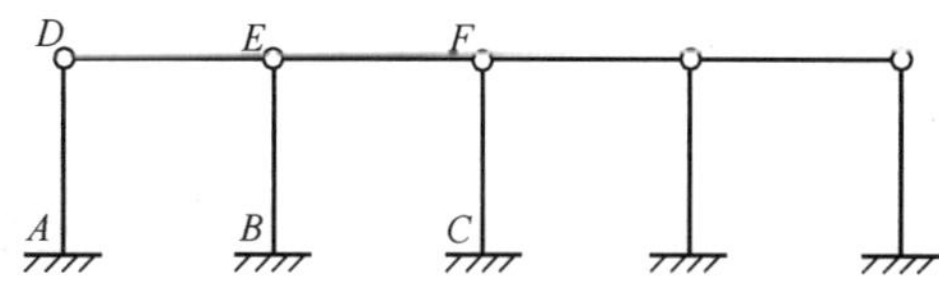

1-84　题目附图

答案：B。

1-85　图示单层多跨钢筋混凝土框架结构，温度均匀变化时梁板柱会产生内力，以下说法中错误的是(　　)。(2012-33)

(A) 温度变化引起的梁弯矩绝对值中部大、端部小

(B) 温度变化引起的柱弯矩绝对值中部小、端部大

(C) 升温时，楼板产生压应力，应力绝对值中部大、端部小

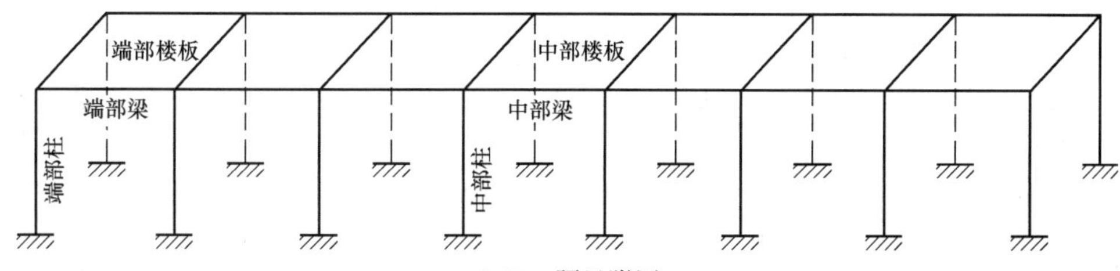

1-85　题目附图

(D) 降温时，楼板产生拉应力，应力绝对值中部大、端部小

答案：A。

1-86　图示单层多跨框架，温度均匀变化 Δt 时引起的 a、b、c 三点的弯矩 M 的绝对值大小关系为(　　)。(2014-33，2019 回忆题)

(A) $M_a=M_b=M_c$　　(B) $M_a>M_b>M_c$

(C) $M_a<M_b<M_c$　　(D) 不确定

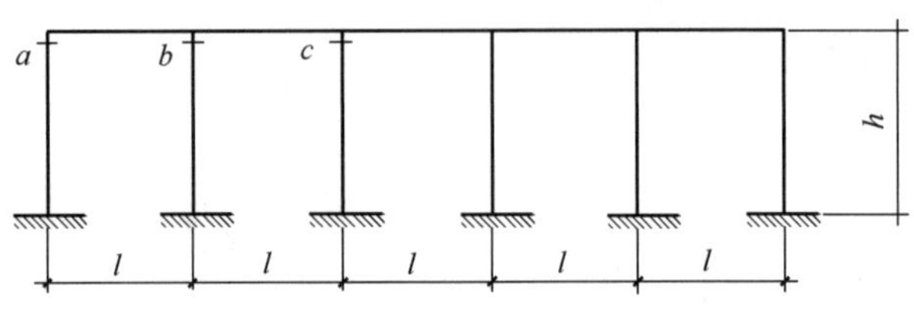

1-86　题目附图

答案：B。

说明：本题分析思路同 1-83 题。

1-87　图示单层大跨框架结构，当采用多桩基础时，由桩的水平位移 Δ 引起的附加弯矩将使框架的哪个部位因弯矩增加而首先出现抗弯承载力不足？(2010-43)

(A) a　　(B) b

(C) c　　(D) d

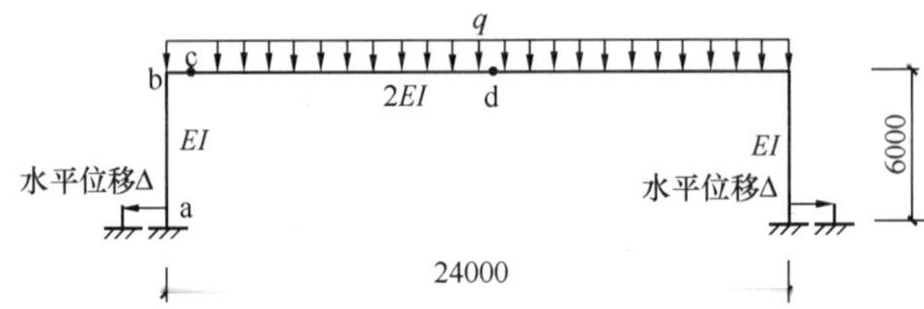

1-87　题目附图

答案：D。

1-88　图示刚架结构左右对称，当支座 A 发生沉陷 Δ 时，下列弯矩图正确的是(　　)。(2005-42) 拓展讲解，2019 年某回忆考点

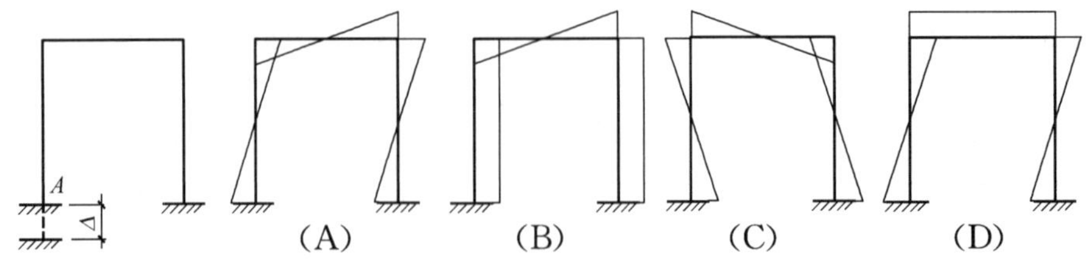

1-88　题目附图

题解：可将左柱支座下沉位移 Δ，看成为左柱下降 Δ/2、右柱上抬 Δ/2 (图 a)，于是支座位移是反

对称的，由此引起的结构变形也必然是反对称的。根据哪个方向阻力小，结构就向哪个方向弯曲，同时根据结构变形的连续性，可得到结构的变形图如图（b）所示；图（c）变形的阻力大，不可能发生。又由于结构左右对称，即左右柱强弱相等，在反对称的变形中不用通过横梁的拉力或压力来相互帮忙，故横梁的轴力为零。由结点平衡可知，横梁的轴力就是柱的剪力，前者为零，后者必为零。既然柱的剪力为零，其弯矩图便为一条与柱轴平行的直线；再根据图（b）所示横梁的弯曲形状及弯矩图应画在受拉侧的规定，可判选项 B 正确。

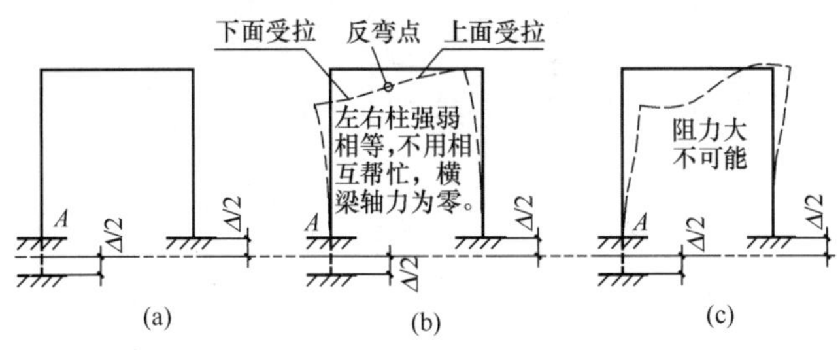

1-88　题解附图

（a）看成左柱下降、左柱上抬各 Δ/2 支座位移反对称；

（b）变形也必为反对称柱必然向左弯曲，因为此时阻力最小；

（c）若令柱向右弯曲柱将受到很大的阻力，故不可能

答案：B。

拓展：轴力图（2019 年回忆考点），剪力图

根据弯矩图和剪力图规律之（3）“在集中力作用处，弯矩图有折点，其尖顶的指向与集中力作用方向相同”，可作如下判断：

① 左右柱脚的弯矩图为直角，故左右柱脚的均无水平反力（见说明 1），进而可得出左右柱全段剪力为零的结论（见图 c）。

② 左右柱全段剪力为零，也就意味着横梁左右端都没有柱上端剪力的反作用力引起的轴向力，故横梁全段轴力为零（见图 b），这也与前面的分析过的“……不用通过横梁的拉力或压力来相互帮忙，故横梁的轴力为零”结论相符合。

③ 与横梁弯矩图左右端的尖角相对应的集中力就是如图（a）所示的一对大小相等、方向相反的竖向支座反力 R。这对力使左右柱全段分别产生大小为 R 的正（受拉）、负（受压）轴向力（见图 b）；这对反力通过柱子传到梁端，就成为使梁逆时针旋转、全段大小为 R 的剪力（负，见图 c）。

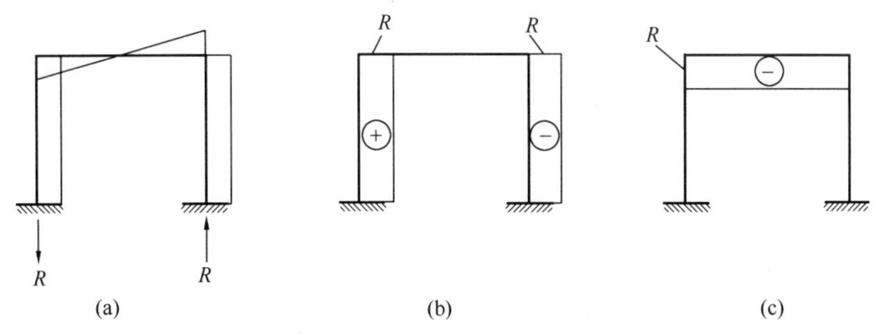

【1-88 题拓展讲解图】

（a）弯矩图；（b）轴力图；（c）剪力图

说明：

1. 对于柱脚，在柱底弯矩图为直角的情况下，弯矩图线与水平反力作用线之间不会出现内侧或外侧

的锐角，故不会有相应的水平反力。更详细的解释，请看习题 1-45 视频讲解（视频微信编号 126）。

2. 同一道题，2005 年考弯矩图，2019 年考轴力图，很难说以后会不会考剪力图。

1-89　图示对称刚架在承受反对称的两个力偶作用下弯矩图正确的是（　　）。(2012-21)

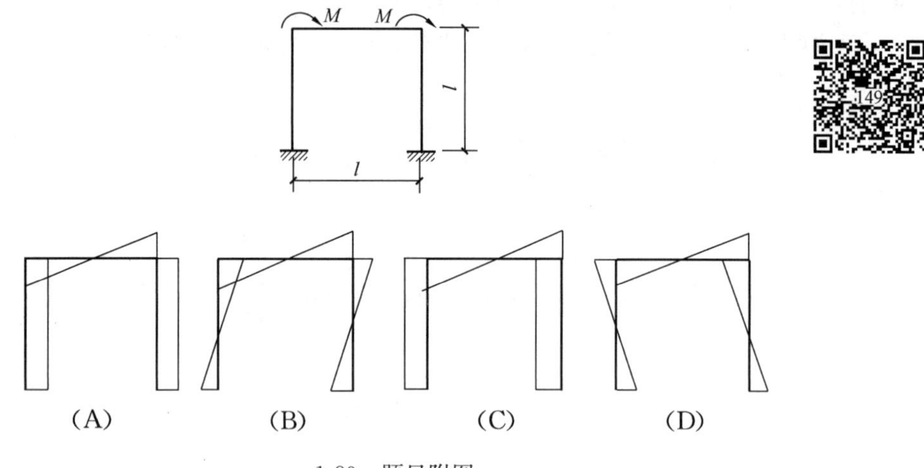

1-89　题目附图

答案：C。

1-90　图示结构在弯矩 M 作用下所产生的弯矩图是（　　）。(2012-7)

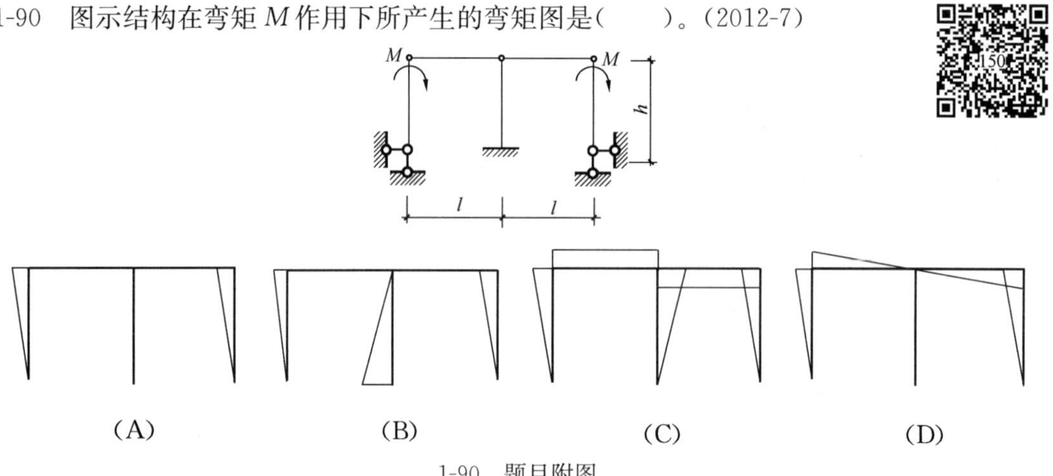

1-90　题目附图

答案：B。

1-91　图示工字钢梁，弹性受弯时，其截面上正应力沿截面高度分布图，正确的是（　　）。(2014-120)

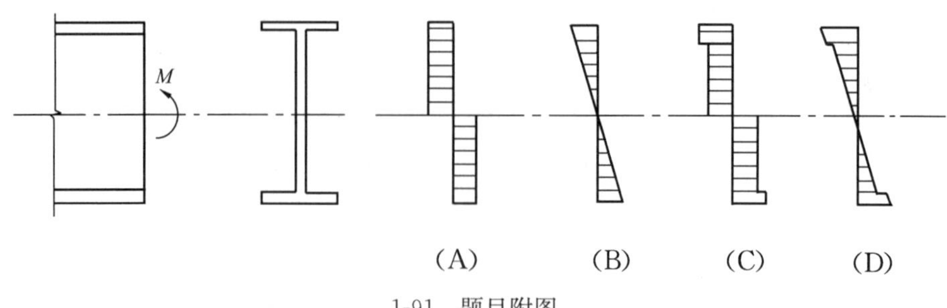

1-91　题目附图

题解：请参见 1.5.1 小节。

答案：B。

1-92　矩形截面梁的剪应力分布为(　　)图示。

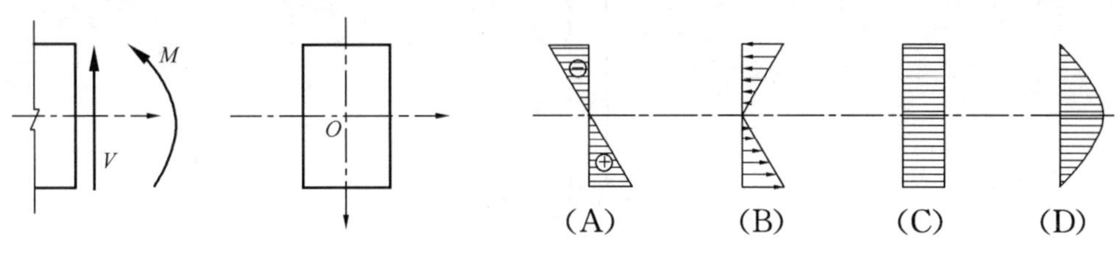

1-92　题目附图

题解：请参见 1.5.2 小节。

答案：D。

1-93　关于图示工字形截面钢梁的应力分布叙述，错误的是(　　)。

(A) 最大正应力发生在 E 截面的 1、5 点

(B) 最大剪应力发生在 A、B 截面的 1、5 点

(C) 最大剪应力发生在 A、B 截面的 3 点

(D) 在 C、D 截面的 2、4 点，会同时出现较大的正应力和剪应力

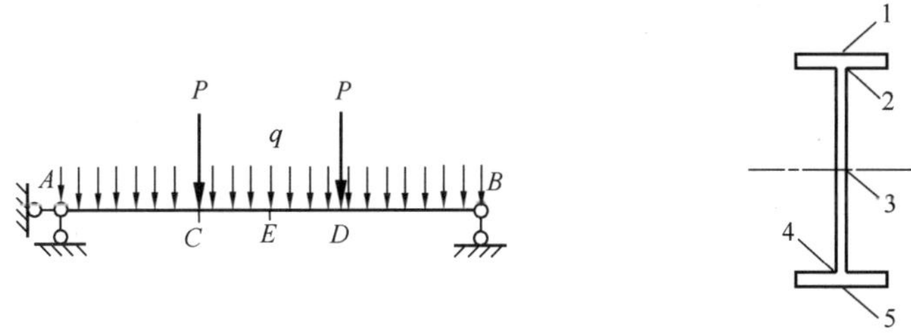

1-93　题目附图

答案：B。

以下 1-94、95 题在视频中一起讲解

1-94　附图所示结构在均布扭转力矩作用下的扭矩图为(　　)。(2010-17)

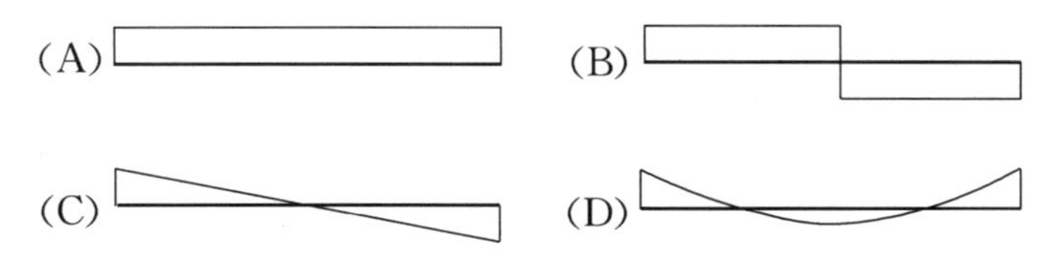

1-94　题目附图

答案：C。

1-95　图中悬臂柱自由端在弯矩 M 和绕 O-O 轴的扭矩 T 作用下，柱底截面 A-A 存在哪几种内力？(2011-47)

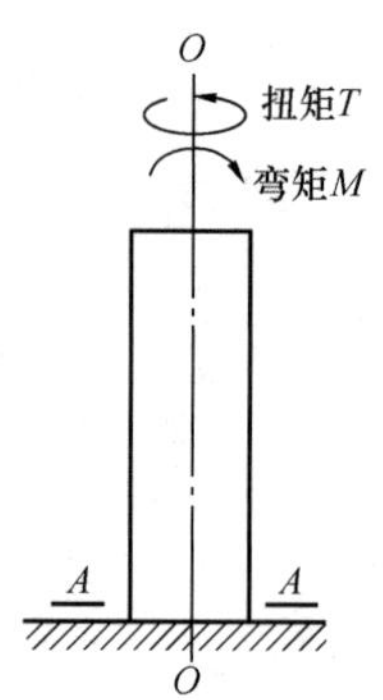

1-95　题目附图

(A) 弯矩、轴力和扭矩　　(B) 弯矩、扭矩

(C) 弯矩、扭矩和剪力　　(D) 弯矩、剪力

答案：B。

第 2 章　抗震设计的基本知识

考试大纲对抗震设计部分的要求是；“了解抗震设计的基本知识，以及各类结构形式在不同抗震烈度下的使用范围”。本节主要讲述前一方面的内容，后一方面的内容将穿插到各种结构体系的有关章节中。

2.1 地 震 常 识

2.1.1 地震的种类

地震按成因可分为 4 类：构造地震、火山地震、陷落地震和诱发地震。①由于地壳运动、推挤地壳岩层，使其薄弱部位发生断裂错动而引起的地震叫“构造地震”。构造地震分布最广，占发震总数的 90%以上。世界上震级大、破坏严重的地震都属这一类。它是抗震结构设计研究的主要对象。②由于火山爆发，岩浆猛烈冲出地面而引起的地震叫“火山地震”。火山地震在我国很少见。③由于地下岩层（如石灰岩）较大的溶洞或古旧矿坑的陷落而引起小范围的地面震动叫“陷落地震”。这类地震破坏力小。④由于水库蓄水、深井注水、地下核爆炸试验等人类活动引起的地面震动叫“诱发地震”，其最大震级不超过 6.5 级（震级问题稍后再讲）。

按震源深度（见图 2.1.2-1），地震可分为浅源地震（深度≤60km）、中源地震（60km＜深度≤300km）和深源地震（300km＜深度＜700km）。

2.1.2 地震术语

地震发生的地方叫“震源”；震源至地面的垂直距离称“震源深度”；震源在地表的投影称“震中”；建筑物到震中的距离称“震中距”；在震中附近，破坏最严重的范围称“震中区”（见图 2.1.2-1）。地震波有体波和面波，图中的压缩波和剪切波属于体波。

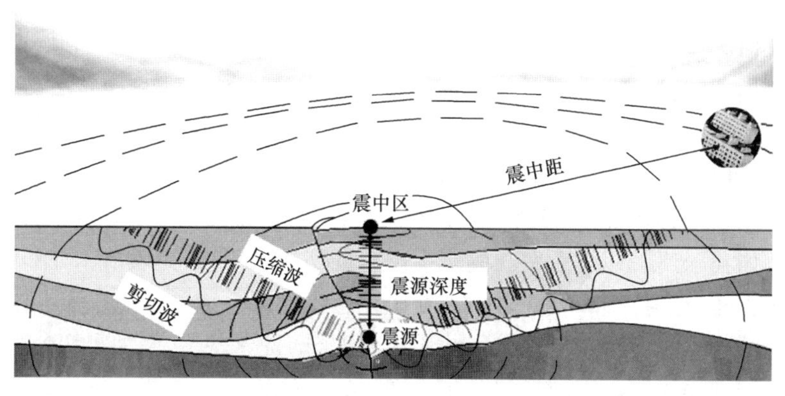

图 2.1.2-1　地震术语

2.1.3　地震震级与地震烈度

1. 地震震级

震级是一次地震释放能量多少的一种度量，一次地震只有一个震级，一般用 M 表示。目前国际上比较通用的是“里氏震级”，由里克特（C. F. Richter）于 1935 年提出：

$$M = \lg A \tag{2.1.2-1}$$

式中 A 为标准地震仪在距震中 100km 处记录的、以微米（$1\mu m=10^{-6}m$）为单位的最大水平地动位移（单振幅）。例如，在距离震中 100km 处标准地震仪记录到某次地震最大的单振幅是 1m，即 $10^6\mu m$，则 $M=\lg 10^6=6$，于是这次地震的震级就是里氏 6 级。实际上，地震时距震中恰好 100km 处不一定设置了地震仪，而且地震仪也会有所不同，故需要进行相应的修正，才能得到正确的震级。

一次 6 级地震所释放的能量，相当于一个 2 万吨级的原子弹。不同震级之间的释放的能量相差甚大，震级相差一级，释放的能量就要相差 $\sqrt{1000}\approx 32$ 倍。例如一次 7 级地震所释放的能量约为一次 6 级地震所释放的能量的 32 倍，而一次 8 级地震所释放的能量是一次 6 级地震所释放的能量的 $\sqrt{1000}\times\sqrt{1000}=1000$ 倍，相当于 1000 个 2 万吨级的原子弹。

按震级大小，我国把地震分为 6 个级别：小地震（震级 $M<3$）、有感地震（$3\leqslant M\leqslant 4.5$）、中强地震（$4.5<M<6$）、强烈地震（$6\leqslant M<7$）、大地震（$7\leqslant M<8$）和特大地震（$M\geqslant 8$）。另外 5 级以上的地震就能引起不同程度的破坏，统称为破坏性地震。

袁老师：小静，听说“5.12”汶川 8 级特大地震时你正好在成都，当时有什么感觉？

小　静：有一点震感，但不强烈。这次地震在成都好像只有 7 级。

袁老师：不是 7 级，而是 7 度。这次地震成都的地震烈度为 7 度。

小　静：地震烈度是什么意思？

袁老师：这正是下面要讲的。

对话 2.1.3-1　袁老师和小静谈“5.12”汶川地震

2. 地震烈度

如前所述，一次地震只有一个震级。例如 2008 年的汶川地震是 8 级特大地震，在西安也有较弱的震感，但我们不能说这次地震在汶川是 8 级，在西安是 6 级。那么，应该如何表述同一次地震在不同地区引起的破坏程度上的差别呢？这就需要用到“地震烈度”这个概念了。我们可以说：汶川 8 级特大地震在震中区引起的破坏是毁灭性的，烈度为 11 度；而在西安则只有 5～6 度。可见同一次地震在不同地区有不同的地震烈度。

地震烈度是指“地震引起的地面震动及其影响的强弱程度”[2]。为了说明某一次地震的影响程度、总结震害和抗震经验，需要建立一个标准来评定地震烈度，这个标准就是地震烈度表，例如我国汶川地震后发布的《中国地震烈度表》[2]，见表 2.1.3-1；同样，为了对地震区的工程建设进行抗震设防，也需要研究、预测某一地区今后一定期限内的地震烈度，作为工程结构抗震设计的依据。因此地震烈度与工程抗震有更为密切的联系。

地震烈度表以描述震害宏观现象为主，即根据人的感觉、器物的反应、建筑物的损坏程度和地貌变化特征等来划分烈度；当有自由场地强震动记录时，水平向地震动峰值加速度和峰值速度可作为综合评定地震烈度的参考指标。由于不同国家对地震影响分段的不同，以及在宏观现象和定量指标确定方面的差异，各国所制定的地震烈度表也就有所不同。现在，除了日本采用0～7度烈度表、少数国家（如欧洲一些国家）用10度划分地震烈度之外，绝大多数国家包括我国都采用12度划分的地震烈度。从表2.1.3-1中的峰值加速度一项可以看出：烈度高一度，峰值加速度大一倍（所谓“峰值”就是最大值，我们关心的是最大值）。由于地震惯性力与加速度成正比，换句话说，在其他条件相同的情况下，地震烈度高一度，地震惯性力就大一倍。

中国地震烈度表（2008） **表2.1.3-1**

地震烈度	人的感觉	房屋震害			其他震害现象	水平向地震动参数	
		类型	震害程度	平均震害指数		峰值加速度 (m/s^2)	峰值速度 (m/s)
Ⅰ	无感	—	—	—	—	—	—
Ⅱ	室内个别静止中的人有感觉	—	—	—	—	—	—
Ⅲ	室内少数静止中的人有感觉	—	门、窗轻微作响	—	悬挂物微动	—	—
Ⅳ	室内多数人、室外少数人有感觉，少数人梦中惊醒	—	门、窗作响	—	悬挂物明显摆动，器皿作响	—	—
Ⅴ	室内绝大多数、室外多数人有感觉，多数人梦中惊醒	—	门窗、屋顶、屋架颤动作响，灰土掉落，个别房屋墙体抹灰出现细微裂缝，个别屋顶烟囱掉砖	—	悬挂物大幅度晃动，不稳定器物摇动或翻倒	0.31 (0.22～0.44)	0.03 (0.02～0.04)
Ⅵ	多数人站立不稳，少数人惊逃户外	A	少数中等破坏，多数轻微破坏和/或基本完好	0.00～0.11	家具和物品移动；河岸和松软土出现裂缝，饱和砂层出现喷砂冒水，个别独立砖烟囱轻度裂缝	0.63 (0.45～0.89)	0.06 (0.05～0.09)
		B	个别中等破坏，少数轻微破坏，多数基本完好				
		C	个别轻微破坏，大多数基本完好	0.00～0.08			
Ⅶ	大多数人惊逃户外，骑自行车的人有感觉，行驶中的汽车驾乘人员有感觉	A	少数毁坏和/或严重破坏，多数中等和/或轻微破坏	0.09～0.31	物体从架子上掉落；河岸出现塌方，饱和砂层常见喷水冒砂，松软土地上地裂缝较多；大多数独立砖烟囱中等破坏	1.25 (0.90～1.77)	0.13 (0.10～0.18)
		B	少数中等破坏，多数轻微破坏和/或基本完好				
		C	少数中等和/或轻微破坏，多数基本完好	0.07～0.22			

续表

地震烈度	人的感觉	房屋震害			其他震害现象	水平向地震动参数	
		类型	震害程度	平均震害指数		峰值加速度 (m/s^2)	峰值速度 (m/s)
Ⅷ	多数人摇晃颠簸，行走困难	A	少数毁坏，多数严重和/或中等破坏	0.29～0.51	干硬土上出现裂缝，饱和砂层绝大多数喷砂冒水；大多数独立砖烟囱严重破坏	2.50 (1.78～3.53)	0.25 (0.19～0.35)
		B	个别毁坏，少数严重破坏，多数中等和/或轻微破坏				
		C	少数严重和/或中等破坏，多数轻微破坏	0.20～0.40			
Ⅸ	行动的人摔倒	A	多数严重破坏或/和毁坏	0.49～0.71	干硬土上多处出现裂缝，可见基岩裂缝、错动，滑坡、塌方常见；独立砖烟囱多数倒塌	5.00 (3.54～7.07)	0.50 (0.36～0.71)
		B	少数毁坏，多数严重和/或中等破坏				
		C	少数毁坏和/或严重破坏，多数中等和/或轻微破坏	0.38～0.60			
Ⅹ	骑自行车的人会摔倒，处不稳状态的人会摔离原地，有抛起感	A	绝大多数毁坏	0.69～0.91	山崩和地震断裂出现，基岩上拱桥破坏；大多数独立砖烟囱从根部破坏或倒毁	10.00 (7.08～14.14)	1.00 (0.72～1.41)
		B	大多数毁坏				
		C	多数毁坏和/或严重破坏	0.58～0.80			
Ⅺ	—	A	绝大多数毁坏	0.89～1.00	地震断裂延续很大，大量山崩滑坡	—	—
		B					
		C		0.78～1.00			
Ⅻ	—	A	几乎全部毁坏	1.00	地面剧烈变化，山河改观	—	—
		B					
		C					

注：表中给出的“峰值加速度”和“峰值速度”是参考值，括弧内给出的是变动范围。

在其他条件相同的情况下，显然震级越高，地震烈度就越高。除此之外，影响地震烈度大小的因素主要有以下几个方面：

① 震中距的影响：一般来说，离震中越近，地震影响越大，地震烈度越高；离震中越远，地震烈度就越低。例如唐山 7.8 级大地震的震中烈度为 11 度，离唐山较近的天津为 8 度，稍远的北京为 6 度，再远的石家庄和太原就只有 4～5 度了。

② 震源深度的影响：到目前为止，观测到的最深地震是 700km。世界上绝大部分地

震是浅源地震，震源深度集中在大约 10km 到 30km 的范围内。2008 年汶川地震的震源深度就是 10km 左右。中源地震比较少见，而深源地震则更是为数甚少。一般说来，对于同样震级的地震，当震源较浅时，波及范围就较小，但破坏程度就较大；当震源深度较大时，波及范围则较大，而破坏程度则相对较小。深度超过 100km 的地震在地面上不致引起灾害。另外，有些地震的震级虽小，但若深度非常浅，也会引起灾害，只不过受灾面积较小而已。

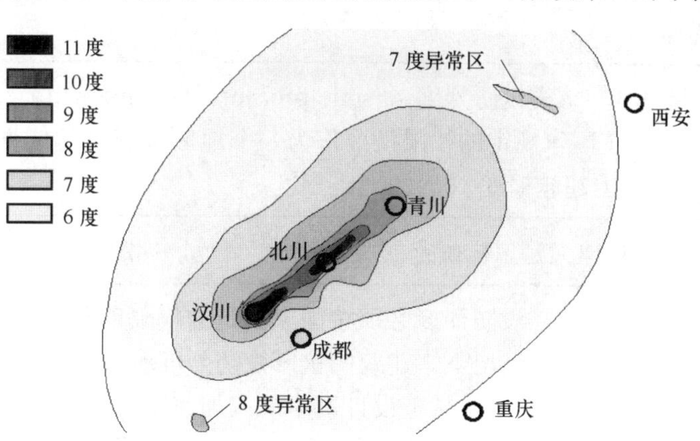

图 2.1.3-1　汶川地震烈度图

③ 地质构造的影响：图 2.1.3-1 为 2008 年汶川地震烈度图，成都离震中汶川的映秀镇仅 60km，地震烈度只有 7 度；而位于龙门山断裂带上的北川和青川距震中分别为 100km 和 200km，震害却比成都严重得多：北川为 11 度，青川为 9 度。成都离震中近，烈度反而低，为什么？这要从成都的地质构造谈起。成都位于十分稳定的扬子地台上，与邻近的龙门山断裂带是完全不同的地质构造单元，边缘的大断裂把两者隔开了。成都和龙门山之间有一道相对松软的沉积物充填的坳陷，最厚可达 2km，像护城河一样，极大地削弱了龙门山地震波对成都的冲击，使成都城区在这次地震中受到影响较小。

小　静：我还是不太明白，成都离震中近，烈度只有 7 度；而北川和青川离震中远，震害却比成都严重得多。

袁老师：一般来说，离震中越近，地震影响越大。但震害的严重程度还受地质构造的影响，上面已从地质构造出发，对成都离震中近、烈度低的现象作过解释。我们再打个比方吧：若将一个电灯泡功率的“瓦数”比喻为“震级”，则离该灯泡不同远近物体的“亮度”就相当于“地震烈度”。一般情况下，离灯泡越远，物体的亮度就越低，反之亮度就越高。但也不尽然，例如，给电灯泡加上个灯罩，在灯罩光束范围内，即使离灯泡很远的物体（用来比喻北川和青川）也会比较亮；而在灯罩光束以外的物体（用来比喻成都），即使离灯泡很近也会比较暗。

对话 2.1.3-2 震级和烈度的灯泡比喻——为什么成都离震中近地震烈度反而低

对人民生命财产影响最大、震源深度为 10km 到 30km 范围内的地震震级 M 与震中烈度 I_0 的大致关系如表 2.1.3-2 所示。

震源深度为 10～30km 范围内的地震震级 M 与震中烈度 I_0 的大致关系　表 2.1.3-2

震级 M	2	3	4	5	6	7	8	≥8
震中烈度 I_0	1～2	3	4～5	6～7	7～8	9～10	11	12

请翻到 2.11 节，做习题 2-1，2-2

2.1.4 抗震设防烈度

抗震设防烈度是指什么呢?《建筑抗震设计规范》[3]（以下简称《抗震规范》）术语解释：

> **2.1.1** 抗震设防烈度 seismic precautionary intensity
>
> 按国家规定的权限批准作为一个地区抗震设防依据的地震烈度。一般情况，取50年内超越概率10%的地震烈度。

它具体又是怎样确定的呢?《抗震规范》规定：

> **1.0.4 抗震设防烈度必须按国家规定的权限审批、颁发的文件（图件）确定。**
>
> **1.0.5** 一般情况下，建筑的抗震设防烈度应采用根据中国地震动参数区划图确定的地震基本烈度（本规范设计基本地震加速度值对应的烈度值）。

英文“概率”和“可能性”是同一个词 probability，“超越概率”即“超越的可能性”。例如西安的抗震设防烈度为8度，就是预计西安在50年内，地震烈度超过8度的可能性为10%来设防的。“可能性”是人们对未发生事件的一种预测和判断。随着经验的积累，人们对未发生事件会有新的认识，相应的预测和判断也会有新的调整和改进。

请翻到2.11节，做习题2-3

2.1.5 必须进行抗震设计的起始抗震设防烈度

《抗震规范》规定：

> **1.0.2 抗震设防烈度为6度及以上地区的建筑，必须进行抗震设计。**

我国是个多地震的国家，地震基本烈度6度及其以上地区的面积约占全部国土面积的80%。可见抗震工作任重而道远。

请翻到2.11节，做习题2-4

2.2 抗震设防的三水准目标

《抗震规范》规定：

> **1.0.1** ……
>
> 按本规范进行抗震设计的建筑，其抗震设防目标是：当遭受低于本地区抗震设防烈度的多遇地震影响时，一般不受损坏或不需修理可继续使用；当遭受相当于本地区抗震设防烈度的地震影响时，可能损坏，经一般修理或不需修理仍可继续使用；当遭受高于本地区抗震设防烈度预估的罕遇地震影响时，不致倒塌或发生危及生命的严重破坏。

这是抗震设防三水准目标，即“小震不坏，中震可修，大震不倒”的具体化。条文中的第一个意思是“小震不坏”，“多遇地震”就是“小震”，与之相应的地震烈度为“众值烈度”，亦称“第一水准烈度”；条文中的第二个意思是“中震不坏”，“本地区抗震设防烈度”是“中震烈度”，亦称“基本烈度”，也就是“第二水准烈度”；条文中的第三个意思是“大震不倒”，“罕遇地震”就是“大震”，与之相应的地震烈度为“第三水准烈度”。那么，这三个水准烈度又是如何界定的呢？《抗震规范》是这样解释的：

> 1.0.1 条文说明：……。根据我国华北、西北和西南地区对建筑工程有影响的地震发生概率的统计分析，50 年内超越概率约为 63%的地震烈度为对应于统计“众值”的烈度，比基本烈度约低一度半，本规范取为第一水准烈度，称为“多遇地震”；50 年超越概率约 10%的地震烈度即 1990 中国地震烈度区划图规定的“地震基本烈度”或中国地震动参数区划图规定的峰值加速度所对应的烈度，规范取为第二水准烈度称为“设防地震”；50 年超越概率 2%～3%的地震烈度，规范取为第三水准烈度，称为“罕遇地震”，当基本烈度 6 度时为 7 度强，7 度时为 8 度强，8 度时为 9 度弱，9 度时为 9 度强。

关于小震烈度，稍为准确点的说法是比基本烈度约低 1.55 度；关于大震烈度，粗略的说法是约比基本烈度高 1 度。也有按这样的说法命题的情况，读者多了解些有好处。

小　波：袁老师，我家在西安市，听说西安市的抗震设防烈度为 8 度，对吗？

袁老师：没错。那么西安市小震和大震的烈度又各是多少呢？

小　波：小震烈度就大约是 6 度半，稍有准确点的说法是 8－1.55＝6.45 度；而大震烈度就是 9 度弱，粗略的说法是 9 度。

袁老师：完全正确。

对话 2.2-1 袁老师和小波谈西安市的抗震设防烈度

请翻到 2.11 节，做习题 2-5 至 2-7

2.3 抗 震 设 防 分 类

2.3.1 概述

在同一个地区，不同的建（构）筑物在遭受同一次地震后造成的人员伤亡、经济损失和社会影响的程度是不同的；不同的建（构）筑物的功能在抗震救灾中所起的作用也不相同。若将它们同等对待、都按同一个标准来设防，显然是很不合理，于是便提出了抗震设防分类的问题。《建筑工程抗震设防分类标准》[4]（以下简称《分类标准》）解释：

> 1.0.1 条文说明：按照遭受地震破坏后可能造成的人员伤亡、经济损失和社会影响的程度及建筑功能在抗震救灾中的作用，将建筑工程划分为不同的类别，区别对待，采取不同的设计要求，是根据我国现有技术和经济条件的实际情况，达到减轻地震灾害又合理控制建设投资的重要对策之一。

《分类标准》规定：

> **3.0.1**　建筑抗震设防类别划分，应根据下列因素的综合分析确定：
>
> **1**　建筑破坏造成的人员伤亡、直接和间接经济损失及社会影响的大小。
>
> **2**　城镇的大小、行业的特点、工矿企业的规模。
>
> **3**　建筑使用功能失效后，对全局的影响范围大小、抗震救灾影响及恢复的难易程度。

4　建筑各区段的重要性有显著不同时，可按区段划分抗震设防类别。下部区段的类别不应低于上部区段。

5　不同行业的相同建筑，当所处地位及地震破坏所产生的后果和影响不同时，其抗震设防类别可不相同。

注：区段指由防震缝分开的结构单元、平面内使用功能不同的部分、或上下使用功能不同的部分。

建筑工程抗震设防分为四类：特殊设防类（甲类）、重点设防类（乙类）、标准设防类（丙类）和适度设防类（丁类）。绝大部分建筑为标准设防类（丙类）。

《分类标准》规定：

3.0.2　建筑工程应分为以下四个抗震设防类别：

1　特殊设防类：指使用上有特殊设施，涉及国家公共安全的重大建筑工程和地震时可能发生严重次生灾害等特别重大灾害后果，需要进行特殊设防的建筑。简称甲类。

2　重点设防类：指地震时使用功能不能中断或需尽快恢复的生命线相关建筑，以及地震时可能导致大量人员伤亡等重大灾害后果，需要提高设防标准的建筑。简称乙类。

3　标准设防类：指大量的除1、2、4款以外按标准要求进行设防的建筑。简称丙类。

4　适度设防类：指使用上人员稀少且震损不致产生次生灾害，允许在一定条件下适度降低要求的建筑。简称丁类。

3.0.2 条文说明：

……

自1989年《建筑抗震设计规范》GBJ 11—89发布以来，按技术标准设计的所有房屋建筑，均应达到“多遇地震不坏、设防烈度地震可修和罕遇地震不倒”的设防目标。……考虑到上述抗震设防目标可保障：房屋建筑在遭遇设防烈度地震影响时不致有灾难性后果，在遭遇罕遇地震影响时不致倒塌。本次汶川地震表明，严格按照现行规范进行设计、施工和使用的建筑，在遭遇比当地设防烈度高一度的地震作用下，没有出现倒塌破坏，有效地保护了人民的生命安全。因此，绝大部分建筑均可划为标准设防类，一般简称丙类。

请翻到2.11节，做习题2-8，2-9

《分类标准》列出了防灾救灾建筑、基础设施建筑、公共建筑和居住建筑、工业建筑和仓库类建筑的具体分类做法，内容很多。下面主要介绍防灾救灾建筑、公共建筑和居住建筑的分类。

2.3.2　防灾救灾建筑的抗震设防分类

《分类标准》规定：

4.0.2　防灾救灾建筑应根据其社会影响及在抗震救灾中的作用划分抗震设防类别。

4.0.3　医疗建筑的抗震设防类别，应符合下列规定：

1　三级医院中承担特别重要医疗任务的门诊、医技、住院用房，抗震设防类别应划为特殊设防类。

2 二、三级医院的门诊、医技、住院用房，具有外科手术室或急诊科的乡镇卫生院的医疗用房，县级及以上急救中心的指挥、通信、运输系统的重要建筑，县级及以上的独立采供血机构的建筑，抗震设防类别应划为重点设防类。

3 工矿企业的医疗建筑，可比照城市的医疗建筑示例确定其抗震设防类别。

4.0.3 条文说明：

本条修订有三处：

其一，……

其二，我国的一、二、三级医院主要反映设置规划确定的医院规模和服务人口的多少。当前在 100 万人口以上的大城市才建立三级医院，并且需联合二级医院才能完成所需的服务任务。因此，本次局部修订明确为二级、三级医院均提高为重点设防类。仍需考虑与急救处理无关的专科医院和综合医院的不同，区别对待。

其三，2004 年版根据新疆伽师、巴楚地震的经验，针对边远地区实际医疗机构分布的情况，增加了 8、9 度区的乡镇主要医疗建筑提高抗震设防类别的要求。本次（2008 年版）修订更突出医疗卫生系统防灾救灾的功能，考虑到二级医院的急救处理范围不能或难以覆盖的县和乡镇，需要建立具有外科手术室和急诊科的医院或卫生院，并提高其抗震设防类别，可以逐步形成覆盖城乡范围具有地震等突发灾害时医疗卫生急救处理和防疫设施的完整保障系统。

医院的级别，按国家卫生行政主管部门的规定，三级医院指该医院总床位不少于 500 个且每床建筑面积不少于 $60m^2$，二级医院指床位不少于 100 个且每床建筑面积不少于 $45m^2$。

……

4.0.4 消防车库及其值班用房，抗震设防类别应划为重点设防类。

4.0.5 20 万人口以上的城镇和县及县级市防灾应急指挥中心的主要建筑，抗震设防类别不应低于重点设防类。

工矿企业的防灾应急指挥系统建筑，可比照城市防灾应急指挥系统建筑示例确定其抗震设防类别。

4.0.5 条文说明：本次修订，将 8、9 度的县级防灾应急指挥中心，扩大到 6、7 度，即所有烈度。考虑到防灾应急指挥中心具有必需的信息、控制、调度系统和相应的动力系统，当一个建筑只在某个区段具有防灾应急指挥中心的功能时，可仅加强该区段，提高其设防标准。

4.0.6 疾病预防与控制中心建筑的抗震设防类别，应符合下列规定：

1 承担研究、中试和存放剧毒的高危险传染病病毒任务的疾病预防与控制中心的建筑或其区段，抗震设防类别应划为特殊设防类。

2 不属于 1 款的县、县级市及以上的疾病预防与控制中心的主要建筑，抗震设防类别应划为重点设防类。

4.0.6 条文说明：本条保持 2004 年版的规定。考虑到地震后容易发生疫情，对县级及以上的疾病预防与控制中心的主要建筑提高设防标准；其中属于研究、中试、存放具有剧毒性质的高危险传染病病毒的建筑，与本标准第 6.0.9 条的规定一致，划为特殊设防类。

4.0.7 作为应急避难场所的建筑，其抗震设防类别不应低于重点设防类。

4.0.7 条文说明：本条是新增的。按照 2007 年发布的国家标准《城市抗震防灾规划标准》等相关规划标准的要求，作为地震等突发灾害的应急避难场所，需要有提高抗震设防类别的建筑。

请翻到 2.11 节，做习题 2-10 至 2-13

2.3.3 公共建筑和居住建筑的抗震设防分类

《分类标准》规定：

> **6.0.1** 本章适用于体育建筑、影剧院、博物馆、档案馆、商场、展览馆、会展中心、教育建筑、旅馆、办公建筑、科学实验建筑等公共建筑和住宅、宿舍、公寓等居住建筑。
>
> **6.0.2** 公共建筑，应根据其人员密集程度、使用功能、规模、地震破坏所造成的社会影响和直接经济损失的大小划分抗震设防类别。

在体育建筑方面，《分类标准》规定：

> **6.0.3** 体育建筑中，规模分级为特大型的体育场，大型、观众席容量很多的中型体育场和体育馆（含游泳馆），抗震设防类别应划为重点设防类。
>
> 6.0.3 条文说明：本条扩大了对人民生命的保护范围，参照《体育建筑设计规范》JGJ 31—2003 的规模分级，进一步明确体育建筑中人员密集的范围：观众座位很多的大型体育场指观众座位容量不少于 30000 人或每个结构区段的座位容量 5000 人，观众座位很多的大型体育馆（含游泳馆）指观众座位容量不少于 4500 人。

请翻到 2.11 节，做习题 2-14

在文化娱乐建筑方面，《分类标准》规定：

> **6.0.4** 文化娱乐建筑中，大型的电影院、剧场、礼堂、图书馆的视听室和报告厅、文化馆的观演厅和展览厅、娱乐中心建筑，抗震设防类别应划为重点设防类。
>
> 6.0.4 条文说明：本条参照《剧场建筑设计规范》JGJ 57—2000 和《电影院建筑设计规范》JGJ 58—1988 关于规模的分级，本标准的大型剧场、电影院、礼堂，指座位不少于 1200 座；本次修订新增的图书馆和文化馆，与大型娱乐中心同样对待，指一个区段内上下楼层合计的座位明显大于 1200 座同时其中至少有一个 500 座以上（相当于中型电影院的座位容量）的大厅。这类多层建筑中人员密集且疏散有一定难度，地震破坏造成的人员伤亡和社会影响很大，故提高设防标准。

请翻到 2.11 节，做习题 2-15

在商业建筑方面，《分类标准》规定：

> **6.0.5** 商业建筑中，人流密集的大型的多层商场抗震设防类别应划为重点设防类。当商业建筑与其他建筑合建时应分别判断，并按区段确定其抗震设防类别。
>
> 6.0.5 条文说明：本条基本保持 2004 年版的有关要求，扩大了对人民生命的保护范围。借鉴《商店建筑设计规范》JGJ 48 关于规模的分级，考虑近年来商场发展情况，本次修订，大型商场指一个区段人流 5000 人，换算的建筑面积约 17000m^2 或营业面积 7000m^2 以上的商业建筑。这类商业建筑一般需同时满足人员密集、建筑面积或营业面积符合大型规定、多层建筑等条件；所有仓储式、单层的大商场不包括在内。
>
> 当商业建筑与其他建筑合建时，包括商住楼或综合楼，其划分以区段按比照原则确定。例如，高层建筑中多层的商业裙房区段或者下部的商业区段为重点设防类，而上部的住宅可以不提高设防类别。还需注意，当按区段划分时，若上部区段为重点设防类，则其下部区段也应为重点设防类。

请翻到 2.11 节，做习题 2-16

在博物馆和档案馆建筑方面，《分类标准》规定：

6.0.6 博物馆和档案馆中，大型博物馆，存放国家一级文物的博物馆，特级、甲级档案馆，抗震设防类别应划为重点设防类。

6.0.6 条文说明：本条保持本标准 2004 年版的有关要求。参照《博物馆建筑设计规范》JGJ 66—1991，本标准的大型博物馆指建筑规模大于 10000m^2，一般适用于中央各部委直属博物馆和各省、自治区、直辖市博物馆。按照《档案馆建筑设计规范》JGJ 25—2000，特级档案馆为国家级档案馆，甲级档案馆为省、自治区、直辖市档案馆，二者的耐久年限要求在 100 年以上。

请翻到 2.11 节，做习题 2-17

在会展建筑方面，《分类标准》规定：

6.0.7 会展建筑中，大型展览馆、会展中心，抗震设防类别应划为重点设防类。

6.0.7 条文说明：本条保持 2004 年版的规定。这类展览馆、会展中心，在一个区段的设计容纳人数一般在 5000 人以上。

请翻到 2.11 节，做习题 2-18

在教育建筑方面，《分类标准》规定：

6.0.8 教育建筑中，幼儿园、小学、中学的教学用房以及学生宿舍和食堂，抗震设防类别应不低于重点设防类。

6.0.8 条文说明：对于中、小学生和幼儿等未成年人在突发地震时的保护措施，国际上随着经济、技术发展的情况呈日益增加的趋势。

2004 年版的分类标准中，明确规定了人数较多的幼儿园、小学教学用房提高抗震设防类别的要求。本次局部修订，为在发生地震灾害时特别加强对未成年人的保护，在我国经济有较大发展的条件下，对 2004 年版“人数较多”的规定予以修改，所有幼儿园、小学和中学（包括普通中小学和有未成年人的各类初级、中级学校）的教学用房（包括教室、实验室、图书室、微机室、语音室、体育馆、礼堂）的设防类别均予以提高。鉴于学生的宿舍和学生食堂的人员比较密集，也考虑提高其抗震设防类别。

本次修改后，扩大了教育建筑中提高设防标准的范围。

请翻到 2.11 节，做习题 2-19

在科学实验建筑方面，《分类标准》规定：

6.0.9 科学实验建筑中，研究、中试生产和存放具有高放射性物品以及剧毒的生物制品、化学制品、天然和人工细菌、病毒（如鼠疫、霍乱、伤寒和新发高危险传染病等）的建筑，抗震设防类别应划为特殊设防类。

6.0.9 条文说明：本条基本保持本标准 2004 年版的规定。在生物制品、天然和人工细菌、病毒中，具有剧毒性质的，包括新近发现的具有高发危险性的病毒，列为特殊设防类，而一般的剧毒物品在本标准的其他章节中列为重点设防类，主要考虑该类剧毒性质的传染性，建筑一旦破坏的后果极其严重，波及面很广（这条规定与本标准第 4.0.6 条规定的相应部分是一致的）。

请翻到第 2.11 小节，回顾习题 2-13

在电子信息中心的建筑方面，《分类标准》规定：

> **6.0.10** 电子信息中心的建筑中，省部级编制和贮存重要信息的建筑，抗震设防类别应划为重点设防类。
>
> **国家级信息中心建筑的抗震设防标准应高于重点设防类。**

请翻到 2.11 节，做习题 2-20

在高层建筑和居住建筑方面，《分类标准》规定：

> **6.0.11** 高层建筑中，当结构单元内经常使用人数超过 8000 人时，抗震设防类别宜划为重点设防类。
>
> 6.0.11 条文说明：本条比 2004 年版 6.0.10 条的规定扩大了对人员生命的保护，将 10000 人改为 8000 人。经常使用人数 8000 人，按《办公建筑设计规范》JGJ 67—89 的规定，大体人均面积为 $10m^2$/人计算，则建筑面积大致超过 $80000m^2$……
>
> **6.0.12** 居住建筑的抗震设防类别不应低于标准设防类。

请翻到 2.11 节，做习题 2-21

袁老师：小静，有两个设计项目，一个是一座 22 层、73m 高的高层办公大楼，建筑面积为 2.2 万 m^2；另一个是一座 3 层的乡村小学楼，建筑面积为 $1000m^2$。你说哪一座楼的抗震设防分类等级高呢?

小　静：当然是高层办公大楼的设防分类等级高啦!

袁老师：你这就错了！高层建筑中，当结构单元内经常使用人数超过 8000 人（汶川地震前为超过 10000 人）时，抗震设防类别宜划为重点设防类。按人均面积约 $10m^2$/人计算，则结构单元建筑面积大致超过 8 万 m^2（汶川地震前为大致超过 10 万 m^2）宜划为重点设防类。建筑面积 2.2 万 m^2 的高层办公大楼，只能划为标准设防类。“5.12”汶川地震后，新的抗震设防分类标准为了在发生地震灾害时特别加强对未成年人的保护，在我国经济有较大发展的条件下，对 2004 年版“人数较多”的规定予以修改，所有幼儿园、小学和中学的设防类别均予以提高。根据 2008 年版新分类标准的 6.0.8 条规定，乡村小学楼的规模虽然很小，但应不低于重点设防类。

广东国际大厦主塔楼

小　静：哦！是这样。那岂不是 3 层的乡村小学楼的单位面积造价比 22 层办公大楼的相应值还要高。

袁老师：那倒不会。只能说 3 层乡村小学楼的抗震措施要比 3 层住宅楼的要求高，从而造价也比后者高。但它毕竟是个小建筑，抗震措施加强后，单位面积造价也不会超过高层建筑的相应值。

小　静：超过 8 万 m^2 的高楼有多高呢？我没有什么印象。

袁老师：你看，“广东国际大厦”63 层主塔楼的建筑面积约 8.5 万 m^2，高 200m。这类高层建筑，设计时需要进行可行性论证，其抗震措施需要专门研究，并需按规定进行抗震设防专项审查予以确认。

对话 2.3.3-1　乡村小学楼和高层建筑的抗震设计分类比较。

2.4　各抗震设防类别建筑的抗震设防标准

抗震设防标准是衡量抗震设防要求高低的尺度，既取决于抗震设防烈度，又取决于建筑抗震设防类别。

2.4.1　抗震设防标准

《分类标准》规定

3.0.3　各抗震设防类别建筑的抗震设防标准，应符合下列要求：

1　标准设防类，应按本地区抗震设防烈度确定其抗震措施和地震作用，达到在遭遇高于当地抗震设防烈度的预估罕遇地震影响时不致倒塌或发生危及生命安全的严重破坏的抗震设防目标。

2　重点设防类，应按高于本地区抗震设防烈度一度的要求加强其抗震措施；但抗震设防烈度为 9 度时应按比 9 度更高的要求采取抗震措施；地基基础的抗震措施，应符合有关规定。同时，应按本地区抗震设防烈度确定其地震作用。

3　特殊设防类，应按高于本地区抗震设防烈度提高一度的要求加强其抗震措施；但抗震设防烈度为 9 度时应按比 9 度更高的要求采取抗震措施。同时，应按批准的地震安全性评价的结果且高于本地区抗震设防烈度的要求确定其地震作用。

4　适度设防类，允许比本地区抗震设防烈度的要求适当降低其抗震措施，但抗震设防烈度为 6 度时不应降低。一般情况下，仍应按本地区抗震设防烈度确定其地震作用。

注：对于划为重点设防类而规模很小的工业建筑，当改用抗震性能较好的材料且符合抗震设计规范对结构体系的要求时，允许按标准设防类设防。

3.0.3 条文说明：本条为强制性条文。任何建筑的抗震设防标准均不得低于本条的要求。

针对我国地震区划图所规定的烈度有很大不确定性的事实，在建设部领导下，89 规范明确规定了“小震不坏、中震可修、大震不倒”的抗震性能设计目标。这样，所有的建筑，只要严格按规范设计和施工，可以在遇到高于区划图一度的地震下不倒塌，实现生命安全的目标。因此，将使用上需要提高防震减灾能力的建筑控制在很小的范围。其中，重点设防类需按提高一度的要求加强其抗震措施，增加关键部位的投资即可达到提高安全性的目标；特殊设防类在提高一度的要求加强其抗震措施的基础上，还需要进行“场地地震安全性评价”等专门研究。

……

需要说明，本标准规定重点设防类提高抗震措施而不提高地震作用，同一些国家的规范只提高地震作用（10%～30%）而不提高抗震措施，在设防概念上有所不同：提高抗震措施，着眼于把财力、物力用在增加结构薄弱部位的抗震能力上，是经济而有效的方法；只提高地震作用，则结构的各构件均全面增加材料，投资增加的效果不如前者。

上述条文提到了两个术语："抗震措施"和"地震作用"，有必要很好地解释一下。

2.4.2 相关术语的解释

1. 抗震措施——好钢用在刀刃上

由于地震作用的随机性以及地震破坏机理的复杂性，现有的地震作用计算和结构抗震验算大都是近似的。显然结构抗震设计不能光靠计算，那么还要靠什么呢？靠"抗震措施"。《抗震规范》术语解释：

> **2.1.10** 抗震措施 seismic measures
> 除地震作用计算和抗力计算以外的抗震设计内容，包括抗震构造措施。

具体地说，抗震措施包括《抗震规范》各章"一般规定"的有关内容、各章"计算要点"中对关键部位"地震作用效应"的调整，以及各章"抗震构造措施"的全部内容。

小　波：袁老师，什么是"地震作用效应"呢？

袁老师：所谓"地震作用效应"就是地震作用在结构引起的内力，例如弯矩、剪力、轴力。地震作用在结构引起的位移也是地震作用效应，但抗震措施对地震作用效应的调整是针对"内力"而言。

小　波：那地震作用引起的内力计算也算抗震措施吗？又为什么要进行调整呢？

袁老师：地震作用本身的计算不属抗震措施，它在结构引起的内力计算也不属抗震措施，但是对算出来的结构关键部位内力进行"调整"就是一种抗震措施。之所以要进行这样的"调整"，就是为了加强关键部位，做到好钢用在刀刃上，正如《分类标准》3.0.3 条文说明解释的那样："同一些国家的规范只提高地震作用（10%～30%）而不提高抗震措施，在设防概念上有所不同：提高抗震措施，着眼于把财力、物力用在增加结构薄弱部位的抗震能力上，是经济而有效的方法。"

小　波：抗震构造措施又是什么呢？

袁老师：下面就要谈这个问题。

对话 2.4.2-1 袁老师和小波谈抗震措施——好钢用在刀刃上

2. 抗震构造措施

《抗震规范》术语解释：

> **2.1.11** 抗震构造措施 details of seismic design
> 根据抗震概念设计原则，一般不需计算而对结构和非结构各部分必须采取的各种细部要求。

抗震构造措施举例：在 1.4.4 小节曾提及：由于错层或由于窗间墙对柱子的嵌固作用而形成的"短柱"特别容易破坏（图 2.4.2-1）。对此，《抗震规范》规定：

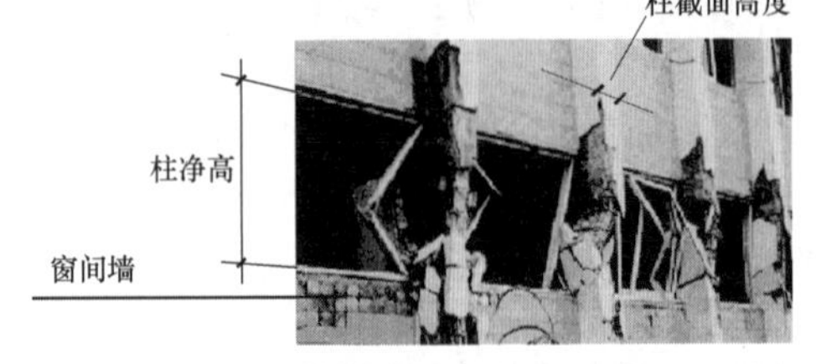

图 2.4.2-1　因填充墙形成的短柱箍筋加密范围取全高

6.3.9 柱的箍筋配置，尚应符合下列要求：

1 柱的箍筋加密范围，应按下列规定采用：

……

4）……因设置填充墙等形成的柱净高与柱截面高度之比不大于4的柱、……取全高。

……

在对抗震构造措施的解释中，又引出了另一个术语“抗震概念设计”。

3. 抗震概念设计

由于目前还难以通过计算准确地预测建筑物在地震中的反应，因此根据震害和工程经验总结出的设计概念显得尤为重要。《抗震规范》术语解释：

2.1.9 建筑抗震概念设计 seismic concept design of buildings

根据地震灾害和工程经验等所形成的基本设计原则和设计思想，进行建筑和结构总体布置并确定细部构造的过程。

概念设计体现在设计时要把握好建筑场地选择、结构选型、结构布置、构件延性等主要方面。

4. 地震作用

至于“地震作用”，《抗震规范》在条文说明中强调不可将其称之为“荷载”：

5.1.1 条文说明：抗震设计时，结构所承受的“地震力”实际上是由于地震地面运动引起的动态作用，包括地震加速度、速度和动位移的作用，按照国家标准《建筑结构设计术语和符号标准》（GB/T 50083）的规定，属于间接作用，不可称为“荷载”，应称“地震作用”。

……

翻到第2.11小节，做习题2-22，2-23

2.5 抗震设防三水准目标的实现：两阶段设计

2.5.1 第一阶段设计

第一阶段设计有两方面的内容，均按第一水准烈度（多遇地震烈度）进行。

1. 抗震承载力验算——小震不坏

采用第一水准烈度（多遇地烈度）地震作用算出、并经过调整的组合内力“设计值”进行截面设计，以达到“小震不坏”的第一水准设防目标。例如：西安的设防烈度为8度，标准设防类的框架结构抗震设计中的梁、柱配筋是按小震烈度6度半进行的。

请翻到第2.11小节，做习题2-24

2. 抗震变形验算——中震可修

仍采用第一水准烈度（多遇地烈度），计算出多遇地震作用标准值产生的楼层内最大的弹性层间位移 ΔU_e，使其与楼层高度之比值 $\theta_e = \Delta U_e / h$（见图2.5.1-1）不超过弹性层间位移角限值$[\theta_e]$，并采取相应的抗震构造措施，以达到“中震可修”的第二水准设防目标（ΔU_e 和 θ_e 的下脚标 e 是英文“弹性”elasticity 的第一个字母）。

《抗震规范》规定：

> **5.5.1** 表 5.5.1 所列各类结构应进行多遇地震作用下的抗震变形验算，其楼层内最大的弹性层间位移应符合下式要求：
>
> $$\Delta U_e \leqslant [\theta_e]h \tag{5.5.1}$$
>
> 式中 ΔU_e——多遇地震作用标准值产生的楼层内最大的弹性层间位移；……
>
> **表 5.5.1 弹性层间位移角限值限值**

结 构 类 型	$[\theta_e]$
钢筋混凝土框架	1/550
钢筋混凝土框架-抗震墙、板柱-抗震墙、框架-核心筒	1/800
钢筋混凝土抗震墙、筒中筒	1/1000
钢筋混凝土框支层	1/1000
多、高层钢结构	1/250

上表中的弹性层间位移角限值，不是单从满足人们舒适度的使用要求来制定的，否则当一座高层钢结构办公楼发生了比另一座高度相同的钢筋混凝土抗震墙结构办公楼大 1000/250－1＝3 倍的层间位移角时，你会得出在这两座楼里办公的人的舒适度是相同的错误结论。多、高层钢结构层间位移角限制值$[\theta_e]$比较宽松，说明它们在发生较大变形、消耗掉较多地震能量之后，仍然可以修复（中震可修）；说明它们都是太极拳高手（见图 2.5.1-2）、以柔克刚的本领高、变形耗能能力强，这就是“延性”好的一种表现。

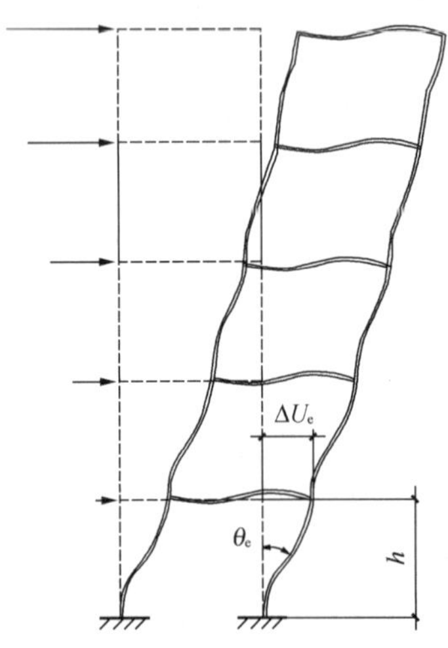

图 2.5.1-1 弹性层间位移角

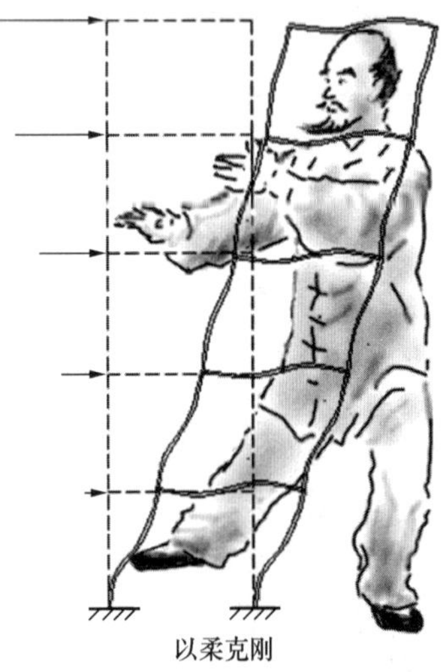

图 2.5.1-2 太极高手—钢框架

上表中的前四类结构属于混凝土结构，它们的弹性层间位移角限值$[\theta_e]$，与《高层建筑混凝土结构技术规程》[5]（以下简称《混凝土高规》）中高度不大于 150m 的高层建筑的 $\Delta U_e/h$ 限值完全相同。《混凝土高规》条文说明解释：

> 3.7.1 条文说明：……
>
> ……
>
> 在正常使用条件下，限制高层建筑结构层间位移的主要目的有两点：
>
> 1）保证主结构基本处于弹性受力状态，对钢筋混凝土结构来讲，要避免混凝土墙或柱出现裂缝；同时，将混凝土梁等楼面构件的裂缝数量、宽度和高度限制在规范允许范围之内。
>
> 2）保证填充墙、隔墙和幕墙等非结构构件的完好，避免产生明显损伤。
>
> ……

这一条文说明提及的两点主要目的就是“中震可修”的具体化。

值得注意的是：在实现第二水准设防目标的变形验算中，并没有用到第二水准烈度，而是用第一水准烈度，这可以理解成一种借用。对此，《抗震规范》在第 5.5.1 条的条文说明中列举了一些用以支持这种做法的实验结果和精确计算数据，此处从略。

考点讲解：

【2.5.1-2019 某题考点】对于 7 度设防区的钢筋混凝土结构，弹性层间位移角限值最大的结构是：框架结构。

讲解：见《抗震规范》第 5.5.1 条（已摘录于 2.5.1 小节）。请注意：规范这一条文同样适用于其他设防烈度区的结构。

请翻到第 2.11 小节，做习题 2-25，2-26

2.5.2 第二阶段设计

《抗震规范》解释：

> 1.0.1 条文说明：
>
> ……对大多数的结构，可只进行第一阶段设计，而通过概念设计和抗震构造措施来满足第三水准的设计要求。
>
> 第二阶段设计是弹塑性变形验算，对地震时易倒塌的结构、有明显薄弱层的不规则结构以及有专门要求的建筑，除进行第一阶段设计外，还要进行结构薄弱部位的弹塑性层间变形验算并采取相应的抗震构造措施，实现第三水准的设防要求。

对于需要进行第二阶段设计的结构，采取的办法是限制结构在罕遇地震作用下（即第三水准烈度地震作用下）薄弱层（部位）弹塑性层间位移 ΔU_p（ΔU_p的下脚标 p 是英文“塑性” plasticity 的第一个字母）。《抗震规范》规定：

> **5.5.5** 结构薄弱层（部位）弹塑性层间位移应符合下式要求：
>
> $$\Delta U_p \leqslant [\theta_p] h \tag{5.5.5}$$
>
> 式中 $[\theta_p]$——弹塑性层间位移角限值，可按表 5.5.5 采用；对钢筋混凝土框架结构，当轴压比小于 0.40 时，可提高 10%；当柱子全高的箍筋构造比本规范表 6.3.9 条规定的体积配箍率大 30%时，可提高 20%，但累计不超过 25%（轴压比小、或体积配箍率大，框架结构的延性就好，故弹塑性层间位移角限值就可以放宽。“轴压比”将在第 4 章中介绍）。
>
> h——薄弱层楼层高度或单层厂房上柱高度。

表 5.5.5 弹塑性层间位移角限值限值

结 构 类 型	$[\theta_p]$
单层钢筋混凝土柱排架	1/30
钢筋混凝土框架	1/50
底部框架砌体房屋中的框架-抗震墙	1/100
钢筋混凝土框架-抗震墙、板柱-抗震墙、框架-核心筒	1/100
钢筋混凝土抗震墙、筒中筒	1/120
多、高层钢结构	1/50

请翻到第 2.11 小节，做习题 2-27，2-28

2.6 场 地 的 选 择

根据多次震害普查所绘制的等震线图，我们发现在正常的烈度区内，常存在着小块的低一度或高一度甚至高两度的烈度异常区。以汶川地震为例，在离震中较远的大范围 6 度区内就存在着小块的 8 度异常区和 7 度异常区，见图 2.1.3-1。此外，同一次地震的同一烈度区内，位于不同小区的房屋，尽管建筑形式、结构类别、施工质量等情况基本相同，但震害程度却出现较大差异。究其原因，主要是场地的地质、地形、地貌不同造成的。因此，建筑场地的选择，是抗震设计中的一个十分重要的环节。

2.6.1 《抗震规范》规定

3.3.1 选择建筑场地时，应根据工程需要和地震活动情况、工程地质和地震地质的有关资料，对抗震有利、一般、不利和危险地段做出综合评价。对不利地段，应提出避开要求；当无法避开时应采取有效的措施。对危险地段，严禁建造甲、乙类的建筑，不应建造丙类的建筑。

考点讲解

【2.6.1-2019 年某题考点】：关于对抗震危险地段，不正确的说法是：进行有效处理后可以建造丙类建筑。

讲解："对抗震危险地段，进行有效处理后可以建造丙类建筑"的说法是错误的。之所以错，其一是《抗震规范》强制性条文 3.3.1 条（已摘录于本小节）指出：**"对危险地段，……，不应建造丙类建筑"**；其二是《住宅设计规范》规定**"严禁在危险地段建造住宅"**，而绝大多数住宅是属于丙类建筑。

什么是对抗震有利、一般、不利和危险的建筑场地呢？《抗震规范》规定：

4.1.1 选择建筑场地时，应按表 4.1.1 划分对建筑抗震有利、一般、不利和危险的地段。

表 4.1.1 有利、一般、不利和危险地段的划分

地段类别	地质、地形、地貌
有利地段	稳定基岩，坚硬土，开阔、平坦、密实、均匀的中硬土等
一般地段	不属于有利、不利和危险地段
不利地段	软弱土，液化土，条状突出的山嘴，高耸孤立的山丘，陡坡，陡坎，河岸和边坡的边缘，平面分布上成因、岩性、状态明显不均匀的土层（含故河道、疏松的断层破碎带、暗埋的塘浜沟谷和半填半挖地基），高含水量的可塑黄土，地表存在的结构性裂缝等

续表

危险地段	地震时可能发生滑坡、崩塌、地陷、地裂、泥石流等及发震断裂带上可能发生地表位错的部位

请翻到第 2.11 小节，做习题 2-29

对抗震有利地段的地质、地形、地貌比较好理解，下面分别谈谈对抗震不利和危险地段中的难点。由于滑坡、崩塌、泥石流等地质灾害大家都比较熟悉，本书不作介绍。

2.6.2 对抗震不利地段的难点——液化土

土是一种固体，怎么会变化成液体呢？这种变化又会带来什么危害？

1. 概述

液化是土由固体状态变成液体状态的一种现象。在强烈地震作用下，不够密实的、饱和的砂土或粉土颗粒有重新排列和增密的趋势，但饱和土的孔隙已被水充满，在地震作用的短暂时间内，土中的孔隙水来不及排出，孔隙水压就会上升，并使土粒的有效应力减小(通俗点说，就是使土粒之间靠不紧)。当土粒的有效应力下降至零时，土粒间就不再传递应力（包括自重），土粒处于漂浮状态，可随水流动，土成为液态，即被“液化”，完全失去强度。“喷水冒砂”是液化最明显的宏观标志。液化土和受压的液体一样，在上部土层的压力或上部土层和建筑物的压力下，会从上覆土层薄弱处冲出地面，形成喷水冒砂现象，见图 2.6.2-1。“喷水冒砂”等于将地面下建筑物的地基土掏到地面上来，故必然会引起上部的建筑物的“震陷”。图 2.6.2-2 为 1964 年日本新潟 7.5 级地震时，部分房屋因地基液化、发生不均匀“震陷”而倾倒的情景。

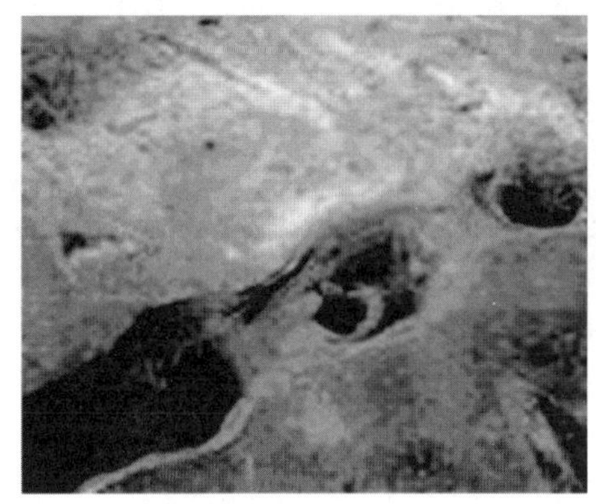

图 2.6.2-1　喷水冒砂

图2.6.2-2　新潟地震地基液化引起的不均匀“震陷”

什么样的饱和土在地震时会出现液化现象呢？碎石、砾石、砾砂的渗透性好、抗剪强度高，很少液化。黏土和粉质黏土则因土粒间有黏性亦不易液化，最常见的液化土是中密至松散状态的粉砂、细砂和粉土。《抗震规范》规定：

> **4.3.1**　饱和砂土和饱和粉土（不含黄土）的液化判别和地基处理，6 度时，一般情况下可不进行判别和处理，但对液化沉陷敏感的乙类建筑可按 7 度的要求进行判别和处理，7～9 度时，乙类建筑可按本地区抗震设防烈度的要求进行判别和处理。

> **4.3.2　地面下存在饱和砂土和饱和粉土时，除6度设防外，应进行液化判别；存在液化土层的地基，应根据建筑的抗震设防类别、地基的液化等级，结合具体情况采取相应的措施。**
>
> **注：本条饱和土液化判别要求不含黄土、粉质黏土。**

不过，这并不等于说只有饱和砂土和饱和粉土（不含黄土）的地基才有液化的可能性。以砾石为例，它本身的透水性很好，但若地震动很强或其上覆土层的透水性很差，也可能会产生液化。1975年日本阪神大地震中就发生过多例砾石液化。再以黄土为例，我国1927年的海原大地震（甘肃省）曾发生过黄土高坡的大规模液化滑坡，至今从探槽中还可观察到黄土成液体状流动的形态。但由于砾石和黄土液化的研究资料还不够充分，对这两类土液化的判别暂未纳入到《抗震规范》中，只是提醒工程人员注意这个问题。

2. 判别

接下来问题是如何对地基是否会液化以及液化等级进行判别。设防烈度大于6度时，抗震规范[3]的判别方法是分两步走。

第一步：初判，《抗震规范》规定：

> 4.3.3　饱和的砂土或粉土（不含黄土），当符合下列条件之一时，可初步判别为不液化或可不考虑液化影响：
>
> 1　地质年代为第四纪晚更新世（Q_3）及其以前（晚更新世距今1～10万年）时，7、8度时可判为不液化。（这是因为地质年代越久远，土就越密实，地震时土颗粒就不会有增密的趋势、土的孔隙水压就不会上升、就不会液化）
>
> 2　粉土的黏粒（粒径小于0.005mm的颗粒）含量百分率，7度、8度和9度分别不小于10、13和16时，可判为不液化土。（这是因为黏粒含量越高，土粒之间的黏性就越大，就越不容易液化）
>
> …
>
> 3　浅埋天然地基的建筑，当上覆非液化土层厚度和地下水位深度符合下列条件之一时，可不考虑液化影响：
>
> ……（规范接着给出了三条判别公式，它们反映出：对于某一设防烈度的天然地基建筑，当其上覆非液化土层足够厚、同时地下水位足够深时，可不考虑液化影响。具体的计算公式从略。）

当第一步初判的结论为“地基土属于不液化或可不考虑液化影响”时，此结论有效，不需进行第二步的判别；当第一步初判还不能得出这样的结论时，需要进行第二步的判别。

第二步：用标准贯入试验测试土的密实程度

具体做法是用标准贯入试验（见图2.6.2-3）判别地面下20m深度范围内土的密实程度；对可不进行天然地基及基础的抗震承载力验算的各类建筑（将在第7章讲述），判别深度可减为15m。土的密实程度用标准贯入试验锤击数N来反映：锤击数N越多（即土越难打入），就说明土越密实、越不容易液化。若锤击数等于或大于某一锤击数临界值N_{cr}（N_{cr}与设防烈度、地震分组、地下水位深度、土的黏粒含量等因素有关），即应判为非液化；否则为液化。再根据测试点的N/N_{cr}比值和它所代表的土层厚度，可以算出用来划分液化等级用的“液化指数” I_{LE}，其规律是：可液化土层越松（即 N/N_{cr} 比值越小）、越厚、越浅，则液化指数 I_{LE} 越大、液化造成的危害就越大，N_{cr} 和 I_{LE} 的具体计算公式从略。根据 I_{LE} 的大小，液化土地基分为轻微、中等、严重三个等级。

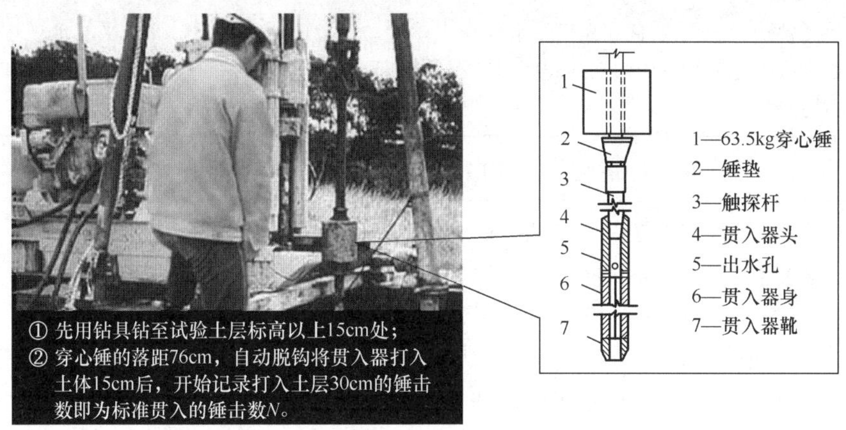

图 2.6.2-3　标准贯入试验测试土的密实程度

《抗震规范》规定：

表 4.3.5　液化等级

液化等级	轻微	中等	严重
液化指数 I_{LE}	$0<I_{LE}\leqslant 6$	$6<I_{LE}\leqslant 18$	$I_{LE}>18$

请翻到第 2.11 小节，做习题 2-30

3. 抗液化措施

液化土地基属于对抗震不利地段，应提出避开要求，当无法避开时应采取有效措施。

《抗震规范》规定：

4.3.6　当液化砂土层或粉土层较平坦且均匀时，宜按表 4.3.6 选用地基抗液化措施；尚可计入上部结构重力荷载对液化危害的影响，根据液化震陷量的估计适当调整抗液化措施。

不宜将未经处理的液化土层作为天然地基持力层。

表 4.3.6　抗液化措施

建筑抗震设防类别	地基的液化等级		
	轻微	中等	严重
乙类	部分消除液化沉陷，或对基础和上部结构处理	全部消除液化沉陷，或部分消除液化沉陷且对基础和上部结构处理	全部消除液化沉陷
丙类	基础和上部结构处理，亦可不采取措施	基础和上部结构处理，或更高要求的措施	全部消除液化沉陷，或部分消除液化沉陷且对基础和上部结构处理
丁类	可不采取措施	可不采取措施	基础和上部结构处理，或其他经济的措施

需特别注意这个表格的适用条件："当液化土层较平坦且均匀时"。因为倾斜场地的土层液化往往会带来大面积滑坡，属于危险地段。《抗震规范》解释：

> 4.3.6 条文说明：……
>
> 1 倾斜场地的土层液化往往带来大面积土体滑动，造成严重后果，而水平场地土层液化的后果一般只造成建筑的不均匀下沉和倾斜，本条规定不适用于坡度大于10°的倾斜场地和液化土层严重不均的情况。……

对于上表所列的抗液化措施的具体做法，《抗震规范》规定：

> **4.3.7** 全部消除地基液化沉陷的措施，应符合下列要求：
>
> **1** 采用桩基时，桩端伸入液化深度以下稳定土层中的长度（不包括桩尖部分），应按计算确定，且对碎石土，砾、粗、中砂，坚硬黏性土和密实粉土尚不应小于0.8m，对其他非岩石土尚不宜小于1.5m。
>
> **2** 采用深基础时，基础底面应埋入液化深度以下的稳定土层中，其深度不应小于0.5m。
>
> **3** 采用加密法（如振冲、振动加密、挤密碎石桩、强夯等）加固时，应处理至液化深度下界；振冲或挤密碎石桩加固后，桩间土的标准贯入锤击数不宜小于本节第4.3.4条规定的液化判别标准贯入锤击数临界值。
>
> **4** 用非液化土替换全部液化土层，或增加上覆非液化土层的厚度。
>
> **5** 采用加密法或换土法处理时，在基础边缘以外的处理宽度，应超过基础底面下处理深度的1/2且不小于基础宽度的1/5。
>
> **4.3.8** 部分消除地基液化沉陷的措施，应符合下列要求：
>
> **1** 处理深度应使处理后的地基液化指数减少，其值不宜大于5；大面积筏基、箱基的中心区域处理后的地基液化指数可比上述规定降低1；对独立基础和条形基础，尚不应小于基础底面下液化土特征深度和基础宽度的较大值。
>
> 注：……
>
> **2** 采用振冲或挤密碎石桩加固后，桩间土的标准贯入锤击数不宜小于按本规范第4.3.4条规定的液化判别标准贯入锤击数临界值。
>
> **3** 基础边缘以外的处理宽度，应符合本节第4.3.7条5款的要求。
>
> **4** ……
>
> **4.3.9** 减轻液化影响的基础和上部结构处理，可综合采用下列各项措施：
>
> **1** 选择合适的基础埋置深度。
>
> **2** 调整基础底面积，减少基础偏心。
>
> **3** 加强基础的整体性和刚度，如采用箱基、筏基或钢筋混凝土交叉条形基础，加设基础圈梁等。
>
> **4** 减轻荷载，增强上部结构的整体刚度和均匀对称性，合理设置沉降缝，避免采用对不均匀沉降敏感的结构形式等。
>
> **5** 管道穿过建筑处应预留足够尺寸或采用柔性接头等。

请翻到第2.11小节，做习题2-31

2.6.3 对抗震危险地段的难点——发震断裂带上可能发生地表位错的部位

在抗震设计中需要考虑断裂影响的情况，是指地震时老断裂重新错动直通地表，在地面产生位错，对建在位错带上的建筑，其破坏是不易用工程措施加以避免的。因此这类位错带属于对抗震危险的地段，建筑物选址时应予避开。会重新错动的老断裂称"活动断裂"，《抗震规范》解释：

> 4.1.7 条文说明：……
>
> 在活动断裂时间下限方面已取得了一致意见：即对一般的建筑工程只考虑 1.0 万年（全新世）以来活动过的断裂，在此地质时期以前的活动断裂可不予考虑。对于核电、水电等工程则应考虑 10 万年以来（晚更新世）活动过的断裂，晚更新世以前活动过的断裂亦可不予考虑。
>
> ……

地面是否会发生断裂位错，与地震烈度有关。从国内外多次地震中的破坏现象发现，在小于 8 度的地震区，地面一般不产生断裂错动。另外，隐伏断裂基岩以上的覆盖土层越厚，岩体的错动就越不容易直通地表，地面发生断裂位错的可能性就越小。

《抗震规范》规定：

> **4.1.7** 场地内存在发震断裂时，应对断裂的工程影响进行评价，并应符合下列要求：
>
> **1** 对符合下列规定之一的情况，可忽略发震断裂错动对地面建筑的影响：
>
> **1）** 抗震设防烈度小于 8 度；
>
> **2）** 非全新世活动断裂；（这是对一般建筑工程而言。请注意上面摘录的本条文说明："……一般的建筑工程只考虑 1.0 万年（全新世）以来活动过的断裂，……对于核电、水电等工程则应考虑 10 万年以来（晚更新世）活动过的断裂，……"）
>
> **3）** 抗震设防烈度为 8 度和 9 度时，隐伏断裂的土层覆盖厚度分别大于 60m 和 90m。
>
> **2** 对不符合本条 1 款规定的情况，应避开主断裂带。其避让距离不宜小于表 4.1.7 对发震断裂最小避让距离的规定。……

表 4.1.7 发震断裂的最小避让距离（m）

烈 度	建筑抗震设防类别			
	甲	乙	丙	丁
8	专门研究	200m	100m	—
9	专门研究	400m	200m	—

请翻到第 2.11 小节，做习题 2-32

2.7 建筑形体及其构件布置的规则性

2.7.1 规范的相关规定

合理的建筑形体和结构布置在抗震设计中是头等重要的。震害表明，简单、对称的

"规则"结构震害较轻；反之，则震害较重。为此，《抗震规范》规定：

3.4.1　建筑设计应符合抗震概念设计的要求明确建筑形体的规则性。不规则的建筑应按规定采取加强措施；特别不规则的建筑方案应进行专门研究和论证，采取特别的加强措施；严重不规则的建筑不应采用。

注：形体指建筑平面形状和立面、竖向剖面的变化。

3.4.2　建筑设计应重视其平面、立面和竖向剖面的规则性对抗震性能及经济合理性的影响，宜择优选用规则的形体，其抗侧力构件的平面布置宜规则对称，侧向刚度沿竖向宜均匀变化，竖向抗侧力构件的截面尺寸和材料强度宜自下而上逐渐减小，避免侧向刚度和承载力突变。

不规则建筑的抗震设计应符合本规范第 3.4.4 条的有关规定。

规则的建筑形体为结构的合理布置创造了条件，但不等于建筑形体合理就万事大吉，还需看结构布置是否合理。建筑和结构的规则性，体现在平面布置和竖向布置两个方面，《抗震规范》规定：

3.4.3　建筑形体及其构件布置的平面、竖向不规则性，应按下列要求划分：

1　混凝土房屋、钢结构房屋和钢一混凝土混合结构房屋存在表 3.4.3-1 所列举的某项平面不规则类型或表 3.4.3-2 所列举的某项竖向不规则类型以及类似的不规则类型，应属于不规则的建筑。

表 3.4.3-1　平面不规则的主要类型

不规则类型	定义和参考指标
扭转不规则	在具有偶然偏心的规定水平力作用下，楼层两端抗侧力构件弹性水平位移（或层间位移）的最大值与平均值的比值大于 1.2（见条文说明附图 1）
凹突不规则	结构平面凹进一侧的尺寸，大于相应投影总尺寸的 30%（见条文说明附图 2）
楼板局部不连续	楼板的尺寸和平面刚度急剧变化，例如，有效楼板宽度小于该层楼板典型宽度的 50%，或开洞面积大于该层楼面面积的 30%，或较大的楼层错层（见条文说明附图 3）

表 3.4.3-2　竖向不规则的主要类型

不规则类型	定义和参考指标
侧向刚度不规则	该层侧向刚度小于相邻上一层的 70%，或小于其上相邻三个楼层侧向刚度平均值的 80%（见条文说明附图 4）；除顶层或出屋面小建筑外，局部收进的水平向尺寸大于相邻下一层的 25%（见本小节对话 2.7-2 的附图 b）
竖向抗侧力构件不连续	竖向抗侧力构件（柱、抗震墙、抗震支撑）的内力由水平转换构件（梁、桁架等）向下传递（见条文说明附图 5）
楼层承载力突变	抗侧力结构的层间受剪承载力小于相邻上一楼层的 80%（见条文说明附图 6）

……

3.4.3 条文说明：……

图 1～图 6 为典型示例，以便理解本规范表 3.4.3-1 和表 3.4.3-2 中所列的不规则类型。

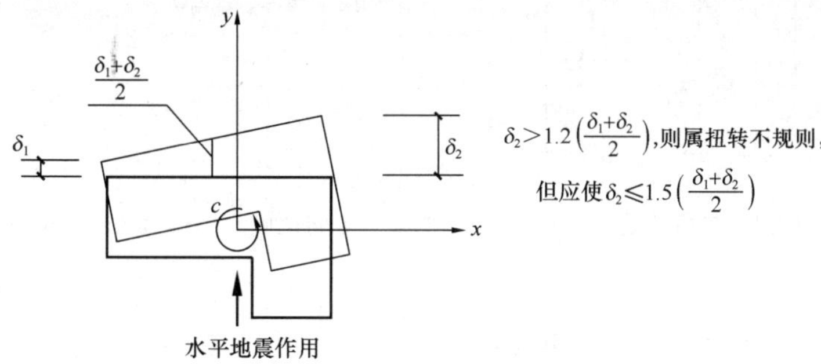

图 1 建筑结构平面的扭转不规则示例

（可以看出角部的位移特别大，故角柱受力也特别大，因此对角柱的抗震措施也特别严）

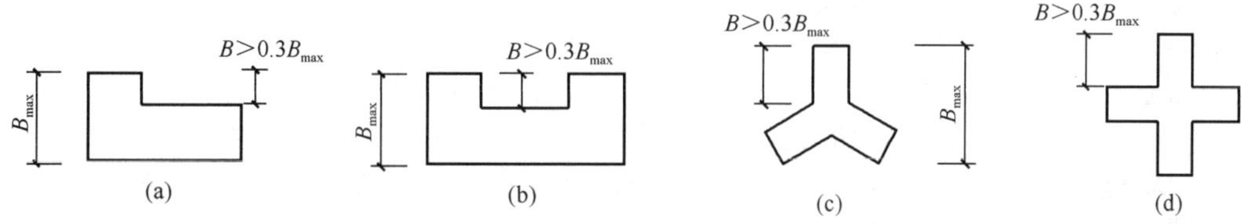

图 2 建筑结构平面的凹角和突角不规则示例

（突出部位过长时，容易摆动，导致凹角部位在拉、压的反复作用下损坏）

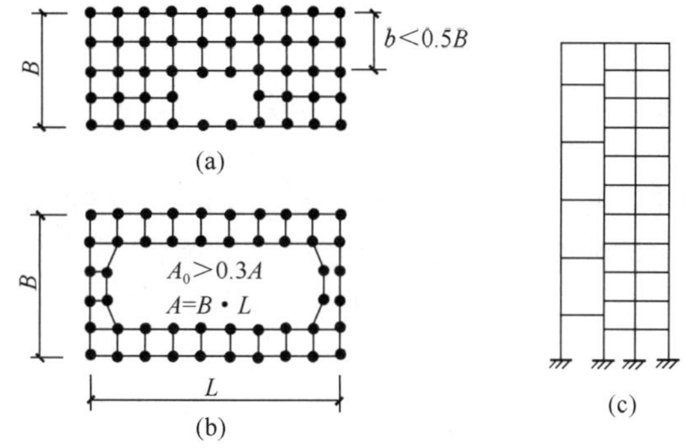

图 3 建筑结构平面的局部不连续示例（大开洞及错层）

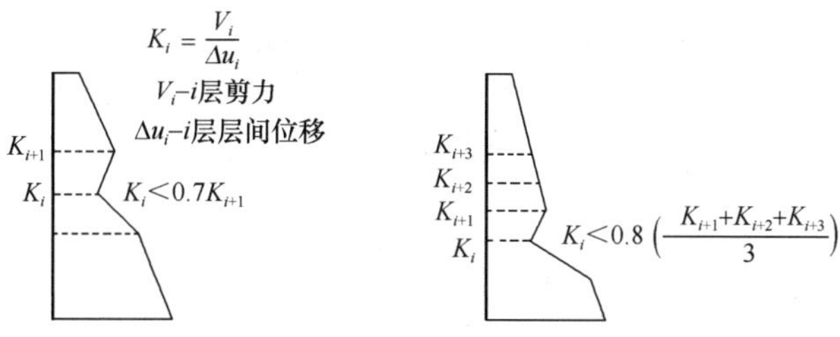

图 4 沿竖向的侧向刚度不规则（有软弱层）

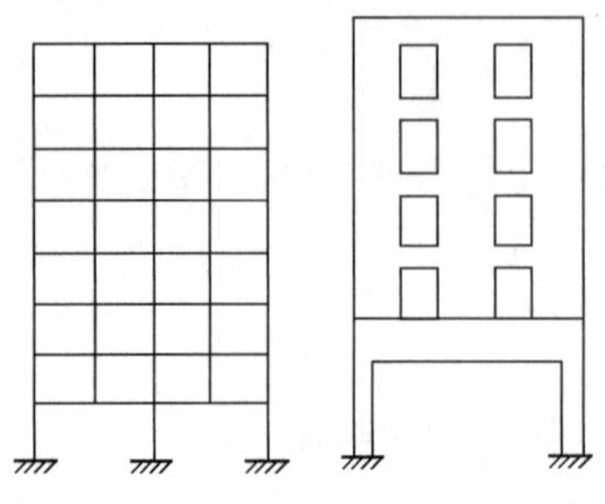

图 5　竖向抗侧力构件不连续示例

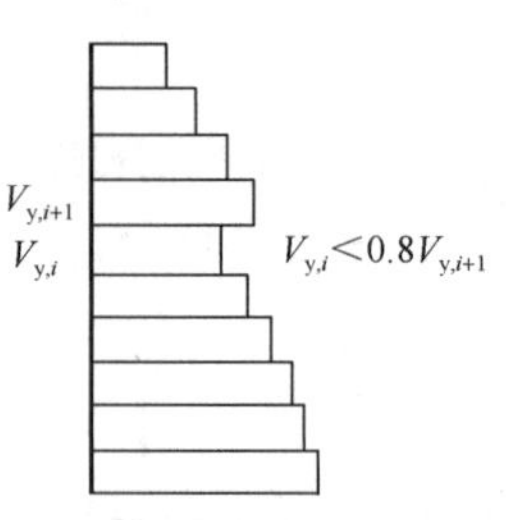

图 6　竖向抗侧力结构层间受剪承载力突变（有薄弱层）

3.4.4　建筑体形及其构件布置不规则时，应按下列要求进行水平地震作用计算和内力调整，并应对薄弱部位采取有效的抗震构造措施：

……

小静和小波：袁老师，规范[3] 3.4.1 条提到的“不规则”“特别不规则”和“严重不规则”是如何界定的呢？

袁老师：“不规则”指的是超过规范[3]表 3.4.3-1 和表 3.4.3-2 中一项及以上的不规则指标；“特别不规则”指的是多项均超过《抗震规范》表 3.4.3-1 和表 3.4.3-2 中不规则指标或某一项超过规定指标较多，具有较明显的抗震薄弱部位，将会引起不良后果者；“严重不规则”指的是体型复杂，多项不规则指标超过规范[3]第 3.4.4 条上限值或某一项大大超过规定值，具有严重的抗震薄弱环节，将会导致地震破坏的严重后果者。

对话 2.7.1-1　不规则的程度如何界定

小　静：袁老师，是不是只有像规范示例图 1 那样的不对称平面才会产生扭转呢？

袁老师：那可不一定。你看图（a）所示的矩形平面，看似对称，但这只是一种“虚假”的对称，因为它的结构平面布置很不对称，右边是两根瘦柱，左边却是两根胖柱。先假设在 Y 向地震作用下，楼面没有扭转，只发生了 Y 向

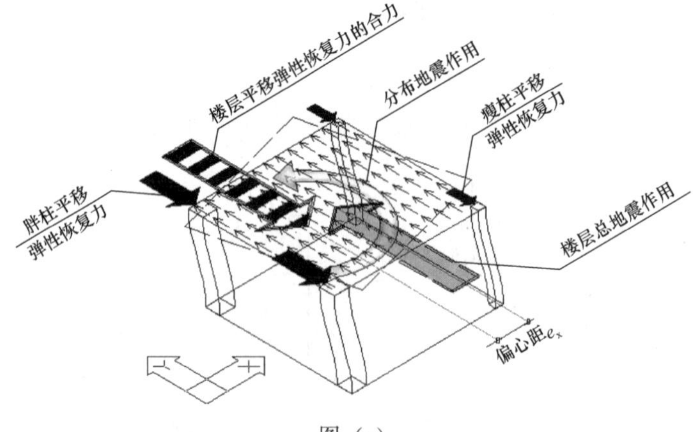

图（a）

的平移，亦即胖柱和瘦柱的柱顶位移是相等的。由于瘦柱的侧移刚度小，作用于楼面上的回弹力，即“平移弹性恢复力”就小；与之相反，胖柱者则大。于是楼层平移弹性恢复力的合力就会偏向胖柱一侧。但楼层总地震作用是通过接近平面形心的楼层“质量中心”的，这样一来，恢复力的合力与总地震作用便不在一条直线上。有了“偏心”，就必然会发生扭转，如图中的虚线所示。原先“楼面没有扭转”的假设不成立。

小　波：那是否可以说结构平面布置对称就不会有扭转？

袁老师：也不能那样说，扭转振动是一个极其复杂的问题。图（b）所示的三台阶立面建筑，就属于规范表 3.4.3-2 竖向刚度不规则类型中，局部收进的水平向尺寸大于相邻层下一层 25%的情况。从局部的每一个台阶看都没有偏心；但从整体看，上部台阶的地震作用会带着偏心累积地向下部台阶传递，从而引起扭转。此外，楼面活荷载的位置是变化的，这必然会导致楼层“质量中心”位置的变化，出现“偶然偏心”；还有施工的偏差以及地振动本身的扭转分量，都会使即便是规则的结构产生不太大的扭转振动。

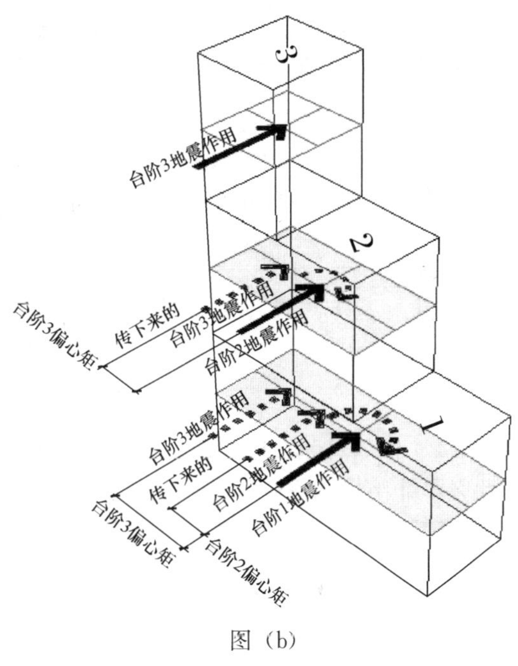

图（b）

顺便说一下，像图（b）这样的立面突变，会导致质量和侧移刚度的剧烈变化，地震时，突变部位会因塑性变形集中效应而出现薄弱环节。

对话 2.7.1-2　平面“虚假”对称和竖向不规则引起的扭转振动

请看视频 201：2012-78，2007-104 题视频讲解（上）

2.7.2　防震缝

对于体形复杂的结构，是否设防震缝的问题，《抗震规范》规定：

3.4.5　体型复杂、平立面不规则的建筑，应根据不规则程度、地基基础条件和技术经济等因素的比较分析，确定是否设置防震缝，并分别符合下列要求：

1　当不设置防震缝时，应采用符合实际的计算模型，分析判明其应力集中、变形集中或地震扭转效应等导致的易损部位，采取相应的加强措施。

2　当在适当部位设置防震缝时，宜形成多个较规则的抗侧力结构单元。防震缝应根据抗震设防烈度、结构材料种类、结构类型、结构单元的高度和高差以及可能的地震扭转效应的情况，留有足够的宽度，其两侧的上部结构应完全分开。

3 当设置伸缩缝和沉降缝时，其宽度应符合防震缝的要求。

3.4.5 条文说明：体型复杂的建筑并不一概提倡设置防震缝。由于是否设置防震缝各有利弊，历来有不同的观点，总体倾向是：

1 可设缝、可不设缝时，不设缝。设置防震缝可使结构抗震分析模型较为简单，容易估计其地震作用和采取抗震措施，但需考虑扭转地震效应，并按本规范各章的规定确定缝宽，使防震缝两侧在预期的地震（如中震）下不发生碰撞或减轻碰撞引起的局部损坏。

2 当不设置防震缝时，结构分析模型复杂，连接处局部应力集中需要加强，而且需仔细估计地震扭转效应等可能导致的不利影响。

防震缝应尽量结合伸缩缝和沉降缝一起设置，做到三缝合一。各类结构的防震缝有不同的要求，具体做法将在稍后各类结构的章节中介绍。

请翻到第 2.11 小节，做习题 2-33 至 2-40

2.8 非结构构件

2.8.1 什么是非结构构件

什么是非结构构件呢？它们也需要进行抗震设计吗？对此，《抗震规范》规定：

3.7.1 非结构构件，包括建筑非结构构件和建筑附属机电设备，自身及其与结构主体的连接，应进行抗震设计。

3.7.1 条文说明：建筑非结构构件一般指下列三类：①附属结构构件，如：女儿墙、高低跨封墙、雨篷等；②装饰物，如：贴面、顶棚、悬吊重物等；③围护墙和隔墙。……

13.1.1 ……非结构构件包括持久性的建筑非结构构件和支承于建筑结构的附属机电设备。

注：**1** 建筑非结构构件指建筑中除承重骨架体系以外的固定构件和部件，主要包括非承重墙体，附着于楼面和屋面结构的构件、装饰构件和部件、固定于楼面的大型储物架等。

2 建筑附属机电设备指为现代建筑使用功能服务的附属机械、电气构件、部件和系统，主要包括电梯、照明和应急电源、通信设备，管道系统，采暖和空气调节系统，烟火监测和消防系统，公用天线等。

请翻到第 2.11 小节，做习题 2-41，2-42

2.8.2 非结构构件的抗震设计

处理好非结构构件和主体结构的关系，可以防止附加灾害，减少损失。因此抗震规范用强制性条文明确了这类构件应进行抗震设计。

在计算方面，《抗震规范》规定：

13.2.2 非结构构件的地震作用计算方法，应符合下列要求：

1 各构件和部件的地震力应施加于其重心，水平地震力应沿任一水平方向。

2 一般情况下，非结构构件自身重力产生的地震作用可采用等效侧力法计算；对支承于不同楼层或防震缝两侧的非结构构件，除自身重力产生的地震作用外，尚应同时计及地震时支承点之间相对位移产生的作用效应。

3 建筑附属设备（含支架）的体系自振周期大于 0.1s 且其重力超过所在楼层重力的 1%，或建筑附属设备的重力超过所在楼层重力的 10%时，宜进入整体结构模型的抗震设计，也可以采用…楼面反应谱方法计算。…

小　静：袁老师，规范[3]13.2.2 条提到的“等效侧力法”和“楼面反应谱法”是什么意思啊？

袁老师：你只需知道“等效侧力法”是一种适用于大多数情况的简易计算方法；而“楼面反应谱法”是一种适用于少数较复杂情况的、比较精确的计算方法即可。

对话 2.8.2-1　“等效侧力法”和“楼面反应谱法”

请翻到第 2.11 小节，做习题 2-43

在抗震措施方面，《抗震规范》对各类建筑非结构构件和建筑附属机电设备都有详细的规定，内容很多，不能一一列举，非承重墙的内容比较重要，《抗震规范》用强制性条文规定：

3.7.4　框架结构的围护墙和隔墙，应估计其设置对结构抗震的不利影响，避免不合理设置而导致主体结构的破坏。（请读者回顾图 2.4.2-1　填充墙形成的短柱破坏）

下面仅摘录对非承重墙要求的一部分，《抗震规范》规定：

13.3.2 非承重墙体的材料、选型和布置，应根据烈度、房屋高度、建筑体型、结构层间变形、墙体自身抗侧力性能的利用等因素，经综合分析后确定，并应符合下列要求：

1 非承重墙体宜优先采用轻质墙体材料；采用砌体墙时，应采取措施减少对主体结构的不利影响，并应设置拉结筋、水平系梁、圈梁、构造柱等与主体结构可靠拉结。

2 刚性非承重墙体的布置，应避免使结构形成刚度和强度分布上的突变；当围护墙非对称均匀布置时，应考虑质量和刚度的差异对主体结构抗震不利的影响。

3 墙体与主体结构应有可靠的拉结，应能适应主体结构不同方向的层间位移；8、9 度时应具有满足层间变位的变形能力，与悬挑构件相连接时，尚应具有满足节点转动引起的竖向变形的能力。

4 外墙板的连接件应具有足够的延性和适当的转动能力，宜满足在设防地震下主体结构层间变形的要求。

5　砌体女儿墙在人流出入口和通道处应与主体结构锚固；非出入口无锚固的女儿墙高度，6～8 度时不宜超过 0.5m，9 度时应有锚固。防震缝处女儿墙应留有足够的宽度，缝两侧的自由端应予以加强。

13.3.3　多层砌体结构中，非承重墙体等建筑非结构构件应符合下列要求：

1　后砌的非承重隔墙应沿墙高每隔 500～600mm 配置 2ϕ6 拉结钢筋与承重墙或柱拉结，每边伸入墙内不应少于 500mm；8 度和 9 度时，长度大于 5m 的后砌隔墙，墙顶尚应与楼板或梁拉结，独立墙肢端部及大门洞边宜设钢筋混凝土构造柱。

2　烟道、风道、垃圾道等不应削弱墙体；当墙体被削弱时应对墙体采取加强措施；不宜采用无竖向配筋的附墙烟囱或出屋面的烟囱。

3　不应采用无锚固的钢筋混凝土预制挑檐。

13.3.4　钢筋混凝土结构中的砌体填充墙，尚应符合下列要求：

1　填充墙在平面和竖向的布置，宜均匀对称，宜避免形成薄弱层或短柱。

2　砌体的砂浆强度等级不应低于 M5；实心块体的强度等级不宜低于 MU2.5，空心块体的强度等级不宜低于 MU3.5；墙顶应与框架梁密切结合。

3　填充墙应沿框架柱全高每隔 500～600mm 设 2ϕ6 拉筋，拉筋伸入墙内的长度，6、7 度时宜沿墙全长贯通，8、9 度时应全长贯通。

4　墙长大于 5m 时，墙顶与梁宜有拉结；墙长超过 8m 或层高 2 倍时，宜设置钢筋混凝土构造柱；墙高超过 4m 时，墙体半高宜设置与柱连接且沿墙全长贯通的钢筋混凝土水平系梁。

5　楼梯间和人流通道的填充墙，尚应采用钢丝网砂浆面层加强。

13.3.5　单层钢筋混凝土柱厂房的围护墙和隔墙，尚应符合下列要求：

1　厂房的围护墙宜采用轻质墙板或钢筋混凝土大型墙板，砌体围护墙应采用外贴式并与柱可靠拉结；外侧柱距为 12m 时应采用轻质墙板或钢筋混凝土大型墙板。

2　刚性围护墙沿纵向宜均匀对称布置，不宜一侧为外贴式，另一侧为嵌砌式或开敞式；不宜一侧采用砌体墙一侧采用轻质墙板。

3　不等高厂房的高跨封墙和纵横向厂房交接处的悬墙宜采用轻质墙板，6、7 度采用砌体时不应直接砌在低跨屋面上。

4　砌体围护墙在下列部位应设置现浇钢筋混凝土圈梁：

1）梯形屋架端部上弦和柱顶的标高处应各设一道，但屋架端部高度不大于 900mm 时可合并设置；

2）应按上密下稀的原则每隔 4m 左右在窗顶增设一道圈梁，砌体围护墙在下列部位应设置现浇钢筋混凝土圈梁，不等高厂房的高低跨封墙和纵墙跨交接处的悬墙，圈梁的竖向间距不应大于 3m；

3）山墙沿屋面应设钢筋混凝土卧梁，并应与屋架端部上弦标高处的圈梁连接。

5　圈梁的构造应符合下列规定：

……

6　墙梁宜采用现浇，当采用预制墙梁时，梁底应与砖墙顶面牢固拉结并应与柱锚拉；厂房转角处相邻的墙梁，应相互可靠连接。

7 砌体隔墙与柱宜脱开或柔性连接，并应采取措施使墙体稳定，隔墙顶部应设现浇钢筋混凝土压顶梁。

8 砖墙的基础，8度Ⅲ、Ⅳ类场地和9度时，预制基础梁应采用现浇接头；当另设条形基础时，在柱基础顶面标高处应设置连续的现浇钢筋混凝土圈梁，其配筋不应少于4ϕ12。

9 砌体女儿墙高度不宜大于1m，且应采取措施防止地震时倾倒。

13.3.6 钢结构厂房的围护墙，应符合下列要求：

1 厂房的围护墙，应优先采用轻型板材，预制钢筋混凝土墙板宜与柱柔性连接；9度时宜采用轻型板材。

2 单层厂房的砌体围护墙应贴砌并与柱拉结，尚应采取措施使墙体不妨碍厂房柱列沿纵向的水平位移；8、9度时不应采用嵌砌式。

请翻到第2.11小节，做习题2-44～2-46

2.9 地震作用计算及截面抗震验算简介

设计时，地震作用的大小显然与设防烈度有关。在第2.1.3小节中，我们曾从地震烈度表2.1.3-1中观察到：地震烈度高一度，峰值加速度就大一倍。稍后我们也将会看到：设防烈度高一度，设计基本地震加速度值、水平地震影响系数最大值也都大一倍。另外，地振动的周期和建（构）筑物的自振周期接近程度，将直接影响到地震作用的大小。

图2.9-1 金门悬索大桥有时会出现“风锁大桥”的情况，但在6.9级地震中却安然无恙

地震和风荷载一样都属于动力作用，一般场地能引起建（构）筑物最大反应的地震动周期（卓越周期）比较短；但风荷载脉动的节拍都比较长，刮风声音的脉动性一般人都能感觉到：“呜……呜……呜……”。图2.9-1是1937年建成、曾保持主跨最长世界纪录27年的美国金门悬索大桥，在风力作用下，桥身左右摇摆的幅度最大可达4m，使得该桥有时不得不停止使用，出现“风锁大桥”的情况；但它在1989旧金山发生的里氏6.9级地震中却安然无恙。这并非偶然，悬索桥比较柔，自振周期长，容易和风荷载合拍；而地震动的周期短，故大桥的地震反应较小，渡过了此关。在那次地震中，建筑物的损坏和倒塌十分严重。这是因为一般建筑物的基本自振周期较短、容易接近地震动的“卓越周期”、地震反应较大的缘故。

一个场地的地面运动，一般均存在着一个破坏性最强的主振周期，称“卓越周期”，科研人员根据大量的地震记录，分析影响场地“卓越周期”的各种因素，并以这些因素为参数，归纳整理出供设计用的“设计特征周期”，简称“特征周期”。设计时应尽量使建（构）筑物的基本自振周期离它远一点，以减轻地震反应，防止共振破坏。

2.9.1 抗震设防烈度、设计基本地震加速度值的对应关系

《抗震规范》规定：

> **3.2.2** 抗震设防烈度和设计基本地震加速度取值的对应关系，应符合表3.2.2的规定。设计基本地震加速度为0.15g和0.30g地区内的建筑，除本规范另有规定外，应分别按抗震设防烈度7度和8度的要求进行抗震设计。
>
> **表3.2.2 抗震设防烈度和设计基本地震加速度值的对应关系**
>
> | 抗震设防烈度 | 6 | 7 | 8 | 9 |
> |---|---|---|---|---|
> | 设计基本地震加速度值 | 0.05g | 0.10(0.15)g | 0.20(0.30)g | 0.40g |
>
> 注：g为重力加速度。

小　静：袁老师，这个表太好记了！只要记住6度为0.05g就可以了，对吗？你看，7度为$2\times0.05g=0.10g$，8度为$2\times0.10g=0.20g$，9度为$2\times0.20g=0.40g$，对吗？

袁老师：说得对。表格是很枯燥的，但若能从中找到一些规律，就会觉得有趣些。

小　波：能不能说0.15g和0.30g对应的设防烈度分别为7度半和8度半呢？它们和不带括号的7度和8度有些什么不一样？

袁老师：有7度半和8度半这样的说法，我国著名的结构设计软件PKPM，对这样的烈度输出信息就是7.5度和8.5度。在其他条件相同的情况下，7.5度和8.5度的地震作用分别比7度和8度大50%，上面规范第3.2.2条说得很清楚：“…除另有规定者外应分别按抗震设防烈度7度和8度的要求进行抗震设计”。

小　波：举个“另有规定者外”的例子好吗？

袁老师：好的！首先7.5度和8.5度的地震作用分别比7度和8度大50%就属于“另有规定者外”的情况。又比如《抗震规范》[3]规定：

> 3.3.3　建筑场地为Ⅲ、Ⅳ类时，对设计基本地震加速度为0.15g和0.30g的地区，除本规范另有规定外，宜分别按抗震设防烈度8度（0.20g）和9度（0.40g）时各抗震设防类别建筑的要求采取抗震构造措施。

小静和小波：哦！好家伙，又冒出来个“另有规定”，不过我们还是听明白了。但Ⅲ类、Ⅳ类建筑场地又是什么意思呢？

袁老师：这正是下面要讲解的内容。

对话2.9.1-1　抗震设防烈度和设计基本地震加速度值的对应关系，“另有规定”举例

请翻到2.11小节，做习题2-47

2.9.2 设计特征周期——场地类别及设计地震分组

研究结果表明，场地覆盖土越软、越厚、震源越远，场地“卓越周期”就越长，从而供设计用的“特征周期”也应该越长。场地覆盖土的软硬和厚薄，涉及“场地类别”问

题；而离震源的远近，则涉及“设计地震分组”的问题。

1　场地的类别

规范以建筑场地覆盖土层的软硬和厚薄为参数，将场地分为四类。其中土的软硬用土的等效剪切波速 v_{se} 来衡量，土越硬、剪切波速就越高。《抗震规范》规定：

4.1.6　建筑的场地类别，应根据土层等效剪切波速和场地覆盖层厚度按表 4.1.6 划分为四类，其中Ⅰ类分为 $Ⅰ_0$、$Ⅰ_1$ 两个亚类。当有可靠的剪切波速和覆盖层厚度且其值处于表 4.1.6 所列场地类别的分界线附近时，应允许按插值方法确定地震作用计算所用的特征周期。

表 4.1.6　各类建筑场地的覆盖层厚度（m）

岩石的剪切波速或土的等效剪切波速（m/s）	（土的类型）	场地类别				
		$Ⅰ_0$	$Ⅰ_1$	Ⅱ	Ⅲ	Ⅳ
$v_s>800$	（岩石）	0				
$800\geqslant v_s>500$	（坚硬土或软质岩石）		0			
$500\geqslant v_{se}>250$	（中硬土）		<5	>5		
$250\geqslant v_{se}>140$	（中软土）		<3	3～50	>50	
$v_{se}\leqslant 140$	（软弱土）		<3	3～15	15～80	>80

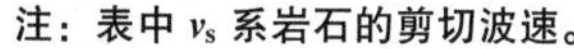
注：表中 v_s 系岩石的剪切波速。

小静和小波：袁老师，这个表好复杂哦！它是用来做什么的呢？

袁老师：它是用来判别场地的好坏。总的来说，Ⅰ类场地最坚硬，特征周期 T_g 最短，一般建筑物的基本自振周期离它比较远，地震反应较小，对抗震最有利；Ⅳ类场地最软弱，特征周期 T_g 最长，一般建筑物的基本自振周期离它比较近，地震反应较大，对抗震最不利；在计算地震作用时，查特征周期 T_g 要用到这个表。

小　波：覆盖层厚度是什么意思呢？

袁老师：它是指覆盖于坚硬土或岩石之上的中硬土、中软土或软弱土的总厚度。

小　静：等效剪切波速又是什么意思呢？

袁老师：土越硬，剪切波（图 2.1.2-1）传播的速度就越高。覆盖层可能有好几层土，它们的软硬程度，亦即剪切波速是不同的，剪切波通过每一层土所需时间的总和除覆盖层的厚度就是等效剪切波速。覆盖层厚度和等效剪切波速的具体计算还有一些细节上的规定，但超大纲了，不再往下讲。

小静和小波：那…对这个表我们需要掌握些什么呢？

袁老师：记住场地覆盖土层越硬、越薄，场地就越结实；场地覆盖土层越软、越厚，场地就越软弱；场地类别按Ⅰ、Ⅱ、Ⅲ、Ⅳ的顺序排列时，其结实程度就由坚硬逐步过渡到软弱。

对话 2.9.2-1　袁老师和小静小波谈场地的类别

请翻到 2.11 小节，做习题 2-48

2　设计地震分组

震源离得越远，在场地类别相同的情况下，场地“卓越周期”就越长，从而供设计用的“特征周期”也越长。“5・12”汶川地震波及范围如此之广，除了它的震级大的原因以外，还有另外一个原因，就是近年来各地盖了许多高层建筑，它们的基本自振周期都比较长，与远处传来的地震动的长周期成分比较合拍的缘故。按照离震中由近到远，规范将设计地震分组划分为一组、二组和三组。

3　设计特征周期 T_g（简称“特征周期”）

《抗震规范》规定：

5.1.4　…；特征周期应根据场地类别和设计地震分组按表 5.1.4-2 采用，计算罕遇地震作用时，特征周期应增加 0.05s。

…

表 5.1.4-2　特征周期值（s）

设计地震分组	（震中距）	场地类别				
		$Ⅰ_0$	$Ⅰ_1$	Ⅱ	Ⅲ	Ⅳ
第一组	近	0.20	0.25	0.35	0.45	0.65
第二组	中等	0.25	0.30	0.40	0.55	0.75
第三组	远	0.30	0.35	0.45	0.65	0.90

小静、小波：袁老师，对于这个表，我们应记些什么呢？

袁老师：记特征周期的变化规律。小波我问你：在同一设计地震分组，场地类别编号越大，特征周期越长、还是越短呢？

小　波：当然是越长了。

袁老师：很好。小静，你说说在同一类别的场地，设计地震分组的编号越大，特征周期越长、还是越短呢？

小　静：也是越长。

袁老师：很好。你们可以就“场地类别编号越大”和“设计地震分组编号越大”各代表什么意思，相互提问，好吗？另外，你们能看出特征周期变化的范围吗？

小　波：那还用说，表格上写得清清楚楚的，从 0.20s 到 0.90s 啊！

小　静：不对，是从 0.20s 到 0.95s，因为规范 5.1.4 条规定：“…计算罕遇地震作用时，特征周期应增加 0.05s”。

袁老师：小静说得很对，看表格时还需注意与它相关的条文和备注。从这里可以看出，设计特征周期是比较短的，不超过 1s。

对话 2.9.2-2　设计特征周期的变化规律及范围

请翻到 2.11 小节，做习题 2-49

2.9.3　结构的自振周期——琴弦比喻

1. 单自由度结构体系的自振周期

对图 2.9.3-1a 所示的单层仓库，若取一个节间（即纵向的一个柱距）为计算单元时，可将左、右两柱的侧移刚度之和 k，给予一根没有质量的等效柱；同时将屋盖和柱高之半

以上的质量 m（即结构参与振动的全部质量）集中于等效柱顶部的一个质点（有质量的点）上，便得到右侧所示的单自由度结构体系的计算简图。当只考虑单方向水平振动时，这个质点就有一个水平方向的自由度，由于只有一个质点，故称单自由度结构体系。按此计算简图，根据达朗贝尔原理可推导出单自由度结构体系的自振周期的计算公式：

$$T = 2\pi\sqrt{m/k} \tag{2.9.3-1}$$

式中质量 m 的单位为吨、侧移刚度的单位为 kN/m 时，算出周期 T 的单位为秒。我们绕过达朗贝尔原理，用“琴弦比喻”来理解这道公式。图 2.9.3-1（b）所示的小提琴有四根弦，声音由低到高分别叫 G、D、A、E，相当于 C 调的唱名 5、2、6 和高音 3。对于每一根弦，你将它拧得越紧，它的刚度 k 就越大，发出的声音就越高、即振动的周期 T 就越短，这与（2.9.3-1）式是一致的。也许你会有这样的疑问：G 弦很粗，质量 m 大不错，但它的刚度 k 也应该比其他琴弦大啊；分子、分母都大，代入到（2.9.3-1）式，算出的自振周期 T 怎么就一定会最长，从而声音最低沉呢？原来是这样：小提琴的每一条弦都只有一根对刚度 k 有贡献的金属弦，它们都是一样的，即当这四根弦拧紧的程度相同时，它们的刚度 k 是相等的。但 G 弦的外表缠了三层薄金属带和一层纤维丝（见大样图），质量 m 最大，故自振周期 T 最长、声音最低；E 弦的外表什么也不缠，质量 m 最小，故自振周期 T 最短、声音最高。

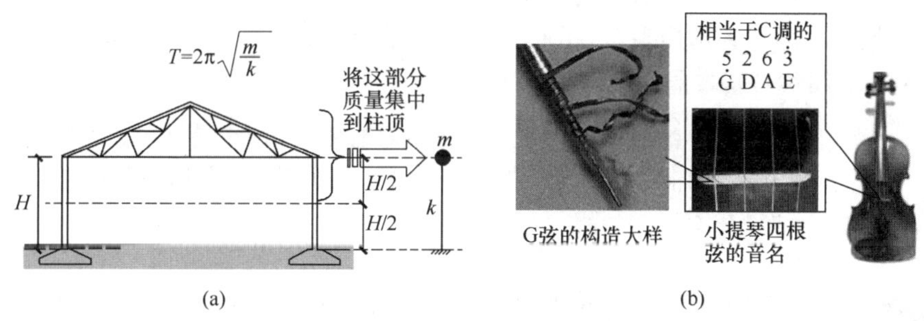

图 2.9.3-1　单自由度结构体系的自振周期——琴弦比喻

（a）单自由度结构体系的自振周期；（b）小提琴四根弦的音名及 G 弦的构造大样

“琴弦比喻”也可以用来解释影响特征周期长短的场地方面因素。场地覆盖土层越软就相当于琴弦没有拧紧，场地覆盖土层越厚就相当于缠了三层薄金属带和一层纤维丝的 G 弦，这样的场地，特征周期就长。

请翻到 2.11 小节，做习题 2-50

2. 多自由度结构体系简介

前面说过，设计时应尽量使建（构）筑物的基本自振周期离“特征周期”远一点，防止共振破坏。**基本自振周期是指多自由度结构体系的第 1 自振周期（T_1），亦即最长的自振周期。**对于多、高层建筑，可将每一层上、下各二分之一层高的质量集中到楼面处，变成一个质点，同时将每一层所有墙、柱的侧移刚度加在一起，给予一根没有质量的等效柱，便得到如图 2.9.3-2（a）所示的糖葫芦串模型。当只考虑单方向水平振动时，每个质点都有一个水平方向的自由度，于是有多个质点便有多个自由度；有多少个自由度，就有多少个自振周期以及相应的振型，见图 2.9.3-2（b）。自振周期越长，相应的编号就越小，即 $T_1 > T_2 > T_3 > T_4 > T_5$。稍

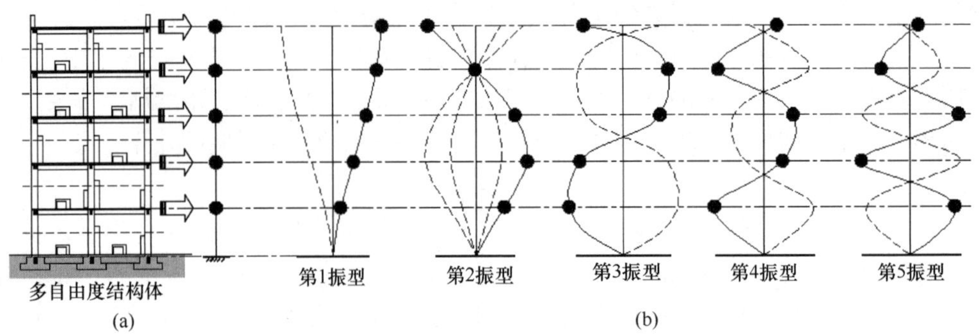

图 2.9.3-2　多自由度结构体的糖葫芦串模型及振型

(a) 糖葫芦串模型；(b) 振型

加注意，就会发现振型的规律是：与第 1 自振周期相应的第 1 振型不拐弯，第 2 振型拐 1 个弯，第 3 振型拐 2 个弯，第 4 振型拐 3 个弯，…，第 n 振型拐（n—1）个弯。

每个振型对地震作用都有贡献，其中第 1 振型由于不拐弯，各个质点的地震作用方向相同，对结构的反应都是叠加的，故贡献最大；而其他的振型由于有拐弯，各个质点的地震作用方向不尽相同，故对结构的反应除叠加的之外，还有抵消的成分，拐的弯越多，抵消的成分所占的比例就越大，所以高振型对地震作用的贡献少。**由于第 1 振型对地震作用贡献最大，故称之为“基本振型”，相应的第 1 自振周期称之为“基本自振周期”，在《抗震规范》中有时简称“基本周期”。**

小静、小波：袁老师，你不是说高振型对地震作用的贡献少吗？但我看振型图中高振型摆动的幅度不小啊！它们对地震作用的贡献应该不少才对，是吗？

袁老师：你们问得好！这是一个很容易引起误会的问题。在某一个振型中，各质点摆动的横向标距只是个相对值，你可以将它们按比例放大、缩小或变号。以第 2 振型为例，图中的实线和几条虚线所表示的振型都是对的。

对话 2.9.3-1　振型的横向标距只是个相对值

请翻到 2.11 小节，做习题 2-51，2-52

多自由度结构体系各自振周期的精确求解十分繁琐、复杂，本书从略。由于基本振型对地震作用贡献最大，与之相应的基本自振周期的近似解法和估算方法就倍受关注。对建筑师而言“近似解法”仍嫌复杂，下面介绍一些“估算方法”。《建筑结构荷载规范》[7]（以下简称《荷载规范》）附录 F 给出了部分结构基本自振周期的经验公式：

F.2　高 层 建 筑

F.2.1　一般情况下，高层建筑的基本自振周期可根据建筑总层数近似地按下列规定采用：

1　钢结构的基本自振周期按下式计算：

$$T_1=(0.10\sim0.15)n \qquad (F.2.1.1)$$

式中　n——建筑总层数。

2　钢筋混凝土结构的基本自振周期按下式计算：

$$T_1=(0.05\sim0.10)n \tag{F.2.1.2}$$

F.2.2　钢筋混凝土框架、框剪和剪力墙结构的基本自振周期按下列规定采用：

1　钢筋混凝土框架和框剪结构的基本自振周期按下式计算：

$$T_1=0.25+0.53\times10^{-3}\frac{H^2}{\sqrt[3]{B}} \tag{F.2.1.3}$$

2　钢筋混凝土剪力墙结构的基本自振周期按下式计算：

$$T_1=0.03+0.03\frac{H}{\sqrt[3]{B}} \tag{F.2.1.4}$$

式中　H——房屋总高度（m）；

B——房屋宽度（m）。

这些经验公式虽然不能作为抗震设计正式计算的依据，但我们可以从中找到一些高层建筑基本自振周期 T_1 的规律，这对结构工程师和建筑师都是很有帮助的。例如：层数越多，房屋总高度越高、越窄，T_1 就越长；在其他条件相同的情况下，钢结构的 T_1 比钢筋混凝土结构的 T_1 长，钢筋混凝土框架和框剪结构的 T_1 比钢筋混凝土剪力墙结构的 T_1 长等。

2.9.4　重力荷载代表值

水平地震动时，不论是单自由度体系、还是多自由度体系，质点都会有水平方向的加速度，质点是有质量的，于是必然会产生水平方向的惯性力。水平加速度相同时，水平惯性力与质量成正比，质量越大、水平惯性力就越大，从而水平地震作用也越大。而质量 m 越大，重力荷载 G（$G=mg$）也就越大，换句话说，水平加速度相同时，重力荷载 G 越大，水平地震作用也越大。地震时的重力荷载 G 以什么作标准呢？这就是"重力荷载代表值"。

《抗震规范》规定：

5.1.3　计算地震作用时，建筑的重力荷载代表值应取结构和构配件自重标准值和各可变荷载组合值之和。各可变荷载的组合值系数，应按表 5.1.3 采用。

表 5.1.3　组合值系数

可变荷载种类		组合值系数
雪荷载		0.5
屋面积灰荷载		0.5
屋面活荷载		不计入
按实际情况计算的楼面活荷载		1.0
按等效均部情况计算的楼面活荷载	藏书库、档案库	0.8
	其他民用建筑	0.5
吊车悬吊物重力	硬钩吊车	0.3
	软钩吊车	不计入

注：……

2.9.5　水平地震影响系数、反应谱、计算水平地震作用的底部剪力法

1. 单自由度结构体系

假设图 2.9.3-1（a）计算简图中质点的重力荷载代表值为 G（$G=mg$），地震时质点

的水平地震作用标准值为 F_{Ek}，则后者与前者的比值就是水平地震影响系数 α，即

$$\alpha = F_{Ek}/G \tag{2.9.5-1}$$

若地震时发生了共振，质点水平地震作用达到了最大值 $(F_{Ek})_{max}$，则这个比值对大多数结构来说，就变成水平地震影响系数最大值 α_{max}

$$\alpha_{max} = (F_{Ek})_{max}/G \tag{2.9.5-2}$$

只要知道水平地震影响系数 α 和质点的重力荷载代表值 G，将式（2.9.5-1）移项便可以求出质点的水平地震作用标准值 F_{Ek}

$$F_{Ek} = \alpha G \tag{2.9.5-3}$$

由于只有一个质点、一个水平地震作用，故等效柱底部的剪力必然也是 $F_{Ek}=\alpha G$，因此这种方法叫单自由度体系的底部剪力法。又因该质点代表了结构参与振动的全部质量，故对单自由度体系，F_{Ek}就是“结构总水平地震作用标准值”。用以求解水平地震影响系数 α 的图形曲线叫“设计反应谱”。它是根据大量地震记录，经过较精确的计算，归纳、整理出来，供设计使用的。《抗震规范》规定：

5.1.4　建筑结构的地震影响系数应根据烈度、场地类别、设计地震分组和结构自振周期以及阻尼比确定。其水平地震影响系数最大值应按表 5.1.4-1 采用；特征周期应根据场地类别和设计地震分组按表 5.1.4-2 采用，计算罕遇地震作用时，特征周期应增加 0.05s。（表 5.1.4-2 已摘录于 2.9.2 小节之 3）

注：1 周期大于 6.0s 的建筑结构所采用的地震影响系数应专门研究

表 5.1.4-1　水平地震影响系数最大值

地震影响	6 度	7 度	8 度	9 度
多遇地震	0.04	0.08（0.12）	0.16（0.24）	0.32
罕遇地震	0.28	0.50（0.72）	0.90（1.20）	1.40

注：括号中的数值分别用于设计基本地震加速度为 0.15*g* 和 0.30*g* 的地区。

5.1.5　建筑结构地震影响系数曲线（图 5.1.5）的阻尼调整和形状参数应符合下列要求：

1　除有专门规定外，建筑结构的阻尼比应取 0.05，……

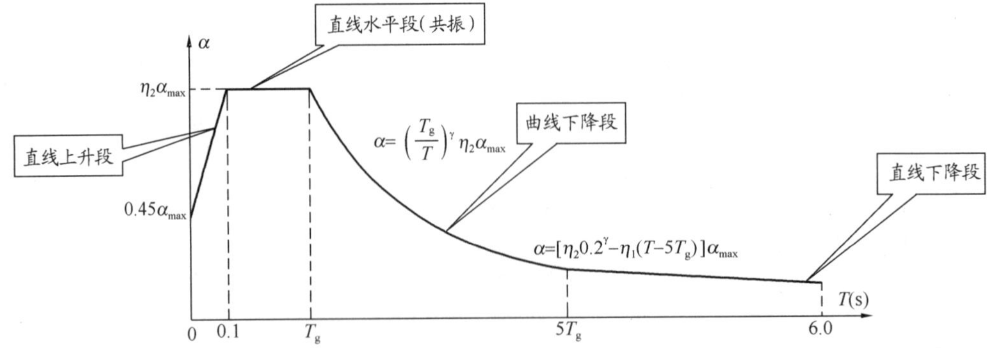

α—地震影响系数；α_{max}—地震影响系数最大值；η_1—直线下降段的下降斜率调整系数；γ—衰减指数；T_g—特征周期；η_2—阻尼调整系数；T—结构自振周期

图 5.1.5　地震影响系数曲线（设计反应谱）

小静和小波：袁老师，这两条规定的内容好难哦！怎么掌握它呢？

袁老师：没错，的确是比较难，我们先说 5.1.4 条。其实它的内容大都是学过的，利用它，我们来个复习，好不好？

小静和小波：太好了！

袁老师：小静，从规范表 5.1.4-1 中你看出多遇地震水平地震影响系数最大值 α_{max} 的规律吗？

小　静：设防烈度高 1 度，多遇地震的 α_{max} 大 1 倍，对吗？

袁老师：很好。小波，你能看出罕遇地震水平地震影响系数最大值 α_{max} 的规律吗？

小　波：哦！这就有一点难了，设防烈度高 1 度，罕遇地震的 α_{max} 好像大不到 1 倍，为什么呢？

袁老师：你的观察是对的。让我们复习一下摘录于第 2.2 节的抗震规范 1.0.1 条文说明："……对应于统计'众值'的烈度，比基本烈度约低一度半，……'罕遇地震'，当基本烈度 6 度时为 7 度强，7 度时为 8 度强，8 度时为 9 度弱，9 度时为 9 度强"。基本烈度就是设防烈度（请回顾摘录于第 2.1.4 小节的抗震规范 1.0.5 条）。下面以西安市为例再考考你们。西安市的设防烈度为 8 度，你们说西安的多遇地震烈度和罕遇地震烈度各是多少呢？

小静、小波：多遇地震烈度约为 8－1.5＝6.5 度，罕遇地震烈度为 9 度弱。

袁老师：很好。规范表 5.1.4-1 中，设防烈度为 8 度时，多遇地震水平地震影响系数最大值 0.16，是按 6.5 度给出的；而罕遇地震水平地震影响系数最大值 0.90，则是按 9 度弱给出。小静，你算算它们是否也符合烈度高 1 度，α_{max} 大 1 倍的规律，好吗？

小　静：好的，6.5 度时 α_{max} 为 0.16；7.5 度时 α_{max} 就应为 $2\times0.16=0.32$；8.5 度时 α_{max} 应为 $2\times0.32=0.64$；9.0 度比 8.5 度高半度，故 9.0 度时的 α_{max} 应增加 50%，为 $1.5\times0.64=0.96$。规范给出罕遇地震的 α_{max} 为 0.90，略低于 9.0 度的 0.96，这正好说明西安市罕遇地震烈度不是 9 度，而是 9 度弱。

袁老师：回答得非常好。规范表 5.1.4-1 给出了与烈度有关的水平地震影响系数最大值 α_{max}，它反映了大多数结构共振的情况，对于非共振情况也是一个必不可少的参数。该表反映了抗震规范 5.1.4 条"建筑结构的地震影响系数应根据烈度、场地类别、设计地震分组和结构自振周期以及阻尼比确定……"中"根据烈度"的意思。小波你说说非共振的问题又在什么地方得到反映呢？

小　波：在该条文的"……场地类别、设计地震分组和结构自振周期……"中得到反映。因为根据规范表 5.1.4-2，场地类别和设计地震分组就决定了特征周期 T_g，而结构自振周期离它越近，地震反应就越强；反之则越弱。但我不知道"阻尼比"是什么意思？另外，规范图 5.1.5 太抽象了，能谈得具体些吗？

袁老师：好的，我们休息片刻，接下来再讨论这个话题。

对话 2.9.5-1　水平地震影响系数最大值 α_{max} 的规律

请翻到 2.11 小节，做习题 2-53

袁老师：先说说“阻尼比”。阻尼，顾名思义，是一种阻力。你用手将钢锯条拨动一下（图 a），然后放开，钢锯条就会摆动起来（图 b）。如果没有阻尼力，钢锯条就会保持初始的摆幅一直摆动下去。但事实上，钢锯条的摆幅会越来越小，直至变为零而停止摆动（图 c）。为什么呢？这就是因为钢锯条在摆动时存在着阻尼。若摆幅衰减得快，说明阻尼大；反之，则说明阻尼小。质点阻尼力与质点的速度成正比，其比值称阻尼系数。假设有一个结构的阻尼系数非常、非常之大，以致不能起振（当然这样的结构是不存在的），这个假想结构的阻尼系数称“临界阻尼系数”，结构“实际阻尼系数”与“临界阻尼系数”之比就是“阻尼比”ξ。实际结构的阻尼比都很小，一般建筑结构的阻尼比为 0.05。

小　静：共振是结构的自振周期与地震动周期相等的情况下出现的，但设计反应谱却给出了一段 0.1s 至特征周期 T_g 的共振直线段，为什么呢？

(a)　(b)　(c)

袁老师：这是因为设计反应谱不是针对某次已发生的地震，而是根据大量地震记录，经过较精确的计算，归纳、整理出来的。而且随着经验的积累，还会不断调整和完善。例如前一版规范的反应谱就比较简单，没有直线下降段，阻尼比都按 0.05 考虑，少了许多参数变量。请你们先往后面看看图 2.9.5-3(a)，若将这个图中的直线下降段去掉，同时将 $5T_g$ 改为 3s，就是前一版规范的反应谱。

小静、小波：哦！那多简单，为什么要越改越复杂呢？

袁老师：现在的房子越盖越高，基本自振周期超过 3s 的高层建筑多了，故增加了直线下降段。另外，由于我国钢铁工业的飞速发展，钢结构房子也多起来了。钢结构的阻尼比小，《抗震规范》规定：

> 8.2.2　钢结构抗震计算的阻尼比宜符合下列规定：
>
> 1　多遇地震下的计算，高度不大于 50m 时可取 0.04；高度大于 50m 且小于 200m 时，可取 0.03；高度不小于 200m 时，宜取 0.02。
>
> ……

出于这个原因，反应谱曲线增加了三个与阻尼比有关的参数变量 γ、η_1 和 η_2，看起来便会觉得有点抽象。不过没关系，下面我们将结合多自由度体系地震反应的讲解，将这个图形具体化。

对话 2.9.5-2　阻尼比和反应谱

请翻到 2.11 小节，做习题 2-54

2. 多自由度体系

设计反应谱理论源于对单自由度体系的地震分析，但它同样可以应用到多自由度体系的地震作用计算中。例如在比较精确的振型分解法中，需要用到相应于自振周期 T_1、T_2、T_3…的地震影响系数 α_1、α_2、α_3…，而它们就是利用设计反应谱求得的。这种方法十分繁琐、复杂，本书不作进一步的介绍。下面继续谈“底部剪力法”，对于多自由度体系，它是一种近似方法，它有助于结构工程师和建筑师对一般结构地震反应的理解。关于底部剪力法的适用范围，《抗震规范》规定：

5.1.2 各类建筑结构的抗震计算，应采用下列方法：

1 高度不超过 40m 、以剪切变形为主且质量和刚度沿高度分布比较均匀的结构，以及近似于单质点体系的结构，可采用底部剪力法等简化方法。

…

框架结构从局部看，它的梁、柱都是弯曲变形，但正是这种局部弯曲变形，构成了框架结构以剪切变形为主的整体变形，见图 2.9.5-1（b）。框架结构是最符合底部剪力法适用条件的结构。为了便于比较，在图 2.9.5-1（a）中给出了剪力墙结构以弯曲为主的变形。

与前面单自由度体系结构总水平地震作用标准值的公式 $F_{Ek}=\alpha G$（式 2.9.5-3）相似，采用底部剪力法时，多自由度体系结构总水平地震作用标准值的公式为

$$F_{Ek}=\alpha_1 G_{eq} \tag{2.9.5-4}$$

式中用相应于结构基本自振周期 T_1 的水平地震影响系数 α_1 和结构等效总重力荷载 G_{eq} 分别代替了式（2.9.5-3）的水平地震影响系数 α 和重力荷载代表值 G ，其中 G_{eq} 为各质点重力荷载代表值之和的 85%（见图 2.9.5-2）。之所以用 α_1，是因为与它相应的第 1 振型不拐弯，各个质点的地震作用方向相同，对结构的反应都是叠加的，贡献最大；之所以用等效总重力荷载 G_{eq} 对总重力荷载代表值进行 0.85 的折减，是因为其他的振型有拐弯，各个质点的地震作用方向不尽相同，对结构的反应除叠加的之外，还有抵消的成分，都按第 1 振型考虑，地震作用算大了，过于保守。

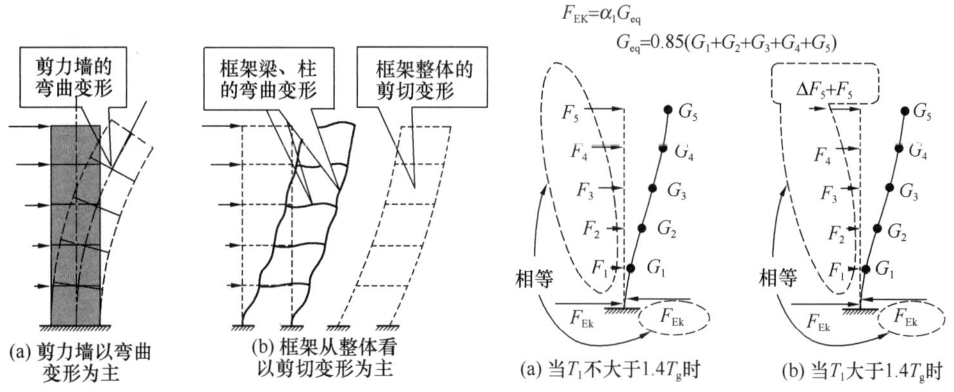

图 2.9.5-1 弯曲变形与剪切变形　　图 2.9.5-2 底部剪力法

底部剪力法是一种拟静力法，即认为各质点的水平地震作用之和与等效柱的底部剪力是相等的（见图 2.9.5-2），但先求出来的却是底部剪力 F_{Ek}，这也是此法之所以被称为底部剪力法的很好解释。下面的问题是如何将 F_{Ek} 反过来还原给各质点。此处，我们绕过相应的计算公式，定性地谈谈它的规律。在各楼层的层高和质量变化不大的前提下：若结构的基本自振周期较短 $T_1\leqslant 1.4T_g$，各质点的水平地震作用按上大下小的倒三角形分配，如图 2.9.5-2（a）所示；若结构的基本自振周期较长 $T_1>1.4T_g$，则需先从底部剪力 F_{Ek} 中抽出一部分 $\triangle F_n$ 放到顶层，如图 2.9.5-2（b）所示（n 为层数，对本图 $n=5$），然后再将剩余的水平地震作用按倒三角形分配给各质点。后一种做法是考虑到基本自振周期较长的结构比较柔，会产生鞭端效应。在杂技表演中，柔软的鞭子端部可以把香烟打断。当然结

构不会像鞭子那样软，但这种形象的比喻有助于记忆。

最后一个问题就是如何求 α_1？简单地说就利用反应谱的图线或相应的公式求解。需要知道的参数是：水平地震影响系数最大值 α_{max}（取决于设防烈度）；特征周期 T_g（取决于场地类别、设计地震分组）；结构基本自振周期 T_1 和阻尼比。为了给读者一个比较直观的反应谱图线，图 2.9.5-3 将规范反应谱的三个与阻尼比有关的参数变量 γ、η_1 和 η_2，分别用阻尼比等于 0.05（对除有专门规定外的大多数建筑结构）和阻尼比等于 0.04（对多遇地震下高度不超过 50m 的钢结构）代入规范公式求出，绘成两组图线如图（a）和图（b）所示。这两个图分别给出了利用曲线下降段求 13 层钢筋混凝土框架和钢结构框架的 α_1 示意。图形给人以直观的形象，有助于对概念的理解，但你若仔细琢磨，就会发现直接利用图形找 α_1 其实并不可取，单就 T_1 的定位就够你忙半天；另外图形的比例都比较小，欠准确。因此实际计算大都用图线相应的公式进行，例如对图（a）的情况就用 $\alpha_1=\alpha_{max}(T_g/T_1)^{0.9}$，而对图（b）的情况则用 $\alpha_1=1.07\alpha_{max}(T_g/T_1)^{0.92}$。

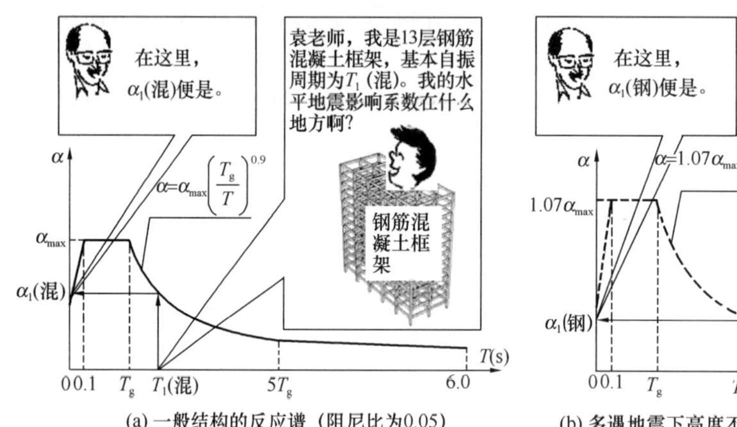

(a) 一般结构的反应谱（阻尼比为0.05）

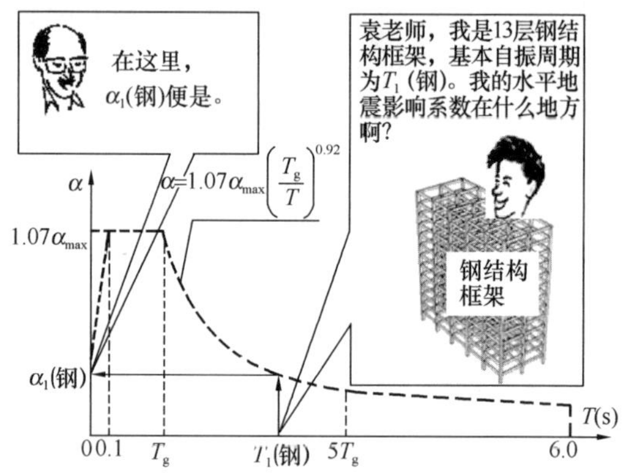

(b) 多遇地震下高度不超过50m的钢结构（阻尼比为0.04）

图 2.9.5-3　具体化的反应谱

【例 2.9.5-1】完全相同的四幢三层砌体房屋，如分别位于Ⅰ₁、Ⅱ、Ⅲ、Ⅳ类场地上，设计地震分组为第一组，作用于房屋的总水平地震作用相应为 F_1、F_2、F_3、F_4，当其他条件也完全相同时，则下列哪一答案是正确的?

（A）$F_1=F_2=F_3=F_4$　　（B）F_1 最大　　（C）F_2 最大　　（D）F_4 最大

题解：砌体结构的层数一般不多，尽管砌体不如混凝土硬，但由于它的墙截面高度大，故结构的刚度大，基本自振周期短，一般都接近或小于特征周期。为简化计算，都按共振考虑，《抗震规范》规定：

> 5.2.1　采用底部剪力法时，…
>
> α_1—相应于结构基本自振周期的水平地震影响系数值，…，多层砌体房屋、底部框架砌体房屋，宜取水平地震影响系数最大值；

由于在计算中 α_1 都取水平地震影响系数最大值，故它们的总水平地震作用应该相等，即都为

$$F_{Ek}=\alpha_1 G_{eq}=\alpha_{max}G_{eq}$$

答案：A

说明：本题的视频与习题 2-56（2011-94，2007-107 题）放在一起讲解。

请翻到 2.11 小节，做习题 2-55

【例 2.9.5-2】完全相同的四幢 25 层的高层楼房，分别位于I₁、Ⅱ、Ⅲ、Ⅳ类场地上，当其他条件也完全相同时，问处于下列哪一类场地上的楼房受到的总水平地震作用最大？

(A) Ⅰ₁类场地　　(B) Ⅱ类场地　　(C) Ⅲ类场地　　(D) Ⅳ类场地

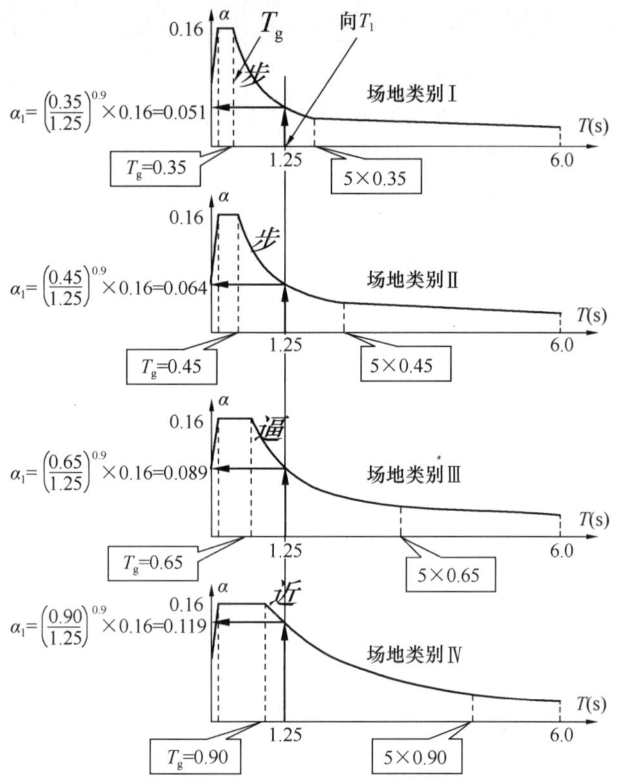

【例 2.9.5-2】附图（8 度，第三组）
随着场地类别由Ⅰ₁类变到Ⅳ类，特征周期 T_g 向高层建筑的基本自振周期 T_1 秒步步逼近、α_1 渐大、共振反应渐强、地震作用渐大。

题解：与上例相反，高层建筑的基本自振周期 T_1 一般都比较长、一般都大于场地的特征周期 T_g。按《荷载规范》[7] 附录 F（已摘录于第 2.9.3 小节）给出的基本自振周期经验公式（F.2.1-2）：$T_1=(0.05\sim0.10)n$ 估算，本例 25 层高层建筑的 T_1 不会小于 0.05×25＝1.25s，这还是对钢筋混凝土结构的高层，若为钢结构高层，基本周期则更长。而从《抗震规范》[3] 表 5.1.4-2（已摘录于第 2.9.2 小节）可以看出，特征周期 T_g 最长为 0.90s（罕遇地震时，8、9 度为 0.95s），都小于 T_1 的最短估算值 1.25 秒。故 T_g 越长就越接近 T_1，地震反应就越大，而在设计地震分组相同的条件下，T_g 由短到长的场地类别排序是I₀、I₁、Ⅱ、Ⅲ、Ⅳ（见《抗震规范》[3] 表 5.1.4-2），Ⅳ类场地的 T_g 最长、最接近 T_1，结构的总水平地震作用最大。

答案：D

为了使读者有一个直观的印象，增加一些条件，用比图 2.9.5-3 更具体化的反应谱来做个多遇地震的练习。设本例为 25 层钢筋混凝土高层建筑，基本自振周期 $T_1=1.25$s；抗震设防烈度为 8 度（0.20g），$\alpha_{max}=0.16$；抗震设计分组为第三组，由抗震规范表 5.1.4-2 可查得场地类别为Ⅰ₁、Ⅱ、Ⅲ、Ⅳ类时的特征周期 T_g 分别为 0.35s、0.45s、0.65s 和 0.90s，亦即随着场地类别由Ⅰ₁类变到Ⅳ类，特征周期 T_g 向高层建筑的基本自振周期 T_1 步步逼近、α_1 渐大（由 0.051 增至 0.119）、共振反应渐强、地震作用渐大。虽然 25 层的建筑总高度肯定大大超过 40m，底部剪力法不再适用，但场地越软、高层建筑的地震反应就越大的规律不会变。

考点讲解：

【2.9.5-2019 年某题考点】抗震设计时，建筑场地类别最有利的是：Ⅰ$_0$类。

讲解：请看习题 2-57（2012-87 题）、2-59（2012-90 题）的视频（编号 203）。该视频比较详细地讲述了建筑场地类别和设计地震分组对地震作用的影响。

小　静：袁老师，比较图 2.9.5-3（a）、（b）的两种情况，我发现阻尼比为 0.04 时，共振段的水平地震影响系数最大值是阻尼比为 0.05 者的 1.07 倍；而且在 T_1 相同的情况下，阻尼比为 0.04 时的 α 值也都偏高。这是为什么呢？

袁老师：举个例来说明这个问题吧。以图 2.9.3-1（a）的单由度结构体系的计算简图为例，质点在做水平运动时，有因加速度而产生的惯性力；而等效柱则有抵抗这个惯性力的弹性恢复力和阻尼力作用于质点上。根据达朗贝尔原理：质点在运动的任一瞬间，质点的惯性力与作用于质点上等效柱的弹性恢复力和阻尼力相互平衡，即：

质点的惯性力＝等效性的弹性恢复力＋等效柱的阻尼力

但结构工程师比较习惯用简单的拟静力法来处理动力计算问题。而等效柱的弹性恢复力就是静力学中结构发生变形时的回弹力，换句话说，结构工程师比较习惯于将上式移项后的达朗贝尔原理：

质点的惯性力－等效柱的阻尼力＝等效柱的弹性恢复力

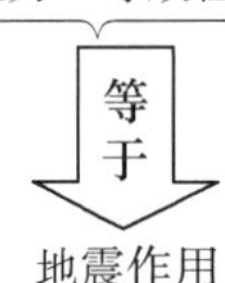

地震作用

令上式左边的（质点的惯性力－等效柱的阻尼力）＝地震作用，便可得到与静力学相似的表达式：

地震作用＝等效柱的弹性恢复力（即地震作用与等效柱的弹性恢复力相互平衡）

综上所述：**地震作用＝质点的惯性力－等效柱的阻尼力，**故阻尼比越小（阻尼力也越小），地震作用就越大。这就是小静所提问题的原因。

小　波：那是否可以说钢结构房屋的阻尼比小，地震作用就大呢？

袁老师：不能这样说。钢结构房屋的基本自振周期 T_1 长，离特征周期 T_g 比较远，在其他条件相同的情况下，地震作用都比较小。你仔细比较一下图 2.9.5-3 中层数相同的钢筋混凝土框架和钢结构框架的 α_1 便会明白。

小　静：我记得《抗震规范》5.1.1 条文说明解释地震作用不可称为“荷载”时提及：“抗震设计时，结构所承受的‘地震力’实际上是由于地震地面运动引起的动态作用，包括地震加速度、速度和动位移的作用，……”。我知道加速度产生惯性力，动位移产生弹性恢复力，但“速度”又会引起什么呢？

袁老师：会引起阻尼力。关于阻尼力，有几种不同的理论，其中应用最广的是黏性阻尼理论，它假定阻尼力的大小与质点的速度成正比。

小　波：地震作用可以称“地震力”吗？我看到过一些书还有称“地震荷载”的呢！

袁老师：规范偶尔也有“地震力”的说法，例如《抗震规范》13.2.2-1 条（已摘录于 2.8.2 小节）就提到：“……，水平地震力应沿任一水平方向”。国际上，目前仍有不少国家将“地震作用”称之为“地震荷载”。你看到有称“地震荷载”的书一般都是翻译过来的书，但考试是以我国的规范为准。

对话 2.9.5-3　反应谱中阻尼比的影响及地震作用的含义

请翻到 2.11 小节，做习题 2-56 至 2-58

小　静：袁老师，砌体房屋的刚度大，基本周期有没有小于 0.1s 的时候，而落到反应谱的直线上升段，出现基本周期越小，地震作用越小的情况呢？

袁老师：一般不会。《抗震规范》在 12.1.3 条文说明中介绍："……，建筑结构基本周期的估计，普通砌体房屋可取 0.4s，……"。另外，地震的不确定因素多，为安全起见，按基本周期计算的底部剪力法不考虑反应谱的直线上升段。

小　波：那么反应谱的直线上升段用在什么场合呢？

袁老师：用在振型分解法的高振型中，高振型不是主导振型，与高振型相对应的周期有小于 0.1s 的情况。

对话 2.9.5-4　砌体房屋的基本周期及反应谱中直线上升段的应用场合

由图 2.9.5-3 可以看出，当结构的基本自振周期较长时，水平地震影响系数 α_1 会较小。由于地震不确定因素多，为了使计算出来的地震作用不致过小，《抗震规范》规定：

5.2.5　抗震验算时，结构任一楼层的水平地震剪力应符合下式要求：

$$V_{\mathrm{Ek}i}>\lambda \sum_{j=i}^{n} G_j \tag{5.2.5}$$

式中　$V_{\mathrm{Ek}i}$——第 i 层对应于水平地震作用标准值的楼层剪力；

λ——剪力系数，不应小于表 5.2.5 规定的楼层最小地震剪力系数值，对竖向不规则结构的薄弱层，尚应乘以 1.15 的增大系数；

G_j——第 j 层的重力荷载代表值。

表 5.2.5　楼层最小地震剪力系数值

类　别	6 度	7 度	8 度	9 度
扭转效应明显或基本周期小于 3.5s 的结构	0.008	0.016（0.024）	0.032（0.048）	0.064
基本周期大于 5.0s 的结构	0.006	0.012（0.018）	0.024（0.032）	0.040

注：1　基本周期介于 3.5s 和 5s 之间的结构，可插入取值；

2　括号内数值分别用于设计基本地震加速度为 0.15g 和 0.30g 的地区。

【例 2.9.5-3】若与图 2.9.5-2a 计算简图对应的框架结构位于 9 度区，基本周期小于 3.5s，第 3 层对应于水平地震作用标准值的楼层剪力不应小于(　　)。

(A) 0.064×（$G_2+G_3+G_4+G_5$）　　(B) 0.064×（$G_1+G_2+G_3+G_4+G_5$）

(C) 0.064×（G_4+G_5）　　(D) 0.064×（$G_3+G_4+G_5$）

题解：第 3 层的等效柱上面有 3 个质点，该楼层的剪力$=F_3+F_4+F_5$，相应重力荷载代表值为 $G_3+G_4+G_5$，根据《抗震规范》第 5.2.5 条（已摘录于本小节）。

答案：D。

请翻到 2.11 小节，做习题 2-59

2.9.6　竖向地震作用

由于地震动中包含了竖向运动的分量，故会对建（构）筑物产生竖向地震作用。

1. 高层建筑

《抗震规范》5.3.1条规定，9度时的高层建筑应进行竖向地震作用计算，方法与计算水平地震作用的底部剪力法的式（2.9.5-4）$F_{Ek}=\alpha_1 G_{eq}$类似，结构总竖向地震作用标准值

$$F_{Evk}=\alpha_{vmax}G_{eq} \tag{2.9.5-5}$$

式中的脚标v为英文Vertical（竖直的）第一个字母。高层建筑水平向比较柔，水平向基本周期较长，一般离反应谱的共振段比较远；但高层建筑竖向刚度都比较大，竖向基本周期较短，一般都在反应谱的共振段内，故上式用的是竖向地震影响系数的最大值α_{vmax}，它等于水平地震影响系数最大值的65%。此外，上式的结构等效总重力荷载G_{eq}取其重力荷载代表值的75%，而不是像式（2.9.5-4）那样取85%。在各楼层的层高和质量变化不大的前提下，总竖向地震作用也是按上大下小的倒三角形分配回各楼层；各楼层按分配到的竖向地震作用算出的效应还需乘1.5的增大系数。《抗震规范》解释：

> 5.3.1 条文说明：高层建筑的竖向地震作用计算，…原则上与水平地震作用的底部剪力法类似.结构竖向振动的基本周期较短，总竖向地震作用可表示为竖向地震影响系数最大值和等效总重力荷载代表值的乘积，沿高度分布按第一振型考虑，也采用倒三角形分布，…。
>
> 根据台湾“9·21”大地震的经验，2001规范要求高层建筑楼层的竖向地震作用效应，应乘以增大系数1.5，使结构总竖向地震作用标准值，8、9度分别略大于重力荷载代表值的10%和20%。
>
> 隔震设计时（下一小节讲述），由于隔震垫不仅不隔离竖向地震作用反而有所放大，与隔震后结构的水平地震作用相比，竖向地震作用往往不可忽视，…。

请翻到2.11小节，做习题2-60

2. 屋盖结构及长悬臂和其他大跨度结构

《抗震规范》解释和规定：

> 5.1.1 条文说明：…关于大跨度和长悬臂结构，根据我国大陆和台湾地震的经验，9度和9度以上时，跨度大于18m的屋架、1.5m以上的悬挑阳台和走廊等震害严重甚至倒塌；8度时，跨度大于24m的屋架、2m以上的悬挑阳台和走廊等震害严重。
>
> **5.3.3** 长悬臂和不属于本规范第5.3.2条的大跨度结构的竖向地震作用标准值，8度和9度可分别取该结构、构件重力荷载代表值的10%和20%，设计基本地震加速度为0.30*g*时，可取该结构、构件重力荷载代表值的15%。

请翻到2.11小节，做习题2-61，2-62

2.10 隔震和消能减震设计

防止和减轻地震引起建筑物震害的传统方法，是通过增强结构本身的抗震性能（强度、刚度、延性）来实现的。目前，它仍然是绝大部分结构抗震的主要途径。还有没有别的路可走呢？有，这就隔震和消能减震设计。

隔震和消能减震设计主要适用于什么场合呢?《抗震规范》规定:

3.8.1 隔震和消能减震设计，可用于对抗震安全性和使用功能有较高要求或专门要求的建筑。

隔震和消能减震设计能起到什么效果呢?《抗震规范》解释:

12.1.1 条文说明：隔震和消能减震是建筑结构减轻地震灾害的新技术。

隔震体系通过延长结构的自振周期能够减少结构的水平地震作用，已被国外强震记录所证实。国内外的大量试验和工程经验表明：隔震一般可使结构的水平地震加速度反应降低60%左右，从而消除或有效地减轻结构和非结构的地震损坏，提高建筑物及其内部设施和人员的地震安全性，增加了震后建筑物继续使用的功能。

采用消能减震的方案，通过消能器增加结构阻尼来减少结构在风作用下的位移是公认的事实，对减少结构水平和竖向的地震反应也是有效的。

…

请翻到2.11小节，做习题2-63

下面仅介绍隔震设计。

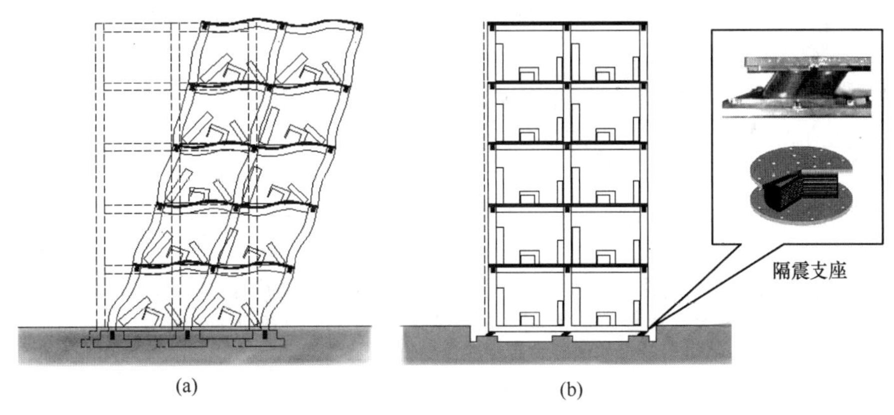

图2.10-1 传统抗震结构与隔震结构在地震中的反应比较

(a) 传统抗震结构，强烈晃动；(b) 隔震结构，轻微晃动

地震对建筑物的破坏，是由于地面运动引起的，换句话说，使建筑物破坏的能量来自于地基，通过基础向上部结构传递。能不能把这种地震动能量的传递通道完全切断，做到“地动房不动”呢？不可能，上部结构不可能悬空于基础之上。但大幅度地减少地震动能量向上部结构传递是可以做得到的。人们从震例中得到了许多启示，据文献[8]P.25介绍：“1966年邢台地震，极震区大量民房倒塌，但其中也有几栋土坯民房无破坏。经考察，原因在于基墙处铺设厚约30mm的芦苇秆防潮层，起了隔震效果。1966年东川地震，一座筒仓沿底部油毡防潮层产生了水平滑动，因而整个筒壁未见明显裂缝。唐山地震，10度区房屋几乎全部倒平，但文化路的一幢三层砖房，在近地面处水平错动约100mm，从而保全了上部结构”。

经过长期的努力和探索，隔震设计已列入《抗震规范》的正式条文。图 2.10-1 为传统抗震结构与隔震结构在地震中的反应比较，图（b）中的大样为由橡胶和薄钢板相间层叠组成的橡胶隔震支座。这种支座在竖直方向能承受很大的压力；而在水平方向却很柔软，在承受楼房全部重力荷载的情况下，能够而且允许产生较大的水平变位，从而达到隔震的目的。

下面再稍往深处讲讲它的隔震机理。一般中、低层钢筋混凝土或砌体结构建筑物的刚度大，基本自振周期短，与一般场地能引起建筑物最大反应的地震动周期（卓越周期）相近，故地震反应较大。水平方向柔软的隔震支座能使这类建筑物的基本自振周期大大延长，避开了地震动的卓越周期，大幅度地减少这类建筑物的地震反应。但在场地本身比较软，卓越周期较长的情况下，通过隔震支座延长结构基本自振周期的效果会适得其反，会使场地卓越周期和结构基本周期更接近，加大地震反应。还需提醒注意的是，这种隔震支座的抗拉性能差，不适合高宽比较大、在地震或风力作用下底层柱会出现拉力的建筑物。《抗震规范》规定：

12.1.3 建筑结构采用隔震设计时应符合下列各项要求：

1 结构高宽比宜小于 4，且不应大于相关规范规程对非隔震结构的具体规定，其变形特征接近剪切变形，最大高度应满足本规范非隔震结构的要求；高宽比大于 4 或非隔震结构相关规定的结构采用隔震设计时，应进行专门研究。

2 建筑场地宜为Ⅰ、Ⅱ、Ⅲ类，并应选用稳定性较好的基础类型。

3 风荷载和其他非地震作用的水平荷载标准值产生的总水平力不宜超过结构总重力的 10%。

4 隔震层应提供必要的竖向承载力、侧向刚度和阻尼；穿过隔震层的设备配管、配线，应采用柔性连接或其他有效措施适应隔震层的罕遇地震水平位移。

12.1.3 条文说明：现阶段对隔震技术的采用，按照积极稳妥推广的方针，首先在使用有特殊要求和 8、9 度地区的多层砌体、混凝土框架和抗震墙房屋中运用。论证隔震设计的可行性时需注意：

……

3 国外对隔震工程的许多考察发现：硬土场地较适合于隔震房屋；软弱场地滤掉了地震波的中高频分量，延长结构的周期将增大而不是减小其地震反应，墨西哥地震就是一个典型的例子。……

考点讲解：

【2.10-2019 年某题考点】建筑物隔震后，水平震动变小，其原因是：隔震后自振周期变长。

讲解：

一般中、低层钢筋混凝土或砌体结构建筑物的刚度大，基本自振周期短，与一般场地能引起建筑物最大反应的地震动周期（卓越周期）相近，故地震反应较大。水平方向柔软的隔震支座能使这类建筑物的基本自振周期大大延长，避开了地震动的卓越周期，大幅度地减少这类建筑物的地震反应。

但需注意的是：在场地本身比较软，卓越周期较长的情况下，通过隔震支座延长结构基本自振周期的效果会适得其反，会使场地卓越周期和结构基本周期更接近，加大地震反应。另外：这种隔震支座的抗拉性能差，不适合高宽比较大、在地震或风力作用下、底层柱会出现拉力的建筑物。

更详细的解释见本节（2.10 节）。

请翻到 2.11 小节，做习题 2-64

2.11 习　　题

2-1 关于地震震级与地震烈度的说法，正确的是(　　)(2014-87)

(A) 一次地震可能有不同地震震级

(B) 一次地震可能有不同地震烈度

(C) 一次地震的地震震级与地震烈度相同

(D) 我国地震烈度划分与其他国家均相同

题解：见2.1.3小节。A、C、D错，B改为“一次地震有不同地震烈度”更准确些。

答案：B。

2-2 中国地震动参数区划图确定的地震基本烈度共划分多少度？(2014-88)

(A) 10　　(B) 11　　(C) 12　　(D) 13

答案：C。

2-3 下列哪一种文件（图件），一般情况下是作为我国目前抗震设计的法定依据性文件？

(A) 新中国地震烈度表　　(B) 中国地震动参数区划图

(C) 中国地震烈度区划表　　(D) 中国地震烈度表

题解：A、D错，地震烈度表是用作对已发生地震的震害评估（请参见2.1.3小节之2），而抗震设计用到的是带预测性的设防烈度（请参见2.1.4小节）；C用语欠准确；B对，见《抗震规范》1.0.5条（已摘录2.1.4小节）：“一般情况下，建筑的抗震设防烈度应采用根据中国地震动参数区划图确定的地震基本烈度…”。

答案：B。

2-4 按我国现行《建筑抗震设计规范》规定，抗震设防烈度为多少度及以上地区的建筑必须进行抗震设计？(2010-107)

(A) 5度　　(B) 6度　　(C) 7度　　(D) 8度

题解：见《抗震规范》1.0.2条（已摘录于2.1.5小节）。

答案：B。

2-5 某建筑物，其抗震设防烈度为7度，“小震不坏”的设防目标是指下列哪一条？

(A) 当遭遇低于7度的多遇地震影响时，经修理仍可继续使用

(B) 当遭遇低于7度的多遇地震影响时，一般不受损坏或不需修理仍可继续使用

(C) 当遭受7度的地震影响时，不受损坏或不需修理仍可继续使用

(D) 当遭遇低于7度的多遇地震影响时可能损坏，经一般修理仍可继续使用

题解：《抗震规范》第1.0.1条（已摘录于2.2节）的第一个意思：“当遭受低于本地区抗震设防烈度的多遇地震影响时，一般不受损坏或不需修理可继续使用”，是“小震不坏”的具体化。

答案：B。

2-6 进行抗震设计的建筑应达到的抗震设防目标是：(2012-91)

Ⅰ. 当遭受多遇地震影响时，主体结构不受损坏或不需修理可继续使用

Ⅱ. 当遭受相当于本地区抗震设防烈度的设防地震影响时，可能发生损坏，但经一般性修理可继续使用

Ⅲ. 当遭受罕遇地震影响时，不致倒塌或发生危及生命的严重破坏

(A) Ⅰ、Ⅱ　　(B) Ⅰ、Ⅲ　　(C) Ⅱ、Ⅲ　　(D) Ⅰ、Ⅱ、Ⅲ

题解：见《抗震规范》1.0.1条（已摘录于2.2节）。

答案：D。

2-7 按《建筑抗震设计规范》进行抗震设计的建筑，要求当遭受多遇地震影响时，一般不受损坏或不需修理可继续使用，此处多遇地震含义为（ ）（2010-108）

(A) 与基本烈度一致 (B) 比基本烈度约低一度

(C) 比基本烈度约低一度半 (D) 比基本烈度约低二度

题解：见《抗震规范》1.0.1条及条文说明（已摘录于2.2节）及对话2.2-1，并请注意“多遇地震”就是“小震”。

答案：C。

2-8 地震时使用功能不能中断或需尽快恢复的生命线相关建筑，以及地震时可能导致大量人员伤亡等重大灾害后果，需要提高设防标准的建筑属于抗震设防分类中的哪一种类别？

(A) 特殊设防类（甲类） (B) 重点设防类（乙类）

(C) 标准设防类（丙类） (D) 适度设防类（丁类）

题解：请参见《分类标准》第3.0.2-2条（已摘录于2.3.1小节）：“重点设防类：指地震时使用功能不能中断或需尽快恢复的生命线相关建筑，以及地震时可能导致大量人员伤亡等重大灾害后果，需要提高设防标准的建筑。简称乙类”。

答案：B。

2-9 绝大部分建筑的抗震设防分类为（ ）。

(A) 甲类 (B) 乙类 (C) 丙类 (D) 丁类

题解：请参见《分类标准》3.0.2条文说明（已摘录于2.3.1小节）的最后两行：“…因此，绝大部分建筑均可划为标准设防类，一般简称丙类”。

答案：C。

2-10 北京市三级医院住院部的抗震设防分类应划为（ ）。

(A) 特殊设防类（甲类） (B) 重点设防类（乙类）

(C) 标准设防类（丙类） (D) 适度设防类（丁类）

题解：请参见《分类标准》第4.0.2-2条：“二、三级医院的门诊、医技、住院用房…抗震设防类别应划为重点设防类”。另外，这条规定的条文说明解释：“……当前在100万人口以上的大城市才建立三级医院……”，故题目的答案与“北京市”无关。

答案：B。（题解的规范条文及条文说明已摘录于2.3.2小节）

2-11 宝鸡市某三级医院中承担特别重要医疗任务的门诊部的抗震设防分类应划为（ ）。

(A) 特殊设防类（甲类） (B) 重点设防类（乙类）

(C) 标准设防类（丙类） (D) 适度设防类（丁类）

题解：请参见《分类标准》4.0.2-2条（已摘录于2.3.2小节）：“三级医院中承担特别重要医疗任务的门诊、医技、住院用房，抗震设防类别应划为特殊设防类”。题目答案与“宝鸡市”无关。另外，请不要小看门诊部，在这种情况下，它与医技楼、住院部同等重要。

答案：A。

2-12 下列关于防灾救灾建筑抗震设防类别划分的叙述，欠准确的是（ ）。

(A) 消防车库及其值班用房，抗震设防类别应划为重点设防类

(B) 20万人口以上的城镇防灾应急指挥中心的主要建筑，抗震设防类别应划为重点

设防类

(C) 20 万人口以上的县级市防灾应急指挥中心的主要建筑，抗震设防类别不应低于重点设防类

(D) 作为应急避难场所的建筑，其抗震设防类别不应低于重点设防类

题解：请对照《分类标准》4.0.4 条、4.0.5 条和 4.0.7 条（已摘录于 2.3.2 小节），并注意“应划为”和“不应低于”用词的区别。

答案：B。

2-13 蓝田县某一承担研究、中试和存放剧毒的高危险传染病病毒任务的疾病预防与控制中心建筑的抗震设防分类应划为(　　)。

(A) 特殊设防类（甲类）　　(B) 重点设防类（乙类）

(C) 标准设防类（丙类）　　(D) 适度设防类（丁类）

题解：请参见《分类标准》4.0.6-1 条（已摘录于 2.3.2 小节）：“承担研究、中试和存放剧毒的高危险传染病病毒任务的疾病预防与控制中心的建筑或其区段，抗震设防类别应划为特殊设防类”。请注意题目的答案与该建筑是在大城市还是在小县城无关。

答案：A。

2-14 下列建筑中，抗震设防分类不属于重点设防类的是哪一个？

(A) 观众座位容量为 5000 人滑冰馆

(B) 观众座位容量为 35000 人的体育场

(C) 观众座位容量为 4500 人的体育馆

(D) 观众座位容量为 4000 人的游泳馆

题解：请对照《分类标准》第 6.0.3 条及其条文说明（已摘录于 2.3.3 小节）。A 滑冰馆观众座位容量为 5000 人，大于 4500 人，为观众座位很多的大型体育馆，属于重点设防类；B 体育场观众座位容量为 35000 人，大于 30000 人，为观众座位很多的大型体育场，属于重点设防类；C 体育馆观众座位容量为 4500 人，亦不少于 4500 人，也算是观众座位很多的大型体育馆，属于重点设防类；D 的游泳馆观众座位容量为 4000 人，少于 4500 人，算不上观众座位很多的大型体育馆，故不属于重点设防类。

答案：D。

2-15 下列建筑中，抗震设防分类不属于重点设防类的是哪一个？

(A) 1300 座位的剧场

(B) 1250 座位的电影院

(C) 一个区段内上下楼层合计为 1450 座位的娱乐中心，其中最大的大厅为 450 座

(D) 一个区段内上下楼层合计为 1420 座位的娱乐中心，其中有一个 530 座的大厅

题解：请对照《分类标准》第 6.0.4 条及其条文说明（已摘录于 2.3.3 小节）。A 的剧场为 1300 座，超过 1200 座，属重点设防类；B 的电影院 1250 座，超过 1200 座，属重点设防类；C 娱乐中心的一个区段内上下楼层合计为 1450 座、明显大于 1200 座，但它最大的大厅为 450 座、不到 500 座，故不属重点设防类。D 娱乐中心的一个区段内上下楼层合计为 1420 座，也明显大于 1200 座，而且它有一个 530 座（超过 500 座）的大厅，故属重点设防类。

答案：C。

2-16 某三层商场的营业面积为 $7100m^2$，它的抗震设防分类应划为(　　)。

(A) 特殊设防类（甲类）　　(B) 重点设防类（乙类）

(C) 标准设防类（丙类）　　(D) 适度设防类（丁类）

题解：请参见《分类标准》第 6.0.4 条及其条文说明（已摘录于 2.3.3 小节），营业面积 7000m^2 以上的多层商业建筑应划为重点设防类。

答案：B。

2-17 某省博物馆建筑面积 13000m^2，它的抗震设防分类应划为(　　)。

(A) 特殊设防类（甲类）　　(B) 重点设防类（乙类）

(C) 标准设防类（丙类）　　(D) 适度设防类（丁类）

题解：《分类标准》6.0.6 条规定："……大型博物馆……抗震设防类别应划为重点设防类"。相应的条文说明解释："……本标准的大型博物馆指建筑规模大于 10000m^2，一般适用于中央各部委直属博物馆和各省、自治区、直辖市博物馆……"。本例省博物馆建筑面积 13000m^2，规模大于 10000m^2，其抗震设防分类应为重点设防类（乙类）。(规范条文及说明已摘录于 2.3.3 小节)

答案：B。

2-18 一个区段的设计容纳人数在（　　）人的展览馆，抗震设防类别应划为重点设防类。

(A) 3000　　(B) 4000　　(C) 5000　　(D) 6000

题解：请对照《分类标准》第 6.0.7 条及其条文说明（已摘录于 2.3.3 小节）。

答案：C。

2-19 某村镇小学食堂的建筑面积为 200m^2，它的抗震设防分类为(　　)。

(A) 特殊设防类（甲类）　　(B) 不低于重点设防类（乙类）

(C) 标准设防类（丙类）　　(D) 适度设防类（丁类）

题解：请参见《分类标准》第 6.0.8 条及其条文说明（已摘录于 2.3.3 小节）。"5·12" 汶川地震后，新的抗震设防分类标准为了在发生地震灾害时特别加强对未成年人的保护，村镇小学食堂的建筑面积虽然很小，但应不低于重点设防类。

答案：B。

2-20 下列建筑的抗震设防类别应划为重点设防类的是(　　)。

(A) 省部级编制的电子信息中心　　(B) 地市级编制的电子信息中心

(C) 县编制的电子信息中心　　(D) 国家级信息中心

题解：请对照《分类标准》6.0.10 条（已摘录于 2.3.3 小节）。

答案：A。

2-21 某高层建筑 1～3 层是商业裙房，建筑面积为 10000m^2，其中营业面积为 7200m^2；4～21 层是住宅，建筑面积为 16000m^2。下列关于建筑抗震设防分类叙述的中哪一项是正确的？

(A) 1～3 层属标准设防类（丙类），4～23 层属重点设防类（乙类）

(B) 1～3 层属重点设防类（乙类），4～23 层属适度设防类（丁类）

(C) 1～3 层属重点设防类（乙类），4～23 层属重点设防类（乙类）

(D) 1～3 层属重点设防类（乙类），4～23 层属标准设防类（丙类）

题解：这是一道综合题。请参见《分类标准》第 3.0.1-4 条（已摘录于 2.3.1 小节）、6.0.5 条、6.0.11 条和 6.0.12 条（已摘录于 2.2.3 小节）。

答案：D。

2-22 "按本地区抗震设防烈度确定其抗震措施和地震作用，在遭遇高于当地抗震设防烈度的预估罕遇地震影响时不致倒塌或发生危及生命安全的严重破坏。"适合于下列哪一种抗震设防类别？(2010-106)

(A) 特殊设防类（甲类）　　(B) 重点设防类（乙类）

(C) 标准设防类（丙类）　　(D) 适度设防类（丁类）

题解：见《分类标准》3.0.3 条 1 款（已摘录于 2.4.1 小节）。

答案：C。

2-23 关于各抗震设防类别建筑的抗震设防标准，下列哪种说法是错误的？

(A) 标准设防类应按本地区抗震设防烈度确定其抗震措施和地震作用

(B) 重点设防类应按高于本地区抗震设防烈度一度的要求加强其抗震措施和确定其地震作用

(C) 特殊设防类的地震作用应按批准的地震安全性评价结果且高于本地区抗震设防烈度的要求确定

(D) 抗震设防烈度为 6 度时，适度设防类的抗震措施仍按 6 度采用

题解：《分类标准》3.0.3-2 条（已摘录于 2.4.1 小节）规定："重点设防类，应按高于本地区抗震设防烈度一度的要求加强其抗震措施；……。同时，应按本地区抗震设防烈度确定其地震作用"。B 将重点设防类地震作用提高一度来考虑是错误的。

答案：B。

2-24 某标准设防类办公楼，所在地区的抗震设防烈度为 9 度，对该结构的梁、柱截面配筋是按(　　)进行的。

(A) 基本烈度 9 度　　(B) 罕遇地震烈度 9 度强

(C) 众值烈度 7 度半　　(D) 众值烈度 8 度

题解：请对照 2.5.1 小节之 1。

答案：C。

2-25 某标准设防类办公楼，所在地区的抗震设防烈度为 8 度，为了实现第二水准的设防目标，需令按(　　)标准值算出的楼层最大的弹性层间位移角 θ_e 不超过其限值 $[\theta_e]$，并采取相应的抗震构造措施。

(A) 第二水准烈度，8 度的地震作用

(B) 第三水准烈度，9 度弱的地震作用

(C) 第一水准烈度，7 度的地震作用

(D) 第一水准烈度，6 度半的地震作用

题解：请对照 2.5.1 小节之 2，并请注意第一水准烈度约比基本烈度低一度半。

答案：D。

2-26 对高层混凝土结构进行多遇地震作用下的抗震变形验算，限制楼层内最大的弹性层间位移的主要目的是什么？

Ⅰ 防止结构倒塌

Ⅱ 避免混凝土墙或柱出现裂缝

Ⅲ 保证填充墙、隔墙和幕墙等非结构构件的完好，避免产生明显损伤

Ⅳ 主要为了避免人员感到不舒适

(A) Ⅰ、Ⅱ　　(B) Ⅰ、Ⅲ　　(C) Ⅱ、Ⅲ　　(D) Ⅲ、Ⅳ

题解：请对照《混凝土高规》4.6.1 条文说明（已摘录于 2.5.1 小节）。另外，高层建筑主要通过限制结构顶点最大加速度来满足舒适度。

答案：C。

2-27 抗震设计时，请指出下列四类结构在罕遇地震作用下的弹塑性层间位移角中哪一项是不正确的?

(A) 单层钢筋混凝土柱排架　　1/30

(B) 钢筋混凝土框架　　1/50

(C) 钢筋混凝土框架-抗震墙　　1/100

(D) 多、高层钢结构　　1/100

题解：请对照《抗震规范》第 5.5.5 条中的表 5.5.5（已摘录于 2.5.2 小节），多、高层钢结构在罕遇地震作用下的弹塑性层间位移角限值为 1/50。

答案：D。

2-28 关于钢筋混凝土高层建筑的层间最大位移与层高之比限值，下列几种比较，哪一项不正确?（2012-72，2010-93）

(A) 框架结构>框架-抗震墙结构　　(B) 框架-抗震墙结构>抗震墙结构

(C) 抗震墙结构>框架-核心筒结构　　(D) 框架结构>板柱-抗震墙结构

题解：见《抗震规范》表 5.5.1 和表 5.5.5（已分别摘录于 2.5.1 小节之 2 和 2.5.2 小节），无论对多遇地震还是罕遇地震的验算，都是 A、B、D 对，C 错。

答案：C

2-29 选择建筑场地时，下列哪一类地段是对建筑抗震危险的地段?

(A) 液化土　　(B) 高耸孤立的山丘

(C) 故河道　　(D) 地震时可能发生滑坡的地段

题解：请对照《抗震规范》表 4.1.1（已摘录于 2.6.1 小节）。

答案：D。

2-30 下列对抗震设防地区建筑场地液化的叙述，错误的是(　　)?（2012-109）

(A) 建筑场地存在液化土层对房屋抗震不利

(B) 6 度抗震设防地区的建筑场地一般情况下可不进行场地的液化判别

(C) 饱和砂土与饱和粉土的地基在地震中可能出现液化

(D) 黏性土地基在地震中可能出现液化

题解：A 对，理由显而易见，毋须解释。B 对，见《抗震规范》第 4.3.1 条："…的液化判别和地基处理，6 度时，一般情况下可不进行判别和处理，…"。C 对，见《抗震规范》第 4.3.2 条："地面下存在饱和砂土和饱和粉土（不含黄土）的地基，除 6 度设防外，应进行液化判别；…"。D 错，请参见《抗震规范》第 4.3.3-2 条："粉土的黏粒（粒径小于 0.005mm 的颗粒）含量百分率，7 度 8 度和 9 度分别不小于 10、13、和 16 时，可判为不液化土"。这说明黏粒含量越高，土粒之间的黏性就越大，就越不容易液化，而黏性土的主要成分就是黏粒，故不会液化。

答案：D。（题解中的规范条文均已摘录于 2.6.2 小节）

2-31 抗震设计时，全部消除地基液化的措施中，下面哪一项是不正确的?（2012-104）

(A) 采用桩基，桩端伸入液化土层以下稳定土层中必要的深度

(B) 采用筏板基础

(C) 采用加密法，处理至液化深度下界

(D) 用非液化土替换全部液化土层

题解：A、C、D 对，分别见《抗震规范》4.3.7 条的 1、3、4 款。B 是减轻液化影响的基础和上部结构处理措施之一，见《抗震规范》4.3.9 条 3 款。上述规范条文已摘录于 2.6.2 小节之 3。

答案：B。

2-32 对抗震不利和危险地段建筑场地的使用，以下描述错误的是(　　)。(2012-88)

(A) 对不利地段，当无法避开时应采取有效措施

(B) 对不利地段，不应建造甲、乙类建筑

(C) 对危险地段，严禁建造甲、乙类建筑

(D) 对危险地段，不应建造丙类建筑

题解：A、C、D对，见《抗震规范》3.3.1条（已摘录于2.6.1小节）。B要求过严，《抗震规范》无此一说。

答案：B。

2-33 抗震设计时，对以下哪类建筑应进行专门研究和论证，采取特殊的加强措施？(2012-89)

(A) 规则　　(B) 不规则　　(C) 特别不规则　　(D) 严重不规则

题解：A按常识判断就可以排除。其余选项，见《抗震规范》3.4.1条（已摘录于2.7.1小节）。

答案：C。

2-34 下列关于建筑设计抗震概念的相关论述，哪项不正确？(2010-110)

(A) 建筑设计应符合抗震概念设计的要求

(B) 不规则的建筑方案应按规定采取加强措施

(C) 特别不规则的建筑方案应进行专门研究和论证

(D) 一般情况下，不宜采用严重不规则的建筑方案

题解：见《抗震规范》3.4.1条（已摘录于2.7.1小节），需注意用词“不宜”和“不应”的区别。

答案：D。

2-35 抗震建筑除顶层外其他层可局部收进，收进的平面面积或尺寸(　　)。(2010-103)

(A) 不宜超过下层面积的90%　　(B) 不宜超过上层面积的90%

(C) 可根据功能要求调整　　(D) 不宜大于下层面积的25%

题解：见《抗震规范》表3.4.3-2的第1项“侧向刚度不规则”（已摘录于2.7.1小节）。相似的

答案：D。

2-36 抗震建筑楼板开洞尺寸的限值为(　　)。(2010-101)

(A) 不大于楼面宽度的10%　　(B) 不大于楼面长度的20%

(C) 不宜大于楼面宽度的50%　　(D) 只要加强可不受限

题解：见《抗震规范》表3.4.3-1的第3项“楼板局部不连续”及3.4.3条文说明中的图3（已摘录于2.7.1小节）。

答案：C。

2-37 根据《建筑抗震设计规范》GB 50011—2010，判断下图所示结构平面为不规则的界限是(　　)。

(A) $b \leqslant 0.25B$　　(B) $b > 0.3B$　　(C) $b \leqslant 0.3B$　　(D) $b > 0.25B$

题解：请参见《抗震规范》3.4.3条文说明（已摘录于2.7节）中的图2示例c。

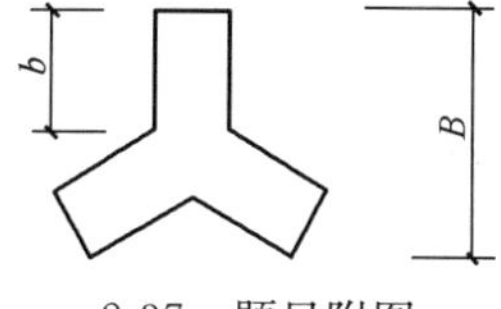

2-37　题目附图

说明：2011-96 和 2010-105 题的考点与本题相同，其差别仅在于要求根据《高层建筑混凝土结构技术规程》来判别，判别标准完全一样。

答案：B。

2-38 根据《建筑抗震设计规范》GB 50011—2010，下列哪一项是属于竖向不规则的条件？

（A）抗侧力结构的层间受剪承载力小于相邻上一楼层的 80%

（B）该层的侧向刚度小于相邻上一层的 80%

（C）除顶层外，局部收进的水平向尺寸大于相邻下一楼层的 20%

（D）该层的侧向刚度小于其上相邻三个楼层侧向刚度平均值的 85%

题解：请对照《抗震规范》表 3.4.3-2（已摘录于 2.7 节）。

答案：A。

2-39 下列关于建筑设计的相关论述，哪项不正确？（2010-119）

（A）建筑及其抗侧力结构的平面布置宜规则、对称，并应具有良好的整体性

（B）建筑的立面和竖向剖面宜规则，结构的侧向刚度宜均匀变化

（C）为避免抗侧力结构的侧向刚度及承载力突变，竖向抗侧力构件的截面尺寸和材料强度可自上而下逐渐减小

（D）对不规则结构，除按规定进行水平地震作用计算和内力调整外，对薄弱部位还应采取有效的抗震构造措施

题解：A、B 对、C 错，见《抗震规范》3.4.2 条；D 对，见《抗震规范》3.4.4 条。上述条文已摘录于 2.7.1 小节。

答案：C。

2-40 地震区房屋的伸缩缝，其缝宽应符合下列何项要求？

（A）满足伸缩缝要求　　（B）满足伸缩缝、沉降缝要求

（C）满足伸缩缝、防震缝要求　　（D）满足沉降缝、防震缝要求

题解：请对照《抗震规范》第 3.4.5-3 条（已摘录于 2.7 节）：“当设置伸缩缝和沉降缝时，其宽度应符合防震缝的要求”。另外，既然是伸缩缝，当然也要满足伸缩缝的要求。

答案：C。

2-41 下列哪一种构件属于非结构构件中的附属机电设备构件？

（A）围护墙和隔墙　　（B）玻璃幕墙

（C）女儿墙　　（D）管道系统

题解：A、B、C 属于建筑非结构构件，请参见《抗震规范》3.7.1 条文说明，并请注意玻璃幕墙属于围护墙；D 属于建筑附属机电设备，请参见《抗震规范》13.1.1 条的注 2。

答案：D。（题解的规范条文及条文说明已摘录于 2.8.1 小节）

2-42 下列哪一类构件不属于建筑非结构构件的范围？

（A）固定于楼面的大型储物架（B）幕墙（C）雨篷（D）公用天线

题解：A、B、C 属于建筑非结构构件，请参见《抗震规范》3.7.1 条文说明及 13.1.1 条的注 1；D 属于建筑附属机电设备，请参见《抗震规范》13.1.1 条的注 2。

答案：D。（题解的规范条文及条文说明已摘录于 2.8.1 小节）

2-43 非结构构件的地震作用计算方法，下列所述的哪一项是正确的？

（A）一般情况下，其自身重力产生的地震作用可采用等效侧力法计算

(B) 一般情况下，宜采用楼面反应谱法计算

(C) 水平地震作用应沿南北及东西两个方向分别作用

(D) 地震作用点的位置在构件的 2/3 高度处

题解：A 对、B 错，见《抗震规范》13.2.2-2 条："一般情况下，非结构构件自身重力产生的地震作用可采用等效侧力法计算；…"。

C、D 错，见《抗震规范》13.2.2-1 条："各构件和部件的地震力应施加于其重心，水平地震力应沿任一水平方向"。水平地震作用应沿最不利的方向施加于构件，一般分别考虑相互垂直的两个方向，但它们不一定是正东正西、正南正北；构件的重心也不一定在构件的 2/3 高度处。

答案：A。（题解的规范条文已摘录于 2.8.2 小节）

2-44 关于非结构构件抗震设计的下列叙述，哪项不正确？(2010-118)

(A) 框架结构的围护墙应考虑其设置对结构抗震的不利影响，避免不合理设置导致主体结构的破坏

(B) 框架结构的内隔墙可不考虑其对主体结构的影响，按建筑分隔需要设置

(C) 建筑附属机电设备及其与主体结构的连接应进行抗震设计

(D) 幕墙、装饰贴面与主体结构的连接应进行抗震设计

题解：A 对、B 错，见《抗震规范》3.7.4 条（已摘录于 2.8.2 小节）；C、D 对，见《抗震规范》3.7.1 条及其条文说明（已摘录于 2.8.1 小节）。

答案：B。

2-45 关于非结构构件抗震设计要求的叙述，以下哪项正确且全面？(2011-93)

Ⅰ 附着于楼、屋面结构上的非结构构件，应与主体结构有可靠的连接或锚固

Ⅱ 围护墙和隔墙应考虑对结构抗震的不利影响

Ⅲ 幕墙、装饰贴面与主体结构应有可靠的连接

Ⅳ 安装在建筑上的附属机械、电气设备系统的支座和连接应符合地震时使用功能的要求

(A) Ⅰ、Ⅱ、Ⅲ　　(B) Ⅱ、Ⅲ、Ⅳ

(C) Ⅰ、Ⅱ、Ⅳ　　(D) Ⅰ、Ⅱ、Ⅲ、Ⅳ

题解：从直观看，以上Ⅰ、Ⅱ、Ⅲ、Ⅳ对抗震都是有利的，据此就可以选 D 了。

说明：2.8.2 小节对这个问题有比较详细的描述，并摘录了《抗震规范》的相应条文。

答案：D。

2-46 抗震设计时，下列选用的建筑非承重墙体材料哪一项是不妥当的？

(A) 混凝土结构和钢结构应优先采用轻质墙体材料

(B) 单层钢筋混凝土柱厂房的围护墙宜采用轻质隔板或钢筋混凝土大型墙板

(C) 钢结构厂房的围护墙不应采用嵌砌砌体墙

(D) 9 度时钢结构厂房的维护墙必须采用轻质墙板

题解：A 对，《抗震规范》13.3.2-1 条规定："非承重墙体宜优先采用轻质墙体材料…"。B 对，《抗震规范》针对单层钢筋混凝土柱厂房的围护墙和隔墙的 13.3.5-1 条规定："厂房的围护墙宜采用轻质墙板或钢筋混凝土大型墙板，…"。C 对，《抗震规范》针对钢结构厂房的围护墙的 13.3.6-2 条规定："单层厂房的砌体围护墙应贴砌并与柱拉结，尚应采取措施使墙体不妨碍厂房柱列沿纵向的水平位移；8、9 度时不应采用嵌砌式"。D 用词不当，"必须"应改为"宜"，《抗震规范》针对钢结构厂房的围护墙的 13.3.6-1 条规定："厂房的围护墙，应优先采用轻型板材，

预制钢筋混凝土墙板宜与柱柔性连接；9度时宜采用轻型板材”。

答案：D。（题解的规范条文已摘录于2.8.2小节）

2-47 抗震设防烈度为8度的设计基本地震加速度值是抗震设防烈度为6度相应值的几倍?

(A) 2倍 (B) 3倍 (C) 4倍 (D) 5倍

题解：请参见《抗震规范》表3.2.2（已摘录于2.9.1小节）和对话2.9.1-1。

答案：C。

2-48 下列关于场地类别的叙述错误的是(　　)。

(A) Ⅰ类场地为坚硬土或岩石，其上没有中硬土、中软土或软弱土覆盖，对抗震最有利

(B) Ⅳ类场地的软弱土覆盖层厚度最大，对抗震最不利

(C) 覆盖土层的等效剪切波速越大，说明土越坚硬

(D) 覆盖土层的等效剪切波速越大，说明土越软弱

题解：请参见《抗震规范》表4.1.6（已摘录于2.9.2小节之1）和对话2.9.2-1。

答案：D。

2-49 下列关于特征周期的叙述错误的是(　　)。

(A) 场地类别相同时，震中距越远特征周期越长

(B) 震中距相同时，场地越坚硬特征周期越短

(C) 计算8、9度罕遇地震作用时，特征周期应增加0.05s

(D) 设计地震分组第一组的震中距最远，第三组的震中距最近

题解：请参见《抗震规范》表5.1.4-2（已摘录于2.9.2小节之3）和对话2.9.2-2。

答案：D。

2-50 下列关于单由度结构体系自振周期的说法错误的是(　　)。

(A) 在质量相同的情况下，侧移刚度越大，自振周期就越短

(B) 在侧移刚度相同的情况下，质量越大，自振周期就越长

(C) 自振周期与质量成正比、与侧移刚度成反比

(D) 自振周期与质量的平方根成正比、与侧移刚度的平方根成反比

题解：见式2.9.3-1。

答案：C。

2-51 对于一个有4个质点的单方向水平振动的多由度结构体系，对地震作用贡献最大的振型是(　　)振型，亦称基本振型。

(A) 第1 (B) 第2 (C) 第3 (D) 第4

题解：请参见2.9.3小节之2。

答案：A。

2-52 附图所示的曲线是（　　）振型的振型曲线?

(A) 第1 (B) 第2

(C) 第3 (D) 第5

题解：见图2.9.3-2 (b)：振型的规律是：第1振型不拐弯，第2振型拐1个弯，第3振型拐2个弯，第4振型拐3个弯，…，第n振型拐（n-1）个弯。

答案：A。

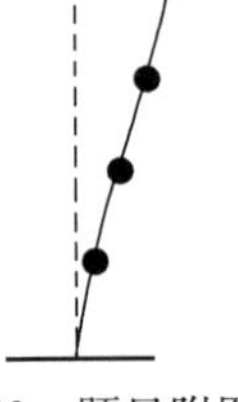

2-52 题目附图

2-53 在进行建筑结构多遇地震分析时，抗震设防烈度由 7 度增加为 8 度，其水平地震作用增大了几倍？（2014-89）

（A）0.5　　（B）1.0　　（C）1.5　　（D）2.0

题解：请参见对话 2.9.5-1。题目显然是指对同一座建筑物的多遇地震分析，意味着《抗震规范》图 5.1.5（已摘录于 2.9.5 小节之 1）反应谱各段图线公式中 α_{max} 的系数完全相同。此时水平地震作用的大小完全取决于 α_{max} 的大小，而 8 度时的 α_{max} 为 7 度时的 2 倍，亦即放大了 1 倍。

答案：B。

2-54 地震影响系数曲线（即反应谱）与下列哪一个因素无关？

（A）建筑结构的阻尼比　　（B）结构自重

（C）特征周期值　　（D）水平地震影响系数最大值

题解：请参见《抗震规范》图 5.1.5 地震影响系数曲线（已摘录于 2.9.5 小节之 1）对话 2.9.5-1 和 2.9.5-2。结构自重是质量的反映，会影响到自身的自振周期，在应用反应谱时要用到结构的自振周期，但自振周期不会影响到反应谱，进而可以说反应谱与结构自重无关。

答案：B。

2-55 完全相同的四幢五层砌体房屋，如分别位于 Ⅰ$_1$、Ⅱ、Ⅲ、Ⅳ类场地上，设计地震分组为第二组，作用于房屋的总水平地震作用相应为 F_1、F_2、F_3、F_4，当其他条件也完全相同时，则下列哪一答案是正确的？

（A）$F_1=F_2=F_3=F_4$　　（B）F_1最大

（C）F_2最大　　（D）F_4最大

题解：请参见**【例 2.9.5-1】**。

答案：A。

2-56 与多层建筑地震作用有关的因素，下列哪项正确且全面？（2011-94，2007-107）

Ⅰ　抗震设防类别　　Ⅱ　建筑场地类别

Ⅲ　楼面活荷载　　Ⅳ　结构体系

Ⅴ　风荷载

（A）Ⅰ、Ⅱ、Ⅲ　　（B）Ⅰ、Ⅱ、Ⅳ

（C）Ⅰ、Ⅱ、Ⅲ、Ⅳ　　（D）Ⅰ、Ⅱ、Ⅳ、Ⅴ

答案：C。

说明：【例 2.9.5-1】的视频与本题一起讲解。

以下 2-57，2-58（2012-87，2012-90）题在视频中一起讲解

2-57 建筑场地类别是建筑进行抗震设计的重要参数，按其对地震作用的影响从轻到重排序，正确的是（　　）（2012-87）

（A）Ⅰ、Ⅱ、Ⅲ、Ⅳ　　（B）Ⅳ、Ⅲ、Ⅱ、Ⅰ

（C）Ⅰ、Ⅱ、Ⅲ、Ⅳ、Ⅴ　　（D）Ⅴ、Ⅳ、Ⅲ、Ⅱ、Ⅰ

答案：A。

2-58 为体现建筑所在区域震级和震中距离的影响，我国对建筑工程设计地震进行了分组，按其对地震作用影响由轻到重排序，正确的是（　　）（2012-90）

（A）第一组、第二组、第三组、第四组

（B）第四组、第三组、第二组、第一组

(C) 第一组、第二组、第三组

(D) 第三组、第二组、第一组

答案：C。

2-59 在多遇地震作用下，6 度抗震设防区的基本周期大于 5.0s 的结构，其楼层最小地震剪力系数值，下列哪一项是正确的？

(A) 0.006 (B) 0.012 (C) 0.024 (D) 0.040

题解：请对照《抗震规范》表 5.2.5（已摘录于 2.9.5 小节之 2）。

答案：A。

2-60 在地震区，关于竖向地震作用，下列哪一种说法是不正确的？

(A) 竖向地震作用在高层建筑结构的上部大于底部

(B) 竖向地震作用在高层建筑的柱中产生的轴向压力上部大于底部

(C) 高层建筑结构竖向振动的基本周期一般较短

(D) 有隔震垫的房屋，竖向地震作用与隔震后结构的水平地震作用相比往往不可忽视

题解：A、C、D 对，请对照 3.9.6 小节之 1 及摘录于该处的《抗震规范》5.3.1 条文说明。B 错，上部大于底部的每一层竖向地震作用是层层叠加往下传递的，竖向地震作用效应（轴向压力）是底部最大、上部最小。**选项 B 提醒我们要注意“地震作用”和“地震作用效应”的区别。**

答案：B。

2-61 抗震设防烈度 8 度时，多少米以上的悬挑阳台和走廊等长悬臂结构需验算竖向地震作用？

(A) 1.5m (B) 2.0m (C) 2.5m (D) 3.0m

题解：请参见《抗震规范》5.1.1 条文说明（已摘录于 2.9.6 小节之 2）。

答案：B。

2-62 建筑结构按 8、9 度抗震设防时，下列叙述哪项不正确？（2010-116）

(A) 大跨度及长悬臂结构除考虑水平地震作用外，还应考虑竖向地震作用

(B) 大跨度及长悬臂结构只需考虑竖向地震作用，可不考虑水平地震作用

(C) 当上部结构确定后，场地越差（场地类别越高），其地震作用越大

(D) 场地类别确定后，上部结构侧向刚度越大，其地震水平位移越小

答案：B。

2-63 房屋结构隔震一般可使结构的水平地震加速度反应降低多少？

(A) 30%左右 (B) 40%左右 (C) 60%左右 (D) 80%左右

题解：请参见《抗震规范》12.1.1 条文说明（已摘录于 3.10 节）。

答案：C。

2-64 采用隔震设计的多层砌体房屋，其建筑场地宜为下列何种类别？

(A) Ⅰ～Ⅱ类 (B) Ⅱ～Ⅲ类 (C) Ⅲ～Ⅳ类 (D) Ⅰ～Ⅲ类

题解：请参见《抗震规范》12.1.3-2 条（已摘录于 2.10 节）。

答案：D。

第 3 章　建筑结构设计方法及荷载

3.1　概率理论为基础的极限状态设计法

建筑结构设计，除地下部分的地基计算和规范中特别声明的个别计算（例如钢结构疲劳验算）之外，其余所有的结构设计、包括地下部分的基础结构设计，都是采用以概率理论为基础的极限状态设计法。在这种方法里，告别了材料力学中的“安全系数”；取而代之的是“可靠度”。那么，材料力学为什么不改过来呢？道理很简单，材料力学不光是为建筑结构服务的，它还是其他专业（例如机械设计）的基础课。何谓“可靠度”？“极限状态”又是什么呢？

1. 可靠度和设计使用年限

《建筑结构可靠性设计统一标准》[9]（以下简称《统一标准》）术语解释：

> **2.1.5**　设计使用年限 design service life
> 　设计规定的结构或结构构件不需进行大修即可按预定目的使用的年限。
> **2.1.24**　可靠性 reliability
> 　结构在规定的时间内，在规定的条件下，完成预定功能的能力。

关于上述条文提到的“设计使用年限”，《统一标准》术语解释：

> **2.1.7**　设计使用年限 design working life
> 　设计规定的结构或结构构件不需进行大修即可按其预定目的使用的时期。

对于设计使用年限的分类，《统一标准》规定：

> **3.3.3**　建筑结构的设计使用年限，应按表 3.3.3 采用。

表 3.3.3　建筑结构的设计使用年限

类别	设计使用年限（年）
临时性建筑结构	5
易于替换的结构构件	25
普通房屋和构筑物	50
标志性建筑和特别重要的建筑结构	100

小　静：袁老师，我家旁边的那座五层楼是1960年建成的，有50年历史，已到了一般建筑物的使用年限，是否意味着明年它就会失效，该拆了吧？它还能超期服役吗？

袁老师：结构可靠度与结构的使用年限长短有关，超过设计使用年限的结构，并不意味着完全失效，但它的可靠度可能变得比设计预期值小，亦即相应的失效概率可能变得比设计预期值大，可能需要进行大修。一般经过大修都能超期服役。另外，一幢建筑物到了使用年限时的状况，还与它的设计、施工、使用以及维护的好坏有关，不能一概而论，必要时还需进行鉴定。

对话　3.1-1　结构的使用年限

请翻到第3.3小节，做习题3-1，3-2

2. 结构的预定功能

《统一标准》规定：

3.1.1　结构的设计、施工和维护应使结构在规定的设计使用年限内以规定的可靠度满足规定的各项功能要求。

3.1.2　结构应满足下列功能要求：

1　能承受在施工和使用期间可能出现的各种作用；

2　保持良好的使用性能；

3　具有足够的耐久性能；

4　当发生火灾时，在规定的时间内可保持足够的承载力；

5　当发生爆炸、撞击、人为错误等偶然事件时，结构能保持必要的整体稳固性，不出现与起因不相称的破坏后果，防止出现结构的连续倒塌；结构的整体稳固性设计，可根据本标准附录B的规定进行。

3.1.2　条文说明：在建筑结构必须满足的四项功能中，第1、4、5项是结构安全性的要求，第2项是结构适用性的要求，第3项是结构耐久性的要求，三者可概括为结构可靠性的要求。

…

请翻到第3.3小节，做习题3-3

3. 结构的“正常使用”与安全性有关吗？

小　波：袁老师，上面3.1.1条为什么要提及“维护”呢？难道说结构安全性与维护也有关系吗？

袁老师：当然有关系！

小　波：举个例子，好吗？

袁老师：好的。例如对生产中有大量排灰的厂房及其邻近建筑屋面的积灰荷载，规范给出的荷载值是以具有一定除尘设施和保证清灰制度为前提的。积灰荷载与雪荷载的不同，后者在天气变暖时会自动溶化，而前者若不定期清理，则会越积越厚，甚至将屋盖压垮。解决的办法不是无限制地提高荷载值，而是要坚持正常的清灰制度。《荷载规范》规定：

5.4.1 设计生产中有大量排灰的厂房及其邻近建筑时，对于具有一定除尘设施和保证清灰制度的机械、冶金、水泥等的厂房屋面，其水平投影面上的屋面积灰荷载，应分别按表 5.4.1-1 和表 5.4.1-2 采用。

5.4.1 条文说明：…

…

确定积灰荷载只有在工厂设有一般的除尘装置，且能坚持正常的清灰制度的前提下才有意义。对一般厂房，可以做到 3～6 个月清灰一次。对铸造车间的冲天炉附近，因积灰速度较快，积灰范围不大，可以做到按月清灰一次。

对话 3.1-2 为什么要提及"维护"

请翻到第 3.3 小节，做习题 3-4

4. 什么是对结构的各种作用

小　静：袁老师，3.1.2 条文说明解释：在建筑结构必须满足的五项功能中，第 1、4、5 项是结构安全性的要求，可我还是不明白结构可能出现的"各种作用"的具体意思。

袁老师："作用"分"直接作用"和"间接作用"，前者指"荷载"，后者包括地基变形、混凝土收缩、焊接变形、温度变化或地震等引起的作用。

对话 3.1-3 结构可能出现的"各种作用"是什么意思？

关于结构上的"作用"，《荷载规范》规定：

1.0.4 建筑结构设计中涉及的作用包括直接作用（荷载）和间接作用（如地基变形、混凝土收缩、焊接变形、温度变化或地震等引起的作用）。本规范仅对有关荷载作出规定。

1.0.4 条文说明：结构上的作用是指能使结构产生效应（结构或构件的内力、应力、位移、应变、裂缝等）的各种原因的总称。直接作用是指作用在结构上的力集（包括集中力和分布力），习惯上统称为荷载，如永久荷载、活荷载、吊车荷载、雪荷载、风荷载以及偶然荷载等。……

至于"地震作用"为什么不可称之为"荷载"，在 2.4.2 小节之 4 和对话 2.9.5-3 已作过详细解释，这里不再重复。

请翻到第 3.3 小节，做习题 3-5

5. 承载能力极限状态和正常使用极限状态

结构可靠性中的安全性、适用性、耐久性三者缺一不可，当然安全性更为重要。与安全性相关的极限状态为"承载能力极限状态"；而与适用性、耐久性相关的极限状态则分别为"正常使用极限状态""耐久性极限状态"。《统一标准》规定：

4.1.1 极限状态可分为承载能力极限状态、正常使用极限状态和耐久性极限状态。极限状态应符合下列规定：

1 当结构或结构构件出现下列状态之一时，应认定为超过了承载能力极限状态：

1）结构构件或连接因超过材料强度而破坏，或因过度变形而不适于继续承载；

2）整个结构或其一部分作为刚体失去平衡；

3）结构转变为机动体系；

4）结构或结构构件丧失稳定；

5）结构因局部破坏而发生连续倒塌；

6）地基丧失承载力而破坏；

7）结构或结构构件的疲劳破坏。

2 当结构或结构构件出现下列状态之一时，应认定为超过了正常使用极限状态：

1）影响正常使用或外观的变形；

2）影响正常使用的局部损坏；

3）影响正常使用的振动；

4）影响正常使用的其他特定状态。

3 当结构或结构构件出现下列状态之一时，应认定为超过了耐久性极限状态：

1）影响承载能力和正常使用的材料性能劣化；

2）影响耐久性能的裂缝、变形、缺口、外观、材料削弱等；

3）影响耐久性能的其他特定状态。

请翻到第 3.3 小节，做习题 3-6，3-7

6. 建筑结构安全等级的划分及结构重要性系数 γ_0

承载能力极限状态涉及的是安全性，而正常使用极限状态涉及的是适用性和耐久性，故前者在结构作用效应的取值要求上高于后者，设计时需引起注意。

为确保人民生命财产的安全，需根据结构破坏可能产生后果的不同程度，对建筑结构划分不同的安全等级，以便区别对待。《统一标准》规定：

3.2.1 建筑结构设计时，应根据结构破坏可能产生的后果，即危及人的生命、造成经济损失、对社会或环境产生影响等的严重性，采用不同的安全等级。建筑结构安全等级的划分应符合表 3.2.1的规定。

表 3.2.1 建筑结构的安全等级

安全等级	破坏后果
一级	很严重：对人的生命、经济、社会或环境影响很大
二级	严重：对人的生命、经济、社会或环境影响较大
三级	不严重：对人的生命、经济、社会或环境影响较小

在承载能力极限状态中，对组合（组合问题在下一小节讲解）出来的“荷载效应”需乘以“结构重要性系数 γ_0”，这是设计时对不同安全等级结构区别对待的一种体现。《统一标准》规定：

8.2.8 结构重要性系数 γ_0，不应小于表 8.2.8 的规定。

表 8.2.8 结构重要性系数 γ_0

结构重要性系数	对持久设计状况和短暂设计状况			对偶然设计状况和地震设计状况
	安全等级			
	一级	二级	三级	
γ_0	1.1	1.0	0.9	1.0

说明：大多数建筑结构的结构重要性系数 $\gamma_0=1.0$，故许多公式将这种情况的 γ_0 省略，但并非意味 γ_0 不存在。

3.2 荷　　载

3.2.1 荷载分类、设计基准期、荷载代表值（标准值、组合值、准永久值、频遇值）及设计值

1. 荷载分类

《荷载规范》的术语解释和规定：

2.1.1 永久荷载 permanent load

在结构使用期间，其值不随时间变化，或其变化与平均值相比可以忽略不计，或其变化是单调的并能趋于限值的荷载。

2.1.2 可变荷载 variable load

在结构使用期间，其值随时间变化，且其变化与平均值相比不可以忽略不计的荷载。

2.1.3 偶然荷载 accidental load

结构使用期间不一定出现，一旦出现，其值很大且持续时间很短的荷载。

3.1.1 结构上的荷载可分为下列三类：

1 永久荷载，结构自重、土压力、预应力等。

2 可变荷载，包括楼面活荷载、屋面活荷载和积灰荷载、吊车荷载、风荷载、雪荷载等。

3 偶然荷载，包括爆炸力、撞击力等。

永久荷载中的自重常称为“恒载”或“恒荷载”。

请翻到第 3.3 小节，做习题 3-8

2. 设计基准期

什么是设计基准期呢？它和设计使用年限是一回事吗？《统一标准》术语解释：

> **2.1.53** 设计基准期 deign reference period
> 为确定可变作用等取值而选用的时间参数。

关于可变作用的时间参数，《统一标准》规定：

> **3.3.1** 建筑结构设计基准期应为 50 年。

小　波：看样子，“设计基准期”和“设计使用年限”不是一回事了，对吗？

袁老师：说得对，它们不是一回事。“设计基准期”是为确定可变作用等与时间有关的时间参数；而“设计使用年限”则是指设计规定的结构或结构构件不需进行大修即可按其预定目的使用的时期。由于大多数建筑结构的设计使用年限为 50 年，所以“设计基准期”定为 50 年会给规范的编制及理解带来一定的方便。但这两者不是同一个概念，例如：设计使用年限可以是 5 年、25 年、50 年和 100 年；但设计基准期只有一个 50 年。

小　波：“设计基准期”只有一个 50 年，那设计使用年限不同的结构在设计时的区别又体现在什么地方呢？

袁老师：体现在结构重要性系数 γ_0 的取值上，你想起来了吗？

小　波：哦！我想起来了。

对话 3.2.1-1“设计基准期”和“设计使用年限”的区别

请翻到第 3.3 小节，做习题 3-9，3-10

3. 荷载代表值

《荷载规范》规定：

> **3.1.2 建筑结构设计时，应按下列规定对不同荷载应采用不同的代表值。**
> **1 对永久荷载应采用标准值作为代表值。**
> **2 对可变荷载应根据设计要求采用标准值、组合值、频遇值或准永久值作为代表值。**
> **3 对偶然荷载应按建筑结构使用的特点确定其代表值。**
>
> 3.1.2 条文说明：…在设计时，除了采用能便于设计者使用的设计表达式外，对荷载仍应赋予一个规定的量值，称为荷载代表值。荷载可根据不同的设计要求，规定不同的代表值，以使之能更确切地反映它在设计中的特点。本规范给出荷载的四种代表值：标准值、组合值、频遇值和准永久值，其中，频遇值是新增添的。荷载标准值是荷载的基本代表值，而其他代表值都可在标准值的基础上乘以相应的系数后得出。
>
> **3.1.3 确定可变荷载代表值时应采用 50 年设计基准期**

空谈规范的这几个值太抽象了，举些具体的例子吧：

“标准值”是最基本的，先说说它吧。例如钢筋混凝土的自重为 25kN/m^3（120mm 厚的钢筋混凝土楼板的自重标准值就是 25×0.12×1×1=3.0kN/m^2；又如住宅楼面活荷载的标准值为 2.0kN/m^2，这是统计出来的。

再说说“组合值”，它是对同时可能出现的活荷载来说的，这些活荷载不可能同时达到最大值。于是，除了最主要的那个活荷载之外，对其他的活荷载都要乘以相应的组合系数来折减。例如，当风荷载不是最主要的活荷载时，它的组合值为标准值乘以组合值系数0.6。

至于“频遇值”是现行《荷载规范》新增添的，目前尚未在具体设计规范中应用，故知道有这么回事即可。风荷载的频遇值为标准值乘以频遇值系数0.4。

“准永久值”呢？在一些计算中，例如地基沉降变形的验算，考虑的是荷载长期作用引起的沉降，不考虑风荷载的作用。于是风荷载的准永久值为标准值乘以准永久值系数0等于0，亦即不考虑。

《建筑地基基础设计规范》[10]规定：

> **3.0.4** …
>
> **3　计算地基变形时，传至基础底面上的荷载效应应按正常使用极限状态下荷载效应的准永久组合，不应计入风荷载和地震作用。相应的限值应为地基变形允许值。**
>
> …

上面说到的风荷载“组合值”“频遇值”和“准永久值”都是在其“标准值”基础上乘以相应的系数得到的。但想求出风荷载的“标准值”却要比楼面自重或楼面活荷载复杂得多，而考试的知识点与风荷载相关的还比较多，所以稍后专门用一小节来讨论它。

4. 荷载的设计值

《荷载规范》的术语解释

> **2.1.10**　荷载设计值 design value of a load
>
> 荷载代表值与荷载分项系数的乘积。

荷载分项系数是什么呢？其实我们在第1章的1.4.6小节“连续梁可变荷载的不利布置”中已碰到过。连续梁某跨的跨中或支座的内力并不是各跨满载时为最大值，在【例1.4.6-1】中，图3.2.1的荷载布置，可以使AB跨中产生最大的正弯矩。于是为了求出这个最大的正弯矩，我们可令该有荷载的AB跨和CD跨的活荷载乘以“分项系数”1.4，加以放大；而令不该有荷载的BC跨和DE跨的活荷载乘以“分项系数”0，将其去掉。

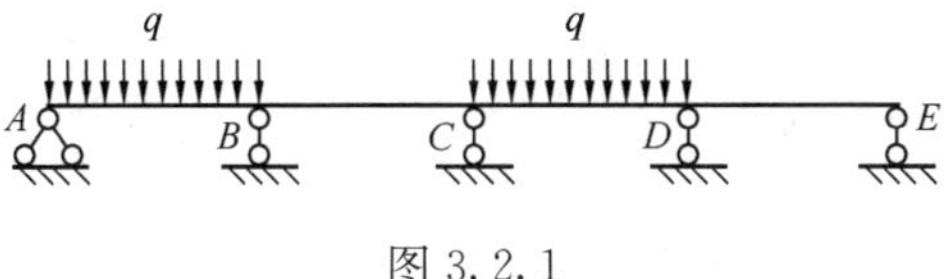

图3.2.1

3.2.2　风荷载

1. 概述　请收看视频301：2012-78，2007-104视频讲解（下）

风是一种动力荷载，它脉动的节拍一般比较长。因此，基本自振周期较

长的超高层建筑和比较柔的悬索桥容易与风振合拍，对风荷载的动力反应较大，甚至会引起共振而破坏。在 2.9 节曾介绍过的金门悬索大桥在风力作用下出现“风锁大桥”的情况。美国华盛顿州还有另一座比金门大桥更柔的塔科马海峡悬索大桥（图 3.2.2-1），它在 1940 年建成后四个月的某一天，与风荷载引起共振而坍塌（图 b），当时的风力只相当于 8 级。这座桥在建成后一直存在着一种怪异的现象：平时即使在微风中也会成波浪状的起伏（图 a）。这种怪异的现象引起了华盛顿州大学一位教授的注意，他派专人监测这座桥，并于事故当天用摄影机录下了桥毁的全过程。图（c）和图（d）是桥断前，桥上最后一个人弃车而逃的情景。这次事故损失了一座桥、一辆小汽车和车里的一条狗，但却换来了工程界对风的破坏力的新的认识。科研人员在断桥残体的不同部位释放出一缕缕的烟，来观察风通过桥身时的运动状态，并进行了风洞试验。经过大量的研究，工程界比较一致的看法是：风对高、柔和形状不规则的建筑物和构筑物的作用十分复杂，它和建筑物、构筑物自身及周边的环境都有着密切的关系。塔科马悬索大桥的坍塌使人们开始意识到：在设计这类建筑物和构筑物的时候，需要通过风洞试验（图 3.2.2-3）取得计算数据，我国《混凝土高规》规定：

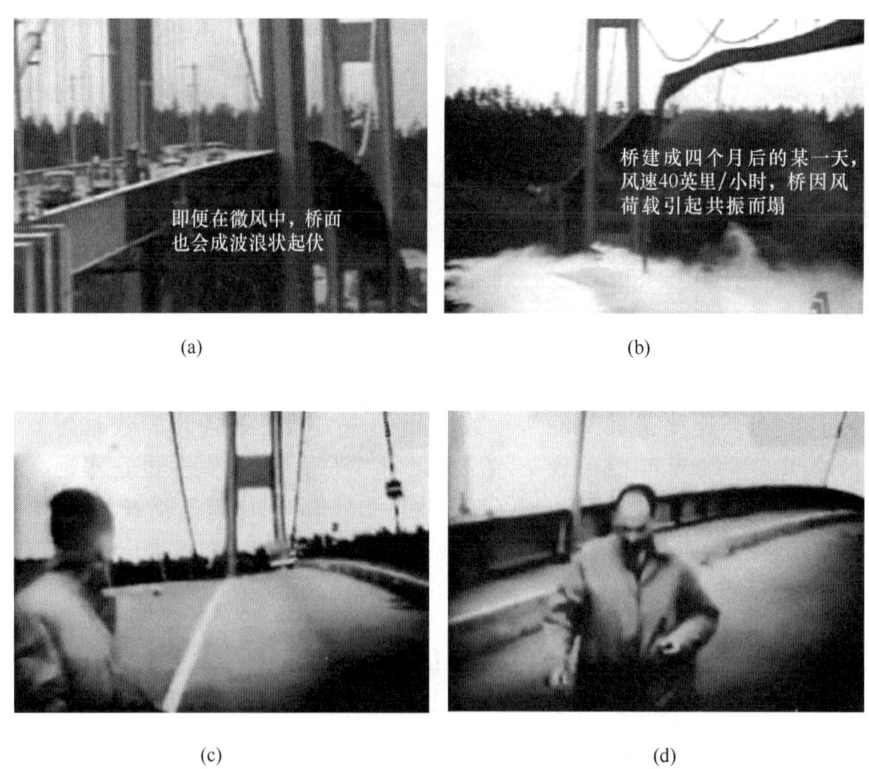

(a) (b)

(c) (d)

图 3.2.2-1　美国华盛顿州塔科马海峡大桥的变形和坍塌

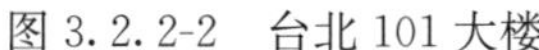
图 3.2.2-2　台北 101 大楼

图 3.2.2-3　风洞试验

4.2.4　当多栋或群集的高层建筑相互间距较近时，宜考虑风力相互干扰的群体效应。一般可将单栋建筑的体型系数 μ_s 乘以相互干扰增大系数，该系数可参考类似条件的试验资料确定；必要时宜通过风洞试验确定。

4.2.7　房屋高度大于 200m 或有下列情况之一时，宜进行风洞试验判断确定建筑物的风荷载：

1　平面形状或立面形状复杂；

2　立面开洞或连体建筑；

3　周围地形和环境较复杂。

《高层民用建筑钢结构技术规程》[6]也有相同的条文规定：

5.2.6　当多栋或群集的高层建筑相互间距较近时，宜考虑风力相互干扰的群体效应。一般可将单栋建筑的体型系数 μ_s 乘以相互干扰增大系数，该系数可参考类似条件的试验资料确定；必要时宜通过风洞试验或数值技术确定。

5.2.7　房屋高度大于 200m 或有下列情况之一的高层民用建筑，宜进行风洞试验或通过数值技术判断确定其风荷载：

1　平面形状不规则，立面形状复杂；

2　立面开洞或连体建筑；

3　周围地形和环境较复杂。

我国上海环球金融中心和台北 101 大楼（图 3.2.2-2）的顶部，都设置了风阻尼器，以抵消部分风荷载。

请翻到第 3.3 小节，做习题 3-13，3-14

垂直于建筑物表面上的风荷载标准值计算是十分复杂的，本书只介绍影响它大小的因素。风荷载标准值与影响它大小的各种因素的关系如图 3.2.2-4 所示。

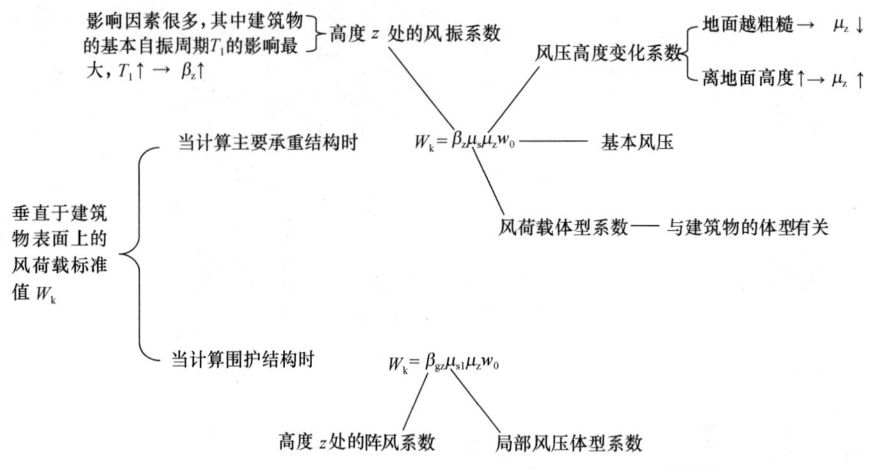

图 3.2.2-4 风荷载标准值 W_k 与影响它大小的各种因素的关系

2. 基本风压 w_0《荷载规范》术语解释及规定：

2.1.22 基本风压 reference wind pressure

风荷载的基准压力，一般按当地空旷平坦地面上 10m 高度处 10min 平均的风速观测数据，经概率统计得出 50 年一遇最大值确定的风速，再考虑相应的空气密度，按贝努利（Bernoulli）公式（E.2.4）确定的风压。

8.1.2 基本风压应采用按本规范规定的方法确定的 50 年重现期的风压，但不得小于 0.3kN/m²。对于高层建筑、高耸结构以及对风荷载比较敏感的其他结构，基本风压的取值应适当提高，并应符合有关结构设计规范的规定。

（规范附图 E.6.3 给出的全国基本风压分布图中的等风压线最小值为 0.3kN/m²，最大值为 0.9kN/m²；附表 E.5 中有很少一部分地区超过上述的最大值）

《混凝土高规》规定：

4.2.2 基本风压应按照现行国家标准《建筑结构荷载规范》GB 50009 的规定采用。对风荷载比较敏感的高层建筑，承载力设计时应按基本风压的 1.1 倍采用。

条文说明：按照现行国家标准《建筑结构荷载规范》GB 50009 的规定，对风荷载比较敏感的高层建筑，其基本风压应适当提高。因此，本条明确了承载力设计时应按基本风压的 1.1 倍采用。相对于 02 规程，本次修订：1）取消了对“特别重要”的高层建筑的风荷载增大要求，主要因为对重要的建筑结构，其重要性已经通过结构重要性系数 γ_0 体现在结构作用效应的设计值中，见本规程第 3.8.1 条；2）对于正常使用极限状态设计（如位移计算），其要求可比承载力设计适当降低，一般仍可采用基本风压值或由设计人员根据实际情况确定，不再作为强制性要求；3）对风荷载比较敏感的高层建筑结构，风荷载计算时不再强调按 100 年重现期的风压值采用，而是直接按基本风压值增大 10%采用。

对风荷载是否敏感，主要与高层建筑的体型、结构体系和自振特性有关，目前尚无实用的划分标准。一般情况下，对于房屋高度大于 60m 的高层建筑，承载力设计时风荷载计算可按基本风压的 1.1 倍采用；对于房屋高度不超过 60m 的高层建筑，风荷载取值是否提高，可由设计人员根据实际情况确定。

本条的规定，对设计使用年限为 50 年和 100 年的高层建筑结构都是适用的。

请翻到第 3.3 小节，做习题 3-15

3. 风压高度变化系数 μ_z

由于地表对气流存在摩擦，故离地面越近风速就越低、风压就越小；反之风速就越高、风压就越大。另外，若地表比较粗糙，摩擦力就比较大，在其他条件相同的情况下，在一定的高度范围内，风压就会比较低。为什么要强调“在一定的高度范围内”呢？这是因为超过某一高度（梯度风高度）时，风速和风压不再受地面粗糙度的影响。风压高度变化系数 μ_z反映了地表粗糙程度和离地面高度对风压的影响。《荷载规范》术语解释和规定：

2.1.23 地面粗糙度 terrain roughness

风在到达结构物以前吹越过 2km 范围内的地面时，描述该地面上不规则障碍物分布状况的等级。

8.2.1 对于平坦或稍有起伏的地形，风压高度变化系数应根据地面粗糙度类别按表 8.2.1 确定。地面粗糙度可分为 A、B、C、D 四类：A 类指近海海面和海岛、海岸、湖岸及沙漠地区；B 类指田野、乡村、丛林、丘陵以及房屋比较稀疏的乡镇；C 类指有密集建筑群的城市市区；D 类指有密集建筑群且房屋较高的城市市区。

8.2.2 对于山区的建筑物，…

表 8.2.1 风压高度变化系数 μ_z

离地面或海平面高度（m）	地面粗糙度类别			
	A	B	C	D
5	1.09	1.00	0.65	0.51
10	1.28	1.00	0.65	0.51
15	1.42	1.13	0.65	0.51
20	1.52	1.23	0.74	0.51
30	1.67	1.39	0.88	0.51
40	1.79	1.52	1.00	0.60
50	1.89	1.62	1.10	0.69
60	1.97	1.71	1.20	0.77
70	2.05	1.79	1.28	0.84
80	2.12	1.87	1.36	0.91
90	2.18	1.93	1.43	0.98
100	2.23	2.00	1.50	1.04
150	2.46	2.25	1.79	1.33
200	2.64	2.46	2.03	1.58
250	2.78	2.63	2.24	1.81
300	2.91	2.77	2.43	2.02
350	2.91	2.91	2.60	2.22
400	2.91	2.91	2.76	2.40
450	2.91	2.91	2.91	2.58
500	2.91	2.91	2.91	2.74
≥550	2.91	2.91	2.91	2.91

小　静：袁老师，规范表 8.2.1 那么多数据，怎么记啊？

袁老师：主要记它们的变化规律。例如，你能从表 8.2.1 中看出地面粗糙度类别为 A、B、C、D 类时，“梯度风高度”分别是多少吗？

小　静：分别为 300m、350m、400m 和 450m。因为大于或等于这个高度的风压高度变化系数 μ_z 均等于 3.12，说明风压已不再受地面粗糙度的影响。

袁老师：很好！上面的 300m、350m、450m、550m 和 3.12 这几个数最好记一下。小波你能说说地面粗糙度类别按 A、B、C、D 类排序时，“梯度风高度”由小变大的理由吗？

小　波：原因是：A 类指近海海面和海岛、海岸、湖岸及沙漠地区，地面粗糙程度最低，对风压影响高最小，梯度风高度就小；而 D 类指有密集建筑群且房屋较高的城市市区，地面粗糙程度最高，对风压影响高最大，梯度风高度就大。

袁老师：说得对。再问你们，离地面 90m 高度处，地面粗糙度类别分别为 A 类和 D 类的 μ_z 比较，谁的大？

小静和小波：前者的大，因为它的地面粗糙程度低，风压受地面摩擦力的影响小，风压大，相应的 μ_z 值也就大。

袁老师：对。地面粗糙程度相同，离地面 60m 高度处的 μ_z 与离地面 90m 高度处的 μ_z 比较，谁大？

小静和小波：后者大。因为它离地面远，风压受地面摩擦力的影响小，风压大，相应的 μ_z 值也就大。

袁老师：对。地面粗糙度类别为 A 类，离地面 300m 高度处的 μ_z 与离地面 550m 高度处的 μ_z 比较，谁大？

小　波：后者大。理由同前。

小　静：不对。两者应该一样大。因为地面粗糙度类别为 A 类时，300m 已经是“梯度风高度”，大于或等于这个高度的风压高度变化系数 μ_z 均等于 2.91。

袁老师：小静回答得很好！你们课后最好仿照上述的做法，相互提问，加深印象

对话 3.2.2-1 风压高度变化系数 μ_z 的规律

请翻到第 3.3 小节，做习题 3-16，3-17

4. 风荷载体型系数 μ_s 和局部风压体型系数 μ_{sl}

(1) 风荷载体型系数 μ_s

每幢建筑物都有几个表面，而每个表面都有属于自己的风荷载体型系数 μ_s。μ_s 是指在建筑物某一高度处的某一表面上，风荷载引起的单位面积压力（或吸力）的平均值与该高度处的气流风压（即 $\mu_z w_0$）的比值。这样的压力（或吸力）平均值用于主体结构的计算。风荷载体型系数为正值时，表示风压是与墙面或屋面垂直的压力；风荷载体型系数为负值时，表示风压是与墙面或屋面垂直的吸力。《荷载规范》规定：

7.3.1 房屋和构筑物的风载体型系数，可按下列规定采用：

1 房屋和构筑物与表 7.3.1 中的体型类同时，可按该表的规定采用；

2 房屋和构筑物与表 7.3.1 中的体型不同时，可参考有关资料采用；

3 房屋和构筑物与表 7.3.1 中的体型不同且无参考资料可以借鉴时，宜由风洞试验确定；

4 对于重要且体型复杂的房屋和构筑物，应由风洞试验确定。

表 7.3.1 风荷载体型系数

项次	类 别	体型及体型系数 μ_s	备注
2	封闭式双坡屋面	μ_s −0.5 +0.8 −0.5 −0.7 α; +0.8 −0.5 −0.7 α: ≤15°, 30°, ≥60°; μ_s: −0.6, 0, +0.8	1 中间值按插入法计算 2 μ_s 的绝对值不小于 0.1
5	封闭式单坡屋面	μ_s α +0.8 −0.5; −0.5 +0.8 −0.5	迎风坡面的 μ_s 按第 2 项采用
8	封闭式双跨双坡屋面	μ_s α −0.5 −0.4 −0.4 +0.8 −0.4	迎风坡面的 μ_s 按第 2 项采用
30	封闭式房屋和构筑物	(a)正多边形（包括矩形）平面: −0.7 +0.8 −0.5 −0.7; 0 −0.5 +0.8 −0.5 0 −0.5; −0.7 +0.4 −0.5 +0.8 −0.5 +0.4 −0.5 −0.7 (b)Y形平面: −0.7 −0.5 +1.0 −0.5 −0.5 −0.7; 40° +0.7 −0.75 +0.9 −0.55 −0.5 −0.5 (c)L形平面: −0.6 +0.8 −0.5 +0.8 −0.6; 45° +0.3 +0.9 −0.6 +0.3 −0.6 (d)Ⅱ形平面: −0.7 +0.8 +0.9 −0.5 +0.8 −0.7 (e)十字形平面: −0.6 +0.6 −0.5 +0.8 −0.5 +0.6 −0.5 −0.6 (f) 截角三边形平面: −0.45 −0.5 +0.8 −0.5 −0.45 −0.5	
34	独立墙壁及围墙	+1.3	

（规范此表格共有 39 项，此处仅列出其中的 5 项）

《混凝土高规》规定：

> **B.0.1** 风荷载体型系数应根据建筑物平面形状按下列规定采用：
>
> ……
>
> **4** 正多边形平面、圆形平面
>
> 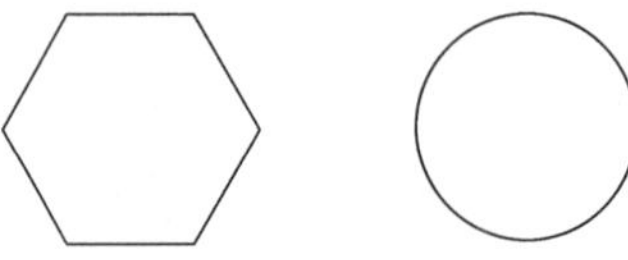
>
> **1）** $\mu_s = 0.8 + 1.2/n^{0.5}$
>
> **2）** 当圆形高层建筑表面较粗糙度，$\mu_s = 0.8$。

请翻到第 3.3 小节，做习题 3-18 至 3-20

（2）局部风压体型系数 μ_{s1}

作用在建筑物表面上的风压分布是很不均匀的，在角隅、檐口、边棱处和在附属结构的部位（如阳台、雨篷等外挑构件），局部风压会超过按 μ_s 所算出的平均风压，因此对采用局部风压进行设计的围护结构，需采用考虑了风压不均匀分布的最不利情况的局部风压体型系数 μ_{s1}。《荷载规范》规定：

> **8.3.3** 计算围护构件及其连接的风荷载时，可按下列规定采用局部体型系数 μ_{s1}：
>
> **1** 封闭式矩形平面房屋的墙面及屋面可按表 8.3.3 的规定采用；
>
> **2** 檐口、雨篷、遮阳板、边棱处的装饰条等突出构件，取 −2.0；
>
> **3** 其他房屋和构筑物可按本规范第 8.3.1 条规定体型系数的 1.25 倍取值。
>
> **表 8.3.3 封闭式矩形平面房屋的局部体型系数**
>
> ……

请翻到第 3.3 小节，做习题 3-21

5. 风振系数 β_z 和阵风系数 β_{gz}

（1）风振系数 β_z

风振系数 β_z 用来考虑风振对主体结构的影响，它的计算十分繁琐、复杂，超出考试大纲的范围，本书不作详细介绍。读者只需记住：风振系数 β_z 针对的是主体结构，是个大于 1 的放大系数，在其他条件相同的情况下，基本自振周期越长的建（构）筑物，风振系数 β_z 就越大。

（2）阵风系数 β_{gz}

对于围护结构，由于其刚性一般较大，脉动引起的共振效应很小，可以不考虑风振的影响。但脉动风压是忽大、忽小的，而基本风压却是 10 分钟的平均值，故需用一个放大系数来考虑脉动风瞬间增大的因素，这个系数便是“阵风系数” β_{gz}。《荷载规范》规定：

8.6.1 计算围护结构（包括门窗）风荷载时的阵风系数应按表 8.6.1 确定。

表 8.6.1 阵 风 系 数 β_{gz}

离地面高度（m）	地面粗糙度类别			
	A	B	C	D
5	1.65	1.70	2.05	2.40
10	1.60	1.70	2.05	2.40
15	1.57	1.66	2.05	2.40
20	1.55	1.63	1.99	2.40
30	1.53	1.59	1.90	2.40
40	1.51	1.57	1.85	2.29
50	1.49	1.55	1.81	2.20
60	1.48	1.54	1.78	2.14
70	1.48	1.52	1.75	2.09
80	1.47	1.51	1.73	2.04
90	1.46	1.50	1.71	2.01
100	1.46	1.50	1.69	1.98
150	1.43	1.47	1.63	1.87
200	1.42	1.45	1.59	1.79
250	1.41	1.43	1.57	1.74
300	1.40	1.42	1.54	1.70
350	1.40	1.41	1.53	1.67
400	1.40	1.41	1.51	1.54
450	1.40	1.41	1.50	1.62
500	1.40	1.41	1.50	1.60
550	1.40	1.41	1.50	1.59

小　波：袁老师，我怎么觉得阵风系数 β_{gz} 的变化规律与高度变化系数 μ_z 的变化规律正好相反呢？

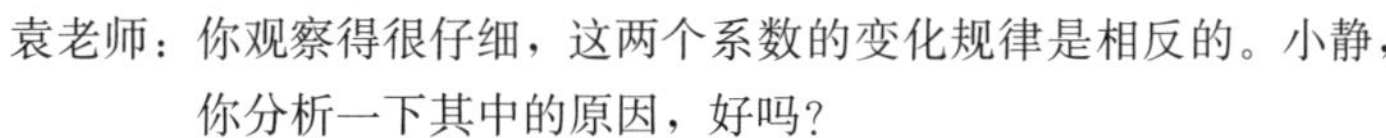

袁老师：你观察得很仔细，这两个系数的变化规律是相反的。小静，你分析一下其中的原因，好吗？

小　静：让我想一想。地面越粗糙，脉动风压忽大忽小的变化就越剧烈，风压最大值比平均值大得就越多，故阵风系数 β_{gz} 就应该越大 。对吗？

袁老师：很好！你还能说出离地面越高阵风系数 β_{gz} 就越小的道理来吗？

小　静：这个我可是一下子想不出来了。

小　波：哦！我知道啦！离地面越高，气流就越平顺，风压脉动的幅度就越小，故阵风系数 β_{gz} 就应该越小。对吗？

袁老师：完全正确！看来多动脑筋大有好处。

对话　3.2.2-2 阵风系数 β_{gz} 的变化规律

请翻到第 3.3 小节，做习题 3-22，3-23

3.2.3 楼面和屋面活荷载

《荷载规范》在楼面和屋面活荷载一章中给出了“民用建筑楼面均布活荷载”“工业建筑楼面活荷载”“屋面活荷载”“屋面积灰荷载”“施工和检修荷载及栏杆水平荷载”和“动力系数”等6方面的内容，本节仅讲述考点较多的“民用建筑楼面均布活荷载”“屋面活荷载”和“屋面积灰荷载”等三部分。

1. 民用建筑楼面均布活荷载

《荷载规范》规定：

5.1.1 民用建筑楼面均布活荷载的标准值及其组合值系数、频遇值系数和准永久值系数的取值，不应小于表5.1.1的规定。

表5.1.1 民用建筑楼面均布活荷载标准值及其组合值、频遇值和准永久值系数

项次	类别			标准值 (kN/m²)	组合值系数 ψ_c	频遇值系数 ψ_f	准永久值系数 ψ_q
1	(1) 住宅、宿舍、旅馆、办公楼、医院病房、托儿所、幼儿园			2.0	0.7	0.5	0.4
	(2) 试验室、阅览室、会议室、医院门诊室			2.0	0.7	0.6	0.5
2	教室、食堂、餐厅、一般资料档案室			2.5	0.7	0.6	0.5
3	(1) 礼堂、剧场、影院、有固定座位的看台			3.0	0.7	0.5	0.3
	(2) 公共洗衣房			3.0	0.7	0.6	0.5
4	(1) 商店、展览厅、车站、港口、机场大厅及其旅客等候室			3.5	0.7	0.6	0.5
	(2) 无固定座位的看台			3.5	0.7	0.5	0.3
5	(1) 健身房、演出舞台			4.0	0.7	0.6	0.5
	(2) 运动场、舞厅			4.0	0.7	0.6	0.3
6	(1) 书库、档案库、贮藏室			5.0	0.9	0.9	0.8
	(2) 密集柜书库			12.0	0.9	0.9	0.8
7	通风机房、电梯机房			7.0	0.9	0.9	0.8
8	汽车通道及客车停车库	(1) 单向板楼盖（板跨不小于2m）和双向板楼盖（板跨不小于3m×3m）	客车	4.0	0.7	0.7	0.6
			消防车	35.0	0.7	0.5	0.0
		(2) 双向板楼盖（板跨不小于6m×6m）和无梁楼盖（柱网不小于6m×6m）	客车	2.5	0.7	0.7	0.6
			消防车	20.0	0.7	0.5	0.0
9	厨房	(1) 餐厅		4.0	0.7	0.7	0.7
		(2) 其他		2.0	0.7	0.6	0.5

续表

项次	类别		标准值 (kN/m²)	组合值系数 ψ_c	频遇值系数 ψ_f	准永久值系数 ψ_q
10	浴室、卫生间、盥洗室		2.5	0.7	0.6	0.5
11	走廊、门厅	(1) 宿舍、旅馆、医院病房、托儿所、幼儿园、住宅	2.0	0.7	0.5	0.4
		(2) 办公楼、餐厅、医院门诊部	2.5	0.7	0.6	0.5
		(3) 教学楼及其他可能出现人员密集的情况	3.5	0.7	0.5	0.3
12	楼梯	(1) 多层住宅	2.0	0.7	0.5	0.3
		(2) 其他	3.5	0.7	0.5	0.3
13	阳台	(1) 可能出现人员密集的情况	3.5	0.7	0.6	0.5
		(2) 其他	2.5	0.7	0.6	0.5

注：1 本表所给各项活荷载适用于一般使用条件，当使用荷载较大、情况特殊或有专门要求时，应按实际情况采用；

2 第6项书库活荷载当书架高度大于2m时，书库活荷载尚应按每米书架高度不小于2.5kN/m²确定；

3 第8项中的客车活荷载仅适用于停放载人少于9人的客车；消防车活荷载适用于满载总重为300kN的大型车辆；当不符合本表的要求时，应将车轮的局部荷载按结构效应的等效原则，换算为等效均布荷载；

4 第8项消防车活荷载，当双向板楼盖板跨介于3m×3m～6m×6m之间时，应按跨度线性插值确定；

5 第12项楼梯活荷载，对预制楼梯踏步平板，尚应按1.5kN集中荷载验算；

6 本表各项荷载不包括隔墙自重和二次装修荷载；对固定隔墙的自重应按永久荷载考虑，当隔墙位置可灵活自由布置时，非固定隔墙的自重应取不小于1/3的每延米长墙重（kN/m）作为楼面活荷载的附加值（kN/m²）计入，且附加值不应小于1.0kN/m²。

5.1.2 设计楼面梁、墙、柱及基础时，本规范表5.1.1中楼面活荷载标准值的折减系数取值不应小于下列规定：

1 设计楼面梁时：

1）第1(1)项当楼面梁从属面积超过25m² 时，应取0.9；

2）第1（2）～7项当楼面梁从属面积超过50m² 时，应取0.9；

3）第8项对单向板楼盖的次梁和槽形板的纵肋应取0.8；对单向板楼盖的主梁应取0.6，对双向板楼盖的梁应取0.8；

4）第9～13项应采用与所属房屋类别相同的折减系数。

2 设计墙、柱和基础时：

1）第1（1）项应按表5.1.2规定采用；

2）第1（2）～7项应采用与其楼面梁相同的折减系数；

3）第 8 项的客车，对单向板楼盖应取 0.5，对双向板楼盖和无梁楼盖应取 0.8；

4）第 9～13 项应采用与所属房屋类别相同的折减系数。

注：楼面梁的从属面积应按梁两侧各延伸二分之一梁间距的范围内的实际面积确定。

表 5.1.2 活荷载按楼层的折减系数

墙、柱、基础计算截面以上的层数	1	2～3	4～5	6～8	9～20	>20
计算截面以上各楼层活荷载总和的折减系数	1.00 (0.90)	0.85	0.70	0.65	0.60	0.55

注：当楼面梁的从属面积超过 $25m^2$ 时，应采用括号内的系数。

小静、小波：哎呀！这么多荷载数据，不好记啊！考试可是闭卷、不能带规范的，太难了！

袁老师：确实是有点难。对于结构工程师，在输入荷载数据时需查阅这些表格，查阅的次数多了、某些数据在脑海里的再现次数多了，自然就能记住。你们看这样办好不好：我们多做一些练习，通过练习来记忆；对一些有道理可言的数据，多加以解释，在理解的基础上来记忆可能会容易些。表格的注解往往是易混、易错的考点，我们多做些这方面的练习。

小静、小波：好啊！我们开始吧。

袁老师：好的，让我们翻到第 3.3 小节，习题 3-24～3-28

对话 3.2.3-1 民用建筑楼面均布活荷载的学习方法

袁老师：我们刚做了四道题，我相信你们现在已记住了住宅和办公楼的楼面活荷载标准值不应小于 2.0kN/m²，因为这个数值在这几道练习中已出现了多次。对楼面活荷载在什么情况下需要折减也有一点概念了，对吗？

小 静：是的。但是过几天可能又会忘得一干二净。怎么办呢？

袁老师：不会忘得一干二净的。等你快忘记时，再做类似的练习就会有久别重逢之感，印象特别深。你们也可以仿照这几道练习的方法，互相编一些题目来考考对方，像做智力游戏那样，效果也许会好些。

小 波：我们现在开始做游戏好吗？

袁老师：我们的课时比较少，游戏应利用课余时间去做。另外，在一堂课里过多地重复同一个话题会使人感到乏味，容易引起疲劳，效果不好。

对话 3.2.3-2 谈做楼面均布活荷载练习的体会

2. 屋面活荷载

《荷载规范》规定：

5.3.1　房屋建筑的屋面，其水平投影面上的屋面均布活荷载的标准值及其组合值系数、频遇值系数和准永久值系数的取值，不应小于表5.3.1的规定。

表5.3.1　屋面均布活荷载标准值及其组合系数、频遇值系数和准永久值系数

项次	类　　别	标准值 (kN/m^2)	组合值系数 ψ_c	频遇值系数 ψ_f	准永久值系数 ψ_q
1	不上人的屋面	0.5	0.7	0.5	0
2	上人的屋面	2.0	0.7	0.5	0.4
3	屋顶花园	3.0	0.7	0.6	0.5
4	屋顶运动场地	3.0	0.7	0.6	0.4

注：1　不上人的屋面，当施工或维修荷载较大时，应按实际情况采用；对不同结构应按有关设计规范的规定采用，但不得低于$0.3kN/m^2$；
2　上人的屋面，当兼作其他用途时，应按相应楼面活荷载采用；
3　对于因屋面排水不畅、堵塞等引起的积水荷载，应采取构造措施加以防止；必要时，应按积水的可能深度确定屋面活荷载；
4　屋顶花园活荷载不包括花圃土石等材料自重。

5.3.2　屋面直升机停机坪荷载……

请翻到第3.3小节，做习题3-29～3-31

3. 屋面积灰荷载

在前面的对话3.1-3中曾以积灰荷载为例，强调过“正常使用”与结构的安全性有关，规范的荷载值是以具有一定除尘设施和保证清灰制度为前提的。《荷载规范》规定：

5.4.1　设计生产中有大量排灰的厂房及其邻近建筑时，对于具有一定除尘设施和保证清灰制度的机械、冶金、水泥等的厂房屋面，其水平投影面上的屋面积灰荷载标准值及其组合值系数、频遇值系数和准永久值系数，应分别按表5.4.1-1和表5.4.1-2采用。

表5.4.1-1　屋面积灰荷载标准值及其组合值系数、频遇直系数和准永久值系数

项次	类　　别	标准值（kN/m^2）			组合值系数 ψ_c	频遇值系数 ψ_f	准永久值系数 ψ_q
		屋面无挡风板	屋面有挡风板				
			挡风板内	挡风板外			
1	机械厂铸造车间（冲天炉）	0.50	0.75	0.30	0.9	0.9	0.8
2	炼钢车间（氧气转炉）	—	0.75	0.30			
……	……	……	……	……			
7	水泥厂有灰源车间（窑房、磨房、联合贮库、烘干房、破碎房）	1.00	—	—			
8	水泥厂无灰源车间（空气压缩机站、机修间、材料库、配电站）	0.50	—	—			

注：1　表中的积灰均布荷载，仅应用于屋面坡度α不大于25°；当α大于45°时，可不考虑积灰荷载；当α在25°～45°范围内时，可按插值法取值。
2　清灰设施的荷载另行考虑。
3　对第1～4项的积灰荷载，仅应用于距烟囱中心20m半径范围内的屋面；当邻近建筑在该范围内时，其积灰荷载对第1、3、4项应按车间屋面无挡风板的采用，对第2项应按车间屋面挡风板外的采用。

表 5.4.1-2 高炉邻近建筑的屋面积灰荷载标准值及其组合值系数、频遇值系数和准永久值系数

高炉容积 (m^3)	标准值 (kN/m^2) 屋面离高炉距离 (m)			组合值系数 ψ_c	频遇值系数 ψ_f	准永久值系数 ψ_q
	≤50	100	200			
<255	0.50	—	—	1.0	1.0	1.0
255～620	0.75	0.30	—			
>620	1.00	0.50	0.30			

注：1 表 5.4.1-1 中的注 1 和注 2 也适用本表。
2 当邻近建筑屋面离高炉距离为表内中间值时，可按插入法取值。

5.4.2 对于屋面上易形成灰堆处，当设计屋面板、檩条时，积灰荷载标准值可乘以下列规定的增大系数（图 3.2.4-1）：

1 在高低跨处两倍于屋面高差但不大于 6.0m 的分布宽度内取 2.0；

2 在天沟处不大于 3.0m 的分布宽度内取 1.4。

5.4.3 积灰荷载应与雪荷载或不上人的屋面均布活荷载两者中的较大值同时考虑。

易形成灰堆处对整个屋盖来说是小范围的、局部的，但对该处的小构件（屋面板、檩条等）却是全部的（图 3.2.3-1），故小构件积灰荷载需乘增大系数。但有些厂房的高低跨是垂直相交的，见图 3.2.3-2，易形成灰堆处的荷载对相交处的低跨屋架也是一种整体作用，积灰荷载亦应增大。

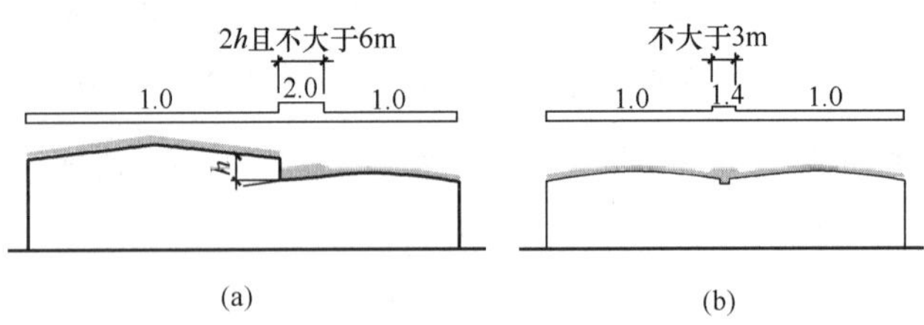

图 3.2.3-1 易形成灰堆处积灰荷载的增大系数
（a）平行相交的高低跨处；（b）天沟处

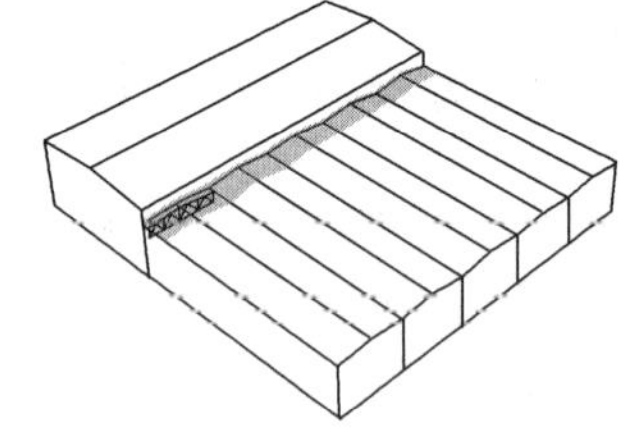

图 3.2.3-2 垂直相交的高低跨

请翻到第 3.3 小节，做习题 3-32

3.2.4 永久荷载

《荷载规范》规定：

4.0.2 结构自重的标准值可按结构构件的设计尺寸与材料单位体积的自重计算确定。

4.0.3 一般材料和构件的单位自重可取其平均值，对于自重变异较大的材料和构件（如现场制作的保温材料、混凝土薄壁构件等），自重的标准值应根据对结构的不利或有利状态，分别取上限值或下限值。常用材料和构件单位体积的自重可按本规范附录 A 采用。

对于常用材料和构件自重，《荷载规范》附录 A 表 A 给出了 17 个大类、共 379 项数据，要把它们全部记下来相当困难、甚至是不可能的，也没有必要。但在闭卷考试中却不乏需要用到这个表格数据的题目。下面摘录《荷载规范》表 A 中一小部分比较常用的数据，希望对读者有所帮助。

附录 A 常用材料和构件的自重

表 A.1 常用材料和构件的自重表

项次	名称		自重	备注
……				
3	金属矿产 (kN/m^3)	……	……	……
		钢	78.5	
		……	……	……
……				
5	砖及砌块 (kN/m^3)	普通砖	18	240mm×115mm×53mm(684 块/m^3)
		普通砖	19	机器制
		灰砂砖	18	砂：白灰＝92：8
		煤渣砖	17～18.5	
		矿渣砖	18.5	硬矿渣：电石渣：烟灰＝30：40：30
		焦渣砖	12～14	
		……	……	……
		焦渣空心砖	10	290mm×290mm×140mm(85 块/m^3)
		水泥空心砖	9.8	290mm×290mm×140mm(85 块/m^3)
		……	……	……
		混凝土空心小砌块	11.8	390mm×190mm×190mm
		……	……	……
		水泥花砖	19.8	200mm×250mm×24mm(1042 块/m^3)
		瓷面砖	19.8	150mm×150mm×8mm(5556 块/m^3)
……				
6	石灰、水泥、灰浆及混凝土 (kN/m^3)	……	……	……
		石灰砂浆、混合砂浆	17	
		……	……	……
		水泥砂浆	20	
		……	……	……
		碎砖混凝土	18.5	
		素混凝土	22～24	振捣或不振捣
		矿渣混凝土	20	
		焦渣混凝土	16～17	承重用
		焦渣混凝土	10～14	填充用
		……	……	……
		泡沫混凝土	4～6	

续表

项次	名称		自重	备注
6	石灰、水泥、灰浆及混凝土（kN/m³）	加气混凝土	5.5～5.7	单块
		……	……	……
		钢筋混凝土	24～25	
		……	……	……
……				
8	杂项（kN/m³）	普通玻璃	25.6	
		钢丝玻璃	26	
		……	……	……
10	砌体（kN/m³）	……	……	……
		浆砌普通砖	18	
		浆砌机砖	19	
		……	……	……
		浆砌矿渣砖	21	
		浆砌焦渣砖	12.5～14	
		……	……	……

请翻到第 3.3 小节，做习题 3-33 至 3-39

3.3 习 题

3-1 普通房屋和构筑物的设计使用年限为(   )。

(A) 5 年　　(B) 25 年　　(C) 50 年　　(D) 100 年

题解：请参见《统一标准》第 3.3.3 条(已摘录于 3.1 小节)。

答案：C。

3-2 下列关于设计使用年限的叙述，错误的是哪一个(   )?

(A) 设计规定的结构或结构构件不需进行大修即可按其预定目的使用的时期

(B) 超过设计使用年限的结构，并不意味着完全失效，但它的可靠度可能较设计预期值小，相应的失效概率较设计预期值大，可能需要进行大修

(C) 一般建筑经过大修都能超期服役

(D) 设计使用年限一到期的建筑，意味着马上就会失效，必须立刻拆除

题解：A 对，见《统一标准》第 2.1.5 条；B 对、C 对、D 错，请参见对话 3.1-1“结构的使用年限”。

答案：D。(题解中的规范条文或条文说明已摘录于 3.1 小节)

3-3 《建筑结构可靠性设计统一标准》规定：结构的设计、施工和维护应使结构在规定的设计使用年限内以规定的可靠度满足下列功能要求：(1) 能承受在施工和使用期间可能出现的各种作用；(2) 保持良好的使用性能；(3) 具有足够的耐久性能；(4) 当

发生火灾时，在规定的时间内可保持足够的承载力；（5）当发生爆炸、撞击、人为错误等偶然事件时，结构能保持必要的整体稳固性、不出现与起因不相称的破坏后果，防止出现结构的连续倒塌。在上述五项功能中，属于对结构安全性要求的是（　　）。

（A）第1、3两项　　（B）第1、4、5三项

（C）第2、4两项　　（D）第3、4两项

题解：请参见《统一标准》第3.1.2条及相应的条文说明（已摘录于3.1小节）。

答案：B。

3-4　对于生产中有大量排灰的厂房及其邻近建筑，规范给出的积灰荷载值（　　）。

（A）是以具有一定除尘设施和保证清灰制度为前提的

（B）已考虑了不清灰的因素

（C）对一般厂房，按两年清灰一次考虑

（D）对铸造车间的冲天炉附近按一年清灰一次考虑

题解：请参见《荷载规范》5.4.1条及其条文说明（已摘录于3.1小节的对话3.1-2）。

答案：A。

3-5　下列关于荷载效应的说法，哪一项是错误的？

（A）楼面荷载引起的梁的内力属于荷载效应

（B）地震荷载引起的结构侧向位移属于荷载效应

（C）温度变化引起的结构的裂缝不属于荷载效应

（D）地基变形引起结构的内力不属于荷载效应

题解：请对照《荷载规范》第1.0.4条以及该条的条文说明（已摘录于3.1小节）。A对，楼面荷载属于直接作用，可称之为“荷载”，它引起梁的内力就是“荷载效应”；B错，地震属于间接作用，不可称之为“荷载”，它引起的位移不能叫“荷载效应”，而应称“地震作用效应”；C、D对，温度变化、地基变形都属于间接作用，都不可称之为“荷载”，它们引起的裂缝和内力都不属于“荷载效应”，而应分别称之为“温度变化作用效应”和“地基变形作用效应”。

答案：B。

3-6　在结构设计中，下列各项哪些属于承载能力极限状态设计的内容？

Ⅰ　构件和连接的强度破坏

Ⅱ　疲劳破坏

Ⅲ　影响结构耐久性能的局部损坏

Ⅳ　结构和构件丧失稳定，结构转变为机动体系和结构倾覆

（A）Ⅰ、Ⅱ　　（B）Ⅰ、Ⅱ、Ⅲ

（C）Ⅰ、Ⅱ、Ⅳ　　（D）Ⅰ、Ⅱ、Ⅲ、Ⅳ

题解：请对照《统一标准》第4.1.1-1条（已摘录于3.1小节）。

答案：C。

3-7　以下哪项不属于钢结构正常使用极限状态下需要考虑的内容？（2011-64）

（A）结构转变为可变体系　　（B）钢梁的挠度

（C）人行走带来的振动　　（D）腐蚀环境下涂层的材料和厚度

题解：见《统一标准》4.1.1-1条（已摘录于3.1小节）。另外，从常识判断，也可以得出答案应为A。因为结构转变为可变体系是就要倒塌，这显然不是一个是否能正常使用的问题。

答案：A。

3-8 在下列荷载中，哪一项为活荷载？(2010-1)

(A) 风荷载　　(B) 土压力

(C) 结构自重　　(D) 结构的面层做法

题解：见《荷载规范》第 3.1.1 条（已摘录于 3.2.1 小节）。

答案：A。

3-9 设计基准期是为确定（　　）取值而选用的时间参数。

(A) 可变作用　　(B) 建筑物使用年限

(C) 永久作用　　(D) 偶然作用

题解：请参见《统一标准》第 2.1.53 条（已摘录于 3.2.1 小节之 2）。

答案：A。

3-10 以下叙述的组合，正确的是(　　)。

Ⅰ 易于替换的结构构件的设计使用年限为 25 年

Ⅱ 易于替换的结构构件的设计基准期为 25 年

Ⅲ 普通房屋和构筑物的设计使用年限为 50 年

Ⅳ 纪念性建筑和特别重要的建筑结构的设计基准期为 100 年

(A) Ⅰ、Ⅳ　　(B) Ⅱ、Ⅲ　　(C) Ⅰ、Ⅲ　　(D) Ⅱ、Ⅳ

题解：Ⅰ、Ⅲ对，请参见《统一标准》第 3.3.3 条（已摘录于 3.1 节）；Ⅱ、Ⅳ错，错在将“设计基准期”等同于“设计使用年限”，请参见对话 3.2.1-1：“设计基准期”和“设计使用年限”的区别。

答案：C。

3-11 下列关于荷载代表值的说法错误的是(　　)。

(A) 对永久荷载应采用标准值作为代表值。

(B) 对可变荷载应根据设计要求采用标准值、组合值、频遇值或准永久值作为代表值

(C) 对偶然荷载应按建筑结构使用的特点确定其代表值

(D) 荷载组合值是荷载的基本代表值，而其他代表值都可在组合值的基础上乘以相应的系数后得出

题解：请参见《荷载规范》3.1.2 条条文说明（已摘录于 3.2.1 小节之 3）。

答案：D。

3-12 荷载标准值是荷载的基本代表值，为(　　)内最大荷载统计分布的特征值。

(A) 设计基准期　　(B) 设计使用年限

(C) 70 年　　(D) 100 年

题解：请参见《荷载规范》第 2.1.6 条（已摘录于 3.2.1 小节之 4）。

答案：A。

3-13 一般的钢筋混凝土高层建筑的高度大于下列哪一个数值时宜采用风洞试验来确定建筑物的风荷载？

(A) 150m　　(B) 200m　　(C) 250m　　(D) 300m

题解：请对照《混凝土高规》4.27 条（已摘录于 3.2.2 小节之 1）。

答案：B。

3-14 当(　　)时，宜采用风洞试验判断确定建筑物的风荷载。

(A) 房屋高度大于 150m 且平面形状不规则、立面形状复杂

(B) 房屋高度大于 150m 且立面开洞或连体建筑

(C) 房屋高度大于 150m 且周围地形和环境较复杂

(D) 高层建筑的周围地形和环境较复杂

题解：请对照《混凝土高规》4.2.7 条（已摘录于 3.2.2 小节之 1）。

答案：D。

说明：A、B、C 是上一轮《混凝土高规》的要求。新高规要求严了，把高度大于 150m 的附加条件取消了。

3-15 对于特别重要或对风荷载比较敏感的高层建筑，确定基本风压的重现期应为下列何值？(2010-3)

(A) 10 年　　(B) 25 年

(C) 50 年　　(D) 100 年

题解：按新规范答案为 C；按旧规范答案为 D。详见《混凝土高规》4.2.2 条及其条文说明（已摘录于 3.2.2 小节之 2）。

答案：C。

3-16 地面粗糙度是指风在到达结构物以前吹越过(　　)km 范围内的地面时，描述该地面上不规则障碍物分布状况的等级。

(A) 2　　(B) 3　　(C) 4　　(D) 5

题解：请参见《荷载规范》第 2.1.23 条（已摘录于 3.2.2 小节之 3）。

答案：A。

3-17 以下关于风荷载高度变化系数 μ_z 叙述的组合，正确的是(　　)。

Ⅰ 地面粗糙程度相同，离地面 60m 高度处的 μ_z 大于离地面 90m 高度处的 μ_z

Ⅱ 离地面 90m 高度处，地面粗糙度类别为 A 类的 μ_z 大于地面粗糙度类别为 D 类的 μ_z

Ⅲ 地面粗糙度类别为 A 类指有密集建筑群且房屋较高的城市市区

Ⅳ 地面粗糙度类别为 B 类，离地面 350m 高度处和离地面 550m 高度处的 μ_z 相等

(A) Ⅰ、Ⅲ　　(B) Ⅰ、Ⅳ　　(C) Ⅱ、Ⅳ　　(D) Ⅲ、Ⅳ

题解：Ⅰ、Ⅲ错、Ⅱ、Ⅳ对，请参见对话 3.2.2-1，并对照《荷载规范》表 8.2.1（已摘录于 3.2.2 小节之 3）。

答案：C。

3-18 某屋顶女儿墙周围无遮挡，当风荷载垂直墙面作用时，墙面所受的风压力：(2010-5)

(A) 小于风吸力　　(B) 大于风吸力

(C) 等于风吸力　　(D) 与风吸力的大小无法比较

题解：屋顶女儿墙周围无遮挡时相当于独立墙壁，由《荷载规范》表 7.3.1 第 34 项（已摘录于 3.2.2 小节之 4（1））得知：迎风面垂直墙面风压力体型系数为＋1.5；背风面风吸力体型系数无标注（计算时取“零”）。

答案：B。

3-19 图示单跨封闭式双坡屋面的屋面坡角 $\alpha=15°$，风荷载体型系数正确的是(　　)。

题解：请对照《荷载规范》表 8.3.1（已摘录于 3.2.2 小节之 4（1））。A 错，只有当屋面坡角 $\alpha>30°$ 时，迎风的坡屋面才是压力，题目给的屋面坡角 $\alpha=15°$，迎风的坡屋面是吸力，μ_s 应为负值；B 错，迎风坡屋面的错误同 A，背风的坡屋面任何时候都是吸力；C 对；D 错，迎风墙面不

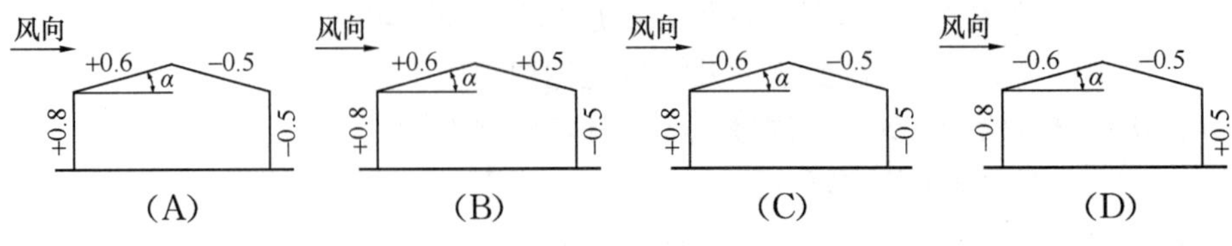

3-19 题目附图

可能为吸力，背风墙面不可能为压力。

答案：C。

3-20 高层建筑采用下列哪一种平面形状，对抗风作用是最有利的？

(A) 矩形平面　　(B) 正方形平面

(C) 圆形平面　　(D) 菱形平面

题解：请参见《荷载规范》表 8.3.1 第 30 项和《混凝土高规》(B) 0.1-4 条 。圆形平面的体形系数最小，故对抗风作用是最有利的。

答案：C。(题解中的规范条文已摘录于 3.2.2 小节之 4 (1))

3-21 檐口、雨篷、遮阳板、边棱处的装饰条等突出构件的局部体型系数取(　　)。

(A) −1.5　　(B) +1.5　　(C) −2.0　　(D) +2.0

题解：请参见《荷载规范》第 8.3.3 条 (已摘录于 3.2.2 小节之 4 (2))。

答案：C。

3-22 下列关于风振系数 β_z 和阵风系数 β_{gz} 的叙述，错误的是(　　)。

(A) 风振系数 β_z 用于主体结构计算

(B) 风振系数 β_z 用于主体结构和围护结构计算

(C) 阵风系数 β_{gz} 用于围护结构计算

(D) 阵风系数 β_{gz} 是个大于 1 的数

题解：A、C 对，B 错，请参见图 3.2.2-4 和 3.2.2 小节之 5；D 对，见《荷载规范》第 8.6.1 条。(已摘录于 3.2.2 小节之 5 (2))

答案：B。

3-23 下图所示三种高层建筑迎风面面积均相等，在相同风环境下其所受水平荷载合力大小，正确的是(　　) (2014-80)

(A) Ⅰ＝Ⅱ＝Ⅲ　　(B) Ⅰ＝Ⅱ＜Ⅲ　　(C) Ⅰ＜Ⅱ＝Ⅲ　　(D) Ⅰ＜Ⅱ＜Ⅲ

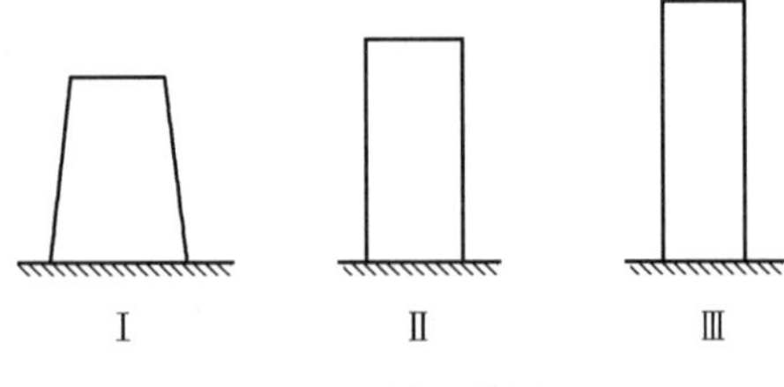

3-23 题目附图

题解：由于地表对气流存在摩擦，故离地面越近风速就越低、风压就越小；反之风速就越高、风压就越大 (见 3.2.2 小节之 3)，故在题给条件的前提下，高度越高，风荷载的合力就越大。Ⅰ的高度不但低，而且风压大的上部窄，风压小的下部宽，故风荷载的合力小得更多。

答案：D。

3-24 在住宅楼梯预制踏步平板的设计时，应按下列哪一项选取活荷载？

(A) 按均布活荷载标准值不应小于 2.5kN/m^2设计

(B) 按均布活荷载标准值不应小于 2.0kN/m^2设计

(C) 按均布活荷载标准值不应小于 3.5kN/m^2设计

(D) 按均布活荷载标准值不应小于 2.0kN/m^2设计，同时还需按 1.5kN 集中荷载验算

题解：请对照《荷载规范》表 5.1.1 的第 12-（1）项及该表的注解 5（已摘录于 3.2.3 小节之 1）。

答案：D。

说明：人在上、下楼梯时是通过脚以集中荷载的方式传给踏步的，楼梯均布活荷载是考虑现浇楼梯几个相邻的踏步一起工作时的等效荷载。但对预制踏步平板楼梯来说，相邻的踏步平板不是一个整体、不可能一起工作，故还需按集中荷载进行补充验算。

3-25 下列关于办公楼楼面均布活荷载标准值的描述，正确的是(　　)。

(A) 均布活荷载标准值不应小于 2.0kN/m^2，已包括隔墙自重和二次装修荷载

(B) 均布活荷载标准值不应小于 2.0kN/m^2，未包括隔墙自重和二次装修荷载。所有隔墙自重和二次装修荷载均按恒荷载考虑

(C) 均布活荷载标准值不应小于 2.0kN/m^2，未包括隔墙自重和二次装修荷载。对固定隔墙的自重应按恒荷载考虑，当隔墙位置可灵活自由布置时，非固定隔墙的自重可取每延米长墙重（kN/m）的 1/3 作为楼面活荷载的附加值（kN/m^2）计入，附加值不小于 1.0kN/m^2

(D) 均布活荷载标准值不应小于 2.5kN/m^2

题解：请对照《荷载规范》表 5.1.1 的第 1-1）项及该表的注解 6（已摘录于 3.2.3 小节之 1）。

答案：C。

3-26 设计住宅的楼面梁时，下列关于建筑楼面均布活荷载标准值的叙述，正确的是(　　)。

(A) 在任何情况下都不应小于 2.0kN/m^2

(B) 当楼面梁从属面积超过 25m^2时，不应小于 1.8kN/m^2

(C) 当楼面梁从属面积超过 50m^2时，不应小于 1.8kN/m^2

(D) 当楼面梁从属面积超过 75m^2时，不应小于 1.8kN/m^2

题解：作用在楼面上的活荷载，不可能以标准值的大小同时布满在所有的楼面上。因此在设计梁、墙、柱和基础时，应对活荷载标准值进行折减。请对照《荷载规范》第 5.1.2 条的第 1-1）项，对于住宅，楼面梁从属面积超过 25m^2时，规范表 5.1.1 中的楼面活荷载标准值 2.0kN/m^2应乘以不应小于 0.9 的折减系数，变成不应小于 $0.9\times2.0=1.8$kN/m^2。

答案：B。(题解中的规范条文已摘录于 3.2.3 小节之 1)

3-27 某 10 层住宅为框架结构，在设计柱子基础时，1～10 层楼面均布活荷载标准值不应小于(　　)。

(A) 1.2kN/m^2　　(B) 1.3kN/m^2

(C) 1.4kN/m^2　　(D) 2.0kN/m^2

题解：从《荷载规范》表 5.1.2（已摘录于 3.2.3 小节之 1）可以看出，计算截面以上各楼层数越多，折减系数就越小，这是因为楼层越多，同时满载的可能性就越小的缘故。基础顶面的柱截面上部有 10 层楼，属于 9～20 层的范围，活荷载总和的折减系数不应小于 0.6，故 1～10 层楼面

均布活荷载标准值均不应小于 0.6×2.0=1.2kN/m^2。

答案：A。

3-28 下列对楼梯栏杆顶部水平荷载的叙述，何项正确？(2010-2)

(A) 所有工程的楼梯栏杆顶部都不需要考虑

(B) 所有工程的楼梯栏杆顶部都需要考虑

(C) 学校等人员密集场所楼梯栏杆顶部需要考虑，其他不需要考虑

(D) 幼儿园、托儿所等楼梯栏杆顶部需要考虑，其他不需要考虑

题解：《荷载规范》强制性条文规定：

> **5.5.2 楼梯、看台、阳台和上人屋面等的栏杆活荷载标准值不应小于下列规定：**
>
> **1. 住宅、宿舍、办公楼、旅馆、医院、托儿所、幼儿园，栏杆顶部的水平荷载应取 1.0kN/m；**
>
> **2. 学校、食堂、剧场、电影院、车站、礼堂、展览馆或体育场，栏杆顶部的水平荷载应取 1.0kN/m，竖向荷载应取 1.2kN/m，水平荷载与竖向荷载应分别考虑。**

这一条文虽然没有明确指出除 1、2 款之外的其他建筑的栏杆顶部水平荷载的取值，但用排除法易知 A、C、D 错，正确的就只有 B 了。另外，楼梯栏杆的作用是防止上下楼梯的人跌落到楼梯外面，所以按常识判断，也可以确定 A、C、D 是错的。

答案：B。

3-29 某建筑的上人的屋面作餐厅用，屋面水平投影面上的活荷载标准值不应小于(　　)kN/m^2。

(A) 2.0　　(B) 2.5　　(C) 3.0　　(D) 3.5

题解：《荷载规范》第 5.3.1 条的注解 2 指出："上人的屋面，当兼作其他用途时，应按相应楼面活荷载采用"，再根据《荷载规范》表 5.1.1 条的第 2 项，餐厅的活荷载标准值不应小于 2.5kN/m^2。

答案：B。(题解的规范条文已摘录于 3.2.3 小节之 1 和 2)

3-30 下列关于屋面水平投影面上的均布活荷载的叙述，错误的是(　　)。

(A) 对于不上人的屋面，在任何情况下，其标准值都不应小于 0.5kN/m^2

(B) 对于不上人的屋面，当施工或维修荷载较大时，应按实际情况采用

(C) 屋顶花园活荷载不包括花圃土石等材料自重。

(D) 对于因屋面排水不畅、堵塞等引起的积水荷载，应采取构造措施加以防止；必要时，应按积水的可能深度确定屋面活荷载。

题解：请对照《荷载规范》表 5.3.1 及注解（已摘录于 3.2.3 小节之 2）。

答案：A 。

3-31 在地基变形计算中，关于屋面均布活荷载的取值，正确的说法是(　　)。

(A) 屋顶花园活荷载的取值不应小于 3.0kN/m^2

(B) 上人的屋面活荷载的取值不应小于 2.0kN/m^2

(C) 不上人的屋面活荷载的取值不应小于 0.5kN/m^2

(D) 不上人的屋面活荷载的取值为"零"

题解：根据《建筑地基基础设计规范》第 3.0.4 条（已摘录于 3.2.1-3 小节）规定："… 计算地基变形时，传至基础底面上的荷载效应应按正常使用极限状态下荷载效应的准永久组合，…"。再对照《荷载规范》第 5.3.1 条的表 5.3.1（已摘录于 3.2.3 小节之 2）中的准永久值系数，屋

顶花园活荷载应取准永久值不应小于 0.5×3.0=1.5kN/m^2，A 错；上人的屋面活荷载应取准永久值不应小于 0.4×2.0=0.8kN/m^2，B 错；不上人的屋面活荷载的准永久值系数为 0，即不需考虑，C 错、D 对。

答案：D 。

3-32 以下关于屋面积灰荷载的叙述，哪项符合《荷载规范》GB 50009—2001（2006 年版）？

(A) 对于具有一定除尘设施和保证消灰制度的工业房屋，可不考虑积灰荷载

(B) 积灰均布荷载的取值与屋面坡度有关

(C) 积灰荷载不与雪荷载同时考虑

(D) 积灰荷载中已考虑了消灰设施的重量

题解：《荷载规范》5.4.1 条文说明（已摘录于 3.1 小节）强调："……，确定积灰荷载只有在考虑工厂设有一般的除尘装置，且能坚持正常的清灰制度的前提下才有意义……"，这从侧面说明 A 错；《荷载规范》表 5.4.1-1 的注解 1 反映出积灰均布荷载与屋面坡度是有关系的，B 对；《荷载规范》第 5.4.3 条强调："积灰荷载应与雪荷载或不上人的屋面均布活荷载两者中的较大值同时考虑"，说明 C 错；《荷载规范》第 5.4.1 条表 5.4.1-1 的注解 2 指出："清灰设施的荷载另行考虑"，说明 D 错。

答案：B。(题解的规范条文除标注者外，均摘录于 3.2.3 小节之 3)

3-33 某工程填充用焦渣混凝土的自重对结构不利，在荷载标准值计算时，它的自重应按(　　)kN/m^3计。

(A) 10　　(B) (10+14) /2　(C) 13　　(D) 14

题解：由《荷载规范》附录 A 的表 A 查得：第 6 大类中填充用焦渣混凝土的自重为 10～14kN/m^3，再根据《荷载规范》第 4.0.3 条："……。对于自重变异较大的材料和构件（如现场制作的保温材料、混凝土薄壁构件等)，自重的标准值应根据对结构的不利状态，取上限值或下限值"。对于本题，因自重对结构不利，故应取上限值 14kN/m^3 。

答案：D。(题解中的规范条文及附录已摘录于 3.2.4 小节)

3-34 某卫生间一侧的无门窗隔墙为 115mm 厚普通机制砖砌体；双面水泥砂浆抹灰，每面厚 20mm；墙高 2.8m。这一隔墙的均布自重标准值最接近(　　)。

(A) 8.36kN/m　　(B) 8.04kN/m

(C) 7.24kN/m　　(D) 2.99kN/m

题解：由《荷载规范》[7]附录 A 的表 A（已摘录于 3.2.4 小节）查得：第 10 大类中的浆砌普通机制砖砌体自重为 19kN/m^3；第 6 大类中的水泥砂浆自重为 20kN/m^3。于是这一隔墙的均布自重标准值 q_{Gk} 为

$$q_{Gk}=0.115\times2.8\times1\times19+2\times0.02\times2.8\times1\times20=8.358\text{kN/m}$$

A 最接近这个结果。B 错在将机制砖砌体重度取成 18kN/m^3（手工砖)；C 错在按单面抹灰计；D 错在没有算墙高。

答案：A。

3-35 某工程现浇钢筋混凝土构件的自重对结构不利，在荷载标准值计算时，它的重度应按(　　)kN/m^3计。

(A) 24　　(B) (24+25) /2　(C) 25　　(D) 24.8

题解：由《荷载规范》附录 A 的表 A 查得：第 6 大类中钢筋混凝土的自重为 24～25kN/m^3，再根据《荷载规范》第 3.1.3 条："……。对于自重变异较大的材料和构件（如现场制作的保温材

料、混凝土薄壁构件等），自重的标准值应根据对结构的不利状态，取上限值或下限值”。对于本题，因自重对结构不利，故应取上限值 25kN/m³。

答案：C。（题解中的规范条文及附录已摘录于 3.2.6 小节）

3-36 某室外钢筋混凝土地下车库，设计地下水位离地面 1m，以下叙述的组合，正确的是（　　）。

Ⅰ 验算顶板的承载力时，钢筋混凝土的自重应按 24kN/m³ 考虑

Ⅱ 在地下室的抗浮验算中，钢筋混凝土的自重应按 24kN/m³ 考虑

Ⅲ 验算顶板的承载力时，钢筋混凝土的自重应按 25kN/m³ 考虑

Ⅳ 在地下室的抗浮验算中，钢筋混凝土的自重应按 25kN/m³ 考虑

（A）Ⅰ、Ⅱ　　（B）Ⅱ、Ⅲ　　（C）Ⅰ、Ⅲ　　（D）Ⅱ、Ⅳ

题解：由《荷载规范》[7] 附录 A 的表 A 查得：第 6 大类中钢筋混凝土的自重为 24～25kN/m³，再根据《荷载规范》第 4.0.3 条：“……。对于自重变异较大的材料和构件（如现场制作的保温材料、混凝土薄壁构件等），自重的标准值应根据对结构的不利状态，取上限值或下限值”。对于本题，因自重对顶板的承载力不利，应取上限值 25kN/m³，故Ⅰ错、Ⅲ对；又因自重对抗浮有利，应取下限值 24kN/m³，故Ⅱ对、Ⅳ错。

答案：B。（题解中的规范条文及附录已摘录于 3.2.45 小节）

3-37 115mm 厚普通黏土砖内墙与 200mm 厚加气混凝土砌块内墙都采用双面混合砂浆抹灰（每面厚 20mm）时，试比较这两种墙体的自重。

（A）一样重

（B）黏土砖墙重约为加气混凝土墙重的 2 倍

（C）加气混凝土墙重

（D）黏土砖墙重约为加气混凝土墙重的 1.5 倍

题解：由《荷载规范》附录 A 的表 A 得：第 10 大类中的浆砌普通砖砌体自重为 18kN/m³；第 6 大类中的混合砂浆自重为 17kN/m³，加气混凝土（单块）5.5～5.7kN/m³，考虑到加气混凝土砌体有砂浆的部分，自重按上限 5.7kN/m³ 计。浆砌普通砖墙自重为 18×0.115＋17×0.04＝2.75kN/m²，加气混凝土砌块墙自重为 5.7×0.2＋17×0.04＝1.82kN/m²，2.75/1.82＝1.51。

答案：D。（题解中的规范条文及附录已摘录于 3.2.4 小节）

3-38 某办公楼设计中将楼面混凝土面层厚度由原来的 50mm 调整为 100mm，调整后增加的楼面荷载标准值与下列何项最为接近（混凝土重度按 20kN/m³，计算）？（2010-4）

（A）0.5kN/m²　　（B）1.0kN/m²

（C）1.5kN/m²　　（D）2.0kN/m²

题解：重度为 20kN/m³ 的混凝土是矿渣混凝土，见《荷载规范》附录 A。根据《荷载规范》4.0.2 条：“结构自重的标准值可按结构构件的设计尺寸与材料单位体积的自重计算确定”。楼面混凝土面层厚度由原来的 50mm 调整为 100mm，其厚度增加了 0.05m，由此增加的楼面荷载标准值为：0.05×20＝1.0kN/m²。（本题题解引用到的规范附录和条文已摘录于 3.2.4 小节）

答案：B。

注意：题目问的是“调整后增加的楼面荷载标准值”；而不是“调整后的混凝土面层楼面荷载标准值”。若按后者发问，答案就应为 D 了。

3-39 下列常用建筑材料中，重度最小的是（　　）。（2012-43）

（A）钢　　（B）混凝土　　（C）大理石　　（D）铝

题解：《荷载规范》附录A给出上述材料的重度分别为：钢 78.5kN/m^3，素混凝土 22～24kN/m^3、钢筋混凝土 24～25kN/m^3，大理石 28kN/m^3，铝 27kN/m^3。本题容易错选D，因为在日常生活中，“铝”在人们的印象里是很轻的。之所以有这种印象，除了铝本身的重度小的原因之外，还有另一个原因是铝制品大都是厚度薄、体积小的。但题目问的是重度、而不是构件的重量，与体积无关。

答案：B。

第4章　混凝土结构

4.1　概　　述

混凝土结构包括钢筋混凝土结构、预应力混凝土结构和素混凝土结构。

混凝土是由水泥、砂、石加水拌合而成的人造石，它的抗压强度较高，但抗拉强度很低。因此，素混凝土结构的应用范围很有限，主要用于受压构件、刚性基础（即无筋扩展基础）等。《混凝土结构设计规范》[11]（以下简称《混凝土规范》）规定：

> **D.1.1**　素混凝土构件主要用于受压构件。素混凝土受弯构件仅允许用于卧置在地基上以及不承受活荷载的情况。

如果将素混凝土用作梁，如图4.1-1（a）所示，在很小的荷载作用下，受拉区边缘的混凝土就会开裂，而且一裂即断，呈现出十分明显的脆性。梁在破坏时，混凝土的抗压强度还远没有充分利用。

如果在梁的受拉区配置适量的钢筋，形成普通钢筋混凝土梁，如图4.1-1（b）所示，虽然当荷载约等于上述开裂荷载P_{cr}时，受拉区边缘的混凝土还会开裂，但钢筋可以代替开裂的混凝土承受拉力，因此可以继续加载。当荷载达到正常使用极限状态的标准值P_k时，混凝土裂缝的宽度还可以接受（图4.1-1c）。再继续加载至钢筋达到屈服，荷载仍可略有增加，然后受压区混凝土被压碎，构件超过了承载能力极限状态而告破坏。

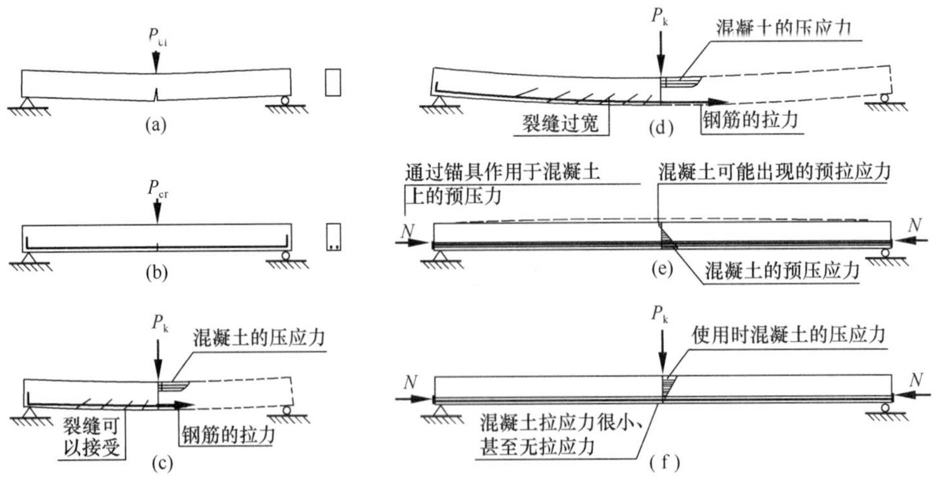

图4.1-1　素混凝土梁、钢筋混凝土梁和预应力混凝土梁的比较

普通钢筋混凝土梁在使用荷载作用下，一般均带裂缝工作，当受拉钢筋应力发挥得比

较充分时，裂缝宽度可以达到0.2～0.3mm，因而不宜在高湿度或侵蚀性环境中使用。对于大跨度梁，若想通过采用高强度材料减小截面尺寸、进而减轻结构自重，即便是在承载能力方面行得通，但也会因变形过大和裂缝过宽而无法满足使用要求（图4.1-1d）。为了利用高强度材料，可以在梁受外荷载作用前，预先对由外荷载引起的混凝土受拉区施加压力（图4.1-1e），以此产生的预压应力来减小或抵消外荷载所引起的拉应力，从而使梁的拉应力很小、甚至无拉应力（图4.1-1f）。这便是预应力混凝土梁。混凝土的预压力由被张拉钢筋的回弹力产生。对于先张法（先张拉钢筋，后浇筑混凝土），这种回弹力是通过预应力钢筋与混凝土的粘结力来传递；而对于后张法（先浇筑混凝土，后张拉钢筋）则是通过构件端部的锚具传递（图4.1-1e）。

钢筋混凝土由钢筋和混凝土两种材料组成的，这两种物理力学性能不相同的材料之所以能有效地结合在一起共同工作，主要是由于：(1) 钢筋与混凝土之间存在有粘结力，使二者在荷载作用下能够协调变形，共同受力；(2) 钢筋与混凝土的温度线膨胀系数相近(钢筋为12×10^{-6}/℃，混凝土为10×10^{-6}/℃)，当温度变化时，二者间不会因此产生较大的相对变形而破坏它们之间的结合；(3) 钢筋至构件边缘之间的混凝土保护层，起着防止钢筋锈蚀的作用，保证了结构的耐久性。

请翻到4.11节，做习题4-1，4-2

4.2 材　　料

4.2.1 钢筋

1. 钢筋的选用

《混凝土规范》规定：

> **4.2.1** 混凝土结构的钢筋应按下列规定选用：
>
> **1** 纵向受力普通钢筋可采用HRB400、HRB500、HRBF400、HRBF500、HRB335、RRB400、HPB300钢筋；梁、柱和斜撑构件的纵向受力普通钢筋宜采用HRB400、HRB500、HRBF400、HRBF500钢筋。
>
> **2** 箍筋宜采用HRB400、HRBF400、HRB335、HPB300、HRB500、HRBF500钢筋。
>
> **3** 预应力筋宜采用预应力钢丝、钢绞线和预应力螺纹钢筋。

普通钢筋系指用于钢筋混凝土结构中的钢筋和预应力混凝土结构中的非预应力钢筋。HPB300是热轧光圆钢筋，直径符号为Φ；HRB335、HRB400、HRB500是普通热轧带肋钢筋，直径符号分别为Φ̲、Φ̳和Φ̿；HRBF335、HRBF400、HRBF500是热轧过程中通过控轧和控冷工艺形成的细晶粒带肋钢筋，直径符号分别为Φ̲^F、Φ̳^F和Φ̿^F；RRB400为余热处理钢筋，符号为Φ̳^R。例如2根直径10mm的HPB300级钢筋可写成2Φ10；4根直径25mm的HRB400级钢筋可写成4Φ̳25等。

值得一提的是，在手写时很容易混同的两个符号Φ和ϕ，在规范中有着不同的含意，前者是热轧光圆钢筋HPB300的直径符号，而后者则仅表示钢筋的直径。《混凝土规范》规定：

> **2.2.4** 计算系数及其他……
>
> ϕ——表示钢筋直径的符号，ϕ20 表示直径为 20mm 的钢筋。
>
> 2.2.4 条文说明：……
>
> 增加斜体希腊字母符号“ϕ”，仅表示钢筋直径，不代表钢筋的牌号。

小静：袁老师，普通钢筋代号中的数字有什么含意呢?

袁老师：它们代表钢筋屈服强度的标准值，请参见图（a）。

小波：热轧带肋钢筋是什么样子的？为什么用 HRB 和 HRBF 作标注？

老师：请看图（b）。HRB 是英文“热轧带肋钢筋”Hot rolled ribbed steel bars 的

简称；HRBF 是细晶粒热轧钢筋 hot rolled bars of fine grains 的简称。

小静和小波：预应力钢筋的极限抗拉强度好高哦！为什么要采用这么高强度的钢筋?

老师：混凝土预压应力的大小，取决于预应力钢筋张拉应力的大小，考虑到构件在制作过程中会出现各种预应力损失，需要较高的张拉应力，这就要求预应力钢筋具有较高的强度；另外，对于跨度较大的结构，从满足荷载作用的要求出发，也需采用高强度钢筋。

小静：预应力混凝土结构中为什么会有非预应力钢筋呢?

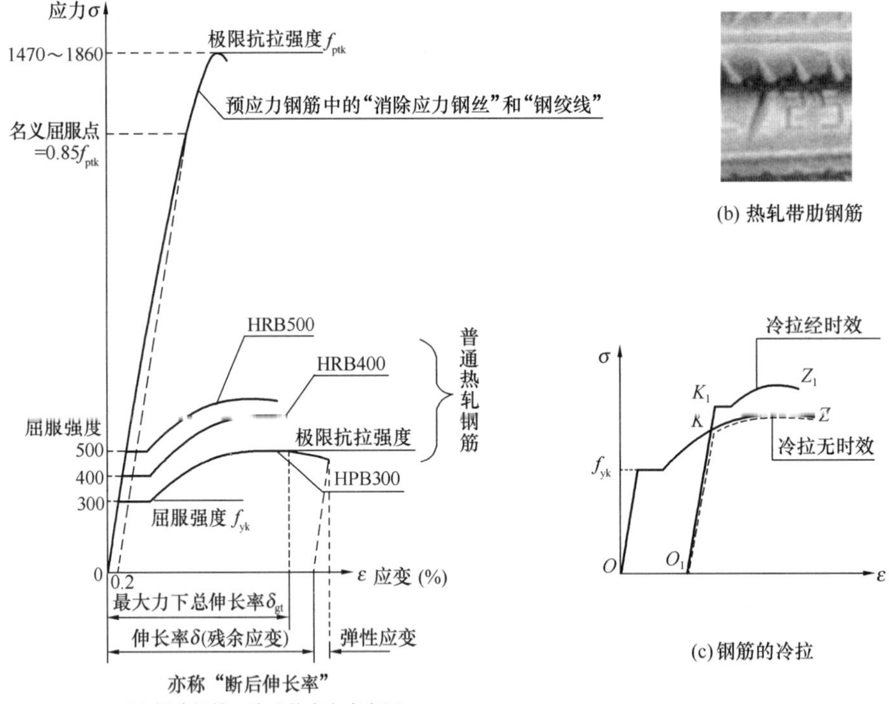

(a) 部分钢筋一次拉伸应力应变图

(b) 热轧带肋钢筋

(c) 钢筋的冷拉

袁老师：你们从图（a）中注意到钢筋的强度越高，变形能力（即塑性）就越差的规律了吗？预应力钢筋强度高，但塑性差，没有明显的屈服点，对于图（a）所示的两种预应力钢筋，取其极限抗拉强度 f_{ptk} 的 0.85 倍作为名义上的屈服点（亦称条件屈服点，大约相应于残余应变为 0.2%时的应力）。预应力混凝土结构破坏前变形较小、没有明显的裂缝，延性差。可以通过配置一定数量的非预应力钢筋来改善这种结构的延性。《抗震规范》[3] 3.5.4-3 条规定：“预应力混凝土构件，应配有足够的非预应力钢筋”。另外，非预应力钢筋可以承担预应力钢筋张拉时引起的反拱（图 4.1-1e 虚线所示）拉应力。再

说，预应力混凝土结构中的箍筋、架立钢筋也只能采用非预应力钢筋。

小波：钢材的“伸长率 δ”和“最大力下总伸长率 δ_{gt}”越大、塑性就越好，对吗？它们有什么不一样呢？

袁老师：“伸长率 δ”（亦称“断后伸长率”）是钢材试件达到极限抗拉强度后，发生了颈缩变形，直至被拉断的残余应变，它包含了断口—颈缩区域局部变形的影响。“最大力下总伸长率 δ_{gt}”则是钢材试件达到极限抗拉强度、即达到最大应力时的总应变，它包含了弹性应变和残余应变，不受断口—颈缩区域局部变形的影响，反映了钢筋拉断前达到最大力（极限强度）时的均匀应变，故又称“均匀伸长率”。

小静和小波：冷拉和冷拔又是怎么回事呢？

袁老师：冷拉是将热轧钢筋拉到进入强化阶段的某一点，如图（c）中的 K 点，然后卸荷至应力为零（图 c 中的 O_1 点）。如立即重新加荷，应力应变将沿 O_1KZ 曲线进行，屈服强度提高至 K 点。如停留一段时间再加荷，则应力应变将沿 $O_1K_1Z_1$ 曲线进行，屈服强度提高至更高的 K_1 点。这一现象称“冷拉时效”，经冷拉时效后的钢筋抗拉强度有显著提高，但塑性降低，屈服台阶变小。

冷拔是将热轧光圆钢筋 HPB（低碳钢）分几次用强力拔过比它本身直径小的硬质合金拔丝模，使其抗拉强度大幅度提高，但塑性下降很多，失去了屈服台阶。

冷拉只能提高钢筋的抗拉强度，冷拔则可以同时提高钢筋的抗拉强度和抗压强度。

对话 4.2.1-1　钢筋代号、预应力钢筋、非预应力钢筋、冷拉和冷拔

【例 4.2.1-1】结构设计中，无屈服点的钢筋单调加载的应力应变本构关系曲线示意图的形状？

题解：无屈服点的钢筋单调加载的应力应变本构关系曲线示意图的形状见对话 4.2.1-1 图（a）中的《预应力钢筋中的“消除应力钢丝”和“钢铰线”的一次拉伸应力应变曲线。

说明：

①“应力应变本构关系曲线”和“应力应变曲线”是同一个意思，后这更简单、进而也更常用一些。“本构关系”是反映物质宏观性质的数学模型，由于“应力应变曲线”本身就是数学模型的一种反映，所以一般不提“应力应变本构关系曲线”。

②“单调加载”与“一次加载”（对于钢筋就是一次拉伸）是同一个意思。作为比较，对话 4.2.1-1 图（b）中的 OKZ 是一次拉伸曲线；$O_1K_1Z_1$ 是 2 次拉伸曲线（冷拉经时效）；O_1KZ 也是 2 次拉伸曲线（图中的虚线，冷拉无时效）。

请翻到 4.11 节，做习题 4-3～4-8

上述规定适用于主体结构。对于预埋件及吊环用的钢筋，其塑性要求较高，《混凝土规范》规定：

> **9.7.1**　…
>
> 受力预埋件的锚筋应采用 HRB400 或 HPB300 钢筋，不应采用冷加工钢筋。
>
> …
>
> **9.7.4**　预埋件锚筋中心至锚板边缘的距离不应小于 $2d$ 和 20mm。预埋件的位置应使锚筋位于构件的外层主筋的内侧。

预埋件的受力直锚筋直径不宜小于 8mm，且不宜大于 25mm。直锚筋数量不宜少于 4 根，且不宜多于 4 排；受剪预埋件的直锚筋可采用 2 根。

…

9.7.6 吊环应采用 HPB300 钢筋或 Q235B 圆钢，……

请翻到 4.11 节，做习题 4-9～4-11

2. 钢筋的强度标准值

《混凝土规范》规定：

4.2.2 钢筋的强度标准值应具有不小于 95%的保证率。……

普通钢筋有明显的屈服平台，屈服时应力不增加也会发生很大的变形，故其强度标准值采用屈服强度标志，用 f_{yk}表示，符号中的脚标 y 为英文“屈服”yield 的词首，k 表示标准值。预应力钢筋没有明显的屈服点，故其强度标准值用极限抗拉强度标志，用 f_{ptk}表示，符号中的脚标 t 和 p 分别为英文“拉力”tension 和“预应力”prestressed 的第一个字母。

请翻到 4.11 节，做习题 4-12，4-13

3. 钢筋的强度设计值

钢筋的强度标准值是钢材质量检验的重要指标。但它的保证率不是 100%而是 95%，因此还需将它除以大于 1 的系数，使其变小后再供设计使用，这便是钢筋的强度设计值。

对于大多数普通钢筋，将屈服强度标准值 f_{yk}除以抗力分项系数 1.1 便可得到抗拉强度设计值 f_y和抗压强度设计值 f'_y。例如 HRB335 级钢筋的屈服强度标准值 $f_{yk}=335\text{N/mm}^2$，抗拉（压）强度设计值 $f_y=(f'_y)=335/1.1=305\text{N/mm}^2$，取整为：$f_y=(f'_y)=300\text{N/mm}^2$。但对于新列入规范的 500MPa 级高强度普通钢筋（即 HRB500 和 HRBF500），因塑性不如其他级别的普通钢筋，故在确定其抗拉强度设计值 f_y时，抗力分项系数取 1.15，$f_y=500/1.15=435\text{N/mm}^2$。此外，由于 500MPa 级普通钢筋的强度较高，受压时有一个稳定问题，故对于轴心受压构件，它的抗压强度设计值 f'_y略低于 f_y，为 $f'_y=400\text{N/mm}^2$；对于偏心受压构件则仍按 $f'_y=f_y=435\text{N/mm}^2$ 考虑。

对于预应力钢筋，由于没有实际的屈服点，规范先将它们的极限抗拉强度标准值乘以 0.77～0.88 的系数变成条件屈服点（相应的残余应变为 0.2%），然后除以抗力分项系数 1.2 便可得到预应力钢筋的抗拉强度设计值 f_{py}。预应力钢筋的抗力分项系数比普通钢筋者大，是因为其塑性差的缘故。例如 $f_{ptk}=1720\text{N/mm}^2$的钢绞线，强度设计值 $f_{py}=1720\times0.85/1.2=1218\text{N/mm}^2$，取整为 1220N/mm^2。预应力钢筋的抗压强度远小于抗拉强度，约为后者的 1/3.4～1/2.6。

请翻到 4.11 节，做习题 4-15

4.2.2 混凝土

1. 混凝土的强度等级一立方体抗压强度标准值

混凝土的强度等级有 C15、C20、C30、C35、C40、C45、C50、C55、C60、C65、C70、C75、C80 等共 14 级。关于它们的划分方法，《混凝土规范》规定：

4.1.1 混凝土强度等级应按立方体抗压强度标准值确定。立方体抗压强度标准值系指按照标准方法制作、养护的边长为150mm的立方体试件，在28d或设计规定龄期用标准试验方法测得的具有95%保证率的抗压强度值。

立方体抗压强度标准值用$f_{cu,k}$表示，下标cu是英文"立方体"cube的头两个字母。

请翻到4.11节，做习题4-16，4-17

2. 混凝土的轴心抗压强度

考虑到混凝土结构受压构件往往不是立方体，而是棱柱体，所以采用棱柱体试件比立方体试件能更好地反映混凝土的实际抗压能力。用棱柱体试件（150mm×150mm×300mm）测得的抗压强度称为轴心抗压强度，其标准值用f_{ck}表示（脚标c为英文"压力"compression的第一个字母）。

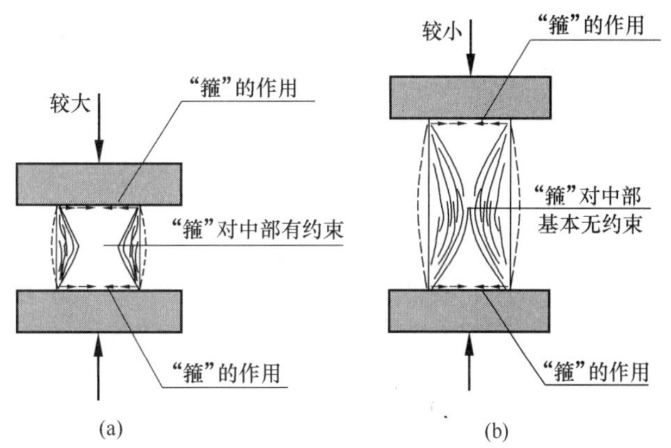

图4.2.2-1 立方体试件和棱柱体试件的比较
（a）立方体150×150×150试件；
（b）棱柱体150×150×300试件

试件受压时横向要扩张，如图4.2.2-1的虚线所示。但压力机垫板的横向变形远小于混凝土的横向变形，因此，垫板便通过接触面上的摩擦力对混凝土试块的横向变形产生约束，就好像在试件的上、下端各加了一个"箍"一样。立方体试件由于比较短，"箍"可约束到中间部位的混凝土（图4.2.2-1a），故强度较高；棱柱体试件由于比较长，"箍"约束不到中间部位的混凝土（图4.2.2-1b），故强度较低。换句话说，混凝土的轴心抗压强度低于立方体抗压强度。前者的标准值f_{ck}约为后者标准值$f_{cu,k}$的1/1.6～1/1.5。混凝土的轴心抗压强度标准值f_{ck}除以抗力分项系数1.4，可得到相应的设计值f_c，即$f_c = f_{ck}/1.4$。由于混凝土比较脆，所以它的抗力分项系数比较大，亦即设计值要比标准值小得更多一些。

3. 混凝土的轴心抗拉强度

虽然混凝土的抗拉强度远低于抗压强度，但它仍然是混凝土的基本力学性能，可以间接地用来衡量混凝土的其他力学性能，如抗剪强度和抗冲切强度等。混凝土的轴心抗拉强度标准值用f_{tk}表示，它约为混凝土的轴心抗压强度标准值f_{ck}的1/16.1～1/7.9。混凝土的轴心抗拉强度标准值f_{tk}除以抗力分项系数1.4，可得到混凝土的轴心抗拉强度设计值f_t，即$f_t = f_{tk}/1.4$。

请翻到4.11节，做习题4-18

4. 耐久性规定及混凝土最低强度等级的确定

混凝土结构的耐久性与结构所处环境和设计使用年限有关，环境越差、设计使用年限越长，对混凝土的要求就越高。这些要求包括：最大水胶比（水胶比为水与水泥的重量之比，旧规范称“水灰比”)、最小水泥用量、最低混凝土强度等级、最大氯离子含量和最大碱含量。最低混凝土强度等级除了与耐久性有关之外，还与结构采用的钢筋以及荷载的性质有关。

《混凝土规范》规定：

3.5.1 混凝土结构应根据设计使用年限和环境类别进行耐久性设计，……

3.5.2 混凝土结构暴露的环境类别应按表3.5.2的要求划分。

表3.5.2 混凝土结构的环境类别

环境类别	条件
一	室内干燥环境； 无侵蚀性静水浸没环境
二a	室内潮湿环境； 非严寒和非寒冷地区的露天环境； 非严寒和非寒冷地区与无侵蚀性的水或土壤直接接触的环境； 严寒和寒冷地区的冰冻线以下与无侵蚀性的水或土壤直接接触的环境
二b	干湿交替环境； 水位频繁变动环境； 严寒和寒冷地区的露天环境； 严寒和寒冷地区冰冻线以上与无侵蚀性的水或土壤直接接触的环境
三a	严寒和寒冷地区冬季水位变动区环境； 受除冰盐影响环境； 海风环境
三b	盐渍土环境； 受除冰盐作用环境； 海岸环境
四	海水环境
五	受人为或自然的侵蚀性物质影响的环境

注：……

3.5.3 设计使用年限为50年的混凝土结构，其混凝土材料宜符合表3.5.3的规定。

表3.5.3 结构混凝土材料的耐久性基本要求

环境类别	最大水胶比	最低强度等级	最大氯离子含量(%)	最大碱含量(kg/m^3)
一	0.60	C20	0.30	不限制
二a	0.55	C25	0.20	3.0
二b	0.50(0.55)	C30(C25)	0.15	
三a	0.45(0.50)	C35(C30)	0.15	
三b	0.40	C40	0.10	

注：1 氯离子含量系指其占胶凝材料总量的百分比；
2 预应力构件混凝土中的最大氯离子含量为0.06%；其最低混凝土强度等级宜按表中的规定提高两个等级；
3 素混凝土构件的水胶比及最低强度等级的要求可适当放松；
4 有可靠工程经验时，二类环境中的最低混凝土强度等级可降低一个等级；
5 处于严寒和寒冷地区二b、三a类环境中的混凝土应使用引气剂，并可采用括号中的有关参数；
6 当使用非碱活性骨料时，对混凝土中的碱含量可不作限制。

3.5.7 耐久性环境类别为四类和五类的混凝土结构，其耐久性要求应符合有关标准的规定。

控制最大氯离子含量是为了防止钢筋锈蚀；控制最大碱含量是为了防止碱-骨料反应。这种反应是指混凝土中的水泥、外加剂、掺合料或拌和水的可溶性碱(K^+、Na^+)溶于混凝土孔隙液中，与骨料中能与碱反应的活性成分（如 SiO_2）在混凝土凝结硬化后逐渐发生反应，生成含碱的凝胶体，吸水膨胀，使混凝土产生内应力而开裂。它能使混凝土的耐久性下降，严重时还会使混凝土失去使用价值。由于这种破坏既难以阻止其发展，也难以修补，故俗称混凝土的“癌症”。

请翻到 4.11 节，做习题 4-19～4-21

对于设计使用年限为 100 年的结构，其耐久性的要求当然会更加严格。《混凝土规范》规定：

> **3.5.5** 一类环境中，设计使用年限为 100 年的混凝土结构应符合下列规定：
>
> **1** 钢筋混凝土结构的最低强度等级为 C30；预应力混凝土结构的最低强度等级为 C40；
>
> **2** 混凝土中的最大氯离子含量为 0.06%；
>
> …
>
> **3.5.6** 二、三类环境中，设计使用年限 100 年的混凝土结构应采取专门的有效措施。

【例 4.2.2-1】大型博物馆（设计使用年限为 100 年），在一类环境下，混凝土楼板最低强度等级不应低于(　　)。(2019 年回忆题)

(A) C20　　(B) C30　　(C) C40　　(D) C50

题解：请参见《混凝土规范》3.5.5 条 1 款（已摘录于本小节）。

答案：B

请翻到 4.11 节，做习题 4-22

上述规范条文，结合耐久性的要求规定了混凝土的最低强度等级。混凝土的最低强度等级还需与结构采用的钢筋般配，做到门当户对。此外，混凝土的最低强度等级还与构件的受荷性质（静荷载还是动荷载）有关。《混凝土规范》规定：

> **4.1.2** 素混凝土结构的混凝土强度等级不应低于 C15；钢筋混凝土结构的混凝土强度等级不应低于 C20；采用强度等级 400MPa 及以上的钢筋时，混凝土强度等级不应低于 C25。
>
> 预应力混凝土结构的混凝土强度等级不宜低于 C40，且不应低于 C30。承受重复荷载的钢筋混凝土构件，混凝土强度等级不应低于 C30。

请翻到 4.11 节，做习题 4-23～4-26

5. 混凝土的收缩与徐变

(1) 混凝土的收缩—干缩

混凝土凝结硬化后因停止养护在空气中失去水分使体积减小的现象称为“干缩”，一般称的“混凝土收缩”多指这类“干缩”，这也是本节要谈的内容。引起混凝土收缩还有其他方面的原因，例如温度变化等，此处从略。混凝土收缩时如没有受到任何阻力，结构是不会因收缩而产生内力的。但这只有在理想的静定结构中才会出现，对于大多数情况，这是不可能的。例如较长的现浇混凝土楼盖（梁和板）想缩短，但支承它的柱和墙却要拉住它，不想让它缩短，于是楼板便会产生拉应力，当某处的拉应力大于该处混凝土的抗拉强度时，混凝土就会开裂；反过来，楼盖也会对限制它自由缩短的柱和墙产生水平方向的反作用力，从而使这些竖向构件产生附加内力。因结构超长引起的干缩问题，可以通过加强配筋、加适量膨胀剂和留后浇带的办法来解决。对于预应力混凝土结构，收缩会引起预应力损失。

试验表明，混凝土的收缩与下列因素有关：**①水泥等级高，收缩大；②水泥多，收缩大；③水灰比（水与水泥的重量比）大，收缩大；④骨料坚硬（即弹性模量大）、所占体积比大、级配好、混凝土制作密实，收缩小；⑤养护温、湿度大，收缩小；⑥使用环境温湿度大，收缩小。**

（2）混凝土的徐变

混凝土在荷载长期作用下（即压力不变的情况下），它的应变随时间继续增长的现象称为混凝土徐变。

徐变对钢筋混凝土构件的受力性能有很大影响。徐变会加大结构的变形，例如梁在荷载长期作用下，由于受压区混凝土的徐变，可使挠度增大 2～3 倍或更多；偏心受压柱在荷载长期作用下由于混凝土的徐变会引起偏心距增加，从而使柱的承载力降低；预应力混凝土构件由于混凝土徐变所产生的预应力损失，是预应力损失中的主要部分。应该指出的是徐变对结构有利的一面是受拉的徐变可延缓收缩裂缝的出现。

试验表明，影响混凝土徐变大小的因素有：**①长期应力越大，徐变越大；②加荷时混凝土的龄期越早（即强度越低），徐变越大；③水泥多，徐变大；④水灰比大，徐变大；⑤骨料坚硬、所占体积比大、级配好、混凝土制作密实，徐变小；⑥养护温、湿度大，徐变小。**可以看出，徐变的某些影响因素与收缩的影响因素是相同的。

请翻到 4.11 节，做习题 4-27～4-34

4.3 受弯构件承载力的定性分析及简单计算

4.3.1 正截面承载力

梁的轴力一般比较小（三铰门式刚架的横梁除外），本节讨论的梁是指轴力可以忽略不计的梁。梁在弯矩作用下若抗弯承载能力不足，其破坏截面基本与梁轴垂直，故梁的抗弯承载力计算亦称正截面承载力计算。

1. 适筋梁、超筋梁、少筋梁的破坏形式

图 4.3.1-1 中有三根配筋量不同的钢筋混凝土矩形截面梁。在梁自重远小于集中荷载的情况下，梁的中间区段主要承受弯矩作用。我们先讨论这一区段，试验表明：随着梁纵向受拉钢筋配置数量的不同，梁会出现三种不同的正截面破坏形态，即适筋破坏、超筋破坏和少筋破坏，与之相应的梁分别称作适筋梁、超筋梁和少筋梁，如图（a）、图（b）和图（c）所示。

适筋梁受拉区纵向钢筋的配置量适当，其**破坏特征是受拉区纵向钢筋首先屈服，然后受压区边缘混凝土达到极限压应变而被压碎破坏**（亦称“强压弱拉”，见图 a）。这种破坏以裂缝的加宽和挠度的急剧发展为预兆，能引起人们的注意，具有**塑性破坏**的特点。

超筋梁受拉区纵向钢筋的配置过多，其**破坏特征是受压区边缘混凝土达到极限压应变**

而破碎时，受拉区纵向钢筋还未屈服（图 b）。超筋梁破坏前受拉区混凝土的裂缝还很细微，梁的挠度也不大，无明显预兆，具有**脆性破坏**的特点，虽然承载力较高，但在工程中也不允许采用。因此，钢筋混凝土梁的受拉区纵向钢筋有最大配筋率的限制。

少筋梁由于受拉区纵向钢筋的配置过少，在低荷载作用下混凝土也会开裂，而且只要受拉混凝土一开裂，裂缝处钢筋的应力立即达到并超过屈服强度，接着梁因混凝土达到极限压应变或因钢筋被拉断而破坏。概括地说，**少筋梁的破坏特征是**一裂即坏（图 c）。少筋梁承载力低，破坏突然，具有明显的**脆性破坏**特点，而且承载力低，在工程中不允许采用。因此，钢筋混凝土梁的受拉区纵向钢筋有最小配筋率的限制。

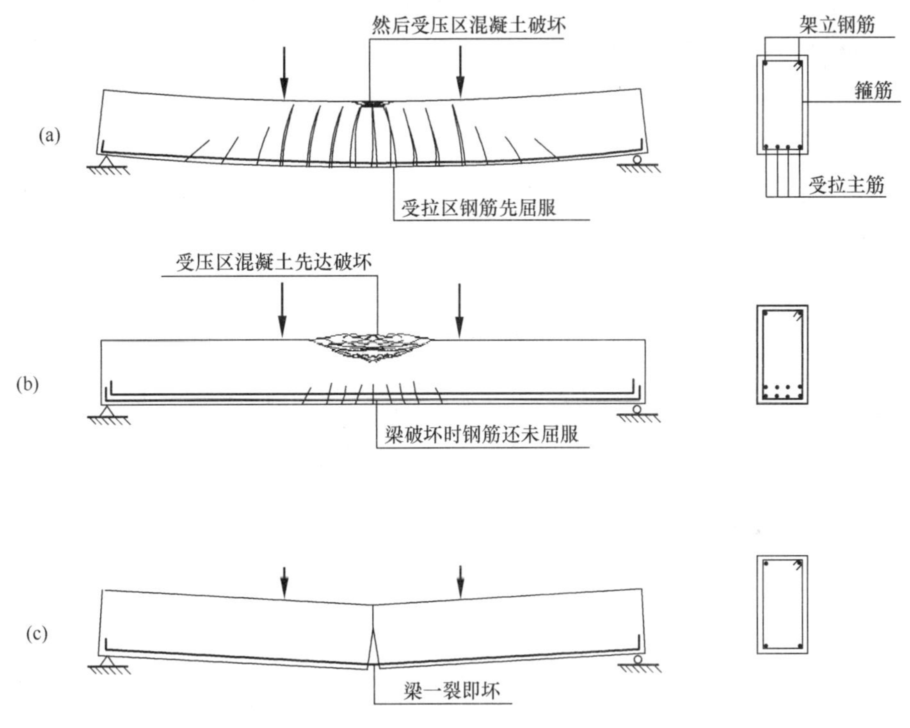

图 4.3.1-1　适筋梁、适筋梁、适筋梁的破坏形式

考点讲解：关于钢筋混凝土梁的破坏，错误的说法是：少筋梁的破坏是延性破坏。

讲解：上面已经指出：**少筋梁的破坏特征是一裂即坏，具有明显的脆性破坏特点。**

请翻到 4.11 节，做习题 4-35

2. 单筋矩形截面梁的抗弯承载力计算

以图 4.3.1-1（a）所示的简支梁为例，梁内的钢筋有受拉主筋、箍筋和架立钢筋。对于这根梁来说，受拉主筋起抗弯作用，箍筋起抗剪作用，而架立钢筋只起到固定箍筋位置的作用。架立钢筋位于受压区、直径小，一般都不考虑它的受力（压力），计算时只考虑单侧（受拉侧）的钢筋受力，故称单筋矩形截面梁。为简练起见，计算简图只表示受拉主筋，而且由于设计前钢筋的根数和直径都是未知数，也有用一道粗水平线来表示受拉主筋的做法。

下面对照图 4.3.1-2 来进行分析。适筋梁以受拉区纵向钢筋先达到屈服，然后受压区边缘混凝土达到极限压应变为承载力极限状态的标志，此时的混凝土受压区以及截面的应力分布分别如图（a）和图（b）所示。科研工作者用材料强度的设计值代替材料的实际应力，并将混凝土曲线分布的压应力，等效为矩形分布，见图（c）和图（d）。单筋矩形截面梁的抗弯承载力计算公式，就是据此推导出来的。图中的A_s是英文“钢筋面积”Area steel bars 的简写；a 是纵向受拉钢筋合力点至截面受拉边缘的距离；h_0为截面有效高度；α_1是由于等效变换而出现的系数，当混凝土强度等级不超过 C50 时（即大多数情况），α_1取为 1.0（即不用考虑），当混凝土强度等级为 C80 时，α_1取为 0.94，其间按线性内插法确定；f_y和 f_c在前面已介绍过，分别为钢筋抗拉强度设计值和混凝土轴心抗压强度设计值。

对照图（c）和图（d），并假定梁的纵轴为（z）轴

由$\sum z=0$ 得
$$f_yA_s=\alpha_1 f_c bx \tag{4.3.1-1}$$

对受拉钢筋合力作用点求矩，

由$\sum M=0$ 得
$$M_u=\alpha_1 f_c bx\ (h_0-x/2) \tag{4.3.1-2a}$$

也可以对混凝土压应力合力作用点求矩，求出 M_u的另一种表达式
$$M_u = f_yA_s(h_0-x/2) \tag{4.3.1-2b}$$

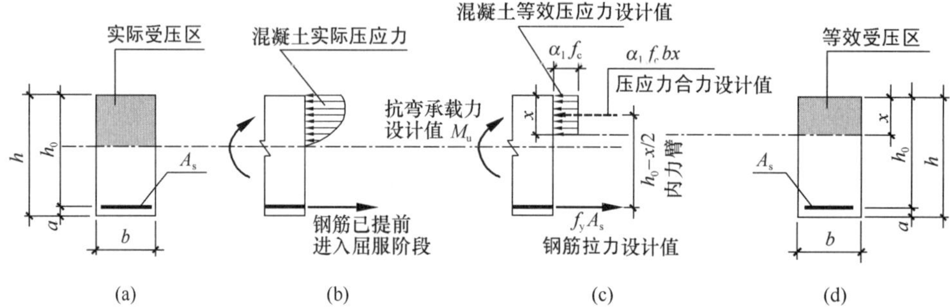

图 4.3.1-2　梁达到承载力极限状态时的截面应力分布，计算用的截面等效压应力分布

设由荷载基本组合出来的截面弯矩设计值为 M，则需满足
$$M\leqslant M_u = \alpha_1 f_c bx(h_0-x/2) \tag{4.3.1-3a}$$

或
$$M\leqslant M_u = f_yA_s(h_0-x/2) \tag{4.3.1-3b}$$

同时还需满足　$A_s/(bh)\geqslant\rho_{min}$（防止少筋破坏）　(4.3.1-4)

和　$A_s/(bh_0)\leqslant\rho_{max}$（防止超筋破坏）　(4.3.1-5a)

ρ_{min}和 ρ_{max}分别为最小配筋率和最大配筋率。需特别注意上两式在计算梁的配筋率时分母的截面面积是不同的，计算防止少筋破坏取全面积 bh，而计算防止超筋破坏取有效面积 bh_0。

【例 4.3.1-1】一钢筋混凝土梁，断面尺寸如下图所示。混凝土采用 C30，$f_c=14.3\text{N/mm}^2$；钢筋采用 HRB400 级，$f_y=360\text{N/mm}^2$，已配钢筋面积 1256mm² (4⌀20)，该梁能承受的弯矩设计值最接近的是(　　)。(图中尺寸单位为 mm)（拓展讲解 2019 回忆题)

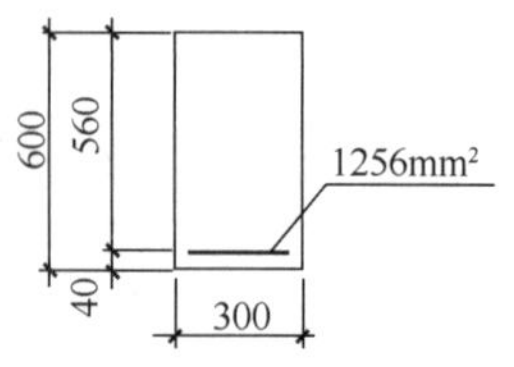

【例 4.3.1-1】附图

(A) 301kN·m　　(B) 149kN·m

(C) 402kN·m　　(D) 229kN·m

题解： 先用式（4.3.1-1）$f_yA_s=\alpha_1 f_c bx$ 求 x

$$x=f_yA_s/(\alpha_1 f_c b)=360\times1256/(1.0\times14.3\times300)=105\text{mm}$$

将 x 代入式(4.3.1-2b)得　$M_u=f_yA_s(h_0-x/2)=360\times1256\times(560-105/2)$

$=229\times10^6\text{N}\cdot\text{mm}=229\text{kN}\cdot\text{m}$

也可将 x 代入式(4.3.1-2a)得 $M_u=\alpha_1 f_c bx(h_0-x/2)$

$=1.0\times14.3\times300\times105\times(560-105/2)$

$=229\times10^6\text{N}\cdot\text{mm}$(两种算法的结果是一样的)

答案：D。

【例 4.3.1-2】 已知梁的混凝土等级为 C30，纵向受拉钢筋采用 HRB400 级时，其最小配筋率 $\rho_{min}=0.20\%$，最大配筋率 $\rho_{max}=2.06\%$。试校核上例的受拉纵向钢筋是否满足最小配筋率和最大配筋率的要求。

题解：$A_S/(bh)=1256/(300\times600)=0.70\%>\rho_{min}=0.20\%$ （满足）

$A_S/(bh_0)=1256/(300\times560)=0.75\%<\rho_{max}=2.06\%$ （满足）

请翻到 4.11 节，做习题 4-36，4-37

前例是已知钢筋的数量求梁的抗弯承载力设计值 M_u，比较容易。若题目提问的方式是反过来的，即已知荷载产生的弯矩设计值 M，求所需的钢筋面积 A_s 就比较麻烦，需要解一元二次方程。有一种比较简单的方法是假定图 4.3.1-2（c）所示的内力臂（$h_0-x/2$）近似地等于 $0.9h_0$ 或 $0.87h_0$ 代入到式（4.3.1-3b），移项后可得到估算钢筋面积的公式

$$A_s\geqslant M/(0.9h_0 f_y) \quad (4.3.1\text{-}6a)$$

或

$$A_s\geqslant M/(0.87h_0 f_y) \quad (4.3.1\text{-}6b)$$

钢筋面积估算出来后，根据钢筋的规格，选择最接近估算面积的钢筋根数和直径，用选好的钢筋面积，按前例的方法进行验算，钢筋不足就增加些，过于保守就减少些，再重新验算至合适为止。钢筋的直径规格（mm）有 6、8、10、12、14、18、16、18、20、22、25、28、32、36、40、50 等，直径小于 28mm 者较常用。钢筋面积就是圆面积，可以查表得到，不过圆面积的计算也并不难，$A_s=\pi d^2/4$ 便是。

【例 4.3.1-3】一钢筋混凝土梁，断面尺寸如下图所示。混凝土采用 C35，$f_c=16.7\text{N/mm}^2$；钢筋采用 HRB400 级，$f_y=360\text{N/mm}^2$，纵向受拉钢筋的最小配筋率 $\rho_{min}=0.20\%$，最大配筋率 $\rho_{max}=2.40\%$。已知荷载产生的弯矩设计值 $M=340\text{kN}\cdot\text{m}$，求所需的钢筋面积。

（提示：需注意单位的统一，$1\text{kN}\cdot\text{m}=1\times10^6\text{N}\cdot\text{mm}$）

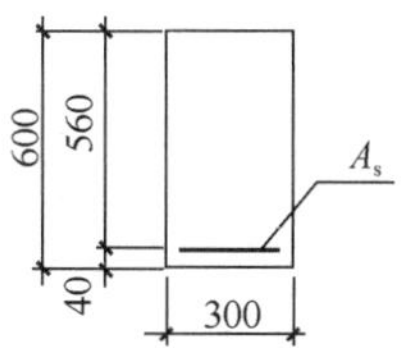

【例 4.3.1-3】附图

题解：先利用式（4.3.1-6a）估算钢筋面积

$$A_s\geqslant M/(0.9h_0 f_y)=340\times10^6/(0.9\times560\times360)=1874\text{mm}^2$$

选 4 Φ 25，$A_s=1964\text{mm}^2$

验算：

先用式(4.3.1-1) $f_yA_s=\alpha_1 f_c bx$ 求 x

$x=f_yA_s/(\alpha_1 f_c b)=360\times1964/(1.0\times16.7\times300)=141\text{mm}$

将 x 代入式(4.3.1-2b)得 $M_u=f_yA_s(h_0-x/2)=360\times1964\times(560-141/2)$

$=346\times10^6\text{N}\cdot\text{mm}=346\text{kN}\cdot\text{m}>M=340\text{kN}\cdot\text{m}$(可)

配筋率复核：

$A_s/(bh)=1964/(300\times600)=1.09\%>\rho_{min}=0.20\%$（满足）

$A_s/(bh_0)=1964/(300\times560)=1.17\%<\rho_{max}=2.40\%$（满足）

说明：一根直径为 d 的钢筋面积 $A_s=\pi d^2/4$，本例 4 根直径为 25mm 的钢筋面积为

$$A_s = 4\times3.14\times25^2/4 = 4\times491 = 1964\text{mm}^2$$

请翻到4.11节，做习题4-38，4-39

3. 有受压翼缘的单筋T形截面梁的抗弯承载力

请看下例：

【例4.3.1-4】一简支梁设计成两种如下图示的不同截面，如果梁下部纵向受拉钢筋配置相同、混凝土强度等级也相同，关于它们受弯承载力M_u的正确说法是？

(A) 两者M_u相同

(B) T形截面的M_u大于矩形截面的M_u

(C) T形截面的M_u小于矩形截面的M_u

(D) 哪个的M_u大不能确定

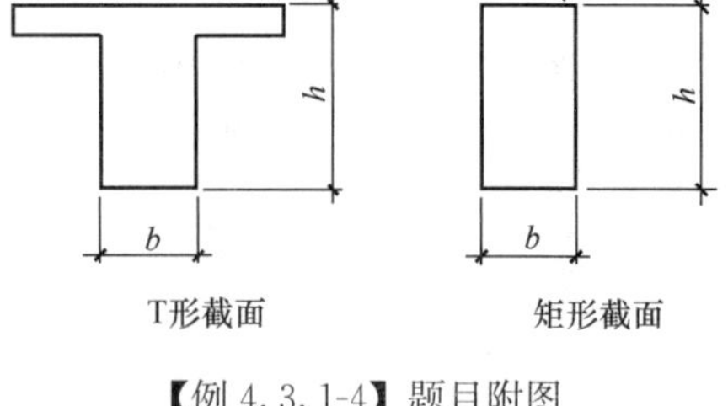

【例4.3.1-4】题目附图

题解：

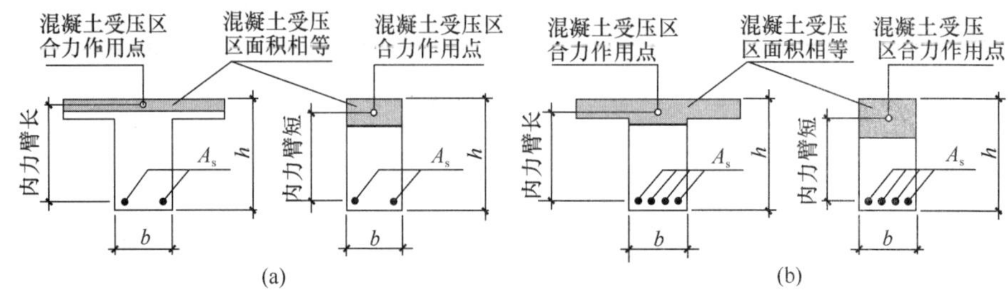

【例4.3.1-4】题解附图

(a) 受拉钢筋配置较少的情况；(b) 受拉钢筋配置较多的情况

由于两种截面的受拉钢筋配置相同，故钢筋的合力也相同，进而混凝土受压区合力、混凝土受压区面积亦相同，见题解附图。这是由于混凝土受压区合力和钢筋的合力必须大小相等、方向相反才能满足纵轴方向的力平衡条件。对于T形截面梁，当受拉钢筋配置较少时，混凝土受压区面积也比较小，会全部落在T形截面的翼缘内（图a）；而当受拉钢筋配置较多时，混凝土受压区面积就比较大，会一部分落在T形截面的翼缘内，另一部分落在T形截面的腹板上（图b）。但不论是哪一种情况，都是T形截面的内力臂长，矩形截面的内力臂短。而M_u等于内力臂与钢筋合力（或混凝土受压区合力）的乘积（请对照式4.3.1-2），故T形截面的M_u大于矩形截面的M_u。

答案：B。

4. 最大配筋率ρ_{max}和最小配筋率ρ_{min}限制值的具体规定

(1) 最大配筋率

从式（4.3.1-1）$f_yA_s=\alpha_1 f_c bx$可以看出，在其他条件不变的情况下，随着钢筋的面积A_s增加，混凝土受压区高度x也在增大。当受压区高度x增大到某一个值x_b时，梁的破坏形态是钢筋应力达到屈服强度的同时受压区边缘混凝土达到极限压应变，这种破坏便是梁从适筋破坏过渡到超筋破坏的一种界限破坏，此时的受压区高度x_b与截面有效高度h_0的比值称相对界限受压区高度$\xi_b=x_b/h_0$。ξ_b仅与材料性能有关，而与截面尺寸无关，对于强度等级不超过C50的混凝土，钢筋采用HPB300、HRB335和HRB400时，ξ_b分别为0.576、0.550和0.518。相对受压区高度$\xi=x/h_0$大于ξ_b者为超筋梁。故式（4.3.1-

5a）也可改写成另一种表达形式：

$$x \leqslant \xi_b h_0 \tag{4.3.1-5b}$$

与 ξ_b 相对应的配筋率称之为最大配筋率 ρ_{max}。因 ρ_{max} 源于 $\xi_b = x_b/h_0$，所以在计算配筋率时，分母取有效面积 bh_0。对于单筋矩形截面，限制 $A_s/(bh_0) \leqslant \rho_{max}$ 与限制 $x \leqslant \xi_b h_0$ 是等效的，后者用得更多。例如，在【例 4.3.1-1】中，已算得受压区高度 $x=105$mm，则由相对受压区高度 $\xi = x/h_0 = 105/560 = 0.188 < 0.518$，就可以判定它不会超筋。那么【例 4.3.1-2】题目给定的最大配筋率 ρ_{max} 又是怎样算出来的呢？请看下例。

【例 4.3.1-5】一钢筋混凝土梁，混凝土采用 C30，$\alpha_1 = 1.0$，$f_c = 14.3$N/mm²；钢筋采用 HRB400 级，$f_y = 360$N/mm²，ξ_b 为 0.518，求最大配筋率 ρ_{max}。

题解：令式（4.3.1-1）中的 $x = x_b = \xi_b h_0$

移项后得 $A_s = \alpha_1 f_c b x_b / f_y = \alpha_1 f_c b \xi_b h_0 / f_y$

$$\rho_{max} = A_s/(bh_0) = (\alpha_1 f_c b \xi_b h_0 / f_y)/(bh_0) = \alpha_1 f_c \xi_b / f_y \tag{4.3.1-7}$$

$$= 1.0 \times 14.3 \times 0.518/360$$

$$= 2.06\%$$

请翻到 4.11 节，做习题 4-40

（2）最小配筋率

最小配筋率的理论值可由梁破坏时的极限弯矩不小于开裂弯矩推导出，所以在计算配筋率时，分母取全面积 bh（对于有受压翼缘的单筋 T 形截面，b 为腹板的宽度）。规范是按传统经验来确定最小配筋率的，对受弯构件，《混凝土规范》规定的受拉纵筋最小配筋率 ρ_{min} 取 $45 f_t/f_y\%$ 和 0.2% 的较大值。【例 4.3.1-2】题目给定的最小配筋率 ρ_{min} 是怎样算出来的呢？请看下例。

【例 4.3.1-6】一钢筋混凝土梁，混凝土采用 C30，$f_t = 1.43$N/mm²；钢筋采用 HRB400 级，$f_y = 360$N/mm²，求受拉一侧的最小配筋率 ρ_{min}。

题解：

$$\rho_{min} = 45 f_t / f_y\% = 45 \times 1.43/360\%$$

$$= 0.18\% < 0.2\% \quad \text{取}\ \rho_{min} = 0.2\%$$

请翻到 4.11 节，做习题 4-41

5. 双筋矩形截面梁的抗弯承载力计算简介

当截面承受的弯矩很大，单筋矩形截面无法满足适筋梁的要求时，可考虑在受压区配置受压钢筋帮助混凝土受压。另外抗震设计时，要求框架梁端配置一定数量的受压钢筋，这个问题将在本章框架结构一小节中讲述。

（1）对箍筋的要求

为了防止受压钢筋向外凸出去（压屈），必须采用封闭箍筋（图 4.3.1-3），箍筋的间距和直径也有相应的要求，《混凝土规范》规定：

> **9.2.9** 梁中箍筋的配置应符合下列规定：
>
> **1** …
>
> **2** 截面高度大于 800mm 的梁，箍筋直径不宜小于 8mm；对截面高度不大于 800mm 的梁，不宜小于 6mm。梁中配有计算需要的纵向受压钢筋时，箍筋直径尚不应小于 $d/4$，d 为受压钢筋最大直径。

3 …

4 当梁中配有按计算需要的纵向受压钢筋时，箍筋应符合以下规定：

1）箍筋应做成封闭式，且弯钩直线段长度不应小于 $5d$，d 为箍筋直径。

2）箍筋的间距不应大于 $15d$，并不应大于 400mm。当一层内的纵向受压钢筋多于 5 根且直径大于 18mm 时，箍筋间距不应大于 $10d$，d 为纵向受压钢筋的最小直径。

3）当梁的宽度大于 400mm 且一层内的纵向受压钢筋多于 3 根时，或当梁的宽度不大于 400mm 但一层内的纵向受压钢筋多于 4 根时，应设置复合箍筋。

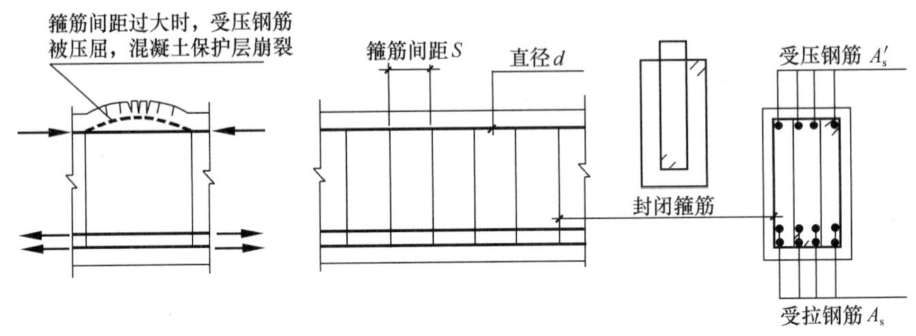

图 4.3.1-3　梁中配有按计算需要的纵向受压钢筋时，规范对箍筋要求的附图

请翻到 4.11 节，做习题 4-42，4-43

(2) 抗弯承载力计算简介及适用条件

双筋截面适筋梁的破坏也是自受拉钢筋先达到屈服开始，当达到承载力极限状态时，受压钢筋也达到屈服，其截面计算用的应力分布如图 4.3.1-4（a）所示。它的抗弯承载力 M_u 可以看成由两部分组成，第一部分为受压钢筋与相应的受拉钢筋的抵抗弯矩 M_{u1}（图 4.3.1-4b）；第二部分为混凝土受压区与相应的受拉钢筋的抵抗弯矩 M_{u2}（图 4.3.1-4c）。

先求第一部分的抵抗弯矩 M_{u1}。设受压钢筋合力作用点到截面受压边缘的距离为 a'，则有

$$M_{u1} = f'_y A'_s (h_0 - a') \tag{4.3.1-8}$$

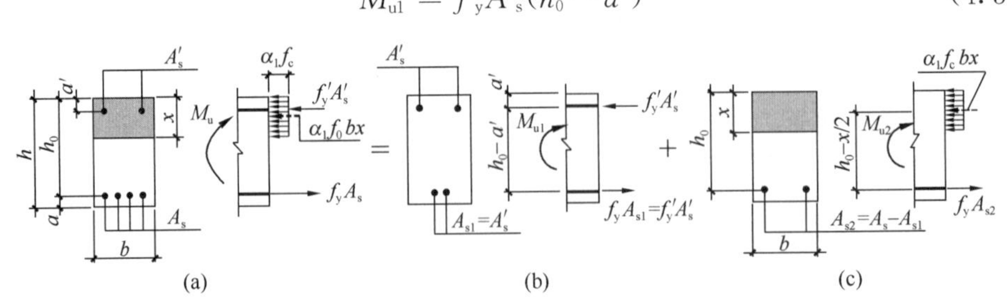

图 4.3.1-4　双筋矩形截面梁的抗弯承载力计算

(a) 截面计算用的应力分布；(b) 第一部分抵抗弯矩；(c) 第二部分抵抗弯矩

第二部分的抵抗弯矩 M_{u2} 的求法和单筋矩形截面者完全相同，只需将式（4.3.1-1）和式（4.3.1-2）中的 A_s 换成 A_{s2}（$A_{s2}=A_s-A_{s1}=A_s-A'_s$）便可，即

$$f_yA_{s2}=\alpha_1 f_c bx \qquad (4.3.1\text{-}9)$$

$$M_{u2}=\alpha_1 f_c bx(h_0-x/2) \qquad (4.3.1\text{-}10a)$$

或 $$M_{u2}=f_yA_{s2}(h_0-x/2) \qquad (4.3.1\text{-}10b)$$

M_{u1} 和 M_{u2} 算出后，两者相加就是双筋矩形截面梁的抗弯承载力 M_u，即

$$M_u=M_{u1}+M_{u2} \qquad (4.3.1\text{-}11)$$

为防止超筋破坏，和单筋截面一样，**需满足**式（4.3.1-5b）$x\leqslant\xi_bh_0$ 的要求；另外为了**保证梁达到受弯极限状态时，受压钢筋也达到屈服，需满足**

$$x\geqslant 2a' \qquad (4.3.1\text{-}12)$$

值得注意的是，双筋截面的受压区高度 x 不是按全部受拉钢筋的面积 A_s、而是按 A_{s2}（即 $A_s-A'_s$）计算出来的，故 A_s 与 x 没有直接的对应关系。因此，双筋梁截面是否超筋，应按式（4.3.1-5b）$x\leqslant\xi_bh_0$ 来判断。

请翻到 4.11 节，做习题 4-44

4.3.2 斜截面承载力及抗剪计算（含“强剪弱弯”的道理）

1. 概述

上一小节讲到梁在主要承受弯矩的区段会因抗弯能力不足而发生正截面破坏。梁除有这种破坏形态之外，还有可能在剪力和弯矩共同作用的区段—剪压区内（例如图 4.3.1-1 的集中荷载与支座之间的区段），沿着斜向裂缝发生斜截面受剪破坏或斜截面受弯破坏。在工程设计中，**斜截面受剪承载力是由抗剪计算来满足，而斜截面受弯承载力则是通过构造要求来满足，所以斜截面承载力计算亦称抗剪计算。**

对于非框架梁，例如支承于砖墙的简支钢筋混凝土梁，保证斜截面承载力的钢筋主要有箍筋和弯起钢筋（统称腹筋），见图 4.3.2-1，纵向受拉钢筋的销栓作用较小，规范的计算公式没有直接反映它的影响。对于框架结构，由于风荷载和地震作用的方向是变化的，使得梁的剪力方向也会发生变化，弯起钢筋很难起作用，加上其他一些原因，框架梁都不设图 4.3.2-1 那样的弯起钢筋。因此，**箍筋在确保梁的斜截面抗剪承载力中起着极为重要的作用。**

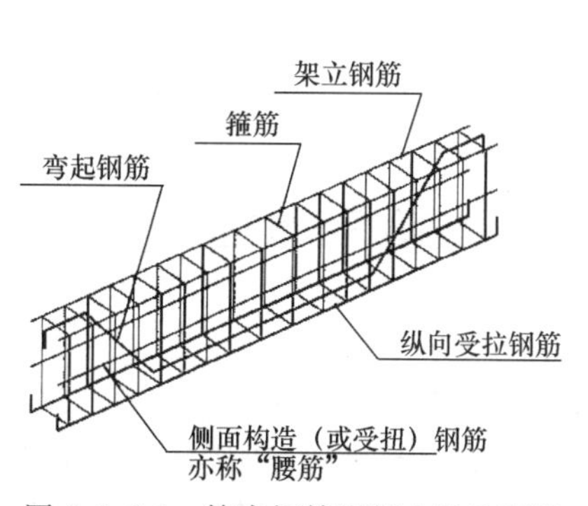

图 4.3.2-1 简支钢筋混凝土梁的配筋，箍筋和弯起钢筋对斜截面承载力的贡献

请翻到 4.11 节，做习题 4-45，4-46

小　静：袁老师，上面说到“框架梁都不设图 4.3.2-1 那样的弯起钢筋”，是否意味着还有其他类型的弯起钢筋呢？

袁老师：是的。框架梁主梁或非框架梁主梁与次梁相交处，次梁的集中荷载是在主梁高度范围内传给主梁的，次梁侧面的主梁腹板会产生拉应力，有可能产生如下图所示的斜向裂缝。因此，主梁在这些部位需设置附加箍筋（图 a）或附加吊筋（图 b）或两者同时设置（图 c），而且不得与正常箍筋兼用。附加吊筋就是你问到的另一种弯起钢筋。

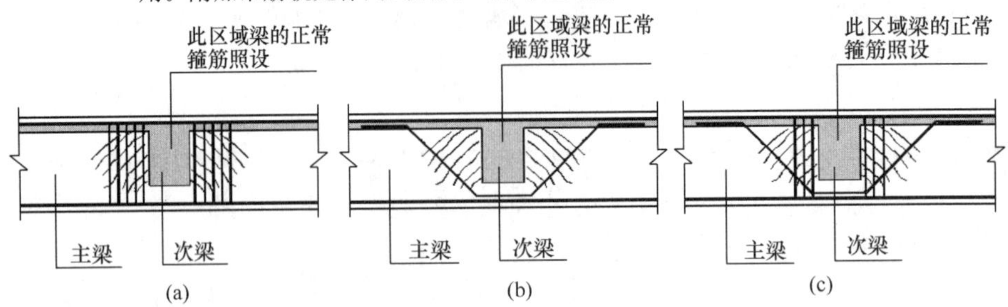

（a）附加箍筋；（b）附加吊筋；（c）同时设附加箍筋和附加吊筋

小　波：梁上的梯柱也是集中荷载，梁在梯柱所处的部位也需设置附加箍筋或附加吊筋吗？

袁老师：不需要，因为梯柱的集中荷载直接作用在梁的顶面。《混凝土规范》规定：

> **9.2.11**　位于梁下部或梁截面高度范围内的集中荷载，应全部由附加横向钢筋（箍筋、吊筋）承担；附加横向钢筋宜采用箍筋。
>
> …

对话 4.3.2-1 附加箍筋和附加吊筋

请翻到 4.11 节，做习题 4-47

2. 斜截面破坏的三种形式—斜压破坏、斜拉破坏和剪压破坏

梁的截面过小时，就会出现计算出来的箍筋过多的情况，若按这种计算结果配置箍筋，斜截面的受剪破坏就是由于斜裂缝范围内的混凝土在与裂缝方向相同的压应力作用下被压碎所致，故称斜压破坏。这种破坏形态可以与正截面的超筋破坏相类比，因为它往往是在超配箍筋的情况下发生，破坏时箍筋应力不会达到屈服，破坏从混凝土被压碎开始，**属于脆性破坏**。

梁的箍筋配置过少时，一旦出现斜裂缝，跨越斜裂缝的箍筋就会立即达到屈服应力，梁被劈裂成两部分而破坏，故称**斜拉破坏**。这种破坏可以与正截面的少筋破坏相类比，也是一裂即坏，破坏过程急骤，破坏前梁的变形很小，**具有很明显的脆性**。

当梁的箍筋配置适中时，斜截面的破坏特征通常是在剪压区首先出现一系列弯曲垂直裂缝，然后斜向延伸，逐步形成一条主要的较宽裂缝——临界斜裂缝。临界斜裂缝出现后，梁虽然还能继续受荷，但这一裂缝的出现将意味着截面进入危险阶段，故有时也称临界斜裂缝为危险斜裂缝。梁破坏时，与斜裂缝相交的腹筋达到屈服强度，同时剪压区的混凝土在剪应力和压应力的共同作用下，达到了复合受力时的极限强度，故称**剪压破坏**。破坏时的荷载明显高于斜裂缝出现时的荷载，脆性也没有斜压破坏、更没有斜拉破坏明显，但仍属于脆性破坏。

规范的斜截面受剪承载力计算公式是根据剪压破坏的受力特点确定的，对其他两种破坏的可能性则是通过构造措施来排除。既然梁的三种破坏形式都属于脆性破坏，设计时的对策是尽量做到剪切破坏不先于弯曲破坏，即“强剪弱弯”。《抗震规范》规定：

> **3.5.4** 结构构件应符合下列要求：
>
> **2** 混凝土结构构件应控制截面尺寸和受力钢筋、箍筋的设置，防止剪切破坏先于弯曲破坏……

请翻到 4.11 节，做习题 4-48～4-50

3. 一般情况下矩形截面简支梁的斜截面抗剪承载力计算

所谓“一般情况”，是指受均布荷载为主的情况。我们只介绍仅配有箍筋的情况。规范根据大量的试验数据，给出如下计算公式

$$V \leqslant V_u = 0.7 f_t b h_0 + f_{yv} \frac{A_{sv}}{s} h_0 \tag{4.3.2-1}$$

式中 V——构件斜截面上的最大剪力设计值；

V_u——构件斜截面上混凝土和箍筋的受剪承载力设计值；

A_{sv}——一个箍筋间距 s 范围（$b \times s$）内的箍筋截面面积（请对照图 4.3.2-2）；

$\frac{A_{sv}}{s}h_0$——破坏截面范围（$b \times h_0$）内的箍筋截面面积（请对照图 4.3.2-2）；

f_t——混凝土轴心抗拉强度设计值；

f_{yv}——箍筋抗拉强度设计值。

值得注意的是，上式不能理解成无箍筋梁抗剪能力与箍筋抗剪能力的简单叠加，而应视作这两部分抗剪能力的综合反映。对于梁来说，如果没有箍筋，抗剪能力是达不到 $0.7 f_t b h_0$ 的。因此当

$$V \leqslant 0.7 f_t b h_0 \tag{4.3.2-2}$$

时，仍需按构造配置箍筋。

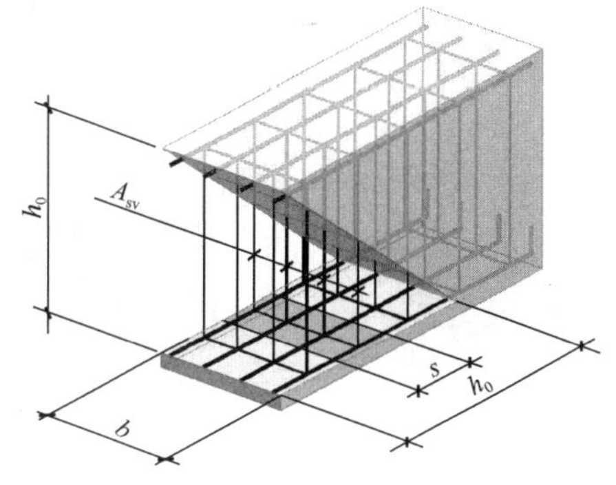

图 4.3.2-2 抗剪计算公式中的符号

为了防止斜压破坏，梁截面尺寸不能太小，要求：

当 $h_0/b \leqslant 4$ 时 $V \leqslant 0.25 \beta_c f_c b h_0$ (4.3.2-3a)

当 $h_0/b \geqslant 6$ 时 $V \leqslant 0.20 \beta_c f_c b h_0$ (4.3.2-3b)

当 $4 < h_0/b < 6$ 时，按线性内插法取值。

式中 β_c——混凝土强度影响系数：当混凝土强度等级不超过 C50 时，取 $\beta_c = 1.0$；当混凝土强度等级为 C80 时，取 $\beta_c = 0.8$；其间按线性内插法确定。

为了防止斜拉破坏，当 $V > 0.7 f_t b h_0$ 时，要求配箍率 ρ_{sv} 大于最小配箍率 $\rho_{sv,min}$，即

$$\rho_{sv} = A_{sv}/(bs) \geqslant \rho_{sv,min} = 0.24 f_t / f_{yv} \tag{4.3.2-4}$$

式中符号的意思与公式（4.3.2-1）者相同。

请翻到 4.11 节，做习题 4-51～4-55

4.3.3 抗扭承载力简介

受弯构件除了承受弯矩和剪力作用之外，有时还要承受扭矩作用，例如支承次梁的边框架梁就属于这种情况，见图 4.3.3-1。图中次梁端部的转动受到边框架梁的约束，会引起支座负弯矩 M，而这个弯矩的反作用力矩对边框架梁来说就是扭矩。

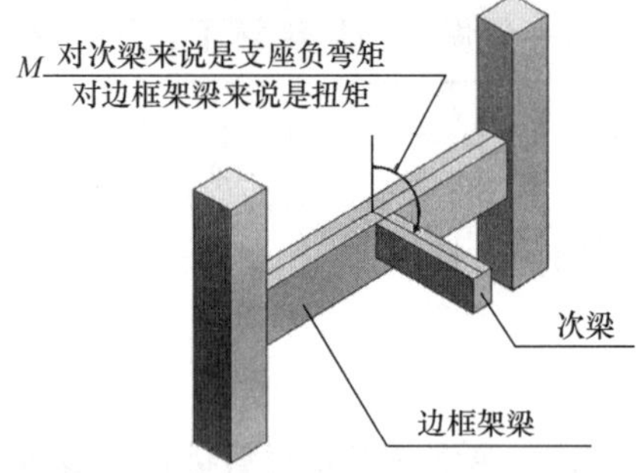

图 4.3.3-1 边框架梁的受扭情况

在 1.5.4 小节我们曾谈及过矩形梁受扭时截面的剪应力分布，如图 4.3.3-2（a）所示。再根据 1.5.2 小节提到过的剪应力互等定理，将矩形梁表面中间部位的两个方形微元体的剪应力画出来，见图 4.3.3-2（b）。这些剪应力都可以在微元体的对角线方向合成一对拉应力（称主拉应力）和一对压应力（称主压应力）。当主拉应力超过混凝土的抗拉强度时就会出现裂缝。试验表明，矩形截面梁的破坏截面是一个三面开裂、一面受压的空间扭曲破坏面，见图 4.3.3-2（c）。从这个破坏面可以看出**沿截面周边布置的纵筋和箍筋起到抗扭的作用。**这里强调“周边布置”，是因为周边钢筋拉力的力臂大，对抗扭贡献大。对于多肢钢箍，抗扭靠外肢，不考虑内肢的作用。例如前面图 4.3.2-2 的箍筋是四肢箍，中间的两肢只起抗剪作用而不参与抗扭。

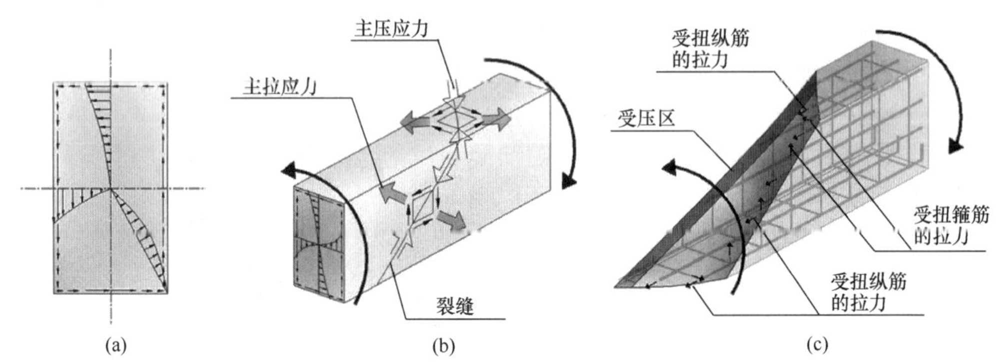

图 4.3.3-2 矩形截面梁的受扭时的应力及破坏面情况

（a）截面受扭应力分布；（b）主应力及裂缝；（c）扭曲破坏面及抗扭钢筋

与梁抗剪时为了防止斜压破坏而提出的最小截面尺寸要求（见式 4.3.2-3）相类似，梁抗扭时为了防止受压区混凝土先被压碎，也提出了最小截面尺寸要求；另外，为了防止出现类似少筋梁和少箍梁那样的脆性破坏，对受扭纵筋和受剪扭箍筋也都有最小配筋率的要求。受扭纵筋和受扭箍筋的配置适量时，扭伤破坏的特征属于延性破坏。

请翻到 4.11 节，做习题 4-56～4-58

4.4 轴心受力构件的承载力

从理论上讲，只有当纵向作用力的作用线与构件截面材料抵抗力的合力作用线重合时才算轴心受力，不重合时为偏心受力。但在实际工程结构中，由于材料本身的不均匀性、施工的误差以及荷载作用位置的偏差等原因，理想的轴心受力构件几乎是不存在的。然而当这种偏差很小时，构件的破坏形态还是会呈现出轴心受力的特征，仍可按轴心受力构件考虑。例如桁架中的受压腹杆可按轴心受压构件计算。桁架中的受拉腹杆和下弦杆，在计算时可视为轴心受拉构件。

4.4.1 轴心受拉构件的承载力

轴心受拉构件破坏时，混凝土早已拉裂，全部拉力 N 都由钢筋来承受，故它的承载力计算公式为：

$$N \leqslant N_u = f_y A_s \tag{4.4.1}$$

此外，为了防止出现一裂即坏的极度脆性，轴心受拉构件也有最小配筋率的要求，其单侧纵向受拉钢筋最小配筋率的计算方法及限制条件与梁完全相同，即 ρ_{min} 取 $45f_t/f_y\%$ 和 0.2%的较大值。

【例 4.4.1-1】一钢筋混凝土轴心拉杆，截面如下图示，混凝土强度等级为 C30，抗拉强度设计值 f_t=1.43N/mm²，钢筋采用 HRB400，抗拉强度设计值 f_y=360N/mm²，当不限制混凝土的裂缝宽度时，拉杆的最大受拉承载力设计值最接近(　　)kN。

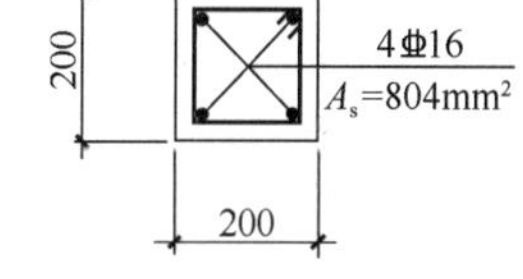

(A) 189　　(B) 218

(C) 289　　(D) 415

题解：$N_u = f_y A_s = 360 \times 804 = 289 \times 10^3$N=289kN

答案：C。

【例 4.4.1-2】验算上例的纵向受力钢筋是否满足最小配筋率的要求。

题解：$\rho_{min} = 45f_t/f_y\% = 45 \times 1.43/360\% = 0.18\% < 0.2\%$　取 $\rho_{min} = 0.2\%$

单侧最小配筋率：$\rho = (804/2)/(200 \times 200) = 1.0\% > \rho_{min} = 0.2\%$(满足)

请翻到 4.11 节，做习题 4-59

4.4.2 轴心受压构件的承载力

1. 概述

轴心受压构件的最常见配筋形式，是配有纵筋和普通箍筋，见图 4.4.2-1 (a)。纵筋能帮助混凝土受压，以减小构件的截面尺寸；纵筋能防止构件突然脆裂破坏及增强构件的延性；纵筋还能减小混凝土的徐变变形。箍筋能与纵筋形成骨架，防止纵筋受压力后外凸，这一点与双筋矩形截面梁的箍筋还起到防止受压钢筋向外凸的作用十分相似（请回顾图 4.3.1-3）。间距较密的螺旋式箍筋还能约束混凝土的侧向变形，起到像举重运动员的腰带那样的作用（图 4.4.2-1b)，配有这类箍筋的轴心受压柱，其核心部分混凝土的抗压强度和延性都有显著的提高。下面仅介绍配置普通箍筋的轴心受压构件。

2. 配置普通箍筋的轴心受压构件的承载力设计表达式

轴心受压构件破坏时，钢筋达到屈服强度，混凝土也达到抗压强度。轴心受压构件的计算还要考虑长细比大的构件受压容易失稳的不利影响（长细比的问题稍后再详细解释）。这里说的失稳，是指长细比大的构件受压时突然发生侧向弯曲，使构件产生了附加弯矩，加剧了构件的破坏，导致承载力下降的现象。图 4.4.2-2 的两根悬臂柱的截面相同，但短柱的承载力明显比长柱者高，这是因为长柱的长细比大，受压时容易失稳的缘故。这也是为什么身材矮的人适合当举重运动员的道理。《混凝土规范》关于配置普通箍筋的轴心受压构件承载力的设计表达式为：

$$N \leqslant N_u = 0.9\varphi(f_c A + f'_y A') \tag{4.4.2-1}$$

式中 N——轴向压力设计值；

N_u——普通箍筋轴心受压构件承载力设计值；

f_c——混凝土轴心抗压强度设计值；

f'_y——纵向钢筋抗压强度设计值；

A——构件截面积，规范对纵向钢筋配筋率大于 3%的情况，要求采用混凝土净截面面积，即用（$A-A'_s$）代替式（4.4.2-1）中的 A；

0.9——可靠度调整系数；

φ——钢筋混凝土轴心受压构件的稳定系数，是个小于或等于 1 的数，长细比越大其值就越低，反之则越高。

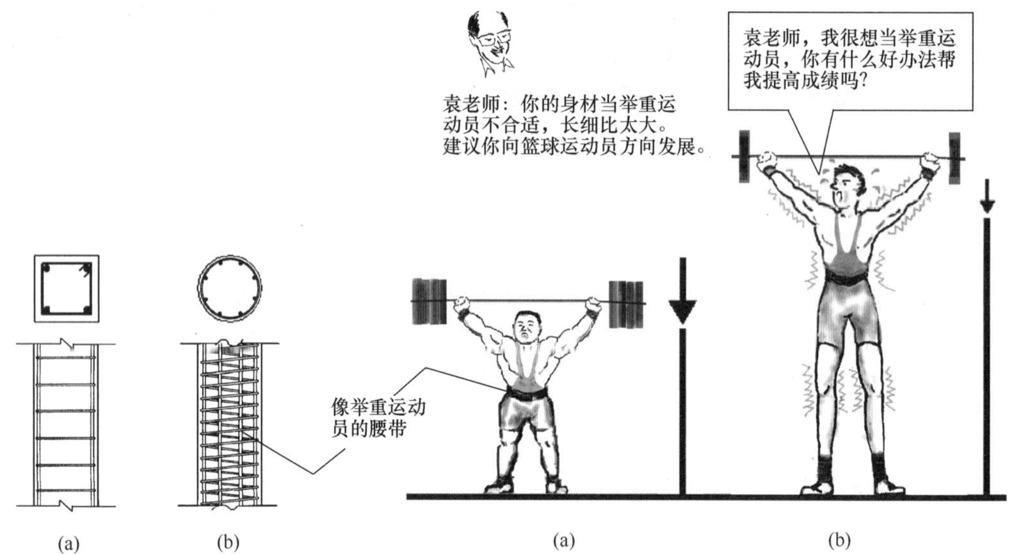

图 4.4.2-1 轴心受压构件
（a）普通箍筋；（b）螺旋箍筋

图 4.4.2-2 长细比对轴心受压构件承载力的影响
（a）长细比小、承载力高；（b）长细比大、承载力低

请翻到 4.11 节，做习题 4-60，4-61

3. 构件的长细比及稳定系数

首先说说“长”的问题，它是指构件的计算长度 l_0，对于有侧向约束的两端铰接轴心压杆，计算长 l_0 就等于它的几何长度 l（图 4.4.2-3a）。计算长度除了与本身的几何长度有关之外，还与构件两端的约束条件有关，对于比较理想的约束条件条件，可以根据构件失

稳时侧向弯曲的形状以及变形连续的条件，推想出反弯点的位置，两反弯点之间的距离便是计算长度，如图 4.4.2-3 所示。其中图（d）框架发生侧移时的形状，在 1.4.8 小节中曾就类似问题作过详细的定性分析，不妨回顾一下。

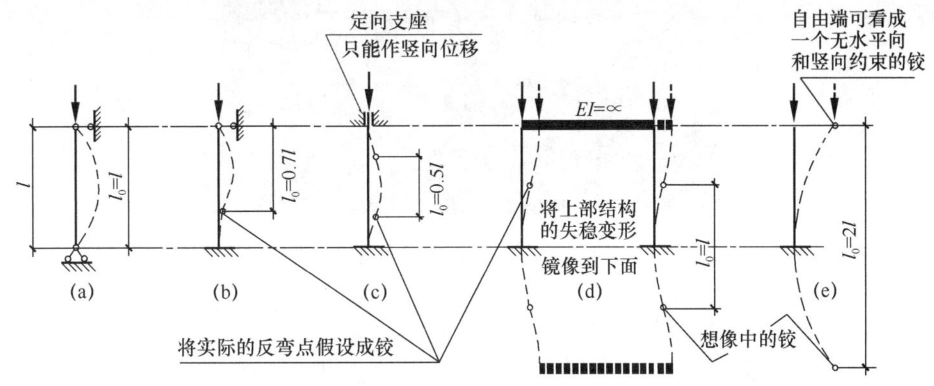

图 4.4.2-3　理想约束条件条件下构件的计算长度 l_0

对理想情况的计算长度有了初步的概念后，就比较容易理解规范的相应规定。例如图 4.4.2-4 所示的露天吊车柱在排架方向的受力与图 4.4.2-3（e）的悬臂柱相似，相应的计算长度应为几何长度的两倍；而在垂直于排架方向，因有柱间支撑和吊车梁提供的水平约束，柱子的受力便与图 4.4.2-3（a）的两端简支柱相似，相应的计算长度就等于几何长度。对此，《混凝土规范》规定：

6.2.20　轴心受压和偏心受压柱的计算长度 l_0 可按下列规定确定：

1　…、露天吊车柱和栈桥柱，其计算长度 l_0 可按表 6.2.20-1 取用。

表 6.2.20-1　…、露天吊车柱和栈桥柱的计算长度

柱的类别		l_0		
		排架方向	垂直排架方向	
			有柱间支撑	无柱间支撑
……	……	……	……	……
露天吊车柱和栈桥柱		$2.0H_l$	$1.0H_l$	—

注：1　……：H_l 为从基础顶面至装配式吊车梁底面……的柱子下部高度；

……

请翻到 4.11 节，做习题 4-62

下面我们开始谈长细比。本节的介绍仅限于构件对截面主轴 x 的计算长度 l_{0x} 与对主轴 y 的计算长度 l_{0y} 相等的情况。$l_{0x} \neq l_{0y}$ 的情况在钢结构中比较常见，将放到钢结构一章中介绍。

对于任意形状的截面，**长细比** λ 用计算长度 l_0 除以截面的最小回转半径 i 来定义，即 $\lambda = l_0/i$，而 i 等于截面的最小惯性矩除以截面面积的开平方，即 $i = \sqrt{I_{min}/A}$ 。

图 4.4.2-4 露天吊车柱

对于短边边长为 b 的矩形截面，最小回转半径 $i=\sqrt{(hb^3/12)/(hb)}=0.289b$（惯性矩的计算请回顾 1.4.3 小节之 2）；类似地，对于直径为 d 的圆形截面，$i=0.25d$。为了便于应用，常用 l_0/b 和 l_0/d 分别定义矩形截面构件和圆形截面构件的长细比。应用时需注意对同一构件，不同表示方法的长细比在数值上是不相同的。例如一矩形截面柱的长细比 $l_0/i=55$ 时，相应的 $l_0/b=l_0/(i/0.298)=55\times0.298=16$。又例如一圆形截面柱的长细比 $l_0/i=55$ 时，相应的 $l_0/d=l_0/(i/0.25)=55\times0.25=14$。

按照长细比的不同表示方法，《混凝土规范》给出的轴心受压构件的稳定系数表如下：

表 6.2.15 钢筋混凝土轴心受压构件的稳定系数

l_0/b	≤8	10	12	14	16	18	20	22	24	26	28
l_0/d	≤7	8.5	10.5	12	14	15.5	17	19	21	22.5	24
l_0/i	≤28	35	42	48	55	62	69	76	83	90	97
φ	1	0.98	0.95	0.92	0.87	0.81	0.75	0.7	0.65	0.6	0.56
l_0/b	30	32	34	36	38	40	42	44	46	48	50
l_0/d	26	28	29.5	31	33	34.5	36.5	38	40	41.5	43
l_0/i	104	111	118	125	132	139	146	153	160	167	174
φ	0.52	0.48	0.44	0.4	0.36	0.32	0.29	0.26	0.23	0.21	0.19

注：1 表中 l_0 为构件的计算长度，对钢筋混凝土柱可按本规范第 7.3.11 条的规定取用；
2 b 为矩形截面的短边尺寸；d 为圆形截面的直径；i 为截面的最小回转半径。

请翻到 4.11 节，做习题 4-63，4-64

4.5 偏心受力构件的承载力

当构件的截面同时受到轴向力 N 和弯矩 M 的作用时，可等效成受到偏离截面形心

$e_0=M/N$ 的偏心力作用。当偏心力为拉力时，称为**偏心受拉构件**、亦称**拉弯构件**；当偏心力为压力时，称为**偏心受压构件**、亦称**压弯构件**。根据偏心力在截面上的作用位置不同，偏心受力构件又分为单向偏心受力构件和双向偏心受力构件。如图 4.5-1 所示，(a) 为单向偏心受压构件，(b) 为双向偏心受压构件。偏心受力构件一般都有剪力存在，当横向剪力较大时，偏心受力构件也应和受弯构件一样，除进行正截面承载力计算外，还需进行斜截面承载力计算。本书仅定性地介绍单向偏心受力构件的正截面承载力。

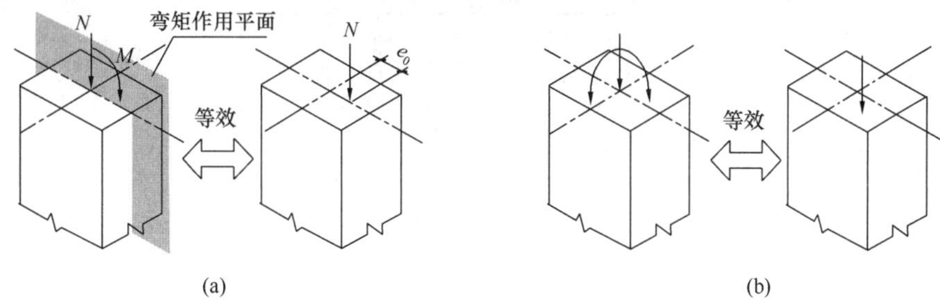

图 4.5-1 偏心受压构件

(a) 单向偏心受压构件；(b) 双向偏心受压构件

4.5.1 偏心受拉构件

偏心受拉构件的破坏形态与偏心距的大小有关。根据偏心距的大小，分大偏心受拉构件和小偏心受拉构件。

当受拉构件的偏心距较大、拉力作用在 A_s的合力点与 A'_s的合力点之外时，称大偏心受拉构件，如图 4.5.1-1 所示。此时截面的弯矩比较大，构件破坏时不会通裂，还有混凝土受压区的存在，计算时考虑受拉钢筋、受压钢筋和混凝土一起工作。具体计算从略。

当受拉构件的偏心距较小、拉力作用在 A_s的合力点与 A'_s的合力点之间时，称小偏心受拉构件，如图 4.5.1-2 所示。此时截面的弯矩比较小，构件临破坏前，一般情况下截面全部裂通，拉力完全由钢筋承担，两侧钢筋均受拉，计算时不考虑混凝土参与工作。具体计算从略。

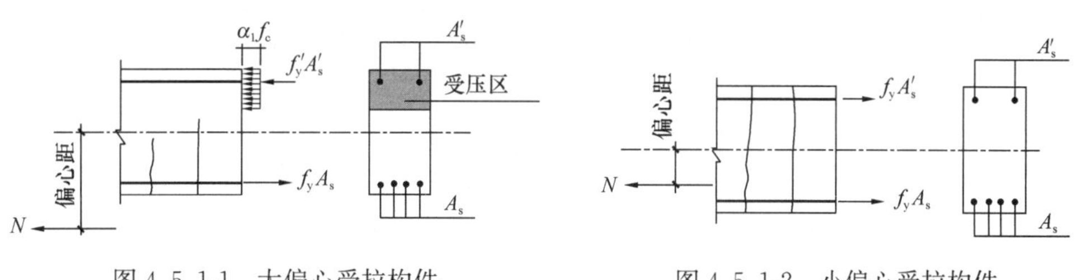

图 4.5.1-1 大偏心受拉构件

图 4.5.1-2 小偏心受拉构件

为了防止出现一裂即坏的极度脆性，偏心受拉构件也有最小配筋率的要求，其单侧纵向受拉钢筋最小配筋率的计算方法及限制条件与梁完全相同，即 ρ_{min}取 $45f_t/f_y\%$和 0.2% 的较大值。

对于大偏心受拉构件，为了防止受压区混凝土先被压碎，其受压区高度 x 也需像梁那样，应满足式 (4.3.1-5b) $x\leqslant\xi_b h_0$的条件。

请翻到 4.11 节，做习题 4-65，4-66

4.5.2 偏心受压构件

1. 钢筋混凝土偏心受压构件有两种不同的破坏形态

① 当偏心距较大且受拉钢筋配置适量时，发生的破坏属**大偏压破坏**。这种破坏特点是受拉区钢筋先达到屈服，破坏时受压区钢筋也达到屈服，受压区的混凝土达到极限压应变，见图 4.5.2-1 (a)。这种破坏具有**塑性破坏**的性质，亦称**受拉破坏**。

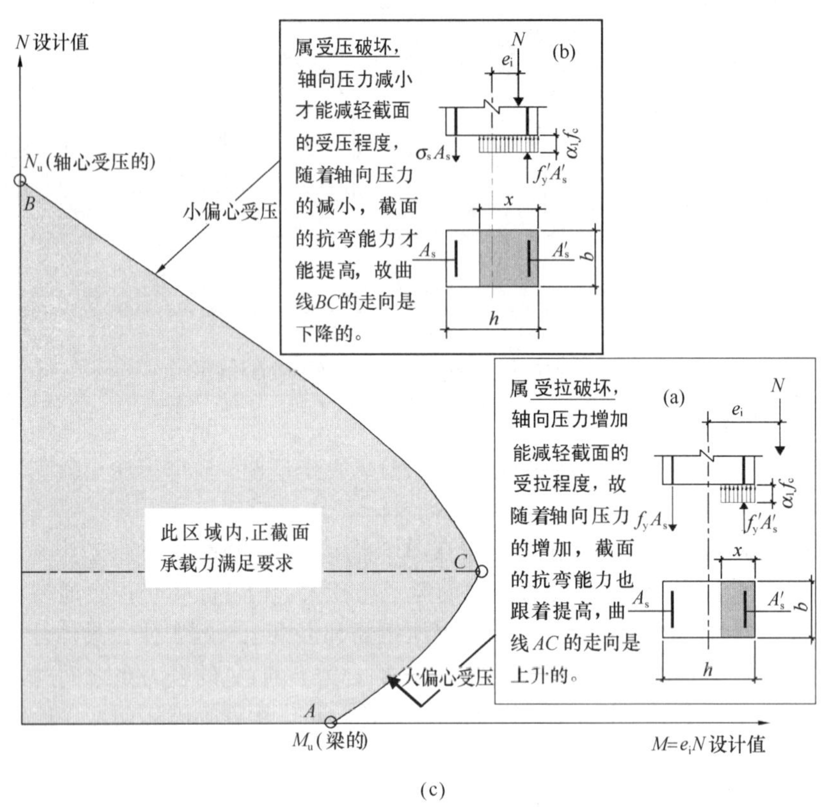

图 4.5.2-1 大偏心受压，小偏心受压，N_u-M_u相关曲线

(a) 大偏心受压；(b) 小偏心受压；(c) N_u-M_u相关曲线

② 当偏心距较小，或者虽然偏心距较大、但配置过量的受拉钢筋时，发生的破坏属小偏压破坏。这种破坏特点是受压区混凝土边缘首先达到极限压应变，靠近纵向压力一侧的钢筋同时达到屈服；而远离纵向压力一侧的钢筋不管是受拉还是受压，均达不到屈服。见图 4.5.2-1 (b)。这种破坏发生前没有明显的预兆，具有**脆性破坏**的性质，亦称**受压破坏**。

由于大、小偏压构件的破坏形态分别与适筋梁和超筋梁破坏类同，故大、小偏压的判别标准也与两者相同，即 $\xi \leqslant \xi_b$时为大偏心受压构件，$\xi > \xi_b$时为小偏心受压构件。

2. 初始偏心距 e_i

因荷载作用位置的不定性、施工误差以及混凝土的不均匀性等原因，都可能使纵向压力产生附加偏心距 e_a，其值应取 20mm 和偏心方向截面最大尺寸的 1/30 中的较大者。偏

心距 $e_0=M/N$ 加上附加偏心距 e_a 就是杆件计算时用到的偏心距 $e_i=e_0+e_a$，称初始偏心距。于是作用在控制截面上的弯矩就变成 e_iN。

3. N_u-M_u 相关曲线

偏心受压构件是弯矩和轴力共同作用的构件。对于给定材料、截面尺寸和配筋的偏心受力构件，在达到承载力极限状态时，截面承受的轴力 N_u 与弯矩 M_u 具有相关性，即构件可以在不同的轴力 N_u 和弯矩 M_u 组合下达到承载力极限状态，图 4.5.2-1（c）的曲线 AC 和 BC 就是这种相关性的反映。

曲线 AC 表示大偏压构件达到承载力极限状态时 N_u-M_u 的相关关系：当 $N=0$ 时，M_u 就是梁的 M_u。由于大偏压破坏是**受拉破坏**，轴向压力**增加能减轻截面的受拉程度**，随着轴向压力的增加，截面的抗弯能力也跟着提高，故曲线 AC 的走向是上升的。

曲线 BC 表示小偏压构件达到承载力极限状态时 N_u-M_u 的相关关系：当 $M=0$ 时，N_u 就是轴心受压构件的 N_u。由于小偏压破坏是**受压破坏**，**轴向压力减小才能减轻截面的受压程度**，随着轴向压力的减小，截面的抗弯能力才能有所提高，故曲线 BC 的走向是下降的。

以上是**弯矩作用平面**（见图 4.5-1a）**内正截面承载力**的定性分析。垂直于弯矩作用平面方向的截面边长 b 可能比较短，这个方向的受压承载力也需进行验算。此时，可不计入弯矩的作用，但应考虑稳定系数 φ 的影响。

请翻到 4.11 节，做习题 4-67～4-69

4. 初始偏心距 $e_i=e_0+e_a=M/N+e_a$ 公式中的控制弯矩 M 的取值

这是一个比较复杂的问题，排架结构（请回顾 1.4.7 小节关于排架结构的解释）和其他结构在计算压弯构件控制弯矩 M 时采用的方法不同，需分别介绍。

（1）除排架结构以外的压弯构件计算用的控制弯矩 M 的取值

本标题讨论的范围为除排架结构以外的压弯构件，例如多、高层建筑中的柱子。这类构件的**杆端弯矩**一般都比较大，起控制作用；但也不排除**杆件中间区段截面的弯矩**起控制作用的情况。前者涉及**结构整体层面上的二阶效应（P-Δ 效应，见图 4.5.2-2），而后者则涉及构件层面上的二阶效应（P-δ 效应，见图 4.5.2-3）**。

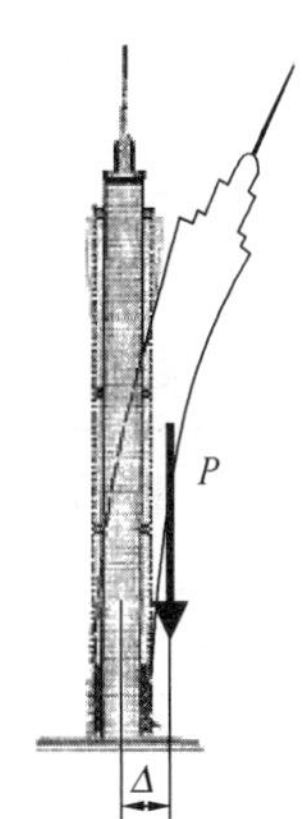

图 4.5.2-2 结构整体层面上的二阶效应（P-Δ 效应）

① **杆端弯矩**（图 4.5.2-3 中的 M_1 和 M_2）一般来说，杆端弯矩可用第 1 章介绍过的力学方法（一阶分析）求解。但也有另外一些情况，例如图 4.5.2-2 所示的高而窄的建筑，在风荷载或地震作用下，它重心处的侧向位移 Δ 比较大，再加上它本身的竖向重力 P 也较大，于是结构底部的附加倾覆弯矩 $P\Delta$ 就会大到不容忽略的程度，进而使得结构内部杆件的杆端弯矩增大。这种效应称之为 **P-Δ 效应**，它属于**结构整体层面上的二阶效应**（亦称**重力二阶效应**、或**结构侧移引起的二阶效应**）。在计算中考虑 P-Δ 效应的方法称二阶分析。

二阶分析方法比较复杂，具体做法我们不以深究。

② **杆件中间区段截面的弯矩（对照图 4.5.2-3）** 长细比较大的压弯杆件在轴力作用下，由于杆件自身挠曲变形的影响，通常会增大杆件中间区段截面的弯矩。假设图（a）

的杆端弯矩 $M_1=M_2$，且使杆件产生单曲率弯曲，如图中的虚线所示。若按一阶分析，杆件的弯矩图应为一条与杆轴平行的直线，杆件任何一个截面的弯矩都等于 M_2 或 M_1。但实

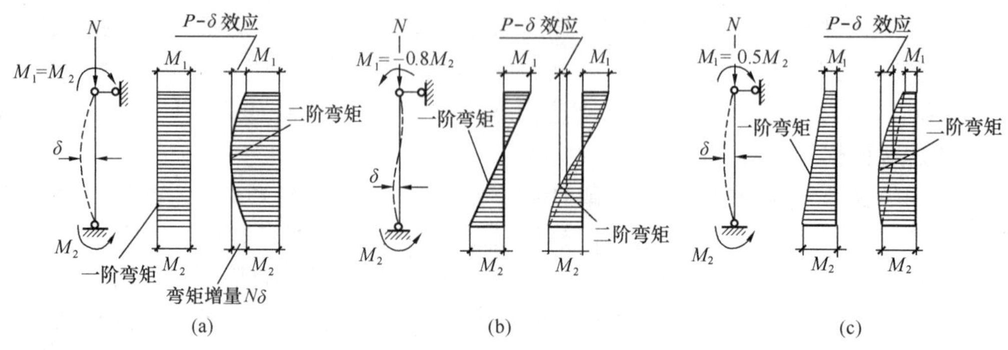

图 4.5.2-3 构件层面上的二阶效应（P-δ 效应）

(a) $M_1/M_2=1.0$；(b) $M_1/M_2=0.8$；(c) $M_1/M_2=0.5$

际上由于杆轴的弯曲，使杆件高度中间部位有一个侧移 δ，该处的截面弯矩便由 M_2 增大到 ($M_2+N\delta$)，弯矩增量 $N\delta$ 就是构件层面上的二阶效应，习惯上用 P 代替 N，将其称之为 P-δ 效应。《混凝土规范》用“**弯矩增大系数 η_{ns}**”来考虑这种效应。杆件的长细比越大、轴向力越大，η_{ns} 就越大（轴向力的大小用“轴压比”来衡量，轴压比指组合的轴压力设计值与柱全截面面积和混凝土轴心抗压强度设计值乘积之比值，η_{ns} 的具体算法从略）。然而，图（a）的情况是很特殊的个例，一般压弯构件的弯矩和变形图形大都如图（b）所示，也有图（c）的情况。显然，图（b）的 δ 小于图（c）的 δ，而且它们都小于图（a）的 δ。换句话说，在杆件长细比相同、轴压比相同的条件下，图（b）的 P-δ 效应小于图（c）的 P-δ 效应，而且它们都小于图（a）的 P-δ 效应。另外，图（b）和图（c）中间区段的一阶弯矩本来就比杆端弯矩小，所以在一定的条件下，杆件中间区段的弯矩即便是考虑了 P-δ 效应也不会大于杆端弯矩、不起控制作用，此时就没有必要考虑构件层面上的二阶效应了。《混凝土规范》规定：

6.2.3 弯矩作用平面内截面对称的偏心受压构件，当同一主轴方向的杆端弯矩比 M_1/M_2 不大于 0.9 且轴压比不大于 0.9 时，若构件的长细比满足公式（6.2.3）的要求，可不考虑轴向压力在该方向挠曲杆件中产生的附加弯矩影响（即不用考虑构件层面的二阶效应）：……

$$l_c/i \leqslant 34-12(M_1/M_2) \qquad (6.2.3)$$

式中：M_1、M_2——分别为已考虑侧移影响（即结构整体层面上的二阶效应）的偏心受压构件两端截面按结构弹性分析确定的对同一主轴的组合弯矩设计值，绝对值较大端为 M_2，绝对值较小端为 M_1，当构件按单曲率弯曲时，M_1/M_2 取正值，否则取负值（见图 4.5.2-3）；

l_c——构件的计算长度，可近似取偏心受压构件相应主轴方向上下支撑点之间的距离；（由于 M_1 和 M_2 已考虑了结构整体层面上的二阶效应，构件的计算长度不再需要按本规范第 6.2.20 条的规定取值）

i——偏心方向的截面回转半径。

【例 4.5.2-1】 设图 4.5.2-3（b）所示压弯构件的 $l_c/i=40$，轴压比等于 0.8，上下杆端弯矩之比为 $M_1/M_2=-0.8$，该构件是否需要考虑构件层面上的二阶效应（P-δ 效应）？

题解： 轴压比等于 0.8＜0.9，$M_1/M_2=-0.8<0.9$ 且 $l_c/i=40\leqslant 34-12\ (M_1/M_2)=34-12\times(-0.8)=43.6$，满足《混凝土规范》第 6.2.3 条（已摘录于本小节）关于不用考虑轴向压力在该方向挠曲杆件中产生的附加弯矩影响的条件，故无需考虑构件层面上的二阶效应（P-δ 效应）。

请翻到第 4.11 节，做习题 4-70

(2) 排架结构压弯构件计算用的控制弯矩 M 的取值

排架结构，特别是有吊车的厂房排架结构，由于其荷载作用比较复杂，二阶效应的规律有待进一步探讨，还难以在实际应用中直接考虑二阶效应。规范采用通过计算长度 l_0 间接考虑二阶效应，将一阶弯矩加以放大，具体做法从略。值得一提的是：这种方法用到的计算长度 l_0 再也不是偏心受压构件相应主轴方向上下支撑点之间的距离，而是需要按《混凝土规范》表 6.2.20-2（已摘录于 4.4.2 小节之 3）的规定采用。

4.6 混凝土构件的变形及裂缝控制

以上 3 节对几种构件的承载力进行了定性分析，并介绍了一部分简单的计算。承载力极限状态涉及安全问题，是所有构件都要考虑的。根据结构构件的功能及外观要求，对某些构件还需要进行变形和裂缝宽度验算。例如，吊车梁的挠度过大会妨碍吊车的正常行驶；楼盖梁的过大变形会导致脆性隔墙及顶棚粉刷的损坏；裂缝过宽会增加钢筋锈蚀的危险、影响结构的耐久性、有碍观瞻、引起使用者的不安。因此，为了满足这类构件的适用性及耐久性的要求，需验算它们的变形及裂缝宽度，这属于正常使用极限状态的计算。

请翻到 4.11 节，做习题 4-71

4.6.1 受弯构件的变形

考虑到构件的变形不满足正常使用极限状态要求时的危害性比不满足承载力极限状态者要轻，故在变形计算时荷载效应采用标准组合，即将承载力计算时大于 1 的荷载分项系数全都变成 1。

在 4.2.2 小节曾提及混凝土的徐变是混凝土在长期荷载作用下应变随时间继续增长的现象。钢筋混凝土梁在荷载长期作用下，由于受压区混凝土的徐变，其挠度会随时间而增加，刚度会随时间而降低。这些不利因素在变形计算时必须加以考虑。《混凝土规范》规定：

3.4.3 钢筋混凝土受弯构件的最大挠度应按荷载的准永久组合，预应力混凝土受弯构件的最大挠度应按荷载的标准组合，并均应考虑荷载长期作用的影响进行计算，其计算值不应超过表 3.4.3 规定的挠度限值。

表 3.4.3 受弯构件的挠度限值

构件类型		挠度限值
吊车梁	手动吊车	$l_0/500$
	电动吊车	$l_0/600$
屋盖、楼盖及楼梯构件	当 $l_0<7$m 时	$l_0/200$（$l_0/250$）
	当 $7\text{m}\leqslant l_0\leqslant 9$m 时	$l_0/250$（$l_0/300$）
	当 $l_0>9$m 时	$l_0/300$（$l_0/400$）

注：1 表中 l_0 为构件的计算跨度；计算悬臂构件的挠度限值时，其计算跨度 l_0 按实际悬臂长度的 2 倍取用；

2 表中括号内的数值适用于使用上对挠度有较高要求的构件；

3 如果构件制作时预先起拱，且使用上也允许，则在验算挠度时，可将计算所得的挠度值减去起拱值；对预应力混凝土构件，尚可减去预加力所产生的反拱值；

4 构件制作时的起拱值和预加力所产生的反拱值，不宜超过构件在相应荷载组合作用下的计算挠度值。

请翻到 4.11 节，做习题 4-72，4-73

由于钢筋混凝土截面抗弯刚度随着时间的增长会有所降低，所以抗弯刚度有短期抗弯刚度 B_s和（下脚标 s 是英文“短的”short 的第一个字母）长期抗弯刚度 B 之分。钢筋混凝土截面由两种材料组成，加上徐变的影响，故它的抗弯刚度计算是比较复杂的，这里仅介绍一些有助于定性分析用的估算方法。

对于正常使用荷载下的受弯构件，截面短期抗弯刚度 $B_s\approx(0.35\sim0.45)E_cI$（$I$ 为混凝土截面惯性矩，E_c为混凝土的弹性模量）；截面长期抗弯刚度 $B\approx(0.5\sim0.6)B_s\approx(0.5\sim0.6)\times(0.35\sim0.45)E_cI$。这一近似式表明截面长期抗弯刚度 B 大体上还是随截面惯性矩 I 的增大而增大的，对于常用的矩形截面，惯性矩 I 又与截面高度 h 的立方成正比（$I=bh^3/12$），故截面高度 h 大一点，截面惯性矩 I 就大得多、截面长期抗弯刚度 B 也跟着大很多，从而构件的挠度就会小得多。可见增加截面的高度对减小受弯构件的挠度是很有帮助的。**提高配筋率、提高混凝土强度等级、增加截面宽度等对减小受弯构件的挠度也有帮助，但效果远不如增加截面高度明显。**

请翻到 4.11 节，做习题 4-74

4.6.2 裂缝控制

《混凝土规范》规定：

3.4.4 结构构件正截面的受力裂缝控制等级分为三级，等级划分及要求应符合下列规定：

一级——严格要求不出现裂缝的构件，按荷载标准组合计算时，构件受拉边缘混凝土不应产生拉应力。

二级——一般要求不出现裂缝的构件，按荷载标准组合计算时，构件受拉边缘混凝土拉应力不应大于混凝土抗拉强度的标准值。

三级——允许出现裂缝的构件：对钢筋混凝土构件，按荷载准永久组合并考虑长期作用影响计算时，构件的最大裂缝宽度不应超过本规范表 3.4.5 规定的最大裂缝宽度限值。对预应力混凝土构件，按荷载标准组合并考虑长期作用的影响计算时，构件的最大裂缝宽度不应超过本规范第 3.4.5 条规定的最大裂缝宽度限值；对二 a 类环境的预应力混凝土构件，尚应按荷载准永久组合计算，且构件受拉边缘混凝土的拉应力不应大于混凝土的抗拉强度标准值。(规范第 3.4.5 条稍后再讲)

要达到一、二级裂缝控制标准，必须采用预应力混凝土构件，借助张拉钢筋回弹时对混凝土受拉区产生的预压应力来抵消荷载作用引起的拉应力。

研究表明裂缝间距越大，裂缝宽度也越大。裂缝间距受以下四个因素影响（相应地裂缝宽度也受这四个因素的影响）：

① 钢筋的粗细：横截面面积相同时，**钢筋越细，**与混凝土接触的表面面积就越大，粘结性能就越好，就越易于将钢筋的拉力传给混凝土，所以这时的**裂缝间距就越小，进而裂缝宽度也越小。**

② 钢筋表面特征：显然，变形钢筋的粘结性能好，因此**采用变形钢筋比采用光圆钢筋的裂缝间距小，进而裂缝宽度也小。**

③ 纵向受拉钢筋配筋率的大小：**纵向受拉钢筋配筋率越大，**与混凝土接触的表面面积也就越大，会起到因素①相同的作用，**使裂缝间距就越小，进而裂缝宽度也越小。**

④ 混凝土强度等级：试验表明，**强度等级高的混凝土，**与钢筋之间的粘结强度也越高，也起到因素①相同的作用，**使裂缝间距就越小，进而裂缝宽度也越小。**

此外，影响裂缝宽度的另一个主要因素就是**混凝土保护层的厚度。**裂缝宽度是指构件表面的裂缝宽度。裂缝出现后，裂缝处的回缩并不是均匀地回缩，近钢筋处由于受到钢筋的约束，回缩量小、裂缝宽度就小；而构件表面由于受到钢筋的约束小，回缩量大、裂缝宽度就大。这种差别随着保护层厚度的增加而变大。换句话说，在其他条件相同的情况下，**保护层厚度越厚，裂缝宽度就越大。**

顺便说一下，**裂缝宽度与钢筋强度等级无关。**裂缝宽度的验算属于正常使用极限状态的计算。此时钢筋基本上处于弹性工作阶段，在弹性范围内，不论强度等级的高低，钢筋的应力—应变关系是基本相同的。

请翻到 4.11 节，做习题 4-75～4-80

4.7 预应力混凝土结构

上一小节提及：要达到一、二级裂缝控制标准，必须采用预应力混凝土构件，借助张拉钢筋回弹时对混凝土受拉区产生的预压应力来抵消荷载作用引起的拉应力。

4.7.1 钢筋的张拉方法

预应力混凝土结构钢筋的张拉方法有先张法和后张法两大类，而后张法又分为有粘结和无粘结预应力两种。下面通过对**2010-83题视频**的拓展式讲解，对这两类张拉方法作一介绍。

4.7.2 预应力钢筋的张拉控制应力

张拉控制应力的取值大小，直接影响预应力混凝土构件优越性的发挥，如果控制应力取值过低，则预应力钢筋在经历各种损失后，对混凝土产生的预压应力过小，不能有效地提高预应力混凝土构件的抗裂度和刚度。如果控制应力取值过高，则可能引起以下的问题：

① 在施工阶段会使构件的某些部位由于反拱过大引起开裂；对后张法构件还可能造成端部混凝土局部受压破坏。

② 在使用阶段，构件出现裂缝时的荷载与极限荷载很接近，使构件在破坏前无明显的预兆，构件的延性差，对抗震尤为不利。

③ 为了减少预应力损失，往往要进行**超张拉**。由于钢筋强度有一定的离散性，有可能在超张拉过程中使个别钢筋的应力超过屈服强度（对于没有列入规范但允许使用的冷拉热轧钢筋有屈服台阶）或超过极限强度而脆断（对于列入规范的钢筋无屈服台阶）。

《混凝土规范》规定：

10.1.3 预应力筋的张拉控制应力 σ_{con} 应符合下列规定：

1 消除应力钢丝、钢绞线

$$\sigma_{con} \leqslant 0.75 f_{ptk} \qquad (10.1.3\text{-}1)$$

2 中强度预应力钢丝

$$\sigma_{con} \leqslant 0.70 f_{ptk} \qquad (10.1.3\text{-}2)$$

3 预应力螺纹钢筋

$$\sigma_{con} \leqslant 0.85 f_{pyk} \qquad (10.1.3\text{-}3)$$

式中：f_{ptk}——预应力筋极限强度标准值；

f_{pyk}——预应力螺纹钢筋屈服强度标准值。（国家标准《预应力混凝土用螺纹钢筋》GB/T 20065—2006 第 7.4.3 条，表 3 的注解解释："无明显屈服时，用规定非比例延伸强度 $R_{P0.2}$ 代替"。这里的 $R_{P0.2}$ 就是对话 4.2.1-1 提及的"相应于残余应变为 0.2%时的应力"）

消除应力钢丝、钢绞线、中强度预应力钢丝的张拉控制应力值不应小于 $0.4 f_{ptk}$；预应力螺纹钢筋的张拉应力控制值不宜小于 $0.5 f_{pyk}$。

当符合下列情况之一时，上述张拉控制应力限值可相应提高 $0.05 f_{ptk}$ 或 $0.05 f_{pyk}$：

1）要求提高构件在施工阶段的抗裂性能而在使用阶段受压区内设置的预应力筋；

2）要求部分抵消由于应力松弛、摩擦、钢筋分批张拉以及预应力筋与张拉台座之间的温差等因素产生的预应力损失。

4.7.3 预应力混凝土结构对材料性能的要求

1. 预应力钢筋

① **强度高。**其原因在对话 4.2.1-1 中已谈及，不再重复。

② **具有一定的塑性。**为了避免预应力混凝土构件发生脆性破坏，要求预应力钢筋在拉断时，具有一定的伸长率。当构件处于低温或受到冲击荷载作用时，更应注意对钢筋塑性和抗冲击韧性的要求。

③ **良好的加工性能。**要求有良好的可焊性，同时要求钢筋“镦粗”后并不影响其原来的物理力学性能（将钢筋端部加热镦粗，卡在锚板的孔上，是预应力钢筋锚固的一种方法）。

④ 与混凝土之间有**较高的粘结强度**。先张法构件的预应力是依靠钢筋和混凝土之间的粘结强度来完成的；后张法的有粘结预应力筋与灌浆体之间，也需要这种粘结强度作为安全的储备。

⑤ **应力松弛小。**这样可减少应力松弛引起的预应力损失。

2. 混凝土

① **强度高。**因为采用高强度混凝土配合采用高强度钢筋可以有效地减小构件的截面尺寸和减轻自重。对于先张法构件，随混凝土强度等级的提高可增大混凝土的粘结强度；而对于后张法构件：采用高强度混凝土，可承受构件端部强大的预压力。

② **收缩小、徐变小**。这样可减少收缩、徐变引起的预应力损失。

③ **快硬、早强**。这样可以尽早施加预应力，加快台座、锚具、夹具的周转率，以利加速施工进度。

选择混凝土强度等级时，还应综合考虑施工方法（先张或后张）、构件跨度、使用情况（如有无振动荷载）以及钢筋种类等因素。

预应力混凝土结构对混凝土强度等级的具体要求在 4.2.1 小节已作过介绍，不再重复。

4.7.4 预应力对构件的承载力有没有影响？

小　静：袁老师，受拉区的预应力钢筋在构件承受荷载之前就有相当高的预拉力，再叠加上荷载产生的拉力，岂不是会被拉断吗？是否需要将构件的承载力降低呢？

袁老师：你的这种疑虑可以理解，许多学生都问过这个问题。但你大可不必担心，预应力的存在对构件的承载力不会有任何影响。以预应力轴心拉杆为例，构件在承受荷载之前，预应力筋的预拉力 P 是靠混凝土被压缩的反抗力来维持的，**“哪里有压迫，哪里就有反抗”**。当构件受荷之后，荷载拉力 N 无疑会作用到预应力筋上，但与此同时，荷载拉力 N 也会使混凝土被压缩的程度减轻，从而使预应力筋的预拉力 P 下降，在这个过程中预应力筋的拉力变化很小。当构件某截面被完全拉裂时，预应力筋的预拉力 P 便完全消失，混凝土退出工作，拉力 N 完全由预应力筋和非预应力筋承担，其受拉承载力计算公式是

$$N \leqslant f_y A_s + f_{yp} A_p$$

式中 f_y 和 f_{yp} 分别为非预应力筋和预应力筋的抗拉强度设计值；A_s 和 A_p 分别为非预应力筋和预应力筋的截面面积。在这个公式里看不到预拉力 P 的影子，这说明**构件的承载力计算与预应力没有任何关系，预应力的大小不会使构件的承载力降低或提高。**但这不等于说不需要预应力，因为构件还有抗裂的要求和变形的限制。

小　波：我常听说“预应力构件的承载力比一般同类的非预应力构件的承载力高”，这种说法有问题吗？

袁老师：这种说法是对的，**但预应力混凝土构件承载力高并不是因为预应力参与到承载力的计算中，而是因为它采用了高强度材料。**预应力起的作用是使高强度材料充分发挥作用时，构件不出现裂缝或裂缝不超限，使构件变形满足使用要求。

对话 4.7.4-1　预应力对构件的承载力有没有影响？

请翻到 4.11 节，做习题 4-81～4-83，**4-84**，**4-85～4-87**

4.8 构 造 规 定

4.8.1 伸缩缝

《混凝土规范》规定：

8.1.1 钢筋混凝土结构伸缩缝的最大间距宜符合表 8.1.1 的规定。

表 8.1.1 钢筋混凝土结构伸缩缝最大间距（m）

结构类别		室内或土中	露　天
排架结构	装配式	100	70
框架结构	装配式	75	50
	现浇式	55	35
剪力墙结构	装配式	65	40
	现浇式	45	30
挡土墙、地下室墙壁等类结构	装配式	40	30
	现浇式	30	20

注：1 装配整体式结构房屋的伸缩缝间距宜按表中现浇式的数值取用；

2 框架-剪力墙结构或框架-核心筒结构房屋的伸缩缝间距可根据结构的具体布置情况取表中框架结构与剪力墙结构之间的数值；

3 当屋面无保温或隔热措施时，框架结构、剪力墙结构的伸缩缝间距宜按表中露天栏的数值取用；

4 现浇挑檐、雨罩等外露结构的伸缩缝间距不宜大于 12m。

……

8.1.4 当设置伸缩缝时，排架、框架结构的双柱基础可不断开。

伸缩缝的最大间距在某些情况下宜适当减小或可适当加大，《混凝土规范》8.1.2 条和 8.1.3 条有具体规定，此处从略。

请翻到 4.11 节，做习题 4-88～4-90

4.8.2 混凝土保护层

《混凝土规范》规定：

8.2.1 构件中普通钢筋及预应力筋的混凝土保护层厚度应满足下列要求。

1 构件中受力钢筋的保护层厚度不应小于钢筋的公称直径 d；

2 设计使用年限为 50 年的混凝土结构，最外层钢筋的保护层厚度应符合表 8.2.1 的规定；设计使用年限为 100 年的混凝土结构，最外层钢筋的保护层厚度不应小于表 8.2.1 中数值的 1.4 倍。

表 8.2.1 混凝土保护层的最小厚度（mm）

环境类别	板、墙、壳	梁、柱、杆
一	15	20
二 a	20	25
二 b	25	35
三 a	30	40
三 b	40	50

注：1 混凝土强度等级不大于 C25 时，表中保护层厚度数值应增加 5mm；

2 钢筋混凝土基础宜设置混凝土垫层，基础中钢筋的混凝土保护层厚度应从垫层顶面算起，且不应小于 40mm。

8.2.3 当梁、柱、墙中纵向受力钢筋的保护层厚度大于 50mm 时，宜对保护层采取有效的构造措施。当在保护层内配置防裂、防剥落的钢筋网片时，网片钢筋的保护层厚度不应小于 25mm。

请翻到 4.11 节，做习题 4-91～4-93

4.8.3 钢筋的锚固

图 4.8.3-1 所示的悬臂板式雨篷，受力最大的部位在支座处，即门过梁外边缘。悬臂板中的①号筋在梁边要充分发挥它的抗拉强度，以便承受梁边的最大负弯矩 M_{max}。显然①号筋需要伸入门过梁一定的长度才能做到这一点，这个长度便称之为受力钢筋的锚固长度 l_a。

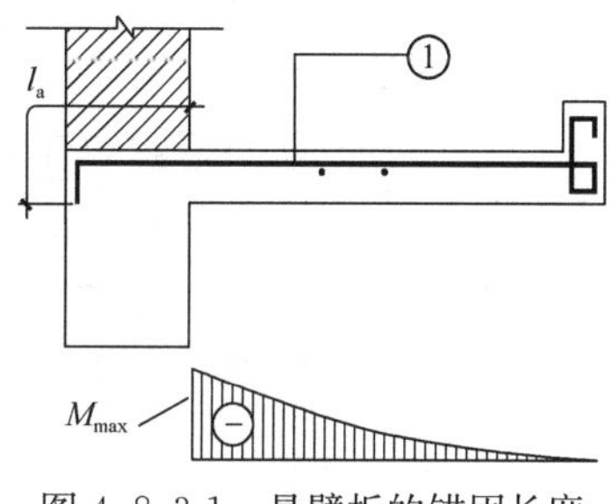

图 4.8.3-1 悬臂板的锚固长度

钢筋的锚固长度与钢筋与混凝土之间的粘结强度有关，下面先谈这个问题。

1. 影响粘结强度的因素

（1）**钢筋表面的粗糙程度** 钢筋的表面越粗糙，粘结强度就越高，故带肋钢筋的粘结强度高于光圆钢筋的粘结强度。

（2）**保护层厚度及钢筋净间距** 带肋钢筋较光圆钢筋具有较高的粘结强度，但带肋钢筋的主要危险是有可能产生内部径向裂缝，如图 4.8.3-2 所示。如果保护层不够厚，这种裂缝就会到达构件的表面而产生劈裂；如果钢筋间距过密，它们的周围的内部裂缝亦会连贯起来形成劈裂裂缝。增大保护层厚度和保持必要的钢筋净距，可提高混凝土的抗劈裂性能、从而增强对钢筋的握裹力。

（3）**混凝土强度** 对于光圆钢筋，混凝土强度高，滑移抗力也高；对于带肋钢筋，混凝土强度高，抗劈裂的能力就强。所以不论是光圆钢筋还是带肋钢筋，它们的粘结**强度均**

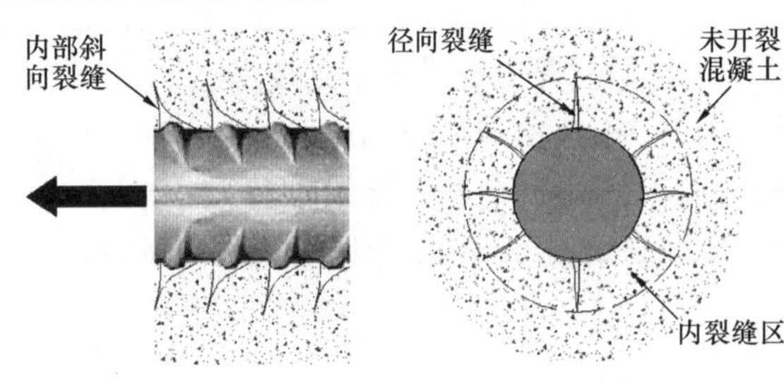

图 4.8.3-2　带肋钢筋的内裂缝

随着混凝土强度的提高而提高。

（4）**横向钢筋（箍筋）间距**　较密的箍筋能限制内部裂缝的发展，可使粘结强度得到提高。因此，在较大直钢筋的锚固区段和搭接长度范围内，均应设置数量较多的横向钢筋，如将梁的箍筋加密等。当一排并列钢筋的根数较多时，采用附加钢箍（如前面图 4.3.1-3 中的封闭箍筋）对控制劈裂裂缝、提高粘结强度是很有效的。

请翻到 4.11 节，做习题 4-94

2. 钢筋的锚固长度

《混凝土规范》规定：

8.3.1　当计算中充分利用钢筋的抗拉强度时，受拉钢筋的锚固应符合下列要求：

1　基本锚固长度应按下列公式计算：

普通钢筋

$$l_{ab}=\alpha f_y d/f_t \tag{8.3.1-1}$$

预应力钢筋

$$l_{ab}=\alpha f_{py} d/f_t \tag{8.3.1-2}$$

式中：l_{ab}——受拉钢筋的基本锚固长度；

f_y、f_{py}——普通钢筋、预应力钢筋的抗拉强度设计值；

f_t——混凝土轴心抗拉强度设计值，当混凝土强度等级高于 C60 时，按 C60 取值；

d——锚固钢筋的直径；

α——锚固钢筋的外形系数，按表 8.3.1 取用。

表 8.3.1　钢筋的外形系数 α

钢筋类型	光圆钢筋	带肋钢筋	螺旋肋钢丝	三股钢绞线	七股钢绞线
α	0.16	0.14	0.13	0.16	0.17

注：光面圆筋末端应做 180°弯钩，弯后平直段长度不应小于 $3d$，但作受压钢筋时可不做弯钩。

2　受拉钢筋的锚固长度应根据锚固条件按下列公式计算，且不应小于 200mm：

$$l_a=\zeta_a l_{ab} \tag{8.3.1-3}$$

式中：l_a——受拉钢筋的锚固长度；

ζ_a——锚固长度修正系数，对普通钢筋按本规范第 8.3.2 条的规定取用，当多于一项时，可按连乘计算，但不应小于 0.6；对预应力筋，可取 1.0。

梁柱节点中纵向受拉钢筋的锚固要求应按本规范第 9.3 节（Ⅱ）中的规定执行。

3　当锚固钢筋的保护层厚度不大于 $5d$ 时，锚固长度范围内应配置横向构造钢筋，其直径不应小于 $d/4$；对梁、柱、斜撑等构件间距不应大于 $5d$，对板、墙等平面构件间距不应大于 $10d$，且均不应大于 100mm，此处 d 为锚固钢筋的直径。

8.3.2　纵向受拉普通钢筋的锚固长度修正系数 ζ_a 应按下列规定取用：

1 当带肋钢筋的公称直径大于25mm时取1.10；

2 环氧树脂涂层带肋钢筋取1.25；

3 施工过程中易受扰动的钢筋取1.10；

4 当纵向受力钢筋的实际配筋面积大于其设计计算面积时，修正系数取设计计算面积与实际配筋面积的比值，但对有抗震设防要求及直接承受动力荷载的结构构件，不应考虑此项修正。

请翻到4.11节，做习题4-95，4-96

4.8.4 钢筋的连接

《混凝土规范》规定：

8.4.1 钢筋连接可采用绑扎搭接、机械连接或焊接。机械连接接头及焊接接头的类型及质量应符合国家现行有关标准的规定。

混凝土结构中受力钢筋的连接接头宜设置在受力较小处。在同一根受力钢筋上宜少设接头。在结构的重要构件和关键传力部位，纵向受力钢筋不宜设置连接接头。

绑扎搭接实际上是通过混凝土把断开的钢筋粘结起来，而这种粘结力与钢筋的锚固长度有关，影响粘结力的因素在绑扎搭接连接中也得到反映。这种连接的限制条件较多，它们容易成为考点。下面仅介绍绑扎搭接连接。

《混凝土规范》规定：

8.4.2 轴心受拉及小偏心受拉杆件的纵向受力钢筋不得采用绑扎搭接；其他构件中的钢筋采用绑扎搭接时，受拉钢筋直径不宜大于25mm，受压钢筋直径不宜大于28mm。

8.4.3 同一构件中相邻纵向受力钢筋的绑扎搭接接头宜相互错开。钢筋绑扎搭接接头连接区段的长度为1.3倍搭接长度，凡搭接接头中点位于该连接区段长度内的搭接接头均属于同一连接区段（图8.4.3）。同一连接区段内纵向钢筋搭接接头面积百分率为该区段内有搭接接头的纵向受力钢筋与全部纵向受力钢筋截面面积的比值。当直径不同的钢筋搭接时，按直径较小的钢筋计算。

位于同一连接区段内的受拉钢筋搭接接头面积百分率：对梁类、板类及墙类构件，不宜大于25%；对柱类构件，不宜大于50%。当工程中确有必要增大受拉钢筋搭接接头面积百分率时，对梁类构件，不应大于50%；对板、墙、柱及预制构件的拼接处，可根据实际情况放宽。

……

l_l

$1.3l_l$

图8.4.3 同一连接区段内的纵向受拉钢筋绑扎搭接接头（l_l 为搭接长度）

注：图中所示同一连接区段内的搭接接头钢筋为两根，当钢筋直径相同时，钢筋搭接接头面积百分率为50%。

8.4.4 纵向受拉钢筋绑扎搭接接头的搭接长度，应根据位于同一连接区段内的钢筋搭接接头面积百分率按下列公式计算，且不应小于300mm。

$$l_l = \zeta_l l_a \tag{8.4.4}$$

式中：l_l——纵向受拉钢筋的搭接长度；

ζ_l——纵向受拉钢筋搭接长度修正系数，按表8.4.4取用。当纵向搭接钢筋接头面积百分率为表的中间值时，修正系数可按内插取值。

表8.4.4 纵向受拉钢筋搭接长度修正系数

纵向钢筋搭接接头面积百分率（%）	≤25	50	100
ζ_l	1.2	1.4	1.6

8.4.5 构件中的纵向受压钢筋，当采用搭接连接时，其受压搭接长度不应小于本规范第8.4.4条纵向受拉钢筋搭接长度的70%，且不应小于200mm。

8.4.6 在梁、柱类构件的纵向受力钢筋搭接长度范围内的横向构造钢筋应符合本规范第8.3.1条的要求；当受压钢筋直径大于25mm时，尚应在搭接接头两个端面外100mm的范围内各设置两道箍筋。

请翻到4.11节，做习题4-97，4-98～4-100

4.9 楼 盖 结 构

4.9.1 概述

按施工方法分，楼盖有现浇式、装配式和装配整体式三种。

现浇楼盖的最大优点是整体性好、刚度大、抗震性能强。此外，现浇楼盖的优点还有抗渗性好，易于适应平面形状不规则、有较重的集中设备荷载及设备留洞等情况。而且随着工具式模板、布料机、泵送混凝土等施工技术的不断发展和完善，过去现浇楼盖的一些缺点，例如施工周期长、费工费料等已得到很大程度的克服，故在房屋建筑中大有取代后两种楼盖形式的趋势。本节仅介绍现浇楼盖。

现浇楼盖（图4.9.1-1）主要有单向板肋梁楼盖、双向板肋梁楼盖、井式楼盖、密肋楼盖和无梁楼盖等几种形式。

1. 单、双向板肋梁楼盖

梁格两方向尺寸相差较大时，其上的板为单向板（图a）；反之为双向板（图b）。一般房屋或高层建筑的塔楼部分，柱距都不会太大，采用单、双向板肋梁楼盖比较合适。这类楼盖由主、次梁和板组成，传力路线是：**板→次梁→主梁→柱（墙）→基础。**楼盖的主梁常兼作框架梁、与柱子一起形成框架，承受竖向荷载、风荷载和地震作用。故选择“单向”还是“双向”的问题需从结构的整体工作考虑。单向板和双向板的受力特点及其具体划分方法稍后再讲。

2. 井式楼盖

一些大厅，当两方向墙（或柱）的跨度比较接近、而且都比较大时，肋梁的布置可以不分主、次，两方向的梁都采用相同的截面，都直接承受板传来的荷载，这种楼盖称为**井式楼盖**（图 c）。由于两方向的梁同时起作用，受力合理，梁的高度可以小一些，从而能增加建筑净高。

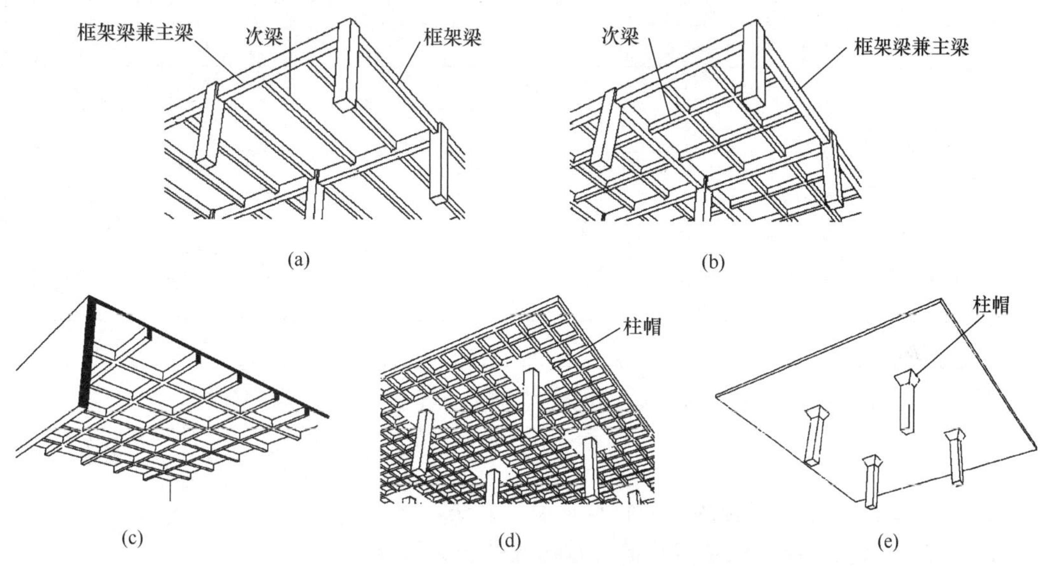

图 4.9.1-1　现浇楼盖的主要形式

（a）单向板肋梁楼盖；（b）双向板肋梁楼盖；（c）井式楼盖；（d）密肋楼盖；（e）无梁楼盖

3. 密肋楼盖

当井式楼盖的肋梁间距较小时（一般认为肋距≤1.5m 时），井式楼盖就变成了**密肋楼盖**。由于肋距小，在各类现浇板中，它可以**做得最薄**。肋的截面也相对较小，进而减轻了结构的自重。但由于板薄肋小，柱顶处常需设柱帽以提高楼盖的抗冲切能力（图 d）。

4. 无梁楼盖

无梁楼盖的底面平整，无需吊顶，建筑布置比较灵活。但由于没有梁的分格，板的受力较大，需要较大的板厚，在各类现浇板中，对它的**最小板厚要求最高，不得小于 150mm**。为了提高提高板的抗冲切能力，柱顶也常需设置柱帽（图 e）。另外，板柱框架的等代梁高就是板的厚度，故板柱结构的抗侧移能力很有限，不能做得太高。

5. 规范对现浇板厚度的要求

《混凝土规范》规定：

> **9.1.2** 现浇混凝土板的尺寸宜符合下列规定：
>
> **1** 板的跨厚比：……
>
> **2** 现浇钢筋混凝土板的厚度不应小于表 9.1.2 规定的数值。

表 9.1.2 现浇钢筋混凝土板的最小厚度（mm）

板的类别		最小厚度
单向板	屋面板	60
	民用建筑楼板	60
	工业建筑楼板	70
	行车道下的楼板	80
双向板		80
密肋楼盖	板面	50
	肋高	250
悬臂板（根部）	悬臂长度不大于 500mm	60
	悬臂长度 1200mm	100
无梁楼板		150
现浇空心楼盖		200

下面主要讲楼盖结构中的板，梁的问题放到下一节的框架结构中介绍。

请翻到 4.11 节，做习题 4-101，4-102，4-103

4.9.2 四边支承矩形板的受力特点及设计方法

1. 两方向边长比例不同的四边简支矩形板的受力特点

我们以最简单的四边简支矩形板为例展开讨论。图 4.9.2-1 表示三块两方向边长比例不同的四边简支矩形板，其上作用有均布荷载 q，l_1表示短边、l_2表示长边。设 f 为楼板平面中心点处的挠度，它同时属于板的短方向 1 和长方向 2，换句话说，每块板的两个方向的绝对挠度是相等的。当 $l_2/l_1=2$ 时（图 a），短方向 1 的相对弯曲大、曲率大，进而弯矩 M_1也大；而长方向 2 的相对弯曲小、曲率小，进而弯矩 M_2也小，只有 M_1的 0.34 倍。当 $l_2/l_1=1$ 时（图 c），两方向边长相等，相对弯曲、曲率都相等，进而两方向的弯矩也相等，即 $M_1=M_2$；而对于 $l_2/l_1=1.5$ 的情况（图 b）则介乎于上两者之间。

从以上分析可以看出，短方向 1 受力大，长方向 2 受力小，这说明**荷载主要是沿短跨方向传递给长边支座的**。另外，M_1的计算式表明，若短边边长 l_1不变，则随着长短边比值 l_2/l_1由 1 增加到 2，短方向弯矩 M_1便由 $0.043ql_1^2$增大到 $0.099ql_1^2$。可以想象，当比值 l_2/l_1继续增加时，M_1将趋近于 $0.125ql_1^2$（即跨度为 l_1的单位宽度的简支板弯矩 $ql_1^2/8$），此时板的受力和单向受力的板非常接近。

我们以最简单的四边简支矩形板为例展开讨论。图 4.9.2-1 表示三块两方向边长比例不同的四边简支矩形板，其上作用有均布荷载 q，l_1表示短边、l_2表示长边。设 f 为楼板平面中心点处的挠度，它同时属于板的短方向 1 和长方向 2，换句话说，每块板的两个方向的绝对挠度是相等的。当 $l_2/l_1=2$ 时（图 a），短方向 1 的相对弯曲大、曲率大，进而弯矩 M_1也大；而长方向 2 的相对弯曲小、曲率小，进而弯矩 M_2也小，只有 M_1的 0.34 倍。当 $l_2/l_1=1$ 时（图 c），两方向边长相等，相对弯曲、曲率都相等，进而两方向的弯矩也相等，即 $M_1=M_2$；而对于 $l_2/l_1=1.5$ 的情况（图 b）则介乎于上两者之间。

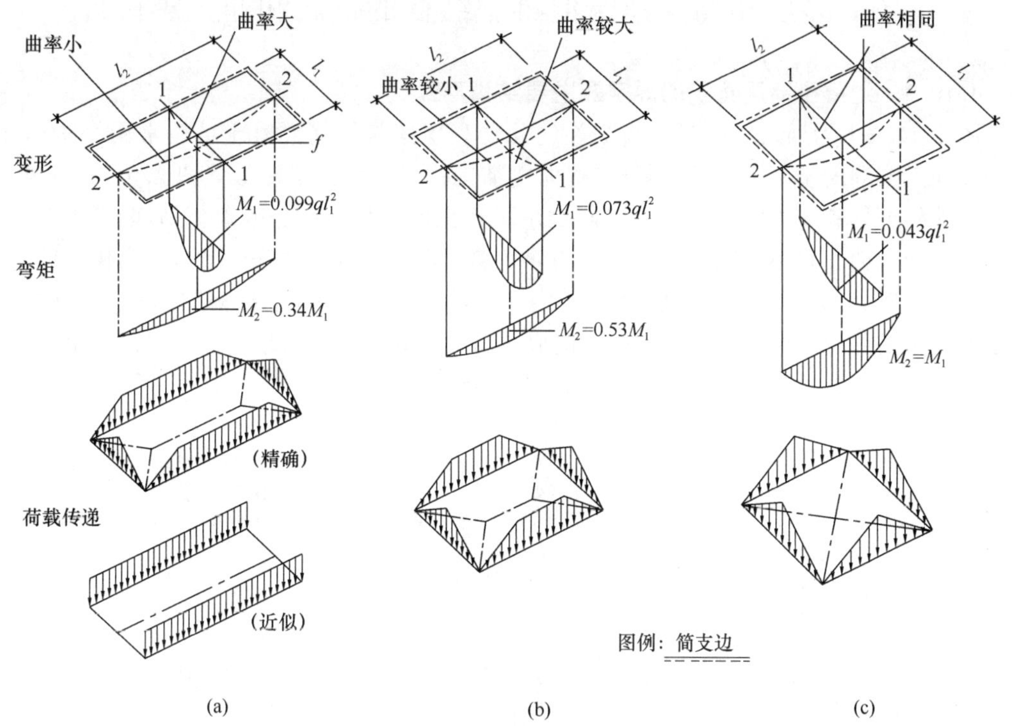

图 4.9.2-1　两方向边长比例不同的四边简支矩形板的变形、内力和荷载传递

(a) $l_2/l_1=2$ 时；(b) $l_2/l_1=1.5$ 时；(c) $l_2/l_1=1$ 时

从以上分析可以看出，短方向 1 受力大，长方向 2 受力小，这说明荷载主要是沿短跨方向传递给长边支座的。另外，M_1 的计算式表明，若短边边长 l_1 不变，则随着长短边比值 l_2/l_1 由 1 增加到 2，短方向弯矩 M_1 便由 $0.043ql_1^2$ 增大到 $0.099ql_1^2$。可以想象，当比值 l_2/l_1 继续增加时，M_1 将趋近于 $0.125ql_1^2$（即跨度为 l_1 的单位宽度的简支板弯矩 $ql_1^2/8$），此时板的受力和单向受力的板非常接近。

2. 四边支承矩形板的设计方法

《混凝土规范》规定：

> **9.1.1**　混凝土板应按下列原则进行计算：
>
> …
>
> **2**　四边支承的板应按下列规定计算：
>
> 1）当长边与短边长度之比不大于 2.0 时，应按双向板计算；
>
> 2）当长边与短边长度之比大于 2.0，但小于 3.0 时，宜按双向板计算；
>
> 3）当长边与短边长度之比大于或等于 3.0 时，宜按沿短边方向受力的单向板计算，并应沿长边方向布置构造钢筋。

请翻到 4.11 节，做习题 4-104，4-105

4.10 多层和高层建筑混凝土结构的抗震和非抗震设计

4.10.1 混凝土高层建筑的界定及主要结构形式

图 4.10.1-1 为列入《混凝土高规》的几种高层建筑钢筋混凝土结构常用结构体系。此外，列入《混凝土高规》还有板柱-剪力墙结构，它是由无梁楼板（图 4.9.1-1e）与柱组成的板柱框架和剪力墙共同承受竖向和水平作用的结构。部分落地剪力墙结构（图 d）中的框支剪力墙，是指由底部框架支承的剪力墙。框架-核心筒结构（图 e）由核心筒与外围的稀柱框架组成；而筒中筒结构（图 f）则由核心筒与外围“框筒”组成。所谓“框筒”就是由密柱深梁组成的筒体。框筒的底层可通过转换梁获得较大柱距，以满足使用功能的要求。至于超过多高、多少层才算高层，《混凝土高规》规定：

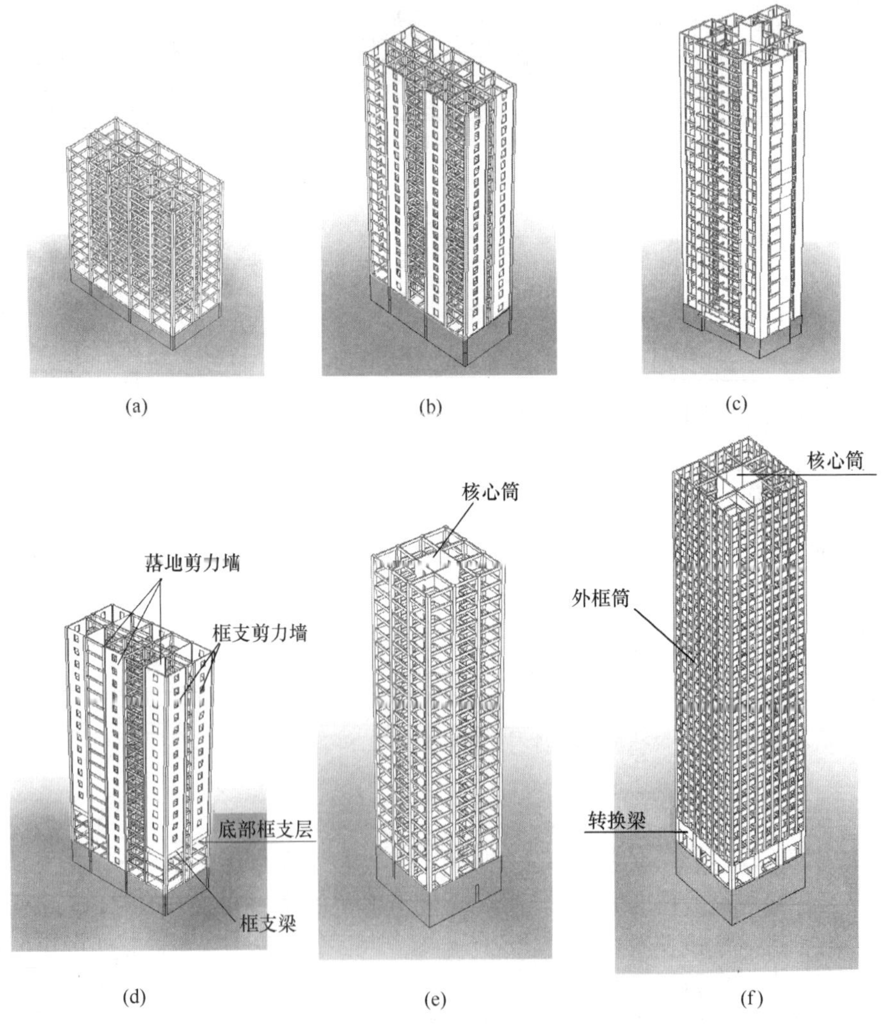

图 4.10.1-1 高层建筑钢筋混凝土结构常用的几种结构体系

(a) 框架结构；(b) 框架-剪力墙结构；(c) 全部落地剪力墙结构

(d) 部分落地剪力墙结构；(e) 框架-核心筒结构；(f) 筒中筒结构

2.1.1 高层建筑 tall building，high-rise building

10层及10层以上或房屋高度大于28m的住宅建筑和房屋高度大于24m的其他高层民用建筑。

2.1.2 房屋高度 building height

自室外地面至房屋主要屋面的高度，不包括突出屋面的电梯机房、水箱、构架等高度。

请翻到4.11节，做习题4-106

说明：本章主要引用《抗震规范》的"多层和高层混凝土房屋"部分和《混凝土高规》。《抗震规范》中的"抗震墙"包括"钢筋混凝土抗震墙"和"砌体抗震墙"。本章讲的是混凝土结构，在引用《抗震规范》时涉及的"抗震墙"与《混凝土高规》中的"剪力墙"是同一个意思。

4.10.2 各类结构的最大适用高度和最大适用高宽比

建筑物越高，竖向荷载、风荷载和地震作用就越大；建筑物的高宽比越大（即越瘦），对荷载和地震作用的抵抗能力就越差。这种抵抗能力对不同的结构体系是有区别的，于是便有了本小节标题的话题。

1. 最大适用高度

(1)《混凝土高规》的规定

对于大多数的一般建筑物，《混凝土高规》给出了对它们的适用高度（称A级高度）的限制值；同时也允许建筑物盖得更高一些（称B级高度），但相应的抗震等级、有关的计算和构造措施更为严格。

《混凝土高规》规定：

3.3.1 钢筋混凝土高层建筑结构的最大适用高度和高宽比应分为A级和B级。A级高度钢筋混凝土乙类和丙类高层建筑的最大适用高度应符合表3.3.1-1的规定，B级高度钢筋混凝土乙类和丙类高层建筑的最大适用高度应符合表3.3.1-2的规定。

平面和竖向均不规则的高层建筑结构，其最大适用高度应适当降低。

表3.3.1-1 A级高度钢筋混凝土高层建筑的最大适用高度（m）

结构体系		非抗震设计	抗震设防烈度				
			6度	7度	8度		9度
					0.20g	0.30g	
框架		70	60	50	40	35	—
框架-剪力墙		150	130	120	100	80	50
剪力墙	全部落地剪力墙	150	140	120	100	80	60
	部分框支剪力墙	130	120	100	80	50	不应采用

续表 3.3.1-1

结构体系		非抗震设计	抗震设防烈度				
			6 度	7 度	8 度		9 度
					0.20g	0.30g	
筒体	框架-核心筒	160	150	130	100	90	70
	筒中筒	200	180	150	120	100	80
板柱-剪力墙		110	80	70	55	40	不应采用

注：1. 表中框架不含异形柱框架；

2. 部分框支剪力墙结构指地面以上有部分框支剪力墙的剪力墙结构；

3. 甲类建筑，6、7、8 度时宜按本地区抗震设防烈度提高一度后符合本表的要求，9 度时应专门研究；

4. 框架结构、板柱-剪力墙结构以及 9 度抗震设防的表列其他结构，当房屋高度超过本表数值时，结构设计应有可靠依据，并采取有效的加强措施。

表 3.3.1-2　B 级高度钢筋混凝土高层建筑的最大适用高度（m）（略）

（2）《抗震规范》的规定

《抗震规范》没有对多层和高层混凝土建筑的适用高度进行分级，它给出的适用高度除了对 9 度的框架结构为 24m 这一项之外，其余各项与《混凝土高规》中有抗震要求的“A 级高度”完全相同，此处从略。

请翻到 4.11 节，做习题 4-107，4-108，4-109，4-110

2. 最大适用高宽比

《混凝土高规》规定：

3.3.2　钢筋混凝土高层建筑结构的高宽比不宜超过表 3.3.2 的规定。

表 3.3.2　钢筋混凝土高层建筑结构适用的最大高宽比

结构体系	非抗震设计	抗震设防烈度		
		6 度、7 度	8 度	9 度
框架	5	4	3	—
板柱-剪力墙	6	5	4	—
框架-剪力墙、剪力墙	7	6	5	4
框架-核心筒	8	7	6	4
筒中筒	8	8	7	5

请翻到 4.11 节，做习题 4-111

4.10.3 结构的平面布置

《混凝土高规》对结构的平面布置的要求，与前面讲过的《抗震规范》的相应要求基本一致，但更具体，还包含了对抗风的要求。《混凝土高规》规定：

3.4.2 高层建筑宜选用风作用效应较小的平面形状。

3.4.2 条文说明：高层建筑承受较大的风力。在沿海地区，风力成为高层建筑的控制性荷载，采用风压较小的平面形状有利于抗风设计。

对抗风有利的平面形状是简单规则的凸平面，如圆形、正多边形、椭圆形、鼓形等平面。对抗风不利的平面是有较多凹凸的复杂形状平面，如V形、Y形、H形、弧形等平面。

3.4.3 抗震设计的钢筋混凝土高层建筑，其平面布置宜符合下列要求：

1 平面宜简单、规则、对称，减少偏心；

2 平面长度不宜过长，(图3.4.3)，L/B 宜符合表3.4.3的要求；

3 平面突出部分长度 l 不宜过大、宽度 b 不宜过小（图3.4.3），l/B_{max}、l/b 宜符合表3.4.3的要求；

4 不宜采用角部重叠的平面图形或细腰形平面图形。

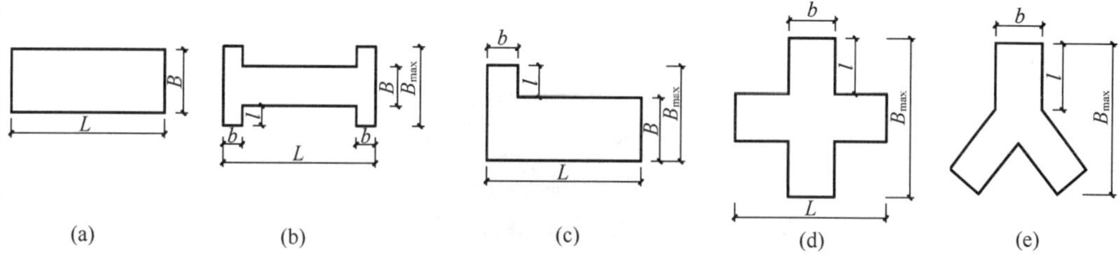

图3.4.3 建筑平面示意

表3.4.3 平面尺寸及突出部位尺寸的比值限值

设防烈度	L/B	l/B_{max}	l/b
6、7度	≤6.0	≤0.35	≤2.0
8、9度	≤5.0	≤0.30	≤1.5

3.4.3 条文说明：……

角部重叠细腰形平面的示意图（图1），在中央部位形成狭窄部分，在地震中容易产生震害，尤其在凹角处，因应力集中更容易使楼板开裂、破坏，不宜采用。……

3.4.6 ……。有效楼板宽度不宜小于该层楼面宽度的50%；楼板开洞总面积不宜超过楼面面积的30%；在扣除凹入或开洞后，楼板在任一方向的最小净宽度不宜小于5m，且开洞后每一边的楼板净宽度不应小于2m。

3.4.6 条文说明：……以图2所示平面为例，L_2 不宜小于 $0.5L_1$，a_1 与 a_2 之和不宜小于 $0.5L_2$ 且不宜小于5m，a_1 和 a_2 均不应小于2m，开洞面积不宜大于楼面面积的30%。

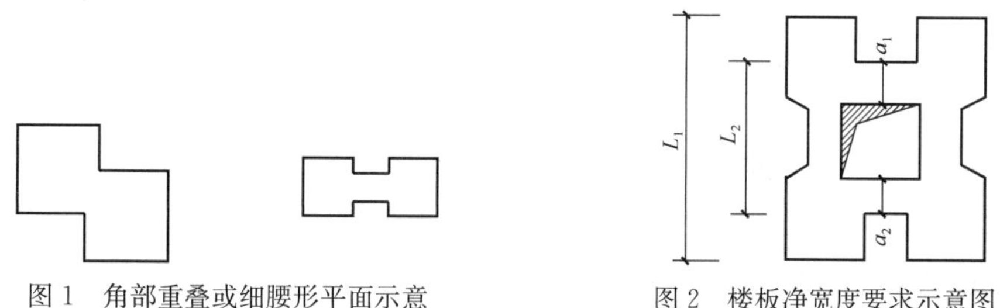

图1 角部重叠或细腰形平面示意

图2 楼板净宽度要求示意图

小静和小波：袁老师，为什么平面过于狭长的建筑物，在地震时会由于地震波输入有位相差而容易产生不规则振动呢？

袁老师：地震引起的振动以波的形式从震源向各个方向传播并释放能量。这种波称地震波，它包括在地球内部传播的体波和只限于在地球表面传播的面波，其中有一种面波叫“洛夫波”。洛夫波传播时，会使质点在地平面内做与波的前进方向相垂直的来回运动，像蛇一样。图（a）所示地震中被震弯的铁路，在一定程度上反映了洛夫波的作用。较长的建筑物可能跨越一个以上的波形，沿建筑纵向的地基就会产生不同步的横向运动：例如在某一瞬间，一些部位向北运动、另一些部位向南运动；而在另一瞬间它们又都做与前一瞬间相反方向的运动。若建筑平面比较窄长（即长宽比 L/B 较大），楼板平面内的刚度就比较小，楼板在平面内将会产生不同步的横向振动、引起来回的横向错动变形而受损（图 b）；但如果建筑平面的长宽比 L/B 小，楼板平面内的刚度就大，楼板平面内的变形就小，不但自身不会损坏，同时还能使方向相反的地震作用得到部分的抵消，进而减轻横向抗侧力构件的负担（图 c）。明白了吗？

小静和小波：明白了。

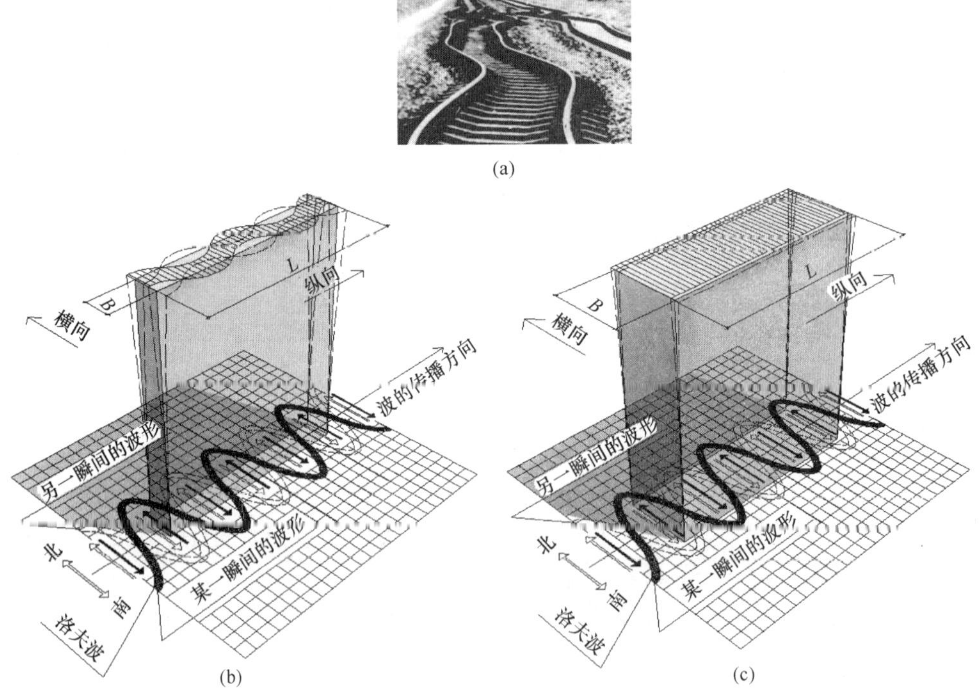

（a）地震中被震弯的铁路；（b）建筑平面的长宽比 L/B 过大时；（c）建筑平面的长宽比 L/B 较小时

对话 4.10.3-1　为什么建筑物平面不应过于狭长

请翻到 4.11 节，做习题 4-112～4-114

4.10.4 抗震等级

小静和小波：袁老师，前面第 2.3 节曾介绍过抗震设防分类，今天又讲抗震等级，岂不是重复了吗？

袁老师：一点也不重复。还记得采取抗震措施的好处吗？

小　波：当然记得，就是要做到好钢用在刀刃上。对吗？

袁老师：说得对。在钢筋混凝土结构中，抗震措施是通过划分抗震等级来实现的。这样做比较方便一些。

小　静：别的结构也这样做吗？

袁老师：砌体结构中的配筋砌块砌体剪力墙和墙梁以及底部框架-抗震墙房屋的钢筋混凝土结构部分划分抗震等级。2010 年版《抗震规范》的“多层和高层钢结构房屋”部分也开始划分抗震等级。打个比方吧：在工作中你的级别高，对你的要求就高；在抗震设计中，结构的抗震等级高，相应抗震措施的要求也高。

小　波：那抗震设防分类和抗震等级之间有关系吗？

袁老师：当然有关系，下面介绍的规范条文就是指明对“丙类”建筑的。以此为基础，再结合《分类标准》[4] 3.0.3 条（摘录于 2.4.1 小节）关于各类建筑的设防标准，则所有设防类别的抗震等级问题都可以解决了。而有了抗震等级，设计时应该采取什么抗震措施便比较容易确定了。

对话 4.10.4-1　为什么要划分抗震等级

关于多层和高层混凝土结构的抗震等级《抗震规范》规定：

6.1.2　钢筋混凝土房屋应根据设防类别、烈度、结构类型和房屋高度采用不同的抗震等级，并应符合相应的计算和构造措施要求。丙类建筑的抗震等级应按表 6.1.2 确定。

表 6.1.2　现浇钢筋混凝土房屋的抗震等级

<table>
<tr><th colspan="3" rowspan="2">结构类型</th><th colspan="10">设防烈度</th></tr>
<tr><th colspan="2">6</th><th colspan="3">7</th><th colspan="3">8</th><th colspan="2">9</th></tr>
<tr><td rowspan="3">框架结构</td><td colspan="2">高度（m）</td><td>≤24</td><td>>24</td><td colspan="2">≤24</td><td>>24</td><td>≤24</td><td colspan="2">>24</td><td colspan="2">≤24</td></tr>
<tr><td colspan="2">框　架</td><td>四</td><td>三</td><td colspan="2">三</td><td>二</td><td>二</td><td colspan="2">一</td><td colspan="2">一</td></tr>
<tr><td colspan="2">大跨度框架</td><td colspan="2">三</td><td colspan="3">二</td><td colspan="3">一</td><td colspan="2">一</td></tr>
<tr><td rowspan="3">框架-抗震墙结构</td><td colspan="2">高度（m）</td><td>≤60</td><td>>60</td><td>≤24</td><td>25～60</td><td>>60</td><td>≤24</td><td>25～60</td><td>>60</td><td>≤24</td><td>25～50</td></tr>
<tr><td colspan="2">框　架</td><td>四</td><td>三</td><td>四</td><td>三</td><td>二</td><td>三</td><td>二</td><td>一</td><td>二</td><td>一</td></tr>
<tr><td colspan="2">抗震墙</td><td colspan="2">三</td><td>三</td><td colspan="2">二</td><td>二</td><td colspan="2">一</td><td colspan="2">一</td></tr>
<tr><td rowspan="2">抗震墙结构</td><td colspan="2">高度（m）</td><td>≤80</td><td>>80</td><td>≤24</td><td>25～80</td><td>>80</td><td>≤24</td><td>25～80</td><td>>80</td><td>≤24</td><td>25～60</td></tr>
<tr><td colspan="2">剪力墙</td><td>四</td><td>三</td><td>四</td><td>三</td><td>二</td><td>三</td><td>二</td><td>一</td><td>二</td><td>一</td></tr>
<tr><td rowspan="4">部分框支抗震墙结构</td><td colspan="2">高度（m）</td><td>≤80</td><td>>80</td><td>≤24</td><td>25～80</td><td>>80</td><td>≤24</td><td>25～80</td><td rowspan="4"></td><td colspan="2" rowspan="4"></td></tr>
<tr><td rowspan="2">抗震墙</td><td>一般部位</td><td>四</td><td>三</td><td>四</td><td>三</td><td>二</td><td>三</td><td>二</td></tr>
<tr><td>加强部位</td><td>三</td><td>二</td><td>三</td><td>二</td><td>一</td><td>二</td><td>一</td></tr>
<tr><td colspan="2">框支层框架</td><td colspan="2">二</td><td colspan="2">二</td><td>一</td><td colspan="2">一</td></tr>
<tr><td rowspan="2">框架-核心筒结构</td><td colspan="2">框架</td><td colspan="2">三</td><td colspan="3">二</td><td colspan="3">一</td><td colspan="2">一</td></tr>
<tr><td colspan="2">核心筒</td><td colspan="2">二</td><td colspan="3">二</td><td colspan="3">一</td><td colspan="2">一</td></tr>
</table>

续表 6.1.2

结构类型		设防烈度						
		6		7		8		9
筒中筒结构	外筒	三		二		一		一
	内筒	三		二		一		一
板柱-抗震墙结构	高度（m）	≤35	>35	≤35	>35	≤35	>35	
	框架、板柱的柱	三	二	二	二	一		
	抗震墙	二	二	二	一	二	一	

注：1 建筑场地为Ⅰ类时，除 6 度外应允许按表内降低 1 度所对应的抗震等级采取抗震构造措施，但相应的计算要求不应降低；

2 接近或等于高度分界时，应允许结合房屋不规则程度及场地、地基条件确定抗震等级；

3 大跨度框架指跨度不小于 18m 的框架；

4 高度不超过 60m 的框架-核心筒结构按框架-抗震墙的要求设计时，应按表中框架-抗震墙结构的规定确定其抗震等级。

上表直接反映出**“丙类”建筑抗震等级**与**设防烈度、结构类型**和**房屋高度**的关系，以此为基础，再结合《分类标准》[4] 3.0.3 条（摘录于 2.4.1 小节）关于各类建筑的设防标准，则其他设防类别的抗震等级问题都可以解决了。另外，上表的注 1 说明抗震等级还与**场地类别**有关。虽然这条注解只提及较硬、较有利的Ⅰ类场地，但对于较软、较不利的Ⅲ、Ⅳ类场地，《抗震规范》也有相应的规定：

3.3.3 建筑场地为Ⅲ、Ⅳ类时，对设计基本地震加速度为 0.15*g*（即 7 度半）和 0.30*g*（即 8 度半）的地区，除本规范另有规定外，宜分别按抗震设防烈度 8 度（0.20*g*）和 9 度（0.40*g*）时各类建筑的要求采取抗震构造措施。

抗震等级是用来确定抗震措施的。在 2.4.2 小节中曾说过：抗震措施包括《抗震规范》各章“一般规定”的有关内容、各章“计算要点”中对关键部位“地震作用效应”的调整以及各章“抗震构造措施”的全部内容。所以当设防烈度为 7 度半和 8 度半时，Ⅲ、Ⅳ类的场地类别也间接地影响到抗震等级的确定。值得一提的是这种做法仅针对“抗震构造措施”；并不针对除抗震构造措施以外的其他抗震措施（例如对关键部位地震作用效应的调整等）。至于为什么场地越软对高层建筑抗震越不利，在【例 2.9.5-2】中作过详细解释。

从《抗震规范》表 6.1.2 还可以看出，框架-抗震墙结构（即框剪结构）中框架的抗震等级要求低于“框架结构”。这是因为**在框剪结构中，剪力墙刚度大，分担的地震作用多，是框架前面的一道防线，起到保护框架的作用。**但若抗震墙布置较少，框架较多时，这种作用就不明显了。为此，《抗震规范》规定：

6.1.3 钢筋混凝土房屋抗震等级的确定，尚应符合下列要求：

1　设置少量抗震墙的框架结构，在规定的水平力作用下，底层框架部分所承担的地震倾覆力矩大于结构总地震倾覆力矩的50%时，其框架的抗震等级应按框架结构确定，抗震墙的抗震等级可与其框架的抗震等级相同。

注：底层指计算嵌固端所在的层。

…

请翻到4.11节，做习题4-115，4-116

4.10.5　框架结构（含"强柱弱梁"的道理）

1. 一般规定

（1）在结构布置方面，《混凝土高规》规定：

6.1.1　框架结构应设计成双向梁柱抗侧力体系。主体结构除个别部位外，不应采用铰接。

6.1.2　抗震设计的框架结构不应采用单跨框架。

6.1.2　条文说明：……。震害调查表明，单跨框架结构，尤其是层数较多的高层建筑，震害较重。……

……

6.1.6　框架结构按抗震设计时，不应采用部分由砌体墙承重之混合形式。框架结构中的楼、电梯间及局部出屋顶的电梯机房、楼梯间、水箱间等，应采用框架承重，不应采用砌体墙承重。

6.1.6　条文说明：框架结构与砌体结构是两种截然不同的结构体系，其抗侧刚度、变形能力等相差很大，将这两种结构在同一建筑物中混合使用，对建筑物的抗震能力将产生很不利的影响，甚至造成严重破坏。

请翻到4.11节，做习题4-117，4-118

（2）在钢筋的强度指标要求方面，《抗震规范》规定：

3.9.2　结构材料性能指标，应符合下列最低要求：

……

2　……

2）抗震等级为一、二、三级的框架和斜撑构件（含梯段），其纵向受力钢筋采用普通钢筋时，钢筋的抗拉强度实测值与屈服强度实测值的比值不应小于1.25；钢筋的屈服强度实测值与屈服强度标准值的比值不应大于1.3，且钢筋在最大拉力下的总伸长率实测值不应小于9%。

……

这条规定中的"**钢筋的抗拉强度实测值与屈服强度实测值的比值不应小于1.25**"和"**钢筋在最大拉力下的总伸长率实测值不应小于9%**"，是为了保证当构件某个部位出现塑性铰（塑性铰可以承受弯矩，但在弯矩不增大的情况下可以转动）时，塑性铰处有足够的

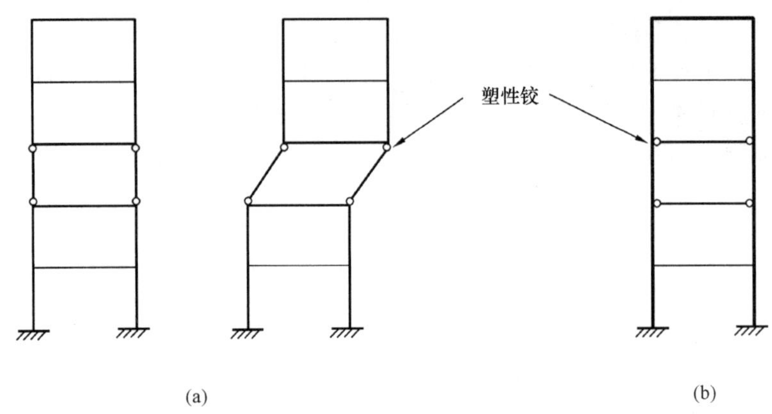

图 4.10.5-1 "强柱弱梁"的道理

(a) 出现柱铰，结构变成几何可变体；(b) 出现梁铰后结构仍为超静定结构

转动能力以消耗地震能量、增加结构的延性；规定中的**"钢筋的屈服强度实测值与屈服强度标准值的比值不应大于 1.3"**，体现了"强柱弱梁"的抗震设计原则。对比图 4.10.5-1 的 (a) 和 (b) 就不难理解"强柱弱梁"的道理。图 (a) 出现柱铰后，结构就变成几何可变体，可发生机构运动；而图 (a) 出现了梁铰后，结构仍为超静定结构。如果施工现场有一部分钢筋的屈服强度实测值过高且都安装在梁端部位，就会出现"强梁弱柱"的情况，与"强柱弱梁"原则背道而驰，大震时结构就有可能因柱的铰出现而变成几何可变体，"大震不倒"的目标就难以达到。

请翻到 4.11 节，做习题 4-119，4-120

(3) 在混凝土强度等级的要求方面，《混凝土规范》规定：

11.2.1 混凝土结构的混凝土强度等级应符合下列规定：

1 剪力墙不宜超过 C60；其他构件，9 度时不宜超过 C60，8 度时不宜超过 C70。

2 框支梁、框支柱以及一级抗震等级的框架梁、柱及节点不应低于 C30 其他各类结构构件，不应低于 C20。

限制混凝土强度等级不能过高的原因是高强度混凝土具有脆性性质，且随强度等级提高而增加。

请翻到 4.11 节，做习题 4-121，4-122

2. 柱的剪跨比 λ

在作进一步的讲解之前，需要先介绍一个经常用到的概念——**剪跨比 λ**。它的大小影响到构件的延性、进而直接影响到抗震措施的选择。以图 4.10.5-2 所示的框架柱（图 a）为例。先说说它剪跨 a（图 b），它等于较大的柱端组合弯矩设计值 $M^c_大$ 除以相应的柱端组合剪力设计值 V^c，即 $a=M^c_大/V^c$。根据反弯点处弯矩为零的力平衡条件，易知剪跨 a 就是反弯点到柱较远一端的距离。前面曾经讲过，配筋量适当的受弯构件，其正截面破坏（即弯曲破坏）属于塑性破坏；而斜截面破坏（即受剪破坏）属于脆性破坏。由于剪跨

$a=M^c_{大}/V^c$，剪跨 a 大说明弯曲占的成分较多，受剪切占的成分较少，破坏的形态便趋向于塑性破坏。但剪跨 a 是一段长度，它长到什么程度才算得上大呢？总得有一个尺寸同它作相对的比较，这个尺寸就是柱截面计算方向的有效高度 h_0，而它们的比值便是剪跨比 λ 剪跨比 λ 大，构件的延性就好，反之则差。

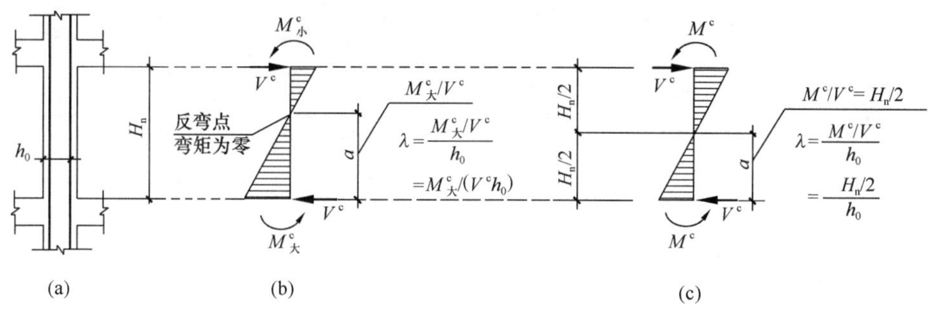

图 4.10.5-2　框架柱的剪跨比

$\lambda=a/h_0=(M^c_{大}/V^c)/h_0=M^c_{大}/(V^c h_0)$

当反弯点位于柱的中部时（图 c），剪跨比 λ 便等于柱净高 H_n 的一半 $H_n/2$ 与 h_0 之比，即 $\lambda=(H_n/2)/h_0=H_n/(2h_0)$（图 c）。按反弯点位于柱子中部算出来的剪跨比略低，略偏不利，故也略为保守。

3. 柱截面尺寸

《抗震规范》规定：

> **6.3.5**　柱的截面尺寸，宜符合下列各项要求：
>
> **1**　截面的宽度和高度，四级或不超过 2 层时不宜小于 300mm，一、二、三级且超过 2 层时不宜小于 400mm；圆柱的直径，四级或不超过 2 层时不宜小于 350mm，一、二、三级且超过 2 层时不宜小于 450m。
>
> **2**　剪跨比宜大于 2。
>
> **3**　截面长边与短边的边长比不宜大于 3。

请翻到 4.11 节，做习题 4-123

4. 柱的轴压比

在 4.5.2 小节中曾指出小偏压破坏具有脆性破坏的性质。这种破坏主要是由于轴向力 N 过大，导致偏心距 $e_0=M/N$ 过小引起的。为了避免发生小偏压引起的脆性破坏，需要限制框架柱轴向力的大小，具体的做法就是控制柱的轴压比。《抗震规范》规定：

> **6.3.6**　柱轴压比不宜超过表 6.3.6 的规定；建造于Ⅳ类场地上且较高的高层建筑，柱轴压比限值应适当减小。

表 6.3.6 柱轴压比限值

结构类型	抗震等级			
	一	二	三	四
框架结构	0.65	0.75	0.85	0.90
框架-抗震墙，板柱-抗震墙、框架核心筒及筒中筒	0.75	0.85	0.90	0.95
部分框支抗震墙	0.6	0.7	—	

注：1 轴压比指组合的轴压力设计值与柱全截面面积和混凝土轴心抗压强度设计值乘积之比值；……
……

请翻到 4.11 节，做习题 4-124

5. 柱的配筋

《抗震规范》规定：

6.3.7 柱的钢筋配置，应符合下列各项要求：

1 柱纵向钢筋的最小总配筋率应按表 6.3.7-1 采用，同时每一侧配筋率不应小于 0.2%；对建造于Ⅳ类场地且较高的高层建筑，最小总配筋率应增加 0.1。

……

2 柱箍筋在规定的范围内应加密，加密区的箍筋间距和直径，应符合下列要求：

……

6.3.8 柱的纵向钢筋配置，尚应符合下列各项要求：

1 柱的纵向钢筋宜对称配置。（因地震作用的方向是变化的）

2 截面尺寸大于 400mm 的柱，纵向钢筋间距不宜大于 200mm。

3 柱总配筋率不应大于 5%；剪跨比不大于 2 的一级的框架柱，每侧纵向钢筋配筋率不宜大于 1.2%。

4 边柱、角柱及抗震墙端柱在小偏心受拉时，柱内纵筋总截面面积应比计算值增加 25%。

5 柱纵向钢筋的绑扎接头应避开柱端的箍筋加密区。

6.3.9 柱的箍筋配置，尚应符合下列要求：

1 柱的箍筋加密范围，应按下列规定采用：

1) 柱端，取截面高度（圆柱直径）、柱净高的 1/6 和 500mm 三者的最大值；

2) 底层柱的下端不小于柱净高的 1/3；

3) 刚性地面上下各 500mm；

4) 剪跨比不大于 2 的柱，因设置填充墙等形成的柱净高与柱截面高度之比不大于 4 的柱、框支柱、一级和二级框架的角柱取全高。（由于存在不可避免的扭转震动，角柱受力较大）

2 ……

考点讲解

【4.10.5-5-2019 年某题考点】：箍筋需沿全高加密的柱是：剪跨比不大于 2 的柱、因

设置填充墙等形成的柱净高与柱截面之比不大于 4 的柱、框支柱、一级二级框架的角柱取全高。

讲解：

这个考点是上面《抗震规范》6.3.9 条 1 款之 6）的一句话。这句话提及到的这些柱，其剪力都比较大（本小节之 2～5 对此有相应的解释），为了防止发生脆性剪切破坏，它们的箍筋需要沿柱全高加密。

框支柱用于转换层下部，其上有剪力墙、进而轴力较大；剪力墙和框支柱之间的刚度有上大下小的突变、进而柱剪力也会比较大。框支柱沿全高加密箍筋，对加强箍筋对混凝土的约束程度和提高柱子的抗剪能力都有好处。

请翻到 4.11 节，做习题 4-125～4-127

6. 梁截面尺寸

过去规定框架主梁的截面高度为计算跨度的 1/8～1/12，此规定已不能满足近年来大量兴建的高层建筑对于层高的要求。我国一些设计单位已设计了大量梁高较小的工程。对于 8m 左右的柱网，框架主梁截面高度为 450mm 左右，宽度为 350～400mm 的工程实例也较多。因此《混凝土高规》规定：

> **6.3.1** 框架结构的主梁截面高度 h_b 可按计算跨度的 1/10～1/18 确定；梁净跨与截面高度之比不宜小于 4。梁的截面宽度不宜小于梁截面高度的 1/4，也不宜小于 200mm。
>
> …

对于《混凝土高规》上一条文的后半部分，《抗震规范》也有相同的要求，只是文字表述方式不一样而已，《抗震规范》规定：

> **6.3.1** 梁的截面尺寸，宜符合下列各项要求：
>
> **1** 截面宽度不宜小于 200mm；
>
> **2** 截面高宽比不宜大于 4；
>
> **3** 净跨与截面高度之比不宜小于 4。

在 4.3.2 小节中曾提及梁斜截面破坏的三种形式——斜压破坏、斜拉破坏和剪压破坏都属于脆性破坏。其中剪压破坏脆性较轻，故规范的斜截面受剪承载力计算公式是根据剪压破坏的受力特点确定的。对其他两种破坏的可能性则是通过构造措施来排除：**为了防止斜压破坏，梁截面尺寸不能太小，**对此《混凝土高规》规定：

> **6.2.6** 框架梁、柱，其受剪截面应符合下列要求：
>
> **1** 持久、短暂设计状况（即非抗震作用）
>
> $$V \leqslant 0.25\boldsymbol{\beta}_c f_c b h_0 \tag{6.2.6-1}$$
>
> （此式就是 4.3.2-3 小节中的式（4.3.2-3a），式中的符号含义已在那里作过介绍）
>
> **2** 地震设计状况
>
> 跨高比大于 2.5 的梁及剪跨比大于 2 的柱：

$$V \leqslant (1/\gamma_{RE}) 0.2 \beta_c f_c b h_0 \quad (6.2.6\text{-}2)$$

……

不妨对上两式作个比较，第二式中的承载力抗震调整系数 γ_{RE} 对钢筋混凝土构件的受剪计算取 0.85，而 0.2/0.85=0.235<0.25，可见有抗震要求时的截面尺寸要求比无抗震要求者高。关于承载力抗震调整系数的问题，可回顾 2.9.7 小节。

有时候，为了取得较大的建筑净高，需要采用宽扁梁，这种梁等于利用弱轴抗弯，性能较差。对此，《抗震规范》规定：

6.3.2 梁宽大于柱宽的扁梁应符合下列要求：

1 采用扁梁的楼、屋盖应现浇，梁中线宜与柱中线重合，扁梁应双向布置。扁梁的截面尺寸应符合下列要求，并应满足现行有关规范对挠度和裂缝宽度的规定：

$$b_b \leqslant 2b_c \quad (6.3.2\text{-}1)$$

$$b_b \leqslant b_c + h_b \quad (6.3.2\text{-}2)$$

$$h_b \geqslant 16d \quad (6.3.2\text{-}3)$$

式中 b_c——柱截面宽度，圆形截面取柱直径的 0.8 倍；（脚标 c 为英文“柱” column 之意）

b_b、h_b——分别为梁截面宽度和高度；（脚标 b 为英文“梁” beam 之意）

d——柱纵筋直径。

2 扁梁不宜用于一级框架结构。

请翻到 4.11 节，做习题 4-128～4-130

7. 梁的配筋

地震作用的方向是变化的，这会使框架梁端的弯矩出现变号的现象。以图 4.10.5-3 的框架梁 AB 的 A 端为例：在右地震和竖向荷载作用下，A 端出现很大的负弯矩，需要

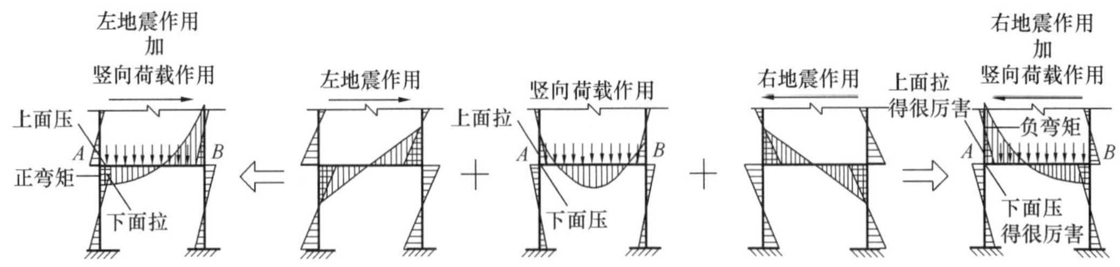

图 4.10.5-3 在地震作用下框架梁端的弯矩会出现变号的现象

上面设受拉钢筋、下面设受压钢筋形成双筋截面来抵抗这样大的负弯矩；而在左地震和竖向荷载作用下，A 端的弯矩却变成了正弯矩，下面的钢筋又起到了受拉钢筋的作用。抗震的结构需要有更好的延性，因此对框架梁受压区高度，纵向钢筋的最大、最小配筋率，箍筋的间距等提出了较高的要求。《混凝土高规》规定：

6.3.2 框架梁设计应符合下列要求：

1 抗震设计时，计入受压钢筋作用的梁端截面混凝土受压区高度与有效高度之比值，一级不应大于0.25，二、三级不应大于0.35；

2 纵向受拉钢筋的最小配筋百分率 ρ_{min} (%)，非抗震设计时，不应小于0.2和 $45f_t/f_y$ 二者的较大值；抗震设计时，不应小于表6.3.2-1规定的数值；

……（表6.3.2-1要求比非抗震设计者高，此处从略）

3 抗震设计时，梁端截面的底面和顶面纵向钢筋截面面积的比值，除按计算确定外，一级不应小于0.5，二、三级不应小于0.3；

4 抗震设计时，梁端箍筋的加密区长度、箍筋最大间距和最小直径应符合表6.3.2-2的要求；当梁端纵向钢筋配筋率大于2%时，表中箍筋最小直径应增大2mm。

表6.3.2-2（从略）

请翻到4.11节，做习题4-131

8. 组合内力调整举例

在2.4.2小节曾提及，采取抗震措施，就是着眼于把财力、物力用在增加结构薄弱部位的抗震能力上，做到好钢用在刀刃上。抗震措施也包括对关键部位“地震作用效应”的调整，例如《抗震规范》规定：

6.2.3 一、二、三、四级框架结构的底层，柱下端截面组合的弯矩设计值，应分别乘以增大系数1.7、1.5、1.3和1.2。底层柱纵向钢筋宜按上下端的不利情况配置。

请翻到4.11节，做习题4-132

4.10.6 剪力墙结构

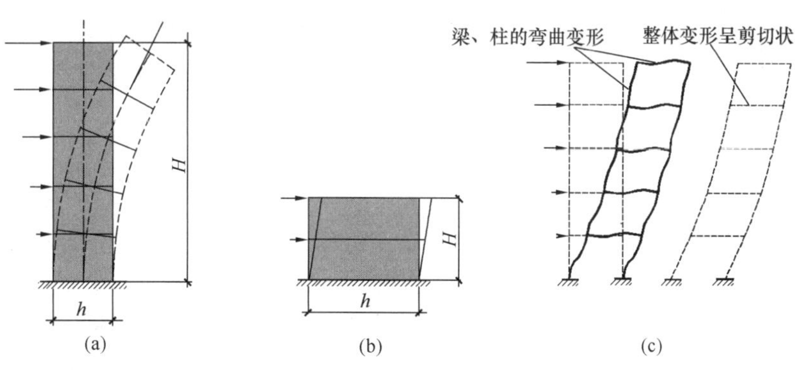

图4.10.6-1 一般的剪力墙的变形、过分矮胖的剪力墙的变形及框架的变形特点

（a）一般的剪力墙以弯曲变形为主；（b）过分矮胖的剪力墙以剪切变形为主；

（c）框架结构的整体变形呈剪切状，但它是由构件的弯曲变形构成的，故不会影响到整体的延性

1. 剪力墙的总高度 H 与截面高度 h 的要求

剪力墙的“剪”是指它能够承受很大的水平剪力，并不是说它的变形呈剪切状。在水平力作用下，凡是符合规范尺寸要求的剪力墙都是以弯曲变形为主（图 4.10.6-1a），剪力墙的变形由弯曲和剪切两部分组成，只要不是过分的矮胖（图 4.10.6-1b），剪切变形就不会占主导地位、其破坏形态就不会出现剪切破坏所特有的脆性。作为比较，我们也说说框架。通常说框架结构的变形属于剪切形，这是指它的整体形状，而这种形状是由梁、柱的弯曲变形构成的，不会影响到构件的延性，从而也不会妨碍框架整体能够获得很好的延性（图 4.10.6-1c）。**一般来说，剪力墙结构的延性不及框架结构，但侧移刚度、进而适用高度都比框架结构大。**

为了使剪力墙有足够的延性、避免脆性的剪切破坏，《混凝土高规》规定：

> **7.1.2** 剪力墙不宜过长，较长的剪力墙宜设置跨高比较大的连梁将其分成长度较均匀的若干墙段，各墙段的高度与墙段长度之比不宜小于 3，墙段长度不宜大于 8m。
>
> 7.1.2 条文说明：剪力墙结构应具有延性，细高的剪力墙（高宽比大于 3）容易设计成具有延性的弯曲破坏剪力墙。……

请翻到 4.11 节，做习题 4-133

2. 剪力墙的加强部位

剪力墙就像一根旋转了 90°的悬臂梁，底部受力最大，需要加强。《抗震规范》规定：

> **6.1.10** 抗震墙底部加强部位的范围，应符合下列规定：
>
> **1** 底部加强部位的高度，应从地下室顶板算起。
>
> **2** 部分框支抗震墙结构的抗震墙，其底部加强部位的高度，可取框支层加框支层以上两层的高度及落地抗震墙总高度的 1/10 二者的较大值。其他结构的抗震墙，房屋高度大于 24m 时，底部加强部位的高度可取底部两层和墙体总高度的 1/10 二者的较大值；房屋高度不大于 24m 时，底部加强部位可取底部一层。
>
> **3** 当结构计算嵌固端位于地下一层的底板或以下时，底部加强部位尚宜向下延伸到计算嵌固端。

请翻到 4.11 节，做习题 4-134

3. 剪力墙的厚度

剪力墙除了承受水平作用力之外，还要承受竖向荷载的作用。特别是底部的墙体要承受其上各层累加起来的重量，竖向荷载是相当大的。太薄的剪力墙就像长细比太大的瘦高个子举重一样，容易发生墙体平面外的失稳。另外，剪力墙的端部若有端柱和翼墙时（翼墙指与所考虑墙体垂直相交的墙），其极限承载力、对地震能量的消耗能力都会有大幅度提高，且有利于墙体的稳定。故对有、无端柱和翼墙的情况应区别对待。《抗震规范》规定：

6.4.1 抗震墙的厚度，一、二级不应小于 160mm 且不宜小于层高或无支长度的 1/20，三、四级不应小于 140mm 且不宜小于层高或无支长度的 1/25；无端柱或翼墙时，一，二级不宜小于层高或无支长度的 1/16，三、四级不宜小于层高或无支长度的 1/20。

底部加强部位的墙厚，一、二级不应小于 200mm 且不宜小于层高或无支长度的 1/16，三、四级不应小于 160mm 且不宜小于层高或无支长度的 1/20；无端柱或冀墙时，一、二级不宜小于层高或无支长度的 1/12，三、四级不宜小于层高或无支长度的 1/16。

请翻到 4.11 节，做习题 4-135

4. 剪力墙的洞口

剪力墙洞口的布置，会极大地影响剪力墙的力学性能。为此，《混凝土高规》规定：

7.1.1 剪力墙结构应具有适宜的侧向刚度，其布置应符合下列规定：

……

3 门窗洞口宜上下对齐、成列布置，形成明确的墙肢和连梁；宜避免造成墙肢宽度相差悬殊的洞口设置；抗震设计时，一、二、三级剪力墙的底部加强部位不宜采用上下洞口不对齐的错洞墙，全高均不宜采用洞口局部重叠的叠合错洞墙。

7.1.1 条文说明：……错洞剪力墙应力分布复杂，计算、构造都比较复杂和困难。剪力墙底部加强部位，是塑性铰出现及保证剪力墙安全的重要部位，一、二和三级不宜采用错洞布置。如无法避免错洞墙，应控制错洞墙洞口间的水平距离不小于 2m，并在洞口周边采取有效构造措施（图 6a、b）。此外，一、二、三级抗震设计的剪力墙不宜采用叠合错洞墙；当无法避免叠合错洞布置时，应按有限元方法仔细计算分析并在洞口周边采取加强措施（图 6c）或采用其他轻质材料填充将叠合洞口转化为规则洞口（图 6d，其中阴影部分表示轻质填充墙体）。（有限元法是一种比较精确的计算方法）

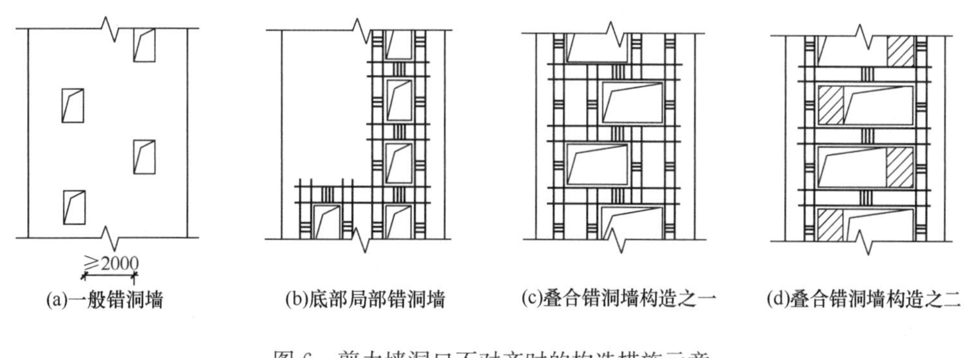

图 6 剪力墙洞口不对齐时的构造措施示意

请翻到 4.11 节，做习题 4-136

5. 连梁——抗震的第一道防线 **请收看 2011-98 题视频**

6. 短肢剪力墙

短肢剪力墙有利于住宅建筑布置，但它的抗震性能较差，需要增加一些限制条件。《混凝土高规》规定：

> **7.1.8 抗震设计时，高层建筑结构不应全部采用短肢剪力墙；B 级高度高层建筑以及抗震设防烈度为 9 度的 A 级高度高层建筑，不宜布置短肢剪力墙，不应采用具有较多短肢剪力墙的剪力墙结构。**当采用具有较多短肢剪力墙的剪力墙结构时，应符合下列要求：
>
> **1** 在规定的水平地震作用下，短肢剪力墙承担的底部倾覆力矩不宜大于结构底部总地震倾覆力矩的 50%；
>
> **2** 房屋适用高度应比本规程表 3.3.2-1 规定的剪力墙结构的最大适用高度适当降低，7 度、8 度（0.2g）和 8 度（0.3g）时分别不应大于 100m、80m 和 60m。
>
> 注：1 短肢剪力墙是指截面厚度不大于 300mm、各肢截面高度与厚度之比的最大值大于 4 但不大 8 的剪力墙；
>
> ……

请翻到 4.11 节，做习题 4-137，4-138

7. 剪力墙的轴压比

前面讲过，在水平力作用下剪力墙以弯曲变形为主，再加上竖向荷载的作用，剪力墙是一个同时受弯、剪、压作用的构件。和偏心受压柱一样，剪力墙亦存在防止小偏压脆性破坏的问题，需要限制它的轴压比。

请翻到 4.11 节，做习题 4-139

4.10.7 框架-剪力墙结构（简称“框剪结构”）

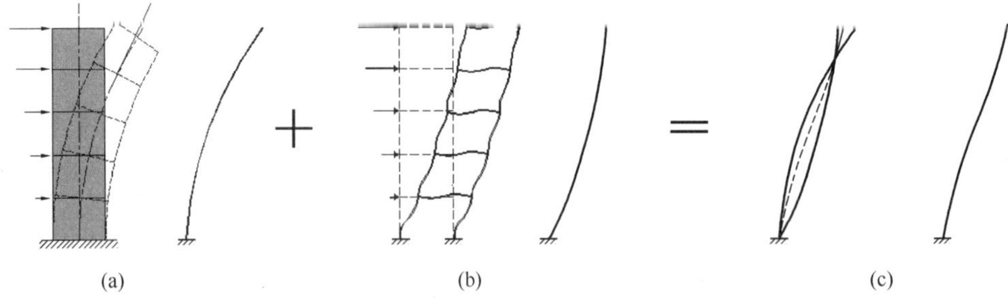

图 4.10.7-1 在水平力作用下剪力墙结构、框架结构、框架-剪力墙结构的变形

（a）剪力墙结构的弯曲型变形＋（b）框架结构的整体剪切型变形＝（c）框架-剪力墙结构的弯剪型变形

1. 框架-剪力墙结构的变形特点（对照图 4.10.7-1）

前面讲过在水平力作用下剪力墙结构以弯曲变形为主（图 a），框架结构的整体变形呈剪切状（图 b）。这两种结构通过平面内刚度很大（满足一定条件时可视为刚度无限大）的楼盖连接在一起协同工作、就变成了框架－剪力墙结构。楼盖使框架和剪力墙在同一层的位移相同，使得框架-剪力墙结构在水平力作用下的变形曲线呈反 S 形，称**弯剪型位移**

曲线（图 c）。

2. 框剪结构中的框架（仍对照图 4.10.7-1）

前面 4.10.4 小节曾提到过，**框剪结构中的框架有剪力墙的作为它的前一道防线**，抗震等级要求低于**“框架结构”**。这里再谈一下框剪结构的框架在水平力作用下的另一个特点。剪力墙结构在水平力作用下单独工作时，弯曲变形的特点是层间位移底层最小、越往上越大（图 a）；而框架结构正好相反，在水平力作用下单独工作时，剪切变形的特点是层间位移底层最大、越往上越小（图 b）。这两种结构通过楼板强行连到一起成为框剪结构：在底层，层间位移最小的剪力墙刚度大、力气大，它拉住框架、不让框架发生最大的层间位移（图 c），帮助框架分担了绝大部分的剪力，故**框剪结构的底层框架的剪力是所有楼层中最小的**；从底层向上，由于剪力墙的层间位移逐渐变大，而框架的层间位移却逐渐变小，所以框架除承受水平力作用下的那部分剪力外，还要负担将剪力墙变形往回拉的附加剪力。因此，框剪结构的框架，底层以上部各楼层的剪力都比底层的剪力大，而且顶层的楼层剪力一般都比其下面的几层要大。这与**纯框架结构的楼层剪力分布规律“顶部最小、越往下越大”是截然不同的**。因此当实际布置有剪力墙（如楼梯间墙、电梯井墙、设备管道井墙等）的框架结构，必须按框剪结构协同工作计算内力，不能简单按纯框架分析，否则不能保证框架部分上部楼层构件的安全。

请翻到 4.11 节，做习题 4-140，4-141

3. 剪力墙的厚度

框架-剪力墙结构中的剪力墙需要帮助框架受力，故对它的厚度要求比剪力墙结构中的剪力墙者高，《抗震规范》规定：

6.5　框架-抗震墙结构抗震构造措施

6.5.1　……

1　抗震墙的厚度不应小于 160mm 且不应小于层高或无支长度的 1/20，底部加强部位的抗震墙厚度不应小于 200mm 且不应小于层高或无支长度的 1/16。

这一条文没有提及抗震等级，亦即抗震等级为一、二、三、四级者均应按此执行。将此条文与上述同一规范的 6.4.1 条（摘录于 4.10.6 小节之 3）作个比较，不难发现：对于抗震等级为三、四级的情况，框架-剪力墙结构中剪力墙的厚度要求（不应小于 160mm 且不应小于层高的 1/20），比剪力墙结构中的剪力墙者（不应小于 140mm 且不应小于层高的 1/25）高。

请翻到 4.11 节，做习题 4-142

4. 对楼盖结构的要求及剪力墙的布置

在框架-剪力墙结构中，剪力墙布置得合理，可以减小结构的温度应力、减小结构的扭转振动并增强结构的抗扭转能力；另外，剪力墙的间距以及楼盖的平面内刚度对剪力墙与框架的协同工作也有直接的影响。对此，《混凝土高规》规定：

3.6.2 房屋高度不超过 50m 时，8、9 度抗震设计的框架-剪力墙结构宜采用现浇楼盖结构；6、7 度抗震设计的框架-剪力墙结构可采用装配整体式楼盖，且应符合下列要求：

……

4 楼盖的预制板板缝宽度不宜小于 40mm，板缝大于 40mm 时应在板缝内配置钢筋，并宜贯通整个结构单元。预制板板缝、板缝梁的混凝土强度等级应高于预制板的混凝土强度等级。

5 楼盖每层宜设置钢筋混凝土现浇层。现浇层厚度不应小于 50mm，并应双向配置直径不小于 6mm、间距不大于 200mm 的钢筋网，钢筋应锚固在剪力墙内。

8.1.5 框架-剪力墙结构应设计成双向抗侧力体系。抗震设计时，结构两主轴方向均应布置剪力墙。

……

8.1.7 框架-剪力墙结构中剪力墙的布置宜符合下列要求：

1 剪力墙宜均匀布置在建筑物的周边附近、楼梯间、电梯间、平面形状变化及恒载较大的部位，剪力墙间距不宜过大；

2 平面形状凹凸较大时，宜在凸出部分的端部附近布置剪力墙；

3 纵、横剪力墙宜组成 L 形、T 形和 [形等形式；

4 单片剪力墙底部承担的水平剪力不宜超过结构底部总水平剪力的 30%；

5 剪力墙宜贯通建筑物的全高，宜避免刚度突变；剪力墙开洞时，洞口宜上下对齐；

6 楼、电梯间等竖井宜尽量与靠近的抗侧力结构结合布置；

7 抗震设计时，剪力墙的布置宜使结构各主轴方向的侧向刚度接近。

8.1.8 长矩形平面或平面有一部分较长的建筑中，其剪力墙的布置尚宜符合下列规定：

1 横向剪力墙沿长方向的间距宜满足表 8.1.8 的要求，当这些剪力墙之间的楼盖有较大开洞时，剪力墙的间距应适当减小；（满足时可按刚性楼盖考虑；若不满足，则楼盖平面内刚度不能视为无限大，在计算时需考虑楼盖平面内变形的影响）

2 纵向剪力墙不宜集中布置在房屋的两尽端。

表 8.1.8 剪力墙间距（m）

楼盖形式	非抗震设计（取较小值）	抗震设防烈度		
		6 度、7 度（取较小值）	8 度（取较小值）	9 度（取较小值）
现 浇	5.0B，60	4.0B，50	3.0B，40	2.0B，30
装配整体	3.5B，50	3.0B，40	2.5B，30	—

注：1 表中 B 为楼面宽度，单位为 m；

2 装配整体式楼盖的现浇层应符合本规程第 4.5.3 条的有关规定；

3 ……

请翻到 4.11 节，做习题 4-143～4-146

4.10.8 框架-核心筒结构（见图 4.10.1-1e）

1. 核心筒——团结就是力量

若将高层建筑中的所有服务性用房和公用设施都集中布置于楼层平面的中心部位，形成一个较大的服务性面积，并沿着该服务面积的周围设置钢筋混凝土墙体，里面的部分隔墙也做成钢筋混凝土墙，就可以在楼层平面中心形成一个体量较大的竖向墙筒，即核心筒。核心筒是一个立体构件，具有很大的抗侧移刚度和强度。这一点可从图 4.10.8-1 中剪力墙布置不同的两种结构的比较来理解。

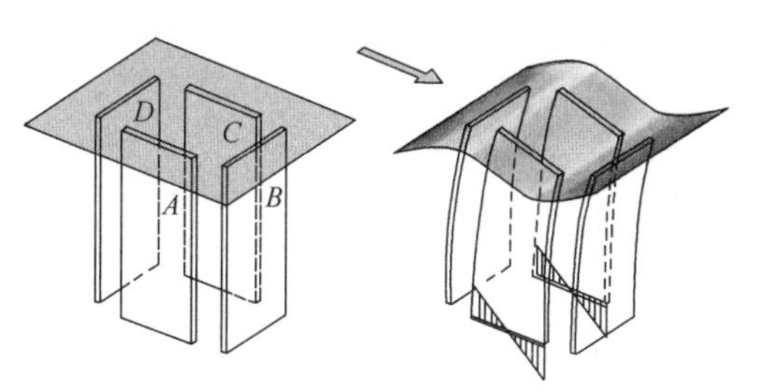

四片独立的一字形剪力墙，墙整体弯曲不符合平截面假定，墙B和墙D基本上不参与结构抗侧力的工作

(a)

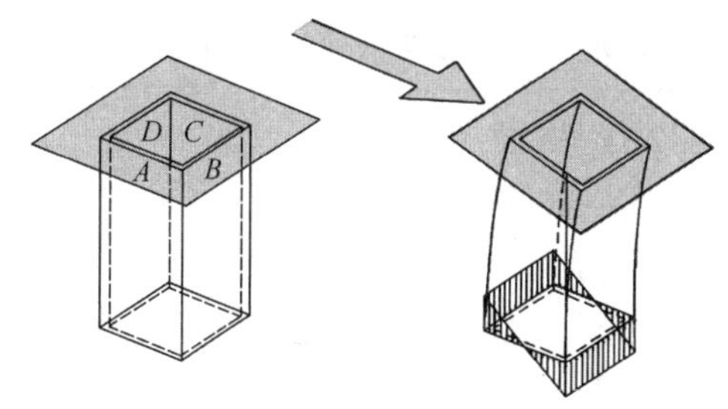

四片一字形剪力墙连接成筒体，团结起来，共同抵抗侧力

(b)

图 4.10.8-1 团结就是力量

图（a）为四片截面尺寸相同、独立的一字形的剪力墙，在侧力（水平力的简称）作用下，墙 A 和墙 C 是强轴受弯，而墙 B 和墙 D 是弱轴受弯。在 1.4.3 小节我们曾经得出过矩形截面强、弱轴惯性矩之比等于高宽比的平方的结论。假设这四片一字形的剪力墙截面的高宽比等于 10 时，则截面对强轴的惯性矩为对弱轴相应值的 100 倍。因此，墙 A 和墙 C 分担了绝大部分的力，而墙 B 和墙 D 则基本上不吃力。不妨用 1.2.1 小节图 1.2.1-2 中三个人挑两桶水的情况作个比喻：楼板平面内刚度很大，相当于粗扁担；墙 A 和墙 C 相当于胖挑水者；而墙 B 和墙 D 则相当于瘦挑水者。也许你要问：图（a）的墙体离整个结构平面的形心主轴比较远，整体惯性矩应该更大、从而能抵抗更大的侧力才对。但可惜它们不能作为一个整体考虑，因为它们的弯曲变形不符合 1.5.1 小节中讲过的“平截面假设”。讲得具体点就是：由于楼板平面外的抗弯刚度小，强轴受弯的墙 A 和墙 C 不能带动楼板给墙 B 施加压力，也不能带动楼板给墙 D 施加拉力，故墙 B 和墙 D 基本上没有参与工作。从这四片独立的一字形剪力墙底部的应力分布可以看出它们合成的弯矩不大，故结构抵抗水平作用的能力很有限。

图（b）表示将图（a）的四片一字形剪力墙连接成筒体的情况。此时，墙 A 和墙 C 的弯曲变形可以通过墙体之间的连接传递到墙 B 和墙 D，使墙 B 受压、墙 D 受拉。从筒体底部的应力分布可以看出，它们合成的弯矩很大，故结构抵抗水平作用的能力大了很多，团结就是力量。

核心筒由剪力墙组成，故框架-核心筒结构的受力特点与框剪结构有某些相似之处（请回顾第 1 小节的图 4.10.1-1e 和 b）。但框架-核心筒结构的柱子数量往往较少，故它的框架部分以承受竖向荷载为主，也能分担一小部分侧力；而核心筒则十分强大，起到承担竖向荷载和大部分侧力的作用。因此，应特别注意保证核心筒的抗侧移刚度和抗震性能。《混凝土高规》规定：

> **9.1.7** 筒体结构核心筒或内筒设计应符合下列规定：
>
> **1** 墙肢宜均匀、对称布置；
>
> **2** 筒体角部附近不宜开洞，当不可避免时，筒角内壁至洞口的距离不应小于500mm和开洞墙的截面厚度的较大值；
>
> …
>
> **9.2.1** 核心筒宜贯通建筑物全高。核心筒的宽度不宜小于筒体总高的1/12，……。

2. 加强层

核心筒与框架之间的楼盖宜采用梁板体系。此时，各层梁对核心筒有适当的约束，可不设加强层。当楼盖采用平板结构（即无梁楼盖）且核心筒较柔，在地震作用下不能满足变形要求，或筒体由于受弯产生拉力时，宜设置加强层。关于加强层的位置和数量，《混凝土高规》规定：

> **10.3.2** 带加强层高层建筑结构设计应符合下列要求：
>
> **1** 应合理设计加强层的数量、刚度和设置位置，当布置1个加强层时，位置可在0.6倍房屋高度附近：当布置2个加强层时，位置可在顶层和0.5倍房屋高度附近；当布置多个加强层时，加强层宜沿竖向从顶层向下均匀布置；
>
> ……

加强层的作用可以从图4.10.8-2中得到反映。

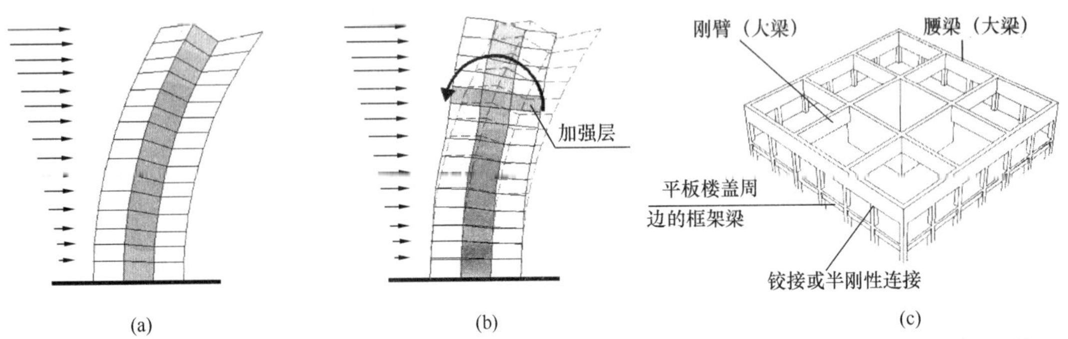

图4.10.8-2 加强层的作用和做法

(a) 无加强层；(b) 有加强层；(c) 加强层

图a表示无加强层时的情况，平板楼盖平面外的刚度很小，核心筒的的弯曲变形不能通过楼板给左边的柱子施加拉力，也不能通过楼板给右边的柱子施加压力，两边的柱子只能起到承受竖向荷载的作用、而不能参与抗侧力的工作（与图4.10.8-1a的情况相似），结构的侧移较大。

图b表示有一个加强层的情况，加强层的刚臂（图c）刚度很大，弯曲的核心筒可以通过刚臂及腰梁给左、右边的柱子分别施加拉力和压力（图b）；而左、右边柱子的反作用力则形成一个逆时针的力矩、通过腰梁及刚臂作用回到核心筒上，使结构的侧移变小。

《抗震规范》规定：

> **6.7.1** 框架-核心筒结构应符合下列要求：
>
> **1** 核心筒与框架之间的楼盖宜采用梁板体系；……
>
> ……
>
> **3** ……
>
> **1**）9度时不应采用加强层；
>
> ……
>
> **6.7.1** 条文说明：…为了避免加强层周边框架柱在地震作用下由于强梁带来的不利影响，加强层与周边框架不宜刚性连接…。

《混凝土高规》规定：

> **9.2.3 框架-核心筒结构的周边柱间必须设置框架梁。**
>
> **9.2.3** 条文说明：…。实践证明，纯无梁楼盖会影响框架-核心筒结构的整体刚度和抗震性能，…。因此，在采用无梁楼盖时，更应在各层楼盖沿周边框架柱设置框架梁。

【2019年某题考点】设置加强层的目的是：增加结构抗侧刚度，减少结构侧向位移。

请收看**2012-81题**关于加强层的视频：

请翻到4.11节，做习题4-147，4-148

403

4.10.9 筒中筒结构

若将框架-核心筒结构外围的框架柱间距加密、框架梁截面加高，则外围的框架就变成了框筒，它与内部的核心筒一起便组成了筒中筒结构。

框筒有很多孔洞，在侧力作用下的一个特点是底部翼缘框架角柱的轴力大，中部柱的轴力小，这种现象称“剪力滞后”，见图4.10.9-1。图中虚线表示实腹筒的应力分布，显然剪力滞后现象是由于墙体开了很多孔引起的。由于存在“剪力滞后”现象，角柱的轴向力约为邻柱的1～2倍，角柱的截面可适当放大。

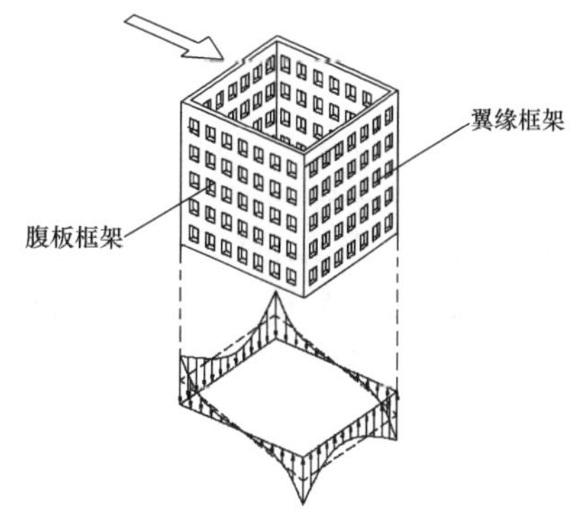

图4.10.9-1 框筒的剪力滞后现象

筒中筒结构的空间受力性能与下列因素有关：

① **平面形状** 选用圆形和正多边形等平面，能减小外框筒的“剪力滞后”现象，使结构更好地发挥空间作用；矩形和三角形平面的“剪力滞后”现象相对较严重，矩形平面的宽比大于2时，外框筒的“剪力滞后”更突出，应尽量避免；三角形平面切角后，空间受力性质会相应改善。

② **柱距、墙面开洞率、洞口高宽比是否与层高和柱距之比接近** 矩形平面框筒的柱距越接近层高、墙面开洞率越小、洞口高宽比与层高和柱距之比越接近，外框筒的空间作用就越强。此外，由于框筒的梁、柱是筒壁平面内受力构件，柱子采用长边与筒壁平行的矩形截面比较合理，也便于满足开洞率的要求。

③ **建筑的高宽比** 前面讲过高层建筑的高宽比不能太大，但对于筒中筒结构还要多加一个限

制，就是**高宽比也不能太小**。研究表明，当高宽比小于3时，就不能较好地发挥结构的空间作用。

《混凝土高规》规定：

> **9.1.2** 筒中筒结构的高度不宜低于80m，高宽比不应小于3。……
> **9.3.1** 筒中筒结构的平面外形宜选用圆形、正多边形、椭圆形或矩形等，内筒宜居中。
> **9.3.2** 矩形平面的长宽比不宜大于2。
> **9.3.3** 内筒的边长可为高度的1/12～1/15，如有另外的角筒或剪力墙时，内筒平面尺寸还可适当减小。内筒宜贯通建筑物全高，竖向刚度宜均匀变化。
> **9.3.4** 三角形平面宜切角，外筒的切角长度不宜小于相应边长的1/8，其角部可设置刚度较大的角柱或角筒；内筒的切角长度不宜小于相应边长的1/10，切角处的筒壁宜适当加厚。
> **9.3.5** 外框筒应符合下列规定：
> **1** 柱距不宜大于4m，框筒柱的截面长边应沿筒壁方向布置，必要时可采用T形截面；
> **2** 洞口面积不宜大于墙面面积的60%，洞口高宽比宜与层高与柱距之比值相近；
> **3** 外框筒梁的截面高度可取柱净距的1/4；
> **4** 角柱截面面积可取中柱的1～2倍。

请翻到4.11节，做习题4-149～4-151

4.10.10 复杂的高层建筑结构和混合结构

在《混凝土高规》中，“复杂的高层建筑结构”是指：

> **10.1.1** 本章对复杂的高层建筑结构的规定适用于带转换层的结构、带加强层的结构、错层结构、连体结构以及竖向体型收进、悬挑结构。

至于混合结构，《混凝土高规》是这样描述的：

> **11.1.1 本章规定的混合结构，系指由外围钢框架或型钢混凝土、钢管混凝土框架与钢筋混凝土核心筒所组成的框架-核心筒结构，以及由外围钢框筒或型钢混凝土、钢管混凝土框筒与钢筋混凝土核心筒所组成的筒中筒结构。**

下面请读者观看两段与这一小节介绍的结构有关的视频，以便对这些结构增加一些感性认识。第一段是**2011-103**题（见二维码**404**），用比较多的图形介绍了什么是复杂高层建筑结构和高层建筑混合结构，；第二段是**2012-99**题（见二维码**405**），比较详细地介绍了属于“竖向体型收进”的多塔楼结构。

复杂的高层建筑结构的抗震性能比较差，对此，《混凝土高规》用强制性条文规定：

> **10.1.2 9度抗震设计时不应采用带转换层的结构、带加强层的结构、错层结构和连体结构。**

考点讲解：

【4.10.10-2019年某题考点】：对于大底盘多塔楼结构，错误的说法是：转换层宜设

置在底盘屋面上层的塔楼内。

讲解：对于大底盘多塔楼结构，《混凝土高规》10.6.3条2款规定："转换层不宜设置在底盘屋面上层的塔楼内"。其中的道理，在2012-99题的视频（编号405）中有详细的讲解。

请翻到4.11节，做习题4-152

带加强层的结构在上一小节作过比较详细的介绍，其他复杂的高层建筑结构和混合结构亦已在本小节的两个视频中有过简单的讲解。下面再详细谈谈"转换层"的问题和"连体结构与主体结构的连接"问题。

1. 转换层结构的功能及形式

在高层建筑结构的底部，当上部楼层部分竖向构件（剪力墙、框架柱）不能直接连续贯通落地时，就需要设置结构转换层并在转换层布置转换结构构件。转换层结构不但应能承受上部不落地的竖向构件传下来的竖向荷载，将其传至底层，而且还应能承受上部不落地竖向构件传下来的水平力，将其传递到落地的抗侧力构件。**在水平力的传递中，转换层的楼板起到至关重要的作用。对它的计算不能仅考虑楼面竖向荷载，而且还要考虑传递水平力时产生的水平向剪力**[5]10.2.24。

关于转换结构构件的形式，《混凝土高规》规定：

10.2.4 换结构构件可采用梁、桁架、空腹桁架、箱形结构、斜撑等；非抗震设计和6度抗震设计时转换构件可采用厚板，7、8度抗震设计的地下室的转换构件可采用厚板。

请翻到4.11节，做习题4-153

2. 底部带转换层的高层建筑结构的布置

《混凝土高规》规定：

10.2.5 （转换层的位置不宜过高）部分框支剪力墙结构在地面以上设置转换层的位置，8度时不宜超过3层，7度时不宜超过5层，6度时可适当提高。

10.2.16 底部带转换层的高层建筑结构的布置应符合以下要求：

1 落地剪力墙和筒体底部墙体应加厚；

2 框支层周围楼板不应错层布置；

3 落地剪力墙和筒体的洞口宜布置在墙体的中部；

4 框支剪力墙转换梁上一层墙体内不宜设边门洞，也不宜在中柱上方设门洞；

5 长矩形平面建筑中落地剪力墙的间距 l 宜符合下列规定：

1）非抗震设计，l 不宜大于 $3B$ 和36m；

2）抗震设计时，当底部框支层为1～2层时，l 不宜大于 $2B$ 和24m；当底部框支层为3层及3层以上时，l 不宜大于 $1.5B$ 和20m，此处，B 为落地墙之间楼盖的平均宽度；

6 框支柱与相邻落地剪力墙的距离，1～2层框支层时不宜大于12m，3层及3层以上框支层时不宜大于10m；

7 框支框架承担的地震倾覆力矩应小于结构总地震倾覆力矩的50%。

8　当框支梁承托剪力墙并承托转换次梁及其上剪力墙时，应进行应力分析，按应力校核配筋，并加强构造措施。B级高度部分框支剪力墙高层建筑的结构转换层，不宜采用框支主、次梁方案。

《抗震规范》规定：

6.1.9　抗震墙结构和部分框支抗震墙结构中的抗震墙设置，应符合下列要求：

…

4　矩形平面的部分框支抗震墙结构，其框支层的楼层侧向刚度不应小于相邻非框支层楼层侧向刚度的50%；框支层落地抗震墙间距不宜大于24m，框支层的平面布置尚宜对称，且宜设抗震筒体；…

请翻到4.11节，做习题4-154～4-157

3. 框支梁的尺寸要求

框支梁承托住上部的不落地剪力墙，受力很大，《混凝土高规》规定：

10.2.8　转换梁设计尚应符合下列规定：

1　转换梁与转换柱截面中线宜重合。

2　转换梁截面高度不宜小于计算跨度的1/8。托柱转换梁截面宽度不应小于其上所托柱在梁宽方向的截面宽度。框支梁截面宽度不宜大于框支柱相应方向的截面宽度，且不宜小于其上墙体截面厚度的2倍和400mm的较大值。

…

10.2.9　转换层上部的竖向抗侧力构件（墙、柱）宜直接落在转换层的主要转换构件上。

请翻到4.11节，做习题4-158

4. 连体结构与主体结构的连接

据考生回忆，2017年的考题有这个知识点。连体结构的连体部位受力复杂，连体部分的跨度一般也比较大，采用刚性连接的结构分析和构造上比较容易把握，因此规范推荐采用刚性连接的连体形式。根据具体项目的特点，也可以采用滑动连接方式。当采用滑动连接时，支座的滑移量需满足两个方向在罕遇地震作用下的位移要求，并应采取防坠落和防撞击的措施。《混凝土高规》规定：

10.5.4　连接体结构与主体结构宜采用刚性连接。刚性连接时，连接体结构的主要结构构件应至少伸入主体结构一跨并可靠连接；必要时可延伸至主体部分的内筒，并与内筒可靠连接。

当连接体结构与主体结构采用滑动连接时，支座滑移量应能满足两个方向在罕遇地震作用下的位移要求，并应采取防坠落、撞击措施。罕遇地震作用下的位移要求，应采用时程分析方法进行计算复核。

说明："时程分析方法"是直接将地震波输入的分析方法，比较复杂，能模拟结构地震反应的全过程。

4.10.11 防震缝

在2.7.2小节讲过对于防震缝的设置问题，有不同的观点，总体倾向是："可设缝、可不设缝时，不设缝"。本节介绍当需要设缝时的具体做法。《抗震规范》规定：

> **6.1.4** 钢筋混凝土房屋需要设置防震缝时，应符合下列规定：
>
> **1** 防震缝宽度应分别符合下列要求：
>
> 1）框架结构（包括设置少量抗震墙的框架结构）房屋的防震缝宽度，当高度不超过15m时不应小于100mm；高度超过15m时，6度、7度、8度和9度分别每增加高度5m、4m、3m和2m，宜加宽20mm；
>
> 2）框架-抗震墙结构房屋的防震缝宽度不应小于本款1）项规定数值的70%，抗震墙结构房屋的防震缝宽度不应小于本款1）项规定数值的50%；且均不宜小于100m；
>
> 3）防震缝两侧结构类型不同时，宜按需要较宽防震缝的结构类型和较低房屋高度确定缝宽。
>
> **2** …

请翻到4.11节，做习题4-159，4-160

说明：4-169题和2014-101、2012-62、2011-65、2010-74、2009-74、2008-82题是同一道题，它在6次考试中出现过，说明命题者对这个知识点十分重视。

4.10.12 抗震设计中的几个"强"与"弱"的问题

为了增强结构的延性、提高结构防倒塌的能力，在设计时需注意令某些构件或部位（强）的破坏不先于另一些构件或部位（弱）的破坏。比较常见的提法是："强柱弱梁""强剪弱弯""强节点弱构件"和"强锚固弱连接"等，也有"强压弱拉"和"强锚固弱钢筋"的说法。

请读者观看 **2011-86** 和 **2011-92** 题的视频，在这段视频的讲解中，对上面提及的**6**强**6**弱的抗震设计原则有比较详细的解释。

406

请翻到4.11节，做习题4-161，4-162

4.11 习　　题

4-1 下列关于钢筋混凝土的描述哪项是错误的？（2010-59）

（A）钢筋和混凝土之间具有良好的粘结性

（B）充分发挥了两种材料的力学特性，具有较高承载力

（C）钢筋和混凝土的温度膨胀系数差异较大

（D）钢筋混凝土具有良好的耐久性

题解：A、D对，C错，见4.1节末段。B对，混凝土抗压强度很高，但抗拉强度很低，若在混凝土中配置一定数量的钢筋，形成钢筋混凝土，利用钢筋承担拉力、而让混凝土承担压力，充分发挥这两种材料的力学特性，会使构件有较高的承载力。更详细的解释，见4.1节。

答案：C。

4-2 混凝土的线膨胀系数为(　　)（2012-44）

(A) 1×10^{-3}/℃　(B) 1×10^{-4}/℃　(C) 1×10^{-5}/℃　(D) 1×10^{-6}/℃

题解：《荷载规范》表 9.1.2 给出混凝土的线膨胀系数为 10×10^{-6}/℃，即 1×10^{-5}/℃。

答案：C。

说明：在【例 1.2.3-1 补充】中，曾用到过这个系数。这是一道关于温度变化在超静定结构中产生内力的计算题。读者不妨回顾一下，让这个 10^{-5} 在脑海里留点印象。若专门去“背”这个系数，没有任何联想，似太痛苦。

4-3 图示曲线是哪一种钢筋的应力应变关系？（2014-44）

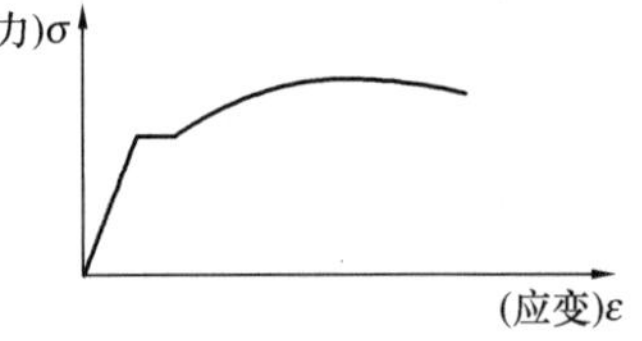

4-3 题目附图

(A) 普通热轧钢筋

(B) 预应力螺纹钢筋

(C) 消除应力钢筋

(D) 钢绞线

题解：见对话 4.2.1-1 及其附图 (a)。

答案：A。

4-4 下列关于钢筋屈服点的叙述，正确的是(　　)（2012-53）

(A) 热轧钢筋、热处理钢筋有屈服点　(B) 热轧钢筋、钢绞线有屈服点

(C) 热处理钢筋、钢绞线无屈服点　(D) 热轧钢筋、热处理钢筋无屈服点

题解：热轧钢筋属于普通钢筋、有屈服点，钢绞线是预应力钢筋、无屈服点，见对话 4.2.1-1 及其中的附图 (a) 和 (b)。热处理钢筋曾是旧《混凝土规范》的预应力钢筋种类之一、也没有屈服点，它没有列入新《混凝土规范》。

答案：C。

4-5 梁柱纵向受力主筋不宜采用下列哪种钢筋？（2012-54）

(A) HPB300　(B) HRB400　(C) HRB500　(D) HRBF500

题解：见《混凝土规范》4.2.1 条 2 款（已摘录于 4.2.1 小节之 1）。规范推广应用 400MPa 和 500MPa 级高强热轧带肋钢筋作为梁柱纵向受力的主导主筋，是为了达到“四节一环保”的目的。

答案：A。

4-6 以下关于钢筋代号的叙述，错误的是（　　）。

(A) 2ϕ10 表示 2 根直径 10mm 的 HPB300 热轧光圆钢筋

(B) 3 Φ 22 表示 3 根直径 22mm 的 HRB335 普通热轧带肋钢筋

(C) 4 Φ^{R}25 表示 4 根直径 25mm 的 RRB400 余热处理钢筋

(D) 4 Φ 25 表示 4 根直径 25mm 的 HRB500 普通热轧带肋钢筋

题解：A 错，HPB300 热轧光圆钢筋的直径符号为 ϕ，斜体希腊字母符号“ϕ”仅表示钢筋直径，不代表钢筋的牌号。见《混凝土规范》2.2.4 条文说明（已摘录于 4.2.1 小节之 1）。

答案：A。

4-7 预应力混凝土结构的预应力钢筋强度等级要求较普通钢筋高，其主要原因是(　　)。

(A) 预应力钢筋强度除满足使用荷载作用所需外，还要同时满足受拉区混凝土的预压应力要求

(B) 使预应力混凝土结构有更好的抗震能力

(C) 使预应力混凝土结构获得更好的延性

(D) 使预应力钢筋截面减小而有利于布置

题解：请参见对话 4.2.1-1。

答案：A。

4-8 对普通钢筋冷拉后，其物理力学性质发生变化，以下哪项叙述正确？

(A) 钢筋的抗拉强度得到提高　　(B) 钢筋的屈服台阶变大

(C) 钢筋的冷弯性能增强　　(D) 钢筋的抗压强度得到提高

题解：请参见对话 4.2.1-1。经冷拉时效后的钢筋抗拉强度有显著提高，但塑性降低，屈服台阶变小，冷拉只能提高钢筋的抗拉强度。(说明：C 中提到的“冷弯性能”也是钢材塑性的一种表现)

答案：A。

4-9 受力预埋件的锚筋不应采用下列何种钢筋？(2014-51)

(A) HPB300 级　(B) HRB335 级　(C) HRB400 级　(D) 冷加工

题解：见《混凝土规范》9.7.1 条（已摘取于 4.2.1 小节之 1)。2011-59 题的考点和本题完全相同。

答案：D。

说明：B 项提及的直径≥16mm 的 HRB335 级钢筋在新规范中已被淘汰，这种钢筋的性能介于 HRB300 级钢筋和 HRB400 级钢筋之间。

4-10 关于预埋件的受力直锚筋，下列要求错误的是（　　）。

(A) 直锚筋的直径不宜小于 8mm，且不宜大于 32mm

(B) 直锚筋数量不宜少于 4 根

(C) 直锚筋不宜多于 4 排

(D) 受剪预埋件的直锚筋可采用 2 根

题解：请参见《混凝土规范》9.7.4 条（已摘录于 4.2.1 小节之 1)。

答案：A。

4-11 钢筋混凝土梁、板中预埋的设备检修吊环，应采用以下何种钢筋制作？

(A) HPB300　(B) HRB335　(C) HRB400　(D) RRB400

题解：请参见《混凝土规范》9.7.6 条（已摘录于 4.2.1 小节之 1)。

答案：A。

4-12 普通钢筋的强度标准值是采用以下哪一项强度为标志的？

(A) 抗拉强度　(B) 抗剪强度　(C) 屈服强度　(D) 抗压强度

题解：C 对，见 4.2.1 小节之 2；尽管大多数热轧钢筋的拉、压屈服强度相同，但抗拉强度和抗压强度的提法太笼统，故 A、D 错；钢材的抗剪屈服强度是抗拉屈服强度的 $1/\sqrt{3}$，B 错。

答案：C。

4-13 我国现行《混凝土结构设计规范》中，预应力钢筋的强度标准值由以下何值作标志？

(A) 强度设计值　　(B) 屈服强度

(C) 极限抗压强度　　(D) 极限抗拉强度

题解：见 4.2.1 小节之 2。

答案：D。

4-14 钢筋 HRB335 的抗拉和抗压强度设计值为下列哪个数值？(2011-50)

(A) $210N/mm^2$　(B) $300N/mm^2$　(C) $360N/mm^2$　(D) $390N/mm^2$

题解：见 4.2.1 小节之 3 的第 2 自然段。

答案：B。

4-15 钢筋 HPB300 的抗拉强度设计值为(　　)。(2012-47)

(A) 270N/mm² (B) 300N/mm² (C) 360N/mm² (D) 435N/mm²

题解：请参见 4.2.1 小节之 3。HPB300 的屈服强度标准值是 $f_{yk}=300N/mm^2$，将 f_{yk} 除以抗力分项系数 1.1，便可得到它的抗拉强度设计值 f_y 和抗压强度设计值 f'_y：300/1.1＝272.7N/mm²。取整后 $f_y=(f'_y)=270N/mm^2$。本题的考点是"标准值" f_{yk} 与"设计值" f_y 的区别与联系，若概念不清，易错选 B。

答案：A。

4-16 确定混凝土强度等级的标准试块应为下列哪个尺寸？(2011-55)

(A) 150mm×150mm×150mm (B) 150mm×150mm×300mm

(C) 100mm×100mm×100mm (D) 70.7mm×70.7mm×70.7mm

题解：见《混凝土规范》4.1.1 条（已摘取于 4.2.2 小节之 1）。

答案：A。

说明：D 是砂浆试块尺寸，见 6.2.2 小节 2。

4-17 用标准试验方法测得的混凝土立方体抗压强度标准值应具有(　　)的保证率。

(A) 100% (B) 95% (C) 90% (D) 85%

题解：请参见《混凝土规范》4.1.1 条（已摘录于 4.2.2 小节之 1）。

答案：B。

4-18 同一强度等级的混凝土，其强度标准值以下何种关系为正确？

(A) 轴心抗压强度＞立方体抗压强度＞抗拉强度

(B) 轴心抗压强度＞抗拉强度＞立方体抗压强度

(C) 立方体抗压强度＞轴心抗压强度＞抗拉强度

(D) 抗拉强度＞轴心抗压强度＞立方体抗压强度

题解：请参见 4.2.2 小节之 2、3。

答案：C。

4-19 下列选项中哪一项全面叙述了与混凝土结构耐久性有关的因素？

Ⅰ环境类别

Ⅱ设计使用年限

Ⅲ混凝土强度等级

Ⅳ混凝土中的碱含量

Ⅴ混凝土中的氯离子含量

(A) Ⅰ、Ⅱ、Ⅲ (B) Ⅲ、Ⅳ、Ⅴ

(C) Ⅰ、Ⅱ、Ⅲ、Ⅳ (D) Ⅰ、Ⅱ、Ⅲ、Ⅳ、Ⅴ

题解：请参见《混凝土规范》3.5.1 条和 3.5.3 条（已摘录于 4.2.2 小节之 4）。

答案：D。

4-20 混凝土结构对氯离子含量要求最严（即最小）的构件是(　　)。(2014-52)

(A) 露天环境中的混凝土构件 (B) 室内环境中的混凝土构件

(C) 海岸海风环境中的混凝土构件 (D) 室内环境中的预应力混凝土构件

题解：请参见《混凝土规范》3.5.1 条和 3.5.3 条中的注 2（已摘录于 4.2.2 小节之 4）。

答案：D。

4-21 控制混凝土的碱含量，其作用是(　　)。(2012-45，2011-56，2010-64)

(A) 减小混凝土的收缩　　(B) 提高混凝土的耐久性

(C) 减小混凝土的徐变　　(D) 提高混凝土的早期强度

题解：控制最大碱含量是为了防止碱—骨料反应，提高混凝土的耐久性。请参见 4.2.2 小节之 4。

答案：B。

4-22 耐久性为 100 年的结构在室内正常环境下，其中钢筋混凝土结构的最低强度等级是(　　)。(2011-67)

A. C20　　(B) C25　　(C) C30　　(D) C35

题解：请参见《混凝土规范》3.5.5 条 1 款（已摘录于 4.2.2 小节之 4）。

答案：C。

4-23 钢筋混凝土结构当采用 HRB400 级钢筋时，混凝土强度等级不应低于(　　)。

(A) C20　　(B) C25　　(C) C35　　(D) C35

题解：请参见《混凝土规范》4.1.2 条（已摘录于 4.2.2 小节之 4）。

答案：B。

4-24 承受重复荷载的钢筋混凝土构件，混凝土强度等级不应低于(　　)。

(A) C10　　(B) C15　　(C) C25　　(D) C30

题解：请参见《混凝土规范》4.1.2 条（已摘录于 4.2.2 小节之 4）。

答案：D。

4-25 预应力混凝土结构的混凝土强度等级不应低于(　　)(2011-53，2010-61)

(A) C20　　(B) C30　　(C) C35　　(D) C40

题解：见《混凝土规范》4.1.2 条（已摘取于 4.2.2 小节之 4 末段）。注意规范用词“宜”和“应”的区别。

答案：B。

4-26 预应力混凝土框架梁的混凝土强度等级不宜低于(　　)(2012-56)

(A) C30　　(B) C35　　(C) C40　　(D) C45

题解：见《混凝土规范》4.1.2 条（已摘录于 4.2.2 小节之 4 末段）。本题的考点是规范用词“不宜”和“不应”的区别。

答案：C。

4-27 减小混凝土收缩的措施中，以下何项不正确？(2010-62)

(A) 水灰比大，水泥用量多　　(B) 养护条件好，使用环境的湿度高

(C) 骨料质量及级配好　　(D) 混凝土振捣密实

题解：见 4.2.2 小节之 5 (1)。

答案：A

4-28 下列何种措施可以减小混凝土的收缩？(2010-54)

(A) 增加水泥用量　　(B) 加大水灰比

(C) 提高水泥强度等级　　(D) 加强混凝土的养护

题解：请参见 4.2.2 小节之 5 (1)。

答案：D。

4-29 地下室混凝土外墙常见的竖向裂缝，主要是由下列哪种因素造成的？(2014-43)

(A) 混凝土徐变　　(B) 混凝土收缩

(C) 混凝土膨胀　　(D) 混凝土拆模过晚

题解：地下室混凝土外墙比较厚，如果水平方向超长，后浇带又没有处理好的话，沿水平方向的收缩就容易产生竖向的裂缝。

答案：B。

4-30 混凝土的收缩对钢筋混凝土和预应力钢筋混凝土结构构件产生影响，以下叙述中错误的是(　　)。

(A) 会使两端固定的钢筋混凝土梁产生拉应力或裂缝

(B) 会使长度较长的钢筋混凝土连续梁、板产生拉应力或裂缝

(C) 会使预应力混凝土构件中预应力值增大

(D) 会使混凝土结构房屋的竖向构件产生附加的剪力

题解：请参见4.2.2小节之5 (1)。

答案：C。

4-31 混凝土在长期不变荷载作用下，应变随时间继续增长，这种现象称为(　　)。

(A) 混凝土的收缩　　(B) 混凝土的徐变

(C) 混凝土的疲劳　　(D) 混凝土的弹性变形

题解：请参见4.2.2小节之5 (2)。

答案：B。

4-32 混凝土的徐变与很多因素有关，以下叙述何为不正确的?

(A) 水泥用量愈多，水灰比愈大，徐变愈大

(B) 增加混凝土的骨料含量，徐变将减小

(C) 构件截面的应力愈大，徐变愈小

(D) 养护条件好，徐变小

题解：请参见4.2.2小节之5 (2)。

答案：C。

4-33 混凝土徐变会对构件产生哪些不利影响?

Ⅰ 增大混凝土结构的变形;

Ⅱ 使大体积混凝土表面出现裂缝;

Ⅲ 在预应力混凝土构件中引起预应力损失;

Ⅳ 引起基础不均匀沉降

(A) Ⅰ、Ⅱ、Ⅲ　　(B) Ⅱ、Ⅲ、Ⅳ　　(C) Ⅰ、Ⅲ　　(D) Ⅱ、Ⅳ

题解：请参见4.2.2小节之5 (2)。

答案：C。

4-34 关于混凝土徐变的叙述，以下哪一项正确?

(A) 混凝土徐变是指缓慢发生的自身收缩

(B) 混凝土徐变是在长期不变荷载作用下产生的

(C) 混凝土徐变持续时间较短

(D) 粗骨料的含量与混凝土的徐变无关

题解：请参见4.2.2小节之5 (2)。

答案：B。

4-35 设计中采用的钢筋混凝土适筋梁，其受弯破坏形式为(   )。

(A) 受压区混凝土先达到极限应变而破坏

(B) 受拉区钢筋先达到屈服，然后受压区混凝土破坏

(C) 受拉区钢筋先达到屈服，直至被拉断，受压区混凝土未破坏

(D) 受拉区钢筋与受压区混凝土同时达到破坏

题解：请参见 4.3.1 小节之 1。

答案：B。

4-36 一钢筋混凝土梁，断面尺寸如附图所示。混凝土采用 C25，$f_c = 11.9\text{N/mm}^2$；钢筋采用 HRB335 级，$f_y = 300\text{N/mm}^2$，已配钢筋面积 1256mm^2（4Φ20），该梁能承受的弯矩设计值最接近的是(   )。(图中尺寸单位为 mm)

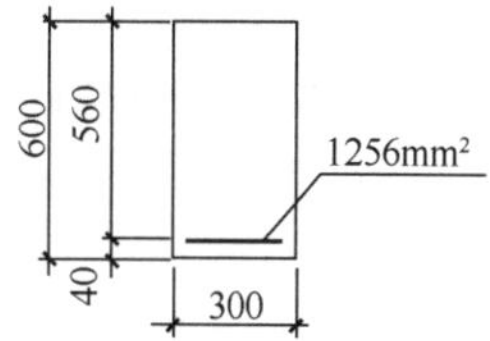

4-36 题目附图

(A) 260kN·m　　(B) 191kN·m

(C) 152kN·m　　(D) 223kN·m

题解：请参照【例 4.3.1-1】的步骤求解。

答案：B。

4-37 下列关于矩形截面梁纵向受拉钢筋配筋率校核的判别式，正确的是（   ）。

Ⅰ $A_s/(bh) \geqslant \rho_{min}$　　Ⅱ $A_s/(bh_0) \geqslant \rho_{min}$

Ⅲ $A_s/(bh) \leqslant \rho_{max}$　　Ⅳ $A_s/(bh_0) \leqslant \rho_{max}$

(A) Ⅰ、Ⅳ　　(B) Ⅰ、Ⅲ　　(C) Ⅱ、Ⅲ　　(D) Ⅱ、Ⅳ

题解：请对照式（4.3.1-4）和式（4.3.1-5a），并参见【例 4.3.1-2】。

答案：A。

以下 4-38，4-39 两题放在一起讲解

4-38 钢筋混凝土适筋梁的正截面极限承载力取决于下列哪项？(2010-136)

(A) 纵向钢筋强度及其配筋率　　(B) 箍筋强度及其配筋率

(C) 混凝土的抗压强度　　(D) 混凝土的抗拉强度

答案：A。

4-39 一钢筋混凝土简支梁截面尺寸见下附图，跨中弯矩设计值为 120kN·m，采用 C30 混凝土、$f_c = 14.3\text{N/m}^2$，采用 HRB400 钢筋、$f_y = 360\text{N/m}^2$，近似取内力臂 $\gamma h_0 = 0.9h_0$，计算所需的纵向钢筋面积为(   )。(2010-138)

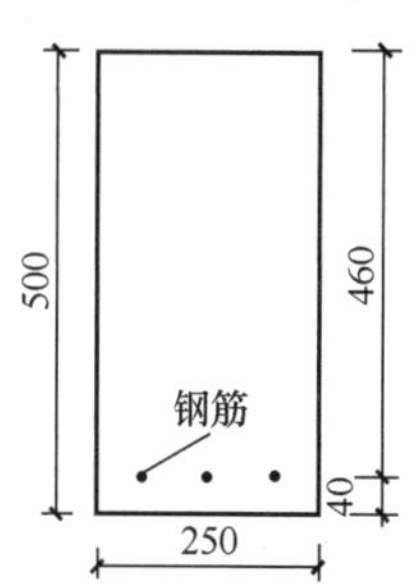

4-39 题目附图

(A) 741mm^2　　(B) 805mm^2

(C) 882mm^2　　(D) 960mm^2

答案：B。

4-40 关于受弯构件承载力计算时限制受压区高度 $x \leqslant \xi_b h_0$ 的目的，下列说法中错误的是(   )。

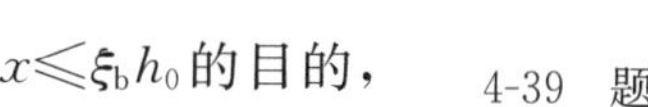

(A) 为了使构件破坏时受拉钢筋先达到屈服

(B) 防止受拉区钢筋未达到屈服前，受压区混凝土已破坏

(C) 防止超筋破坏

(D) 防止少筋破坏

题解：请参见 4.3.1 小节之 4（1），限制受压区高度 $x \leqslant \xi_b h_0$ 与限制配筋率 $A_s/(bh_0) \leqslant \rho_{max}$，是同一个意思——防止超筋破坏。

答案：D。

4-41 受弯构件受拉纵筋的最小配筋率是（　　）。

(A) 0.3%　　(B) 0.2%

(C) $45f_t/f_y$%和 0.2%的较大值　　(D) 0.15%

题解：请参见 4.3.1 小节之 4（2）。顺便说说最小配筋率为 0.15%是旧规范的规定。

答案：C。

4-42 一双筋矩形截面梁的宽度为 300mm，配有按计算需要的纵向受压钢筋为 4Φ18，此梁的箍筋最大间距取（　　）mm 较合适。

(A) 200　　(B) 250　　(C) 300　　(D) 400

题解：根据《混凝土规范》9.2.9-4 条 [已摘录于 4.3.1 小节之 4（1）]，此梁的箍筋间距不应大于 15 倍纵向受压钢筋的最小直径，同时不应大于 400mm。15×18＝270mm，一般箍筋间距为 50mm 的整数倍，故取 250mm 较合适。

答案：B。

4-43 一双筋矩形截面梁的高度为 700mm，配有按计算需要的纵向受压钢筋为 3Φ25，此梁箍筋的最小直径取（　　）mm 较合适。

(A) 6　　(B) 8　　(C) 10　　(D) 12

题解：根据《混凝土规范》9.2.9-2 条（已摘录于 4.3.1 小节之 4（1）），此梁的箍筋直径尚不应小于纵向受压钢筋最大直径的 0.25 倍。0.25×25＝6.25mm，比 6mm 大一级的钢筋直径是 8mm。

答案：B。

4-44 关于双筋矩形截面梁的受压区高度 x 需满足 $x \geqslant 2a'$ 的目的，下列说法中正确的是（　　）。

(A) 为了保证梁达到受弯极限状态时，受压钢筋也达到屈服

(B) 防止受拉区钢筋先未达到屈服前，受压区混凝土已破坏

(C) 防止超筋破坏

(D) 防止少筋破坏

题解：请参见 4.3.1 小节之 5（2）对式（4.3.1-12）的解释。

答案：A。

4-45 钢筋混凝土梁中承受剪力的钢筋主要是何种钢筋？

(A) 纵向钢筋（无弯起）　　(B) 箍筋

(C) 腰筋　　(D) 架立钢筋

题解：请参见图 4.3.2-1 和 4.3.2 小节之 1 第 2 段末行："……因此，箍筋在确保梁的斜截面抗剪承载力中起着极为重要的作用"。顺便说说，架立钢筋是用来固定箍筋用的一种构造钢筋，不参与受力。

答案：B。

4-46 钢筋混凝土受弯构件的承载力验算应进行（　　）。

Ⅰ 正截面抗弯计算　　Ⅱ 正截面抗剪计算

Ⅲ 斜截面抗弯计算　　Ⅳ 斜截面抗剪计算

(A) Ⅰ、Ⅳ　　(B) Ⅱ、Ⅲ

(C) Ⅰ、Ⅱ (D) Ⅰ、Ⅱ、Ⅲ、Ⅳ

题解：Ⅰ对，见 4.3.1 小节之 2；Ⅱ错，无此一说；Ⅲ错、Ⅳ对，斜截面受剪承载力是由抗剪计算来满足，而斜截面受弯承载力则是通过构造要求来满足。见 4.3.2 小节之 1。

答案：A。

4-47 下面关于附加箍筋和吊筋的说法，错误的是（ ）。

(A) 位于梁下部或梁截面高度范围内的集中荷载，应全部由附加箍筋和吊筋承担

(B) 附加箍筋不得与正常箍筋兼用

(C) 框架梁主梁或非框架梁主梁在与次梁相交的部位需设置附加箍筋或附加吊筋

(D) 梁上面有梯柱时，梁在梯柱所处的部位需设置附加箍筋或附加吊筋

题解：请参见对话 4.3.2-1。

答案：D。

4-48 箍筋配置数量适当的钢筋混凝土梁，其受剪破坏形式为下列何种？

(A) 梁剪弯段中混凝土先被压碎，其箍筋尚未屈服

(B) 受剪侧裂缝出现后，梁箍筋立即达到屈服，破坏时斜裂缝将梁分为两段

(C) 受剪斜裂缝出现并随荷载增加而发展，然后箍筋达到屈服，同时剪压区混凝土达到破坏。

(D) 受拉纵筋先达到屈服后，荷载还可以略增加，裂缝明显加宽，然后剪压区混凝土才达到破坏

题解：请参见 4.3.2 小节之 2。

答案：C。

4-49 下列受弯构件的斜截面剪切破坏形式，属于脆性破坏的是（ ）。

(A) 斜压破坏 (B) 剪压破坏

(C) 斜拉破坏 (D) 三者均是

题解：请参见 4.3.2 小节之 2。

答案：D。

4-50 下列关于钢筋混凝土梁设计叙述的组合，正确的是（ ）。

Ⅰ 适筋梁的受弯破坏属于塑性破坏，而梁的各种受剪破坏形式都属于脆性破坏

Ⅱ 梁的剪压破坏属于塑性破坏，而梁的各种受弯破坏都属于脆性破坏

Ⅲ 设计时应做到“强弯弱剪”

Ⅳ 设计时应做到“强剪弱弯”

(A) Ⅰ、Ⅳ (B) Ⅰ、Ⅲ (C) Ⅱ、Ⅲ (D) Ⅱ、Ⅳ

题解：请参见 4.3.1 小节之 1 和 4.3.2 小节之 2。

答案：A。

4-51 在一根普通钢筋混凝土梁中，以下哪项不是决定其斜截面抗剪承载能力的因素？

(A) 混凝土和钢筋的强度等级 (B) 截面尺寸

(C) 纵向钢筋 (D) 箍筋的截面面积

题解：请对照式（4.3.2-1），A、B、C 都是决定梁斜截面抗剪承载能力的因素。纵向受拉钢筋的销栓作用对抗剪承载能力也有帮助，但贡献较小（见图 4.3.2-1），不是决定性因素。

答案：C。

4-52 一钢筋混凝土梁截面如下图示，混凝土强度等级 C30，f_c=14.3N/mm^2，剪力设计

值为 600kN，根据受剪要求梁高 h 的最小尺寸最接近(　　)。(图中单位 mm)

(A) 700mm　　(B) 560mm

(C) 600mm　　(D) 740mm

4-52　题目附图

题解：请对照式 (4.3.2-3)，先假定 $h_0/b\leqslant 4$

当 $h_0/b\leqslant 4$ 时 $V\leqslant 0.25\beta_c f_c bh_0$，混凝土强度等级没有超过 C50，$\beta_c=1$

$h_0\geqslant V/(0.25\beta_c f_c b)=600\times 103/(0.25\times 1\times 14.3\times 300)=559$mm

$h=h_0+40=559+40=599$mm

取 600mm (600/300<4，满足假定条件)

答案：C。

4-53　一整浇楼盖的钢筋混凝土梁，断面如附图示。最大剪力设计值为 180kN，构件重要性系数 $\gamma_0=1.1$，混凝土强度等级 C30，$f_t=1.43\text{N/mm}^2$。请问梁截面的最小高度 h 大于下列哪一个尺寸时，可以仅按构造配置箍筋。

(A) 600mm

(B) 700mm

(C) 650mm

(D) 800mm

4-53　题目附图

题解：提示：①大多数建筑结构的结构重要性系数 $\gamma_0=1.0$，故许多公式将这种情况的 γ_0 省略，但并非意味 γ_0 不存在。由于题给条件中 $\gamma_0=1.1$，故式 (4.3.2-2) 应改写为 $\gamma_0 V\leqslant 0.7f_t bh_0$；② T 形截面的抗剪计算，不考虑翼缘 (即楼板部分) 参与工作。

于是　$h_0\geqslant\gamma_0 V/(0.7f_t b)=1.1\times 180\times 10^3/(0.7\times 1.43\times 300)=659$mm

$h=h_0+40=659+40=699$mm 最接近 700mm

答案：B。

请读者将此题与【例 4.3.1-4】题作个比较，你会发现：T 形截面的抗弯计算考虑翼缘参与工作，而抗剪计算则不考虑翼缘的作用。读者不妨回顾一下第 1 章的【例 1.5.2-2】，该例题的结果表明，工字形截面剪力的绝大部分由腹板承担。本题 T 形截面的剪应力分布与工字形截面相似。

4-54　在钢筋混凝土矩形截面梁的斜截面承载力计算中，验算剪力 $V\leqslant 0.25\beta_c f_c bh_0$ 的目的是什么？(2014-117)

(A) 防止斜压破坏　　(B) 防止斜拉破坏

(C) 控制截面的最大尺寸　　(D) 控制箍筋的最小配筋率

题解：请参见 4.3.2 小节之 3。

答案：A。

4-55　在钢筋混凝土梁斜截面的抗剪计算中，当 $V>0.7f_t bh_0$ 时，要求配箍率 ρ_{sv} 大于最小配箍率 $\rho_{sv,min}$，关于这一限制条件的目的，下列说法正确的是(　　)。

(A) 为了防止斜压破坏

(B) 为了防止斜拉破坏

(C) 为了防止剪压破坏

(D) 为了防止破坏时箍筋应力没有达到屈服

题解：请参见 4.3.2 小节之 3。

答案：B。

4-56 钢筋混凝土梁中承受扭矩的钢筋有哪些？

Ⅰ 纵向受力钢筋　Ⅱ 箍筋　Ⅲ 腰筋　Ⅳ 吊筋

(A) Ⅰ、Ⅱ、Ⅲ　(B) Ⅱ、Ⅲ、Ⅳ

(C) Ⅰ、Ⅱ、Ⅳ　(D) Ⅰ、Ⅱ、Ⅲ、Ⅳ

题解：Ⅰ、Ⅱ、Ⅲ对，请对照图 4.3.3-1，沿截面周边布置的纵筋（包括腰筋）和箍筋起到抗扭的作用。Ⅳ的吊筋对抗扭无贡献，它另有作用（见对话 4.3.2-1）。

答案：A。

4-57 钢筋混凝土受扭构件，其纵向钢筋的布置应沿构件截面(　　)。(2012-117)

(A) 上面布置　(B) 下面布置

(C) 上下面均匀对称布置　(D) 周边均匀对称布置

题解：请参见 4.3.3 小节，其中的第 2 段强调“周边布置”。

答案：D。

4-58 钢筋混凝土梁的纵向受力钢筋作用有哪些？

Ⅰ 承受由弯矩在梁内产生的拉力

Ⅱ 承受由竖向荷载产生的剪力

Ⅲ 承受由扭矩在梁内产生的拉力

Ⅳ 承受由温度变化在梁内产生的温度应力

(A) Ⅰ、Ⅱ、Ⅲ　(B) Ⅰ、Ⅲ、Ⅳ

(C) Ⅰ、Ⅱ、Ⅳ　(D) Ⅰ、Ⅱ、Ⅲ、Ⅳ

题解：Ⅰ对，请参见 4.3.1 小节之 2；Ⅱ错，纵向钢筋抗剪的销栓作用较小，规范公式没有直接反映它的影响，请参见 4.3.2 小节之 1 和图 4.3.2-1；Ⅲ对，请参见图 4.3.3-1，沿截面周边布置的纵筋和箍筋起到抗扭的作用；Ⅳ对，一般来说，梁的长度方向比宽度和高度大得多，温度变化引起纵向的伸长或缩短的倾向会受到墙、柱、板的约束而产生纵向温度应力，纵向钢筋可以帮助混凝土承受这种应力，特别是温缩引起的拉应力，因为混凝土的抗拉强度很低，十分需要钢筋的帮助。顺便说说，纵向钢筋还可以减轻混凝土收缩（干缩）的影响。

答案：B。

4-59 钢筋混凝土受拉构件的截面尺寸如图所示，混凝土强度等级 C30 ($f_t=1.43\text{N/mm}^2$)，配 HRB400 级钢筋 4Φ20 ($A_s=1256\text{mm}^2$，$f_y=360\text{N/mm}^2$)，不考虑裂缝控制时其最大受拉承载力设计值最接近：(2014-118)

(A) 550kN　(B) 450kN

(C) 380kN　(D) 250kN

题解：$N_u=f_yA_S=360\times1256=452.160\times10^3\text{N}$

$=452.160\text{kN}$

答案：B。

4-59 题目附图

4-60 轴心受压构件配有纵筋和箍筋，下列组合中，最全面的是(　　)。

Ⅰ 纵筋能帮助混凝土受压，以减小构件的截面尺寸

Ⅱ 纵筋能防止构件突然脆裂破坏及增强构件的延性

Ⅲ 纵筋能减小混凝土的徐变变形

Ⅳ 箍筋能与纵筋形成骨架，防止纵筋受压力后外凸

(A) Ⅰ、Ⅱ　　(B) Ⅱ、Ⅲ

(C) Ⅰ、Ⅱ、Ⅲ　　(D) Ⅰ、Ⅱ、Ⅲ、Ⅳ

题解：请参见 4.4.2 小节之 1。

答案：D。

4-61　一钢筋混凝土受压构件，断面尺寸 400mm×400mm；轴向压力设计值为 3000kN，混凝土强度等级为 C30，f_c=14.3N/mm²，钢筋采用 HRB400，抗拉强度设计值 f'_y=360N/mm²，假定构件的稳定系数 φ=0.95，所需纵向钢筋面积应不小于（　　）mm²。

(A) 2000　　(B) 3400　　(C) 3900　　(D) 4100

题解：由 $N \leqslant 0.9\varphi\ (f_cA + f'_yA'_s)$

得：$A'_s \geqslant (N - 0.9\varphi f_cA)\ /\ (0.9\varphi f'_y)$

$= (3000\times10^3 - 0.9\times0.95\times14.3\times400\times400)\ /\ (0.9\times0.95\times360)$

$= 3391\text{mm}^2$

取：4 Φ 25+4 Φ 22，A'_s=3484mm²

公式适用条件复核：配筋率 A'_s/A =3484/（400×400）

=2.17%<3%，不需用混凝土净截面面积代替全面积。

答案：B。

4-62　下列关于露天吊车柱计算长度 l_0 的表述，错误的是（　　）。

(A) 在排架方向，$l_0=2H_l$

(B) 在垂直于排架方向，$l_0=H_l$

(C) 在排架方向，$l_0=H_l$

(D) 在排架方向，露天吊车柱的受力与悬臂柱相似

提示：H_l 为从基础顶面至装配式吊车梁底面……的柱子下部高度。

题解：请参见《混凝土规范》表 6.2.20-1（已摘录于 4.4.2 小节之 3）。

答案：C。

4-63　对于高度、柱截面尺寸、配筋以及材料强度完全相同的长柱，在以下何种支承条件轴心受压承载力最大？

(A) 两端嵌固　　(B) 两端铰接

(C) 上端嵌固，下端铰接　　(D) 上端铰接，下端嵌固

题解：请对照图 4.4.2-3，并注意：①题目的嵌固端包括了定向支座和固定端，②C，D 的情况是对等的，两者的差别仅在于观察的角度不同而已。从中可判断出 A 的计算长度最短，长细比最小，稳定系数 φ 最大，从而轴心受压承载力也最大。（参见 4.4.2 小节）

答案：A。

4-64　有两根钢筋混凝土矩形轴心受压柱，已知柱 1 的 $l_0/b=35$，柱 2 的 $l_0/i=35$，下列关于这两根柱的稳定系数 φ 的说法，正确的是（　　）。

(A) 柱 1 的 φ 等于柱 2 的 φ　　(B) 柱 1 的 φ 大于柱 2 的 φ

(C) 柱 2 的 φ 大于柱 1 的 φ　　(D) 哪一根柱的 φ 较大不能确定

提示：b 为矩形截面的短边边长，i 为截面的最小回转半径，矩形截面的 i=0.289b。

题解：柱 2 的 $l_0/i=35$，相应的 $l_0/b=l_0/\ (i/0.298)\ =55\times0.298=10$，比柱 1 的 $l_0/b=35$ 要小得多，故柱 2 的 φ 肯定大于柱 1 的 φ。对照《混凝土规范》表 7.3.1（已摘录于 4.4.2 小节之 3），柱 1 的 φ=（0.44+0.40）/2=0.42，而柱 2 的 φ=0.98。

答案：C。

4-65 下列关于偏心受拉构件纵向受力钢筋最小配筋率的说法正确的是(　　)。

(A) 单侧纵向受拉钢筋最小配筋率 ρ_{min} 的计算方法及限制条件与梁完全相同

(B) 全部纵向受拉钢筋最小配筋率 ρ_{min} 取 $45f_t/f_y\%$

(C) 全部纵向受拉钢筋最小配筋率 ρ_{min} 取 0.2%

(D) 全部纵向受拉钢筋最小配筋率 ρ_{min} 取 $45f_t/f_y\%$ 和 0.2%的较大值

题解：请参见 4.5.1 小节。

答案：A。

4-66 大偏心受拉构件的压区高度 x 应满足(　　)。

(A) $x \geqslant \xi_b h_0$　　(B) $x \leqslant \xi_b h_0$

(C) $x \geqslant \xi_b h$　　(D) $x \leqslant \xi_b h$

题解：请参见 4.5.1 小节。

答案：B。

4-67 下列关于钢筋混凝土偏心受压构件的抗弯承载力的叙述，哪一项是正确的？(2011-118)

(A) 大、小偏压时均随轴力增加而增加　(B) 大、小偏压时均随轴力增加而减小

(C) 小偏压时随轴力增加而增加　(D) 大偏压时随轴力增加而增加

题解：请参见 4.5.2 小节之 1，注意对照图 4.5.2-1 两个方框内配合图 (a) 和图 (b) 的文字描述。

答案：D。

4-68 下列关于矩形截面单向偏心受压构件正截面承载力验算的叙述，正确的是(　　)。

(A) 还应按轴心受压构件验算垂直于弯矩作用平面的受压承载力，可不计入弯矩的作用，但应考虑稳定系数 φ 的影响

(B) 还应按轴心受压构件验算垂直于弯矩作用平面的受压承载力，可不计入弯矩的作用，也不用考虑稳定系数 φ 的影响

(C) 还应按轴心受压构件验算垂直于弯矩作用平面的受压承载力，需计入弯矩的作用，也需考虑稳定系数 φ 的影响

(D) 不用验算垂直于弯矩作用平面的受压承载力

题解：第 4.5.2 小节之 3 末段。

答案：A。

4-69 钢筋混凝土柱在大偏心受压情况下，下列哪种说法错误？(2011-69)

(A) 横截面全部受压

(B) 横截面部分受拉、部分受压

(C) 横截面钢筋部分受压、部分受拉

(D) 柱同时受压和受弯

题解：请参见 4.5.2 小节之 1①。

答案：A。

4-70 有三根几何尺寸、材料、支承条件完全相同的压弯杆件 A、B 和 C，设它们的弯矩较大端的弯矩值 M_2 相同、长细比 l_c/i 相同、轴压比也相同，已知杆 A、B、C 的杆端弯矩比值 M_1/M_2 分别为 0.95、0.60 和－0.2。下列关于这三根杆件的构件层面上的二阶效应（P-δ 效应）的说法，正确的是(　　)。

(A) 杆 A 的 P-δ 效应最大　(B) 杆 B 的 P-δ 效应最大

(C) 杆 C 的 $P\text{-}\delta$ 效应最大　　(D) 三根杆的 $P\text{-}\delta$ 效应一样大

题解：请对照图 4.5.2-3 以及 4.5.2 小节之 4-（1）②的描述。

答案：A。

4-71 限制混凝土构件裂缝过宽的目的是(　　)。

Ⅰ 减小钢筋锈蚀的危险　　Ⅱ 满足耐久性的要求

Ⅲ 以免有碍观瞻　　Ⅳ 避免使用者产生不安全感

(A) Ⅰ　　(B) Ⅰ、Ⅱ　　(C) Ⅰ、Ⅱ、Ⅲ　　(D) Ⅰ、Ⅱ、Ⅲ、Ⅳ

题解：请参见 4.6 节的第一段。

答案：D。

4-72 钢筋混凝土梁在长期荷载作用下，下列叙述的组合中正确的是(　　)。

Ⅰ 挠度会随时间而增加　　Ⅱ 挠度会随时间而减小

Ⅲ 刚度会随时间而增加　　Ⅳ 刚度会随时间而减小

(A) Ⅰ、Ⅲ　　(B) Ⅰ、Ⅳ　　(C) Ⅱ、Ⅲ　　(D) Ⅱ、Ⅳ

题解：Ⅰ、Ⅳ对，Ⅱ、Ⅲ错。请参见 4.6.1 小节第 2 段。

答案：B。

4-73 某工程采用现浇钢筋混凝土结构，其楼盖主梁的计算跨度 $l_0=8\text{m}$，使用中对挠度要求较高，已知：其挠度计算值为 36mm，起拱值为 8mm，下述关于主梁的总挠度复核结论何项正确？

(A) 挠度 $f=36\text{mm}>l_0/250=32\text{mm}$，不满足规范要求

(B) 挠度 $f=36\text{mm}>l_0/300=26.7\text{mm}$，不满足规范要求

(C) 挠度 $f=36-8=28\text{mm}<l_0/250=32\text{mm}$，满足规范要求

(D) 挠度 $f=36-8=28\text{mm}>l_0/300=26.7\text{mm}$，不满足规范要求

题解：请对照《混凝土规范》表 3.4.3（已摘录于 4.6.1 小节）及表下方的注 2 和注 3，并请注意题给的“使用中对挠度要求较高”的条件。

答案：D。

4-74 下列减小梁的挠度措施中，最有效的是(　　)。

(A) 提高配筋率　　(B) 提高混凝土强度等级

(C) 增大截面高度　　(D) 增大截面宽度

题解：A、B、D 对减小受弯构件的挠度也有帮助，但效果远不如 C 明显。请参见 4.6.1 小节。

答案：C。

4-75 结构构件正截面的受力裂缝控制等级分为(　　)。

(A) 一级　　(B) 二级　　(C) 三级　　(D) 四级

题解：详见《混凝土规范》3.4.4 条（已摘录于 4.6.2 小节）。

答案：C。

4-76 构件允许出现裂缝，按荷载效应标准组合并考虑长期作用影响计算时，最大裂缝宽度不应超过规范的限制值，这样的裂缝控制等级为(　　)。

(A) 一级　　(B) 二级　　(C) 三级　　(D) 四级

题解：详见《混凝土规范》3.3.3 条（已摘录于 4.6.2 小节）。

答案：C。

4-77 如果要求钢筋混凝土受拉和受弯构件在荷载效应标准组合作用下不出现裂缝，应采

取以下何项措施？

(A) 配筋率不变，加大钢筋直径　　(B) 提高混凝土强度等级

(C) 加密钢筋　　(D) 改为预应力混凝土构件

题解：请参见4.6.2小节。要达到一、二级裂缝控制标准、不出现裂缝，必须采用预应力混凝土构件，借助张拉钢筋回弹时对混凝土受拉区产生的预压应力来抵消荷载作用引起的拉应力。在荷载效应标准组合作用下，(普通）钢筋混凝土构件都是带裂缝工作的，只能按三级裂缝控制标准考虑。

答案：D。

4-78 用哪一种措施可以减小普通钢筋混凝土简支梁裂缝的宽度？(2010-82)

(A) 增加箍筋的数量　　(B) 增加底部主筋的直径

(C) 减小底部主筋的直径　　(D) 增加顶部构造钢筋

答案：C。

4-79 对钢筋混凝土屋面梁出现裂缝的限制是(　　)(2011-62)

(A) 不允许梁面有裂缝

(B) 不允许梁底有裂缝

(C) 允许出现裂缝，但应限制裂缝宽度

(D) 允许出现裂缝，但应限制裂缝深度

答案：C。

4-80 为了减小钢筋混凝土梁的裂缝宽度，下列措施中错误的是(　　)。

(A) 采用高强度等级混凝土　　(B) 加大纵向受拉钢筋配筋率

(C) 增加混凝土保护层厚度　　(D) 加大截面高度

题解：A、B对，C错，请参见4.6.2小节；D对，加大截面高度可减小梁受拉区钢筋的应力，从而减小裂缝处钢筋的伸长量，对减小混凝土表面的裂缝宽度有帮助。

答案：C。

4-81 下列哪一类构件最适合采用先张法预应力混凝土？

(A) 大型构件　　(B) 工厂预制的中小型构件

(C) 现浇构件　　(D) 曲线预应力钢筋

题解：参见4.7.1小节之1，先张法适用于在预制构件厂批量制造、便于运输的中小型预制构件。

答案：B。

4-82 下列哪种结构构件适合采用无粘结预应力筋作为受力钢筋？

(A) 吊车梁　　(B) 水下环境中的结构构件

(C) 高腐蚀环境中的结构构件　　(D) 现浇楼板

题解：请参见4.7.1小节之2(2)。无粘结预应力筋不需要预留孔道（孔道占面积较大）可减小截面高度，特别适用于现浇楼板的配筋。这类结构不适合用作直接承受动力荷载的构件，也不适合用于水下、高腐蚀环境等对耐久性要求较高的情况。

答案：D。

4-83 下列关于预应力混凝土构件中预应力钢筋张拉控制应力取值的叙述，错误的是(　　)。

(A) 消除应力钢丝、钢绞线的张拉控制应力 σ_0 应符合 $0.4f_{ptk} \leqslant \sigma_0 \leqslant 0.75f_{ptk}$

(B) 要求提高构件在施工阶段的抗裂性能而在使用阶段受压区内设置的预应力钢绞线，其张拉控制应力 σ_0 可提高至 $0.80f_{ptk}$

(C) 张拉控制应力取值过高会降低构件的延性

(D) 预应力螺纹钢筋的张拉控制应力 σ_0 应符合 $0.5f_{ptk}\sigma_0 \leqslant 0.85f_{ptk}$

题解：A 对、B 对，见《混凝土规范》10.1.3 条；C 对见 4.7.2 小节之 2②；D 错，见《混凝土规范》10.1.3 条，并请注意预应力钢筋的屈服强度符号 f_{pyk} 与极限抗拉强度符号 f_{ptk}，的区别。

答案：D。

4-84 采用预应力混凝土梁的目的，下列哪种说法是错误的？(2011-68)

(A) 减少挠度

(B) 提高抗裂性能

(C) 提高正截面抗弯承载力

(D) 增强耐久性

答案：C。

4-85 在预应力混凝土结构中，预应力筋超张拉的目的是(　　)。

(A) 使构件的承载能力更高　　(B) 减小预应力损失

(C) 利用钢筋屈服后的强度提高特性　　(D) 节省预应力钢筋

题解：A 错，预应力的存在和大小不会使构件的承载力降低或提高，预应力构件的承载力比一般同类的非预应力构件的承载力高是因为它采用了高强度材料，请参见对话 4.7.3-1；B 对，请参见 4.7.2 小节之 2③；C 错，C 是冷拉钢筋的目的，预应力筋可以采用冷拉钢筋，但不是在施加预应力时进行冷拉。

答案：B。

4-86 预应力混凝土结构的预应力钢筋强度等级要求较普通钢筋高，其主要原因是(　　)。

(A) 构件的刚度和抗裂性能取决于预应力钢筋预应力的大小，再考虑到构件会出现各种预应力损失，需要采用较高的张拉应力。另外，采用预应力结构的初衷之一就为了利用、并充分发挥高强度材料的性能

(B) 可以提高预应力，进而使预应力混凝土构件获得更高的极限承载能力

(C) 使预应力混凝土结构获得更好的延性

(D) 使预应力钢筋截面减小而有利于布置

题解：A 对，请参见 4.7.2 小节之 3（1）①；B 错，请参见对话 4.7.3-1；C 错，预应力值越高，结构的延性就越差，请参见 4.7.2 小节之 2②。

答案：A。

4-87 对预应力钢筋施加预应力的作用，下列叙述组合中，正确的是(　　)。

Ⅰ 可提高构件的抗裂性能

Ⅱ 可提高构件的极限承载能力

Ⅲ 可减小截面受压区高度，增加构件的转动能力

Ⅳ 可适当减小构件截面的高度

(A) Ⅰ、Ⅱ　　(B) Ⅰ、Ⅳ　　(C) Ⅰ、Ⅱ、Ⅲ　　(D) Ⅰ、Ⅱ、Ⅲ、Ⅳ

题解：Ⅰ对，这是采用预应力混凝土结构的主要目的；Ⅱ错，预应力不会使构件的承载力降低或提高；Ⅲ错，施加预应力就是要通过增加构件截面的受压区高度，进而提高构件的抗裂性能；Ⅳ

对，抗裂性能的提高，构件的抗弯刚度就会随着增加，因此可适当减小构件截面的高度。

答案：B。

4-88 下列非露天的 50m 长的钢筋混凝土结构中，宜设置伸缩缝的是(　　)(2012-73)

(A) 现浇框架结构　　(B) 现浇剪力墙结构

(C) 装配式剪力墙结构　　(D) 装配式框架结构

题解：见《混凝土规范》表 8.1.1 及其下方的注 3（已摘录于 4.8.1 小节）。对于非露天的框架结构和剪力墙结构，若"屋面有保温或隔热措施"，伸缩缝最大间距按室内考虑、为 45m；若"屋面无保温或隔热措施"，伸缩缝最大间距宜按露天考虑、为 30m（见注 3）。题目的 50m 既大于 30m 也大于 45m，所以就本题而言，不看注 3 也不会答错。但若题目的 50m 改为 40m，注 3 就起作用了。此时，若"屋面无保温或隔热措施"，B 宜设缝；若"屋面有保温或隔热措施"，则 B 不需设缝。

答案：B。

4-89 现浇钢筋混凝土框架结构在露天情况下伸缩缝间的最大距离为(　　)。(2011-90)

(A) 15m　　(B) 35m　　(C) 80m　　(D) 100m

题解：见《混凝土规范》表 8.1.1（已摘录于 4.8.1 小节）。

答案：B。

说明：2010-102 题的考点相同。

4-90 具有独立基础的排架、框架结构，当设置伸缩缝时，缝的正确做法是(　　)。

Ⅰ 双柱基础必须断开　　Ⅱ 双柱基础可不断开

Ⅲ 屋面楼盖结构可不断开　　Ⅳ 各层楼盖结构都断开

(A) Ⅰ、Ⅲ　　(B) Ⅰ、Ⅳ　　(C) Ⅱ、Ⅲ　　(D) Ⅱ、Ⅳ

题解：Ⅰ错、Ⅱ对，请参见《混凝土规范》9.1.4 条（已摘录于 4.8.1 小节）；Ⅲ错、Ⅳ对，伸缩缝处各层楼盖结构都断开才能起到不妨碍结构伸缩的作用。

答案：D。

4-91 下列钢筋混凝土构件保护层的作用中，不正确的是(　　)(2011-61)

(A) 防火　　(B) 抗裂

(C) 防锈　　(D) 增加纵筋粘结力

411

答案：B。

4-92 设计使用年限 100 年与 50 年的混凝土结构相比，两者最外层钢筋保护层厚度的比值，正确的是(　　)(2012-60)

(A) 1.4　　(B) 1.6　　(C) 1.8　　(D) 2.0

题解：见《混凝土规范》8.2.1 条 2 款（已摘录于 4.8.2 小节）。

答案：A。

4-93 最外层纵向受力钢筋的混凝土保护层最小厚度取决于以下哪些因素？

Ⅰ 构件所处的环境类别　　Ⅱ 混凝土强度等级

Ⅲ 钢筋的强度　　Ⅳ 构件的种类

Ⅴ 设计使用年限

(A) Ⅰ、Ⅲ　　(B) Ⅰ、Ⅳ　　(C) Ⅱ、Ⅲ　　(D) Ⅰ、Ⅱ、Ⅳ、Ⅴ

题解：8.2.1-2 条、表 8.2.1 及表下面的注 1。(题解用到的规范条文已摘录于 4.8.2 小节)

答案：D。

4-94 钢筋与混凝土之间的粘结强度与下列哪些因素有关？

Ⅰ 混凝土强度等级　　Ⅱ 箍筋的间距

Ⅲ 混凝土保护层厚度　　Ⅳ 钢筋表面粗糙程度

Ⅴ 钢筋的净间距

(A) Ⅰ、Ⅱ　　(B) Ⅰ、Ⅱ、Ⅲ

(C) Ⅰ、Ⅱ、Ⅲ、Ⅳ　　(D) Ⅰ、Ⅱ、Ⅲ、Ⅳ、Ⅴ

题解：请参见 4.8.3 小节之 1。

答案：D。

4-95 以下关于规范对纵向受拉钢筋最小锚固长度 l_a 的要求，正确的是(　　)。

(A) 钢筋混凝土构件中所有纵向钢筋均应满足

(B) 钢筋混凝土构件中纵向受拉钢筋均应满足

(C) 当计算中充分利用其抗拉强度的纵向受拉钢筋应满足

(D) 当计算中充分利用其强度的纵向受拉和受压钢筋都应满足

题解：请参见《混凝土规范》8.3.1 条和 8.3.4 条（已摘录于 4.8.3 小节之 2)。

答案：C。

4-96 在混凝土结构中，受拉钢筋的锚固长度与以下何种因素无关?

(A) 钢筋的表面形状　　(B) 构件的配筋率

(C) 构件的混凝土的强度等级　　(D) 钢筋直径

题解：请对照《混凝土规范》公式（8.3.1-1）和（8.3.1-2)（已摘录于 4.8.3 小节之 2)，并请注意公式中的钢筋的外形系数 α。

答案：B。

4-97 受拉钢筋的直径大于下列哪一数值时，不宜采用绑扎搭接接头?(2011-66)

(A) 20mm　　(B) 22mm

(C) 25mm　　(D) 28mm

答案：C。

4-98 在钢筋混凝土结构中，当钢筋绑扎搭接接头连接时，下列对位于同一连接区段内受拉钢筋搭接接头面积百分率的限制，正确的组合是(　　)。

Ⅰ 对梁类、板类及墙类构件　　Ⅱ 对柱类构件

Ⅲ 不宜大于 25%　　Ⅳ 不宜大于 50%

Ⅴ 不受限制

(A) Ⅰ、Ⅲ　　(B) Ⅰ、Ⅳ　　(C) Ⅱ、Ⅲ　　(D) Ⅱ、Ⅴ

题解：请对照《混凝土规范》8.4.3 条（已摘录于 4.8.4 小节)。

答案：A。

4-99 在钢筋混凝土结构中，不得采用绑扎搭接接头的构件是(　　)。

(A) 轴心受压构件　　(B) 轴心受拉及小偏心受拉构件

(C) 大偏心受拉构件　　(D) 小偏心受压构件

题解：请参见《混凝土规范》8.4.2 条（已摘录于 4.8.4 小节)。

答案：B。

4-100 对于梁、柱类构件，当直径为 d 的纵向受力钢筋的保护层厚度不大于 $5d$ 时，在纵向受力钢筋搭接长度范围的箍筋配置，下列描述组合，正确的是(　　)。

Ⅰ 箍筋直径不应小于 $d/4$　　Ⅱ 箍筋直径不应小于 $d/6$

Ⅲ 箍筋间距不应大于 $5d$　　Ⅳ 箍筋间距不应大于 $10d$

Ⅴ 箍筋间距不应大于 100mm　　Ⅵ 箍筋间距不应大于 200mm

(A) Ⅰ、Ⅲ、Ⅴ　　(B) Ⅱ、Ⅳ、Ⅵ

(C) Ⅰ、Ⅳ、Ⅵ　　(D) Ⅱ、Ⅳ、Ⅴ

题解：请参见《混凝土规范》8.4.6 条和 8.3.1-3 条（已摘录于 4.8.1 小节），并请注意 8.3.1-3 条中的锚固钢筋相当于梁、柱类构件的纵向受力钢筋。

答案：A。

4-101 普通现浇混凝土屋面板最小厚度为(　　)。(2010-99)

(A) 无厚度规定　　(B) 厚度规定与板跨度有关

(C) 60mm　　(D) 30mm

413

答案：C。

4-102 现浇钢筋混凝土无梁楼板的最小厚度为(　　)。

(A) 100mm　　(B) 150mm　　(C) 180mm　　(D) 200mm

题解：请参见 4.9.1 小节之 4。

答案：B。

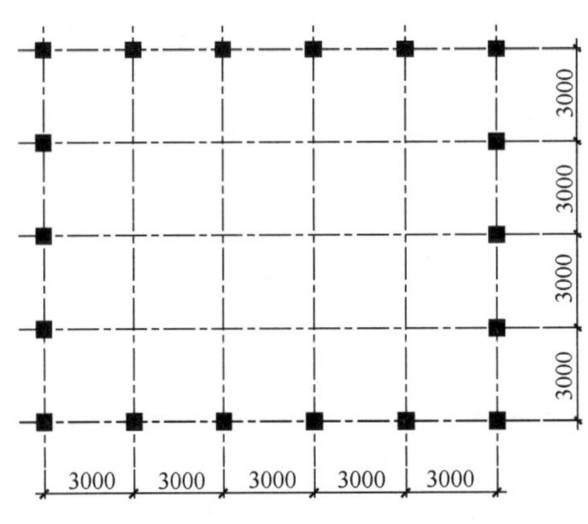

4-113 题目附图

4-103 图示矩形平面楼盖，周边柱距离为 3m，中部不设柱，为了取得最大净空，下列方案中最适宜的是(　　)。

(A) 沿 15m 方向按 3m 间距布置梁，梁间为单向板

(B) 沿 12m 方向按 3m 间距布置梁，梁间为单向板

(C) 沿 12m 方向按 3m 间距布置主梁，另一方向按 3m 间距布置次梁，梁间为双向板

(D) 沿两个方向按 3m 间距布置成井字梁，梁间为双向板

题解：请参见 4.9.1 小节之 2。

答案：D。

4-104 附图所示的钢筋混凝土现浇板周边支承在梁上，计算时按简支边考虑。图中给出了各种钢筋的编号，正确的配筋组合是(　　)。

Ⅰ 板顶钢筋①　Ⅱ 板顶钢筋②　Ⅲ 板底钢筋③　Ⅳ 板底钢筋④

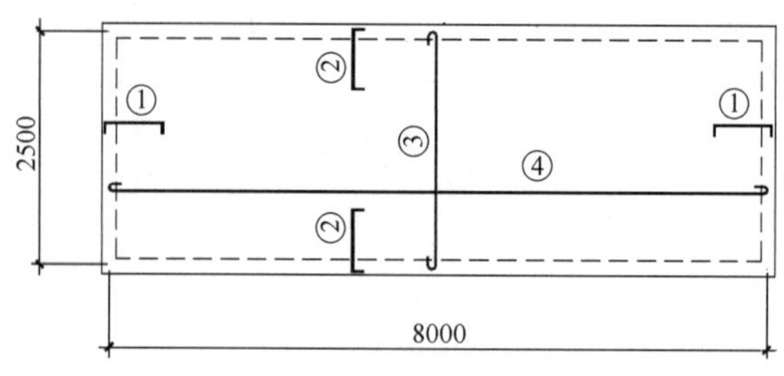

4-104　题目附图

（A）Ⅲ、Ⅳ　　（B）Ⅰ、Ⅲ　　（C）Ⅰ、Ⅱ、Ⅲ　　（D）Ⅰ、Ⅱ、Ⅲ、Ⅳ

题解：

本例板的长边与短边长度之比为 8000/2500＝3.2＞3.0，宜按沿短边方向受力的单向板计算，并应沿长边方向布置构造钢筋。（见摘录于 4.9.2 小节的《混凝土规范》9.1.1-2-3）条），故③号筋是主要的受力钢筋，故④号筋也是需设置的分布钢筋；《混凝土规范》9.1.6 条规定："按简支边或非受力边设计的现浇混凝土板，当与混凝土梁、墙整体浇筑或嵌固在砌体墙内时，应设置板面构造钢筋，…"，故①、②号筋也是不可缺少的。

答案：D。

4-105　附图为一剪力墙结构的现浇钢筋混凝土肋形楼盖，其永久荷载及活荷载的设计值合计为 $7kN/m^2$。在次梁承载力计算时，下列竖向荷载简图中正确的是（　　）。（说明：①永久荷载包括梁、板及建筑面层的自重，梁自重近似地平均分摊到楼板中；②图中尺寸单位为 mm。）

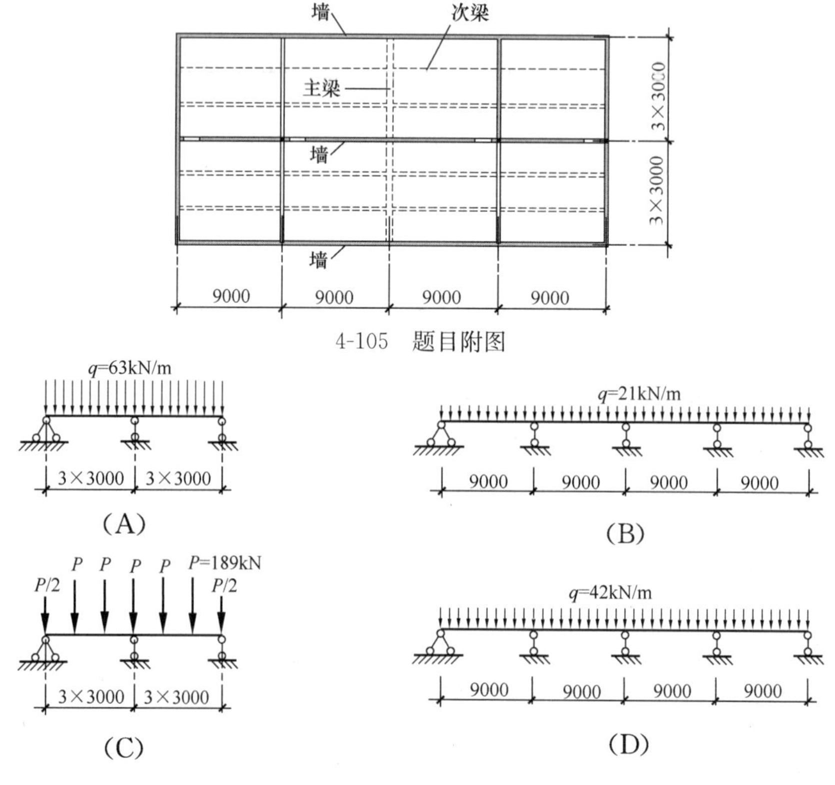

题解：

本例主梁两侧均属于四边支承的板，长边与短边长度之比为 9000/3000＝3.0，宜按沿短边方向受力的单向板计算［见摘录于本小节的《混凝土规范》9.1.1-3）条］。

板的荷载可按仅由短向传给次梁考虑（相当于图 4.9.2-1 左下角所示的情况），故次梁的线荷载为 $q=8\times2\times3/2=24$kN/m（式中的 2×3/2 表示次梁有两个一半板跨 3m/2 的受荷范围），B 是次梁的荷载简图，但非题目所问，故 B 错。

主梁两侧的次梁支座反力便是主梁的集中荷载 P，本例的次梁为多跨超静定连续梁，在荷载计算时一般都近似地简化为多跨简支梁求解，即 $P=2\times24\times9/2=216$kN，C 对。

A 错，它不符合肋梁楼盖传力路线的规律：板→次梁→主梁→柱（墙）→基础。

D 是次梁的受荷情况，非题目所问，而且数值有误。

答案：C。

说明：荷载简图中，次梁边跨和主梁边跨的端支座按完全铰处理是一种近似的假定。实际上，端支座对转角位移是有约束的，梁端会产生负弯矩，需配支座构造负筋，《混凝土规范》9.2.6-1 条有相应的规定，此处从略。

4-106 根据《高层建筑混凝土结构技术规程》JGJ 3—2010，高层建筑是指(　　)。

(A) 8 层和 8 层以上的建筑

(B) 10 层及 10 层以上或房屋高度大于 28m 的住宅建筑和房屋高度大于 24m 的其他高层民用建筑，其中房屋高度为室外地面至房屋主要屋面的高度

(C) 10 层及 10 层以上或房屋高度大于 28m 的住宅建筑和房屋高度大于 24m 的其他高层民用建筑，其中房屋高度为室外地面至突出屋面的水箱间顶面的高度

(D) 10 层及 10 层以上或房屋高度大于 28m 的建筑物

题解：B 对，请参见《混凝土高规》2.1.1 条和 2.1.2 条（已摘录于 4.10.1 小节）。A 错，它是 1991 年版《混凝土高规》的规定；C 错，房屋高度的定义不对；D 错，它是 2002 年版《混凝土高规》的规定。

答案：B。

说明：本题与 2010-109 题的考点相同，但后者是按旧规范命题。

4-107 《高层混凝土结构技术规程》对抗震设防分类为乙类和丙类的钢筋混凝土房屋有一个适用的最大高度，这个最大高度是根据下列各因素中哪些因素确定的？(2012-96)

Ⅰ 结构体系　Ⅱ 抗震设防烈度　Ⅲ 房屋的高宽比　Ⅳ 房屋的长宽比

(A) Ⅰ、Ⅱ　(B) Ⅰ、Ⅱ、Ⅲ　(C) Ⅱ、Ⅳ　(D) Ⅱ、Ⅲ、Ⅳ

题解：请参见《混凝土高规》3.3.1 条及相应的表格（已摘录于 4.10.2 小节之 1）。

答案：B。

4-108 不同的结构体系导致房屋侧向刚度的不同，一般情况下，下列三种结构体系房屋的侧向刚度关系应为下列哪项？(2010-111)

Ⅰ 钢筋混凝土框架结构房屋

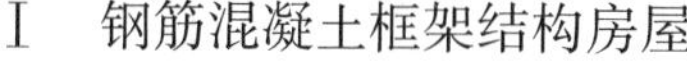

Ⅱ 钢筋混凝土剪力墙结构房屋

Ⅲ 钢筋混凝土框架-剪力墙结构房屋

(A) Ⅰ＞Ⅱ＞Ⅲ　(B) Ⅱ＞Ⅲ＞Ⅰ　(C) Ⅲ＞Ⅱ＞Ⅰ　(D) Ⅲ＞Ⅰ＞Ⅱ

答案：B。

4-109 在 A 级高度的钢筋混凝土高层建筑的抗震设计中，下列哪一类结构的最大适用高

度最低？（2010-109，2011-100）

(A) 框架结构　　(B) 板柱-剪力墙结构

(C) 框架-剪力墙结构　　(D) 框架-核心筒结构

答案：A。

4-110 根据现行《建筑抗震设计规范》按8度（0.2*g*）设防时，现浇钢筋混凝土框架-抗震墙、抗震墙、框架-核心筒结构房屋适用的最大高度分别为(　　)（2012-95）

(A) 80m、90m、100m　　(B) 90m、100m、110m

(C) 100m、100m、110m　　(D) 100m、100m、100m

题解：见《混凝土高规》3.3.1条（已摘录于4.10.2小节）。三者都是100m，比较好记！

答案：D

说明：《混凝土高规》3.3.1条中的A级高度钢筋混凝土高层建筑的最大适用高度，与《抗震规范》6.1.1条现浇钢筋混凝土房屋适用的最大高度是完全一致的。本书4.10.2小节之1（2）曾提及：《抗震规范》没有对多层和高层混凝土建筑的适用高度进行分级，它给出的适用高度除了多了个对9度的框架结构为24m的限制之外（因为《高规》不考虑高度不超过24m的建筑），其余各项与《混凝土高规》中有抗震要求的“A级高度”完全相同。

4-111 抗震设防烈度为7的现浇钢筋混凝土高层建筑结构，按适用的最大高宽比从大到小排列，正确的是(　　)（2014-83）

(A) 框架-核心筒、剪力墙、板柱-剪力墙、框架

(B) 剪力墙、框架-核心筒、板柱-剪力墙、框架

(C) 框架-核心筒、剪力墙、框架、板柱-剪力墙

(D) 剪力墙、框架-核心筒、框架、板柱-剪力墙

题解：请参见《混凝土高规》3.3.2条及相应的表格（已摘录于4.10.2小节之2）。

答案：A。

4-112 对于高层建筑，下列几种平面中对抗风最不利的是(　　)。

(A) 圆形　　(B) 正多边形　　(C) 椭圆形　　(D) Y形

题解：请参见《混凝土高规》3.4.3-2条文说明（已摘录于4.10.3小节）。

答案：D。

4-113 根据《高层混凝土结构技术规程》，在抗震设防烈度为8度时，矩形建筑平面的长度L与宽度B的比值L/B不宜大于(　　)。

(A) 2.0　　(B) 3.0　　(C) 4.0　　(D) 5.0

题解：请参见《混凝土高规》3.4.3-2条（已摘录于4.10.3小节）。

答案：D。

4-114 《高层建筑混凝土结构技术规程》JGJ 3—2010，下列对图示楼板平面的要求，欠准确的是(　　)。

(A) L_2不宜小于$0.5L_1$

(B) a_1与a_2之和不宜小于$0.5L_2$且不宜小于5m

(C) a_1和a_2均不宜小于2m

(D) 开洞面积不宜大于楼面面积的30%

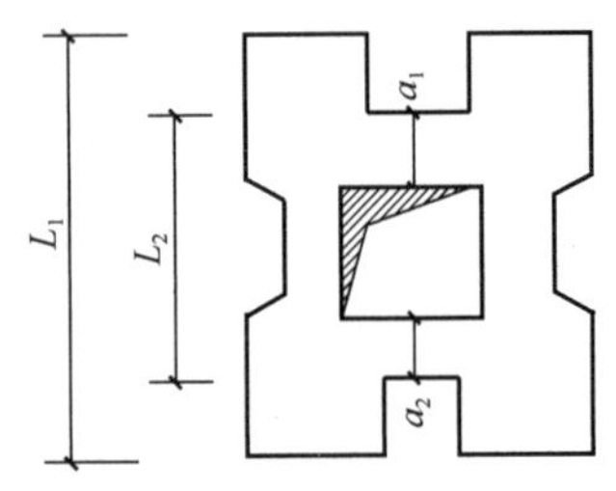

4-114　题目附图

题解：请参见《混凝土高规》[5] 4.3.6条及其条文说明（已摘录于4.10.3节）。C中的“不宜”需改为“不应”。

答案：C。

4-115 两幢完全相同的现浇钢筋混凝土结构房屋，均按8度（0.30g）抗震设防，一幢建于Ⅱ类场地上，另一幢建于Ⅳ类场地上，关于这两幢建筑抗震等级的说法，准确的是（　　）。

(A) 位于Ⅱ类场地上的抗震等级高

(B) 在考虑抗震抗震构造措施时，抗震等级相同

(C) 在考虑抗震构造措施时，位于Ⅳ类场地上的抗震等级高

(D) 位于Ⅳ类场地上的抗震等级高

提示：8度（0.30g）即8度半。

题解：请参见《抗震规范》3.3.3条（已摘录于4.10.4小节）及该条文下面的文字说明。

答案：C。

4-116 设置少量抗震墙的框架结构，在规定的水平力作用下，若底层框架部分所承担的地震倾覆力矩大于结构总地震倾覆力矩的（　　）时，其框架部分的抗震等级应按框架结构确定？

(A) 40%　　(B) 50%　　(C) 60%　　(D) 70%

题解：请参见《抗震规范》6.1.3条（已摘录于4.10.4小节）。

答案：B。

4-117 框架结构按抗震要求设计时，下列表述正确的是（　　）（2012-93）

(A) 楼、电梯间及局部出屋顶的电梯机房、楼梯间、水箱间等，应采用框架承重，不应采用砌体墙承重

(B) 楼梯间的布置对结构平面不规则的影响可忽略

(C) 楼梯间采用砌体填充墙，宜采用钢丝网砂浆面层加强

(D) 砌体填充墙对框架结构的不利影响可忽略

题解：A完全正确，见《混凝土高规》6.1.6条及其条文说明［已摘录于4.10.5小节之1(1)］。作为练习，我们继续。B、D错，《抗震规范》13.3.2条1、2款（已摘录于2.8.2小节）都能反映出这些影响是不能忽略的。C用词不准确，《抗震规范》13.3.4条5款（已摘录于2.8.2小节）指出："楼梯间和人流通道的填充墙，尚应采用钢丝网砂浆面层加强"。请注意规范用词"尚应"和C的"宜"之间的区别。

答案：A。

4-118 高层钢筋混凝土框架结构抗震设计时，下列哪项是正确的？（2011-99）

(A) 应设计成双向梁柱抗侧力体系

(B) 主体结构可采用铰接

(C) 可采用单跨框架

(D) 不宜采用部分由砌体墙承重的混合形式

题解：A对B错，见《混凝土高规》6.1.1条；C错，见《混凝土高规》6.1.2条及条文说明；D错在用"不宜"代替"不应"，见《混凝土高规》6.1.6条及条文说明。上述条文及条文说明已摘录于4.10.5小节之1(1)。相同的考点见4.11节模拟试题和题解中的4-133、134题。

答案：A。

说明：2010-114，2012-83，2014-96题的知识点和本题相同。

4-119 抗震等级为一、二、三级的框架结构，其纵向受力钢筋采用普通钢筋时，钢筋的

抗拉强度实测值与屈服强度实测值的比值不应小于(　　)。

(A) 1.10　　(B) 1.20　　(C) 1.25　　(D) 1.30

题解：请参见《抗震规范》3.9.2-2-2) 条［已摘录于 4.10.5 小节之 1 (2)］及其条文下面的文字说明。

答案：C。

4-120 抗震等级为一、二、三级的框架结构，其纵向受力钢筋采用普通钢筋时，钢筋的屈服强度实测值与屈服强度标准值的比值不应大于(　　)。

(A) 1.10　　(B) 1.20　　(C) 1.25　　(D) 1.30

题解：请参见《抗震规范》3.9.2-2-2) 条［已摘录于 4.10.5 小节之 1 (2)］及其条文下面的文字说明。

答案：D。

4-121 现浇框架梁、柱及节点的混凝土强度等级，按一级抗震等级设计时，不应低于(　　)。

(A) C20　　(B) C30　　(C) C35　　(D) C40

题解：请参见《混凝土规范》11.2.1-2 条［已摘录于 4.10.5 小节之 1 (3)］。

答案：B。

4-122 8 度抗震设计的钢筋混凝土结构，框架柱的混凝土强度等级时不宜超过(　　)。(2014-56)

(A) C60　　(B) C65　　(C) C70　　(D) C75

题解：请参见《混凝土规范》11.2.1-1 条［已摘录于 4.10.5 小节之 1 (3)］。

答案：C。

4-123 关于地震区框架柱截面尺寸的规定，下列要求中的哪一条是不正确的?

(A) 矩形截面的宽度和高度，四级或不超过 2 层时不宜小于 300mm，一、二、三级且超过 2 层时不宜小于 400mm

(B) 圆柱的直径，四级或不超过 2 层时不宜小于 350mm，一、二、三级且超过 2 层时不宜小于 450m

(C) 剪跨比宜小于 2

(D) 截面长边与短边的边长比不宜大于 3

题解：请参见《抗震规范》6.3.5 条 (已摘录于 4.10.5 小节之 3)，柱的剪跨比宜大于 2。

答案：C。

说明：选项 (A) 是 2019 年某题考点

4-124 一柱截面尺寸为 500mm×500mm，f_c=14.3kN/m^2，f_{ck}=20.1kN/m^2，承受组合的轴向压力设计值为 2513kN，此柱的轴压比最接近下列哪一个数值?

(A) 0.40　　(B) 0.55　　(C) 0.60　　(D) 0.70

题解：请参见《抗震规范》表 6.3.6 下面的注 1 (已摘录于 4.10.5 小节之 4)，轴压比指柱组合的轴压力设计值与柱的全截面面积和混凝土轴心抗压强度设计值乘积之比值。并请注意：f_{ck}是强度的标准值，f_c才是强度设计值。轴压比 $= N/(f_cA) = 2513 \times 10^3/(14.3 \times 500^2) = 0.703$

答案：D。

4-125 关于框架柱的抗震设计，下列哪一条要求是错误的?

(A) 宜采用对称配筋

(B) 柱总配筋率不应大于5%

(C) 宜避免出现柱净高与截面高度之比大于4的柱

(D) 柱纵向钢筋的绑扎接头应避开柱端的箍筋加密区

题解：

A、B、D对，见《抗震规范》6.3.8（已摘录于4.10.5小节之5）；

C错，《抗震规范》[3]6.3.5-2（已摘录于4.10.5小节之3）要求柱的"剪跨比宜大于2"，对于比较规则的框架结构，除底层和顶层外，反弯点一般都比较接近柱高中部，根据《抗震规范》[3]6.2.9条（已摘录于4.10.5小节之2），此时剪跨比可按柱净高与2倍柱截面高度之比计算，"剪跨比宜大于2"就相当于"柱净高与截面高度之比宜大于4"。故B的要求违背了规范的规定。

还需指出的是：由于"剪跨"是柱反弯点到柱较远端的距离，故将反弯点取到柱高中部，只会把"剪跨"和"剪跨比"算得偏小、偏不利、偏保守；再加上除底层和顶层之外的比较规则的框架柱的反弯点一般都比较接近柱高中部，故设计人员一般都有柱净高与截面高度之比宜大于4的近似概念。对一些不便用剪跨比判别的情况，规范也用到了这个概念，例如《抗震规范》[3]6.3.9-1条（已摘录于4.10.5小节之5）关于柱箍筋加密范围："……因设置填充墙等形成的柱净高与柱截面高度之比不大于4的柱、……取全高"。

答案：C。

4-126 关于框架柱纵向钢筋的配置，下列哪一条要求是错误的？

(A) 边柱、角柱及抗震墙端柱在小偏心受拉时，柱内纵筋总截面面积应比计算值增加25%

(B) 剪跨比不大于2的一级的框架柱，每侧纵向钢筋配筋率不宜大于1.2%

(C) 截面尺寸大于400mm的柱，纵向钢筋间距不宜大于200mm

(D) 柱纵向钢筋的绑扎接头应尽量设在柱端的箍筋加密区

题解：请参见《抗震规范》6.3.8条（已摘录于4.10.5小节之5）。

答案：D。

4-127 关于框架柱箍筋加密区的范围，下列哪一条要求是错误的？

(A) 柱端，取截面高度（圆柱直径），柱净高的1/6和500mm三者的最大值

(B) 底层柱的下端不小于柱净高的1/3

(C) 刚性地面上下各500mm

(D) 三级及四级框架的角柱取全高

题解：请参见《抗震规范》6.3.9条（已摘录于4.10.5小节之5）。

答案：D。

4-128 抗震设计的钢筋混凝土框架梁截面高宽比不宜大于（　　）(2010-95)

(A) 2　　(B) 4　　(C) 6　　(D) 8

题解：见《抗震规范》6.3.1条（已摘录于4.10.5小节之6）。

答案：B。

4-129 抗震设计的框架梁截面尺寸如附图所示，混凝土强度等级C25（$f_c=11.9\text{N/mm}^2$）$\gamma_{RE}=0.85$，梁端截面组合剪力设计值$V=490$kN，当梁的跨高比大于2.5时，根据截面抗剪要求，梁的截面最小高度h最接近（　　）mm？

(A) 700　　(B) 650

(C) 550　　(D) 500

题解：根据《混凝土高规》式（6.2.6-2）（已摘录于4.10.5小节之6），当梁的跨高比大于2.5时，$V \leqslant (0.20 f_c b h_0)/\gamma_{RE}$

故 $h_0 \geqslant V \times \gamma_{RE}/(0.20 f_c b) = 490 \times 10^3 \times 0.85/(0.20 \times 11.9 \times 300) = 583\text{mm}$

$h \geqslant h_0 + 40 = 583 + 40 = 623\text{mm}$

答案：B。

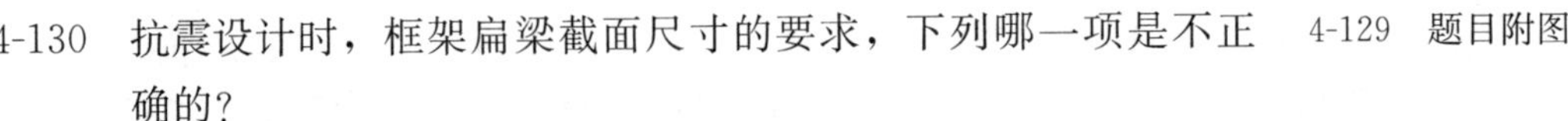

4-129 题目附图

4-130 抗震设计时，框架扁梁截面尺寸的要求，下列哪一项是不正确的？

(A) 梁截面宽度不应大于柱截面宽度的2倍

(B) 梁截面宽度不应大于圆柱截面直径的2倍

(C) 梁截面宽度不应大于柱截面宽度与梁截面高度之和

(D) 梁截面高度不应小于柱纵筋直径的16倍

题解：请参见《抗震规范》6.3.2条（摘录于4.10.5小节之6），B的2倍应改为0.8×2倍。

答案：B。

4-131 一级抗震等级的框架梁端截面的底面和顶面纵向钢筋截面面积的比值，除按计算确定外，不应小于(　　)。

(A) 0.25　　(B) 0.35　　(C) 0.45　　(D) 0.50

题解：请参见《混凝土高规》6.3.2-4条（已摘录于4.10.5小节之7）。

答案：D。

4-132 二级抗震等级的框架结构底层，柱下端截面组合弯矩设计值应乘以(　　)。

(A) 增大系数1.7　　(B) 增大系数1.5

(C) 增大系数1.3　　(D) 增大系数1.2

题解：请参见《抗震规范》6.2.3条（已摘录于4.10.5小节之8）。

答案：B。

4-133 钢筋混凝土剪力墙，各墙段的高度与长度之比不宜小于下列何值？(2012-61)

(A) 1.0　　(B) 2.0　　(C) 2.5　　(D) 3.0

题解：请参见4.10.6小节之1的分析及摘录于该部分的《混凝土高规》7.1.2条。

答案：D。

4-134 根据《建筑抗震设计规范》，部分框支抗震墙结构底部加强部位的高度是指(　　)。

(A) 框支层加框支层以上二层的高度

(B) 框支层加框支层以上二层的高度及落地抗震墙总高度的1/10二者的较大值

(C) 框支层加框支层以上二层的高度及落地抗震墙总高度的1/8二者的较大值，且不大于15m

(D) 框支层加框支层以上二层的高度及落地抗震墙总高度的1/8二者的较大值

题解：请参见《抗震规范》6.1.10条（已摘录于4.10.6小节之2）。C是旧规范的规定。

答案：B。

4-135 抗震设计时对剪力墙的最小厚度要求：(2011-84)

(A) 无规定

(B) 只要能作为分隔墙即可

(C) 只要满足配筋要求即可

(D) 一、二级抗震墙不小于 160mm，三、四级不小于 140mm

题解：见 4.10.6 小节之 3 及其摘录于该部分的《抗震规范》6.4.1 条。

答案：D。

4-136 以下所示高层建筑剪力墙的洞口的布置，哪一种对抗震最不利?

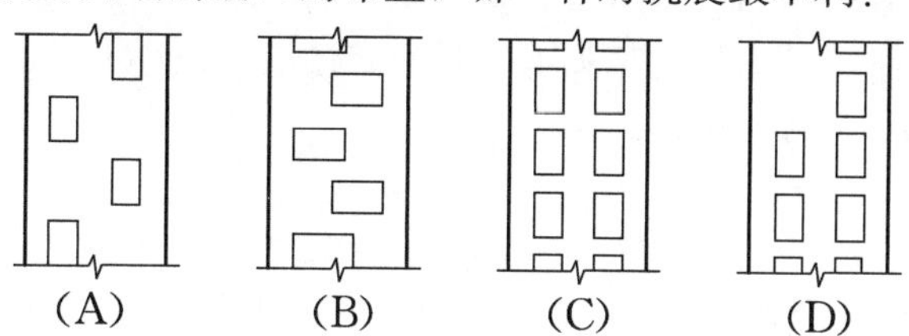

题解：请参见《混凝土高规》7.1.1 条及条文说明（已摘录于 4.10.6 小节之 4）。

答案：B。

4-137 关于抗震设防的高层剪力墙结构房屋采用短肢剪力墙的说法，正确的是(　　)。(2014-99)

(A) 短肢剪力墙截面厚度应大于 300mm

(B) 短肢剪力墙墙肢截面高度与厚度之比应大于 8

(C) 高层建筑结构不宜全部采用短肢剪力墙

(D) 具有较多短肢剪力墙的剪力墙结构，房屋适用高度较剪力墙结构适当降低

题解：请参见《混凝土高规》7.1.8 条及其注 1（已摘录于 4.10.6 小节之 6）。

答案：D。

4-138 短肢剪力墙是指墙肢截面高度与厚度之比为下列何值的剪力墙?(2011-102)

(A) ≥12　　(B) 12～8　　(C) 8～4　　(D) 5～3

题解：见《混凝土高规》7.1.8 条的注 1（已摘录于 4.10.6 小节之 6）。

答案：C。

4-139 混凝土结构的抗震设计，关于轴压比限值的规定是(　　)。

(A) 仅针对柱及连梁　　(B) 仅针对柱及抗震墙

(C) 仅针对柱　　(D) 仅针对抗震墙

题解：请参见 4.10.6 小节之 7。轴压比限值是为了防止偏心受构件出现小偏压脆性破坏，柱和抗震墙都属于偏心受构件，存在轴压比限值的问题。连梁的轴向力很小，设计时按受弯构件考虑，故不存在这个问题。

答案：B。(说明：连梁是指在剪力墙平面内连接墙与墙或连接墙与柱的梁)

4-140 下列四种曲线，哪一种反映了框架-剪力墙结构在水平力作用下的变形?

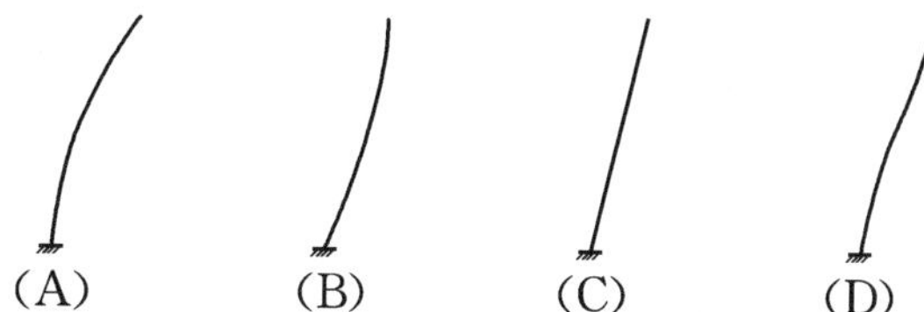

题解：请参见图 4.10.7-1。

答案：D。

4-141 下列关于结构抗震设计的做法，错误的是(　　)。

(A) 在抗震设计的框架结构中，当仅布置少量钢筋混凝土剪力墙时，可偏安全地忽略这些剪力墙的影响

(B) 在抗震设计的框架结构中，当仅布置少量钢筋混凝土剪力墙时，结构分析计算应考虑该剪力墙与框架的协同工作

(C) 纯框架结构的楼层剪力分布规律“顶部最小、越往下越大”

(D) 框剪结构的底层框架的剪力是所有楼层中最小的

题解：请参见 4.10.7 小节之 2。

答案：A。

4-142 抗震等级为的三、四级框架-抗震墙结构的墙厚，下列所述正确的是(　　)。

(A) 一般部位不应小于 140mm 且不应小于层高或无支长度的 1/25

(B) 一般部位抗震墙的厚度不应小于 160mm 且不应小于层高或无支长度的 1/20

(C) 底部加强部位的墙厚不宜小于 200mm 且不宜小于层高或无支长度的 1/16；无端柱或翼墙时不应小于层高的 1/12

(D) 一般部位抗震墙的厚度不应小于 250mm 且不应小于层高或无支长度的 1/12

题解：A 错，它是三、四级抗震墙结构的要求；B 对；C 错，它是一、二级抗震墙结构的要求；D 错，要求过严。见《抗震规范》[3] 6.4.1 条和 6.5.1-1 条（已分别摘录于 4.10.6 小节之 3 和 4.10.7 小节之 3）。

答案：B。

4-143 框架-剪力墙结构中的剪力墙布置，下列哪一种说法是不正确的?

(A) 应设计成双向抗侧力体系。抗震设计时，结构两主轴方向均应布置剪力墙

(B) 剪力墙宜均匀布置在建筑物的周边附近、楼梯间、电梯间、平面形状变化及恒载较大的部位，剪力墙间距不宜过大

(C) 纵向剪力墙宜布置在结构单元的中间区段内

(D) 纵向剪力墙宜集中布置在建筑物的两端

题解：A、B、C 对，D 错。请参见《混凝土高规》8.1.5、8.1.7 和 8.1.8 条（已摘录于 4.10.7 小节之 4）。纵向剪力墙集中布置在建筑物的两端，会妨碍房屋因温度变化引起的纵向伸缩变形，产生较大的温度应力。

答案：D。

4-144 现浇框架-剪力墙结构在 8 度抗震设计中，剪力墙的间距不宜超过下列哪一组中的较小值（B—楼面宽度)?（2010-104）

(A) $3B$，40m　(B) $6B$，50m　(C) $6B$，60m　(D) $5B$，70m

题解：见《混凝土高规》8.1.8 条 1 款和表 8.1.8（已摘录于 4.10.7 小节之 4）。

答案：A。

4-145 一抗震设防烈度为 7 度的 45m 高的框架-抗震墙结构，采用装配整体式楼盖，其楼面钢筋混凝土现浇层的厚度不应小于下列哪一个数值?

(A) 40mm　(B) 50mm　(C) 60mm　(D) 80mm

题解：请参见《混凝土高规》3.6.2-5 条（已摘录于 4.10.7 小节之 4）。

答案：B。

4-146 正确设计的钢筋混凝土框架-剪力墙结构，在抵御地震作用时应具有多道防线，按结构或构件屈服的先后次序排列，下列哪一个次序是正确的?

(A) 框架、连梁、剪力墙　　(B) 框架梁、框架柱、剪力墙
(C) 连梁、剪力墙、框架　　(D) 剪力墙、连梁、框架

题解：在框剪结构中，剪力墙刚度大，分担的地震作用多，是框架前面的一道防线（见 4.10.4 小节）。连梁截面越高，剪力墙的侧移刚度就越大，但连梁的承载力就越难满足，一般允许它开裂，用它作剪力墙前面一道防线，但其上不得有较大的竖向荷载（见 4.10.6 小节之 5）。

答案：C。

4-147 下列关于高层建筑抗震设计时采用混凝土框架-核心筒结构体系的表述，正确的是：

(A) 核心筒宜贯通建筑物全高，核心筒的宽度不宜小于筒体总高度的 1/12
(B) 筒体角部附近不宜开洞，当不可避免时筒体角内壁至洞口的距离可小于 500mm，但应大于开洞墙的截面厚度
(C) 框架-核心筒结构的周边柱间可不设置框架梁
(D) 加强层与周边框架必须采用刚性连接

答案：A。

说明：请参见 2012-81 题的视频讲解。

4-148 框架-核心筒结构的房屋高度为 H，采用一个加强层时，其位置可设在(　　)。

(A) 0.5H 附近　(B) 0.6H 附近　(C) 0.7H 附近　(D) 顶层

答案：B。

说明：请参见 2012-81 题的视频讲解。

4-149 结构高度的 120m 的钢筋混凝土筒中筒结构，其内筒的适宜宽度为(　　)。(2012-84)

(A) 20m　(B) 15m　(C) 10m　(D) 6m

题解：《混凝土高规》3.3.3 条（已摘录于 4.10.9 小节）规定："内筒的边长可为高度的 1/12～1/15，…"。故内筒的适宜宽度为：120/15～120/10＝8～10m。

答案：C。

4-150 筒中筒结构的建筑平面形状应优先选择(　　)。(2012-80)

(A) 椭圆形　(B) 矩形　(C) 圆形　(D) 三角形

题解：《混凝土高规》9.3.1 条（已摘录于 4.10.9 小节）指出："筒中筒结构的平面外形状宜选择圆形、正多边形、椭圆形或矩形等"。除 D 以外，A、B、C 都属宜选的外形，但 C 排在最前面，故应优先采用。

答案：C。

4-151 下列关于高层建筑抗震设计时采用混凝土筒中筒结构体系的表述，正确的是(　　)。(2012-98)

(A) 结构高度不应低于 80m，高宽比可小于 3
(B) 结构平面外形可选正多边形、矩形等，内筒宜居中，矩形平面的长宽比宜大于 2
(C) 外框筒柱距不宜大于 4m，洞口面积不宜大于墙面面积的 60%，洞门高宽比无特殊要求
(D) 在现行规范所列钢筋混凝土结构体系中，筒中筒结构可适用的高度最大

题解：A、B、C 错，分别见《混凝土高规》9.1.2 条、9.3.2 条和 9.3.5 条 2 款（已摘录于

4.10.9 小节)。D 对，见《混凝土高规》3.3.1 条（已摘录于 4.10.2 小节）。

答案：D。

4-152 下列关于复杂高层建筑结构的说法，不正确的是(　　)。

(A) 9 度抗震设计时不应采用带转换层的结构

(B) 9 度抗震设计时不应采用带加强层的结构

(C) 9 度抗震设计时不应采用错层结构

(D) 8 度抗震设计时不应采用连体结构

题解：请参见《混凝土高规》10.1.2 条（已摘录于 4.10.10 小节）。

答案：D。

4-153 高层建筑转换层的结构设计，下列何种说法是错误的?

(A) 转换层结构形式，可以为梁板式、桁架式、箱式等

(B) 应能承受上部不落竖向构件传下的竖向荷载、将其传至底层

(C) 应能承受上部不落地竖向构件传下来的水平力、将其传递到落地的抗侧力构件

(D) 转换层的楼板应适当加厚，并按承受楼面竖向荷载配筋

题解：请参见 4.10.10-1 小节的描述和摘录于该小节的《混凝土高规》10.2.4 条。

答案：D。

4-154 底部大空间部分落地剪力墙高层建筑结构在地面以上的大空间层数，8 度抗震设计时不宜超过(　　)。

(A) 1 层　　(B) 2 层　　(C) 3 层　　(D) 4 层

题解：请参见《混凝土高规》10.2.5 条（已摘录于 4.10.10-2 小节）。

答案：C。

4-155 底部带转换层的高层建筑结构的布置，下列哪一种说法是不正确的?

(A) 落地剪力墙和筒体底部墙体应加厚

(B) 框支层周围楼板不应错层布置

(C) 框支剪力墙转换梁上一层墙体内不宜设边门洞

(D) 框支柱中柱上方宜开设门洞

题解：请参见《混凝土高规》10.2.16 条（已摘录于 4.10.10 小节之 2)。

答案：D。

4-156 关于楼盖宽度为 B 的长矩形平面部分落地剪力墙建筑中落地剪力墙的间距 l，错误的说法是(　　)。

(A) 非抗震设计时，$l \leqslant 3B$ 且 $l \leqslant 36$m

(B) 抗震设计、底部为 1 层框支层时：且 $l \leqslant 2.5B$ 且 $l \leqslant 30$m

(C) 抗震设计、底部为 2 层框支层时：且 $l \leqslant 2B$ 且 $l \leqslant 24$m

(D) 落地剪力墙与相邻框支柱的距离，1～2 层框支层时不宜大于 12m

题解：请参见《混凝土高规》10.2.16 条（已摘录于 4.10.10 小节之 2)。

答案：B。

4-157 在部分框支抗震墙结构中，其框支层的楼层侧向刚度不应小于相邻非框支层楼层侧向刚度的(　　)。

(A) 30%　　(B) 40%　　(C) 50%　　(D) 60%

题解：请参见《抗震规范》6.1.9-4 条（已摘录于 4.10.10 小节之 2）。

答案：C。

4-158 下列关于框支梁的说法，错误的是(　　)。

(A) 抗震设计时框支梁截面高度不应小于计算跨度的 1/10

(B) 框支梁截面宽度不宜大于框支柱相应方向的截面宽度

(C) 框支梁截面宽度不宜小于其上墙体截面厚度的 2 倍，且不宜小于 400mm

(D) 转换层上部的墙、柱宜直接落在转换层的主要转换构件上

题解：请参见《混凝土高规》10.2.8 条和 10.2.9 条（已摘录于 4.10.10 小节之 3）。

答案：A。

说明："框支梁"与"转换梁"是同一个意思。

4-159 地震区房屋见附图，两楼之间防震缝的最小宽度 Δ_{min}。按下列何项确定。(2014-101，2012-62，2011-65，2010-74，2009-74，2008-82 题)

(A) 按框架结构 30m 高确定

(B) 按框架结构 60m 高确定

(C) 按抗震墙结构 30m 高确定

(D) 按抗震墙结构 60m 高确定

答案：A。

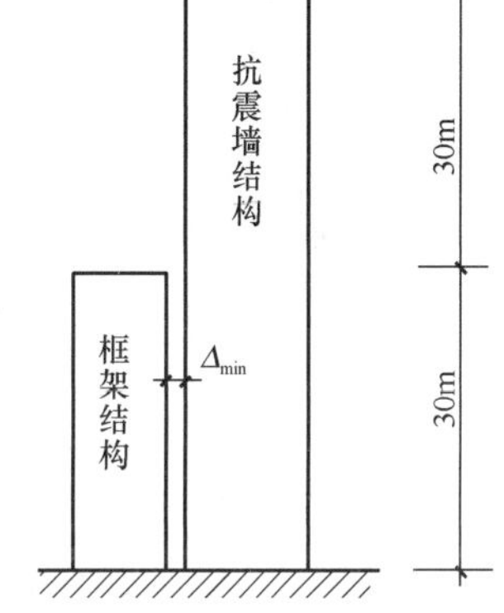

4-159 题目附图

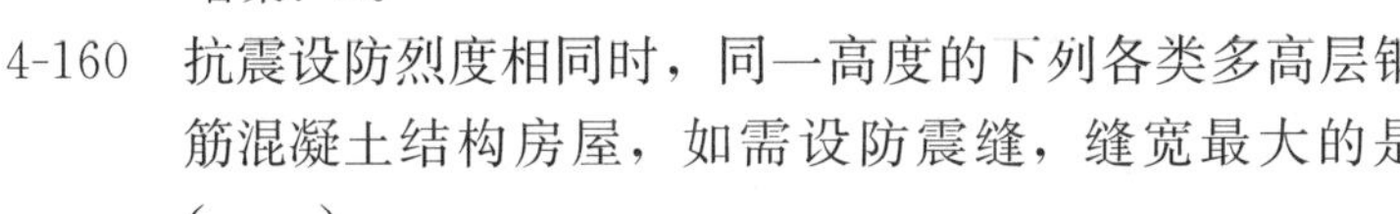

4-160 抗震设防烈度相同时，同一高度的下列各类多高层钢筋混凝土结构房屋，如需设防震缝，缝宽最大的是(　　)。

(A) 框架结构　　(B) 剪力墙结构

(C) 框架-剪力墙结构　　(D) 框架-核心筒结构

题解：请参见《抗震规范》6.1.4 条（已摘录于 4.10.11 小节）。

答案：B。

4-161 在钢筋混凝土结构构件施工中，当需要以高等级强度钢筋代替原设计纵向受力钢筋时，应满足以下哪些要求？(2010-69)

Ⅰ 受拉承载力设计值不降低

Ⅱ 最小配筋率

Ⅲ 地震区需考虑抗震构造措施

Ⅳ 钢筋面积不变

(A) Ⅰ、Ⅱ、Ⅳ　　(B) Ⅱ、Ⅲ、Ⅳ

(C) Ⅰ、Ⅲ、Ⅳ　　(D) Ⅰ、Ⅱ、Ⅲ

题解：《抗震规范》用强制性条文规定：

3.9.4 在施工中，当需要以强度等级较高的钢筋代替原设计中的纵向钢筋时，应按照钢筋受拉承载力设计值相等的原则换算，并应满足最小配筋率的要求。

据此，Ⅰ、Ⅱ对，地震区需考虑抗震构造措施是毋庸置疑的；Ⅲ对，例如，钢筋的强度越高，变形能力就越差（见对话 4.2.1-1），那么，替换用的高强度钢筋是否能满足抗震设计的延伸率要求呢？这当然是要考虑的；以强度等级较高的钢筋代替原设计中的纵向钢筋时，在满足

最小配筋率的前提下，钢筋所需面积一般都会减小，所以Ⅳ错。

答案：D。

4-162 在钢筋混凝土结构抗震构件施工中，当需要以强度等级较高的钢筋代替原设计纵向受力钢筋时，以下说法错误的是（　　）。(2012-57)

(A) 应按受拉承载力设计值相等的原则替换

(B) 应满足最小配筋率和钢筋间距构造要求

(C) 应满足挠度和裂缝宽度要求

(D) 应按钢筋面积相等的原则替换

题解：D错，按此原则替换钢筋会带来两方面的问题：①承载力偏高，造成浪费；②受拉钢筋合力增大、进而混凝土受压区高度变大，使构件的延性变差，这是抗震设计的一大忌。A、B、C对，见《混凝土规范》4.2.8条：

> **4.2.8** 当进行钢筋代换时，除应符合设计要求的构件承载力、最大力下的总伸长率、裂缝宽度验算以及抗震规定以外，尚应满足最小配筋率、钢筋间距、保护层厚度、钢筋锚固长度、接头面积百分率及搭接长度等构造要求。

答案：D。

说明：2014-57题的考点与本题相同。

第5章　钢　结　构

5.1　概　　述

钢结构用钢材制作，而钢材的强度高、弹性模量大，故构件的截面可以做得小，进而结构的自重轻。由于截面小，构件就比较细长，受压时容易“整体失稳”，见图5.1-1。在不增加材料的情况下，可通过将板件变薄、加大截面的高度和宽度来提高构件的整体稳定性，但这又有可能导致板件的失稳，见图5.1-2。因为板件是构件的组成部分，故板件的失稳称“局部失稳”。**在钢结构设计中，有压应力存在的构件除需满足强度的要求外，还需满足整体稳定和局部稳定的要求。**

钢材的最大缺点是易腐蚀。钢结构防腐蚀的设计是否合理、维护制度是否健全将直接影响到建筑物和构筑物的寿命，现代工程史上不乏成功的实例。1889年建成的埃菲尔铁塔，经历了一百多年的风风雨雨，如今仍矫健地屹立在巴黎市中心迎候着世界各地前来观光的客人。埃菲尔铁塔钢构件的总表面积达20万m^2，每7年进行一次全面的防腐蚀涂装维护（图5.1-3）。正是这定期的、规范的维护工作，使埃菲尔铁塔至今仍容光焕发。可见钢结构的安全不仅与设计、施工有关，而且与使用有关。

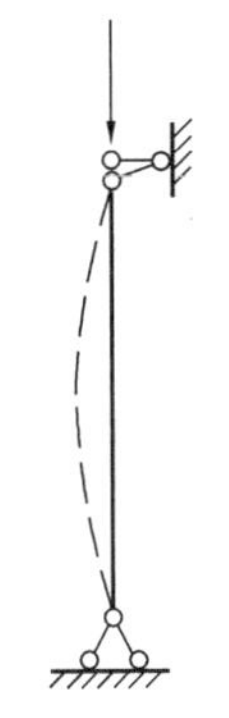

图5.1-1　整体失稳

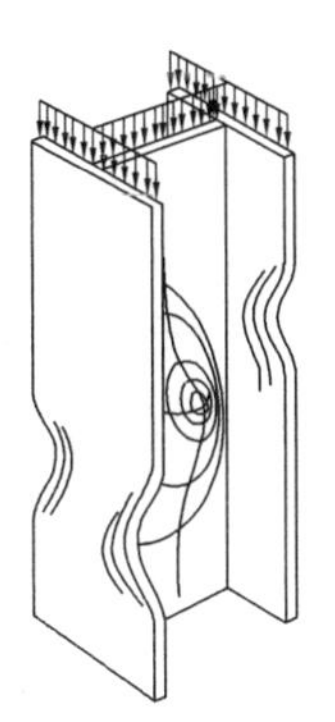

图5.1-2　局部失稳

图5.1-3　埃菲尔铁塔防锈涂装维护

钢材长期经受100℃辐射热时，强度没有多大变化，具有一定的耐热性；但当温度达150℃以上时，必须用隔热层加以保护。钢材不耐火，当温度超过300℃后，强度急剧下降，温度达到600℃时，钢材便进入塑性状态丧失承载能力。《钢结构设计标准》规定：

> **18.3.3　高温环境下的钢结构温度超过100℃时，应进行结构温度作用验算，并应根据不同情况采取防护措施：**
>
> **1　当钢结构可能受到炽热熔化金属的侵害时，应采用砌块或耐热固体材料做成**

的隔热层加以保护；

2 当钢结构可能受到短时间的火焰直接作用时，应采用加耐热隔热涂层、热辐射屏蔽等隔热防护措施；

3 当高温环境下钢结构的承载力不满足要求时，应采取增大构件截面、采用耐火钢或采用加耐热隔热涂层、热辐射屏蔽、水套隔热降温措施等隔热降温措施；

4 当高强度螺栓连接长期受热达150℃以上时，应采用加耐热隔热涂层、热辐射屏蔽等隔热防护措施。

请翻到5.8节，做习题5-1～5-4

5.2 钢　　材

5.2.1 钢结构对钢材力学性能的要求

请读者对照【2012-48】题的视频讲解阅读本小节

2012-48 以下哪项不属于钢材的主要力学性能指标?

A. 抗剪强度　　B. 抗拉强度　　C. 屈服点　　D. 伸长率

说明：钢材的"伸长率"有"最大应力下总伸长率"和"断后伸长率"之分（详见对话4.2.1-1中的图（a)。2018年7月1日起实施的《钢结构设计标准》中的"断后伸长率"、和之前所有版本旧钢结构设计规范中的"伸长率"是同一个意思。本书文本中出现的"伸长率"，只有没有写明是"最大应力下总伸长率"，就都是指"断后伸长率"。

本小节讨论普通钢结构的构件用钢材。张力结构（悬索、斜拉等）用的钢材与预应力混凝土钢筋相似，此处从略；连接用的材料将在与连接有关的段落里讲述。

用以建造钢结构的钢材称为结构钢，它必须具有较高的强度、塑性、韧性和良好的加工性能（包括对焊接结构的可焊性，即在一定的焊接工艺条件下能否获得优良焊接接头的性能)。结构钢主要有两类，一类是碳素结构钢中的低碳钢，另一类是低合金高强度结构钢。《钢结构设计标准》推荐采用的碳素钢是Q235钢（按质量由低到高的顺序分A、B、C、D四个等级)；推荐采用的低合金钢是Q345钢、Q390钢、Q420钢、Q460钢和Q345GJ钢（按质量由低到高的顺序分A、B、C、D、E五个等级)。钢材牌号Q后的数字代表抗拉屈服强度标准值（厚度或直径不大于16mm的钢板和圆钢)。钢结构钢材的一次拉伸应力应变曲线与混凝土结构中的普通热轧钢筋HPB235、HRB335和HRB400的相应曲线（请回顾对话4.2.1-1中的图a）相似，有明显的屈服平台，有较大的伸长率。其中Q235钢的屈服强度、伸长率、抗拉强度（即对话4.2.1-1中图a的极限抗拉强度）与HPB235钢筋的相应值完全相同，而Q345钢和Q420钢的屈服强度和抗拉强度则分别略高于HRB335钢筋和HRB400钢筋的相应值。上面提到的**抗拉强度 f_u、伸长率 δ 和屈服强度 f_y 是所有承重结构都必须保证的三项力学指标。屈服强度是设计时强度取值的依据(因为过了屈服点，钢材的应变就会急剧增长，从而使结构的变形迅速增加以致不能继续使用)；抗拉强度是结构的安全储备；伸长率则是钢材塑性的反映。**

注意：f_y 在钢结构中表示屈服强度，而在混凝土结构中则表示钢筋抗拉强度设计值。

钢材塑性对钢结构的安全至关重要，下面对此作一个简单的交待。图 5.2.1-1 表示一根翼缘为剪切边的焊接工字形截面轴心受拉构件加荷前、后截面应力的变化过程。图（a）是构件还没有加荷时的截面应力分布情况，这种应力是由于焊接引起的，故称焊接残余应力。施焊时，焊缝处钢材的温度可达 1600℃以上，而离焊缝远的钢材用手摸上去也不会感到烫。焊缝处的温度很高、软得像液体似的钢材想伸长，但离焊缝远、温度低、非常硬的钢材不让它伸长。焊接完后，焊缝处钢材的温度逐渐降下来，开始变硬、同时想收缩，但离焊缝远的钢材却又不想让它收缩。于是两者之间便产生了对抗力：焊缝处钢材的收缩给离焊缝远的钢材施加了压力，其应力最大值约为屈服强度 f_y 的一半；而这种压力的反作用力可以使焊缝处的钢材产生达到屈服强度 f_y 的拉应力。截面内残余拉应力的合力与残余压应力的合力大小相等，自相平衡。图（b）表示加荷受拉后的情况，如果构件的钢材有足够的伸长率，则它在受到荷载作用后，随着拉力的增加，截面所有部位的拉应变也逐渐增加，伴随着拉应变的增加，焊缝近处的拉应力由于已达到屈服强度，故不会再增大；而焊缝远处的压应力则会由“压”变“拉”，并逐渐向屈服点逼近。最后，当整个截面的拉应力都达到屈服点时，拉杆便达到了抗拉强度极限状态，见图（c）。如果构件的钢材没有足够的伸长率，焊缝远处的压应力向拉应力过渡和变大的过程中构件就会开裂。可见伸长率是多么的重要。

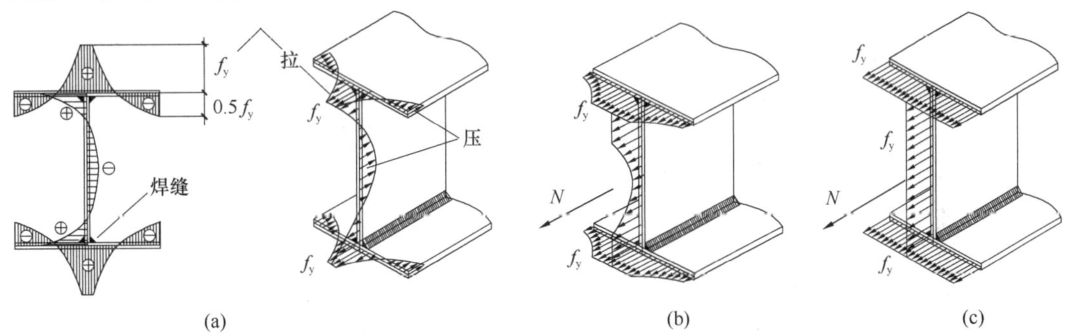

图 5.2.1-1　翼缘为剪切边的焊接工字形截面轴心受拉构件在加荷时截面应力的发展过程

（a）截面受荷前的焊接残余应力；（b）受拉后；（c）达到极限状态

上述三项力学指标通过钢材的拉伸试验便可以得到。**对于焊接承重结构以及重要的非焊接承重结构采用的钢材，还应具有“冷弯试验”的合格保证。**冷弯试验按照规定的弯心直径，将试件弯曲 180°，其表面及侧面无裂纹或分层为合格。**冷弯试验不仅能直接检验出钢材的塑性性能，同时还能暴露出钢材内部的冶金缺陷，在一定程度上还可以反映出钢材可焊性的好坏。冷弯试验是对钢材力学性能要求的第四项指标。**

此外，对于像吊车梁那样**直接承受动力荷载的构件，应具有“冲击韧性”的合格保证。**冲击韧性用带缺口试件被冲断所需要的冲击功来衡量。**它是钢材强度和塑性的综合指标，也是对钢材力学性能要求的第五项指标。**

《钢结构设计标准》规定：

> **4.3.2　承重结构所用的钢材应具有屈服强度、抗拉强度、断后伸长率和硫、磷含量的合格保证，对焊接结构尚应具有碳当量的合格保证。焊接承重结构以及重要的非**

焊接承重结构采用的钢材应具有冷弯试验的合格保证；对直接承受动力荷载或需验算疲劳的构件所用钢材尚应具有冲击韧性的合格保证。

4.3.2 条文说明：

……

6 碳当量。在焊接结构中，建筑钢的焊接性能主要取决于碳当量，碳当量宜控制在0.45%以下，超出该范围的幅度愈多，焊接性能变差的程度愈大。《钢结构焊接规范》GB 50661 根据碳当量的高低等指标确定了焊接难度等级。因此，对焊接承重结构尚应具有碳当量的合格保证。

……

4.3.3 钢材质量等级的选用应符合下列规定：

1 A级钢仅可用于结构工作温度高于0℃的不需要验算疲劳的结构，且Q235A钢不宜用于焊接结构。

2 需验算疲劳的焊接结构用钢材应符合下列规定：

1）当工作温度高于0℃时其质量等级不应低于B级；

2）当工作温度不高于0℃但高于－20℃时，Q235、Q345 钢不应低于C级，Q390、Q420 及 Q460 钢不应低于D级；

3）当工作温度不高于 －20℃时，Q235 钢和 Q345 钢不应低于D级，Q390钢、Q420钢、Q460钢应选用E级。

3 需验算疲劳的非焊接结构，其钢材质量等级要求可较上述焊接结构降低一级但不应低于B级。吊车起重量不小于 50t 的中级工作制吊车梁，其质量等级要求应与需要验算疲劳的构件相同。

钢材的抗压屈服强度与抗拉屈服强度相等；而抗剪屈服强度则等于抗拉屈服强度的 $1/\sqrt{3}$。由于抗压和抗剪的试验不好做，不用它们的试验强度作为力学性能的指标，但这并不妨碍设计时对抗压和抗剪强度的取值，因为有了抗拉屈服强度，抗压屈服和抗剪屈服强度也就都有了。另外，钢结构用的是单一的钢材，构件弯曲时一边受压、另一边受拉，**故钢材受弯的屈服强度亦与抗拉屈服强度相等。**

硫、磷含量、“碳当量”为什么要加以限制，为什么钢材质量等级的选用与工作温度、是否需验算疲劳、是否为焊接结构等因素有关。这就需要了解影响钢材力学性能的因素，这正是下一小节要讲的内容。

请翻到 5.8 节，做习题 5-5～5-11

5.2.2 影响钢材力学性能的因素

1. 化学成分的影响

在低碳钢和低合金钢中的铁元素含量分别为 99%和 95%左右，都占绝大部分，其余的是合金元素及残留下来的有害元素，这部分元素的含量虽少，却左右着钢材的强度、塑性、韧性、可焊性和耐腐蚀性。下面仅对摘录于《钢结构设计规范》第 3.3.3 条所涉及的碳、硫、磷以及分别与硫、磷相似的氧和氮与作些简单介绍。

碳（C）碳对钢材强度、塑性、韧性和可焊性起决定性作用。随着碳含量增加，钢材

强度提高，但其冷弯性能、冲击韧性降低，可焊性变差。钢材的可焊性主要取决于它的化学组成，而其中影响最大的是碳元素。钢材需要较高的强度，不可以没有碳元素，但其含量过高就会出问题。据文献［14］介绍，1953年鞍山钢铁公司三大工程改造时，为确保36mm厚热轧钢板（钢号A3）屈服点不低于2200kg/cm²（216N/mm²），冶炼时曾经将钢中含碳量提高到0.27%以上，以至于在冬季焊接施工中，在不预热的条件下，大量焊接结构（主要是大型全焊钢柱）产生了脆断，成了是当时有名的“钢3事故”。

硅（Si）一般作为脱氧剂加入普通碳素钢，用以制成质量较高的镇静钢。它也是低合金钢的一种有用元素。**适量的硅可以使钢材的强度大为提高，而对塑性飞冲击韧性飞冷弯性能及可焊性均无显著的不良影响。**一般镇静钢的含硅量为0.10%～0.30%，**如含量过高**（达1%左右）**将会降低钢材的塑性、冲击韧性、抗锈性和可焊性。**

锰（Mn）是一种弱脱氧剂，也是低合金钢的一种有用元素。**含量不太多的锰可以有效地提高钢材的强度，消除硫、氧对钢材的热脆影响，改善钢材的热加工性能，并能改善钢材的冷脆倾向，而同时又不显著降低钢材的塑性和冲击韧性。**锰在普通碳素钢中的含量约为0.3%～0.8%。如含量过高（达1.0%～1.5%以上），**会使钢材变得脆而硬，并将降低钢材的抗锈性和可焊性。**

由于除碳之外的合金元素过量时也会对钢材的可焊性有不利的影响，为了更全面地控制对可焊性不利的因素，新标准将过去旧规范对“碳含量”的合格保证要求，改为对“碳当量”的合格保证要求。碳当量C_{eq}（百分比值）的计算公式是：

$$C_{eq}=C+\frac{M_n}{6}+\frac{C_r+M_o+V}{5}+\frac{C_u+N_i}{15}$$

硫（S）硫是有害元素，能生成易于熔化的硫化铁，当热加工或焊接的温度达到800～1200℃时，可能会因硫含量过高而出现“裂纹”，这种现象称“热脆”。硫还会降低钢材的塑性、冲击韧性、抗疲劳性能以及抗锈蚀的性能。硫化物又是钢中“偏析”最严重的杂质之一，这种非金属夹杂物在轧制时被压成薄片，会使钢材出现“分层”的缺陷，起到类似花卷中的葱和油的作用。

磷（P）磷是有害元素，它以固溶体的形式溶解于铁素体中，这种固溶体很脆，加以磷的“偏析”比硫更严重，形成的富磷区促使钢材在低温下变脆，这种现象称“冷脆”。在高温时磷也会降低钢的塑性及可焊性。

这就规范为什么要用强制性条文对“碳当量”、和硫、磷含量提出合格保证要求的理由。

氧（O）、氮（N）氧和氮是有害元素，它们通常是在钢熔融时由空气或水分子分解进入钢液的有害元素。氧与硫类似，使钢产生“热脆”，其作用比硫剧烈。氮与磷类似，能显著降低钢材的塑性、冲击韧性，并增大其“冷脆”性。这两种元素的含量一般不高，《钢结构设计规范》没有对它们的含量提出限制要求。

2. 低温的影响

随着温度降低，钢材的屈服强度f_y和抗拉强度f_u会有所提高，而钢材的塑性、冲击韧性、都会有所降低，即钢材会变脆。通常把钢结构在低温下的脆性破坏称为“低温冷脆现象”，这就是为什么《钢结构设计标准》第4.4.3条对工作温度越低的结构，要求其钢材的质量等级越高的缘故。

3. 脱氧方式对材性的影响

钢的熔炼是把铁水中过多的碳和有害元素硫、磷加以氧化而脱去。在这一过程中，不免有少量的铁也被氧化，形成氧化铁（FeO）。为此，需要进行脱氧，脱氧的手段是在钢液中加入和氧的亲和力比铁高的锰、硅或铝，脱氧的程度对钢材质量有很大的影响。

锰是一种弱脱氧剂，如果只在钢液中加些锰铁，则脱氧很不充分，钢液中还含有较多的氧化铁，浇注时氧化铁和碳相互作用，形成一氧化碳气体逸出，引起钢液的剧烈沸腾，这样的钢称之为沸腾钢。**沸腾钢在钢锭模中冷却很快，一氧化碳气体只能逸出一部分，凝固后有较多的“氧化铁夹杂”和“气泡”，质量较差。**

硅是较强的脱氧剂，在熔炼炉或盛钢桶中加入适量的硅，脱氧就会比较充分。硅在还原氧化铁的过程中放出热量，使钢液冷却缓慢，气体大多可以逸出，浇铸时不会出现沸腾现象。这样的钢称之为镇静钢。过去，用传统的钢锭模浇铸方法进行生产，镇静钢的钢锭在冷却后因体积收缩而在上部形成较大缩孔，缩孔的孔壁有些氧化，在辊轧时不能焊合，必须先把钢锭头部切去，切头后实得钢材仅为钢锭的 80%～85%，成品率低，因此成本高。但这已成为过去。**目前，我国大部分钢厂已经采用连铸技术取代传统的钢锭模浇铸方法。连续浇铸的过程不再出现沸腾状态，产品属于镇静钢。**连铸钢坯化学成分分布比较均匀，只有轻微的偏析现象。由于没有缩孔和切头造成的损失，其价格并不高于传统的沸腾钢。因此，**沸腾钢已几乎从市场上消失。**上一轮《钢结构设计规范》仍保留 Q235 沸腾钢的应用范围，考试也有涉及沸腾钢的题目，例如【2005-73】题：

【2005-73】需要验算疲劳的焊接吊车钢梁不应采用下列何项钢材？

（A）Q235 沸腾钢　　（B）Q235 镇静钢　　（C）Q345 钢　　（D）Q390 钢

根据上一轮《钢结构设计规范》规定：

3.3.2 下列情况的承重结构和构件不应采用 Q235 沸腾钢：

1 焊接结构。

1） 直接承受动力荷载或振动荷载且需要验算疲劳的结构。

2） 工作温度低于−20℃时的直接承受动力荷载或振动荷载但可不验算疲劳的结构以及承受静力荷载的受弯及受拉的重要承重结构。

3） 工作温度等于或低于−30℃的所有承重结构。

2 非焊接结构。工作温度等于或低于−20℃的直接承受动力荷载且需要验算疲劳的结构。

这道题的答案为 A。但 2018 年 7 月 1 日起实施的现行《钢结构设计标准》再也没有出现“沸腾钢”的钢号了。

4. 轧制的影响

请读者对照【2010-58】题的视频讲解阅读 5.2.2 小节之 3。

【2010-58】常用钢板随着厚度的增加，其性能变化下列哪项是错误的？

A. 强度增加　　B. 可焊性降低

C. Z 向性能下降　　D. 冷弯性能下降

答案：A。

轧制是型钢和钢板成型的工序，它给这些钢材的组织和性能以很大影响。轧制有热轧和冷轧之分，以前者为主，冷轧只用于生产小号型钢和薄板。热轧可以破坏钢锭的铸造组织，细化钢材的晶粒，并消除显微组织的缺陷，浇注时形成的气泡、裂纹和疏松，可在高温和压力作用下焊合。经过热轧后，钢材组织密实，力学性能得到改善。**薄板因辊轧次数多，强度比厚板略高，塑性及冲击韧性也比较好；反过来，后板因辊轧次数少，强度比薄板略低，塑性及冲击韧性也比较差。**

以上讲的是热轧好的一面，但热轧也会给钢材带来不利影响，它会造成钢材不同方向性能上的差异。**轧制对钢材性能的改善程度是有方向性的。沿轧制方向力学性能最好，横方向稍差，厚度方向最差。**前面讲过，轧制时钢材内部的非金属夹杂物被压成薄片，可能会出现分层（夹层）缺陷。分层使钢材沿厚度方向受拉的性能大大恶化，有可能在焊接时出现层间撕裂（图 5.2.2-1）。此外，热轧后的型钢在冷却时，也会因截面各部位的冷却速度不均而产生残余应力，但其程度比焊接构件轻。

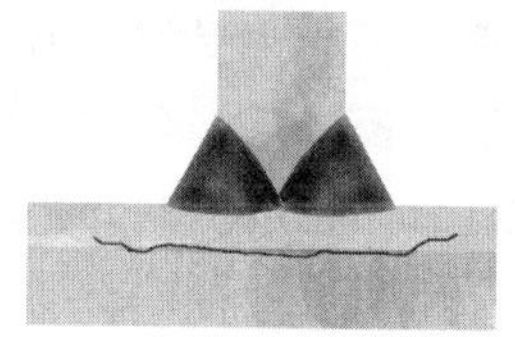

图 5.2.2-1　厚板的层间撕裂

5. 焊接的影响

请读者对照【2011-74】题的视频阅读 5.2.2 小节之 5。

【2011-74】厚板焊接中产生的残余应力的方向是（　　）

A. 垂直于板面方向　　B. 平行于板面长方向

C. 板平面内的两个主轴方向　　D. 板的三个主轴方向

答案：D。

焊接的影响有多方面，下面讨论焊接残余应力的影响。焊接残余应力有纵向、横向和厚度方向之分。纵向焊接残余应力的成因已在 5.2.1 小节中讲过。下面谈其他两方向残余应力是怎样产生的。

横向残余应力

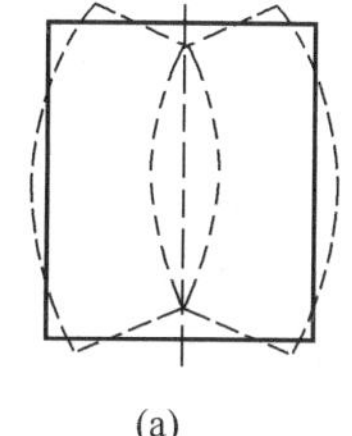

(a)

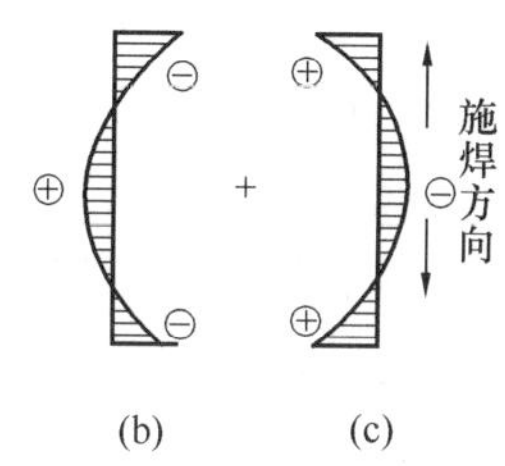

(b)　(c)

图 5.2.2-2　横向焊接残余应力

以图 5.2.2-2 所示的两块钢板焊接为例。横向残余应力产生的有原因两个方面：①由于焊缝纵向收缩，使两块钢板趋向于形成反方向的弯曲变形，但实际上焊缝将两块钢板连成整体，不能分开（图 a），于是两块板的中间产生横向拉应力，而两端则产生压应力（图 b）；②由于先焊部分已经凝固，后焊部分冷却时的收缩受到已凝固的先焊部分限制而产生横向拉应力，而先焊部分则产生横向压应力。焊缝的横向应力就是上述两种原因产生的应力叠加。合理的施焊顺序是尽量使①和②两种原因产生的横向残余应力相互抵消（图 c）。

厚度方向的残余应力

在厚钢板的焊接连接中（图 5.2.2-3），外侧焊缝焊先冷却，并借助旁边金属作依托，起压力拱作用，约束内部焊缝的收缩，使内部焊缝产生沿厚度方向的拉应力，而外侧焊缝的压力拱产生压应力。

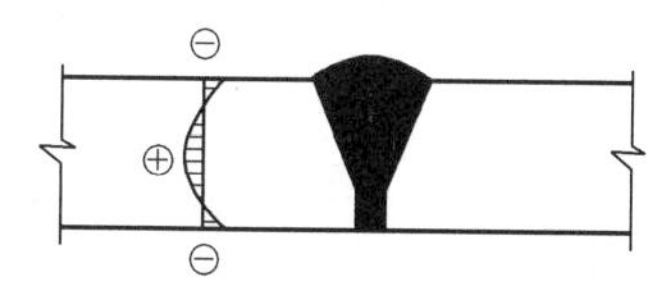

图 5.2.2-3　厚度方向残余应力

焊接残余应力的不利影响

在5.2.1小节中讲过，只要钢材有足够的伸长率，焊接残余应力对构件强度没有影响。但受压构件截面中有残余压应力的部位在受压时会提前到达屈服强度、提前推出工作，相当于有效截面变小、加大了构件的长细比，进而会降低受压构件的稳定性。此外，焊接残余应力容易使钢材变脆。**钢材塑性变形的一个特点是体积不变，若钢材在纵向拉伸时两个横向都受到压缩，则横向压缩会助长纵向的伸长，使纵向的拉伸塑性变形容易得到发展。反过来，若这三个方向都受拉（三向拉应力），谁都不肯让谁，塑性变形就难以实现，三向拉应力的大小越接近，钢材就会变得越脆。对于厚板焊接，若工艺不当，焊缝截面中部有可能存在三向拉应力；若焊接构造设计不当，三焊缝相交处会出现相等的三向拉应力；残余应力与荷载引起的应力叠加，也有可能使三向拉应力的大小更接近。焊接有可能使钢材变脆，这就是《钢结构设计标准》有关选材的条文对焊接结构都比较严的原因之一。**

6. 应力集中

当受拉构件存在孔洞、缺口、截面突然改变的情况时，原来很直的拉力线在这些部位因受阻而变得曲折和局部变密，和马路因地陷出了个大洞时的车流状况差不多。力线局部变密的反映就是出现局部应力高峰，称应力集中；而曲折的拉力线必然会产生与原来力线方向垂直的拉应力分量，使**应力集中处的钢材处于三向（板较厚时）或双向（板较薄时）的拉应力状态，使钢材变脆。**前面已讲过三向拉应力会使钢材变脆的原因，这里再解释一下：双向拉应力的存在也会约束原来拉伸方向的塑性变形使钢材变脆，但程度较轻。在设计中应采取措施避免或减小应力集中。

7. 冷加工的影响

在常温下通过机械的力量，使钢材产生所需要的永久塑性变形，获得需要的薄板或型钢的工艺称为冷加工。冷加工包括冷轧、冷弯、冷拔等延伸性加工，也括剪、冲、钻、刨等切削性加工。钢材经冷加工后，会产生局部或整体硬化，即在局部或整体上提高了钢材的强度，但却降低了塑性和韧性（请回顾对话4.2.1-1图c：钢筋的冷拉），这种现象称为“应变硬化”。冷拔高强度钢丝充分利用了应变硬化现象，在悬索结构中有广泛的应用。冷弯薄壁型钢结构在强度验算时，可有条件地利用冷弯引起的强度提高。不过，**普通钢结构构件的截面比较大，构件中残余应力较大，对钢材的塑性和韧性要求都比较高，故不利用应变硬化提高的钢材强度。**钢材的剪切和冲孔，使剪断的边缘和冲出的孔壁严重硬化，甚至出现微细裂纹。对于比较重要的结构，剪断处需要刨边；冲孔只能用较小的冲头，冲完再行扩钻，其目的都是把硬化部分除掉。

上述7个方面因素对钢材力学性能的影响归结到一点就是会使钢材变脆。由此看来，我们通常说钢结构有很好的塑性变形能力是有条件的，需从材料、加工制作和设计方面严格把关才能达到。否则钢结构照样有脆性破坏的危险。

请翻到5.8节，做习题5-12～5-17

5.2.3 钢材的强度设计值

钢材屈服强度标准值除以抗力分项系数就是设计值。以厚度或直径不大于16mm的钢板和圆钢为例，对于Q235钢，其抗拉、抗压和抗弯的屈服强度标准值均为235N/mm^2，抗力分项系数为1.090（混凝土结构同一钢种的HPB235取1.1），于是Q235抗拉、抗压和抗弯的强度设计值为 235/1.090=215.596 N/mm²，取整后为 215N/mm²；对于 Q345 钢、Q390 钢、Q420 钢和 Q460 钢，其抗力分项系数为 1.125，用同样的方法可得到它们抗拉、抗压和抗弯的强度设计值分别为 305N/mm²、345N/mm²、375N/mm²、410N/mm²。

《钢结构设计标准》强制性条文规定：

4.4.1 钢材的设计用强度指标，应根据钢材牌号、厚度或直径按表 4.4.1 采用。

表 4.4.1 钢材的设计用强度指标（N/mm²）

<table>
<tr><th colspan="2" rowspan="2">钢材牌号</th><th rowspan="2">钢材厚度或直径(mm)</th><th colspan="3">强度设计值</th><th rowspan="2">屈服强度 f_y</th><th rowspan="2">抗拉强度 f_u</th></tr>
<tr><th>抗拉、抗压、抗弯 f</th><th>抗剪 f_v</th><th>端面承压(刨平顶紧) f_{ce}</th></tr>
<tr><td rowspan="3">碳素结构钢</td><td rowspan="3">Q235</td><td>≤16</td><td>215</td><td>125</td><td rowspan="3">320</td><td>235</td><td rowspan="3">370</td></tr>
<tr><td>>16，≤40</td><td>205</td><td>120</td><td>225</td></tr>
<tr><td>>40，≤100</td><td>200</td><td>115</td><td>215</td></tr>
<tr><td rowspan="17">低合金高强度结构钢</td><td rowspan="5">Q345</td><td>≤16</td><td>305</td><td>175</td><td rowspan="5">400</td><td>345</td><td rowspan="5">470</td></tr>
<tr><td>>16，≤40</td><td>295</td><td>170</td><td>335</td></tr>
<tr><td>>40，≤63</td><td>290</td><td>165</td><td>325</td></tr>
<tr><td>>63，≤80</td><td>280</td><td>160</td><td>315</td></tr>
<tr><td>>80，≤100</td><td>270</td><td>155</td><td>305</td></tr>
<tr><td rowspan="4">Q390</td><td>≤16</td><td>345</td><td>200</td><td rowspan="4">415</td><td>390</td><td rowspan="4">490</td></tr>
<tr><td>>16，≤40</td><td>330</td><td>190</td><td>370</td></tr>
<tr><td>>40，≤63</td><td>310</td><td>180</td><td>350</td></tr>
<tr><td>>63，≤100</td><td>295</td><td>170</td><td>330</td></tr>
<tr><td rowspan="4">Q420</td><td>≤16</td><td>375</td><td>215</td><td rowspan="4">440</td><td>420</td><td rowspan="4">520</td></tr>
<tr><td>>16，≤40</td><td>355</td><td>205</td><td>400</td></tr>
<tr><td>>40，≤63</td><td>320</td><td>185</td><td>380</td></tr>
<tr><td>>63，≤100</td><td>305</td><td>175</td><td>360</td></tr>
<tr><td rowspan="4">Q460</td><td>≤16</td><td>410</td><td>235</td><td rowspan="4">470</td><td>460</td><td rowspan="4">550</td></tr>
<tr><td>>16，≤40</td><td>390</td><td>225</td><td>440</td></tr>
<tr><td>>40，≤63</td><td>355</td><td>205</td><td>420</td></tr>
<tr><td>>63，≤100</td><td>340</td><td>195</td><td>400</td></tr>
</table>

注：1 表中直径指实芯棒材直径，厚度系指计算点的钢材或钢管壁厚度，对轴心受拉和轴心受压构件系指截面中较厚板件的厚度；

2 冷弯型材和冷弯钢管，其强度设计值应按国家现行有关标准的规定采用。

现行《钢结构标准》增加新钢种 Q345GJ 的性能优于 Q345，各项强度设计值也略高于后者，具体数值从略。

从《钢结构设计标准》的表 4.4.1 可以看出：**①薄板因辊轧次数多，其强度比厚板略高；②钢材的抗拉、抗压和抗弯的强度设计值相等都用 f 表示；抗剪强度设计值强度为 f 的 $1/\sqrt{3}$，用 f_v 表示。③钢材的端面承压是一种局部作用，会得到邻近钢材的帮助，故其强度设计值 f_{ce} 比较高。**

请翻到 5.8 节，做习题 5-18

5.3 连　　接

列入《钢结构设计标准》的连接方法可分为焊缝连接、紧固件连接、销周连接和钢管法兰连接四类，后两类连接还未曾在考题中出现过，本书仅讨论前面两类连接。

5.3.1 焊缝连接（图 5.3.1-1）

焊缝连接是钢结构最主要的连接方法，其优点是构造简单，任何形式的构件都可直接相连；用料经济，不削弱截面；制作加工方便，可实现自动化操作。其缺点是焊接残余拉应力有可能使局部材质变脆。但随着焊接工艺的不断改进和完善，焊接结构的不足之处是可以克服的。**目前，除少数直接承受动力荷载结构的某些连接外，焊缝连接可广泛应用于工业与民用建筑的钢结构中。**焊缝主要分对接焊缝和角焊缝，也可将这两种焊缝组合应用，分别见图 5.3.1-1（a）、（b）和（c）。

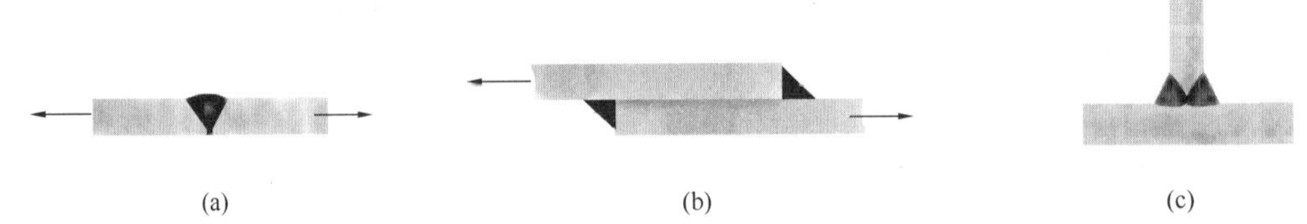

图 5.3.1-1　焊缝连接的形式
（a）对接焊缝；（b）角焊缝；（c）对接和角接组合焊缝

1. 焊缝材料

焊接连接的方法很多，在钢结构中最常用的是电弧焊。**电弧焊有手工焊和自动或半自动焊（亦称埋弧焊）之分。不论采用何种方法，都应保证熔敷金属的力学性能不低于母材的性能。**下面以手工焊的焊条选择为例作一介绍。《钢结构设计标准》规定：对于 Q235 钢应采用 E43 型焊条，焊条型号中的 E 为英文“电”的第一个字母，数字 43 代表焊条金属的抗拉强度标准值为 430N/mm^2（不低于 Q235 钢的抗拉强度标准值 370N/mm^2）；对于 Q345 钢和 Q345GJ 应采用 E50 型或 E55 型焊条，其焊条金属的抗拉强度标准值分别为 500N/mm^2 和 550N/mm^2，都不低于母材的抗拉强度标准值（470N/mm^2 和 490N/mm^2）；对于 Q420 钢、Q460 钢应采用 E55 型或 E60 型焊条，其焊条金属的抗拉强度标准值分别为 550N/mm^2 和 600N/mm^2，都不低于母材的抗拉强度标准值（520N/mm^2 和 550N/mm^2）。

2. 焊缝的质量等级

《建筑钢结构焊接技术规程》JGJ 81—2002 将焊缝的质量为分三个等级。一、二级焊缝应采用超声波探伤进行内部缺陷的检验，探伤的比例是一级焊缝为100%、二级焊缝为20%。一、二、三级焊缝都要进行外观质量检测，但三级焊缝没有超声波探伤的要求。焊缝质量等级的确定与其受力情况有关，受拉焊缝或受动载作用的焊缝需采用较高的等级。

3. 焊缝连接的构造及强度设计值

(1) 对接焊缝（图5.3.1-1a）

对接焊缝构造简单，节省钢材，传力平顺均匀，没有明显的应力集中，适合于直接承受动力荷载作用的结构。这种连接在施焊前，焊件边缘需根据不同厚度加工成各种坡口形状，以保证焊透，故又叫坡口焊缝。坡口形式与焊件厚度有关。当焊件厚度很小（手工焊6mm，埋弧焊10mm）时，可用直边缝，即不用加工。对于厚度或宽度不同的板件之间的对接，为了减小应力集中的程度，《钢结构设计标准》规定：

11.3.3 不同厚度和宽度的材料对接时，应作平缓过渡，其连接处的坡度值不宜大于1∶2.5（图11.3.3-1和图11.3.3-2）。

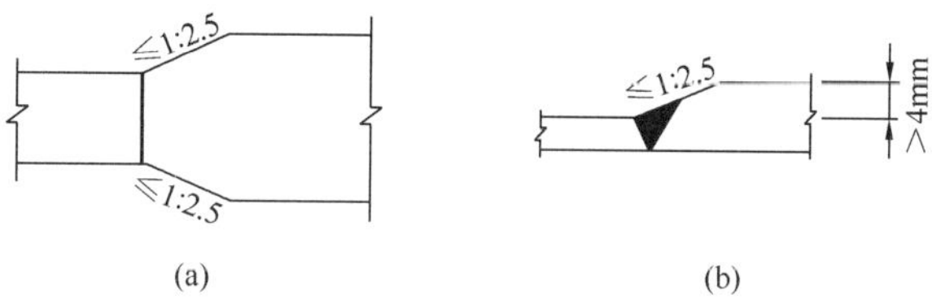

图11.3.3-1　不同宽度或厚度钢板的拼接

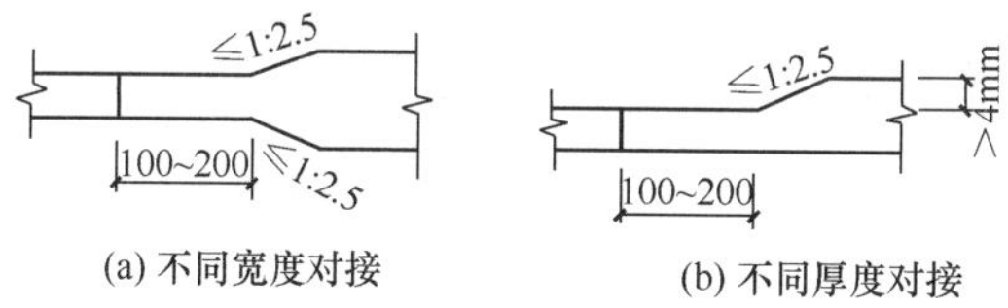

图11.3.3-2　不同宽度或厚度铸钢件的拼接

在焊缝的起灭弧处，由于电流特别大，容易形成弧坑缺陷，引起应力集中，导致钢材变脆，故应设置引弧板（图5.3.1-2），焊后将它割除。对受静力荷载的结构设置引弧板有困难时，允许不设引弧板，但焊缝计算长度等于实际长度减$2t$（t为较薄焊件厚度）。当采用了引弧板时，可以认为焊缝的计算截面与母材相同。

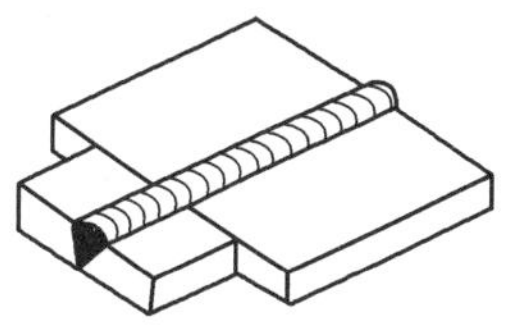

图5.3.1-2　引弧板

当对接焊缝的质量达到一、二级时，其强度与母材强度相同；当对接焊缝的质量为三级时，其抗压和抗剪强度仍与母材的相应值相同，抗拉强度约为母材相应值的0.84～0.86倍。**对接焊缝可看成是母材的一部分，除抗弯强度计算略有不同之外（不考虑塑性发展），其他计算与母材相同。换句话说，当采用了引弧板时、焊缝质量等级又为一级或二级时，对接焊缝就没有必要再进行除抗弯强度之外的所有计算，母材能满足的要求，对接焊缝自然也能满足。**至于钢结构受弯构件抗弯强度计算在某些情况下允许考虑一定程度的塑性发展的问题，稍后再讲。

（2）角焊缝

角焊缝不需加工坡口，施焊比较方便。缺点是传力线曲折，受力情况较复杂，有应力集中现象，也较费材料。角焊缝按剖面形式分为普通形、平坡形和凹形（见图 5.3.1-3）。一般采用普通形，但它用在端焊缝连接（图 5.3.1-1b）时，传力路线曲折，应力集中较为严重。因此，直接承受动力荷载的构件的端焊缝宜采用平坡形或凹形。角焊缝又有直角角焊缝和斜角角焊缝之分，我们仅讨论前者。直角角焊缝的主要尺寸是焊脚尺寸 h_f 和、计算厚度 h_e 和焊缝计算长度 l_w。计算厚度 h_e 就是不考虑焊缝余高时截面的最小尺寸，它所代表的最小截面就是焊缝的破坏截面，下标中的 e 为英文“有效”的词首，当两焊件的间隙 $b \leqslant 1.5$mm 时，$h_e = 0.7h_f$；当 1.5mm$< b \leqslant 5$mm 时，$h_e = 0.7(h_f - b)$。焊缝计算长度 l_w 下标中的 w 为英文“焊接”的第一个字母，虑到起弧和灭弧缺陷影响，l_w 取实际长度减 $2h_f$。

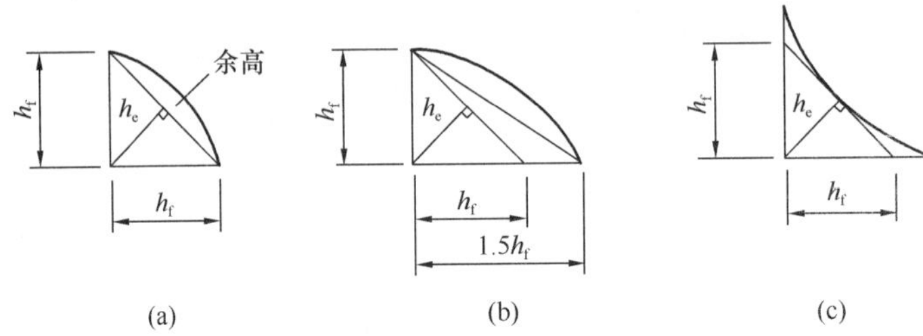

图 5.3.1-3　直角焊缝的剖面形式

（a）普通形；（b）平坡形；（c）凹形

<u>计算要点</u>

下面对图 5.3.1-4 所示的 T 形接头的讲解与《真题》【2009-85】的分析有关，公式不用记，对最后的结论理解了就可以。

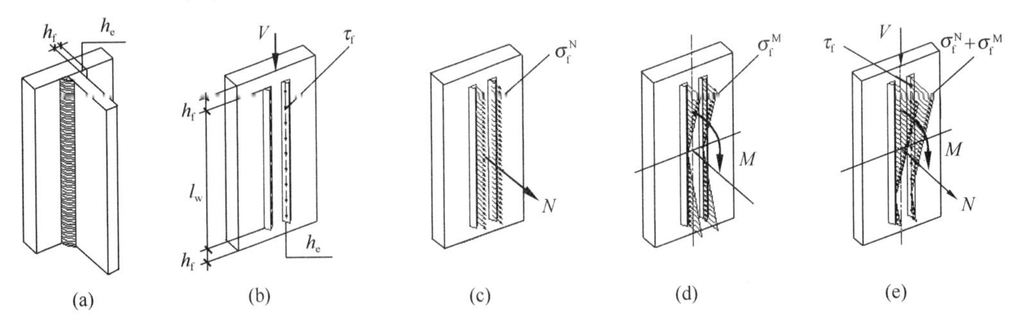

图 5.3.1-4　T 形接头角焊缝的不同受力情况

（a）T 形接头；（b）在 V 作用下；（c）在 N 作用下；（d）在 M 作用下；（e）在 M、N、V 作用下

① 剪力 V 作用下（图 b）

作用力平行于焊缝的长度方向，此时的焊缝称“侧面角焊缝”(简称侧缝)。侧缝的塑性较好，但强度较低，受力特点是两头大、中间小，但在满足构造要求的前提下可假设为均匀分布。焊缝截面上的剪应力 τ_f 应满足：

$$\tau_f = V/(2h_e l_w) \leqslant f_f^w \tag{a}$$

上式的 f_f^w 是角焊缝强度的设计值。

② 在轴力 N 作用下（图 c）

作用力垂直于焊缝的长度方向，此时的焊缝称正面角焊缝（简称端缝）。端缝的塑性较差，但强度较侧缝高，相应的设计值可以乘增大系数 β_f 变成为 $\beta_f f_f^w$（对承受静力荷载和间接承受动力荷载的结构，$\beta_f=1.22$；对直接承受动力荷载的结构，$\beta_f=1.0$）。端缝受力特点是两头略小、中间略大，可假设为均匀分布。焊缝截面上与作用力平行的拉应力 σ_f^N（上标 N 表示由 N 引起的应力）应满足：

$$\sigma_f^N = N/(2h_e l_w) \leqslant \beta_f f_f^w \tag{b}$$

③ 在弯矩 M 作用下（图 d）

弯矩引起的应力也垂直于焊缝的长度方向，故此时的焊缝仍然算端缝。将两条焊缝合起来看为一个宽为 $2h_e$，高为 l_w 的矩形截面，根据第 1 章 1.5.1 小节的式（1.5.1-1），焊缝上端的最大拉应力 σ_f^M（上标 M 表示由 M 引起的应力）应满足

$$\sigma_f^M = M/(2h_e l_w^2/6) \leqslant \beta_f f_f^w \tag{c}$$

④ 同时有 N 和 M 作用

焊缝的上端同时出现了这两种内力引起的平均（或最大）应力，两者必须需叠加起来考虑。由于 σ_f^N 和 σ_f^M 的作用方向相同，可以代数相加，它们都属于端缝受力故应满足

$$\sigma_f^N + \sigma_f^M \leqslant \beta_f f_f^w \tag{d}$$

⑤ 同时有 V、N 和 M 作用（图 e）

焊缝的上端同时出现了这三种内力引起的平均（或最大）应力，三者必须需叠加起来进形验算。由于 τ_f 的方向与其他两种应力不同，需要进行矢量相加。在又因为侧缝强度低于端缝强度，为统一表达起见，需先将式（d）变换一下，改写成

$$\frac{\sigma_f^N + \sigma_f^M}{\beta_f} \leqslant f_f^w \tag{e}$$

此时，式（a）和式（e）右边的强度设计值都统一成用 f_f^w 来表达。对它们进行矢量相加得

$$\sqrt{\left(\frac{\sigma_f^N + \sigma_f^M}{\beta_f}\right)^2 + \tau_f^2} \leqslant f_f^w \tag{5.3.2-1}$$

结论：经过上述变换，角焊缝的抗拉、抗压和抗剪强度设计值都变成了 f_f^w。在《钢结构设计标准》中，角焊缝的抗拉、抗压和抗剪强度设计值都取同一个值 f_f^w，其原因就在这里。

图 5.3.1-5 是搭接连接是角焊缝连接的一种比较常见的方式。除了用正面焊缝连接或侧面焊缝连接之外，还可以用有斜焊缝参与组合而成的围焊缝来连接。**正面焊缝强度高但塑性较差，侧面焊缝强度较低但塑性较好，斜焊缝介乎于上两者之间；围焊缝的性质则视前面这几种焊缝所占的比例而定。**

下面给出构件钢材为 Q235、Q345 和 Q390 的对接焊缝和角焊缝的强度设计值（其他

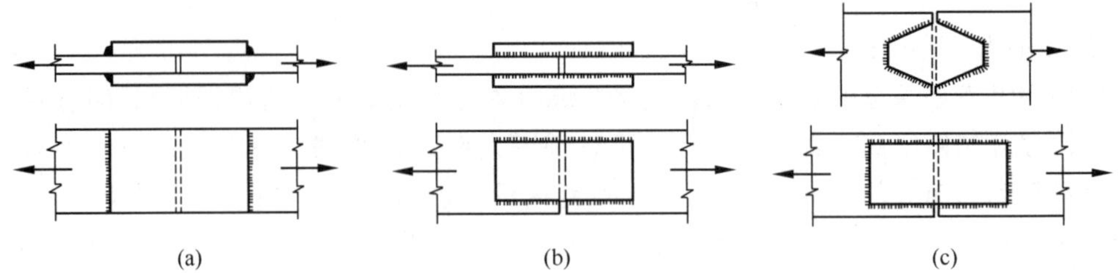

图 5.3.1-5　角焊缝的搭接连接

(a) 正面焊缝（端缝）；(b) 侧面焊缝；(c) 斜焊缝及围焊缝

牌号的钢材从略），目的是通过具体数字的比较，便于读者理解焊缝强度的变化规律，例如，$f_f^w = f_c^w/\sqrt{3}$，$f_v^w \leqslant f_f^w$ 等等。《钢结构设计标准》规定：

表 4.4.5　焊缝的强度指标（N/mm²）

焊接方法和焊条型号	构件钢材		对接焊缝强度设计值				角焊缝强度设计值	对接焊缝抗拉强度 f_u^w	角焊缝抗拉、抗压和抗剪强度 f_u^f
	牌号	厚度或直径(mm)	抗压 f_c^w	焊缝质量为下列等级时，抗拉 f_t^w		抗剪 f_v^w	抗拉、抗压和抗剪 f_f^w		
				一级、二级	三级				
自动焊、半自动焊和 E43 型焊条手工焊	Q235	≤16	215	215	185	125	160	415	240
		>16，≤40	205	205	175	120			
		>40，≤100	200	200	170	115			
自动焊、半自动焊和 E50、E55 型焊条手工焊	Q345	≤16	305	305	260	175	200	480 (E50) 540 (E55)	280 (E50) 315 (E55)
		>16，≤40	295	295	250	170			
		>40，≤63	290	290	245	165			
		>63，≤80	280	280	240	160			
		>80，≤100	270	270	230	155			
	Q390	≤16	345	345	295	200	200 (E50) 220 (E55)		
		>16，≤40	330	330	280	190			
		>40，≤63	310	310	265	180			
		>63，≤100	295	295	250	170			

注意：①角焊缝抗拉、抗压和抗剪强度设计值都是同一个值 f_f^w，简称“角焊缝强度设计值”；②对于侧面角焊缝，强度设计值就是 f_f^w；③对于正面角焊缝，强度设计值为 $\beta_f f_f^w$，其中 β_f 为正面焊缝强度设计值增大系数，对承受静力荷载或间接承受动力荷载的结构，$\beta_f = 1.22$，对直接承受动力荷载的结构 $\beta_t = 1.0$。

请翻到 5.8 节，做习题 5-19～5-25

5.3.2 紧固件连接

1. 铆钉连接（图 5.3.2-1a）

打铆的程序大致为：将预先制好一端带有铆钉头的铆钉烧红到 900～1000℃，安放在较钉杆大 1.0～1.5mm 的钉孔中，然后用风动铆钉枪或油压铆钉机打、压，以制成另一端的钉头。铆合后由于钉杆的冷却收缩，杆中产生一定的预拉力，这预拉力有利于被连接件的整体工作。铆钉连接适用于直接承受动力荷载的结构，但**由于打铆工艺复杂，这种连接现在已很少被采用。**

2. 螺栓连接

螺栓用钢材与构件用钢材是不同的。和构件相比，螺栓的截面小，残余应力小，没有可焊性的要求，可以通过提高碳含量来获得强度和必要的硬度。普通螺栓的碳含量的上限值是 0.55%，超过了低碳钢的上限值（0.25%），进入中碳钢的范围。

(1) 普通螺栓连接

普通螺栓分精制（A 级和 B 级）和粗制（C 级）两种、三个等级。

① 精制螺栓连接

列入《钢结构设计标准》的螺栓等级 A 级精制螺栓的直径和杆长较小，而 B 级精制螺栓的直径和杆长则较大。它们都是由毛坯在车床上经过切削加工精制而成，表面光滑，尺寸准确，螺孔与螺杆直径的公称尺寸相同，允许的间隙偏差非常小，受剪性能好。但因造价昂贵且安装困难，**目前在钢结构中很少被采用。**

② 粗制螺栓连接（图 5.3.2-1b）

粗制螺栓（C 级）的表面不经特别加工、比较粗糙，螺孔与螺杆之间的间隙较大。**粗制螺栓在受剪时，板件滑移较大，而且螺栓群中各螺栓会因错位量不等导致受力不均，故受剪性能差。但粗制螺栓容易制作和安装，受拉性能也不错，它与焊接组合的连接在永久性的工程中也比较多见。在这类组合的连接中，粗制螺栓传递拉力，剪力则由焊缝承担，**如图 5.2.2-2 所示。

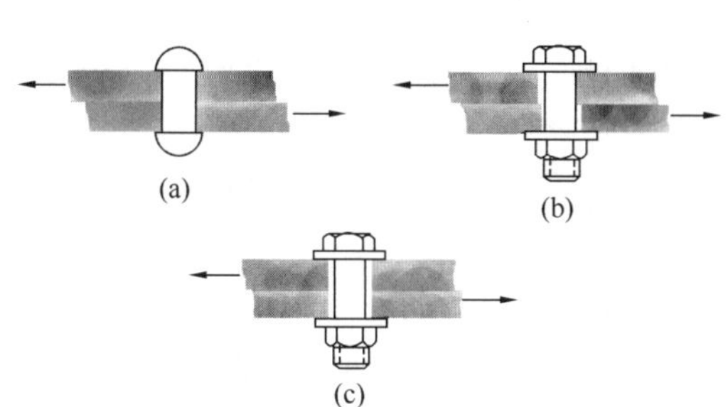

图 5.3.2-1 连接的种类

（a）铆钉连接；（b）粗制普通螺栓连接；（c）摩擦型高强螺栓连接

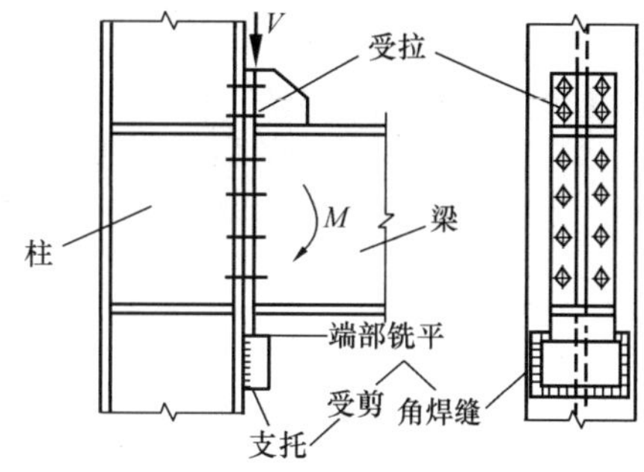

图 5.3.2-2 普通螺栓受拉、焊缝受剪

《钢结构设计规范》规定：

> **11.1.3** C 级螺栓宜用于沿其杆轴方向受拉的连接，在下列情况下可用于受剪连接：
>
> **1** 承受静力荷载或间接承受动力荷载结构中的次要连接；
>
> **2** 承受静力荷载的可拆卸结构的连接；
>
> **3** 临时固定构件用的安装连接。

（2）高强螺栓连接

高强度螺栓采用高强度钢材，其连接的受剪、受拉的性能都不错、施工简便，广泛应用于建筑钢结构和桥梁钢结构的工地连接，成为钢结构安装的主要手段之一。**高强螺栓连接按其受力状况，可分为摩擦型和承压型两类，其中摩擦型高强螺栓连接应用最广。**

摩擦型高强螺栓连接（图 5.3.2-1c）

这种连接是通过对螺栓施加强大的预拉力，将被连接的板件夹紧，利用被处理过的板接触面之间的摩擦力来传递剪力。由于这种连接的设计按结构在整个使用期间内摩擦力不被超过来考虑，不允许接触面发生滑移，故剪切变形小、抗疲劳能力强、适用于直接承受动力荷载的结构。另外，摩擦型高强螺栓对螺孔与螺杆之间的间隙要求不高，制作和安装都比较简便，故已成为紧固件连接的最主要形式。《钢结构高规》规定：

8.2.5 高层建筑钢结构承重构件的螺栓连接，应采用摩擦型高强度螺栓。

小　静：袁老师，在图 5.3.2-2 的连接中，上面的螺栓受拉。那么下面的螺栓是不是受压呢？

袁老师：小波，你来回答这个问题好吗？

小　波：好的。下面的螺栓不受力。虽然在负弯矩 M 的作用下梁的下部受压，但压力是通过梁、柱的板件相互挤压来传递的，螺栓根本吃不上力。这种现象对高强螺栓连接也是如此，**螺栓是不会受压的。**

袁老师：回答得很好！

小　波：但我有另一个问题。高强螺栓连接承受荷载之前就有相当高的预拉力，再叠加上荷载产生的拉力，会不会被拉断？

小　静：这个问题我可以回答。记得我们曾讨论过“预应力对构件的承载力有没有影响”的话题（对话 4.7.3-1），它与小波刚才提的问题十分相似。高强螺栓的预拉力是靠板件被压缩的反抗力来维持的，同样是“哪里有压迫，哪里就有反抗”。当连接受拉之后，荷载拉力无疑会作用到高强螺栓上，但与此同时，荷载拉力也会使板件被压缩的程度减轻，从而使螺栓的预拉力下降，在这个过程中螺栓的实际拉力变化很小，当连接完全被拉开时，螺栓的拉力就等于荷载拉力，所以不必担心螺栓被拉断。**高强螺栓的预拉力不会降低其受拉连接的承载力。**

袁老师：小静回答得很好！不过高强螺栓连接的受拉设计是不允许板件被拉开的。分析表明，高强螺栓连接的受拉后，螺栓的实际拉力变化很小，略高于预拉力一些。

对话 5.3.2-1　螺栓会不会受压？高强螺栓的预拉力会不会降低其受拉连接的承载力？

承压型高强螺栓连接

当摩擦型高强螺栓受剪连接的剪力超过被连接板件接触面的摩擦力时，应认为摩擦型高强螺栓的承载能力极限状态已被超过，此时板件之间产生了滑移，但连接并没有破坏，还可以通过螺杆受剪、孔壁承压来承受继续增加的剪力，直到螺杆剪断或孔壁压坏才算超过承载力的极限状态。据此设计的高强螺栓连接便是承压型连接。显然，承压型连接的承载力比摩擦型高，但承压型连接有板件滑移，剪切变形较大，不得用于直接承受动力荷载的结构。

请翻到 5.8 节，做习题 5-26～5-29

5.4　轴 心 受 力 构 件

轴心受力构件有轴心受拉和轴心受压之分，两类构件都需满足允许长细比和承载力的要求。两类构件的承载力都有一个强度验算的问题；而对于受压构件，其承载力计算还需满足整体稳定和局部稳定的要求。本节仅讨论考题出现过的允许长细比和受压构件的稳定问题。

5.4.1 轴心受力构件的允许长细比和整体稳定承载力

1. 长细比

在 4.4.2 小节钢筋混凝土轴心受压构件承载力的计算中也用到过长细比概念。对于矩形截面和圆形截面，构件的长细长程度可以分别用计算长度与短边长度、或与直径的比值来衡量。但钢结构不能这样做，因为钢结构构件的截面不是实心的。**在钢结构中，构件的长细比 λ 只能用计算长度 l_0 除以截面相应的回转半径 i 来定义。回转半径 i 等于截面惯性矩 I 除以截面毛面积 A 的开平方。值得注意的是计算长度 l_0 和回转半径 i 是对某一形心主轴来说的，因此同一截面的一对形心主轴有两个不同的长细比，即 $\lambda_x=l_{0x}/i_x$ 和 $\lambda_y=l_{0y}/i_y$。在钢结构设计中，两个方向的长细比都需计算的情况比较多见。**

【例 5.4.1-1】 求附图所示钢柱 AB 的长细比 λ_x 和 λ_y，图中单位为 mm。

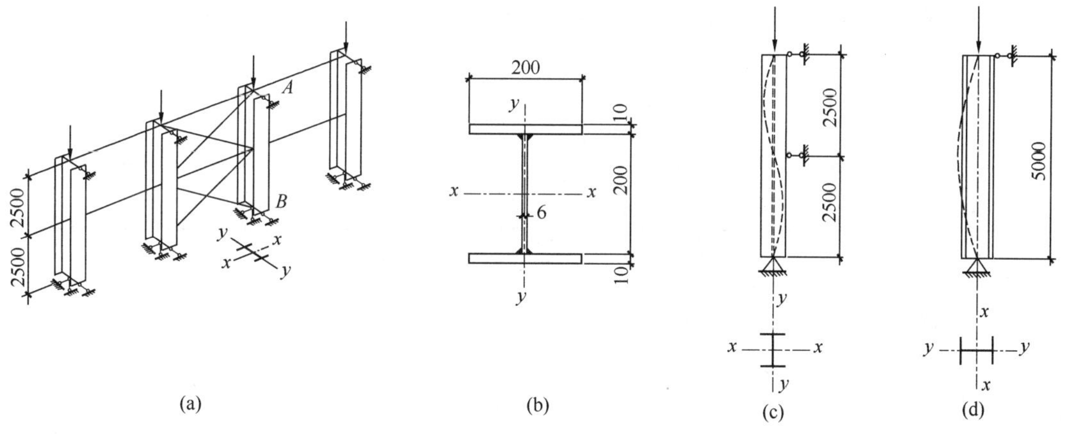

【例 5.4.2-1】 附图

(a) 钢柱的支承情况；(b) 钢柱的截面；(c) l_{0y}；(d) l_{0x}

提示： 图中的支撑系统可以为钢柱提供侧向不动支点，$l_{0x}=5000$mm（图 d），$l_{0y}=2500$mm（图 c）

题解： 关于截面惯性矩的求法请回顾 1.4.3. 小节的【例 1.4.3-5】。

截面毛面积 $A=2\times200\times10+200\times6=5200\text{mm}^2$

截面对 x 轴的惯性矩 $I_x=200\times220^3/12-(200-6)\times200^3/12=4813\times10^4\text{mm}^4$

截面对 x 轴的回转半径 $i_x=\sqrt{\dfrac{I_x}{A}}=\sqrt{\dfrac{4813\times10^4}{5200}}=96.2\text{mm}$

构件对 x 轴的长细比 $\lambda_x=l_{0x}/i_x=5000/96.2=52$

截面对 y 轴的惯性矩 $I_y=2\times10\times200^3/12+\underline{200\times6^3/12}=1334\times10^4\text{ mm}^4$

（说明：带下划线的部分一般可略去不计）

截面对 y 轴的回转半径 $i_y=\sqrt{\dfrac{I_y}{A}}=\sqrt{\dfrac{1334\times10^4}{5200}}=51.6\text{mm}$

构件对 y 轴的长细比 $\lambda_y=l_{0y}/i_y=2500/51.6=49$

2. 允许长细比

构件容许长细比的规定，主要是避免构件柔度太大，在本身自重作用下产生过大的挠度和运输、安装过程中造成弯曲，以及在动力荷载作用下发生较大振动。对受压构件来说，由于刚度不足产生的不利影响远比受拉构件严重，故其长细比允许值的限制比受拉构件严。

《钢结构设计标准》第 7.4.6 条 1、2 款对轴心受压构件长细比允许值的要求是：

1 跨度等于或大于 60m 的桁架，其受压弦杆、端压杆和直接承受动力荷载的受压腹杆的长细比不宜大于 120；

2 轴心受压构件的长细比不宜超过表 7.4.6 规定的容许值，但当杆件内力设计值不大于承载能力的 50%时，容许长细比值可取 200。

表 7.4.6 受压构件的长细比容许值

构 件 名 称	容许长细比
轴心受压柱、桁架和天窗架中的压杆	150
柱的缀条、吊车梁或吊车桁架以下的柱间支撑	150
支撑	200
用以减小受压构件计算长度的杆件	200

《钢结构设计标准》表 7.4.7 条给出了轴心受拉构件长细比允许值的要求：

表 7.4.7 受拉构件的容许长细比

构件名称	承受静力荷载或间接承受动力荷载的结构			直接承受动力荷载的结构
	一般建筑结构	对腹杆提供平面外支点的弦杆	有重级工作制起重机的厂房	
桁架的构件	350	250	250	250
吊车梁或吊车桁架以下柱间支撑	300	—	200	
除张紧的圆钢外的其他拉杆、支撑、系杆等	400	—	350	—

3. 轴心受压构件的整体稳定

（1）构件的长细比的影响

在本章第 1 节曾提及钢结构材料的强度高，构件的截面可以做得小，而由于截面小，构件就比较细长，受压时容易“整体失稳”。**长细比是衡量构件细长程度的标准，它是影响受压构件稳定承载力的主要因素（但不是唯一的因素，原因稍后再讲），在其他条件相同的情况下，长细比越大稳定承载力就越低。**

（2）初始缺陷的影响

初始缺陷主要有残余应力、初偏心和初弯曲三个方面，钢构件截面分类综合考虑了这三方面的因素，按不同的截面形式对构件整体稳定性的不利影响程度，由轻到重分为 a、b、c、d 四类。

初始缺陷中的残余应力对轴心受压构件整体稳定承载力的影响最大，下面仅就此问题作简要的介绍。焊接残余应力的产生原因已作过介绍。我们仍以翼缘为剪切边的焊接工字形截面为例，谈谈残余应力的影响。图 5.4.2-3（a）表示截面受荷前的焊接残余应力分布，构件受压后，截面中有残余压应力的部分很快便达到屈服强度而提前退出工作，如图 5.4.2-3（b）所示。对于截面的弱轴（y 轴），离该轴最远、对截面惯性矩贡献最大的部位全部退出工作，使截面对弱轴的惯性矩 I_y 大幅度下降，进而构件对弱轴的稳定承载力也有较大幅度下降；而对于截面的强轴（x 轴），离该轴最远、对截面惯性矩贡献最大的部位部分地（而不是全部）退出工作，截面对强轴的惯性矩 I_x 下降幅度较小，进而对构件强轴稳定承载力的影响也比较小。因此，当钢板的厚度小于 40mm 时，《钢结构设计标准》将这种截面对强轴划归为一般的 b 类截面，而对弱轴则划归为较差的 C 类截面；当钢板的厚度大于等于 40mm 时，残余应力的影响更加显著，此时，这种截面对强轴划归为较差的 C 类截面，而对弱轴则划归为最差的 d 类截面。

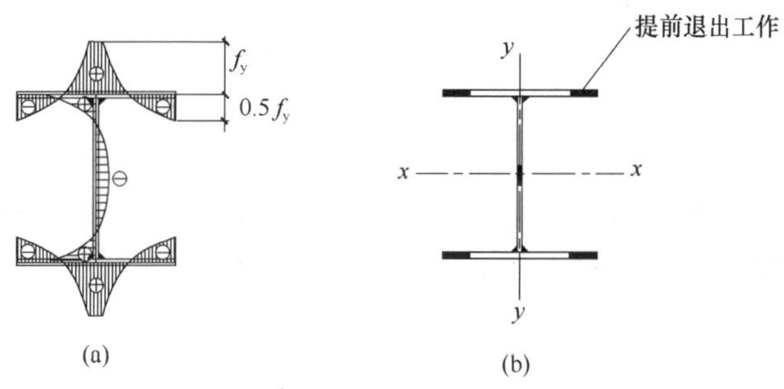

图 5.4.2-3　同一个截面的焊接残余应力对截面强、弱轴稳定承载力影响程度的差别

（a）翼缘为剪切边的焊接工字形截面的残余应力；（b）残余压应力部分提前退出工作

（3）轴心受压构件整体稳定的计算

轴心受压构件失稳时的应力称临界应力，它与钢材屈服强的比值就是轴心受压构件的稳定系数 φ，相应的稳定强度设计值就变成为 φf。只有当长细比等于零时 φ 才能达到最大值 1，但这种情况是不可能存在的。所以，**钢结构轴心受压构件的稳定系数 φ 是一个小于 1 的数，它反映了构件长细比的影响、同时通过截面分类反映了残余应力、初偏心、初弯曲及板厚的影响。**截面的孔眼削弱对整体稳定影响可忽略不计，故计算时用的是毛截面 A。于是在轴心压力 N 作用下的验算公式为 $N/A \leqslant \varphi f$。**这式子除了通过 φ 反映出长细比和初始缺陷的影响之外，还通过钢材强度设计值 f 反映出钢材强度等级的影响。**这就是前面提到过的“长细比是影响受压构件稳定承载力的主要因素，但不是唯一的因素”的原因。

由于轴心受压构件的稳定性系数 φ 小于 1，故截面若无孔眼削弱，净截面就是毛截面，构件的整体稳定性得到满足时，净截面的强度就自然会满足，不需另行验算。

请翻到 5.8 节，做习题 5-30～5-34

5.4.2 轴心受压构件的局部稳定

在本章概述一节曾提到过：在不增加材料的情况下，可通过将板件变薄来加大截面的高度和宽度，以提高构件的整体稳定性，但这又有可能导致板件的失稳，因为板件是构件的组成部分，故板件的失稳称“局部失稳”。板件的厚薄是用板件的宽厚比和高厚比（图 5.4.2-1）来衡量的。值得注意的是：高厚比中的“高”是指截面腹板的有效高度 h_0、而不是构件的高度（图 a）。结构稳定理论表明，当构件的高度超过截面的有效高度时（钢构件都属于这种情况），构件的高度增加对板件的稳定性没有影响，**板件的稳定性取决于截面的宽厚比、高厚比及其边界的支承条件。** H 形截面（图 b）翼缘宽厚比 b/t 的要求比腹板的高厚比 h_0/t 严，是因为翼缘为悬伸板，少了一个支承边的缘故。H 形截面的局部稳定性按板件失稳的临界应力和构件整体失稳的临界应力相等的条件得出，故其限制条件中有影响整体稳定性的最主要参数——长细比 λ。箱形截面（图 c）的整体稳定性好，其局部稳定性按板件失稳的临界应力不小于屈服强度来考虑，故对板件的宽（高）厚比的限制要求比 H 形截面严（即限值小）也没有长细比 λ 这个参数。可以看出，当 H 形截面构件的长细比 λ 为下限值 30 时，它的翼缘宽厚比限值 $\frac{b}{t} \leqslant (10+0.1\times30)\sqrt{\frac{235}{f_y}} = 13\sqrt{\frac{235}{f_y}}$，与箱形截面的相应值相同；而它腹板宽厚比限值 $\frac{h_0}{t_w} \leqslant (25+0.5\times30)\sqrt{\frac{235}{f_y}} = 40\sqrt{\frac{235}{f_y}}$ 亦与箱形截面的壁板相同。图中腹板厚度 t_w 的下标为英文“腹板”web 的词首。**箱形截面板件的宽（高）厚比的限制中的数字 13 和 40 比较有用，最好能记住。钢材强度等级越高对板件稳定性的要求就越严，使板件的临界应力不拖强度的后腿，故图中公式右边根号里的分母都有一个强度等级超过 Q235 时用到的屈服强度标准值 f_y。**

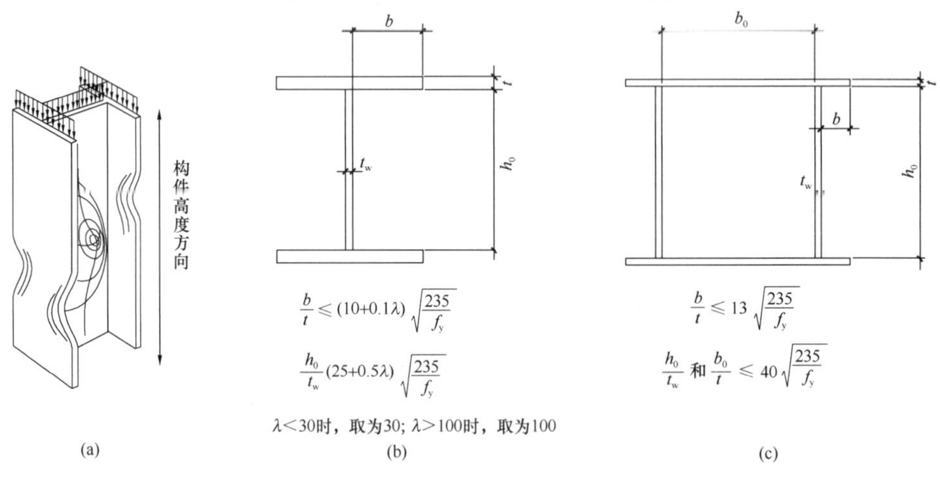

图 5.4.2-1 轴心受压构件的局部稳定

（a）钢构件的局部失稳；（b）H 字形截面的板件稳定性要求；（c）箱截面的板件稳定性要求

上面式子中的 $\sqrt{\frac{235}{f_y}}$ 在《钢结构设计标准》里称钢号修正系数 ε_k，这个系数反映出钢材强度等级越高，宽厚比限值就越小（即越严）。这样做，板件稳定的临界应力才能上得去，强度等级高的钢材的强度才能得以发挥。

请翻到 5.8 节，做习题 5-35

5.5 受弯构件和压弯构件

5.5.1 受弯构件——梁的强度计算

梁的强度计算有三方面的内容：抗弯，抗剪和折算应力验算。下面通过 5 道《真题》的讲解，对梁的抗弯和抗剪强度作一介绍。至于折算应力验算，请翻回到第 1 章的【例 1.5.2-2】附图（h），在有集中荷载作用的 C-C 截面的翼缘与腹板相交处，弯矩引起的正应力和剪力引起的剪应力都比较大，这种部位就需要进行折算应力验算。关于折算应力知识点在考题中很少遇到，就不再深入讲解了。

请翻到 5.8 节，做习题 5-36～5-40

5.5.2 受弯构件——梁的整体稳定（对照图 5.5.2-1）

梁绕强轴受弯时，其截面常设计得高而窄，这样可以更有效地发挥材料的作用。以图

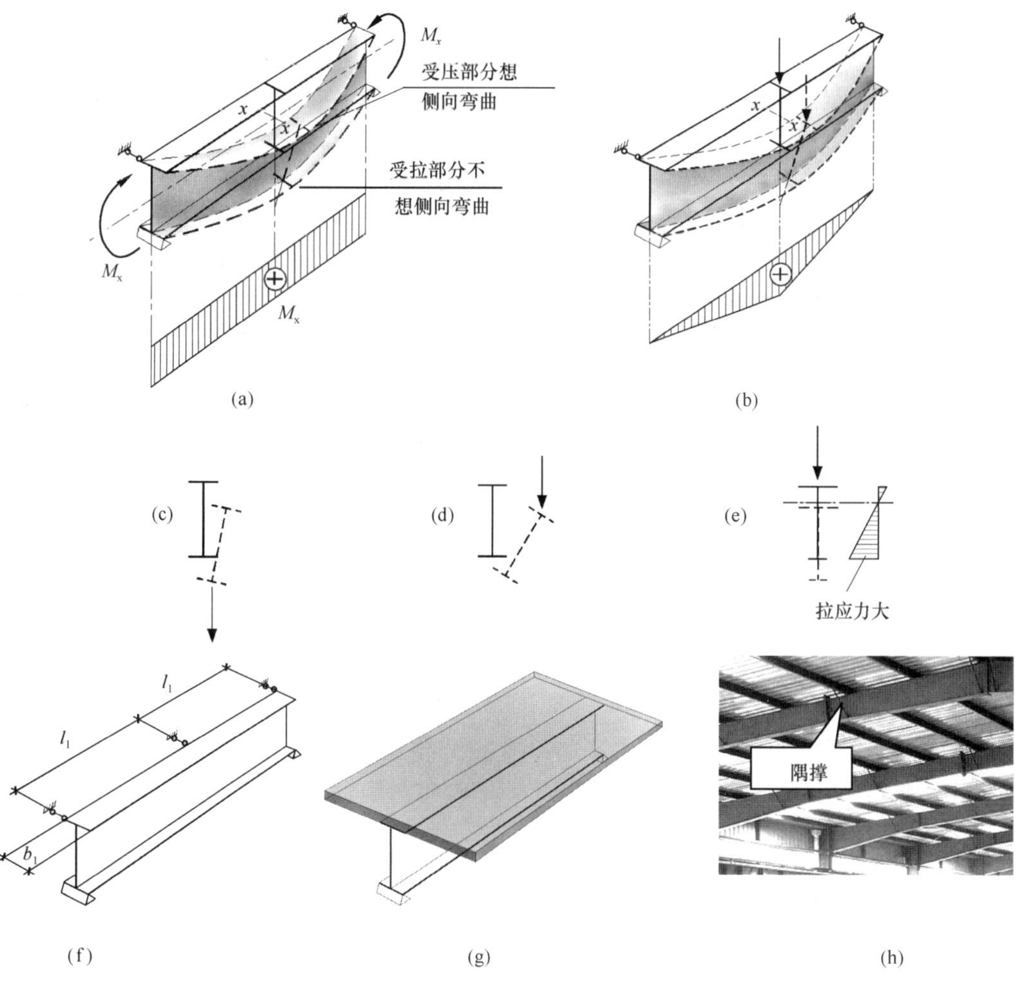

图 5.5.2-1 梁的整体稳定性

（a）梁绕强轴（x）受弯整体失稳；（b）同侧弯矩图面积小，比较有利；（c）荷载作用在下部可抵消扭转；（d）荷载作用在上部将助长扭转；（e）加宽受压翼缘有利于整体稳定，但拉应力变大；（f）l_1/b_1 越小越有利（g）受压翼缘有刚性铺板；（h）下翼缘也会受压——用隅撑解决

(a) 所示的简支工字形截面钢梁绕强轴（x 轴）受弯为例，梁在两端弯矩 M_x 作用下，全梁段都有正弯矩 M_x。当弯矩较小时，梁仅在腹板平面内发生弯曲。随着弯矩的增大，截面上部受压区的压应力也在增大，当压应力增大到某一临界值时，上部受压区就想鼓出去。由于截面高而窄，侧向绕弱轴弯曲比较容易，于是截面上部受压区便发生了侧向弯曲。但截面下部受拉区不想侧向弯曲，要把上部的侧向弯曲拉回来。上部受压区和下部受拉区在侧向弯曲的问题上发生了矛盾，解决的方法只能是大家都让一下，其结果就是产生了**侧向弯曲扭转失稳**。梁整体失稳时的弯矩称临界弯矩。梁的整体稳定性与下列因素有关：

① 同侧弯矩图面积 同侧弯矩图面积大时（图 a），全梁段各截面受压区向侧面鼓出去的倾向一致，大家同心协力向侧面弯曲，对整体稳定不利；当同侧弯矩图面积较小时（图 b），全梁段只有少数弯矩较大截面的受压区想向侧面鼓出去，对整体稳定比较利。

② 竖向荷载作用的位置 竖向荷载作用在下部可抵消扭转，对整体稳定性有利（图 c）；竖向荷载作用在上部将助长扭转，对整体稳定性不利（图 d）。

③ 加宽受压翼缘有利于整体稳定（图 e）梁的整体失稳的起因是受压区想发生侧向绕弱轴弯曲，受压翼缘加宽后，受压区的侧向刚度变大了，它也就会打消侧向弯曲的念头。但这种方法并不可取，因为它会使下部的拉应力变大、降低梁抗弯强度承载力。

④ 梁受压翼缘侧向支承约束的间距越小（相当于构件对弱轴的长细比越小），就越不容易发生整体失稳（图 f）。当这种约束的间距小到一定程度时，梁的整体稳定就自然会满足。工程上大多采用这样的方法来解决问题。《钢结构设计标准》规定：

> **6.2.1** 当铺板密铺在梁的受压翼缘上并与其牢固相连，能阻止梁受压翼缘的侧向位移时，可不计算梁的整体稳定性。

小　静：袁老师，记得在 4.10.5 小节讲过：钢筋混凝土框架梁在竖向荷载作用下梁端弯矩为负，而且在地震作用时，梁端负弯矩的数值和范围都比较大（图 4.10.5-3）。钢结构框架梁有这种情况吗？钢梁的下翼缘也会受压吗？

袁老师：当然会！

小　波：那怎么办呢？

袁老师：**可以通过设置隅撑为受压的下翼缘提供侧向支承约束，**你仔细看看图 5.5.2-1（h）就会明白。

小　静：袁老师，轴心受压构件的截面若无孔眼削弱，整体稳定满足时，强度就自然会满足，不需另行验算。梁也是这样吗？

袁老师：梁不能这样做。梁的稳定验算针对的是压应力；而强度验算可能针对压应力，也可能针对拉应力。以图 5.5.2-1（e）的情况为例，压应力比拉应力小很多，整体稳定很容易满足；但拉应力就有可能超过抗拉强度设计值，致使强度验算不能满足要求。

对话 5.5.2-1　钢梁的下翼缘是否会受压？梁无孔眼削弱时，若整体稳定验算满足、是否还需要验算强度？

请翻到 5.8 节，做习题 5-41～5-44

5.5.3 受弯构件——梁的局部稳定

1. 翼缘的稳定

梁由翼缘和腹板组成。翼缘处于对抗弯承载力贡献最大的部位，做得厚一点不算浪费，**故翼缘的板件稳定问题是通过对宽厚比的限制来解决问题。**

对于非抗震设计，若不考虑塑性及弯矩调幅设计，当箱形截面梁的翼缘的宽厚比不大于图 5.4.2-1（c）箱形截面轴心受力构件翼缘相应部分的宽厚比限值时，或当工字形截面翼缘悬伸部分的宽厚比不大于图 5.4.2-1（c）箱形截面轴心受力构件翼缘悬伸部分的宽厚比限值时，梁翼缘板件的稳定性就能得到满足。

对于抗震设计，板件的宽厚比要求比较严，稍后将在 5.6.8 小节讲述。

2. 腹板的稳定（对照图 5.5.3-1）

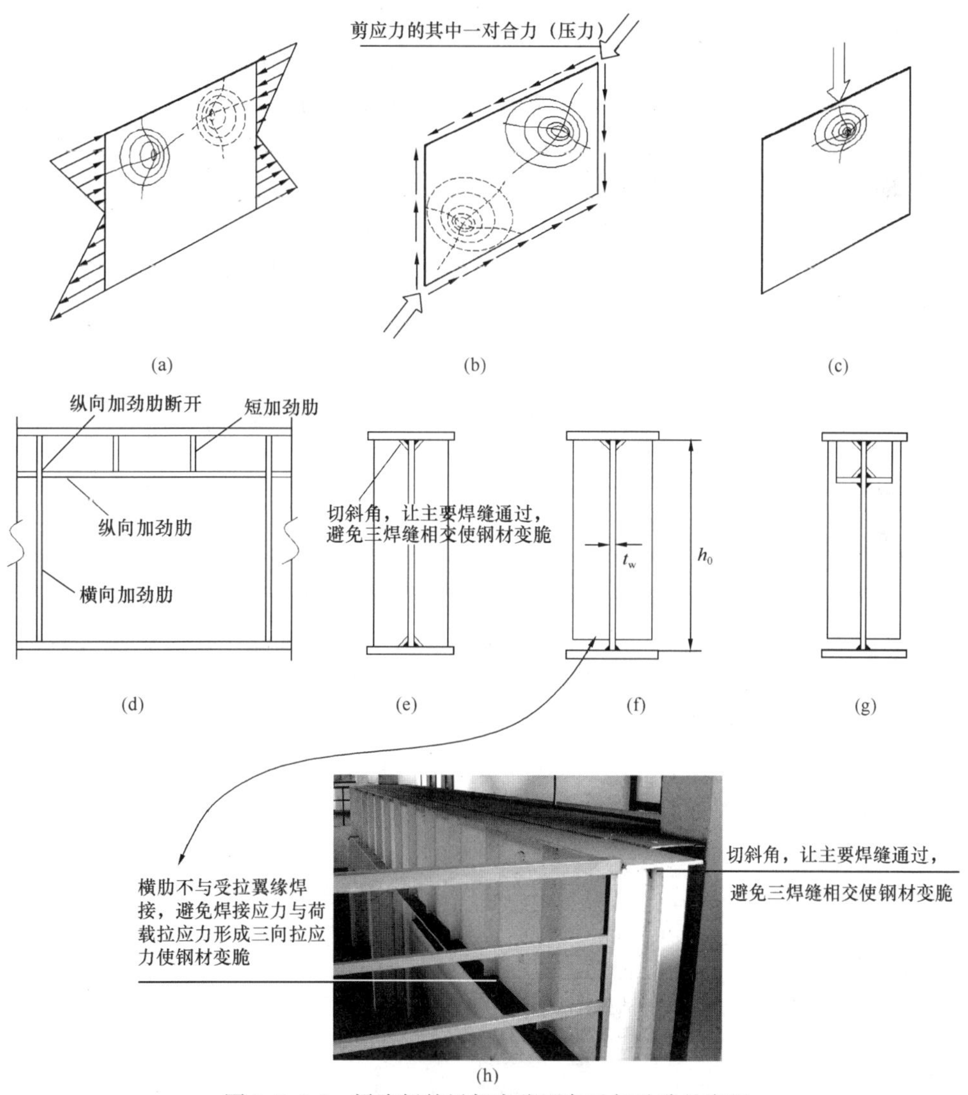

图 5.5.3-1 梁腹板的局部失稳现象及加劲肋的布置

（a）弯曲压应力引起的失稳；（b）剪应力引起的失稳；（c）局部压应力引起的失稳；（d）加劲肋的布置；（e）横向加劲肋；（f）横肋不与受拉翼缘焊接；（g）短、纵、横向加劲肋；（h）焊接吊车梁横向加劲肋的防止钢材变脆构造措施（厂房改造后拍摄）

（1）腹板失稳的现象

梁的腹板有弯曲正应力、剪应力，有时还有局部压应力，它们都有可能引起板件失稳。弯曲压应力引起的失稳如图 a 所示，受压区鼓包了。也许你会问：剪应力不是压应力，怎么会引起板件失稳呢？原来是这样：剪应力的合力有两对，一对为拉力，另一对是压力（图 b），在这对压力作用下，板件会存在与板边成 45°方向的压应力，它们会使板件失稳、鼓包（图 c），也就是说剪应力引起板件失稳的原因还是归结到压应力。这就是本章开始之初说过的：**“在钢结构设计中，有压应力存在的构件除需满足强度的要求外，还需满足整体稳定和局部稳定的要求”**的道理。对于像吊车梁那样的构件，还需承受吊车轮压引起的局部压应力，这种压应力同样会使板件失稳、鼓包（图 c）。

（2）对策

保证腹板的稳定性的方法不外有两种：一是增加板厚，二是设置加劲肋（图 d）。若将腹板比作楼盖结构中的楼板，则加劲肋就相当于楼盖结构中的梁。加劲肋分为横向加劲肋、纵向加劲肋和短加劲肋（图 d）。**横向加劲肋的主要作用是防止由剪应力和局部压应力引起的腹板失稳，**要将图 b 和图 c 所示板件的鼓包镇下去；**纵向加劲肋的主要作用是防止由弯曲压应力引起的腹板失稳，**要将图 a 所示板件的鼓包压下去；**短加劲肋的主要作用是防止由局部压应力引起的腹板失稳，**要将图 c 所示板件的鼓包压下去。**梁腹板的主要作用是抗剪，相比之下，剪应力最容易引起腹板失稳。因此，三种加劲肋中横向加劲肋最为常见**（图 e、f）；同时设置三种加劲肋的情况（图 g）比较少见。《钢结构设计标准》6.3.2 条 1 款规定：

> **1** 当 $h_0/t_w \leqslant 80\varepsilon_k$ 时，对于有局部压应力的梁，宜按构造配置横向加劲肋；当局部压应力较小时，可不配加劲肋。

ε_k 为钢号修正系数，其含义和作用在 5.4.2 小节的末段有过解释，此处不再重复。

（3）构造

横向加劲肋的另一个作用就是为纵向加劲肋提供侧向支承边，所以两者相交处，断开的应该是纵向加劲肋（图 d）。对于焊接钢梁，横向加劲肋通过焊缝与翼缘及腹板连接（图中没标注），为了避免三焊缝相交使钢材变脆，在翼缘与腹板连接处，加劲肋需切斜角（图 e～h），让主要焊缝通过。对于焊接吊车梁，横向加劲肋的下边不与受拉翼缘焊接，以避免焊接应力与荷载拉应力形成三向拉应力使钢材变脆。此时，横向加劲肋通过拉应力较大、绷得比较紧的腹板来提供侧向支点。

请翻到 5.8 节，做习题 5-45～5-47

5.5.4 吊车梁的疲劳问题

《钢结构设计标准》规定：

> **16.1.1** 直接承受动力荷载重复作用的钢结构构件及其连接，当应力变化的循环次数 n 等于或大于 5×10^4 次时，应进行疲劳计算。
>
> **16.1.3** 疲劳计算应采用基于名义应力的容许应力幅法．名义应力应按弹性状态计算．容许应力幅应按构件和连接类别、应力循环次数以及计算部位的板件厚度确定。对非焊接的构件和连接，其应力循环中不出现拉应力的部位可不计算疲劳强度。

16.1.3 条文说明：……，可以认为所有类别的容许应力幅都与钢材静力强度无关，即疲劳强度所控制的构件，采用强度较高的钢材是不经济的。

在建筑结构中，属于应进行疲劳验算的构件主要是吊车梁。钢结构的疲劳破坏是裂纹在重复或交变荷载的长期作用下渐渐发展，最后达到临界尺寸而出现的断裂。它发展缓慢，破坏突然，具有脆性特征。名义应力的计算，没有考虑受荷载作用前就存在的应力（例如残余应力）。所谓容许应力幅法是指：验算部位的等效应力变化幅度不得超过容许的应力变化的幅度 $[\Delta\sigma]$（容许应力幅）。容许应力幅的另一个称呼，就是大家比较习惯的"疲劳强度"

影响钢材的疲劳强度的因素：

图 5.5.4-1　铆接连接的吊车梁

① 应力集中的程度

应力集中的程度越严重，疲劳强度就越低。构件及其连接处形状的突变、钢材内部的缺陷都会引起应力集中。

② 连接的类型

在同一种形式的连接中，焊接连接的疲劳强度较非焊接连接者低。在过去焊接工艺水平较低、摩擦型高强螺栓又还未普及的年代，为了满足疲劳强度要求，采用铆接连接的吊车梁比较多见（图 5.5.4-1）。

③应力循环次数

应力循环次数越多疲劳强度就越低。

请翻到 5.8 节，做习题 5-48

5.5.5　钢与混凝土组合梁

钢梁与其上面的现浇混凝土楼板若无抗剪连接，混凝土楼板只能作为钢梁的荷载，不能与钢梁一起工作（图 5.5.5-1）。钢梁若通过栓钉等抗剪连接件与其上面的现浇混凝土楼板连成一体，拧成一股劲、共同工作，承载力大增（图 5.5.5-2），此时的钢梁称之为"钢与混凝土组合梁"。钢梁的下翼缘宜比上翼缘宽，这样做可以使钢梁拉应力（对于简支梁或框架梁的正弯矩段）或压应力（对于框架梁的负弯矩段）的合力作用点下移，增大抵抗力的力臂，进而提高组合梁的抗弯承载力。在正弯矩作用下，组合梁的混凝土楼板受压，钢梁主要受拉；而在负弯矩作用下，组合梁的钢梁主要受压，梁上部的拉应力由混凝土楼板有效宽度内的钢筋承担。在负弯矩段，钢梁较宽的受压下翼缘也有利于提高整体稳定性。但在工程实际中，为了利用 H 型钢，上、下翼缘等宽的钢梁也比较多见。

图 5.5.5-1　混凝土楼板只能作为钢梁的荷载

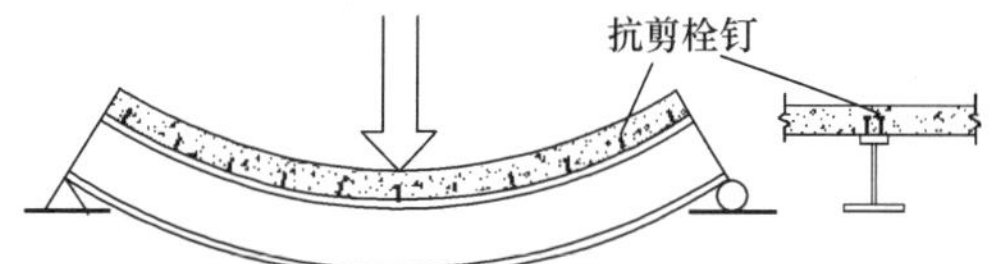

图 5.5.5-2　钢与混凝土组合梁

请翻到 5.8 节，做习题 5-49～5-50

5.5.6　压弯构件简介

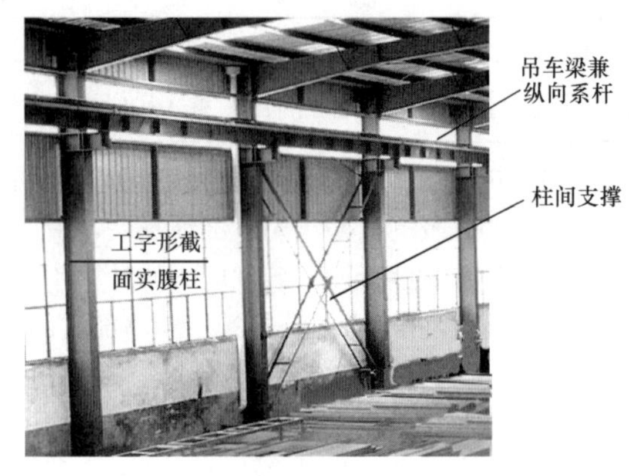

图 5.5.6-1　厂房的框架柱是单向弯曲压弯构件

压弯构件在工程中的应用非常广泛，例如有节间荷载作用的屋架上弦，厂房的框架柱，多、高层建筑的框架柱等都属于压弯构件。由于风荷载和地震作用方向是任意的和变化的，故多、高层建筑的框架柱的一对主轴都同时常有弯矩存在，属于双向弯曲压弯构件。**但对于单层厂房来说，横向水平力由的框架或排架承受，而纵向的水平力则由柱间支撑和刚性系杆组成的支撑体系来承担，有吊车的厂房，吊车梁就是很好的刚性系杆（图 5.5.6-1）。因此，单层厂房的框架或排架柱是单向弯曲压弯构件，在结构布置时要注意使截面强轴受弯。**

压弯构件的受力情况介乎于轴心受压构件与受弯构件之间，都有整体稳定、局部稳定和强度验算的问题。

请翻到 5.8 节，做习题 5-51，5-52

考点讲解：

【5.4.2/5.5.3/5.5.6—2019 年某题考点】：钢结构验算腹板宽厚比的目的：是为了保证构件的局部稳定性。

讲解：在本章一开始，我们曾经讲过：“……。在不增加材料的情况下，可通过将板件变薄、加大截面的高度和宽度来提高构件的整体稳定性，但这又有可能导致板件的失稳，因为板件是构件的组成部分，故板件的失稳称　　局部失稳”。板件厚　些，它就不容易失稳了。那么，1 公分厚的腹板算不算厚呢？这可得有个相对的比较，对腹板来说，这个比较就是该板件的一对较短的支承边间距与板件厚度的比值，即宽厚比（或高厚比）。显然宽厚比越大，板件就显得越薄，就越容易失稳。因此，为了保证构件的局部稳定性（即板件的稳定性），需验算腹板的宽厚比。（说明，本题考点没有问及的翼沿也有同样的问题，但对工字形截面，计算翼沿宽厚比的宽度指悬挑出去的尺寸，见图 5.4.2-1）。

轴心受力构件、受弯构件和压弯构件的局部稳定问题，详见 5.4.2 小节、5.5.3 小节和 5.5.6 小节。

5.5.7　柱脚的防护

柱脚的防护涉是钢结构防腐蚀设计需考虑的问题之一，《钢结构设计标准》规定：

> **18.2.4**　结构防腐蚀设计应符合下列规定：
>
> ……
>
> **6**　柱脚在地面以下的部分应采用强度等级较低的混凝土包裹（保护层厚度不应小于 50mm），包裹的混凝土高出室外地面不应小于 150mm，室内地面不宜小于 50mm，并宜采取措施防止水分残留；当柱脚底面在地面以上时，柱脚底面应高出室外地面不应小于 100mm，室内地面不应小于 50mm。

请翻到 5.8 节，做习题 5-53

5.6 民用建筑钢结构

5.6.1 各类钢结构民用建筑的适用高度

民用建筑钢结构采用的结构体系种类繁多（图 5.6.1-1），列入《钢结构高规》有：框架（图 a），框架-支撑体系（图 b），框架-延性墙板体系，筒体和巨型框架体系。框架-支撑体系中的支撑在设计中可以采用中心支撑、偏心支撑和屈曲约束支撑；框架-延性墙板体系中的延性墙板主要指钢板剪力墙、无粘结内藏钢板支撑剪力墙板和内嵌竖缝剪力墙板等。筒体体系包括框筒、筒中筒、桁架筒（图 c）、束筒（图 d）。巨型框架主要由巨型柱和巨型梁（桁架）组成的结构。

图 5.6.1-1 钢结构高层建筑的部分结构体系

(a) 框架结构（北京长富宫中心）；(b) 框架-支撑结构（纽约帝国大厦）；(c) 对角支撑桁架型筒体结构（芝加哥约翰·汉考克大厦）；(d) 束筒结构（芝加哥西尔斯大厦，由 9 个尺寸相同的框架筒体组成，各筒体在不同的高度处截断，形成阶梯状的体量）；(e) 钢/混凝土复合巨形柱-混凝土核心筒结构（上海金茂大厦，沿高度设了三道刚臂，使外围的巨形柱与核心筒共同工作）

关于各类钢结构民用房屋的最大适用高度《抗震规范》规定：

> **8.1.1** 本章适用的钢结构民用房屋的结构类型和最大高度应符合表 8.1.1 的规定。平面和竖向均不规则或建造于Ⅳ类场地的钢结构，适用的最大高度应适当降低。

注：1　钢支撑-混凝土框架和钢框架-混凝土筒体结构的抗震设计，应符合本规范附录 G 的规定；

2　多层钢结构厂房的抗震设计，应符合本规范附录 H 第 H.2 节的规定。

表 8.1.1　钢结构房屋适用的最大高度（m）

结构类型	6、7 度（0.10g）	7 度（0.15g）	8 度（0.20g）	8 度（0.30g）	9 度（0.40g）
框架	110	90	90	70	50
框架-中心支撑	220	200	180	150	120
框架-偏心支撑（延性墙板）	240	220	200	180	160
筒体（框筒，筒中筒，桁架筒，束筒）和巨型框架	300	280	260	240	180

注：1　房屋高度指室外地面到主要屋面板板顶的高度（不包括局部突出屋顶部分）；

2　超过表内高度的房屋，应进行专门研究和论证，采取有效的加强措施；

3　表内的筒体不包括混凝土筒。

说明：《钢结构高规》相应规定与《抗震规范》相同。

5.6.2　钢结构民用建筑的高宽比限制

《抗震规范》规定：

8.1.2　本章适用的钢结构民用房屋的最大高宽比不宜超过表 8.1.2 的规定。

表 8.1.2　钢结构民用房屋适用的最大高宽比

烈　度	6、7	8	9
最大高宽比	6.5	6.0	5.5

注：塔形建筑的底部有大底盘时，高宽比可按大底盘以上计算。

说明：《钢结构高规》相应规定与《抗震规范》相同。

限制建筑高宽比的原因是高宽比太大的建筑，在风荷载或地震作用下，建筑物重心处的侧向位移△比较大，而高层建筑本身的竖向荷重 P 也较大，于是结构底部的附加倾覆弯矩 $P\Delta$（亦称 P-Δ 效应，见图 5.6.2-1）就会大到不容忽略的程度。在计算中考虑 P-Δ 效应的方法称二阶分析。钢构件受压后截面中有残余压应力的部分会提前达到屈服强度而退出工作，使构件有效截面变小，加大结构的侧向位移，进而使 P-Δ 效应变大。在二阶分析中直接考虑残余压应力的影响是一个非常复杂的问题，但可以用等效的方法来代替。文献［15］通过大量计算分析数据与足尺实验结果的对比，提出过用等效初始偏斜来考虑残余应力的影响。

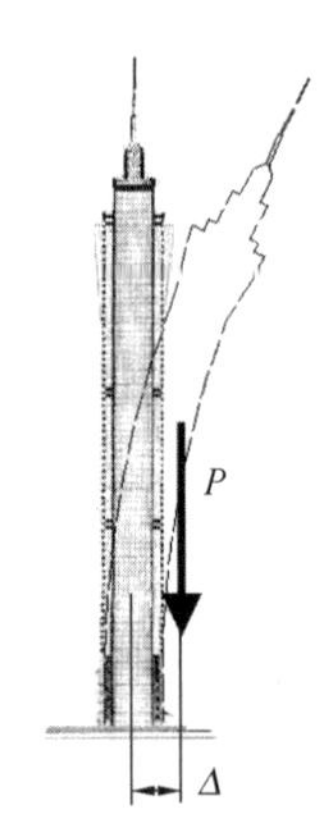

图 5.6.2-1　P-Δ 效应

5.6.3　钢结构民用建筑抗震等级的划分

自 2010 年起，《抗震规范》也开始对多层和高层钢结构民用建筑划分抗震等级。《抗震规范》规定：

8.1.3　钢结构房屋应根据设防分类、烈度和房屋高度采用不同的抗震等级，并应符合相应的计算和构造措施要求。丙类建筑的抗震等级应按表 8.1.3 确定。

表 8.1.3　钢结构房屋的抗震等级

房屋高度	烈度			
	6	7	8	9
≤50m		四	三	二
>50m	四	三	二	一

注：1　高度接近或等于高度分界时，应允许结合房屋不规则程度和场地、地基条件确定抗震等级；

2　一般情况，构件的抗震等级应与结构相同；当某个部位各构件的承载力均满足 2 倍地震作用组合下的内力要求时，7～9 度的构件抗震等级应允许按降低一度确定。

说明：《钢结构高规》相应规定与《抗震规范》相同。

小静：规范条文中“并应符合相应的计算和构造措施要求”是什么意思呢？

袁老师：小波，你来回答这个问题好吗？

小波：好的，就是说按“抗震等级”采取“相应的抗震措施”的意思。对计算出来的内力调整和抗震构造措施都属于抗震措施的范畴。这和多、高层混凝土结构的相应做法是一致的。

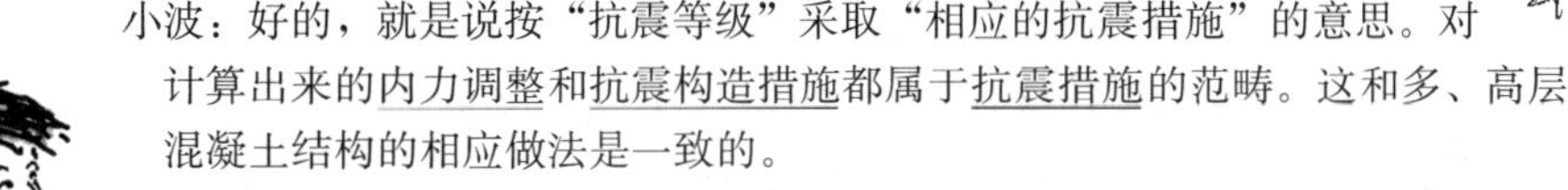

袁老师：很好！顺便说一下。规范总是在使用中不断总结和完善的。上一轮《抗震规范》没有对多、高层钢结构划分抗震等级，在确定抗震措施时的做法是：“钢结构房屋应根据烈度、结构类型和房屋高度，采用不同的地震作用效应调整系数，并采取不同的抗震构造措施”。新《抗震规范》对多、高层钢结构划分了抗震等级，使设计人员用起来更加方便。

对话 5.6.3-1　多、高层钢结构的抗震等级和抗震措施

5.6.4　防震缝

钢结构比较柔，地震时侧移较大，故防震缝的宽度也应比较大。《抗震规范》规定：

8.1.4　钢结构房屋需要设置防震缝时，缝宽应不小于相应钢筋混凝土结构房屋的 1.5 倍。

5.6.5　竖向支撑

高层建筑钢结构的竖向支撑通常呈贯通整个建筑物高度的平面或空间桁架形式，以抵抗风和地震的水平作用。支撑的斜腹杆可以跨柱、跨层设置（图 5.6.1-1c），也可以在每一层的两柱之间设置。当斜腹杆都连接于梁柱节点时称中心支撑，否则称偏心支撑。

1. 中心支撑

《钢结构高规》规定：

第 7.5.1 条　高层建筑钢结构的中心支撑宜采用：十字交叉斜杆（图 7.5.1-1a），单斜杆（图 7.5.1-1b），人字形斜杆（图 7.5.1-1c）或 V 形斜杆体系。中心支撑斜杆的轴线应交汇于框架梁柱的轴线上。抗震设防的结构不得采用 K 形斜杆体系（图 7.5.1-1*d*）。当采用只能受拉的单斜杆体系时，应同时设不同倾斜方向的两组单斜杆（图 7.5.1-2），且每层中不同方向单斜杆的截面面积在水平方向的投影面积之差不得大于 10%。

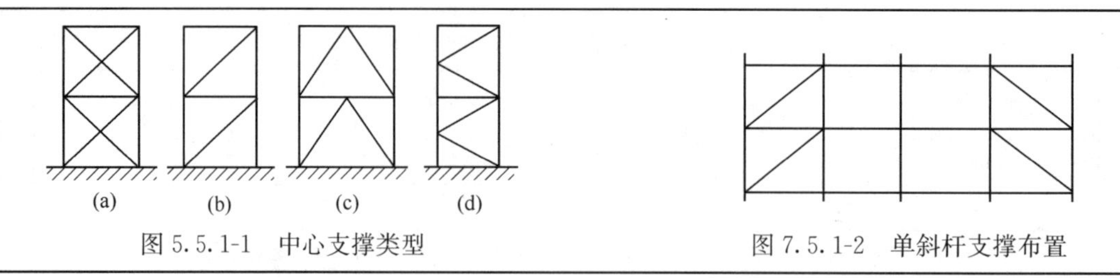

图 5.5.1-1　中心支撑类型

图 7.5.1-2　单斜杆支撑布置

为什么抗震设防的结构不得采用 K 形斜杆体系呢?《钢结构高规》解释:

7.5.1　条文说明:……

K 形支撑体系在地震作用下,可能因受压斜杆屈曲(即失稳)或受拉斜杆屈服,引起较大的侧向变形,使柱发生屈曲甚至造成倒塌,故不应在抗震结构中采用。

关于中心支撑杆件的长细比和板件宽厚比要求,《抗震规范》规定:

8.4.1　中心支撑的杆件长细比和板件宽厚比限值应符合下列规定:

1　支撑杆件的长细比,按压杆设计时,不应大于 $120\sqrt{235/f_{ay}}$;一、二、三级中心支撑不得采用拉杆设计,四级采用拉杆设计时,其长细比不应大于 180。

2　支撑杆件的板件宽厚比,不应大于表 8.4.1 规定的限值。采用节点板连接时,应注意节点板的强度和稳定。

表 8.4.1　钢结构中心支撑板件宽厚比限值

板件名称	一级	二级	三级	四级
翼缘外伸部分	8	9	10	13
工字形截面腹板	25	26	27	33
箱形截面壁板	18	20	25	30
圆管外径与壁厚比	38	40	40	42

注:表列数值适用于 Q235 钢,采用其他牌号钢材应乘以 $\sqrt{235/f_{ay}}$,圆管应乘以$235/f_{ay}$。

(f_{av}为钢材的屈服强度)

2. 偏心支撑

偏心支撑有很多优点,《抗震规范》解释:

8.1.6　条文说明…大量研究表明,偏心支撑具有弹性阶段刚度接近中心支撑框架,弹塑性阶段的延性和消能能力接近于延性框架的特点,是一种良好的抗震结构。常用的偏心支撑形式如图 19 所示。

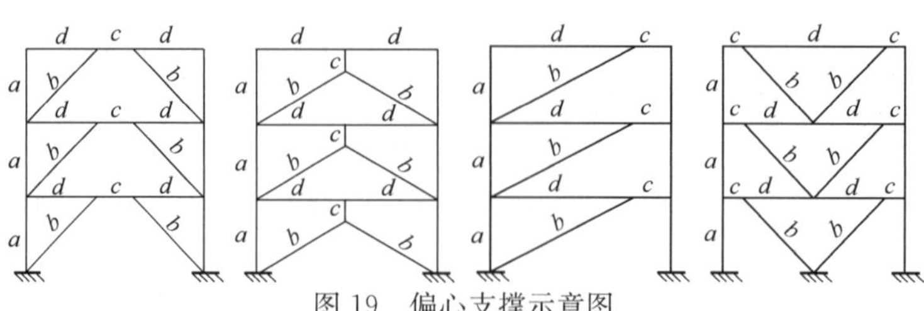

图 19　偏心支撑示意图

(a—柱;b—支撑;c—消能梁段;d—其他梁段)

偏心支撑框架的设计原则是强柱、强支撑和弱消能梁段，即在大震时消能梁段屈服形成塑性铰…，支撑斜杆、柱和其余梁段仍保持弹性。…

3. 框架-支撑结构的支撑布置

《抗震规范》规定：

8.1.6 采用框架-支撑结构的钢结构房屋应符合下列规定：

1 支撑框架在两个方向的布置均宜基本对称，支撑框架之间楼盖的长宽比不宜大于3。

2 三、四级且高度不大于50m的钢结构宜采用中心支撑，也可采用偏心支撑、屈曲约束支撑等消能支撑。

3 中心支撑框架宜采用交叉支撑，也可采用人字支撑或单斜杆支撑，不宜采用K形支撑；支撑的轴线宜交汇于梁柱构件轴线的交点，偏离交点时的偏心距不应超过支撑杆件宽度，并应计入由此产生的附加弯矩。…

4 偏心支撑框架的每根支撑应至少有一端与框架梁连接，并在支撑与梁交点和柱之间或同一跨内另一支撑与梁交点之间形成消能梁段。

5 …

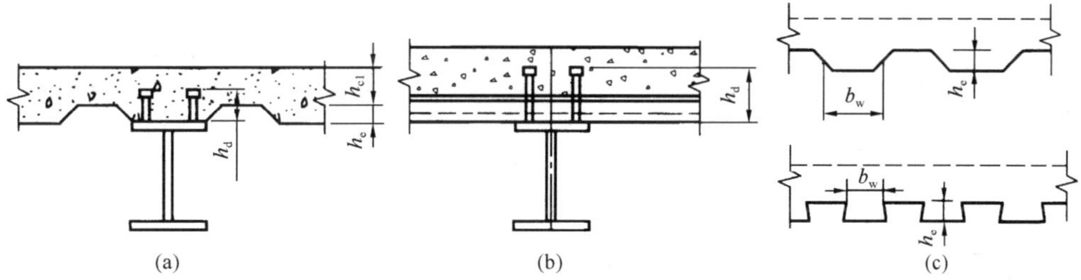

图 5.6.6-1 用压型钢板混凝土组合板做翼板的组合梁

(a) 肋与钢梁平行的组合梁截面；(b) 肋与钢梁垂直的组合梁截面；(c) 压型钢板组合板剖面

5.6.6 楼盖和水平支撑

多、高层建筑的墙、柱、支撑在抵抗风和地震的水平作用时，需要平面内刚度很大、整体性很好的楼盖把它们连结到一起、互相帮助、共同工作，前面图5.5.5-2所示的钢与混凝土组合梁楼盖和图5.6.6-1所示的用压型钢板混凝土组合板做翼板的组合梁楼盖都能担当此任。后一种楼盖的压型钢板起到代替钢筋混凝土板中受力钢筋、和施工模板的双重作用，在多、高层建筑中比较多见。**若多、高层建筑采用平面内刚度较小的楼盖形式时，为了加强楼盖的整体性、使同一楼层的抗侧力构件能较好地协同工作，可设置水平支撑。**

5.6.7 柱截面形式

多、高层建筑常用的柱截面形式有箱形、焊接工字形、H型钢和圆管等。H型钢具有经济、规格尺寸多、加工量少以及便于连接等优点。焊接工字形截面的优点在于可灵活地调整截面特性。焊接箱形截面的优点是两个主轴的惯性矩可以做到基本相等。普通工字型钢拄在两个方向的惯性矩相差较大，而且翼缘内侧有较大的坡度、不便于梁、柱之间的连接，故不宜采用。

5.6.8 钢框架结构抗震构造措施

1. 框架柱的长细比

框架柱的长细比关系到钢结构的整体稳定，研究表明，钢结构高度很大时，轴向力大，竖向地震对框架柱的影响很大。《抗震规范》规定：

> **8.3.1** 框架柱的长细比，一级不应大于 $60\sqrt{235/f_{ay}}$，二级不应大于 $80\sqrt{235/f_{ay}}$，三级不应大于 $100\sqrt{235/f_{ay}}$，四级时不应大于 $120\sqrt{235/f_{ay}}$。
>
> （f_{ay}为钢材的屈服强度）

2. 框架梁、柱板件的宽厚比

框架梁、柱板件宽厚比的规定，是出于强柱弱梁的考虑。对梁的要求比较严，以便梁在出现塑性铰时有足够的转动能力。《抗震规范》规定：

> **8.3.2** 框架梁、柱板件宽厚比，应符合表 8.3.2 的规定：

表 8.3.2 框架梁、柱板件宽厚比限值

板件名称		一级	二级	三级	四级
柱	工字形截面翼缘外伸部分	10	11	12	13
	工字形截面腹板	43	45	48	52
	箱形截面壁板	33	36	38	40
梁	工字形截面和箱形截面翼缘外伸部分	9	9	10	11
	箱形截面翼缘在两腹板之间部分	30	30	32	36
	工字形截面和箱形截面腹板	$72-120N_b/(Af)\leqslant 60$	$72-100N_b/(Af)\leqslant 65$	$80-110N_b/(Af)\leqslant 70$	$85-120N_b/(Af)\leqslant 75$

注：1 表列数值适用于 Q235 钢，采用其他牌号钢材时，应乘以 $\sqrt{235/f_{ay}}$。

2 $N_b/(Af)$为梁轴压比。

（f_{ay}为钢材的屈服强度）

小波：我有点糊涂了。**抗震规范表 8.3.2 中框架梁的宽厚比要求比柱严，岂不是成了“强梁弱柱”了吗？怎么反而说它是出于对“强柱弱梁”的考虑呢？**

袁老师：小静，你来回答这个问题好吗？

小静：好的，**宽厚比是个相对值，梁的宽厚比小并不说明它的绝对厚度大。可以采取措施让梁先出现塑性铰。听说有一种办法是故意将梁端附近的翼缘变窄一些，使梁的塑性铰在这些部位出现。而一旦梁出现了塑性铰，要是它的宽厚比较大，塑性铰还未转动起来梁就已经失去局部稳定，塑性铰就形同虚设、起不到耗能的作用，“强柱弱梁”的目的就难以实现。**

袁老师：说得很好！

对话 5.6.8-1 框架梁的宽厚比要求比柱严，会不会变成“强梁弱柱”？

3. 梁与柱的连接

采用框架体系时，不一定把所有的梁柱连接都做成刚接，只要侧向刚度满足要求，就可以只取其中的一部分做成刚接、形成刚架，而其余部分做成铰接。当柱在两个互相垂直

的方向都与梁刚接时，宜采用箱形截面；当梁柱连接仅在一个方向刚接时，宜采用宽翼缘工字形截面（例如宽翼缘 H 型钢），并将柱腹板置于刚接框架平面内。另外，在建筑物的纵、横方向都应该有刚接框架，使结构纵、横方向的刚度比较接近，如图 5.6.8-1 所示。

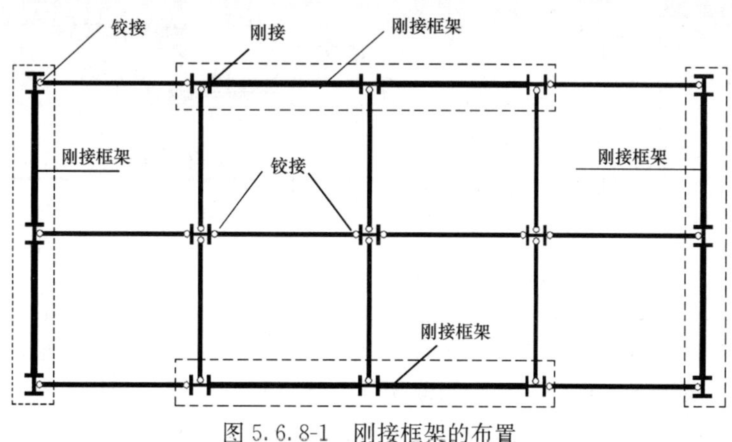

图 5.6.8-1　刚接框架的布置

《抗震规范》规定：

8.3.4　梁与柱的连接构造应符合下列要求：

1　梁与柱的连接宜采用柱贯通型。

2　柱在两个互相垂直的方向都与梁刚接时宜采用箱形截面，并在梁翼缘连接处设置隔板；隔板采用电渣焊时，柱壁板厚度不宜小于 16mm，小于 16mm 时可改用工字形柱或采用贯通式隔板。当柱仅在一个方向与梁刚接时，宜采用工字形截面，并将柱腹板置于刚接框架平面内。

3　工字形柱（绕强轴）和箱形柱与梁刚接时（图8.3.4-1），应符合下列要求：

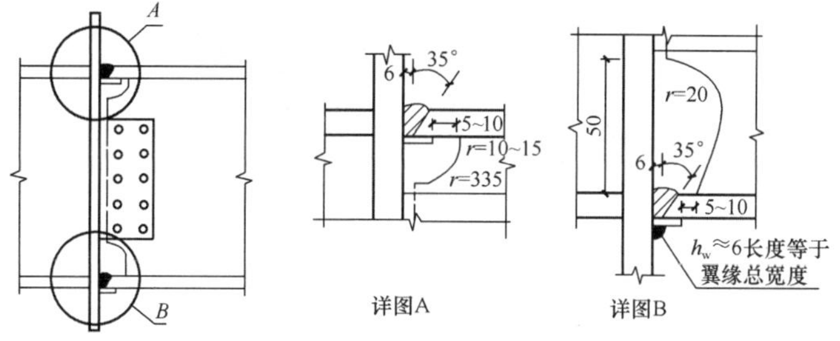

图 8.3.4-1　框架梁与柱的现场连接

1）梁翼缘与柱翼缘间应采用全熔透坡口焊缝；……

2）柱在梁翼缘对应位置应设置横向加劲肋（隔板）……

3）梁腹板宜采用摩擦型高强度螺栓与柱连接板连接……

……

4　框架梁采用悬臂梁段与柱刚性连接时（图 8.3.4-2），悬臂梁段与柱应采用全焊接连接，此时上下翼缘焊接孔的形式宜相同；梁的现场拼接可采用翼缘焊接腹板螺栓连接或全部螺栓连接。

5　箱形柱在与梁翼缘对应位置设置的隔板，应采用全熔透对接焊缝与壁板相连。工字形柱的横向加劲肋与柱翼缘，应采用全熔透对接焊缝连接，与腹板可采用角焊缝连接。

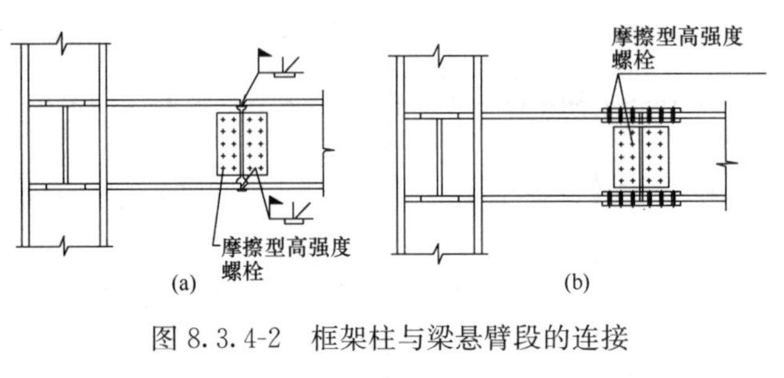

图 8.3.4-2　框架柱与梁悬臂段的连接

在上述《抗震规范》图 8.3.4-1 所示的刚接连接中，梁的剪力主要通过腹板上的摩擦型高强度螺栓与事先焊接在柱翼缘上的连接件传给柱子；而梁的弯矩主要通过上、下翼缘的全熔透坡口焊缝传递给柱。这是一种栓焊混合连接形式，应用较广。

在铰接连接中，梁剪力传给柱子的方式与刚接连接相同，但梁上、下翼缘与柱不相连，故不能传递弯矩。在建筑钢结构梁柱连接的铰大都不是理想的铰，由于剪力偏心引起的弯矩在连接的计算中是需要考虑的。《钢结构高规》规定：

第 8.3.9 条　梁与柱铰接时（图 8.3.9），与梁腹板相连的高强度螺栓，除应承受梁端剪力外，尚应承受偏心弯矩的作用。偏心弯矩 M 应按下列公式计算：

$$M = Ve \tag{8.3.9}$$

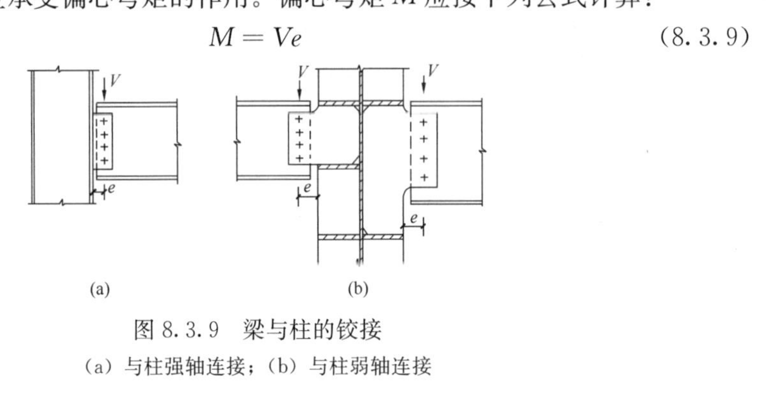

图 8.3.9　梁与柱的铰接

（a）与柱强轴连接；（b）与柱弱轴连接

【例 5.6.8-1】下图所示的钢结构连接属于（　　）（2019 年某回忆题）

（A）刚接　　**（B）半刚接**　　**（C）铰接**　　**（D）半铰接**

题解：请参见《钢结构高规》图 8.3.9(a)（已摘录于本小节）。

答案：C

说明：房屋建筑结构铰接点的要求，没有桥梁结构那样严格。

请翻到 5.8 节，做习题 5.6-1～65

5.7　钢结构涂装工程

材容易生锈、不耐火，故钢结构的应用必须首先解决防腐蚀和防火这两个令人担忧的问题。钢结构涂装工程包括防腐蚀涂料涂装和防火涂料涂装，它们是价格适中、应用较广的防腐、防火的方法。当然，钢结构的防腐、防火还有其他一些方法：在防腐方面，例如热浸镀锌防腐（图 5.7-1）、金属热喷涂防腐（喷的是锌、铝或锌铝合金而不是涂料，图 5.7-2）、采用耐候钢等；在防火方面，例如防火板保护、混凝土防火保护、结构内通水冷却、采用耐火钢等。本节仅讨论涂料涂装的防护问题。

防腐涂装和防火涂装的底漆施工之前都必须对钢材表面除锈。除锈是涂装工程的第一道工序，下面先谈谈它。

5.7.1 钢材表面除锈

“钢材表面除锈”是一个广义的概念，它不仅包括对钢材表面锈蚀的清除，而且还包括了和对钢材表面各种各样杂物碎片、油污和湿气的清除。它更准确一点的说法应该是“钢材表面处理”。《钢结构工程施工质量验收规范》规定：

图 5.7-1 热浸镀锌防腐

图 5.7-2 金属热喷涂防腐

> **14.2.1** 涂装前钢材表面除锈应符合设计要求和国家现行有关标准和规定。处理后的钢材表面不应有焊渣、焊疤、灰尘、油污、水和毛刺等。…

表面除锈的方法主要有：手动工具除锈，动力工具除锈和喷射除锈。过去还有一种酸洗除锈方法，主要用在大型机械加工厂中处理一些小型钢构件，现代钢结构的形状复杂，形体较大，且涂覆的材料多种多样，酸洗除锈方法已经不再适用了。

1. 手动工具除锈

手动工具除锈是最古老的除锈方法，常用的工具有砂纸、钢丝刷、凿子等。这种方法用于在那些不便进行喷射除锈的小面积部位上的表面处理。

2. 动力工具除锈

动力工具除锈也是一种作为喷射除锈辅助手段的小面积表面处理方法，常用的工具有电动砂纸盘（图 5.7.1-1）、电动钢丝刷（图 5.7.1-2）、电砂轮片（图 5.7.1-3）等。

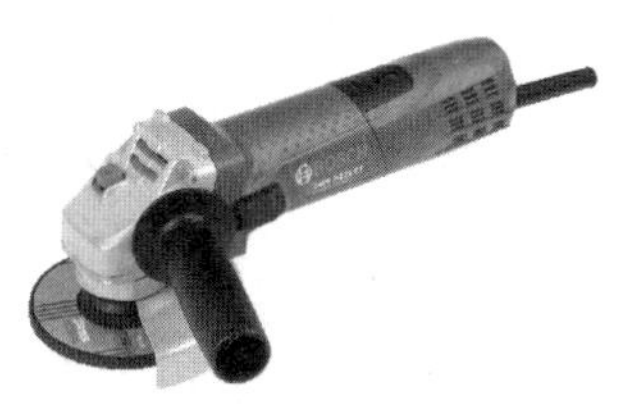

图 5.7.1-1 电动砂纸盘

图 5.7.1-2 电动钢丝刷

图 5.7.1-3 用电砂轮片打磨粗糙不平的焊缝

3. 喷射除锈

喷射除锈是目前应用最广泛的除锈方法。《钢结构工程施工质量验收规范》解释：

> 14.2.1 条文说明：目前国内各大、中型钢结构加工企业一般都具备喷射除锈能力，所以应将喷射除锈作为首选的除锈方法，而手工和动力工具除锈仅作为喷射除锈的补充手段。

喷射除锈有“开放式喷砂除锈”和“抛丸喷射除锈”两种方法。

① 开放式喷砂除锈是利用空气压缩机将磨料从喷砂机喷射出去，在需要清理的钢材表面形成很大的冲击力，除去锈、氧化皮和其他杂物，如图 5.7.1-4 所示。

② 抛丸喷射除锈是借助高速旋转叶轮产生的离心力将磨料（钢丸）抛出，撞击边转动、边被送入到抛丸室的工件，除去其表面的锈、氧化皮和其他杂物，如图 5.7.1-5 所示。

图 5.7.1-4 开放式喷砂除锈

图 5.7.1-5 抛丸喷射除锈

5.7.2 防腐蚀涂料涂装

防腐蚀涂料是一种透明的或着色的成膜材料，俗称“油漆”。之所以有此俗称，是因为长久以来人们就使用桐油、生漆对钢材和木材进行防腐，再加上亚麻油是它的原料的缘故。但随着合成树脂的广泛使用．称其为“涂料”比较正式。防腐涂装可不包含防火涂层，但防火涂装却需在防腐底漆上进行。另外，防火涂层的表面一般都有还可加一道封闭的罩面漆，其作用是：①抵抗腐蚀性介质对防火涂料的破坏，阻挡水分、湿气渗透入防火涂层、进而渗透到钢材表面；②装饰美化。

防腐涂层所需干漆膜的厚度与涂层设计寿命及腐蚀环境有关。

关于干漆膜的厚度，《钢结构工程施工质量验收规范》规定：

> **14.2.2 漆料、涂装遍数、涂层厚度均应符合设计要求。当设计对涂层厚度无要求时，涂层干漆膜总厚度：室外应为 150μm，室内应为 125μm，其允许偏差 −25μm。每遍涂层干漆膜厚度的允许偏差 −5μm。**
>
> **检查数量：按构件数抽查 10%，且同类构件不应少于 3 件。**
>
> **检验方法：用干漆膜测厚仪检查。每个构件检测 5 处，每处的数值为 3 个相距 50mm 测点涂层干漆膜厚度的平均值。**

5.7.3 防火涂料涂装

防火涂料有超薄、薄、厚之分以及室内、室外之分。《钢结构防火涂料》GB 14907—2002 规定：

4　分类与命名

4.1　产品分类

4.1.1　钢结构防火涂料按使用场所可分为：

a）室内钢结构防火涂料：用于建筑物室内或隐蔽工程的钢结构表面；

b）室外钢结构防火涂料：用于建筑物室外或露天工程的钢结构表面。

4.1.2　钢结构防火涂料按使用厚度可分为：

a）超薄型钢结构防火涂料：涂层厚度小于或等于 3mm；

b）薄型钢结构防火涂料：涂层厚度大于 3mm 且小于或等于 7mm；

c）厚型钢结构防火涂料：涂层厚度大于 7mm 且小于或等于 45mm。

4.2　产品命名

以汉语拼音字母的缩写作为代号，N 和 W 分别代表室内和室外，CB、B 和 H 分别代表超薄型、薄型和厚型三类，各类涂料名称与代号对应关系如下：

室内超薄型钢结构防火涂料……NCB

室外超薄型钢结构防火涂料……WCB

室内薄型钢结构防火涂料……NB

室外薄型钢结构防火涂料……WB

室内厚型钢结构防火涂料……NH

室外厚型钢结构防火涂料……WH

防火涂料又可分为膨胀型和非膨胀型两大类。膨胀型防火涂料成膜后，在常温下是普通的漆膜。在火焰或高温作用下，涂层发生膨胀炭化，形成一个比原来厚度大几十倍，甚至上百倍的非易燃的海绵状的碳质层，它可以隔断外界火源对钢材的加热，从而起到防火作用。非膨胀型防火涂料的防火原理是：①涂层自身的难燃性或非燃性；②在火焰或高温的作用下能释放出灭火性气体，并形成非燃性的无机层来隔绝空气。

超薄型防火涂料属于膨胀型，一般用于耐火极限要求在 2 小时内的建筑钢结构。由于涂层超薄，单位防火面积的用料量少，造价低，又有良好装饰效果，故在工程中倍受欢迎，应用很广。值得一提的是：防火涂料中的“超薄”指涂层厚小于或等于 3mm（即 3000μm），比最厚的防腐漆膜 320μm（见表 5.7.2-1）还要厚得多。

薄型防火涂料也属于膨胀型，一般用于耐火极限要求在 2 小时内的建筑钢结构。它的装饰性优于厚型防火涂料，稍差于超薄型防火涂料。

厚型防火涂料属于非膨胀型，具有成本较低、耐火极限高的优点。

厚型防火涂料属于非膨胀型，具有成本较低、耐火极限高的优点。一般高层建筑柱子的耐火极限要求 3 小时，需用到厚型防火涂料。

请翻到 5.8 节，做习题 5-66～5-69

5.8　习　　题

5-1　钢结构房屋的物理力学特征，下列哪一种说法是不正确的？（2005-112）

（A）自重轻，基础小　　　　（B）延性好，抗震性能好

（C）弹性模量大，构件截面小　　　　　　（D）弹性阶段其阻尼比大

题解：A、C对，钢结构房屋自重轻（见5.1节第1段），而自重轻，基础就有可能设计得比较小。B对，从《抗震规范》表5.5.1和表5.5.5（已摘录于2.5.1小节）可以看出钢结构的层间位移角限值比同类型的钢筋混凝土结构宽松得多，说明钢结构的延性好，抗震性能好。D错，除有专门规定外的大多数建筑结构弹性尼比等于0.05，而钢结构阻尼比等于0.04（见图2.9.5-3，这个图及对话2.9.5-3，对为什么阻尼比小的钢结构的地震作用反而小作了说明）。

答案：D。

5-2　钢结构的稳定性，下列哪一种说法是不正确的？（2003-101）

（A）钢柱的稳定性必须考虑　　　　（B）钢梁的稳定性必须考虑

（C）钢结构整体的稳定性不必考虑　　（D）钢支撑的稳定性必须考虑

题解：C错，钢结构的整体稳定性和局部稳定性都必须考虑，见5.1节。

答案：C。

5-3　关于钢结构材料的特征，下列何项论述是错误的？（2007-69）

（A）具有高强度　　　　　　（B）具有良好的耐腐蚀性

（C）具有良好的塑性　　　　（D）耐火性差

题解：A、C、D对，B错，见5.1节。

答案：B。

5-4　高温环境下的钢结构温度超过（　　）时，应进行结构温度作用验算，并应根据不同情况采取防护措施。

（A）100℃　　（B）150℃　　（C）200℃　　（D）250℃

题解：请参见《钢结构设计规范》8.9.5-2条（已摘录于5.1节）

答案：A。

5-5　衡量钢材塑性性能的指标是：（2014-46）

（A）抗拉强度　　（B）伸长率　　（C）屈服强度　　（D）冲击韧性

题解：伸长率是钢材塑性的反映，请参见5.2.1小节及该小节对考题（2012-48）的视频讲解，视频二维码501。

答案：B。

5-6　下列哪项指标是确定钢材强度设计值的依据？（2013-47）

（A）抗拉强度　　（B）伸长率　　（C）屈服强度　　（D）冲切韧性

题解：屈服强度是设计时强度取值的依据，抗拉强度是结构的安全储备，伸长率是钢材塑性的反映，冲击韧性是钢材强度和塑性的综合指标。请参见5.2.1小节及该小节对考题（2012-48）的视频讲解，视频二维码y501。

答案：C。

5-7　同种牌号的碳素钢中，质量等级最高的是（　　）（2011-48）

（A）A级　　（B）B级　　（C）C级　　（D）D级

题解：《钢结构设计标准》推荐采用的碳素钢是Q235钢（按质量由低到高的顺序分A、B、C、D四个等级），见5.2.1小节。

答案：D。

5-8　Q235钢材型号中的“235”表示钢材的哪种强度？（2010-55）

（A）屈服强度　　（B）极限强度　　（C）断裂强度　　（D）疲劳强度

题解：钢材牌号Q后的数字代表抗拉屈服强度标准值（厚度或直径不大于16mm的钢板和圆钢）。

请参见 5.2.1 小节。

答案：A。

5-9 抗震钢结构构件不宜采用下列哪种钢材？（2014-55）

（A）Q345A　（B）Q345B　（C）Q235C　（D）Q235D

题解：不论是碳素钢还是低合金钢，质量等级中的 A 级都是质量最差的。《抗震规范》3.9.3 条 3 款规定："钢结构的钢材宜采用 Q235 等级 B、C、D 的碳素钢及 Q345 等级 B、C、D、E 的低合金钢；当有可靠依据时，尚可采用其他钢种和钢号"。

答案：A。

5-10 下列哪一项与钢材可焊性有关？（2005-65）

（A）塑性　（B）韧性　（C）冷弯性能　（D）疲劳性能

题解：冷弯试验不仅能直接检验出钢材的塑性性能，同时还能暴露出钢材内部的冶金缺陷，在一定程度上还可以反映出钢材可焊性的好坏。请参见 5.2.1 小节和 5.2.2 小节之 4 对（2010-58）题的视频讲解视频二维码 y502。

答案：C。

5-11 关于钢材的选用，错误的说法是（　　）。

（A）需验算疲劳的焊接结构的钢材应具有冲击韧性的合格保证

（B）需验算疲劳的非焊接结构的钢材可不具有冲击韧性的合格保证

（C）对焊接结构尚应具有碳当量的合格保证

（D）焊接承重结构的钢材应具有冷弯试验的合格保证

题解：《钢结构设计标准》用强制性条文规定：

4.3.2 承重结构所用的钢材应具有屈服强度、抗拉强度、断后伸长率和硫、磷含量的合格保证，对焊接结构尚应具有碳当量的合格保证。焊接承重结构以及重要的非焊接承重结构采用的钢材应具有冷弯试验的合格保证；对直接承受动力荷载或需验算疲劳的构件所用钢材尚应具有冲击韧性的合格保证。

对照这一条文：A 对、B 错，**"对直接承受动力荷载或需验算疲劳的构件所用钢材尚应具有冲击韧性的合格保证"**，规定中的"构件"包括了"非焊接结构构件"；C 对，**"对焊接结构尚应具有碳当量的合格保证"**；D 对，**"焊接承重结构以及重要的非焊接承重结构采用的钢材应具有冷弯试验的合格保证"。**

答案：B。

5-12 在普通碳素钢的化学成分中，碳含量增加，则钢材的（　　）（2011-49）

（A）强度提高，塑性、韧性降低　（B）强度提高，塑性、韧性提高

（C）强度降低，塑性、韧性降低　（D）强度降低，塑性、韧性提高

题解：碳对钢材强度、塑性、韧性和可焊性起决定性作用。随着碳含量增加，钢材强度提高，但其塑性、冷弯性能、冲击韧性降低，可焊性变差。见 5.2.2 小节之 1。

答案：A。

5-13 关于碳含量增加对钢材的影响，下列说法正确的是（　　）（2013-45）

（A）强度提高，可焊性降低　（B）强度降低，可焊性降低

（C）强度提高，可焊性提高　（D）强度降低，可焊性提高

题解：碳对钢材强度、塑性、韧性和可焊性起决定性作用。随着碳含量增加，钢材强度提高，但其塑性、冷弯性能、冲击韧性降低，可焊性变差。见 5.2.2 小节之 1。

答案：A。

5-14 在焊接钢结构中，钢材的碳当量宜控制在(　　)以下。

(A) 0.25%　　(B) 0.35%　　(C) 0.45%　　(D) 0.55%

题解：《钢结构设计标准》4.3.2 条文说明（已摘录于 5.2.2 小节之 1）规定："在焊接结构中，建筑钢的焊接性能主要取决于碳当量，碳当量宜控制在 0.45%以下"。

答案：C。

5-15 随着钢板板材厚度的增加，下列说法正确的是(　　)(2014-49)

(A) 钢材的强度降低　　(B) 钢材的弹性模量增大

(C) 钢材的线膨胀系数增大　　(D) 钢材的 Z 向性能增强

题解：A 对，薄板因辊轧次数多，强度比厚板略高，塑性及冲击韧性也比较好；反过来，后板因辊轧次数少，强度比薄板略低，塑性及冲击韧性也比较差。更详细的解释请看 5.2.2 小节之 4 及视频 y502。

答案：A。

5-16 下列关于钢材性能的评议，哪一项是正确的？(2006-64)

(A) 抗拉强度与屈服强度比值越小，越不容易产生脆性断裂

(B) 建筑钢材的焊接性能主要取决于碳含量

(C) 非焊接承重结构的钢材不需要硫、磷含量的合格保证

(D) 钢材冲击韧性不受工作温度变化影响

题解：A 错，抗拉强度 f_u 与屈服强度 f_y 的比值 f_u/f_y 越小，意味着曲强比 f_y/f_u 越大，亦即屈服强度越接近抗拉强度，屈服平台变小，塑性性能变差。故许多规范条文对曲强比 f_y/f_u 都有相应的限制，例如《抗震规范》用强制性条文 3.9.2 条 3 款之 1 规定：**"1) 钢材的屈服强度实测值与抗拉强度实测值的比值不应大于 0.85"**。B 对，钢材的可焊性主要取决于它的化学组成，而其中影响最大的是碳元素，见 5.2.2 小节之 1。C 错，见《钢结构设计标准》强制性条文 4.3.2 条（已摘录于 5.2.1 小节）。D 错，随着温度降低，钢材的屈服强度 f_y 和抗拉强度 f_u 会有所提高，而钢材的塑性、冲击韧性都会有所降低，即钢材会变脆，详见 5.2.2 小节之 2。

答案：B。

5-17 下列哪一种元素是钢材中的有害元素？(2017 考题回忆)

(A) 碳　　(B) 硅　　(C) 锰　　(D) 硫

题解：请参见 5.2.2 小节之 1。

答案：D。

5-18 下列相同牌号同一规格的钢材强度设计值中，哪三项取值相同？(2005-64)

Ⅰ抗拉　Ⅱ抗压　Ⅲ抗剪　Ⅳ抗弯　Ⅴ端面承压

(A) Ⅰ、Ⅱ、Ⅲ　　(B) Ⅰ、Ⅱ、Ⅳ

(C) Ⅰ、Ⅳ、Ⅴ　　(D) Ⅱ、Ⅲ、Ⅴ

题解：请参见《钢结构设计规范》表 3.4.1-1（已摘录于 5.2.3 小节）。

答案：B。

5-19 现场两根 Q345B 钢管手工对接焊，应选择哪种型号的焊条与之相适应？

(A) E43　　(B) E50 或 E55　　(C) E55 或 E60　　(D) ER55

题解：见 5.3.1 小节之 1。

答案：B。

说明：D 中的 ER 表示气体保护电弧焊用焊丝。

5-20 手工焊接钢结构时，E50 型焊条适用于下列哪种钢材？（2013-46）

（A）Q235 钢　（B）Q345 钢　（C）Q390 钢　（D）Q420 钢

题解：见 5.3.1 小节之 1。

答案：B。

5-21 钢结构焊缝的质量等级分为几级？（2006-63）

（A）二　（B）三　（C）四　（D）五

题解：请参见 5.3.1 小节之 2。

答案：B。

5-22 钢材的对接焊缝能承受的内力，下列哪一种说法是准确的？（2005-108）

（A）能承受拉力和剪力　（B）能承受拉力，不能承受剪力

（C）能承受拉力、剪力和弯矩　（D）只能承受拉力

题解：对接焊缝可看成是母材的一部分，母材可以承受的拉力、剪力和弯矩，对接焊缝当然也可以承受。除抗弯强度计算略有不同之外（不考虑塑性发展），其他计算与母材相同。详见 5.3.1 之 3（1）。

答案：C。

5-23 钢结构的角焊缝有正面角焊缝、侧面角焊缝、斜焊缝以及由它们组合而成的围焊缝，关于它们的强度，正确的说法是(　　)（2018 考题回忆）

（A）侧面角焊缝强度最高　（B）正面角焊缝强度最高

（C）斜焊缝强度最低　（D）围焊缝强度最低

题解：正面焊缝强度高但塑性差，侧面焊缝强度低但塑性好，斜焊缝介乎于上两者之间；围焊缝的性质则视前面这几种焊缝所占的比例而定。详见 5.3.1 小节之 3（2）。

答案：B。

5-24 对于 Q345 钢，钢结构连接采用对接焊缝和角焊缝的抗剪强度设计值，下列哪一种说法是正确的？（2004-96）

（A）两种焊缝的强度相同　（B）对接焊缝比角焊缝强度大

（C）对接焊缝比角焊缝强度小　（D）不能比较

题解：C 对，Q345 钢对接焊缝的抗剪强度设计值 f_v^w 根据不同的钢板厚度在 155～175N/mm^2，而角焊缝强度设计值（抗拉、抗压、抗剪均相同）f_f^w 为 200N/mm^2。见《钢结构设计标准》表 4.4.5［已摘录于 5.3.1 小节之 3（2）］。

答案：C。

5-25 钢结构焊件的角焊缝在弯矩、剪力及轴力共同作用下，其强度计算方法，下列哪一种说法是正确的？（2009-85）

（A）各内力应分别进行验算

（B）剪力和轴力应叠加后进行验算

（C）弯矩和剪力应叠加后进行验算

（D）三种内力产生的应力全部叠加后进行验算

题解：A 错，不考虑三种内力的共同作用显然是不安全的。B、C 错，三种内力共同作用，仅考虑两种也是不安全的；另外，弯矩的单位是 kN·m，而剪力和轴力的单位是 kN，它们是没办法叠加的。D 对，见 5.3.1-4 关于 T 形接头在弯矩、剪力和轴力作用下的讲解。

答案：D。

5-26 普通螺栓分 A、B、C 三级，通常用于建筑工程中的为(　　)（2012-59）

(A) 级　　(B) B级　　(C) A级和B级　　(D) C级

题解：请参见 5.3.2 小节之 2 (1)。

答案：D。

5-27 高强度螺栓的物理力学性能和应用范围，下列哪一种说法是正确的？(2004-101)

(A) 高强度螺栓其受剪和受拉承载力是相等的

(B) 承压型高强度螺栓一般应用于地震区的钢结构

(C) 摩擦型高强度螺栓一般应用于非地震区的钢结构

(D) 摩擦型高强度螺栓依靠摩擦力传递剪力

题解：请参见 5.3.2 小节之 2 (2)。

答案：D。

5-28 摩擦型高强度螺栓用于承受下列哪一种内力是不正确的？(2009-82)

(A) 剪力　　(B) 弯矩　　(C) 拉力　　(D) 压力

题解：螺栓，包括摩擦型高强螺栓是不会受压的。参见对话 5.3.2-1。

答案：D。

5-29 钢构件采用螺栓连接时，其螺栓最小容许中心间距为？下列哪一个数值是正确的（d 为螺栓直径）？(2009-84)

(A) $2d$　　(B) $3d$　　(C) $4d$　　(D) $5d$

题解：《钢结构设计标准》表 11.5.2 规定螺栓的最小中心距为 3d，其一是为了施工时便于拧紧螺帽；其二是为了避免孔眼过多地削弱、影响构件的净截面承载力。

答案：B。

5-30 下列关于钢构件长细比的表述，何项正确？(2005-87)

(A) 长细比是构件长度与构件截面高度之比

(B) 长细比是构件长度与构件截面宽度之比

(C) 长细比是构件对主轴的计算长度与构件截面宽度之比

(D) 长细比是构件对主轴的计算长度与构件截面对主轴的回转半径之比

题解：长细比是构件对主轴的计算长度与构件截面对相应主轴的回转半径之比，请参见 5.4.1 小节之 1 的粗体字及例 5.4.1-1。

答案：D。

5-31 一钢压杆，容许长细比 [λ] =90，采用 Q235 钢，计算长度为 6.6m，在下列四种型号的工字钢中，如仅考虑长细比要求，选用哪一种最适宜？(2004-155)

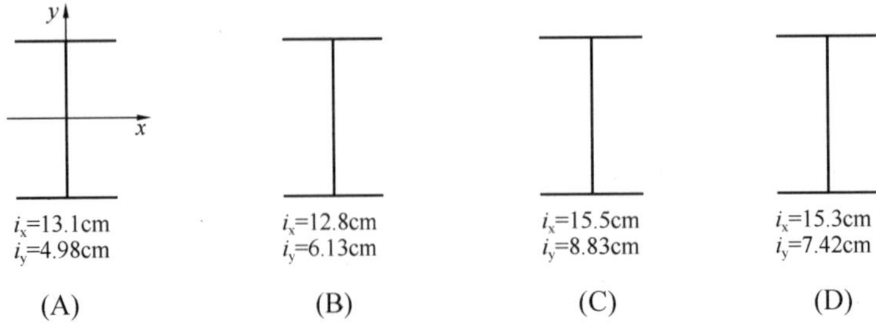

题解：按两主轴方向的计算长度均为 6.6m 考虑，具体计算如下：

(A) $\lambda_x=\frac{6600}{131}=50.4<[\lambda]=90$，$\lambda_y=\frac{6600}{49.8}=132.5>[\lambda]=90$ 对 y 轴不满足

(B) $\lambda_x=\frac{6600}{128}=51.6<[\lambda]=90$，$\lambda_y=\frac{6600}{61.3}=107.7>[\lambda]=90$ 对 y 轴不满足

(C) $\lambda_x=\frac{6600}{155}=42.6<[\lambda]=90$，$\lambda_y=\frac{6600}{88.3}=74.7<[\lambda]=90$

(D) $\lambda_x=\frac{6600}{153}=43.1<[\lambda]=90$，$\lambda_y=\frac{6600}{74.2}=88.9<[\lambda]=90$

C 项和 D 项两主轴方向均满足容许长细比的要求，C 项略保守些，选 D。

答案：D。

5-32 跨度小于 60m 的钢桁架受压构件容许长细比为（　　）

(A) 100　　(B) 150　　(C) 200　　(D) 250

题解：根据《钢结构设计标准》7.4.6 条 2 款（已摘录于 5.4.1 小节之 2），桁架压杆的容许长细比为 150。

答案：B。

补充：若该桁架的跨度等于或大于 60m，根据《钢结构设计标准》7.4.6 条 1 款（已摘录于 5.4.1 小节之 2），桁架压杆的容许长细比为 120。

5-33 钢结构中，受压构件的容许长细比 $\lambda_{压}$ 与受拉构件的容许长细比 $\lambda_{拉}$，宜符合以下哪项原则？（2003-65）

(A) $\lambda_{压}>\lambda_{拉}$　　(B) $\lambda_{压}<\lambda_{拉}$

(C) $\lambda_{压}=\lambda_{拉}$　　(D) 由拉、压应力确定

题解：构件容许长细比的规定，主要是避免构件柔度太大，在本身自重作用下产生过大的挠度和运输、安装过程中造成弯曲，以及在动力荷载作用下发生较大振动。对受压构件来说，由于刚度不足产生的不利影响远比受拉构件严重，故其长细比允许值的限制比受拉构件严。具体数值见《钢结构设计标准》7.4.6 条 1、2 款和表 7.4.7（已摘录于 5.4.1 小节之 2）。

答案：B。

5-34 对最常用的 Q235 钢和 Q345 钢，下列选用的基本原则哪项是正确的？（2010-71）（2017 考题回忆）

Ⅰ. 当构件为强度控制时，应优先采用 Q235 钢

Ⅱ. 当构件为强度控制时，应优先采用 Q345 钢

Ⅲ. 当构件为刚度或稳定性要求控制时，应优先采用 Q235 钢

Ⅳ. 当构件为刚度或稳定性要求控制时，应优先采用 Q345 钢

(A) Ⅰ、Ⅲ　　(B) Ⅰ、Ⅳ　　(C) Ⅱ、Ⅲ　　(D) Ⅱ、Ⅳ

题解：当构件为强度控制时，采用强度高的 Q345 计算出的截面较小，且 Q345 的单价比 Q235 高得不多，此时采用 Q345 钢较经济，Ⅱ对，选项 A、B 可排除。钢材的弹性模量 E 与钢材的强度等级没有关系，均为 $E=206\times10^3 N/mm^2$，故无论是构件截面抗弯刚度 EI 还是抗拉（抗压）刚度 EA，都与钢材的强度等级无关，当构件由刚度控制时，采用强度低的 Q235 略为经济、且塑性较好，Ⅲ对。稳定性问题比较复杂，更详细的解释请看本题视频。

答案：C。

5-35 关于钢结构梁柱板件宽厚比限值的规定，下列哪一种说法是不正确的？（2007-100，2004-100）

(A) 控制板件宽厚比限值，主要保证梁柱具有足够的强度

(B) 控制板件宽厚比限值，主要防止构件局部失稳

(C) 箱形截面壁板宽厚比限值，比工字形截面翼缘外伸部分宽厚比限值大

（D）Q345 钢材比 Q235 钢材宽厚比限值小

题解：A 错、B 对，控制板件的宽厚比，是为了防止构件的局部失稳。C 对，箱形截面的整体稳定性好，其局部稳定性按板件失稳的临界应力不小于屈服强度来考虑，故对板件的宽（高）厚比的限制要求比 H 形截面严。D 对，钢材强度等级越高，宽厚比限值就越小（即越严）。这样做，板件稳定的临界应力才能上得去，强度等级高的钢材的强度才能得以发挥。更详细的解释见图 5.4.2 小节。

答案：A。

以下三题的视频放在一起，在 505 中讲解。

5-36 单层钢结构厂房中钢梁一般选择下列哪种截面形式？（2010-98）

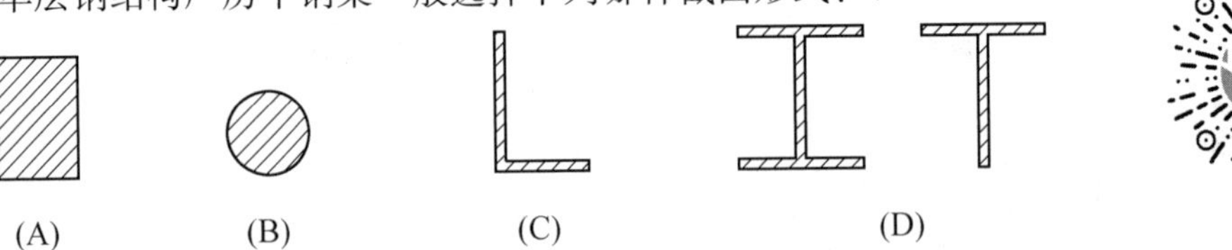

(A) (B) (C) (D)

题解：钢材的强度高，在满足板件的稳定性（即局部稳定性）的前提下，钢梁的形状应使面积的分布尽量远离截面的形心轴，以便获得较大的惯性矩、减小弯曲应力、进而提高构件的抗弯能力，所以 A、B 错。C 的截面不对称，受弯时会产生扭转，故也不合适。关于惯性矩和弯曲应力的问题，请回顾 1.4.3 小节之 2 和例 1.5.2-2。

答案：D。

5-37 工字形截面钢梁，假定其截面高度和截面面积固定不变，下列 4 种截面设计中抗剪承载能力最大的是（　　）（2012-118）

（A）冀缘宽度确定后，翼缘厚度尽可能薄

（B）冀缘宽度确定后，腹板厚度尽可能薄

（C）翼缘厚度确定后，翼缘宽度尽可能大

（D）翼缘厚度确定后，腹板厚度尽可能薄

题解：见视频讲解。

答案：A。

5-38 某楼面独立轧制工字钢梁不能满足抗弯强度的要求，为满足要求所采取的以下措施中哪项不可取？（2011-63）（2018 考题回忆）

（A）加大翼缘宽度　　（B）加大梁高度

（C）加大翼缘厚度　　（D）加大腹板厚度

题解：见视频讲解。

答案：D。

5-39 简支工字钢梁在均布荷载作用下绕强轴的弯矩设计值为 $M_x=89.2\text{kN}\cdot\text{m}$，钢材牌号为 Q235，$f=215\text{N/mm}^2$，抗弯强度验算时不考虑截面塑性发展系数，至少应选用下列哪一种型号的工字钢？（2005-107）

（A）I25a（净截面模量 401.4cm^3）　　（B）I25b（净截面模量 422.2cm^3）

（C）I28a（净截面模量 508.2cm^3）　　（D）I28b（净截面模量 534.4cm^3）

题解：钢梁单向受弯的验算公式为：$\dfrac{M_x}{\gamma_x W_{nx}}\leqslant f$，$\gamma_x$ 为截面塑性发展系数，是允许截面达到屈服的部位可以向内发展一定深度而使抗弯承载力有一定程度提高的系数，根据不同情况，其值分别为

1.05，1.20 和 1.0。当 $\gamma_x=1.0$ 时，就相当于不考虑截面塑性发展系数，此时截面应力计算与 1.5.1 小节介绍的方法是一样的，读者不妨回顾一下。将上式移项：

$$W_{nx}\geqslant\frac{M_x}{\gamma_x f}=\frac{89.2\times10^6}{1.0\times215}=414.9\times10^3\text{mm}^3=414.9\text{cm}^3$$

选工 25b，$W=422.2\text{cm}^3>414.9\text{cm}^3$

答案：B。

拓展：

【2019 年某回忆题】简支工字形截面钢梁，型号 I28a，$I=7115\text{cm}^4$，Q235B 钢，$f=215\text{N/mm}^2$，不考虑塑性发展系数，在均布荷载作用下绕强轴的抗弯承载力设计值 M_x 为(　　)。

(A) 455kN·m　(B) 109kN·m　(C) 153kN·m　(D) 219kN·m

题解：不考虑塑性发展系数，即 $\gamma_x=1.0$，I28a 工字钢高 280mm，强轴到上下边沿的距离均为 280/2=140mm

$M_x=\gamma_x f w_{nx}=1.0\times215\times7115\times10^4/140=109\times10^6\text{N}\cdot\text{mm}=109\text{kN}\cdot\text{m}$

答案：B

5-40　一工字形截面钢梁，作用于通过腹板中心线的主平面上的考虑抗震组合的弯矩设计值为 450kN·m，$f=315\text{N/mm}^2$，构件承载力抗震系数为 0.75，忽略截面塑性发展系数及开孔，按强度设计，下列四种截面哪一种是最经济的选择？(2004-153)

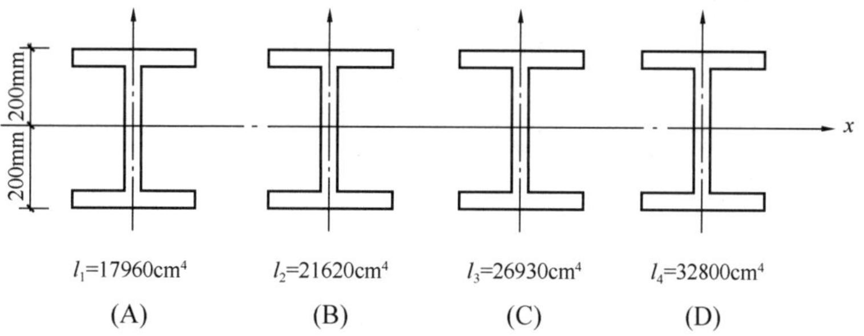

题解：由 $\frac{M_x}{\gamma_x W_{nx}}\leqslant\frac{f}{\gamma_{RE}}$，得 $W_{nx}\geqslant\frac{\gamma_{RE}M_x}{\gamma_x f}=\frac{0.75\times450\times10^6}{1.0\times315}=1.071\times10^6\text{mm}^3$

于是：$I_x=yW_{nx}\geqslant200\times1.071\times10^6=214\times10^6\text{mm}^4=21400\text{cm}^4$

答案：B。

以下两题的视频放在一起，在 506 中讲解。

5-41　钢构件承载力计算时，下列哪种说法错误？(2011-75)

(A) 受弯构件不考虑稳定性　(B) 轴心受压构件应考虑稳定性

(C) 压弯构件应考虑稳定性　(D) 轴心受拉构件不考虑稳定性

题解：5.1 节第 2 自然段末句曾提及："在钢结构设计中，有压应力存在的构件除需满足强度的要求外，还需满足**整体稳定和局部稳定的要求**"。B、C 有"压"字，显然要考虑稳定性；A 错，构件受弯时，其截面必然是一部分受压、另一部分受拉，故同样也需考虑稳定性，见图 5.5.2-1 和图 5.5.3-1。

更详细的解释见视频。

答案：A。

5-42　钢结构构件的稳定性计算中，下列说法错误的是(　　)(2012-68)

(A) 工字形截面受弯构件应考虑整体稳定 (B) 箱形截面受弯构件可不考虑整体稳定

(C) 工字形截面压弯构件应考虑稳定　　(D) 十字形截面压弯构件应考虑稳定

题解：在5.1节第2自然段曾指出：**"在钢结构设计中，有压应力存在的构件除需满足强度的要求外，还需满足整体稳定和局部稳定的要求"**。A、B是受弯构件，其截面总是一部分受压、另一部份受拉，截面有压应力；C、D是压弯构件，顾名思义，截面肯定有压应力。所以A、B、C、D均需考虑稳定问题（包括整体稳定和局部稳定）。在一般情况下，箱形截面受弯构件的整体稳定容易满足。但"容易满足"不等于"肯定满足"、不等于"不用考虑"。

更详细的解释见视频。

答案：B。

5-43　与钢梁整浇的混凝土楼板的作用是（　　）。(2007-84，2006-89)

(A) 仅有利于钢梁的整体稳定

(B) 有利于钢梁的整体稳定和上翼缘稳定

(C) 有利于钢梁的整体稳定和下翼缘稳定

(D) 有利于钢梁的整体稳定和上、下翼缘稳定

题解：组合梁的现浇混凝土楼板通过栓钉等抗剪连接件与钢梁上翼缘连成一体（见图5.5.5-2），提高了钢梁上翼缘板件的稳定性。当钢梁上翼缘为受压翼缘时，现浇混凝土楼板又给受压翼缘提供了很密的侧向支撑；当钢梁下翼缘为受压翼缘时，现浇混凝土楼板又可以通过隅撑给下面的受压翼缘提供侧向支撑；这都对钢梁的整体稳定性有利。

答案：B。

5-44　提高H形钢梁整体稳定性的有效措施之一是（　　）。(2007-63)

(A) 加大受压翼缘宽度　　(B) 加大受拉翼缘宽度

(C) 增设腹板加劲肋　　(D) 增加构件的长细比

题解：加宽受压翼缘有利于整体稳定，见5.5.2小节之1③。

答案：A。

5 45　在钢结构设计中，对工字型钢梁通常设置横向加劲肋（见附图），下列关于横向加劲肋主要作用的表述，何项正确？(2006-87)

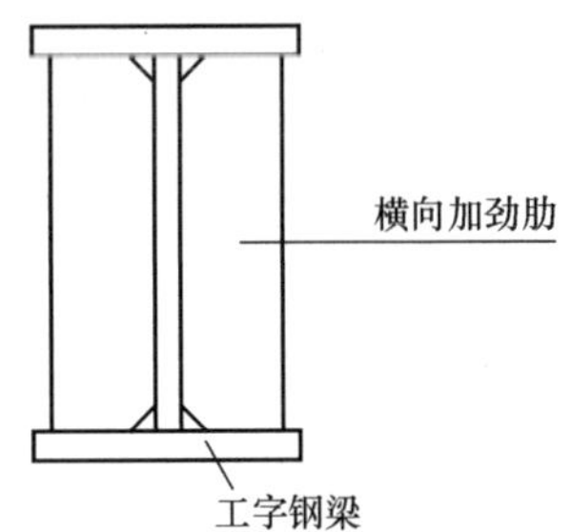

Ⅰ　确保结构的整体稳定

Ⅱ　确保钢梁腹板的局部稳定

Ⅲ　确保钢梁上、下翼缘的局部稳定

Ⅳ　有利于提高钢梁的抗剪承载力

(A) Ⅰ、Ⅱ　　(B) Ⅱ、Ⅲ　　(C) Ⅱ、Ⅳ　　(D) Ⅲ、Ⅳ

题解：请参见5.5.3小节之2，横向加劲肋的主要作用是防止由剪应力和局部压应力引起的腹板失稳，故能起到保证钢梁腹板的局部稳定和提高钢梁抗剪承载力的作用。

答案：C。

5-46　钢结构焊接梁的横向加劲肋板与翼缘板和腹板相交处应切角，其目的是（　　）(2014-65)

(A) 防止角部虚焊　　(B) 预留焊接透气孔

(C) 避免焊缝应力集中　　(D) 便于焊工施焊

题解：请参见图5.5.3 (e)

答案：C

5-47　附图所示为钢梯，下列对踏步板作用的表述的组合，何者最准确？(2005-89)

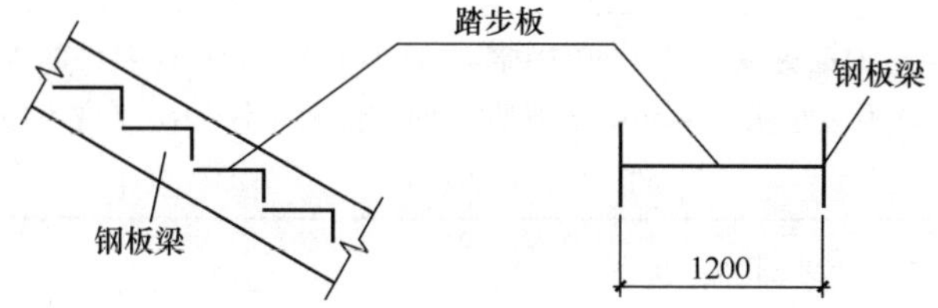

Ⅰ　承受踏步荷载　　Ⅱ　有利于钢板梁的整体稳定

Ⅲ　有利于提高两侧钢板梁的承载力　　Ⅳ　有利于两侧钢板梁的局部稳定

(A) Ⅰ、Ⅲ　(B) Ⅰ、Ⅱ　(C) Ⅰ、Ⅱ、Ⅲ　(D) Ⅰ、Ⅱ、Ⅲ、Ⅳ

题解：踏步板不仅可以承受踏步荷载，而且作为钢板梁的侧向支撑，有利于提高钢板梁的整体稳定性；作为钢板梁腹板的加劲肋，有利于提高钢板梁的局部稳定性；进而提高了钢板梁的承载力。

答案：D。

5-48　引起钢材疲劳破坏的因素有哪些？(2001-65)

Ⅰ. 钢材强度　　Ⅱ. 承受的荷载成周期性变化

Ⅲ. 钢材的外部形状尺寸突变　　Ⅳ. 材料不均匀

(C) Ⅰ、Ⅱ　(B) Ⅱ、Ⅲ、Ⅳ　(C) Ⅰ、Ⅱ、Ⅳ　(D) Ⅰ、Ⅱ、Ⅲ、Ⅳ

题解：A 错，《钢结构设计标准》16.1.3 条的条文说明指出："可以认为所有类别的容许应力幅都与钢材静力强度无关，即疲劳强度所控制的构件，采用强度较高的钢材是不经济的"。B、C、D 对，见 5.5.4 小节。

答案：B。

5-49　采用同类钢材制作的具有相同截面积、相同高度（h）和腹板厚度，但翼缘宽度不等的三种钢梁，当钢梁与上翼缘混凝土楼板整浇时，钢梁跨中截面的抗弯承载力大小顺序为下列何项？（提示：混凝土强度、钢梁与楼板的连接、钢梁的稳定性均有保证）(2006-88)

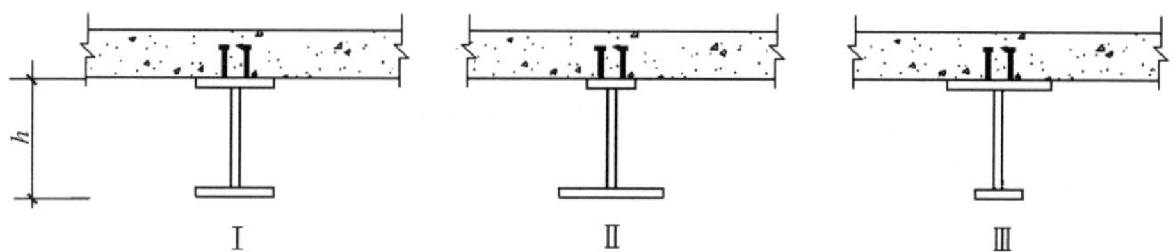

(A) Ⅰ＞Ⅱ＞Ⅲ　(B) Ⅰ＞Ⅲ＞Ⅱ　(C) Ⅲ＞Ⅱ＞Ⅰ　(D) Ⅱ＞Ⅰ＞Ⅲ

题解：请参见 5.5.5 小节。

答案：D。

5-50　压型钢板组合楼盖，钢梁上设置的栓钉顶面的混凝土保护层厚度不应小于下列哪一个数值？(2010-77)

(A) 10mm　(B) 15mm　(C) 20mm　(D) 25mm

题解：关于组合楼盖的抗剪连接栓钉，《钢结构设计标准》规定：

> **14.7.4**　抗剪连接件的设置应符合下列规定：
>
> **1**　圆柱头焊钉连接件钉头下表面或槽钢连接件上翼缘下表面与翼板底部钢筋顶面的距离 h_{e0} 不宜小于 30mm；
>
> **2**　连接件沿梁跨度方向的最大间距不应大于混凝土翼板（包括板托）厚度的 3 倍，且不大

于 300mm；连接件的外侧边缘与钢梁翼缘边缘之间的距离不应小于 20mm；连接件的外侧边缘到昆凝土翼板边缘间的距离不应小于 100mm；连接件顶面的混凝土保护层厚度不应小于 15mm。

题目中的栓钉就是条文中的连接件，详见图 5.6.6-1。

答案：B。

5-51 某单跨钢框架如附图所示，问柱截面下列四种布置中何种最为合适（提示：不考虑其他专业的要求，钢梁钢柱稳定有保证，各柱截面面积相等）?（2005-88）

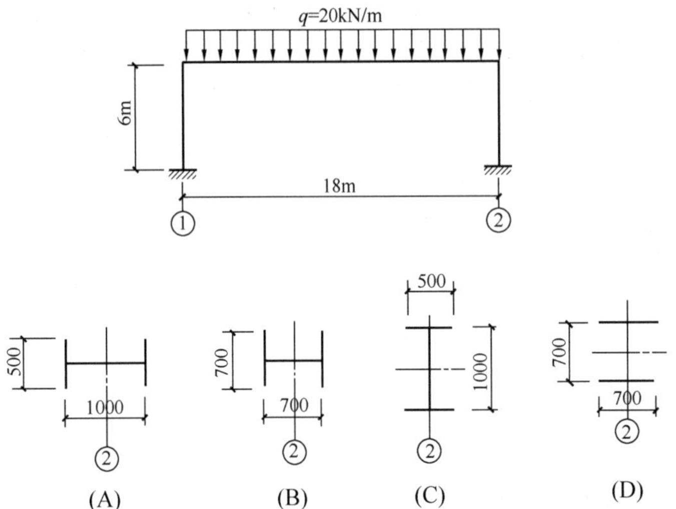

题解：附图所示框架结构在竖向荷载作用下，柱在框架平面内有弯矩，是单向弯曲压弯构件。题给的条件是“钢梁钢柱稳定有保证”（这包括了弯矩作用平面内和弯矩作用平面外的整体稳定性，也包括了板件的局部稳定性），故从强度条件出发，强轴受弯有利，而且强轴的惯性矩越大越有利。请参见 5.5.6 小节。

答案：A。

5-52 设防烈度为 8 度的单层钢结构厂房，正确的抗侧力结构体系是（　　）（2014-76）

(A) 横向采用钢接框架，纵向受用铰接框架

(B) 横向采用铰接框架，纵向受用刚接框架

(C) 横向采用铰接框架，纵向采用柱间支撑

(D) 横向采用柱间支撑，纵向采用刚接框架

题解：单层钢结构厂房的纵向水平力由柱间支撑和刚性系杆组成的支撑体系来承担；横向可以采用刚接框架（如 5.5.6-1 所示），也可以采用铰接框架（即排架）。请参见 5.5.6 小节。

答案：C。

5-53 钢结构柱脚在地面以下的部分应采用混凝土包裹，保护层厚度不应小于 50mm，并应使包裹混凝土高出室外地面至少：

(A) 100mm　　(B) 150mm　　(C) 200mm　　(D) 250mm

题解：见《钢结构设计标准》18.2.4 条 6 款（已摘取于 5.5.7 小节）。**注意该条款中的：“高出室内地面不应小于 50mm”和“当柱脚底面在地面以上时，柱脚底面应高出室外地面不应小于 100mm，室内地面不应小于 50mm”也是潜在的考点。**

答案：B。

5-54 下列三种类型的抗震设防高层钢结构房屋，按其适用的最大高度从小到大排列，正确的顺序为（　　）(2014-72)

(A) 框架-中心支撑、巨型框架、框架　(B) 框架、框架-中心支撑、巨型框架

(C) 框架、巨型框架、框架-中心支撑　(D) 巨型框架、框架-中心支撑、框架

题解：请参见《抗震规范》8.1.1条（已摘录于5.6.1小节）

答案：B。

5-55 已算得某栋钢筋混凝土框架结构房屋的抗震缝宽度不应小于120mm，若将其改为钢框架结构，则抗震缝宽度不应小于（　　）(2018考题回忆)

(A) 144mm　(B) 156mm　(C) 168mm　(D) 180mm

题解：钢结构比较柔，地震时侧移较大，故防震缝的宽度也应比较大。《抗震规范》规定：

> **8.1.4** 钢结构房屋需要设置防震缝时，缝宽应不小于相应钢筋混凝土结构房屋的1.5倍。

将其改为钢框架结构，则抗震缝宽度不应小：120×1.5=180mm。

答案：D。

5-56 抗震设防的钢结构房屋，下列说法正确的是（　　）(2013-102)

(A) 钢框架-中心支撑结构比钢框架—偏心支撑结构适用高度大

(B) 防震缝的宽度可较相应钢筋混凝土房屋小

(C) 楼盖宜采用压型钢板现浇钢筋混凝土组合楼板或钢筋混凝土楼板

(D) 钢结构房屋的抗震等级应依据设防分类、烈度、房屋高度和结构类型确定

题解：A错，见《抗震规范》表8.1.1（已摘录于5.6.1小节）。B错，《抗震规范》8.1.4条规定："钢结构房屋需要设置防震缝时，缝宽应不小于相应钢筋混凝土结构房屋的1.5倍"。C对，见5.6.6小节。D错，钢结构房屋的抗震等级与结构类型无关，见《抗震规范》强制性条文8.1.3条（已摘录于5.6.3小节）。

答案：C。

5-57 抗震设计的钢框架-支撑体系房屋，下列支撑形式何项不宜采用？(2014-103)

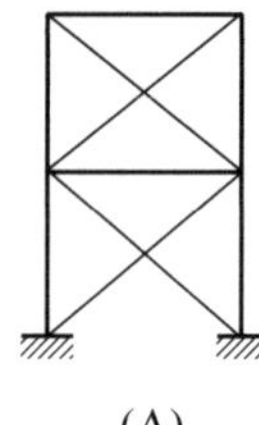

(A)

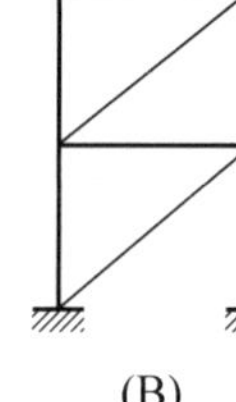

(B)

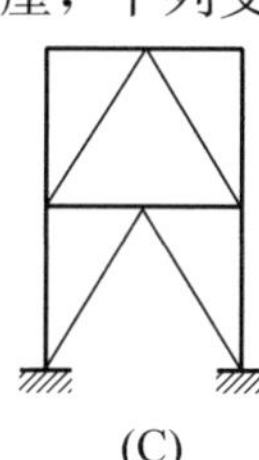

(C)

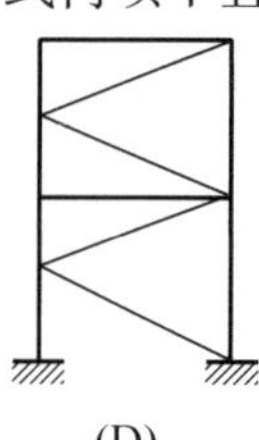

(D)

题解：图D所示的K形支撑体系在地震作用下，可能因受压斜杆屈曲（即失稳）或受拉斜杆屈服，引起较大的侧向变形，使柱发生屈曲甚至造成倒塌，故不应在抗震结构中采用。详见《钢结构高规》7.5.1条及其条文说明（已摘录于5.6.5小节之1）。

答案：D。

5-58 抗震设防的钢结构房屋，采用按压杆设计的Q235钢中心支撑时，其杆件的长细比不应大于下列哪一个数值？

(A) 80　(B) 120　(C) 150　(D) 200

题解：请参见《抗震规范》强制性条文8.4.1条的表8.4.1（已摘录于5.6.5小节之1）。

答案：B。

5-59 当采用钢框架—支撑结构抗震时，附图所示是哪一种支撑形式？(2004-130)

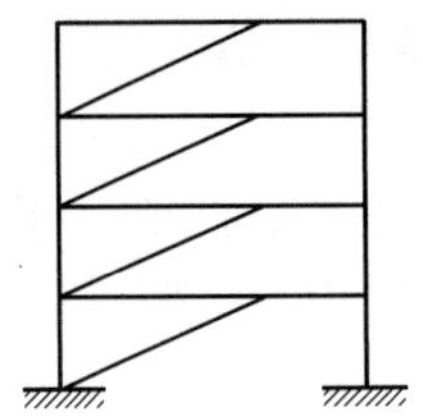

(A) 单斜杆支撑 (B) K形支撑 (C) V形支撑 (D) 偏心支撑

题解：A、B、C属于中心支撑，见《钢结构高规》7.5.1条（已摘录于5.6.5小节之1）。D对，见《抗震规范》8.1.6条文说明中的示意图（已摘录于5.6.5小节之2）。**本题容易错选A，因为题给的图中的确出现了“单斜杆”。**

答案：D。

5-60 在地震区，高层钢框架的支撑采用焊接H型组合截面时，其翼缘和腹板应采用下列哪一种焊缝连接？(2010-78)

(A) 普通角焊缝 (B) 部分熔透角焊缝 (C) 塞焊缝 (D) 坡口全熔透焊缝

题解：高层钢框架的支撑是重要的抗侧力构件，其翼缘和腹板应采用力性能最好的坡口全熔透焊缝连接。坡口全熔透焊缝的形状见图5.3.1.1-1（a）和（c）。

答案：D。

5-61 钢框架柱的抗震设计，下列哪一项要求是不恰当的？(2003-130)

(A) 控制柱轴压比 (B) 按强柱弱梁要求计算

(C) 控制柱长细比 (D) 控制柱板件宽厚比

题解：A是针对钢筋混凝土柱，其目的是为了防止钢筋混凝土柱发生小偏压脆性破坏。钢框架柱无轴压比一说。B、C、D都是在钢框架柱的抗震设计时需考虑的，请参见5.6.7小节之1、2以及摘录于这部分的《抗震规范》8.3.1条和8.3.2条。

答案：A。

5-62 在地震区，钢框架梁与柱的连接构造，下列说法错误的是（ ）(2013-66，2012-66，2011-85，2010-96)

(A) 宜采用梁贯通型

(B) 宜采用柱贯通型

(C) 柱在两个互相垂直的方向都与梁刚接时，宜采用箱形截面

(D) 梁翼缘与柱翼缘间应采用全熔透坡口焊缝

题解：A错、B对，见《抗震规范》8.3.4条1款。C对，见《抗震规范》8.3.4条2款。D对，见《抗震规范》8.3.4条3款之1。题解引用的规范条文已摘录于5.6.8小节之3。

答案：A。

5-63 钢框架梁与钢柱刚性连接时，下列连接方式错误的是（ ）(2012-63)

(A) 柱在梁翼缘对应位置应设置横向加劲肋（隔板）

(B) 钢梁腹板与柱宜采用摩擦型高强度螺栓连接

(C) 悬臂梁段与柱应采用全焊接连接

(D) 钢梁翼缘与柱应采用角焊缝连接

题解：A对、D错，见《抗震规范》8.3.4条3款之2。B对，见《抗震规范》8.3.4条3款之3。C对，见《抗震规范》8.3.4条4款。题解引用的规范条文已摘录于5.6.8小节之3。

答案：D。

5-64 钢结构框架柱节点板与钢梁腹板连接采用的摩擦型连接高强度螺栓，主要承受( )(2014-66)

(A) 扭矩　　(B) 拉力　　(C) 剪力　　(D) 压力

题解：C对，梁的剪力主要通过腹板上的摩擦型高强度螺栓传与事先焊接在柱翼缘上的连接件，再传给柱子。见《抗震规范》8.3.4条附图（已摘录于5.6.8小节之3）。

答案：C。

5-65 某多层钢框架房屋的屋顶采用轻质楼盖，平面布置见附图，图中交叉线是( )。(2007-80)

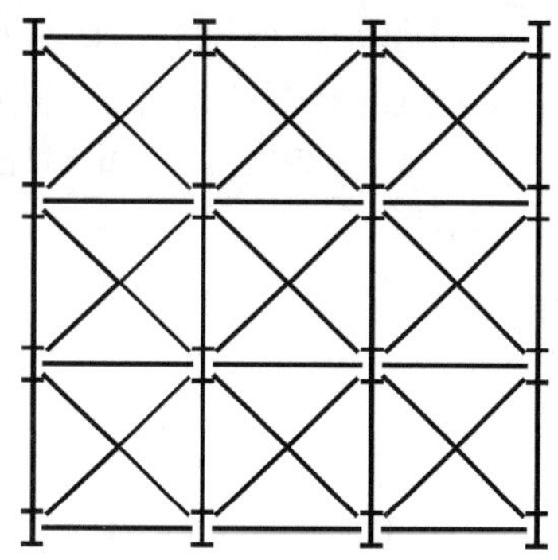

(A) 提高结构抗侧刚度的竖向支撑

(B) 提高楼盖平面内刚度、加强楼盖整体性的水平支撑

(C) 保证框架梁局部稳定的竖向支撑

(D) 保证框架梁局部稳定的水平支撑

题解：请参见5.6.6小节。

答案：B。

5-66 下列高层建筑钢构件除锈方式中，哪一种不应采用？(2011-73)

(A) 钢丝刷除锈　　(B) 动力工具除锈

(C) 喷砂除锈　　(D) 稀酸清洗除锈

题解：见5.7.1小节。其中第2自然段提及“表面除锈的方法主要有：手动工具除锈，动力工具除锈和喷射除锈。过去还有一种酸洗除锈方法，主要用在大型机械加工厂中处理一些小型钢构件，现代钢结构的形状复杂，形体较大，且涂覆的材料多种多样，酸洗除锈方法已经不再适用了”。

答案：D。

5-67 为防止普通钢结构生锈腐蚀而影响其强度，下列几种措施中哪一种最不可取？(2011-72)

(A) 表面涂刷防锈漆　　(B) 表面做金属镀层

(C) 适当加大钢材截面厚度　　(D) 表面涂抹环氧树脂

题解：A、B、D对，它们都是很常见的钢结构防腐蚀措施。C不可取，上一轮《钢结构设计规范》8.9.1条末段指出：“除有特殊需要外，设计中一般不应因考虑锈蚀而再加大钢材截面的厚度”。2018年7月1日起实施的《钢结构设计标准》虽然没再提及这句话，但C的做法仍不可取。新《钢结构设计标准》强调“定期检查”和“定期维护”，埃菲尔铁塔就是一个很成功的例子。至于环氧树脂作为钢结构防腐蚀涂料的优点，请参见文献[18]。

答案：C。

5-68 一般情况下，下列结构防火性能的说法哪种正确？(2010-97)

(A) 纯钢结构比钢筋混凝土结构差　　(B) 钢筋混凝土结构比纯钢结构差

(C) 砖石结构比纯钢结构差　　(D) 钢筋混凝土结构与纯钢结构相似

题解：钢材不耐火，当温度超过300℃后，强度急剧下降，温度达到600℃时，钢材便进入塑性状态丧失承载能力。2001年9月11日，纽约世界贸易中心双子楼被袭倒塌。专家分析认为其实飞机并没有将大楼撞倒，而是由于飞机在撞到大楼的同时破坏了大楼钢结构上的防火涂层、并爆炸起火，使得钢结构暴露在烈火中，经受一个多小时的高温后，结构软化，强度丧失，导致倒塌。所以纯钢结构的防火性能是最差的。钢筋混凝土的钢筋包裹在混凝土里面，火灾时钢筋不会很快达到软化温度而导致结构整体破坏，其耐火性能比纯钢结构好。砖石结构的耐火性能并不亚于钢筋混凝土结构，当然也比纯钢结构好。

答案：A。

5-69 下列钢结构柱的防火保护方式中，哪项是错误的？（2011-71）

（A）厚涂型防火　　（B）薄涂型防火

（C）外包混凝上防火　　（D）外包钢丝网水泥砂浆防火

题解：《钢结构设计标准》18.1.1 条的条文说明解释“钢结构工程中常用的防火保护措施有：外包混凝土或砌筑砌体、涂覆防火涂料、包覆防火板、包覆柔性毡状隔热材料等”。外包钢丝网水泥砂浆的钢结构柱的耐火极限只能达到 0.8h，是最不可取的。

答案：D。

第6章 砌 体 结 构

6.1 概 述

砌体与混凝土都同属抗压性能好、抗拉性能差的材料，但是砌体这两方面的力学性能都比不上混凝土。另外，在混凝土中可以很方便地根据受力需要放置钢筋、克服自身抗拉性能的不足、而成为应用很广的钢筋混凝土结构；但在砌体中放置受拉钢筋比较麻烦，故不宜用于承受拉力的构件。它主要用作承受压力为主的构件，例如多层砌体结构中的墙体及其基础，跨度不大的拱桥等。

请翻到6.9节，做习题6-1

6.2 材 料

砌体由块体和砌筑砂浆两种材料组成，下面分别讨论这两种材料。

6.2.1 块体

1. 块体的种类

列入《砌体结构设计规范》[19]（以下简称《砌体规范》）的块体有烧结普通砖、烧结多孔砖、蒸压灰砂普通砖、蒸压粉煤灰普通砖、混凝土普通砖、混凝土多孔砖、混凝土砌块、轻集料混凝土砌块、空心砖和石材。

《砌体规范》对上述块体作出如下的描述：

2.1.4 烧结普通砖 fired common brick

由煤矸石、页岩、粉煤灰或黏土为主要原料，经过焙烧而成的实心砖。分烧结煤矸石砖、烧结页岩砖、烧结粉煤灰砖、烧结黏土砖等。（主规格尺寸为240mm×115mm×53mm）

2.1.5 烧结多孔砖 fired perforated brick

以煤矸石、页岩、粉煤灰或黏土为主要原料，经焙烧而成、孔隙率不大于35%，孔的尺寸小而数量多，主要用于承重部位的砖。（见图6.2.1-1）

2.1.6 蒸压灰砂普通砖 autoclaved sand-lime brick

以石灰等钙质材料和砂等硅质材料为主要原料，经坯料制备、压制排气成型、高压蒸汽养护而成的实心砖。（主规格尺寸为240mm×115mm×53mm）

2.1.7 蒸压粉煤灰普通砖 autoclaved flyash-lime brick

以石灰、消石灰（如电石渣）或水泥等钙质材料与粉煤灰等硅质材料及集料(砂等）为主要原料，掺加适量石膏，经坯料制备、压制排气成型、高压蒸汽养护而成的实心砖。（主规格尺寸为 240mm×115mm×53mm）

2.1.8 混凝土小型空心砌块 concrete small hollow block

由普通混凝土或轻集料混凝土制成，主规格尺寸为 390mm×190mm×190mm、空心率为 25%～50%的空心砌块。简称混凝土砌块或砌块。（见图 6.2.1-2）

2.1.9 混凝土砖 concrete brick

以水泥为胶结材料，以砂、石等为主要集料，加水搅拌、成型、养护制成的一种多孔的混凝土半盲孔砖或实心砖。多孔砖的主规格尺寸为 240mm×115mm×90mm、240mm×190mm×90mm、190mm×190mm×90mm 等；实心砖的主规格尺寸为 240mm×115mm×53mm、240mm×115mm×90mm 等。

P型砖
240mm×115mm×90mm

M型砖
190mm×190mm×90mm

图 6.2.1-1 烧结多孔

390mm×190mm×190mm

图 6.2.1-2 混凝土小型空心砌块

请翻到 6.9 节，做习题 6-2

2. 块体的强度等级

砌体有“承重”和“自承重”之分。“自承重砌体”多见于框架结构的填充墙，它的竖向荷载仅包括其所在楼层墙体自身的重量；“承重砌体”是砌体结构的主要组成部分，它的竖向荷载除了包括其所在楼层墙体自身的重量之外，还包括其上各层的楼（屋）盖重量以及各层的墙体重量。显然，承重砌体结构对块体的强度等级的要求比较高，《砌体规范》规定：

3.1.1 承重结构的块体的强度等级，应按下列规定采用：

1 烧结普通砖、烧结多孔砖的强度等级：MU30、MU25、MU20、MU15 和 MU10；

2 蒸压灰砂普通砖、蒸压粉煤灰普通砖的强度等级：MU25、MU20 和 MU15；

3 混凝土普通砖、混凝土多孔砖的强度等级：MU30、MU25、MU20 和 MU15；

4 混凝土砌块、轻集料混凝土砌块的强度等级：MU20、MU15、MU10、MU7.5 和 MU5；

5 石材的强度等级：MU100、MU80、MU60、MU50、MU40、MU30 和 MU20。

注：1 用于承重的双排孔或多排孔轻集料混凝土砌块砌体的孔洞率不应大于 35%；

……

请翻到 6.9 节，做习题 6-3，6-4

块体强度等级中的 MU 为英文“块体”Masonry Unit 之意。其后的数字**近似等于合格产品标准试验抗压强度的平均值**（以毛截面计，单位为 N/mm²）。例如 MU10 表示标准试验的抗压强度平均值为 9.81N/mm²，约等于 10N/mm²。块体以受压为主，但块体的表面并不十分平整，上、下面的砂浆不一定饱满而且分布的部位也不一定相同，故块体在受压砌体中也会有弯、剪和局部受压的情况，这对厚度较薄（53mm）的实心砖更为不利。因此，**块体的强度等级需综合考虑其抗压强度和抗折强度来确定，**若抗压强度合格而抗折强度不合格就得降级使用。

请翻到 6.9 节，做习题 6-5

旧《砌体规范》未对用于自承重墙的空心砖、轻质块体强度等级进行规定，由于这类砌体用于填充墙的范围越来越广，一些强度低、性能差的低劣块材被用于工程，出现了墙体开裂及地震时填充墙脆性垮塌的事故。为确保自承重墙体的安全，新《砌体规范》规定：

> **3.1.2** 自承重墙的空心砖、轻集料混凝土砌块的强度等级，以按下列规定采用：
> **1** 空心砖的强度等级：MU10、MU7.5、MU5 和 MU3.5；
> **2** 轻集料混凝土砌块的强度等级：MU10、MU7.5、MU5 和 MU3.5。

请翻到 6.9 节，做习题 6-6

6.2.2 砌筑砂浆

各类块体的砌筑对砂浆有不同的要求，因此有不同类型的砂浆。

1. 砌筑砂浆的种类及适用范围

砌筑砂浆大致可分为三类：

（1）普通砂浆（即一般的水泥砂浆和水泥石灰混合砂浆）

普通砂浆主要用于烧结普通砖、烧结多孔砖、毛料石和毛石的砌筑。蒸压灰砂普通砖和蒸压粉煤灰普通砖也可以用普通砂浆砌筑，但由于蒸压普通砖表面光滑，与砂浆粘结力差，砌体沿灰缝抗剪强度低，对抗震十分不利。

（2）蒸压灰砂普通砖、蒸压粉煤灰普通砖专用砌筑砂浆

这类砂浆的特点是粘结强度高，克服了蒸压普通砖表面光滑、砌体沿灰缝抗剪强度低、抗震性能差的缺点，使蒸压普通砖得以在地震设防区推广应用。

（3）凝土砌块（砖）专用砌筑砂浆

与其他块体不同，混凝土砌块在砌筑前是不浇水的，因为浇过水的混凝土砌块以及表面明显潮湿的混凝土砌块会产生膨胀和日后干缩现象，易使墙体产生裂缝（各类砌体在砌筑前是否应浇水及如何浇水的问题将在 6.8.1 小节详细介绍）。为了使砂浆铺摊到未经浇水的混凝土砌块后，不会因失水过快而影响砂浆与砌块之间的粘结和施工操作，就要求砂浆有很好的保水性。混凝土砌块（砖）专用砌筑砂浆就是专门用来解决这个问题的，它有很好的保水性。

请翻到 6.9 节，做习题 6-7

2. 砌筑砂浆的强度等级

普通砂浆的强度等级为 M15、M10、M7.5、M5 和 M2.5。砂浆强度等级中的 M 为英文“砂浆”Mortar 的词首，其后的数字为 70.7mm×70.7mm×70.7mm 立方体标准试件的抗压强度平均值（单位为 N/mm^2）。

蒸压灰砂普通砖、蒸压粉煤灰普通砖专用砌筑砂浆的强度等级为 Ms15、Ms10、Ms7.5、Ms5.0。蒸压灰砂普通砖、蒸压粉煤灰普通砖都属于蒸压硅酸盐砖，强度等级中的 s 为英文单词蒸汽压力 Steam pressure 的第一个字母；及硅酸盐 Silicate 的第一个字母。

混凝土砌块（砖）专用砌筑砂浆的强度等级为 Mb20、Mbl5、Mb10、Mb7.5 和 Mb5。强度等级中的 b 为英文单词“砌块”或“砖”brick 的第一个字母。

【例 6.2.2-1】蒸压灰沙普通砖、蒸压粉煤灰普通砖专用砌筑砂浆强度等级不包括（　　）。(2019 年回忆题)

(A) Ms2.5　　(B) Ms5.0　　(C) Ms7.5　　(D) Ms10

题解： 专用砂浆用于吸水性能较差的灰沙砖和不能浇水的混凝土砌块的砌筑，要求有较高的和易性，故相应的强度等级就不能太低。

答案： A

各类砌体除了对砌筑砂浆的种类有相应的要求外，对砂浆的强度等级也有一定的要求。《砌体规范》规定：

> **3.1.3** 砂浆的强度等级应按下列规定采用：
>
> **1** 烧结普通砖、烧结多孔砖、蒸压灰砂普通砖和蒸压粉煤灰普通砖砌体采用的普通砂浆强度等级：M15、M10、M7.5、M5 和 M2.5；蒸压灰砂普通砖和蒸压粉煤灰普通砖砌体采用的专用砌筑砂浆强度等级：Ms15、Ms10、Ms7.5、Ms5.0；
>
> **2** 混凝土普通砖、混凝土多孔砖、单排孔混凝土砌块和煤矸石混凝土砌块砌体采用的砂浆强度等级：Mb20、Mb15、Mb10、Mb7.5 和 Mb5；
>
> **3** 双排孔或多排孔轻集料混凝土砌块砌体采用的砂浆强度等级：Mb10、Mb7.5 和 Mb5；
>
> **4** 毛料石、毛石砌体采用的砂浆强度等级：M7.5、M5 和 M2.5。
>
> 注：确定砂浆强度等级时应采用同类块体为砂浆强度试块底模。

请翻到 6.9 节，做习题 6-8，6-9

6.2.3 砌体的力学性能及计算指标

下面主要讲解砌体的受压性能，其他受力情况只介绍计算指标。

1. 受压砌体中块体和砂浆的应力分析

砌体中块体和砂浆的受力状态十分复杂。前面已经说过块体在受压砌体中也会有弯、剪和局部受压的情况，这里再谈谈块体在受压砌体中受力的另一个主要的特点：**块体在受压砌体中会出现横向拉应力。**这是由于砌体受压时，砂浆的横向膨胀变形倾向大于块体的相应倾向，但两者之间的粘结力和摩擦力妨碍它们这种步调不一致的变形倾向，其结果是：块体**出现了横向拉应力，而砂浆则处于三向受压状态。**由于块体的抗拉强度很低，故受压砌体总是先在块体上出现横向拉应力引起的竖向裂缝，这种裂缝还会随着荷载加大而上下贯通，以致将整个砌体分裂成多个细长的小柱而失稳破坏。**因而砌体抗压强度必然在**

很大程度上低于块体的抗压强度（块体抗压强度较高的特点未能充分发挥）；而砂浆则因处于三向受压状态，砌体的抗压强度有可能超过砂浆自身的抗压强度。这句话的后半部分，在验算新砌筑、砂浆尚未硬结的砌体强度和稳定性时得到了反映。此时，虽然砂浆的强度为零，但砌体却是有强度的。

2. 影响砌体抗压强度的因素 请观看2012-50题视频

（1）块体和砂浆的强度等级 块体和砂浆的强度等级是决定砌体抗压强度的主要因素，块体强度等级越高，其抗折强度就越大，它在砌体中越不容易开裂，因而能较大程度提高砌体的抗压强度。砂浆的强度等级越高，受压后的横向膨胀变形就越小、就越接近块体受压后的横向膨胀变形，使块体的横向拉应力变得越小，从而可以提高砌体的抗压强度。

601

（2）块体的厚度 块体的厚度增加，其抗折能力就会增加，故也可以提高砌体的抗压强度；但是块体的厚度增加后，会增加单个块体的重量、给工人砌筑带来不便。

（3）砂浆的和易性 砂浆的流动性（即和易性）和保水性好，容易使之铺砌成厚度和密实性都均匀的水平灰缝。砂浆层铺得均匀密实，可以降低砌体内块体的弯曲、剪切和局部压应力，从而提高砌体抗压强度。因此，用和易性较差的纯水泥砂浆砌筑的砌体抗压强度，比同强度等级的水泥石灰混合砂浆砌体的抗压强度大约低15%。

（4）砌筑的质量及灰缝的厚度 影响砌筑质量的因素是多方面的，如块体在砌筑时的含水率、工人的技术水平等。其中砂浆的水平灰缝饱满度影响最大。一般认为，砖砌体水平灰缝中砂浆的饱满程度（即砂浆层实际覆盖面积与砖水平面积之比）不得低于80%，否则将增加砌体内砖的弯曲、剪切和局部压应力。灰缝厚度以8～12mm较好（标准厚度10mm），灰缝太厚将使砖所受的横向拉应力增大，灰缝过薄又会使砂浆层不易铺得均匀平整。因而，灰缝的不饱满、太厚、过薄都将使砌体抗压强度降低。砌筑质量显然还与砌筑工人的技术水平有关，若以中等技术水平的工人砌筑的砌体强度为1，高级技术水平熟练工人砌筑的砌体强度可达1.3～1.5，而低技术水平不熟练工人仅及0.7～0.9。对此，《砌体工程施工质量验收规范》[20]对砌体施工质量控制由高到低分为A、B、C三个等级。

此外，砌体的龄期、搭缝方式、竖向灰缝填满程度、构件截面尺寸等对砌体的抗压强度也有一定的影响。

3. 规范的相应条文

上述因素在下面摘录的规范条文中得到反映。《砌体规范》规定：

3.2.1 龄期为28d的以毛截面计算的砌体抗压强度设计值，当施工质量控制等级为B级时，应根据块体和砂浆的强度等级分别按下列规定采用：

1 烧结普通砖、烧结多孔砖砌体的抗压强度设计值，应按表3.2.1-1采用。

表3.2.1-1 烧结普通砖和烧结多孔砖砌体的抗压强度设计值（MPa）

砖强度等级	砂浆强度等级					砂浆强度
	M15	M10	M7.5	M5	M2.5	0
MU30	3.94	3.27	2.93	2.59	2.26	1.15
MU25	3.60	2.98	2.68	2.37	2.06	1.05
MU20	3.22	2.67	2.39	2.12	1.84	0.94
MU15	2.79	2.31	2.07	1.83	1.60	0.82
MU10	—	1.89	1.69	1.50	1.30	0.67

注：当烧结多孔砖的孔洞率大于30%时，表中数值应乘以0.9。

3.2.2 龄期为28d的以毛截面计算的各类砌体的轴心抗拉强度设计值、弯曲抗拉强度设计值和抗剪强度设计值，应符合下列规定：

1 当施工质量控制等级为B级时，强度设计值应按表3.2.2采用：

表3.2.2 沿砌体灰缝截面破坏时砌体的轴心抗拉强度设计值、弯曲抗拉强度设计值和抗剪强度设计值（MPa）

强度类别	破坏特征及砌体种类		砂浆强度等级			
			≥M10	M7.5	M5	M2.5
轴心抗拉	沿齿缝	烧结普通砖、烧结多孔砖	0.19	0.16	0.13	0.09
		混凝土普通砖、混凝土多孔砖	0.19	0.16	0.13	—
		蒸压灰砂普通砖、蒸压粉煤灰普通砖	0.12	0.10	0.08	—
		混凝土和轻集料混凝土砌块	0.09	0.08	0.07	—
		毛石	—	0.07	0.06	0.04
弯曲抗拉	沿齿缝	烧结普通砖、烧结多孔砖	0.33	0.29	0.23	0.17
		混凝土普通砖、混凝土多孔砖	0.33	0.29	0.23	—
		蒸压灰砂普通砖、蒸压粉煤灰普通砖	0.24	0.20	0.16	—
		混凝土和轻集料混凝土砌块	0.11	0.09	0.08	—
		毛石	—	0.11	0.09	0.07
	沿通缝	烧结普通砖、烧结多孔砖	0.17	0.14	0.11	0.08
		混凝土普通砖、混凝土多孔砖	0.17	0.14	0.11	—
		蒸压灰砂普通砖、蒸压粉煤灰普通砖	0.12	0.10	0.08	—
		混凝土和轻集料混凝土砌体	0.08	0.06	0.05	—
抗剪	烧结普通砖、烧结多孔砖		0.17	0.14	0.11	0.08
	混凝土普通砖、混凝土多孔砖		0.17	0.14	0.11	—
	蒸压灰砂普通砖，蒸压粉煤灰普通砖		0.12	0.10	0.08	—
	混凝土和轻集料混凝土砌块		0.09	0.08	0.06	
	毛石		—	0.19	0.16	0.11

注：1 对于用形状规则的块体砌筑的砌体，当搭接长度与块体高度的比值小于1时，其轴心抗拉强度设计值 f_t 和弯曲抗拉强度设计值 f_{tm} 应按表中数值乘以搭接长度与块体高度比值后采用；

2 表中数值是依据普通砂浆砌筑的砌体确定，采用经研究性试验且通过技术鉴定的专用砂浆砌筑的蒸压灰砂普通砖、蒸压粉煤灰普通砖砌体，其抗剪强度设计值按相应普通砂浆强度等级砌筑的烧结普通砖砌体采用；

3 对混凝土普通砖、混凝土多孔砖、混凝土和轻集料混凝土砌块，表中的砂浆强度等级分别为：≥Mb10、Mb7.5及Mb5。

2. ……

3.2.3 下列情况的各类砌体，其砌体强度设计值应乘以调整系数 γ_a：

1 对无筋砌体构件，其截面面积小于0.3m² 时，γ_a 为其截面面积加0.7；对配筋砌体构件，当其中砌体截面面积小于0.2m² 时，γ_a 为其截面面积加0.8；构件截面面积以“m²”计；

2 当砌体用强度等级小于M5.0的水泥砂浆砌筑时，对第3.2.1条各表中的数值，γ_a 为0.9；对第3.2.2条表3.2.2中数值，γ_a 为0.8；

3 当验算施工中房屋的构件时，γ_a 为1.1。

3.2.4 施工阶段砂浆尚未硬化的新砌砌体的强度和稳定性，可按砂浆强度为零进行验算。

对于施工质量控制等级为 A 级的砌体，《砌体规范》解释：

> 4.1.1～4.1.5 条文说明：……
> ……当采用 A 级施工质量控制等级时，可将表中砌体强度设计值提高 5%。……

小静：规范中各类砌体的轴心抗拉强度设计值、弯曲抗拉强度设计值和抗剪强度设计值似乎与块体强度等级无关，为什么？

袁老师：小波，你来回答这个问题，好吗？

小波：好的，因为规范给出的这几种强度设计值都是指沿砌体灰缝截面破坏时的情况。但为什么规范没有给出沿块体截面破坏时的指标呢？

袁老师：回答得好！问得也好！前一轮规范有沿块体截面破坏时的轴心抗拉和弯曲抗拉强度设计值指标。但上一轮规范和现行规范提高了块体的最低强度等级，排除了这两种破坏发生在块体截面的可能性。至于抗剪的问题，砌体的剪切破坏只可能发生在灰缝截面，所以新、旧规范抗剪强度都没有块体强度等级这个参数。顺便说一下，构件的抗剪承载力不是单靠砌体的抗剪强度作贡献，截面上永久荷载压力产生的摩擦力也会来帮忙。

对话 6.2.3-1　各类砌体的轴心抗拉、弯曲和抗剪强度设计值为什么与块体强度等级无关

请翻到 6.9 节，做习题 6-10～6-14

6.3 受压构件

6.3.1 静力计算时的刚性方案、弹性方案和刚弹性方案

砌体房屋中的受压构件主要为墙和柱，它们都是轴心受压或偏心受压构件，在计算时都要考虑水平作用力的分配和构件的稳定问题，这些问题与墙、柱在房屋结构中的支承条件有关，涉及房屋空间工作的性能：是属于**刚性、弹性还是刚弹性**。

以纵墙承重、有山墙的单层房屋纵向中部的一个计算单元为例（图 6.3.1-1），它的竖向荷载基本上是按受荷面积由板传给梁、再由梁传给梁下面的墙和柱。但横向水平力的传递方式却与房屋空间工作的性能有很大的关系。对于横向水平力来说，山墙是强轴受弯，由于山墙的截面高度很大，故侧向刚度非常大，其顶面的侧向变形可以忽略不计，可以作为屋盖的侧向不动支座。而屋盖就相当于一根两端支承于山墙上、跨度为 S 的、水平放置的梁。

图（a）为山墙间距 S 较小的情况。山墙间距 S 小一点，水平力作用下计算单元处屋盖的侧向挠度就要小得多。当这个挠度小到可以忽略不计时，我们就可以认为它等于零。此时该计算单元的计算简图可以认为是柱顶有一个侧向不动约束的排架结构，约束力由山墙通过平面内刚度可视为无限大的屋盖提供，相应的静力计算方案称**"刚性方案"**。

图（c）为山墙间距 S 较大的情况。山墙间距 S 大一点，水平力作用下计算单元处屋

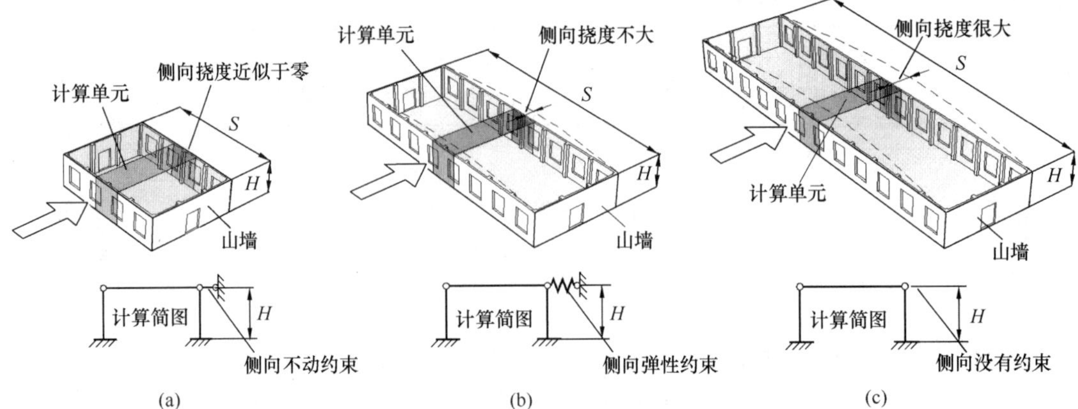

图 6.3.1-1 静力计算时的刚性方案、弹性方案和刚弹性方案

(a) 刚性方案；(b) 刚弹性方案；(c) 弹性方案

盖的侧向挠度就要大得多。当这个挠度大到与没有山墙的情况一样时，计算简图柱顶上的侧向约束就不存在了，变成一个标准的排架结构。此时的计算方案称**"弹性方案"。**

图（b）的山墙间距 S 介于上两者之间，受力和变形情况也介于上两者之间，其计算简图柱顶上有一个弹性侧向约束，约束力由山墙通过平面内可变形的楼盖提供、但不及刚性方案者大。此时的计算方案称**"刚弹性方案"。**

上述三个图形的屋盖大梁或屋架，在相应的排架计算简图中都可以视为水平方向的铰接链杆。

计算方案的确定，除了与山墙间距 S 有关之外，楼（屋）盖的类别、山墙本身的尺寸和开洞情况也是重要的影响因素。《砌体规范》规定：

4.2.1 房屋的静力计算，根据房屋的空间工作性能分为刚性方案、刚弹性方案和弹性方案。设计时，可按表 4.2.1 确定静力计算方案。

表 4.2.1 房屋的静力计算方案

	屋盖或楼盖类别	刚性方案	刚弹性方案	弹性方案
1	整体式、装配整体和装配式无檩体系钢筋混凝土屋盖或钢筋混凝土楼盖	$s<32$	$32\leqslant s\leqslant 72$	$s>72$
2	装配式有檩体系钢筋混凝土屋盖、轻钢屋盖和有密铺望板的木屋盖或木楼盖（望板即木屋面板）	$s<20$	$20\leqslant s\leqslant 48$	$s>48$
3	瓦材屋面的木屋盖和轻钢屋盖	$s<16$	$16\leqslant s\leqslant 36$	$s>36$

注：1 表中 s 为房屋横墙间距，其长度单位为 m；

2 当屋盖、楼盖类别不同或横墙间距不同时，可按第 4.2.7 条的规定确定房屋的静力计算方案；

3 对无山墙或伸缩缝处无横墙的房屋，应按弹性方案考虑。

4.2.2 刚性和刚弹性方案房屋的横墙应符合下列要求：

1 横墙中开有洞口时，洞口的水平截面面积不应超过横墙截面面积的 50%；

2 横墙的厚度不宜小于 180mm；

3 单层房屋的横墙长度不宜小于其高度，多层房屋的横墙长度不宜小于 $H/2$（H 为横墙总高度）。

注：1　当横墙不能同时符合上述要求时，应对横墙的刚度进行验算。如其最大水平位移值 $u_{max} \leqslant H/4000$ 时，仍可视作刚性或刚弹性方案房屋的横墙；

2　凡符合注 1 刚度要求的一段横墙或其他结构构件（如框架等），也可视作刚性或刚弹性方案房屋的横墙。

4.2.3　弹性方案房屋的静力计算，可按屋架或大梁与墙（柱）为铰接的、不考虑空间工作的平面排架或框架计算。

请翻到 6.9 节，做习题 6-15～6-17

6.3.2　刚性方案多层房屋的外墙可以不考虑风荷载影响的情况

刚性方案多层房屋每一层外墙的上、下楼板都是墙体的侧向不动支承边，故当满足某些条件时，外墙计算可以不考虑风荷载影响。《砌体规范》规定：

4.2.6　刚性房屋的外墙，计算风荷载时应符合下列要求：

1　……

2　当外墙符合下列要求时，静力计算可不考虑风荷载的影响：

1） 洞口水平截面面积不超过全截面面积的 2/3；

2） 层高和总高不超过表 4.2.6 的规定；

3） 屋面自重不小于 0.8kN/m²。

表 4.2.6　外墙不考虑风荷载影响时的最大高度

基本风压值（kN/m²）	层高（m）	总高（m）
0.4	4.0	28
0.5	4.0	24
0.6	4.0	18
0.7	3.5	18

注：……

请翻到 6.9 节，做习题 6-18

6.3.3　墙和柱的高厚比

墙和柱是受压构件，与钢筋混凝土受压构件和钢结构受压构件相似、都存在一个稳定问题，构件越细长、稳定性就越差。砌体受压构件的细长程度用高厚比来表示。墙、柱的高厚比 β 是指墙、柱某一方向的计算高度 H_0 与相应方向边长 h 的比值。计算高度 H_0 与构件自身的高度 H 和边界的支承条件有关，而支承条件又与静力计算的方案有关；相应方向边长 h 对无壁柱的墙指墙厚，对有壁柱的 T 形截面墙指折算厚度 h_T（下标 T 表示 T 形截面），具体计算方法从略。下面先谈谈计算高度 H_0，它与混凝土柱的计算长度类似。

1. 计算高度 H_0《砌体规范》规定：

5.1.3　受压构件的计算高度 H_0，应根据房屋类别和构件支承条件等按表 5.1.3 采用。表中的构件高度 H 应按下列规定采用：

1　在房屋底层，为楼板顶面到构件下端支点的距离。下端支点的位置，可取在基础顶面。当埋置较深且有刚性地坪时，可取室外地面下 500mm 处；

2 在房屋其他层，为楼板或其他水平支点间的距离；

3 对于无壁柱的山墙，可取层高加山墙尖高度的 1/2；对于带壁柱的山墙可取壁柱处的山墙高度。

表 5.1.3 受压构件的计算高度 H_0

房屋类别			柱		带壁柱墙或周边拉结的墙		
（有吊车的单层房屋从略）			排架方向	垂直排架方向	$S>2H$	$2H\geqslant S>H$	$S\leqslant H$
无吊车的单层和多层房屋	单跨	弹性方案	$1.5H$	$1.0H$	$1.5H$		
		刚弹性方案	$1.2H$	$1.0H$	$1.2H$		
	多跨	弹性方案	$1.25H$	$1.0H$	$1.25H$		
		刚弹性方案	$1.10H$	$1.0H$	$1.1H$		
	刚性方案		$1.0H$	$1.0H$	$1.0H$	$0.4S+0.2H$	$0.6S$

注：……

4 S——房屋横墙间距；

……

小波：袁老师，垂直排架方向的砖柱的计算高度 H_0 为什么都等于 $1.0H$，难道它们与静力计算方案无关吗？

袁老师：小静，你来回答这个问题，好吗？

小静：好的。静力计算方案是针对排架方向而言，垂直排架方向的砖柱计算高度 H_0 自然与这些方案无关。垂直排架方向就是建筑物的纵向，纵向只有柱而没有墙的话，应该设柱间支撑。而柱间支撑通过楼（屋）盖给每根柱子的上、下端都提供了纵向水平不动支撑，所以这个方向的砖柱的计算高度 H_0 都等于构件高度 H，对吗？

袁老师：说得很好！

小静：但我不明白在刚性方案中，带壁柱墙或周边拉结的墙当 $S\leqslant H$ 时，为什么计算高度 H_0 取 $0.6S$，S 为横墙间距，是水平方向的尺寸，可不是构件的高度哦！

袁老师：小波，你来回答这个问题，好吗？

小波：好的。这里的计算高度主要是为了解决墙的稳定问题，墙可以看成为板。记得钢结构的 5.4.2 小节说过："钢结构板件的厚薄是用板件的宽厚比和高厚比来衡量的。**值得注意的是：高厚比中的'高'是指截面腹板的有效高度 h_0，而不是构件的高度。**结构稳定理论表明，当构件的高度超过截面的有效高度时（钢构件都属于这种情况），构件的高度增加对板件的稳定性没有影响，板件的稳定性取决于它的宽厚比、高厚比及其边界的支承条件"。带壁柱墙或周边拉结的墙当 $S\leqslant H$ 时（如楼梯间），其稳定的影响因素就与钢构件相似，是横墙间距 S（相当于钢构件腹板的有效高度 h_0）而不是构件高度 H 在起控制作用。我说得对吗？

袁老师：完全正确，回答得非常好！再问问你们：对于弹性或刚弹性方案，为什么多跨的计算高度 H_0 都比单跨的相应值要小呢？

小静和小波：因为多跨的屋盖宽度大，在水平力作用时的侧向变形比单跨者小，对吗？

袁老师：说得对。你们都有不少进步！

对话 6.3.3-1 关于受压构件计算高度 H_0 的疑难问题

请翻到 6.9 节，做习题 6-19，6-20

2. 墙、柱的允许高厚比

限制墙、柱高厚比的目的是防止施工过程和使用阶段中的墙、柱出现过大的挠曲、轴线偏差和丧失稳定。砌体构件允许高厚比［β］的规定与受压钢构件的允许长细比［λ］的规定类似，**是从构造上保证受压构件稳定性的重要措施**，在设计之初就需要先加以考虑。《砌体规范》规定：

6.1.1 墙、柱的高厚比应按下式验算：

$$\beta = H_0/h \leqslant \mu_1\mu_2[\beta] \tag{6.1.1}$$

式中 H_0——墙、柱的计算高度；

h——墙厚或矩形柱与 H_0 相对应的边长；

μ_1——自承重墙允许高厚比的修正系数；

μ_2——有门窗洞口墙允许高厚比的修正系数；

［β］——墙、柱的允许高厚比，应按表 6.1.1 采用。

6.1.2 带壁柱墙和带构造柱墙的高厚比验算，……（带壁柱墙可增加墙厚——折算厚度，对稳定有利。构造柱对墙体有约束作用，允许高厚比［β］可乘提高系数 μ_c，这种约束作用随构造柱间距的增大而减小，间距过大时，对提高墙体刚度和稳定性的作用不大）。

注：考虑构造柱有利作用的高厚比验算不适用于施工阶段。（因为构造柱的施工顺序是“先砌墙、后浇柱”。）

6.1.3 厚度不大于 240mm 的自承重墙，允许高厚比修正系数 μ_1 应按下列规定采用：

1 墙厚为 240mm 时，μ_1 取 1.2；墙厚为 90mm 时，μ_1 取 1.5；当墙厚小于 240mm 且大于 90mm 时，μ_1 按插入法取值。

2 上端为自由端墙的允许高厚比，除按上述规定提高外，尚可提高 30%。

3 对厚度小于 90mm 的墙，当双面采用不低于 M10 的水泥砂浆抹面，包括抹面层的墙厚不小于 90mm 时，可按墙厚等于 90mm 验算高厚比。

6.1.4 对有门窗洞口的墙，允许高厚比修正系数，应符合下列要求：

1 允许高厚比修正系数，应按下式计算：

$$\mu_2 = 1 - 0.4\frac{b_s}{S} \tag{6.1.4}$$

式中 b_s——在宽度 S 范围内的门窗洞口总宽度；

S——相邻横墙或壁柱之间的距离。

2 当按公式（6.1.4）计算的 μ_2 的值小于 0.7 时，μ_3 取 0.7；当洞口高度等于或小于墙高的 1/5 时，μ_2 取 1.0。

3 当洞口高度大于或等于墙高的 4/5 时，可按独立墙段验算高厚比。

小波和小静：哎呀！上面几个表的数字这么多，怎么记得下来啊？

袁老师：不必死记硬背，找出影响墙、柱的允许高厚比的因素才是最主要的。

小波和小静：都有些什么影响因素呢？

袁老师：下面正要谈这方面的问题，你们边听、边对照规范，好吗？

小波和小静：好的。

对话 6.3.3-2 应该掌握影响墙、柱的允许高厚比的因素

3. 影响墙、柱的允许高厚比的因素

（1）**砂浆强度等级** 砂浆强度等级是影响砌体弹性模量和砌体构件刚度与稳定的主要因素，砂浆强度等级越高，砌体的稳定性就越好，允许高厚比 [β] 就越大，见《砌体规范》表 6.1.1-1。

（2）**砌体类型** 因为砌体材料和砌筑方式的不同，都将在较大程度上影响块材和砂浆间的粘结性能，进而影响砌体构件的刚度与稳定，如毛石墙的 [β] 值比普通砖墙的 [β] 值降低 20%，而组合砖砌体构件却可以提高，见《砌体规范》表 6.1.1-1 的注 1 和注 2。

（3）**带壁柱墙和带构造柱墙** 壁柱和构造柱都有利于墙体的稳定（具体计算从略）。

（4）**承重墙与自承重墙** 显然后者的 [β] 值可以比前者高，因为后者对稳定性的要求相对较低，见《砌体规范》6.1.3 条。

（5）**墙的开洞的情况** 开洞越多，墙体削弱就越严重，对稳定不利，[β] 值就要降低。

请翻到 6.9 节，做习题 6-21～6-23

6.3.4 无筋受压构件计算简介

请观看2011-60 题的视频，内容是影响受压构件承载力的因素。 602

混凝土结构和钢结构的受压构件计算都有轴心受压和偏心受压之分，但砌体结构对这两种受压构件的计算采用合二为一的方法，用一个综合考虑了高厚比 β 和轴向力偏心距 e 对受压构件承载力的影响系数 φ 来解决问题。《砌体规范》规定：

> **5.1.1** 受压构件的承载力应符合下式的要求：
>
> $$N \leqslant \varphi f A \tag{5.1.1}$$
>
> 式中 N——轴向力设计值；
>
> φ——高厚比 β 和轴向力的偏心距 e 对受压构件承载力的影响系数，（β 越大、e 越大则越不利，φ 就越小）；
>
> f——砌体的抗压强度设计值，应按本规范第 3.2.1 条采用（已摘录于 6.2.2 小节之 1）；
>
> A——截面面积。
>
> 注：1 对矩形截面构件，当轴向力偏心方向的截面边长大于另一方向的边长时，除按偏心受压计算外，还应对较小边长方向，按轴心受压进行验算；
>
> 2 受压构件承载力的影响系数 φ，可按本规范附录 D 的规定采用；
>
> 3 对带壁柱墙，当考虑翼缘宽度时，可按本规范第 4.2.8 条采用。

5.1.2 计算影响系数 φ 或查 φ 表时，构件高厚比 β 应按下列公式确定：

对矩形截面 $$\beta=\gamma_{\beta}\frac{H_0}{h} \tag{5.1.2-1}$$

对 T 形截面 ……（略）

式中 γ_{β}——不同砌体材料构件的高厚比修正系数，按表 5.1.2 采用；

H_0——受压构件的计算高度，按表 5.1.3 确定（已摘录于 6.3.3 小节之 1）；

h——矩形截面轴向力偏心方向的边长，当轴心受压时为截面较小边长；

……

表 5.1.2 高厚比修正系数 γ_{β}

砌体材料类别	γ_{β}
烧结普通砖、烧结多孔砖	1.0
混凝土普通砖、混凝土多孔砖、混凝土及轻集料混凝土砌块	1.1
蒸压灰砂砖、蒸压粉煤灰砖、细料石	1.2
粗料石、毛石	1.5

注：对灌孔混凝土砌块砌体，γ_{β} 取 1.0。

袁老师：我考考你们。计算受压构件承载力的影响系数 φ 时，在 H_0/h 相同的情况下，烧结普通砖、混凝土砌块、蒸压灰砂砖和粗料石等四种不同块体的砌体构件的高厚比 β 值，由大到小的顺序排列应该是怎样的？

小波和小静：应该是粗料石、蒸压灰砂砖、混凝土砌块和烧结普通砖砌体构件。对吗？

袁老师：说得对。再问你们：高厚比 β 值越大越有利还是越不利呢？

小波和小静：当然是越不利啰！

袁老师：回答得很好。

对话 6.3.4-1 砌体材料类别对受压构件高厚比的影响

6.4 一般构造要求

砌体结构的构造要求有很多，本节主要介绍与考题出现过的知识点相关的内容。

6.4.1 在潮湿环境中的砌体对材料的要求

《砌体规范》规定：

4.3.5 设计使用年限为 50a 时，砌体材料的耐久性应符合下列规定：

1 地面以下或防潮层以下的砌体、潮湿房间的墙或环境类别 2 的砌体，所用材料的最低强度等级应符合表 4.3.5 的规定：

表 4.3.5　地面以下或防潮层以下的砌体、潮湿房间的墙所用材料的最低强度等级

潮湿程度	烧结普通砖	混凝土普通砖、蒸压普通砖	混凝土砌块	石材	水泥砂浆
稍潮湿的	MU15	MU20	MU7.5	MU30	M5
很潮湿的	MU20	MU20	MU10	MU30	M7.5
含水饱和的	MU20	MU25	MU15	MU40	M10

注：1　在冻胀地区，地面以下或防湿层以下的砌体，不宜采用多孔砖，如采用时，其孔洞应用不低于 M10 的水泥砂浆预先灌实。当采用混凝土空心砌块时，其孔洞应采用强度等级不低于 Cb20 的混凝土预先灌实；

2　对安全等级为一级或设计使用年限大于 50a 的房屋，表中材料强度等级应至少提高一级。

2　……

说明："50a" 即 "50 年"，a 是英文 annual 的词首。

【6.4.1-2019 年某题考点】在饱和水环境中的混凝土砌块和水泥砂的最低强度等级分别为：MU15，M10。

请翻到 6.9 节，做习题 6-24，6-25

6.4.2　墙体转角处和纵横墙交接处设拉结钢筋

工程实践表明，墙体转角处和纵横墙交接处设拉结钢筋是提高墙体稳定性和房屋整体性的重要措施之一。该项措施对防止墙体温度或干缩变形引起的开裂也有一定作用。《砌体规范》规定：

6.2.2　墙体转角处和纵横墙交接处应沿竖向每隔 400mm～500mm 设拉结钢筋，其数量为每 120mm 墙厚不少于 1 根直径 6mm 的钢筋；或采用焊接钢筋网片，埋入长度从墙的转角或交接处算起，对实心砖墙每边不小于 500mm，对多孔砖墙和砌块墙不小于 700mm。

小静：袁老师，多孔砖墙和砌块墙的拉筋埋入长度比实心砖大得多，这是为什么呢？

袁老师：多孔砖墙和砌块墙的块体由于有孔，使得灰缝对拉结钢筋的锚固能力大为下降。因此，这类砌体的拉结钢筋的埋入长度比实心砖大得多，是后者的 1.4 倍。

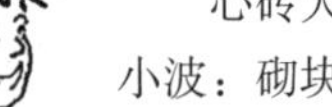

小波：砌块墙的块体也有带孔的吗？

袁老师：当然有。你回顾一下摘录于 6.2.1 小节的《砌体规范》2.1.8 条和 3.1.1 条中的注 1 就会明白。

小波：哦！我想起来了。《砌体规范》2.1.8 条提及"混凝土小型空心砌块"简称混凝土砌块"或"砌块"。

对话 6.4.2-1　拉结钢筋的埋入长度

请翻到 6.9 节，做模拟试题 6-26

6.4.3　承重的独立砖柱截面、毛石墙截面和毛料石柱截面的最小尺寸

承重的独立砖柱与墙体的壁柱不同，它的周边无依无靠、孤立无援，受轴向力偏心的

影响较大。为了限制轴向力偏心距 e 与偏心方向边长 h 的相对比值 e/h 不致过大，承重的独立砖柱的截面尺寸不能过小；毛石墙的块体形状很不规则，尺寸较小时，这种形状不规则的影响尤为显著。对此，《砌体规范》规定：

> **6.2.5** 承重的独立砖柱截面尺寸不应小于 240mm×370mm。毛石墙的厚度不宜小于 350mm，毛料石柱较小边长不宜小于 400mm。
>
> 注：当有振动荷载时，墙、柱不宜采用毛石砌体。

请翻到 6.9 节，做习题 6-27，6-28

6.4.4 防止局部受压破坏的措施

《砌体规范》规定：

> **6.2.7** 跨度大于 6m 的屋架和跨度大于下列数值的梁，应在支承处砌体上设置混凝土或钢筋混凝土垫块；当墙中设有圈梁时，垫块与圈梁宜浇成整体。
>
> **1** 对砖砌体为 4.8m；
>
> **2** 对砌块和料石砌体为 4.2m；
>
> **3** 对毛石砌体为 3.9m。
>
> **6.2.13** 混凝土砌块墙体的下列部位，如未设圈梁或混凝土垫块，应采用不低于 Cb20 灌孔混凝土将孔洞灌实：（Cb——混凝土砌块灌孔混凝土的强度等级）
>
> **1** 搁栅、檩条和钢筋混凝土楼板的支承面下，高度不应小于 200mm 的砌体；
>
> **2** 屋架、梁等构件的支承面下，长度不应小于 600mm，高度不应小于 600mm 的砌体；
>
> **3** 挑梁支承面下，距墙中心线每边不应小于 300mm，高度不应小于 600mm 的砌体。

请翻到 6.9 节，做习题 6-29～6-31

6.4.5 在砌体中留槽洞及埋设管道的规定

《砌体规范》规定：

> **6.2.4** 在砌体中留槽洞及埋设管道时，应遵守下列规定：
>
> **1** 不应在截面长边小于 500mm 的承重墙体、独立柱内埋设管线；
>
> **2** 不宜在墙体中穿行暗线或预留、开凿沟槽，无法避免时应采取必要的措施或按削弱后的截面验算墙体的承载力。
>
> 注：对受力较小或未灌孔的砌块砌体，允许在墙体的竖向孔洞中设置管线。

请翻到 6.9 节，做习题 6-32

6.4.6 防止或减轻墙体开裂的主要措施

1. 设置伸缩缝

伸缩缝主要是为了防止或减轻由于温差和砌体干缩引起的墙体竖向开裂。砌体结构房屋的楼（屋）盖多用钢筋混凝土制作，所以一般的砌体结构也称“砖混结构”。砖砌体和混凝土有许多不同的特点，其中之一就是两者的线膨胀系数差别很大。混凝土的线膨胀系数比烧结黏土砖砌体者大一倍。当温度变化幅度相同时，混凝土伸长或缩短的愿望就比烧结黏土砖砌体强烈一倍，于是同处于一幢房子内的砖墙和混凝土楼（屋）盖之间就会产生你拉我扯的对抗力，房子越长、楼盖平面内的刚度越大（即约束程度越大）、对抗力就越大，其结果就是大家都有可能被拉裂。由于混凝土楼（屋）盖有钢筋，情况较好；但砌体抗拉强度很低，情况就较为不妙。设置伸缩缝、将一座较长的房屋变成两、三个较短的单元是个不错的解决办法。另外，砌体的干缩开裂问题也只有通过设缝来解决。伸缩缝的最大间距主要取决于楼（屋）盖的约束程度和是否有保温层或隔热层，与砌体的干缩程度也有一定的关系。《砌体规范》规定：

6.5.1 在正常使用条件下，应在墙体中设置伸缩缝。伸缩缝应设在因温度和收缩变形引起应力集中、砌体产生裂缝可性能最大的地方。伸缩缝的间距可按表 6.5.1 采用。

表 6.5.1 砌体房屋伸缩缝的最大间距（m）

屋盖或楼盖类别		间距
整体式或装配整体式钢筋混凝土结构	有保温层或隔热层的屋盖、楼盖	50
	无保温层或隔热层的屋盖	40
装配式无檩体系钢筋混凝土结构	有保温层或隔热层的屋盖、楼盖	60
	无保温层或隔热层的屋盖	50
装配式有檩体系钢筋混凝土结构	有保温层或隔热层的屋盖	75
	无保温层或隔热层的屋盖	60
瓦材屋盖、木屋盖或楼盖、轻钢屋盖		100

注：1 对烧结普通砖、烧结多孔砖、配筋砌块砌体房屋，取表中数值；对石砌体、蒸压灰砂普通砖、蒸压粉煤灰普通砖、混凝土普通砖和混凝土砌块房屋取表数值乘以 0.8 的系数。

……

5 墙体的伸缩缝应与结构的其他变形缝相重合，缝宽度应满足各种变形缝的变形要求；在进行立面处理时，必须保证缝隙的变形作用。

6.5.1 条文说明：

…

表 6.5.1 设置的墙体伸缩缝，一般不能同时防止由于钢筋混凝土层盖的温度变形和砌体干缩变形引起的墙体局部裂缝。

请翻到 6.9 节，做习题 6-33

《抗震规范》3.4.5 条 3 款（摘录于 2.7 节）规定：“……当设置伸缩缝和沉降缝时，其宽度应符合防震缝的要求”。反过来，当设置防震缝和沉降缝时，其宽度也应该符合伸缩缝的要求。这就是上面《砌体规范》规定表 6.5.1 下面注 5 的意思。三缝合一的做法很常见，谁的要求都得满足。

伸缩缝的宽度与砌体的线膨胀系数有关，而伸缩缝的最大间距又与反映砌体干缩程度的收缩率有一定关系，对于不同类别砌体的这两个参数，《砌体规范》规定：

3.2.5 ……

……

3 砌体的线膨胀系数和收缩率，可按表 3.2.5-2 采用。

表 3.2.5-2 砌体的线膨胀系数和收缩率

砌体类别	线膨胀系数（10^{-6}/℃）	收缩率（mm/m）
烧结黏土砖砌体	5	−0.1
蒸压灰砂砖、蒸压粉煤灰砖砌体	8	−0.2
混凝土砌块砌体	10	−0.2
轻骨料混凝土砌块砌体	10	−0.3
料石和毛石砌体	8	—

注：表中的收缩率系由达到收缩允许标准的块体砌筑 28d 的砌体收缩率，……

从上表看出，蒸压灰砂砖、蒸压粉煤灰砖砌体的收缩率比烧结黏土砖砌体大一倍，故对它们的伸缩缝的最大间距控制要严一些，要乘 0.8 的系数（见摘录于本小节的《砌体规范》表 6.5.1 注 1）。

请翻到 6.9 节，做习题 6-34，6-35

2. 防止或减轻房屋顶层墙体裂缝的措施

小波和小静：袁老师，规范表 6.5.1 的条文说明提及：“按本表设置的墙体伸缩缝，一般不能同时防止由于钢筋混凝土屋盖的温度变形和砌体干缩变形引起的墙体局部裂缝”。为什么呢？

袁老师：那是因为房屋的屋盖夏季的温度和冬季的温度分别高于和低于顶层墙体的温度，屋盖夏季想伸长、冬季想缩短的愿望比与之相连的顶层砌体强烈得更多。

小波和小静：那怎么办呢？

袁老师：这正是下面要谈的问题，房屋顶层还需增加其他的抗裂措施。

对话 6.4.6-1 房屋顶层还需增加其他的抗裂措施

《砌体规范》规定：

6.5.2 为了防止或减轻房屋顶层墙体的裂缝，可根据情况采取下列措施：

1 屋面应设置保温、隔热层；

2 屋面保温（隔热）层或屋面刚性面层及砂浆找平层应设置分隔缝，分隔缝间距不宜大于 6m，并与女儿墙隔开，其缝宽不小于 30mm；

3 采用装配式有檩体系钢筋混凝土屋盖和瓦材屋盖；

4 在钢筋混凝土屋面板与墙体圈梁的接触面处设置水平滑动层，滑动层可采用两层油毡夹滑石粉或橡胶片等；对于长纵墙，可只在其两端的 2～3 个开间内设置，对于横墙可只在其两端各 $l/4$ 范围内设置（l 为横墙长度）；

5　顶层屋面板下设置现浇钢筋混凝土圈梁，并沿内外墙拉通，房屋两端圈梁下的墙体内宜适当设置水平钢筋；

6　……

7　顶层墙体有门窗等洞口时，在过梁上的水平灰缝内设置2～3道焊接钢筋网片或2ϕ6钢筋，并应伸入过梁两端墙内不小于600mm；

8　顶层及女儿墙砂浆强度等级不低于M5；

9　女儿墙应设置构造柱，构造柱间距不宜大于4m，构造柱应伸至女儿墙顶并与现浇钢筋混凝土压顶整浇在一起；

10　房屋顶层端部墙体内适当增设构造柱。

请翻到6.9节，做习题6-36

3. 防止或减轻房屋底层墙体裂缝的措施

与顶层正好相反，地面以下的基础是冬暖夏凉，温度变化幅度远小于其上面（即底层）的砌体，温度变化的差异必然会引起变形倾向的不一致、进而会在底层砌体与基础之间产生比较大的对抗力；另外，地面以下的砌体比较潮湿，不存在干缩变形问题，而底层砌体则不然。这都使得底层砌体容易出现裂缝。对此，《砌体规范》规定：

6.5.3　为防止或减轻房屋底层墙体裂缝，可根据情况采取下列措施：

1　增大基础圈梁的刚度；

2　在底层的窗台下墙体灰缝内设置3道焊接钢筋网片或两根直径6mm钢筋，并伸入两边窗间墙内不小于600mm；

请翻到6.9节，做习题6-37

6.5　圈梁、过梁及挑梁

6.5.1　圈梁

本小节介绍非抗震设防区圈梁的构造要求。设置圈梁是一种十分有效的抗震措施，抗震设防区圈梁的构造要求比此处介绍的更为严格，将在6.7.7小节讲解。

为增强房屋的整体刚度，防止由于地基的不均匀沉降或较大振动荷载等对房屋引起的不利影响，可在墙中设置现浇钢筋混凝土圈梁。对圈梁的构造要求，《砌体规范》规定：

7.1.1　对于有地基不均匀沉降或较大振动荷载的房屋，可按本节规定在砌体墙中设置现浇混凝土圈梁。

7.1.2　车间、仓库、食堂等空旷的单层房屋应按下列规定设置圈梁：

1　砖砌体房屋，檐口标高为5～8m时，应在檐口标高处设置圈梁一道，檐口标高大于8m时，应增加设置数量；

2　砌块及料石砌体房屋，檐口标高为4～5m时，应在檐口标高处设置圈梁一道，檐口标高大于5m时，应增加设置数量。

对有吊车或较大振动设备的单层工业房屋，除在檐口或窗顶标高处设置现浇钢筋混凝土圈梁外，尚应增加设置数量。

7.1.3　住宅、办公楼等多层砌体结构民用房屋，且层数为3层～4层时，应在底层和檐口标高处各设置一道圈梁。当层数超过4层时，除应在底层和檐口标高处各设置一道圈梁外，至少应在所有纵、横墙上隔层设置。多层砌体工业房屋，应每层设置现浇混凝土圈梁。设置墙梁的多层砌体结构房屋，应在托梁、墙梁顶面和檐口标高处设置现浇钢筋混凝土圈梁。

7.1.4　建筑在软弱地基或不均匀地基上的砌体结构房屋，除按本节规定设置圈梁外，尚应符合现行国家标准《建筑地基基础设计规范》GB 50007的有关规定。

7.1.5　圈梁应符合下列构造要求：

1　圈梁宜连续地设在同一水平面上，并形成封闭状；当圈梁被门窗洞口截断时，应在洞口上部增设相同截面的附加圈梁。附加圈梁与圈梁的搭接长度不应小于其中到中垂直间距的二倍，且不得小于1m；

2　纵横墙交接处的圈梁应有可靠的连接。刚弹性和弹性方案房屋，圈梁应与屋架、大梁等构件可靠连接；

3　钢筋混凝土圈梁的宽度宜与墙厚相同，当墙厚$h \geqslant 240$mm时，其宽度不宜小于$2h/3$。圈梁高度不应小于120mm。纵向钢筋不应少于$4\phi 10$，，绑扎接头的搭接长度按受拉钢筋考虑，箍筋间距不应大于300mm；

4　圈梁兼作过梁时，过梁部分的钢筋应按计算用量另行增配。

7.1.6　……

请翻到6.9节，做习题6-38～6-40

6.5.2　过梁

过梁有钢筋混凝土过梁、砖砌过梁等形式。下面仅介绍砖砌过梁中的砖砌平拱和钢筋砖过梁。

1. 砖砌过梁的适用范围

砖砌过梁抗弯性能差，与钢筋共同工作的效果也远不及钢筋混凝土构件。对此，《砌体规范》规定：

7.2.1　对有较大振动荷载或可能产生不均匀沉降的房屋，应采用混凝土过梁。当过梁的跨度不大于1.5m时，可采用钢筋砖过梁；不大于1.2m时，可采用砖砌平拱过梁。

请翻到6.9节，做习题6-41

2. 过梁的荷载计算

过梁既是“梁”，又是墙体的组成部分，过梁上的墙体有足够高度时、在砂浆硬结后可以起到拱的作用，将其上面的荷载（包括楼盖梁、板荷载和墙体自重）部分地传递给过梁两侧的墙体。所以在设计过梁时，恰当地确定过梁所承受的荷载十分必要。

《砌体规范》规定：

7.2.2 过梁的荷载，应按下列规定采用：

1 对砖和砌块砌体，当梁、板下的墙体高度 h_w 小于过梁的净跨 l_n 时，过梁应计入梁、板传来的荷载，否则可不考虑梁、板荷载；

2 对砖砌体，当过梁上的墙体高度 h_w 小于 $l_n/3$ 时，墙体荷载应按墙体的均布自重采用，否则应按高度为 $l_n/3$ 墙体的均布自重来采用；

3 对砌块砌体，当过梁上的墙体高度 h_w 小于 $l_n/2$ 时，墙体荷载应按墙体的均布自重采用，否则应按高度为 $l_n/2$ 墙体的均布自重采用。

请翻到 6.9 节，做习题 6-42

3. 砖砌过梁的构造要求

《砌体规范》规定：

7.2.4 砖砌过梁的构造要求应符合下列规定：

1 砖砌过梁截面计算高度内的砂浆不宜低于 Mb5、Ms5；

2 砖砌平拱用竖砖砌筑部分的高度不应小于 240mm；

3 钢筋砖过梁底面砂浆层处的钢筋，其直径不应小于 5mm，间距不宜大于 120mm，钢筋伸入支座砌体内的长度不宜小于 240mm，砂浆层的厚度不宜小于 30mm。

请翻到 6.9 节，做习题 6-43，6-44

6.5.3 挑梁

墙体中用来支承阳台板、外伸走廊板、檐口板的挑梁，是一端嵌入墙体内，一端挑出的钢筋混凝土悬挑构件。挑梁可能发生以下几种破坏形态：①挑梁倾覆力矩大于抗倾覆力矩，挑梁绕着倾覆点。发生倾覆破坏，如图 6.5.3-1 的虚线所示；②挑梁下靠近墙边小部分砌体由于压应力过大发生砌体局部受压破坏；③挑梁本身在倾覆点附近因正截面受弯承载力或斜截面受剪承载力不足引起弯曲或剪切破坏。关于挑梁的抗倾覆验算，《砌体规范》规定：

7.4.1 砌体墙中混凝土挑梁的抗倾覆，应按下列公式进行验算：

$$M_{ov} \leqslant M_r \quad (7.4.1)$$

式中：M_{ov}——挑梁的荷载设计值对计算倾覆点产生的倾覆力矩；

M_r——挑梁挑梁的抗倾覆力矩设计值。

（脚标 ov 是英文“倾覆”overturn 的头两个字母，r 是英文“抗力”resistance 的词首）

上式中的倾覆力矩 M_{ov} 越大挑梁越容易倾覆，对结构不利，故它的荷载效应基本组合要考虑可变荷载，而且各种分项系数都要往大里的取；而抗倾覆力矩 M_r 越大对抗倾覆越有利、越小对抗倾覆越不利，故在它的荷载效应基本组合**不考虑可变荷载（即分项系数取 0），永久荷载的分项系数取 0.8**（图 6.5.3-1）。

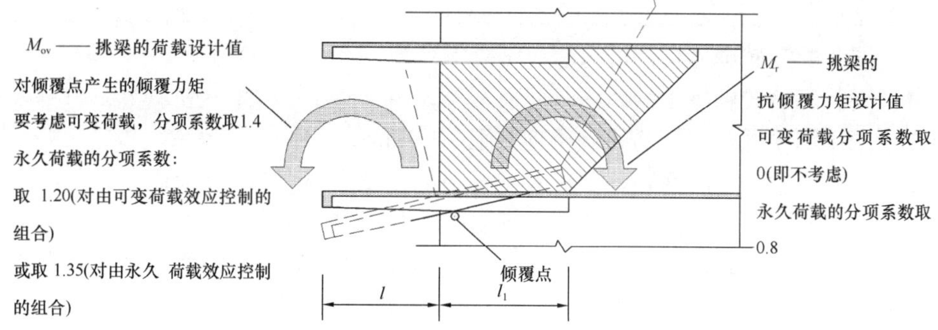

图 6.5.3-1　挑梁抗倾覆验算中各种荷载的分项系数的取值
（永久荷载的分项系数有小于 1 的情况）

关于挑梁的构造要求，《砌体规范》规定：

7.4.6　挑梁设计除应符合现行国家标准《混凝土结构设计规范》GB 50010 的有关规定外，尚应满足下列要求：

1　纵向受力钢筋至少应有 1/2 的钢筋面积伸入梁尾端，且不少于 $2\phi12$。其余钢筋伸入支座的长度不应小于 $2l_1/3$；

2　挑梁埋入砌体长度 l_1 与挑出长度 l 之比宜大于 1.2；当挑梁上无砌体时，l_1 与 l 之比宜大于 2。（条文中的符号 l_1 和 l 见图 6.5.3-1）

请翻到 6.9 节，做习题 6-45，6-46

6.6　配筋砖砌体构件简介

6.6.1　网状配筋砖砌体构件

在前面 6.2.4 小节曾谈到过：砖在受压砌体中受力时，由于砂浆的横向膨胀变形倾向大于砖的相应倾向，使得砖在竖向受压的同时还会横向受拉，受压砌体的破坏总是先从砖上出现横向拉应力引起的竖向裂缝开始，这些裂缝随着荷载加大而上下贯通，以致将整个砌体分裂成多个细长的小柱而失稳破坏。如果在受压砌体中沿竖向隔一定的距离 S_n 布置水平钢筋网，砌体的横向膨胀变形就会受到约束，承载力就会有较大幅度的提高。此时的钢筋网也起到了举重运动员的腰带作用。

《砌体规范》给出的网状配筋砖砌体示意图如下：

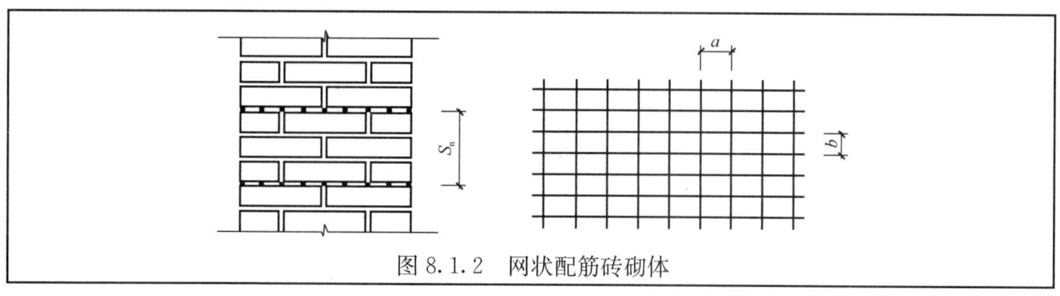

图 8.1.2　网状配筋砖砌体

关于配筋砖砌体的构造，《砌体规范》规定：

8.1.3 网状配筋砖砌体构件的构造应符合下列规定：

1 网状配筋砖砌体中的体积配筋率，不应小于 0.1%，并不应大于 1%；

2 采用钢筋网时，钢筋的直径宜采用 3～4mm；

3 钢筋网中钢筋的间距，不应大于 120mm，并不应小于 30mm；

4 钢筋网的竖向间距，不应大于五皮砖，并不应大于 400mm；

5 网状配筋砖砌体所用的砂浆强度等级不应低于 M7.5；钢筋网应设置在砌体的水平灰缝中，灰缝厚度应保证钢筋上下至少各有 2mm 厚的砂浆层。

6.6.2 砖砌体和钢筋混凝土面层或钢筋砂浆面层的组合砌体构件

当轴向压力的偏心距超过规定的限值时，没有竖向配筋砌体的承载力就难以满足要求。此时，可采用砖砌体和钢筋混凝土面层或钢筋砂浆面层组成的组合砖砌体构件。《砌体规范》给出了这类组合砖砌体构件示截面意图如下：

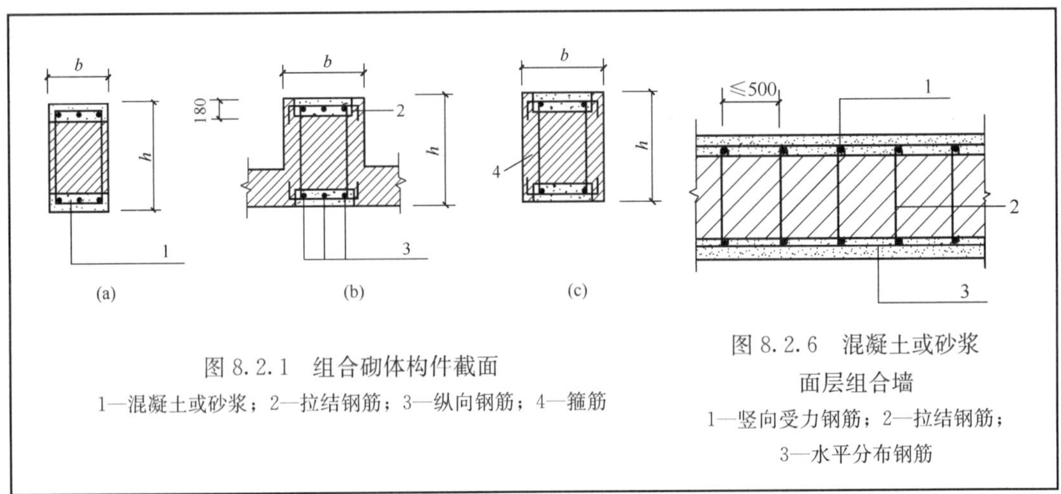

图 8.2.1 组合砌体构件截面

1—混凝土或砂浆；2—拉结钢筋；3—纵向钢筋；4—箍筋

图 8.2.6 混凝土或砂浆面层组合墙

1—竖向受力钢筋；2—拉结钢筋；3—水平分布钢筋

6.6.3 砖砌体和钢筋混凝土构造柱组合墙

钢筋混凝土构造柱加在砖砌体中，可以共同工作，提高其承载力。《砌体规范》给出了这类组合砖砌体构件截面示意图如下：

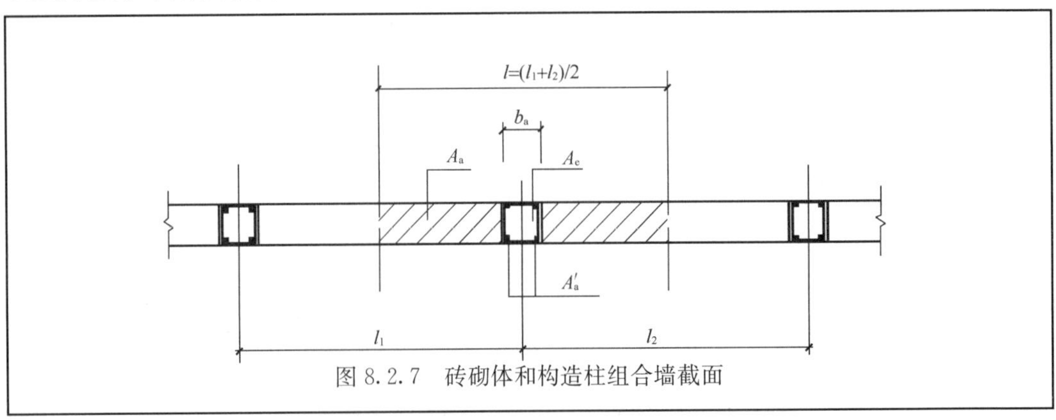

图 8.2.7 砖砌体和构造柱组合墙截面

构造柱在砌体结构抗震中起到至关重要的作用。有关构造柱的抗震设计问题将在下一小节详细讨论。

请翻到 6.9 节，做习题 6-47，6-48

6.7　砌体结构构件抗震设计

在砌体结构中，非配筋砌体应用较普遍，本节的讲述和习题除明确为配筋砌体者，均按非配筋砌体考虑。

6.7.1　多层房屋的总高度、层数和层高的限制

对于房屋高度的限制，《抗震规范》规定：

7.1　一般规定

7.1.1　本章适用于普通砖（包括烧结、蒸压、混凝土普通砖）、多孔砖（包括烧结、混凝土多孔砖）和混凝土小型空心砌块等砌体承重的多层房屋，底层或底部两层框架-抗震墙砌体房屋。

配筋混凝土小型空心砌块房屋的抗震设计，应符合本规范附录 F 的规定。

注：1　采用非黏土的烧结砖、蒸压砖、混凝土砖的砌体房屋，块体的材料性能应有可靠的试验数据；当本章未作具体规定时，可按本章普通砖、多孔砖房屋的相应规定执行；

2　本章中“小砌块”为“混凝土小型空心砌块”的简称；

3　非空旷的单层砌体房屋，可按本章规定的原则进行抗震设计。

7.1.2　多层房屋的层数和高度应符合下列要求：

1　一般情况下，房屋的层数和总高度不应超过表 7.1.2 的规定。

表 7.1.2　房屋的层数和总高度限值（m）

房屋类别		最小抗震墙厚度（mm）	烈度和设计基本地震加速度											
			6		7				8				9	
			0.05g		0.10g		0.15g		0.20g		0.30g		0.40g	
			高度	层数	高度	层数	高度	层数	高度	层数	高度	层数	高度	层数
多层砌体房屋	普通砖	240	21	7	21	7	21	7	18	6	15	5	12	4
	多孔砖	240	21	7	21	7	18	6	18	6	15	5	9	3
	多孔砖	190	21	7	18	6	15	5	15	5	12	4	—	—
	小砌块	190	21	7	21	7	18	6	18	6	15	5	9	3
底部框架-抗震墙砌体房屋	普通砖 多孔砖	240	22	7	22	7	19	6	16	5	—	—	—	—
	多孔砖	190	22	7	19	6	16	5	13	4	—	—	—	—
	小砌块	190	22	7	22	7	19	6	16	5	—	—	—	—

注：1　房屋的总高度指室外地面到主要屋面板板顶或檐口的高度，半地下室从地下室室内地面算起，全地下室和嵌固条件好的半地下室应允许从室外地面算起；对带阁楼的坡屋面应算到山尖墙的 1/2 高度处；

2　室内外高差大于 0.6m 时，房屋总高度应允许比表中的数据适当增加，但增加量应少于 1.0m；

3　乙类的多层砌体房屋仍按本地区设防烈度查表，其层数应减少一层且总高度应降低 3m；不应采用底部框架-抗震墙砌体房屋；

4　本表小砌块砌体房屋不包括配筋混凝土小型空心砌块砌体房屋。

2 **横墙较少的多层砌体房屋，总高度应比表 7.1.2 的规定降低 3m，层数相应减少一层；各层横墙很少的多层砌体房屋，还应再减少一层。**

注：横墙较少是指同一楼层内开间大于 4.2m 的房间占该层总面积的 40%以上；其中，开间不大于 4.2m 的房间占该层总面积不到 20%且开间大于 4.8m 的房间占该层总面积的 50%以上为横墙很少。

3 **6、7 度时，横墙较少的丙类多层砌体房屋，当按规定采取加强措施并满足抗震承载力要求时，其高度和层数应允许仍按表 7.1.2 的规定采用。**

4 **采用蒸压灰砂砖和蒸压粉煤灰砖的砌体的房屋，当砌体的抗剪强度仅达到普通黏土砖砌体的 70%时，房屋的层数应比普通砖房减少一层，总高度应减少 3m；当砌体的抗剪强度达到普通黏土砖砌体的取值时，房屋层数和总高度的要求同普通砖房屋。**

条文说明：砌体房屋的高度限制，是十分敏感且深受关注的规定。基于砌体材料的脆性性质和震害经验，限制其层数和高度是主要的抗震措施。

7.1.3 多层砌体承重房屋的层高，不应超过 3.6m。

底部框架-抗震墙砌体房屋的底部，层高不应超过 4.5m；当底层采用约束砌体抗震墙时，底层的层高不应超过 4.2m。

注：当使用功能确有需要时，采用约束砌体等加强措施的普通砖房屋，层高不应超过 3.9m。

为了使上述《抗震规范》条文不至于太抽象，便于理解，下面的一道例题的视频对《抗震规范》7.1.2 条 4 款有关蒸压砖砌体房屋的限高问题作了比较详细的讲解。

【例 6.7.1】抗震设防地区，烧结普通砖和砌筑砂浆的强度等级分别不应低于下列哪组数据？（2017 年考题回忆）请收看 2010-63、2011-58 和 2012-58 题视频

(A) MU7.5，M5.0　　(B) MU7.5，M7.5　　(C) MU10，M5.0　　(D) MU15，M10

题解：《砌体规范》规定：

10.1.12 结构材料性能指标，应符合下列规定：

1 砌体材料应符合下列规定：

1） 普通砖和多孔砖的强度等级不应低于 MU10，其砌筑砂浆强度等级不应低于 M5；蒸压灰砂普通砖、蒸压粉煤灰普通砖及混凝土砖的强度等级不应低于 MU15，其砌筑砂浆强度等级不应低于 Ms5（Mb5）；

2） 混凝土砌块的强度等级不应低于 MU7.5，其砌筑砂浆强度等级不应低于 Mb7.5；

3） 约束砖砌体墙，其砌筑砂浆强度等级不应低于 M10 或 Mb10；

4） 配筋砌块砌体抗震墙，其混凝土空心砌块的强度等级不应低于 MU10，其砌筑砂浆强度等级不应低于 Mb10。

答案：C

说明：请对照摘录于 6.2.1 小节的《砌体规范》3.1.1 条的 1、2、3 款，不难发现：砖砌体承重结构的对砖的最低强度等级的要求，也正是抗震设计的最低要求 MU10；再对照摘录于 6.2.2 小节的《砌体规范》3.1.3条的1款，不难发现：抗震设计时，砂浆的最低强度等级M5.0比非抗震设计的M2.5要高。也就是说抗震设计对砖强度等级没有特别的要求；但对砂浆有较高的要求。这个问题，比较多地反映在蒸压砖砌体房屋的限高上。

为了较好地消化《抗震规范》7.1.2和7.1.3条，请翻到6.9节，做习题6-49～6-57

6.7.2 多层砌体房屋总高度与总宽度的最大比值限制

多层砌体房屋中的墙体是受压构件，压力会在上、下层块体之间的水平灰缝内产生摩擦阻力。得益于这种摩擦阻力，砌体构件的抗剪承载力比受弯承载力高。震害表明，房屋的高宽比不超过一定的范围时，其破坏都呈现剪切破坏的形态。我们希望多层砌体房屋的破坏是剪切型而不是弯曲型（这一点与钢筋混凝土剪力墙截然不同），**所以设计时首先需要限制其高宽比，然后再作抗剪承载力验算。**《抗震规范》规定：

7.1.4 多层砌体房屋总高度与总宽度的最大比值，宜符合表7.1.4的要求。

表7.1.4 房屋最大高宽比

烈　度	6	7	8	9
最大高宽比	2.5	2.5	2.0	1.5

注：1 单面走廊房屋的总宽度不包括走廊宽度；
2 建筑平面接近正方形时，其高宽比宜适当减小。

小波：袁老师，你刚才说“我们希望多层砌体房屋的破坏是剪切型而不是弯曲型”，这岂不是违背了“强剪弱弯”的原则吗？

袁老师：小静，你来回答这个问题，好吗？

小静：好的，“强剪弱弯”的原则是对钢筋混凝土结构来说的。混凝土构件的剪切破坏是脆性破坏，而弯曲破坏则可以通过合理配筋，让它呈现出延性。但对无筋砌体来说，弯曲破坏不但强度低，而且会呈现出更大的脆性。所以“强剪弱弯”的原则不适合于无筋砌体。**砌体结构抗震设计时首先需要限制其高宽比，然后再作抗剪承载力验算。**我说得对吗？

袁老师：回答得很好！

对话6.7.2-1 多层砌体房屋破坏的形态，“强剪弱弯”的原则不适合于无筋砌体

请翻到6.9节，做习题6-58，6-59

6.7.3 房屋抗震横墙的最大间距

砌体房屋的横向地震力主要由横墙承担，不仅横墙需具有足够的承载力，而且楼盖也需具有传递地震力给横墙的水平刚度，这都与横墙的间距有关。横墙间距小，意味着横墙多了，结构的横向水平抗震承载力自然会增大，这很好理解。下面要谈的是为什么横墙间距与水平地震力的传递有关。图6.7.3-1表示两个横墙的间距不同的单层房屋的中部计算单元受力情况。

图（a）的横墙的间距较小，楼盖平面内的侧向变形很小、侧向刚度很大，中部计算

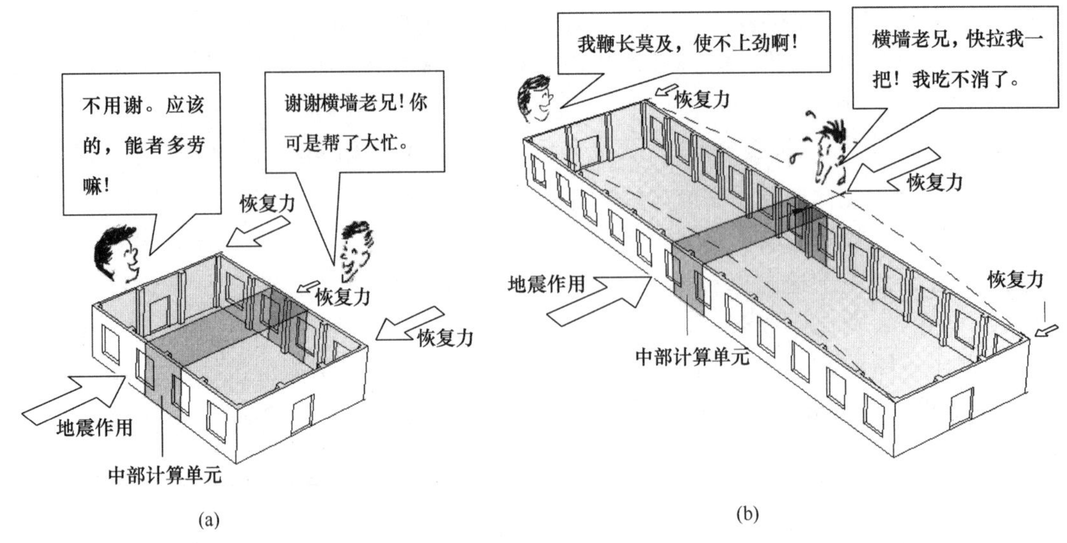

图 6.7.3-1　横墙的间距不同时，中部计算单元的不同受力情况

（a）横墙间距较小的情况；（b）横墙间距较大的情况

单元水平地震作用的很大一部分通过侧向刚度很大的楼盖传给了横墙。中部计算单元自身带壁柱的纵向墙体只承受很小一部分水平地震作用。于是力气大的横墙的弹性恢复力就大、贡献大；而力气小的带壁柱纵向墙体横墙的弹性恢复力就小、贡献小，做到能者多劳、十分合理。

图（b）的横墙的间距较大，楼盖平面内的侧向变形很大、侧向刚度很小，中部计算单元水平地震作用只有很小的一部分能够通侧向刚度很小的楼盖传给横墙。中部计算单元自身带壁柱的纵向墙体需要承受很大一部分水平地震作用。于是力气大的横墙的弹性恢复力很小、贡献小；而力气小的带壁柱纵向墙体横墙则需要用很大的弹性恢复力来抵抗这样大的水平地震作用，以至没法做到而破坏。

小波：袁老师，我觉得上两种情况与静力计算的刚、弹性方案有点类似。

袁老师：是的。但抗震设计对横墙间距的要求更加严格。

小静：我记得在 4.10.7 小节之 4 关于框剪结构剪力墙布置的讲解中提到过：在长矩形平面的建筑中，横向剪力墙沿长方向的间距不应过大，以便力气大的剪力墙帮助力气小的框架，协同工作、共同抵抗水平地震作用。我觉得那里的“横向剪力墙”就相当于这里的“横墙”；那里的“框架”就相当于这里的“带壁柱的纵向墙体”，对吗？

袁老师：说的很对！小波，你再将上图和 1.2.1 小节图 1.2.1-2 中的挑水者和扁担作个比较，怎么样？

小波：我正想说呢！这里的“横墙”就相当于那里的“胖挑水者”；这里的“带壁柱的纵向墙体”就相当于那里的“瘦挑水者”。这里“横墙间距较小的楼盖”就相当于那里的“粗扁担”；而这里“横墙间距较大的楼盖”就相当于那里的“细扁担”。我比喻得对吗？

袁老师：你比喻得很恰当。

对话 6.7.3-1 砌体房屋抗震横墙间距与刚、弹性方案、框剪结构横向剪力墙间距及挑水者故事的比较

横墙间距与楼盖的类型有关，现浇钢筋混凝土楼盖刚度最大，横墙间距限值在同类结构中的要求最宽松；木楼盖刚度最差，故横墙间距限值在同类结构中的要求最严。

横墙间距还与结构类别和建筑的使用功能有关。例如，底部框架-抗震墙结构的底部如果横墙过密，就不能够提供作为商用的大空间。此时可以另想办法来解决：将底部的砌体抗震墙改为钢筋混凝土抗震墙、楼盖采用较厚的现浇钢筋混凝土楼盖等。

此外横墙间距的限制因抗震要求而提出，自然与抗震设防烈度有关，烈度越高、要求越严。《抗震规范》规定：

7.1.5　房屋抗震横墙的间距，不应超过表 7.1.5 的要求：

表 7.1.5　房屋抗震横墙的间距（m）

房屋类别			烈度			
			6	7	8	9
多层砌体房屋	现浇或装配整体式钢筋混凝土楼、屋盖		15	15	11	7
	装配式钢筋混凝土楼、屋盖		11	11	9	4
	木屋盖		9	9	4	—
底部框架-抗震墙砌体房屋		上部各层	同多层砌体房屋			—
		底层或底部两层	18	15	11	—

注：1　多层砌体房屋的顶层，除木屋盖外的最大横墙间距应允许适当放宽，但应采取相应加强措施；

2　多孔砖抗震横墙厚度为 190mm 时，最大横墙间距应比表中数值减少 3m。

请翻到 6.9 节，做习题 6-60，6-61

6.7.4　砌体墙段的局部尺寸限值

砌体房屋局部尺寸的限制，在于防止因这些部位的失效，而造成整栋结构的破坏甚至倒塌。根据地震区的宏观调查资料分析，《抗震规范》规定：

7.1.6　多层砌体房屋中砌体墙段的局部尺寸限值，宜符合表 7.1.6 的要求：

表 7.1.6　房屋的局部尺寸限值（m）

部位	6 度	7 度	8 度	9 度
承重窗间墙最小宽度	1.0	1.0	1.2	1.5
承重外墙尽端至门窗洞边的最小距离	1.0	1.0	1.2	1.5
非承重外墙尽端至门窗洞边的最小距离	1.0	1.0	1.0	1.0
内墙阳角至门窗洞边的最小距离	1.0	1.0	1.5	2.0
无锚固女儿墙（非出入口处）的最大高度	0.5	0.5	0.5	0.0

注：1　局部尺寸不足时，应采取局部加强措施弥补，且最小宽度不宜小于 1/4 层高和表列数据的 80%；

2　出入口处的女儿墙应有锚固。

请翻到 6.9 节，做习题 6-62

6.7.5　多层砌体房屋的建筑布置和结构体系

《抗震规范》规定：

7.1.6 多层砌体房屋中砌体墙段的局部尺寸限值，宜符合表 7.1.6 的要求：

表 7.1.6 房屋的局部尺寸限值（m）

部 位	6 度	7 度	8 度	9 度
承重窗间墙最小宽度	1.0	1.0	1.2	1.5
承重外墙尽端至门窗洞边的最小距离	1.0	1.0	1.2	1.5
非承重外墙尽端至门窗洞边的最小距离	1.0	1.0	1.0	1.0
内墙阳角至门窗洞边的最小距离	1.0	1.0	1.5	2.0
无锚固女儿墙（非出入口处）的最大高度	0.5	0.5	0.5	0.0

注：1 局部尺寸不足时，应采取局部加强措施弥补，且最小宽度不宜小于 1/4 层高和表列数据的 80%；

2 出入口处的女儿墙应有锚固。

7.1.7 多层砌体房屋的建筑布置和结构体系，应符合下列要求：

1 应优先采用横墙承重或纵横墙共同承重的结构体系。不应采用砌体墙和混凝土墙混合承重的结构体系。

2 纵横向砌体抗震墙的布置应符合下列要求：

1）宜均匀对称，沿平面内宜对齐，沿竖向应上下连续；且纵横向墙体的数量不宜相差过大；

2）平面轮廓凹凸尺寸，不应超过典型尺寸的 50%；当超过典型尺寸的 25% 时，房屋转角处应采取加强措施；

3）楼板局部大洞口的尺寸不宜超过楼板宽度的 30%，不应在墙体两侧同时开洞；

4）房屋错层的楼板高差超过 500mm 时，应按两层计算；错层部位的墙体应采取加强措施；

5）同一轴线上的窗间墙宽度宜均匀；墙面洞口的面积，6、7 度时不宜大于墙面总面积的 55%，8、9 度时不宜大于 50%；

6）在房屋宽度方向的中部应设置内纵墙，其累计长度不宜小于房屋总长度的 60%（高宽比大于 4 的墙段不计入）。

3 房屋有下列情况之一时宜设置防震缝，缝两侧均应设置墙体，缝宽应根据烈度和房屋高度确定，可采用 70～100mm：

1）房屋立面高差在 6m 以上；

2）房屋有错层，且楼板高差大于层高的 1/4；

3）各部分结构刚度、质量截然不同。

4 楼梯间不宜设置在房屋的尽端或转角处。

5 不应在房屋转角处设置转角窗。

6 横墙较少、跨度较大的房屋，宜采用现浇钢筋混凝土楼、屋盖。

请翻到 6.9 节，做习题 6-63，6-66

6.7.6 底部框架-抗震墙房屋的结构布置

《抗震规范》规定：

7.1.8　底部框架-抗震墙砌体房屋的结构布置，应符合下列要求：

1　上部的砌体墙体与底部的框架梁或抗震墙，除楼梯间附近的个别墙段外均应对齐。

2　房屋的底部，应沿纵横两方向设置一定数量的抗震墙，并应均匀对称布置。6 度且总层数不超过四层的底层框架-抗震墙砌体房屋，应允许采用嵌砌于框架之间的约束普通砖砌体或小砌块砌体的砌体抗震墙，但应计入砌体墙对框架的附加轴力和附加剪力并进行底层的抗震验算，且同一方向不应同时采用钢筋混凝土抗震墙和约束砌体抗震墙；其余情况，8 度时应采用钢筋混凝土抗震墙，6、7 度时应采用钢筋混凝土抗震墙或配筋小砌块砌体抗震墙。

3　底层框架-抗震墙砌体房屋的纵横两个方向，第二层计入构造柱影响的侧向刚度与底层侧向刚度的比值，6、7 度时不应大于 2.5，8 度时不应大于 2.0，且均不应小于 1.0。

4　底部两层框架-抗震墙砌体房屋纵横两个方向，底层与底部第二层侧向刚度应接近，第三层计入构造柱影响的侧向刚度与底部第二层侧向刚度的比值，6、7 度时不应大于 2.0，8 度时不应大于 1.5，且均不应小于 1.0。

5　底部框架-抗震墙砌体房屋的抗震墙应设置条形基础、筏形基础等整体性好的基础。

请翻到 6.9 节，做习题 6-67，6-68

6.7.7　多层砖砌体房屋抗震构造措施

多层砖砌体房屋抗震构造措施有多方面，下面介绍其中的“构造柱”和楼、屋盖部分。

1. 构造柱　　请观看 2011-80，2010-91 题视频

(1) 构造柱的作用

在水平地震作用下墙体容易出现交叉裂缝，这是由于地震时施加于墙体的往复水平地震剪力与墙体竖向压力合成的主拉应力过大所致。由于主拉应力的方向是倾斜的，所以裂缝呈倾斜阶梯状；又由于地震水平剪力是往复的，故呈交叉状。墙体开裂后，若裂缝两侧砌体破碎程度较轻，则墙体还不致完全丧失承载能力。但若裂缝两侧砌体破碎程度较重而且侧面没有约束，则墙体有可能倒塌。

此外，在水平地震作用下，房屋四周转角墙及内外墙连接处特别容易破损。其原因是房屋四周转角处和内外墙连接处的刚度较大，会吸收较多的地震力；对于转角墙，还有一个原因是扭转振动在房屋的角部会产生较大的应力。

对付上述两种破坏形态，在砌体中设置钢筋混凝土构造柱（图 6.7.7-1）是一种很不错的办法。这是唐山大地震以后开始采用的一项重要抗震构造措施。**当墙体周边设有钢筋混凝土圈梁和构造柱时，由于构造柱的约束，墙体的延性得到改善，有较高的变形能力，即便出现了交叉裂缝、缝的宽度也不会过大、破碎墙体的碎块不易散落，仍能保持一定的承载力而不致发生突然倒塌。**

(2) 构造柱布置

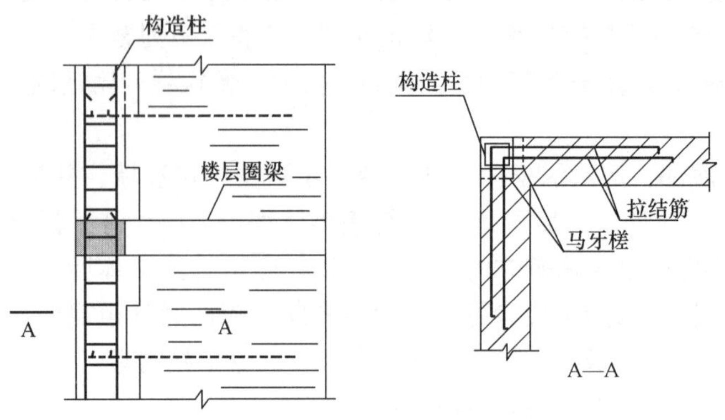

图 6.7.7-1　构造柱

《抗震规范》规定：

7.3.1　各类多层砖砌体房屋，应按下列要求设置现浇钢筋混凝土构造柱（以下简称构造柱）：

1　构造柱设置部位，一般情况下应符合表 7.3.1 的要求。

2　外廊式和单面走廊式的多层房屋，应根据房屋增加一层的层数，按表 7.3.1 的要求设置构造柱，且单面走廊两侧的纵墙均应按外墙处理。

3　横墙较少的房屋，应根据房屋增加一层的层数，按表 7.3.1 的要求设置构造柱。当横墙较少的房屋为外廊式或单面走廊式时，应按本条 2 款要求设置构造柱；但 6 度不超过四层、7 度不超过三层和 8 度不超过二层时，应按增加二层的层数对待。

4　各层横墙很少的房屋，应按增加二层的层数设置构造柱。

5　采用蒸压灰砂砖和蒸压粉煤灰砖的砌体房屋，当砌体的抗剪强度仅达到普通黏土砖砌体的 70%时，应根据增加一层的层数按本条 1～4 款要求设置构造柱；但 6 度不超过四层、7 度不超过三层和 8 度不超过二层时，应按增加二层的层数对待。

表 7.3.1　多层砖砌体房屋构造柱设置要求

<table>
<tr><th colspan="4">房屋层数</th><th colspan="2" rowspan="2">设　置　部　位</th></tr>
<tr><th>6 度</th><th>7 度</th><th>8 度</th><th>9 度</th></tr>
<tr><td>四、五</td><td>三、四</td><td>二、三</td><td></td><td rowspan="3">楼、电梯间四角，楼梯斜梯段上下端对应的墙体处；
外墙四角和对应转角；
错层部位横墙与外纵墙交接处；
大房间内外墙交接处；
较大洞口两侧</td><td>隔 12m 或单元横墙与外纵墙交接处；
楼梯间对应的另一侧内横墙与外纵墙交接处</td></tr>
<tr><td>六</td><td>五</td><td>四</td><td>二</td><td>隔开间横墙（轴线）与外墙交接处；
山墙与内纵墙交接处</td></tr>
<tr><td>七</td><td>≥六</td><td>≥五</td><td>≥三</td><td>内墙（轴线）与外墙交接处；
内墙的局部较小墙垛处；
内纵墙与横墙（轴线）交接处</td></tr>
</table>

注：较大洞口，内墙指不小于 2.1m 的洞口；外墙在内外墙交接处已设置构造柱时应允许适当放宽，但洞侧墙体应加强。

7.3.1 条文说明：钢筋混凝土构造柱在多层砖砌体结构中的应用，根据唐山地震的经验和大量试验研究，得到了比较一致的结论，即：①构造柱能够提高砌体的受剪承载力10%～30%左右，提高幅度与墙体高宽比竖向压力和开洞情况有关；②构造柱主要是对砌体起约束作用，使之有较高的变形能力；③构造柱应设置在震害较重、连接构造比较薄弱和易于应力集中的部位。……

请翻到6.9节，做习题6-69～6-72

（3）构造柱的构造

《抗震规范》规定：

7.3.2 多层砖砌体房屋的构造柱应符合下列构造要求：

1 构造柱最小截面可采用180mm×240mm（墙厚190mm时为180mm×190mm），纵向钢筋宜采用4ϕ12，箍筋间距不宜大于250mm，且在柱上下端应适当加密；6、7度时超过六层、8度时超过五层和9度时，构造柱纵向钢筋宜采用4ϕ14，箍筋间距不应大于200mm；房屋四角的构造柱应适当加大截面及配筋。

2 构造柱与墙连接处应砌成马牙槎，沿墙高每隔500mm设2ϕ6水平钢筋和ϕ4分布短筋平面内点焊组成的拉结网片或ϕ4点焊钢筋网片，每边伸入墙内不宜小于1m。6、7度时底部1/3楼层，8度时底部1/2楼层，9度时全部楼层，上述拉结钢筋网片应沿墙体水平通长设置。

3 构造柱与圈梁连接处，构造柱的纵筋应在圈梁纵筋内侧穿过，保证构造柱纵筋上下贯通。

4 构造柱可不单独设置基础，但应伸入室外地面下500mm，或与埋深小于500mm的基础圈梁相连。

5 房屋高度和层数接近本规范表7.1.2的限值时，纵、横墙内构造柱间距尚应符合下列要求：

1）横墙内的构造柱间距不宜大于层高的二倍；下部1/3楼层的构造柱间距适当减小；

2）当外纵墙开间大于3.9m时，应另设加强措施。内纵墙的构造柱间距不宜大于4.2m。

请翻到6.9节，做习题6-73，6-74

2. 圈梁

在6.5.1小节曾介绍过非抗震设防区圈梁的构造要求、并指出圈梁是一种十分有效的抗震措施，抗震设防区圈梁的构造要求将更为严格。《抗震规范》规定：

7.3.3 多层砖砌体房屋的现浇钢筋混凝土圈梁设置应符合下列要求：

1 装配式钢筋混凝土楼、屋盖或木屋盖的砖房，应按表7.3.3的要求设置圈梁；纵墙承重时，抗震横墙上的圈梁间距应比表内要求适当加密。

2 现浇或装配整体式钢筋混凝土楼、屋盖与墙体有可靠连接的房屋，应允许不另设圈梁，但楼板沿抗震墙体周边均应加强配筋并应与相应的构造柱钢筋可靠连接。

表 7.3.3 多层砖砌体房屋现浇钢筋混凝土圈梁设置要求

墙类	烈度		
	6、7	8	9
外墙和内纵墙	屋盖处及每层楼盖处	屋盖处及每层楼盖处	屋盖处及每层楼盖处
内横墙	同上； 屋盖处间距不应大于 4.5m； 楼盖处间距不应大于 7.2m； 构造柱对应部位	同上； 各层所有横墙，且间距不应大于 4.5m； 构造柱对应部位	同上； 各层所有横墙

7.3.4 多层砖砌体房屋现浇混凝土圈梁的构造应符合下列要求：

1 圈梁应闭合，遇有洞口圈梁应上下搭接。圈梁宜与预制板设在同一标高处或紧靠板底；

2 圈梁在本规范第 7.3.3 条要求的间距内无横墙时，应利用梁或板缝中配筋替代圈梁；

3 圈梁的截面高度不应小于 120mm，配筋应符合表 7.3.4 的要求；按本规范第 3.3.4 条 3 款要求增设的基础圈梁，截面高度不应小于 180mm，配筋不应少于 4ϕ12。

3.3.4 地基和基础设计应符合下列要求：

……

3 地基为软弱黏性土、液化土、新近填土或严重不均匀土时，应根据地震时地基不均匀沉降和其他不利影响，采取相应的措施。（此处“相应的措施”包括设置“基础圈梁”）

请翻到第 6.9 小节，做模拟试题 6-75，6-76

3. 楼、屋盖的构造

《抗震规范》规定：

7.3.5 多层砖砌体房屋的楼、屋盖应符合下列要求：

1 现浇钢筋混凝土楼板或屋面板伸进纵、横墙内的长度，均不应小于 120mm。

2 装配式钢筋混凝土楼板或屋面板，当圈梁未设在板的同一标高时，板端伸进外墙的长度不应小于 120mm，伸进内墙的长度不应小于 100mm 或采用硬架支模连接，在梁上不应小于 80mm 或采用硬架支模连接。

3 当板的跨度大于 4.8m 并与外墙平行时，靠外墙的预制板侧边应与墙或圈梁拉结。

4 房屋端部大房间的楼盖，6 度时房屋的屋盖和 7～9 度时房屋的楼、屋盖，当圈梁设在板底时，钢筋混凝土预制板应相互拉结，并应与梁、墙或圈梁拉结。

请翻到 6.9 节，做习题 6-77，6-78

6.7.8 底部框架-抗震墙房屋抗震构造措施

底部框架-抗震墙房屋抗震构造措施有多方面，下面介绍其中的楼盖和托梁部分。

《抗震规范》规定：

> **7.5.7** 底部框架-抗震墙砌体房屋的楼盖应符合下列要求：
>
> **1** 过渡层的底板应采用现浇钢筋混凝土板，板厚不应小于 120mm；并应少开洞、开小洞，当洞口尺寸大于 800mm 时，洞口周边应设置边梁。
>
> **2** 其他楼层，采用装配式钢筋混凝土楼板时均应设现浇圈梁；采用现浇钢筋混凝土楼板时应允许不另设圈梁，但楼板沿抗震墙体周边均应加强配筋并应与相应的构造柱可靠连接。
>
> **7.5.8** 底部框架-抗震墙砌体房屋的钢筋混凝土托墙梁，其截面和构造应符合下列要求：
>
> **1** 梁的截面宽度不应小于 300mm，梁的截面高度不应小于跨度的 1/10。
>
> **2** 箍筋的直径不应小于 8mm，间距不应大于 200mm；梁端在 1.5 倍梁高且不小于 1/5 梁净跨范围内，以及上部墙体的洞口处和洞口两侧各 500mm 且不小于梁高的范围内，箍筋间距不应大于 100mm。
>
> **3** 沿梁高应设腰筋，数量不应少于 2ϕ14，间距不应大于 200mm。
>
> **4** 梁的纵向受力钢筋和腰筋应按受拉钢筋的要求锚固在柱内，且支座上部的纵向钢筋在柱内的锚固长度应符合钢筋混凝土框支梁的有关要求。

请翻到 6.9 节，做习题 6-79

6.8 砌体施工若干问题及砖砌水池的计算

6.8.1 砌体结构砌筑前预先浇水的问题

对于砖砌体的砌筑，《砌体工程施工质量验收规范》规定：

> **5.1.6** 砌筑结构普通砖、烧结多孔砖、蒸压灰砂砖、蒸压粉煤灰砖砌体时，砖应提前 1d~2d 适度湿润，严禁采用干砖或处于吸水饱和状态的砖砌筑，块体湿润程度宜符合下列规定：
>
> **1** 烧结类块体的相对含水率 60%～70%；
>
> **2** 混凝土多孔砖及混凝土实心砖不需浇水湿润，但在气候干燥炎热的情况下，宜在砌筑前对其喷水湿润。其他非烧结类块体的相对含水率 40%～50%。
>
> **2.0.12** 相对含水率 comparatively percentage of moisture
>
> 含水率与吸水率的比值。

规范条文中的“适度湿润”是指砌筑时砖不要太干、也不要太湿，在这两种情况下施工，都会影响砌体的质量。另外，关于混凝土砌块“不需浇水湿润”的问题，《混凝土小型空心砌块建筑技术规程》[21]规定：

7.4.3 小砌块（指混凝土小型空心砌块）砌筑前不得浇水。在施工期间气候异常炎热干燥时，可在砌筑前稍喷水湿润。……

7.4.3 条文说明：浇过水的小砌块与表面明显潮湿的小砌块会产生膨胀和日后干缩现象，砌筑上墙易使墙体产生裂缝，所以严禁使用。考虑到气候特别炎热干燥时，砂浆铺摊后会失水过快，影响砌筑砂浆与小砌块间的粘结。因此，可根据施工情况稍喷水湿润。

小静：袁老师，混凝土小砌块砌筑前不得浇水的道理在规范条文说明中已讲得很清楚，但为什么砖在砌筑前可以浇水呢？

袁老师：因为砖的干缩问题远没有混凝土砌块那样严重。

小波：砖为什么要提前1～2天浇水湿润呢？上墙前多浇点水不就可以了吗？

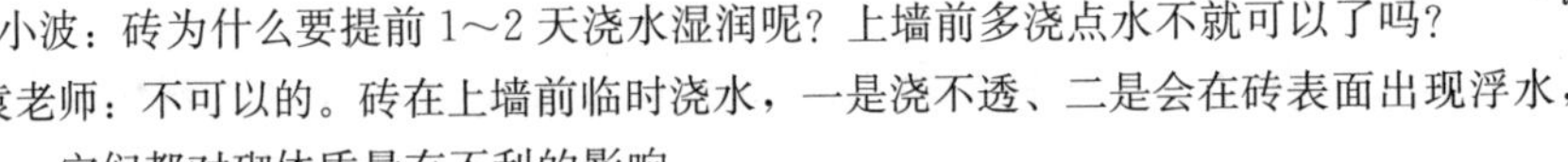

袁老师：不可以的。砖在上墙前临时浇水，一是浇不透、二是会在砖表面出现浮水，它们都对砌体质量有不利的影响。

小静：混凝土小砌块砌筑前不得浇水，但要是砌筑时下雨怎么办？下雨不也等于给小砌块浇水了吗？

袁老师：小静问得很好！为了减轻混凝土小砌块干缩引起的裂缝，规范采取了许多措施。例如《混凝土小型空心砌块建筑技术规程》规定：

7.7.1 雨期期工应符合下列规定：

1. 雨期施工，堆放室外的小砌块应有覆盖设施。
2. 雨量为小雨及以上时，应停止砌筑。对已砌筑的墙体宜覆盖。……

对话 6.8.1-1 砖在砌筑前为什么可以浇水？混凝土小砌块砌筑前不得浇水，遇到下雨怎么办？

请翻到第 6.9 小节，做习题 6-80

6.8.2 砖砌体的转角处和交接处不能同时砌筑时的处理方法

砖砌体转角处和交接处的砌筑和接槎质量，是保证砖砌体结构整体性能和抗震性能的关键之一，唐山地区震害教训充分证明了这一点。图 6.8.2-1 为唐山市某宿舍楼在 1976 年唐山大地震中受破坏的情况。该楼房在施工时，外墙留直槎砌筑，内外墙之间无任何拉结措施，地震时前后外墙全部坍塌。《砌体工程施工质量验收规范》规定：

5.2.3 砖砌体的转角处和交接处应同时砌筑，严禁无可靠措施的内外墙分砌施工。对不能同时砌筑而又必须留置的临时间断处应砌成斜槎，斜槎水平投影长度不小于高度的 2/3。(见图 6.8.2-2)

……

图 6.8.2-1　唐山市某宿舍楼地震中外墙全部坍塌

图 6.8.2-2　斜槎的做法

对抗震设防烈度不高的地区，允许采用留直槎加设拉结钢筋的方法来解决上述问题。《砌体工程施工质量验收规范》规定：

5.2.4　非抗震设防及抗震设防烈度为 6 度、7 度地区的临时间断处，当不能留斜槎时，除转角处外，可留直槎，但直槎必须做成凸槎。留直槎处应加设拉结钢筋，拉结钢筋的数量为每 120mm 墙厚放置 1ϕ6 拉结钢筋（120mm 厚墙放置 2ϕ6 拉结钢筋），间距沿墙高不应超过 500mm；埋入长度从留槎处算起每边均不应小于 500mm，对抗震设防烈度 6 度、7 度的地区，不应小于 1000mm；末端应有 90°弯钩（图 5.2.4）。

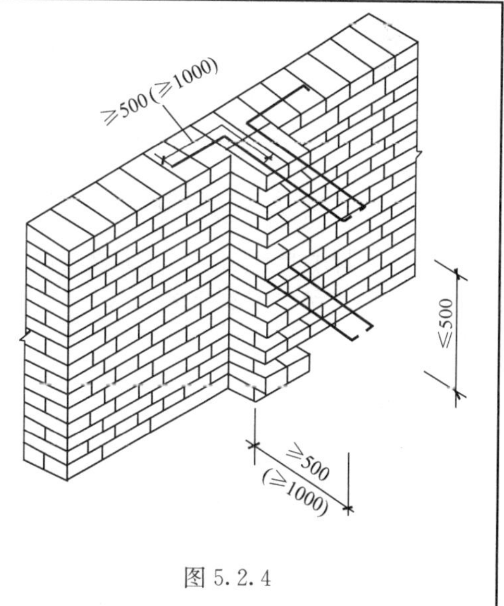

图 5.2.4

小静：袁老师，在抗震设防烈度为 8 度和 9 度的地区的，砖砌体的转角处和交接处需临时间断、又不便留斜槎时，有什么解决办法呢？

袁老师：小波，你说说好吗？

小波：在这些部位设构造柱，通过构造柱将先、后砌筑的墙体连成整体。

袁老师：说得对！其实对高烈度地区，这些部位一般都有构造柱。大家不妨回顾一下《抗震规范》表 7.3.1（已摘录于 6.7.7 小节）。

对话 6.8.2-1　设防烈度较高的地区，砖砌体的转角处和交接处需临时间断、又不便留斜槎时，怎么办？

请翻到第 6.9 小节，做习题 6-81

6.8.3 临时施工洞口和脚手眼的留置问题

临时施工洞口和脚手眼在补砌前会削弱墙、柱的截面，在补砌后对砌体的整体性也会或多或少地带来不利影响。因此，应避免在一些关键受力部位留置临时施工洞口和脚手眼（说明："洞"比较大，"眼"比较小）。《砌体结构工程施工质量验收规范》规定：

> **3.0.8** 在墙上留置临时施工洞口，其侧边离交接处墙面不应小于500mm，洞口净宽度不应超过1m。抗震设防烈度为9度地区建筑物的临时施工洞口位置，应会同设计单位确定。临时施工洞口应做好补砌。
>
> **3.0.9** 不得在下列墙体或部位设置脚手眼：
>
> **1** 120mm厚墙、清水墙、料石墙、独立柱和附墙柱；
>
> **2** 过梁上与过梁成60°角的三角形范围及过梁净跨度1/2的高度范围内；
>
> **3** 宽度小于1m的窗间墙；
>
> **4** 门窗洞口两侧石砌体300mm，其他砌体200mm范围内；转角处石砌体600mm，其他砌体450mm范围内；
>
> **5** 梁或梁垫下及其左右500mm范围内；
>
> **6** 设计不允许设置脚手眼的部位；
>
> **7** 轻质墙体；
>
> **8** 夹心复合墙处叶墙。
>
> **3.0.10** 脚手眼补砌时，应清除脚手眼内掉落的砂浆、灰尘；脚手眼处砖及填塞用砖应湿润，并应填实砂浆。

请翻到第6.9小节，做习题6-82，6-83

6.8.4 砖砌水池的计算

【例6.8.4-1】某室外砌体结构矩形水池，水池足够长，当超量蓄水时，水池长边中部墙体首先出现裂缝的部位为下列哪处？(2010-86)

(A) 池底外侧a处，水平裂缝　　(B) 池底内侧b处，水平裂缝

(C) 池壁中部c处，水平裂缝　　(D) 池壁中部c处，竖向裂缝

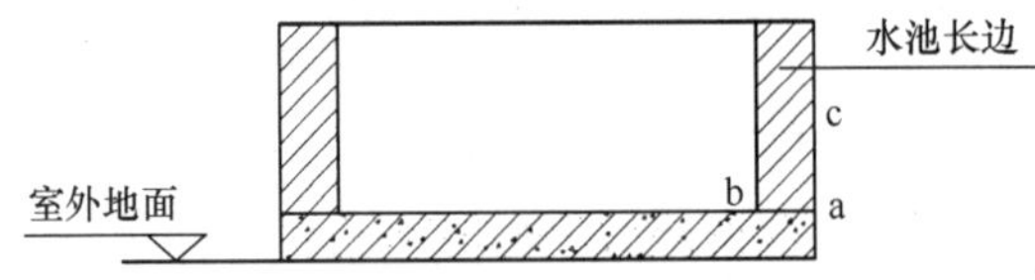

6.9 习　　题

6-1　砌体主要用作承受(　　)为主的构件？

(A) 拉力　　(B) 压力　　(C) 弯矩　　(D) 剪力

题解：请参见 6.1 节。

答案：B。

6-2 混凝土小型空心砌块由普通混凝土或轻集料混凝土制成，主规格尺寸为（ ）、空心率为（ ），简称混凝土砌块或砌块。

(A) 390mm×190mm×190mm，25%～50%

(B) 390mm×190mm×190mm，15%～25%

(C) 240mm×190mm×190mm，15%～25%

(D) 240mm×190mm×190mm，25%～50%

题解：请参见《砌体规范》2.1.5 条（已摘录于 6.2.1 小节之 1）。

答案：A。

6-3 烧结普通砖的强度等级分为（ ）级。

(A) 四 (B) 五 (C) 六 (D) 七

题解：请参见《砌体规范》3.1.1 条（已摘录于 6.2.1 小节之 2）。

答案：B。

6-4 用于承重的双排孔或多排孔轻集料混凝土砌块砌体的孔洞率不应大于（ ）。

(A) 15% (B) 25% (C) 35% (D) 45%

题解：混凝土小型空心砌块由普通混凝土或轻集料混凝土制成，空心率为 25%～50%（见摘录于 6.2.1 小节之 1 的《砌体规范》2.1.8 条。但对于其中的双排孔或多排孔轻集料混凝土砌块，若用于承重砌体时，它们的孔洞率不应大于 35%，请参见《砌体规范》3.1.1 条下面的注 1（已摘录于 6.2.1 小节之 2）。

答案：C。

6-5 砖的强度等级是根据（ ）来确定的。

(A) 抗拉强度 (B) 抗压强度

(C) 抗弯强度 (D) 抗压强度和抗折强度

题解：请参见 6.2.1 小节。

答案：D。

6-6 自承重墙的空心砖、轻集料混凝土砌块的最低强度等级为（ ）。

(A) MU10 (B) MU7.5 (C) MU5 (D) MU3.5

题解：请参见《砌体规范》3.1.2 条（已摘录于 6.2.1 小节之 2）。

答案：D。

6-7 下列关于砌筑砂浆的说法错误的是（ ）。

(A) 蒸压粉煤灰普通砖不可以用普通砂浆砌筑

(B) 蒸压粉煤灰普通砖砌体可以用普通砂浆砌筑，但抗震性能差

(C) 蒸压灰砂普通砖、蒸压粉煤灰普通砖专用筑砂浆的特点是粘结强度高，克服了蒸压普通砖表面光滑、砌体沿灰缝抗剪强度低、抗震性能差的缺点

(D) 混凝土砌块（砖）专用砌筑砂浆的保水性很好

题解：请参见 6.2.2 小节之 1。

答案：A。

6-8 砂浆强度等级是用边长为（ ）立方体标准试件的抗压强度平均值确定的。

(A) 100mm×100mm×100mm (B) 150mm×150mm×150mm

(C) 70.7mm×70.7mm×70.7mm　(D) 200mm×200mm×200mm

题解：请参见 6.2.2 小节之 2 的第 1 段。

答案：C。

6-9　蒸压灰砂普通砖砌体采用的专用砌筑砂浆强度等级为(　　)。

(A) M15、M10、M7.5、M5 和 M2.5

(B) Ms15、Ms10、Ms7.5、Ms5.0

(C) Mb20、Mb15、Mb10、Mb7.5 和 Mb5

(D) MU20、MU15、MU10、MU7.5 和 MU5

题解：请参见《砌体规范》3.1.3-1 条（已摘录于 6.2.2 小节之 2）。

答案：B。

6-10　提高砌体的抗压强度，以下哪些措施有效？

Ⅰ 提高块体的强度等级；　Ⅱ 提高砂浆的强度等级；

Ⅲ 增加块体的厚度；　Ⅳ 将混合砂浆改为强度等级相同的水泥砂浆

(A) Ⅰ、Ⅱ、Ⅲ　(B) Ⅱ、Ⅲ、Ⅳ

(C) Ⅰ、Ⅱ、Ⅳ　(D) Ⅰ、Ⅱ、Ⅲ、Ⅳ

题解：Ⅳ错，效果适得其反。请参见 6.2.3 小节之 2 及《砌体规范》表 3.2.1-1 和 3.2.3-2 条。

答案：A。(题解引用的规范条文已摘录于 6.2.3 小节之 3)

6-11　烧结普通砖砌体与烧结多孔砖砌体，当块体强度等级、砂浆种类、砂浆强度等级和施工质量控制等级都相同时，两种砌体的抗压强度设计值是(　　)。

(A) 前者大于后者　(B) 前者小于后者

(C) 相同　(D) 与多孔砖截面净面积有关

题解：请参见《砌体规范》表 3.2.1-1（已摘录于 6.2.3 小节之 3）

答案：C。

6-12　沿砌体灰缝截面破坏时，砌体的弯曲抗拉强度设计值与以下哪些因素有关？

Ⅰ　砌体种类　Ⅱ　砂浆强度等级

Ⅲ　块体强度等级　Ⅳ　砌体的破坏特征

Ⅴ　构件截面面积　Ⅵ　砂浆种类

Ⅶ　施工质量控制等级　Ⅷ　是否为施工验算

(A) Ⅰ、Ⅱ、Ⅲ、Ⅳ、Ⅴ

(B) Ⅰ、Ⅱ、Ⅲ、Ⅳ、Ⅴ、Ⅵ

(C) Ⅰ、Ⅱ、Ⅳ、Ⅴ、Ⅵ、Ⅶ、Ⅷ

(D) Ⅰ、Ⅱ、Ⅲ、Ⅳ、Ⅴ、Ⅵ、Ⅶ、Ⅷ

题解：与除Ⅲ之外的各项均有关系，请参见 6.2.3 小节之 2、对话 6.2.3-1、《砌体规范》表 3.2.1、表 3.2.2 以及 4.1.1～4.1.5 条文说明，并注意表格的注解。

答案：C。(题解引用的规范条文已摘录于 6.2.3 小节之 3)

6-13　砌体抗剪强度(　　)。

(A) 与块体强度等级、块体种类、砂浆强度等级有关

(B) 与块体强度等级无关，与块体种类、砂浆种类、砂浆强度等级、构件截面面积、施工质量控制等级有关

(C) 与块体种类无关，与块体强度等级、砂浆强度等级有关

(D) 与砂浆种类无关，与块体强度等级、块体种类有关

题解：见《砌体规范》表 3.2.2，3.2.3 条（已摘录于 6.2.3 小节之 3）及对话 6.2.3-1。

答案：B。

6-14 各类砌体抗压强度、轴心抗拉强度、弯曲抗拉强度以及抗剪强度设计值按(　　)。

(A) 龄期 14d、以净截面计算　　(B) 龄期 14d、以毛截面计算

(C) 龄期 28d、以净截面计算　　(D) 龄期 28d、以毛截面计算

题解：见《砌体规范》3.2.1 条和 3.2.2 条（已摘录于 6.2.3 小节之 3）。

答案：D。

6-15 采用刚性方案的砌体结构房屋，其横墙需满足的要求有哪几个方面？(2011-117)

Ⅰ 洞门面积　Ⅱ 横墙长度　Ⅲ 横墙厚度　Ⅳ 砌体强度

(A) Ⅰ、Ⅱ、Ⅲ　　(B) Ⅱ、Ⅲ、Ⅳ

(C) Ⅰ、Ⅲ、Ⅳ　　(D) Ⅰ、Ⅱ、Ⅳ

题解：Ⅰ、Ⅱ、Ⅲ均需满足，分别见《砌体规范》4.2.2 条的 1、3、2 款（已摘录于 6.3.1 小节）。

答案：A。

6-16 某一长度为 50m 的单层砖砌体结构工业厂房采用轻钢屋盖，横向墙仅有两端山墙，应采用下列哪一种方案进行计算？(2011-89)

(A) 刚性方案　　(B) 柔性方案

(C) 弹性方案　　(D) 刚弹性方案

题解：见 6.3.1 小节及其摘录于该小节的《砌体规范》表 4.2.1。

答案：C。

6-17 砌体结构的屋盖为瓦材屋面的木屋盖和轻钢屋盖时，若采用刚性方案计算，其房屋横墙间距应小于下列哪一个值？

(A) 12m　　(B) 16m　　(C) 18m　　(D) 20m

题解：见《砌体规范》表 4.2.1（已摘录于 6.3.1 小节）。

答案：B。

6-18 基本风压为 $0.6kN/m^2$ 的地区，刚性方案多层砌体住宅的外墙，可不考虑风荷载影响的下列条件中哪一个是不正确的？

(A) 房屋层高不超过 4.0m 和总高不超过 18m

(B) 房屋层高不超过 4.0m 和总高不超过 24m

(C) 洞口水平截面面积不超过全截面面积的 2/3

(D) 屋面自重不小于 $0.8kN/m^2$

题解：见《砌体规范》4.2.6 条和表 4.2.6（已摘录于 6.3.2 小节）。

答案：B。

6-19 下列关于受压构件计算高度 H_0 的说法，错误的是(　　)。

(A) 刚性方案多层房屋的计算高度 H_0 与房屋横墙间距 S 有关

(B) 刚性方案多层房屋的计算高度 H_0 与房屋横墙间距 S 无关

(C) 垂直排架方向的砖柱的计算高度 H_0 都等于其构件高度 H，与静力计算方案无关

(D) 对于弹性或刚弹性方案，多跨房屋排架方向的计算高度 H_0 都比单跨房屋的相

应值小

题解：请参见《砌体规范》表 5.1.3（已摘录于 6.3.3 小节之 1）和对话 6.3.3-1。

答案：B。

6-20 在确定受压构件计算高度 H_0 时要用到构件高度 H，关于 H 的取值，错误的是(　　)。

(A) 在房屋底层，为楼板顶面到构件下端支点的距离。下端支点的位置，可取在基础顶面。当埋置较深且有刚性地坪时，可取室外地面下 500mm 处

(B) 房屋除底层以外的其他楼层，为楼板或其他水平支点间的距离

(C) 对于无壁柱的山墙，可取层高加山墙尖高度的 2/3

(D) 对于带壁柱的山墙可取壁柱处的山墙高度

题解：请参见《砌体规范》5.1.3 条（已摘录于 6.3.3 小节之 1)。

答案：C。

6-21 多层砌体结构验算墙体的高厚比的目的，下列哪一种说法是正确的?

(A) 稳定性要求　　(B) 强度要求

(C) 变形要求　　(D) 抗震要求

题解：请参见 6.3.3 小节之 2 第 1 段。

答案：A。

6-22 一承重窗间墙，墙厚 240mm，砂浆强度等级为 M7.5，以查得墙的允许高厚比 $[\beta]=26$，并已算出高厚比的修正系数 $\mu_2=0.7$，该墙的允许计算高度 H_0 最接近(　　)。

(A) 3.95m　　(B) 4.37m

(C) 4.76m　　(D) 4.90m

题解：由《砌体规范》式 6.1.1　$\beta=H_0/h\leqslant\mu_2[\beta]$（提示：承重墙没有修正系数 μ_1)

移项得　$H_0\leqslant\mu_2[\beta]h=0.7\times26\times0.24=4.37\text{m}$

答案：B。(题解引用的规范条文已摘录于 6.3.3 小节)

6-23 关于构造柱在砌体高厚比验算的作用，下列说法不正确的是(　　)。

(A) 墙中设置钢筋混凝土构造柱可提高墙体在使用阶段的稳定性和刚度

(B) 施工及使用阶段的高厚比验算中，均可考虑构造柱的有利影响

(C) 构造柱间距越大，对提高墙体刚度作用就越小

(D) 构造柱间距越大，对提高墙体的稳定性作用就越小

题解：请参见《砌体规范》6.1.2 条的备注和附加说明（已摘录于 6.3.3 小节之 2)，由于砌体砌筑先于构造柱的浇筑，因此在施工阶段的高厚比验算中不能考虑构造柱的有利作用。

答案：B。

6-24 在一般地区，处于地面以下与很潮湿地基土直接接触的砌体，所用蒸压灰砂砖与水泥砂浆的最低等级分别为(　　)。(2010-72)

(A) MU10，M5　　(B) MU10，M7.5

(C) MU15，M5　　(D) MU15，M7.5

题解：这道题目按旧《砌体规范》GB 50003—2001（2012 年 8 月 1 日废止）命题，该规范规定：

6.2.2 地面以下或防潮层以下的砌体，潮湿房间的墙，所用材料的最低强度等级应符合表 6.2.2 的要求。

表 6.2.2 地面以下或防潮层以下的砌体，潮湿房间的墙，所用材料的最低强度等级

基土的潮湿程度	烧结普通砖、蒸压灰砂砖		混凝土砌块	石材	水泥砂浆
	严寒地区	一般地区			
稍潮湿的	MU10	MU10	MU7.5	MU30	M5
很潮湿的	MU15	MU10	MU7.5	MU30	M7.5
含水饱和的	MU20	MU15	MU10	MU40	M10

注：……

所以按旧规范，答案为 B。

说明：按现行《砌体规范》GB 50003—2011（2012 年 8 月 1 日起实施）的第 4.3.5 条规定（已摘录于 6.4.1 小节），根据题给的条件，蒸压灰砂砖与水泥砂浆的最低等级应分别为 MU20 和 M7.5。今年的考试若出现这个知识点，将会按新规范命题。建议读者看一下 6.4.1 小节。

6-25 对于安全等级为一级的砌体结构房屋，在很潮湿的环境下，规范对地面以下的砌体材料要求，下列何项不正确？

(A) 混凝土普通砖 MU25　　(B) 石材 MU40

(C) 混凝土砌块 MU10　　(D) 水泥砂浆 M10

题解：A、B、D 对、C 错，见《砌体规范》表 4.3.5 及其下面的注 2。

答案：C。

6-26 墙体转角处和纵横墙交接处应沿竖向每隔 400～500mm 设拉结钢筋，其埋入长度从墙的转角或交接处算起，对实心砖墙每边不小于(　　)，对多孔砖墙和砌块墙不小于(　　)。

(A) 500mm，700mm　　(B) 700mm，500mm

(C) 800mm，1000mm　　(D) 1000mm，800mm

题解：见《砌体规范》6.2.2 条（已摘录于 6.4.2 小节）及对话 6.4.2-1。

答案：A。

6-27 在非地震区，承重的独立砖柱截面尺寸不应小于下列哪一组数值？(2010-84)

(A) 240mm×240mm　　(B) 240mm×370mm

(C) 370mm×370mm　　(D) 370mm×490mm

题解：请参见《砌体规范》6.2.5 条（已摘录于 6.4.3 小节）。

答案：B。

说明：《砌体规范》中无特别声明为抗震设计的条文，适用于非抗震设计的情况。

6-28 在非地震区，毛石墙的厚度不宜小于(　　)mm。

(A) 240　　(B) 300　　(C) 350　　(D) 400

题解：请参见《砌体规范》6.2.5 条（已摘录于 6.4.2 小节）。

答案：C。

6-29 跨度大于(　　)m 的梁，应在支承处砌体上设置混凝土或钢筋混凝土垫块？

(A) 3.9　　(B) 4.2　　(C) 4.8　　(D) 6.0

题解：A 错，这是对毛石砌体的规定；B 错，这是对砌块和料石砌体的规定；C 对；D 错，这是

对屋架、而不是对梁的规定。请参见《砌体规范》6.2.7 条（已摘录于 6.4.4 小节）。

答案：C。

6-30 在砌块、料石砌筑成的砌体结构中，当梁的跨度大于或等于下列哪一个数值时，梁支座处宜加设壁柱或采取其他加强措施？（2010-85）

（A）3.6m　　（B）4.2m　　（C）4.8m　　（D）6.0m

题解：请参见《砌体规范》6.2.8 条（已摘录于 6.4.4 小节）。

答案：C。

说明：本题的考点是这条文的第 2 款，但第 1 款也是潜在的考点，应引起注意。

6-31 下列关于混凝土小型空心砌块墙体需用不低于 Cb20 灌孔混凝土将孔洞灌实的部位，哪一项是多余的？

（A）混凝土楼板的支承面下有圈梁的部位

（B）无圈梁的钢筋混凝土楼板支承面下高度不应小于 200mm 的砌体

（C）未设圈梁或混凝土垫块的梁支承面下，高度不应小于 600mm，长度不应小于次 600mm 的砌体

（D）在冻胀地区地面以下的砌体

题解：A 不需灌孔，B、C 需灌孔，见《砌体规范》6.2.13 条（已摘录于 6.4.3 小节）；D 需灌孔，见《砌体规范》表 4.3.5 注 1（已摘录于 6.4.1 小节）。

答案：A。

6-32 在砌体中埋设管线时，不应在截面长边小于（　　）mm 的承重墙体、独立柱内埋设管线？

（A）400　　（B）500　　（C）600　　（D）700

题解：请参见《砌体规范》6.2.4 条（已摘录于 6.4.5 小节）。

答案：B。

6-33 烧结普通砖砌体房屋，当屋盖及楼盖为整体式钢筋混凝土结构、屋盖无保温层、也没有隔热层时，其最大伸缩缝间距，下列哪一个数值是正确的？

（A）40m　　（B）50m　　（C）60m　　（D）75m

题解：请参见《砌体规范》表 6.5.1（已摘录于 6.4.6 小节之 1）。

答案：A。

6-34 砌体的线膨胀系数与下列哪种因素有关？（2012-49）

（A）砌体的抗压强度　　（B）砂浆的种类

（C）砌体的类别　　（D）砂浆的强度

题解：请参见 6.4.6 小节之 1 末段及摘录于该段的《砌体规范》表 3.2.5-2。

答案：C。

6-35 关于烧结普通砖砌体与蒸压灰砂砖砌体性能的论述，下列何项正确？

（A）两者的线胀系数相同　　（B）前者的线胀系数比后者大

（C）前者的线胀系数比后者小　　（D）两者具有相同的收缩率

题解：请参见《砌体规范》表 3.2.5-2（已摘录于 6.4.6 小节之 1）。在这一段的后一句提及："从上表看出，蒸压灰砂砖、蒸压粉煤灰砖砌体的收缩率比烧结黏土砖砌体大一倍，故对它们的伸缩缝的最大间距控制要严一些，要乘 0.8 的系数（见摘录于本小节的《砌体规范》表 6.3.1 注 1）"。

答案：C。

6-36 采取以下哪些措施，可防止或减轻砌体房屋顶层墙体的裂缝？

Ⅰ 女儿墙设置构造柱，且构造柱可仅设在房屋四角处

Ⅱ 屋面应设置保温、隔热层

Ⅲ 在钢筋混凝土屋面板与墙体圈梁的接触面设置水平滑动层

Ⅳ 房屋顶层端部墙体内适当增设构造柱

(A) Ⅰ、Ⅱ、Ⅲ (B) Ⅰ、Ⅱ、Ⅳ

(C) Ⅰ、Ⅲ、Ⅳ (D) Ⅱ、Ⅲ、Ⅳ

题解：Ⅰ错，见《砌体规范》6.5.2-9 条；Ⅱ、Ⅲ、Ⅳ对，请参见《砌体规范》6.5.2-1、4、10 条。

答案：D。(题解引用的规范条文已摘录于 6.4.5 小节之 2)

6-37 下列关于防止或减轻砌体房屋底层墙体开裂的措施，何项不正确？

(A) 减小基础圈梁的刚度

(B) 增大基础圈梁的刚度

(C) 在底层的窗台下墙体灰缝内设置 3 道焊接钢筋网片或 2ϕ6 钢筋，并伸入两边窗间墙内不小于 600mm

(D) 采用钢筋混凝土窗台板，窗台板嵌入窗间墙内不小于 600mm

题解：请参见《砌体规范》6.5.3 条（已摘录于 6.4.5 小节之 3)。

答案：A。

6-38 非地震区车间、仓库、食堂等空旷的单层砌块及料石砌体房屋，檐口标高为(　　)m 时，应在檐口标高处设置圈梁一道，檐口标高大于(　　)m 时，应增加圈梁设置数量。

(A) 5～8，8 (B) 4～5，5 (C) 6～7，7 (D) 7～9，9

题解：请参见《砌体规范》7.1.2-2 条（已摘录于 6.5.1 小节)。

答案：B。

6-39 砌体结构的圈梁被门窗洞口截断时，应在洞口上部增设相同截面的附加圈梁，其与圈梁的搭接长度不应小于其中到中垂直间距的 2 倍，且不得小于(　　)。(2012-70，2010-87)

(A) 600mm (B) 800mm (C) 1000mm (D) 1200mm

题解：见《砌体规范》7.1.5 条 1 款（已摘录于 6.5.1 小节)。

答案：C。

6-40 砌体结构钢筋混凝土圈梁的宽度宜与墙厚相同，其高度最小不应小于(　　)。(2011-76)

(A) 120mm (B) 150mm (C) 180mm (D) 240mm

题解：见《砌体规范》7.1.5 条 3 款（已摘录于 6.5.1 小节)。

答案：A。

6-41 砖砌过梁的净跨度，下列说法的组合，正确的是(　　)。

Ⅰ 钢筋砖过梁不应超过 1.8m Ⅱ 钢筋砖过梁不应超过 1.5m

Ⅲ 砖砌平拱不应超过 1.2m Ⅳ 砖砌平拱不应超过 1.5m

(A) Ⅰ、Ⅲ (B) Ⅰ、Ⅳ (C) Ⅱ、Ⅲ (D) Ⅱ、Ⅳ

题解：请参见《砌体规范》7.2.1 条（已摘录于 6.5.2 小节之 1)。

答案：C。

6-42 当过梁上砖砌墙体高度 h_w 大于过梁净跨 l_n 时，下列关于过梁荷载计算的说法组合，正确的是(　　)。

Ⅰ 可不考虑其上的梁、板荷载

Ⅱ 需考虑其上的梁、板荷载

Ⅲ 墙体荷载应按高度为 $l_n/3$ 墙体的均布自重来采用

Ⅳ 墙体荷载应按高度为 $l_n/2$ 墙体的均布自重来采用

(A) Ⅰ、Ⅲ　(B) Ⅰ、Ⅳ　(C) Ⅱ、Ⅲ　(D) Ⅱ、Ⅳ

题解：请参见《砌体规范》7.2.2 条（已摘录于 6.5.2 小节之 2)。注意：①“楼盖梁、板下的墙体高度 h_w”与“过梁上的墙体高度 h_w”是同一个意思；②砖砌墙体高度 h_w 大于过梁净跨 l_n 时，$h_w \geqslant l_n/3$ 的条件就自然会得到满足。

答案：A。

6-43 钢筋砖砌过梁底面砂浆层处的钢筋，伸入支座砌体内的长度不宜小于(　　)mm。

(A) 420　(B) 370　(C) 240　(D) 200

题解：请参见《砌体规范》7.2.4-3 条（已摘录于 6.5.2 小节之 3)。

答案：C。

6-44 钢筋砖砌过梁底面砂浆层处的钢筋，水平间距不宜大于(　　)mm。

(A) 90　(B) 120　(C) 150　(D) 180

题解：请参见《砌体规范》7.2.4-3 条（已摘录于 6.5.2 小节之 3)。

答案：B。

6-45 下面关于挑梁抗倾覆验算式 $M_{ov} \leqslant M_r$ 中的倾覆力矩 M_{ov} 设计值和抗倾覆力矩设计值 M_r 的说法，错误的是(　　)。

(A) M_{ov} 的基本组合要考虑可变荷载，各种分项系数都要往大里的取

(B) M_r 的基本组合要考虑可变荷载，各种分项系数都要往大里的取

(C) M_r 的基本组合不考虑可变荷载

(D) M_r 的基本组合，其永久荷载的分项系数取 0.8

题解：请参见 6.5.3 小节及图 6.5.3-1。

答案：B。

6-46 在砌体结构中，当挑梁上下均有砌体时，挑梁埋入砌体的长度与挑出长度之比宜大于(　　)。(2012-69)

(A) 1.2　(B) 1.5　(C) 2.0　(D) 2.5

题解：见《砌体规范》7.4.6 条 2 款（已摘录于 6.5.3 小节)，并请注意对照图 6.5.3-1。

答案：A。

说明：《砌体规范》7.4.6 条 2 款的前半段没有声明“挑梁上无砌体”就是属于“挑梁上下均有砌体”的情况。

6-47 网状配筋砖砌体是指(　　)。

(A) 在水平灰缝中设钢筋网片

(B) 在砌体表面配钢筋网片，并抹砂浆面层

(C) 在砌体表面配钢筋网片，并抹混凝土面层

(D) 在墙体中设构造柱

题解：请参见《砌体规范》图 8.1.2、图 8.2.1、图 8.2.6 和图 8.2.7（已分别摘录于 6.6.1、6.6.2 和 6.6.3 小节）。

答案：A。

6-48 网状配筋砌体中钢筋网的竖向间距不应大于(　　)皮砖、并不应大于(　　)mm。

(A) 五，500　　(B) 六，600

(C) 五，400　　(D) 六，500

题解：请参见《砌体规范》8.1.3-4 条（已摘录于 6.6.1 小节）。

答案：C。

6-49 多层砌体房屋主要抗震措施是下列哪一项？（2011-91，2010-113，2009-116，2008-116）

(A) 限制高度和层数　　(B) 限制房屋的高宽比

(C) 设置构造柱和圈梁　　(D) 限制墙段的最小尺，并规定横墙最大间距

题解：见《抗震规范》7.1.2 条条文说明（已摘录于 6.7.1 小节）。

答案：A。

6-50 地震区砌体结构房屋的层数和总高度限值与下列哪些因素有关？

Ⅰ 房屋结构形式　Ⅱ 块体的种类　Ⅲ 块体强度等级

Ⅳ 最小抗震墙厚度　Ⅴ 设防烈度　Ⅵ 设计基本地震加速度

Ⅶ 抗震设防类别　Ⅷ 横墙的多少

(A) Ⅰ、Ⅱ、Ⅲ、Ⅳ　　(B) Ⅰ、Ⅱ、Ⅲ、Ⅳ、Ⅴ

(C) Ⅰ、Ⅱ、Ⅲ、Ⅳ、Ⅴ、Ⅵ、Ⅶ　　(D) Ⅰ、Ⅱ、Ⅳ、Ⅴ、Ⅵ、Ⅶ、Ⅷ

题解：与Ⅰ、Ⅱ、Ⅳ、Ⅴ、Ⅵ有关，见《抗震规范》表 7.1.2；与Ⅲ无关，虽然在《抗震规范》7.1.2-4 条提到了砌体抗剪强度这个影响因素，但砌体的抗剪强度与块体强度等级无关（请回顾对话 6.2.3-1）；与Ⅶ有关，见《抗震规范》表 7.1.2 下面的注 3 关于乙类房屋的说明；与Ⅷ有关，见《抗震规范》7.1.2-2、3 条。

答案：D。（题解引用的规范条文已摘录于 6.7.1 小节）

6-51 墙厚为 190mm 小砌块砌体房屋在 6 度抗震设计时有关总高度限值的说法，以下何者正确？（2010-92）

(A) 总高度限值由计算确定　　(B) 没有总高度限值

(C) 总高度限值一般为长度值一半　　(D) 总高度限值有严格规定

题解：《抗震规范》表 7.1.2（已摘录于 6.7.1 小节），对抗震设防烈度为 6、7、8、9 度时、墙厚为 190mm 的小砌块、用作多层房屋或用作底部框架-抗震墙房屋时，其层数和总高度都有相应的限制。

答案：D。

6-52 顶层带阁楼的坡屋面砌体结构房屋，其房屋总高度应按下列何项计算？（2011－77，2010-75）

(A) 算至阁楼顶　　(B) 算至阁楼地面

(C) 算至山尖墙的 1/2 高度处　　(D) 算至阁楼高度的 1/2 处

题解：请参见《抗震规范》表 7.1.2 注 1（已摘录于 6.7.1 小节）。

答案：C。

6-53 一幢 4 层总高度为 14.4m 的中学教学楼，其抗震设防烈度为 6 度，则下列结构形式中不应采用的是(　　)。（2012-79）

(A) 框架结构　　(B) 底层框架-抗震墙砌体结构
(C) 普通砖砌体结构　　(D) 多孔砖砌体结构

题解：中学教学楼抗震设防分类应不低于重点设防类（乙类），见《分类标准》6.0.8 条及条文说明（已摘录于 2.3.3 小节）。虽然《抗震规范》表 7.1.2（已摘录于 6.7.1 小节）栏内规定 6 度区的底层框架-抗震墙砌体结构可以做到 7 层、22m，但该表格下方的注 3 指出："乙类的多层砌体房屋仍按本地区设防烈度查表，其层数应减少一层且总高度应降低 3m；不应采用底部框架-抗震墙砌体房屋"。

本题的考点：①是中学教学楼的抗震设防分类，②看规范表格时别忘了看其下方的"注"。

答案：B。

6-54 抗震设防烈度为 8 度（0.20*g*）、最小抗震墙厚为 240mm 的普通砖底层框架-抗震墙房屋总高度和层数不应超过(　　)。

(A) 22m、7 层　　(B) 19m、6 层
(C) 16m、5 层　　(D) 13m、4 层

题解：请参见《抗震规范》表 7.1.2（已摘录于 6.7.1 小节）。

答案：C。

6-55 《建筑抗震设计规范》中，横墙较少的多层砌体房屋是指(　　)。(2012-101)

(A) 同一楼层内开间大于 3.9m 的房间占该层总面积的 40%以上
(B) 同一楼层内开间大厂 3.9m 的房间占该层总面积的 30%以上
(C) 同一楼层内开间大于 4.2m 的房间占该层总面积的 40%以上
(D) 同一楼层内开间大厂 4.2m 的房间占该层总面积的 30%以上

题解：见《抗震规范》7.1.2 条 2 款下面的"注"。(已摘录于 6.7.1 小节)。

答案：C。

6-56 抗震设防烈度为 7 度（0.15*g*）、最小抗震墙厚为 240mm 的蒸压灰砂砖多层砌体房屋，当砌体的抗剪强度仅达到黏土砖砌体的 70%时，其总高度和层数不应超过(　　)。

(A) 15m，5 层　　(B) 18m，6 层
(C) 21m，7 层　　(D) 24m，8 层

题解：请参见《抗震规范》表 7.1.2 和 7.1.2-4 条（已摘录于 6.7.1 小节）：21－3＝18m，7－1＝6 层。

答案：B。

6-57 抗震设计时，普通砖、多孔砖和小砌块砌体承重房屋的层高 $[h_1]$、底部框架-抗震墙砌体房屋的底部层高 $[h_2]$，应不超过下列何项数值？(2011-95)

(A) $[h_1]=4.2$m，$[h_2]=4.8$m　　(B) $[h_1]=4.2$m，$[h_2]=4.5$m
(C) $[h_1]=3.6$m，$[h_2]=4.8$m　　(D) $[h_1]=3.6$m，$[h_2]=4.5$m

题解：见《抗震规范》7.1.3 条（已摘录于 6.7.1 小节）。

答案：D。

6-58 多层砌体房屋总高度与总宽度的最大比值，与《建筑抗震设计规范》不符的是(　　)。

(A) 地震烈度为 6 度时，最大高宽比为 3.0
(B) 地震烈度为 7 度时，最大高宽比为 2.5

(C) 地震烈度为 8 度时，最大高宽比为 2.0

(D) 地震烈度为 9 度时，最大高宽比为 1.5

题解：请参见《抗震规范》7.1.4 条（已摘录于 6.7.2 小节）。

答案：A。

6-59 多层砌体房屋抗震承载力验算是为了防止何种破坏?

(A) 剪切破坏　　(B) 弯曲破坏

(C) 压弯破坏　　(D) 弯剪破坏

题解：请参见 6.7.2 小节以及摘录于该小节和对话 6.7.2-1。

答案：A。

6-60 抗震设计时，关于多层砌体房屋抗震横墙最大间距的规定，下列叙述正确的是(　　)。

(A) 只是为了增大结构横向水平抗震承载力的需要

(B) 不单是为了增大结构横向水平抗震承载力，同时是为了保证楼、屋盖具有传递水平地震作用给横墙的水平刚度

(C) 最大间距与砌体房屋类别无关

(D) 最大间距与抗震设防烈度无关

题解：请参见对话 6.7.3-1、6.7.3 小节以及摘录于该小节的《抗震规范》7.1.5 条。

答案：B。

6-61 抗震设防烈度为 8 度时，现浇钢筋混凝土楼、屋盖的多层砌体房屋，抗震横墙的间距不应超过(　　)

(A) 7m　　(B) 11m　　(C) 15m　　(D) 18m

题解：请参见《抗震规范》7.1.5 条（已摘录 6.7.3 小节）。

答案：B。

6-62 下列关于多层砌体房屋承重窗间墙的最小宽度规定，错误的是(　　)。

(A) 抗震设防烈度为 6 度时，最小窗间墙宽度为 0.8m

(B) 抗震设防烈度为 7 度时，最小窗间墙宽度为 1.0m

(C) 抗震设防烈度为 8 度时，最小窗间墙宽度为 1.2m

(D) 抗震设防烈度为 9 度时，最小窗间墙宽度为 1.5m

题解：请参见《抗震规范》7.1.6 条（已摘录于 6.7.4 小节）。

答案：A。

6-63 关于抗震设计的多层砌体房屋的结构布置，错误的是（　　）。(2014-86)

(A) 应优先采用横墙承重或纵横墙承重体系

(B) 当抗震承载力不满足要求时，可将部分承重墙设置为混凝土墙

(C) 砌体抗震墙布置宜均匀对称，沿竖向应上下连续

(D) 楼梯间不宜设置在房屋的尽端或转角处

题解：请参见《抗震规范》7.1.7 条（已摘录于 6.7.5 小节）。

答案：B。

6-64 下列多层砌体房屋的结构承重方案，地震区不应采用(　　)。(2012-75)

(A) 纵横墙混合承重　　(B) 横墙承重

(C) 纵墙承重　　(D) 内框架承重

题解：A、B是《抗震规范》推荐优先采用的方案；C容易出现震害；D是已被新《抗震规范》取消了的、抗震性能最差的结构形式。

答案：D。

6-65 关于多层砌体房屋纵横向砌体抗震墙布置的说法，正确的是（　　）。(2014-94)

(A) 纵横墙宜均匀对称，数量相差不大，沿竖向可不连续

(B) 同一轴线上的窗间墙宽度均匀，墙面洞口面积不大于墙面总面积的80%

(C) 房屋宽度方向的中部应设内纵墙，其累计长度不宜小于房屋总长度的60%

(D) 砌体墙段局部尺寸不满足规范要求时，除房屋转角处，可不采取局部加强措施

题解：A错，见《抗震规范》7.1.7-2-1)；B错，见《抗震规范》7.1.7-2-5)；C对，见《抗震规范》7.1.7-2-6)；D错，见《抗震规范》表7.1.6下面的注2。(题解引用的规范条文已摘录于6.7.5小节)

答案：C。

6-66 下列关于多层砌体房屋防震缝的设置，错误的是（　　）。

(A) 房屋立面高差在6m以上时宜设置防震缝

(B) 防震缝两侧均应设置墙体，缝宽应根据烈度和房屋高度确定

(C) 缝宽可采用50～100mm

(D) 各部分刚度、质量截然不同时宜设置防震缝

题解：C错，请参见《抗震规范》7.1.7-3条(已摘录6.7.5小节)。缝宽可采用50～100mm是上一轮规范的规定。

答案：C。

6-67 按现行《建筑抗震设计规范》，对底部框架—抗震墙砌体房屋结构的底部抗震墙要求，下列表述正确的是（　　）。(2012-102)

(A) 6度设防且总层数不超过六层时，允许采用嵌砌于框架之间的约束普通砖砌体或小砌块砌体的砌体抗震墙

(B) 7度、8度设防时，应采用钢筋混凝土抗震墙或配筋小砌块砌体抗震墙

(C) 上部砌体墙与底部的框架梁或抗震墙可不对齐

(D) 应沿纵横两方向，均匀、对称设置一定数量符合规定的抗震墙

题解：A、B错，D对，见《抗震规范》7.1.8条2款；C错，见《抗震规范》7.1.8条1款。上述规范条文已摘录于6.7.6小节。其实，从语气、逻辑判断也可猜出D对，因为D描述的几个方面都只有好处、没有坏处，用词也很折中："一定数量"既不犯"上"也不犯"下"。

答案：D。

6-68 底层框架-抗震墙房屋，应在底层设置一定数量的抗震墙，下列哪项叙述是不正确的？

(A) 房屋的底部，应沿纵横两方向设置一定数量的抗震墙，并应均匀对称布置

(B) 7度时应采用钢筋混凝土抗震墙或配筋小砌块砌体抗震墙

(C) 8度时应采用钢筋混凝土抗震墙

(D) 设置抗震墙后，底层的侧向刚度应大于其上层的侧向刚度

题解：请参见《抗震规范》7.1.8条(已摘录6.7.6小节)。

答案：D。

6-69 多层砌体房屋在地震中常出现交叉形裂缝，其产生原因是下列哪一种？

(A) 应力集中 (B) 受压区剪压破坏
(C) 主拉应力过大 (D) 弹塑性变形能力不足

题解：请参见 6.7.7 小节之 1 (1) 第 1 段。

答案：C。

6-70 地震区，在多层砌体房屋中设置构造柱，并与圈梁连接共同工作，其最主要的作用是(　　)。

(A) 提高墙体的水平受剪承载力 (B) 提高房屋的抗倾覆能力
(C) 提高房屋整体抗弯承载力 (D) 增加砌体的延性，防止房屋突然倒塌

题解：请参见 6.7.7 小节之 1 (1) 第 3 段和《抗震规范》7.3.1 条文说明 [已摘录于 6.7.7 小节之 1 (2)]。构造柱能够提高砌体的受剪承载力，但它最主要的作用是约束砌体，使之有较高的变形能力（延性），防止房屋突然倒塌。

答案：D。

6-71 抗震设计的多层普通砖砌体房屋，关于构造柱设置的下列叙述，哪项错误？(2012-100，2011-115)

(A) 楼梯间、电梯间四角应设置构造柱
(B) 楼梯段上下端对应的墙体处应设置构造柱
(C) 外墙四角和对应的转角应设置构造柱
(D) 构造柱的最小截面可采用 180mm×180mm

题解：A、B、C 对，见《抗震规范》表 7.3.1 设置部位项的左列（已摘录于 6.7.7 小节之 1 (2)）。D 错，见《抗震规范》7.3.2 条 1 款（已摘录于 6.7.7 小节之 1 (2)）。

答案：D。

6-72 某 8 度抗震设防的四层内廊式横墙较少的砖砌体教学楼的构造柱设置，下列组合正确的是(　　)。

Ⅰ 楼梯间四角，楼梯段上下端对应的墙体处应设构造柱
Ⅱ 外墙四角和对应转角应设构造柱
Ⅲ 大房间内外墙交接处应设构造柱
Ⅳ 内墙（轴线）与外墙交接处应设构造柱

(A) Ⅰ、Ⅱ (B) Ⅲ、Ⅳ (C) Ⅰ、Ⅱ、Ⅲ (D) Ⅰ、Ⅱ、Ⅲ、Ⅳ

题解：请参见《抗震规范》7.3.1 条和表 7.3.1（已摘录于 6.7.7 小节之 1 (2)），并注意横墙较少的房屋应根据增加一层后的层数（即五层）来查表。

答案：D。

6-73 抗震设防烈度为 7 度时超过六层、8 度时超过五层和 9 度时的砖砌体房屋，其构造柱纵向钢筋宜采用(　　)。

(A) 4ϕ8 (B) 4ϕ10 (C) 4ϕ12 (D) 4ϕ14

题解：请参见《抗震规范》7.3.2-1 条（已摘录于 6.7.7 小节之 1 (3)）。

答案：D。

6-74 多层砖砌体房屋中的构造柱应满足以下哪些要求？

Ⅰ 钢筋混凝土构造柱截面不应小于 240mm×180mm
Ⅱ 筋混凝土构造柱应先浇柱后砌墙
Ⅲ 筋混凝土构造柱应与圈梁连接

Ⅳ　钢筋混凝土构造柱必须单独设置基础

(A) Ⅰ、Ⅱ　　(B) Ⅰ、Ⅲ　　(C) Ⅱ、Ⅲ　　(D) Ⅱ、Ⅳ

题解：Ⅰ对、Ⅱ错、Ⅲ对、Ⅳ错，请参见《抗震规范》7.3.2条（已摘录于6.7.7小节之1（3）），并请注意："砌成马牙槎"意味着"先砌墙后浇柱"。

答案：B。

【2019年某题考点】本题的选项Ⅱ。

6-75　抗震设防区的多层砌体房屋，当地基为软弱黏性土、液化土、新近填土或严重不均匀土时，为防止地震时地基不均沉降和其他不利影响而采取的措施中，设置基础圈梁是其中之一。抗震设防区基础圈梁的截面高度不应小于(　　)mm，纵向配筋不应小于(　　)。

(A) 120，4ϕ10　　(B) 150，4ϕ12

(C) 180，4ϕ12　　(D) 200，4ϕ14

题解：请参见《抗震规范》7.3.4-3条和3.3.4-3条（已摘录于6.7.7小节之2）。

答案：C。

6-76　关于抗震设防地区多层砌块房屋圈梁设置的下列叙述，哪项不正确？(2010-117)

(A) 屋盖及每层楼盖处的外墙应设置圈梁

(B) 屋盖及每层楼盖处的内纵墙应设置圈梁

(C) 内横墙在构造柱对应部位应设置圈梁

(D) 屋盖处内横墙的圈梁间距不应大于15m

题解：需注意"砌块"与"砖"的区别，见6.2.1小节之1。对于"砌块"的圈梁的设置，《抗震规范》规定按7.3.3条执行：

7.4.4　多层小砌块房屋的现浇钢筋混凝土圈梁的设置位置应按本规范第7.3.3条多层砖砌体房屋圈梁的要求执行，圈梁宽度不应小于190mm，配筋不应少于4ϕ12，箍筋间距不应大于200mm。

而根据《抗震规范》7.3.3条的表7.3.3（已摘录于6.7.7小节之2），易知A、B、C对，D错。

答案：D。

6-77　在地震区，多层砖砌体房屋的现浇钢筋混凝土楼板或屋面板在墙内的最小支承长度，下列哪一个数值是正确的？

(A) 90mm　　(B) 120mm　　(C) 180mm　　(D) 240mm

题解：请参见《抗震规范》7.3.5-1条（已摘录6.7.7小节之3）。

答案：B。

6-78　在地震区，多层多孔砖砌体房屋，当圈梁未设在板的同一标高时，预制钢筋混凝土板在内墙上的最小支承长度不应小于(　　)。

(A) 60mm　　(B) 80mm　　(C) 100mm　　(D) 120mm

题解：请参见《抗震规范》7.3.5-2条（已摘录6.7.7小节之3）。

答案：C。

6-79　底部框架-抗震墙房屋，下列说法不符合抗震设计的是(　　)。

(A) 过渡层的底板应采用现浇钢筋混凝土板，板厚不应小于120mm

(B) 其他楼层楼板采用现浇钢筋混凝土楼板时应允许不另设圈梁，但楼板沿抗震墙体周边均应加强配筋并应与相应的构造柱可靠连接

(C) 钢筋混凝土托墙梁的宽度不应小于 300mm

(D) 钢筋混凝土托墙梁的截面高度不应小于跨度的 1/12

题解：见《抗震规范》7.5.7 条和 7.5.8 条（已摘录 6.7.8 小节）。

答案：D。

6-80 下列关于砌体结构砌筑前预先浇水的叙述，错误的是(　　)。

(A) 砌筑砖砌体时，砖应提前 1～2d 浇水湿润

(B) 对烧结普通砖、多孔砖，砌筑时的含水率宜为 10%～15%

(C) 对灰砂砖、粉煤灰砖，砌筑时的含水率宜为 8%～12%

(D) 砌筑混凝土小型空心砌块砌体时，小砌块应提前 1～2d 浇水湿润

题解：请参见《砌体工程施工质量验收规范》第 5.1.4 条、《混凝土小型空心砌块建筑技术规程》第 7.4.3 条以及它们的条文说明（已摘录于 6.8.1 小节）。

答案：D。

6-81 非抗震设防及抗震设防烈度为 6 度、7 度地区的临时间断处，当不能留斜槎时，除转角处外，可留直槎。下列关于直槎的留置方法，正确的组合是(　　)。

Ⅰ 直槎必须做成凸槎

Ⅱ 直槎必须做成凹槎

Ⅲ 120mm 墙厚放置 1ϕ6 拉结钢筋

Ⅳ 120mm 厚墙放置 2ϕ6 拉结钢筋

Ⅴ 拉结钢筋间距沿墙高不应超过 500mm

Ⅵ 拉结钢筋间距沿墙高不应超过 1000mm

(A) Ⅰ、Ⅲ、Ⅵ　　(B) Ⅱ、Ⅳ、Ⅴ

(C) Ⅰ、Ⅳ、Ⅴ　　(D) Ⅱ、Ⅲ、Ⅵ

题解：请参见《砌体工程施工质量验收规范》第 5.2.4 条的条文说明（已摘录于 6.8.2 小节）。

答案：C。

6-82 墙上留置的临时施工洞口，其侧边离交接处墙面不应小于(　　)，洞口净宽度不应超过(　　)。

(A) 500mm，1m　　(B) 370mm，1.2m

(C) 620mm，0.8m　　(D) 500mm，1.5m

题解：请参见《砌体工程施工质量验收规范》第 3.0.8 条（已摘录于 6.8.3 小节）。

答案：A。

6-83 宽度小于(　　)的窗间墙不得设置脚手眼。

(A) 0.5m　　(B) 0.6m

(C) 0.8m　　(D) 1m

题解：请参见《砌体工程施工质量验收规范》第 3.0.9-3 条（已摘录于 6.8.3 小节）。

答案：D。

第7章 地基与基础

建筑物的全部荷载都由它下面的地层来承担，受建筑物影响的那一部分地层称为地基，建筑物向地基传递荷载的下部结构就是基础。我们先谈谈地基中的土。

7.1 土的物理性质及工程分类

7.1.1 土的生成

地层中的岩石和土是自然界的产物。土是第四纪以来，岩石经过风化、剥蚀、搬运、沉积后形成的沉积物。地球形成至今已有46亿年的历史了，根据几次大的环境变化等因素，将这段漫长的历史从老到新划分为5个时代区段，即太古代、元古代、古生代、中生代和新生代。各时代段还可细分，例如新生代可分为第三纪和第四纪，第四纪还可再细分为早更新世（Q_1）、中更新世（Q_2）、晚更新世（Q_3）和全新世（Q_4）。据文献［22］介绍："国际上对第四纪的划分有多种意见，但一般认为第三纪和第四纪的界线为165万年，更新纪中一早、中一晚的界线分别为69万年和10万年，更新世与全新世的界线为1万年"。第四纪的起始年代也有距今100万年的说法[23]；另外，对我国第四纪的起始年代还有距今250万年的建议[24]。不论第四纪是从距今100万年、165万年还是250万年前开始，它都是一个相当长的时期，第四纪早期沉积的和近期沉积的土，在性质上就有着相当大的区别。同一类土，形成的年代越长、就会被压得越密实、由孔隙水中析出的化学胶结物也会越多。以黄土为例，全新世的黄土（Q_4黄土）质地疏松、压缩性高、强度低、并具有湿陷性；而早更新世的黄土（Q_1黄土）则致密坚实、压缩性低、强度高且无湿陷性。年代更久远的土，经过成岩作用又会变成为岩石，如砂土变成砂岩，黏土变成页岩等。

请翻到7.9节，做习题7-1

7.1.2 土的结构

请观看与土的结构相关的视频2010-122题

请翻到7.9节，做习题7-2，7-3

7.1.3 土的三相组成

请对照7.1.3～7.1.6小节观看2010-121，2011-104题视频

在继续讲解土的分类之前，需要了解一些与之相关的知识。在一般情况下，土是由三相组成的：固相 — 矿物颗粒和有机物质；液相 — 水溶液；气相 — 空气。矿物颗粒构成土的骨架，空气与水则填充骨架间的孔隙。土的性质取决于各相的特性及其相对含量与相互作用。

1. 土的固体颗粒

土中的固体颗粒有大有小，其工程性质也因此有所不同，例如粒径大的土颗粒没有黏性，而粒径很微小的黏粒遇水就有黏性。这和米粒没有黏性、但用米磨成的米粉遇水就具有黏性是一个道理。为了便于研究，将土颗粒按粒径的大小分成 6 个粒组，如图 7.1.3-1 所示。

图 7.1.3-1　土颗粒的粒经分组

土粒的矿物成分对土的工程性质也有很大的影响。黏土矿物中以蒙脱石的亲水性最强，当土中这种矿物的含量较多时，会表现出遇水膨胀、失水收缩的性质，被称之为膨胀土；而黏土矿物中的高岭石的亲水性最弱，有较高的水稳性；黏土矿物中的依利石的性质则介于上两者之间。这和米粉中的江米粉遇水时的黏性比大米粉者强的道理有点类似。

请翻到 7.9 节，做习题 7-4

2. 土中的水

土中的水有固态的冰，气态的水蒸气，液态的水，还有矿物颗粒晶格中的结晶水。固态的冰会引起土的冻胀和融陷，放到后面介绍。水蒸气一般对土的性质影响不大。结晶水是土固体颗粒的组成部分，不能自由移动，只有在几百度的高温下才能脱离晶格，它对土性的影响是通过矿物颗粒表现的，一般都将其视为矿物固体颗粒的一部分。下面主要谈液态水，它分为**结合水**和**自由水。**

(1) 结合水　结合水是借助土粒的电分子引力吸附在土粒表面上的水，它又可分为强结合水和弱结合水。

① 强结合水（吸附水）　强结合水紧靠土粒表面，受到的吸力极大，可达一千个标准大气压；厚度很小，约为几个水分子层或更多一些。这种水的密度比普通水高一倍左右，其性质接近于固体，可以抗剪，不传递静水压力。因为土粒可以从潮湿的空气中吸收这种水，所以也叫吸附水或吸着水。在 105℃ 温度下将土烤干达恒重时，可将吸附水排除。黏土仅含吸附水时表现为固体状态。砂土也能有很少一点吸附水，约占干土重的 2%～3%。

② 弱结合水（扩散层水）　弱结合水是结合水膜中除强结合水以外的水，它们占水膜的绝大部分。由于受到的吸力较小，弱结合水的密度在 1～1.78g/cm^{3}之间。随着离强结合水的距离由近变远，弱结合水的密度会由大变小，其性质也由固态渐变为半固态和黏滞状态，它也不传递静水压力。**弱结合水对黏性土的影响最大，**黏性土的一系列物理力学特性都和它有关。砂土可以认为不含弱结合水。

无论强结合水或弱结合水，都可因蒸发而由土中逸出。

(2) 自由水　这种水处于土粒的电分子吸力以外，密度在 1 g/cm^{3}左右。自由水又分为重力水和毛细水。

① 重力水　重力水位于地下水位以下，受重力作用由高处向低处流动，具有浮力的作用。

② 毛细水　毛细水位于地下水位以上，受毛细作用而上升。土粒间的孔隙是互相连

通的，地下水沿着这个不规则的通道上升，形成土中的毛细水上升带。一般认为粒径大于2mm的土粒无毛细现象。毛细水的上升高度：在碎石土中无；在砂土中一般不到2m、在粉土及黏性土中一般都超过2m。在工程中应注意毛细水的上升高度是否有可能使地下室受潮，或使地基可能产生冻胀等不利影响。毛细水上升带随地下水位的升降而变动，在考虑其影响时应从最不利的情况出发。

3. 土中气体

土中的气体与大气连通时对土的性质无影响；但如为封闭气泡，则在受力时有弹性变形，卸荷后又恢复。气泡使土的压缩性增加，透水性减小。

请翻到 7.9 节，做习题 7-5

7.1.4 土的物理性质指标

前面讲过土是由固相、液相和气相组成。这三相在土中本来是混合分布的，但为了阐述和标记的方便，将三相的各部分集合起来，画成土的三相示意图，如图 7.1.4-1 所示。

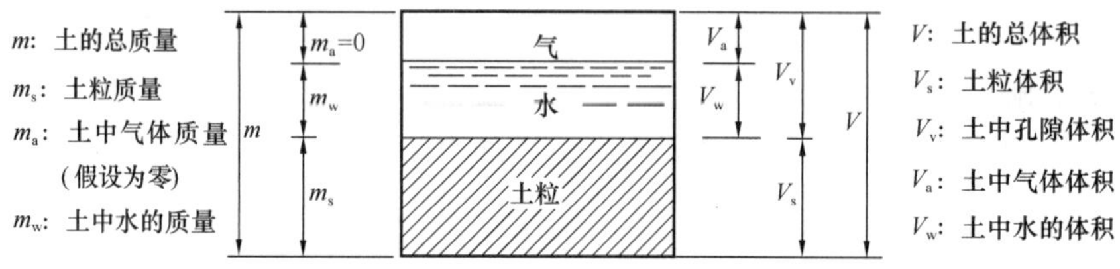

图 7.1.4-1 土的三相示意图

下面各种表达式中的文字符号含义见图 7.1.4-1，粗体字为指标的原始定义（宜记住）

1. 土的三项基本物理性质指标

土的三相指标很多，其中有三项是由试验测得的，称土的三项基本物理指标，它们是土的密度 ρ（或土的重度 γ）、土粒相对密度 d_s（也称土粒比重）和土的含水量 w。其他指标可由这三个指标换算求出。

(1) 土的密度 ρ 天然状态下，单位体积土体的质量（包含土粒的质量和孔隙水的质量，气体的质量忽略不计）称为土的密度，即

$$\rho = m/V \quad (\text{g/cm}^3 \text{ 或 } \text{T/m}^3) \tag{7.1.4-1a}$$

土的重度（过去称“容重”）γ

$$\gamma = gm/V = 9.8\rho \approx 10\rho \ (\text{kN/m}^3) \tag{7.1.4-1b}$$

(2) 土粒相对密度 d_s 土粒相对密度是指土粒的密度 m_s/V_s（单位 g/cm^3）与一个大气压下的 4℃纯水密度 $\rho_{w4℃}$（$\rho_{w4℃}=1\text{g/cm}^3$）的比值，即

$$d_s = (m_s/V_s)/\rho_{w4℃} = (m_s/V_s)/1 = m_s/V_s \tag{7.1.4-2}$$

值得注意的是：(7.1.4-2)式的等号右边项 m_s/V_s 看似有单位，但土粒相对密度 d_s 是无量纲(即无单位)的，它是两种密度的比值，若不好理解，就记它的定义 $d_s=(m_s/V_s)/\rho_{w4℃}$；而 $\rho_{w4℃}=1\text{g/cm}^3$ 好了。另外土粒相对密度也有用 G_s 表达的情况，脚标 s 是英文“土”的词首。

(3) 土的含水量 w 土体中水相物质（液态水和冰）的质量 m_w 与土粒质量 m_s 的百分比被称为土的含水量，即

$$w = (m_w/m_s) \times 100\% \tag{7.1.4-3}$$

含水量对土、特别是对黏性土的力学性质有很大影响。黄熙龄院士说过："我们搞基础工程的人最怕水，水一来，我们就得小心了"[25]。暴雨来临时，电视台就会播放地质灾害预警的消息，提醒人们注意防范山体滑坡、泥石流等灾害。土受水浸泡就会发软，抗剪强度降低。这一点，对黏性土尤为明显。1974 和 1989 两轮《建筑地基基础设计规范》曾给出过土的物理力学性指标与地基承载力的关系表格，这些表格反映了粉土、黏性土、淤泥、淤泥质土和红黏土的承载力随含水量升高而降低的规律。由于我国幅员广大，土质条件各异，用查表法确定承载力，在大多数地区可能基本适合或偏保守，也不排除个别地区可能不安全。出于这个原因，现行《建筑地基基础设计规范》取消了上述表格，但含水量对土抗剪强度影响的规律不会改变。

2. 土的换算物理性质指标

(1) 土的孔隙比 e 这个指标用得较多，它是土体中的孔隙体积 V_V 与土颗粒体积 V_s 之比，即

$$e = V_V/V_s（换算后 e = d_s(1+w)\rho_w/\rho - 1 不必记） \tag{7.1.4-4}$$

土体的孔隙比是土体的一个重要物理性质指标，可以用来评价土体的压缩特性，一般 $e<0.6$ 的土是密实的低压缩性土；$e>1.0$ 的土是疏松的高压缩性土。

(2) 土的孔隙率（亦称孔隙度）n 这个指标很少用到，它是土体中的孔隙体积 V_V 与土的总体积 V 之比的百分比即

$$n = (V_V/V) \times 100\%（换算后 n = e/(1+e) 不必记） \tag{7.1.4-5}$$

(3) 土的饱和度 S_r 土中被水所充填的孔隙体积 V_w 与孔隙总体积 V_V 的百分比称为土的饱和度，即

$$S_r = V_w/V_V（换算后 S_r = G_s w/e 不必记） \tag{7.1.4-6}$$

饱和度反映了土体中孔隙被水所充填的程度。在工程上，砂土和粉土根据饱和度大小可分为稍湿（$S_r \leqslant 50\%$）、很湿（$50\% < S_r \leqslant 80\%$）与饱和（$S_r > 80\%$）三种湿度状态。在 2.6.2 小节，我们曾经提到过在强烈地震作用下，不够密实的、饱和的砂土或粉土会被"液化"，完全失去强度。此处的饱和是一种工程意义上的饱和，为了和理想的饱和状态相区别，人们常把 $S_r=100\%$ 的含水状态称为"完全饱和"。

(4) 土的干密度 ρ_d 单位体积土粒的质量称为土的干密度，即

$$\rho_d = m_s/V \quad (g/cm^3 或 T/m^3) \tag{7.1.4-7a}$$

土的干重度（过去称"干容重"）γ_d

$$\gamma_d = g m_s/v = 9.8\rho_d \approx 10\rho_d (kN/m^3) \tag{7.1.4-7b}$$

干密度是衡量填土压实程度的一个参数

(5) 土的饱和密度 ρ_{sat} 它是指单位体积的完全饱和（$S_r=100\%$）土体的质量，即

$$\rho_{sat} = (m_s + \rho_w V_V)/V（\rho_w 为水的密度） \tag{7.1.4-8a}$$

土的饱和重度 $\gamma_{sat}=g\rho_{sat}$ $=9.8\rho_{sat}\approx 10\rho_{sat}$ (kN/m^3) (7.1.4-8b)

(6) 土的有效密度（亦称"浮密度"）ρ'

$$\rho' = \rho_{sat} - \rho_w \tag{7.1.4-9a}$$

土的有效重度（亦称"浮重度"，过去称"浮容重"）γ'

$$\gamma' = \gamma_{sat} - \gamma_w（\gamma_w 为水的重度） \tag{7.1.4-9b}$$

小波：含水量 m_w/m_s 用土颗粒质量 m_s 做分母而不是用土的总质量 m 做分母，好像不太合符一般的习惯。会不会是书上打印错了？

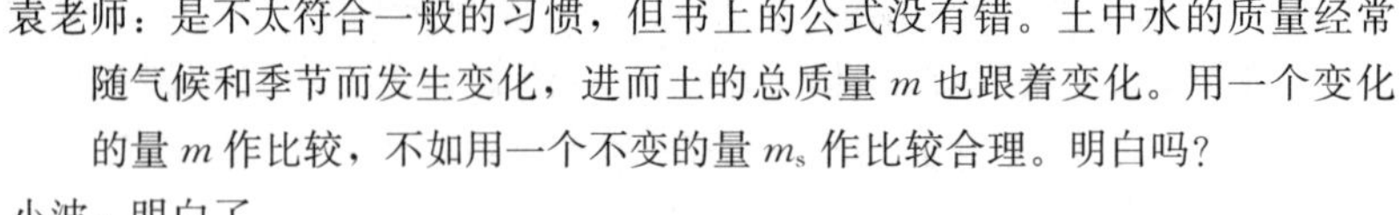

袁老师：是不太符合一般的习惯，但书上的公式没有错。土中水的质量经常随气候和季节而发生变化，进而土的总质量 m 也跟着变化。用一个变化的量 m 作比较，不如用一个不变的量 m_s 作比较合理。明白吗？

小波：明白了。

袁老师：好的。你现在能不能说说孔隙比 e 用得较多、而孔隙率 n 很少用到的道理呢？

小静：让我来回答这个问题吧。孔隙比 $e=V_V/V_s$，分母中的土颗粒体积 V_s 是个不变的量；而孔隙率 $n=$ （V_V/V）$\times 100\%$分母中的土的总体积 V 是可以压缩的可变量。用一个不变的量 V_s 作为比较的标准比较合理，所以孔隙比 e 用得较多。我说得对吗？

袁老师：完全正确！

对话 7.1.4-1 含水量 w、孔孔隙比 e 和孔隙率 n 表达式中的分母

请翻到 7.9 节，做习题 7-6～7-8

7.1.5 黏性土的缩限、塑限、液限、塑性指数和液性指数

随着黏性土中水分含量的增加，黏性土可呈现出：固态、半固态、塑性状态（又分硬塑、可塑与软塑）与流塑状态。

塑性状态（亦称塑态)，通俗点说就是指土能捏成泥娃娃时的状态。**半固体状态**是指土的形状可维持原来形状但体积会因水分的蒸发而收缩。土处于**固体状态**时，其体积和形状都维持不变。**流塑状态（亦称流动状态）**则指土在自重下可缓慢地塌落。

土由流动状变成塑态的界限含水量叫塑性上限含水量，简称液限 w_L；由塑态变成半固态的界限含水量叫塑性下限含水量．简称塑限 w_p；由半固态转为固态的界限含水量叫缩限。黏性土物理状态的改变．反映了土中水对土性质的影响，见图 7.1.5-1。

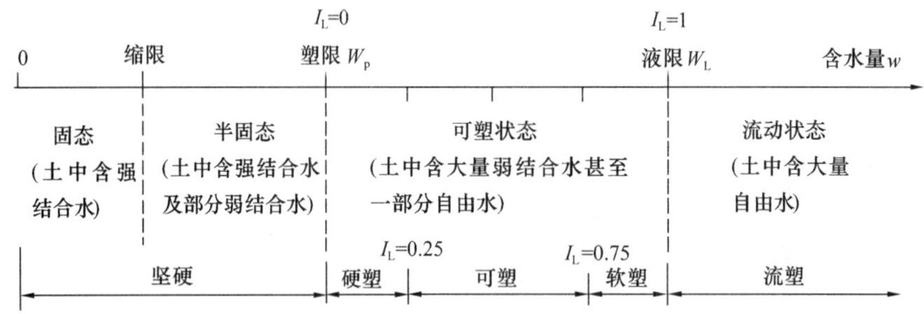

图 7.1.5-1　黏性土物理状态与含水量的关系

塑性指数 I_p　液限 w_L与塑限的 w_p差值去掉百分号%后就是塑性指数 I_p，即

$$I_p = w_L - w_p \tag{7.1.5-1}$$

式中的液限 w_L和塑限 w_p均去掉百分号%。塑性指数 I_p大，说明土中黏粒的含量多、土的可塑性范围大，土能接纳结合水的能力强。但土的塑性指数大并不意味着其含水量 w 就高，即便塑性指数很大，但若土处于十分干燥的环境、含水量也将很低。另外，含水量中的水还有自由水，砂土没有黏性，但它也可以因含有大量的自由水而达到饱和。

液性指数 I_L 液性指数亦称**稠度**，是表示土的软硬或稀稠状况的指标，它用下式表示：

$$I_L = (w - w_p)/I_p \tag{7.1.5-2}$$

式中的含水量 w 和塑限 w_p 均去掉百分号%。根据液性指数的大小，黏性土分为坚硬、硬塑、可塑、软塑及流塑五种状态，见图 7.1.5-1。《地基基础规范》规定：

> **4.1.10** 黏性土的状态，可按表 4.1.10 分为坚硬、硬塑、可塑、软塑、流塑。
>
> **表 4.1.10 黏性土的状态**
>
> | 液性指数 I_L | 状态 | 液性指数 I_L | 状态 |
> |---|---|---|---|
> | $I_L \leqslant 0$ | 坚硬 | $0.75 < I_L \leqslant 1$ | 软塑 |
> | $0 < I_L \leqslant 0.25$ | 硬塑 | $I_L > 1$ | 流塑 |
> | $0.25 < I_L \leqslant 0.75$ | 可塑 | | |
>
> ……

小波和小静：塑性指数 I_p 大的土，其含水量和塑性就一定很高，对吗？

袁老师：塑性指数大的土，黏粒的含量多、可塑性范围大、接纳**结合水**的能力强，但并不意味着其含水量 w 就高，即便土的塑性指数很大，但若处于十分干燥的环境，其含水量也将很低，处于坚硬状态而不具有塑性。这好比面粉拥有做面条的能力，但若没有水，面条是做不成的。另外，接纳**结合水**的能力并不代表接纳**水**的能力。含水量中的水还有**自由水**，砂土没有黏性，但它也可以因含有大量的自由水而达到饱和。明白了吗？

小波和小静：明白了。

对话 7.1.5-1 塑性指数大的土，其含水量和塑性就一定很高吗？

请翻到 7.9 节，做习题 7-9，7-10

7.1.6 岩土的分类

1. 岩石的分类《地基基础规范》规定：

> **4.1.1** 作为建筑地基的岩土，可分为岩石、碎石土、砂土、粉土、黏性土和人工填土。
>
> **4.1.2** 岩石应为颗粒间牢固联结，呈整体或具有节理裂隙的岩体。作为建筑物地基，除应确定岩石的地质名称外，尚应按 4.1.3 条划分其坚硬程度和完整程度。岩石的风化程度可分为未风化、微风化、中风化、强风化和全风化。
>
> **4.1.3** 岩石的坚硬程度应根据岩块的饱和单轴抗压强度 f_{rk} 按表 4.1.3 分为坚硬岩、较硬岩、较软岩、软岩和极软岩。当缺乏饱和单轴抗压强度资料或不能进行该项试验时，可在现场通过观察定性划分，划分标准可按本规范附录 A.0.1 执行。
>
> **表 4.1.3 岩石坚硬程度的划分**
>
> | 坚硬程度类别 | 坚硬岩 | 较硬岩 | 较软岩 | 软岩 | 极软岩 |
> |---|---|---|---|---|---|
> | 饱和单轴抗压强度标准值 f_{rk}(MPa) | $f_{rk} > 60$ | $60 \geqslant f_{rk} > 30$ | $30 \geqslant f_{rk} > 15$ | $15 \geqslant f_{rk} > 5$ | $f_{rk} \leqslant 5$ |

请翻到 7.9 节，做习题 7-11，7-12

2. 土的分类 建筑工程中将土（岩石除外）分为碎石土、砂土、粉土、黏性土和人工填土。碎石和砂土统称为无黏性土。粉土是既不同于黏性上，又有别于砂土，介乎后二者之间的土。不同的自然地理环境对土的性质也有很大影响。我国沿海地区的软土、严寒地区的永冻土、西北的湿陷性黄土、西南亚热带的红黏土等除具有一般土的共性外，还具有自己的特点。无黏性土的分类比较简单，我们先从它谈起。

(1) 无黏性土（亦称粗粒土）的分类 《地基基础规范》规定：

4.1.5 碎石土为粒径大于 2mm 的颗粒含量超过全重 50%的土。碎石土可按表 4.1.5 分为漂石、块石、卵石、碎石、圆砾和角砾。

表 4.1.5 碎石土的分类

土的名称	颗粒形状	粒组含量
漂石	圆形及亚圆形为主	粒径大于 200mm 的颗粒含量超过全重 50%
块石	棱角形为主	
卵石	圆形及亚圆形为主	粒径大于 20mm 的颗粒含量超过全重 50%
碎石	棱角形为主	
圆砾	圆形及亚圆形为主	粒径大于 2mm 的颗粒含量超过全重 50%
角砾	棱角形为主	

注：分类时应根据粒组含量栏从上到下以最先符合者确定。

4.1.7 砂土为粒径大于 2mm 的颗粒含量不超过全重 50%、粒径大于 0.075mm 的颗粒超过全重 50%的土。砂土可按表 4.1.7 分为砾砂、粗砂、中砂、细砂和粉砂。

表 4.1.7 砂土的分类

土的名称	粒 组 含 量
砾砂	粒径大于 2mm 的颗粒含量占全重 25%～50%
粗砂	粒径大于 0.5mm 的颗粒含量超过全重 50%
中砂	粒径大于 0.25mm 的颗粒含量超过全重 50%
细砂	粒径大于 0.075mm 的颗粒含量超过全重 85%
粉砂	粒径大于 0.075mm 的颗粒含量超过全重 50%

注：分类时应根据粒组含量栏从上到下以最先符合者确定。

请翻到 7.9 节，做习题 7-13～7-15

(2) 黏性土、粉土、淤泥和淤泥质土的分类《地基基础规范》规定：

4.1.9 黏性土为塑性指数 I_p 大于 10 的土，可按表 4.1.9 分为黏土、粉质黏土。

表 4.1.9 黏性土的分类

塑性指数 I_p	土的名称
$I_p>17$	黏　　土
$10<I_p\leqslant17$	粉质黏土

……

4.1.11 粉土为介于砂土与黏性土之间，塑性指数 I_p 小于或等于 10 且粒径大于 0.075mm 的颗粒含量不超过全重 50%的土。

4.1.12 淤泥为在静水或缓慢的流水环境中沉积，并经生物化学作用形成，其天然含水量大于液限、天然孔隙比大于或等于 1.5 的黏性土。当天然含水量大于液限而天然孔隙比小于 1.5 但大于或等于 1.0 的黏性土或粉土为淤泥质土。……

请翻到 7.9 节，做习题 7-16～7-21

(3) 人工填土的分类

《地基基础规范》规定：

4.1.14 人工填土根据其组成和成因，可分为素填土、压实填土、杂填土、冲填土。

素填土为由碎石土、砂土、粉土、黏性土等组成的填土。经过压实或夯实的素填土为压实填土。杂填土为含有建筑垃圾、工业废料、生活垃圾等杂物的填土。冲填土为由水力冲填泥砂形成的填土。

请翻到 7.9 节，做习题 7-22

7.2 地基的强度与变形

7.2.1 概 述

地基设计须同时满足强度和变形的要求。

地基的强度是指土体的抗剪强度。地基虽然是受压，但它的强度破坏形态却都是剪切滑移破坏，就像揉面时的面团在手的压力下从手旁边被挤出去那样。

对建筑物来说，**地基的变形是指土体受到压缩引起的沉降。**土在压力作用下体积减小的特性叫作压缩性。试验研究表明：当压力在 100～600kPa（kPa 即 kN/m^2）以内时，土颗粒体积的变化不及土全部体积变化的 1/400，可以忽略不计。所以，土的压缩可看成为是土中孔隙体积的减小、孔隙中一部分水和空气被挤出，土颗粒相应发生移动、重新排列、靠拢挤紧的过程，这个过程称“固结”。土的孔隙率越大，压缩性就越高、沉降量就越大。土的颗粒越粗，孔隙中的水分和空气就越容易排出，沉降的过程就发展得快（例如砂土）；土的颗粒越细，孔隙中的水分和空气就越难排出，沉降的过程就发展得慢（例如上海工业展览馆）。建筑物沉降量的大小和固结的快慢是稍后要讨论的问题。

7.2.2 土体的抗剪强度

土体的抗剪强度与加荷速度有关，这一点对黏性土来说特别明显。图 7.2.2-1 是加拿大特朗斯摩谷仓地基破坏的情景。该谷仓由 65 个圆筒仓组成，高 31m、宽 23m，采用筏板基础，其下有厚达 16m 的软黏土层。谷仓建成后初次贮存谷物，就因土体抗剪强度不足发生地基发生整体滑动，谷仓西侧突然陷入土中 8.8m，东侧则抬高 1.5m，仓身倾斜 27°。该谷仓的整体性很强，筒仓完好无损。事后在下面做了 70 多个支承于基岩上的混凝土墩，使用 388 个 50t 千斤顶才把仓体逐渐纠正过来，但其位置比原来降低了 4m。谷物入仓速度过快是事故的主因。谷物活荷载约占总荷载 60％，谷仓建成后用不到一个月的时间就将荷载加满。软黏土的土颗粒细，孔隙中的水分和空气不容易排出，土颗粒不容易被挤紧，土颗粒之间摩擦力上不去，即抗剪强度上不去；但荷载上得快，土体内的剪应力也就上得快，致使土体抗剪强度的增长速度远远落后于剪应力的增长速度，从而导致事故的发生。这类土体被挤出的剪切滑移破坏亦称**地基失稳。**建造在软土地区上的活荷载所占比重较大的构筑物，如谷仓、散装水泥库、油罐等，要特别注意初次加荷的速度不能过快。上例常被一般教科书引用，其原因除破坏机理比较典型外，还有就是这类事故并不多见。一般民用建筑，活荷载仅占总荷载的 15%，很少会出现这种土体被挤出去的剪切滑移破坏。然而，当土体的一面处于临空状态时（边坡，基坑等），剪切滑移破坏却又成为最常见的、对人民生命财产威胁最大的事故之一，见图 7.2.2-2。

图 7.2.2-1 土体抗剪强度不足导致地基发生整体滑动

图 7.2.2-2 基坑失稳导致房屋坍塌

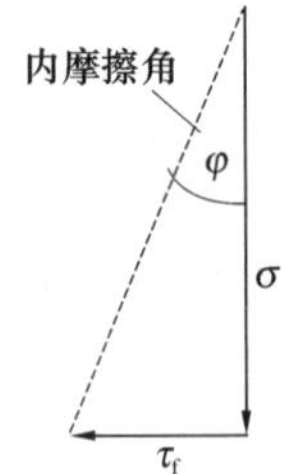

图 7.2.2-3 内摩擦角 φ 的含义

1776 年，C. A. 库仑（Coulomb）根据砂土试验，指出：土在剪切滑动面上的抗剪强度 τ_f 与该面上的法向总应力 σ 成正比，其比值为 $\tan\varphi$，即

$$\tau_f = \sigma\tan\varphi \tag{7.2.2-1}$$

将上式与图 7.2.2-3 作个比较，不难看出：抗剪强度 τ_f 相当于滑动面上下砂粒之间的摩擦力；σ 相当于正压力；而 $\tan\varphi$ 则相当于摩擦系数，于是 φ 便理所当然被称之为摩擦角，又因为这种摩擦力存在于土体的内部，**因此 φ 又被定义为内摩擦角。**

后来，库仑又在上式的基础上，把黏性土的**黏聚力 c**（亦称“内聚力”）考虑进来，提出了适合黏性土的抗剪强度公式

$$\tau_f = c + \sigma\tan\varphi \tag{7.2.2-2}$$

上式也适用与无黏性土，只需令式中的黏聚力 c 等于零即可。这两式统称为库仑公式或库仑定律，自提出至今两个多世纪过去了，但它并没有过时，各国的规范都还在用库仑定律。

砂土的内摩擦角一般随土颗粒变细而逐渐降低。砾砂、粗砂、中砂的 φ 值约为 32°～40°，细砂、粉砂的 φ 值约为 28°～36°，松散砂的 φ 角与天然休止角（也叫天然坡度角，即砂堆自然形成的最陡角度）相近，密砂的 φ 角比天然休止角大。饱和砂土比同样密度的干砂 φ 角约小 1°～2°左右，这说明含水量的变化对砂土的 φ 角影响很小。

黏性土的抗剪强度指标变化范围颇大，与试验方式有关。例如，试验时若允许水分慢慢排出，土颗粒就有机会靠紧、摩擦力就大、相应的 φ 角也大，反之则小。试验的方式要符合实际工程中土的受力状态。这个问题不再往深处讨论。黏性土的内摩擦角 φ 的变化范围大致为 0°～30°；黏聚力的变化范围大致为 10～100kN/m^2。

请翻到 7.9 节，做习题 7-23，7-24

7.2.3 土的压缩系数 a 和压缩模量 E_s（对照图 7.2.3-1）

土的压缩系数 a 或压缩模量 E_s 是地基沉降计算需用到的压缩性指标，它们是在实验室内用侧限压缩仪（图 a）测出。一般分 0.05、0.1、0.2、0.3、0.4MPa 五级加荷，设前后两级荷载分别为 p_1 和 p_2，记录每一级荷载变形稳定时的土样压缩量 $\Delta H=H_1-H_2$（图 b 和图 c），并据此算出与 p_1 和 p_2 相应的孔隙比 e_1 和 e_2（具体过程从略），绘出 e-p 压缩曲线（图 d）。

压缩系数 $a=(e_1-e_2)/(p_2-p_1)$ 单位：MPa^{-1} (7.2.3-1)

压缩模量 $E_s=(p_2-p_1)/(\Delta H/H_1)$ 单位：MPa (7.2.3-2)

压缩系数 a 和压缩模量 E_s 有一定的换算关系：$E_s=(1+e_1)/a$（推导从略）。

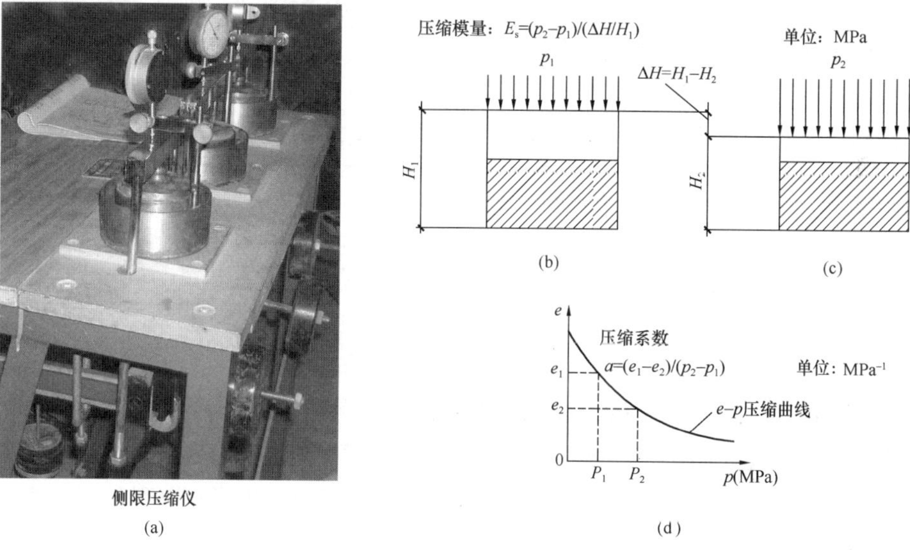

图 7.2.3-1 土的室内压缩试验、压缩曲线、压缩系数 a 和压缩模量 E_s

一般用由 $p_1=100\mathrm{kPa}$ 增加到 $p_2=200\mathrm{kPa}$ 时的压缩系数 a_{1-2} 来评定土的压缩性。**压缩系数越小，土就越密实、压缩性越低。**《地基基础规范》规定：

> **4.2.6** 地基土的压缩性可按 p_1 为 100kPa，p_2 为 200kPa 时相对应的压缩系数值 a_{1-2} 划分为低、中、高压缩性，并符合以下规定：
>
> 1. 当 $a_{1-2}<0.1\mathrm{MPa}^{-1}$ 时，为低压缩性土；
> 2. 当 $0.1\mathrm{MPa}^{-1}\leqslant a_{1-2}<0.5\mathrm{MPa}^{-1}$ 时，为中压缩性土；
> 3. 当 $a_{1-2}\geqslant 0.5\mathrm{MPa}^{-1}$ 时，为高压缩性土。

相应地，也可以用这个荷载段的压缩模量 E_{s1-2} 来评定土的压缩性：

当 $E_{s1-2}\geqslant 20\mathrm{MPa}$ 时，为低压缩性土；

当 $4\mathrm{MPa}^{-1}\leqslant E_{s1-2}<20\mathrm{MPa}^{-1}$ 时，为中压缩性土；

当 $E_{s1-2}<4\mathrm{MPa}^{-1}$ 时，为高压缩性土。

压缩模量越大，土就越密实、压缩性越低。

请翻到 7.9 节，做习题 7-25～7-27

7.2.4 地基变形的原因及计算深度

1. 地基变形的原因

建筑物的荷载是地基变形的主要原因。地层在自重压力作用下还未沉降完毕的土称欠固结土，这类土即使其上没有建筑物也会沉降。大多数建筑场地的土层在自重压力作用下的沉降已经完成。**于是我们可以认为建筑物的沉降大多数是地基中建筑物的附加应力引起的。**

另外，地下水位下降时，降幅范围内土的重度由原来的浮重度变为天然重度，使得土的自重应力变大，相当于给土体增加了附加应力，其后果就是会引起附加沉降。这个问题在深基坑施工降水时需特别注意，要采取相应的止水和回灌措施，以免形成降水漏斗而导致邻近建筑物倾斜。

还有，当建筑物的地下室做成封闭的筏基或箱基时，因空心地下室的重量小于被挖掉的实心土体重量、故可减小地基的附加应力、进而减小建筑物沉降。但须注意当地下室层数较多时，在变形计算中需要考虑基坑开挖后地基土的回弹量。因为回弹上鼓的变形很容易被建筑物压下去、成为沉降的一部分。《地基基础规范》条文说明解释：

> **5.3.10** 条文说明：应该指出高层建筑由于基础埋置较深，地基回弹再压缩变形往往在总沉降中占重要地位，甚至某些高层建筑设置 3～4 层（甚至更多层）地下室时，总荷载有可能等于或小于该深度土的自重压力，这时高层建筑地基沉降变形将由地基回弹变形决定。……

请翻到 7.9 节，做习题 7-28，7-29

2. 建筑物的附加应力引起的地基变形的计算深度

由于土对基础底面附加应力的扩散作用，地基土越深、附加应力就越小，但自重应力却越大。当深度达到某一量值 z_n 时，附加应力与自重应力相比就变得微不足道了。当该深度 z_n 向上厚度为 Δ_z 的土层计算变形值 $\Delta s_n'$、小于深度 z_n 范围内各土层变形量之和的 0.025 倍时，深度 z_n 称**地基变形的计算深度**。上述确定地基变形的计算深度的方法称**"修正变形比法"**。

《《地基基础规范》附图：

> **5.3.7** 地基变形计算深度 z_n（图 5.3.5），……
>
> ……Δ_z 见图 5.3.5 并按表 5.3.7 确定。
>
> ……

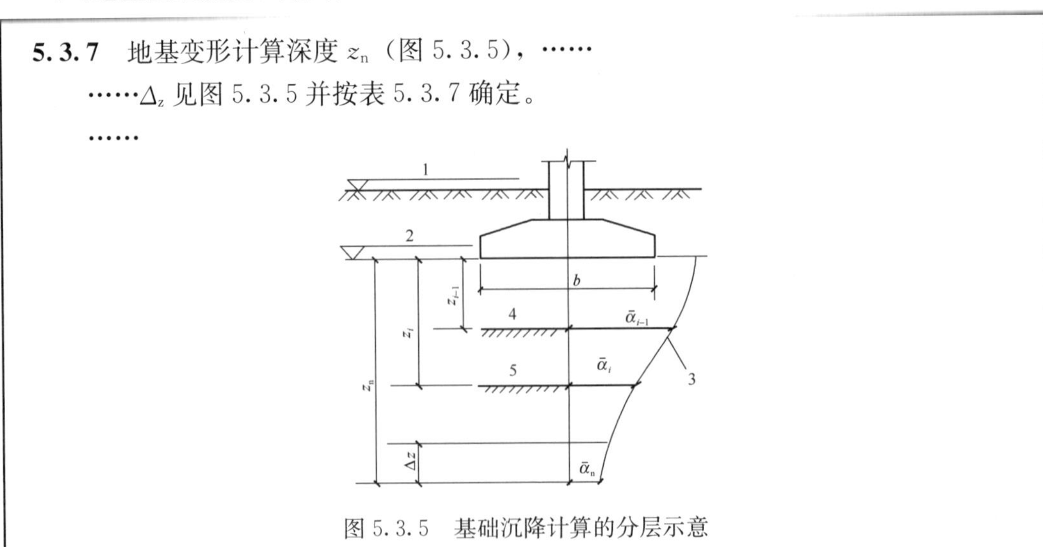

图 5.3.5 基础沉降计算的分层示意

1—天然地面标高；2—基底标高；3—平均附加应力系数 $\bar{a}$ 曲线；4—i-1 层；5—i 层

表 5.3.7　Δ_z

b（m）	$b \leqslant 2$	$2 < b \leqslant 4$	$4 < b \leqslant 8$	$8 < b$
Δ_z（m）	0.3	0.6	0.8	1.0

请翻到 7.9 节，做习题 7-30

7.2.5　建筑物的地基变形控制

《地基基础规范》规定：

5.3.3　在计算地基变形时，应符合下列规定：

1. 由于建筑地基不均匀、荷载差异很大、体型复杂等因素引起的地基变形，对于砌体承重结构应由局部倾斜控制；对于框架结构和单层排架结构应由相邻柱基的沉降差控制；对于多层或高层建筑和高耸结构应由倾斜值控制；必要时尚应控制平均沉降量。

2. ……

5.3.4　建筑物的地基变形允许值，按表 5.3.4 规定采用。对表中未包括的建筑物，其地基变形允许值应根据上部结构对地基变形的适应能力和使用上的要求确定。

表 5.3.4　建筑物的地基变形允许值

变形特征		地基土类别	
		中、低压缩性土	高压缩性土
砌体承重结构基础的局部倾斜		0.002	0.003
工业与民用建筑相邻柱基的沉降差	框架结构	0.002l	0.003l
	砌体墙填充的边排柱	0.0007l	0.001l
	当基础不均匀沉降时不产生附加应力的结构	0.005l	0.005l
单层排架结构（柱距为 6m）柱基的沉降量（mm）		(120)	200
桥式吊车轨面的倾斜（按不调整轨道考虑）	……	……	
多层和高层建筑的整体倾斜	$H_g \leqslant 24$	0.004	
	$24 < H_g \leqslant 60$	0.003	
	$60 < H_g \leqslant 100$	0.0025	
	$H_g > 100$	0.002	
体型简单的高层建筑基础的平均沉降量（mm）		200	
高耸结构基础的倾斜 ……	……		
高耸结构基础的沉降量（mm）……	……		

注：1. 本表数值为建筑物地基实际最终变形允许值；
2. 有括号者仅适用于中压缩性土；
3. l 为相邻柱基的中心距离（mm）；H_g 为自室外地面起算的建筑物高度（m）；
4. 倾斜指基础倾斜方向两端点的沉降差与其距离的比值；
5. 局部倾斜指砌体承重结构沿纵向 6～10m 内基础两点的沉降差与其距离的比值。

请翻到 7.9 节，做习题 7-31～7-33

7.3 地基基础设计的基本规定

7.3.1 地基基础设计等级

在地基基础设计时，要根据建筑场地地质条件的复杂程度、建筑物的规模和使用功能特点采用相应的对策。这涉及地基基础设计划分等级的问题，《地基基础规范》规定：

3.0.1 地基基础设计应根据地基复杂程度，建筑物规模和功能特征以及由于地基问题可能造成建筑物破坏或影响正常使用的程度，将地基基础设计分为三个设计等级，设计时应根据具体情况，按表 3.0.1 选用。

表 3.0.1 地基基础设计等级

设计等级	建筑和地基类型
甲级	重要的工业与民用建筑物 30 层以上的高层建筑 体型复杂，层数相差超过 10 层的高低层连成一体建筑物 大面积的多层地下建筑物（如地下车库，商场、运动场等） 对地基变形有特殊要求的建筑物 复杂地质条件下的坡上建筑物（包括高边坡） 对原有工程影响较大的新建建筑物 场地和地基条件复杂的一般建筑物 位于复杂地质条件及软土地区的二层及二层以上地下室的基坑工程 开挖深度大于 15m 的基坑工程周边环境条件复杂，环境保护要求高的基坑工程
乙级	除甲级，丙级以外的工业与民用建筑物 除甲级、丙级以外的基坑工程
丙级	场地和地基条件简单，荷载分布均匀的七层及七层以下民用建筑及一般工业建筑物；次要的轻型建筑物 非软土地区且场地地质条件简单、基坑周边环境条件简单、环境保护要求不高且开挖深度小于 5.0m 的基坑工程

请翻到 7.9 节，做习题 7-34，7-35

7.3.2 与地基基础设计等级相应的设计要求

《地基基础规范》规定：

3.0.2 根据建筑物地基基础设计等级及长期荷载作用下地基变形对上部结构的影响程度，地基基础设计应符合下列规定：

1. 所有建筑物的地基计算均应满足承载力计算的有关规定；
2. 设计等级为甲级、乙级的建筑物，均应按地基变形设计；

3. 设计等级为丙级的建筑物如有下列情况之一时应作变形验算：

1）地基承载力特征值小于 130kPa，且体型复杂的建筑；

2）在基础上及其附近有地面堆载或相邻基础荷载差异较大，可能引起地基产生过大的不均匀沉降时；

3）软弱地基上的建筑物存在偏心荷载时；

4）相邻建筑距离过近，可能发生倾斜时；

5）地基内有厚度较大或厚薄不均的填土，其自重固结未完成时。

4. 对经常受水平荷载作用的高层建筑、高耸结构和挡土墙等，以及建造在斜坡上或边坡附近的建筑物和构筑物，尚应验算其稳定性；

5. 基坑工程应进行稳定验算；

6. 当地下水埋藏较浅，建筑地下室或地下构筑物存在上浮问题时，尚应进行抗浮验算。

3.0.3 表 3.0.3 所列范围内设计等级为丙级的建筑物可不作变形验算。

表 3.0.3 可不作地基变形计算设计等级为丙级的建筑物范围

<table>
<tr><td rowspan="2">地基主要受力层情况</td><td colspan="3">地基承载力特征值 f_{ak}（kPa）</td><td>$80 \leqslant f_{ak} < 100$</td><td>$100 \leqslant f_{ak} < 130$</td><td>$130 \leqslant f_{ak} < 160$</td><td>$160 \leqslant f_{ak} < 200$</td><td>$200 \leqslant f_{ak} < 300$</td></tr>
<tr><td colspan="3">各土层坡度（%）</td><td>≤5</td><td>≤10</td><td>≤10</td><td>≤10</td><td>≤10</td></tr>
<tr><td rowspan="8">建筑类型</td><td colspan="3">砌体承重结构、框架结构（层数）</td><td>≤5</td><td>≤5</td><td>≤6</td><td>≤6</td><td>≤7</td></tr>
<tr><td rowspan="4">单层排架结构（6m 柱距）</td><td rowspan="2">单跨</td><td>吊车额定起重量（t）</td><td>10～15</td><td>15～20</td><td>20～30</td><td>30～50</td><td>50～100</td></tr>
<tr><td>厂房跨度（m）</td><td>≤18</td><td>≤24</td><td>≤30</td><td>≤30</td><td>≤30</td></tr>
<tr><td rowspan="2">多跨</td><td>吊车额定起重量（t）</td><td>5～10</td><td>10～15</td><td>15～20</td><td>20～30</td><td>30～75</td></tr>
<tr><td>厂房跨度（m）</td><td>≤18</td><td>≤24</td><td>≤30</td><td>≤30</td><td>≤30</td></tr>
<tr><td colspan="2">烟囱</td><td>高度（m）</td><td>≤40</td><td>≤50</td><td colspan="2">≤75</td><td>≤100</td></tr>
<tr><td colspan="2" rowspan="2">水塔</td><td>高度（m）</td><td>≤20</td><td>≤30</td><td colspan="2">≤30</td><td>≤30</td></tr>
<tr><td>容积（m^3）</td><td>50～100</td><td>100～200</td><td>200～300</td><td>300～500</td><td>500～1000</td></tr>
</table>

注：1 地基主要受力层系指条形基础底面下深度为 $3b$（b 为基础底面宽度），独立基础下为 $1.5b$，且厚度均不小于 5m 的范围（二层以下一般的民用建筑除外）；

2 地基主要受力层中如有承载力特征值小于 130kPa 的土层时，表中砌体承重结构的设计，应符合本规范第七章的有关要求；

3 表中砌体承重结构和框架结构均指民用建筑，……

4 ……

小波和小静：袁老师，上述规范条文提到了一个新概念“地基承载力特征值 f_{ak}”，它就是地基的抗剪强度吗？

袁老师：它与地基的抗剪强度有关，但不是抗剪强度。稍后在下一节就会讲到这个问题。你们暂时可以这样理解：地基承载力特征值 f_{ak} 越高，土的工程性质就越好。

小波和小静：经常受水平荷载作用的高层建筑尚应验算其稳定性又是怎么回事呢？

袁老师：你们大概知道电线杆要有一定的埋深，否则刮大风时，电线杆下的土体就会因抗剪强度不足而滑出去，电线杆就会被风吹翻。高层建筑好比电线杆，也要有一定的埋深，以确保地基的稳定性。

对话 7.3.2-1　地基承载力特征值 f_{ak} 就是地基的抗剪强度吗？

请翻到 7.9 节，做习题 7-36，7-37

7.4　基　础　设　计

基础的类型大体有无筋扩展基础、扩展基础、柱下条形基础、筏形基础、箱形基础和桩基础等多种形式，它们的设计都涉及一个基础埋置深度的问题。

7.4.1　基础的埋置深度

《地基基础规范》规定：

5.1.1　基础的埋置深度，应按下列条件确定：

1. 建筑物的用途，有无地下室、设备基础和地下设施，基础的形式和构造；
2. 作用在地基上的荷载大小和性质；
3. 工程地质和水文地质条件；
4. 相邻建筑物的基础埋深；
5. 地基土冻胀和融陷的影响。

5.1.2　在满足地基稳定和变形要求的前提下，当上层地基的承载力大于下层土时，宜利用上层土作持力层。除岩石地基外，基础埋深不宜小于 0.5m。（持力层是指直接与基础底面或基础垫层底面接触的土层）

5.1.3　高层建筑基础的埋置深度应满足地基承载力、变形和稳定性要求。位于岩石地基上的高层建筑，其基础埋深应满足抗滑要求。

5.1.4　在抗震设防区，除岩石地基外，天然地基上的箱形和筏形基础其埋置深度不宜小于建筑物高度的 1/15；桩箱或桩筏基础的埋置深度（不计桩长）不宜小于建筑物高度的 1/18。

5.1.5　基础宜埋置在地下水位以上，当必须埋在地下水位以下时，应采取地基土在施工时不受扰动的措施。当基础埋置在易风化的岩层上，施工时应在基坑开挖后立即铺筑垫层。

5.1.6 当存在相邻建筑物时，新建建筑物的基础埋深不宜大于原有建筑基础。当埋深大于原有建筑基础时，两基础间应保持一定净距，其数值应根据原有建筑荷载大小，基础形式和土质情况确定。

……

5.1.8 季节性冻土地区基础埋置深度宜大于场地冻结深度。……

【例 7.4.1-1】抗震设防区的某的办公楼，高 230m，地基为非岩石地基，采用桩筏基础，其基础的埋置深度不宜小于(　　)。(2019 年回忆题)

(A) 10m　　(B) 13m　　(C) 15.3m　　(D) 20m

题解：参照《地基基础规范》5.1.4 条，该办公楼的基础的埋置深度（不计桩长）不宜小于：230/18=12.78m（取整后为 13m）.

答案：B

说明：不计桩长的桩筏基础埋深，指筏板底面的埋深。

请翻到 7.9 节，做习题 7-38～7-41

7.4.2 地基承载力验算

地基承载力是在保证地基强度和稳定的条件下，建筑物不产生过大沉降和不均匀沉降的地基承受荷载的能力。所有建筑物的地基计算均应满足承载力的要求。

1. 地基承载力特征值 f_{ak}《地基基础规范》术语解释：

2.1.3 地基承载力特征值 characteristic value of subsoil bearing capacity

指由载荷试验测定的地基土压力变形曲线线性变形段内规定的变形所对应的压力值，其最大值为比例界限值。

2. 修正后的地基承载力特征值 f_a

地基承载力特征值 f_{ak}可用载荷试验获得。但试验的压力板尺寸较小，试验一般在较浅土层进行，测出的 f_{ak}不能完全反映实际基础的地基承载力。为此，需要对 f_{ak}修正，**修正后的地基承载力特征值用 f_a表示。**《地基基础规范》规定：

5.2.4 当基础宽度大于 3m 或埋置深度大于 0.5m 时，从载荷试验或其他原位测试、经验值等方法确定的地基承载力特征值，尚应按下式修正：

$$f_a = f_{ak} + \eta_b \gamma (b-3) + \eta_d \gamma_m (d-0.5) \qquad (5.2.4)$$

式中　f_a——修正后的地基承载力特征值；

f_{ak}——地基承载力特征值，……

η_b、η_d——基础宽度和埋深的地基承载力修正系数，按基底下土的类别查表 5.2.4 取值；

γ——基础底面以下土的重度（kN/m^3），地下水位以下取浮重度；

b——基础底面宽度（m），当基宽小于 3m 按 3m 取值，大于 6m 按 6m 取值；

γ_m——基础底面以上土的加权平均重度（kN/m^3），位于地下水位以下的土层取有效重度；

d——基础埋置深度（m），宜自室外地面标高算起。在填方整平地区，可自填土地面标高算起，但填土在上部结构施工后完成时，应从天然地面标高算起。对于地下室，如采用箱形基础或筏基时，基础埋置深度自室外地面标高算起；当采用独立基础或条形基础时，应从室内地面标高算起。

表 5.2.4　承载力修正系数

土的类别		η_b	η_d
淤泥和淤泥质土		0	1.0
人工填土 e 或 I_L 大于等于 0.85 的黏性土		0	1.0
红黏土	……	……	……
大面积压实填土	……	……	……
粉土	……	……	……
e 及 I_L 均小于 0.85 的黏性土 粉砂、细砂（不包括很湿与饱和时的稍密状态） 中砂、粗砂、砾砂和碎石土		0.3 2.0 3.0	1.6 3.0 4.4

注：1　强风化和全风化的岩石，可参照所风化成的相应土类取值；其他状态下的岩石不修正；
2　地基承载力特征值按本规范附录 D 深层平板载荷试验确定时 η_d 取 0。
……

小波和小静：哎呀！规范公式（5.2.4）和表 5.2.4 的数字需要记吗？

袁老师：不需要记，但我们可以通过公式和表格的参数，找出影响地基承载力的因素。小波，我先问问你，基础埋得越深、基础底面以上土层的重度越大，则地基承载力是越高、还是越低呢？

小波：当然是越高了，规范公式（5.2.4）等号右边第 3 项清楚地说明了这一点。

袁老师：说得对，但你能进一步说出其中的道理来吗？

小波：我得好好想一下。

小静：让我来回答这个问题吧。地基虽然是受压，但它的强度破坏形态却都是剪切滑移破坏，就像揉面时的面团在手的压力下从手旁边被挤出去那样。如果基础埋得越深、基础底面以上土层的重度越大，则基础底面周围的土的竖向压力就越大，地基土就越不容易从基础的侧面鼓出去，即剪切滑移破坏就越不容易发生。这意味着地基承载力越高。我说得对吗？

袁老师：对！你还能说说基础的宽度大、基础底面以下土层的重度大对地基承载力有利的原因吗？

小波：小静老抢答，这回该轮到我说了。基础的宽度大、基础底面以下土层的重度大，则滑动面的面积和正压力就大，进而抵抗滑移的摩擦力也大，地基土就不容易滑出去，故对地基承载力有利。我说得对吗？

袁老师：你说得很好！从表 5.2.4 我们还可以看出：基础宽度和埋深的地基承载力修正系数与土的类别有关；除岩石和用深层平板载荷试验确定 f_{ak} 的情况之外，η_d 是个大于 1 的数，换句话说，土的地基承载力随深度的增长速度总是超过土层压力的增速（深层平板载荷试验的结果已包含了埋深的因素，故 $\eta_d=0$，即不能重复考虑同一个有利的因素）。

对话 7.4.2-1　影响地基承载力的因素

请翻到 7.9 节，做习题 7-42～7-45

3. 基础底面处的压力 请对照 7.4.3 小节之 2 观看 2011-109 题视频

基础底面处压应力的实际分布比较复杂，与土的软硬、基础刚度的大小有关，在计算中都近似地假定它呈直线分布。实践证明，只要基础的尺寸满足规范的构造要求，这种近似的假定是可行的。由于有了这个假定，基础底面处压应力的计算完全可以套用 1.5 节的力学公式。《地基基础规范》规定：（请对照图 7.4.2-1）

> **5.2.2** 基础底面的压力，可按下列公式确定：
>
> **1** 当轴心荷载作用时
>
> $$p_k=(F_k+G_k)/A \quad (5.2.2\text{-}1)$$
>
> 式中 F_k——相应于荷载效应标准组合时，上部结构传至基础顶面的竖向力值(kN)（标准值）；
>
> G_k——基础自重和基础上的土重（标准值）；
>
> A——基础底面面积(m^2)。
>
> **2** 当偏心荷载作用时
>
> $$p_{kmax}=(F_k+G_k)/A+M_k/W \quad (5.2.2\text{-}2)$$
>
> $$p_{kmin}=(F_k+G_k)/A-M_k/W \quad (5.2.2\text{-}3)$$
>
> 式中 M_k——相应于荷载效应标准组合时，作用于基础底面的力矩值(kN·m)（标准值）；
>
> W——基础底面的抵抗矩(m^3)；
>
> p_{kmin}——相应于荷载效应标准组合时，基础底面边缘的最小压力值(kPa)（标准值）。

《地基基础规范》的式（5.2.2-2）和式（5.2.2-3）只适合于 $p_{kmin}\geqslant 0$，即不出现拉应力的情况，因为土是不能受拉的。

令 $p_{kmin}\geqslant 0$，即令

$$(F_k+G_k)/A-M_k/W\geqslant 0$$

移项整理后可得到

$$M_k/(F_k+G_k)\leqslant W/A=(ab^2/6)/ab$$

$$=b/6$$

而 $M_k/(F_k+G_k)$ 就是偏心距 e。故这两公式的**适用条件是**

偏心距 $e\leqslant b/6$

当这个条件不满足时，规范另有计算公式，此处从略。

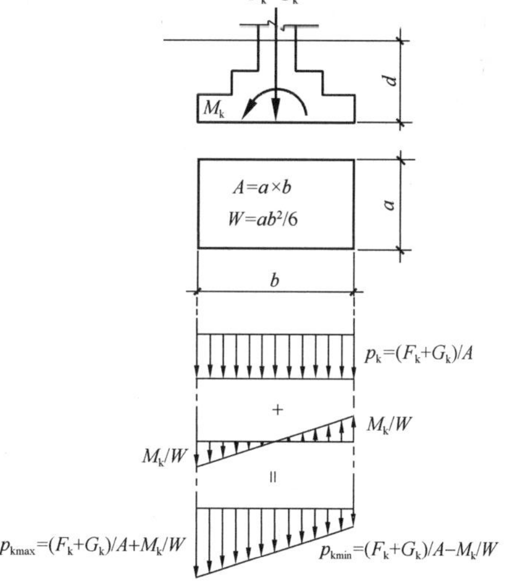

图 7.4.2-1 基础底面处压应力计算图解

请翻到 7.9 节，做习题 7-46，6-47

4. 验算 《地基基础规范》规定（请对照图 7.4.2-1）：

> **5.2.1** 基础底面的压力，应符合下式要求：
>
> 当轴心荷载作用时
>
> $$p_k \leqslant f_a \qquad (5.2.1\text{-}1)$$
>
> 式中 p_k——相应于荷载效应标准组合时，基础底面处的平均压力值（kPa）（标准值）；
>
> f_a——修正后的地基承载力特征值（kPa）；
>
> 当偏心荷载作用时，除符合式（5.2.1-1）要求外，尚应符合下式要求：
>
> $$p_{kmax} \leqslant 1.2f_a \qquad (5.2.1\text{-}2)$$
>
> p_{kmax}——相应于荷载效应标准组合时，基础底面边缘的最大压力值（kPa）（标准值）。
>
> （说明 p_k和 p_{kmax}的计算在本小节之3已介绍过）

请翻到7.9节，做习题7-48

【例7.4.2-1】 **某6层砌体住宅墙下钢筋混凝土条形基础及其地质条件如附图所示。已知：上部结构传至基础顶面的竖向轴心压力标准值 F_k＝350kN/m；基础自重和基础上的土重的折算平均重度 γ_g＝20kN/m³；基础宽度和埋深的地基承载力修正系数分别为 η_b＝0.3和 η_d＝1.6。试求基础的最小宽度 b 与下列哪一个值最接近？**

（A）1.55m　　（B）1.60m　　（C）1.79m　　（D）1.85m

题解：由于宽度 b 是待求的未知量，宽度修正暂不考虑（即先假定 b 小于3m，若求出的 b 大于3m再作调整）。于是规范的式（5.2.4）变成为

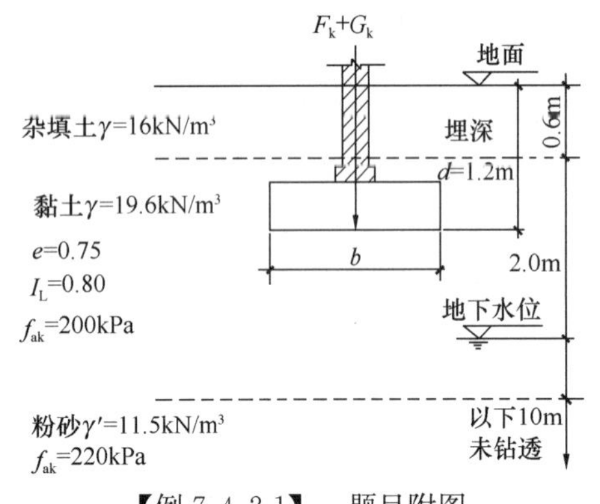

【例7.4.2-1】　题目附图

$$f_a = f_{ak} + \eta_d \gamma_m (d - 0.5) \qquad (a)$$

$$\gamma_m = (1.6\times0.6 + 19.6\times0.6)/1.2 = 17.8\text{kN/m}^3$$

代入到式（a）可得到

$$f_a = 200 + 1.6\times17.8\times(1.2-0.5) = 220\text{kPa}$$

条形基础的计算可取长度方向1m为计算单元，即将其假想为1×b的矩形基础。由规范的式（5.2.1-1），基底平均压力值为

$$\begin{aligned} p_k &= (F_k + G_k)/A \\ &= (1\times F_k + 1\times b\times d\times\gamma_g)/(1\times b) \\ &= F_k/b + d\times\gamma_g \end{aligned}$$

代入到规范[10]的式（5.2.1-1）

$$F_k/b/d\times\gamma_g \leqslant f_a$$

移项整理后得

$b \geqslant F_k/(f_a - d\times\gamma_g)$，此式可看成竖向轴心力作用下条形基础宽度的计算公式（7.4.2-1）

$$=350/(220-1.2\times20) = 1.79\text{m}$$

答案：C。

【例7.4.2-2】底面为正方形的独立基础，边长2m，已知修正后的地基承载力特征值为150kPa，其最大可承受的竖向力标准值为：（2019回忆题）

（A）150kN　　（B）300kN　　（C）600kN　　（D）1200kN

题解：N＝2×2×150＝600kN

答案：C

7.4.3 无筋扩展基础 请对照本小节观看2012-106，2010-128题视频

无筋扩展基础亦称"刚性基础"，系指由砖、毛石、混凝土或毛石混凝土、灰土和三合土等材料组成的墙下条形基础或柱下独立基础。由于没有钢筋帮助受力，故对基础台阶的高宽比、基础的高度有一定的要求。《地基基础规范》规定：

> **8.1.1** 无筋扩展基础（图 8.1.1）高度应满足下式的要求：
>
> $$H_0 \geqslant (b-b_0)/(2\tan\alpha) \tag{8.1.1}$$
>
> 式中 b——基础底面宽度（m）；
>
> b_0——基础顶面的墙体宽度或柱脚宽度（m）；
>
> H_0——基础高度（m）；
>
> $\tan\alpha$——基础台阶宽高比 $b_2:H_0$，其允许值可按表 8.1.1 选用（α 称"刚性角"）。
>
> b_2——基础台阶宽度（m）。

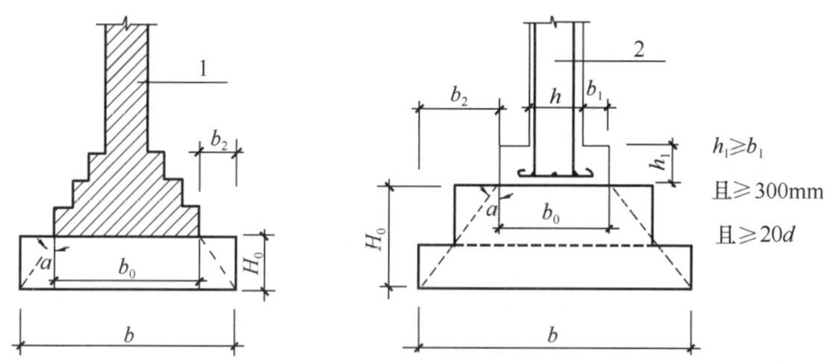

图 8.1.1 无筋扩展基础构造示意图

d—柱中纵向钢筋直径

1—承重墙；2—钢筋混凝土柱

表 8.1.1 无筋扩展基础台阶宽高比的允许值

基础材料	质量要求	台阶宽高比的允许值		
		$p_k \leqslant 100$	$100 < p_k \leqslant 200$	$200 < p_k \leqslant 300$
混凝土基础	C15 混凝土	1∶1.00	1∶1.00	1∶1.25
毛石混凝土基础	C15 混凝土	1∶1.00	1∶1.25	1∶1.50
砖基础	砖不低于 MU10、砂浆不低于 M5	1∶1.50	1∶1.50	1∶1.50
毛石基础	砂浆不低于 M5	1∶1.25	1∶1.50	—
灰土基础	体积比为 3∶7 或 2∶8 的灰土，其最小干密度： 粉土 1550kg/m³ 粉质黏土 1500kg/m³ 黏土 1450kg/m³	1∶1.25	1∶1.50	—
三合土基础	体积比 1∶2∶4—1∶3∶6（石灰∶砂∶骨料），每层约虚铺 220mm，夯至 150mm	1∶1.50	1∶2.00	—

注：1 p_k 为荷载效应标准组合时基础底面处的平均压力值（kPa）；
2 阶梯形毛石基础的每阶伸出宽度，不宜大于 200mm；
3 当基础由不同材料叠合组成时，应对接触部分作抗压验算；
4 混凝土基础单侧扩展范围内基础底面处的平均压力值超过 300kPa 时，尚应进行抗剪验算；对基底反力集中于立柱附近的岩石地基，应进行局部受压承载力验算。

请翻到 7.9 节，做习题 7-49，7-50

7.4.4 扩展基础

1. 扩展基础的定义和构造要求

扩展基础系指柱下钢筋混凝土独立基础和墙下钢筋混凝土条形基础。关于它的构造，《地基基础规范》规定：

8.2.1 扩展基础的构造，应符合下列要求：

1. 锥形基础的边缘高度，不宜小于 200mm，且两个方向的坡度不宜大于 1∶3；阶梯形基础的每阶高度，宜为 300～500mm；
2. 垫层的厚度不宜小于 70mm，垫层混凝土强度等级应为 C10；
3. 扩展基础受力钢筋最小配筋率不应小于 15%，底板受力钢筋的最小直径不宜小于 10mm，间距不宜大于 200mm，也不宜小于 100mm。墙下钢筋混凝土条形基础纵向分布钢筋的直径不小于 8mm；间距不大于 300mm；每延米分布钢筋的面积应不小于受力钢筋面积的 15%。当有垫层时钢筋保护层的厚度不小于 40mm；无垫层时不小于 70mm；
4. 混凝土强度等级不应低于 C20；
5. 当柱下钢筋混凝土独立基础的边长和墙下钢筋混凝土条形基础的宽度大于或等于 2.5m 时，底板受力钢筋的长度可取边长或宽度的 0.9 倍，并宜交错布置（图 8.2.1-1）；
6. 钢筋混凝土条形基础底板在 T 形及十字形交接处，底板横向受力钢筋仅沿一个主要受力方向通长布置，另一方向的横向受力钢筋可布置到主要受力方向底板宽度 1/4 处（图 8.2.1-2）。在拐角处底板横向受力钢筋应沿两个方向布置（图 8.2.1-2）。

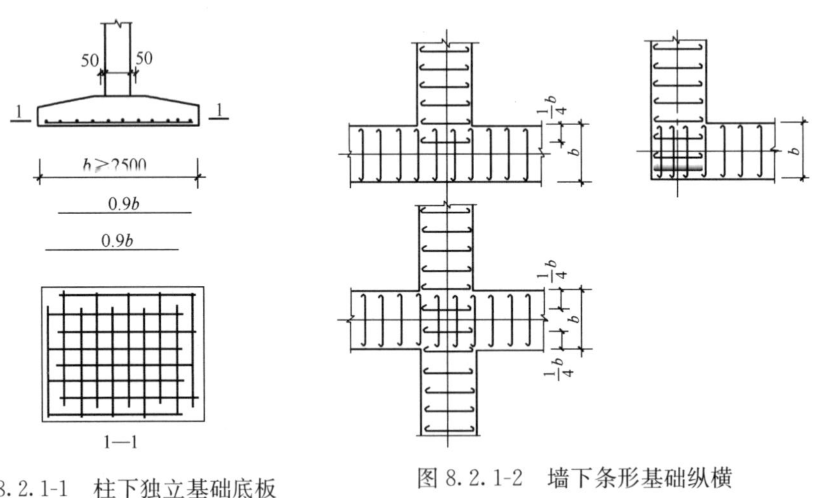

图 8.2.1-1 柱下独立基础底板受力钢筋布置

图 8.2.1-2 墙下条形基础纵横交叉处底板受力钢筋布置

请翻到 7.9 节，做习题 7-51，7-52

2. 扩展基础的计算

《地基基础规范》规定：请看 2010-131 和 2011-108 题视频（抗冲切计算）

8.2.7　扩展基础的计算应符合下列规定：

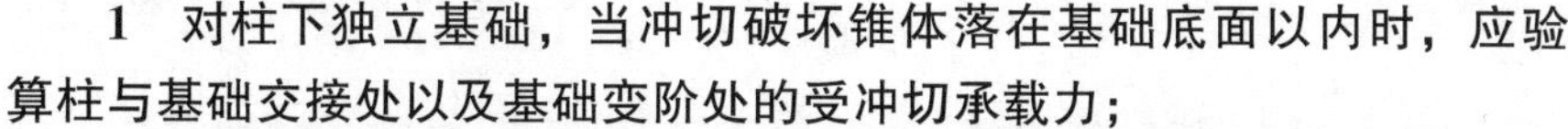

1　对柱下独立基础，当冲切破坏锥体落在基础底面以内时，应验算柱与基础交接处以及基础变阶处的受冲切承载力；

2　对基础底面短边尺寸小于或等于柱宽加两倍基础有效高度的柱下独立基础，以及墙下条形基础，应验算柱（墙）与基础交接处的基础受剪切承载力；

3　基础底板的配筋，应按抗弯计算确定；

4　当基础的混凝土强度等级小于柱的混凝土强度等级时，尚应验算柱下基础顶面的局部受压承载力。

柱下独立基础受冲切承载力，涉及基础高度的确定；某些情况下的独立基础，以及墙下条形基础，需作受剪承载力验算；基础底板的配筋按抗弯计算和构造要求确定。

7.4.5　柱下条形基础

当单柱荷载，地基承载力较低，按常规设计的柱下独立基础底面积较大，相邻基础之间的净距很小时，干脆把它们连起来便成为柱下条形基础，如图 7.4.5-1 所示。条形基础的整体性比独立基础好，对防止地基不均匀沉降和抗震都有好处。

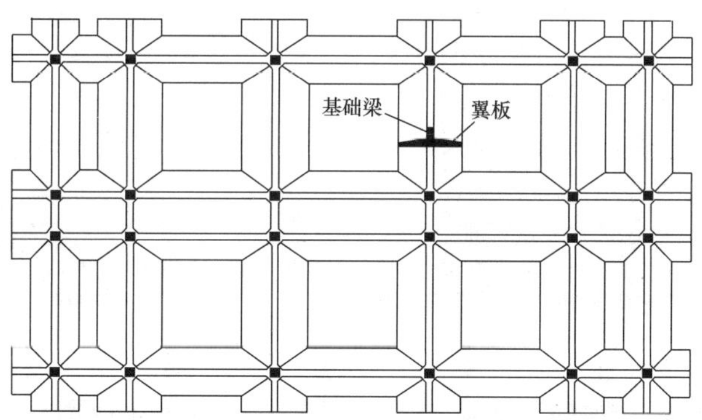

图 7.4.5-1　柱下条形基础

关于柱下条形基础的尺寸要求，《地基基础规范》规定：

8.3.1　柱下条形基础的构造，除满足本规范第 8.2.2 条要求外，尚应符合下列规定：

1. 柱下条形基础梁的高度宜为柱距的 1/4～1/8。翼板厚度不应小于 200mm。当翼板厚度大于 250mm 时，宜采用变厚度翼板，其坡度宜小于或等于 1∶3；

2. 条形基础的端部宜向外伸出，其长度宜为第一跨距的 0.25 倍；

3. 现浇柱与条形基础梁的交接处，基础梁的平面尺寸应大于柱的平面尺寸，且柱的边缘至基础梁边缘的距离不得小于 50mm（图 8.3.1）

……

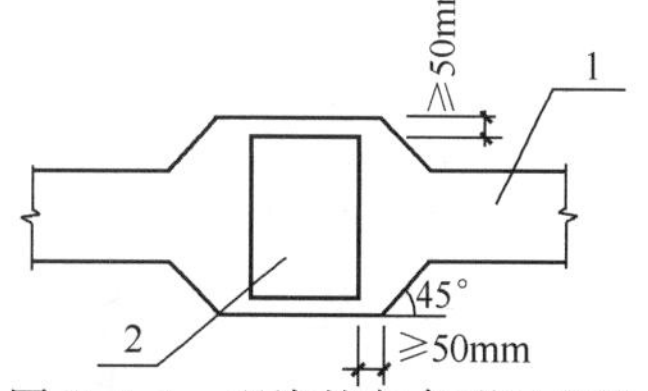

图 8.3.1　现浇柱与条形基础梁的交接处平面尺寸

1—基础梁；2—柱

请翻到 7.9 节，做习题 7-53，7-54

7.4.6 高层建筑的筏形基础和箱形基础

请观看筏基视频2011-110，2012-111题（二维码706）和箱基视频2011-111题（二维码707）

高层建筑的荷载比较大，若采用柱下条形基础，则其相邻地基梁翼板间的净距可能很小，倒不如将其连成一片筏，变成筏形基础（筏基）以提高承载力、加强整体性并兼作地下室的底板。筏形基础分为梁板式和平板式两类，图 7.4.6-1 为平板式筏基。

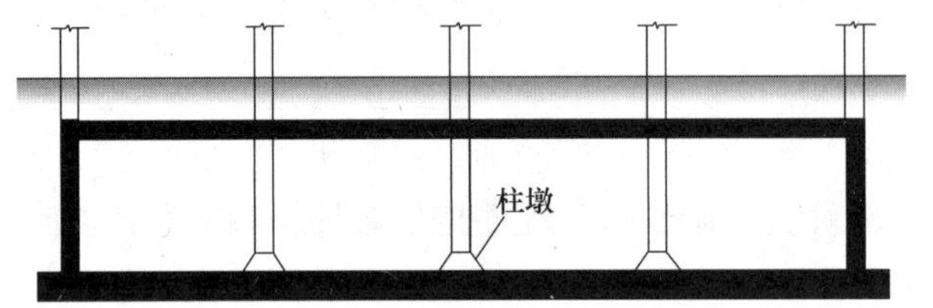

图 7.4.6-1 平板式筏基

若为了获得更好的整体性，可将地下室大部分的纵横墙体采用钢筋混凝土制作，当它们的数量和布置满足一定要求时，地下室便成了刚度很大的一根卧梁，称之为“箱形基础”（箱基），见图 7.4.6-2。箱基自身的刚度影响到基底压力的分布，它的计算比较复杂，此处从略。箱基墙体太多，可利用空间窄小，不便使用，在实际工程中比较少见。当地基承载力或变形不能满足设计要求时，可采用桩基（稍后会作介绍）。

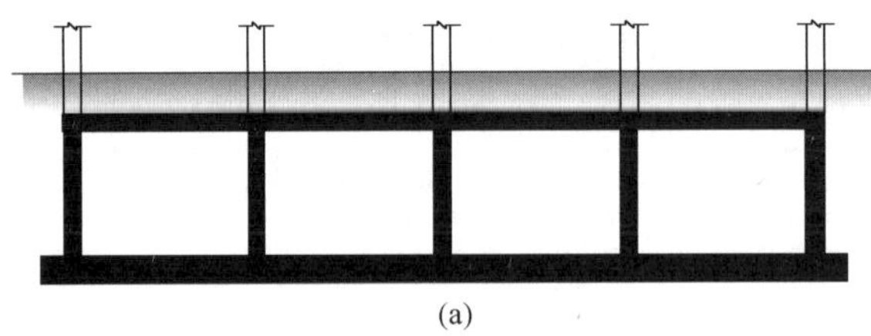

(a)

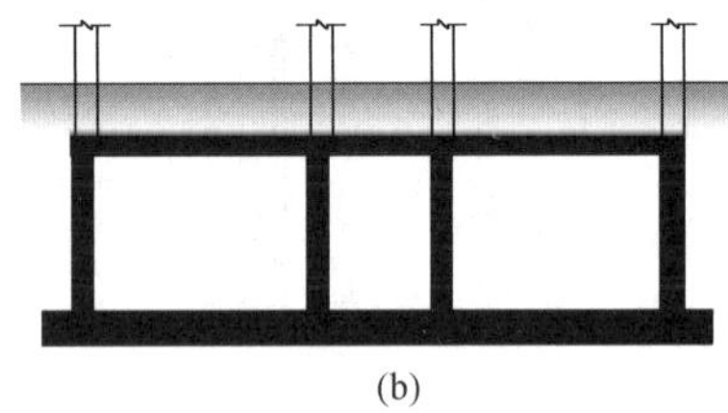

(b)

图 7.4.6-2 箱形基础

(a) 纵剖面；(b) 横剖面

为了防止高层建筑在长期荷载作用下发生倾斜，《地基基础规范》规定：

> **8.4.2** 筏形基础的平面尺寸，应根据工程地质条件、上部结构的布置、地下结构底层平面以及荷载分布等因素按本规范第 5 章有关规定确定。对单幢建筑物，在地基土比较均匀的条件下：基底平面形心宜与结构竖向永久荷载重心重合。当不能重合时，在作用的准永久组合下，偏心距 e 宜符合下式规定：
>
> $$e \leqslant 0.1W/A \qquad (8.4.2)$$
>
> 式中 W——与偏心距方向一致的基础底面边缘抵抗矩（m^3）；
>
> A——基础底面积（m^2）。

小波：袁老师，规范[10]式（8.4.2）中的 W 为与偏心距方向一致的基础底面边缘“抵抗矩”，这个名称好像在哪里听说过似的。你提醒一下好吗？

小静：我记起来了！在1.5.1小节袁老师曾说过：“在型钢表中一般都把抗弯截面模量 W 称之为截面抵抗矩”。但 $e\leqslant 0.1W/A$ 又能说明什么呢？还是太抽象了。

袁老师：好吧，我们假设一个筏基的底面为边长 $L\times B$ 的矩形，偏心距与 L 边同向。小静，你算算此时的 W 等于多少呢？

小静：$W=BL^2/6$，对吗？

袁老师：回答得很好！小波，你再算一下 $0.1W/A$ 等于什么？

小波：$0.1W/A=0.1\times(BL^2/6)/(BL)=0.0167L$。

袁老师：那你们说说，当筏基的底面为矩形时，在荷载效应准永久组合下，偏心距 e 不宜超过相应方向边长的百分之几？

小波和小静：百分之1.67。

袁老师：现在不觉得抽象了吧？

小波：不抽象了。干脆把这条规定改为“……偏心距 e 不宜超过相应方向边长的1.67%”岂不是更好？

袁老师：小静，你看行吗？

小静：对底面为矩形的筏基是可行的。但筏基的底面不一定为矩形，所以规范[10]式（8.4.2）的适用范围更广。

袁老师：说得对！

对话 7.4.6-1　讨论在荷载效应准永久组合下，规范对筏基偏心距 e 的限制

请翻到 7.9 节，做习题 7-55

平板式筏基的板厚应满足受冲切承载力的要求，《地基基础规范》规定：

8.4.6　平板式筏基的板厚应满足受冲切承载力的要求。

8.4.7　平板式筏基柱下冲切验算应符合下列规定：

1　……

2　当柱荷载较大，等厚度筏板的受冲切承载力不能满足要求时，可在筏板上面增设柱墩（图7.4.6-1）或在筏板下局部增加板厚或采用抗冲切钢筋等措施满足受冲切承载能力要求。

请翻到 7.9 节，做习题 7-56

对于箱形基础，在构造上有些什么要求呢？《混凝土高规》规定：

12.3.16　箱形基础的平面尺寸应根据地基土承载力和上部结构布置以及荷载大小等因素确定。外墙宜沿建筑物周边布置，内墙沿上部结构的柱网或剪力墙位置纵横均匀布置，墙体水平载面总面积不宜小于箱形基础外墙外包尺寸的水平投影面积的1/10。

对基础平面长宽比大于 4 的箱形基础，其纵墙水平截面面积不应小于箱基外墙外包尺寸水平投影面积的 1/18。

12.3.17 箱形基础的高度应满足结构的承载力、刚度及建筑使用功能要求，一般不宜小于箱基长度的 1/20，且不宜小于 3m。此外箱基长度不计墙外悬挑板部分。

12.3.18 箱形基础的顶板、底板及墙体的厚度，应根据受力情况、整体刚度和防水要求确定。无人防设计要求的箱基，基础底板不应小于 300mm，外墙厚度不应小于 250mm，内墙的厚度不应小于 200mm，顶板厚度不应小于 200mm。

请翻到 7.9 节，做习题 7-57～7-59

7.4.7 桩基础

如果建筑场地浅层的土质不能满足建筑物对地基承载力和变形要求，而又不适宜采取地基处理措施时，就要考虑采用桩基础了。

请对照 7.4.7 小节之 1、2，观看 2010-130 题视频

1. 桩基分类

关于桩基分类，《建筑桩基技术规范》[27]（以下简称《桩基规范》）（对照图 7.4.7-1）

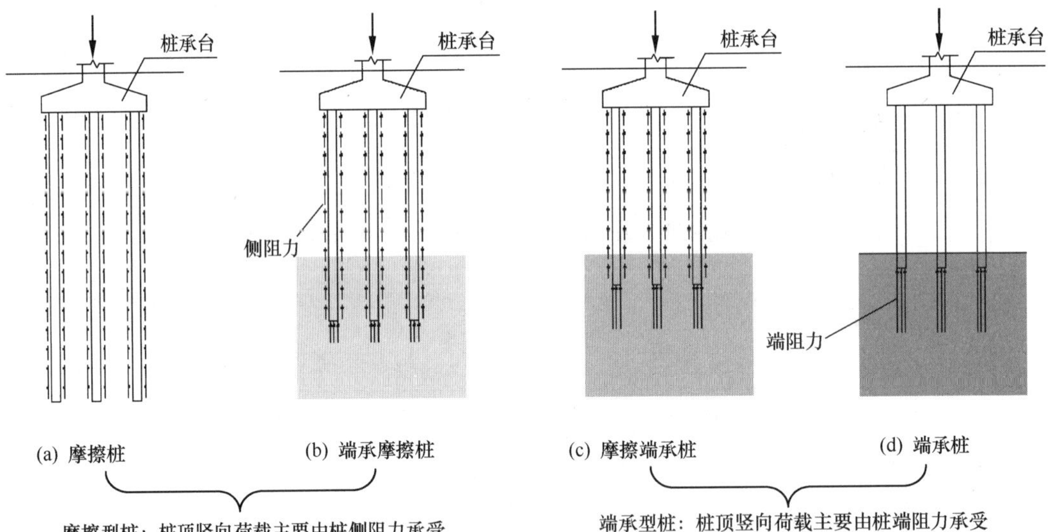

图 7.4.7-1 桩基分类

3.3.1 基桩（即桩基础中的单桩）可按下列规定分类：

1 按承载性状分类：

1） 摩擦型桩：

摩擦桩：在承载能力极限状态下，桩顶竖向荷载由桩侧阻力承受，桩端阻力小到可忽略不计；

端承摩擦桩：在承载能力极限状态下，桩顶竖向荷载主要由桩侧阻力承受。

2）端承型桩：

端承桩：在承载能力极限状态下，桩顶竖向荷载由桩端阻力承受，桩侧阻力小到可忽略不计；

摩擦端承桩：在承载能力极限状态下，桩顶竖向荷载主要由桩端阻力承受。

2 按成桩方法分类：

1）非挤土桩：干作业法钻（挖）孔灌注桩、泥浆护壁法钻（挖）孔灌注桩、套管护壁法钻（挖）孔灌注桩；

2）部分挤土桩：长螺旋压灌灌注桩、冲孔灌注桩、钻孔挤扩灌注桩、搅拌劲芯桩、预钻孔打入（静压）预制桩、打入（静压）式敞口钢管桩、敞口预应力混凝土空心桩和 H 型钢桩；

3）挤土桩：沉管灌注桩、沉管夯（挤）扩灌注桩、打入（静压）预制桩、闭口预应力混凝土空心桩和闭口钢管桩。

3 按桩径（设计直径 d）大小分类：

……

请翻到 7.9 节，做习题 7-60

2. 应进行沉降计算的建筑桩基

桩基础属于深基础，由于持力层部位，桩基础的土层自重应力要比浅基础大得多，故建筑物附加应力引起的沉降就会比浅基础小得多。故规范对桩基础需要验算变形的范围比对浅基础者宽松。《地基基础规范》规定：

8.5.13 桩基沉降计算应符合下列规定：

1 对以下建筑物的桩基应进行沉降验算：

1）地基基础设计等级为甲级的建筑物桩基；

2）体型复杂、荷载不均匀或桩端以下存在软弱土层的设计等级为乙级的建筑物桩基；

3）摩擦型桩基。

2 桩基沉降不得超过建筑物的沉降允许值，并应符合本规范表 5.3.4 的规定。

8.5.14 嵌岩桩、设计等级为丙级的建筑物桩基、对沉降无特殊要求的条形基础下不超过两排桩的桩基、吊车工作级别 A5 及 A5 以下的单层工业厂房且桩端下为密实土层的桩基，可不进行沉降验算。当有可靠地区经验时，对地质条件不复杂、荷载均匀、对沉降无特殊要求的端承型桩基也可不进行沉降验算。

请翻到 7.9 节，做习题 7-61

3. 桩和桩基的构造

《地基基础规范》规定：请观看 2012-107 题视频

8.5.3 桩和桩基的构造，应符合下列要求：

1 摩擦型桩的中心距不宜小于桩身直径的3倍；扩底灌注桩的中心距不宜小于扩底直径的1.5倍，当扩底直径大于2m时，桩端净距不宜小于1m。在确定桩距时尚应考虑施工工艺中挤土等效应对邻近桩的影响。

2 扩底灌注桩的扩底直径，不应大于桩身直径的3倍。

3 桩底进入持力层的深度，根据地质条件，宜为桩身直径的1倍～3倍。在确定桩底进入持力层深度时，尚应考虑特殊土，岩溶以及震陷液化等影响。嵌岩灌注桩周边嵌入完整和较完整的未风化，微风化，中风化硬质岩体的最小深度，不宜小于0.5m。

4 布置桩位时宜使桩基承载力合力点与竖向永久荷载合力作用点重合。

5 设计使用年限不少于50年时，非腐蚀环境中预制桩的混凝土强度等级不应低于C30，预应力桩不应低于C40，灌注桩的混凝土强度等级不应低于C25；二b类环境及三类及四类、五类微腐蚀环境中不应低于C30；在腐蚀环境中的桩，桩身混凝土的强度等级应符合现行国家标准《混凝土结构设计规范》GB 50010的有关规定。设计使用年限不少于100年的桩，桩身混凝土的强度等级宜适当提高。水下灌注混凝土的桩身混凝土强度等级不宜高于C40。

6 桩身混凝土的材料、最小水泥用量、水灰比、抗渗等级等应符合现行国家标准…的有关规定。

7 桩的主筋配置应经计算确定。预制桩的最小配筋率不宜小于0.8%（锤击沉桩）、0.6%（静压沉桩），预应力桩不宜小于0.5%；灌注桩最小配筋率不宜小于0.2%～0.65%（小直径桩取大值）。桩顶以下3倍～5倍桩身直径范围内，箍筋宜适当加强加密。

8 桩身纵向钢筋配筋长度应符合下列规定：

1）受水平荷载和弯矩较大的桩，配筋长度应通过计算确定；

2）桩基承台下存在淤泥、淤泥质土或液化土层时，配筋长度应穿过淤泥、淤泥质土层或液化土层；

3）坡地岸边的桩、8度及8度以上地震区的桩、抗拔桩、嵌岩端承柱应通长配筋；

4）钻孔灌注桩构造钢筋的长度不宜小于桩长的2/3；桩施工在基坑开挖前完成时，其钢筋长度不宜小于基坑深度的1.5倍。

9 桩身配筋可根据计算结果及施工工艺要求，可沿桩身纵向不均匀配筋。腐蚀环境中的灌注桩主筋直径不宜小于16mm，非腐蚀性环境中灌注桩主筋直径不应小于12mm。

10 桩顶嵌入承台内的长度不应小于50mm。主筋伸入承台内的锚固长度不应小于钢筋直径（HPB235）的30倍和钢筋直径（HRB335和HRB400）的35倍。对于大直径灌注桩。当采用一柱一桩时，可设置承台或将桩和柱直接连接。桩和柱的连接可按本规范第8.2.5条高杯口基础的要求选择截面尺寸和配筋，柱纵筋插入桩身的长度应满足锚固长度的要求。

11　灌注桩主筋混凝土保护层厚度不应小于 50mm；预制桩不应小于 45mm，预应力管桩不应小于 35mm；腐蚀环境中的灌注桩不应小于 55mm。

请翻到 7.9 节，做习题 7-62～7-65

4. 单桩竖向承载力特征值的确定

《地基基础规范》规定：

8.5.6　单桩竖向承载力特征值的确定应符合下列规定：

1　单桩竖向承载力特征值应通过单桩竖向静载荷试验确定。在同一条件下的试桩数量，不宜少于总桩数的 1%，且不应少于 3 根。……

2　……

3　地基基础设计等级为丙级的建筑物，可采用静力触探及标贯试验参数结合工程经验确定单桩竖向承载力特征值。

4　初步设计时单桩竖向承载力特征值可按下式估算：……

请翻到 7.9 节，做习题 7-66

5. 对桩身混凝土强度的要求

《地基基础规范》规定：

8.5.10　桩身混凝土强度应满足桩的承载力设计要求。

8.5.11　按桩身混凝土强度计算桩的承载力时，应按桩的类型和成桩工艺的不同将混凝土的轴心抗压强度设计值乘以工作条件系数 φ_c，桩轴心受压时桩身强度应符合式（8.5.11）的规定。当桩顶以下 5 倍桩身直径范围内螺旋式箍筋间距不大于 100mm 且钢筋耐久性得到保证的灌注桩，可适当计入桩身纵向钢筋的抗压作用。

$$Q \leqslant A_p f_c \varphi_c \tag{8.5.11}$$

式中　f_c——混凝土轴心抗压强度设计值（kPa），按现行国家标准《混凝土结构设计规范》GB 50010 取值；

Q——相应于荷载效应基本组合时的单桩竖向力设计值（kN）；

A_p——桩身横截面积（m^2）；

φ_c——工作条件系数，非预应力预制桩取 0.75，预应力桩取 0.55～0.65，灌注桩取 0.6～0.8（水下灌注桩、长桩或混凝土强度等级高于 C35 时用低值）。

请翻到 7.9 节，做习题 7-67

6. 桩基承台的构造

《地基基础规范》规定：

8.5.17　桩基承台的构造，除满足受冲切、受剪切、抗弯承载力和上部结构的要求外，尚应符合下列要求：

1　承台的宽度不应小于500mm。边桩中心至承台边缘的距离不宜小于桩的直径或边长，且桩的外边缘至承台边缘的距离不小于150mm。对于条形承台梁，桩的外边缘至承台梁边缘的距离不小于75mm；

2　承台的最小厚度不应小于300mm；

3　承台的配筋，……

4　承台混凝土强度等级不应低于C20，纵向钢筋的混凝土保护层厚度不应小于70mm，当有混凝土垫层时，不应小于40mm，且不应小于桩头嵌入承台内的长度。

请翻到7.9节，做习题7-68，7-69

7. 承台之间的连接

《地基基础规范》规定：

8.5.23　承台之间的连接应符合下列要求：

1　单桩承台，宜在两个互相垂直的方向上设置联系梁。

2　两桩承台，宜在其短向设置联系梁。

3　有抗震要求的柱下独立承台，宜在两个主轴方向设置联系梁。

4　联系梁顶面宜与承台位于同一标高。联系梁的宽度不应小于250mm，梁的高度可取承台中心距的1/10～1/15，且不小于400mm。

5　联系梁的主筋应按计算要求确定。联系梁内上下纵向钢筋直径不应小于12mm且不应少于2根，并应按受拉要求锚入承台。

请翻到7.9节，做习题7-70

8. 桩承台的计算

请收看桩承台受弯计算、2010-129（二维码710）、以及桩承台冲切计算2011-107题视频（二维码711）

7.5　软　弱　地　基

7.5.1　软弱地基的利用

基础直接建造在未经加固的天然土层上时，这种地基称之为天然地基。若天然地基很软弱而不能满足强度和变形的要求，则必须经过**地基处理**后再修建基础，这种地基称之为人工地基。地基处理是利用软弱地基的主要措施，但并不是所有软弱地基都必须经过处理变成人工地基后才能在其上建造建（构）筑物。《地基基础规范》规定：

7.1.1　当地基压缩层主要由淤泥、淤泥质土、冲填土、杂填土或其他高压缩性土层构成时应按软弱地基进行设计。在建筑地基的局部范围内有高压缩性土层时，应按局部软弱土层处理。

7.1.2 勘察时，应查明软弱土层的均匀性、组成、分布范围和土质情况；冲填土尚应查明排水固结条件。杂填土应查明堆积历史，明确自重压力下的稳定性、湿陷性等。

7.1.3 设计时，应考虑上部结构和地基的共同作用。对建筑体型、荷载情况、结构类型和地质条件进行综合分析，确定合理的建筑措施、结构措施和地基处理方法。

7.1.4 施工时，应注意对淤泥和淤泥质土基槽底面的保护，减少扰动。荷载差异较大的建筑物，宜先建重、高部分，后建轻、低部分。

7.1.5 活荷载较大的构筑物或构筑物群（如料仓、油罐等），使用初期应根据沉降情况控制加载速率，掌握加载间隔时间，或调整活荷载分布，避免过大倾斜。

7.2.1 利用软弱土层作为持力层时，可按下列规定：

1. 淤泥和淤泥质土，宜利用其上覆较好土层作为持力层，当上覆土层较薄，应采取避免施工时对淤泥和淤泥质土扰动的措施；

2. 冲填土、建筑垃圾和性能稳定的工业废料，当均匀性和密实度较好时，均可利用作为持力层。

请翻到 7.9 节，做习题 7-71

7.5.2 软弱地基的处理

软弱地基的处理方法有很多，其中《地基基础规范》列举了如下一些方法：

7.2.2 局部软弱土层以及暗塘、暗沟等，可采用基础梁、换土、桩基或其他方法处理。

7.2.3 当地基承载力或变形不能满足设计要求时，地基处理可选用机械压（夯）实、堆载预压、真空预压、换填垫层或复合地基等方法。处理后的地基承载力应通过试验确定。

7.2.4 机械压实包括重锤夯实、强夯、振动压实等方法，可用于处理由建筑垃圾或工业废料组成的杂填土地基，处理有效深度应通过试验确定。

7.2.5 堆载预压可用于处理较厚淤泥和淤泥质土地基。预压荷载宜大于设计荷载，预压时间应根据建筑物的要求以及地基固结情况决定，并应考虑堆载大小和速率对堆载效果和周围建筑物的影响。采用塑料排水带或砂井进行堆载预压和真空预压时，应在塑料排水带或砂井顶部作排水砂垫层。

7.2.6 换填垫层（包括加筋垫层）可用于软弱地基的浅层处理。垫层材料可采用中砂、粗砂、砾砂、角（圆）砾、碎（卵）石、矿渣、灰土、黏性土以及其他性能稳定、无侵蚀性的材料。加筋材料可采用高强度、低徐变、耐久性好的土工合成材料。

……

小　波：袁老师，重锤夯实法是什么样的一种方法呢？

袁老师：重锤夯实法是利用小型起重机将 1.5～3.2t 的重锤提升到 2.5～4.5m 的高度，然后让其自由下落，对被处理的地基重复夯实，达到压实作用。重锤夯实法适用于地下水位埋深大于 1.5m 的稍湿的黏性土、粉土、素填土、杂填土、砂土和湿陷性黄土地基；不适用于软黏土或地下水位以下的饱和黏性土，因这类土孔隙中的水和空气不容易排出，在击实过程中容易产生"橡皮土"，破坏土的结构，反而增加土的压缩性。重锤夯实法加固的有效深度为 1～1.5m，属于浅层处理。

小　静：那强夯法呢？

袁老师：强夯法又名动力固结法或动力压实法。这种方法是反复将夯锤（质量一般为10～40t，国外最大用到 200t）提到一定高度使其自由落下（落距一般为 10～40m），给地基以冲击和振动能量，从而提高地基的承载力并降低其压缩性。我国自 20 世纪 70 年代引进此法后迅速在全国推广应用。大量工程实例证明，强夯法用于处理碎石土、砂土、低饱和度的粉土与黏性土、湿陷性黄土、素填土和杂填土等地基，一般均能取得较好的效果。对于软土地基，一般来说处理效果不显著。还有另一种强夯法称"强夯置换法"，它采用在夯坑内回填块石、碎石等粗颗粒材料，用夯锤夯击形成连续的强夯置换墩。强夯置换法是 20 世纪 80 年代后期开发的方法，适用于高饱和度的粉土与软塑至流塑的黏性土等地基上对变形控制要求不严的工程。根据夯击能的大小和被加固土的类别的不同，强夯法加固土体的深度为 4～10m。

小　波：堆载预压为什么要用塑料排水带或砂井呢？

小　静：我知道。因为淤泥的土粒结构为絮状，里面的水和气很难排出，土不容易固结，亦即不容易被压实，用塑料排水带或砂井就是给透水性差的土体增加排水的通道，加快土体的固结。但我不知道"真空预压"是什么？

袁老师：小静说得好，问得也好。真空预压法就是先在被加固的范围内做好间距较密的砂井，然后在地表铺设砂垫层，并在其上覆盖整片的塑料薄膜。塑料薄膜与加固的范围以外透水性差的土体构成了一个相对密闭的空间，用抽气设备对这个密闭空间抽气，使之接近真空状态，利用大气的压力来代替堆载预压的"堆载"。

小　波：我听说有一种加固方法叫"水泥土深层搅拌法"，是怎么回事呢？

袁老师：水泥土深层搅拌法是适用于加固淤泥等饱和黏性土和粉土等地基的一种方法。它是利用水泥（或石灰）等材料作为固化剂通过特制的搅拌机械，就地将软土和固化剂（浆液或粉体）强制搅拌，使软土硬结成具有整体性、水稳性和一定强度的水泥加固土。水泥加固体可分为柱状、壁状、格栅状或块状等。柱状加固体亦称水泥土桩，与桩间土共同受力，形成复合地基；壁状加固体主要用作防渗帷幕；格栅状加固体可用作基坑工程围护挡墙；块状加固体可用作拱形桥梁拱脚被动区土体。水泥土桩（即柱状加固体或增强体）的桩顶和基础之间应设褥垫层。

对话 7.5.2-1　重锤夯实法、强夯法、真空预压法和水泥土深层搅拌法

请翻到 7.9 节，做习题 7-72

7.5.3　沉降缝

《地基基础规范》规定：

7.3.2　当建筑物设置沉降缝时，应符合下列规定：

1　建筑物的下列部位，宜设置沉降缝：

1）建筑平面的转折部位；

2）高度差异或荷载差异处；

3）长高比过大的砌体承重结构或钢筋混凝土框架结构的适当部位；

4）地基土的压缩性有显著差异处；

5）建筑结构或基础类型不同处；

6）分期建造房屋的交界处。

2　沉降缝应有足够的宽度，缝宽可按表 7.3.2 选用。

表 7.3.2　房屋沉降缝的宽度

房屋层数	沉降缝宽度（mm）
二～三	50～80
四～五	80～120
五层以上	不小于 120

请翻到 7.9 节，做习题 7-73，7-74

7.5.4　砌体承重结构房屋防止不均匀沉降的措施

《地基基础规范》规定：

7.4.3　对于砌体承重结构的房屋，宜采用下列措施增强整体刚度和承载力：

1. 对于三层和三层以上的房屋，其长高比 L/H_f 宜小于或等于 2.5；当房屋的长高比为 $2.5<L/H_f\leqslant3.0$ 时，宜做到纵墙不转折或少转折，并应控制其内横墙间距或增强基础刚度和承载力。当房屋的预估最大沉降量小于或等于 120mm 时，其长高比可不受限制；

2. 墙体内宜设置钢筋混凝土圈梁或钢筋砖圈梁；

3. 在墙体上开洞时，宜在开洞部位配筋或采用构造柱及圈梁加强。

请翻到 7.9 节，做习题 7-75

7.5.5　大面积地面荷载

《地基基础规范》规定：

7.5.1　在建筑范围内具有地面荷载的单层工业厂房、露天车间和单层仓库的设计，应考虑由于地面荷载所产生的地基不均匀变形及其对上部结构的不利影响。当有条件时，宜利用堆载预压过的建筑场地。

注：地面荷载系指生产堆料、工业设备等地面堆载和天然地面上的大面积填土荷载。

7.5.2　地面堆载应均衡，并应根据使用要求、堆载特点、结构类型和地质条件确定允许堆载量和范围。

堆载不宜压在基础上。大面积的填土，宜在基础施工前三个月完成。

请翻到 7.9 节，做习题 7-76

7.6 地基的冻胀性及应对措施

7.6.1 地基的冻胀性

土的冻胀性因土中的水结冰引起，所以总的来说，同一类土的含水量越大，冻胀性就越强。但有些类型的土，当其颗粒组成的含量满足一定条件时可按不冻胀土考虑。关于地基土的冻胀性分类，《地基基础规范》规定：

> **G.0.1** 地基土的冻胀性分类，可按表 G.0.1 分为不冻胀、弱冻胀、冻胀、强冻胀和特强冻胀。
>
> 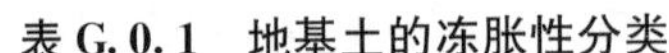
>
> **表 G.0.1 地基土的冻胀性分类**
>
> ……
>
> 注：……
>
> ……
>
> 4. 粒径小于 0.005mm 的颗粒含量大于 60%时，为不冻胀土；
> 5. 碎石类土当充填物大于全部质量的 40%时，其冻胀性按充填物土的类别判断；
> 6. 碎石土、砾砂、粗砂、中砂（粒径小于 0.075mm 颗粒含量不大于 15%）、细砂（粒径小于 0.075mm 颗粒含量不大于 10%）均按不冻胀考虑。

请翻到 7.9 节，做习题 7-80

7.6.2 防冻害措施

在确定基础的埋置深度时要考虑地基土冻胀和融陷的影响。此外，对冻胀、强冻胀、特强冻胀的地基还应采取相应的防冻害措施，《地基基础规范》规定：

> **5.1.9** 地基土的冻胀类别分为不冻胀、弱冻胀、冻胀、强冻胀和特强冻胀，可按本规范附录 G 查取。在冻胀、强冻胀和特强冻胀地基上采用防冻害措施时应符合下列规定：
>
> 1. 对在地下水位以上的基础，基础侧面应回填非冻胀性的中砂或粗砂，其厚度不应小于 200mm；对在地下水位以下的基础，可采用桩基础，自锚式基础（冻土层下有扩大板或扩底短桩），也可将独立基础或条形基础做成正梯形的斜面基础。
> 2. 宜选择地势高、地下水位低、地表排水良好的建筑场地。对低洼场地，建筑物的室外地坪标高应至少高出自然地面 200mm～500mm，其范围不宜小于建筑四周向外各一倍冻结深度距离的范围。
> 3. 应设置排水设施，施工和使用期间防止水浸入建筑地基。在山区应设截水沟或在建筑物下设置暗沟，以排走地表水和潜水。
> 4. 在强冻胀性和特强冻胀性地基上，其基础结构应设置钢筋混凝土圈梁和基础梁，并控制建筑的长高比。
> 5. 当独立基础联系梁下或桩基础承台下有冻土时，应在梁或承台下留有相当于该土层冻胀量的空隙。

6. 外门斗、室外台阶和散水坡等部位宜与主体结构断开，散水坡分段不宜超过1.5m，坡度不宜小于3%，其下宜填入非冻胀性材料。

7. 对跨年度施工的建筑，入冬前应对地基采取相应的防护措施；按采暖设计的建筑物，当冬季不能正常采暖，也应对地基采取保温措施。

请翻到7.9节，做习题7-78

7.7 土压力和支挡结构

7.7.1 土压力

土压力是指作用在支挡结构（边坡挡土墙、基坑支护结构或地下室外墙）墙体上的侧压力。土体在竖向压应力σ的作用下有一种横向膨胀的倾向，当这种倾向受到竖向墙体的阻碍时，就会对阻碍它膨胀的墙体产生侧压力（土压力）。土压力的大小及其分布规律受到墙体可能的移动方向、墙后填土的种类、填土面的形式、墙的截面刚度和地基的变形等一系列因素的影响，根据墙的位移情况和墙后土体所处的应力状态，土压力可分为以下三种：

1. 静止土压力

当支挡结构墙体静止不动，土体处于弹性平衡状态时，土对墙的压力称为静止土压力，地下室外墙可视为受静止土压力σ_0的作用，见图7.7.1-1(b)。

2. 主动土压力

主动土压力是土推墙，墙向离开土体方向偏移至土体达到极限平衡状态时，作用在墙上的土压力σ_a见图7.7.1-1(a)。由于墙向离开土体方向偏移，土体横向得到放松，膨胀的阻力减弱，其反作用力（土压力）也就同时变小，故主动土压力σ_a必然小于静止土压力σ_0。

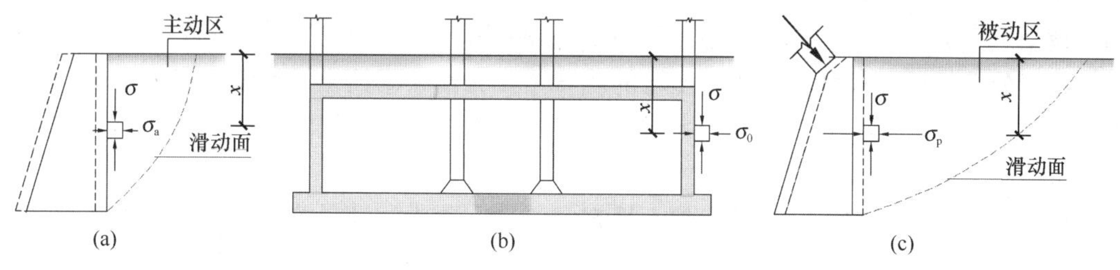

图7.7.1-1　土压力

(a) 主动土压力σ_a；(b) 静止土压力σ_0；(c) 被动土压力σ_p

3. 被动土压力

被动土压力是墙推土（例如拱桥的拱脚推力），当挡土墙向土体方向偏移至土体达到极限平衡状态时，作用在挡土墙上的土压力σ_p，见图7.7.1-1(c)。由于墙向土体方向偏移、挤压土体，土体膨胀的阻力增强，其反作用力 — 土压力也就同时变大，故被动土压力σ_p必然大于静止土压力σ_0。

$$\text{主动土压力}\ \sigma_a < \text{静止土压力}\ \sigma_0 < \text{被动土压力}\ \sigma_p$$

主动土压力和静止土压力都是土体作用在挡土墙上的荷载，而被动土压力则是土体帮助挡土墙承受类似拱脚推力的一种抵抗能力。在主动区增加竖向荷载，会使挡土墙的侧向荷载（主动土压力）增大，对结构不利；而在被动区增加竖向荷载，则会使土体帮助挡土墙承受类似拱脚推力的抵抗能力（被动土压力）增大，对结构有利。

请翻到 7.9 节，做习题 7-79

4. 土压力计算公式简介

土压力计算是个古老而复杂的问题，有多种计算方法，其中库仑（Coulomb）二百三十多年前提出的理论和朗肯（Rankine）一百五十多年前提出的理论至今还被各种土压力计算公式引用。

（1）朗肯（Rankine）土压力公式（对照图 7.7.1-1（a）和（c））

朗肯主动土压力公式在考题中用到过，下面用粗字体介绍。被动土压力公式有个印象即可。

主动土压力 $$\boldsymbol{\sigma_a = \sigma \tan^2(45^\circ - \varphi/2) - 2c\tan(45^\circ - \varphi/2)} \quad \textbf{(7.7.1-1)}$$

被动土压力 $$\sigma_p = \sigma \tan^2(45^\circ + \varphi/2) + 2c\tan(45^\circ + \varphi/2) \quad (7.7.1\text{-}2)$$

以上就是朗肯公式，静止土压力介于上两者之间，具体公式从略。上两式中的 φ 为内摩擦角；c 为黏聚力；σ 为某一计算度 x 处土体的竖向压应力；σ_a、σ_p分别为同一计算深度 x 处挡土墙上的主动土压力和被动土压力。

（7.7.1-1）式中 $\tan^2(45^\circ - \varphi/2)$ 称主动土压力系数，一般用 K_a表示，即

$$K_a = \tan^2(45^\circ - \varphi/2) \quad (7.7.1\text{-}3)$$

而（7.7.1-2）式中 $\tan^2(45^\circ + \varphi/2)$ 称被动土压力系数，一般用 K_p表示，即

$$K_p = \tan^2(45^\circ + \varphi/2) \quad (7.7.1\text{-}4)$$

于是（7.7.1-1）式和（7.7.1-2）式又可以分别写成为

主动土压力 $$\boldsymbol{\sigma_a = \sigma K_a - 2c\sqrt{K_a}} \quad \textbf{(7.7.1-1a)}$$

和 被动土压力 $$\sigma_p = \sigma K_p + 2c\sqrt{K_p} \quad (7.7.1\text{-}2a)$$

朗肯公式的适用条件是：①挡土墙的墙背竖直光滑；②挡土墙后填土表面水平。如实际工程的情况与这两个条件差别较大时，需对计算简图作一些处理才能应用朗肯公式，具体做法从略。

说明：挡土墙后的土，无论是位于填方区的“回填土”还是位于挖方区的“未被扰动的土体”，习惯上都称之为“填土”。

【例 7.7.1-1】设挡土墙的墙背竖直光滑，墙高为 $H=5\text{m}$，墙后填土只有一种粗砂（无黏性土）、表面水平、其重度 $\gamma=19\text{kN/m}^3$，内摩擦角 $\varphi=35^\circ$，黏聚力 $c=0$。求墙背主动土压力的分布、合力及其作用位置，分别按下述两种情况考虑：①填土表面无荷载；②填土表面有满布的竖向均布荷载作用，其值 $q=25\text{kN/m}^2$。

题解：将黏聚力 $c=0$ 代入式（7.7.1-1）或式（7.7.1-1a）可得到无黏性土的主动土压力公式：

$$\sigma_a = \sigma \tan^2(45^\circ - \varphi/2) \quad (7.7.1\text{-}1b)$$

或 $$\sigma_a = \sigma K_a \quad (7.7.1\text{-}1c)$$

题给的墙背填土只有一种，故内摩擦角是个常数（$\varphi=35^\circ$），进而 K_a 也必为常数。另外，K_a 与填

土表面是否有荷载无关，故对于本题的两种情况它都是一样的：

$$K_a = \tan^2(45° - \varphi/2) = \tan^2(45° - 35°/2) = 0.271$$

但是土体的竖向压应力 σ、进而主动土压力 σ_a 却会因填土表面是否有荷载而有所不同，故这两种情况需分别讨论。

由于墙背只有一种土层、其重度是个常数（γ=19kN/m²），且无地下水，故 σ、进而 σ_a 都将随深度增大而增大，呈直线变化。因此，只需计算两个深度的 σ_a 即可，一般取墙顶（x=0）和墙底（$x=H$=5m）两处。这两处的 σ_a 算出后，将其标注在图形上，然后用直线相连，便可得到墙缝主动土压力的分布。

情况①：填土表面无荷载，对照图（a）。

主动土压力的分布：

x=0 时

$$\sigma = \gamma x = 19 \times 0 = 0$$

$$\sigma_a = \sigma K_a = \underline{0 \times 0.271} = 0$$

$x=H$=5m 时

$$\sigma = \gamma x = \gamma H = 19 \times 5 = 95(\text{kN/m}^3) \quad \text{(a)}$$

$$\sigma_a = \sigma K_a = \underline{95 \times 0.271} = 25.7(\text{kN/m}^3) \quad \text{(b)}$$

将这两处的 σ_a 值（0 和 25.7）用直线连起来便可得到主动土压力的分布图。它是个高度等于墙高的三角形，见本题附图（a）。

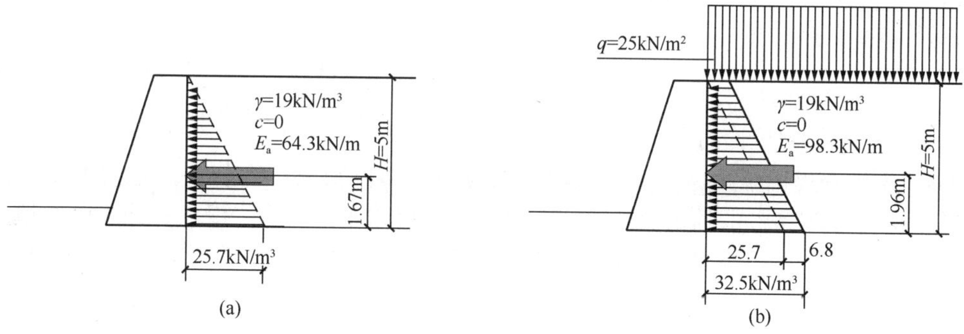

【例 7.7.1-1】附图

主动土压力合力 E_a 的大小：

E_a 为主动土压力分布图形的面积：

$$E_a = 25.7 \times 5/2 = 64.3(\text{kN/m}) \quad \text{(c)}$$

（说明：合力 E_a 单位中的/m 表示这个合力是指沿挡墙长度方向每米的力）

综合（a）、（b）、（c）三式，不难看出合力 E_a 的计算过程实际上是：

$$E_a = \sigma K_a \times H/2 = \gamma H K_a \times H/2 = \gamma H^2 K_a/2$$

即

$$E_a = \frac{1}{2}\gamma H^2 K_a \quad (7.7.1\text{-}5)$$

这是一个很常见的表达式。它以及由它衍生出来的表达式在以往的考题中曾出现过，故顺便提一下。

E_a 的位置：

E_a 通过土压力分布图形的形心，设 E_a 到墙底的距离为 D_c，由三角形形心的位置可知：

$$D_c = H/3 = 5/3 = 1.67\text{m}$$

情况②：填土表面有满布的竖向均布荷载作用，其值 q=25kN/m²，对照图（b）。

主动土压力的分布：

由于均布荷载是满布的，故向下传递时不会随深度的增加而扩散变小，亦即任何深度处的 σ 都会比

情况①增加 25kN/m²。于是

$x=0$ 时　　$\sigma = \gamma x + q = 19\times 0 + 25 = 0 + 25(\text{kN/m}^3)$

$$\sigma_a = \sigma K_a = (0+25)\times 0.271 = \underline{0\times 0.271} + \underline{25\times 0.271} = 6.8(\text{kN/m}^3)$$

$x=5\text{m}$ 时　　$\sigma = \gamma x + q = 19\times 5 + 25 = 95 + 25(\text{kN/m}^3)$

$$\sigma_a = \sigma K_a = (95+25)\times 0.271 = \underline{95\times 0.271 + 25\times 0.271} = 25.7 + 6.8 = 32.5(\text{kN/m}^3)$$

墙背主动土压力的分布见附图（b)。它可以看成是一个三角形与平行四边形组合的梯形，见本题附图（b)。

<u>主动土压力合力 E_a 的大小</u>：

E_a 为主动土压力分布图形的面积：

$$E_a=25.7\times 5/2+6.8\times 5=64.3+34=98.3(\text{kN/m})$$

<u>E_a 的位置</u>：

E_a 通过土压力分布图形的形心，设 E_a 到墙底的距离为 D_c。将梯形分解成三角形和平行四边形，可求得 D_c：

$$D_c = (64.3\times 5/3 + 34\times 5/2)/(64.3+34) = 1.96\text{m}$$

比较这两种情况计算过程中<u>加粗带下划线</u>的部分，不难看出：对于无黏性土，填土表面满布竖向均匀荷载 $q=25\text{kN/m}^2$ 引起的墙背任何一处的主动土压力增量均为<u>25×0.271</u>$=6.8\text{kN/m}^2$，亦即为 qK_a，或 $q\tan^2(45°-\varphi/2)$。

请翻到 7.9 节，做习题 7-80

(2) 库仑土压力理论简介

1776 年库仑提出了<u>无黏性土</u>的主动土压力公式和被动土压力公式。它们不受前述朗肯公式的两个适用条件的约束。即：挡土墙的墙背可以不是竖直光滑的；挡土墙后填土表面可以不是水平的。但当时这个理论只能用于<u>无黏性土</u>。然而经过二百三十多年的发展、

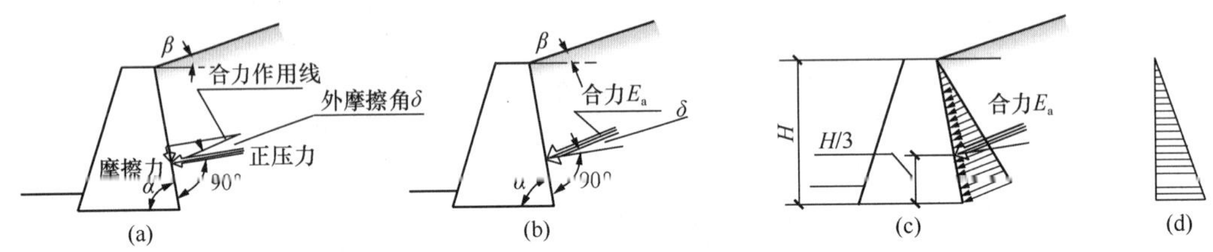

图 7.7.1-2　与库仑主动土压力系数 K_a 有关的符号及土压力分布

(a) 外摩擦角 δ 的含义；(b) 主动土压力的合力 E_a；(c) 标明方向的主动土压力分布图及合力 E_a 的位置；(d) 不标方向、只表示大小的主动土压力分布图

完善，这个理论亦已拓展到黏性土的范围、并可适用于比较复杂的地质条件和荷载条件。库仑的主动土压力系数 K_a 和被动土压力系数 K_p 的计算公式相当复杂，一般都用查表的方法来解决问题，本书不打算列出与此相关的表格。下面仅介绍一下过去考题出现过的、填土表面无荷载的库仑主动土压力系数 K_a 查表时用到的有关参数、符号及土压力分布，见图 7.7.1-2。图中：α 为支挡结构墙背与水平面的夹角；β 为填土表面与水平面的夹角；δ 为土对挡土墙墙背的摩擦角，亦称“外摩擦角”。只要知道土的 α、β、δ 和“内摩擦角”φ，就可以查表得出主动土压力系数 K_a，进而求出主动土压力的合力 E_a 为：

$$E_a = \frac{1}{2}\gamma H^2 K_a \tag{7.7.1-6}$$

不难发现上式与【例 7.7.1-1】解题过程中的（7.7.1-5）式在表达形式上式完全一样的，但两式中的主动土压力系数 K_a 的含义不同。不过，也有一个特例，就是当 $\alpha=90°$、$\beta=0°$、$\delta=0°$时，这两式中的 K_a 的是完全相同的，进而求出来的土压力也是完全一样的。

小　静：袁老师，刚才我回顾了一下第 7.2.2 小节，有关“内摩擦角”的定义我弄清楚了。但是“摩擦角”为什么有“内”、“外”之分，我还是不明白。图 7.7.1-2 中的 δ 为什么称“外摩擦角”？

袁老师：小波你先说说 δ 为什么称“摩擦角”，好吗？

小　波：好的，我们对照图 7.7.1-2（a）。很明显，“正压力”（即土压力合力 E_a 的垂直于墙背的分力）乘“摩擦系数” $\tan\delta$ 可得到墙背的土与墙之间的“摩擦力”（即土压力合力 E_a 的平行于墙背的分力），故 δ 是“摩擦角”，对吗？

袁老师：小波说得很好。小静，你说说墙背的土与墙之间为什么会有“摩擦力”呢？

小　静：因为墙背不是光滑的啊。

袁老师：说得对。在第 7.2.2 小节中，关于“内摩擦角” φ 的“内”字，曾有过这样的描述：“…，又因为这种摩擦力存在于土体的内部，**因此 φ 又被定义为内摩擦角”**。类推一下，你们能明白摩擦角 δ 被称之为“外摩擦角”的道理吗？

小波和小静：明白了。这是因为图 7.7.1-2（a）所示的摩擦力存在于土体的外部与墙背之间，**因此 δ 被定义为外摩擦角”**。不过我们还是觉得太抽象，能举个简单的例子吗？

袁老师：好的，我们举个 $\alpha=90°$、$\beta=0°$、$\delta=0°$的特例。

对话 7.7.1-1　δ 为什么称“外摩擦角”

【例 7.7.1-2】题目条件与【例 7.7.1-1】完全相同。试用“库仑理论”求墙背主动土压力的分布、合力及其作用位置。

题解：墙背竖直光滑，即 $\alpha=90°$、$\delta=0°$；填土表面水平，即 $\beta=0°$。

根据 $\varphi=35°$、$\alpha=90°$、$\beta=0°$、$\delta=0°$这四个参数，由有关手册查得库仑主动土压力系数 $K_a=0.271$；

$$E_{ak} = \frac{1}{2}\gamma H^2 K_a = 0.5\times19\times5^2\times0.271=64.3\ (\text{kN/m})$$

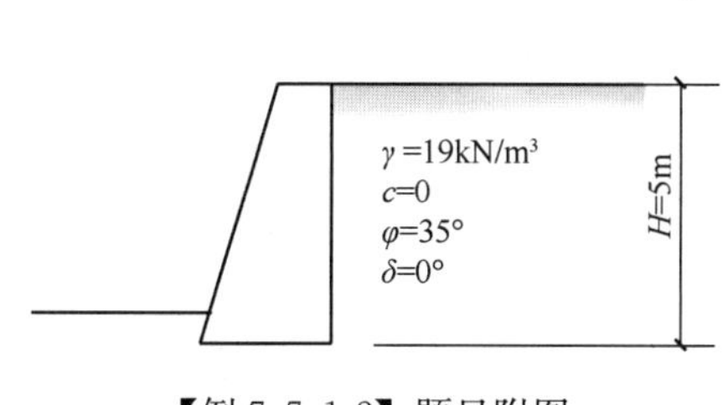

【例 7.7.1-2】题目附图

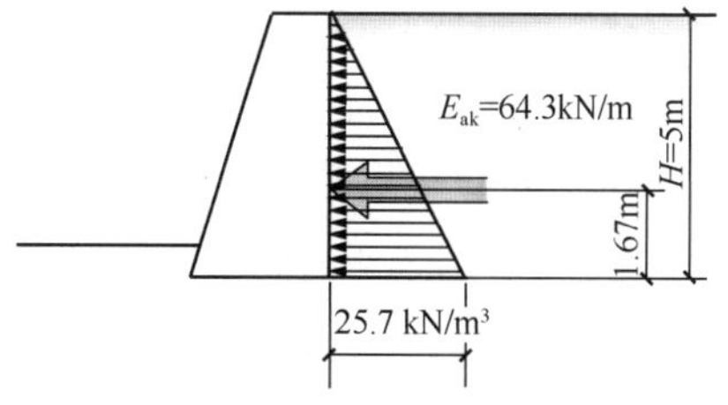

【例 7.7.1-2】题解附图

对照图 7.7.1-2，可知，墙背主动土压力必为三角形分布：

墙顶土压力=0

墙底土压力$=2E_{ak}/H=2\times64.3/5=25.7$（kN/m^3）

合力E_{ak}的作用线至墙底的距离$=H/3=5/3=1.67$m

小波和小静：这道例题的结果和【例 7.7.1-1】情况①的结果完全相同呵。为什么呢？

袁老师：你们观察得很仔细。这样很好，学习时要善于对比。这道例题的各种参数与【例 7.7.1-1】完全相同，即$\gamma=19$kN/m^3，$\varphi=35°$，都为无黏性土$c=0$。题给的$\alpha=90°$、$\delta=0°$、$\beta=0°$，又说明本题完全符合朗肯公式的两个适用条件：①挡土墙的墙背竖直光滑，②挡土墙后填土表面水平。此时按“库仑理论”和按“朗肯理论”计算出来的结果是完全相同的。

对话 7.7.1-2 墙后填土为无黏性土的挡土墙满足朗肯公式的两个适用条件时，按“库仑理论”和按“朗肯理论”计算出来的主动土压力是完全相同的

根据大量的试算与实际观测结果的对比，对于高大的挡土结构来说，采用古典土压力理论计算的结果偏小，土压力的分布也有较大的偏差。因此在主动土压力计算中引入了增大系数Ψ_a。《地基基础规范》规定：

6.7.3 重力式挡土墙土压力计算应符合下列规定：

1 对土质边坡，边坡主动土压力应按式（6.7.3-1）进行计算。当填土为无黏性土时，主动土压力系数可按库伦土压力理论确定。当支挡结构满足朗肯条件时，主动土压力系数可按朗肯土压力理论确定。黏性土或粉土的主动土压力也可采用楔体试算法图解求得。

$$E_a=\frac{1}{2}\psi_a\gamma h^2k_a \tag{6.7.3-1}$$

式中：E_a——主动土压力（kN）；

ψ_a——主动土压力增大系数，挡土墙高度小于5m时宜取1.0，高度5m～8m时宜取1.1，高度大于8m时宜取1.2；

γ——填土的重度（kN/m^3）；

h——挡土结构的高度（m）；

k_a——主动土压力系数，按本规范附录L确定。

请翻到7.9节，做习题7-81～7-83

7.7.2 支挡结构概述

岩土工程中的“支挡结构”是用来“挡土”的，形状多与“墙”相似，所以又称“挡土墙”。用于“边坡”方面的支挡结构一般称“挡土墙”或“挡墙”，主要有重力式、悬臂式、扶壁式、锚杆式、锚定板式和土钉式等；用于“基坑支护”的支挡结构，虽然也属挡土墙，但习惯上将其称之为“支护结构”居多，主要有排桩、地下连续墙、水泥土墙、逆作拱墙等，土钉墙在基坑支护也比较多见；此外，地下室的外墙（见图 7.7.1-1b）也有挡土作用，当然也算支挡结构。表 7.7.2-1 列出上述支挡结构的示意图、特点及适用范围。支挡结构种类繁多，还有其他的形式，不再一一列举。

支挡结构的主要形式 　　**表 7.7.2-1**

序号	类型	结构示意图或图片	特点及适用范围
1	重力式		《建筑边坡工程技术规范》[28]定义： 2.1.9 重力式挡墙 gravity retaining wall 依靠自身的重力使边坡保持稳定的支护结构。 墙很厚。一般用"浆砌片石"砌筑，也可采用"混凝土"。适用范围见 7.7.3 小节之 1
2	悬臂式	立墙　土重　墙趾板　墙踵板　墙趾　墙踵	悬臂式挡土墙断面尺寸小，需采用"钢筋混凝土"结构才能承受土压力；利用墙踵板上方的土重维持稳定。 适用于低墙
3	扶壁式	扶壁	当悬臂式挡土墙较高时，墙底弯矩以及墙顶的侧向位移都会变得很大，即使加大钢筋用量也无济于事。此时可沿墙体的长度方向每隔一定距离设置扶壁，变成"扶壁式挡土墙"。它的侧向支承条件由单边支承变为三边支承，从而大幅度地减小墙底弯矩和墙顶的侧向位移，使得采用断面尺寸小的"钢筋混凝土"结构仍然成为可能。 适用于墙较高的情况，墙高可做到 10m
4	锚杆式	钢筋混凝土肋柱　钢筋混凝土挡土板　钢锚杆　稳定的地层　锚固段水泥砂浆压力灌孔	锚杆式挡土墙由钢筋混凝土肋柱、钢筋混凝土挡土板及钢锚杆组成。根据被加固边坡的高度，可设计为单级、双级和多级（每级高约为 5～6m）。钢锚杆锚固在稳定的地层内，承受拉力，以维持挡土墙力系的平衡，墙底地基受到的力很小，这就克服了在不良地基上修建支挡结构的困难。 由于每级墙的土压力自上而下变大（请回顾本小节的例题），所以每级的挡土板是上薄下厚。 适用于岩质、半岩质深路堑边坡的防护加固；也可用作陡坡路堤或坡脚的挡土墙
5	锚定板式	钢筋混凝土肋柱　破裂面　钢筋混凝土挡土板　钢拉杆　锚定板	锚定板式挡土墙由钢筋混凝土肋柱、挡土板、钢拉杆和锚定板组成。它的工作原理基本上与锚杆式挡土墙相同，其区别仅仅在于用拉杆末端的"锚定板"的抗拔力来代替锚杆在稳定地层段水泥砂浆压力灌孔产生的握裹力。 适用于加固路堑边坡、支挡填土路肩和坡脚
6	土钉式	喷射混凝土面层　土钉　被加固的土体	土钉墙是由锚固于土体内的土钉（一般采用钢筋）、被土钉加固的土体及带钢筋网的喷射混凝土面层组成。 适用于边坡加固；也是基坑支护的一种形式。作为基坑支护的适用范围见 7.7.4 小节之 2

续表

序号	类型	结构示意图或图片	特点及适用范围
7	排桩式	内支撑 混凝土桩 旋喷注浆水泥土 钢板桩	排桩支护结构中的桩可以采用钢筋混凝土灌注桩或人工挖孔桩，也可以采用钢板桩。钢板桩之间是连成一体的；而混凝土桩之间则存在施工间隙，可用旋喷注浆水泥土等方法填塞这种间隙，以达到止水的目的。为了保证结构的稳定，可设置如图所示的内支撑，也可以用锚杆代替内支撑。 用于基坑支护，适用范围见 7.7.4 小节之 2
8	地下连续墙和逆作拱墙	圆弧状部分是“逆作拱墙”的一种形式。 地下连续墙分段平面图	用分段间隔施工的方法，在基坑开挖之前沿基坑周边挖槽、浇筑墙体钢筋混凝土，先做涂暗的墙段，然后做没有涂暗的墙段，使各墙段连接起来成为“地下连续墙”。它既是基坑支护用的墙，也是永久性工程结构的一部分——地下室外墙。 可以利用永久性柱、板作内支撑。为确保施工安全，需边挖土、边支撑，因此作为支撑用的地下室楼板施工是自上而下进行的，最后施工底板。这与一般的施工顺序相反，所以称“逆作法”。图中平面呈圆弧状的部分有拱的作用，就是“逆作拱墙”的一种形式。逆作拱墙的其他形式从略。 内支撑也可用锚杆代替或两者同时采用。 用于基坑支护，适用范围见 7.7.4 小节之 2
9	重力式水泥土墙	A　A 水泥土墙 *A-A*	《建筑基坑支护技术规程》JGJ 120—2012[29]是这样定义的： 2.1.7　水泥土墙　gravity cement-soil wall 水泥土桩相互搭接成格栅或实体的重力式支护结构。 用于基坑支护，适用范围见 7.7.4 小节之 2

请翻到 7.9 节，做习题 7-84～7-87

7.7.3　边坡重力式挡土墙

上小节表 7.7.1-1 第 1 项就是“边坡重力式挡土墙”，它和该表第 9 项“水泥土墙”都属于重力式结构。但这两者有许多不同之处：前者墙脚入土深度较浅，后者则很深；前者需设置排水孔，后者却要止水；前者的墙后填土可以是“回填土”也可以是“未被扰动的土体”，而后者只能是“未被扰动的土体”（即不是实际意义上的填土）。此外，两者的计算内容也不尽相同。下面仅介绍“边坡重力式挡土墙”。一般来说，除非有特别声明，考题中出现的“重力式挡土墙”或“重力式挡墙”都是指这一类挡土墙。

1. 适用条件

《地基基础规范》规定：

> **6.7.4** 重力式挡土墙的构造应符合下列规定：
>
> 1 重力式挡土墙适用于高度小于 8m、地层稳定、开挖土石方时不会危及相邻建筑物的地段。
>
> …

请翻到 7.9 节，做习题 7-88

2. 计算要点

重力式挡土墙是靠自身的重力 W 来抵抗墙背土压力的一种结构。关于设计这类挡土墙需进行的验算（对照图 7.7.3-1），《地基基础规范》6.7.5 条规定：重力式挡土墙需进行抗滑移稳定性验算（图 a）、抗倾覆稳定性验算（图 b）、整体滑动稳定性验算（图 c）和地基承载力验算（图 d）。

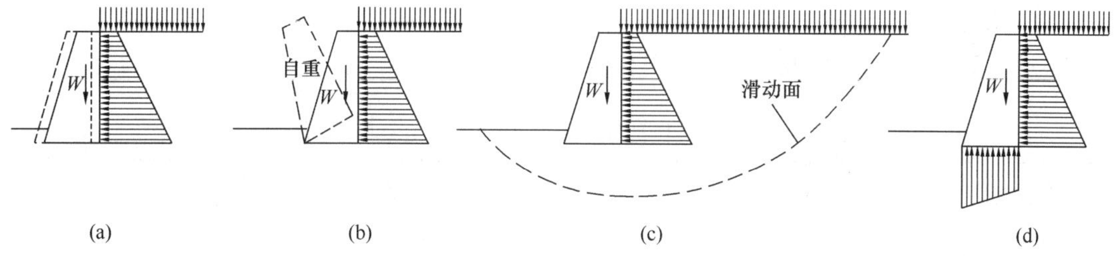

图 7.7.3-1 重力式挡土墙的稳定性验算和地基承载力的验算

（a）抗滑移稳定性验算；（b）抗倾覆稳定性验算；（c）整体滑动稳定性验算；（d）地基承载力验算

请翻到 7.9 节，做习题 7-89～7-92

3. 基底设置逆坡的情况

在挡土墙稳定性验算中，抗滑移稳定性常比抗倾覆稳定性不易满足要求。为了增加墙体的抗滑移稳定性，将基底面做成逆坡是一种有效方法（图 7.7.3-2）。但逆坡过大，可能使墙体连同基底下面的土体一起滑移，所以需对它的坡度加以限制。《地基基础规范》规定：

> **6.7.4** 重力式挡土墙的构造应符合下列规定：
>
> …
>
> 2 重力式挡土墙可在基底设置逆坡。对于土质地基，基底逆坡坡度不宜大于 1∶10；对于岩石地基，基底逆坡坡度不宜大于 1∶5。
>
> …

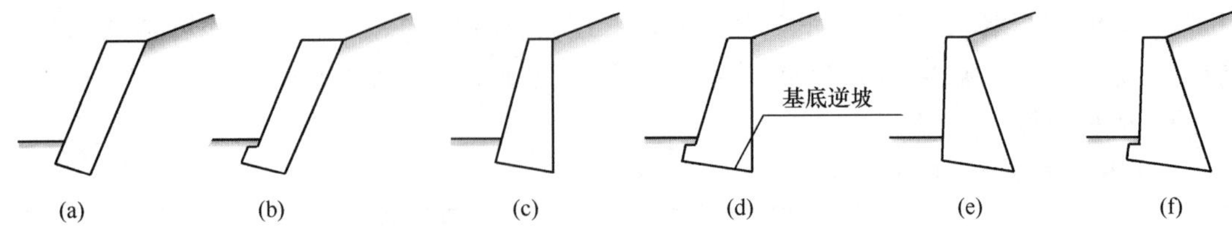

图 7.7.3-2 基底设置逆坡的重力式挡土墙

(a) 无墙趾台阶的仰斜式；(b) 有墙趾台阶的仰斜式；(c) 无墙趾台阶的直立式；
(d) 有墙趾台阶的直立式；(e) 无墙趾台阶的俯斜式；(f) 有墙趾台阶的俯斜式

7.7.4 基坑工程

随着城市建设的发展，高层建筑容积率大的优点被开发商看好，较深的地下室也就多起来了。从结构的角度来说，高层建筑的基础需要一定的埋置深度才能保证建筑物在风荷载或地震作用下抗倾覆和抗滑移的能力，才能减轻地震的动力效应；从经济效益的角度来看，多一层地下室就能够在同等用地面积的情况下获得多一层的使用空间。不少地下室都是在已有建筑物近邻施工的，由此引发的安全事故时有所闻。因此在城市建设中，如何保证深基坑开挖的安全是建设者必须面对的问题。

1. 基坑的使用年限和安全等级

(1) 基坑的使用年限

《建筑基坑支护技术规程》规定：

> 3.1.1 基坑支护设计应规定其设计使用期限，基坑支护的设计使用期限不应小于一年。

【例 7.7.4-1】 关于建筑基坑支护的设计使用年限，正确的是？(2019 回忆题)

(A) 不应小于 1 年　　(B) 不应小于 10 年

(C) 不应小于 20 年　　(D) 不应小于 50 年

题解： 请参见《建筑基坑支护技术规程》第 3.1.1 条（已摘录于本小节）。

答案： A

基坑侧壁安全等级划分是一个难度很大的问题，很难定量说明。因此，采用了建筑结构安全等级划分的基本方法（请回顾 3.1 节之 6），按支护结构破坏后果的严重程度分为三个等级，其重要性系数的选用与《统一标准》相一致。《建筑基坑支护技术规程》规定：

> **3.1.3** 基坑支护设计时，应综合考虑基坑周边环境和地质条件的复杂程度、基坑深度等因素，按表 3.1.3 采用支护结构的安全等级。对同一基坑的不同部位，可采用不同的安全等级。

表 3.1.3 支护结构的安全等级

安全等级	破 坏 后 果
一级	支护结构失效、土体过大变形对基坑周边环境或主体结构施工安全的影响很严重
二级	支护结构失效、土体过大变形对基坑周边环境或主体结构施工安全的影响严重
三级	支护结构失效、土体过大变形对基坑周边环境或主体结构施工安全的影响不严重

请翻到 7.9 节，做习题 7-93

2. 支护结构选型

《建筑基坑支护技术规程》规定：

3.3.2 支护结构应按表 3.3.2 选型。

表 3.3.2 各类支护结构的适用条件

<table>
<tr><td colspan="2" rowspan="2">结构类型</td><td colspan="3">适 用 条 件</td></tr>
<tr><td>安全等级</td><td colspan="2">基坑深度、环境条件、土类和地下水条件</td></tr>
<tr><td rowspan="5">支挡式结构</td><td>锚拉式结构</td><td rowspan="5">一级
二级
三级</td><td>适用于较深的基坑</td><td rowspan="5">1 排桩适用于可采用降水或截水帷幕的基坑
2 地下连续墙宜同时用作主体地下结构外墙，可同时用于截水
3 锚杆不宜用在软土层和高水位的碎石土、砂土层中
4 当邻近基坑有建筑物地下室、地下构筑物等，锚杆的有效锚固长度不足时，不应采用锚杆
5 当锚杆施工会造成基坑周边建（构）筑物的损害或违反城市地下空间规划等规定时，不应采用锚杆</td></tr>
<tr><td>支撑式结构</td><td>适用于较深的基坑</td></tr>
<tr><td>悬臂式结构</td><td>适用于较浅的基坑</td></tr>
<tr><td>双排桩</td><td>当锚拉式、支撑式和悬臂式结构不适用时，可考虑采用双排桩</td></tr>
<tr><td>支护结构与主体结构结合的逆作法</td><td>适用于基坑周边环境条件很复杂的深基坑</td></tr>
<tr><td rowspan="4">土钉墙</td><td>单一土钉墙</td><td rowspan="4">二级
三级</td><td>适用于地下水位以上或降水的非软土基坑，且基坑深度不宜大于 12m</td><td rowspan="4">当基坑潜在滑动面内有建筑物、重要地下管线时，不宜采用土钉墙</td></tr>
<tr><td>预应力锚杆复合土钉墙</td><td>适用于地下水位以上或降水的非软土基坑，且基坑深度不宜大于 15m</td></tr>
<tr><td>水泥土桩复合土钉墙</td><td>用于非软土基坑时，基坑深度不宜大于 12m；用于淤泥质土基坑时，基坑深度不宜大于 6m；不宜用在高水位的碎石土、砂土层中</td></tr>
<tr><td>微型桩复合土钉墙</td><td>适用于地下水位以上或降水的基坑，用于非软土基坑时，基坑深度不宜大于 12m；用于淤泥质土基坑时，基坑深度不宜大于 6m</td></tr>
<tr><td colspan="2">重力式水泥土墙</td><td>二级
三级</td><td colspan="2">适用于淤泥质土、淤泥基坑，且基坑深度不宜大于 7m</td></tr>
<tr><td colspan="2">放坡</td><td>三级</td><td colspan="2">1 施工场地满足放坡条件
2 放坡与上述支护结构形式结合</td></tr>
</table>

注：1 当基坑不同部位的周边环境条件、土层性状、基坑深度等不同时，可在不同部位分别采用不同的支护形式；

2 支护结构可采用上、下部以不同结构类型组合的形式。

请翻到 7.9 节，做习题 7-94

3. 工程实例

下面结合一个工程实例对《建筑基坑支护技术规程》第 3.3.1 条提到的“地下连续墙”作一介绍。

【工程实例 7.7.4-1】图 7.7.4-1 为作者 1997 年做结构设计的广州“美东大厦”。该大厦地下 3 层，地上 29 层；地下室底板深 14m，长 60m，宽 39m；地下室的大部分和地面 10 层以下的局部采用了高强混凝土钢管柱，采用框架核心筒结构；10 层以上采用周边有框架梁的平板无黏结预应力无梁楼盖，为带

“美东大厦”工程全貌

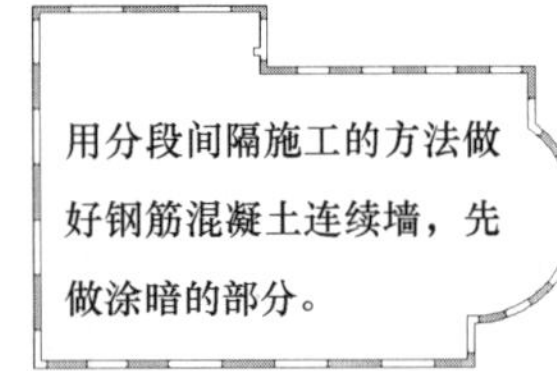

第一步之一

第一步之二：用人工挖孔桩的方法安装好兼作临时支承水平支撑用的永久性钢管柱

第二步之一：负一层土方开挖的同时，开始支负一层支撑系统的腰梁和横撑的模板

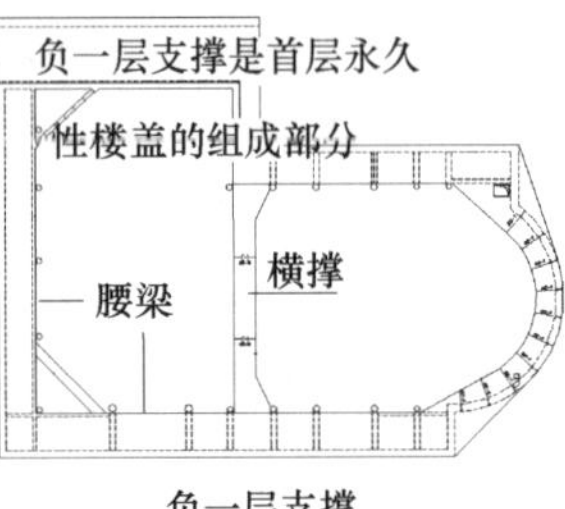

负一层支撑

第二步之二：负一层支撑系统已浇筑了部分混凝土

第三步：负一层支撑完成并达到强度要求后，开始负二层土方开挖

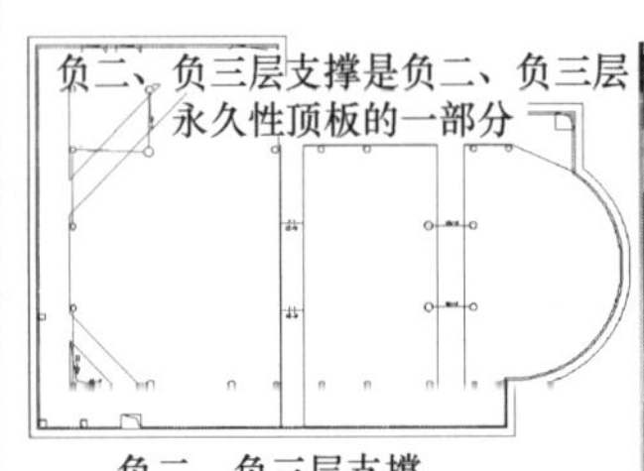

负二、负三层支撑

第四步：紧接着开始支负二层支撑的模板

第五步：负二层支撑完成并达到强度要求后开始负三层土方开挖

第六步：紧接着开始支负三层支撑的模板

第七步：支撑系统全部完成，开始做底板砖胎模，安装钢筋，准备浇底板混凝土

图 7.7.4-1　用地下连续墙支护半逆作法施工

边框架梁的平板核心筒结构（抗震规范[3]条文说明 6.1.1 条指出这类结构不按板柱-抗震墙结构对待）。建筑地点位于广州光塔路，是传统的闹市区，场地狭窄。图左上角工程全貌中的地面建筑是位于基坑西侧的 7 层住宅楼，其外墙距基坑的外墙皮仅 2m，基坑北侧是中图职工住宅，东侧是儿童电影院，南侧是马路，它们离得都比较近。地下水位深 1m。基坑外围采用地下连续墙（墙厚 800mm）支护，逆作法施工，具体施工步骤如图 7.7.4-1 所示。

该基坑工程的特点是：

① 勘察任务委托书中强调了对基坑外围勘察的要求（因为这是比较容易被忽略的[30]），强调了勘察报告须提供邻近建筑物的基础资料以及各类地下设施的资料，使设计做到心中有数。

② 所有的支护结构（包括连续墙，腰梁，横撑，立柱）都是永久性工程结构的一部分。图中构件边沿和节点处伸出的预留钢筋是为二次施工结构连接之用。

③ 为了在逆作法施工中实现机械作业，采用了大间距的横向支撑。支撑和腰梁的宽度都很大，但因为它们是永久性结构的一部分，所以不会造成浪费，而且宽腰梁和宽支撑还给狭窄的施工场地提供了材料堆放和加工的场地。

④ 结构自防水。基坑底板边是后塞进地下连续墙预留槽里的，考虑到底板日后受水浮力作用会发生变形，墙、板接缝处肯定会被拉开，在墙、板接缝内预留灌浆槽和灌浆孔，待底板变形稳定后再灌浆。这种做法取得了成功，在建成后的使用中，地下室排水系统只是作为一种备用措施，很少开动。逆作法地下室不用依靠排水系统抽水就能保证正常使用的实例在国内是少有的。

⑤ 为了防止停工引起地下室上浮事故的发生，所有地下室排水系统的永久性集水井底板都采用留洞后封堵的做法，地下室的侧墙和底板在施工期间处于不封闭的状态，使地下水对其产生不了浮力。

⑥ 施工中完全遵循了“开槽支撑，先撑后挖，分层开挖，严禁超挖”的原则。整个施工过程未发生过一起因基坑施工而被投诉的案例。

【例 7.7.4-3】下图所示挡土墙结构，当实际水位上升时、超过设计水位时，不可能发生的情况是：(2019 年回忆题)

(A) 滑移　　(B) 墙体开裂　　(C) 倾覆　　(D) 上浮

题解：水位上升会使墙背土的抗剪性能变差，同时会使墙背侧压力变大。由此引起滑移、墙体开裂、倾覆的可能性都是存在的。但这个档土墙的墙和底板并没有构成一个周边和底面的封闭体系，地下水对其不会产生浮力，进而不可能发生上浮的情况。

答案：D

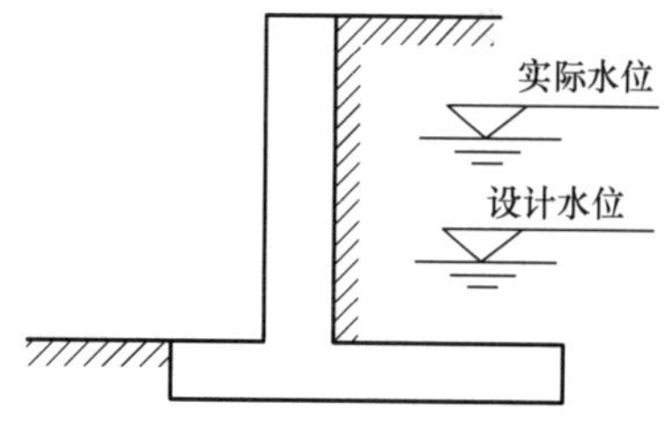

【例 7.7.4-2】题目附图

关于基坑工程的勘察范围，《地基基础规范》规定：

> **9.2.1** 基坑工程勘察宜在开挖边界外开挖深度的 1 倍～2 倍范围内布置勘探点。勘察深度应满足基坑支护稳定性验算、降水或止水帷幕设计的要求。当基坑开挖边界外无法布置勘察点时，应通过调查取得相关资料。
>
> 9.2.1 条文说明：拟建建筑物的详细勘察，大多数是沿建筑物外轮廓布置勘探工作，往往使基坑工程的设计和施工依据的地质资料不足。本条要求勘察及勘探范围应超出建筑物轮廓线，一般取基坑周围相当基坑深度的 2 倍，当有特殊情况时，尚需扩大范围。勘探点的深度一般不应小于基坑深度的 2 倍。

关于地下连续墙的混凝土强度等级，抗渗等级和钢筋配置，《建筑基坑支护技术规程》规定：

4.5.2 地下连续墙的墙体厚度宜按成槽机的规格，选取600mm、800mm、1000mm或1200mm。

4.5.3 一字形槽段长度宜取4m～6m。当成槽施工可能对周边环境产生不利影响或槽壁稳定性较差时，应取较小的槽段长度。必要时，宜采用搅拌桩对槽壁进行加固。

……

4.5.5 地下连续墙的混凝土设计强度等级宜取C30～C40。地下连续墙用于截水时，墙体混凝土抗渗等级不宜小于P6，槽段接头应满足截水要求。当地下连续墙同时作为主体地下结构构件时，墙体混凝土抗渗等级应满足现行国家标准《地下工程防水技术规范》GB 50108及其他相关规范的要求。

4.5.6 地下连续墙的纵向受力钢筋应沿墙身每侧均匀配置，可按内力大小沿墙体纵向分段配置，且通长配置的纵向钢筋不应小于50%；纵向受力钢筋宜采用HRB335级或HRB400级钢筋，直径不宜小于16mm，净间距不宜小于75mm。水平钢筋及构造钢筋宜选用HPB235、HRB335或HRB400级钢筋，直径不宜小于12mm，水平钢筋间距宜取200mm～400mm。……

4.5.7 地下连续墙纵向受力钢筋的保护层厚度，在基坑内侧不宜小于50mm，在基坑外侧不宜小于70mm。

关于基坑开挖的原则，《建筑地基基础工程施工质量验收规范》[31]规定：

7.1.3 土方开挖的顺序、方法必须与设计工况相一致，并遵循“开槽支撑，先撑后挖，分层开挖，严禁超挖”的原则。

请翻到7.9节，做习题7-96

7.8 地基及基础可不进行抗震验算的情况

地基及基础的抗震设计主要体现在抗液化的措施上，这个问题在第2章已作过介绍，不再重复。

7.8.1 可不进行抗震验算的天然地基及基础

对于天然地基及基础，《抗震规范》规定：

4.2.1 下列建筑可不进行天然地基及基础的抗震承载力验算：

1 本规范规定可不进行上部结构抗震验算的建筑。

2 地基主要受力层范围内不存在软弱黏性土层的下列建筑：

1）一般的单层厂房和单层空旷房屋；

2）砌体房屋；

3）不超过8层且高度在24m以下的一般民用框架和框架-抗震墙房屋；

4）基础荷载与3）项相当的多层框架厂房和多层混凝土抗震墙房屋。

注：软弱黏性土层指7度、8度和9度时，地基承载力特征值分别小于80kPa、100kPa和120kPa的土层。

请翻到7.9节，做习题7-97

7.8.2 可不进行抗震验算的桩基

对于桩基础，《抗震规范》规定：

> **4.4.1** 承受竖向荷载为主的低承台桩基，当地面下无液化土层，且桩承台周围无淤泥、淤泥质土和地基承载力特征值不大于 100kPa 的填土时，下列建筑可不进行桩基抗震承载力验算：
>
> 1 6 度～ 8 度时的下列建筑：
>
> 1）一般的单层厂房和单层空旷房屋；
>
> 2）不超过 8 层且高度在 24m 以下的一般民用框架房屋和框架-抗震墙房屋；
>
> 3）基础荷载与 2）项相当的多层框架厂房和多层混凝土抗震墙房屋。
>
> 2 本规范第 4.2.1 条之 1 款规定的建筑及砌体房屋。

请翻到 7.9 节，做习题 7-98

7.9 习　　题

7-1 土是下列哪一地质年代以来，岩石经过风化、剥蚀、搬运、沉积后形成的沉积物？

(A) 第四纪　　(B) 第三纪

(C) 白垩纪　　(D) 侏罗纪

题解：请参见 7.1.1 节。(说明：白垩纪距今 6 千 7 百万～1.37 亿年，侏罗纪距今 1.37 亿～1.95 亿年，它们都属于中生代。比白垩纪晚一点的就是新生代的第三纪)。

答案：A。

7-2 砂土地基上的多层建筑，对其在施工期间能完成的沉降量的估计，可以认为(　　)。

(A) 已完成其最终沉降量的 20%以下　　(B) 已完成其最终沉降量的 50%

(C) 已完成其最终沉降量的 80% 以上　　(D) 完全没有沉降

答案：C。

说明：请参见 2010-122 题的视频讲解。

7-3 建造在高压缩性土地基上的多层建筑，在施工期间的沉降量约为最终沉降量的(　　)。

(A) 5%～20%　　(B) 20%～50%

(C) 50%～80%　　(D) 80%以上

答案：A。

说明：请参见 2010-122 题的视频讲解。

7-4 下列关于土颗粒的说法，错误的是(　　)。

(A) 粒径大的土颗粒没有黏性

(B) 粒径很微小的黏粒遇水时就有黏性

(C) 黏土矿物中以蒙脱石的亲水性最强

(D) 黏土矿物中的伊利石的亲水性最弱

题解：请参见 7.1.3 小节之 1。

答案：D。

7-5 土中的水具有浮力作用的是(　　)。

(A) 强结合水　(B) 弱结合水　(C) 重力水　(D) 毛细水

题解：请参见 7.1.3 小节之 2。

答案：C。

7-6 土的三项基本物理性质指标是(　　)。

(A) 土的密度、土粒相对密度和土的含水量

(B) 土的孔隙比、重度和饱和度

(C) 土的有效密度、干密度和含水量

(D) 土的孔隙率、重度和饱和重度

题解：请参见 7.1.4 小节。

答案：A。

7-7 关于土的含水量 w 的定义，下列何种说法是正确的?

(A) 土的含水量 w 是土中水的质量与土的全部质量之比

(B) 土的含水量 w 是土中水的质量与土颗粒质量之比

(C) 土的含水量 w 是土中水的密度与土的干密度之比

(D) 上的含水量 w 是土中水的重力密度与土的重力密度之比

题解：请参见 7.1.4 小节和对话 7.1.4-1。

答案：B。

7-8 关于土中孔隙比 e 的定义，下列何种说法是正确的?

(A) 孔隙比 e 是土中孔隙体积与土的体积之比

(B) 孔隙比 e 是土中孔隙体积与土的密度之比

(C) 孔隙比 e 是土中孔隙体积与土颗粒体积之比

(D) 孔隙比 e 是土中孔隙体积与土的干体积之比

题解：请参见 7.1.4 小节和对话 7.1.4-1。

答案：C。

7-9 土的塑性指数 I_P，其物理概念下列何种说法是不正确的?

(A) 土的塑性指数是液限和塑限（均去掉百分号%后）之差

(B) 土的塑性指数大，则其含水量和塑性也高

(C) 土的塑性指数大，则其塑性状态的含水量范围大

(D) 土的塑性指数大，则其黏土颗粒含量也多

题解：请参见 7.1.5 小节和对话 7.1.5-1。

答案：B。

7-10 关于黏性土的液性指数 I_L，下列何种说法是不正确的?

(A) 土的液性指数是天然含水量与塑限（均去掉百分号%后）的差，再除以塑性指数之商

(B) 土的液性指数 $I_L \leqslant 0$ 时，表示土处于坚硬状态

(C) 土的液性指数 $I_L \leqslant 1$ 时，表示土可塑状态

(D) 土的液性指数 $I_L > 1$ 时，表示土处于流塑状态

题解：请参见 7.1.5 小节和摘录于该小节的《地基基础规范》4.1.10 条。

答案：C。

7-11　岩石按坚硬程度可划分为(　　)。

(A) 坚硬岩、软岩、极软岩三类

(B) 坚硬岩、较硬岩、软岩、极软岩四类

(C) 坚硬岩、较硬岩，软岩三类

(D) 坚硬岩、较硬岩、较软岩、软岩和极软岩五类

题解：请参见《地基基础规范》4.1.2 条（已摘录于 7.1.6 小节之 1）。

答案：D。

7-12　岩石的风化程度可分为(　　)。

(A) 未风化、微风化、中风化、强风化和全风化

(B) 未风化、微风化、中风化和强风化

(C) 微风化、中风化和强风化

(D) 未风化、中风化和全风化

题解：请参见《地基基础规范》4.1.3 条（已摘录于 7.1.6 小节之 1）。

答案：A。

7-13　碎石土为粒径大于 2mm 的颗粒含量超过全重(　　)的土。

(A) 30%　　(B) 40%　　(C) 50%　　(D) 60%

题解：请参见《地基基础规范》4.1.5 条（已摘录于 7.1.6 小节之 2(1)）。

答案：C。

7-14　砂土种类的划分，下列何种说法是正确的?

(A) 砂土分为粗砂、中砂、细砂

(B) 砂土分为粗砂、中砂、细砂、粉砂

(C) 砂土分为粗砂、中砂、粉砂

(D) 砂土分为砾砂、粗砂、中砂、细砂和粉砂

题解：请参见《地基基础规范》4.1.7 条（已摘录于 7.1.6 小节之 2(1)）。

答案：D。

7-15　粒径大于 0.5mm 的颗粒含量超过全重 50%的砂土称(　　)。

(A) 细砂　　(B) 中砂　　(C) 粗砂　　(D) 砾砂

题解：请参见《地基基础规范》4.1.7 条的表 4.1.7（已摘录于 7.1.6 小节之 2(1)）。

答案：C。

7-16　当土的塑性指数 $I_P>17$ 时，属于下列哪一种类型的土?

(A) 粉质黏土　　(B) 黏土　　(C) 粉砂　　(D) 粉土

题解：请参见《地基基础规范》4.1.9 条（已摘录于 7.1.6 小节之 2(2)）。

答案：B。

7-17　当土的塑性指数 $I_p \leqslant 10$ 且粒径大于 0.075mm 的颗粒含量不超过全重的 50%时，这类土属于(　　)。

(A) 粉质黏土　　(B) 黏土　　(C) 粉砂　　(D) 粉土

题解：请参见《地基基础规范》4.1.11 条 [已摘录于 7.1.6 小节之 2(2)]。

答案：A。

7-18　淤泥属于(　　)。

(A) 粉质黏土　　(B) 黏性土　　(C) 粉砂　　(D) 粉土

题解：请参见《地基基础规范》4.1.12条（已摘录于7.1.6小节之2(2)），需注意：黏性土包括黏土和粉质黏土。

答案：B。

7-19 淤泥质土属于(　　)。

(A) 粉质黏土　　(B) 粉土　　(C) 粉砂　　(D) 黏性土或粉土

题解：请参见《地基基础规范》4.1.12条（已摘录于7.1.6小节之2(2)）。

答案：D。

7-20 淤泥和淤泥质土的天然含水量(　　)。

(A) 大于液限　　(B) 大于40%　　(C) 大于45%　　(D) 大于50%

题解：请参见《地基基础规范》4.1.12条（已摘录于7.1.6小节之2(2)）。

答案：A。

7-21 淤泥质土的天然含水量和孔隙比分别为(　　)。

(A) $w>w_L$、$1\leqslant e<1.5$　　(B) $w>w_L$、$e>1.5$

(C) $w_p<w>w_L$、$1\leqslant e<1.5$　　(D) $w_p<w>w_L$、$e<1$

题解：请参见《地基基础规范》4.1.12条（已摘录于7.1.6小节之2 (2)）。需注意：B为淤泥而不是淤泥质土。

答案：A。

7-22 下列各种人工填土中，(　　)属于素填土。

(A) 含有建筑垃圾、工业废料的填土

(B) 含有生活垃圾等杂物的填土

(C) 由碎石土、砂土、粉土、黏性土等组成的填土

(D) 由水力冲填泥砂形成的填土。

题解：请参见《地基基础规范》4.1.3条（已摘录于7.1.6小节之2(3)）。

答案：C。

7-23 土的抗剪强度取决于下列哪一组物理指标？

Ⅰ 土的内摩擦角φ值　　Ⅱ 土的抗压强度

Ⅲ 土的黏聚力c值　　Ⅳ 土的塑性指数

(A) Ⅰ、Ⅱ　　(B) Ⅱ、Ⅲ　　(C) Ⅲ、Ⅳ　　(D) Ⅰ、Ⅲ

题解：请参见7.2.2小节的库仑公式（7.2.2-2）。

答案：D。

7-24 土的力学性质与内摩擦角φ值和黏聚力c值的关系，下列哪种说法是不正确的？

(A) 土粒越粗、φ值越大　　(B) 土粒越细、φ值越大

(C) 土粒越粗、c值越小　　(D) 土的抗剪强度取决于c、φ值

题解：请参见7.2.2小节。

答案：B。

7-25 土的压缩系数反映了(　　)。

(A) 单位压力下的变形　　(B) 单位压力下的体积变化

(C) 单位压力变化引起的孔隙比变化　　(D) 单位变形需施加的压力

题解：请参见7.2.3小节、公式（7.2.3-1）和图7.2.3-1(d)。

答案：C。

7-26 土的压缩系数(　　)时为高压缩性土。

(A) $a_{1-2}<0.1MPa^{-1}$　(B) $a_{1-2}<0.3MPa^{-1}$
(C) $a_{1-2}\geqslant 0.5MPa^{-1}$　(D) $a_{1-2}\geqslant 0.3MPa^{-1}$

题解：请参见《地基基础规范》4.2.6 条（已摘录于 7.2.3 小节）。

答案：C。

7-27 压缩模量作为土的压缩性指标，下列哪种说法是不正确的?

(A) 压缩模量大，土的压缩性高　(B) 压缩模量大，土的压缩性低
(C) 密实粉砂比中密粉砂压缩模量大　(D) 中密粗砂比稍密粗砂压缩模量大

题解：请参见 7.2.3 小节末行。

答案：A。

7-28 在软土地区，大量抽取地下水，对地基土会产生影响，下列何种说法是不正确的?

(A) 土的自重应力变小　(B) 土的自重应力增加
(C) 会引起地面沉降　(D) 建筑物的沉降增加

题解：请参见 7.2.4 小节之 1。

答案：A。顺便说说，这种情况不仅限于软土地区，其他类型的土层也一样。

7-29 一住宅建造在地质年代较久的地基土上，地下水位不变，对地基变形的论述，下列何种说法是正确的?

(A) 土的附加应力会引起变形
(B) 土的自重应力会引起变形
(C) 土的自重和建筑物的自重共同引起地基变形
(D) 设置封闭的地下室可减小作用在地基土上的附加应力，但对减小地基变形并无作用

题解：请参见 7.2.4 小节之 1。提示：地质年代较久的地基土不存在欠固结的问题。

答案：A。

7-30 地基变形计算深度应采用下列何种方法计算?

(A) 应力比法　(B) 修正变形比法
(C) 按基础面积计算　(D) 按基础宽度计算

题解：请参见 7.2.4 小节之 2。(说明：应力比法是 1974 年前参照苏联规范采用过的方法，以附加应力与自重应力的比值小于某个数来确定地基变形计算深度)

答案：B。

7-31 某 5 层框架结构数学楼，采用独立柱基础，在进行地基变形验算时，应以哪一种地基变形特征控制?(2011-114)

(A) 沉降量　(B) 倾斜　(C) 沉降差　(D) 局部倾斜

题解：请参见《地基基础规范》表 5.3.4（已摘录于 7.2.5 小节）、对照表中的“框架结构”项。

答案：C

7-32 在高压缩性土中，砌体承重结构应由局部倾斜允许值为(　　)。

提示：局部倾斜指砌体承重结构沿纵向 6～10m 内基础两点的沉降差与其距离的比值。

(A) 0.002　(B) 0.003　(C) 0.004　(D) 0.005

题解：请参见《地基基础规范》5.3.4 条（已摘录于 7.2.5 小节）。

答案：B。

7-33 设 l 为框架结构相邻柱基的中心距离，则相邻柱基的沉降差的允许值在中、低压缩

性土为(　　)。

(A) 0.002l　　(B) 0.003l　　(C) 0.005l　　(D) 0.001l

题解：请参见《地基基础规范》5.3.4条（已摘录于7.2.5小节）。

答案：A。

7-34 下列建筑中，地基基础设计等级不属于甲级的是(　　)。

(A) 30层以上的高层建筑

(B) 对地基变形有特殊要求的建筑物

(C) 对原有工程影响较大的新建建筑物

(D) 场地和地基条件简单，荷载分布均匀的七层及七层以下民用建筑

题解：请参见《地基基础规范》3.0.1条（已摘录于7.3.1小节）。

答案：D。

7-35 某建筑物的主楼为15层、群楼为3层、主楼和群楼连成一体，该建筑地基基础设计等级应为(　　)级。

(A) 甲　　(B) 乙　　(C) 丙　　(D) 丁

题解：请参见《地基基础规范》3.0.1条（已摘录于7.3.1小节），15-3>10层。

答案：A。

7-36 对经常受水平荷载作用、地基基础设计等级为甲级的高层建筑，地基基础设计应满足(　　)。

(A) 承载力计算的有关规定　　(B) 应按地基变形设计

(C) 应验算其稳定性　　(D) 以上三点都要满足

题解：请参见《地基基础规范》3.0.2条和3.0.3条（已摘录于7.3.2小节）。

答案：D。

7-37 对地基基础设计等级为丙级的建筑，可不作地基变形验算的情况是(　　)。

(A) 地基承载力特征值小于130kPa，且体型复杂的建筑

(B) 地基承载力特征值小于100kPa、大于80kPa，各土层坡度≤5%的5层框架结构房屋

(C) 相邻建筑距离过近，可能发生倾斜时

(D) 地基内有厚度较大或厚薄不均的填土，其自重固结未完成时

题解：请参见《地基基础规范》3.0.2条（已摘录于7.3.2小节）。

答案：B。

7-38 与基础的埋置深度有关的因素有(　　)。

Ⅰ 建筑物的用途，有无地下室、设备基础和地下设施，基础的形式和构造

Ⅱ 作用在地基上的荷载大小和性质

Ⅲ 工程地质和水文地质条件

Ⅳ 相邻建筑物的基础埋深

Ⅴ 地基土冻胀和融陷的影响

(A) Ⅰ、Ⅱ、Ⅲ　　(B) Ⅰ、Ⅱ、Ⅲ、Ⅳ

(C) Ⅱ、Ⅲ、Ⅳ　　(D) Ⅰ、Ⅱ、Ⅲ、Ⅳ、Ⅴ

题解：请参《地基基础规范》5.1.1条（已摘录于7.4.1小节）。

答案：D。

7-39 地基持力层是指(　　)。

(A) 岩石层

(B) 直接与基础底面或基础垫层底面接触的土层

(C) 较硬的土层

(D) 离基础底面或基础垫层底面一定深度的土层

题解：请参《地基基础规范》5.1.2 条（已摘录于 7.4.1 小节）后面括号内的附加说明。

答案：B。

7-40 在满足地基稳定和变形要求的前提下，当上层地基的承载力大于下层土时，宜利用上层土作持力层。除岩石地基外，基础埋深不宜小于(　　)。

(A) 0.5m　　(B) 0.7m　　(C) 0.9m　　(D) 1.1m

题解：请参见《地基基础规范》5.1.2 条（已摘录于 7.4.1 小节）。

答案：A。

7-41 在抗震设防区，除岩石地基外，天然地基上的箱形和筏形基础，其最小埋置深度不宜小于(　　)。

(A) 建筑物高度的 1/12　　(B) 建筑物高度的 1/15

(C) 建筑物高度的 1/18　　(D) 建筑物高度的 1/20

题解：请参见《地基基础规范》5.1.3 条（已摘录于 7.4.1 小节）。

答案：B。

7-42 地质勘察报告中用于表示“地基承载力特征值”的符号是(　　)。

(A) R　　(B) f　　(C) f_a　　(D) f_{ak}

题解：A 错，R 是老规范 TJ 7-74 用的符号，称“修正后的地基允许承载力”，亦称“地耐力”；B 错，f 是旧规范 GBJ 7—89“地基承载力设计值”的符号，亦常用作上部结构的强度指标；C 错，f_a是“修正后的地基承载力特征值”；D 对，请参见《地基基础规范》5.2.4 条（已摘录于 7.4.2 小节之 2）。

顺便提一下：旧规范 TJ 7—74 中的 R 和 GBJ 7—89 中的 f 均与现行规范中的 f_a 大致相当。

答案：D。

7-43 位于同一土层（非岩石）上宽度相等的基础，其下无软弱下卧层，则基础埋得越深、地基承载力(　　)。

(A) 越高　　(B) 越低

(C) 不变　　(D) 可能变大也可能变小

题解：请参见《地基基础规范》5.2.4 条（已摘录于 7.4.2 小节之 2）和对话 7.4.2-1。

答案：A。

7-44 地基承载力修正的根据是(　　)。

(A) 建筑物的高度　　(B) 建筑物的使用功能

(C) 基础的宽度和埋深　　(D) 基础的类型

题解：请参见《地基基础规范》5.2.4 条（已摘录于 7.4.2 小节之 2）和对话 7.4.2-1。

答案：C。

7-45 除岩石地基外，修正后的地基承载力特征值 f_a与(　　)有关。

Ⅰ　地基承载力特征值 f_{ak}　　Ⅱ　基础宽度

Ⅲ　基础埋深　　Ⅳ　基础底面以下土的重度

Ⅴ　基础底面以上土的加权平均重度

(A) Ⅰ、Ⅱ、Ⅲ　　(B) Ⅰ、Ⅱ、Ⅲ、Ⅳ

(C) Ⅱ、Ⅲ、Ⅳ　　(D) Ⅰ、Ⅱ、Ⅲ、Ⅳ、Ⅴ

题解：请参见《地基基础规范》5.2.4 条（已摘录于 7.4.2 小节之 2）。

答案：D。

7-46　如附图所示基础底面为矩形的基础，为了使基础底面不出现拉应力，则偏心距需满足 $e=M/N\leqslant$(　　)。

(A) $b/4$　　(B) $b/5$

(C) $b/6$　　(D) $b/7$

题解：请参见 7.4.2 小节之 3。

答案：C。

7-46　题目附图

7-47　已知某柱下独立基础，在图示偏心荷载作用下，基础底面的压力示意正确的是(　　)。(2012-113)

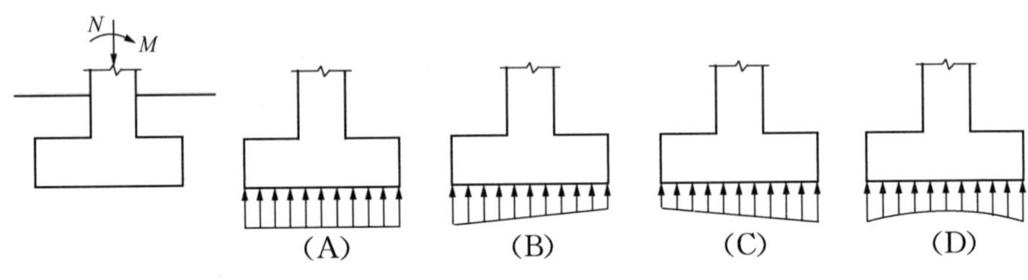

7-47　题目附图

题解：见请参见 7.4.2 小节 3，其中图 7.4.2-1 的情况与本题相同，只是力矩反了个方向，所以相应的压力分布也需反个方向。

答案：C。

7-48　某条形基础在偏心荷载作用下，其基础底面的压力如附图所示，为满足地基的承载力要求，该基础底面的压力应符合下列何项公式才是完全正确的（f_a 为修正后的地基承载力特征值）？(2010-120)

(A) $P_k\leqslant f_a$，$P_{kmax}\leqslant 1.2f_a$

(B) $P_{kmin}\leqslant f_a$，$P_k\leqslant 1.2f_a$

(C) $P_{kmin}\leqslant f_a$，$P_{kmax}\leqslant 1.2f_a$

(D) $P_{kmax}\leqslant f_a$

题解：见《地基基础规范》5.2.1 条（已摘录于 7.4.2 小节之 4）。

答案：A。

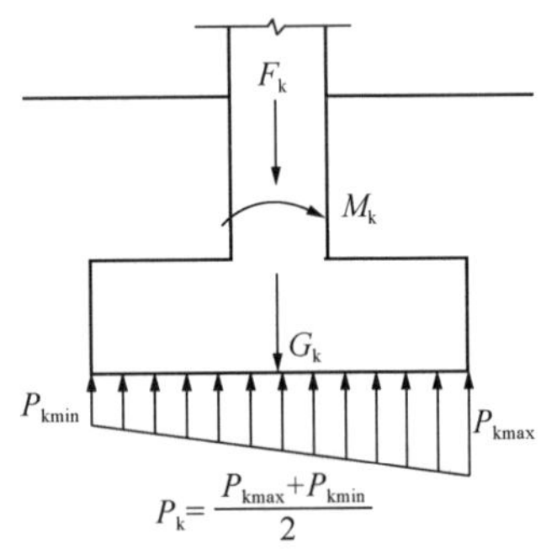

7-48　题目附图

7-49　墙体下的刚性混凝土基础（C15）如附图所示。相应于荷载效应标准组合的基础底面平均压力 $p_k=170$kPa，当基础台阶宽度为 b_2 时，基础高度 H_0 应大于或等于(　　)。

(A) $1.25b_2$　　(B) $1.50b_2$

(C) b_2　　(D) $2.00b_2$

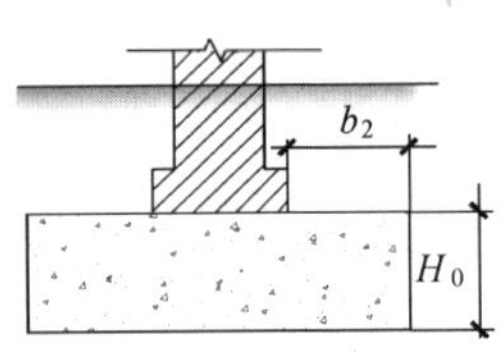

7-49　题目附图

题解：请参见《地基基础规范》8.1.2 条和表 8.1.2（已摘录于 7.4.3 小节）。

答案：C。

7-50 荷载效应标准组合的基础底面平均压力 $p_k \leqslant 300$kPa 时，无筋砖扩展基础（砖不低于 MU10、砂浆不低于 M5）的台阶宽高比允许值为(　　)。

(A) 1∶1.00　　(B) 1∶1.25　　(C) 1∶1.50　　(D) 1∶2.00

题解：请参见《地基基础规范》8.1.2 条和表 8.1.2（已摘录于 7.4.3 小节）。

答案：C。

7-51 关于钢筋混凝土柱下独立基础及其下垫层的混凝土强度等级的要求，正确的提法是(　　)。(2014-50)

(A) 独立基础不应低于 C25，垫层不宜低于 C15

(B) 独立基础不应低于 C25，垫层不宜低于 C10

(C) 独立基础不应低于 C20，垫层不宜低于 C15

(D) 独立基础不应低于 C20，垫层不宜低于 C10

题解：请参见《地基基础规范》8.2.1-4，2 条（已摘录于 7.4.4 小节之 1）。

答案：D。

选项 D 的要求是对扩展基础的要求，也适用于墙下钢筋混凝土条形基础。

7-52 扩展基础钢筋保护层的厚度，在有垫层和无垫层时应分别不小于(　　)mm。

(A) 30、60　　(B) 35、65　　(C) 40、70　　(D) 50、80

题解：请参见《地基基础规范》8.2.1-3 条（已摘录于 7.4.4 小节之 1）。

答案：C。

7-53 图示建筑基础平面，其基础形式为(　　)。(2014-112)

(A) 柱下独立基础

(B) 柱下条形基础

(C) 筏形基础

(D) 桩基础

题解：请参见图 7.4.5-1。

答案：B。

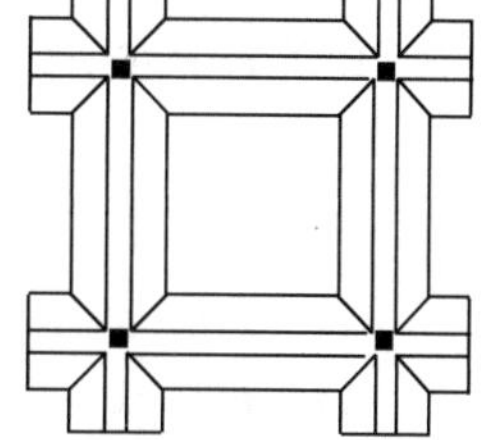

7-53 题目附图

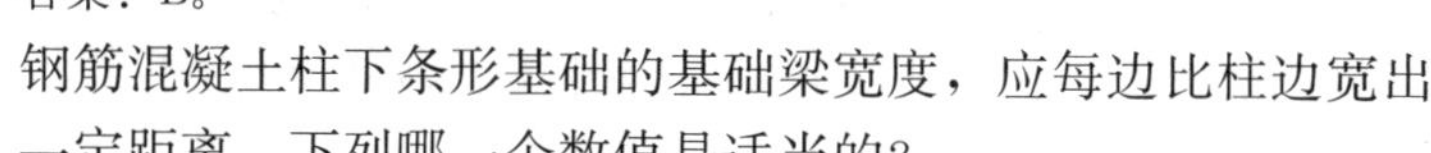

7-54 钢筋混凝土柱下条形基础的基础梁宽度，应每边比柱边宽出一定距离，下列哪一个数值是适当的？

(A) ≥30mm、　　(B) ≥40mm　　(C) ≥50mm　　(D) ≥60mm

题解：请参见《地基基础规范》的图 8.3.1（已摘录于 7.4.5 小节）。

答案：C。

7-55 在地基土比较均匀的条件下，箱形基础及筏形基础的基础平面形心宜与上部结构竖向永久荷载重心重合。当不能重合时，在荷载效应准永久组合下，偏心距 e 宜符合(　　)的要求。

（注：W 为与偏心距方向一致的基础底面边缘抵抗矩，A 为基础底面积）

(A) $e \leqslant 0.1W/A$　　(B) $e \leqslant 0.15W/A$　　(C) $e \leqslant 0.20W/A$　　(D) $e \leqslant 0.25W/A$

题解：请参见《地基基础规范》8.4.2 条（已摘录于 7.4.6 小节）和对话 7.4.6-1。

答案：A。

7-56 当柱荷载较大，等厚度筏板的受冲切承载力不能满足要求时，(　　)来提高受冲切承载能力。

(A) 可在筏板上面增设柱墩　　(B) 可在筏板下局部增加板厚

(C) 可采用抗冲切箍筋　　(D) 可增加筏板纵向钢筋的配筋量

题解：请参见《地基基础规范》8.4.7条（已摘录于7.4.6小节）和2012-111的视频讲解。纵向钢筋的销栓作用很小，对抗冲切的贡献不大，在抗冲切计算时不考虑。

答案：D。

7-57 下列关于高层建筑箱形基础的叙述，不正确的是(　　)。

(A) 设置了地下室的高层建筑，该地下室就成为它的箱形基础

(B) 箱形基础基底平面形心宜与结构竖向长期荷载重心相重合

(C) 箱形基础的高度应满足结构承载力和刚度需要

(D) 箱形基础的底板厚度应根据受力情况、整体刚度和防水要求确定

题解：A错，箱基需要一定数量的纵、横向钢筋混凝土墙体将地下室的顶、底板和连成一个刚度很大的整体，见《混凝土高规》12.3.16条。高层建筑地下室大多数都不采用可利用空间窄小的箱基，虽然筏板式基础与地下室外墙和顶板的组合也是箱形，但它的可利用空间大，内部的墙体少，不能称箱基。B对，见《地基基础规范》8.4.2条。C、D对，请分别参见《混凝土高规》12.3.17条和12.3.18条。

答案：A。(题解的规范条文已摘录于7.4.6小节)

7-58 箱形基础内墙厚不应小于(　　)mm。

(A) 350　　(B) 300　　(C) 250　　(D) 200

题解：请参见《混凝土高规》12.3.18条（已摘录于7.4.6小节）。

答案：D。

7-59 下列关于高层建筑箱形基础的叙述不正确的是(　　)。

(A) 高层建筑，当其层数超过33层时应采用箱形基础

(B) 箱形基础的高度不宜小于3m

(C) 箱形基础的外墙应沿建筑的四周布置

(D) 箱形基础墙体水平截面总面积不宜小于外墙外包尺寸的水平投影面积的1/10

题解：A错，规范无此一说，反而多数高层建筑都不采用可利用空间窄小的箱基；B、C、D对，请分别参见《混凝土高规》12.3.17条和12.3.16条（已摘录于7.4.6小节）。

答案：A。

7-60 根据《建筑桩基技术规范》，下列关于桩基础用的桩（基桩）按承载性状分类的说法，不正确的是(　　)。

(A) 摩擦型桩包括摩擦桩和端承摩擦桩

(B) 端承型桩包括端承桩和摩擦端承桩

(C) 端承摩擦桩的桩顶竖向荷载主要由桩端阻力承受

(D) 摩擦端承桩的桩顶竖向荷载主要由桩端阻力承受

题解：请参见《桩基规范》3.3.1条（已摘录于7.4.7小节之1）。

答案：C。

7-61 根据《建筑地基基础设计规范》，下列何种建筑物的桩基可不进行沉降验算？

(A) 地基基础设计等级为甲级的建筑物

(B) 桩端下为密实土层的设计等级为丙级的建筑物

(C) 摩擦型桩基

(D) 体型复杂的设计等级为乙级的建筑物

题解：请参见《地基基础规范》8.5.13 条和 8.5.14 条（已摘录于 7.4.7 小节之 2）。

答案：B。

7-62 根据《建筑地基基础设计规范》，摩擦型桩的中心距与桩身直径的比值不宜小于(　　)。

(A) 2　　(B) 2.5　　(C) 3　　(D) 3.5

题解：请参见《地基基础规范》8.5.3-1 条（已摘录于 7.4.7 小节之 3）。

答案：C。

7-63 根据《建筑地基基础设计规范》，扩底灌注桩的扩底直径，不应大于桩身直径的(　　)。

(A) 1.5 倍　　(B) 2 倍　　(C) 2.5 倍　　(D) 3 倍

题解：请参见《地基基础规范》8.5.3-2 条（已摘录于 7.4.7 小节之 3）。

答案：D。

7-64 根据《建筑地基基础设计规范》，钻孔灌注桩的构造钢筋的长度不宜小于(　　)。

(A) 桩长的 1/3　　(B) 桩长的 1/2　　(C) 桩长的 2/3　　(D) 桩长的 3/4

题解：请参见《地基基础规范》8.5.3-8-4）条（已摘录于 7.4.7 小节之 3）。

答案：C。

7-65 根据《建筑地基基础设计规范》，在抗震设防 8 度区，桩的配筋长度应(　　)。

(A) 应通长配置　　(B) 为 1/2 桩长　　(C) 为 2/3 桩长　　(D) 为 3/5 桩长

题解：请参见《地基基础规范》8.5.3-8-3）条（已摘录于 7.4.7 小节之 3）。

答案：A。

7-66 根据《建筑地基基础设计规范》GB 50007—2011，单桩竖向承载力特征值应通过单桩竖向静载荷试验确定。在同一条件下的试桩数量，(　　)。

(A) 不宜少于总桩数的 0.5%，且不应少于 2 根

(B) 不宜少于总桩数的 1%，且不应少于 3 根

(C) 不宜少于总桩数的 1.5%，且不应少于 5 根

(D) 不宜少于总桩数的 2%，且不应少于 6 根

题解：请参见《地基基础规范》8.5.6-1 条（已摘录于 7.4.7 小节之 4）。

答案：B。

7-67 根据《建筑地基基础设计规范》，荷载效应基本组合时的单桩竖向力设计值 Q，不应大于桩身横截面积 A_p 与混凝土轴心抗压强度设计值 f_c 及工作条件系数 φ_c 的连乘积。对于非预应力预制桩，φ_c 取(　　)。

(A) 1.0　　(B) 0.95　　(C) 0.85　　(D) 0.75

题解：请参见《地基基础规范》8.5.5-11 条（已摘录于 7.4.7 小节之 5）。

答案：D。

7-68 根据《建筑地基基础设计规范》GB 50007—2011，桩承台的最小厚度不应小于(　　)。

(A) 800mm　　(B) 600mm　　(C) 500mm　　(D) 300mm

题解：请参见《地基基础规范》8.5.17-2 条（已摘录于 7.4.7 小节之 6）。

答案：D。

7-69 根据《建筑地基基础设计规范》，桩承台混凝土强度等级不应低于(　　)。

(A) C15　　(B) C20　　(C) C25　　(D) C30

题解：请参见《地基基础规范》8.5.17-4 条（已摘录于 7.4.7 小节之 6）。

答案：B。

7-70 钢筋混凝土承台之间的联系梁高度与承台中心距的比值以及联系梁高的最小值，下列哪一个组合是正确的？

Ⅰ 1/8～1/10　　Ⅱ 1/10～1/15　　Ⅲ 400mm　　Ⅳ 500mm

(A) Ⅰ，Ⅲ　　(B) Ⅱ，Ⅲ　　(C) Ⅰ，Ⅳ　　(D) Ⅱ，Ⅳ

题解：请参见《地基基础规范》8.5.23-4 条（已摘录于 7.4.7 小节之 7）。

答案：B。

7-71 关于软弱地基，下列何种说法是不正确的？

(A) 当地基压缩层主要由淤泥、淤泥质土、充填土、杂质土或其他高压缩性土层构成时应按软弱地基进行设计

(B) 施工时，应注意对淤泥和淤泥质土基槽底面的保护，减少扰动

(C) 荷载差异较大的建筑物，宜先建重、高部分，后建轻、低部分

(D) 软弱土层必须经过处理后方可作为持力层

题解：A 对，见《地基基础规范》7.1.1 条；B、C 对，见《地基基础规范》7.1.4 条；D 错，要求过严，见《地基基础规范》7.2.1 条。

答案：D。(题解的规范条文已摘录于 7.5.1 小节)

7-72 下列关于复合地基的说法正确且全面的是(　　)。(2012-114)

Ⅰ 复合地基设计应满足建筑物承载力要求

Ⅱ 复合地基设计应满足建筑物的变形要求

Ⅲ 复合地基承载力特征值应通过现场复合地基载荷试验确定

Ⅳ 复合地基增强体顶部应设褥垫层

(A) Ⅰ、Ⅲ　　(B) Ⅰ、Ⅱ、Ⅲ

(C) Ⅰ、Ⅲ、Ⅳ　　(D) Ⅰ、Ⅱ、Ⅲ、Ⅳ

题解：见《地基基础规范》7.2.3 条和对话 7.5.2-1 条。

答案：D。

7-73 建造在软弱地基上的建筑物，在适当部位宜设置沉降缝，下列哪一种说法是不正确的？(2012-105)

(A) 建筑平面的转折部位

(B) 长度大于 50m 的框架结构的适当部位

(C) 高度差异处

(D) 地基土的压缩性有明显差异处

题解：A 对，B 错，C、D 对，分别见《地基基础规范》7.2.2 条 1 款中的 1)、2)、3) 和 4)，并注意长度大于 50m 并不等于长高比过大。

答案：B。

7-74 五层以上的建筑物，当需要设置沉降缝时，其缝的宽度应不小于(　　)。

(A) 80mm　　(B) 100mm　　(C) 120mm　　(D) 150mm

题解：见《地基基础规范》7.3.2条（已摘录于7.5.3小节）。

答案：C。

7-75 建造在软弱地基上的三层和三层以上的砌体承重结构房屋，其长高比不宜大于(　　)。

(A) 2　　(B) 2.5　　(C) 3　　(D) 3.5

题解：见《地基基础规范》7.4.3条（已摘录于7.5.4小节）。

答案：B。

7-76 软弱地基有大面积填土时，宜在基础施工前多长时间完成？

(A) 一个月　　(B) 二个月　　(C) 三个月　　(D) 四个月

题解：见《地基基础规范》7.5.2条（已摘录于7.5.5小节）。

答案：C。

7-77 地基土的冻胀性类别可分为不冻胀、弱冻胀、冻胀和强冻胀四类，粒径小于0.075mm颗粒含量不大于15%的碎石土属于下列何种种类？

(A) 不冻胀　　(B) 弱冻胀

(C) 冻胀　　(D) 按冻结期间的地下水位而定

题解：见《地基基础规范》表G.0.1的注6（已摘录于7.6.1小节）。

答案：A。

7-78 在冻胀地基上，房屋散水坡的坡度不宜小于下列哪一个数值？

(A) 1.0%　　(B) 1.5%　　(C) 2.0%　　(D) 3.0%

题解：见《地基基础规范》5.1.9-6条（已摘录于7.6.2小节）。

答案：D。

7-79 挡土墙有可能承受静止土压力、主动土压力、被动土压力，这三种土压力的大小，下列说法正确的是(　　)。

(A) 主动土压力 σ_a＜静止土压力 σ_0＜被动土压力 σ_p

(B) 主动土压力 σ_a＞静止土压力 σ_0＞被动土压力 σ_p

(C) 静止土压力 σ_0＞主动土压力 σ_a＞被动土压力 σ_p

(D) 被动土压力 σ_p＜静止土压力 σ_0＜主动土压力 σ_a

题解：请参见7.7.1小节之1～3。

答案：A。

7-80 挡土墙后填土表面作用有竖向均布荷载 q，其对挡土墙的影响，下列何种说法正确的是(　　)。

(A) 因为 q 是竖向荷载，所以对挡土墙不产生作用力

(B) 对挡土墙产生的土压力，顶部为零，下部为最大

(C) 对挡土墙产生等于 q 的土压力

(D) 当为无黏性土时，对挡土墙的每一处都产生 $\sigma_a=q\tan^2(45°-\varphi/2)$ 的主动土压力增量

题解：请参见【例7.7.1-1】最后一段关于该题两种情况计算结果的比较。

答案：D。

7-81 块石重力式挡土墙如附图所示，墙背垂直光滑，土对墙背的摩擦角 $\delta=0$，已知 $k_a=0.4$，$\gamma=20\text{kN/m}^3$，取 $\psi_a=1.0$，根据公式 $E_a=\dfrac{1}{2}\psi_a\gamma h^2k_a$ 计算挡土墙的土压力

合力 E_a 为（　　）。(2010-123)

注：此题已知条件为【2010-123～127】题共用。

(A) 81kN/m　　(B) 100kN/m

(C) 121kN/m　　(D) 140kN/m

题解：$E_a=\frac{1}{2}\times1.0\times20\times5.5^2\times0.4=121\text{kN/m}$

答案：C。

说明：本题挡土墙高度 $h=5.5\text{m}$，按《地基基础规范》6.7.3条（已摘录于7.7.1小节之4），ψ_a 宜取1.1。但规范用语"宜"是相对宽松的要求，应按题给条件作答。

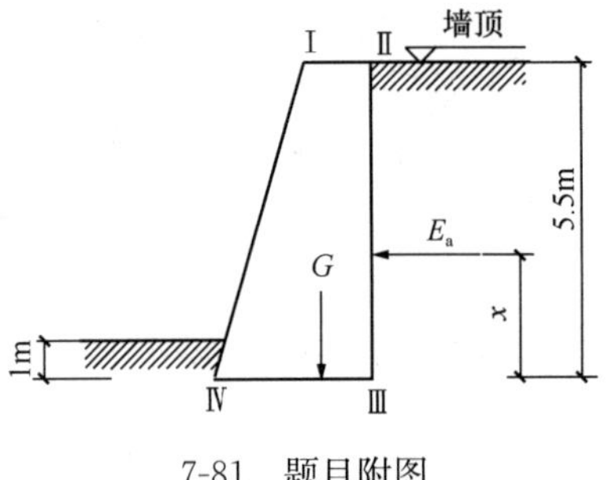

7-81　题目附图

7-82　题目条件同7-84题，土压力合力 E_a 作用点距离墙脚的距离 x 与下列何值最为接近？(2010-124)

(A) 1.38m　　(B) 1.83m　　(C) 2.75m　　(D) 3.67m

题解：填土表面无荷载时，如墙背填土为无黏性土，土压力呈三角形分布，见【例7.7.1-1】附图(a)，E_a 通过三角形图形的形心，故 $x=5.5/3=1.83\text{m}$。

答案：B。

说明：题目似应补充"墙背填土为无黏性土"的条件。

7-83　题目条件同7-84题，已知挡土墙后的土层均匀，下列挡土墙后的土压力分布示意图哪项正确？(2010-125)

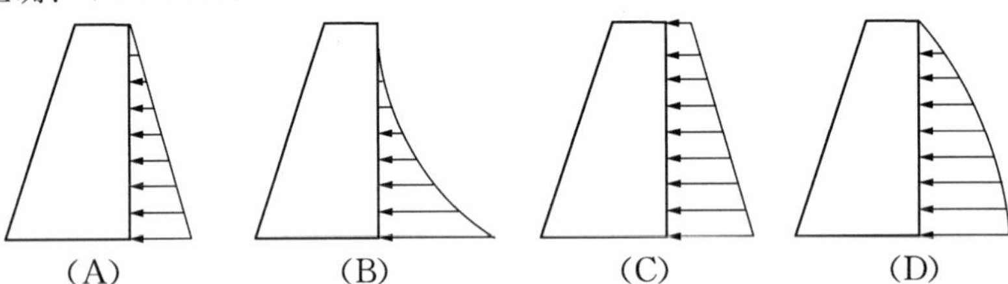

题解：填土表面无荷载时，如墙背填土为无黏性土，土压力呈三角形分布，见【例7.7.1-1】附图(a)。

答案：A。

说明：题目似应补充"墙背填土为无黏性土"的条件。

7-84　根据题目附图所示的五种支挡结构，下列选择正确的是（　　）。

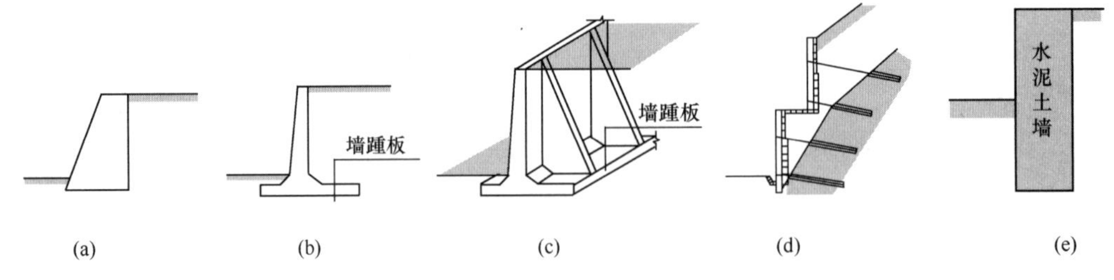

7-84　题目附图

(A) 这五种支挡结构都属于重力式

(B) 图(b)和图(e)属于重力式

(C) 图(a)和图(e)属于重力式

(D) 图(a)、图(b)和图(c)属于重力式

题解：请参见表7.7.2-1。A错，因为图(d)明显不是重力式；B、D错，虽然图(b)的悬臂式

挡墙和图（c）的扶壁式挡墙都利用了墙踵板上方的土重维持稳定，但“土重”不属于“结构自重”，故它们不算重力式；C对，图（a）和图（e）都属重力式，见表7.7.2-1第1、9项引用的规范和规程定义。

答案：C。

7-85 下列哪项是重力式挡土墙？（2012-108）

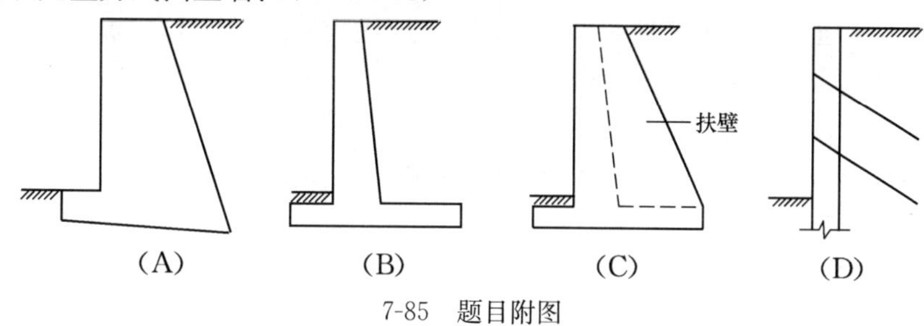

7-85 题目附图

题解：见图7.7.3-2（f）和表7.7.2-1。

答案：A。

说明：一般考题中的“重力式挡土墙”是指“边坡重力式挡土墙”。

7-86 某悬臂式挡土墙，如图所示，当抗滑验算不满足时，在挡土墙的埋深不变的情况下，下列措施最有效的是（　　）。（2014-104）

（A）仅增加 a

（B）仅增加 b

（C）仅增加 c

（D）仅增加 d

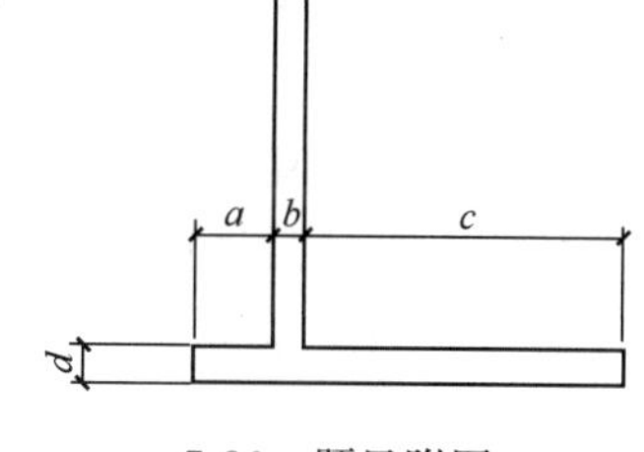

7-86 题目附图

题解：请对照表7.7.2-1第2项，悬臂式挡土墙是利用墙踵板上方的土重维持稳定的。增加 c，就可以增加墙踵板上方的土重（即增加了抗滑移的正压力），进而增加了底板和地基土之间的摩擦力，亦即提高了挡土墙的抗滑移稳定性。

答案：C。

7-87 某建筑一侧30m长窗井墙，埋深6m，其挡土承载力不足，应采取的最合理的措施是（　　）。（2014-105）

（A）增加窗井墙壁厚 a

（B）增加地下室外墙壁厚 b

（C）增加侧墙壁厚 c

（D）在窗井墙与地下室外墙之间对应内墙位置增设隔墙

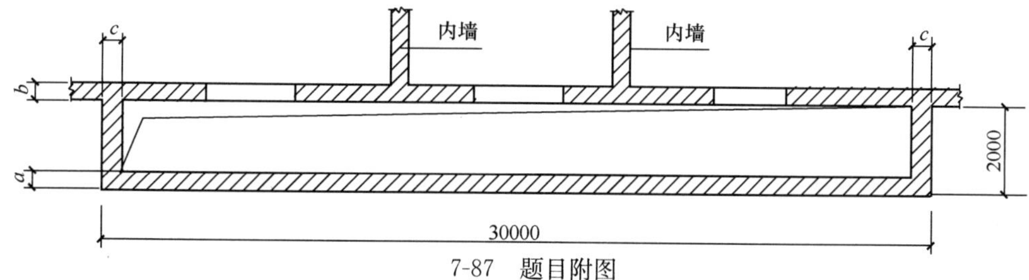

7-87 题目附图

题解：侧墙间距 30m 是深度 6m 的 5 倍，起不到对中间部位窗井墙的约束作用，使后者处于悬臂受力的状态，墙体根部的弯矩很大。若在窗井墙与地下室外墙之间对应内墙位置增设隔墙，给窗井墙提供了两个侧向支承边，使其由悬臂受力的状态变为有三边支承受力状态，墙体根部的弯矩将大为降低。这相当于把悬臂式挡土墙变成为扶壁式挡土墙，故 D 为最合理的选择。

答案：D。

7-88 重力式挡土墙适用于高度小于(　　)、地层稳定、开挖土石方时不会危及相邻建筑物的地段。

(A) 6m　　(B) 8m　　(C) 9m　　(D) 10m

题解：A、C、D 错，B 对。请参见《地基基础规范》6.7.4-1 条（已摘录于 7.7.3 小节之 1）。

答案：B。

说明：A (6m) 是上轮旧规范的规定。

7-89 在挡土墙设计中，可以不必进行的验算为(　　)。(2011-113)

(A) 地基承载力验算　　(B) 地基变形计算

(C) 抗滑移验算　　(D) 抗倾覆验算

题解：请参见 7.7.3 小节之 2 对图 7.7.3-1 的讲解。

答案：B。

说明：本题按“重力式挡土墙”作答。支挡结构的类型很多，见 7.7.2 小节。考题中的“挡土墙”除有特别声明者，一般都是指“重力式挡土墙”。

7-90 重力式挡土墙应进行的稳定性验算为(　　)。

Ⅰ 抗滑移稳定性验算　　Ⅱ 抗倾覆稳定性验算

Ⅲ 整体滑动稳定性验算　　Ⅳ 地基承载力验算

(A) Ⅰ、Ⅱ、Ⅲ　　(B) Ⅰ、Ⅲ、Ⅳ

(C) Ⅱ、Ⅲ、Ⅳ　　(D) Ⅰ、Ⅱ、Ⅲ、Ⅳ

题解：请参见 7.7.3 小节之 2。

答案：D。

7-91 题目条件同 7-81 题，若已知土压力 E_a=50kN/m，土对挡土墙基底的摩擦系数 μ=0.4，挡土墙自重 G=200kN/m，则挡土墙的抗滑移系数 K 与下列何值最为接近(根据公式 $K=G\mu/E_a$)？(2010-126)

(A) 1.4　　(B) 1.6　　(C) 1.8　　(D) 2.0

题解：G 相当于物理学的正压力，它与摩擦系数 μ 的乘积 $G\mu$ 就是摩擦力，是挡土墙的抗滑移的能力，抗滑移能力与挡土墙承受的主动土压力 E_a 的比值就是抗滑移安全系数 K：

$$K = G\mu/E_a = 200\times0.4/50 = 1.6$$

答案：B。

说明：题目附图所示的挡土墙是利用“自重”来抵抗滑移和倾覆的，所以称之为重力式挡土墙。

7-92 题目条件同 7-81 题，挡土墙在抗倾覆验算中的力矩支点为图中何点？(2010-127)

(A) Ⅰ　　(B) Ⅱ　　(C) Ⅲ　　(D) Ⅳ

题解：见 7.7.3 小节的图 7.7.3-1(b)。

答案：D。

7-93 按支护结构破坏后果的严重程度基坑侧壁安全等级分为(　　)。

(A) 三个等级，其中一级支护结构的破坏后果最严重

(B) 三个等级，其中三级支护结构的破坏后果最严重

(C) 四个等级，其中一级支护结构的破坏后果最严重

(D) 四个等级，其中四级支护结构的破坏后果最严重

7-94 某新建建筑的基坑工程如图所示，距基坑6m处有一高度50m的既有建筑物，下列护坡措施中，正确的是(　　)。(2014-106)

(A) 简单放坡

(B) 土钉墙

(C) 锚杆护坡

(D) 护坡桩+内支撑

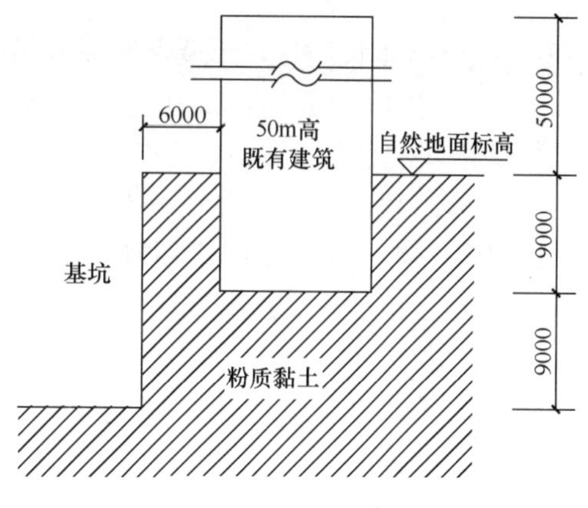

7-94　题目附图

题解：请对照《建筑基坑支护技术规程》3.1.3条和表3.3.2。该基坑支护结构的安全等级应为一级，因为它一旦失效，就会危及近处的50m高的既有建筑物，影响很严重。A、B对安全等级为一级的基坑都不适用；C项的锚杆会受到既有建筑物地下室的阻碍，故也不适用（见《建筑基坑支护技术规程》表3.3.2支挡结构一栏右列的4、5条）。答案应为D（D的具体做法见表7.7.2-1第7项附图）。

另外，施工场地狭窄，也不具备A项的放坡条件；基坑深18m，超过了《建筑基坑支护技术规程》表3.3.2中各种土钉墙的允许深度。

答案：D。

7-95 下列关于基坑工程的说法，错误的是(　　)。

(A) 基坑工程勘察宜在开挖边界外开挖深度的0.5～1倍范围内布置勘探点

(B) 勘探点的深度一般不应小于基坑深度的2倍

(C) 基坑工程的勘察，当开挖边界点外无法布置勘察点时，应通过调查取得相关资料

(D) 基坑土方开挖应遵循“开槽支撑，先撑后挖，分层开挖，严禁超挖”的原则

题解：请参见《地基基础规范》9.2.1条及其条文说明，并请参见《建筑地基基础工程施工质量验收规范》7.1.3条（上述规范条文已摘录于7.7.4小节之3）。

答案：A。

7-96 某28层钢筋混凝土框架剪力墙结构酒店设三层地下室，采用地下连续墙作为基坑支护结构，下列关于该地下连续墙的构造措施中哪项是错误的？(2010-132)

(A) 墙体厚度600mm　　(B) 墙体混凝土强度等级为C30

(C) 墙体内竖向钢筋应全部通长配置　　(D) 墙体混凝土抗渗等级为0.6MPa

题解：请参见《建筑基坑支护技术规程》4.5.2条、4.5.5条和4.5.6条（已摘录于7.7.4小节之3）。

答案：C。

说明：①墙体混凝土抗渗等级为0.6MPa即抗渗等级为P6；②墙体内竖向钢筋就是每段墙体的纵向钢筋，因为每段墙水平方向长只有4～6m，故墙体的竖向就是它的纵向。

7-97 地基主要受力层范围内不存在软弱黏性土层时，下列哪种建筑的天然地基需要进行抗震承载力验算？(2014-111)

(A) 6层高度18m砌体结构住宅　　(B) 4层高度20m框架结构教学楼

(C) 10 层高度 40m 框剪结构办公楼　　　　(D) 24m 跨单层门式刚架厂房

题解：请参见《抗震规范》4.2.1 条（已摘录于 7.8.1 小节）。

答案：C。

7-98　在 6～8 度设防区，承受竖向荷载为主的低承台桩基，当地面下无液化土层，且桩承台周围无淤泥、淤泥质土和地基承载力特征值不大于 100kPa 的填土时，下列说法错误的是(　　)。

(A) 一般的单层厂房和可不进行桩基抗震承载力验算

(B) 一般的单层空旷房屋砌体房屋可不进行桩基抗震承载力验算

(C) 不超过 8 层且高度在 25m 以下的一般民用框架房屋可不进行桩基抗震承载力验算

(D) 不超过 8 层且高度在 24m 以下的一般民用框架房屋可不进行桩基抗震承载力验算

题解：请参见《抗震规范》4.4.1 条（已摘录于 7.8.2 小节）。C 是上一轮抗震规范的规定。

答案：C。

第 8 章　其他结构体系及结构制图

8.1　木　结　构

8.1.1　材料

1. 承重结构用木材

《木结构设计标准》规定：

> **3.1.1**　承重结构用材可采用原木、方木、板材、规格材、层板胶合木、结构复合木材和木基结构板。

“原木”指伐倒的树干经打枝和造材加工而成的木段。“方木”为直角锯切且宽厚比小于 3 的锯材，又称方材；“板材”为直角锯切且宽厚比大于或等于 3 的锯材。“规格材”指木材截面的宽度和高度按规定尺寸加工的规格化木材。“层板胶合木”是以厚度不大于 45mm 的胶合木层板沿顺纹方向叠层胶合而成的木制品，也称胶合木或结构用集成材。“结构复合木材”指采用木质的单板、单板条或木片等，沿构件长度方向排列组坯，并采用结构用胶粘剂叠层胶合而成，专门用于承重结构的复合材料，包括旋切板胶合木、平行木片胶合木、层叠木片胶合木和定向木片胶合木，以及其他具有类似特征的复合木产品。“木基结构板”指以木质单板或木片为原料，采用结构胶粘剂热压制成的承重板材，包括结构胶合板和定向木片板。

在针叶与阔叶两大类木材中，结构用木材以针叶类为主。针叶材的文理顺直、树杆较高、易于得到长材、便于加工、也比较轻，符合承重结构的要求。阔叶材的纹理扭曲、树杆较矮、不易于得到长材、不便于加工、也比较重，不适宜用作承重结构的主要构件（大构件）；但它可以在木制小零件中发挥作用。《木结构设计标准》规定：

> **3.1.4**　……。主要的承重构件应采用针叶材；重要的木制连接件应采用细密、直纹、无节和无其他缺陷的耐腐硬质阔叶材无其他缺陷的耐腐硬质阔叶材。

2. 方木原木结构用材的材质等级

先说明一下：**“方木原木结构”就是上一轮规范中的“普通木结构”。**2018 年 8 月 1 日起实施的《木结构设计标准》解释：“2.1.25 方木原木结构在国家标准《木结构设计规范》GB 50005—2003（2005 年版）以下简称“原 2003 版规范”中称为普通木结构。在本次修订时，以木结构承重构件采用的主要木材材料来划分木结构建筑，因而，将普通木结构的名称改为方木原木结构。……”

方木原木结构的材质等级分为三级，Ⅰ级最好，Ⅱ级次之，Ⅲ级最次。按照构件的用途和加工条件，《木结构设计标准》用强制性条文给出了相应的最低材质等级要求：

3.1.3　方木原木结构的构件设计时，应根据构件的主要用途选用相应的材质等级。当采用目测分级木材时，不应低于表 3.1.3-1 的要求；当采用工厂加工的方木用于梁柱构件时，不低于表 3.1.3-2 的要求。

表 3.1.3-1　方木原木构件的材质等级要求

项次	主要用途	最低材质等级
1	受拉或拉弯构件	I_a
2	受弯或压弯构件	II_a
3	受压构件及次要受弯构件	III_a

表 3.1.3-2　工厂加工方木构件的材质等级要求

项次	主要用途	最低材质等级
1	用于梁	III_e
2	用于柱	III_f

考点讲解：

【8.1.1-2019 年某题考点】方木，Ⅲa 级，可用作什么主要构件：受压。

讲解：见《木结构设计标准》表 3.1.3-1（已摘录于本小节）。Ⅲ木材的缺陷较多，其中较好的Ⅲa 类也只能用于对缺陷不太敏感的受压构件和次要的受弯构件。

请翻到第 8.4 小节，做习题 8-1～8-2

3. 木材的含水率

木材的含水率为木材所含水分质量占木材绝对干质量的百分比。**为了避免因木材干缩造成的松弛变形和裂缝的危害，制作木构件时，应控制木材的含水率，《木结构设计标准》规定：**

3.1.12　制作构件时，木材含水率应符合下列规定：

1　板材、规格材和工厂加工的方木不应大于 19%。

2　方木、原木受拉构件的连接板不应大于 18%。

3　作为连接件，不应大于 15%。

4　胶合木层板和正交胶合木层板应为 8%～15%，且同一构件各层木板间的含水率差别不应大于 5%。

5　井干式木结构构件采用原木制作时不应大于 25%；采用方木制作时不应大于 20%；采用胶合原木木材制作时不应大于 18%。

3.1.13　现场制作的方木或原木构件的木材含水率不应大于 25%。当受条件限制，使用含水率大于 25%的木材制作原木或方木结构时，应符合下列规定：

1　计算和构造应符合本标准有关湿材的规定；

2　桁架受拉腹杆宜采用可进行长短调整的圆钢；

3　桁架下弦宜选用型钢或圆钢；当采用木下弦时，宜采用原木或破心下料（图 3.1.13）的方木；

4　不应使用湿材制作板材结构及受拉构件的连接板；

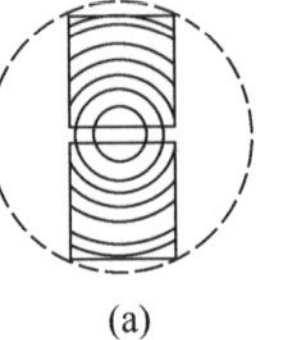
(a)

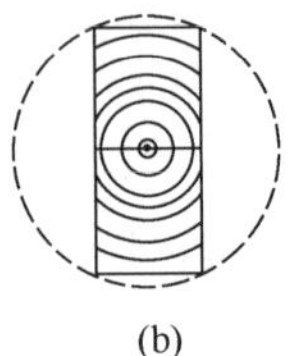
(b)

图 3.1.13　破心下料的方木

5　在房屋或构筑物建成后，应加强结构的检查和维护，结构的检查和维护可按本标准附录C的规定进行。

请翻到第8.4小节，做习题8-3～8-4

4. 木材的强度等级和设计指标

关于普通木结构的强度等级和设计指标，《木结构设计规范》规定：

4.3.1　方木、原木、普通层板胶合木和胶合原木等木材的设计指标应按下列规定确定：

1　……

2　木材的强度设计值及弹性模量应按表4.3.1-3的规定采用。

表4.3.1-3　方木、原木等木材的强度设计值和弹性模量（N/mm^2）

强度等级	组别	抗弯 f_m	顺纹抗压及承压 f_c	顺纹抗拉 f_t	顺纹抗剪 f_v	横纹承压 $f_{c,90}$			弹性模量 E
						全表面	局部表面和齿面	拉力螺栓垫板下	
TC17	A	17	16	10	1.7	2.3	3.5	4.6	10000
	B		15	9.5	1.6				
TC15	A	15	13	9.0	1.6	2.1	3.1	4.2	10000
	B		12	9.0	1.5				
TC13	A	13	12	8.5	1.5	1.9	2.9	3.8	10000
	B		10	8.0	1.4				9000
TC11	A	11	10	7.5	1.4	1.8	2.7	3.6	9000
	B		10	7.0	1.2				
TB20	—	20	18	12	2.8	4.2	6.3	8.4	12000
TB17	—	17	16	11	2.4	3.8	5.7	7.6	11000
TB15	—	15	14	10	2.0	3.1	4.7	6.2	10000
TB13	—	13	12	9.0	1.4	2.4	3.6	4.8	8000
TB11	—	11	10	8.0	1.3	2.1	3.2	4.1	7000

注：计算木构件端部的拉力螺栓垫板时，木材横纹承压强度设计值应按“局部表面和齿面”一栏的数值采用。

4.3.2　对于下列情况，本标准表4.3.1-3中的设计指标，尚应按下列规定进行调整：

1　当采用原木，验算部位未经切削时，其顺纹抗压、抗弯强度设计值和弹性模量可提高15%；

2　当构件矩形截面的短边尺寸不小于150mm时，其强度设计值可提高10%；

3　当采用含水率大于25%的湿材时，各种木材的横纹承压强度设计值和弹性模量以及落叶松木材的抗弯强度设计值宜降低10%。

小　静：袁老师，木材强度等级中的符号 TC 是什么意思呢？

袁老师：它表示针叶树种的木材。小波，你猜猜 TB 又是表示什么呢？

小　波：表示阔叶树种的木材，对吗？

袁老师：说得对。

小静和小波：这个表的数字那么多，需要记吗？太难了！

袁老师：数字不需要记，但它们反映出的规律应该掌握。小波，你说说强度等级中的数字代表什么呢？

小　波：让我看看。……哦！代表抗弯强度的设计值。**木材的强度等级是以抗弯强度的设计值来划分的，抗弯强度是各种强度中最高的。**

袁老师：没错。小静，你猜猜横纹承压角标中的 90 是什么意思？

小　静：横纹方向与顺纹方向成 90°的意思。为什么横纹承压强度比顺纹抗压和承压强度低那么多呢？

袁老师：你听说过**"立木顶千斤"**吗？这句说明木材的承压强度是有方向性的。

小　波："胶合原木"是什么意思呢？

袁老师：胶合原木是以厚度大于 30mm、层数不多于 4 层的锯材沿顺纹方向胶合而成的木制品。

对话 8.1.1-2　木材强度等级中的代号及承压强度的规律，什么是胶合原木？

请翻到第 8.4 小节，做习题 8-5～8-9

8.1.2　若干设计规定

1. 木结构的使用年限

《木结构设计规范》规定：

4.1.3　木结构的设计使用年限应符合表 4.1.3 的规定。

表 4.1.3　设计使用年限

类别	设计使用年限（年）	示　例
1	5 年	临时性建筑结构
2	25 年	易于替换的结构构件
3	50 年	普通房屋和构筑物
4	100 年及以上	标志性建筑和特别重要的建筑结构

可以看出，木结构的这条规定与《统一标准》1.0.5 条（已摘录于 3.1 节之 1）是完全一致的。《建筑结构可靠度设计统一标准》是各类建筑结构的统一标准，对木结构也完全适用。

请翻到第 8.4 小节，做习题 8-10

2. 受弯构件的挠度限制

《木结构设计规范》规定：

4.3.15 受弯构件的挠度限值应按表 4.3.15 的规定采用。

表 4.3.15 受弯构件挠度限值

项次	构件类别			挠度限值 [w]
1	檩条	$l \leqslant 3.3$m		$l/200$
		$l > 3.3$m		$l/250$
2	椽条			$l/150$
3	吊顶中的受弯构件			$l/250$
4	楼盖梁和搁栅			$l/250$
5	墙骨柱	墙面为刚性贴面		$l/360$
		墙面为柔性贴面		$l/250$
6	屋盖大梁	工业建筑		$l/120$
		民用建筑	无粉刷吊顶	$l/180$
			有粉刷吊顶	$l/240$

注：表中 l 为受弯构件的计算跨度。

请翻到第 8.4 小节，做习题 8-11～8-12

3. 原木构件计算截面的确定

树木的生长是下粗上细，故锯下来的原木沿长度方向的截面是不相等的，一根原木的两端有大小头之分。关于原木构件的计算截面，《木结构设计标准》规定：

4.3.18 标注原木直径时，应以小头为准。原木构件沿其长度的直径变化率，可按每米 9mm 或当地经验数值采用。验算挠度和稳定时，可取构件的中央截面；验算抗弯强度时，可取弯矩最大处截面。

请翻到第 8.4 小节，做习题 8-13

4. 桁架支座节点的齿连接

桁架支座节点的齿连接如图 8.1.2-1 所示，分单齿连接（图 a）和双齿连接（图 b）两种，它们都需要进行承压面的承压验算、剪切面的受剪验算、保险螺栓的验算和桁架下弦因齿连接的局部削弱而必须进行的净截面抗拉强度验算。值得注意的是双齿连接受剪验算的剪力全部由第二齿的剪切面承受，见图 b。

在齿连接中，木材抗剪属于脆性工作，其破坏一般无预兆。为防止意外，应采取保险的措施。长期的工程实践表明，在被连接的构件间用螺栓予以拉结，可以起到保险的作用。因为它可使齿连接在其受剪面万一遭到破坏时，不致引起整个结构的坍塌，从而也就为抢修提供了必要的时间。因此，桁架的支座节点采用齿连接时，必须设置保险螺栓。考虑到木材的剪切破坏是突然发生的，对螺栓有一定的冲击作用，故规定螺栓宜采用延性较好的钢材（例如 Q235 钢材）制作。保险螺栓需按齿连接失效时所承受的拉力进行净截面抗拉强度验算。在正常使用时不考虑保险螺栓参与齿连接的受力，只是作为一种安全储备。

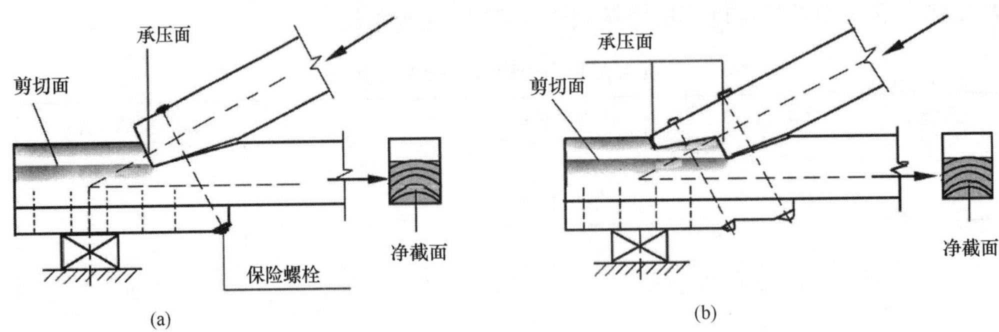

图 8.1.2-1　桁架支座节点的齿连接
（a）单齿连接；（b）双齿连接

请翻到第 8.4 小节，做习题 8-14

8.1.3　若干设计规定

1. 一般性要求

《木结构设计标准》规定：

> **7.1.4**　方木原木结构设计应符合下列要求：
>
> **1**　木材宜用于结构的受拉或受弯构件；
>
> **2**　在受弯构件的受拉边，不应打孔或开设缺口；
>
> **3**　对于在干燥过程中容易翘裂的树种木材，用于制作桁架时，宜采用钢下弦；当采用木下弦，对于原木其跨度不宜大于 15m，对于方木其跨度不应大于 12m，且应采取防止裂缝的有效措施；
>
> **4**　木屋盖宜采用外排水，采用内排水时，不应采用木制天沟；
>
> **5**　应保证木构件，特别是钢木桁架，在运输和安装过程中的强度、刚度和稳定性。宜在施工图中提出注意事项，
>
> **6**　木结构的钢材部分应有防锈措施。

请翻到第 8.4 小节，做习题 8-15，8-16

2. 木梁

《木结构设计标准》规定：

> **7.2.5**　木梁在支座处应设置防止其侧倾的侧向支承和防止其侧向位移的可靠锚固。当采用方木制作时，其截面高宽比不宜大于 4。对于高宽比大于 4 的木梁应根据稳定承载力的验算结果，采取必要的保证侧向稳定的措施。

请翻到第 8.4 小节，做习题 8-17

3. 桁架

《木结构设计标准》规定：

7.5.3 桁架中央高度与跨度之比不应小于表 7.5.3 规定的最小高跨比。

表 7.5.3 桁架最小高跨比

序号	桁架类型	h/l
1	三角形木桁架	1/5
2	三角形钢木桁架；平行弦木桁架；弧形、多边形和梯形木桁架	1/6
3	弧形、多边形和梯形钢木桁架	1/7

7.5.4 桁架制作应按其跨度的 1/200 起拱。

请翻到第 8.4 小节，做习题 8-18～8-19

4. 胶合木构件的木板接长方式

《木结构设计标准》术语解释：

2.1.8 胶合木层板 glued lamina

用于制作层板胶合木的板材，接长时采用胶合指形接头。

胶合指形接头（简称“指接”）如图 8.1.3-1 所示，因其形状像人的手指而得名。

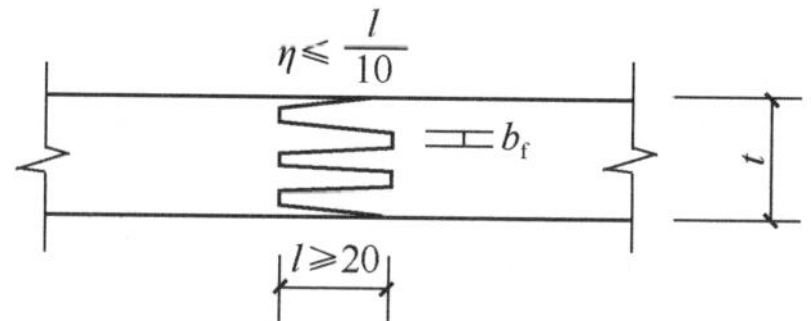

图 8.1.3-1 用于制作层板胶合木的板材接长时采用的胶合指形接头

请翻到第 8.4 小节，做习题 8-20

8.1.4 轻型木结构

轻型木结构是指主要由木构架墙、木楼盖和木屋盖构成的结构体系，是一种将小尺寸木构件按不大于 600mm 的中心间距密置而成的结构形式。轻型木结构的承载力、刚度和整体性是通过主要结构构件（骨架构件）和次要结构构件（墙面板、楼面板和屋面板）的共同作用得到，见图 8.1.4-1。

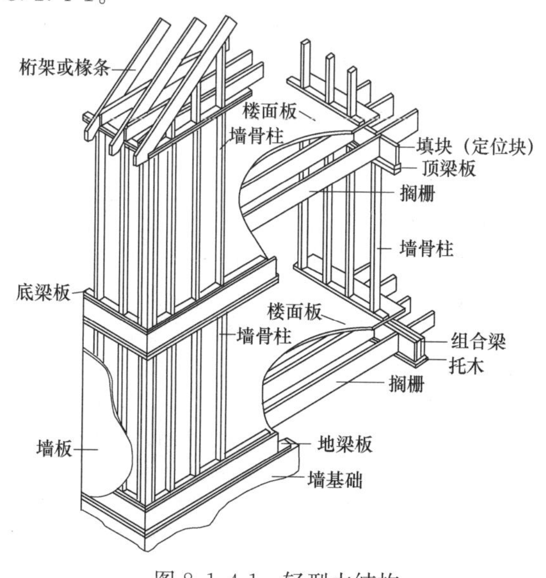

图 8.1.4-1 轻型木结构

《木结构设计标准》规定：

> **9.1.1** 轻型木结构的层数不宜超过 3 层。对于上部结构采用轻型木结构的组合建筑，木结构的层数不应超过 3 层，且该建筑总层数不应超过 7 层。

1. 梁支座

《木结构设计标准》规定：

> **9.6.19** 梁在支座上的搁置长度不得小于 90mm，支座表面应平整，梁与支座应紧密接触。

2. 连接

轻型木结构构件之间的连接主要是钉连接。有抗震设防要求的轻型木结构，连接中的关键部位应采用螺栓连接。

请翻到第 8.4 小节，做习题 8-21～8-22

8.1.5 木结构防火

关于木结构建筑构件的燃烧性能和耐火极限，《木结构设计标准》规定：

> **10.1.8** 木结构建筑构件的燃烧性能和耐火极限不应低于表 10.1.8 的规定。常用木构件的燃烧性能和耐火极限可按本标准附录 R 的规定确定。

表 10.1.8 木结构建筑中构件的燃烧性能和耐火极限

构件名称	燃烧性能和耐火极限（h）
防火墙	不燃性 3.00
电梯井墙体	不燃性 1.00
承重墙、住宅建筑单元之间的墙和分户墙、楼梯间的墙	难燃性 1.00
非承重外墙、疏散走道两侧的隔墙	难燃性 0.75
房间隔墙	难燃性 0.50
承重柱	可燃性 1.00
梁	可燃性 1.00
楼板	难燃性 0.75
屋顶承重构件	可燃性 0.50
疏散楼梯	难燃性 0.50
吊顶	难燃性 0.15

注：1 除现行国家标准《建筑设计防火规范》GB 50016 另有规定外，当同一座木结构建筑存在不同高度的屋顶时，较低部分的屋顶承重构件和屋面不应采用可燃性构件；当较低部分的屋顶承重构件采用难燃性构件时，其耐火极限不应小于 0.75h；

2 轻型木结构建筑的屋顶，除防水层、保温层和屋面板外，其他部分均应视为屋顶承重构件，且不应采用可燃性构件，耐火极限不应低于 0.50h；

3 当建筑的层数不超过 2 层、防火墙间的建筑面积小于 600m²，且防火墙间的建筑长度小于 60m 时，建筑构件的燃烧性能和耐火极限应按现行国家标准《建筑设计防火规范》GB 50016 中有关四级耐火等级建筑的要求确定。

请翻到第 8.4 小节，做习题 8-23

8.1.6 木结构的防潮通风措施

关于木结构的防潮通风措施，《木结构设计标准》规定：

> **11.2.9 木结构的防水防潮措施应按下列规定设置：**
>
> **1 当桁架和大梁支承在砌体或混凝土上时，桁架和大梁的支座下应设置防潮层；**
>
> **2 桁架、大梁的支座节点或其他承重木构件不应封闭在墙体或保温层内；**
>
> **3 支承在砌体或混凝土上的木柱底部应设置垫板，严禁将木柱直接砌入砌体中，或浇筑在混凝土中；**
>
> **4 在木结构隐蔽部位应设置通风孔洞；**
>
> **5 无地下室的底层木楼盖应架空，并应采取通风防潮措施。**

请翻到 8.4 小节，做习题 8-24

8.2 空间网格结构、悬索结构和索膜结构

8.2.1 空间网架格结构

1. 概述（对照图 8.2.1-1）

空间网架格结构包括平板型网架（图 8.2.1-1）、单层与双层网壳（图 8.2.1-2）、立体管桁架或拱架（图 8.2.1-3）。

图 8.2.1-1

图 8.2.1-2

为了取得更大的跨度，或者为了使结构变得更轻，可以采用索托立体拱架的方式，形成“张弦立体拱架”，见图 8.2.1-4。由于索的拉力可以抵消拱架的水平推力，故这种做法也大大地减轻了下部支承结构的负担。据考生回忆，2017 年的考试出现了“张弦”这个知识点。“张弦”就是用张拉的方法将钢索绷紧，通过撑杆对立体拱架或对梁提供竖向支点，后者就是“张弦梁”，见图 8.2.1-5。上海浦东国际机场航站楼，其屋盖也是“张弦梁”结构，见图 8.2.1-6。“张弦立体拱架”和“张弦梁”都属于预应力钢结构的范畴。

图 8.2.1-3

图 8.2.1-4

图 8.2.1-5

图 8.2.1-6

2. 平板网架结构

(1) 平板网架结构的形式

《空间网格结构技术规程》[33]附录 A 给出了常用的平板网架结构形式：

附录A 常用网架形式

A.0.1 交叉桁架体系可采用下列五种形式：

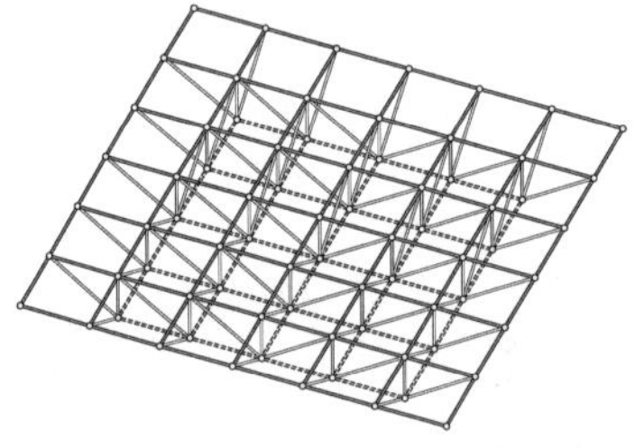
图 A.0.1(a) 两向正交正放网架

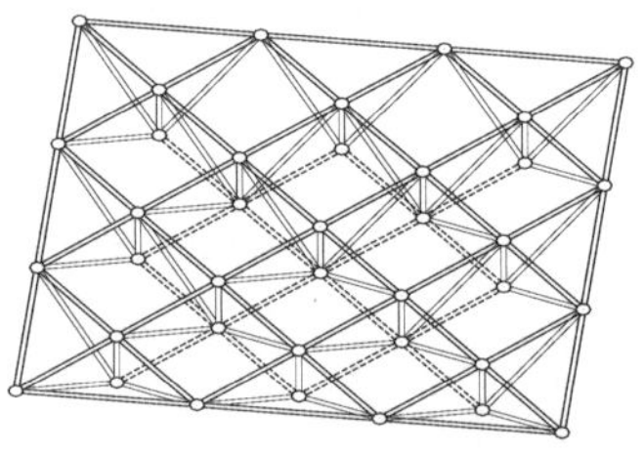
图 A.0.1(b) 两向正交斜放网架

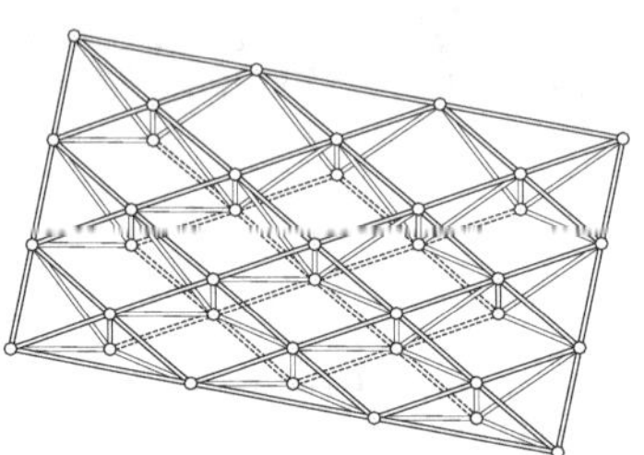
图 A.0.1(c) 两向斜交斜放网架

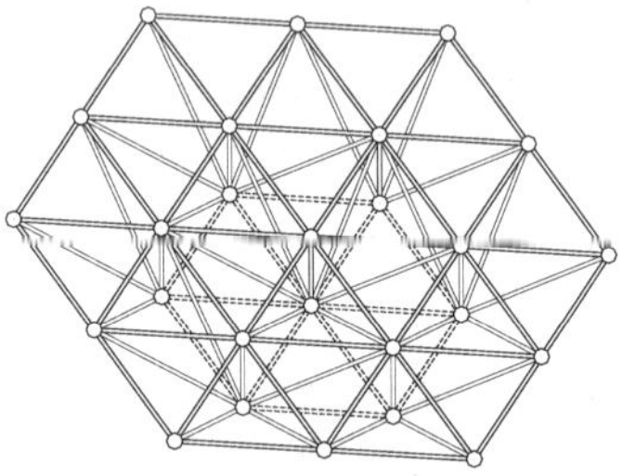
图 A.0.1(d) 三向网架

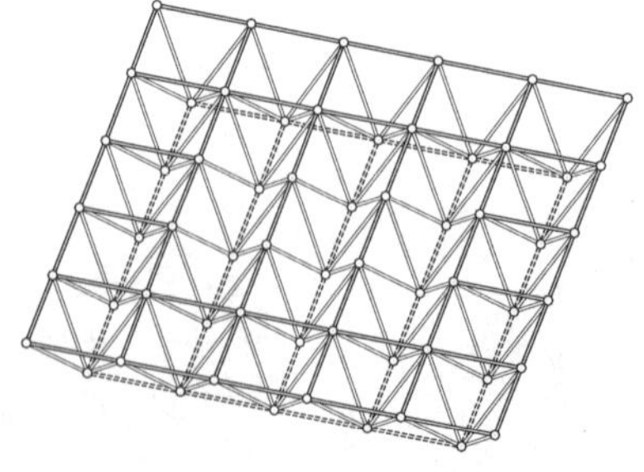
图 A.0.1(e) 单向折线形网架

A. 0. 2 四角锥体系可采用下列五种形式：

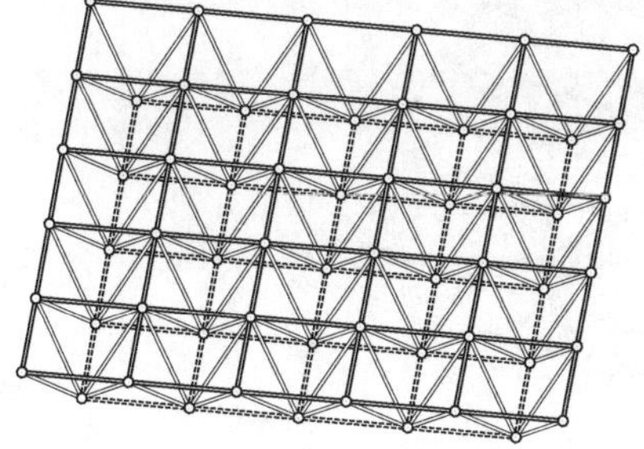

图 A. 0. 2(a) 正放四角锥网架

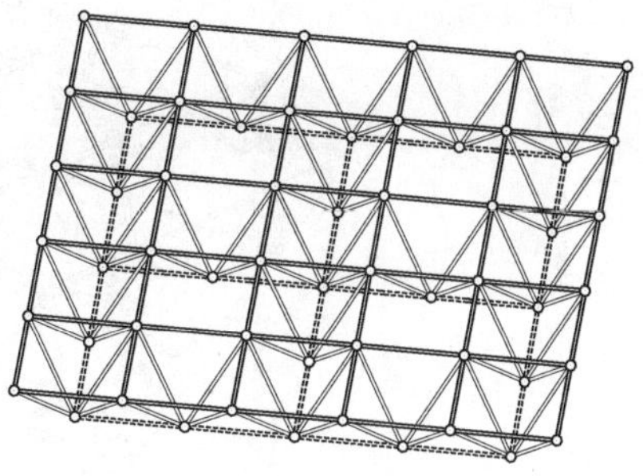

图 A. 0. 2(b) 正放抽空四角锥网架

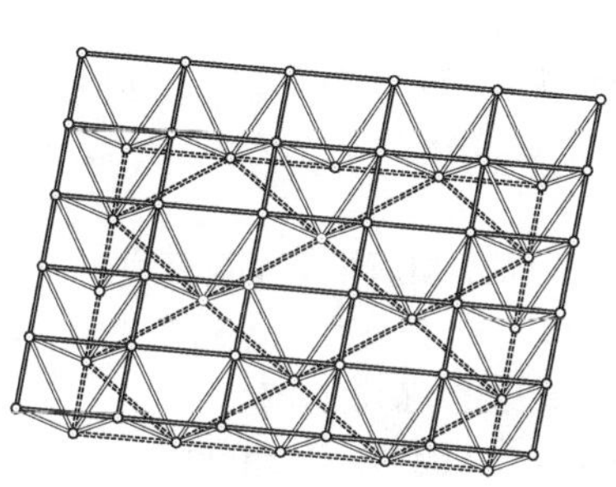

图 A. 0. 2(c) 棋盘四角锥网架

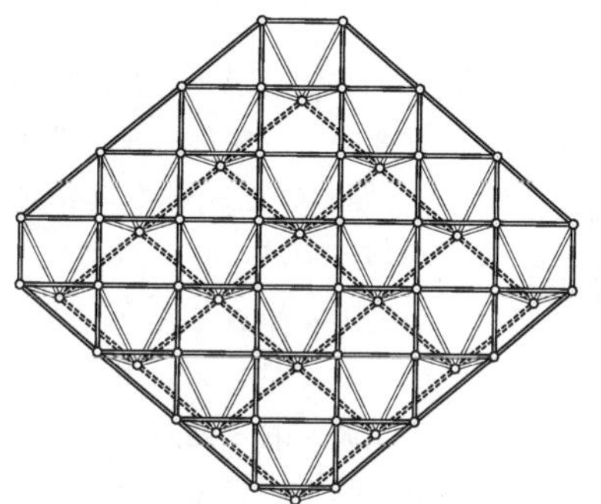

图 A. 0. 2(d) 斜放四角锥网架

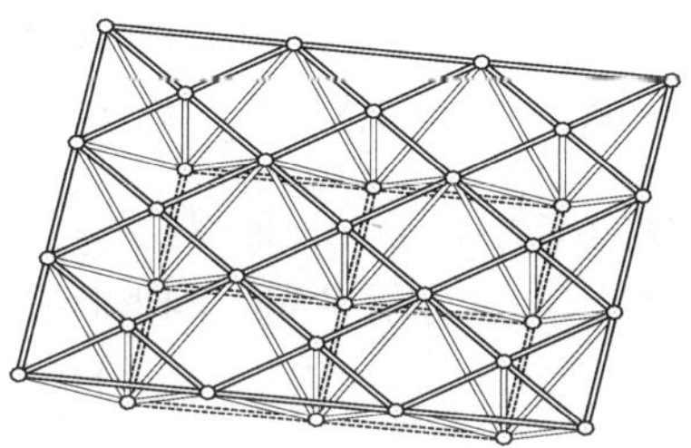

图 A. 0. 2(e) 星形四角锥网架

A. 0. 3 三角锥体系可采用下列三种形式：

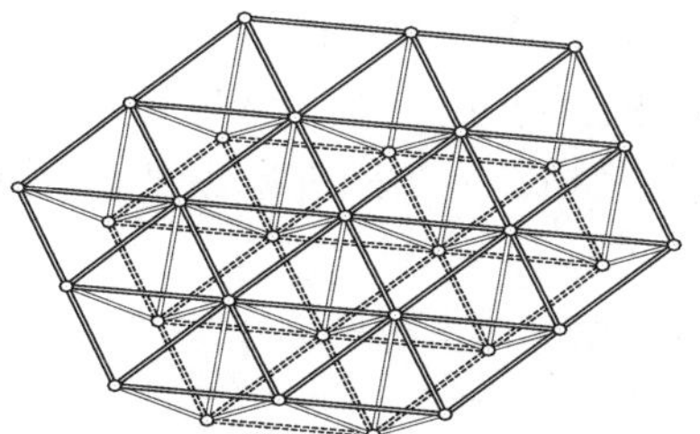

图 A. 0. 3(a) 三角锥网架

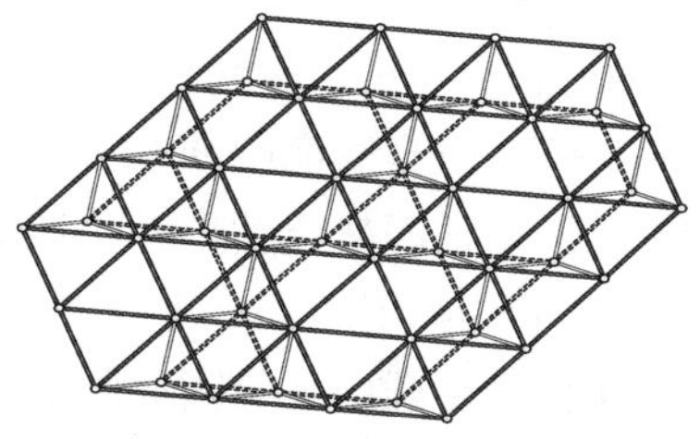

图 A. 0. 3(b) 抽空三角锥网架

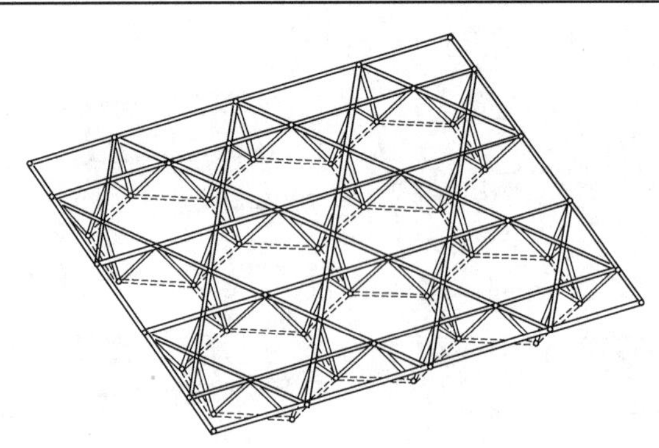

图 A.0.3(c)　蜂窝形三角锥网架

小　波：袁老师，这 13 种网架不好记啊！

袁老师：其实很好记，它们的形状就是一种“象形文字”。你们看图 A.0.3(c) 像不像蜂窝？

小静和小波：啊！真像！

袁老师：小波，我问问你：图 A.0.1(a) 两向正交正放网架的“正交：是什么意思？

小　波：表示两组平面桁架式“垂直相交”的，对吗？

袁老师：回答得很好。小静你再说说“正放”是什么意思？

小　静：表示每组平面桁架的平面与支承边“垂直”，对吗？

袁老师：完全正确！

对话 8.2.1-1　如何理解网架种类的名称

(2) 平板网架设计的基本要求《空间网格结构技术规程》规定：

3.1.7　空间网格结构的选型应结合工程的平面形状和跨度大小、支承情况、荷载条件、屋面构造、建筑设计等要求综合分析确定。网架杆件布置应保证结构体系几何不变。

……

3.2.1　平面形状为矩形的周边支承网架，当其边长比（即长边与短边之比）小于或等于 1.5 时，宜选用正放四角锥网架、斜放四角锥网架、棋盘形四角锥网架、正放抽空四角锥网架、两向正交斜放网架、两向正交正放网架。当其边长比大于 1.5 时，宜选用两向正交正放网架、正放四角锥网架或正放抽空四角锥网架。

3.2.2　平面形状为矩形、三边支承一边开口的网架可按本规程第 3.2.1 条进行选型，开口边必须具有足够的刚度并形成完整的边桁架，当刚度不满足要求时可采用增加网架高度、增加网架层数等办法加强。

3.2.3　平面形状为矩形、多点支承的网架可根据具体情况选用正放四角锥网架、正放抽空四角锥网架、两向正交正放网架。

3.2.4　平面形状为圆形、正六边形及接近正六边形等周边支承的网架，可根据具体情况选用三向网架、三角锥网架或抽空三角锥网架。对中小跨度，也可选用蜂窝形三角锥网架。

3.2.5 网架的网格高度与网格尺寸应根据跨度大小、荷载条件、柱网尺寸、支承情况、网格形式以及构造要求和建筑功能等因素确定，网架的高跨比可取1/10～1/18。网架在短向跨度的网格数不宜小于5。确定网格尺寸时宜使相邻杆件间的夹角大于45°，且不宜小于30°。

条文说明：

3.2.5 网架的最优高跨比则主要取决于屋面体系（采用钢筋混凝土屋面时为1/10～1/14，采用轻屋面时为1/13～1/18），并有较宽的最优高度带。规程中所列的高跨比是根据网架优化结果通过回归分析而得。优化时以造价为目标函数，综合考虑了杆件、节点、屋面与墙面的影响，因而具有比较科学的依据。对于网格尺寸应综合考虑柱网尺寸与网架的网格形式，网架二相邻杆间夹角不宜小于30°，这是网架的制作与构造要求的需要，以免杆件相碰或节点尺寸过大。

3.2.6 网架可采用上弦或下弦支承方式，当采用下弦支承时，应在支座边形成边桁架。

3.2.7 当采用两向正交正放网架，应沿网架周边网格设置封闭的水平支撑。

3.2.8 多点支承的网架有条件时宜设柱帽。柱帽宜设置于下弦平面之下（图3.2.8a），也可设置于上弦平面之上（图3.2.8b）或采用伞形柱帽（图3.2.8c）。

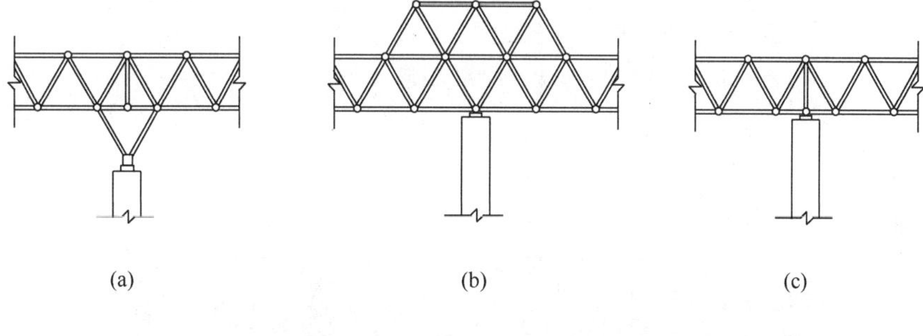

图3.2.8 多点支承网架柱帽设置

请翻到第8.4小节，做习题8-25～8-27

3. 立体桁架、立体拱架于张弦立体拱架设计的基本规定

《空间网格结构技术规程》规定：

3.4 立体桁架、立体拱架与张弦立体拱架设计的基本规定

3.4.1 立体桁架的高度可取跨度的1/12～1/16。

3.4.2 立体拱架的拱架厚度可取跨度的1/20～1/30，矢高可取跨度的1/3～1/6。当按立体拱架计算时，两端下部结构除了可靠传递竖向反力外还应保证抵抗水平位移的约束条件。当立体拱架跨度较大时应进行立体拱架平面内的整体稳定性验算。

3.4.3 张弦立体拱架的拱架厚度可取跨度的1/30～1/50，结构矢高可取跨度的1/7～1/10，其中拱架矢高可取跨度的1/14～1/18，张弦的垂度可取跨度的1/12～1/30。

3.4.4 立体桁架支承于下弦节点时桁架整体应有可靠的防侧倾体系，曲线形的立体桁架应考虑支座水平位移对下部结构的影响。

3.4.5 对立体桁架、立体拱架和张弦立体拱架应设置平面外的稳定支撑体系。

考点讲解：

【8.2.1-2019 年某题考点】关于立体桁架，错误的说法是：无需设置平面外支撑。

讲解：上面摘录的《空间网格结构技术规程》强制性条文3.4.5条明确：**"对于立体桁架、立体拱架和张弦立体拱架应设平面外的稳定支撑体系"**。这些类型的结构，虽然都有"立体"两个字，但其总体受力是单向而不是双向的，故需在上弦设置水平支撑体系（结合檩条）以保证其平面外的稳定性。

请翻到第8.4小节，做习题8-28

8.2.2 悬索结构

1. 概述

悬索结构是一种能够充分发挥钢材高强度优点的拉力结构，它可以应用于跨度很大的建筑物和构筑物。图8.2.2-1是日本明石海峡悬索大桥，它的主跨跨度达1990.8m。

图8.2.2-1 明石海峡悬索大桥

在建筑结构中，悬索的拉力除了用地锚承担之外，还可以巧妙地结合建筑的体形和功能要求来布置。图8.2.2-2为德国乌帕特市游泳馆的剖面示意图，悬索结构屋面两边的拉力传给两侧受压性能很好的看台斜梁，并通过它们传到受压性能很好的游泳池底板而相互抵消。**在悬索结构中，用以承受悬索拉力的支座锚固结构构件（边缘构件）都必须有足够的刚度。**

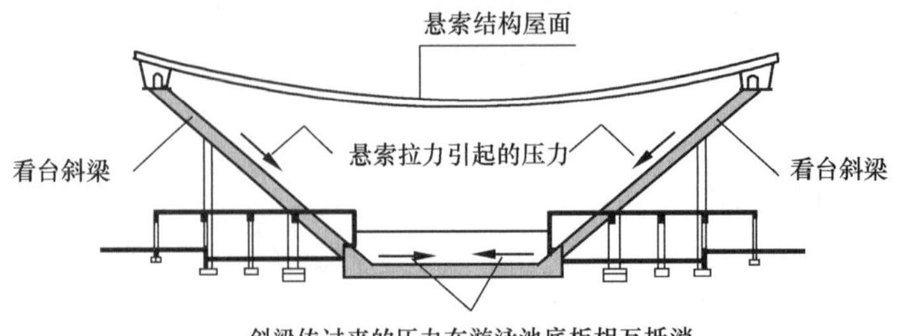

图8.2.2-2 单层单曲面悬索体系——德国乌帕特市游泳馆

2. 单层单曲面悬索体系（一般称“单层悬索体系”）

索只能受拉，不能受压，也没有抗弯能力，它本身就是几何可变的。悬索结构的几何稳定性靠使用前自身的初始拉力来保证。这种拉力又是如何产生的呢？对于图 8.2.2-2 所示**单层单曲面悬索体系**，主要靠自重。这种悬索体系的工作与单根悬索相似，因此稳定性不好。所谓稳定性不好，有两层含义：①**悬索是一种可变体系**，其平衡形式随荷载分布方式而变。例如，在均布恒载作用下，悬索呈悬链线形式，此时如再施加某种不对称的活荷载或局部荷载，原来的悬链线形状即不再能维持，如果原来的恒载比较小，悬索就会产生相当大的位移，形成与新的荷载分布相应的新的平衡形式和新的几何形状。这种位移称为机构性位移、与由弹性变形引起的位移不是同一个概念。悬索抵抗机构性位移的能力就是索的稳定性，它与索的张紧程度（即索内初始拉力的大小）有关：索内拉力愈大，其抵抗局部荷载引起的机构性位移的能力也愈大，即稳定性愈好。②抗风能力差。作用在悬挂屋盖上的风力，主要是吸力，而且分布不均匀，会引起较大的机构性位移。同时，在风吸力作用下，由于悬索内的拉力下降，抵抗机构性位移的能力进一步降低。当屋面较轻时，甚至可能被风力掀起。

为使单层单曲面悬索体系屋盖具有必要的稳定性，一般须采用重屋面，如装配式钢筋混凝土屋面板等。利用较大的均布恒载使悬索始终保持较大的张紧力，以加强维持其原始形状的能力，即提高了抵抗机构性变形的能力，同时较大的恒载也能较好地克服风力的卸载作用。但与此同时，重屋面使悬索的截面增大，支承结构的受力也相应增大，从而影响经济效果。

为了进一步加强这种屋盖的稳定性和改善它的工作性能，往往对钢筋混凝土屋面施加预应力。通常采用的施工方法为：在钢索上安放预制屋面板后，在板上加额外的临时荷载，使索进一步伸长、板缝增大，然后进行灌缝。待混凝土缝硬结后，卸去临时荷载，使屋面板内产生了预应力，从而整个屋面形成一个预应力混凝土薄壳。

图 8.2.2-3　晃荡桥的机构性位移

在旅游点常会看到一些铁链桥，它的自重就是铁链和其上的木铺板、很轻，人在上面行走时就会感到晃动，故俗称晃荡桥，如果人在上面跑动，桥晃动得就更利害，见图 8.2.2-3。这种桥的晃动位移就是机构性位移。

3. 单层双曲面交叉索网体系（一般称“索网体系”）

为了克服单层单曲面悬索体系稳定性较差、自重较大的缺点，悬索结构可采用单层双曲面交叉索网体系（见图 8.2.2-4）。这种体系由两组曲率相反的拉索交叉组成：主索为承重索，中部下凹；副索为稳定索，与主索正交，中部上凸。由于稳定索向下张拉时将承重索绷紧，对其施加预应力，**两者都处于受拉状态**，形成的曲面较为稳固，无需靠自重来获得几何稳定性，故屋面可以采用轻型板材。屋面造型新颖、排水流畅，适用于各种形状

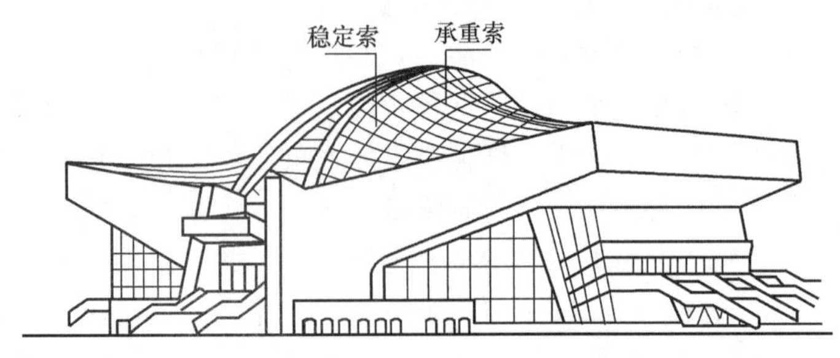

图 8.2.2-4　单层双曲面交叉索网体系——四川省体育馆

的建筑平面。

4. 双层悬索体系

双层悬索体系由一系列下凹的承重索和上凸的稳定索以及它们之间的连系杆（拉杆或压杆）组成，通过稳定索向下张拉对承重索施加预应力，使两者都处于绷紧的受拉状态，无需靠自重来获得几何稳定性，屋面可以采用轻型板材。双成索系的承重索、稳定索和连系杆一般布置在同一竖向平面内，由于其外形像传统的平面桁架，又常称为索桁架。图 8.2.2-5 所示结构的双层索系采用平行布置，它是世界上第一个索桁架结构。平行布置的双层索系多用于矩形、多边形建筑平面。

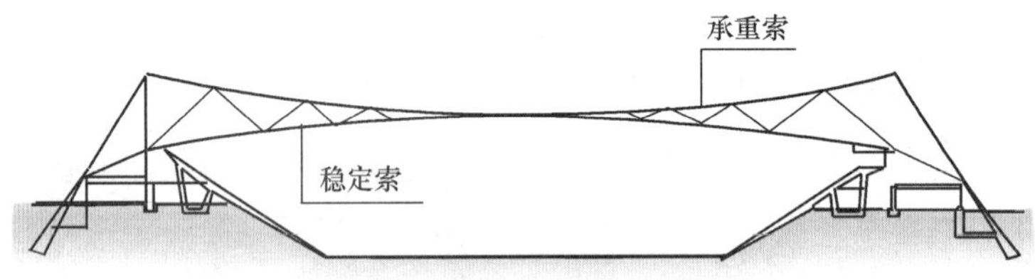

图 8.2.2-5　双层单曲面悬索体系（索桁架）——瑞典斯德哥尔摩约翰尼绍夫滑冰场

对于圆形、椭圆形平面的建筑，可采用辐射式布置的双层索系。图 8.2.2-6 的双层悬索体系为北京工人体育馆的**车轮形悬索结构，**在辐射式布置的钢索钢拉力作用下，钢内环为环向轴心受拉，钢筋混凝土外环为环向轴心受压，充分发挥了钢构件和钢筋混凝土构件各自的优势。

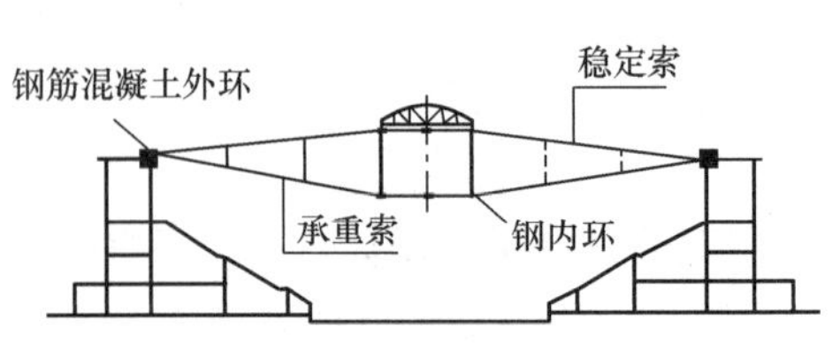

图 8.2.2-6　双层辐射式布置悬索体系（车轮形悬索结构）——北京工人体育馆

图 8.2.2-7 所示的双层辐射式布置悬索体系为广州中洲中心椭圆光棚的轮辐式结构，

图 8.2.2-7　广州中洲中心椭圆光棚

由于采光的需要，外环采用钢结构。

5. 悬索结构屋盖的用钢量

据文献［34］介绍，悬索结构在建筑中的跨度不大于 150m 时，屋盖用钢量一般都在 29kg/m^{2}左右，是比较经济的。

请翻到第 8.4 小节，做习题 8-29～8-31

8.2.3　索膜结构

索膜结构是将索或膜张紧固定在刚性或柔性边缘构件上，通过张拉建立预应力，并获得确定的形状。

这种结构的特点之一就是它形状的多样性，曲面存在着无限的可能性。以索或骨架支承的膜结构，其曲面就可以随着建筑师的想象力而任意变化。索膜建筑设计方案实质上也同时是索膜结构体系方案，因此要求从事索膜建筑设计的建筑师了解索膜结构技术并能熟练地将其运用到建筑设计中。

索膜结构的特点之二就是轻、省钢材。“索”不存在稳定问题，可以把钢材的抗拉强度发挥得淋漓尽致；“膜”，顾名思义，是一种“很薄”的非金属材料，厚度一般只有 1mm 左右，由基材（纤维纺织布-可以承受和传递荷载）、涂层（保护基层、防火、防潮、透光、隔热）和面层（防火、透明、自洁、抗老化、防辐射）组成。所以在各类大、中、小型体育场的屋盖中，索膜结构必然是最轻、用钢量是最小的，它更多的像把遮阳伞，见图 8.2.3-1 和图 8.2.3-2。

图 8.2.3-3 为位于伦敦东部泰晤士河畔的格林威治半岛上的“千年穹顶”（Millennium Dome）是英国政府为迎接 21 世纪而兴建的标志性建筑。它是由 12 根 100m 高的钢构式桅杆支撑 72 块 PTFE 膜材料构成，直径为 365m，相当于 20 块足球场地大小，是目前世界上单体规模最大的索膜结构建筑。

图 8.2.3-1　小型体育场的索膜结构

图 8.2.3-2　大型体育场的索模结构

图 8.2.3-3　千年穹顶

请翻到第 8.4 小节，做习题 8-32，8-33

8.3　建筑结构制图

关于制图的图线，《建筑结构制图标准》[35]规定：

> **2.0.3**　建筑结构专业制图应选用表 2.0.3 所示的图线。

表 2.0.3 图　　线

名称		线型	线宽	一般用途
实线	粗	━━━━	b	螺栓、钢筋线、结构平面图中的单线结构构件线、钢木支撑及系杆线、图名下横线、剖切线
	中粗	━━━━	$0.7b$	结构平面图及详图中剖到或可见的墙身轮廓线、基础轮廓线、钢、木结构轮廓线、钢筋线
	中	────	$0.5b$	结构平面图及详图中剖到或可见的墙身轮廓线、基础轮廓线、可见的钢筋混凝土构件轮廓线、钢筋线
	细	────	$0.25b$	标注引出线、标高符号线、索引符号线、尺寸线
虚线	粗	━ ━ ━ ━	b	不可见的钢筋线、螺栓线、结构平面图中不可见的单线结构构件线及钢、木支撑线
	中粗	------	$0.7b$	结构平面图中的不可见构件、墙身轮廓线及不可见钢，木结构构件线、不可见的钢筋线
	中	------	$0.5b$	结构平面图中的不可见构件、墙身轮廓线及不可见钢、木结构构件线、不可见的钢筋线
	细	-------	$0.25b$	基础平面图中的管沟轮廓线、不可见的钢筋混凝土构件轮廓线
单点长画线	粗	━·━·━	b	柱间支撑、垂直支撑、设备基础轴线图中的中心线
	细	—·—·—	$0.25b$	定位轴线、对称线、中心线
双点长画线	粗	━··━··━	b	预应力钢筋线
	细	—··—··—	$0.25b$	原有结构轮廓线
折断线		——\/——	$0.25b$	断开界线
波浪线		～～～	$0.25b$	断开界线

请翻到第 8.4 小节，做习题 8-34

关于钢筋的若干表示方法，《建筑结构制图标准》规定：

3.1.1 普通钢筋的一般表示方法应符合表 3.1.1-1 的规定。预应力钢筋的表示方法应符合表 3.1.1-2 的规定。钢筋网片的表示方法应符合表 3.1.1-3 的规定。钢筋的焊接接头的表示方法应符合表 3.1.1-4 的规定。

表 3.1.1-1 普 通 钢 筋

序号	名 称	图 例	说 明
1	钢筋横断面	●	
2	无弯钩的钢筋端部		下图表示长、短钢筋投影重叠时，短钢筋的端部用45°斜划线表示
3	带半圆形弯钩的钢筋端部		
4	带直钩的钢筋端部		
5	带丝扣的钢筋端部		
6	无弯钩的钢筋搭接		
7	带半圆弯钩的钢筋搭接		
8	带直钩的钢筋搭接		
9	花篮螺丝钢筋接头		
10	机械连接的钢筋接头		用文字说明机械连接的方式（如冷挤压或锥螺纹等）

表 3.1.1-2 预应力钢筋

序号	名 称	图 例
1	预应力钢筋或钢绞线	
2	后张法预应力钢筋断面 无粘结预应力钢筋断面	
3	单根预应力钢筋断面	+
4	张拉端锚具	
5	固定端锚具	
6	锚具的端视图	
7	可动联结件	
8	固定联结件	

……

表 3.1.1-4 钢筋的焊接接头

序号	名 称	接头形式	标注方法
1	单面焊接的钢筋接头		
2	双面焊接的钢筋接头		
3	用帮条单面焊接的钢筋接头		
4	用帮条双面焊接的钢筋接头		
5	接触对焊的钢筋接头（闪光焊、压力焊）		
6	坡口平焊的钢筋接头	60° b	60° b
7	坡口立焊的钢筋接头	b 45°	45° b
8	用角钢或扁钢做连接板焊接的钢筋接头		
9	钢筋或螺（锚）栓与钢板穿孔塞焊的接头		

请翻到第 8.4 小节，做习题 8-35～8-38

关于螺栓、孔、电焊铆钉的表示方法，《建筑结构制图标准》规定：

表 4.2.1 螺栓、孔、电焊铆钉的表示方法

序号	名 称	图 例	说 明
1	永久螺栓	M φ	1 细“+”线表示定位线 2 M 表示螺栓型号 3 φ 表示螺栓孔直径 4 d 表示膨胀螺栓、电焊铆钉直径 5 采用引出线标注螺栓时，横线上标注螺栓规格，横线下标注螺栓孔直径
2	高强螺栓	M φ	
3	安装螺栓	M φ	
4	胀锚螺栓	d	
5	圆形螺栓孔	d	
6	长圆形螺栓孔	φ b	
7	电焊铆钉	d	

请翻到第 8.4 小节，做习题 8-39，8-40

关于焊缝的表示方法，《建筑结构制图标准》规定：

4.3.1 焊接钢构件的焊缝除应按现行的国家标准《焊缝符号表示法》GB 324 中的规定外，还应符合本节的各项规定。

4.3.2 单面焊缝的标注方法应符合下列规定：

1 当箭头指向焊缝所在的一面时，应将图形符号和尺寸标注在横线的上方（图 4.3.2a）；当箭头指向焊缝所在另一面（相对应的那面）时，应将图形符号和尺寸标注在横线的下方（图 4.3.2b）。

2 表示环绕工作件周围的焊缝时，其围焊焊缝符号为圆圈，绘在引出线的转折处，并标注焊角尺寸 K（图 4.3.2c）。

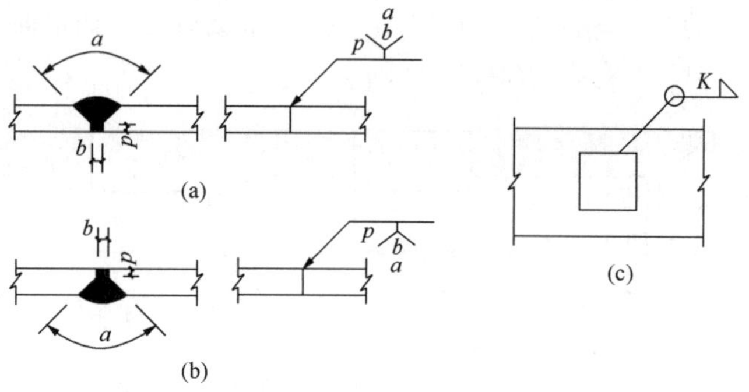

图 4.3.2　单面焊缝的标注方法

4.3.3　双面焊缝的标注，应在横线的上、下都标注符号和尺寸。上方表示箭头一面的符号和尺寸，下方表示另一面的符号和尺寸（图 4.3.3a）；当两面的焊缝尺寸相同时，只需在横线上方标注焊缝的符号和尺寸（图 4.3.3b、c、d）。

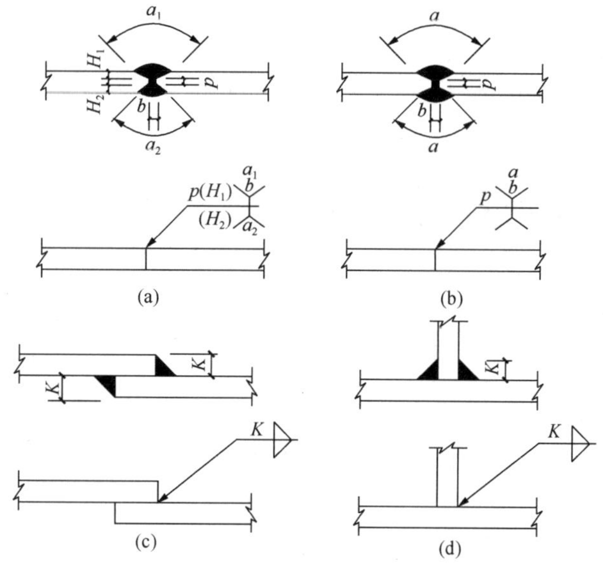

图 4.3.3　双面焊缝的标注方法

4.3.4　3 个和 3 个以上的焊件相互焊接的焊缝，不得作为双面焊缝标注。其焊缝符号和尺寸应分别标注（图 4.3.4）。

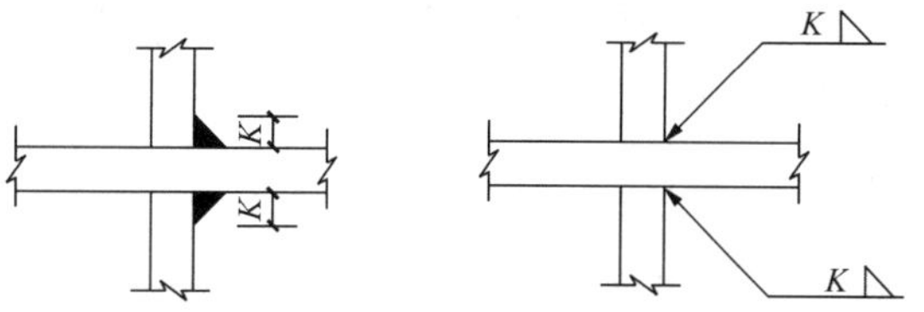

图 4.3.4　3 个和 3 个以上焊件的焊缝标注方法

4.3.5 相互焊接的 2 个焊件中，当只有 1 个焊件带坡口时（如单面 V 形），引出线箭头必须指向带坡口的焊件（图 4.3.5）。

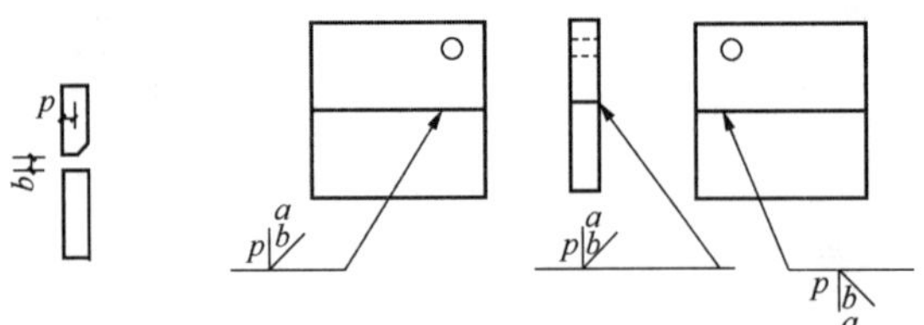

图 4.3.5 1 个焊件带坡口的焊缝标注方法

4.3.6 相互焊接的 2 个焊件，当为单面带双边不对称坡口焊缝时，应按图 4.3.6 的规定，引出线箭头必须指向较大坡口的焊件。

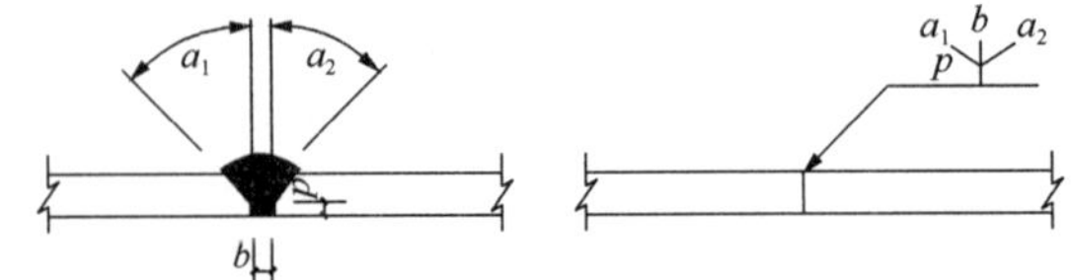

图 4.3.6 不对称坡口焊缝的标注方法

4.3.7 当焊缝分布不规则时，在标注焊缝符号的同时，可按图 4.3.7 的规定，宜在焊缝处加中实线（表示可见焊缝），或加细栅线（表示不可见焊缝）。

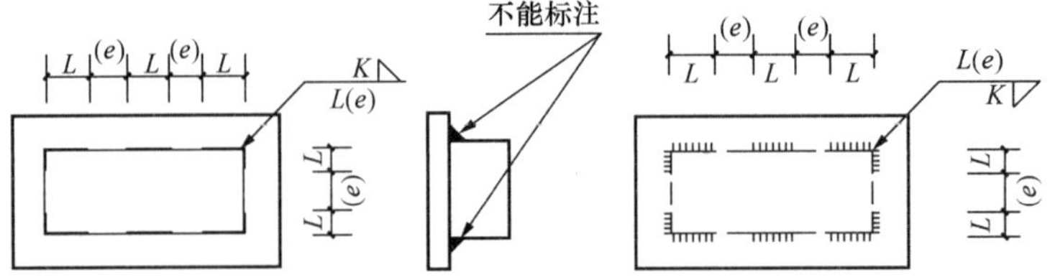

图 4.3.7 不规则焊缝的标注方法

4.3.8 相同焊缝符号应按下列方法表示：

1 在同一图形上，当焊缝形式、断面尺寸和辅助要求均相同时，应按图 4.3.8（a）的规定，可只选择一处标注焊缝的符号和尺寸，并加注“相同焊缝符号”，相同焊缝符号为 3/4 圆弧，绘在引出线的转折处。

2 在同一图形上，当有数种相同的焊缝时，宜按图 4.3.8（b）的规定，可将焊缝分类编号标注。在同一类焊缝中可选择一处标注焊缝符号和尺寸。分类编号采用大写的拉丁字母 A、B、C……。

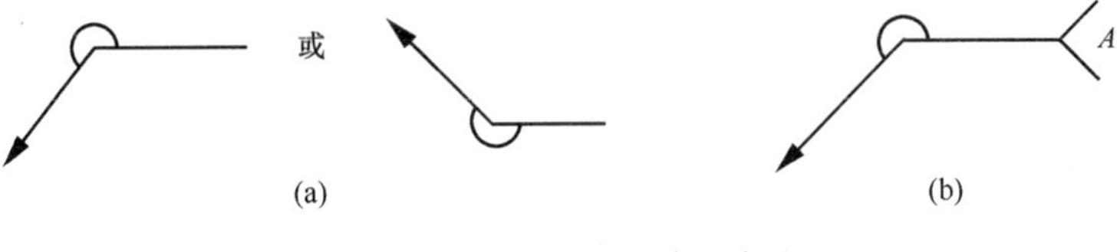

图 4.3.8 相同焊缝的表示方法

4.3.9 需要在施工现场进行焊接的焊件焊缝，应按图 4.3.9 的规定标注“现场焊缝”符号。现场焊缝符号为涂黑的三角形旗号，绘在引出线的转折处（图 4.3.9）。

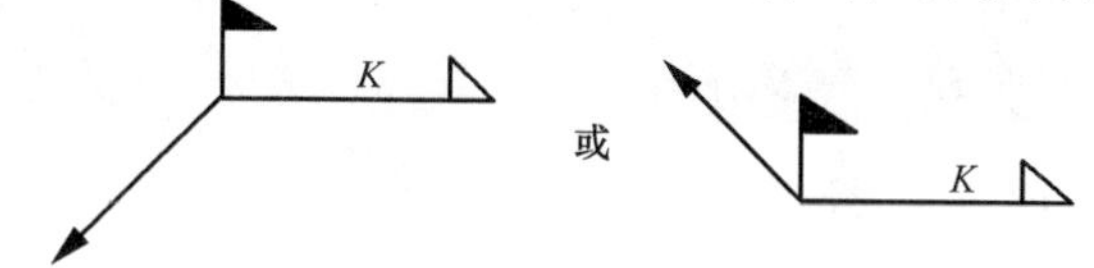

图 4.3.9 现场焊缝的表示方法

请翻到第 8.4 小节，做习题 8-50～8-53

关于构件代号，《建筑结构制图标准》规定：

附录A 常用构件代号

表A 常用构件代号

序号	名称	代号	序号	名称	代号	序号	名称	代号
1	板	B	19	圈梁	QL	37	承台	CT
2	屋面板	WB	20	过梁	GL	38	设备基础	SJ
3	空心板	KB	21	连系梁	LL	39	桩	ZH
4	槽形板	CB	22	基础梁	JL	40	挡土墙	DQ
5	折板	ZB	23	楼梯梁	TL	41	地沟	DG
6	密肋板	MB	24	框架梁	KL	42	柱间支撑	ZC
7	楼梯板	TB	25	框支梁	KZL	43	垂直支撑	CC
8	盖板或沟盖板	GB	26	屋面框架梁	WKL	44	水平支撑	SC
9	挡雨板或檐口板	YB	27	檩条	LT	45	梯	T
10	吊车安全走道板	DB	28	屋架	WJ	46	雨篷	YP
11	墙板	QB	29	托架	TJ	47	阳台	YT
12	天沟板	TGB	30	天窗架	CJ	48	梁垫	LD
13	梁	L	31	框架	KJ	49	预埋件	M—
14	屋面梁	WL	32	网架	GJ	50	天窗端壁	TD
15	吊车梁	DL	33	支架	ZJ	51	钢筋网	W
16	单轨吊车梁	DDL	34	柱	Z	52	钢筋骨架	G
17	轨道连接	DGL	35	框架柱	KZ	53	基础	J
18	车挡	CD	36	构造柱	GZ	54	暗柱	AZ

注：1 预制钢筋混凝土构件、现浇钢筋混凝土构件、钢构件和木构件，一般可直接采用本附录中的构件代号，在绘图中，除混凝土构件可以不注明材料代号外，其他材料的构件可在构件代号前加注材料代号，并在图纸中加以说明。

2 预应力钢筋混凝土构件的代号，应在构件代号前加注“Y”，如 Y-DL 表示预应力钢筋混凝土吊车梁。

请翻到第 8.4 小节，做习题 8-45～8-47

8.4 习　　题

8-1 承重结构用的原木，其材质等级分为(　　)(2012-52)

(A) 二级　(B) 三级　(C) 四级　(D) 五级

题解：见 8.1.1 小节之 2

答案：B。

8-2 方木原木结构，受弯或压弯构件对材质的最低等级要求为(　　)(*由于现行标准相应条文有所变更，按原考点重新命题)(*2005-74)

(A) Ⅰa 级　(B) Ⅱa 级　(C) Ⅲa 级　(D) 无要求

题解：见《木结构设计标准》3.1.3 条(已摘录于 8.1.1 小节之 2)

答案：B。

8-3 控制木材含水率的主要原因是(　　)(2014-45)

(A) 防火要求　(B) 防腐要求

(C) 控制木材收缩　(D) 保障木材的强度

题解：请参见 8.1.1 小节之 3："为了避免因木材干缩造成的松弛变形和裂缝的危害，制作木构件时，应控制木材的含水率"。

答案：C。

8-4 现场制作的原木结构构件的含水率不应大于下列哪个数值？(2011-57)

(A) 25%　(B) 20%　(C) 15%　(D) 10%

题解：见《木结构设计标准》3.1.13 条(已摘取于 8.1.1 小节之 3)。

答案：A。

说明：规范该款规定对现场制作的方木结构的含水率也同样要求不应大于 25%。

8-5 木材的强度等级是指不同树种的木材按其下列何种强度设计值划分的等级？(2005-66)

(A) 抗剪　(B) 抗弯　(C) 抗压　(D) 抗拉

题解：见摘录于 8.1.1 小节之 3 的《木结构规范》表 4.2.1-3 和对话 8.1.1-2。

答案：B。

8-6 木材哪一种受力的强度最高？(2017 考题回忆)

(A) 顺纹抗压　(B) 顺纹抗拉　(C) 顺纹抗剪　(D) 横纹抗压

题解：见《木结构设计标准》表 4.3.1-3(已摘取于 8.1.1 小节之 4)。

答案：A。

8-7 下列关于木材顺纹各种强度比较的论述，正确的是(　　)(2012-51)

(A) 抗压强度大于抗拉强度　(B) 抗剪强度大于抗拉强度

(C) 抗剪强度大于抗压强度　(D) 因种类不同而强度各异，无法判断

题解：A 对、B、C 错，见《木结构设计标准》表 4.3.1-3(已摘取于 8.1.1 小节之 4)。**顺纹抗剪，其破坏形式是沿木纹出现层间撕裂，而木材的层间连接是最薄弱的，故顺纹抗剪强度比前两者都要低得多。**

答案：A。

8-8 木材的抗弯强度(f_m)、顺纹抗拉强度(f_t)与顺纹抗剪强度(f_v)相比较，下列哪项是正确的？(2010-66)

(A) $f_m > f_t > f_v$　(B) $f_t > f_m > f_v$　(C) $f_m < f_t < f_v$　(D) $f_m = f_t = f_v$

题解：A对，见《木结构设计标准》表4.3.1-3（已摘取于8.1.1小节之4）。

答案：A。

8-9 关于木材强度设计的取值，下列表述中符合规范要求的是（　）（2006-91）

Ⅰ 矩形截面短边尺寸≥150mm时，可提高10%

Ⅱ 矩形截面短边尺寸≥150mm时，应降低10%

Ⅲ 采用湿材时，木材横纹承压强度宜降低10%

Ⅳ 采用湿材时，木材横纹承压强度可提高10%

(A) Ⅰ、Ⅲ　(B) Ⅰ、Ⅳ　(C) Ⅱ、Ⅲ　(D) Ⅱ、Ⅳ

题解：请参见《木结构设计标准》表4.3.1-3（已摘取于8.1.1小节之4）。

答案：A。

8-10 普通木结构房屋的设计使用年限为（　）（2012-67）

(A) 30年　(B) 50年　(C) 70年　(D) 100年

题解：见《木结构设计标准》表4.1.3类别3的规定（已摘取于8.1.2小节之1）。

答案：B。

8-11 当木檩条跨度 l 大于3.3m时，其计算挠度的限值为下列哪一个数值？（2010-90）

(A) $l/150$　(B) $l/250$　(C) $l/350$　(D) $l/450$

题解：见《木结构设计标准》表4.3.15（已摘录于8.1.2小节之2）。

答案：B。

8-12 木结构楼板梁，其挠度限值为下列哪一个数值（l 为楼板梁的计算跨度）？（2011-78）

(A) $l/200$　(B) $l/250$　(C) $l/300$　(D) $l/350$

题解：见《木结构设计标准》表4.3.15（已摘录于8.1.2小节之2）。

答案：B。

8-13 下列关于原木构件的相关设计要求中，哪些项与规范相符？（2005-91）

Ⅰ 验算挠度和稳定时，可取构件的中央截面

Ⅱ 验算抗弯强度时，可取最大弯矩处的截面

Ⅲ 标注原木直径时，以小头为准

Ⅳ 标注原木直径时，以大头为准

(A) Ⅰ、Ⅱ　(B) Ⅰ、Ⅱ、Ⅲ　(C) Ⅱ、Ⅲ　(D) Ⅰ、Ⅱ、Ⅳ

题解：请参见《木结构设计标准》4.3.18条（已摘录于8.1.2小节之3）。

答案：B。

8-14 木结构单齿连接图中保险螺栓的作用，以下表述何者正确？（2006-90）

Ⅰ 设计中考虑保险螺栓与齿的共同工作

Ⅱ 设计中不考虑保险螺栓与齿的共同工作

Ⅲ 保险螺栓应按计算确定

Ⅳ 保险螺栓应采用延性较好的钢材制作

(A) Ⅰ、Ⅲ　(B) Ⅰ、Ⅳ　(C) Ⅱ、Ⅲ、Ⅳ　(D) Ⅰ、Ⅲ、Ⅳ

题解：桁架支座节点的齿连接必须设置保险螺栓，以防止和延缓因剪切破坏而使整个屋架突然坍塌的危险。保险螺栓应采用延性较好的钢材制作，并需按齿连接失效时所承受的拉力进行净截面

抗拉强度验算。在正常使用时不考虑保险螺栓参与齿连接的受力（即不考虑保险螺栓与齿的共同工作），只是作为一种安全储备。更详细的解释见 8.1.2 小节之 4。

答案：C。

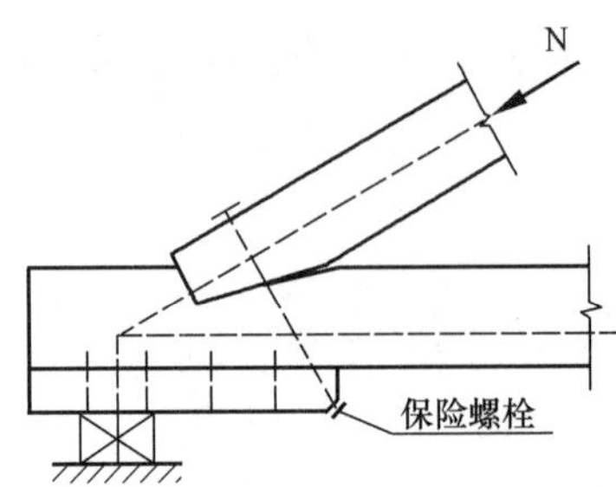

8-15 木屋盖宜采用外排水，若必须采用内排水时，不应采用以下何种天沟？（2001-69）

(A) 木制天沟　(B) 混凝土预制天沟

(C) 现浇混凝土天沟　(D) 混凝土预制叠合式天沟

题解：不应该采用木制天沟，见《木结构设计标准》7.1.4 条 4 款（已摘录于 8.1.3 小节之 1）。木制天沟经常由于天沟刚度不够，变形过大，或因油毡防水层局部损坏，致使天沟腐朽、漏水，直接危害屋架支承节点。

答案：A。

8-16 采用方木作为木桁架下弦时，其桁架跨度不应大于以下何值？（2010-73）

(A) 5m　(B) 8m　(C) 10m　(D) 12m

题解：请参见《木结构设计标准》7.1.1 条 3 款（已摘录于 8.1.3 小节之 1）。

答案：D。

8-17 普通木结构采用方木梁时，其截面高宽比不宜大于(　　)（2014-70）

(A) 2　(B) 3　(C) 4　(D) 5

题解：请参见《木结构设计标准》7.2.5 条（已摘录于 8.1.3 小节之 2）。

答案：C。

说明：上一轮规范中的“普通木结构”在 2018 年 8 月 1 日起实施的《木结构设计标准》中，改称为“方木原木结构”，更详细的解释见 8.1.1 小节之 2。

8-18 三角形木桁架的中央高度与跨度之比不应小于(　　)（2012-71，2003-82）

(A) 1/3　(B) 1/4　(C) 1/5　(D) 1/6

题解：见《木结构设计标准》表 7.5.3 序号 1 的规定（已摘录于 8.1.3 小节之 3）。

答案：C。

8-19 某仓库跨度为 9m，采用三角形木桁架屋盖（见附图），h 不应小于（　　）。（2005-90）

(A) 0.9m　(B) 1.125m　(C) 1.5m　(D) 1.8m

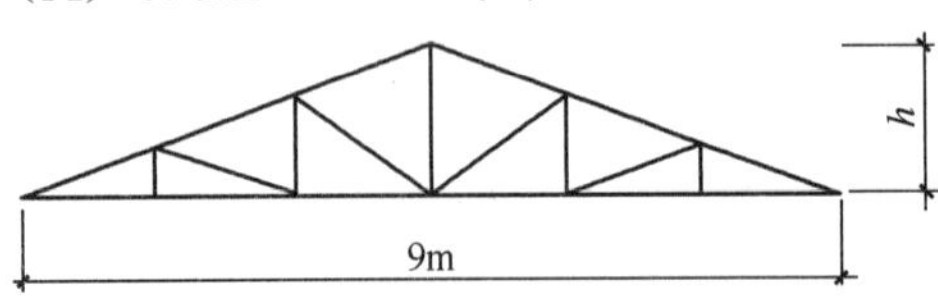

题解：见《木结构设计标准》表 7.5.3 序号 1 的规定（已摘录于 8.1.3 小节之 3），9/5＝1.8m。

答案：D。

8-20 胶合木构件的木板接长连接应采用下列哪一种方式？（2010-89）

(A) 螺栓连接　(B) 指接连接　(C) 钉连接　(D) 齿板连接

题解：请参见《木结构设计标准》2.1.8 条（已摘录于 8.1.3 小节之 4）。

答案：B。

8-21 对于轻型木结构体系，梁在支座上的搁置长度不得小于下列哪一个数值？（2010-88）

(A) 60mm　(B) 70mm　(C) 80mm　(D) 90mm

题解：请参见《木结构设计标准》9.6 条（已摘录于 8.1.4 小节之 1）。

答案：D。

8-22 地震区轻型木结构房屋梁与柱的连接做法，正确的是：（2014-71）

(A) 螺栓连接　(B) 钢钉连接　(C) 齿板连接　(D) 榫式连接

题解：轻型木结构构件之间的连接主要是钉连接。有抗震设防要求的轻型木结构，连接中的关键部位应采用螺栓连接。梁柱连接属于关键部位的连接，应采用螺栓连接。

答案：A。

8-23 木结构房屋中梁的耐火极限不应低于下列哪项？（2010-60）

(A) 3.0h　(B) 2.0h　(C) 1.0h　(D) 0.5h

题解：见《木结构设计标准》10.1.8 条（已摘录于 8.1.5 小节）。

答案：C。

8-24 关于木结构的防护措施，下列哪种说法错误？（2011-79）

(A) 梁支座处应封闭好　(B) 梁支座下应设防潮层

(C) 木柱严禁直接埋入土中　(D) 露天木结构应进行药剂处理

题解：A 错，见《木结构设计标准》11.2.9 条 2 款。

答案：A。

8-25 周边支承的三角锥网架或三向网架，一般使用于下列何种建筑平面形状？

(A) 矩形（当边长比大于 1.5 时）　(B) 矩形（当边长比大于 2 时）

(C) 正六边形　(D) 椭圆形

题解：请参见《空间网格结构技术规程》3.2.4 条（已摘录于 8.2.1 小节之 2）。

答案：C。

8-26 钢筋混凝土屋面的平板网架，其高跨比的取值在下列哪一个范围比较合适？

(A) 1/8～1/12　(B) 1/10～1/14

(C) 1/13～1/18　(D) 1/14～1/20

题解：请参见《空间网格结构技术规程》3.2.5 条文说明（已摘录于 8.2.1 小节之 2）。

答案：B。

8-27 采用轻屋面的平板网架，其高跨比的取值在下列哪一个范围比较合适？

(A) 1/8～1/12　(B) 1/10～1/14

(C) 1/13～1/18　(D) 1/14～1/20

题解：请参见《空间网格结构技术规程》3.2.5 条文说明（已摘录于 8.2.1 小节之 2）。

答案：C。

8-28 关于立体桁架的说法，错误的是(　　)。

(A) 截面形式可为矩形，正三角形或倒三角形

(B) 下弦节点支承时应设置可靠的防侧倾体系

(C) 平面外刚度较大、有利于施工吊装

(D) 具有较大的侧向刚度，可取消平面外稳定支撑

题解：请参见《空间网格结构技术规程》3.4.5条强制性条文（已摘录于8.2.1小节之3）。

答案：D。

8-29 单层悬索结构体系是属于下列何种体系？

(A) 一次超静定结构体系　　(B) 高次超静定结构体系

(C) 几何可变体系　　(D) 二次超静定结构体系

题解：请参见8.2.2小节之2。

答案：C。

8-30 对于悬索结构的概念设计，下列哪一种说法是不正确的？

(A) 悬索支座的锚固结构构件刚度应需足够大

(B) 承重索或稳定索必须都处于受拉状态

(C) 索桁架不需要施加预应力

(D) 车轮形悬索结构的外环是环向轴心受压受力

题解：请参见8.2.2小节之4。

答案：C。

8-31 某跨度为120m的大型体育馆屋盖，下列用钢量最省的是(　　)。(2014-82)

(A) 悬索结构　(B) 钢网架　(C) 钢网壳　(D) 钢桁架

题解：请参见8.2.2小节之5。悬索结构属于柔性的拉力结构体系，索本身不存在稳定问题，可以最大限度地发挥钢索的强度。只要边沿支承构件布置和设计合理，用钢量必然是最省的。

答案：A。

8-32 在大跨度体育场设计中，以下何种结构用钢量最少？(2011-87)

(A) 索膜结构　(B) 悬挑结构　(C) 刚架结构　(D) 钢桁架结构

题解：请参见8.2.3小节。

答案：A。

8-33 大悬挑体育场屋盖设计中，哪种结构用钢量最小？(2010-100)

(A) 索膜结构　　(B) 悬挑折面网格结构

(C) 刚架结构　　(D) 钢桁架结构

题解：请参见8.2.3小节。

答案：A。

8-34 在结构平面图中，柱间支撑的标注，下列哪一种形式是正确的？

(A)　(B)　(C)　(D)

题解：请参见《建筑结构制图标准》2.0.3条（已摘录于8.3节）。

答案：D。

8-35 以下何种图例表示钢筋端部作135°弯钩？(2010-139)

(A)　(B)　(C)　(D)

题解：A、C、D不代表135°弯钩，见《建筑结构制图标准》表3.3.1-1（已摘录于8.3节之1）。A虽然有135°角，但它只是表示无弯钩的长、短钢筋投影重叠时短钢筋的端部，短筋端部并无弯

钩。B、C、D 分别是 135°、180°和直角弯钩、这是显而易见的，即使不看规范，根据图形也能判断出来。

答案：B。

8-36 机械连接的钢筋接头，下列哪一种图例形状是正确的？

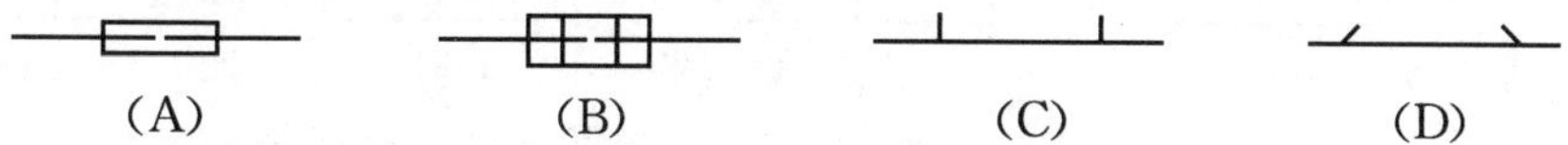

题解：请参见《建筑结构制图标准》表 3.1.1-1（已摘录于 8.3 节）。

答案：A。

8-37 预应力钢筋固定端锚具的图例，下列何种表达方式是正确的？

题解：请参见《建筑结构制图标准》表 3.1.1-2（已摘录于 8.3 节）。

答案：B。

8-38 单面焊接的钢筋接头，下列何种标注方式是正确的？

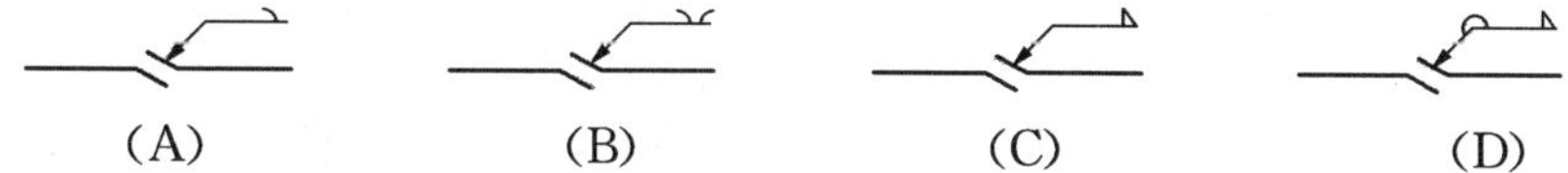

题解：请参见《建筑结构制图标准》表 3.1.1-4（已摘录于 8.3 节）。

答案：B。

8-39 在结构图中，永久螺栓表示方法，下列哪一种形式是正确的？（2012-119）

题解：见《建筑制图标准》表 4.2.1 序号 1（已摘录于 8.3 节）。

答案：A。

8-40 四个直径为 18mm 的普通螺栓应如何表示？

(A) 4d18　　(B) 4 Φ 16

(C) 4M18　　(D) 4 Φ^{b}18

题解：请参见《建筑结构制图标准》表 4.2.1 的说明 2（已摘录于 8.3 节）。

答案：C。

8-41 图示的两块钢板焊接，其中标注的符号代表什么意义？

(A) 表示工地焊接，焊脚尺寸为 8mm，一边单面焊接的角焊缝

(B) 表示工地焊接，焊脚尺寸为 8mm，周边单面焊接的角焊缝

(C) 焊脚尺寸为 8mm，一边单面焊接的角焊缝

(D) 焊脚尺寸为 8mm，周边单面焊接的角焊缝

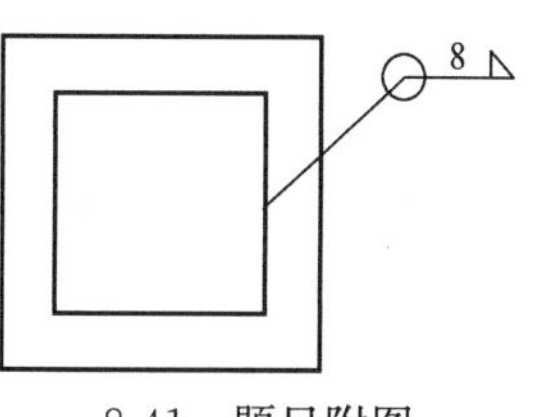

8-41 题目附图

题解：请参见《建筑结构制图标准》表 4.3.2 条（已摘录于 8.3 节）。

答案：D。

8-42 钢材双面角焊缝的标注方法，正确的是下列哪一种？（2012-120）

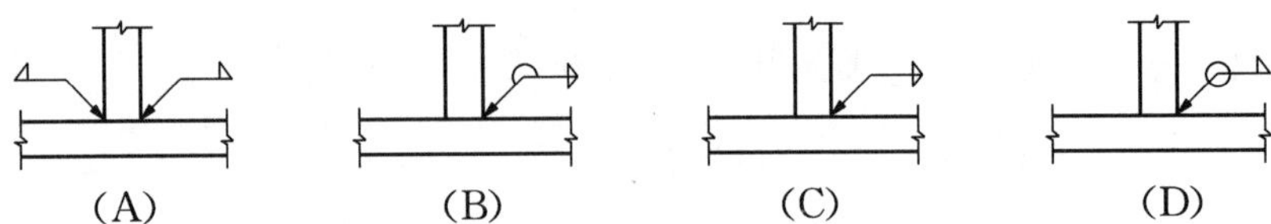

题解：见《建筑制图标准》4.3.3 条附图 4.3.3（d）（已摘录于 8.3 节）。

答案：C。

8-43 施工现场进行焊接的焊缝符号，当为单面角焊缝时，下列何种表注方式是正确的？（2003-158，2019 年某回忆题）

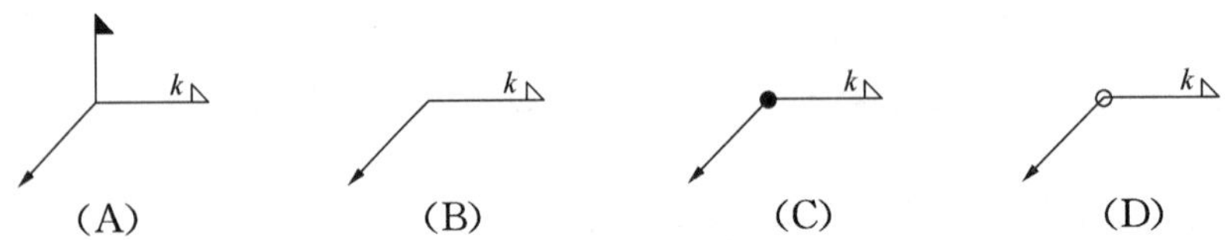

题解：请参见《建筑结构制图标准》表 4.3.9 条（已摘录于 8.3 节）。

答案：A。

8-44 在同一图形上，当焊缝形式、断面尺寸和辅助要求相同时，钢结构图中可只选择一处标注焊缝，下列哪一个表达形式是正确的？

题解：请参见《建筑结构制图标准》表 4.3.8 条（已摘录于 8.3 节）。

答案：A。

8-45 下列哪一种构件的代号是不正确的？

（A）基础梁 JL （B）楼梯梁 TL （C）框架梁 KL （D）框支梁 KCL

题解：请参见《建筑结构制图标准》附录 A 表 A（已摘录于 8.3 节）。

答案：D。

8-46 柱间支撑构件的代号，下列哪一种是正确的？

（A）CC （B）SC （C）ZC （D）HC

题解：请参见《建筑结构制图标准》附录 A 表 A（已摘录于 8.3 节）。

答案：C。

8-47 框架柱构件的代号，正确的是下列哪一种？

（A）KZI （B）KZ （C）KCL （D）GZ

题解：请参见《建筑结构制图标准》附录 A 表 A（已摘录于 8.3 节）。

答案：B。

参 考 文 献

1. 龙驭球，包世华．结构力学教程(Ⅰ). 北京：高等教育出版社，2000.
2. 中国地震烈度表 GB/T 17742—2008. 中华人民共和国国家质量监督检验检疫总局，中国国家标准化管理委员会发布，2008-11-13 发布，2009-03-01 实施.
3.《建筑抗震设计规范》GB 50011—2010(2016 年版)(简称《抗震规范》). 北京：中国建筑工业出版社，2016.
4.《建筑工程抗震设防分类标准》GB 50223—2008 (简称《分类标准》). 北京：中国建筑工业出版社，2008.
5.《高层建筑混凝土结构技术规程》JGJ 3—2010 (简称《混凝土高规》). 北京：中国建筑工业出版社，2011.
6.《高层民用建筑钢结构技术规程》JGJ 99—2015(简称《钢结构高规》). 北京：中国建筑工业出版社，2016.
7.《建筑结构荷载规范》GB 50009—2012 (简称《荷载规范》). 北京：中国建筑工业出版社，2012.
8. 刘大海，杨翠如，钟锡根. 高层建筑抗震设计. 北京：中国建筑工业出版社，1993.
9.《建筑结构可靠性设计统一标准》GB 50068—2018(简称《统一标准》). 北京：中国建筑工业出版社，2019.
10.《建筑地基基础设计规范》GB 50007—2011 (简称《地基基础规范》). 北京：中国建筑工业出版社，2012.
11.《混凝土结构设计规范》GB 50010—2010(2015 年版) (简称《混凝土规范》). 北京：中国建筑工业出版社，2016.
12.《无粘结预应力混凝土结构技术规程》JGJ 92—2016. 北京：中国建筑工业出版社，2016.
13.《钢结构设计标准》GB 50017—2017. 北京：中国建筑工业出版社，2018.
14. 陈绍藩. 钢结构设计原理(第三版). 北京：科学出版社，2005.
15. 梁启智，袁树基. 多层及高层钢框架二阶弹-塑性分析方法. 国家科学技术委员会，科学技术研究成果公报，1987 年，第五期，登记号 851586.
16.《钢结构工程施工质量验收规范》GB 50205—2001，中国建筑工业出版社，2002.
17.《钢结构防火涂料》GB 14907—2002. 北京：中国标准出版社，2002.
18. 刘新，时虎. 钢结构防腐蚀和防火涂装. 北京：中国计划出版社，2002.
19.《砌体结构设计规范》GB 50003—2011(简称《砌体规范》). 北京：中国建筑工业出版社 ，2012 .
20.《砌体工程施工质量验收规范》GB 50203—2011. 北京：中国建筑工业出版社，2011.
21.《混凝土小型空心砌块建筑技术规程》JGJ/T 14—2011. 北京：中国建筑工业出版社，2011.
22. 桑海清，裘冀，王松山. 第四纪地质年代学和定年方法及应用. 质谱学报，1997，(2).
23. 陈希哲. 土力学地基基础(第 3 版). 北京：清华大学出版社，1998. .
24. 刘嘉麒，王文远. 第四纪地质定年与地质年表. 第四纪研究，1997 年，(3).
25. 黄熙龄院士谈基坑事故. 岩土工程界，2004. 4.
26. 王铁宏，王曙光. 新版国标《建筑地基基础设计规范》关于分项系数和地基承载力问题的有关规定//中国土木工程学会第九届土力学及岩土工程学术会议论文集. 北京，2003.
27.《建筑桩基技术规范》JGJ 94—2008(简称《桩基规范》). 北京：中国建筑工业出版社，2008.

28.《建筑边坡工程技术规范》GB 50330—2013. 北京：中国建筑工业出版社，2013.
29.《建筑基坑支护技术规程》JGJ 120—2012. 北京：中国建筑工业出版社，2012.
30. 咸大庆. 基础工程事故的主要原因剖析. 岩土工程界，2004，7(4).
31.《建筑地基基础工程施工质量验收规范》GB 50202—2002. 北京：中国计划出版社，2002.
32.《木结构设计规范》GB 50005—2017. 北京：中国建筑工业出版社，2017.
33.《空间网格结构技术规程》JGJ 7—2010，北京：中国建筑工业出版社，2010.
34. 罗福午，张惠英，杨军. 建筑结构概念设计及案例. 北京：清华大学出版社，2003.
35.《建筑结构制图标准》GB/T 50105—2010. 北京：中国建筑工业出版社，2010.